Flegel/Birnstiel/Nerreter

Elektrotechnik für den Maschinenbauer

Studienbücher

der technischen Wissenschaften

Carl Hanser Verlag München Wien

Elektrotechnik für den Maschinenbauer

von Dipl.-Ing. Georg Flegel †,
Prof. Dr.-Ing. Karl Birnstiel
und Prof. Dr.-Ing. Wolfgang Nerreter

7., neubearbeitete Auflage
mit 465 Bildern und 42 Tabellen

HANSER

Carl Hanser Verlag München Wien

Dipl.-Ing. Georg Flegel †

Prof. Dr.-Ing. Karl Birnstiel
Fachhochschule Rheinland-Pfalz, Abteilung Koblenz

Prof. Dr.-Ing. Wolfgang Nerreter
Fachhochschule Lippe, Lemgo

Die Deutsche Bibliothek – CIP-Einheitsaufnahme

Flegel, Georg:
Elektrotechnik für den Maschinenbauer / von Georg Flegel; Karl Birnstiel; Wolfgang Nerreter. – 7., neubearb. Aufl. – München; Wien: Hanser, 1993
(Studienbücher der technischen Wissenschaften)
ISBN 3-446-15622-4
NE: Birnstiel, Karl:; Nerreter, Wolfgang:

Satz: K+V Fotosatz GmbH, Beerfelden
Druck und Binden: Wagner, Nördlingen
Umschlaggestaltung: Kaselow + Partner
Printed in Germany

Vorwort zur 7. Auflage

In rascher Weiterentwicklung, ausgelöst vor allem durch die Fortschritte der Halbleitertechnologien, erobert die Elektrotechnik ständig neue Arbeitsgebiete und verdrängt aus vielen fachfremden Gebieten herkömmliche Geräte und Verfahren durch billigere, einfachere und wirksamere elektrotechnische Lösungen. Diese Entwicklung, deren ständig steigendes Tempo selbst den Fachmann oft überrascht und deren Ende noch nicht abzusehen ist, zwingt auch den auf anderen technischen Gebieten oder im wirtschaftlichen Bereich Tätigen, sich Grundkenntnisse der Elektrotechnik und der Anwendungsmöglichkeiten ihrer Schaltungen anzueignen. An diesen Leserkreis wendet sich das vorliegende Buch. Es will dem Studierenden eine Einführung, dem schon im Berufsleben Stehenden eine Ergänzung und Erweiterung seines Wissens bieten. Gestützt auf langjährige Unterrichtserfahrung möchten die Verfasser dem Nicht-Elektriker die wichtigsten elektrotechnischen Gebiete nahebringen. Neben einer eingehenden Einführung in die Grundlagen der Elektrotechnik werden als Schwerpunkte die für den angesprochenen Leserkreis wesentlichen Gebiete der Starkstromtechnik und der Grundlagen der digitalen Steuerungstechnik behandelt.
Gegenüber der letzten Auflage wurde in der vorliegenden 7. Auflage der größte Teil des Stoffes völlig neu bearbeitet. Neben didaktischen Überlegungen erzwangen dies auch Veränderungen, welche der technische Fortschritt zwischenzeitlich brachte. Symbole und Formelzeichen entsprechen den derzeit gültigen Normen. Für die Arbeit mit diesem Buch werden, wie bisher, keine Kenntnisse der höheren Mathematik vorausgesetzt. An einigen wenigen Stellen werden jedoch, um die Vorteile zu zeigen, bereits dargestellte Herleitungen unter Verwendung von Verfahren der höheren Mathematik wiederholt.
Ehrend sei an dieser Stelle des Erst-Autors und Begründers dieses Werkes gedacht. Herr Dipl.-Ing. Georg Flegel verstarb kurz nach dem Erscheinen der 6. Auflage im Alter von 74 Jahren. An seine Stelle trat Herr Dr.-Ing. Wolfgang Nerreter, Professor an der Fachhochschule Lippe, in die Autorengemeinschaft.
Die Verfasser danken für alle Hinweise zur Verbesserung des Buches. Dem Carl Hanser Verlag sei für die gute Zusammenarbeit gedankt.

Koblenz und Lemgo im September 1992 K. Birnstiel W. Nerreter

Inhaltsverzeichnis

1 Einführung

Der Maschinenbauer ist gewöhnt, mit Dingen und Größen umzugehen, die er sehen oder befühlen kann oder die ihm durch seine Berufspraxis vertraut sind. Die Einarbeitung in die Elektrotechnik fällt ihm meist schwer. Es fehlt ihm die Anschaulichkeit, da die meisten Abläufe nur indirekt durch Wirkungen zu erkennen sind. Diese Schwierigkeiten lassen sich aber verringern, wenn man die unbekannten elektrotechnischen Erscheinungen mit Bekanntem, z. B. aus der Mechanik, vergleicht. So spricht man beispielsweise von der Wirkung »mechanischer« Energie, wenn eine Kraft ein Fahrzeug längs eines Weges verschiebt, bzw. von der Wirkung »elektrischer« Energie, wenn ein Antriebsmotor über ein Getriebe die gleiche Verschiebung durchführt. Denn in letzterem Falle nimmt der an elektrischer Spannung liegende Motor während der Zeit der Verschiebung einen Strom auf. Da in beiden Fällen die gleiche Wirkung erreicht wird, sind die beiden Energiearten nur unterschiedliche Erscheinungsformen – es gibt nur eine Energie schlechthin. Das läßt sich auch aus der Einheitengleichung erkennen:

$$1\,\mathrm{Nm} = 1\,\mathrm{VAs}\ .$$

Auch die Gleichungen, mit denen die Energie beschrieben wird, stimmen in ihrem formalen Aufbau überein. Dies zeigt die folgende Gegenüberstellung:

Energie der Bewegung: $W = m\,\frac{v^2}{2}$

Energie des magnetischen Feldes: $W = L\,\frac{I^2}{2}$

Energie des elektrischen Feldes: $W = C\,\frac{U^2}{2}$

Solche Ähnlichkeiten, die auch auf anderen Gebieten zu finden sind, laden dazu ein, *Modelle* zu entwickeln, welche die für den Anfänger unanschaulichen elektrotechnischen Vorgänge durch bekannte Abläufe, beispielsweise aus der Mechanik, ersetzen. Von diesem Verfahren, das auf die dem Maschinenbauer vertrauten Gesetzmäßigkeiten zurückgreift, wird in den folgenden Darstellungen – wo immer möglich – Gebrauch gemacht.

2 Der elektrische Strom in festen Körpern

2.1 Die Elektrizitätsmenge

Beim Anlegen einer Spannung strömt in einem metallischen Leiter eine Menge Elektrizität, genauso wie in einem Wasserrohr eine Menge Wasser fließt, wenn eine Druckdifferenz vorhanden ist. Die Strömung setzt voraus, daß in dem Wasserrohr frei bewegliche Wasserteilchen vorhanden sind; entsprechend sind in dem metallischen Leiter frei bewegliche „Elektrizitätsteilchen" vorhanden.
In festen Stoffen sind die **Elektronen** die beweglichen „Elektrizitätsteilchen". Die Elektronen sind Bestandteile der Atome: Nach dem BOHRschen Atommodell besteht ein Atom aus dem

(positiv geladenen) Atomkern, um den sich die Elektronen bewegen; Bild 2.1 zeigt als Beispiel das Modell eines Aluminiumatoms.
Eine besondere, für die Elektrotechnik wesentliche Eigenschaft von Proton und Elektron ist die **Ladung**: Jedes Proton trägt eine positive Elementarladung $+e$, jedes Elektron eine negative Elementarladung $-e$ (s. Tabelle 2.1). Die Ladung wird in der Einheit 1 C = **1 Coulomb** = 1 As angegeben. Die Elementarladung beträgt:

$$e = 1{,}6 \cdot 10^{-19}\,\mathrm{C} \tag{2.1}$$

Tabelle 2.1: BOHRsches Atommodell

	Teilchen	Ladung
Kern	Proton Neutron	$+e$ keine
Hülle	Elektron	$-e$

Mit der Eigenschaft *Ladung* der Atombausteine allein läßt sich das Fließen eines Stromes nicht erklären. Im neutralen Atom halten die Protonen als positive Kernladungen die ihnen in gleicher Zahl zugehörenden negativen Elektronen in der Elektronenhülle fest. Damit freie Elektronen für die Stromleitung zur Verfügung stehen, müssen solche Bindungen durch die innere thermische Energie des Materials aufgebrochen werden. Stoffe, bei denen diese Energie nicht ausreicht, Elektronen vom Atom zu lösen, werden **Isolatoren** genannt; hierzu gehören sämtliche Gase, reine Flüssigkeiten wie z.B. Wasser und Transformatoröl sowie feste Stoffe wie z.B. Glas, Glimmer, Porzellan und fast alle Kunststoffe.
Bei Metallen und einigen weiteren festen Stoffen reicht die innere thermische Energie aus, Elektronen vom Kern zu trennen. Diese stehen dann als frei bewegliche Ladungsträger zur Verfügung. Wie diese Beweglichkeit zustandekommt, soll im folgenden kurz erläutert werden.
Nach den Erkenntnissen der Werkstoffkunde erstarrt ein Metall in Kristallen. Es entstehen meist kubische, sogenannte flächen- oder raumzentrierte Gitter (Bild 2.2). Auf den Eckpunkten und auf den Schnittpunkten der Flächen- bzw. Raumdiagonalen sind die Metallatome angeordnet. Sie befinden sich aber nicht in Ruhe, sondern schwingen, je nach Wärmezustand, verschieden weit um ihre Ruhelage.

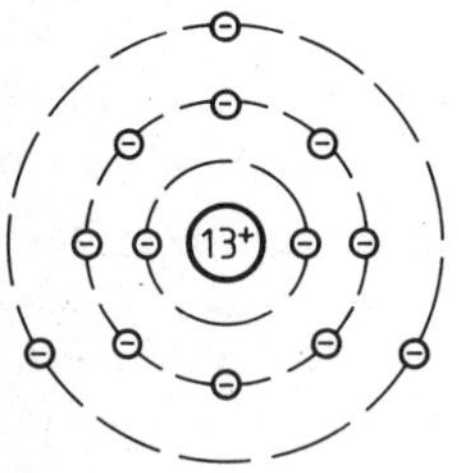

Bild 2.1 Modell des Aluminiumatoms

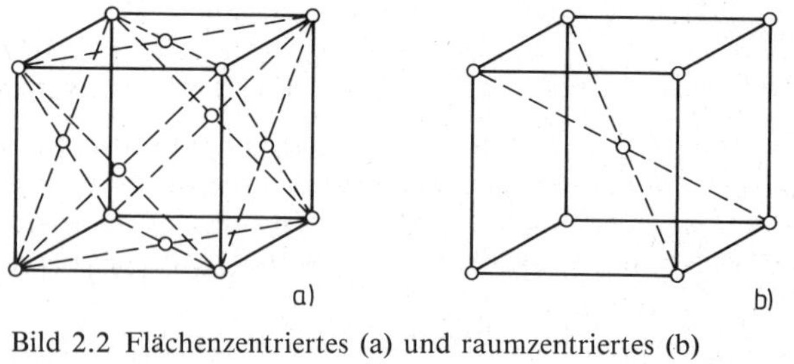

Bild 2.2 Flächenzentriertes (a) und raumzentriertes (b) kubisches Kristallgitter

Der Abstand der Metallatome in einem Kristallgitter liegt in der Größenordnung des Atomdurchmessers. Vor allem auf die äußersten Elektronen in der Hülle jedes Atoms, die sog. **Valenzelektronen,** wirken auch die anziehenden Kräfte von den Atomkernen der benachbarten Atome mit der Folge, daß etwa von jedem Atom ein Valenzelektron abgelöst wird, das als frei bewegliches Elektron nicht mehr an ein bestimmtes Atom gebunden ist, sondern der Gesamtheit der Atome im Kristallverband angehört.
Ein Atom oder ein Molekül, das nach außen hin elektrisch geladen wirkt, wird als **Ion** bezeichnet; die Metallatome, denen je ein Elektron entzogen wurde, sind also **ionisiert.** Die frei beweglichen Elektronen führen in dem Raum zwischen den positiven Metallionen regellose und ungeordnete Bewegungen aus, die sich nach außen nicht bemerkbar machen.
Die frei beweglichen Elektronen verhalten sich im Metall wie die Moleküle eines Gases in einem geschlossenen Gefäß; sie werden deshalb in ihrer Gesamtheit auch als **Elektronengas** bezeichnet. Dieses Elektronengas stellt die in einem Leiter vorhandene frei bewegliche Elektrizitätsmenge dar, die durch geeignete Maßnahmen zum Strömen gebracht werden kann.
Die auf Ladungen wirkenden Kräfte werden **COULOMBsche Kräfte** genannt. Sie wirken so, daß Ladungen gleichen Vorzeichens einander abstoßen, Ladungen ungleichen Vorzeichens dagegen einander anziehen. Die positiven Metallionen ziehen also die negativ geladenen Elektronen des Elektronengases an, so daß diese normalerweise das Metall nicht verlassen können. Elektronen können ein Metall nur dann verlassen, wenn ihnen eine hinreichend große äußere Energie, die **Austrittsarbeit,** zugeführt wird.
Jede Ladung ist stets ein ganzes Vielfaches der Elementarladung e bzw. der negativen Elementarladung $-e$. Im Unterschied zur Elementarladung erhält eine beliebig große Ladung das Formelzeichen Q.

Beispiel 2.1: Wie viele Elektronen gehören zur Ladung $Q = -1\,\text{C}$?

$$Q = -1\,\text{C} = k \cdot (-e)$$

Anzahl der Elektronen: $k = -1\,\text{C}/(-1{,}6 \cdot 10^{-19}\,\text{C}) = 6{,}25 \cdot 10^{18}$

2.2 Strom und Stromstärke

Legt man an einen Leiter eine elektrische Spannung, so werden die frei beweglichen Elektronen im Inneren eines metallischen Leiters gezwungen, außer der ungeordneten Bewegung zusätzlich eine Bewegung in Leiterrichtung vom Minuspol zum Pluspol der Spannungsquelle durchzuführen, die als **elektrischer Strom** oder kurz als **Strom** bezeichnet wird.
Ein elektrischer Strom kann drei unterschiedliche Wirkungen hervorrufen:

- Erzeugung von Wärmeenergie,
- Erzeugung magnetischer Erscheinungen,
- Erzeugung chemischer Veränderungen der durchströmten Stoffe.

Jede dieser Wirkungen wird in der Elektrotechnik genutzt.

Die Intensität einer Strömung wird allgemein durch die **Stromstärke** beschrieben. Dieser Begriff ist aus der täglichen Erfahrung jedem vertraut. So kann z. B. einem Wasserhahn in gleicher Zeit mehr Wasser entnommen werden, wenn er weiter geöffnet, der Wasserstrahl also dicker wird. Für eine beliebige Strömung gilt somit allgemein

$$\text{Stromstärke} = \frac{\text{ausgeströmte Menge}}{\text{Strömungszeit}}\,,$$

und für die elektrische Strömung im besonderen

$$\text{Stromstärke} = \frac{\text{Elektrizitätsmenge}}{\text{Strömungszeit}}\,.$$

Die Elektrizitätsmenge ist die Ladung Q, die in der Zeit t durch einen Querschnitt strömt. Für die Stromstärke ist das Formelzeichen I genormt:

$$I = \frac{Q}{t}\,; \quad \text{Einheit: } 1\,\frac{\text{C}}{\text{s}} = 1\,\frac{\text{As}}{\text{s}} = \mathbf{1\ Ampere} = 1\ \text{A} \tag{2.2}$$

Diese Gleichung ist nur dann gültig, wenn sich die Ladung Q in der Zeitspanne t gleichmäßig durch einen Querschnitt des Leiters bewegt. Ein derartiger Strom wird **Gleichstrom** genannt. Im technischen Sprachgebrauch wird zwischen dem Strom, also der Bewegung einer Ladung, und der Stromstärke häufig nicht unterschieden: Die Stromstärke wird meist kurzerhand als „Strom" bezeichnet.

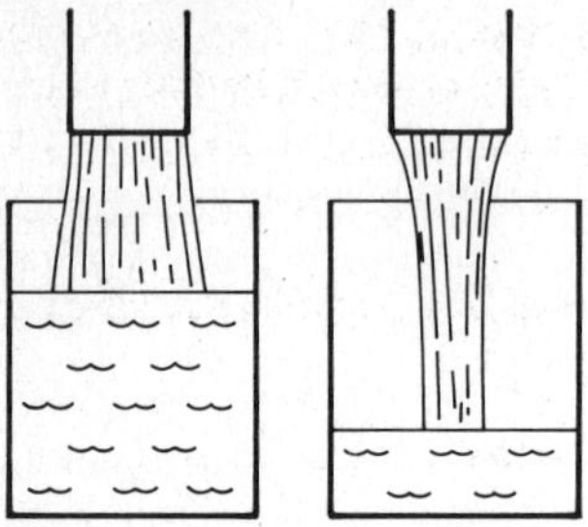

Bild 2.3 In gleicher Zeit liefert ein starker Strahl mehr Wasser als ein schwacher

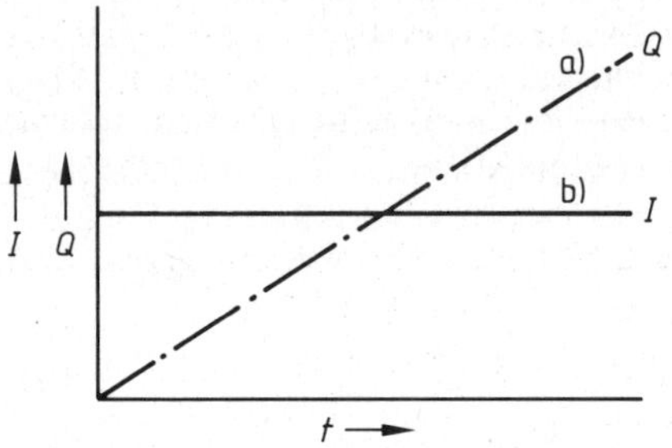

Bild 2.4 Ladungs-Zeit-Diagramm einer gleichmäßigen Ladungsbewegung (a) und Strom-Zeit-Diagramm eines Gleichstroms (b)

2.3 Richtungssinn und Bezugssinn

Die in Gl. (2.2) zur Beschreibung der Stromstärke verwendete Ladung Q kann positiv oder negativ sein. Während sich in Metallen ausschließlich Elektronen als negative Ladungsträger bewegen, können in Flüssigkeiten oder in Gasen positive *und* negative Ladungsträger zur Stromstärke beitragen. Dies muß bei einer allgemein gültigen Definition der Stromstärke berücksichtigt werden.

Bild 2.5 zeigt, wie sich die unterschiedlichen Ladungsträgerarten durch den Querschnitt A bewegen: Die positiven Ladungsträger strömen von 1 nach 2, weil sie infolge der COULOMBschen Kräfte vom Pluspol der Spannungsquelle abgestoßen und vom Minuspol angezogen werden. Die negativen Ladungsträger strömen von 2 nach 1, weil sie vom Minuspol der Spannungsquelle abgestoßen und vom Pluspol angezogen werden.

Bei der Berechnung der gesamten Ladung Q muß berücksichtigt werden, daß die in entgegengesetzter Richtung strömenden Ladungsträger infolge der unterschiedlichen Art der Ladung in *gleicher* Weise zur Stromstärke beitragen.

Faßt man sämtliche positiven Ladungen, die in der Zeitspanne t durch den Querschnitt A strömen, zur Ladung Q_p und entsprechend sämtliche negativen Ladungen zur Ladung Q_n zu-

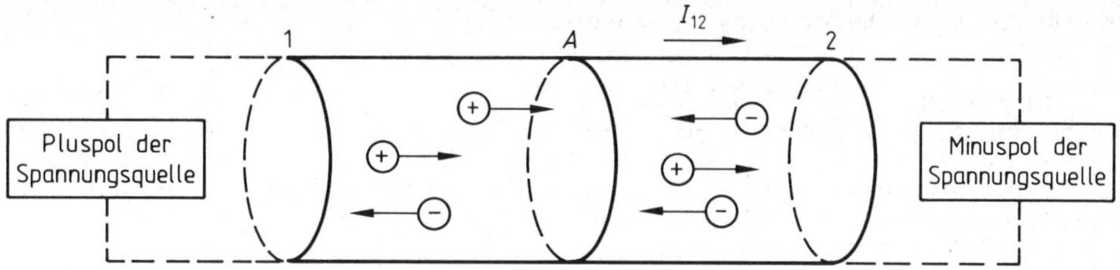

Bild 2.5 Bewegung positiver und negativer Ladungsträger durch einen Querschnitt A

sammen, so läßt sich die gesamte Ladung Q als *Differenz* der Teilladungen berechnen. Damit gilt für die Stromstärke:

$$I_{12} = \frac{Q_p - Q_n}{t} \tag{2.3}$$

Wegen $Q_p > 0$ und $Q_n < 0$ ist die so definierte Stromstärke I_{12} stets positiv. Der zugehörige **Richtungssinn** des Stromes I_{12} stimmt mit der Bewegungsrichtung *positiver* Ladungsträger überein; er wurde früher als *positiver konventioneller Richtungssinn* oder auch als *technische Stromrichtung* bezeichnet.

Beispiel 2.2: Ein Gleichstrom 1 A fließt in einem metallischen Leiter 1 min lang. Welche Ladung bewegt sich dabei durch einen Querschnitt?

Wegen $Q_p = 0$ ist $-Q_n = It$; $Q_n = -It = -1\,\text{A}\cdot 60\,\text{s} = -60\,\text{C}$

Vielfach ist in einer Schaltung der Richtungssinn eines Stromes zunächst unbekannt. So kann z. B. die durch das Schaltzeichen in Bild 2.6 dargestellte Batterie eines Fahrzeugs

→ den Anlasser treiben, dann fließt der Strom I_A;

→ von der „Lichtmaschine" geladen werden, dann fließt der Strom I_L.

Um jeden dieser Fälle allgemein bearbeiten zu können, gibt man willkürlich einen **Bezugssinn** des Stromes I vor, der durch einen **Bezugspfeil** dargestellt wird, und vereinbart:

> Ist der Zahlenwert eines durch einen Bezugspfeil beschriebenen Stromes positiv, so stimmt der Richtungssinn mit dem Bezugssinn überein; ist der Zahlenwert eines durch einen Bezugspfeil beschriebenen Stromes negativ, so sind Richtungssinn und Bezugssinn einander entgegengesetzt.

Die Begriffe Richtungssinn und Bezugssinn sind in DIN 5489 genormt. Mit dem Bezugspfeil, den man üblicherweise *in* den Leitungszug zeichnet, wird willkürlich ein Bezugssinn vorgegeben. Wenn wie z. B. in Bild 2.6a der Zahlenwert des Stromes $I = 20$ A positiv ist, dann stimmen Richtungssinn und Bezugssinn überein, und der Strom $I_A = I$ treibt den Anlasser. Bei $I = -5$ A (Bild 2.6b) sind hingegen Richtungssinn und Bezugssinn einander entgegengesetzt; dabei wird die Batterie mit $I_L = 5$ A geladen.

Der Zusammenhang zwischen Bezugssinn und Richtungssinn ist bei der Strommessung mit dem **Amperemeter** von Bedeutung. Der Bezugssinn des Stromes ist dabei von der mit „+" bezeichneten Klemme zu der mit „−" bezeichneten Klemme festgelegt (Bild 2.7). Wird bei der Messung ein positiver Wert angezeigt, so bedeutet dies, daß Bezugssinn und Richtungssinn übereinstimmen und daß ein Strom mit dem Richtungssinn von „+" nach „−" fließt.

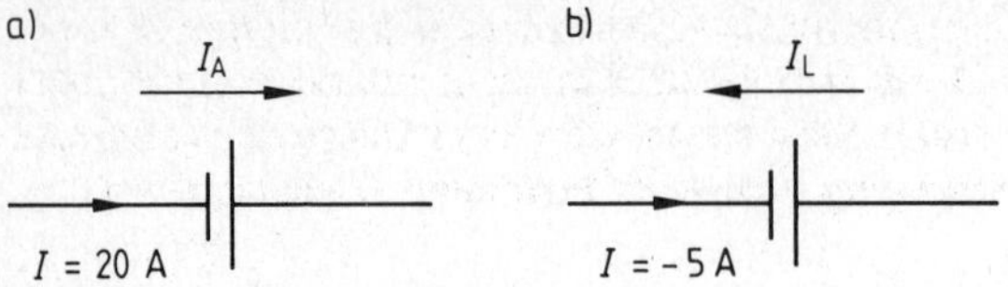

Bild 2.6 Zusammenhang zwischen Richtungssinn I_A (a) bzw. I_L (b) und Bezugssinn I

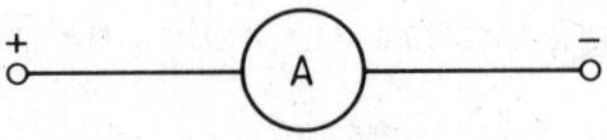

Bild 2.7 Amperemeter mit Klemmenbezeichnungen für Gleichstrom

Die Anzeige eines negativen Stromwertes bedeutet, daß Bezugssinn und Richtungssinn einander entgegengesetzt sind; in diesem Fall fließt also ein Strom mit dem Richtungssinn von „ – " nach „ + ".

3 Die elektrische Spannung

3.1 Ladungstrennung

Ist ein Körper ungeladen, so heißt das nicht etwa, daß er keine Ladungen enthält, sondern vielmehr, daß sich die (stets vorhandenen) Ladungen nach außen hin in ihrer Wirkung aufheben: Die gesamte negative Ladung ist dabei gleich der gesamten positiven Ladung.
Sind dagegen in einem Körper A weniger und in einem anderen Körper B mehr Elektronen vorhanden als jeweils im ungeladenen Zustand, so wirkt der Körper A nach außen *positiv geladen* (Elektronenmangel) und der Körper B *negativ geladen* (Elektronenüberschuß). Der Übersichtlichkeit wegen gibt man nur die jeweils überzähligen Ladungen an (Bild 3.2 b).
Wie in Bild 3.2 dargestellt, bewirken die COULOMBschen Kräfte eine Anziehung der beiden gegensinnig geladenen Körper A und B. Sollen nun die beiden Körper entgegen der Kraftrichtung weiter voneinander entfernt werden, so wird hierfür *Energie* benötigt: Eine Ladungstrennung erfordert eine Energiezufuhr.

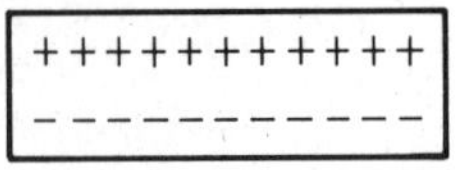

Bild 3.1 Die Elektrizitätsmengen eines ungeladenen Körpers heben sich nach außen hin auf

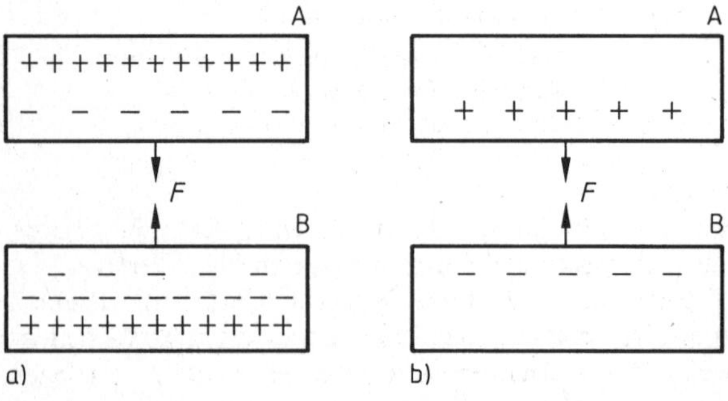

Bild 3.2
Elektronenmangel bewirkt die positive Ladung des Körpers A, Elektronenüberschuß die negative Ladung des Körpers B

Man könnte nun, um eine Ladungstrennung quantitativ zu beschreiben, die Energie W angeben, die für den Vorgang erforderlich ist. Diese Energie sagt jedoch nichts darüber aus, wieviel Ladung getrennt worden ist. Deshalb wird in der Elektrotechnik der Quotient aus Energie und Ladung verwendet, der **elektrische Spannung** oder kurz **Spannung** U genannt wird:

$$U = \frac{W}{Q}\,; \qquad \text{Einheit: } 1\,\frac{\text{J}}{\text{C}} = 1\,\frac{\text{Joule}}{\text{Coulomb}} = \mathbf{1\ Volt} = 1\ \text{V} \tag{3.1}$$

3.2 Richtungssinn und Bezugssinn

Eine Spannung U wirkt stets zwischen zwei Punkten unterschiedlichen Ladungszustandes. Die Spannung zwischen zwei Punkten *gleichen* Ladungszustandes hat den Wert $U = 0$.
Auch der Spannung wird (willkürlich) ein Richtungssinn zugeordnet, der sich aus dem Richtungssinn des Stromes ergibt: Werden zwei unterschiedlich geladene Körper durch einen elektrischen Leiter miteinander verbunden (Bild 3.3), dann strömen Elektronen vom negativ geladenen Körper B zum positiv geladenen Körper A; von A nach B fließt also ein elektrischer Strom I.
Der Richtungssinn der Spannung ist dem Richtungssinn dieses Stromes gleich: Vor Beginn des Ladungsausgleichs liegt zwischen den Körpern die Spannung U_{AB} an.
Häufig ist in einer Schaltung der Richtungssinn einer Spannung zunächst unbekannt. Man nimmt dann willkürlich einen **Bezugssinn** an, der durch einen **Bezugspfeil** dargestellt wird, und vereinbart:

> Ist der Zahlenwert einer durch einen Bezugspfeil beschriebenen Spannung positiv (z. B. U_1 in Bild 3.4), so stimmt der Richtungssinn mit dem Bezugssinn überein; ist der Zahlenwert einer durch einen Bezugspfeil beschriebenen Spannung negativ (z. B. U_2 in Bild 3.4), so sind Richtungssinn und Bezugssinn einander entgegengesetzt.

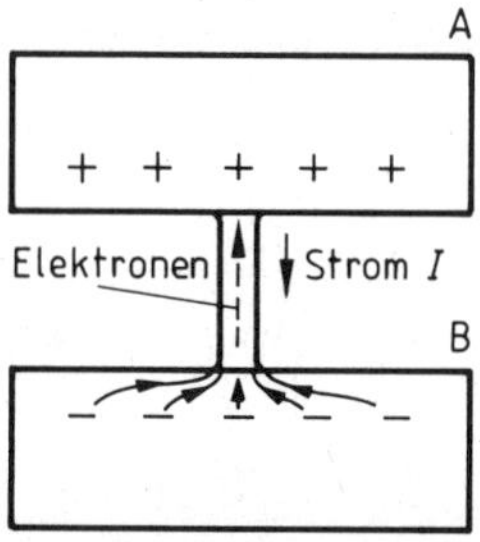

Bild 3.3 Beim Ladungsausgleich strömen die Elektronen vom negativen zum positiven Körper

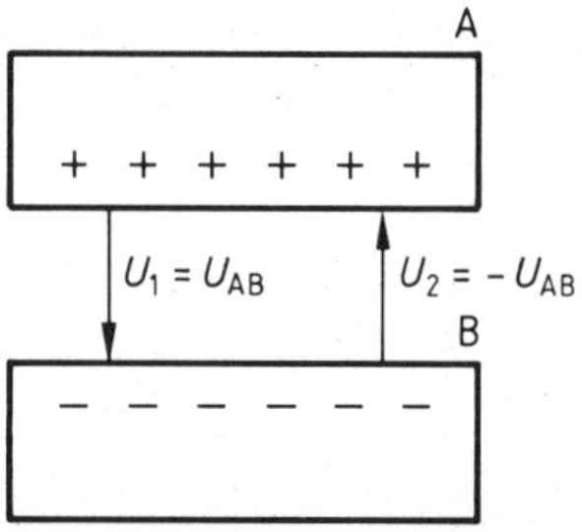

Bild 3.4 Zusammenhang zwischen dem Richtungssinn der Spannung U_{AB} und dem Bezugssinn U_1 bzw. U_2

Der Zusammenhang zwischen Bezugssinn und Richtungssinn ist bei der Spannungsmessung mit dem **Voltmeter** von Bedeutung. Der Bezugssinn der Spannung ist dabei von der mit „+“ bezeichneten Klemme zu der mit „–“ bezeichneten Klemme festgelegt (Bild 3.5). Wird bei der Messung ein positiver Wert angezeigt, so bedeutet dies, daß Bezugssinn und Richtungssinn übereinstimmen und eine Spannung mit dem Richtungssinn von „+“ nach „–“ anliegt.

Die Anzeige eines negativen Spannungswertes bedeutet, daß Bezugssinn und Richtungssinn einander entgegengesetzt sind; in diesem Fall liegt also eine Spannung mit dem Richtungssinn von „–" nach „+" an.

Bild 3.5 Voltmeter mit Klemmenbezeichnungen für Gleichspannung

4 Leistung und Energie

4.1 Erzeuger und Verbraucher

Ein elektrischer Stromkreis besteht im einfachsten Fall aus zwei Energiewandlern: Der eine wandelt nichtelektrische Energie in elektrische Energie um, er wird daher als **Erzeuger** (elektrischer Energie) bezeichnet; der andere wandelt elektrische Energie in nichtelektrische Energie um, er wird daher als **Verbraucher** (elektrischer Energie) bezeichnet.
Bild 4.1 zeigt als Beispiel einen Stromkreis, in dem ein Gleichstromgenerator als Erzeuger arbeitet und eine Glühlampe den Verbraucher darstellt. Dem Generator wird an der Welle mechanische Energie zugeführt, die Glühlampe gibt Licht- und Wärmeenergie ab. Ein derartiger Stromkreis ist Grundbestandteil der elektrischen Anlage eines Kraftfahrzeuges (die volkstümliche Bezeichnung „Lichtmaschine" für den Gleichstromgenerator stammt noch aus der „Steinzeit" der Elektrotechnik).

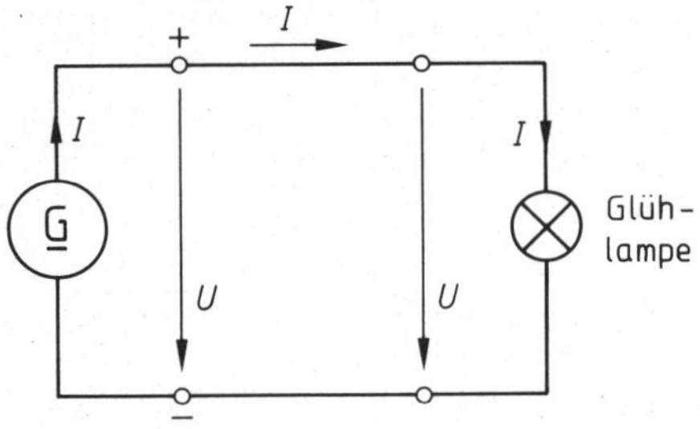

Bild 4.1 Einfacher Stromkreis mit Erzeuger und Verbraucher

Der Strom fließt im Verbraucher vom Pluspol zum Minuspol, im Erzeuger dagegen vom Minuspol zum Pluspol.
Wenn der Anteil der Zweidrahtleitung, die den Generator mit der Lampe verbindet, am Energieumsatz vernachlässigt werden kann, steht die gesamte Energie, die im Generator für die Ladungstrennung aufgewendet wird, der Lampe zur Verfügung. Bei gleichmäßigem Energiefluß kann die Leistung als Quotient aus Energie und Zeit berechnet werden:

$$P = \frac{W}{t}\ ; \quad \text{Einheit: } 1\,\frac{\text{J}}{\text{s}} = \mathbf{1\,Watt} = 1\,\text{W} \tag{4.1}$$

Nach dem Erweitern mit der Ladung Q werden die Gln.(3.1 und 2.2) eingesetzt:

$$P = \frac{W}{Q} \cdot \frac{Q}{t} = U I\ ; \quad \text{Einheit: } 1\,\text{W} = 1\,\text{V} \cdot 1\,\text{A} \tag{4.2}$$

4.2 Der Begriff Zweipol

Viele Bauteile und Geräte der Elektrotechnik haben *zwei* Anschlußdrähte oder -klemmen. Da diese Anschlüsse oft *Pole* genannt werden, wird ein solches Bauteil oder Gerät auch als **Zweipol** bezeichnet. In der Schaltung 4.1 sind der Gleichstromgenerator und die Glühlampe Zweipole.

An jedem Zweipol kann sowohl der Bezugssinn der Spannung als auch der Bezugssinn des Stromes frei gewählt werden. Dadurch können sich jedoch nur *zwei* unterschiedliche Zuordnungen – gleichsinnig oder gegensinnig – der Bezugspfeile für Spannung und Strom ergeben; diese beiden möglichen Zuordnungen sind in Bild 4.1 dargestellt.

Die Eigenschaft eines Zweipols, als Erzeuger oder Verbraucher zu wirken, ist vielfach nicht von vornherein festgelegt oder bekannt. So liefert z. B. der Akkumulator eines Kraftfahrzeugs beim Startvorgang die Energie für den Elektromotor, der Anlasser genannt wird; er wirkt dabei als Erzeuger. Wird der Akkumulator dagegen von der „Lichtmaschine" geladen, so wirkt er als Verbraucher.

Werden an dem Akkumulator die Bezugspfeile für Strom und Spannung gleichsinnig gewählt (Bild 4.2a), so wirkt er wie die Glühlampe in Bild 4.1 für $U > 0$ und $I > 0$ als Verbraucher mit der Leistung $P = U I > 0$. Wenn jedoch der Akkumulator als Erzeuger arbeitet, dann fließt der Strom entgegen dem gewählten Bezugspfeil, und es ist $I < 0$ (Bild 4.2b); die Leistung $P = U I$ ist in diesem Fall negativ.

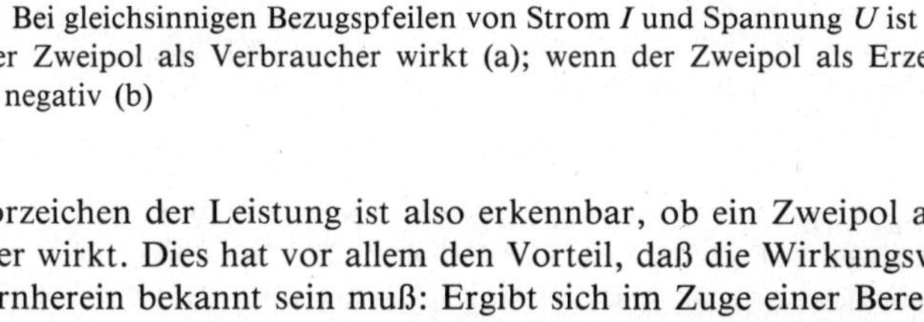

Bild 4.2 Bei gleichsinnigen Bezugspfeilen von Strom I und Spannung U ist die Leistung $P = U I$ positiv, wenn der Zweipol als Verbraucher wirkt (a); wenn der Zweipol als Erzeuger wirkt, ist die Leistung $P = U I$ negativ (b)

Am Vorzeichen der Leistung ist also erkennbar, ob ein Zweipol als Erzeuger oder als Verbraucher wirkt. Dies hat vor allem den Vorteil, daß die Wirkungsweise eines Zweipols nicht von vornherein bekannt sein muß: Ergibt sich im Zuge einer Berechnung, daß die Leistung eines Zweipols *positiv* ist, so handelt es sich um einen *Verbraucher;* ist die Leistung *negativ,* so wirkt der Zweipol als *Erzeuger*. Ein weiterer Vorteil liegt darin, daß die Leistungsbilanz für sämtliche Zweipole einer Schaltung vereinfacht geschrieben werden kann:

$$\sum P = 0 \tag{4.3}$$

Die Summe der Leistungen sämtlicher Zweipole in einer Schaltung ist gleich Null, wenn jede Verbraucherleistung positiv und jede Erzeugerleistung negativ eingesetzt wird.
Der beschriebene Zusammenhang zwischen dem Vorzeichen der Leistung und der Eigenschaft eines Zweipols, als Erzeuger oder Verbraucher zu wirken, läßt sich auch dann herstellen, wenn die Bezugspfeile von Strom und Spannung einander entgegengerichtet sind (Bild 4.3); in diesem Fall gilt für die Leistung:

$$P = -UI \tag{4.4}$$

a)

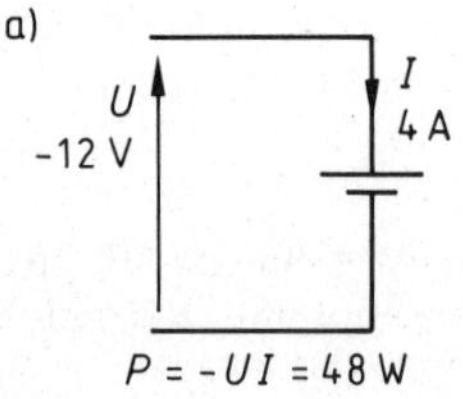

b)

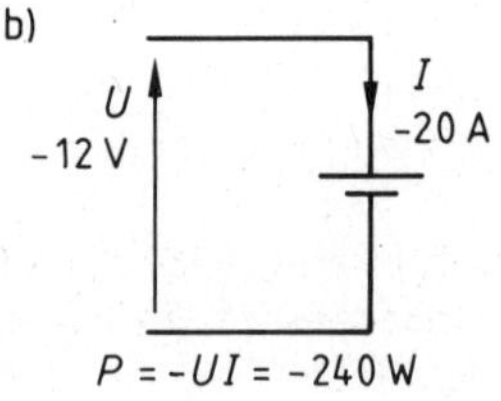

Bild 4.3 Bei einander entgegengesetzten Bezugspfeilen von Strom I und Spannung U ist die Leistung $P = -UI$ positiv, wenn der Zweipol als Verbraucher wirkt (a); wenn der Zweipol als Erzeuger wirkt, ist die Leistung $P = -UI$ negativ (b)

Beispiel 4.1: An einem Akkumulator wird der Strom $I = -2{,}4$ A und die Spannung $U = 12{,}5$ V gemessen. Welche Leistung wird umgesetzt? Wirkt der Akkumulator als Erzeuger oder als Verbraucher?

Die Bezugspfeile für U und für I sind an jedem Meßgerät von der „+"-Klemme zur „–"-Klemme festgelegt. Der Strom durch das Voltmeter wird vernachlässigt. Am Akkumulator hat der Bezugspfeil für I die gleiche Richtung wie der Bezugspfeil für U; die Leistung wird deshalb mit Gl. (4.2) berechnet:

$P = UI = 12{,}5\ \text{V} \cdot (-2{,}4\ \text{A}) = -30\ \text{W}.$

Wegen $P < 0$ wirkt der Akkumulator als Erzeuger.

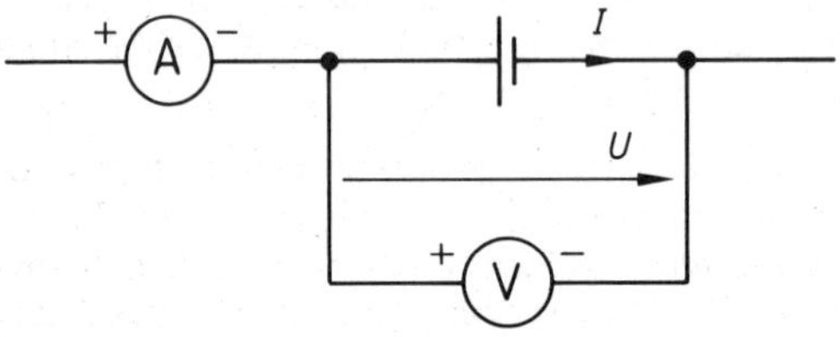

Bild 4.4 Akkumulator mit Meßgeräten für Strom und Spannung

4.3 Der Wirkungsgrad

Vielfach wird mit elektrischen Geräten eine Energiewandlung durchgeführt. Dabei ist die *nutzbare* abgegebene Leistung P_{ab} kleiner als die zugeführte Leistung P_{zu}. Der Quotient aus diesen beiden Leistungen wird als **Wirkungsgrad** η bezeichnet:

$$\eta = \frac{P_{ab}}{P_{zu}} \tag{4.5}$$

Beispiel 4.2: Ein Motor mit dem Wirkungsgrad 0,78 gibt an der Welle die mechanische Leistung 1,5 kW ab. Welche Leistung nimmt der Motor auf, und welche Verluste P_{verl} entstehen im Motor?

$$P_{zu} = \frac{P_{ab}}{\eta} = \frac{1500\,\text{W}}{0{,}78} = 1923\,\text{W}$$

$$P_{verl} = P_{zu} - P_{ab} = 1923\,\text{W} - 1500\,\text{W} = 423\,\text{W}$$

4.4 Die Kosten der Energie

Bereits im Kap. 1 wurde darauf hingewiesen, daß Energie in unterschiedlichen Formen vorliegen kann. Bei jeder Energieumwandlung wird **Arbeit** W verrichtet. Wenn dabei die Leistung P in der Zeit t konstant ist, gilt:

$$W = P\,t\;;\quad \text{Einheit: } 1\,\text{Nm} = \mathbf{1\,Joule} = 1\,\text{J} = 1\,\text{Ws} \tag{4.6}$$

Beispiel 4.3: Wie viele Stunden kann man eine 40 W-Lampe betreiben, bis 1 kWh verbraucht ist, und was kostet eine Betriebsstunde dieser Lampe bei 0,25 DM/kWh?

$$t = \frac{W}{P} = \frac{1\,\text{kWh}}{40\,\text{W}} = 25\,\text{h}\;;\quad K = \frac{0{,}25\,\text{DM}}{\text{kWh}} \cdot 40\,\text{W} \cdot 1\,\text{h} = 0{,}01\,\text{DM}$$

Während die Energieversorgungsunternehmen den Abnehmern kleinerer Energiemengen (z. B. Haushalten) lediglich den Arbeitspreis in Rechnung stellen, wird den Abnehmern höherer Energiemengen (z. B. Industrieunternehmen) zusätzlich zum Arbeitspreis ein Leistungspreis für jedes kW der Jahreshöchstleistung in Rechnung gestellt. Als Jahreshöchstleistung gilt das Mittel aus den beiden höchsten im Abrechnungsjahr aufgetretenen Monatshöchstleistungen; als Monatshöchstleistung gilt der höchste innerhalb eines Monats in Anspruch genommene viertelstündige Mittelwert der Leistung.

Die Monatshöchstleistung wird mit einem kWh-Zähler gemessen, der ein zusätzliches Zählwerk enthält, das zu Beginn jeder Viertelstunde von einer Schaltuhr auf den Wert Null zurückgestellt wird. Der Wert W der gemessenen Arbeit wird mit dem konstanten Faktor $1/(15\,\text{min}) = 1/(15 \cdot 60\,\text{s})$ multipliziert. Am Ende einer Viertelstunde zeigt das Zählwerk anstelle der Arbeit W_M den Mittelwert $P_M = W_M/(900\,\text{s})$ der Leistung in der abgelaufenen Viertelstunde an. Eine Maximumanzeige hält den Höchstwert von P_M fest, der monatlich abgelesen wird.

Beispiel 4.4: Ein Industriebetrieb mit der Jahreshöchstleistung 510 kW, für die jährlich 240,00 DM/kW in Rechnung gestellt werden, bezieht im Abrechnungsmonat die Arbeit 82000 kWh. Der Arbeitspreisfaktor beträgt 0,18 DM/kWh. Außerdem werden 8,6% Kohleausgleichsabgabe und 15% Umsatzsteuer in Rechnung gestellt. Wie hoch ist der tatsächliche Preis für 1 kWh?

Leistungspreis: $510\,\text{kW} \cdot \dfrac{240\,\text{DM}}{\text{kW}} : 12$ = 10200,– DM

Arbeitspreis: $82000\,\text{kWh} \cdot \dfrac{0{,}18\,\text{DM}}{\text{kWh}}$ = 14760,– DM

		24960,– DM
8,6%	Kohleausgleichsabgabe	2146,56 DM
	Zwischensumme	27106,56 DM
15%	Umsatzsteuer	4065,98 DM
		31172,54 DM

bezogene Kosten: $\dfrac{31172{,}54\,\text{DM}}{82000\,\text{kWh}} = 0{,}38\,\dfrac{\text{DM}}{\text{kWh}}$

4.5 Die Elektrowärme

Wie bereits in Kap. 2.2 erwähnt, ist die Erzeugung von Wärmeenergie eine der Wirkungen des elektrischen Stromes.
Ein Stoff der Masse m, der von der Temperatur ϑ_1 auf die Temperatur ϑ_2 erwärmt wird, nimmt dabei die **Wärmeenergie** W_{th} (thermische Energie) auf:

$$W_{th} = c\,m\,(\vartheta_2 - \vartheta_1) = c\,m\,\Delta\vartheta \tag{4.7}$$

Dabei ist c die **spezifische Wärmekapazität** des Stoffes, d. h. die Energie, die benötigt wird, um 1 kg des Stoffes um 1 K zu erwärmen.

Tabelle 4.1: Spezifische Wärmekapazität c einiger Stoffe

Stoff	$\dfrac{\text{kJ}}{\text{kg} \cdot \text{K}}$
Wasser	4,187
Transformatoröl	1,8
Luft	1
Aluminum	0,9
Stahl	0,46
Kupfer	0,39

Wenn die Erwärmung durch einen elektrischen Heizleiter erfolgt, dann ist infolge der unvermeidbaren Verluste die nutzbare Wärmeenergie W_{th} kleiner als die dem Heizleiter zugeführte elektrische Energie W_{el}. Der Quotient aus W_{th} und W_{el} ist der **Energie-Wirkungsgrad** η:

$$\eta = \frac{W_{th}}{W_{el}} \tag{4.8}$$

Beispiel 4.5: Ein Warmwasserbereiter mit dem Anschlußwert 1,5 kW hat den Wirkungsgrad 70%. Welche Kosten entstehen für die Erwärmung von 1,5 l Wasser von 10 °C auf 80 °C, wenn eine kWh 0,25 DM kostet? Wie lange dauert die Erwärmung?

$$W_{th} = c\,m\,\Delta\vartheta = 4{,}187\ \frac{\text{kJ}}{\text{kg}\cdot\text{K}}\cdot 1{,}5\ \text{kg}\cdot 70\ \text{K} = 439{,}6\ \text{kJ}$$

$$W_{el} = \frac{W_{th}}{\eta} = \frac{439{,}6\ \text{kJ}}{0{,}7} = 628\ \text{kJ} = 628\ \text{kWs} = \frac{628}{3600}\ \text{kWh} = 0{,}174\ \text{kWh}$$

$$\text{Kosten: } K = 0{,}174\ \text{kWh}\cdot 0{,}25\ \frac{\text{DM}}{\text{kWh}} = 0{,}0435\ \text{DM}$$

$$t = \frac{W}{P} = \frac{0{,}174\ \text{kWh}}{1{,}5\ \text{kW}} = 0{,}116\ \text{h} \approx 7\ \text{min}$$

Beispiel 4.6: Ein elektrischer Durchlauferhitzer soll je Minute 6 l Wasser um 26 K erwärmen. Welche elektrische Energie wird in einer Minute zugeführt, und welche Leistung ist erforderlich, wenn der Wirkungsgrad zu 90 % angenommen werden kann?

$$W_{el} = \frac{c\,m\,\Delta\vartheta}{\eta} = \frac{4{,}187\ \text{kJ}\cdot 6\ \text{kg}\cdot 26\ \text{K}}{\text{kg}\cdot\text{K}\cdot 0{,}9} = 726\ \text{kJ} = 726\ \text{kWs}$$

$$P = \frac{W_{el}}{t} = \frac{726\ \text{kWs}}{60\ \text{s}} = 12{,}1\ \text{kW}$$

Elektrische Durchlauferhitzer erfordern hohe Anschlußwerte. Wenn diese in einem Haushalt nicht zur Verfügung stehen, dann verwendet man Warmwasserspeicher.

Beispiel 4.7: Ein Warmwasserspeicher mit 80 l Inhalt soll mit dem verbilligten Nachttarif von 22 Uhr bis 6 Uhr von 12 °C auf 85 °C aufgeheizt werden. Welche Leistung ist notwendig, wenn mit 15% Verlusten gerechnet werden muß?

$$P = \frac{c\,m\,\Delta\vartheta}{\eta\cdot\Delta t} = \frac{4{,}187\ \text{kJ}\cdot 80\ \text{kg}\cdot 73\ \text{K}}{\text{kg}\cdot\text{K}\cdot 0{,}85\cdot 8\cdot 3600\ \text{s}} \approx 1\ \text{kW}$$

Bei den elektrischen Öfen, die zur Raumheizung dienen, treten keine Wärmeverluste an die Umgebung auf. Zur Ermittlung der benötigten Heizleistung kann man von der Erfahrung ausgehen, daß ein vollbeheizter Raum für die bei uns üblichen Witterungs- und baulichen Verhältnisse je m^3 etwa die Leistung 50 W benötigt. Da außer dem Unterschied zwischen der gewünschten Innentemperatur und der zu erwartenden Außentemperatur auch die Art und Dicke der Wände, die Anzahl und Größe der Fenster und Türen eine Rolle spielt, ist in jedem Fall eine genaue Wärmebedarfsrechnung nach DIN 4701 erforderlich.

Beispiel 4.8: Ein Raum 2,5 m × 3,55 m × 2,7 m soll vollelektrisch beheizt werden.
a) Welche Leistung muß das Heizgerät haben?
b) Welche Wärmemenge erzeugt es in 5 Stunden?
c) Was kostet der Betrieb in einer Stunde beim Preis 0,25 DM/kWh?

a) $P = 2{,}5\ \text{m}\cdot 3{,}55\ \text{m}\cdot 2{,}7\ \text{m}\cdot 50\ \text{W/m}^3 \approx 1200\ \text{W} = 1{,}2\ \text{kW}$

b) $W_{th} = P\,t = 1{,}2\ \text{kW}\cdot 5\ \text{h} = 6\ \text{kWh} = 6\ \text{kW}\cdot 3600\ \text{s} = 21\,600\ \text{kJ}$

c) $K = 1{,}2\ \text{kW}\cdot 1\ \text{h}\cdot 0{,}25\ \frac{\text{DM}}{\text{kWh}} = 0{,}30\ \text{DM}$

5 Der elektrische Widerstand

5.1 Der Begriff Widerstand

Damit in einem Metalldraht ein Strom I fließt, muß Energie zugeführt werden; dies läßt sich durch Anlegen einer Spannung U erreichen. Bei einem Zweipol, der ausschließlich als *Verbraucher* wirken kann, wird der Quotient aus Spannung und Strom als **Widerstand** R bezeichnet:

$$R = \frac{U}{I}\,; \quad \text{Einheit: } 1\,\frac{\mathrm{V}}{\mathrm{A}} = \mathbf{1\,Ohm} = 1\,\Omega \tag{5.1}$$

Der Widerstand eines metallischen Leiters läßt sich durch die Schwingungen der Atome des Kristallgitters erklären; diese Schwingungen stellen eine Bewegungshemmung, also einen Widerstand, für die in Leiterrichtung strömenden Elektronen dar. Wird die Bewegungshemmung durch Anlegen einer Spannung überwunden, so entsteht Wärme, da ein Strom fließt; im Leiter wird dabei Leistung umgesetzt.

5.2 Das OHMsche Gesetz

Trägt man für einen Metalldraht, dessen Temperatur ϑ konstant bleibt, den Strom I über der Spannung U auf, so erhält man als I-U-Kennlinie eine Gerade (Bild 5.1). Der Widerstand des Drahtes hat für jeden Punkt der Geraden denselben Wert:

$$R = \frac{U}{I} = \text{const.} \tag{5.2}$$

Der durch diese Gleichung beschriebene Zusammenhang wird OHMsches Gesetz genannt. Ein konstanter, also vom Strom oder von der Spannung unabhängiger Widerstand wird dementsprechend als OHMscher Widerstand bezeichnet.

Der Begriff (OHMscher) Widerstand wird im technischen Sprachgebrauch nicht nur für die durch Gl. (5.2) beschriebene Eigenschaft eines Leiters, sondern auch für ein Bauteil oder Gerät verwendet, das seinen Widerstandswert praktisch nicht ändert.

Nach DIN 1324 ist der Widerstand R stets positiv. Wenn die Bezugspfeile für I und U am Zweipol gleiche Richtung haben, ergibt sich dies für $R = U/I$ automatisch. Sind jedoch die

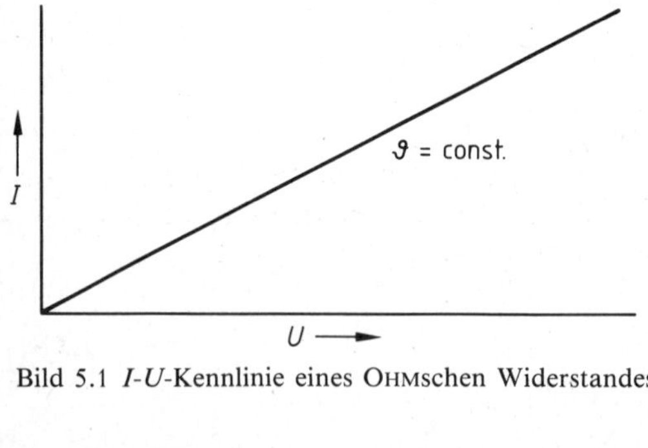

Bild 5.1 I-U-Kennlinie eines OHMschen Widerstandes

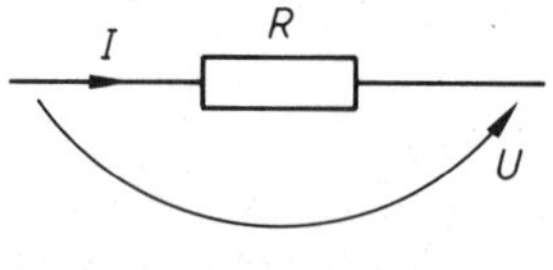

Bild 5.2 Schaltzeichen eines OHMschen Widerstandes mit Bezugspfeilen für Spannung und Strom

Bezugspfeile für U und I einander entgegengesetzt, so führt der Ansatz $R = -U/I$ zu einem positiven Widerstandswert.
Der Kehrwert des Widerstandes wird als **Leitwert** G bezeichnet:

$$G = \frac{I}{U} = \frac{1}{R}\ ; \quad \text{Einheit: } 1\ \frac{\text{A}}{\text{V}} = \frac{1}{\Omega} = \mathbf{1\ Siemens} = 1\ \text{S} \tag{5.3}$$

Der Kehrwert eines OHMschen Widerstandes ist also die *Steigung* der Geraden im I-U-Kennlinienfeld; dieser Leitwert ist ebenso wie der OHMsche Widerstand konstant, d. h. vom Strom I bzw. von der Spannung U unabhängig.

Beispiel 5.1: Durch einen OHMschen Widerstand $R = 150\ \Omega$ fließt der Strom 0,2 A. Welche Spannung liegt dabei an dem Widerstand?

$$U = R\,I = 150\ \Omega \cdot 0{,}2\ \text{A} = 30\ \text{V}$$

Beispiel 5.2: Welcher Strom fließt durch den Leitwert $G = 55$ mS, der an der Spannung 12 V liegt?

$$I = G\,U = 55\ \text{mS} \cdot 12\ \text{V} = 660\ \text{mA} = 0{,}66\ \text{A}$$

5.3 Der Widerstand eines linearen Leiters

Ein Leiter, der überall gleichen Querschnitt hat und dessen Querschnittsabmessungen wesentlich kleiner als die Länge l sind, wird **linearer Leiter** genannt. Es ist unerheblich, ob der Leiter gerade ausgestreckt oder gekrümmt ist; so ist z. B. auch der gewendelte Glühdraht einer Glühlampe ein linearer Leiter.
Bei einem linearen Leiter ist der Strom I gleichmäßig auf den Querschnitt A verteilt. Der Quotient aus Strom und Querschnitt, der als **Stromdichte** J bezeichnet wird, hat an jeder Stelle des Leiters denselben Wert:

$$J = \frac{I}{A}\ ; \quad \text{Einheit: } 1\ \frac{\text{A}}{\text{mm}^2} \tag{5.4}$$

Beim linearen Leiter fällt die Spannung U gleichmäßig über der Länge l ab. Der Quotient aus beiden Größen wird **elektrische Feldstärke** E genannt:

$$E = \frac{U}{l}\ ; \quad \text{Einheit: } 1\ \frac{\text{V}}{\text{m}} \tag{5.5}$$

Wenn das OHMsche Gesetz gilt – bei einem Metalldraht, dessen Temperatur konstant bleibt, ist dies stets der Fall –, dann ist die Stromstärke J linear von der Feldstärke E abhängig. Der konstante Proportionalitätsfaktor wird als **Leitfähigkeit** γ bezeichnet:

$$\gamma = \frac{J}{E}\ ; \quad \text{Einheit: } 1\ \frac{\text{A}}{\text{mm}^2} \cdot \frac{\text{m}}{\text{V}} = 1\ \frac{\text{S m}}{\text{mm}^2} \tag{5.6}$$

Anstelle der Leitfähigkeit γ wird häufig auch ihr Kehrwert, der **spezifische Widerstand** ϱ angegeben:

$$\varrho = \frac{E}{J}\,; \qquad \text{Einheit: } 1\,\frac{\text{V}}{\text{m}}\cdot\frac{\text{mm}^2}{\text{A}} = 1\,\frac{\Omega\,\text{mm}^2}{\text{m}} \tag{5.7}$$

Die Werte von ϱ und γ sind für einige technisch wichtige Leitermaterialien in Tab. 5.1 für die Temperatur 20 °C angegeben.

Tabelle 5.1: Spezifischer Widerstand, Leitwert und Temperaturkoeffizienten von Metallen

a) Technisch reine Metalle	ϱ_{20} $\frac{\Omega\,\text{mm}^2}{\text{m}}$	γ_{20} $\frac{\text{S m}}{\text{mm}^2}$	α_{20} $10^{-3}\frac{1}{\text{K}}$	β_{20} $10^{-6}\frac{1}{\text{K}^2}$	τ K	ϱ $\frac{\text{kg}}{\text{dm}^3}$
Silber	0,016	62,5	3,8	0,7	243	10,5
Kupfer	0,01786	56	3,92	0,6	235	8,9
Gold	0,023	43,5	4,0	0,5	230	19,3
Aluminium	0,02857	35	3,77	1,3	245	2,7
Magnesium	0,0455	22	3,9	1	236	1,74
Wolfram	0,055	18,2	4,1	1	224	19,3
Zink	0,0625	16	3,7	2	250	7,1
Nickel	0,095	10,5	4,85	9	186	8,8
Eisen	0,1	10	4,55	6	200	7,86
Platin	0,108	9,25	2,9	0,6	325	21,4
Zinn	0,11	9,1	4,2	6	218	7,3
Blei	0,208	4,8	4,2	2	218	11,3
Quecksilber	0,96	1,04	0,92	1,2	–	13,6
b) Legierungen						
Messing	0,063	15,9	1,6		605	8,4
Flußstahl	0,13	7,7	4,8		188	7,85
Bronze	0,18	5,55	0,5		1980	8,1
Neusilber	0,3	3,33	0,35		2837	8,5
Manganin Cu Mn12 Ni2	0,43	2,32	0,02		–	8,4
Konstantan Cu Ni45 Mn1	0,5	2	−0,003		–	8,8
Gußeisen	1	1	6		147	7,25
Chromnickel	1,1	0,91	0,1		9980	8,4

Der Widerstand R eines linearen Leiters läßt sich mit den Gln. (5.4 und 5.5) berechnen:

$$R = \frac{U}{I} = \frac{E\,l}{J\,A} \tag{5.8}$$

Mit der Leitfähigkeit γ bzw. mit dem spezifischen Widerstand ϱ läßt sich der Quotient E/J ersetzen:

$$R = \frac{\varrho\,l}{A} = \frac{l}{\gamma\,A} \tag{5.9}$$

Beispiel 5.3: Eine 1,4 km lange Freileitung besteht aus Kupferdraht von 10 mm² Querschnitt. Welchen Widerstand hat ein Draht der Leitung bei 20 °C? (γ s. Tab. 5.1)

$$R = \frac{l}{\gamma A} = \frac{1400\ \text{m}}{(56\ \text{S m/mm}^2) \cdot 10\ \text{mm}^2} = 2{,}5\ \Omega$$

Beispiel 5.4: Ein Widerstand $R = 3$ kΩ soll aus Konstantandraht (Durchmesser 0,1 mm) gefertigt werden. Welche Drahtlänge ist erforderlich?

$$A = \frac{\pi d^2}{4} = \frac{\pi\ (0{,}1\ \text{mm})^2}{4} = 7{,}85 \cdot 10^{-3}\ \text{mm}^2$$

$$l = \gamma A R = 2 \frac{\text{S m}}{\text{mm}^2} \cdot 7{,}85 \cdot 10^{-3} \text{mm}^2 \cdot 3000\ \Omega = 47{,}1\ \text{m}$$

5.4 Der spezifische Widerstand von Isolierstoffen

Der spezifische Widerstand ϱ eines Isolierstoffs wird in der Einheit Ωm angegeben. In Tab. 5.2 sind die Werte des spezifischen Widerstands für einige technisch wichtige Isolierstoffe zusammengestellt.

Tabelle 5.2: Spezifischer Widerstand von Isolierstoffen

	ϱ Ω m
destilliertes Wasser	$10^3 \ldots 10^5$
Wasser, reinst	$2{,}5 \cdot 10^5$
Hartpapier	10^8
Porzellan	10^{10}
Transformatoröl	10^{12}
PVC	10^{13}
Polyäthylen	10^{13}
Polystyrol	10^{15}

5.5 Das JOULEsche Gesetz

Die in einem OHMschen Widerstand umgesetzte Leistung läßt sich durch Einsetzen von $U = I R$ in die Gl. (4.2) folgendermaßen berechnen:

$$P = U I = R I^2 \tag{5.10}$$

Dieser Zusammenhang wird als JOULEsches Gesetz bezeichnet; es besagt, daß die zur Erwärmung führende Leistung eines OHMschen Widerstandes dem Quadrat des Stromes proportional ist.

Ersetzt man in Gl.(4.2) den Strom mit Hilfe der Gl.(5.1), so ergibt sich:

$$P = U\,I = \frac{U^2}{R} \tag{5.11}$$

Die Leistung kann auch mit dem Leitwert G berechnet werden:

$$P = U\,I = G\,U^2 = \frac{I^2}{G} \tag{5.12}$$

Beispiel 5.5: Von einer Glühlampe 100 W, 230 V sind zu berechnen:

a) der Widerstand bei Betriebstemperatur,
b) die Stromaufnahme im Betrieb.

a) $R = \dfrac{U^2}{P} = \dfrac{(230\ \text{V})^2}{100\ \text{W}} = 529\ \Omega$

b) $I = \dfrac{P}{U} = \dfrac{100\ \text{W}}{230\ \text{V}} = 0{,}435\ \text{A}$ oder:

$I = \dfrac{U}{R} = \dfrac{230\ \text{V}}{529\ \Omega} = 0{,}435\ \text{A}$

Beispiel 5.6: Ein Widerstand $R = 470\ \Omega$ hat die Nennleistung 0,33 W. An welcher Spannung darf der Widerstand dauernd betrieben werden? Welcher Strom fließt dabei?

$U^2 = R\,P = 470\ \Omega \cdot 0{,}33\ \text{W} = 470\ \dfrac{\text{V}}{\text{A}} \cdot 0{,}33\ \text{VA} = 155\ \text{V}^2$; $U = 12{,}45\ \text{V}$

$I = \dfrac{U}{R} = \dfrac{12{,}45\ \text{V}}{470\ \Omega} = 26{,}5\ \text{mA}$

5.6 Der Widerstand elektrischer Meßgeräte

Ein Gerät zur Messung eines Stromes wird, wie bereits erwähnt, auch Amperemeter genannt. Ein derartiges Meßgerät mit dem OHMschen Widerstand R_M darf bei der Messung eines Stromes I_M dem Stromkreis möglichst wenig Energie entnehmen. Aus diesem Grund soll die Leistung $P = R_M I_M^2$ und deshalb auch der Widerstand R_M des Amperemeters möglichst klein sein.

Beispiel 5.7: Bei der Messung des Stromes 10 mA entsteht an einem Amperemeter der Spannungsabfall 100 mV. Welchen Widerstand R_M hat das Meßwerk des Amperemeters? Welche Leistung nimmt das Gerät bei der Messung auf?

$R_M = \dfrac{U}{I} = \dfrac{100\ \text{mV}}{10\ \text{mA}} = 10\ \Omega$

$P = U\,I = 0{,}1\ \text{V} \cdot 0{,}01\ \text{A} = 1\ \text{mW}$

Wie das Beispiel zeigt, kann ein Amperemeter mit dem OHMschen Widerstand R_M auch zur Messung einer Spannung verwendet werden; das im Beispiel beschriebene Gerät könnte also auch mit einer Skale für mV versehen werden.
Auch ein Voltmeter darf bei der Messung der Spannung U_M dem Stromkreis möglichst wenig Energie entnehmen. Aus diesem Grund soll die Leistung $P = G_M U_M^2$ und deshalb auch der Leitwert G_M des Voltmeters möglichst klein sein.

5.7 Der nichtlineare Widerstand

Wenn die *I-U*-Kennlinie eines Zweipols keine Gerade durch den Nullpunkt ist, dann hat der Widerstand in den einzelnen Punkten unterschiedliche Werte; ein derartiger Widerstand wird **nichtlinearer Widerstand** genannt.
Alle Halbleiter-Bauelemente (z.B. Dioden, s. Kap. 51) haben nichtlineare *I-U*-Kennlinien. Auch metallische Leiter, deren Temperatur nicht konstant bleibt, sind nichtlineare Widerstände; Bild 5.4 zeigt als Beispiel die *I-U*-Kennlinie einer Glühlampe.

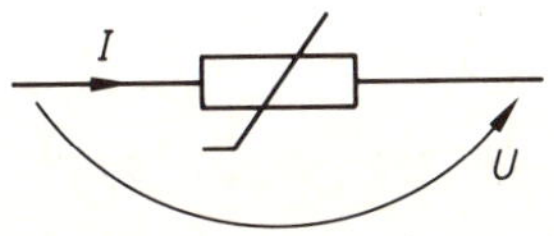

Bild 5.3 Schaltzeichen eines nichtlinearen Widerstandes mit Bezugspfeilen für Spannung und Strom

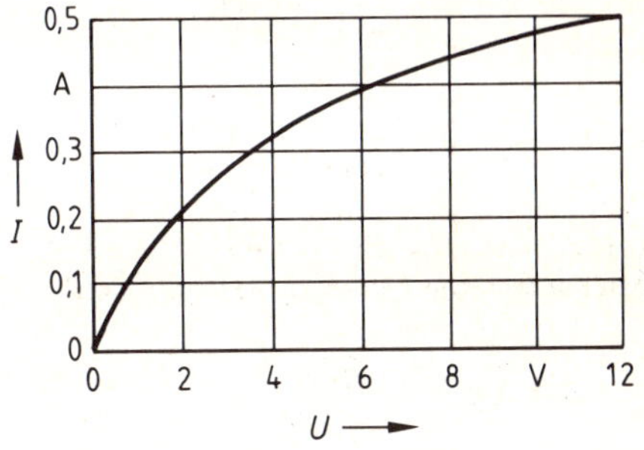

Bild 5.4 *I-U*-Kennlinie einer Glühlampe

Beispiel 5.8: Der Widerstand einer Glühlampe mit der *I-U*-Kennlinie nach Bild 5.4 soll für die Spannungswerte 4 V; 8 V; 12 V berechnet werden.

Bei 4 V wird abgelesen: $I = 0{,}32$ A; damit wird berechnet: $R = \dfrac{4\,\text{V}}{0{,}32\,\text{A}} = 12{,}5\,\Omega$

Bei 8 V wird abgelesen: $I = 0{,}44$ A; damit wird berechnet: $R = \dfrac{8\,\text{V}}{0{,}44\,\text{A}} = 18{,}2\,\Omega$

Bei 12 V wird abgelesen: $I = 0{,}5$ A; damit wird berechnet: $R = \dfrac{12\,\text{V}}{0{,}5\,\text{A}} = 24{,}0\,\Omega$

5.8 Die Temperaturabhängigkeit des Widerstands

Mit steigender Temperatur ϑ nimmt bei Metallen die Schwingungsweite der Atome des Kristallgitters und damit auch die Bewegungshemmung der in Leiterrichtung strömenden Elektronen zu. Wie bereits erwähnt, ist der Widerstand von Metallen nichtlinear temperaturabhängig.

Bis etwa 150 °C kann die Kurve $R = f(\vartheta)$ eines metallischen Leiters i. allg. als linear angesehen werden. Die auf den Widerstand bei 20 °C bezogene Steigung dieser Geraden ist der **Temperaturkoeffizient** α_{20}:

$$\alpha_{20} = \frac{\Delta R_{20}}{\Delta\vartheta} \cdot \frac{1}{R_{20}} \; ; \quad \text{Einheit: } \frac{1}{\text{K}} = \text{K}^{-1} \tag{5.13}$$

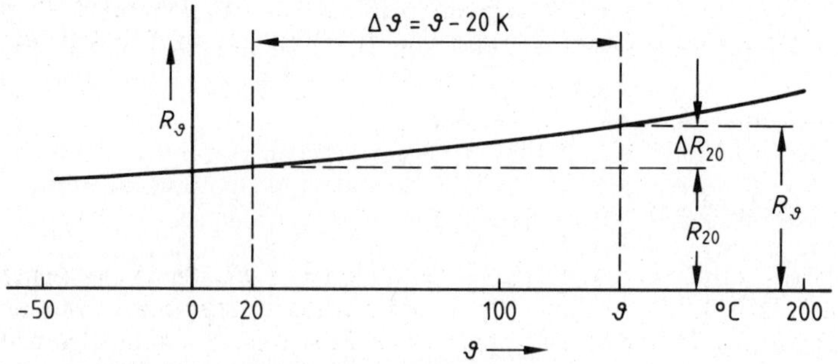

Bild 5.5 Widerstandsänderung durch Temperatureinfluß

Der Temperaturkoeffizient α_{20} ist von der Temperatur abhängig und darf nicht für andere Ausgangstemperaturen als 20 °C verwendet werden. Die Temperaturkoeffizienten wichtiger Leiterwerkstoffe sind in Tabelle 5.1 angegeben.
Hat sich die Temperatur von 20 °C aus auf den Wert ϑ, also um $\Delta\vartheta = \vartheta - 20\,°\text{C}$ geändert, so beträgt die Widerstandsänderung

$$\Delta R_{20} = \alpha_{20} R_{20} \, (\vartheta - 20\,°\text{C}) = \alpha_{20} R_{20} \, \Delta\vartheta \; ,$$

und der Gesamtwiderstand ist

$$R_\vartheta = R_{20} + \Delta R_{20} = R_{20} \, [1 + \alpha_{20} \, (\vartheta - 20\,°\text{C})] \; . \tag{5.14}$$

In diese Gleichung ist die Temperatur ϑ stets in °C einzusetzen. Die Temperaturdifferenz $\Delta\vartheta$ wird dagegen in der Einheit K angegeben.

Beispiel 5.9: Eine Kupferwicklung hat bei 20 °C den Widerstand 100 Ω. Welchen Wert hat der Widerstand bei 80 °C?

Kupfer: $\alpha_{20} = 3{,}92 \cdot 10^{-3} \, \frac{1}{\text{K}}$ (s. Tabelle 5.1), einsetzen in Gl. (5.14)

$$R_{80} = 100\,\Omega \cdot [1 + 0{,}00392 \; (1/\text{K}) \cdot (80\,°\text{C} - 20\,°\text{C})]$$

$$R_{80} = 100\,\Omega \; (1 + 0{,}235) = 123{,}5\,\Omega$$

Beispiel 5.10: Ein Widerstand aus Manganin hat bei 20 °C den Wert 100 Ω. Welchen Wert hat dieser Widerstand bei 80 °C?

$$R_{80} = 100\,\Omega\ [1 + 0{,}02 \cdot 10^{-3}\ (1/\mathrm{K}) \cdot 60\,\mathrm{K}] = 100\,\Omega\ (1 + 0{,}0012) = 100{,}12\,\Omega$$

Manganin ändert seinen Widerstand mit der Temperatur nur sehr wenig und ist daher als Werkstoff für temperaturkonstante Widerstände geeignet.

Beispiel 5.11: Der Widerstand der Kupferwicklung einer Maschine beträgt 1855 Ω bei 20 °C. Auf welche Temperatur ϑ hat sich die Wicklung erwärmt, wenn sich der Widerstand auf 2255 Ω erhöht hat?

$$\Delta\vartheta = \frac{R_\vartheta - R_{20}}{\alpha_{20} \cdot R_{20}} = \frac{2255\,\Omega - 1855\,\Omega}{3{,}92 \cdot 10^{-3}\,\mathrm{K}^{-1} \cdot 1855\,\Omega} = 55\,\mathrm{K}$$

$$\vartheta = 20\,°\mathrm{C} + \Delta\vartheta = 20\,°\mathrm{C} + 55\,\mathrm{K} = 75\,°\mathrm{C}$$

Die Gleichung (5.14) kann nur dann angewendet werden, wenn die Ausgangstemperatur 20 °C beträgt. Ist jedoch der Widerstand R_A bei der beliebigen Temperatur ϑ_A gegeben und der Widerstand R_ϑ bei der Temperatur ϑ gesucht, so ließe sich durch zweimalige Anwendung der Gl. (5.14) zunächst der Widerstand R_{20} und dann der Widerstand R_ϑ berechnen. Beide Schritte können zu einem zusammengefaßt werden. Hierzu wird R_ϑ nach Gl. (5.14) durch den Widerstand

$$R_A = R_{20}\ [1 + \alpha_{20}\ (\vartheta_A - 20\,°\mathrm{C})] \tag{5.15}$$

dividiert:

$$\frac{R_\vartheta}{R_A} = \frac{1 + \alpha_{20}\,\vartheta - \alpha_{20} \cdot 20\,°\mathrm{C}}{1 + \alpha_{20} \cdot \vartheta_A - \alpha_{20} \cdot 20\,°\mathrm{C}} = \frac{(1/\alpha_{20}) - 20\,°\mathrm{C} + \vartheta}{(1/\alpha_{20}) - 20\,°\mathrm{C} + \vartheta_A}$$

Wird in diese Gleichung die **Temperaturkonstante**

$$\tau = \frac{1}{\alpha_{20}} - 20\,°\mathrm{C} \tag{5.16}$$

eingesetzt, deren Werte in Tabelle 5.1 angegeben sind, so läßt sich der Widerstand R_ϑ in einem Schritt berechnen:

$$R_\vartheta = R_A\,\frac{\tau + \vartheta}{\tau + \vartheta_A} \tag{5.17}$$

Beispiel 5.12: Ein Leiterseil aus Aluminium hat bei 12 °C den Widerstand 1,8 Ω. Welchen Widerstand hat es bei 70 °C ?

$$R_{70} = R_{12} \cdot \frac{\tau + 70\,°\mathrm{C}}{\tau + 12\,°\mathrm{C}} = 1{,}8\,\Omega \cdot \frac{245\,\mathrm{K} + 70\,°\mathrm{C}}{245\,\mathrm{K} + 12\,°\mathrm{C}} = 2{,}2\,\Omega$$

Beispiel 5.13: Eine Kupferwicklung hat bei 80 °C den Widerstand 123,5 Ω. Nach Abkühlung werden 94,1 Ω gemessen. Welche Temperatur hat die kalte Wicklung?

$$\vartheta = \frac{R_\vartheta}{R_A} \cdot (\tau + \vartheta_A) - \tau = \frac{94{,}1\ \Omega}{123{,}5\ \Omega} \cdot (235\ \mathrm{K} + 80\ °\mathrm{C}) - 235\ \mathrm{K} = 5\ °\mathrm{C}$$

Bei Temperaturen oberhalb von 150 °C kann i. allg. die Krümmung der Widerstandskurve nicht vernachlässigt werden. Deshalb wird die Gl. (5.14) durch einen Term ergänzt, der die Krümmung berücksichtigt. Werte des Temperaturkoeffizienten β_{20} sind in Tabelle 5.1 angegeben.

$$R_\vartheta = R_{20}\ [1 + \alpha_{20}\,(\vartheta - 20\ °\mathrm{C}) + \beta_{20}\,(\vartheta - 20\ °\mathrm{C})^2] \qquad (5.18)$$

Beispiel 5.14: Die Betriebstemperatur des Wolframdrahtes einer Glühlampe 100 W (s. Beispiel 5.5) beträgt 2500 °C. Welchen Widerstand hat die Lampe bei 20 °C ?

$$R_{2500} = R_{20}\ [1 + 4{,}1 \cdot 10^{-3}\ (1/\mathrm{K}) \cdot 2480\ \mathrm{K} + 1 \cdot 10^{-6}\ (1/\mathrm{K}^2) \cdot 2480^2\ \mathrm{K}^2]$$

$$R_{2500} = R_{20}\ (1 + 10{,}17 + 6{,}15] = R_{20} \cdot 17{,}32$$

$$R_{20} = \frac{R_{2500}}{17{,}32} = \frac{529\ \Omega}{17{,}32} = 30{,}5\ \Omega$$

5.9 Supraleitung

Auch bei sehr niedrigen Temperaturen ist die Abhängigkeit des Widerstandes von der Temperatur vielfach nichtlinear: Einige Metalle, wie z. B. Silber (Ag), Kupfer (Cu) und Gold (Au), weisen bei wenigen Kelvin einen Restwiderstand auf (Bild 5.6). Bei anderen Stoffen springt dagegen der elektrische Widerstand bei der **Sprungtemperatur** T_S auf einen unmeßbar kleinen Wert: Diese Stoffe werden als **Supraleiter** bezeichnet.

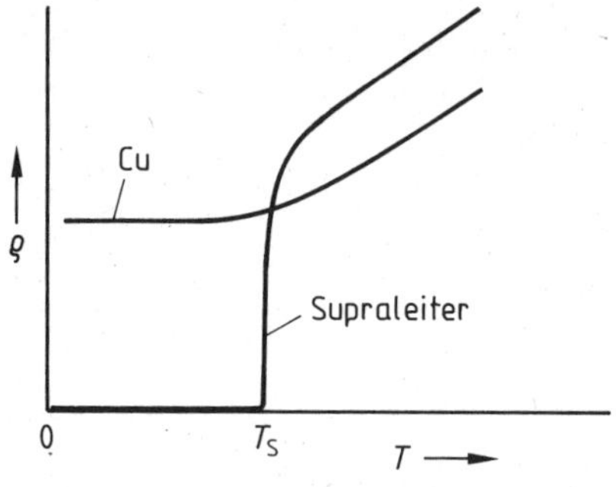

Bild 5.6 Spezifischer Widerstand in der Umgebung des absoluten Nullpunkts

Ein Strom, der in einem supraleitenden Stoff fließt, erfordert zwar keine Energiezufuhr, doch wird Energie für die Kühlung benötigt. Bei Erwärmung des Leiters über die Sprungtemperatur verschwindet die Supraleitung. Auch Magnetfelder können die Supraleitung aufheben.

Technische Anwendung findet die Supraleitung z. B. bei Spulen für Kernfusionsexperimente, bei Kernspin-Tomographen und bei der Magneto-Encephalographie MEG (Messung der Magnetfelder der Gehirnströme). Auch ein supraleitender Kraftwerksgenerator wird zur Zeit (1991) erprobt. Als supraleitende Werkstoffe werden Niob-Titan NbTi ($T_S = 10\,K$) und Nb_3Sn ($T_S = 18\,K$) eingesetzt, die mit flüssigem Helium gekühlt werden.
In neuester Zeit (1987) sind Supraleiter (z. B. $Y_1Ba_2Cu_3O_7$) mit Sprungtemperaturen über 77 K entwickelt worden. Die hierbei mögliche Kühlung mit flüssigem Stickstoff ist wesentlich einfacher und billiger als die Kühlung mit flüssigem Helium. Einer technischen Nutzung stehen noch viele Probleme im Wege; so ist es z. B. zur Zeit (1991) noch nicht möglich, aus der keramikartigen Grundsubstanz Bänder oder Drähte herzustellen, mit denen geeignete Geräte konstruiert werden können.

6 Quellen

6.1 Leerlauf und Kurzschluß

Eine **Quelle** ist ein Zweipol, der elektrische Energie an einen Verbraucher abgeben kann. Ob und wieviel Energie abgegeben wird, hängt nicht nur von der Quelle selbst, sondern auch von dem Stromkreis ab, mit dem die Quelle verbunden ist.
In zwei Sonderfällen des Betriebes gibt eine Quelle keine Leistung ab, es ist also $P = -UI = 0$ (Bild 6.1):

- Der Quelle wird kein Strom entnommen ($I = 0$); diese Betriebsart wird **Leerlauf** genannt. Dementsprechend wird die Spannung bei $I = 0$ als **Leerlaufspannung** U_0 bezeichnet. Bei Leerlauf ist der Leitwert des Verbrauchers $G = I/U = 0$.
- Die Quelle wird an ihren Klemmen mit einem Widerstand $R = 0$ überbrückt, so daß die Klemmenspannung $U = 0$ ist. Diese Betriebsart wird als **Kurzschluß** bezeichnet, und der dabei fließende Strom der Quelle wird **Kurzschlußstrom** I_k genannt.

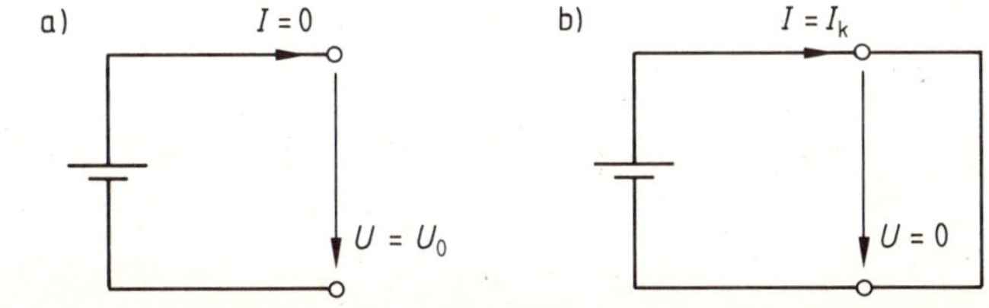

Bild 6.1 Leerlauf (a) und Kurzschluß (b) einer Quelle

6.2 Ideale Quellen

Eine Quelle, die unabhängig von der Belastung an ihren Klemmen eine konstante Spannung – die **Quellenspannung** U_q – aufweist, wird **ideale Spannungsquelle** genannt. Bild 6.2a zeigt das Schaltzeichen und die *I-U*-Kennlinie einer derartigen Quelle. Da die maximale Leistung begrenzt ist, verläuft die *I-U*-Kennlinie nur bis zum Strom I_{max} linear.
Ein Beispiel für eine ideale Spannungsquelle ist mit sehr guter Näherung das Gleichspannungs- bzw. das Wechselspannungs-Versorgungsnetz. Seine an der Steckdose zur

Verfügung stehende Spannung ist weitgehend unabhängig von der Belastung durch zugeschaltete Verbraucher.
Eine Quelle, die unabhängig von der Belastung an ihren Klemmen einen konstanten Strom – den **Quellenstrom** I_q – treibt, wird **ideale Stromquelle** genannt. Bild 6.2b zeigt das Schaltzeichen und die *I-U*-Kennlinie einer derartigen Quelle. Da die maximale Leistung begrenzt ist, verläuft die *I-U*-Kennlinie nur bis zur Spannung U_{max} linear. Zum Laden wiederaufladbarer Batterien (s. Kap. 12.5) mit konstantem Strom setzt man beispielsweise ideale Stromquellen ein, die durch elektronische Schaltungen realisiert werden.

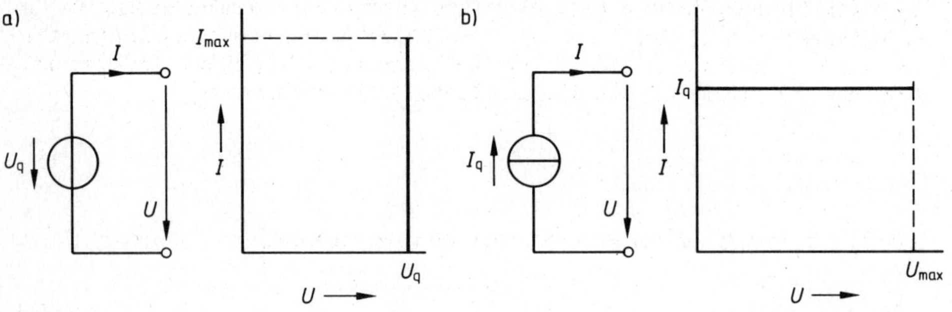

Bild 6.2 Schaltzeichen nach DIN 5489 und *I-U*-Kennlinie einer idealen Spannungsquelle (a) und einer idealen Stromquelle (b)

6.3 Lineare Quellen

Viele Quellen, z. B. die elektrochemischen Elemente, haben eine lineare *I-U*-Kennlinie. Eine derartige Quelle wird als **lineare Quelle** bezeichnet. Bild 6.3 zeigt hierfür ein Beispiel: Die Achsenabschnitte der Geraden sind der Kurzschlußstrom I_k bei der Spannung $U = 0$ und die Leerlaufspannung U_0 beim Strom $I = 0$.

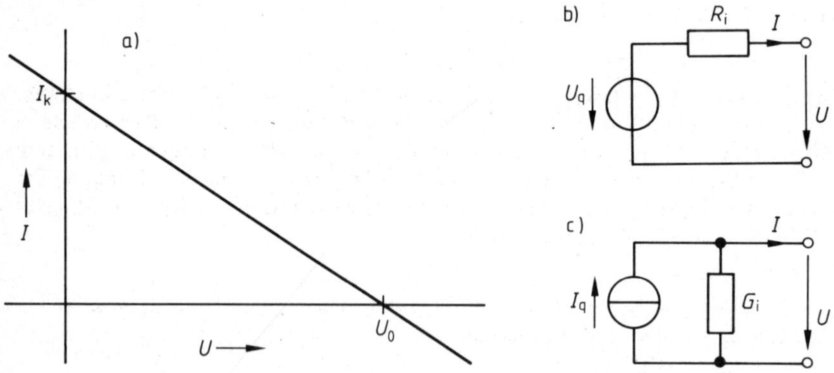

Bild 6.3 *I-U*-Kennlinie einer linearen Quelle (a) und Ersatzschaltungen: b) lineare Spannungsquelle, c) lineare Stromquelle

Die lineare Quelle läßt sich durch zwei gleichwertige Ersatzschaltungen darstellen:

- Die **lineare Spannungsquelle** besteht aus der Reihenschaltung einer idealen Spannungsquelle und eines **Innenwiderstands** R_i. Bei Leerlauf ($I = 0$) fällt an diesem Innenwiderstand keine Spannung ab; die Leerlaufspannung ist $U_0 = U_q$. Bei Kurzschluß ($U = 0$) fließt der Kurzschlußstrom

$$I_k = \frac{U_q}{R_i} \tag{6.1}$$

- Die **lineare Stromquelle** besteht aus der Parallelschaltung einer idealen Stromquelle und eines **Innenleitwerts** G_i. Bei Kurzschluß ($U = 0$) fließt kein Strom durch den Innenleitwert; der Kurzschlußstrom ist also $I_k = I_q$. Bei Leerlauf ($I = 0$) fließt der Quellenstrom I_q durch den Innenleitwert G_i und verursacht dabei die Leerlaufspannung:

$$U_0 = \frac{I_q}{G_i} \tag{6.2}$$

Mit $U_0 = U_q$ und $I_k = I_q$ ergibt sich aus den Gln. (6.1 und 6.2):

$$G_i = \frac{I_q}{U_0} = \frac{I_k}{U_q} = \frac{1}{R_i} \tag{6.3}$$

Beispiel 6.1: Eine Mignonzelle hat die Leerlaufspannung 1,5 V und den Kurzschlußstrom 0,6 A. Welche Werte haben die Elemente der Ersatzschaltungen?

Quellenspannung: $U_q = U_0 = 1{,}5\ \text{V}$

Innenwiderstand: $R_i = \frac{U_q}{I_k} = \frac{1{,}5\ \text{V}}{0{,}6\ \text{A}} = 2{,}5\ \Omega$

Quellenstrom: $I_q = I_k = 0{,}6\ \text{A}$

Innenleitwert: $G_i = \frac{1}{R_i} = \frac{1}{2{,}5\ \Omega} = 0{,}4\ \text{S}$

Beide Ersatzschaltungen der linearen Quelle beschreiben die lineare *I*-*U*-Kennlinie in gleicher Weise. Die Spannungsquelle wird vorzugsweise dann verwendet, wenn die Klemmenspannung in der Größenordnung der Leerlaufspannung $U_0 = U_q$ ist; die Stromquelle wird dann verwendet, wenn der Strom in der Größenordnung des Kurzschlußstroms ist. Wenn die Elemente der einen Ersatzschaltung bekannt sind, können die Elemente der anderen Ersatzschaltung mit den Gln.(6.1 bis 6.3) berechnet werden.

Beispiel 6.2: Von einem NiCd-Akkumulator sind die Werte $U_q = 6\ \text{V}$ und $R_i = 0{,}2\ \Omega$ bekannt. Welche Werte haben die Elemente der linearen Stromquelle?

$$I_q = I_k = \frac{U_q}{R_i} = \frac{6\ \text{V}}{0{,}2\ \Omega} = 30\ \text{A}\ ; \quad G_i = \frac{1}{R_i} = \frac{1}{0{,}2\ \Omega} = 5\ \text{S}$$

Die Gerade in Bild 6.3 a hat die Steigung $-I_k/U_0 = -G_i$ und den Achsenabschnitt I_k auf der I-Achse. Damit läßt sich die Geradengleichung angeben:

$$I = I_k - G_i U \tag{6.4}$$

Diese Gleichung wird nach der Spannung $U = (I_k - I)/G_i$ aufgelöst und mit den Gln. (6.1 und 6.3) umgeformt:

$$U = U_q - R_i I \tag{6.5}$$

Diese Gleichung bzw. die hierzu äquivalente Gl. (6.4) beschreibt die I-U-Kennlinie des Zweipols Quelle; sie wird daher als **Zweipolgleichung** bezeichnet.

Beispiel 6.3: Der Mignonzelle (s. Beispiel 6.1) wird der Strom 60 mA entnommen. Welche Klemmenspannung stellt sich dabei ein?

$$U = U_q - R_i I = 1{,}5\ \text{V} - (2{,}5\ \Omega \cdot 0{,}06\ \text{A}) = 1{,}35\ \text{V}$$

Beispiel 6.4: An dem belasteten NiCd-Akkumulator (s. Beispiel 6.2) wird die Klemmenspannung 5,84 V gemessen. Welcher Strom fließt dabei?

$$I = I_k - G_i U = 30\ \text{A} - (5\ \text{S} \cdot 5{,}84)\ \text{V}) = 0{,}8\ \text{A}$$

7 Der einfache Stromkreis

7.1 Energie im Stromkreis

Beim einfachen Stromkreis ist *eine* Quelle mit *einem* Verbraucher verbunden. Der einfache Stromkreis nach Bild 7.1, bei dem ein Generator die Quelle und ein Motor der Verbraucher ist, läßt sich mit einem Flüssigkeitsstromkreis vergleichen.

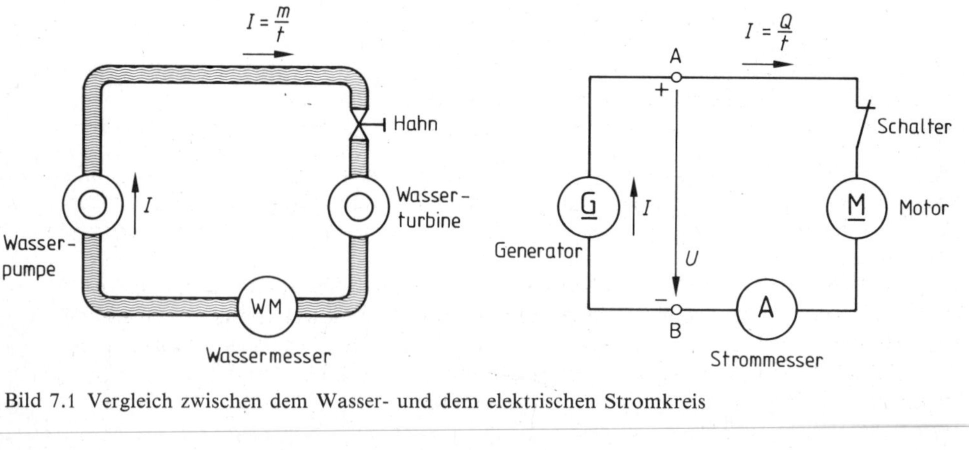

Bild 7.1 Vergleich zwischen dem Wasser- und dem elektrischen Stromkreis

Eine Pumpe bzw. ein Generator bewirkt den Antrieb der Wassermoleküle bzw. der Ladungsträger. Die Wassermenge bzw. die Elektrizitätsmenge gibt in der Turbine bzw. im Motor Energie ab. Ein Hahn bzw. ein Schalter dienen zur Unterbrechung der Strömung.
Das Fließen eines Wasserstromes setzt eine frei bewegliche Wassermenge voraus. Ebenso kann ein elektrischer Strom nur dann fließen, wenn frei bewegliche elektrische Ladungsträger vorhanden sind (s. Kap. 2).
Es ist keinesfalls erforderlich, daß ein Wassermolekül vor der Energieabgabe in der Turbine die Pumpe durchlaufen haben muß. Die Energie steht vielmehr sofort nach dem Einschalten zur Verfügung, sie wird in einer Kraftwelle auf die Wasserteilchen in der Druckleitung übertragen. In gleicher Weise überträgt die elektrische Feldstärke nach dem Einschalten des Stromkreises die Energie auf die bewegten Ladungsträger, die diese an den Motor abgeben. Die Ausbreitung der elektrischen Feldstärke läuft nach dem Einschalten des Stromkreises etwa mit Lichtgeschwindigkeit ab, so daß ein Strom im gesamten Stromkreis unmittelbar nach dem Einschalten zu fließen beginnt.
Die beweglichen Ladungsträger im Stromkreis brauchen also nicht erst die Quelle zu durchlaufen, um Energie aufzunehmen; dies ist vor allem bei einem Wechselstrom von Bedeutung, bei dem die Elektronen nur um eine Ruhelage pendeln.

7.2 Bestimmung des Arbeitspunktes

Beim einfachen Stromkreis ist die Klemmenspannung U der Quelle gleich der Spannung des Verbrauchers; entsprechendes gilt für den Strom I.
Im einfachsten Fall ist die Quelle z.B. eine ideale Spannungsquelle. In diesem Fall ist die Klemmenspannung $U = U_q$ gegeben, und es muß als einzige Unbekannte der Strom I bestimmt werden.

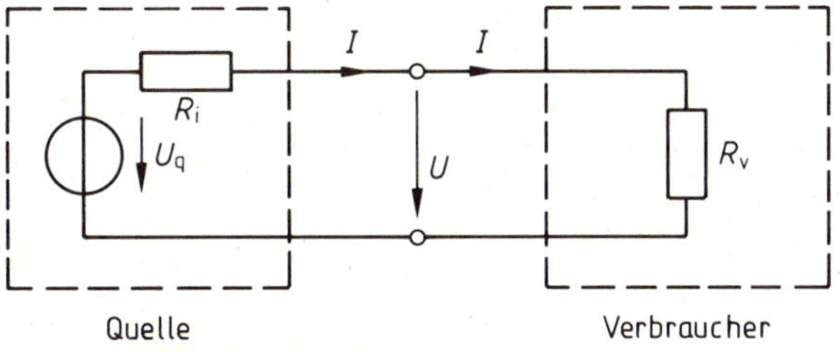

Bild 7.2 Einfacher Stromkreis

Wenn jedoch die Spannungsquelle einen Innenwiderstand besitzt und die I-U-Kennlinie des Verbrauchers linear ist, dann müssen zur Bestimmung der Klemmenspannung U und des Stromes I *zwei* Gleichungen gelöst werden; dies kann entweder grafisch oder rechnerisch geschehen.
Bild 7.3 zeigt die grafische Lösung für den Fall, daß der Verbraucher ein OHMscher Widerstand ist; seine I-U-Kennlinie ist eine Gerade (s. Kap. 5.2). Diese Gerade schneidet die I-U-Kennlinie der linearen Spannungsquelle in einem Punkt, der **Arbeitspunkt** genannt wird. In diesem Punkt stimmen die Spannungen beider Zweipole überein, und der Strom I der Quelle ist gleich dem Strom I des OHMschen Widerstandes.

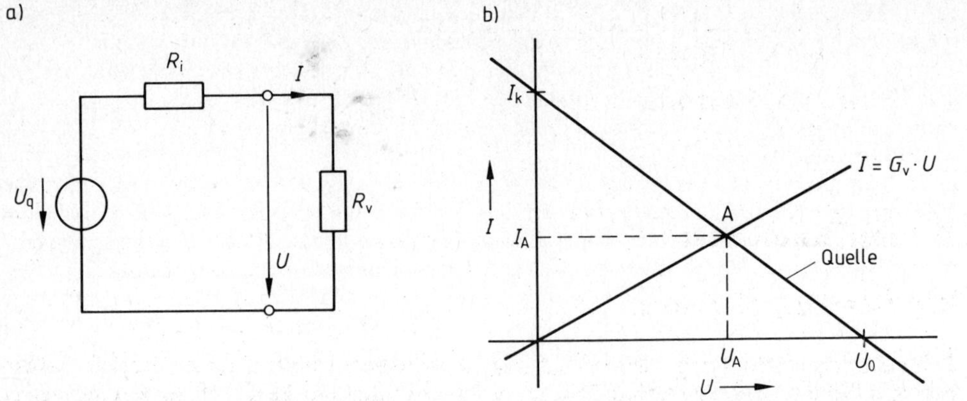

Bild 7.3 Einfacher Stromkreis mit linearen Zweipolen, Schaltung (a) und grafische Bestimmung des Arbeitspunktes A im *I*-*U*-Kennlinienfeld (b)

Zur Berechnung der Spannung U_A und des Stromes I_A im Arbeitspunkt der Schaltung 7.3a werden sowohl in die Gl. (6.5) der linearen Quelle als auch in die Gl. (5.2) des OHMschen Widerstandes die Bedingungen $U = U_A$ und $I = I_A$ für den Arbeitspunkt eingesetzt:

$$U_A = U_q - R_i I_A \tag{7.1}$$

$$U_A = R_v I_A \tag{7.2}$$

Beide Gleichungen werden ineinander eingesetzt und nach I_A aufgelöst:

$$R_v I_A = U_q - R_i I_A$$

$$I_A = \frac{U_q}{R_i + R_v} \tag{7.3}$$

Die Spannung U_A wird z.B. mit Gl. (7.2) berechnet.

Beispiel 7.1: In einem einfachen Stromkreis wirkt eine Quellenspannung $U_q = 12$ V. Beim Strom $I = 8$ A wird die Klemmenspannung $U = 11{,}6$ V gemessen.

a) Wie groß sind der Innenwiderstand R_i und der Verbraucherwiderstand R_v?
b) Welche Werte haben U und I bei einer Belastung mit $R_v = 0{,}43\ \Omega$?

a) $I_A = I = 8\ \text{A}$; $U_A = U = 11{,}6\ \text{V}$; $R_v = \frac{U_A}{I_A} = \frac{11{,}6\ \text{V}}{8\ \text{A}} = 1{,}45\ \Omega$

$$R_i = \frac{U_q - U_A}{I_A} = \frac{12\ \text{V} - 11{,}6\ \text{V}}{8\ \text{A}} = 0{,}05\ \Omega = 50\ \text{m}\Omega$$

b) $I = \frac{U_q}{R_i + R_v} = \frac{12\,\text{V}}{0{,}05\,\Omega + 0{,}43\,\Omega} = \frac{12\,\text{V}}{0{,}48\,\Omega} = 25\,\text{A}$

$U = R_v I_A = 0{,}43\,\Omega \cdot 25\,\text{A} = 10{,}75\,\text{V}$

8 Der Knotensatz

8.1 Der Begriff Knoten

Beim einfachen Stromkreis fließt an jeder Stelle derselbe Strom I; in dieser Hinsicht handelt es sich dabei um einen Sonderfall. In einer beliebigen Schaltung kann sich der Strom *verzweigen:* In einem Teil der Leitungen strömen Ladungen zum Verzweigungspunkt hin, in den übrigen Leitungen vom Verzweigungspunkt weg. Da die Ladungen im Verzweigungspunkt nicht gespeichert werden können, ist die gesamte zuströmende Ladung gleich der gesamten wegströmenden Ladung. Wegen $I = Q/t$ gilt entsprechend für die Ströme: Die Summe der zufließenden Ströme I_{zu} ist gleich der Summe der abfließenden Ströme I_{ab}:

$$\sum I_{zu} = \sum I_{ab} \tag{8.1}$$

Dieser Zusammenhang gilt nicht nur für einen Verzweigungs„punkt“, sondern auch dann, wenn die stromführenden Leiter beliebig angeordnet sind; so gilt z.B. sowohl für Bild 8.1a als auch für Bild 8.1b: $I_1 + I_2 = I_3 + I_4 + I_5$.
Es ist also unerheblich, wie die stromführenden Leiter miteinander verbunden sind. Da man das Gebiet, innerhalb dessen die Leiter miteinander verbunden sind, als **Knoten** bezeichnet, wird der durch Gl. (8.1) beschriebene Zusammenhang **Knotensatz** genannt. Vielfach ist hierfür auch die Bezeichnung **1. Kirchhoff**scher Satz gebräuchlich.

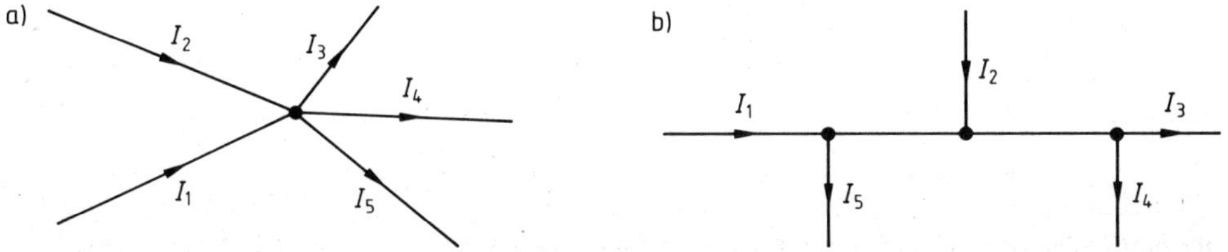

Bild 8.1 Verbindung der stromführenden Leiter in einem Punkt (a) und beliebig (b)

In der Mechanik gibt es zwei Bedingungen für den Gleichgewichtszustand eines Körpers, das Gleichgewicht der Kräfte und das der Drehmomente. Entsprechend besitzt auch die Elektrotechnik zwei Bedingungen für die stationäre elektrische Strömung. Der Knotensatz ist eine der beiden Gleichgewichtsbedingungen der Elektrotechnik; er verlangt, daß sich die Ströme an jedem Knotenpunkt »im Gleichgewicht« befinden.

8.2 Die Knotengleichung

Die Gl.(8.1) wird zunächst so umgestellt, daß sämtliche Ströme auf einer Seite der Gleichung stehen:

$$\sum I_{zu} - \sum I_{ab} = 0 \tag{8.2}$$

Eine einfache mathematische Formulierung des Knotensatzes ergibt sich dann, wenn man sämtliche Bezugspfeile so einzeichnet, daß sie zum Knoten hinweisen. Wegen $\sum I_{ab} = 0$ erhält man damit die **Knotengleichung**

$$\sum I = 0 \ . \tag{8.3}$$

In der Praxis ist die beschriebene einheitliche Zuordnung der Strombezugspfeile „zum Knoten hin" i. allg. nicht gegeben. Die Gl. (8.3) kann auch in diesem Fall dann angewendet werden, wenn man vereinbart, daß die *abfließenden* Ströme mit *geändertem Vorzeichen* in die Summe einzusetzen sind.

Beispiel 8.1: Für die Schaltung 8.1 sind folgende Ströme gegeben: $I_1 = 1{,}5$ A; $I_2 = 0{,}4$ A; $I_3 = 1{,}8$ A; $I_4 = 0{,}6$ A. Welcher Strom I_5 fließt, und welchen Richtungssinn hat dieser Strom?

In die Knotengleichung (8.3) werden die zufließenden Ströme positiv und die abfließenden Ströme mit geändertem Vorzeichen, also negativ, eingetragen:

$$I_1 + I_2 - I_3 - I_4 - I_5 = 0$$

$$I_5 = I_1 + I_2 - I_3 - I_4 = 1{,}5\text{ A} + 0{,}4\text{ A} - 1{,}8\text{ A} - 0{,}6\text{ A} = -0{,}5\text{ A}$$

Der Richtungssinn dieses Stromes ist entgegengesetzt zu dem in Bild 8.1 eingetragenen Bezugspfeil für I_5, d.h. der Strom fließt zum Knoten hin.

8.3 Die Parallelschaltung von Widerständen

Derjenige Teil einer Schaltung, in dem ein und derselbe Strom fließt, wird als **Zweig** bezeichnet. Der einfache Stromkreis besteht also aus einem einzigen Zweig. Sind dagegen in einer Schaltung Verzweigungspunkte vorhanden, so besteht die Schaltung aus mehreren Zweigen. Eine **Parallelschaltung** von Zweigen liegt dann vor, wenn die betreffenden Zweige an *derselben* Zweigspannung liegen. Bild 8.2a zeigt als Beispiel die Parallelschaltung der drei Widerstände R_1, R_2 und R_3.
Die Ströme in Schaltung 8.2a werden mit dem OHMschen Gesetz berechnet:

$$I_1 = \frac{U}{R_1} \ ; \quad I_2 = \frac{U}{R_2} \ ; \quad I_3 = \frac{U}{R_3} \tag{8.4}$$

Diese Ströme sind nach dem Knotensatz gleich dem Gesamtstrom I:

$$I = I_1 + I_2 + I_3 = \frac{U}{R_1} + \frac{U}{R_2} + \frac{U}{R_3} = U\left(\frac{1}{R_1} + \frac{1}{R_2} + \frac{1}{R_3}\right) \tag{8.5}$$

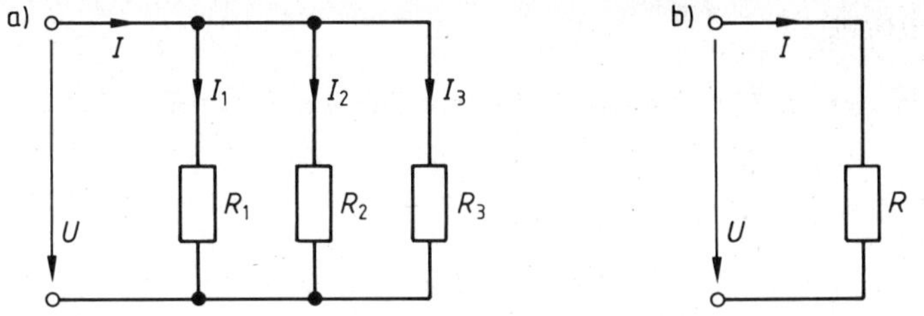

Bild 8.2 Parallelschaltung von drei Widerständen (a) und Ersatzwiderstand (b)

Die drei Widerstände lassen sich rein rechnerisch zu einem einzigen Widerstand R zusammenfassen, der an derselben Zweigspannung U liegt und den Gesamtstrom

$$I = \frac{U}{R} = U \cdot \frac{1}{R} \tag{8.6}$$

aufnimmt; dieser Widerstand wird als **Ersatzwiderstand** bezeichnet. Der Vergleich der beiden Gln. (8.5 und 8.6) ergibt den Kehrwert des Ersatzwiderstandes:

$$\frac{1}{R} = \frac{1}{R_1} + \frac{1}{R_2} + \frac{1}{R_3} \tag{8.7}$$

Der Kehrwert des Ersatzwiderstandes einer Parallelschaltung ist gleich der Summe der Kehrwerte sämtlicher Teilwiderstände.
Die Gl. (8.7) läßt sich mit Hilfe des Leitwertes $G = 1/R$ einfacher formulieren:

$$G = G_1 + G_2 + G_3 \tag{8.8}$$

Der Ersatzleitwert einer Parallelschaltung ist gleich der Summe sämtlicher Teilleitwerte.

Beispiel 8.2: Drei Widerstände $R_1 = 50\ \Omega$, $R_2 = 75\ \Omega$ und $R_3 = 150\ \Omega$ liegen parallel an der Spannung $U = 150$ V. Wie groß ist der Ersatzwiderstand R und der Gesamtstrom I? Wie groß sind die Teilströme I_1, I_2 und I_3?

$$G = \frac{1}{R} = \frac{1}{R_1} + \frac{1}{R_2} + \frac{1}{R_3} = \frac{1}{50\ \Omega} + \frac{1}{75\ \Omega} + \frac{1}{150\ \Omega}$$

$$G = 20\ \text{mS} + 13{,}33\ \text{mS} + 6{,}67\ \text{mS} = 40\ \text{mS} \quad ; \qquad R = 1/G = 25\ \Omega$$

Der Ersatzwiderstand einer Parallelschaltung ist stets kleiner als der kleinste Teilwiderstand.

$$I = \frac{U}{R} = \frac{150\ \text{V}}{25\ \Omega} = 6\ \text{A}$$

$$I_1 = \frac{U}{R_1} = \frac{150\,\text{V}}{50\,\Omega} = 3\,\text{A}\ ; \quad I_2 = \frac{U}{R_2} = \frac{150\,\text{V}}{75\,\Omega} = 2\,\text{A}\ ; \quad I_3 = \frac{U}{R_3} = \frac{150\,\text{V}}{150\,\Omega} = 1\,\text{A}$$

Beispiel 8.3: Für ein Meßgerät wird ein Widerstand mit dem Sollwert 9,00 Ω benötigt. Zur Verfügung steht ein Widerstand $R_1 = 9{,}06\,\Omega$. Welcher Widerstand R_2 muß zur Korrektur parallelgeschaltet werden?

$$G = \frac{1}{9\,\Omega} = 0{,}1111111\,\text{S} = G_1 + G_2$$

$$G_2 = G - G_1 = 0{,}1111111\,\text{S} - \frac{1}{9{,}06\,\Omega} = 0{,}1111111\,\text{S} - 0{,}1103753\,\text{S} = 0{,}0007358\,\text{S}$$

$$R_2 = \frac{1}{G_2} = \frac{1}{0{,}0007358\,\text{S}} = 1359\,\Omega$$

8.4 Das Stromverhältnis

Die Gln. (8.4) lassen sich auch mit Hilfe des Leitwerts schreiben:

$$I_1 = U\,G_1\ ; \quad I_2 = U\,G_2\ ; \quad I_3 = U\,G_3 \tag{8.9}$$

Bei der Division von je zwei dieser Gleichungen kürzt sich die Spannung heraus. Man erhält z.B.:

$$\frac{I_1}{I_2} = \frac{G_1}{G_2} \tag{8.10}$$

Die Ströme einer Parallelschaltung verhalten sich wie die Leitwerte, durch die sie fließen. Diese Aussage, die als **Stromteilerregel** bezeichnet wird, gilt wegen $I = U\,G$ auch für den Ersatzleitwert G einer Parallelschaltung:

$$\frac{I_1}{I} = \frac{G_1}{G} \tag{8.11}$$

Jeder Zweigstrom verhält sich zum Gesamtstrom einer Parallelschaltung wie der Zweigleitwert zum Ersatzleitwert.

Beispiel 8.4: Durch zwei parallelgeschaltete Widerstände R_1 und R_2 soll der Gesamtstrom $I = 0{,}1$ A fließen. Dabei soll in $R_1 = 100\,\Omega$ die Leistung $P_1 = 0{,}36$ W entstehen. Welchen Wert muß der Widerstand R_2 haben?

$$P_1 = I_1^2\,R_1\ ; \quad I_1^2 = \frac{P_1}{R_1} = \frac{0{,}36\,\text{W}}{100\,\Omega} = 0{,}0036\,\text{A}^2\ ; \quad I_1 = 0{,}06\,\text{A}$$

$$I_2 = I - I_1 = 0{,}1\ \text{A} - 0{,}06\ \text{A} = 0{,}04\ \text{A}$$

Gl. (8.10): $G_2 = \frac{I_2}{I_1} \cdot G_1 = \frac{0{,}04\ \text{A}}{0{,}06\ \text{A}} \cdot 0{,}01\ \text{S} = 0{,}00667\ \text{S}$; $R_2 = \frac{1}{G_2} = 150\ \Omega$

8.5 Die Meßbereichserweiterung eines Strommessers

Wenn mit einem Amperemeter ein Strom gemessen werden soll, der größer als der Strom I_M des Meßwerks ist, wird der Meßbereich durch einen parallelgeschalteten Widerstand erweitert, der auch **Nebenwiderstand** oder **Shunt** (sprich: schant) genannt wird.

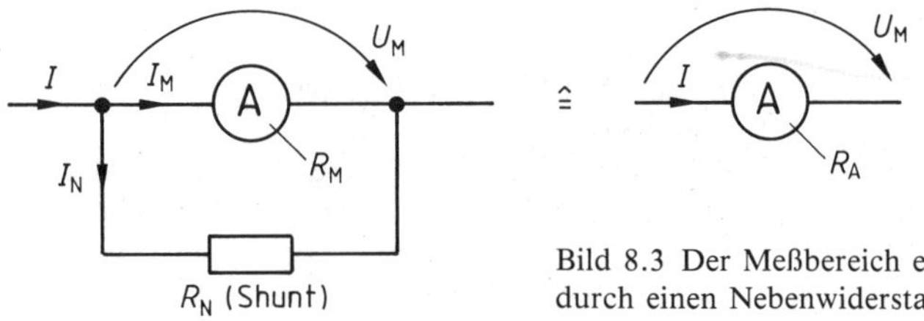

Bild 8.3 Der Meßbereich eines Strommessers läßt sich durch einen Nebenwiderstand erhöhen

Der durch das Meßgerät (Meßwerk und Shunt) insgesamt fließende Strom I ist das k-fache des am Meßwerk abgelesenen Stromes I_M. Dabei bezeichnet man k als **Korrekturfaktor**.

$$I = k\, I_M \qquad (8.12)$$

Durch den Nebenwiderstand fließt der Strom

$$I_N = I - I_M = k\, I_M - I_M = (k-1)\, I_M\ . \qquad (8.13)$$

Mit dem Stromverhältnis

$$\frac{I_M}{I_N} = \frac{G_M}{G_N} = \frac{R_N}{R_M} \qquad (8.14)$$

läßt sich der für einen bestimmten Korrekturfaktor k erforderliche Nebenwiderstand berechnen:

$$R_N = R_M \frac{I_M}{I_N} = R_M \frac{I_M}{(k-1)\, I_M} = \frac{R_M}{k-1} \qquad (8.15)$$

Der Gesamtwiderstand R_A des Strommessers ist infolge der Parallelschaltung des Shunts kleiner als der Widerstand R_M des Meßwerks:

$$R_A = \frac{U_M}{I} = \frac{I_M R_M}{k\, I_M} = \frac{R_M}{k} \qquad (8.16)$$

Beispiel 8.5: Der Meßbereich eines Strommessers mit dem Meßwerkwiderstand $R_M = 1\ \Omega$, der bei Vollausschlag den Strom $I_M = 100$ mA mißt, soll für $I = 5$ A erweitert werden. Welchen Widerstand muß der Shunt erhalten? Welchen Gesamtwiderstand hat das Meßgerät?

Die Berechnung erfolgt für Vollausschlag. Da durch das Meßwerk dabei 100 mA = 0,1 A fließen, muß der Strom

$$I_N = I - I_M = 5\ \text{A} - 0{,}1\ \text{A} = 4{,}9\ \text{A}$$

über den Nebenwiderstand geleitet werden. Mit der Spannung am Meßwerk

$$U_M = I_M R_M = 0{,}1\ \text{A} \cdot 1\ \Omega = 0{,}1\ \text{V}$$

wird der Nebenwiderstand berechnet:

$$R_N = \frac{U_M}{I_N} = \frac{0{,}1\ \text{V}}{4{,}9\ \text{A}} = 0{,}02041\ \Omega = 20{,}41\ \text{m}\Omega$$

Dasselbe Ergebnis erhält man auch mit den Gln. (8.12 und 8.15):

$$k = \frac{I}{I_M} = \frac{5\ \text{A}}{0{,}1\ \text{A}} = 50\ ; \quad R_N = \frac{R_M}{k-1} = \frac{1\ \Omega}{49} = 0{,}02041\ \Omega$$

Der Gesamtwiderstand des Meßgeräts (Meßwerk und Shunt) ist:

$$R_A = \frac{R_M}{k} = \frac{1\ \Omega}{50} = 0{,}02\ \Omega = 20\ \text{m}\Omega$$

9 Der Maschensatz

9.1 Der Begriff Masche

Der einfache Stromkreis ist auch insofern ein Sonderfall, als nur ein einziger Verbraucher vorhanden ist. Im allgemeinen können mehrere Verbraucher vorhanden sein, die z. B. in Reihe geschaltet sind; Bild 9.1 zeigt als Beispiel die Reihenschaltung von drei Verbrauchern mit den OHMschen Widerständen R_1, R_2 und R_3.

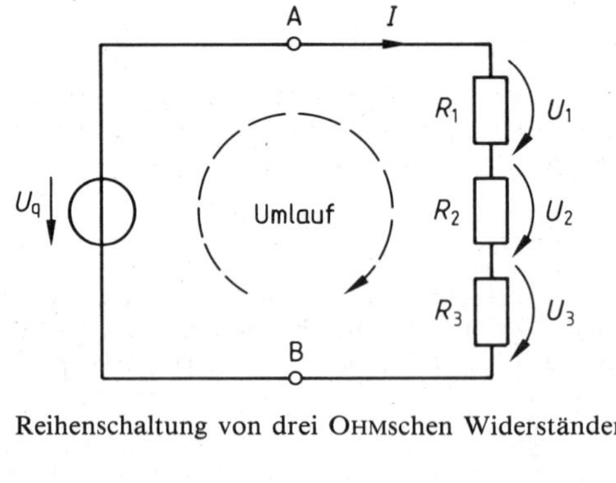

Bild 9.1 Reihenschaltung von drei OHMschen Widerständen an einer idealen Spannungsquelle

Auch bei diesem Stromkreis gilt der in Gl. (4.3) formulierte Grundsatz, daß die Summe der Leistungen sämtlicher Zweipole gleich Null ist:

$$-U_q I + U_1 I + U_2 I + U_3 I = 0$$

Aus dieser Gleichung läßt sich der Strom herauskürzen:

$$-U_q + U_1 + U_2 + U_3 = 0 \qquad (9.1)$$

Die Gl. (9.1) läßt sich anhand der Schaltung 9.1 auch dadurch gewinnen, daß man die Summe sämtlicher Spannungen auf einem geschlossenen Weg oder *Umlauf* bildet. Dabei wird vereinbart, daß die Spannungen, deren Bezugssinn *nicht* mit dem Umlaufsinn übereinstimmt, mit *geändertem* Vorzeichen in die Summe der Spannungen eingesetzt werden. Diese so gebildete Summe der Spannungen ist gleich Null:

$$\sum U = 0 \qquad (9.2)$$

Bei der Schaltung 9.1 ergibt sich die Gl. (9.1) direkt, wenn der Umlauf im Uhrzeigersinn durchgeführt wird; Start und Ziel ist die Klemme B (Bild 9.1).

Beispiel 9.1: Zwei OHMsche Widerstände R_1 und R_2 werden an einer linearen Quelle betrieben. Die Summe der Spannungen soll für sämtliche möglichen Umlaufwege gebildet werden.

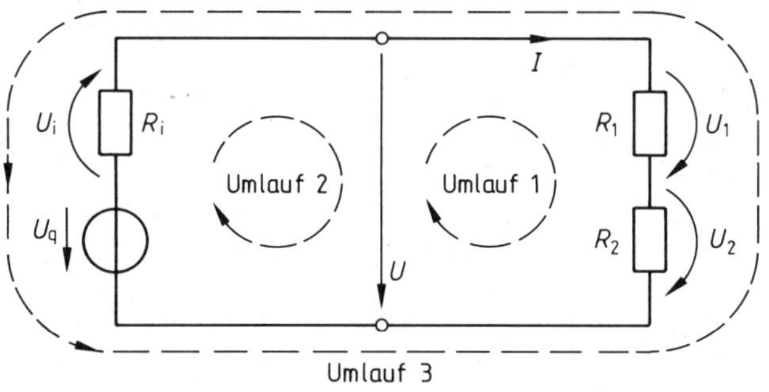

Bild 9.2 Zwei OHMsche Widerstände an einer linearen Spannungsquelle

Beim Umlauf 1 werden die Spannungen U_1 und U_2 im Bezugssinn durchlaufen, sie werden daher positiv in die Gl. (9.2) eingesetzt. Die Klemmenspannung U wird beim Umlauf 1 entgegen dem Bezugssinn durchlaufen, sie wird daher negativ in die Gl. (9.2) eingesetzt:

$$U_1 + U_2 - U = 0$$

Beim Umlauf 2 werden die Spannung U_i und die Klemmenspannung U im Bezugssinn durchlaufen, sie werden daher positiv in die Gl. (9.2) eingesetzt. Die Quellenspannung U_q wird entgegen ihrem Bezugssinn durchlaufen, sie wird daher negativ in die Gl. (9.2) eingesetzt.

$$U_i + U - U_q = 0$$

Der Umlauf 3 wird im Gegenuhrzeigersinn ausgeführt. Dabei wird die Spannung U_q im Bezugssinn (positiv!), und die Spannungen U_2, U_1 und U_i werden entgegen ihrem Bezugssinn (negativ!) durchlaufen.

$$U_q - U_2 - U_1 - U_i = 0$$

Wie das Beispiel zeigt, kann der Umlauf statt über Leiter auch über Spannungspfeile geschlossen werden. Da ein derartiger geschlossener Weg **Masche** genannt wird, heißt die Gl. (9.2) auch **Maschengleichung.** Dementsprechend lautet der **Maschensatz:**

> Die Summe sämtlicher Spannungen auf einem geschlossenen Weg ist gleich Null, wenn die Spannungen, deren Bezugssinn *nicht* mit dem Umlaufsinn übereinstimmt, mit *geändertem* Vorzeichen in die Summe eingesetzt werden.

Der Maschensatz wird häufig auch **2. KIRCHHOFF**scher Satz genannt. Dieser Satz ist die zweite Gleichgewichtsbedingung der Elektrotechnik; er verlangt, daß die Spannungen auf einem geschlossenen Weg »im Gleichgewicht« sind.

Beispiel 9.2: Zwei gleiche Gleichstromgeneratoren, deren Innenwiderstand je 0,035 Ω beträgt, liegen parallel (Bild 9.3). Sie sind versehentlich falsch eingestellt worden, so daß die Spannungen $U_{q1} = 230$ V und $U_{q2} = 225$ V erzeugt werden. Welcher Ausgleichstrom fließt nutzlos zwischen den Maschinen bei abgeschaltetem Netz?

$$-U_{q1} + I R_{i1} + I R_{i2} + U_{q2} = 0$$

$$I = \frac{U_{q1} - U_{q2}}{R_{i1} + R_{i2}}$$

$$I = \frac{230\text{ V} - 225\text{ V}}{2 \cdot 0{,}035\ \Omega}$$

$$I = \frac{5\text{ V}}{0{,}07\ \Omega} = 71{,}4\text{ A}$$

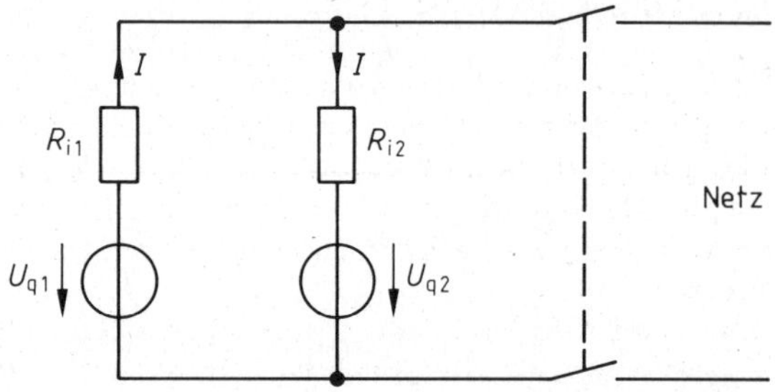

Bild 9.3 Schaltung zu Beispiel 9.2

Der Ausgleichstrom ist deshalb so groß, weil die Innenwiderstände der Generatoren verhältnismäßig klein sind; er verursacht in den Innenwiderständen der Generatoren erhebliche Verluste und muß daher unbedingt dadurch vermieden werden, daß beide Generatoren auf gleiche Quellenspannung eingestellt werden.

Eine Masche ist ein beliebiger, in sich geschlossener Weg, der sowohl über Leiter als auch über Spannungspfeile geführt werden kann. Der einfache, unverzweigte Stromkreis ist ein Sonderfall einer Masche, weil dabei überall auf dem Umlaufweg derselbe Strom fließt. Im allgemeinen trifft man jedoch auf einem Umlauf unterschiedliche Ströme an.

Beispiel 9.3: In den Zweigen der Masche (Bild 9.4), die Teil einer größeren Schaltung ist, fließen die Ströme $I_1 = 0{,}14$ A und $I_2 = 0{,}08$ A. Welchen Wert hat die Spannung U_{AB}?

$$U_1 = I_1 R_1 = 21\text{ V}$$

$$U_2 = I_2 R_2 = 26{,}4\text{ V}$$

Die Maschengleichung

$U_1 + U_{AB} - U_2 - U_q = 0$

wird nach U_{AB} aufgelöst:

$U_{AB} = -U_1 + U_2 + U_q = -21\ \text{V} + 26{,}4\ \text{V} + 12\ \text{V} = 17{,}4\ \text{V}$

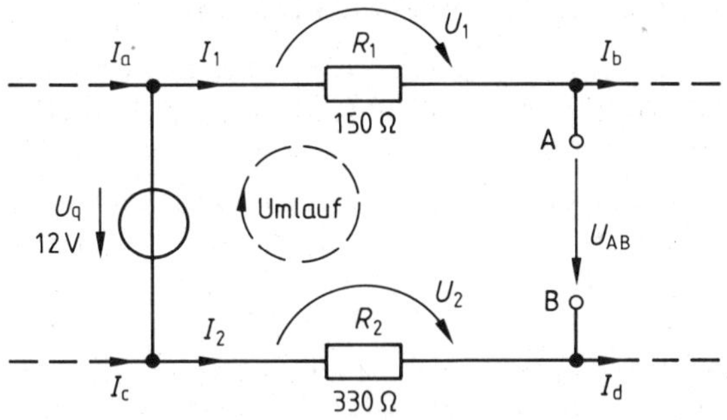

Bild 9.4 Schaltung zu Beispiel 9.3

9.2 Das Potential

Da eine Spannung U stets zwischen zwei Punkten wirkt, kann bei Kenntnis sämtlicher Spannungen in einer Schaltung bezüglich eines einzelnen Punktes der Schaltung nichts ausgesagt werden. Ein ähnliches Problem tritt z. B. bei der Höhenbestimmung im Gelände auf, bei der lediglich Höhendifferenzen gemessen werden. Um die absolute Höhe angeben zu können, muß ein Nullpunkt willkürlich festgelegt werden (z. B. Normal-Null NN, der Amsterdamer Pegel).
Jedem einzelnen Punkt einer Schaltung kann eine Größe zugeordnet werden, die als **Potential** φ bezeichnet wird. Eine Spannung U ist eine Potentialdifferenz. So gilt z. B. für die Spannung U_{AB} in Bild 9.5:

$$U_{AB} = \varphi_A - \varphi_B \tag{9.3}$$

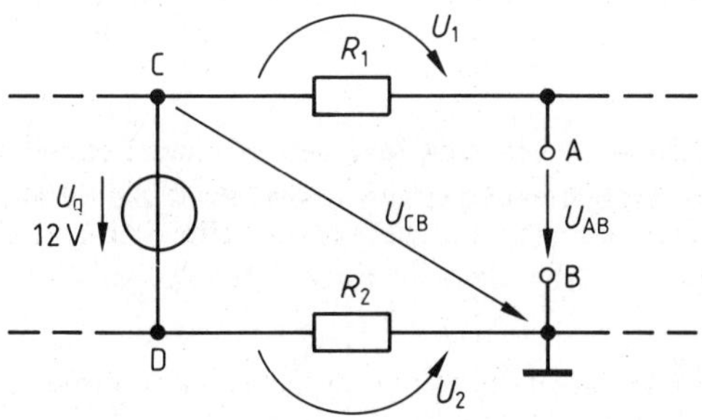

Bild 9.5 Schaltung von Beispiel 9.3 mit Bezugspotential im Punkt B

In einer Schaltung bzw. einem Gerät kann *einem* beliebigen Punkt, der als **Bezugspunkt** bezeichnet wird, das **Bezugspotential** $\varphi = 0$ V zugeordnet werden. Dieser Punkt wird auch **Masse** genannt; er wird vielfach mit dem Gehäuse des Geräts leitend verbunden, welches seiner-

seits mit Erde leitend verbunden („geerdet“) wird. Dadurch wird verhindert, daß zwischen Gehäuse und Umgebung eine gefährliche Spannung wirkt (s. Kap. 30).
Die Masse, also der Punkt mit dem Potential $\varphi = 0$, wird durch das Zeichen $\perp$ gekennzeichnet. Die Spannung zwischen einem Punkt und dem Bezugspunkt ist gleich dem Potential dieses Punktes.

Beispiel 9.4: In der Schaltung 9.5 ist der Punkt B geerdet. Welche Potentiale haben die übrigen Punkte?

Zunächst wird $\varphi_B = 0$ in die Gl. (9.3) eingesetzt:

$$U_{AB} = \varphi_A = 17{,}4\text{ V}$$

Entsprechend wird mit der Potentialdifferenz

$$U_{DB} = U_2 = \varphi_D - \varphi_B$$

das Potential $\varphi_D = U_2 = 26{,}4$ V berechnet. Zur Berechnung des Potentials φ_C wird die Maschengleichung $U_{CB} - U_2 - U_q = 0$ nach U_{CB} aufgelöst:

$U_{CB} = \varphi_C - \varphi_B = U_2 + U_q = 38{,}4$ V. Mit $\varphi_B = 0$ ergibt sich $\varphi_C = 38{,}4$ V.

9.3 Die Reihenschaltung von Widerständen

Eine **Reihenschaltung** von Zweipolen liegt dann vor, wenn sämtliche Zweipole vom gleichen Strom I durchflossen werden. Bild 9.6a zeigt als Beispiel die Reihenschaltung von drei OHMschen Widerständen.

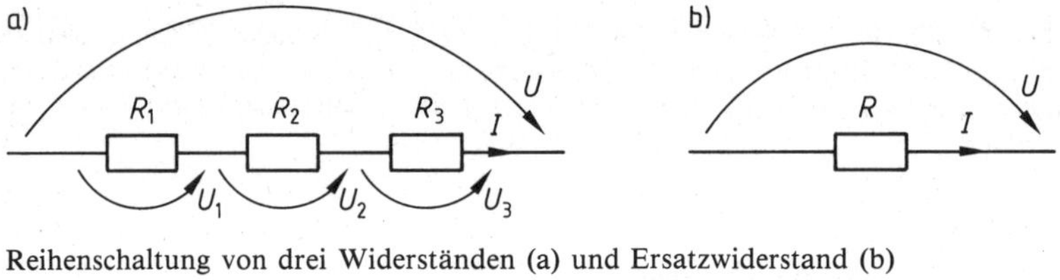

Bild 9.6 Reihenschaltung von drei Widerständen (a) und Ersatzwiderstand (b)

Eine Reihenschaltung wird auch als **Serienschaltung** bezeichnet. Mit dem Maschensatz

$$U_1 + U_2 + U_3 - U = 0 \tag{9.4}$$

läßt sich die Gesamtspannung U berechnen:

$$U = U_1 + U_2 + U_3 = IR_1 + IR_2 + IR_3 = I(R_1 + R_2 + R_3) \tag{9.5}$$

Die drei Widerstände lassen sich rein rechnerisch zu einem *Ersatzwiderstand R* zusammenfassen, der an der Gesamtspannung U liegt und vom Strom I durchflossen wird:

$$R = \frac{U}{I} = R_1 + R_2 + R_3 \tag{9.6}$$

Der Ersatzwiderstand einer Reihenschaltung ist gleich der Summe sämtlicher Teilwiderstände.

Beispiel 9.5: Welcher Wirkungsgrad würde sich beim Betrieb einer Halogenlampe 12 V, 100 W an 230 V mit Hilfe eines Vorwiderstandes ergeben?

$$I = \frac{P_L}{U_L} = \frac{100\,\mathrm{W}}{12\,\mathrm{V}} = 8{,}33\,\mathrm{A}$$

$$U_{vor} = U - U_L = 230\,\mathrm{V} - 12\,\mathrm{V} = 218\,\mathrm{V}$$

Im Vorwiderstand entsteht die Leistung: $P_{vor} = U_{vor}\, I = 218\,\mathrm{V} \cdot 8{,}33\,\mathrm{A} = 1{,}82\,\mathrm{kW}$

$$\eta = \frac{P_{ab}}{P_{zu}} = \frac{P_L}{P_{vor} + P_L} = \frac{100\,\mathrm{W}}{1{,}92\,\mathrm{kW}} = 0{,}052 = 5{,}2\%$$

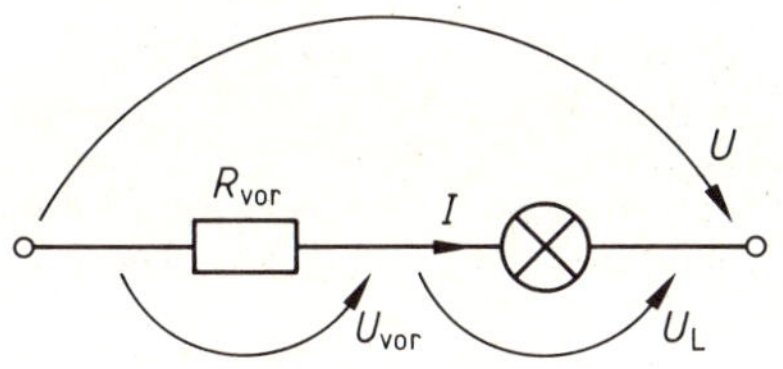

Bild 9.7 Schaltung zu Beispiel 9.5

Der Betrieb ist nicht nur sehr unwirtschaftlich, sondern erfordert auch geeignete Sicherheitsmaßnahmen (s. Kap. 30), da bei einer Unterbrechung des Leiterweges im Bereich der Lampe wegen $I = 0$ und damit $U_{vor} = 0$ die gesamte Spannung U an den Anschlüssen der Lampe liegt.

9.4 Das Spannungsverhältnis

Sowohl die Teilspannungen als auch die Gesamtspannung in Schaltung 9.6 lassen sich als Produkte angeben, in denen jeweils der Strom ein Faktor ist:

$$U_1 = IR_1 \;; \quad U_2 = IR_2 \;; \quad U_3 = IR_3 \;; \quad U = IR \tag{9.7}$$

Bei der Division von je zwei dieser Gleichungen kürzt sich der Strom heraus. Man erhält z. B. für die Teilspannungen U_1 und U_2:

$$\frac{U_1}{U_2} = \frac{R_1}{R_2} \tag{9.8}$$

Die Spannungen einer Reihenschaltung verhalten sich wie die Widerstände, an denen sie abfallen. Diese Aussage, die als **Spannungsteilerregel** bezeichnet wird, gilt wegen $U = RI$ auch für den Ersatzwiderstand R einer Reihenschaltung:

$$\frac{U_1}{U} = \frac{R_1}{R} \tag{9.9}$$

In einer Reihenschaltung verhält sich eine Teilspannung zur Gesamtspannung U wie der entsprechende Teilwiderstand zum Ersatzwiderstand R.

Beispiel 9.6: Zwei in Reihe geschaltete Widerstände $R_1 = 130\,\Omega$ und R_2 liegen an der Gesamtspannung $U = 35$ V. Welchen Wert muß R_2 erhalten, damit $U_1 = 12{,}3$ V ist?

Die Spannung $U_2 = U - U_1 = 35\text{ V} - 12{,}3\text{ V} = 22{,}7\text{ V}$ wird in die nach R_2 aufgelöste Gl.(9.8) eingesetzt:

$$R_2 = \frac{U_2}{U_1} R_1 = \frac{22{,}7\text{ V}}{12{,}3\text{ V}} \cdot 130\,\Omega = 239{,}9\,\Omega$$

9.5 Die Meßbereichserweiterung eines Spannungsmessers

Wenn mit einem Voltmeter eine Spannung gemessen werden soll, die größer als der Wert U_M ist, den das Meßwerk bei Vollausschlag anzeigt, dann wird der Meßbereich durch einen Vorwiderstand erweitert.

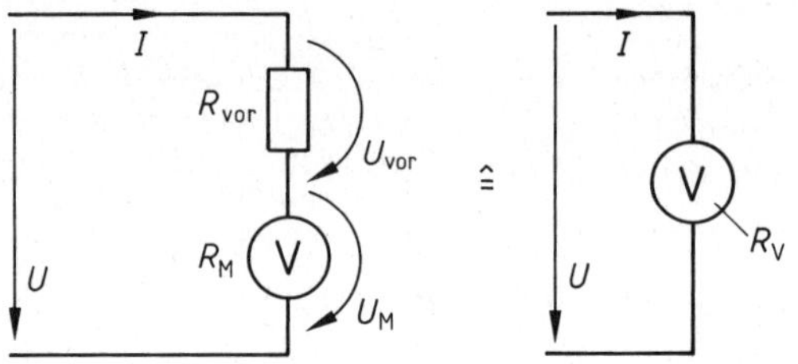

Bild 9.8 Der Meßbereich eines Spannungsmessers läßt sich durch einen Vorwiderstand erweitern

Die am Meßgerät (Meßwerk und Vorwiderstand) insgesamt abfallende Spannung U ist das k-fache der am Meßwerk abgelesenen Spannung U_M:

$$U = k\,U_M \tag{9.10}$$

Am Vorwiderstand fällt die Spannung

$$U_{vor} = U - U_M = k\,U_M = (k-1)\,U_M \tag{9.11}$$

ab. Mit dem Spannungsverhältnis

$$\frac{U_M}{U_{vor}} = \frac{R_M}{R_{vor}} \tag{9.12}$$

läßt sich der für einen bestimmten Korrekturfaktor k erforderliche Vorwiderstand berechnen:

$$R_{vor} = \frac{U_{vor}}{U_M} R_M = \frac{(k-1)\,U_M}{U_M} \cdot R_M = (k-1)\,R_M \tag{9.13}$$

Der Gesamtwiderstand R_V ist infolge des Vorwiderstandes größer als der Widerstand R_M des Meßwerks:

$$R_V = R_{vor} + R_M = (k-1)\,R_M + R_M = k\,R_M \tag{9.14}$$

Beispiel 9.7: Der Meßbereich eines Spannungsmessers mit dem Meßwerkwiderstand $R_M = 50\ \text{k}\Omega$, der bei Vollausschlag die Spannung $U_M = 5$ V mißt, soll für $U = 250$ V erweitert werden. Welchen Wert muß der Vorwiderstand erhalten? Welchen Gesamtwiderstand hat das Meßgerät?

Die Berechnung erfolgt für Vollausschlag. Da durch das Meßwerk und durch den Vorwiderstand dabei der Strom

$$I = \frac{U_M}{R_M} = \frac{5\ \text{V}}{50\ \text{k}\Omega} = 0{,}1\ \text{mA}$$

fließt und am Vorwiderstand die Spannung

$$U_{vor} = U - U_M = 250\ \text{V} - 5\ \text{V} = 245\ \text{V}$$

abfällt, ist der erforderliche Vorwiderstand

$$R_{vor} = \frac{U_{vor}}{I} = \frac{245\ \text{V}}{0{,}1\ \text{mA}} = 2{,}45\ \text{M}\Omega\ .$$

Denselben Wert für R_{vor} erhält man auch mit den Gln. (9.10 und 9.13):

$$k = \frac{U}{U_M} = \frac{250\ \text{V}}{5\ \text{V}} = 50\ ; \qquad R_{vor} = (k-1)\,R_M = 49 \cdot 50\ \text{k}\Omega = 2{,}45\ \text{M}\Omega$$

$$R_V = k\,R_M = 50 \cdot 50\ \text{k}\Omega = 2{,}5\ \text{M}\Omega$$

Der Widerstand bereichsumschaltbarer Voltmeter wird auf die Spannung bezogen und in der Einheit Ω/V angegeben; dieser bezogene Wert ist für jeden Meßbereich gleich. Das beschriebene Voltmeter hat sowohl im Meßbereich 5 V als auch im Meßbereich 250 V den bezogenen Widerstand

$$\frac{R_M}{U_M} = \frac{50\ \text{k}\Omega}{5\ \text{V}} = 10\ \text{k}\Omega/\text{V} \quad \text{bzw.} \quad \frac{R_V}{U} = \frac{2{,}5\ \text{M}\Omega}{250\ \text{V}} = 10\ \text{k}\Omega/\text{V}\ .$$

10 Gleichstrom-Netze

Eine elektrische Schaltung, die aus mehreren Zweigen besteht, wird **Netz** oder auch **Netzwerk** genannt. Grundlage jeder Netzberechnung sind der Knoten- und der Maschensatz. Die Anzahl der Knoten- und Maschengleichungen ist jedoch nur bei einfachen Netzwerken, die aus wenigen Zweigen bestehen, so gering, daß die Berechnung der gesuchten Größen direkt „von Hand“ durch Lösung der Knoten- und Maschengleichungen mit erträglichem Aufwand durchzuführen ist.

10.1 Die Widerstandsbestimmung

Ein Beispiel für ein einfaches Gleichstrom-Netz ist die Schaltung zur Bestimmung eines unbekannten Widerstandes R_x durch Spannungs- und Strommessung.
Bei der stromrichtigen Schaltung (Bild 10.1 a) wird zwar der durch R_x fließende Strom, aber nicht die an R_x abfallende Spannung gemessen. Die gemessene Spannung fällt vielmehr an der Reihenschaltung von R_x und R_A ab; dabei ist R_A der Meßwerkwiderstand des Amperemeters. Mit

$$\frac{U}{I} = R_A + R_x \tag{10.1}$$

läßt sich der unbekannte Widerstand berechnen:

$$R_x = \frac{U}{I} - R_A \tag{10.2}$$

Bei der spannungsrichtigen Schaltung (Bild 10.1 b) wird zwar die Spannung an R_x richtig gemessen, aber nicht der durch R_x fließende Strom I_x. Statt dessen wird der Strom

$$I = I_V + I_x \tag{10.3}$$

gemessen. Zunächst wird zweckmäßig der Leitwert $G_x = 1/R_x$ mit Hilfe des Leitwerts $G_V = 1/R_V$ des Voltmeters berechnet:

$$G_x = \frac{I - I_V}{U} = \frac{I}{U} - \frac{I_V}{U} = \frac{I}{U} - G_V \tag{10.4}$$

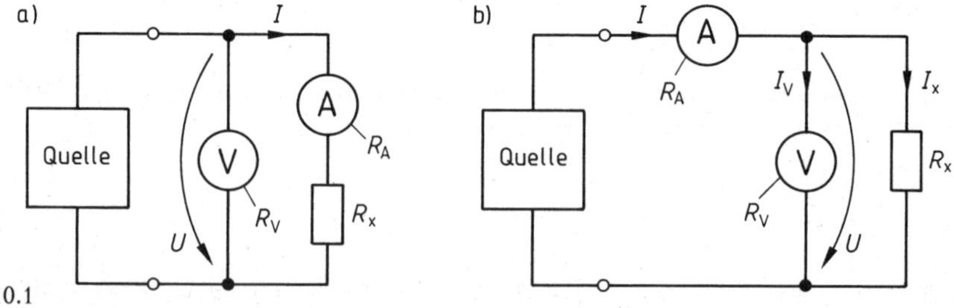

Bild 10.1
Widerstandsbestimmung mit der stromrichtigen (a) bzw. mit der spannungsrichtigen (b) Schaltung

Hiermit wird schließlich der Widerstand $R_x = 1/G_x$ berechnet. Die spannungsrichtige Schaltung wird zweckmäßig bei der Messung kleiner Widerstände ($G_x \gg G_V$), die stromrichtige bei der Messung großer Widerstände ($R_x \gg R_A$) verwendet.

Beispiel 10.1: Bei der Bestimmung eines Widerstandes mit der spannungsrichtigen Schaltung werden am Voltmeter ($R_V = 1\,\mathrm{M\Omega}$) 9,3 V und am Amperemeter 0,61 mA abgelesen. Welchen Wert hat der unbekannte Widerstand R_x?

Der Leitwert $G_V = 1\,\mu\mathrm{S}$ des Voltmeters wird in die Gl. (10.4) eingesetzt:

$$G_x = \frac{I}{U} - G_V = \frac{0{,}61\,\mathrm{mA}}{9{,}3\,\mathrm{V}} - 1\,\mu\mathrm{S} = 64{,}6\,\mu\mathrm{S}\ ; \qquad R_x = 1/G_x = 15{,}48\,\mathrm{k\Omega}$$

10.2 Der belastete Spannungsteiler

Ein Spannungsteiler besteht aus zwei Widerständen R_1 und R_2. Wird an die Reihenschaltung dieser Widerstände die Spannung U gelegt, so kann an R_2 die Spannung $U_2 < U$ abgegriffen werden (Bild 10.2a). Der Abgriff kann verstellbar sein (Bild 10.2b); dabei bewegt sich ein Schleifer auf einer Kohleschicht oder auf einer Drahtwicklung. Ein derartiges Gerät wird auch **Potentiometer** genannt.

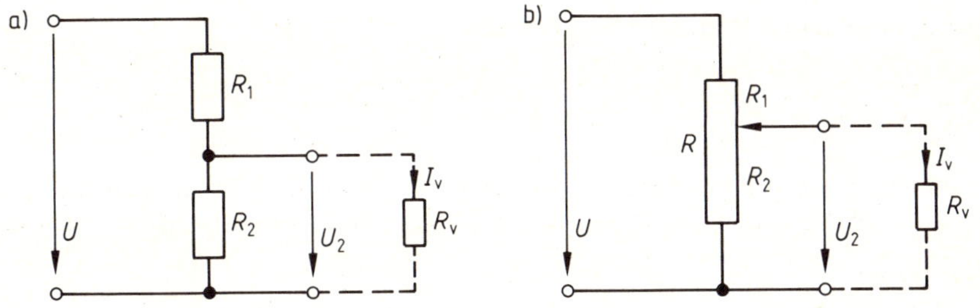

Bild 10.2 Spannungsteiler mit konstanten Widerständen (a) und Potentiometer (b)

Bei *Leerlauf* des Spannungsteilers ($I_v = 0$) kann die Spannung U_2 mit dem Spannungsverhältnis entsprechend Gl. (9.9) berechnet werden:

$$U_2 = \frac{R_2}{R}\,U = \frac{R_2}{R_1 + R_2}\,U \qquad (10.5)$$

Dabei ist $R = R_1 + R_2$ der Gesamtwiderstand des (unbelasteten) Spannungsteilers. Der rechte Bruch wird mit $G_2 = 1/R_2$ erweitert; wegen $G_2 R_2 = 1$ ist

$$U_2 = \frac{U}{1 + G_2 R_1}\ . \qquad (10.6)$$

Bei *Belastung* mit dem Verbraucherwiderstand R_v ist die Spannung U_2 kleiner als die in Gl. (10.5) angegebene Leerlaufspannung. Diese Spannung läßt sich am einfachsten dadurch berechnen, daß in die Gl. (10.6) anstelle des Leitwerts G_2 der Leitwert $G_2 + G_v$ der Parallelschaltung von R_2 und R_v eingesetzt wird:

$$U_2 = \frac{U}{1 + (G_2 + G_v)\,R_1} \tag{10.7}$$

Bei unbelastetem Spannungsteiler ($G_v = 0$) ergibt sich hieraus die Gl. (10.6).

Beispiel 10.2: Ein Potentiometer mit dem Widerstand $R = 100\,\Omega$ an $U = 12$ V wird so eingestellt, daß der Schleifer in Mittenstellung steht.

a) Welchen Wert hat die Spannung U_2 bei Leerlauf?
b) Welche Spannung U_2 stellt sich bei Belastung mit $R_v = 1\,\text{k}\Omega$ ein?

a) Leerlauf: $G_v = 0$; Mittenstellung: $R_1 = 50\,\Omega$; $R_2 = 50\,\Omega$; $G_2 = 0{,}02$ S

$$\text{Gl. (10.6): } U_2 = \frac{12\text{ V}}{1 + 0{,}02\text{ S}\cdot 50\,\Omega} = \frac{12\text{ V}}{2} = 6\text{ V}$$

b) Belastung: $G_v = 1/R_v = 0{,}001$ S ; $G_2 + G_v = 0{,}02\text{ S} + 0{,}001\text{ S} = 0{,}021$ S

$$\text{Gl. (10.7): } U_2 = \frac{12\text{ V}}{1 + 0{,}021\text{ S}\cdot 50\,\Omega} = \frac{12\text{ V}}{1 + 1{,}05} = 5{,}85\text{ V}$$

10.3 Der Ersatzwiderstand

Ein Netzwerk kann häufig auch dadurch vereinfacht werden, daß Widerstände, die zwischen zwei Knoten liegen, durch ihren Ersatzwiderstand ersetzt werden. Dieses Verfahren führt dann zum Ziel, wenn sich die parallelgeschalteten Widerstände einerseits und die in Reihe geschalteten Widerstände andererseits Schritt für Schritt zusammenfassen lassen.

Beispiel 10.3: Für die Schaltung 10.3a sollen sämtliche Teilströme und Teilspannungen berechnet werden.

Zur Berechnung des Ersatzwiderstands R der gesamten Schaltung werden zunächst die beiden Parallelschaltungen zusammengefaßt:

$$G_{1,2} = G_1 + G_2 = \frac{1}{30\,\Omega} + \frac{1}{60\,\Omega} = 0{,}05\text{ S}; \qquad R_{1,2} = 20\,\Omega$$

$$G_{4,5,6} = G_4 + G_5 + G_6 = \frac{1}{90\,\Omega} + \frac{1}{60\,\Omega} + \frac{1}{180\,\Omega} = 0{,}0333\text{ S} \ ; \qquad R_{4,5,6} = 30\,\Omega$$

Damit ergibt sich die Ersatzschaltung 10.3b, deren in Reihe geschaltete Teilwiderstände zum Ersatzwiderstand R (Bild 10.3c) zusammengefaßt werden:

$$R = R_{1,2} + R_3 + R_{4,5,6} = 20\,\Omega + 10\,\Omega + 30\,\Omega = 60\,\Omega$$

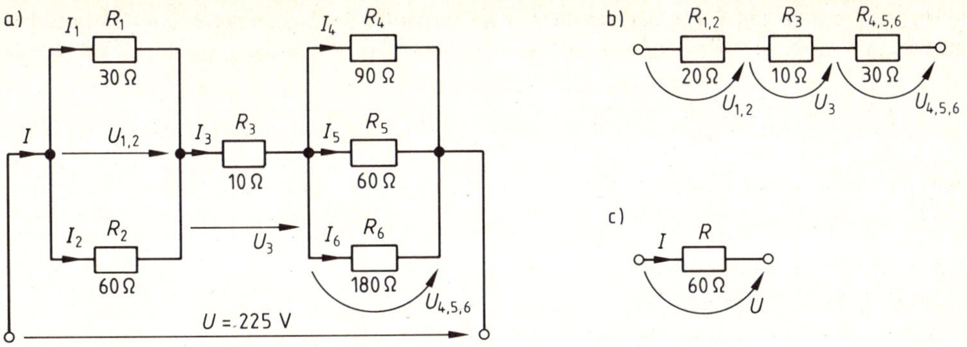

Bild 10.3 Schaltung zu Beispiel 10.3: Ausgangsschaltung (a), in Reihe geschaltete Teilwiderstände (b) und Ersatzwiderstand (c)

In der Schaltung fließt der Gesamtstrom

$$I = \frac{U}{R} = \frac{225\ \text{V}}{60\ \Omega} = 3{,}75\ \text{A}$$

Mit den Widerständen der Ersatzschaltung 10.3b lassen sich die Teilspannungen berechnen:

$$\begin{aligned}
U_{1,2} &= I\,R_{1,2} = 3{,}75\ \text{A} \cdot 20\ \Omega = 75\ \text{V} \\
U_3 &= I\,R_3 = 3{,}75\ \text{A} \cdot 10\ \Omega = 37{,}5\ \text{V} \\
U_{4,5,6} &= I\,R_{4,5,6} = 3{,}75\ \text{A} \cdot 30\ \Omega = \underline{112{,}5\ \text{V}}
\end{aligned}$$

Kontrolle: $U = 225\ \text{V}$

Mit den Teilspannungen werden die Teilströme der Schaltung 10.3a berechnet:

$$I_1 = \frac{U_{1,2}}{R_1} = \frac{75\ \text{V}}{30\ \Omega} = 2{,}5\ \text{A}\ ; \qquad I_2 = \frac{U_{1,2}}{R_2} = \frac{75\ \text{V}}{60\ \Omega} = 1{,}25\ \text{A}\ ;$$

Kontrolle: $I_1 + I_2 = 3{,}75\ \text{A}$

$$I_4 = \frac{U_{4,5,6}}{R_4} = \frac{112{,}5\ \text{V}}{90\ \Omega} = 1{,}25\ \text{A}\ ; \qquad I_5 = \frac{U_{4,5,6}}{R_5} = \frac{112{,}5\ \text{V}}{60\ \Omega} = 1{,}875\ \text{A}$$

$$I_6 = \frac{U_{4,5,6}}{R_4} = \frac{112{,}5\ \text{V}}{180\ \Omega} = 0{,}625\ \text{A}\ ; \qquad \text{Kontrolle: } I = I_4 + I_5 + I_6 = 3{,}75\ \text{A}$$

10.4 Die Ersatzquelle

Ein Schaltungsteil, der zwischen zwei Knoten liegt und lediglich ideale Quellen und OHMsche Widerstände enthält, besitzt eine lineare *I*-*U*-Kennlinie; er kann durch eine lineare **Ersatzquelle** ersetzt werden (Bild 10.4). Mit den Kenngrößen U_q und R_i bzw. I_q und G_i der linearen Ersatzquelle kann das Netzwerk vereinfacht berechnet werden.

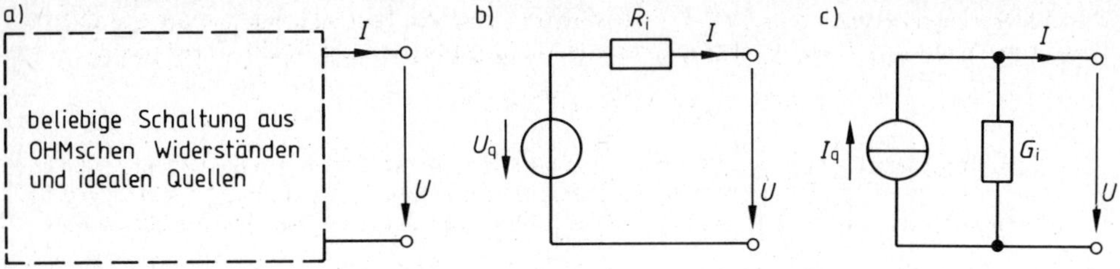

Bild 10.4 Teil einer linearen Schaltung zwischen zwei Knoten (a) und Ersatzquellen:
(b) lineare Spannungsquelle (c) lineare Stromquelle

Die Quellenspannung U_q der Ersatzquelle ist die Leerlaufspannung U_0 des zu ersetzenden Schaltungsteils. Entsprechend ist der Quellenstrom I_q der Ersatzquelle gleich dem Kurzschlußstrom I_k des zu ersetzenden Schaltungsteils. Da nur *eine* der beiden Größen benötigt wird, bestimmt man zweckmäßig diejenige, die sich einfacher berechnen läßt.
Der Innenwiderstand R_i bzw. der Innenleitwert $G_i = 1/R_i$ der Ersatzquelle kann dadurch bestimmt werden, daß man sich die zu ersetzende Schaltung *quellenfrei* denkt: Jede ideale Spannungsquelle wird durch einen Kurzschluß und jede ideale Stromquelle durch eine Unterbrechung des Leiterweges ersetzt: Der Widerstand zwischen den Klemmen der zu ersetzenden Schaltung ist der Innenwiderstand R_i; entsprechend ist der Leitwert zwischen den Klemmen der zu ersetzenden Schaltung gleich dem Innenleitwert G_i.

Beispiel 10.4: Zwei Batterien $U_{q1} = 1{,}5$ V; $R_{i1} = 0{,}02\ \Omega$ und $U_{q2} = 2{,}2$ V; $R_{i2} = 0{,}03\ \Omega$ sind in Reihe geschaltet. Welche Werte haben die Kenngrößen der Ersatzquelle?

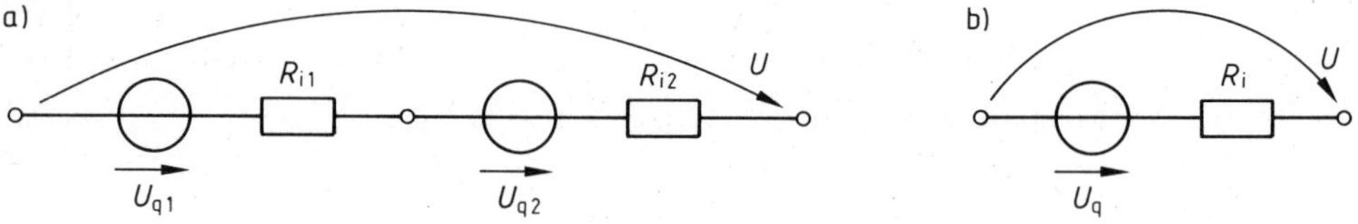

Bild 10.5 Reihenschaltung von zwei linearen Quellen (a) und Ersatzquelle (b)

Bei Leerlauf ($I = 0$) liefert die Maschengleichung $U_{q1} + U_{q2} - U = 0$ die Leerlaufspannung $U = U_0$ der Reihenschaltung. Diese Leerlaufspannung ist die Quellenspannung der Ersatzquelle:

$$U_q = U_0 = U_{q1} + U_{q2} = 1{,}5\ \text{V} + 2{,}2\ \text{V} = 3{,}7\ \text{V}$$

Nun denkt man sich die Reihenschaltung (Bild 10.5a) quellenfrei, wobei die idealen Spannungsquellen durch Kurzschlußverbindungen ersetzt werden. Übrig bleibt die Reihenschaltung der Innenwiderstände R_{i1} und R_{i2}. Der Innenwiderstand R_i der Ersatzquelle ist also:

$$R_i = R_{i1} + R_{i2} = 0{,}02\ \Omega + 0{,}03\ \Omega = 0{,}05\ \Omega$$

Beispiel 10.5: Die im Beispiel 9.2 beschriebenen Gleichstromgeneratoren werden mit einem Widerstand $R_v = 0{,}87\ \Omega$ belastet. Welche Klemmenspannung U stellt sich ein, und welcher Strom I fließt durch den Belastungswiderstand?

Zunächst wird die Ersatzquelle der beiden parallelgeschalteten Gleichstromgeneratoren ermittelt. Bei Leerlauf ($I = 0$) fließt der Ausgleichstrom $I_A = I_1 = -I_2 = 71{,}4$ A (s. Beispiel 9.2). Mit der

Maschengleichung $U - U_{q1} + I_1 R_{i1} = 0$ wird zunächst die Leerlaufspannung der Parallelschaltung berechnet. Diese Leerlaufspannung ist die Quellenspannung U_q der Ersatzquelle:

$$U_q = U_{q1} - I_1 R_{i1} = 230\text{ V} - 71{,}4\text{ A} \cdot 0{,}035\ \Omega = 227{,}5\text{ V}$$

Nun denkt man sich die Parallelschaltung (Bild 10.6a) quellenfrei, wobei die idealen Spannungsquellen durch Kurzschlußverbindungen ersetzt werden. Übrig bleibt die Parallelschaltung der Innenwiderstände $R_{i1} = 1/G_{i1}$ und $R_{i2} = 1/G_{i2}$. Der Innenleitwert G_i der Ersatzquelle ist also:

$$G_i = G_{i1} + G_{i2} = 28{,}57\text{ S} + 28{,}57\text{ S} = 57{,}14\text{ S}$$

Der Innenwiderstand $R_i = 0{,}0175\ \Omega$ ist der Kehrwert des Innenleitwerts. Bei Belastung wird der Ersatzquelle der Strom I entnommen:

$$I = \frac{U_q}{R_i + R_v} = \frac{227{,}5\text{ V}}{0{,}8875\ \Omega} = 256{,}3\text{ A}$$

Dabei stellt sich die Klemmenspannung U ein:

$$U = I R_v = 256{,}3\text{ A} \cdot 0{,}87\ \Omega = 223\text{ V}$$

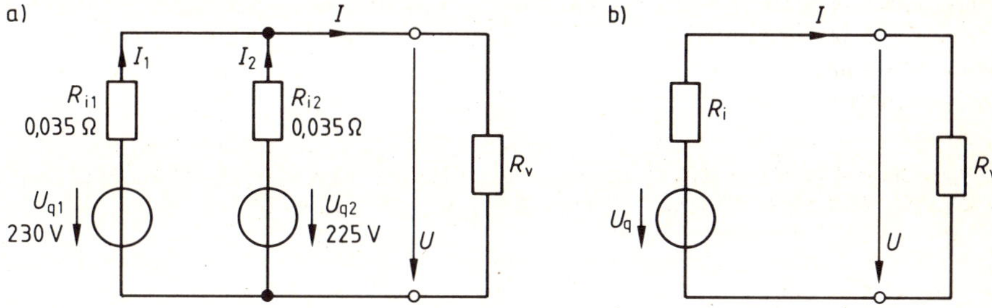

Bild 10.6 Belastung der Gleichstromgeneratoren (a) und der Ersatzquelle (b)

10.5 Das Knotenpotentialverfahren

Mit zunehmender Zahl der Knoten und Zweige wird die Netzwerkberechnung, d.h. die Auflösung der Knoten- und Maschengleichungen, aufwendiger. Bei größeren Netzwerken wird daher zweckmäßig mit Rechnerunterstützung gearbeitet.
Im folgenden wird ausschließlich die **Netzwerkanalyse** beschrieben: Dabei sind sämtliche Quellen- und Widerstandswerte des Netzwerks gegeben; gesucht sind die Zweigspannungen und die Zweigströme. Die Zweigspannungen werden mit dem **Knotenpotentialverfahren** berechnet. Bei seiner Anwendung wird ein Knoten des Netzwerks als **Bezugsknoten** ausgewählt, dem das Bezugspotential $\varphi = 0$ V zugeordnet wird (s. Kap. 9.2). Der Bezugsknoten erhält die Knotennummer 0, die übrigen Knoten des Netzwerks werden aufsteigend durchnumeriert.
Ein Netzwerk, das mit dem Knotenpotentialverfahren bearbeitet werden soll, darf nur aus Leitwerten und Stromquellen bestehen. Widerstände müssen in Leitwerte und lineare Spannungsquellen in lineare Stromquellen (s. Kap. 6.3) umgewandelt werden. Der Name des Verfahrens rührt daher, daß als unbekannte Größen zunächst die Potentiale der Knoten berechnet werden.

Bild 10.7 zeigt ein BASIC-Programm, mit dem sich beliebige Zweigspannungen berechnen lassen. Um Speicherplatz einzusparen, wurde die Anzahl der Knoten auf 9 beschränkt; bei mehr als 9 Knoten muß die Zeile 100 entsprechend abgeändert werden.
Bei einer Quelle muß die Reihenfolge der einzugebenden Knoten mit dem Richtungssinn des Quellenstromes übereinstimmen. Das Programm gibt die geforderten Zweigspannungen aus.

```
100 DIM A(9,9),X(9): KMAX=9
110 INPUT "ANZAHL DER ZWEIGE: ";Z
120 N=0
130 FOR I=1 TO Z
140 PRINT "ZWEIG ";I
150 INPUT " VON KNOTEN ";J
160 IF J>N THEN N=J
170 INPUT " ZU KNOTEN ";K
180 IF K>N THEN N=K
190 INPUT " LEITWERT ";G
200 A(J,J)=A(J,J)+G
210 A(J,K)=A(J,K)-G
220 A(K,J)=A(K,J)-G
230 A(K,K)=A(K,K)+G
240 INPUT " QUELLENSTROM ";Q
250 X(J)=X(J)-Q
260 X(K)=X(K)+Q
270 NEXT I
280 IF N>KMAX THEN 560
290 IF N=1 THEN 400
300 FOR I=1 TO N-1
310 FOR J=I+1 TO N
320 R=A(I,J)/A(I,I)
330 IF R=0 THEN 380
340 FOR K=J TO N
350 A(J,K)=A(J,K)-R*A(I,K)
360 NEXT K
370 X(J)=X(J)-R*X(I)
380 NEXT J
390 NEXT I
400 FOR J=N TO 1 STEP -1
410 IF J=N THEN 450
420 FOR K=N TO J+1 STEP -1
430 X(J)=X(J)-A(J,K)*X(K)
440 NEXT K
450 X(J)=X(J)/A(J,J)
460 NEXT J
470 PRINT "GESUCHTE ZWEIGSPANNUNGEN"
480 X(0)=0
490 INPUT "ANZAHL DER ZWEIGE: ";Z
500 FOR I=1 TO Z
510 INPUT " VON KNOTEN ";J
520 INPUT " ZU KNOTEN ";K
530 PRINT "U(";J;",";K;")=";X(J)-X(K)
540 NEXT I
550 GOTO 570
560 PRINT "ZU VIELE KNOTEN: ";N
570 END
```

Bild 10.7 BASIC-Programm zum Knotenpotentialverfahren

Beispiel 10.6: Die im Beispiel 10.5 beschriebene Schaltung soll mit dem Knotenpotentialverfahren analysiert werden; dabei sollen die Ströme I_1 und I_2 der Generatoren sowie der Verbraucherstrom I berechnet werden.

Zunächst müssen die linearen Spannungsquellen in lineare Stromquellen umgewandelt werden:

$$I_{q1} = \frac{U_{q1}}{R_{i1}} = \frac{230\ \text{V}}{0{,}035\ \Omega} = 6571\ \text{A}\ ; \qquad G_{i1} = \frac{1}{R_{i1}} = \frac{1}{0{,}035\ \Omega} = 28{,}57\ \text{S}$$

$$I_{q2} = \frac{U_{q2}}{R_{i2}} = \frac{225\ \text{V}}{0{,}035\ \Omega} = 6429\ \text{A}\ ; \qquad G_{i2} = \frac{1}{R_{i2}} = \frac{1}{0{,}035\ \Omega} = 28{,}57\ \text{S}$$

Der Bezugsknoten erhält die Knotennummer 0, der einzige verbleibende Knoten die Nummer 1. Die Reihenfolge der Knotennummern eines Zweiges ist nur bei einem Quellenstrom von Bedeutung, sie muß mit dem Richtungssinn der Quellengröße übereinstimmen. Beim Verbraucher mit dem Leitwert $G_v = 1/R_v = 1{,}1494\,S$ wird die Reihenfolge der Knotennummern so eingegeben, daß sie mit dem Richtungssinn der gesuchten Zweigspannung übereinstimmt.

$$I_1 = I_{q1} - U \cdot G_{i1} = 6571\,A - 223{,}025\,V \cdot 28{,}57\,S = 199{,}176\,A$$

$$I_2 = I_{q2} - U \cdot G_{i2} = 6429\,A - 223{,}025\,V \cdot 28{,}57\,S = 57{,}176\,A$$

Infolge der voneinander abweichenden Quellenspannungen liefern die Generatoren unterschiedliche Ströme: Der Ausgleichstrom (s. Beispiel 9.2) belastet die Quelle mit der höheren Quellenspannung zusätzlich und entlastet die Quelle mit der niedrigeren Quellenspannung.

Verbraucherstrom: $I = U/R_v = 223\,V/0{,}87\,\Omega = 256{,}3\,A$

Kontrolle: $I = I_1 + I_2 = 199{,}176\,A + 57{,}176\,A = 256{,}3\,A$

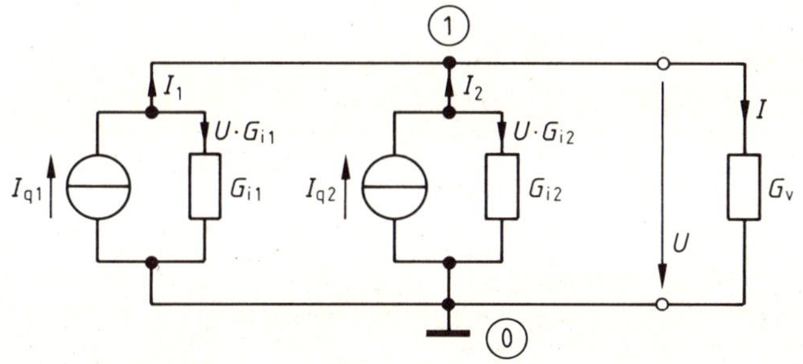

Bild 10.8 Die linearen Spannungsquellen in Bild 10.6a werden durch lineare Stromquellen ersetzt

```
ANZAHL DER ZWEIGE: 3
ZWEIG 1
  VON KNOTEN 0
  ZU KNOTEN 1
  LEITWERT 28.57
  QUELLENSTROM 6571
ZWEIG 2
  VON KNOTEN 0
  ZU KNOTEN 1
  LEITWERT 28.57
  QUELLENSTROM 6429
ZWEIG 3
  VON KNOTEN 1
  ZU KNOTEN 0
  LEITWERT 1.1494
  QUELLENSTROM 0
ZWEIGSPANNUNGEN
ANZAHL DER ZWEIGE: 1
  VON KNOTEN 1
   ZU KNOTEN 0
U( 1 , 0 )= 223.0251
```

Bild 10.9 Eingabe der Daten von Schaltung 10.8 in das Programm 10.7 und Ausgabe des Ergebnisses

Beispiel 10.7: Welche Spannung U_4 liegt in der Schaltung 10.10 am Widerstand R_4, und welcher Strom I_3 fließt durch den Leitwert G_3?

Die lineare Spannungsquelle (U_{q1}; R_1) wird in eine lineare Stromquelle umgerechnet:

$$I_{q1} = \frac{U_{q1}}{R_1} = \frac{15\,V}{2{,}5\,\Omega} = 6\,A\ ; \quad G_1 = \frac{1}{R_1} = \frac{1}{2{,}5\,\Omega} = 0{,}4\,S$$

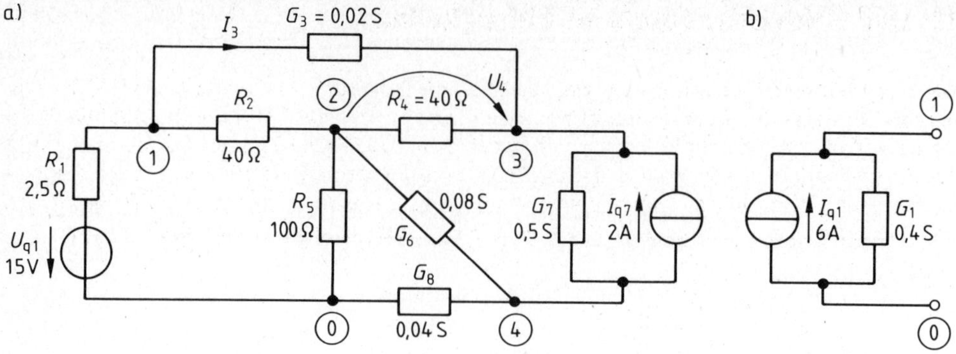

Bild 10.10 Schaltung zu Beispiel 10.7 (a) und Ersatzquelle für Zweig 1 (b)

Die Widerstände R_2, R_4 und R_5 werden durch Kehrwertbildung in die Leitwerte $G_2 = 0{,}025$ S; $G_4 = 0{,}025$ S; $G_5 = 0{,}01$ S umgewandelt. Anschließend werden die Netzwerkdaten in das BASIC-Programm 10.7 eingegeben.

$$U_4 = U_{2,3} = -2{,}105 \text{ V}$$

$$I_3 = G_3\, U_3 = G_3 \cdot U_{1,3} = 0{,}02 \text{ S} \cdot 5{,}0276 \text{ V} = 0{,}10055 \text{ A} = 100{,}55 \text{ mA}$$

```
ANZAHL DER ZWEIGE: 8
ZWEIG 1
  VON KNOTEN 0
  ZU KNOTEN 1
  LEITWERT .4
  QUELLENSTROM 6
ZWEIG 2
  VON KNOTEN 1
  ZU KNOTEN 2
  LEITWERT .025
  QUELLENSTROM 0
ZWEIG 3
  VON KNOTEN 1
  ZU KNOTEN 3
  LEITWERT .02
  QUELLENSTROM 0
ZWEIG 4
  VON KNOTEN 2
  ZU KNOTEN 3
  LEITWERT .025
  QUELLENSTROM 0
ZWEIG 5
  VON KNOTEN 2
  ZU KNOTEN 0
  LEITWERT .01
  QUELLENSTROM 0
ZWEIG 6
  VON KNOTEN 2
  ZU KNOTEN 4
  LEITWERT .08
  QUELLENSTROM 0
ZWEIG 7
  VON KNOTEN 4
  ZU KNOTEN 3
  LEITWERT .5
  QUELLENSTROM 2
ZWEIG 8
  VON KNOTEN 4
  ZU KNOTEN 0
  LEITWERT .04
  QUELLENSTROM 0
ZWEIGSPANNUNGEN
ANZAHL DER ZWEIGE: 2
  VON KNOTEN 1
  ZU KNOTEN 3
U( 1 , 3 )= 5.027632
  VON KNOTEN 2
  ZU KNOTEN 3
U( 2 , 3 )= -2.105205
```

Bild 10.11 Eingabe der Daten von Schaltung 10.10 in das Programm 10.7 und Ausgabe der Ergebnisse

11 Der elektrische Strom in Flüssigkeiten

Die Stromleitung in Flüssigkeiten wird anhand von Schaltung 11.1 erklärt. Zwei sich nicht berührende Metallplatten mit Platinüberzug tauchen in ein Gefäß, das mit destilliertem Wasser gefüllt ist. Die Metallplatten, an denen der nichtmetallische Teil des Stromkreises, also beispielsweise die Flüssigkeit, das Gas oder das Vakuum, beginnt oder endet, werden *Elektroden* genannt. Wird an die Platinelektroden eine Gleichspannung gelegt, dann fließt nur ein sehr kleiner Strom, denn destilliertes Wasser ist ein sehr schlechter elektrischer Leiter.

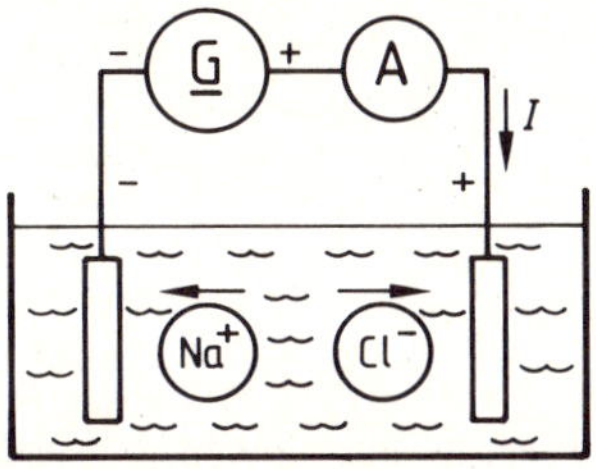

Bild 11.1 Strom fließt durch eine Flüssigkeit

Bringt man aber in das Wasser etwas Kochsalzlösung ein und verteilt diese gleichmäßig, dann fließt ein wesentlich größerer Strom, durch den an den Elektroden Gasbläschen abgeschieden werden.

→ Außer der schon behandelten **Wärmewirkung** und der noch zu behandelnden **Kraftwirkung** kann der elektrische Strom auch eine **chemische Wirkung** haben.

11.1 Die Dissoziation

Destilliertes Wasser, nahezu ein Nichtleiter, wird durch Zufügen von Kochsalz zu einem elektrischen Leiter. Ebenso leiten auch wäßrige Lösungen von Säuren und Basen, und zwar um so ausgeprägter, je »stärker« diese sind, sowie wäßrige Lösungen und Schmelzflüsse von Salzen. Solche leitenden Flüssigkeiten werden **Elektrolyte** genannt.
Bei dem Lösen im Wasser werden Kochsalzmoleküle (NaCl) in Na und Cl zerlegt; man bezeichnet diesen Vorgang als **Dissoziation** (lat. Zerlegung, Spaltung). Diese Bestandteile des Kochsalzes befinden sich aber nicht als neutrale Atome im Wasser: Das Cl-Atom übernimmt ein Elektron von dem Na-Atom, so daß nach der Zerlegungsgleichung

$$NaCl \rightarrow Na^+ + Cl^-$$

das Cl-Atom ein Elektron zu viel, das Na-Atom ein Elektron zu wenig hat. Die Aufspaltung einiger weiterer wichtiger Säuren, Basen und Salze im Elektrolyten zeigt Tabelle 11.1. Wie aus der Tabelle ersichtlich, treten bei der Aufspaltung oft Atomgruppen auf; auch können, wie bei der Dissoziation des Kupfersulfats, die entstehenden Teile mehrere Elektronen zu viel (bzw. zu wenig) haben.
Die Flüssigkeitsstrecke ist ein Verbraucher, der an Spannung gelegt wird. Die am Pluspol der Spannungsquelle liegende Elektrode des Verbrauchers wird **Anode**, die am Minuspol liegende wird **Katode** genannt. Die geladenen Atome (Atomgruppen) bewegen sich nun unter dem Einfluß dieser Spannung im Elektrolyten, sie werden daher **Ionen** (griech. die Wandernden) ge-

Tabelle 11.1: Elektrolyte einiger Säuren, Basen und Salze

Salzsäure	HCl	$\longrightarrow$	H^+	+	Cl^-	Säuren
Schwefelsäure	H_2SO_4	$\longrightarrow$	$2H^+$	+	SO_4^{--}	
Salpetersäure	HNO_3	$\longrightarrow$	H^+	+	NO_3^-	
Natronlauge	$NaOH$	$\longrightarrow$	Na^+	+	OH^-	Basen
Kalilauge	KOH	$\longrightarrow$	K^+	+	OH^-	
Kochsalz	$NaCl$	$\longrightarrow$	Na^+	+	Cl^-	Salze
Kupfersulfat	$CuSO_4$	$\longrightarrow$	Cu^{++}	+	SO_4^{--}	
Silbernitrat	$AgNO_3$	$\longrightarrow$	Ag^+	+	NO_3^-	

nannt. Bei Wasserstoffionen fehlt ein Elektron, bei ionisierten Metallen fehlen ein oder mehrere Elektronen; diese Ionen sind positiv geladen und werden **Kationen** genannt, da sie von der Katode angezogen werden. Säurereste, Hydroxide oder auch Sauerstoff haben ein oder mehrere Elektronen zu viel; sie heißen **Anionen**, da sie von der Anode angezogen werden. Während sich bei dem Strom im metallischen Leiter ausschließlich Elektronen entgegen dem Richtungssinn der Stromstärke bewegen, setzt sich ein Strom in einem Elektrolyten aus zwei Anteilen zusammen, nämlich aus den Ladungen der Kationen, die sich im Richtungssinn der Stromstärke bewegen, und aus den Ladungen der Anionen, die sich entgegen dem Richtungssinn der Stromstärke bewegen. Der Strom in einem Elektrolyten transportiert Materie; in metallischen Leitern geschieht das nicht.
Hat ein Ion die Elektrode erreicht, dann findet ein Ausgleich der elektrischen Ladungen statt. Das Anion gibt seine Überschußladung(en) an der Anode ab, während das Kation die fehlende(n) Ladung(en) von der Katode erhält. Die chemischen Prozesse, die dabei an den Elektroden stattfinden, können unterschiedlicher Natur sein. Es können beispielsweise auftreten:

→ Materialzuwachs oder -abbau der Elektroden;
→ Gasentwicklungen an den Elektroden;
→ andere chemische Reaktionen, welche die Elektrodenoberflächen verändern.

11.2 Die FARADAYschen Gesetze

Mit den FARADAYschen Gesetzen läßt sich der Materialtransport durch den Strom in einem Elektrolyten bestimmen. Das **erste FARADAYsche Gesetz** sagt:

> Die transportierten und damit auch die aus einer Elektrode gelösten oder an einer Elektrode abgeschiedenen Materialmengen sind der Elektrizitätsmenge Q, d.h. bei konstantem Strom dem Produkt $I \cdot t$, proportional.

$$m = C \cdot Q = C \cdot I \cdot t \tag{11.1}$$

Das zweite FARADAYsche Gesetz liefert die Aussage über den Wert der Konstanten C, also über die je Ladungseinheit transportierte Materialmenge. Durch Versuch wurde festgestellt, daß die Elektrizitätsmenge $Q = 96500$ As gebraucht wird, um 1 g des leichtesten Ions, des Wasserstoff-Ions H^+, zu befördern. Damit ergibt sich das **elektrochemische Äquivalent**, das ist die Masse, die von 1 As transportiert wird, für Wasserstoff-Ionen zu

$$C_H = \frac{1}{96500\ \mathrm{As/g}} = 0{,}010363 \cdot 10^{-3}\ \frac{\mathrm{g}}{\mathrm{As}} = 0{,}010363\ \frac{\mathrm{mg}}{\mathrm{As}}\ . \tag{11.2}$$

Wasserstoff ist das leichteste Atom mit dem relativen Atomgewicht $A_r \approx 1$. Werden andere einwertige Atome (Moleküle) ionenförmig vom Strom transportiert, dann befördert die gleiche Elektrizitätsmenge (96500 As) eine um die relative Atommasse (Molekülmasse) vervielfachte Masse. Entsprechend sinkt die transportierte Masse, wenn die Wertigkeit des Ions $z > 1$ ist. So sind beispielsweise bei $z = 3$ drei Elementarladungen notwendig, um ein Ion zu befördern. Damit ist das elektrochemische Äquivalent für beliebige Ionen

$$C = C_H \cdot \frac{A_r}{z}, \quad \text{Einheit: } 1 \frac{\text{g}}{\text{As}} \tag{11.3}$$

wobei für Moleküle anstelle der relativen Atommasse A_r die relative Molekülmasse M_r zu setzen ist. Für einige Metalle sind die Werte des elektrochemischen Äquivalents C in Tabelle 11.2 zusammengestellt.

Tabelle 11.2: Werte des elektrochemischen Äquivalents für einige Metalle

Metall	Formelzeichen	Ordnungszahl	relative Atommasse A_r	Wertigkeit z	Äquivalent C $\frac{\text{mg}}{\text{As}}$	Äquivalent C $\frac{\text{g}}{\text{Ah}}$
Aluminium	Al	13	26,97	3	0,0932	0,336
Chrom	Cr	24	52,01	6	0,0897	0,323
Nickel	Ni	28	58,69	2	0,3042	1,095
Kupfer	Cu	29	63,54	2	0,329	1,185
Silber	Ag	47	107,88	1	1,118	4,026
Gold	Au	79	197,2	3	0,6814	2,453

Wird das elektrochemische Äquivalent aus Gl.(11.3) in Gl.(11.1) eingesetzt, dann folgt für beliebige Ionen

$$m = C \cdot I \cdot t = C_H \cdot \frac{A_r}{z} \cdot t \quad \text{Einheit: } 1 \frac{\text{g}}{\text{As}} \cdot 1\,\text{A} \cdot 1\,\text{s} = 1\,\text{g} . \tag{11.4}$$

Ermittelt man für zwei unterschiedliche Ionenarten die transportierten Massen

$$m_1 = C_1 \cdot I \cdot t \quad \text{und} \quad m_2 = C_2 \cdot I \cdot t ,$$

formt diese Ausdrücke um in

$$\frac{m_1}{C_1} = I \cdot t \quad \text{und} \quad \frac{m_2}{C_2} = I \cdot t$$

und setzt sie, unter Annahme gleicher Elektrizitätsmengen, gleich, dann ergibt sich als Gl. (11.5) das **zweite FARADAYsche Gesetz**:

$$\frac{m_1}{C_1} = \frac{m_2}{C_2} \quad \text{oder} \quad \frac{m_1}{m_2} = \frac{C_1}{C_2} . \tag{11.5}$$

Die von gleichen Elektrizitätsmengen ausgeschiedenen Stoffmengen verhalten sich wie ihre elektrochemischen Äquivalente.

Das elektrochemische Äquivalent von Silber wurde vor der Einführung der SI-Einheiten verwendet, um das (jetzt ungültige) Stromnormal festzulegen:

> Ein Strom von 1 A scheidet in 1 s aus einer wäßrigen Silbernitratlösung 1,118 mg metallisches Silber aus.

Beispiel 11.1:
a) Die elektrochemischen Äquivalente für Cu und SO_4 in einer wäßrigen $CuSO_4$-Lösung sind zu bestimmen.
b) Welche Kupfermasse transportiert der Strom 1 A in 1 min?

Die bei der Dissoziation entstehenden Ionen sind zweiwertig, da zur Absättigung des Säurerestes SO_4 zwei H^+-Ionen erforderlich sind.

a) Cu^{++}: $A_r = 63{,}54$; $z = 2$

$$C_{Cu} = C_H \cdot \frac{A_r}{z} = 0{,}010363\ \frac{mg}{As} \cdot \frac{63{,}54}{2} = 0{,}3292\ \frac{mg}{As}$$

$$C_{Cu} = 0{,}3292\ \frac{mg}{As} \cdot 3600\ \frac{s}{h} \cdot 10^{-3}\ \frac{g}{mg} = 1{,}185\ \frac{g}{Ah}$$

Schwefel S: $A_r = 32{,}06$ Sauerstoff O: $A_r = 16$;

relative Molekülmasse von SO_4^{--}: $M_r = 32{,}06 + 4 \cdot 16 = 96{,}06$

$$C_{SO_4} = C_H \cdot \frac{M_r}{z} = 0{,}010363\ \frac{mg}{As} \cdot \frac{96{,}06}{2} = 0{,}4977\ \frac{mg}{As}$$

$$C_{SO_4} = 0{,}4977\ \frac{mg}{As} \cdot 3600\ \frac{s}{h} \cdot 10^{-3}\ \frac{g}{mg} = 1{,}792\ \frac{g}{Ah}$$

b) $m_{Cu} = I \cdot t \cdot C_{Cu} = 1\ A \cdot 60\ s \cdot 0{,}3292\ \frac{mg}{As} = 19{,}75\ mg$

11.3 Anwendungen der FARADAYschen Gesetze

In der **Galvanotechnik** werden Metallschichten auf einer Trägeroberfläche abgeschieden. Das hat in der **Galvanostegie** den Sinn, durch Auftragen dünner Schichten Oberflächen zu verschönen (z. B. Vergolden) oder sie gegen Korrosion oder Verschleiß, beispielsweise durch Verchromen, zu schützen. In der **Galvanoplastik** werden Oberflächen wahrheitsgetreu nachgebildet, indem auf die durch Graphit leitend gemachte Oberfläche des Modells aus Wachs, Gips oder Holz ein metallischer Überzug genügender Dicke aufgebracht wird. Nach Entfernen der Modellmasse verbleibt ein Negativ des abzubildenden Körpers.
Die Katode des **GALVANIschen Bades** ist der Gegenstand, auf dessen Oberfläche sich der metallische Überzug bilden soll, während die Anode das Material liefert, das sich an der Katode niederschlägt (Bild 11.2). Eine gute Haftung des Auftrags setzt eine mäßige Stromdichte vor-

aus (Tabelle 11.3). Da die Stromwege in den Bädern kurz und die Querschnitte groß sind, sind die Badwiderstände klein. Für galvanische Zwecke gibt es daher spezielle Niederspannungsgeneratoren, die aber sehr hohe Ströme liefern können.

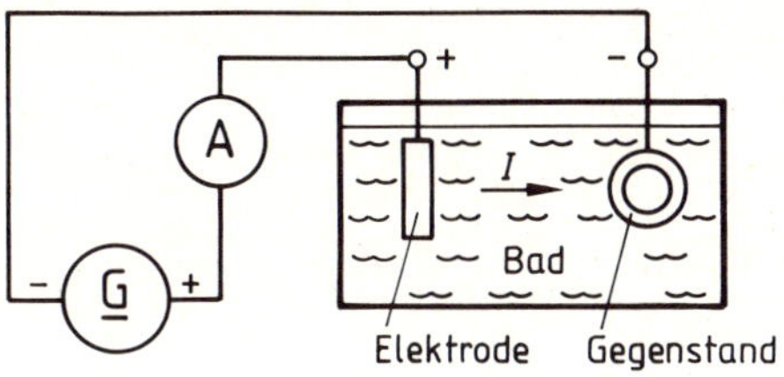

Bild 11.2 Grundschaltung der Galvanotechnik

Tabelle 11.3: Mittelwerte für Spannung und Stromdichte GALVANIscher Bäder

Metall	U V	J A/dm²	ϱ g/cm³
Chrom	8	15	7,1
Nickel	2,5	0,5	8,8
Kupfer	1	1,5	8,9
Silber	1,2	0,5	10,5
Gold	1,2	0,1	19,3

Beispiel 11.2: Eine Kupferplatte 100 mm·150 mm·20 mm soll 0,15 mm dick vernickelt werden.

a) Wieviel Nickel wird dazu benötigt?
b) Wie lange dauert das Vernickeln?
c) Wieviel Energie wird verbraucht, wenn die Verluste unberücksichtigt bleiben?

Nickel: $C_{Ni} = 1{,}095$ g/Ah (Tabelle 11.2);
$\varrho = 8{,}8\ \text{g/cm}^3$; $J = 0{,}5\ \text{A/dm}^2$; $U = 2{,}5$ V (Tabelle 11.3);

a) Oberfläche $A = 2\cdot(10\cdot 15 + 10\cdot 2 + 15\cdot 2)\ \text{cm}^2 = 400\ \text{cm}^2$

$$m = \text{Oberfläche}\cdot\text{Dicke}\cdot\varrho = 400\ \text{cm}^2\cdot 0{,}015\ \text{cm}\cdot 8{,}8\ \text{g/cm}^3 = 52{,}8\ \text{g}$$

b) $I = A\cdot J = 4\ \text{dm}^2\cdot 0{,}5\ \text{A/dm}^2 = 2\ \text{A}$

$$m = C_{Ni}\cdot I\cdot t$$

$$t = \frac{m}{C_{Ni}\cdot I} = \frac{52{,}8\ \text{g}}{1{,}095\ \text{g/Ah}\cdot 2\ \text{A}} = 24{,}1\ \text{h}$$

c) $W = U\cdot I\cdot t = 2{,}5\ \text{V}\cdot 2\ \text{A}\cdot 24{,}1\ \text{h} = 120{,}5\ \text{Wh} \approx 0{,}12\ \text{kWh}$

Einige Metalle werden durch Elektrolyse gewonnen oder gereinigt. So wird beispielsweise Aluminium durch Schmelzflußelektrolyse aus in Kryolith geschmolzener Tonerde gewonnen, während die elektrolytische Abscheidung von Kupfer als Elektrolytkupfer den für elektrotechnische Anwendungen benötigten Reinheitsgrad liefert.

Beispiel 11.3: Wie groß ist der Energiebedarf für die Schmelzflußelektrolyse von 1 kg Aluminium, wenn die Badspannung 4,4 V und der Wirkungsgrad 88% betragen?

Aluminium: $C_{Al} = 0{,}336$ g/Ah (Tabelle 11.2)

Aus $W = \frac{U \cdot I \cdot t}{\eta}$ und $m = C_{Al} \cdot I \cdot t$ folgt

$$W = \frac{U \cdot m}{C_{Al} \cdot \eta} = \frac{4{,}4\,\text{V} \cdot 1000\,\text{g}}{0{,}336\,\text{g/Ah} \cdot 0{,}88} = 14880\,\text{VAh} = 14{,}88\,\text{kWh} \ .$$

Zum Gewinnen von 1 kg Aluminium durch Schmelzflußelektrolyse werden zwischen 13 und 15 kWh Energie verbraucht.

12 GALVANIsche Elemente

12.1 Die Elektrolyse des Wassers

Die in Kapitel 11 beschriebene chemische Wirkung des Stromes kann verwendet werden, um Wasser durch **Elektrolyse** in Wasserstoff- und Sauerstoffgas zu zerlegen. Dazu gibt man Wasser (H_2O), das mit etwas Schwefelsäure versetzt und dadurch leitend gemacht ist, in ein Gefäß. Die Schwefelsäure zerfällt im Wasser in Ionen:

$$H_2SO_4 \rightarrow 2\,H^+ + SO_4^{--}$$

Über zwei nicht angreifbare Elektroden, beispielsweise aus Platin oder Kohle, wird eine Spannung an die Flüssigkeit gelegt (Schalterstellung 1 in Bild 12.1). Durch ihre Wirkung wandern die H^+-Ionen zur Katode, entnehmen dieser die fehlenden Elektronen und entweichen an ihr als neutrales Wasserstoffgas (H_2). Ebenso wandern die SO_4^{--}-Ionen zur Anode, wo sie ihre überschüssigen Elektronen abgeben. Der verbleibende Säurerest SO_4 ist chemisch sehr aggressiv. Er entreißt einem Wassermolekül die beiden H-Atome und bildet so neue Schwefelsäure, die aber ihrerseits im Wasser sofort wieder zerfällt. Zwei jeweils bei der Zerlegung des Wassers verbleibende Sauerstoffatome schließen sich zu einem Sauerstoffmolekül O_2 zusammen und entweichen an der Anode als neutrales Sauerstoffgas.

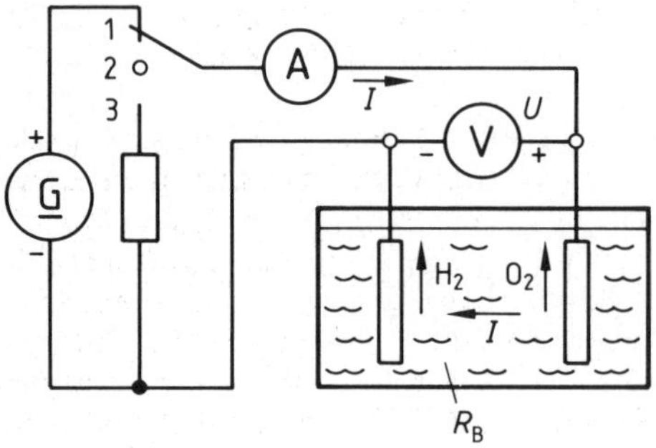

Bild 12.1 Versuchsanordnung zur Polarisation

Das Wasser wird also nicht direkt durch die Wirkung des elektrischen Stromes in Wasserstoff- und Sauerstoffgas zerlegt, sondern die Zerlegung erfolgt durch eine chemische Reaktion, die sich an den elektrischen Ladungstransport anschließt. Sieht man von der Konzentra-

tionsänderung durch die verlorengehende Wassermenge ab, dann wird der Elektrolyt nicht verändert.
Wasserstoffgas ist ein hochwertiger und umweltfreundlicher Energieträger, denn bei seiner Verbrennung entsteht lediglich Wasser als Abfallprodukt. Seiner technischen Gewinnung stehen aber derzeit noch hohe Kosten entgegen. Seine Verwertung hindern die teilweise noch nicht befriedigend gelösten Transport- und Lagerungsprobleme.

12.2 Die Polarisation

Die für die Elektrolyse notwendige Spannung U ist größer als der Spannungsabfall $I \cdot R_B$ an dem vor Beginn der Elektrolyse bestimmten OHMschen Widerstand R_B des Bades. Den Grund dafür erkennt man, wenn durch Umlegen des Schalters in Stellung 2 (Bild 12.1) der Stromkreis unterbrochen wird. Die zwischen den Klemmen des Bades gemessene Spannung geht dabei nicht auf den Wert $U = 0$ zurück, sondern nimmt den Wert $U \approx 1{,}2$ V an. Für diese Erscheinung sind die H_2- und O_2-Bläschen verantwortlich, die nach kurzer Betriebszeit die Elektroden vollständig bedecken, so daß anstelle zweier Platinelektroden jetzt eine Wasserstoff- und eine Sauerstoffelektrode wirksam sind; diese Erscheinung wird **elektrolytische Polarisation** genannt. Wird der Schalter in Stellung 3 (Bild 12.1) weitergeschaltet, dann treibt das Bad kurzzeitig einen Strom $I < 0$, dessen Richtungssinn also dem in Bild 12.1 eingezeichneten Bezugspfeil entgegengesetzt ist. Sobald sich die Bläschen, welche die Elektroden überziehen, aufgelöst haben, sind auch Spannung und Strom abgeklungen.

→ Durch die Gasbläschen, welche die Platinelektroden überziehen, ist ein **GALVANIsches Element** entstanden.

12.3 Die Normalpotentiale

Ein GALVANIsches Element entsteht auch dann, wenn anstelle der Wasserstoff- und der Sauerstoffelektrode der beschriebenen Anordnung zwei Elektroden aus unterschiedlichen Metallen verwendet werden. Doch hat das Element dann eine andere, von der Wahl der Metalle abhängige Quellenspannung.
Mit der Messung der Quellenspannung eines aus Metallelektrode und einer Bezugselektrode gebildeten GALVANIschen Elements kann man die Wirksamkeit der einzelnen Metalle als Elektrodenmaterialien feststellen. Als **Bezugselektrode** verwendet man hierfür die **Wasserstoff-Normalelektrode**, ein unter festgelegten Normalbedingungen von Wasserstoff umspültes Platinblech. Bei dieser bestimmt die Wasserstoffhülle die elektrochemischen Eigenschaften, während das Platinblech die elektrischen Ladungen abführt. Die so gemessenen Quellenspannungen, wegen des Bezugs auf die Normalelektrode **Normalpotentiale** genannt, sind für verschiedene Metalle in der **elektrochemischen Spannungsreihe** (Tabelle 12.1) zusammengestellt. Die Quellenspannung U_q eines mit zwei unterschiedlichen Metallelektroden aufgebauten GALVANIschen Elementes ergibt sich als Differenz der Normalpotentiale:

$$U_q = \varphi_1 - \varphi_2 \qquad (12.1)$$

Tabelle 12.1: Elektrochemische Spannungsreihe (bezogen auf Wasserstoff)

Stoff	$\frac{\varphi}{V}$	Stoff	$\frac{\varphi}{V}$	Stoff	$\frac{\varphi}{V}$
Gold	+1,50	Wasserstoff	±0,0	Chrom	−0,56
Platin	+0,86	Blei	−0,13	Zink	−0,76
Quecksilber	+0,85	Zinn	−0,146	Aluminium	−1,3
Silber	+0,8	Nickel	−0,25	Magnesium	−1,87
Kupfer	+0,345	Cadmium	−0,4	Natrium	−2,71
Antimon	+0,2	Eisen	−0,44	Lithium	−3,02

12.4 Primärelemente

Primärelemente oder Batterien wandeln *unumkehrbar* chemische in elektrische Energie um. Sie bestehen meist aus einer metallischen Anode und einer Katode aus Metalloxid, zwischen denen ein, wegen der Auslaufsicherheit häufig eingedickter Elektrolyt eine leitende Verbindung herstellt. Die Arbeitsweise soll am Beispiel des **Kohle-Zink**-Elements, auch Salmiak- oder LECLANCHÉ-Element genannt, erklärt werden. Dieses GALVANIsche Element wurde zwar schon im letzten Jahrhundert entwickelt, ist aber auch jetzt noch als billiges Element für anspruchslose Anwendungen auf dem Markt.

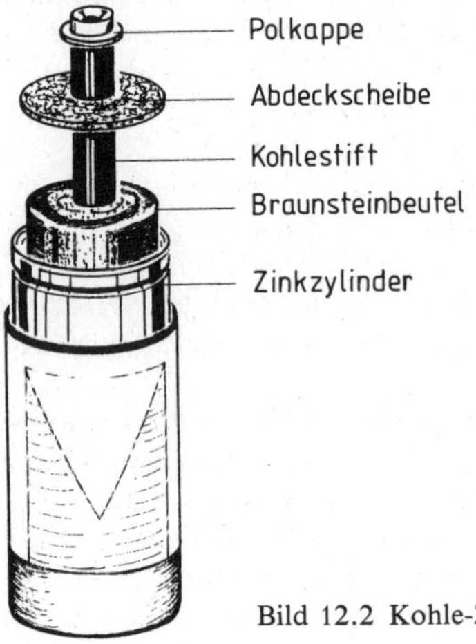

Bild 12.2 Kohle-Zink-Element

Ein Zinkbecher, die Anode, ist mit Salmiaklösung (NH_4Cl) gefüllt. In ihn taucht ein von Braunstein (MnO_2) umgebener Kohlestab als Katode. Im Elektrolyten zerfällt

$$NH_4Cl \rightarrow NH_4^+ + Cl^-.$$

Das Chlor-Ion wandert zur Anode, gibt dort sein Elektron ab und bildet ZnCl. Die positiv geladene NH_4^+-Gruppe wandert zur Katode, entnimmt ihr ein Elektron und zerfällt nach der Beziehung

$$2\,NH_4 \rightarrow 2\,NH_3 + H_2,$$

wobei NH_3 (Ammoniak) gasförmig entweicht. Das Wasserstoffgas schließlich reduziert den Braunstein zu

$$2\,MnO_2 + H_2 \rightarrow Mn_2O_3 + H_2O.$$

Die Kohleelektrode übernimmt nur die Stromableitung.

Die Anode lädt sich negativ auf → sie wird zum Minuspol;
Die Katode lädt sich positiv auf → sie wird zum Pluspol des Elements.

Wird kein Strom entnommen, dann verhindern die Aufladungen der Elektroden weitere Reaktionen an ihnen; bei Stromentnahme setzt ein kontinuierlicher Ionenfluß ein. Die Elementspannung ist etwa 1,5 V. Die chemischen Reaktionen enden, wenn einer der Reaktionspartner nicht mehr zur Verfügung steht. Das Element ist dann verbraucht.
Mit dem verbreiteten Einsatz netzunabhängiger Geräte, vor allem in der Unterhaltungselektronik, wuchs der Bedarf an Batterien stark an. Dabei lösten Forderungen an verbesserte Eigenschaften wie höhere Kapazität (von dem Element lieferbare Ah-Zahl), höhere Energiedichte (abzugebende Energie, bezogen auf Gewicht oder Volumen des Elements), bessere Spannungskonstanz, höhere Strombelastbarkeit, größerer Bereich der Betriebstemperatur, längere Lagerzeit und verbesserte Umweltfreundlichkeit die Entwicklung neuer Arten von Primärelementen aus.
Die **Alkali-Mangan**-Zelle hat eine stiftförmige Zinkanode, die von einer Braunstein-Kohle-Katode umgeben ist. Sie hat aber mit Kaliumhydroxyd (Kalilauge) einen alkalischen Elektrolyten. Verbesserungen gegenüber dem Kohle-Zink-Element sind die weniger lastabhängige Zellenspannung (ebenfalls 1,5 V), die 2..3-fach höhere Energiedichte, die längere Lagerfähigkeit und der größere Betriebstemperaturbereich (bis −40 °C). Die alkalische Zelle hat einen höheren Preis als das Kohle-Zink-Element, da ihre Herstellung teurer ist (ein gut dichtendes Stahlgehäuse ist wegen des aggressiven Elektrolyten erforderlich).
Für noch höhere Ansprüche an die Energiedichte, beispielsweise für den Einsatz in Hörgeräten und Uhren, werden **Quecksilberoxidzellen** verwendet. Ihre Anode besteht aus Zink, die Katode aus mit Kohle vermischtem Quecksilberoxid. Der Elektrolyt ist Kalilauge. Die Zellenspannung liegt bei 1,35 V; bei den alternativ verwendeten Silberoxidkatoden bei 1,55 V. Quecksilberzellen, die wegen ihrer Umweltbelastung nur noch als Knopfzellen hergestellt werden, sind rückgabepflichtig.
In den 70er Jahren kam die umweltfreundlichere **Lithiumzelle** auf den Markt. Lithium, ihr Anodenmaterial, hat mit 0,53 g/cm^3 die kleinste Dichte aller bei Raumtemperatur festen Elemente, und es hat mit −3,02 V das größte elektrochemische Normalpotential. Lithium reagiert sehr heftig mit Wasser, so daß die Verarbeitung der hermetisch geschlossenen Zellen in speziellen Trockenräumen geschehen muß. Auch darf der Elektrolyt kein Wasser enthalten; für ihn werden unterschiedliche organische und anorganische Lösungen verwendet.
Die nach unterschiedlichen Technologien gefertigten Zellen – von etwa 100 entwickelten Arten finden ca. 15 technischen Einsatz – haben Betriebsspannungen zwischen 1,5 V und 3,6 V. Die Energiedichte ist mehr als 4mal größer als bei Kohle-Zink-Batterien, der Bereich der Arbeitstemperatur ist groß, die Lagerfähigkeit kann bis zu 20 Jahre betragen.
Lithium-Zellen mit festem Elektrolyten und fester Katode sind nur mit kleinen Strömen im µA-Bereich belastbar. Sie werden beispielsweise in Herzschrittmachern und zur Sicherstellung der Spannungsversorgung (Pufferung) von Halbleiterspeichern bei Netzausfall eingesetzt. Zellen mit flüssigem Elektrolyten und fester Katode werden für kleine bis mittlere Ströme, beispielsweise zum Einsatz in Uhren und Fotoapparaten, hergestellt. Lithium-Zellen, bei denen ein flüssiger Elektrolyt gleichzeitig Katode ist, erlauben die Entnahme hoher Ströme

und haben Speicherkapazitäten bis 20000 Ah. Zellen dieses Typs müssen wegen Explosionsgefahr zur Entsorgung zurückgegeben werden, während die anderen Zellentypen mit dem Hausmüll entsorgt werden dürfen.

12.5 Sekundärelemente

Sekundärelemente setzen bei der Entladung chemische in elektrische Energie um. Nach dem Entladen können sie durch Zufuhr elektrischer Energie (fast) wieder in den ursprünglichen geladenen Zustand gebracht werden. Da sie bei diesem Ladevorgang elektrische Ladungen sammeln (akkumulieren), werden Sekundärelemente auch **Sammler** oder **Akkumulatoren** genannt.

12.5.1 Der Bleisammler

Zwei Plattensätze tauchen in einen Elektrolyten aus verdünnter Schwefelsäure (mittlere Dichte etwa 1,2 g/cm^3). Ihre Oberflächen bestehen im entladenen Zustand des Sammlers aus Bleisulfat ($PbSO_4$). Im geladenen Zustand besteht die Oberfläche der positiven Platte aus Bleidioxid (PbO_2), die der negativen Platte aus reinem Blei. Die chemische Gesamtreaktion läßt sich durch folgende Gleichung beschreiben:

$$\underbrace{\underset{\text{pos. Platte}}{PbO_2} + \underset{\text{neg. Platte}}{Pb} + \underset{\text{Elektrolyt}}{2H_2SO_4}}_{\text{Sammler geladen}} \rightleftarrows \underbrace{\underset{\text{pos. Platte}}{PbSO_4} + \underset{\text{neg. Platte}}{PbSO_4} + \underset{\text{Elektrolyt}}{H_2O}}_{\text{Sammler entladen}}$$

Während der Entladung werden Säurereste des Elektrolyten von den Plattenoberflächen aufgenommen, wobei neu gebildetes Wasser den Elektrolyten verdünnt. Die Dichte ϱ des Elektrolyten ist ein Maß für den Ladezustand des Sammlers. Sie kann mit dem Aräometer, einem Eintauchgerät zum Bestimmen von Flüssigkeitsdichten, gemessen werden.
Die Klemmenspannung U_z der Zelle ist vom Ladezustand abhängig. Sie beträgt im Ruhezustand bei geladener Zelle $U_z \approx 2{,}1$ V und nimmt mit fortschreitender Entladung langsam ab (Bild 12.3). Bei

$$U_{z\,\min} \approx 1{,}8 \text{ V}$$

wird die Entladung beendet, da unterhalb dieses Wertes die Entladungskurve scharf abknickt. Tiefentladungen sind vor allem zu vermeiden, wenn zum Erhöhen der Klemmenspannung mehrere Zellen in Reihe geschaltet sind. Es besteht die Gefahr, daß die zuerst entladene Zelle sich umpolt, wobei sie beschädigt wird.
Während der Ladung steigt die Zellenspannung zunächst langsam an. Oberhalb einer Spannung von etwa 2,3 V beginnt die Zelle zu ‚gasen‘ – ein Teil der zugeführten Energie zerlegt das Wasser des Elektrolyten. Bei

$$U_{z\,\max} \approx 2{,}7 \text{ V}$$

ist der Ladevorgang beendet. Alle zugeführte Energie dient dann nur noch zur Elektrolyse des Wassers der Zelle.
Die Platten des Sammlers müssen immer von Flüssigkeit bedeckt sein, daher ist der durch das Gasen entstehende Wasserverlust durch die Zugabe destillierten Wassers auszugleichen. Nor-

males Leitungswasser darf dafür nicht verwendet werden. Es enthält Bestandteile, welche die Zellenfunktionen blockieren. Geschlossene Sammler sind häufig mit einem Rekombinator ausgestattet, der, über einen Katalysator, H_2- und O_2-Gas wieder zu Wasser verbindet.
Die Elektrolytsäure des ortsfesten Sammlers beginnt nach längerem Stehen zu 'schichten'. Am Boden des Gefäßes sammelt sich Säure höherer Konzentration und niedriger konzentrierte Säure steigt an die Oberfläche. Ohne Durchmischung würden beim Laden durch ungleichmäßige chemische Reaktionen an den Plattenoberflächen teilweise Überladungen, teilweise Unterladungen auftreten, welche die Lebensdauer des Sammlers verkürzen. Das Gasen des Sammlers sorgt für eine gleichmäßige Säuredurchmischung und damit für einen gleichmäßigen Ladezustand. Sind, wie beispielsweise bei fotovoltaischen Anlagen, die Sonnenenergie in elektrische Energie umwandeln, die Energieverluste durch das Gasen nicht tragbar, dann wird, in speziell für solche Anwendungen gefertigten Zellen, die Säure durch Eindicken oder durch Einbringen von Glasfaservliesen in den Elektrolyten am Schichten gehindert.

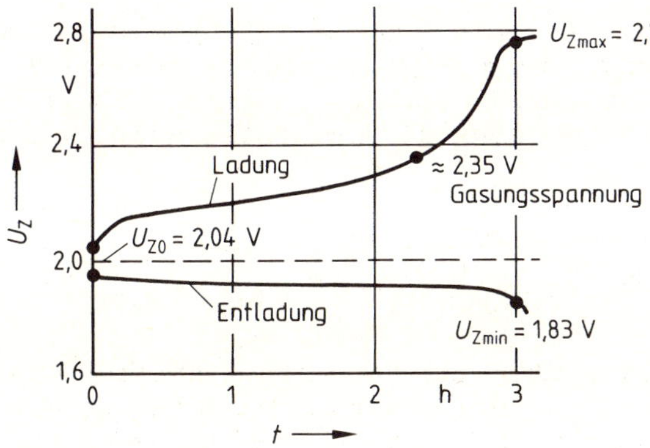

Bild 12.3 Kennlinie der Klemmenspannung einer Bleizelle

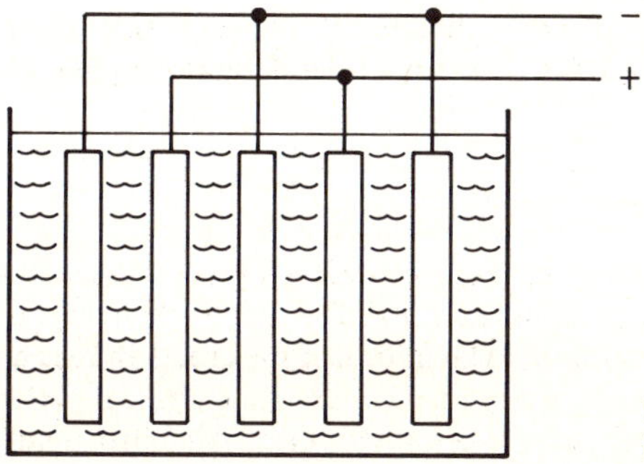

Bild 12.4 Anordnung der Plattensätze im Bleisammler

Unter der **Kapazität** C des Sammlers versteht man das Fassungsvermögen an Elektrizitätsmenge Q, gemessen in Ah. Durch die Verluste, die beispielsweise beim Gasen der Zelle entstehen, ist die Entladekapazität C_2 kleiner als die Ladekapazität C_1. Als Güteverhältnis oder als Ah-Wirkungsgrad bezeichnet man das Verhältnis

$$\eta_{Ah} = \frac{C_2}{C_1} . \qquad (12.2)$$

Es liegt bei $\eta_{Ah} = 0{,}85..0{,}9$. Sein Kehrwert wird Ladefaktor genannt.
Außer von anderen Einflußgrößen, wie Säurekonzentration und Betriebstemperatur, wird die Entladekapazität maßgeblich durch die Entladezeit bestimmt. In den Listen angegebene (Entlade)kapazitäten beziehen sich auf Entladezeiten von 3 h oder 10 h, bei Fahrzeug-Anlasserakkumulatoren auch auf 20 h. Bei schnellerer Entladung sinkt die Entladekapazität, bei langsamerer steigt sie.
Um die für hohe Sammlerkapazitäten notwendigen großen Plattenoberflächen zu erreichen, werden mehr als zwei Platten in ein Gefäß gebracht (Bild 12.4). Durch den Wechsel von positiven und negativen Platten arbeitet jede innere Platte mit zwei ihr gegenüberliegenden Platten zusammen. Dadurch verdoppelt sich ihre Speicherkapazität gegenüber einer Ausführung mit nur zwei Platten. Die wirksame Oberfläche der Einzelplatte vergrößert man bei gegossenen Platten durch ein Profil mit Rippen. Bei einer anderen Ausführung wird Bleischwamm als aktive Masse von Hartbleirahmen gehalten.
Der Wirkungsgrad des Sammlers ist das Verhältnis Entlade- zu Ladearbeit. Wird nur mit konstanten Strömen gearbeitet, dann ist die Kapazität $C = I \cdot t$, und es ergibt sich

$$\eta = \frac{W_2}{W_1} = \frac{U_2 I_2 t_2}{U_1 I_1 t_1} = \frac{U_2 C_2}{U_1 C_1} = \frac{U_2}{U_1}\,\eta_{Ah}\,. \tag{12.3}$$

Der Wirkungsgrad des Sammlers ist, da die Entlade- immer kleiner als die Ladespannung ist, mit $\eta = 0{,}7..0{,}75$ kleiner als das Güteverhältnis η_{Ah}.
Der Innenwiderstand einer Zelle ist um so kleiner, je größer die Entladekapazität C_2 ist. Unter normalen Bedingungen hat der Innenwiderstand R_i etwa den Wert:

$$R_i = \frac{0{,}2\,\Omega \cdot \mathrm{Ah}}{C_2}\;; \qquad \text{Einheit: } 1\,\Omega\;; \tag{12.4}$$

Bei Temperaturen unterhalb des Gefrierpunktes steigt der Zellen-Innenwiderstand stark an; das erschwert beispielsweise das Anlassen des Kraftfahrzeugs im Winter. Der Elektrolyt des Sammlers kann dann auch einfrieren, wobei der Gefrierpunkt von der Säurekonzentration, also vom Ladezustand, abhängig ist. Bei einem offenen Sammler wird dadurch die Zelle mechanisch nicht beschädigt, sie arbeitet nach dem Auftauen wieder einwandfrei.
Werden, um höhere Klemmenspannungen zu erzielen, mehrere gleiche Zellen zu einem Sammler in Reihe geschaltet, dann summieren sich deren Innenwiderstände, während die Sammlerkapazität gleich der Kapazität einer Einzelzelle ist.
Bleibt ein geladener Bleisammler unbelastet stehen, dann verliert er mit der Zeit Ladung, ohne daß er Schaden nimmt. Ungeladen darf er hingegen nur ohne Elektrolyten gelagert werden.
Der Bleisammler wird wegen seines günstigen Preises vor allem dann eingesetzt, wenn größere Ströme gebraucht werden. Durch sein hohes Gewicht hat er jedoch eine niedrige Energiedichte, und deshalb muß sich seine Verwendung auf stationäre Anlagen beschränken. Ein neues Anwendungsgebiet sind die fotovoltaischen Anlagen, bei denen der Bleisammler – in Sonderbauform wegen des höheren Wirkungsgrades – die Energiespeicherung für strahlungsarme Zeiten übernimmt. In Fahrzeugen dient der Bleisammler als Anlasserakkumulator. Als Energielieferant für den Antriebsmotor wird er nur in Gabelstaplern und Gepäckkarren verwendet; Versuche, ihn auch in anderen Fahrzeugen als Energiequelle einzusetzen, lieferten unbefriedigende Ergebnisse.

12.5.2 Nickel-Cadmium-Sammler und Nickel-Hydrid-Sammler

Die positive Platte des ungeladenen Ni-Cd-Sammlers besteht aus Nickel-II-Hydroxid, seine negative Platte aus Cadmiumhydroxid. Als Elektrolyt dient Kaliumhydroxid (Kalilauge). Durch die Ladung wird die Oberfläche der positiven Platte zu Nickel-III-Hydroxid oxydiert, während die der negativen Platte zu reinem Cadmium reduziert wird.

$$2Ni(OH)_3 + Cd + KOH \rightleftarrows 2Ni(OH)_2 + Cd(OH)_2 + KOH$$

pos. Platte neg. Platte Elektrolyt pos. Platte neg. Platte Elektrolyt

Sammler geladen Sammler entladen

Die Konzentration des Elektrolyten wird während eines Lade/Entladezyklus des Sammlers nicht verändert, deshalb kann sie nicht zum Bestimmen des Ladezustandes ausgenutzt werden.

Neben Masseelektroden werden zur Vergrößerung der Oberfläche auch die teureren Sinterelektroden oder Elektroden aus metallüberzogenen Kunststoffasern eingesetzt.

Als offene Großakkumulatoren haben die Ni-Cd-Sammler eine höhere Energiedichte als die Bleisammler, sie können diese aber wegen des wesentlich höheren Preises noch nicht verdrängen. Als geschlossene Rund- oder Knopfzellen konkurrieren sie beim Einsatz in transportablen Geräten mit entsprechenden Primärzellen.

Die Leerlaufspannung der Zelle von etwa 1,35 V fällt bei Belastung schnell auf 1,25 V ab. Entladeschluß ist etwa bei 1 V. Die Ladespannung steigt bis auf 1,8 V. Beliebig langes Überladen mit 10stündigem Entladestrom richtet keinen Schaden an. Häufiges Schnelladen ist, zumindest bei geschlossenen Zellen, zu vermeiden. Zwar kann das dabei sich bildende Gas durch ein Überdruckventil entweichen, doch ist der dadurch entstehende Flüssigkeitsverlust nicht zu ersetzen.

Als umweltfreundliche Verbesserung kam 1988 der Nickel-Hydrid-Sammler auf den Markt. Bei ihm ist die Cadmium-Elektrode durch eine Elektrode ersetzt, die nach Herstellerangabe ‚Wasserstoff in Form von Hydriden speichert'. Der Nickel-Hydrid-Sammler enthält weder Quecksilber noch Blei oder Cadmium; er kann daher mit dem Hausmüll entsorgt werden. Bei gleicher Baugröße hat er etwa die doppelte Speicherkapazität, kürzere Ladezeiten und die doppelte Zahl von Lade/Entladezyklen – leider aber auch den drei- bis vierfachen Preis – des Ni-Cd-Sammlers.

12.5.3 Das Laden von Sammlern

Der Ladestrom eines Sammlers ergibt sich, bei konstantem Vorwiderstand, nach Bild 12.5 zu

$$I = \frac{U - U_B}{R_v} . \qquad (12.5)$$

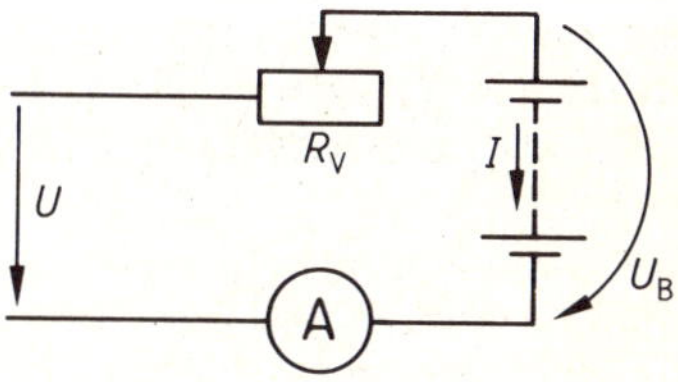

Bild 12.5 Ladeschaltung

Die Zellenspannung U_z des Sammlers schwankt aber während der Ladung zwischen

1,8 V und 2,7 V beim Bleisammler,
1,0 V und 1,8 V beim Nickel-Cadmium-Sammler.

Bei konstantem Vorwiderstand nimmt daher der Ladestrom während des Ladevorganges ab. Elektronische Ladegeräte halten den Ladestrom während des Ladevorganges konstant.

Beispiel 12.1: Ein aus 60 in Reihe geschalteten Zellen bestehender Bleisammler soll, bei konstantem Vorwiderstand, aus einem 220 V-Gleichstromnetz mit dem Anfangsstrom 40 A geladen werden.

a) Auf welchen Wert ist der Vorwiderstand einzustellen?
b) Wie groß ist der Strom am Ende des Ladevorganges?

a) $U_B = z \cdot U_{min} = 60 \cdot 1{,}8\ \text{V} = 108\ \text{V}$

$$R_v = \frac{U - U_B}{I} = \frac{220\ \text{V} - 108\ \text{V}}{40\ \text{A}} = 2{,}8\ \Omega$$

b) $U'_B = z \cdot U_{max} = 60 \cdot 2{,}7\ \text{V} = 162\ \text{V}$

$$I' = \frac{U - U'_B}{I} = \frac{220\ \text{V} - 162\ \text{V}}{2{,}8\ \Omega} = 20{,}7\ \text{A}$$

12.5.4 Weitere Entwicklungen von Sammlern

Bei allen Neuentwicklungen von Sammlern steht die Schadstoffminderung im Vordergrund. In der Entwicklung auf dem Wege zur industriellen Fertigung hin am weitesten fortgeschritten erscheinen die beiden folgenden Sammler-Arten:

a) Für kleine Ströme der Lithium-Sammler. Erste Typen, die beispielsweise zur Pufferung von Halbleiter-Speichern eingesetzt werden, sind auf dem Markt.
b) Für hochenergetische Anwendungen der Natrium-Schwefel-Sammler. Er ist zum Antrieb des Elektroautos oder als Speicher für fotovoltaische Anlagen gedacht. Er besteht aus billigen, leicht zu beschaffenden Rohstoffen und hat die vierfache Energiedichte des Bleisammlers. Nachteilig ist, daß die beiden Elektrodenmaterialien, Natrium und Schwefel, während seines Betriebes bei 300°. . 350 °C flüssig gehalten werden müssen.

12.6 Verbrauchte GALVANIsche Zellen

Verbrauchte GALVANIsche Elemente mit hohem Schadstoffanteil wie Bleiakkumulatoren, Quecksilberzellen oder größere Nickel-Cadmium-Akkumulatoren sind rückgabepflichtig. Sie werden neuerdings durch das genormte Recycling-Kennzeichen Bild 12.6 markiert.

Bild 12.6 Recycling-Kennzeichen für rückgabepflichtige GALVANIsche Elemente

Soweit nicht grün als umweltfreundlich markiert, müssen andere verbrauchte Elemente in den Sondermüll gegeben werden, da sie häufig Quecksilber oder andere die Umwelt belastende Schwermetalle (Blei und Cadmium) enthalten, oder da Explosionsgefahr besteht.

Hinsichtlich der Rücknahmepflicht und der Entsorgung, die derzeit (1991) noch häufig durch Einbetonieren in Plastikbehälter erfolgt, nehmen Verbraucher- und Umweltschutzorganisationen andere Standpunkte ein als die Hersteller. Während erstere den Gesetzgeber drängen, die allgemeine Sammelpflicht für verbrauchte Batterien durch Einführen eines Batteriepfandes zu unterstützen, versuchen die Hersteller, durch weitgehende Schadstoffreduzierung immer mehr Batterien für die Entsorgung durch den Hausmüll geeignet zu machen.
Wegen der Explosionsgefahr dürfen gekapselte Zellen weder kurzgeschlossen noch ins Feuer geworfen werden. Durch aggressive Elektrolyte besteht Gesundheitsgefahr beim gewaltsamen Öffnen.

12.7 Die elektrolytische Korrosion

In der technischen Anwendung müssen oft Werkstücke aus unterschiedlichen Werkstoffen fest miteinander verbunden werden. Dabei treten häufig an den Verbindungsstellen Zersetzungserscheinungen auf, da der zur Elementenbildung erforderliche Elektrolyt mit der Kohlensäure in feuchter Luft immer vorhanden ist. Das unedlere Metall, dessen Normalpotential nach Tabelle 12.1 niedriger ist, wird zersetzt; das edlere Metall mit dem höheren Normalpotential wird geschützt. Die Zersetzung kann auch durch Ströme verursacht werden, die beispielsweise von einem Kabelmantel in feuchtes Erdreich austreten. Unabhängig davon, wodurch der Stromfluß zustande kommt, wird immer das Metall zersetzt, aus dem der Strom austritt. Mittel gegen die Bildung unerwünschter GALVANIscher Elemente sind:

a) Verwendung von Metallen mit (nahezu) gleichen Normalpotentialen;

b) GALVANIscher Oberflächenschutz beider Teile mit dem gleichen Metall;

c) Luftabschluß durch beispielsweise Öl oder Lack.

Das Zersetzen von Stahlteilen im Erdreich oder in Seewasser wird häufig durch katodischen Korrosionsschutz verhindert. Eine mit dem zu schützenden Stahltank oder Schiffsrumpf leitend verbundene Opferelektrode, die aus einem unedleren Metall wie Zink oder Magnesium besteht, zersetzt sich anstelle des Stahls. Stahlrohrleitungen für Erdöl und Erdgas, bei denen das Anbringen einer Opferanode nicht in Frage kommt, werden auf ein niedriges negatives Gleichpotential gelegt. Das Stahlrohr wirkt dann als Katode, in die der Strom eintritt, so daß keine Zersetzung erfolgt.

13 Das elektrostatische Feld

Wenn sich in einem Raumgebiet die Wirkungen elektrischer Ladungen nachweisen lassen, so sagt man, daß in diesem Gebiet ein **elektrisches Feld** vorhanden ist. Die Ladungen können sich in Bewegung oder in Ruhe befinden. Bewegen sich die Ladungen, so fließt ein elektrischer Strom; dies setzt voraus, daß ein Stromkreis, also ein geschlossener Weg elektrischer Leiter vorliegt.
Die Ladungen können sich nur dann in Ruhe befinden, wenn der Stromkreis durch einen Isolator unterbrochen ist. Man bezeichnet diesen Sonderfall eines elektrischen Feldes, das in einem Isolierstoff vorhanden ist, als **elektrostatisches Feld.**

13.1 Der Kondensator

Ein **Kondensator** besteht aus zwei Metallflächen, die durch einen Isolator elektrisch voneinander getrennt sind. Am einfachsten läßt sich der *Plattenkondensator* beschreiben: Seine Metallflächen sind planparallele Platten im Abstand l; der Zwischenraum wird vom Isolator, der auch **Dielektrikum** genannt wird, restlos ausgefüllt.
Verbindet man eine Quelle mit einem Plattenkondensator, so fließt kurzzeitig ein Strom. Dieser Strom bewirkt, daß eine Ladung Q von der einen Platte abgezogen und auf die andere Platte transportiert wird. Der Strom hört dann zu fließen auf, wenn der Kondensator auf die Quellenspannung U_q aufgeladen ist.

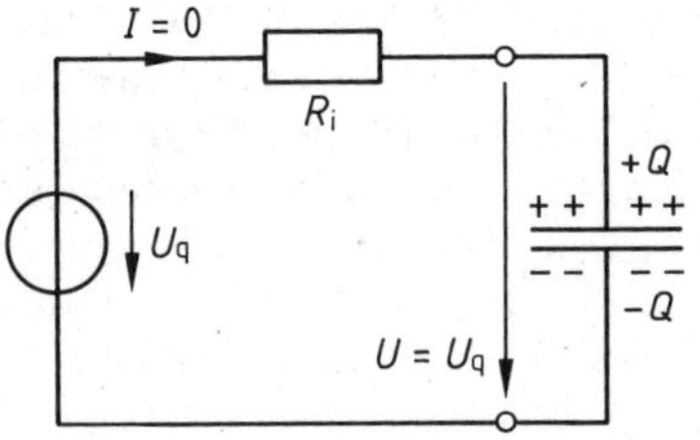

Bild 13.1 Aufgeladener Kondensator an einer Quelle mit der Quellenspannung U_q

Nach Beendigung des Ladevorgangs besitzt die eine Elektrode des Kondensators die positive Ladung $+Q$, denn ihr fehlen Elektronen, und die andere, auf welche diese Ladungen verschoben wurden, trägt eine gleich große, aber negative Ladung $-Q$. Man sagt kurz, der Kondensator enthält die Ladung Q.
Der Quotient aus Ladung und Spannung eines Kondensators wird **Kapazität** C genannt:

$$C = \frac{Q}{U}\,; \qquad \text{Einheit: } 1\,\frac{\text{As}}{\text{V}} = 1\,\frac{\text{Coulomb}}{\text{V}} = 1\,\frac{\text{C}}{\text{V}} = 1\,\textbf{Farad} = 1\,\text{F} \qquad (13.1)$$

Eine Kapazität kann nicht nur für das Bauelement Kondensator angegeben werden, sondern auch für eine beliebige Anordnung aus zwei Metallflächen, die durch einen Isolator elektrisch voneinander getrennt sind.
Da 1 F eine sehr große Kapazität ist, wird gewöhnlich mit Teilen von 1 F gearbeitet.

$$1\,\text{F} = 10^6\,\mu\text{F} = 10^9\,\text{nF} = 10^{12}\,\text{pF}$$

Beispiel 13.1: Welche Ladung trägt ein Kondensator 15 µF, der an der Spannung 12 V liegt?

$$Q = CU = 15\,\mu\text{F}\cdot 12\,\text{V} = 15\cdot 10^{-6}\,\frac{\text{C}}{\text{V}}\cdot 12\,\text{V} = 180\cdot 10^{-6}\,\text{C} = 0{,}18\,\text{mC}$$

13.2 Die Größen des elektrostatischen Feldes

Die COULOMBschen Kräfte wirken auch auf die Ladungen eines Plattenkondensators. Die Ladungen *ungleichen* Vorzeichens auf den gegenüberliegenden Elektroden ziehen einander an. Da diese Ladungen im Metall frei beweglich sind, wandern sie an die einander gegenüberliegenden Oberflächen der Elektroden. Um Material einzusparen, kann man die Elektroden so dünn machen, wie es fertigungstechnisch möglich ist.

Die Ladungen *gleichen* Vorzeichens auf einer Elektrode des Plattenkondensators stoßen einander ab. Daher verteilt sich die Ladung gleichmäßig über die Oberfläche A der Platte. Der Quotient aus Ladung Q und Fläche A wird **Verschiebungsdichte** D genannt, weil scheinbar die Ladung durch das Dielektrikum von der einen Elektrode auf die andere »verschoben« wird.

$$D = \frac{Q}{A} \; ; \qquad \text{Einheit: } 1\,\frac{\text{As}}{\text{m}^2} = 1\,\frac{\text{C}}{\text{m}^2} \tag{13.2}$$

Zur Herleitung des Zusammenhangs zwischen der elektrischen Feldstärke und der COULOMBschen Kraft auf eine Ladung im Dielektrikum geht man von der Energie $W = Fl$ aus, die bei der Verschiebung einer sehr kleinen »Probeladung« $q \ll Q$ von der einen Kondensatorplatte auf die andere umgesetzt wird. Wenn die Ladung q so klein ist, daß sich die gesamte Ladung Q praktisch nicht ändert, dann bleibt auch die Spannung U bei der Verschiebung praktisch konstant. Durch Einsetzen in Gl. (3.1) erhält man:

$$U = \frac{W}{q} = \frac{F \cdot l}{q} \tag{13.3}$$

Wenn die zwischen den Kondensatorplatten liegende Spannung U gleichmäßig über dem Plattenabstand l abfällt, dann kann die elektrische Feldstärke $E = U/l$ (s. Gl. 5.5) im Dielektrikum als Quotient aus Spannung U und Plattenabstand l berechnet werden:

$$E = \frac{U}{l} = \frac{F}{q} \tag{13.4}$$

Für die COULOMBsche Kraft auf die Ladung $q \ll Q$ in einem elektrischen Feld der Feldstärke E gilt:

$$F = qE \; ; \qquad \text{Einheit: } 1\,\text{As} \cdot 1\,\frac{\text{V}}{\text{m}} = 1\frac{\text{Ws}}{\text{m}} = 1\,\frac{\text{J}}{\text{m}} = 1\,\frac{\text{Nm}}{\text{m}} = 1\,\text{N} \tag{13.5}$$

Ein elektrisches Feld, wie es z. B. im Dielektrikum eines geladenen Kondensators vorliegt, wird durch **Feldlinien** dargestellt, die jeweils an einer positiven Teilladung beginnen und an einer negativen Teilladung enden. Die Dichte der Feldlinien gibt die Stärke des Feldes an: Je dichter die Feldlinien, desto größer sind die Verschiebungsdichte D und die Feldstärke E.

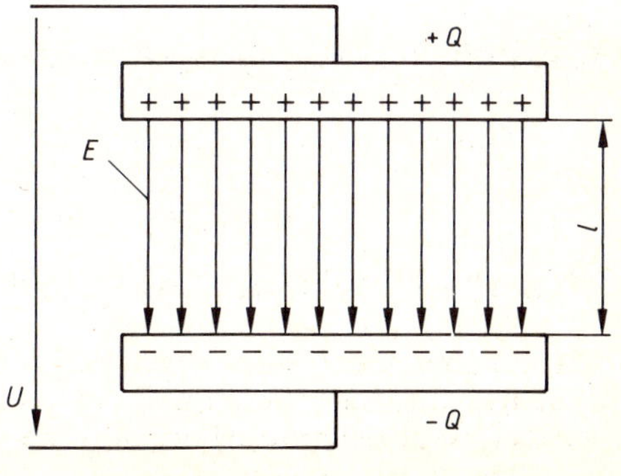

Bild 13.2 Homogenes Feld im Dielektrikum eines Plattenkondensators

Da sich die Ladungen auf den Elektroden eines Plattenkondensators gleichmäßig verteilen, sind die Feldlinien im Inneren des Dielektrikums parallel; außerdem haben sie gleiche Abstände (Bild 13.2). Ein derartiges Feld wird **homogenes Feld** genannt. In der Nähe des Randes der Platten sind die Ladungen nicht gleichmäßig verteilt; das Feld ist dort inhomogen. Dieser Feldanteil ist vernachlässigbar, wenn der Plattenabstand l wesentlich kleiner als die Länge und die Breite der Platte ist.

13.3 Nichtleiter im elektrostatischen Feld

Wird ein Plattenkondensator an die Spannung U gelegt, so entsteht zwischen den Platten ein elektrostatisches Feld der Feldstärke E (s. Gl. 13.4). Die Ladung $Q = DA$ ist vom *Material* zwischen den Elektroden abhängig. Der Materialeinfluß wird durch die **Permittivität** ε beschrieben, die der Quotient aus Verschiebungsdichte und Feldstärke ist:

$$\varepsilon = \frac{D}{E}\,; \qquad \text{Einheit: } 1\,\frac{\text{As}\cdot\text{m}}{\text{m}^2\cdot\text{V}} = \frac{\text{As}}{\text{Vm}} \tag{13.6}$$

Die Permittivität des leeren Raumes (Vakuum) wird als **elektrische Feldkonstante** ε_0 bezeichnet:

$$\varepsilon_0 = 8{,}854\cdot 10^{-12}\,\frac{\text{As}}{\text{Vm}} = 8{,}854\cdot 10^{-12}\,\frac{\text{F}}{\text{m}} \tag{13.7}$$

Damit läßt sich die elektrische Verschiebungsdichte für Vakuum angeben:

$$D_0 = \varepsilon_0 E \tag{13.8}$$

Bei der Verschiebungsdichte D_0 trägt der Kondensator die Ladung $Q_0 = D_0 A$. Befindet sich ein Isolierstoff zwischen den Platten, so ist bei unveränderter Feldstärke E die Ladung Q größer als die Ladung Q_0; dementsprechend ist $D > D_0$. Der Quotient aus D und D_0 wird **Permittivitätszahl** ε_r genannt:

$$\varepsilon_r = \frac{D}{D_0} = \frac{Q}{Q_0} \tag{13.9}$$

Die **Permittivität** ε eines Isolierstoffs wird als Produkt aus der **Permittivitätszahl** ε_r und der elektrischen Feldkonstanten gebildet:

$$\varepsilon = \varepsilon_r \cdot \varepsilon_0 \tag{13.10}$$

Im homogenen Feld eines Plattenkondensators ist $U = El$ und $Q = DA$. Durch Einsetzen in die Gl.(13.1) läßt sich die Kapazität C in Abhängigkeit von Plattenfläche A und Plattenabstand l angeben:

$$C = \frac{Q}{U} = \frac{DA}{El} = \frac{\varepsilon A}{l} = \frac{\varepsilon_r \varepsilon_0 A}{l} \tag{13.11}$$

13.4 Die Polarisationsverluste

In einem (idealen) Isolierstoff sind keine frei beweglichen negativen oder positiven Ladungsträger vorhanden. Jedes Isolierstoff-Atom bzw. -Molekül enthält vielmehr eine positive Ladung $+Q$ und eine negative Ladung gleichen Betrages. Wenn die Schwerpunkte der Ladungen $+Q$ und $-Q$ nicht zusammenfallen, dann liegt ein **Dipol** vor; Bild 13.3 zeigt das Feld eines Dipols. Ist der Dipol, beispielsweise als Molekül einer Flüssigkeit oder eines Gases, frei beweglich, so fließt wegen $|-Q| = +Q$ kein Strom.

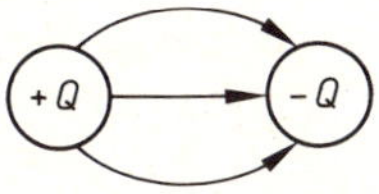

Bild 13.3 Feldlinienbild eines elektrischen Dipols

In einem *homogenen* elektrischen Feld, z. B. dem Feld eines Plattenkondensators, wird jeder Dipol ausgerichtet, weil auf die positive Ladung eine Kraft in Feldrichtung und auf die negative Ladung eine gleich große Kraft entgegen der Feldrichtung wirkt (Bild 13.4a). Liegt der Kondensator an Wechselspannung, dann kehren sich Feldrichtung und damit Wechsel der Ausrichtung der Dipole laufend um. Dies geschieht um so häufiger, je höher die Frequenz f der Wechselspannung ist. Die Drehung der Dipole ist mit (Reibungs-)Verlusten verbunden, die **Polarisationsverluste** genannt werden. Diese in Wärme umgesetzten Verluste werden dem elektrostatischen Feld entnommen.

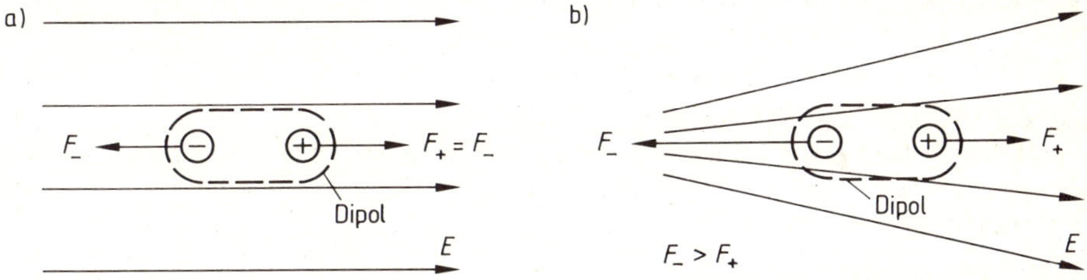

Bild 13.4 Dipol (schematische Darstellung) im homogenen Feld (a) bzw. im inhomogenen Feld (b)

Die Polarisationsverluste sind bei der Umpolung des Wasser-Moleküls, das ebenfalls ein Dipol ist, besonders hoch. Deshalb darf die Isolation eines Geräts kein Wasser enthalten; Isolierpapier muß beispielsweise im Vakuum getrocknet werden, bevor es mit Öl getränkt wird.

In einem *inhomogenen* Feld sind auch die Beträge der Kräfte unterschiedlich (Bild 13.4b): Die resultierende Kraft versucht, den Dipol in Richtung größerer Feldstärke zu bewegen; dieser Kraft kann der Dipol in Gasen und in Flüssigkeiten folgen. So werden z. B. die in der Luft vorhandenen Wasser-Moleküle von dem stark inhomogenen elektrischen Feld einer Hochspannungs-Freileitung zum Leiter hin gezogen. Vor allem bei Nebel oder Regen kann man die in Schall umgesetzten Bewegungen dieser H_2O-Dipole in der Umgebung der Freileitung hören: Die Freileitung »brummt«.

13.5 Bauarten von Kondensatoren

Eine wichtige Kondensator-Bauart ist der **Wickelkondensator.** Beim Metall-Papier-Kondensator (MP-Kondensator) besteht der Wickel aus zwei Metallfolien und zwei Papierstreifen (Bild 13.5). Da jede Metallfolie auf beiden Oberflächen Ladungen trägt, ist das Material des Wickelkondensators fast doppelt so gut ausgenutzt wie das des Plattenkondensators. Die Kapazität des Wickelkondensators ist:

$$C_W = 2\frac{\varepsilon_r \varepsilon_0 A}{l} \tag{13.12}$$

a)

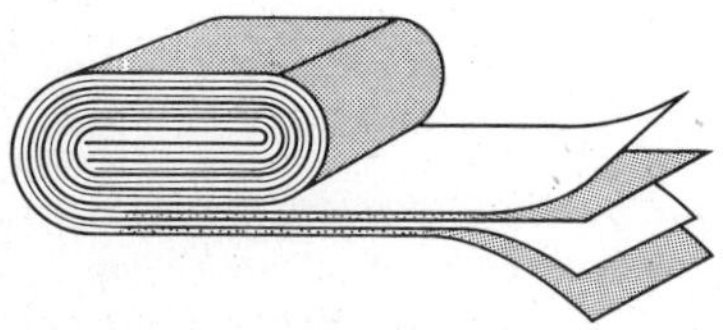

b)

Bild 13.5 Wickelkondensator, prinzipielle Anordnung der Metall- und Isolierstoffolien (a) und praktische Ausführung eines Wickels (b)

Die Dicke l der Isolierstoffolien wird durch die Nennspannung U bestimmt. MP-Kondensatoren werden für hohe Spannungen (bis einige kV) gebaut; die Wickel werden dabei in Ölbehältern untergebracht.
In der Bauart des MK-Kondensators besteht das Dielektrikum aus einer Kunststoffolie, auf die im Vakuum eine nur wenige Atomlagen dicke Metallschicht aufgedampft wurde. Diese Kondensatoren sind »selbstheilend«: An einer Fehlerstelle der Kunststoffolie entsteht ein kleiner Lichtbogen, der das Metall in der Umgebung der Fehlerstelle verdampft. Auch einige 10^3 Ausheilvorgänge führen praktisch nicht zu einer Verringerung der Kapazität.

Beispiel 13.2: Der aus metallisierten Polypropylenfolien bestehende Wickel eines MK-Kondensators mit der Kapazität 1 µF hat das Volumen 1,77 cm³. Welche Fläche A und welche Dicke l hat eine Folie? Die Dicke der Metallschicht bleibe unberücksichtigt.

Das Volumen $V = 2Al$ wird nach A aufgelöst und in die Gl. (13.12) eingesetzt:

$$C = \frac{2\,\varepsilon_r \varepsilon_0 V}{l \cdot 2l} \; ; \quad l^2 = \frac{\varepsilon_r \varepsilon_0 V}{C} = \frac{2{,}3 \cdot 8{,}854 \cdot 10^{-12}\,\mathrm{As} \cdot 1{,}77 \cdot 10^{-6}\,\mathrm{m^3 \cdot V}}{\mathrm{Vm} \cdot 10^{-6}\,\mathrm{As}}$$

$$l^2 = 3{,}6 \cdot 10^{-11}\,\mathrm{m^2} \; ; \quad l = 6\,\mu\mathrm{m} \; ; \quad A = \frac{V}{2l} = \frac{1{,}77 \cdot 10^{-6}\,\mathrm{m^3}}{2 \cdot 6 \cdot 10^{-6}\,\mathrm{m}} = 0{,}148\,\mathrm{m^2}$$

Hohe Kapazitätswerte lassen sich mit **Elektrolytkondensatoren** erzielen: Zur hohen Permittivitätszahl von Aluminium- bzw. Tantaloxid (s. Tabelle 13.1) kommt hinzu, daß die hohe Spannungsfestigkeit eine kleine Dicke $l < 1$ µm des Dielektrikums ermöglicht. Diese Oxid-

schicht bleibt zwar bei spannungsloser Lagerung über lange Zeit erhalten, ihre Dicke kann sich jedoch bei Aluminium-Elektrolytkondensatoren allmählich verringern. Wird ein Elektrolytkondensator mit verringerter Oxidschichtdicke an Spannung gelegt, so wird die Oxidschicht neu aufgebaut (*formiert*), was mit einer erhöhten Stromaufnahme des Kondensators verbunden ist.
Zu beachten ist bei den meisten Ausführungen von Elektrolytkondensatoren die Polung: Eine Falschpolung oder ein Betrieb an Wechselspannung verursacht einen elektrolytischen Prozeß, der durch starke Erwärmung und Gasbildung den Kondensator explosionsartig zerstören kann. Es gibt aber auch Elektrolytkondensatoren für ungepolten Betrieb; ein derartiger Kondensator hat bei gleicher Kapazität ein größeres Volumen als ein Elektrolytkondensator für gepolten Betrieb.

Tabelle 13.1:
Permittivitätszahl ε_r von Isolierstoffen

Stoff	ε_r
Aluminiumoxid (Al_2O_3)	10
Glimmer	5...8
Hartpapier	5
Luft, trocken	1,0006
Papier, ölgetränkt	4,3
Polyäthylen (PE)	2,3
Polypropylen (PP)	2,3
Polystyrol (PS)	2,5
Tantaloxid (Ta_2O_5)	25
Transformatoröl	2,3
Wasser, reinst	80,8

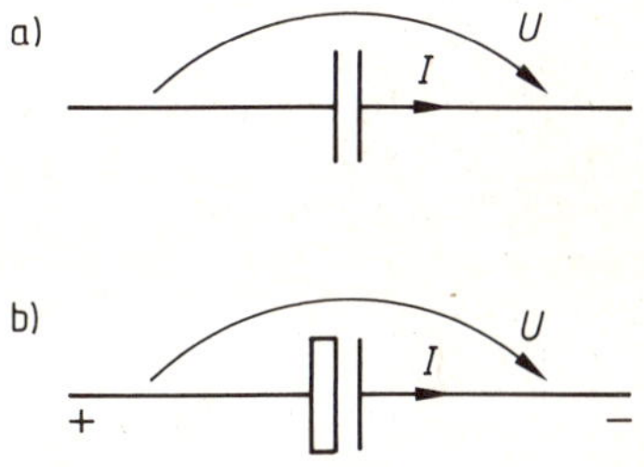

Bild 13.6 Schaltzeichen von Kondensatoren mit Bezugspfeilen für Strom und Spannung

a) Kondensator allgemein
b) Elektrolytkondensator

Bei **Keramikkondensatoren** besteht das Dielektrikum aus Bariumtitanat, dessen Permittivitätszahl Werte bis 10^5 erreichen kann; sie haben hohe Kapazitätswerte bei kleinem Volumen.
Bei MP- und MK-Kondensatoren ist die Kapazität unabhängig von der angelegten Spannung. Elektrolyt- und Keramikkondensatoren weisen im Gegensatz hierzu eine Spannungsabhängigkeit der Kapazität auf; deshalb wird für die Kapazität i. allg. ein Bereich angegeben (z. B. $1\,\mu F + 50\%$; -10% bei einem Aluminium-Elektrolytkondensator). Diese Kondensatoren dürfen nur dort eingesetzt werden, wo es nicht auf die genaue Einhaltung eines bestimmten Kapazitätswertes ankommt.

13.6 Die Energie eines geladenen Kondensators

Wird ein (zunächst entladener) Kondensator, dessen Kapazität konstant ist, mit konstantem Strom geladen, so nimmt seine Ladung $Q(t) = It$ linear mit der Zeit zu; entsprechendes gilt auch für die Spannung $U(t) = Q(t)/C$ (Bild 13.7). In der Zeitspanne Δt wird dem auf die Spannung U aufgeladenen Kondensator die Energie $\Delta W = UI\Delta t$ zugeführt. Bei der Berech-

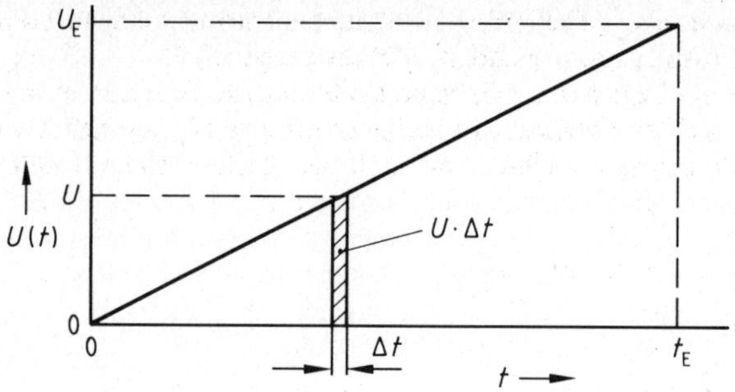

Bild 13.7 Zeitverlauf der Spannung $U(t)$ bei der Ladung eines Kondensators $C = \text{const.}$ mit einem zeitlich konstanten Strom I

nung der Energie W, die der Kondensator zu einem beliebigen Zeitpunkt t enthält, wird der konstante Strom I ausgeklammert:

$$W = I \sum (U \cdot \Delta t) \tag{13.13}$$

Die Summe sämtlicher Teilflächen $U \cdot \Delta t$ ist der Flächeninhalt des Dreiecks:

$$\sum (U \cdot \Delta t) = \frac{1}{2} U_E t_E \tag{13.14}$$

Ein Kondensator ist also ein *Energiespeicher*, der bei der Spannung $U = U_E$ die Ladung $Q = Q_E = I t_E = C U$ trägt und dabei die Energie W enthält:

$$W = I \cdot \frac{1}{2} U t_E = \frac{1}{2} U Q = \frac{1}{2} C U^2 \tag{13.15}$$

Beispiel 13.3: Welche Kapazität muß ein Kondensator mit der Nennspannung 100 V haben, damit in ihm die Energie 1 Ws gespeichert werden kann?

$$C = \frac{2\,W}{U^2} = \frac{2 \cdot 1\ \text{Ws}}{(100\ \text{V})^2} = 0{,}0002\ \frac{\text{As}}{\text{V}} = 200\ \mu\text{F}$$

13.7 Laden und Entladen von Kondensatoren

Im allgemeinen ändern sich beim Laden bzw. Entladen eines Kondensators sowohl der Strom als auch die Spannung in Abhängigkeit von der Zeit. Für diese zeitabhängigen Größen werden in der Elektrotechnik die Kleinbuchstaben i bzw. u verwendet.
Eine Ladungsänderung ΔQ bewirkt bei einem Kondensator entsprechend Gl.(13.1) eine Spannungsänderung $\Delta u = \Delta Q / C$; wegen $C = \text{const.}$ fließt dabei der Strom:

$$i = \frac{\Delta Q}{\Delta t} = \frac{\Delta (C u)}{\Delta t} = C \frac{\Delta u}{\Delta t} \tag{13.16}$$

In den Zuleitungen eines Kondensators fließt also nur dann ein Strom, wenn sich seine Spannung ändert, d. h. wenn der Kondensator geladen oder entladen wird.
Ein Sonderfall des Ladevorgangs liegt dann vor, wenn ein entladener Kondensator zum Zeitpunkt $t = 0$ an eine Quelle mit der konstanten Quellenspannung U_q geschaltet wird (Bild 13.8a). Die Maschengleichung des Stromkreises, der sich bei geschlossenem Schalter ergibt, läßt sich mit Gl.(13.16) umformen:

$$U_q = Ri + u_C = RC\,\frac{\Delta u_C}{\Delta t} + u_C \qquad (13.17)$$

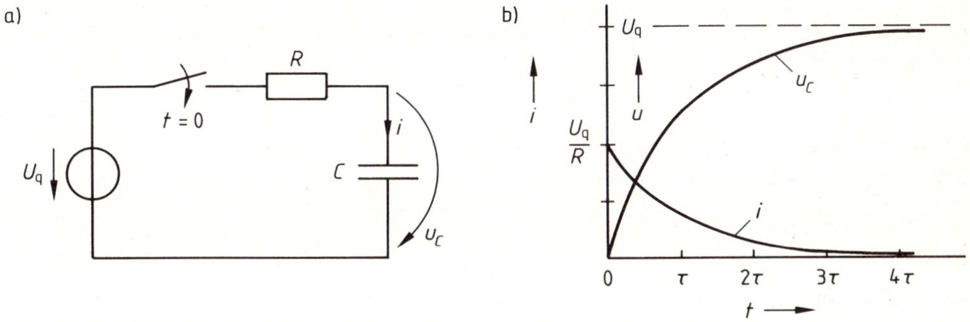

Bild 13.8 Aufladung eines Kondensators an einer Quelle mit konstanter Spannung, Schaltung (a) sowie Zeitverlauf der Spannung und des Stromes (b)

Das Produkt aus Kapazität C und Widerstand R hat die Einheit 1 s, es wird daher **Zeitkonstante** τ genannt:

$$\tau = RC \;; \qquad \text{Einheit: } 1\,\Omega \cdot 1\,\text{F} = 1\,\frac{\text{V}}{\text{A}} \cdot 1\,\frac{\text{As}}{\text{V}} = 1\,\text{s} \qquad (13.18)$$

In Gl.(13.17) ist u_C der Augenblickswert und $\Delta u_C/\Delta t$ die Anstiegsgeschwindigkeit der Kondensatorspannung. Da die Quellenspannung U_q konstant ist, läßt diese Gleichung erkennen, daß mit steigender Spannung u_C ihre Anstiegsgeschwindigkeit abnimmt. Für $\tau = RC = 1$ s und $U_q = 10$ V zeigt dies die Tabelle 13.2.

Tabelle 13.2: Spannungsverlauf bei der Aufladung eines Kondensators

u_C	0 V	1 V		5 V		9 V	10 V
$\Delta u_C/\Delta t$	10 V/s	9 V/s		5 V/s		1 V/s	0 V/s

Mathematisch wird der Ladevorgang durch die Exponentialfunktion (e-Funktion) beschrieben. Die Kurvenverläufe für Kondensatorspannung und Strom ergeben sich zu:

$$u_C = U_q\,(1 - e^{-t/\tau}) \;; \qquad i = \frac{U_q}{R} \cdot e^{-t/\tau} \qquad (13.19)$$

Zum Zeitpunkt $t = 0$ wird der Strom nur durch den Widerstand R begrenzt; der entladene Kondensator stellt einen Kurzschluß dar. Zum Zeitpunkt $t = 4\,\tau$ ist der Strom auf weniger als 2% des Maximalwertes U_q/R zurückgegangen, und die Spannung u_C hat ihren stationären Endwert U_q praktisch erreicht.

Für einen Kondensator, der zum Zeitpunkt $t = 0$ auf die Spannung U_q aufgeladen ist und danach über den Widerstand R entladen wird (Bild 13.9a), lauten die Gleichungen für die Spannung u_C und den Strom i:

$$u_C = \mathrm{U_q} \cdot \mathrm{e}^{-t/\tau} \; ; \qquad i = -\frac{U_q}{R} \cdot \mathrm{e}^{-t/\tau} \tag{13.20}$$

Das Minuszeichen besagt, daß der Strom i entgegen dem eingezeichneten Bezugssinn fließt.

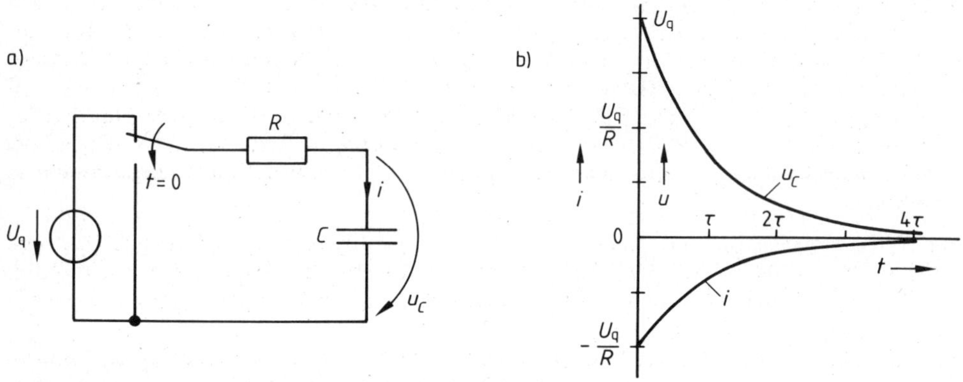

Bild 13.9 Entladung eines Kondensators über einen OHMschen Widerstand R, Schaltung (a) sowie Zeitverlauf der Spannung und des Stromes (b)

Beispiel 13.4: Ein auf 100 V aufgeladener Kondensator mit der Kapazität 0,15 µF entlädt sich über seinen Isolationswiderstand 50 GΩ. Welche Zeitkonstante liegt vor, und auf welchen Spannungswert hat sich der Kondensator nach der Zeit $t = 4\,\tau$ entladen?

$$\tau = RC = 50 \cdot 10^9\,\Omega \cdot 0{,}15 \cdot 10^{-6}\,\mathrm{F} = 7500\,\mathrm{s} = 125\,\mathrm{min}$$

Für $t = 4\,\tau = 500\,\mathrm{min}$ ist $\mathrm{e}^{-t/\tau} = \mathrm{e}^{-4} = 0{,}0183$

$$u_C = U_q \cdot \mathrm{e}^{-t/\tau} = 100\,\mathrm{V} \cdot 0{,}0183 = 1{,}83\,\mathrm{V}$$

14 Das magnetische Feld

14.1 Feldlinien von Magneten

Ein **Magnet** ist ein Körper, der Eisenteile anziehen und festhalten kann. Eine der Wirkungen, die ein Magnet hervorrufen kann, ist also die Erzeugung von *Kräften.* An den beiden Enden jedes Magneten ist die Kraftwirkung am stärksten; diese Stellen werden als **Pole** bezeichnet. Das Gebiet zwischen den Polen, in dem nur geringe magnetische Wirkungen vorhanden sind, wird **indifferente Zone** genannt.
Ein Raumgebiet, in dem sich magnetische Wirkungen nachweisen lassen, bezeichnet man als **magnetisches Feld.** Die Ursache einer magnetischen Wirkung ist stets eine *Bewegung* von Ladungen. Es gibt zwei unterschiedliche Arten der Erzeugung eines Magnetfeldes:

- Da sich in einem stromführenden Leiter Ladungen bewegen, ist ein solcher Leiter stets von einem Magnetfeld umgeben. Das Magnetfeld verschwindet, wenn der Strom abgeschaltet wird. Ein Magnet, dessen durch stromführende Leiter erzeugtes Magnetfeld technisch genutzt wird, wird **Elektromagnet** genannt.
- Ein Magnet, dessen Magnetfeld dauernd besteht und nicht wie ein Strom abgeschaltet werden kann, wird als **Dauermagnet** oder **Permanentmagnet** bezeichnet. Das Magnetfeld wird hierbei von Elektronen bei der Bewegung um Atomkerne des Dauermagnetmaterials erzeugt.

In der *Natur* kommen starke Magnetfelder in der Umgebung der Strombahnen von Blitzströmen vor. Die magnetischen Wirkungen natürlicher Dauermagneten sind dagegen schwach; so gehen z.B. von Magneteisenstein Fe_3O_4, einem hochwertigen Eisenerz, schwache magnetische Wirkungen aus.
Auch der Planet *Erde* besitzt ein Magnetfeld. Die leicht drehbare Magnetnadel eines Kompasses stellt sich etwa in die geografische Nord-Süd-Richtung ein. Der Pol, der nach Norden zeigt, wird als **Nordpol**, der andere als **Südpol** bezeichnet. Als Ursache des Erdmagnetfeldes nimmt man Ströme im Erdinneren an.
Die Bezeichnungen *Nordpol* und *Südpol*, die eigentlich nur bei der Magnetnadel eines Kompasses Bedeutung haben, werden auch bei jedem anderen Magneten verwendet. Die Kräfte, die zwei Magnete aufeinander ausüben, sind von der *Art* der Pole abhängig: Gleichnamige Pole stoßen einander ab, ungleichnamige Pole ziehen einander an.
Der Nordpol der Magnetnadel wird vom Südpol des Erdmagnetfelds angezogen, der zwischen dem kanadischen Festland und dem geografischen Nordpol liegt; der magnetische Nordpol liegt am Rand der Antarktis. Wegen der großen Entfernung zwischen magnetischem und geografischem Pol zeigt die Kompaßnadel nicht exakt nach Norden, es entsteht eine *Mißweisung.*
Der *Verlauf* eines Magnetfelds kann durch kleine drehbare Magnetnadeln angezeigt werden. Ebenso wie eine Kompaßnadel die Richtung des Erdmagnetfelds anzeigt, stellt sich jede Magnetnadel in die Feldrichtung ein (Bild 14.1a).
Bringt man ein ursprünglich unmagnetisches Stück Eisen in ein Magnetfeld, so wird es *magnetisiert,* d.h. es wird zu einem Magneten. Umgekehrt wird das Stück Eisen *entmagnetisiert,* wenn es aus dem Magnetfeld entfernt wird. Ein Magnetfeld kann deshalb auch mit Hilfe ursprünglich unmagnetischer Eisenfeilspäne sichtbar gemacht werden. Sie werden auf ein Blatt Papier oder eine Glasplatte gestreut, unter welcher sich der Magnet befindet. Durch die Magnetisierung ordnen sich die Eisenfeilspäne zu einem Muster, welches den Feldverlauf erkennen läßt (Bild 14.1b).

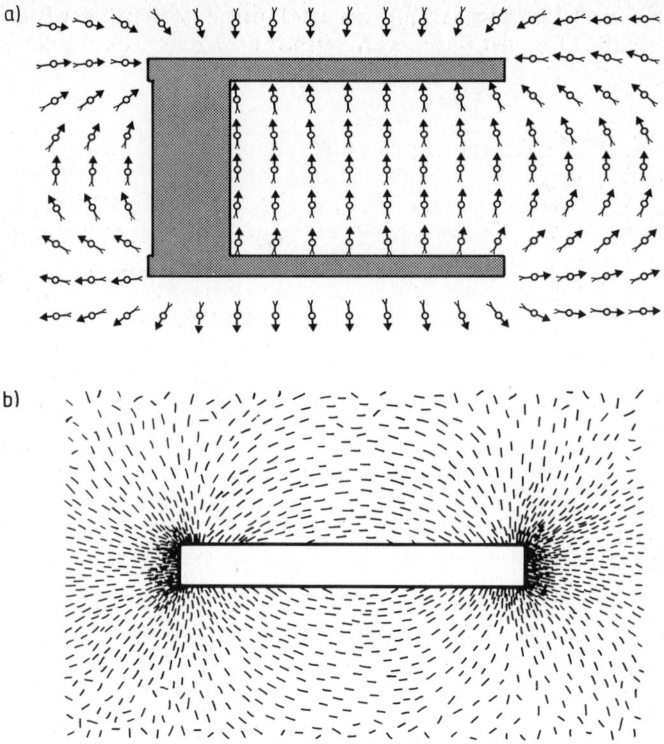

Bild 14.1 Magnetnadeln im Feld eines Hufeisenmagneten (a) und Eisenfeilspäne im Feld eines Stabmagneten (b) zeigen den Verlauf des Magnetfeldes an

Ein Hilfsmittel zur grafischen Darstellung des Feldverlaufs sind die **Feldlinien.** Die *Richtung* einer Feldlinie gibt für die betreffende Stelle die Richtung der Kraft an, die auf ein Eisenstückchen ausgeübt wird. Die *Dichte* der Feldlinien ist ein Maß für die Stärke des Feldes, also für die Größe der Kraft im magnetischen Feld.

Ein Feld, dessen Feldlinien an jeder Stelle gleichen Abstand und gleiche Richtung haben, wird **homogen** genannt. Wegen des gleichen Abstands der Feldlinien hat das homogene Feld an jeder Stelle gleiche Feldstärke. So ist z. B. das Magnetfeld zwischen den Schenkeln des Hufeisenmagneten (Bild 14.2a) homogen, im übrigen Feldraum dagegen inhomogen.

Im Gegensatz zu den Feldlinien eines elektrischen Feldes, die Anfang und Ende haben, sind die Feldlinien jedes Magnetfeldes *in sich geschlossen.* Dies gilt auch für Dauermagnete: Bei ihnen schließen sich die Feldlinien im Magnetmaterial. Mit Eisenfeilspänen kann das Magnetfeld nur außerhalb des Magneten nachgewiesen werden.

Daß magnetische Feldlinien in sich geschlossen sind, läßt sich z. B. beim Feld eines stromführenden Leiters erkennen: Die Feldlinien eines langen, geraden, zylindrischen Leiters sind konzentrische Kreise senkrecht zur Leiterachse (Bild 14.3a). Mit wachsendem Abstand vom Leiter nimmt die Stärke des Magnetfelds ab. Dies zeigen auch die zunehmenden Abstände zwischen je zwei Feldlinien in Bild 14.3. Bei der Darstellung in einer Ebene (Bild 14.3b) wird die

Stromrichtung durch einen *Punkt* angedeutet, wenn der Strom zum Betrachter *hin*fließt (man sieht die Spitze des Pfeils). Fließt der Strom vom Betrachter *weg*, so wird die Stromrichtung durch ein *Kreuz* angedeutet (man sieht das Gefieder des Pfeils).

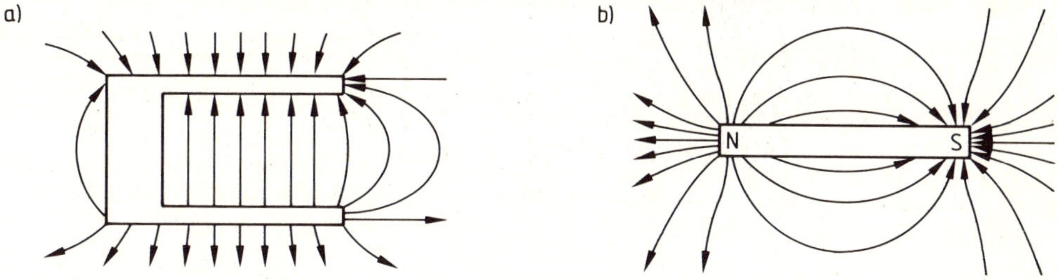

Bild 14.2 Feldlinien in der Umgebung eines Hufeisenmagneten (a) bzw. eines Stabmagneten (b)

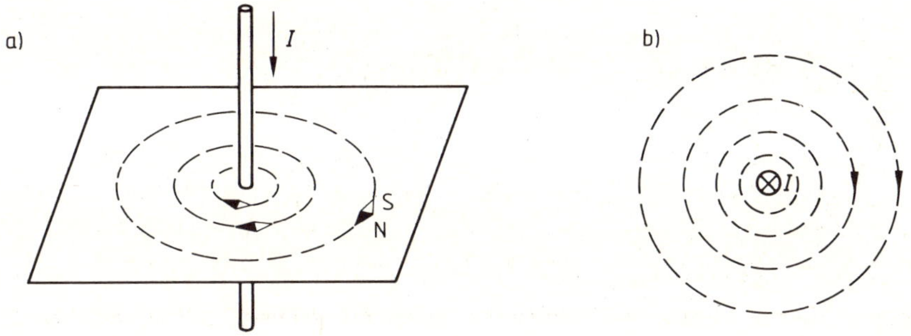

Bild 14.3 Magnetfeld eines geraden, zylindrischen Stromleiters, räumliche Darstellung (a) und Darstellung in einer Ebene (b)

14.2 Die magnetische Flußdichte

Die *Intensität* eines Magnetfeldes wird zweckmäßig mit Hilfe einer Anordnung definiert, bei der ein sehr langer, gerader Stromleiter senkrecht zu den Feldlinien eines homogenen Magnetfeldes geführt ist, das zwischen zwei planparallelen Magnetpolen entsteht. Auf den Leiter, der den Strom I führt, wird im Magnetfeld der Länge l (senkrecht zur Zeichenebene in Bild 14.4) die Kraft F ausgeübt. Die Kraft ist um so größer, je größer der Strom I bzw. je größer die Länge l des Magneten und je stärker die Intensität des Magnetfeldes ist. Mit diesem Zusammenhang läßt sich die physikalische Größe definieren, welche die Intensität des Magnetfelds beschreibt; sie wird **magnetische Flußdichte** B genannt.

$$B = \frac{F}{I \cdot l}\,; \qquad \text{Einheit: } 1\,\frac{\mathrm{N}}{\mathrm{Am}} = 1\,\frac{\mathrm{Nm}}{\mathrm{Am^2}} = 1\,\frac{\mathrm{VAs}}{\mathrm{Am^2}} = 1\,\frac{\mathrm{Vs}}{\mathrm{m^2}} = 1\,\textbf{Tesla} = 1\,\mathrm{T} \qquad (14.1)$$

Die Richtung der Kraft läßt sich anhand des Feldbilds (Bild 14.5) modellhaft erklären: Dabei schreibt man den Feldlinien das Bestreben zu, sich zu verkürzen; sie unterliegen einem Längszug. Außerdem haben die Feldlinien das Bestreben, sich möglichst weit voneinander zu entfernen; sie erzeugen aufeinander einen Querdruck.

Die Flußdichte des Magnetfelds wurde früher auch *magnetische Induktion* genannt. So wie es zur Stromdichte einen zugehörigen Strom gibt, so gehört zu einer Flußdichte B ein **magnetischer Fluß** Φ. Für ein *homogenes* Magnetfeld läßt sich der Fluß Φ, der durch die Fläche A hindurchtritt, einfach berechnen:

$$\Phi = BA \quad ; \quad \text{Einheit: } 1\,\frac{\text{Vs}}{\text{m}^2}\cdot 1\,\text{m}^2 = 1\,\text{Vs} = 1\,\textbf{Weber} = 1\,\text{Wb} \qquad (14.2)$$

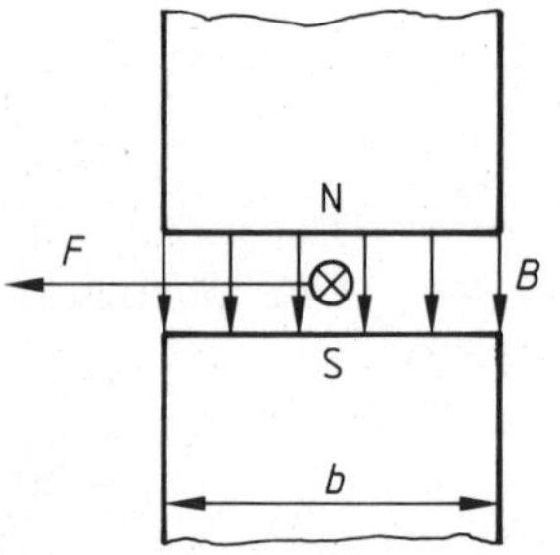

Bild 14.4 Kraft auf einen stromführenden Leiter in einem ursprünglich homogenen Magnetfeld (das überlagerte inhomogene Magnetfeld des Leiters ist nicht dargestellt)

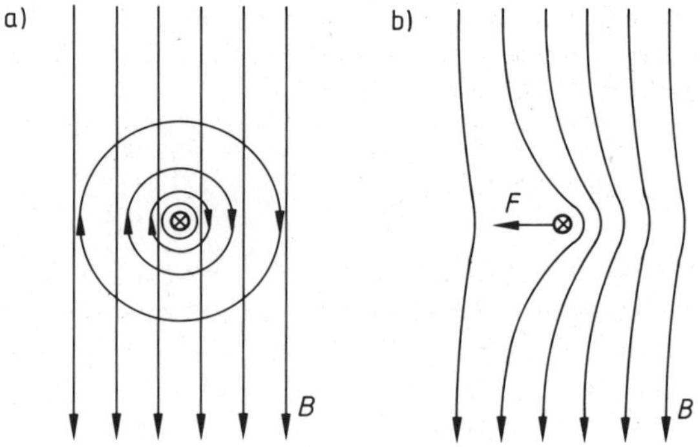

Bild 14.5 Stromdurchflossener Leiter in einem ursprünglich homogenen Magnetfeld
a) beide Magnetfelder getrennt
b) Überlagerung der Magnetfelder

Man zeichnet in ein Magnetfeld die Feldlinien stets so ein, daß zwischen zwei benachbarten Feldlinien der gleiche Teilfluß Φ_T hindurchtritt. Bei inhomogenen Feldern läßt der Abstand der Feldlinien Rückschlüsse auf die Flußdichte B zu: Je kleiner dieser Abstand ist, desto größer ist dort die magnetische Flußdichte. Der Gesamtfluß Φ, welcher eine Fläche A durchsetzt, läßt sich als Summe sämtlicher Teilflüsse berechnen:

$$\Phi = \sum (B \cdot \Delta A) \qquad (14.3)$$

Beispiel 14.1: Zwischen den Polen des Magneten in Bild 14.4 ($l = 5$ cm; $b = 2$ cm) liegt die Flußdichte $B = 0{,}4$ T vor. Welcher Fluß Φ durchsetzt die gesamte Polfläche, und welcher Teilfluß Φ_T ist zwischen zwei Feldlinien vorhanden?

$$\Phi = BA = Blb = 0{,}4\,\frac{\text{Vs}}{\text{m}^2}\cdot 0{,}05\,\text{m}\cdot 0{,}02\,\text{m} = 4\cdot 10^{-4}\,\text{Vs} = 0{,}4\,\text{mWb}$$

Φ_T ist der Teilfluß in einem der 5 Zwischenräume zwischen je zwei Feldlinien:

$$\Phi_T = \Phi/5 = 0{,}8\cdot 10^{-4}\,\text{Vs} = 0{,}08\,\text{mWb}$$

14.3 Das Durchflutungsgesetz

Die Flußdichte des Magnetfelds in der Umgebung eines stromdurchflossenen Leiters ist von der Stromstärke I abhängig. Sie nimmt mit wachsendem Abstand r vom Mittelpunkt des Leiters ab. Die Inhomogenität des Feldes kommt durch die zunehmenden Abstände der kreisförmig den Leiter umgebenden Feldlinien in Bild 14.3 zum Ausdruck. Wenn sich der stromdurchflossene Leiter im *Vakuum* befindet, dann hat die Flußdichte den Betrag

$$B = \mu_0 \frac{I}{2\pi r} \quad . \tag{14.4}$$

Diese Beziehung gilt auch dann mit sehr guter Näherung, wenn der Leiter in Luft oder einem anderen »unmagnetischen« Material (s. Kap. 14.5) eingebettet ist. Die Größe μ_0 wird **magnetische Feldkonstante** genannt:

$$\mu_0 = 4\pi \cdot 10^{-7} \frac{\text{Vs}}{\text{Am}} = 1{,}257 \cdot 10^{-6} \frac{\text{Vs}}{\text{Am}} \tag{14.5}$$

Werden N Leiter vom gleichen Strom I durchflossen, so bestimmt die Summe der Ströme, die von einer Feldlinie umfaßt werden, die Flußdichte des Magnetfelds:

$$B = \mu_0 \frac{NI}{2\pi r} \tag{14.6}$$

Dabei ist es für die magnetische Wirkung unerheblich, ob es sich hier um N parallel geschaltete Leiter oder um einen einzelnen Leiter handelt, der zu einer Spule aufgewickelt ist. Die Summe der Ströme, die von einer Feldlinie umfaßt werden, wird **Durchflutung** Θ genannt:

$$\Theta = NI \; ; \qquad \text{Einheit: } 1 \text{ A} \tag{14.7}$$

Diese Gleichung gilt mit $N = 1$ auch für den Sonderfall des Einzelleiters. Durch Einsetzen in die Gl. (14.6) erhält man:

$$B = \mu_0 \frac{\Theta}{2\pi r} \quad . \tag{14.8}$$

Eine Feldlinie mit dem Radius r, die den stromdurchflossenen Leiter umschließt, hat die Länge $l = 2\pi r$. Man kann sich vorstellen, daß zum Erzeugen der Feldlinie für jedes Teilstück gleicher Länge der gleiche Anteil an Durchflutung aufzubringen ist, und bezeichnet diesen Durchflutungsanteil je Länge als **magnetische Feldstärke** H:

$$H = \frac{\Theta}{l} \; ; \qquad \text{Einheit: } 1 \frac{\text{A}}{\text{m}} \tag{14.9}$$

Wird Gl.(14.9) in Gl.(14.8) eingesetzt, so erkennt man, daß zwischen der Flußdichte im Vakuum und der magnetischen Feldstärke Proportionalität besteht:

$$B = \mu_0 \frac{\Theta}{l} = \mu_0 H \tag{14.10}$$

Ein Magnetfeld kann also entweder durch die Flußdichte B oder durch die magnetische Feldstärke H beschrieben werden.
Auf jedem der konzentrischen Kreise um das Bündel stromdurchflossener Leiter in Bild 14.6 hat der Betrag der magnetischen Feldstärke H einen konstanten Wert. Das Produkt

$$H \cdot l = \frac{\Theta}{l} \cdot l = \Theta$$

ist, unabhängig vom Radius r des kreisförmigen Weges, die von der Feldlinie umfaßte Durchflutung.

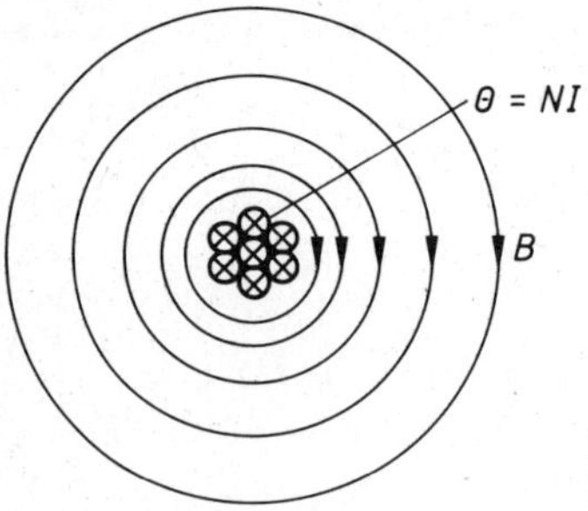

Bild 14.6
Die Durchflutung Θ erzeugt die magnetische Flußdichte B

Wird der geschlossene Weg, der die Leiter umfaßt, nicht als konzentrischer Kreis um die Leiter gewählt, dann ändert sich der Betrag der Feldstärke längs des Weges. In diesem Fall ist die Länge l der Feldlinie in so kleine Teilstücke der Länge Δl aufzuteilen, daß für jedes dieser Teilstücke der Betrag der Feldstärke H als konstant angesehen werden kann. Dann ergibt sich die von der Feldlinie umschlossene Durchflutung zu:

$$\Theta = \sum (H \cdot \Delta l) \tag{14.11}$$

Diese für die Berechnung magnetischer Kreise maßgebende Beziehung wird als **Durchflutungsgesetz** bezeichnet.

14.4 Spulen

Das Magnetfeld in der Umgebung eines einzelnen Leiters ist für viele technische Anwendungen zu schwach. Wickelt man den Leiter zu einer **Spule** auf, so erhält man in ihrem Inneren ein Magnetfeld, das sich aus der Überlagerung der Magnetfelder sämtlicher Einzelleiter ergibt. Bild 14.7 zeigt, daß das Magnetfeld im Inneren der **Zylinderspule** einem homogenen Feld nahekommt.
Bei der näherungsweisen Berechnung der Feldstärke H_i der Zylinderspule setzt man für den Innenraum ein homogenes Feld an und vernachlässigt das inhomogene Feld im Außenraum. Mit den Gln. (14.7 und 14.9) erhält man:

$$H_i = \frac{NI}{l} \tag{14.12}$$

Dabei ist l die Länge und N die **Windungszahl** der Spule. Ein mit Gl. (14.12) berechneter Wert kommt dann dem wahren Wert der Feldstärke im Mittelpunkt der Spule nahe, wenn die Länge der Spule ein Mehrfaches des Durchmessers beträgt.

Die Zylinderspule ist zwar einfach zu fertigen, hat aber den Nachteil, daß ein Magnetfeld im Außenraum vorhanden ist, welches in vielen Fällen störend wirkt. Der Vorteil der **Kreisringspule** gegenüber der Zylinderspule besteht in einem geringen Streufeld im Außenraum, da das Magnetfeld im Spuleninneren konzentriert ist. Für die Fertigung der Kreisringspule werden jedoch teure Wickelmaschinen benötigt.
Bei der Kreisringspule umschließt jede Feldlinie die Durchflutung NI. In Bild 14.8 ist die mittlere Feldlinie mit der Länge $l = \pi D$ eingezeichnet. An jeder Stelle dieser Feldlinie liegt der Betrag $H_i = N \cdot I / l$ der Feldstärke vor.

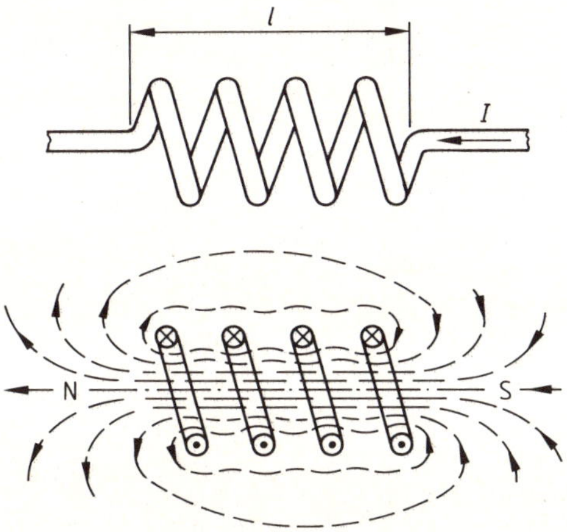

Bild 14.7 Zylinderspule

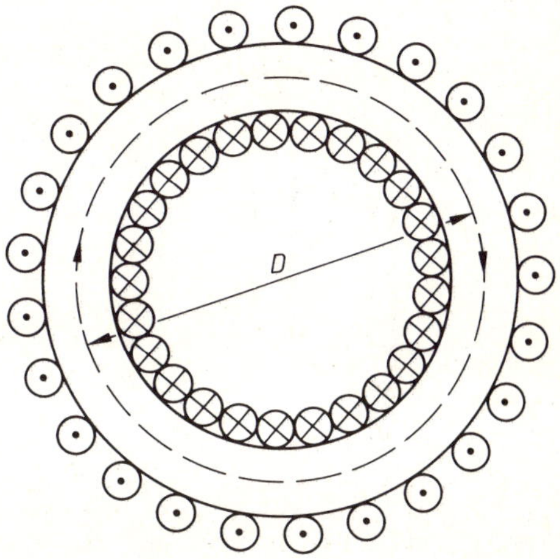

Bild 14.8 Kreisringspule

14.5 Materie im Magnetfeld

Die Gl. (14.10) beschreibt den Zusammenhang zwischen der Flußdichte B_0 und der magnetischen Feldstärke H für *Vakuum*. Wird die Umgebung des stromführenden Leiters bzw. der Innenraum der Spule mit einem Material gleichmäßig ausgefüllt, so liegt bei gleicher Feldstärke H eine Flußdichte B vor, die von der Flußdichte B_0 für Vakuum abweicht. Dieser Zusammenhang wird mit Hilfe der **Permeabilitätszahl** μ_r beschrieben:

$$B = \mu_r B_0 = \mu_r \mu_0 H \qquad (14.13)$$

Das Produkt aus der Permeabilitätszahl μ_r und der magnetischen Feldkonstanten μ_0 wird als **Permeabilität** μ bezeichnet.

$$\mu = \mu_r \mu_0 \ ; \quad \text{Einheit: } 1 \frac{\text{Vs}}{\text{Am}} \qquad (14.14)$$

Bei den meisten Stoffen ist der Unterschied zwischen B und B_0 nur sehr gering; diese Stoffe sollen im folgenden kurz und vereinfacht »unmagnetische Stoffe« genannt werden. Wie die Tabelle 14.1 zeigt, weicht die Permeabilitätszahl dieser Stoffe nur sehr wenig von der Zahl 1 ab. Für praktische Rechnungen setzt man daher bei den unmagnetischen Stoffen $\mu_r = 1$ an.

Tabelle 14.1: Permeabilitätszahl μ_r einiger Stoffe

Stoff	μ_r
Silber	0,999921
Blei	0,999984
Kupfer	0,999990
Luft	1,00000035
Aluminium	1,000024
Wolfram	1,000067
Platin	1,000256

Beispiel 14.2: Welche Feldstärke H und welche Flußdichte B herrscht auf der Feldlinie mit dem Durchmesser $D = 20$ cm in einer luftgefüllten Kreisringspule, deren 400 Windungen vom Strom 0,8 A durchflossen werden?

$$H = \frac{\Theta}{2\pi r} = \frac{NI}{2\pi r} = \frac{400 \cdot 0{,}8\ \text{A}}{2\pi \cdot 0{,}1\ \text{m}} = 509{,}3\ \frac{\text{A}}{\text{m}}$$

$$B = \mu_r \mu_0 H = 1 \cdot 1{,}257 \cdot 10^{-6}\ \frac{\text{Vs}}{\text{Am}} \cdot 509{,}3\ \frac{\text{A}}{\text{m}} = 0{,}64 \cdot 10^{-3}\ \frac{\text{Vs}}{\text{m}^2} = 0{,}64\ \text{mT}$$

Bei einigen Stoffen ist der Unterschied zwischen B und B_0 wesentlich größer als bei den unmagnetischen Stoffen; diese Stoffe werden nach dem technisch wichtigsten unter ihnen, dem *Eisen,* als **ferromagnetische Stoffe** bezeichnet.

Außer Eisen sind von Natur aus auch Kobalt und Nickel ferromagnetisch. Außerdem gibt es viele ferromagnetische Legierungen, darunter sogar solche, deren Bestandteile nicht zu den ferromagnetischen Stoffen gehören.

Ferromagnetismus kann nur bei bestimmten Kristallstrukturen fester Stoffe auftreten. Besonders deutlich wird dies am Beispiel von Chromnickelstahl CrNi 18/8: Obwohl seine Bestandteile Eisen (74%) und Nickel (8%) ferromagnetisch sind, ist dieser Stahl aufgrund seiner normalen Kristallstruktur (Austenit) unmagnetisch. Nach einer Kaltverformung kann jedoch Martensit entstehen, wobei der Chromnickelstahl ferromagnetisch ist.

Man kann sich einen ferromagnetischen Stoff vereinfacht als aus »Elementarmagneten« bestehend vorstellen. Innerhalb kleiner Gebiete (0,001...0,1 mm^3) des Werkstoffs, der sog. **WEISSschen** Bezirke, sind sämtliche Elementarmagnete gleich ausgerichtet. Solange die WEISSschen Bezirke ungeordnet sind, wirkt ein solcher Stoff nach außen unmagnetisch.

Wird dieser Stoff zum ersten Mal in ein Magnetfeld zunehmender Feldstärke H gebracht, so ergibt sich eine Abhängigkeit $B = f(H)$, die als *Neukurve* bezeichnet wird (Bild 14.9). Zunächst wachsen diejenigen WEISSschen Bezirke, deren Ausrichtung mit der Richtung des äußeren Feldes übereinstimmt (a). Dann vergrößern die Gebiete, deren Magnetisierungsrichtung nicht zu stark von der Richtung des angelegten Feldes abweicht, durch Wegfall der Trennwände die schon ausgerichteten Bezirke (b), wobei die Flußdichte im ferromagnetischen Stoff besonders stark zunimmt.

Schließlich werden die übrigen WEISSschen Bezirke in die Richtung des äußeren Feldes gedreht (c); man bezeichnet einen Stoff, bei dem dies der Fall ist, als **gesättigt.** Nach dem Erreichen der Sättigung nimmt die Flußdichte nur noch wie im Vakuum zu (d); die Steigung der Neukurve ist dabei gleich μ_0.

Nimmt die magnetische Feldstärke H in einem Magnetmaterial, z. B. im Kern einer Kreisringspule, durch Erhöhen der Stromstärke zu, so wird, wie beschrieben, die Neukurve durchlaufen. Nach dem Abschalten des Stromes, also bei $H = 0$, bleibt eine Flußdichte, die **Remanenzflußdichte** B_r genannt wird.
Die vollständige Entmagnetisierung des Materials erfordert, ebenso wie die Magnetisierung, eine Energiezufuhr. Dazu muß der Magnetisierungsstrom umgepolt werden, so daß ein Magnetfeld in Gegenrichtung das Restmagnetfeld kompensiert. Die Feldstärke, bei der mit $B = 0$ das Magnetfeld restlos abgebaut ist, wird als **Koerzitivfeldstärke** H_c bezeichnet. Eine weitere Magnetisierung mit $-I$, ein Abschalten des Stromes und eine folgende Magnetisierung mit $+I$ ergibt eine **Hystereseschleife** (Bild 14.10).

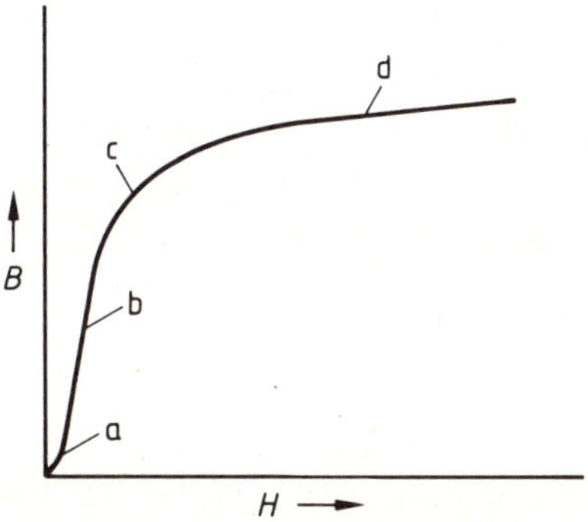

Bild 14.9
Neukurve eines ferromagnetischen Stoffes

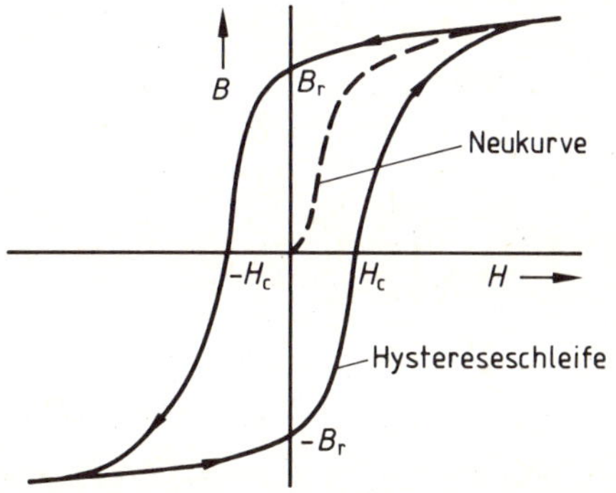

Bild 14.10
Hystereseschleife eines ferromagnetischen Stoffes

Die ferromagnetischen Eigenschaften sind temperaturabhängig. Da die innere thermische Energie die spontane Ausrichtung der Elementarmagnete innerhalb der WEISSschen Bezirke erschwert, wird die Remanenzflußdichte mit zunehmender Temperatur kleiner. Bei der **CURIE-Temperatur** verschwindet der Ferromagnetismus sprunghaft, der Stoff ist oberhalb dieser Temperatur unmagnetisch. Die CURIE-Temperatur von Eisen liegt bei 770°C, die von Nickel bei 358°C.
Ferromagnetische Stoffe, die in ein Magnetfeld gebracht werden, erfahren eine Änderung der geometrischen Abmessungen; dieser Effekt wird **Magnetostriktion** genannt. Er ist z. B. die Ursache des »Brummens« von Transformatoren und Magneten, die an Wechselspannung betrieben werden.

14.6 Magnetische Werkstoffe

Je nach der Form der Hystereseschleife ergeben sich unterschiedliche magnetische Eigenschaften. Die magnetischen Werkstoffe können grundsätzlich in zwei Gruppen eingeteilt werden:

- Stoffe, die häufig ummagnetisiert werden (z. B. in Transformatoren und anderen elektrischen Maschinen), besitzen eine schmale Hystereseschleife mit kleiner Koerzitivfeldstärke; sie werden als **magnetisch weich** bezeichnet.

– Dauermagnete dürfen sich nur schwer entmagnetisieren lassen, sie müssen eine breite Hystereseschleife mit hoher Koerzitivfeldstärke besitzen. Da Dauermagnete früher aus gehärtetem Stahl hergestellt wurden, bezeichnet man ihre Werkstoffe als **magnetisch hart**.

Bei den *magnetisch weichen* Werkstoffen verzichtet man auf die Darstellung der Hystereseschleife; man gibt eine mittlere Kurve an, die **Magnetisierungskurve** genannt wird (Bild 14.12). Bei **Elektroblech** für elektrische Maschinen weist die erste Zahl der Normbezeichnung auf die Ummagnetisierungsverluste hin (s. Kap. 20); die zweite Zahl gibt die Blechdicke in 1/100 mm an. So hat z. B. Elektroblech V 400-50 A die Dicke 0,5 mm.
Für Transformatoren werden außer den isotropen Elektroblechen auch Bleche mit einem kornorientierten Gefüge verwendet, das **Textur** genannt wird; diese anisotropen Bleche haben bei einer Magnetisierung in Walzrichtung besonders günstige magnetische Eigenschaften.

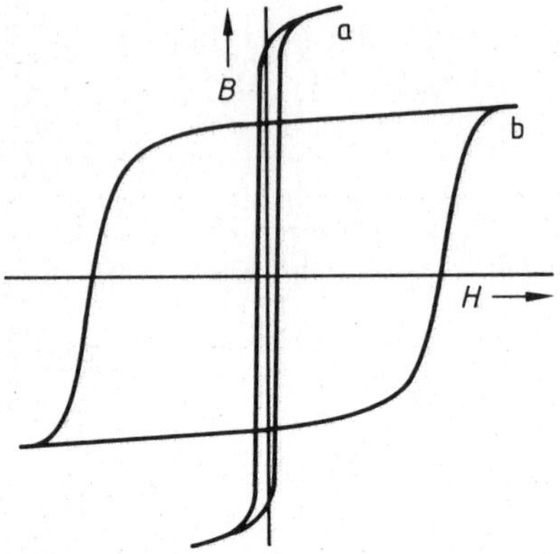

Bild 14.11
Hystereseschleife eines magnetisch weichen (a) und eines magnetisch harten (b) Stoffes

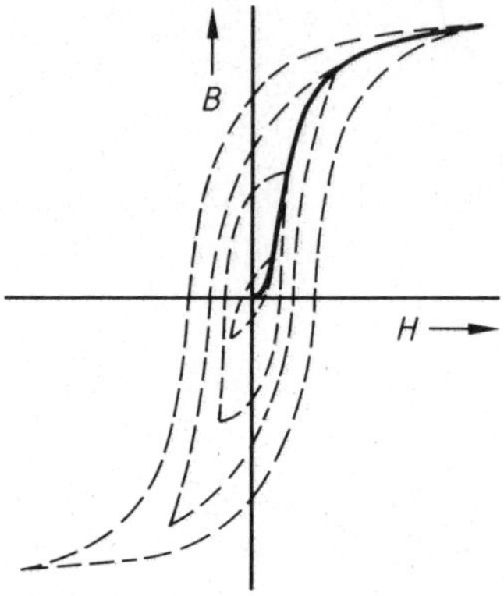

Bild 14.12
Die Magnetisierungskurve verbindet die Spitzen sämtlicher Hystereseschleifen

Hochwertige *Dauermagnete* werden z. B. aus Legierungen von Aluminium, Nickel und Kobalt mit Eisen hergestellt (AlNiCo-Magnete). Weitere Dauermagnetwerkstoffe sind Bariumferrit, Samarium-Kobalt $SmCo_5$ und neuerdings die Neodym-Eisen-Bor-Legierung $Nd_2Fe_{14}B$.
Jeder Dauermagnet wird bei seiner Herstellung im Magnetfeld einer stromdurchflossenen Spule aufmagnetisiert. Im Betrieb muß stets darauf geachtet werden, daß der Dauermagnet nicht durch ein zu starkes Gegenfeld, durch zu starke Erwärmung oder durch Erschütterungen entmagnetisiert wird.

Beispiel 14.3: Welche Feldstärke H und welche Flußdichte B herrscht auf der mittleren Feldlinie mit dem Durchmesser $D = 20$ cm in einer Kreisringspule, deren Ringkern aus Elektroblech V 400-50 A besteht? Die 400 Windungen werden vom Strom 0,8 A durchflossen (s. Beispiel 14.2). Welche Permeabilitätszahl liegt dabei vor?

Da die Feldstärke nicht vom Material abhängig ist, ergibt sich derselbe Wert $H = 509{,}3$ A/m wie im Beispiel 14.2.

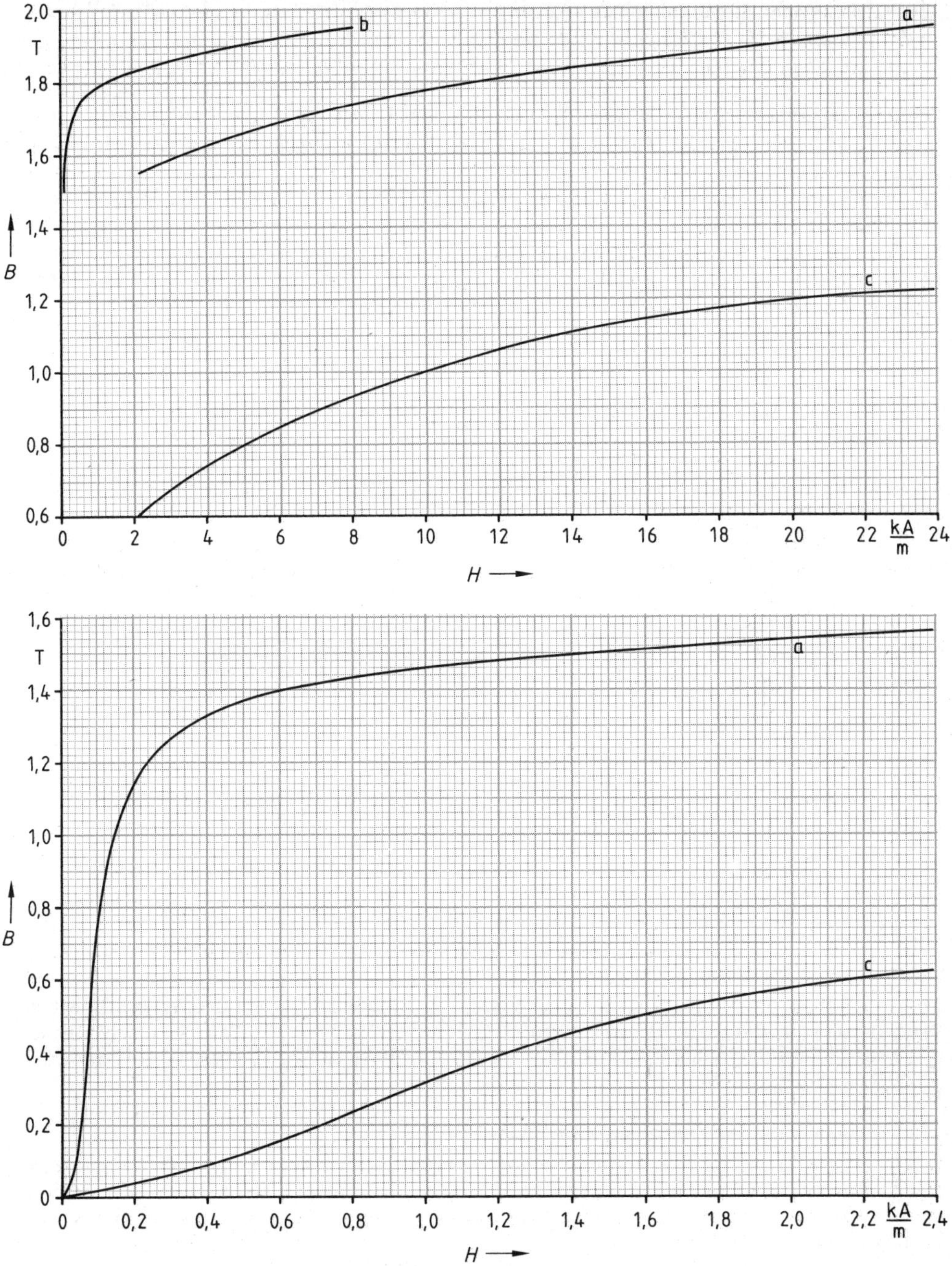

Bild 14.13 Magnetisierungskurven: a) Elektroblech V 400-50 A (isotrop), b) kornorientiertes Elektroblech VM 97-30 N (anisotrop, Magnetisierung in Walzrichtung), c) Grauguß

Für 0,51 kA/m wird in Bild 14.13 für die Kurve a die Flußdichte $B = 1{,}37$ T abgelesen. Die Permeabilitätszahl wird mit Gl. (14.13) berechnet:

$$\mu_r = \frac{B}{\mu_0 H} = \frac{1{,}37 \dfrac{\text{Vs}}{\text{m}^2}}{1{,}257 \cdot 10^{-6} \dfrac{\text{Vs}}{\text{Am}} \cdot 509{,}3 \dfrac{\text{A}}{\text{m}}} = 2{,}14 \cdot 10^3$$

Die Permeabilitätszahl μ_r gibt an, um welchen Faktor die Flußdichte im Eisenkern höher ist als in der luftgefüllten Kreisringspule (s. Beispiel 14.2).

14.7 Magnetische Kreise

Bei einem **magnetischen Kreis** wird der Fluß Φ auf einem vorgeschriebenen Weg geführt; die Kreisringspule ist hierfür ein Beispiel. Rein formal wird die Berechnung eines magnetischen Kreises wie die eines elektrischen Kreises durchgeführt: Man sieht die Durchflutung Θ als »magnetische Quellenspannung« an und vergleicht sie mit einer elektrischen Spannungsquelle der Quellenspannung U_q. In der Fortführung dieses Vergleichs „treibt" die Durchflutung den Fluß Φ durch den **magnetischen Leitwert** Λ, an dem die **magnetische Spannung** V_m abfällt. In der *Ersatzschaltung* des magnetischen Kreises (Bild 14.14) werden die magnetischen Größen wie elektrische Größen dargestellt.

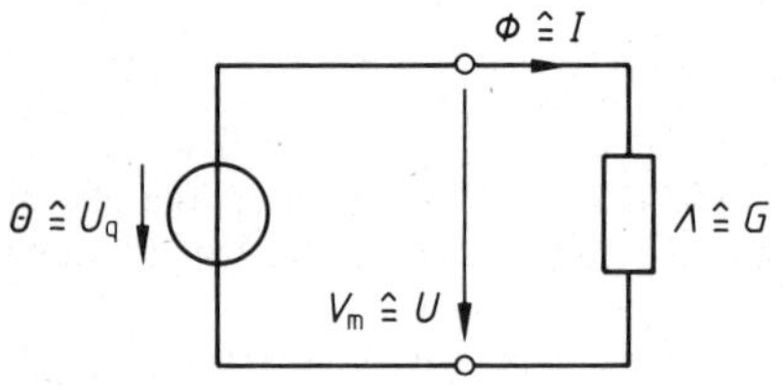

Bild 14.14 Ersatzschaltung eines magnetischen Kreises mit dem konstanten Leitwert Λ

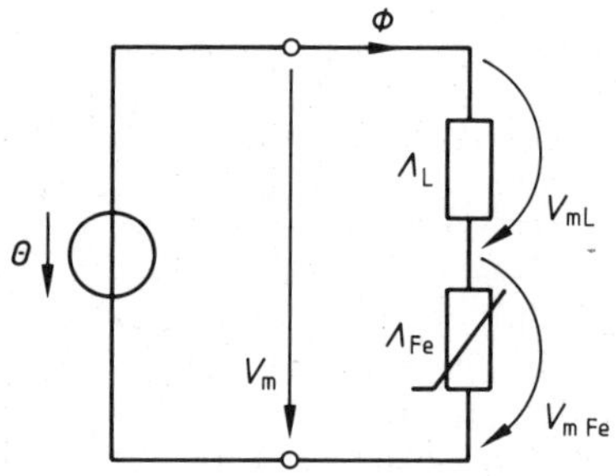

Bild 14.15 Ersatzschaltung eines magnetischen Kreises mit Eisenweg und Luftspalt

Der Kehrwert des magnetischen Leitwerts, der **magnetische Widerstand** $R_m = 1/\Lambda$, wird auch **Reluktanz** genannt.

Der Zusammenhang, welcher der Gleichung $I = G\,U$ des elektrischen Kreises entspricht, wird als **OHMsches Gesetz des magnetischen Kreises** bezeichnet:

$$\Phi = \Lambda \Theta \tag{14.15}$$

Der magnetische Leitwert Λ ist also der Quotient aus Fluß Φ und Durchflutung Θ:

$$\Lambda = \frac{\Phi}{\Theta}\,; \quad \text{Einheit: } 1\,\frac{\text{Vs}}{\text{A}} = 1\,\textbf{Henry} = 1\,\text{H} \tag{14.16}$$

Der magnetische Leitwert ist jedoch nur dann konstant, wenn der magnetische Kreis frei von ferromagnetischem Material ist. Enthält dagegen der magnetische Kreis ferromagnetisches Material, so ist der magnetische Leitwert von der Feldstärke H bzw. von der Flußdichte B abhängig.

Beispiel 14.4: Der Ringkern der Kreisringspule in Beispiel 14.3 hat den Querschnitt $A = 1{,}5\ \text{cm}^2$. Welchen Leitwert Λ hat der magnetische Kreis, wenn die Stromstärke in der Spule a) 0,2 A, b) 0,4 A, c) 0,8 A beträgt?

Eisenweglänge $l = 2\pi r = \pi D = \pi \cdot 0{,}2\ \text{m} = 0{,}628\ \text{m}$

a) $\Theta = NI = 400 \cdot 0{,}2\ \text{A} = 80\ \text{A}$

$$H = \frac{\Theta}{l} = \frac{80\ \text{A}}{0{,}628\ \text{m}} = 127\ \frac{\text{A}}{\text{m}} = 0{,}127\ \frac{\text{kA}}{\text{m}}\ ; \qquad B = 0{,}92\ \text{T}\ \text{(s. Kurve a in Bild 14.13)}$$

Bei der Berechnung des Flusses wird angenommen, daß auf der mittleren Feldlinie etwa der Mittelwert der Flußdichte vorliegt.

$$\Phi = BA = 0{,}92\ \frac{\text{Vs}}{\text{m}^2} \cdot 1{,}5 \cdot 10^{-4}\ \text{m}^2 = 1{,}38 \cdot 10^{-4}\ \text{Vs}$$

$$\Lambda = \frac{\Phi}{\Theta} = \frac{1{,}38 \cdot 10^{-4}\ \text{Vs}}{80\ \text{A}} = 1{,}725 \cdot 10^{-6}\ \frac{\text{Vs}}{\text{A}} = 1{,}725\ \mu\text{H}$$

b) $\Theta = 160\ \text{A};\ H = 0{,}255\ \text{kA/m};\ B = 1{,}22\ \text{T};\ \Lambda = 1{,}144\ \mu\text{H}$

c) $\Theta = 320\ \text{A};\ H = 0{,}51\ \text{kA/m};\ B = 1{,}37\ \text{T};\ \Lambda = 0{,}642\ \mu\text{H}$

Der magnetische Leitwert ist von der Sättigung des Eisens abhängig.

Häufig ist bei technischen Anwendungen ein *Luftspalt* erforderlich, der den Eisenweg unterbricht; bei jeder rotierenden elektrischen Maschine ist z.B. ein Luftspalt zwischen Ständer und Läufer vorhanden.
Wenn der Fluß Φ durch die „in Reihe geschalteten" Leitwerte von Eisen- und Luftweg gegeben ist, dann kann die hierfür erforderliche Durchflutung als Summe der magnetischen Spannungen an Eisenweg und Luftweg berechnet werden. Dabei wird in jedem Wegstück ein homogenes Feld angenommen, so daß die Durchflutung mit Hilfe der Gl.(14.11) berechnet werden kann.

Beispiel 14.5: In den Eisenkern der Kreisringspule (s. Beispiel 14.4) ist ein 1 mm langer Luftspalt gesägt. Welche Durchflutung ist zur Magnetisierung des Kreises erforderlich, damit im Luftspalt die Flußdichte 1,37 T vorhanden ist? Welcher magnetische Leitwert liegt dabei vor?

Feldstärke im Luftspalt: $$H_L = \frac{B_L}{\mu_0} = \frac{1{,}37\ \text{Vs} \cdot \text{Am}}{\text{m}^2 \cdot 1{,}257 \cdot 10^{-6}\ \text{Vs}} = 1{,}09 \cdot 10^6\ \frac{\text{A}}{\text{m}}$$

magn. Spannung im Luftspalt: $$V_{mL} = H_L l_L = 1{,}09 \cdot 10^6\ \frac{\text{A}}{\text{m}} \cdot 10^{-3}\ \text{m} = 1090\ \text{A}$$

$\Phi = B_L A_L = B_{Fe} A_{Fe}$; wegen $A_L = A_{Fe}$ ist $B_L = B_{Fe} = 1{,}37$ T.

Feldstärke im Eisen: $H_{Fe} = 510$ A/m (s. Kurve a in Bild 14.13)

magn. Spannung im Eisen: $V_{mFe} = H_{Fe} l_{Fe} = 510 \frac{A}{m} \cdot 0{,}627 \text{ m} = 320 \text{ A}$

Durchflutung: $\Theta = V_{mL} + V_{mFe} = 1090 \text{ A} + 320 \text{ A} = 1410 \text{ A}$

Für den 1 mm langen Luftspalt wird bei der vorliegenden Flußdichte mehr als das Dreifache der Durchflutung benötigt, die für den etwa 63 cm langen Eisenweg erforderlich ist.

magnetischer Leitwert: $\Lambda = \frac{\Phi}{\Theta} = \frac{BA}{\Theta} = \frac{1{,}37 \text{ T} \cdot 1{,}5 \cdot 10^{-4} \text{ m}^2}{1410 \text{ A}} = 0{,}146 \text{ µH}$

Vielfach wird für einen magnetischen Kreis eine Zylinderspule verwendet. Obwohl diese Spule nur einen Teil des Kerns umgibt, verlaufen praktisch sämtliche Feldlinien im Eisen, wenn der Eisenkern geschlossen ist, da das Eisen eine viel höhere magnetische Leitfähigkeit als die es umgebende Luft hat. Der Leitwert des Kreises wird aber wesentlich kleiner, wenn der Eisenweg durch einen Luftspalt unterbrochen ist (s. Beispiel 14.5). Ein Teil des Gesamtflusses Φ_{ges}, der **Streufluß** Φ_σ, verläuft dann nutzlos über parallele Luftwege (Bild 14.16) und steht für die beabsichtigte Verwendung im Luftspalt des Kreises nicht mehr zur Verfügung.

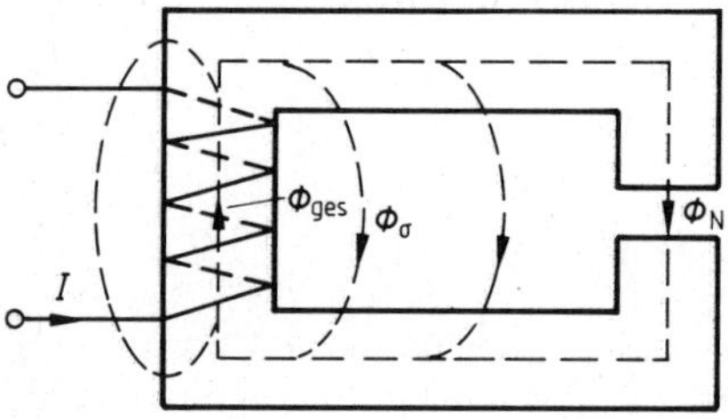

Bild 14.16 Magnetischer Kreis mit Streuung

Die Spule muß zusätzlich zum Nutzfluß Φ_N den Streufluß Φ_σ aufbringen; sie erzeugt den Gesamtfluß

$$\Phi_{ges} = \Phi_N + \Phi_\sigma \ . \tag{14.17}$$

Der Quotient aus Streufluß und Nutzfluß wird als **Streufaktor** σ bezeichnet:

$$\sigma = \frac{\Phi_\sigma}{\Phi_N} \ ; \quad \text{Einheit: 1} \tag{14.18}$$

Der Streufaktor ist nicht nur von der Geometrie des gesamten magnetischen Kreises, sondern auch von der Sättigung des Eisens abhängig. Mit Hilfe moderner Computerprogramme kann die räumliche Verteilung des Streuflusses und die Flußdichte im Eisen auch bei nichtlinearer Magnetisierungskennlinie genau berechnet werden. Für schnelle Überschlagsrechnungen werden oft grob vereinfachende Annahmen getroffen, wobei der Streufaktor geschätzt wird.

Beispiel 14.6: Ein magnetischer Kreis mit quadratischem Querschnitt aus Schmiedestahl (Magnetisierungskurve a in Bild 14.13) soll im Luftspalt die Flußdichte 1 T aufweisen. Der Streufaktor wird auf den Wert 0,2 geschätzt, wobei angenommen wird, daß der gesamte Streufluß die Hälfte des Eisenweges durchläuft. Welche Durchflutung ist erforderlich?

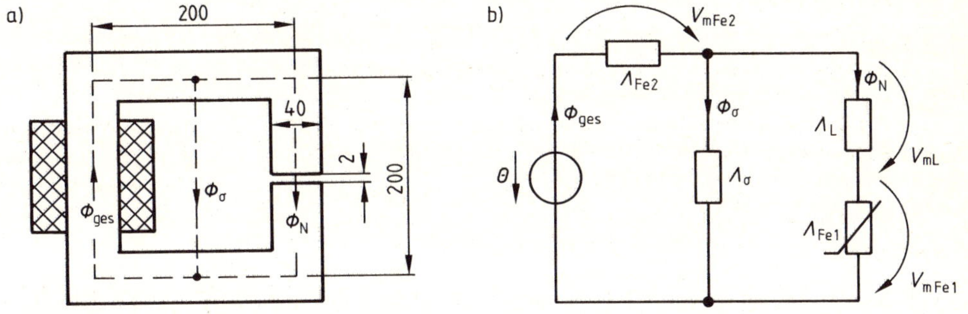

Bild 14.17 Magnetischer Kreis (a) zu Beispiel 14.6 und Ersatzschaltung (b)

Nutzfluß: $\Phi_N = B_L A = 1\,\text{T} \cdot (0{,}04\,\text{m})^2 = 1{,}6 \cdot 10^{-3}\,\text{Vs}$

Streufluß: $\Phi_\sigma = \sigma \Phi_N = 0{,}2 \cdot 1{,}6 \cdot 10^{-3}\,\text{Vs} = 0{,}32 \cdot 10^{-3}\,\text{Vs}$

Bei einer Flußverzweigung an einem »Knoten« wird entsprechend dem Knotensatz in elektrischen Stromkreisen angesetzt: Die Summe der zufließenden Flüsse ist gleich der Summe der abfließenden Flüsse.

Gesamtfluß: $\Phi_{ges} = \Phi_N + \Phi_\sigma = 1{,}92 \cdot 10^{-3}\,\text{Vs}$

Luftspalt: $$H_L = \frac{B_L}{\mu_0} = \frac{1{,}0\,\text{Vs} \cdot \text{Am}}{\text{m}^2 \cdot 1{,}257 \cdot 10^{-6}\,\text{Vs}} = 0{,}796 \cdot 10^6\,\frac{\text{A}}{\text{m}}$$

$$V_{mL} = H_L l_L = 0{,}796 \cdot 10^6\,\frac{\text{A}}{\text{m}} \cdot 2 \cdot 10^{-3}\,\text{m} = 1592\,\text{A}$$

Der gesamte Eisenweg wird in zwei Anteile zerlegt: Im Eisenweg 1 fließt lediglich der Nutzfluß Φ_N; im Eisenweg 2 fließt der Gesamtfluß Φ_{ges}. Für jeden Leitwert Λ_{Fe1} und Λ_{Fe2} wird die magnetische Spannung berechnet.

Eisenweg 1: $B_{Fe1} = B_L = 1\,\text{T}$; $H_{Fe1} = 0{,}15\,\text{kA/m}$ (s. Bild 14.13)

$$V_{mFe1} = H_{Fe1} l_{Fe1} = 150\,\frac{\text{A}}{\text{m}} \cdot 0{,}4\,\text{m} = 60\,\text{A}$$

Eisenweg 2: $$B_{Fe2} = \frac{\Phi_{ges}}{A} = \frac{1{,}92 \cdot 10^{-3}\,\text{Vs}}{1{,}6 \cdot 10^{-3}\,\text{m}^2} = 1{,}2\,\text{T}$$

$H_{Fe2} = 0{,}24\,\text{kA/m}$ (s. Bild 14.13)

$$V_{mFe2} = H_{Fe2} l_{Fe2} = 240\,\frac{\text{A}}{\text{m}} \cdot 0{,}4\,\text{m} = 96\,\text{A}$$

Durchflutung: $\Theta = V_{mL} + V_{mFe1} + V_{mFe2} = 1592\,\text{A} + 60\,\text{A} + 96\,\text{A} = 1748\,\text{A}$

15 Die Induktion durch Bewegung

15.1 Das Induktionsgesetz

Wenn sich das Magnetfeld, das eine Spule durchsetzt, zeitlich ändert, dann entsteht an den Klemmen der Spule während der Zeitdauer dieser Änderung eine Spannung. Man bezeichnet den Vorgang als **Induktion** und sagt, die Spannung wird *induziert.*

Bild 15.1 zeigt eine einfache Anordnung, mit welcher der Induktionsvorgang demonstriert werden kann: Ein Stabmagnet wird in eine Spule geschoben, an die ein Spannungsmesser angeschlossen ist; dabei entsteht während der Bewegung des Magneten eine positive Spannung (Bild 15.1a). Wird danach der Magnet wieder aus der Spule herausgezogen, so wird eine negative Spannung induziert (Bild 15.1b).

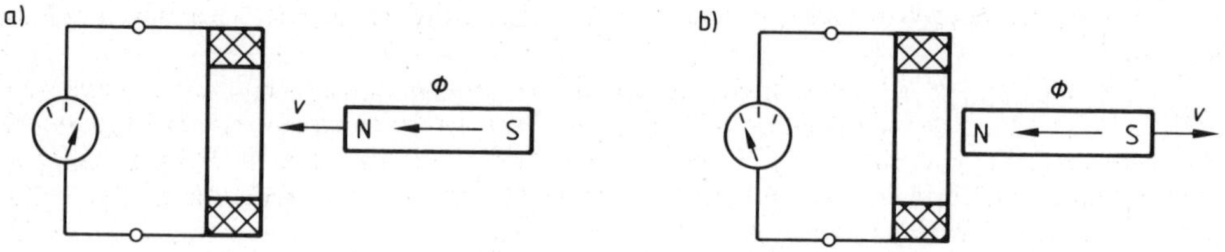

Bild 15.1 Während der Bewegung des Stabmagneten wird eine Spannung induziert

Die Spannungs*höhe* ist von der Geschwindigkeit v des Magneten abhängig. Diese Geschwindigkeit bestimmt die zeitbezogene Änderung $\Delta\Phi/\Delta t$ des magnetischen Flusses: Wenn der Magnet in die Spule hineingeschoben wird (Bild 15.1a), dann nimmt der Fluß zu ($\Delta\Phi > 0$); wenn der Magnet aus der Spule herausgezogen wird (Bild 15.1b), dann nimmt der Fluß ab ($\Delta\Phi < 0$). Außerdem ist die Spannungshöhe der Windungszahl N der Spule proportional. Damit läßt sich der Zusammenhang, der den Induktionsvorgang beschreibt und daher **Induktionsgesetz** genannt wird, angeben:

$$u = N\,\frac{\Delta\Phi}{\Delta t}\,; \qquad \text{Einheit: } 1\ \text{V} = 1\ \frac{\text{Vs}}{\text{s}} \tag{15.1}$$

Diese Gleichung gilt für eine *rechtssinnig* gewickelte Spule, an der die Bezugspfeile für die Spannung u und den Fluß $\Phi(t)$ *gleiche* Richtung haben (Bild 15.2).

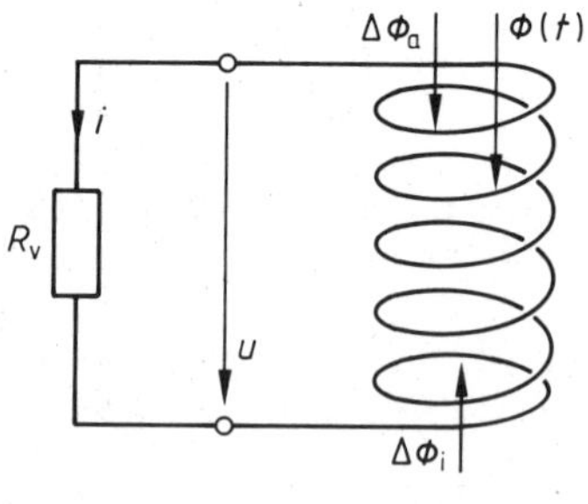

Bild 15.2 Wenn sich das Magnetfeld in der Spule zeitlich ändert, dann treibt die induzierte Spannung u einen zeitabhängigen Strom i durch den Verbraucher

In der Elektrotechnik wird als Formelzeichen für eine zeitabhängige Spannung der Kleinbuchstabe u verwendet. Entsprechend ist i das Formelzeichen für einen zeitabhängigen Strom. Bei anderen Größen kann die Zeitabhängigkeit als Zusatz angegeben werden; so ist z. B. $\Phi(t)$ ein zeitabhängiger magnetischer Fluß.
Die Spannung, die in der Spule induziert wird, ist eine *Quellenspannung*; sie treibt einen Strom i im angegebenen Bezugssinn (Bild 15.2) durch einen angeschlossenen Verbraucher. Wenn der Fluß durch eine äußere Ursache (z. B. die Annäherung des Stabmagneten) im Bezugssinn anwächst, dann ist $\Delta\Phi_a > 0$. Der von der induzierten Spannung im Bezugssinn getriebene Strom i erzeugt in der Spule eine (innere) Flußänderung $\Delta\Phi_i$, welche der Flußänderung $\Delta\Phi_a$ entgegengerichtet ist. Dieser Zusammenhang wird als **Lenzsche Regel** bezeichnet: Ein durch Induktion erzeugter Strom fließt stets so, daß sein Magnetfeld der induzierenden Flußänderung entgegenwirkt.
In der Literatur wird das Induktionsgesetz vielfach ohne Berücksichtigung der Bezugspfeile für u und $\Phi(t)$ und ohne Berücksichtigung des Wickelsinns der Spule in der Form $u = -N\Delta\Phi/\Delta t$ angegeben; dabei soll das Minuszeichen lediglich auf die Gegenwirkung hinweisen.
Es ist unerheblich, wie die Änderung des magnetischen Flusses zustandekommt; so kann sich z. B. entweder bei ruhender Spule das Magnetfeld bewegen oder bei ruhendem Magnetfeld die Spule bewegen. Entscheidend für eine Spannungsinduktion ist lediglich, daß sich das Magnetfeld in der Spule ändert. Die Gl.(15.1) gilt auch für eine Leiterschleife, die als Spule mit der Windungszahl $N = 1$ angesehen werden kann.

Beispiel 15.1: Eine Spule mit der Breite b = 25 mm und der Windungszahl N = 100 wird mit der konstanten Geschwindigkeit v = 1 m/s durch ein homogenes Magnetfeld bewegt. Wenn sich die Spule vollständig im Magnetfeld befindet, wird sie vom Fluß Φ_{max} = 0,625 mVs durchsetzt. Welche Spannung wird in der Spule induziert?

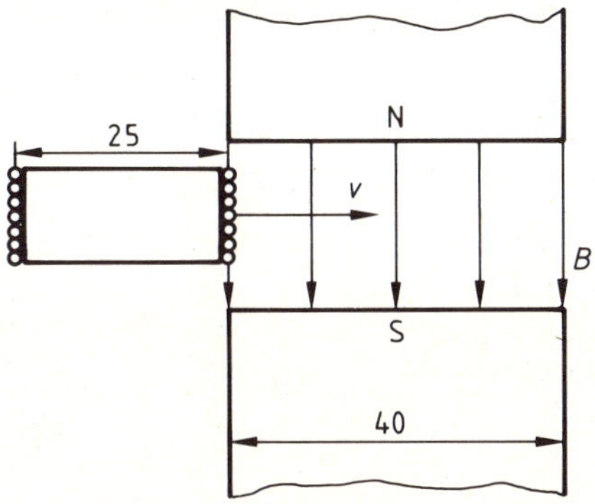

Bild 15.3 Anordnung zu Beispiel 15.1

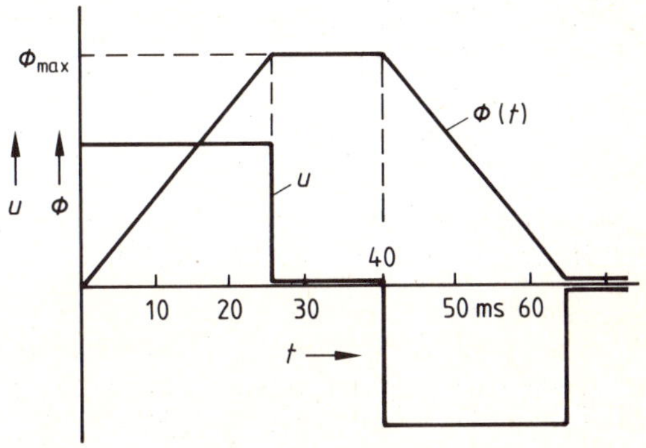

Bild 15.4 Zeitverlauf des Flusses Φ, der die Spule durchsetzt, und der Spannung u

Der Fluß Φ, der die Spule durchsetzt, steigt zunächst vom Wert $\Phi_0 = 0$, der zum Zeitpunkt $t = 0$ vorliegt, linear bis zum Wert Φ_{max} an; dieser Wert wird erstmals zum Zeitpunkt $t = b/v$ = (0,025 m)/(1 m/s) = 0,025 s = 25 ms erreicht.

$$\Delta\Phi = \Phi_{max} - \Phi_0 = \Phi_{max}$$

$$u = N\frac{\Delta\Phi}{\Delta t} = 100 \cdot \frac{0{,}625\ \mathrm{mVs}}{25\ \mathrm{ms}} = 2{,}5\ \mathrm{V}$$

Bis zum Zeitpunkt $t = 40$ ms wird die Spule vom Fluß Φ_{max} durchsetzt, das Magnetfeld ändert sich also nicht; wegen $\Delta\Phi = 0$ ist auch $u = 0$. Wenn die Spule bei $t = 40$ ms aus dem Magnetfeld heraustritt, nimmt der Fluß linear ab, bis er zum Zeitpunkt $t = 65$ ms den Wert $\Phi_0 = 0$ erreicht:

$$\Delta\Phi = \Phi_0 - \Phi_{max} = -0{,}625\ \mathrm{mVs}$$

$$u = N\frac{\Delta\Phi}{\Delta t} = 100 \cdot \frac{-0{,}625\ \mathrm{mVs}}{25\ \mathrm{ms}} = -2{,}5\ \mathrm{V}$$

15.2 Die Induktion bei geradliniger Bewegung

Wenn ein Leiter der Leiterschleife bzw. Spule gerade ist und sich mit der Geschwindigkeit v senkrecht zu den Feldlinien bewegt, dann läßt sich das Induktionsgesetz vereinfacht formulieren. Bild 15.5 zeigt einen Schnitt durch den Luftspalt mit Blick von oben auf den Südpol des Magneten. Der Leiter ist über flexible Leitungen mit dem Spannungsmesser verbunden. Die Flußdichte B im Luftspalt ist über der gesamten Polfläche konstant, und l ist die Länge des Leiters im Magnetfeld.
Wenn man den Leiter in der Zeitspanne Δt um die Strecke Δs nach rechts bewegt, dann nimmt der Fluß, der die Leiterschleife durchsetzt, um

$$\Delta\Phi = B\,\Delta A = B\,l\,\Delta s \tag{15.2}$$

zu; dabei wird in der Leiterschleife die Spannung u induziert:

$$u = \frac{\Delta\Phi}{\Delta t} = B\,l\,\frac{\Delta s}{\Delta t} = B\,l\,v \tag{15.3}$$

Der Bezugssinn der Spannung u ist wie in Bild 15.5 anzusetzen. Wenn sich die Richtung des Magnetfelds oder die Bewegungsrichtung des Leiters ändert, dann ändert sich auch der Bezugssinn der Spannung.
Bei der Anwendung der Gl. (15.3) ist stets zu beachten, daß eine Spannung nicht in einem Leiter, sondern nur in einer Leiterschleife induziert wird. Falls sich weitere Teile der Leiterschleife, die mit der Bewegungsrichtung den Winkel 90° einschließen, senkrecht zu den Feldlinien bewegen, so sind deren Spannungen zu berücksichtigen. Dies ist z. B. bei zwei Leitern in Bild 15.6 der Fall; die in dieser Leiterschleife induzierte Spannung u_{Ls} wird mit dem Maschensatz berechnet:

$$u_r - u_{Ls} - u_l = 0\ ; \qquad u_{Ls} = u_r - u_l \tag{15.4}$$

Für eine Spule mit der Windungszahl N ist die Spannung einer Leiterschleife mit N zu multiplizieren.

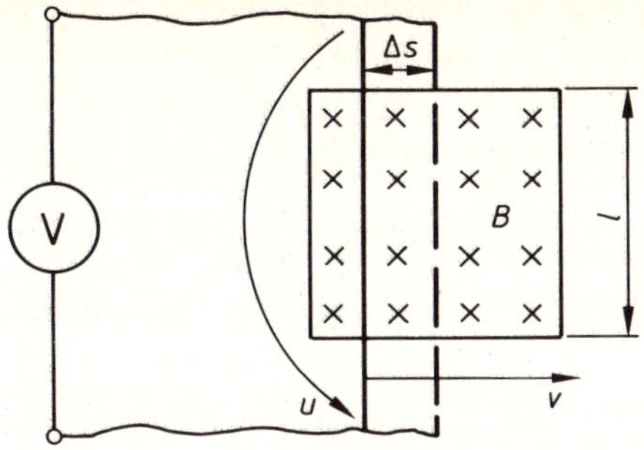

Bild 15.5 Induktion bei der Bewegung eines geraden Leiters

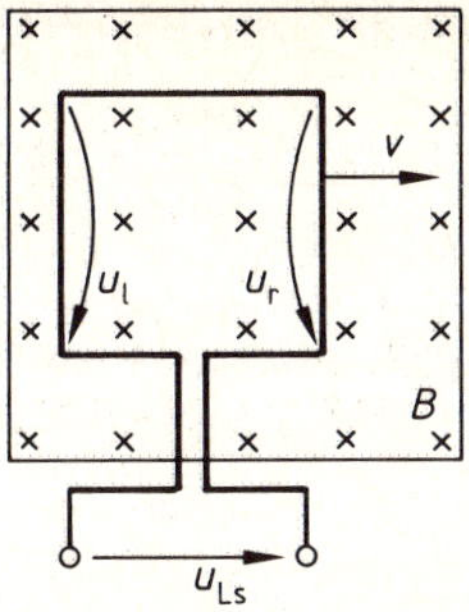

Bild 15.6 Leiterschleife bei der Bewegung durch ein homogenes Magnetfeld

Beispiel 15.2: Die Zeitabhängigkeit der Spannung u ist für das Beispiel 15.1 mit Gl.(15.3) zu berechnen.

$0\,\text{ms} < t < 25\,\text{ms}$: An einem Leiter der rechten Spulenseite entsteht die Spannung:

$$u_r = Blv = 1\,\frac{\text{Vs}}{\text{m}^2}\cdot 0{,}025\,\text{m}\cdot 1\,\frac{\text{m}}{\text{s}} = 0{,}025\,\text{V}$$

An einem Leiter der linken Spulenseite entsteht die Spannung $u_l = Blv = 0$, da sich die linke Spulenseite (noch) nicht im Magnetfeld bewegt ($B = 0$).
Die gesamte Spannung an den Klemmen der Spule ist:

$$u = N(u_r - u_l) = 100\cdot(0{,}025\,\text{V} - 0\,\text{V}) = 2{,}5\,\text{V}$$

$25\,\text{ms} < t < 40\,\text{ms}$: An einem Leiter der rechten Spulenseite entsteht die Spannung:

$$u_r = Blv = 1\,\frac{\text{Vs}}{\text{m}^2}\cdot 0{,}025\,\text{m}\cdot 1\,\frac{\text{m}}{\text{s}} = 0{,}025\,\text{V}$$

An einem Leiter der linken Spulenseite entsteht die Spannung:

$$u_l = Blv = 1\,\frac{\text{Vs}}{\text{m}^2}\cdot 0{,}025\,\text{m}\cdot 1\,\frac{\text{m}}{\text{s}} = 0{,}025\,\text{V}$$

Die gesamte Spannung an den Klemmen der Spule ist:

$$u = N(u_r - u_l) = 100\cdot(0{,}025\,\text{V} - 0{,}025\,\text{V}) = 0\,\text{V}$$

$40\,\text{ms} < t < 65\,\text{ms}$: An einem Leiter der rechten Spulenseite entsteht die Spannung $u_r = Blv = 0$, da sich die rechte Spulenseite nicht mehr im Magnetfeld bewegt ($B = 0$). An einem Leiter der linken Spulenseite entsteht die Spannung $u_l = 0{,}025$ V. Die gesamte Spannung an den Klemmen der Spule ist:

$$u = N(u_r - u_l) = 100\cdot(0\,\text{V} - 0{,}025\,\text{V}) = -2{,}5\,\text{V}$$

15.3 Die Induktion bei Drehbewegung

Eine ständig andauernde Spannungsinduktion ist bei gleichmäßig linearer Bewegung der Spule oder des Magnetfeldes nicht möglich. Dagegen wird beispielsweise in einer Spule, die sich in einem Magnetfeld dreht, ständig eine Spannung induziert, weil sich die vom magnetischen Fluß Φ durchsetzte Fläche laufend ändert.
Bild 15.7 zeigt als Beispiel eine rechteckige Leiterschleife mit der Länge l senkrecht zur Zeichenebene, die in einem homogenen Magnetfeld der Flußdichte B mit der konstanten Winkelgeschwindigkeit ω rotiert; dabei ist auch die Umfangsgeschwindigkeit $v' = \omega r$ zeitlich konstant. Die Geschwindigkeit v, mit der sich ein Leiter der Leiterschleife *senkrecht* zu den Feldlinien bewegt, läßt sich dem Geschwindigkeitsdreieck in Bild 15.7 entnehmen; sie ist vom Drehwinkel $\alpha = \omega t$ abhängig, der linear mit der Zeit zunimmt:

$$v = v' \sin\alpha = \omega r \sin\alpha \tag{15.5}$$

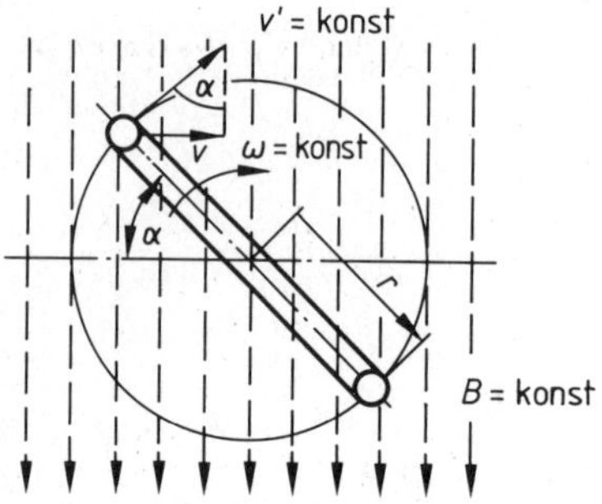

Bild 15.7 Drehung einer Leiterschleife in einem homogenen Magnetfeld

Für die Berechnung der Klemmenspannung u werden die Spannungspfeile entsprechend Bild 15.6 verwendet. Am linken (oberen) Leiter liegt die gleiche Zuordnung von Magnetfeld, Bewegungsrichtung des Leiters und Bezugspfeil der Spannung wie in Beispiel 15.2 vor, also ist nach Gl. (15.3) $u_l = Blv$ anzusetzen; am rechten (unteren) Leiter bewegt sich der Leiter in die entgegengesetzte Richtung, also ist dort $u_r = -Blv$ anzusetzen. Die Klemmenspannung u ergibt sich zu:

$$u = u_r - u_l = -Blv - Blv = -2\,Blv = -2\,Bl\omega r \sin\alpha \tag{15.6}$$

Dabei ist $2\,rl = Dl$ die von der Leiterschleife umfaßte Fläche. Die Spannung u ist wegen $\alpha = \omega t$ sinusförmig von der Zeit abhängig.

$$u = BDl\omega \cdot (-\sin\omega t) \tag{15.7}$$

Der mit der Differentialrechnung vertraute Leser kann diese Gleichung auch ohne Vorzeichenprobleme erhalten. Zunächst wird in Gl. (15.1) der Differenzenquotient durch den Differentialquotienten ersetzt:

$$u = N\frac{\mathrm{d}\Phi}{\mathrm{d}t}\,; \quad \text{Einheit: } 1\ \text{V} = 1\ \frac{\text{Vs}}{\text{s}} \tag{15.8}$$

Der Fluß $\Phi = BA$, der die Leiterschleife ($N = 1$) durchsetzt, ist wie die Fläche $A = Dl \cos\alpha$, durch die er hindurchtritt, wegen $\alpha = \omega t$ von der Zeit abhängig. Beim Winkel $\alpha = 0$ durchsetzt der maximale Fluß Φ_{max} die Spule. Mit

$$\Phi(t) = \Phi_{max} \cdot \cos \omega t \tag{15.9}$$

folgt nach Einsetzen in Gl. (15.8) und Differenzieren:

$$u = \frac{d(BDl \cos \omega t)}{dt} = BDl \frac{d(\cos \omega t)}{dt} = BDl\omega \cdot (-\sin \omega t) \tag{15.10}$$

Mit dem Maximalwert $\Phi_{max} = BDl$ des Flusses läßt sich diese Gleichung vereinfachen:

$$u = \omega \Phi_{max} \cdot (-\sin \omega t) \tag{15.11}$$

Bild 15.8 zeigt den Zeitverlauf des Flusses Φ, der die Leiterschleife durchsetzt, und der Spannung u, die in der Leiterschleife induziert wird.

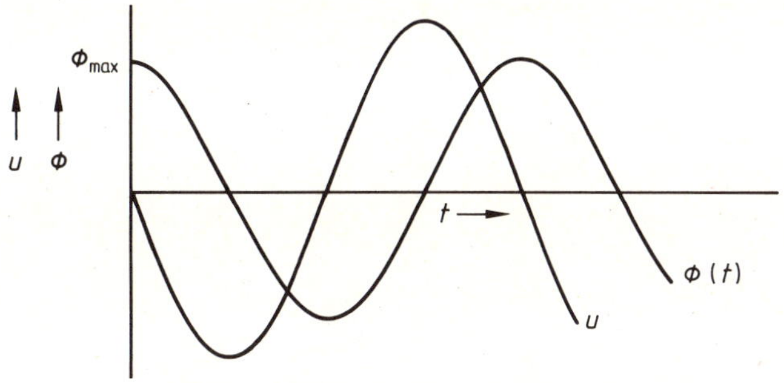

Bild 15.8
Fluß $\Phi(t)$ und Spannung u bei der Drehung einer Leiterschleife in einem homogenen Magnetfeld

16 Kennwerte periodischer Größen

16.1 Die Frequenz

Eine zeitabhängige Größe, z. B. eine Spannung oder ein Strom, wird als **periodisch** bezeichnet, wenn sich ihr Zeitverlauf nach einer bestimmten Zeitspanne, der **Periodendauer** T wiederholt. Die Anzahl der Schwingungen, die eine periodische Größe in einer Sekunde durchführt, wird **Frequenz** f genannt:

$$f = \frac{\text{Schwingungszahl}}{\text{Sekunde}} = \frac{\text{Periodenzahl}}{\text{Sekunde}}\,; \quad \text{Einheit: } 1 \text{ Hertz} = 1 \text{ Hz} = \frac{1}{\text{s}} \tag{16.1}$$

Die Periodendauer T der Schwingung ist der Kehrwert der Frequenz f:

$$T = \frac{1}{f}\,; \quad \text{Einheit: } 1 \text{ s} \tag{16.2}$$

Ein Beispiel für eine periodische Größe ist die **Sinusspannung,** die an den Klemmen einer Leiterschleife entsteht, welche mit konstanter Drehgeschwindigkeit in einem homogenen Magnetfeld rotiert (s. Kap. 15.3). Jede Sinusgröße wiederholt sich

→ mit dem Winkel α als Abszissenmaß nach Durchlaufen des Vollwinkels 360° (im Gradmaß) bzw. 2π (im Bogenmaß);

→ mit der Zeit t als Abszissenmaß nach Ablauf der Periodendauer T.

Der Maximalwert einer Sinusgröße wird auch **Amplitude** genannt.
Für denselben Augenblickswert der Spannung in beiden Darstellungen von Bild 16.1 steht der Teilwinkel α zum Vollwinkel 2π (Bild 16.1a) im gleichen Verhältnis wie die Zeit t zur Periodendauer T (Bild 16.1b):

$$\frac{\alpha}{2\pi} = \frac{t}{T}$$

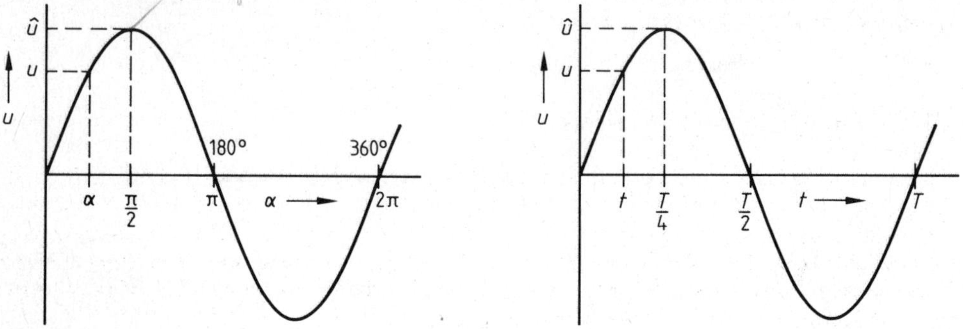

Bild 16.1 Darstellung der Sinusspannung
a) mit dem Winkel als Abszissenmaß b) mit der Zeit als Abszissenmaß

Unter Verwendung der Gl. (16.2) ergibt sich die Zeitabhängigkeit des Drehwinkels

$$\alpha = \frac{2\pi}{T} \cdot t = 2\pi f \cdot t = \omega t \quad , \tag{16.3}$$

wobei die Größe

$$\omega = 2\pi f \; ; \qquad \text{Einheit: } 1/\text{s} = 1\,\text{s}^{-1} \tag{16.4}$$

als **Kreisfrequenz** der Sinusschwingung bezeichnet wird. Kreisfrequenz und Frequenz unterscheiden sich nur durch den konstanten Faktor 2π. Es besteht die Übereinkunft, 1 Hz als Einheit der Frequenz und $1\,\text{s}^{-1}$ als Einheit der Kreisfrequenz zu verwenden.
Wird die in Bild 16.1a dargestellte Sinusspannung als Funktion des Winkels α geschrieben und dieser durch seine zeitabhängige Form nach Gl. (16.3) ersetzt, so ergibt sich:

$$u = \hat{u} \sin \alpha = \hat{u} \sin \omega t \tag{16.5}$$

Beispiel 16.1: Technischer Wechselstrom hat die Frequenz $f = 50\,\text{Hz}$. Welchen Wert hat

a) seine Periodendauer,

b) seine Kreisfrequenz,

c) die Drehzahl in min^{-1}, mit der die Leiterschleife in Bild 15.7 rotieren müßte, um eine Spannung dieser Frequenz zu erzeugen.

a) $T = \frac{1}{f} = \frac{1}{50\,\text{Hz}} = 0{,}02\,\text{s} = 20\,\text{ms}$

b) $\omega = 2\pi f = 2\pi \cdot 50\,\text{Hz} = 314\,\text{s}^{-1}$

c) $n = 50\,\text{Hz} \cdot 60\,\frac{\text{s}}{\text{min}} = 50\,\text{s}^{-1} \cdot 60\,\frac{\text{s}}{\text{min}} = 3000\,\text{min}^{-1}$

Es gibt auch nicht sinusförmige Spannungen und Ströme, die periodisch sind; Beispiele hierfür zeigen die Bilder 16.3 und 16.7.

16.2 Der arithmetische Mittelwert

Für alle elektrochemischen Verfahren, wie z. B. für das Laden von Akkumulatoren oder für die Oberflächenveredelung durch das Aufbringen galvanischer Niederschläge ist von Bedeutung, wie viele Ladungsträger in einer Zeitspanne $\Delta t \gg T$ in stets derselben Richtung bewegt werden. Bei einem periodischen Strom ist die Ladung Q_T maßgebend, die in einer Periode T transportiert wird. Die Ladung Q_T entspricht der zwischen Kurve $i(t)$ und Abszisse während der Periodendauer T eingeschlossenen Fläche.
Ein sinusförmiger Strom ist, wie Bild 16.2 zeigt, für elektrochemische Anwendungen ungeeignet, denn die während der positiven Halbschwingung transportierte Ladung wird während der negativen Halbschwingung in die entgegengesetzte Richtung zurücktransportiert; da die Strom-Zeitflächen der beiden Halbschwingungen im Betrag gleich groß, aber im Vorzeichen entgegengesetzt sind, ist $Q_T = 0$. Wird jedoch z. B. die negative Halbschwingung mit Hilfe einer Diode „abgeschnitten“ (Einpulsschaltung, s. Kap. 57.2), so ist $Q_T > 0$ (Bild 16.3).

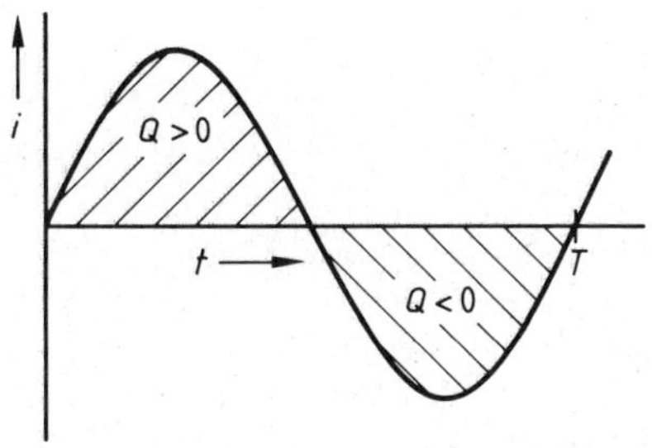

Bild 16.2 Während einer Periode des Sinusstroms wird $Q_T = 0$ transportiert

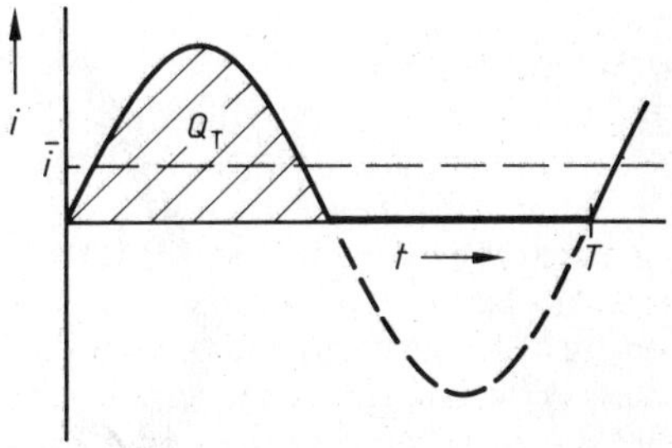

Bild 16.3 Beim Strom der Einpulsschaltung wird die Ladung $Q_T > 0$ transportiert

Der Quotient aus der Ladung Q_T, die in einer Periode transportiert wird, und der Periodendauer T wird **arithmetischer Mittelwert** $\bar{i}$ genannt:

$$\bar{i} = \frac{Q_T}{T} \tag{16.6}$$

Ein zeitabhängiger Strom mit dem arithmetischen Mittelwert $\bar{i} = 0$ wird als **Wechselstrom** bezeichnet; eine zeitabhängige Spannung mit dem arithmetischen Mittelwert $\bar{u} = 0$ wird dementsprechend **Wechselspannung** genannt. Die in Bild 16.1 dargestellte Sinusspannung ist also eine Wechselspannung. Der größte Betrag, den eine Wechselgröße in einer Periode annimmt, wird als **Scheitelwert** $\hat{u}$ bzw. $\hat{i}$ bezeichnet. Bei einer Sinusgröße ist der Scheitelwert gleich der Amplitude.

Ein zeitabhängiger Strom mit dem arithmetischen Mittelwert $\bar{i} \neq 0$ wird **Mischstrom** genannt; dementsprechend wird eine zeitabhängige Spannung mit dem arithmetischen Mittelwert $\bar{u} \neq 0$ als **Mischspannung** bezeichnet. Der in Bild 16.3 dargestellte Strom ist also ein Mischstrom. Die Ermittlung der Strom-Zeitfläche Q_T ist mit unterschiedlichen Verfahren möglich. Der mit höherer Mathematik nicht vertraute Leser kann z. B. die SIMPSONsche Regel anwenden. Dabei wird die Abszisse in n gleiche Teile geteilt, wobei n eine gerade Zahl sein muß. Mit dem Abstand zweier Stützstellen, der Schrittweite h, ergibt sich die Fläche zwischen Kurve und Abszisse näherungsweise zu

$$A = \frac{h}{3}\,(y_0 + 4y_1 + 2y_2 + 4y_3 + \ldots + 2y_{n-2} + 4y_{n-1} + y_n)\ , \tag{16.7}$$

wobei y_0, y_1 usw. die Ordinatenwerte an den Stützstellen x_0, x_1 usw. sind; Bild 16.4 zeigt hierfür ein Beispiel mit $n = 4$.

Die numerische Berechnung einer Fläche mit Hilfe der SIMPSONschen Regel ist mit dem BASIC-Programm 16.1 möglich.

Programm 16.1 Berechnung einer Fläche mit der SIMPSONschen Regel

```
100 PRINT "INTEGRATION NACH SIMPSON"
110 PRINT "DIE ANZAHL N DER INTERVALLE"
120 INPUT "MUSS GERADE SEIN: N=";N
130 IF (-1)^N<0 THEN 110
140 INPUT "SCHRITTWEITE H=";H
150 FOR I=0 TO N
160 M=1-(-1)^I+SGN(I)+SGN(N-I)
170 PRINT "WERT (";I;
180 INPUT ")=";W
190 S=S+M*W
200 NEXT I
210 PRINT "ERGEBNIS: ";H*S/3
220 END
```

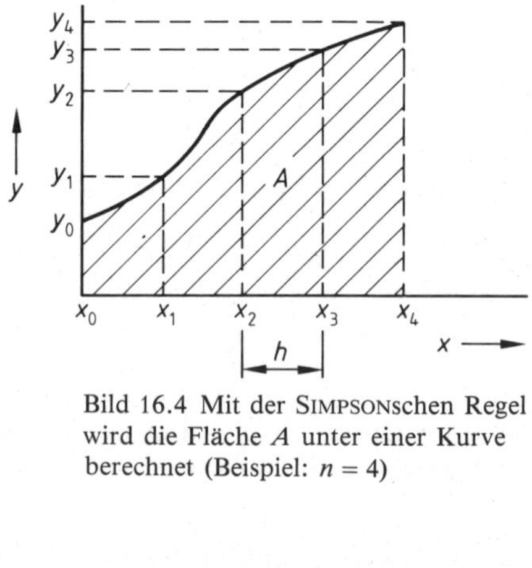

Bild 16.4 Mit der SIMPSONschen Regel wird die Fläche A unter einer Kurve berechnet (Beispiel: $n = 4$)

Beispiel 16.2: Für den in Bild 16.6 dargestellten Strom mit $\hat{i} = 1$ A der Einpulsschaltung ist der arithmetische Mittelwert zu berechnen.

Die Anzahl der Stützstellen wird $n = 6$ gewählt, woraus $h = T/12$ folgt. Die Periode T wird ausgeklammert und als Faktor dem Ergebnis zugefügt; der Zahlenwert für h ist also $h = 1/12 = 0{,}0833$. Außerdem werden die Augenblickswerte des Stromes $i = \hat{i} \sin \omega t$ an den Stützstellen in das Programm 16.1 eingegeben. Mit dem Ergebnis $Q_T = (0{,}3183\text{ A}) \cdot T$ des Programms wird der arithmetische Mittelwert des Stromes berechnet: $\bar{i} = Q_T/T = 0{,}3183$ A.

```
INTEGRATION NACH SIMPSON
DIE ANZAHL N DER INTERVALLE
MUSS GERADE SEIN: N=? 6
SCHRITTWEITE H=? 0.0833
WERT ( 0 )=? 0
WERT ( 1 )=? 0.5
WERT ( 2 )=? 0.866
WERT ( 3 )=? 1
WERT ( 4 )=? 0.866
WERT ( 5 )=? 0.5
WERT ( 6 )=? 0
ERGEBNIS: .3183171
```

Bild 16.5
Eingabe der Daten für das Beispiel 16.2 in das Programm 16.1

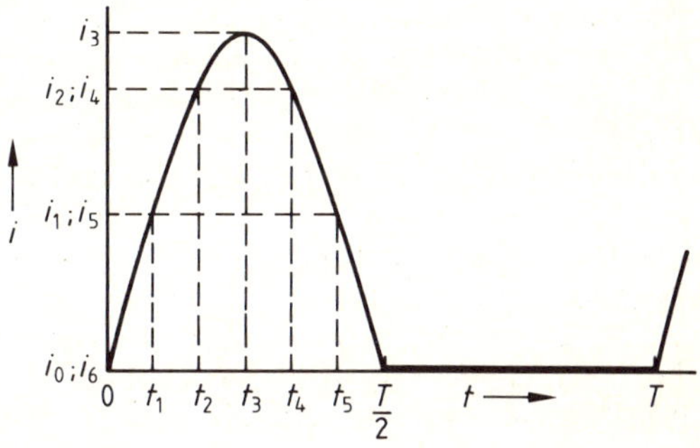

Bild 16.6.
Strom der Einpulsschaltung und Funktionswerte für $n = 6$

Beispiel 16.3: Der mit höherer Mathematik vertraute Leser kann die Ladung Q_T der Sinusstrom-Halbschwingung und den Strom $\bar{i}$ durch Integration bestimmen.

$$Q_T = \int_0^{T/2} \hat{i} \cdot \sin(\omega t)\, dt = -\frac{\hat{i}}{\omega} \cos(\omega t) \Big|_0^{T/2}$$

Mit $\omega = 2\pi f = 2\pi/T$ ergibt sich:

$$Q_T = -\frac{T}{2\pi} \hat{i} \left(\cos \frac{2\pi}{T} \cdot \frac{T}{2} - \cos 0 \right) = -\frac{T}{2\pi} \hat{i}(-1-1) = \frac{T}{\pi} \hat{i}$$

Damit wird berechnet: $\bar{i} = Q_T/T = \hat{i}/\pi = 0{,}3183\, \hat{i}$.

16.3 Der Gleichrichtwert

Die Gleichrichtung eines Sinusstromes mit der Einpulsschaltung ist ungünstig, weil eine Halbschwingung wegfällt und eine stromlose Pause entsteht. Wesentlich günstiger ist die Gleichrichtung mit einer Zweipulsschaltung (s. Kap. 57.2); wie Bild 16.7 zeigt, wird dabei die negative Halbschwingung »hochgeklappt«.
Bei der Gleichrichtung mit einer Zweipulsschaltung wird der *Betrag* des zeitabhängigen Stromes gebildet. Der arithmetische Mittelwert eines mit einer Zweipulsschaltung gleichgerichteten Stromes wird **Gleichrichtwert** $\overline{|i|}$ genannt.

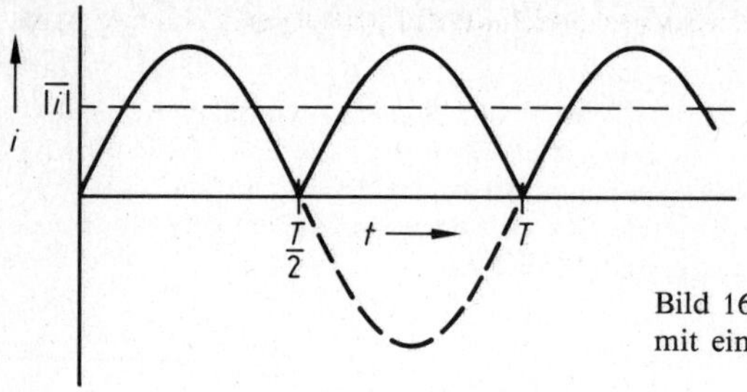

Bild 16.7 Gleichrichtung eines Sinusstromes mit einer Zweipulsschaltung

Der Gleichrichtwert eines Sinusstromes ist doppelt so groß wie der arithmetische Mittelwert, der sich bei der Einpulsschaltung ergibt:

$$\overline{|i|} = \frac{2\,\hat{i}}{\pi} = 0{,}6366\,\hat{i} \tag{16.8}$$

16.4 Der Effektivwert

Ein Wechselstrom i, der durch einen OHMschen Widerstand R fließt, erwärmt diesen Widerstand, wobei die Leistung $P(t)$ zeitabhängig ist:

$$P(t) = i^2 \cdot R \tag{16.9}$$

Anstelle der zeitabhängigen Leistung $P(t)$ wird i. allg. ihr arithmetischer Mittelwert angegeben, der als **Wirkleistung** P bezeichnet wird.
Die Wirkleistung könnte auch durch einen Gleichstrom I entstehen:

$$P = I^2 \cdot R \tag{16.10}$$

Die Stromstärke I dieses Gleichstroms, die denselben arithmetischen Mittelwert der Leistung bewirkt wie der zeitabhängige Strom i, wird **Effektivwert** I_{eff} des zeitabhängigen Stromes genannt; der Index eff wird jedoch i. allg. weggelassen.
Der Effektivwert eines Sinusstroms $i = \hat{i} \sin \omega t$ läßt sich gemäß Bild 16.8 ermitteln, da die Wirkleistung P – also der arithmetische Mittelwert der Leistung – genau die Hälfte des Ma-

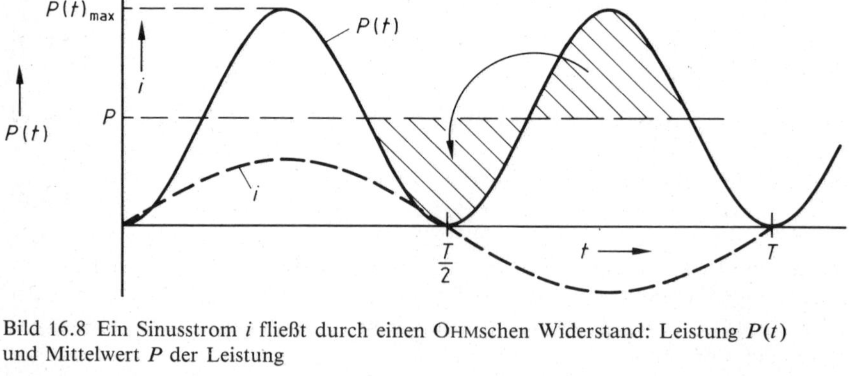

Bild 16.8 Ein Sinusstrom i fließt durch einen OHMschen Widerstand: Leistung $P(t)$ und Mittelwert P der Leistung

ximalwerts $P(t)_{max} = \hat{i}^2 \cdot R$ beträgt, denn die »Berge« oberhalb des Mittelwerts füllen genau die »Täler« unterhalb des Mittelwerts aus:

$$P = I^2 \cdot R = \frac{1}{2} P(t)_{max} = \frac{1}{2} \hat{i}^2 \cdot R \tag{16.11}$$

Hieraus ergibt sich:

$$I = I_{eff} = \frac{\hat{i}}{\sqrt{2}} = 0{,}707 \cdot \hat{i} \tag{16.12}$$

Wegen $U = RI$ gilt für eine Sinusspannung entsprechend:

$$U = U_{eff} = \frac{\hat{u}}{\sqrt{2}} = 0{,}707 \cdot \hat{u} \tag{16.13}$$

Daß die Leistung $P(t)$ eines Sinusstroms schwingt (Bild 16.8), ist bei Erwärmungsvorgängen wegen der Trägheit der Wärmewirkung unbedeutend. Bei Beleuchtungsanlagen und bei elektrischen Antrieben kann sich der Schwingungsvorgang der Leistung $P(t)$ störend auswirken.
Effektivwerte sind nur für Ströme und Spannungen definiert. Wenn die zeitabhängige Größe einen anderen als sinusförmigen Zeitverlauf besitzt, dann muß zur Ermittlung des Effektivwerts der arithmetische Mittelwert P der Leistung $P(t)$ mit einem der in Kap. 16.2 beschriebenen Verfahren gebildet werden; hiermit kann der Effektivwert $I = \sqrt{P/R}$ des Stromes bzw. $U = \sqrt{P \cdot R}$ der Spannung berechnet werden.

16.5 Scheitelfaktor und Formfaktor

Der Quotient aus Scheitelwert und Effektivwert einer Wechselgröße wird als **Scheitelfaktor** bezeichnet:

$$k_s = \frac{\hat{i}}{I} \tag{16.14}$$

Für einen Sinusstrom bzw. eine Sinusspannung gilt gemäß Gl. (16.12) bzw. Gl. (16.13):

$$k_s = \frac{\hat{i}}{I} = \frac{\hat{u}}{U} = \sqrt{2} = 1{,}414 \tag{16.15}$$

Der Quotient aus Effektivwert und Gleichrichtwert einer Wechselgröße wird **Formfaktor** genannt:

$$k_f = \frac{I}{\overline{|i|}} \tag{16.16}$$

Für einen Sinusstrom erhält man mit den Gln. (16.8 und 16.12):

$$k_f = \frac{\hat{i} \cdot \pi}{\sqrt{2} \cdot 2\hat{i}} = 1{,}111 \tag{16.17}$$

Beispiel 16.4: Für die sinusförmige Netzspannung $U = 230$ V; $f = 50$ Hz sind zu berechnen:

a) der Scheitelwert,
b) der Gleichrichtwert.

a) $\hat{u} = k_s \cdot U = 1{,}414 \cdot 230 \text{ V} = 325 \text{ V}$

b) $\overline{|u|} = \frac{U}{k_f} = \frac{230 \text{ V}}{1{,}111} = 207 \text{ V}$

Beispiel 16.5: Ein Akkumulator wird 5 Stunden lang mit einem gleichgerichteten Sinusstrom mit dem Effektivwert $I = 5$ A geladen. Wie groß ist, bei Vernachlässigung der Verluste, die vom Akkumulator aufgenommene Ladung, wenn zur Gleichrichtung des Sinusstroms a) eine Zweipulsschaltung, b) eine Einpulsschaltung der Gleichrichterelemente verwendet wird?

a) Da ein von einer Zweipulsschaltung gleichgerichteter Sinusstrom (Bild 16.7) genau denselben Zeitverlauf der Leistung $P(t)$ aufweist wie der Sinusstrom selbst, hat der Quotient aus Maximalwert und Effektivwert den Wert $\sqrt{2} = 1{,}414$. Der von einer Zweipulsschaltung gleichgerichtete Sinusstrom hat also den Maximalwert $\hat{i} = 1{,}414 \cdot 5 \text{ A} = 7{,}07 \text{ A}$.

Gleichrichtwert: $\overline{|i|} = \frac{2}{\pi} \hat{i} = 0{,}6366 \cdot 7{,}07 \text{ A} = 4{,}5 \text{ A}$

Ladung: $Q = \overline{|i|} \cdot t = 4{,}5 \text{ A} \cdot 5 \text{ h} = 22{,}5 \text{ Ah}$

b) Der von einer Einpulsschaltung gleichgerichtete Sinusstrom erbringt an einem OHMschen Widerstand wegen des Fehlens jeder zweiten Halbwelle mit $P^2 = \hat{i}^2 \cdot R/4$ nur die halbe Wirkleistung der Zweipulsschaltung. Durch Vergleich mit der wirkungsgleichen Gleichstromleistung $P = I^2 \cdot R$ ergibt sich der Effektivwert des Stroms zu $I = \hat{i}/2$. Der von einer Einpulsschaltung gleichgerichtete Sinusstrom hat also den Maximalwert $\hat{i} = 2 \cdot 5 \text{ A} = 10 \text{ A}$.

arithm. Mittelwert: $\bar{i} = \frac{1}{\pi} \hat{i} = 0{,}3183 \cdot 10 \text{ A} = 3{,}183 \text{ A}$

Ladung: $Q = \bar{i} \cdot t = 3{,}183 \text{ A} \cdot 5 \text{ h} = 15{,}9 \text{ Ah}$

17 Sinusgrößen

17.1 Der Nullphasenwinkel

Verschiebt man die in Bild 16.1a dargestellte Sinusspannung um einen beliebigen Winkel, so bleibt der sinusförmige Verlauf erhalten. Daher werden auch Spannungen und Ströme, die gegen die in Bild 16.1a dargestellte Spannung beliebig verschoben sind, als sinusförmige Spannungen bzw. Ströme oder kurz **Sinusspannungen** bzw. **Sinusströme** bezeichnet und nach DIN 40110 durch folgende Gleichungen beschrieben:

$$u = \hat{u} \cos(\omega t + \varphi_u) \tag{17.1}$$

$$i = \hat{i} \cos(\omega t + \varphi_i) \tag{17.2}$$

Der Winkel φ_u wird **Nullphasenwinkel** der Sinusspannung genannt; entsprechend ist φ_i der Nullphasenwinkel des Sinusstromes. Eine Sinusschwingung mit dem Nullphasenwinkel $\varphi_u = 0$ bzw. $\varphi_i = 0$ wird als nullphasige Schwingung bezeichnet.
Der Nullphasenwinkel beschreibt die Phasenverschiebung der Sinusgröße. Bild 17.1 zeigt als Beispiel eine Spannung, welche der nullphasigen Schwingung **voreilt**; dabei ist ihr Nullphasenwinkel $\varphi_u > 0$. Außerdem zeigt Bild 17.1 als Beispiel einen Sinusstrom, welcher der nullphasigen Schwingung **nacheilt**; dabei ist sein Nullphasenwinkel $\varphi_i < 0$.

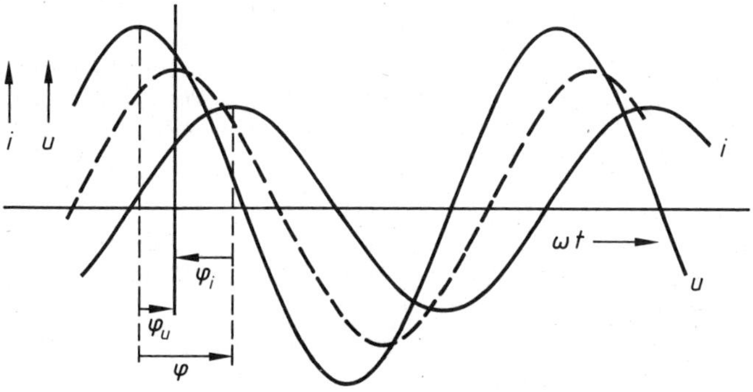

Bild 17.1
Nullphasige Schwingung (gestrichelt) und hierzu nacheilender Strom *i* sowie voreilende Spannung *u*

Die in Bild 16.1 dargestellte Sinusspannung eilt z. B. der nullphasigen Schwingung um 90° nach; ihr Nullphasenwinkel ist also $\varphi_u = -90°$.
Für $\varphi_u \neq \varphi_i$ ist die Spannung *u* gegen den Strom *i* **phasenverschoben**. Man bezeichnet die Differenz der Nullphasenwinkel als **Phasenverschiebungswinkel** φ:

$$\varphi = \varphi_u - \varphi_i \tag{17.3}$$

Ein positiver Nullphasenwinkel erhält einen Pfeil in Richtung zu höheren Winkelwerten, ein negativer Nullphasenwinkel erhält einen Pfeil, der zu niedrigeren Winkelwerten weist; entsprechendes gilt für einen Phasenverschiebungswinkel.

17.2 Die Zeigerdarstellung

Um die rechnerischen Schwierigkeiten, die bei der Verknüpfung mehrerer Sinusgrößen auftreten, zu umgehen, wird die Sinusgröße durch einen **Zeiger** dargestellt, welcher mit der konstanten Winkelgeschwindigkeit ω im Gegenuhrzeigersinn rotiert; Bild 17.2 zeigt dies am Beispiel einer Sinusspannung.
Man erhält das Liniendiagramm der Sinusgröße, indem man für jeden Zeitpunkt die Projektion des Zeigers auf die Bezugsachse ermittelt und in das Liniendiagramm einträgt; dies wird in Bild 17.2 für die Zeitpunkte $t = 0$ und $t = t_1$ gezeigt.
Entsprechend der Darstellung im Liniendiagramm 17.1 zeigt der Pfeil des positiven Nullphasenwinkels (Voreilung) auch in Bild 17.2 in die Richtung des größer werdenden Winkels; diese Richtung stimmt mit dem Gegenuhrzeigersinn, also dem mathematisch positiven Drehsinn, überein.
Ein Zeiger, dessen Länge dem Maximalwert (z. B. $\hat{u}$) entspricht, wird als **Maximalwertzeiger** bezeichnet; er enthält als Information die Amplitude und den Nullphasenwinkel φ_u der Si-

nusspannung. Anstelle von Maximalwertzeigern werden jedoch in der Wechselstromtechnik **Effektivwertzeiger** verwendet, deren Länge dem Effektivwert entspricht. Die Umrechnung von Maximalwert auf Effektivwert oder umgekehrt ist bei einer Sinusgröße mit dem Scheitelfaktor $k_s = \sqrt{2}$ möglich.
Ein Effektivwertzeiger wird durch Unterstreichen gekennzeichnet und in das **Zeigerdiagramm** (z. B. Bild 17.3) lediglich für den Zeitpunkt $t = 0$ eingetragen.

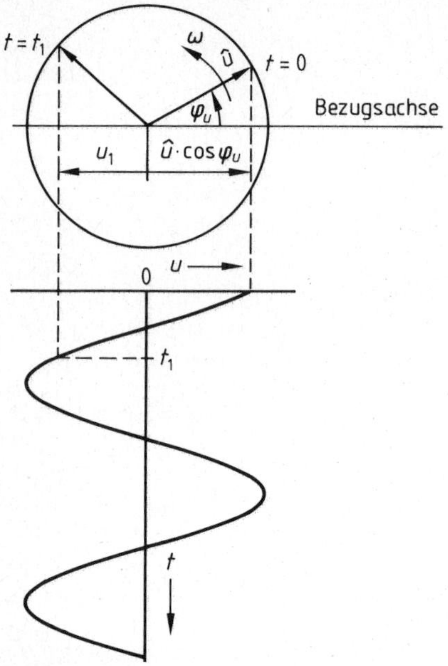

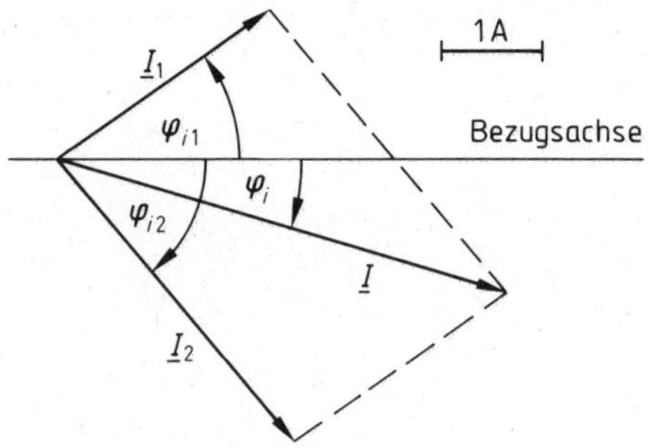

Bild 17.3
Addition zweier phasenverschobener Ströme $\underline{I}_1$ und $\underline{I}_2$ zum Gesamtstrom $\underline{I} = \underline{I}_1 + \underline{I}_2$

Bild 17.2 Zeigerdiagramm und Liniendiagramm einer Sinusspannung

17.3 Die Addition von Sinusgrößen

Der entscheidende Vorteil der Zeigerdarstellung zeigt sich bei der Summenbildung zweier Sinusgrößen. Ist beispielsweise die Summe zweier Ströme an einem Knoten zu bilden, so müßte man im Liniendiagramm für jeden Zeitpunkt die Augenblickswerte addieren und könnte dann – ziemlich mühsam – die Amplitude und den Nullphasenwinkel des Gesamtstroms bestimmen. Im Zeigerdiagramm hingegen werden die beiden Stromzeiger einfach geometrisch addiert, so wie es auch von der Addition der in verschiedene Richtungen wirkenden Kräfte aus der Mechanik bekannt ist.

Beispiel 17.1: Die Summe zweier Sinusströme mit den Effektivwerten $I_1 = 2{,}5$ A; $I_2 = 3{,}6$ A und den Nullphasenwinkeln $\varphi_{i1} = 35°$; $\varphi_{i2} = -50°$ soll geometrisch gebildet werden.

Nach der Wahl eines Maßstabs für 1 A werden die Ströme so angetragen, daß sie mit der Bezugslinie jeweils den Nullphasenwinkel einschließen. Als Ergebnis wird abgelesen:

Effektivwert $I = 4{,}6$ A
Nullphasenwinkel $\varphi_i = -17°$

Einem Zeiger (z. B. $\underline{U}$; $\underline{I}_1$; $\underline{I}_2$) ist sowohl eine Größe als auch eine Richtung zugeordnet. Eine mathematische Operation, wie z. B. die Addition, ist bei Zeigern *geometrisch,* also unter Beachtung der Richtung auszuführen. Mit dem BASIC-Programm 17.1 können zwei Zeiger addiert werden, deren Nullphasenwinkel im Bereich $-180° \ldots +180°$ liegen.

Programm 17.1 Addition zweier Zeiger

```
100 PI=3.141592654
110 BG=PI/180
120 PRINT "ADDITION ZWEIER ZEIGER"
130 FOR I=1 TO 2
140 PRINT "ZEIGER ";I;": LÄNGE ";
150 INPUT L
160 IF L<0 THEN 140
170 PRINT "ZEIGER ";I;": WINKEL ";
180 INPUT W
190 IF W>180 OR W<-180 THEN 170
200 RE=RE+L*COS(BG*W)
210 IM=IM+L*SIN(BG*W)
220 NEXT I
230 BT=SQR(RE*RE+IM*IM)
240 PH=90*SGN(IM)
250 IF RE=0 THEN 280
260 PH=90*(1-SGN(RE))*SGN(PH+1)
270 PH=180*ATN(IM/RE)/PI+PH
280 PRINT "ERGEBNIS:"
290 PRINT "LÄNGE: ";BT
300 PRINT "WINKEL: ";PH;" GRAD"
310 END
```

Beispiel 17.2: Die Sinusströme des Beispiels 17.1 sind mit Hilfe des BASIC-Programms 17.1 zu addieren.

```
ADDITION ZWEIER ZEIGER
ZEIGER 1 : LÄNGE ? 2.5
ZEIGER 1 : WINKEL ? 35
ZEIGER 2 : LÄNGE ? 3.6
ZEIGER 2 : WINKEL ? -50
ERGEBNIS:
LÄNGE: 4.558378
WINKEL: -16.88277 GRAD
```

Bild 17.4 Eingabe der Daten für das Beispiel 17.2 in das Programm 17.1

Eine Subtraktion ist wie die Addition einer negativen Größe durchzuführen. Einen „negativen" Zeiger erhält man dadurch, daß man den „positiven" Zeiger um 180° dreht.

Beispiel 17.3: Zwei Sinusspannungen $\underline{U}_1$ (Effektivwert $U_1 = 230$ V; Nullphasenwinkel $\varphi_{u1} = 0°$) und $\underline{U}_2$ (Effektivwert 230 V; Nullphasenwinkel $\varphi_{u2} = -120°$) sind voneinander zu subtrahieren. Welchen Effektivwert und welchen Nullphasenwinkel hat die Spannung $\underline{U} = \underline{U}_1 - \underline{U}_2$?

Die Spannung $\underline{U}_2$ wird um 180° gedreht und als $-\underline{U}_2$ an die Spannung $\underline{U}_1$ angetragen. Als Ergebnis wird abgelesen:

Effektivwert $U = 398$ V
Nullphasenwinkel $\varphi_u = 30°$

```
ADDITION ZWEIER ZEIGER
ZEIGER 1 : LÄNGE ? 230
ZEIGER 1 : WINKEL ? 0
ZEIGER 2 : LÄNGE ? 230
ZEIGER 2 : WINKEL ? 60
ERGEBNIS:
LÄNGE: 398.3717
WINKEL: 30 GRAD
```

Bild 17.5 Eingabe der Daten für das Beispiel 17.3 in das Programm 17.1

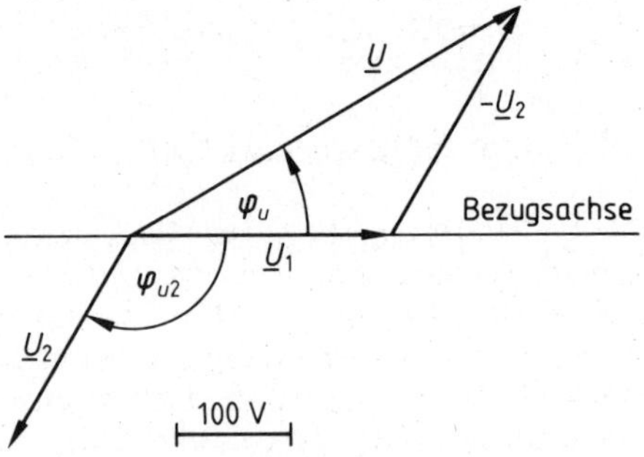

Bild 17.6 Subtraktion zweier phasenverschobener Spannungen: $\underline{U} = \underline{U}_1 - \underline{U}_2$

18 Die Induktion der Ruhe

18.1 Die Fremdinduktion

In Kapitel 15 sind mehrere Anordnungen beschrieben, bei denen das Magnetfeld in einer Spule durch eine *äußere* Ursache geändert wird. Der dabei auftretende Induktionsvorgang wird als **Fremdinduktion** bezeichnet. Kennzeichnend für diesen Vorgang ist, daß auch in der stromlosen Spule eine Spannung induziert wird.
Wird z. B. eine Spule von einem zeitabhängigen Fluß $\Phi(t) = \Phi_{max} \cdot \cos \omega t$ durchsetzt, dann wird in ihr gemäß Gl. (15.1) eine Spannung induziert. Dabei ist es unerheblich, ob die Spule wie in Kap. 15.3 in einem zeitlich konstanten Magnetfeld rotiert oder ob ein zeitabhängiger Fluß $\Phi(t)$ die ruhende Spule durchsetzt. Für eine Leiterschleife, die als Sonderfall einer Spule mit der Windungszahl $N = 1$ anzusehen ist, wird die induzierte Spannung in Gl. (15.11) angegeben. Für eine Spule mit der Windungszahl $N > 1$ gilt entsprechend:

$$u = N\omega \Phi_{max} \cdot (-\sin \omega t) \tag{18.1}$$

Wie in Bild 15.8 sind der Fluß $\Phi(t)$ und die Spannung u gegeneinander phasenverschoben. Der Scheitelwert dieser Spannung an den Klemmen der Spule ist:

$$\hat{u} = N\omega \Phi_{max} = N \cdot 2\pi f \cdot \Phi_{max} \tag{18.2}$$

Mit Gl. (16.13) läßt sich der Effektivwert der Spannung berechnen:

$$U = \frac{\hat{u}}{\sqrt{2}} = 4{,}44\, N f \Phi_{max} \tag{18.3}$$

Beispiel 18.1: Eine Spule wird von einem sinusförmig schwingenden Fluß $\Phi(t) = \Phi_{max} \cdot \cos(\omega t)$ mit dem Maximalwert $45 \cdot 10^{-3}$ Vs durchsetzt. Wie viele Windungen muß die Spule erhalten, damit in ihr die Spannung 230 V induziert wird?

$$N = \frac{U}{4{,}44 f \Phi_{max}} = \frac{230\,\text{V}}{4{,}44 \cdot 50\,\text{s}^{-1} \cdot 45 \cdot 10^{-3}\,\text{Vs}} = 23$$

18.2 Die Selbstinduktion

Die Flußänderung, die gemäß Gl. (15.1) zu einer Spannungsinduktion in einer Spule führt, kann auch von dem zeitlich veränderlichen Strom i hervorgerufen werden, der durch die Windungen *derselben* Spule fließt. In diesem Fall wird der Induktionsvorgang, bei dem die Spule selbst das Magnetfeld erzeugt, als **Selbstinduktion** bezeichnet.
Die beiden Vorgänge Selbstinduktion und Fremdinduktion können auch *gleichzeitig* an einer Spule auftreten; dies ist dann der Fall, wenn das die Spule durchsetzende Magnetfeld durch eine äußere Ursache geändert wird und dabei ein Strom in der Spule fließt.

18.3 Die Selbstinduktivität

Fließt durch eine Spule, deren magnetischer Kreis den stromunabhängigen Leitwert $\Lambda = \text{const.}$ aufweist, ein zeitabhängiger Strom $i(t)$, so hat entsprechend Gl. (14.15) der magnetische Fluß $\Phi(t)$ die gleiche Zeitabhängigkeit wie der Strom:

$$\Phi(t) = \Lambda \cdot \Theta(t) = \Lambda \cdot N \cdot i(t) \tag{18.4}$$

In der Spule wird dabei nach Gl. (15.1) die Spannung

$$u(t) = N \frac{\Delta \Phi}{\Delta t} = N \frac{\Delta(N \Lambda i)}{\Delta t} = N^2 \Lambda \frac{\Delta i}{\Delta t} \tag{18.5}$$

induziert. Ähnlich wie an einem OHMschen Widerstand, der von einem Strom durchflossen wird, ein Spannungsabfall entsteht, der von der äußeren Spannung überwunden wird, so erzwingt bei der Spule die Stromänderung $\Delta i / \Delta t$ einen Spannungsabfall nach Gl. (18.5), den die anliegende äußere Spannung überwinden muß.
Das Produkt $N^2 \cdot \Lambda$ wird als **Selbstinduktivität** oder meist kurz als **Induktivität** L bezeichnet:

$$L = N^2 \Lambda \;; \qquad \text{Einheit: } 1 \frac{\text{Vs}}{\text{A}} = 1\,\textbf{Henry} = 1\,\text{H} \tag{18.6}$$

Durch Einsetzen in die Gl. (18.5) ergibt sich:

$$u = L \frac{\Delta i}{\Delta t} \tag{18.7}$$

Die Induktivität einer idealen (verlustfreien) Spule wird durch ein Schaltzeichen dargestellt, das nur bei einem stromunabhängigem und damit konstanten Leitwert Λ des magnetischen Kreises verwendet werden darf. So ist z. B. der magnetische Leitwert einer Luftspule stromunabhängig. Bei einem Eisenkreis mit Luftspalt ist der Leitwert dann praktisch stromunabhängig, wenn die magnetische Spannung am Luftspalt wesentlich größer als die magnetische Spannung des Eisens ist.

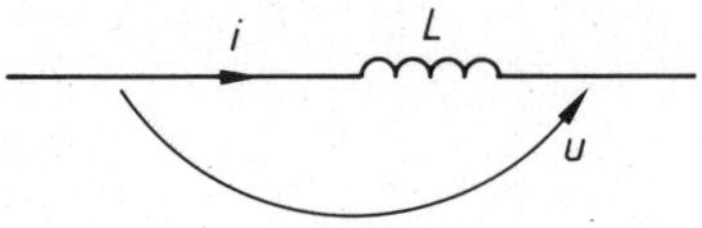

Bild 18.1 Schaltzeichen einer idealen Spule mit Bezugspfeilen

Beispiel 18.2: Welchen magnetischen Leitwert Λ und welche Selbstinduktivität hat die im Beispiel 14.2 beschriebene Kreisringspule, deren Fluß Φ den Querschnitt $A = 1{,}5\ \mathrm{cm}^2$ durchsetzt?

Der Strom $I = 0{,}8$ A ruft die Flußdichte $B = 0{,}64$ mT hervor. Bei der Berechnung des Flusses wird vereinfachend angenommen, daß diese Flußdichte an jeder Stelle des Querschnitts A vorliegt, durch den der Fluß Φ hindurchtritt:

$$\Phi = BA = 0{,}64 \cdot 10^{-3}\ \frac{\mathrm{Vs}}{\mathrm{m}^2} \cdot 1{,}5 \cdot 10^{-4}\ \mathrm{m}^2 = 0{,}96 \cdot 10^{-7}\ \mathrm{Vs}$$

$$\Lambda = \frac{\Phi}{\Theta} = \frac{\Phi}{NI} = \frac{0{,}96 \cdot 10^{-7}\ \mathrm{Vs}}{400 \cdot 0{,}8\ \mathrm{A}} = 0{,}3 \cdot 10^{-9}\ \mathrm{H}$$

$$L = N^2 \Lambda = 400^2 \cdot 0{,}3 \cdot 10^{-9}\ \mathrm{H} = 48 \cdot 10^{-6}\ \mathrm{H} = 48\ \mu\mathrm{H}$$

Beispiel 18.3: In der Spule des in Beispiel 14.5 beschriebenen magnetischen Kreises steigt der Strom i zeitlinear in 0,02 s vom Wert $i_1 = 0$ auf den Wert $i_2 = 1$ A an. Welche Spannung liegt dabei an den Klemmen der idealen Spule mit der Windungszahl $N = 400$?

Für die (Näherungs-)Rechnung wird zunächst angenommen, daß die magnetische Spannung des Eisens vernachlässigt werden kann: $V_{\mathrm{mFe}} = 0$. Die Durchflutung beim Strom $i_2 = 1$ A fällt ausschließlich am Leitwert Λ_{L} des Luftspalts ab (Bild 14.15):

$$V_{\mathrm{mL}} = \Theta = N i_2 = 400 \cdot 1\ \mathrm{A} = 400\ \mathrm{A}$$

Feldstärke im Luftspalt: $H_{\mathrm{L}} = \dfrac{V_{\mathrm{mL}}}{l_{\mathrm{L}}} = \dfrac{400\ \mathrm{A}}{0{,}001\ \mathrm{m}} = 400 \cdot 10^3\ \mathrm{A/m}$

Flußdichte im Luftspalt: $B_{\mathrm{L}} = \mu_0 H_{\mathrm{L}} = 1{,}257 \cdot 10^{-6}\ \dfrac{\mathrm{Vs}}{\mathrm{Am}} \cdot 400 \cdot 10^3\ \dfrac{\mathrm{A}}{\mathrm{m}} \approx 0{,}5\ \mathrm{T}$

Diese Flußdichte liegt auch im Eisen vor: $B_{\mathrm{Fe}} = 0{,}5$ T. Die Feldstärke im Eisen wird in Bild 14.13 zu $H_{\mathrm{Fe}} = 0{,}08$ kA/m abgelesen. Die magnetische Spannung am Eisen ist tatsächlich wesentlich kleiner als am Luftspalt und kann daher bei einer Näherungsrechnung vernachlässigt werden:

$$V_{\mathrm{mFe}} = H_{\mathrm{Fe}} l_{\mathrm{Fe}} = 80\ \frac{\mathrm{A}}{\mathrm{m}} \cdot 0{,}627\ \mathrm{m} \approx 50\ \mathrm{A}$$

$$\Lambda = \frac{\Phi}{\Theta} = \frac{BA}{\Theta} = \frac{0{,}5\,\text{Vs}\cdot 1{,}5\cdot 10^{-4}\,\text{m}^2}{\text{m}^2\cdot 400\,\text{A}} = 0{,}188\,\mu\text{H}$$

$$L = N^2\Lambda = 400^2\cdot 0{,}188\cdot 10^{-6}\,\text{H} = 0{,}03\,\text{H}$$

$$u_L = L\,\frac{\Delta i}{\Delta t} = 0{,}03\,\frac{\text{Vs}}{\text{A}}\cdot\frac{1\,\text{A}}{0{,}02\,\text{s}} = 1{,}5\,\text{V}$$

Während des linearen Stromanstiegs wird in der idealen Spule die zeitkonstante Spannung $u_L = 1{,}5$ V induziert (Bild 18.2); diese Spannung muß an die Spule gelegt werden, damit der Strom i fließt. Bei einem anschließenden Absinken des Stromes ist wegen $\Delta i < 0$ die Spannung u_L negativ.

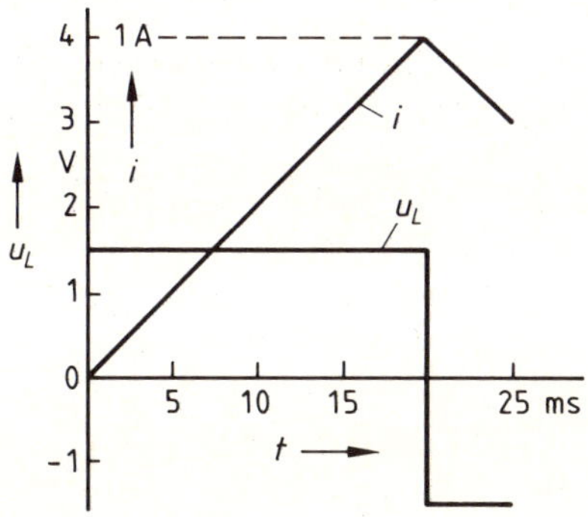

Bild 18.2 Strom i und Spannung u_L in der idealen Spule des Beispiels 18.3

Wenn die Spule nicht ideal ist, dann treten in dem OHMschen Widerstand R der Spule Verluste auf. In der Ersatzschaltung der verlustbehafteten Spule sind der OHMsche Widerstand R und die Selbstinduktivität L in Reihe geschaltet (Bild 18.3).

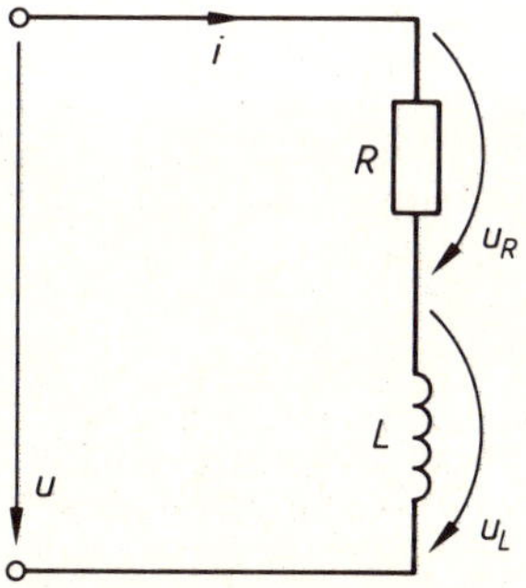

Bild 18.3 Ersatzschaltung einer verlustbehafteten Spule

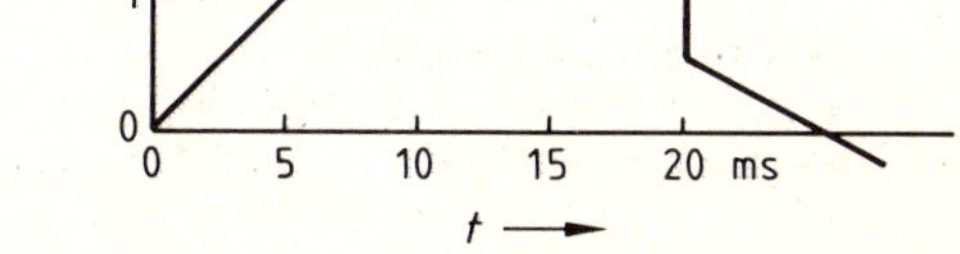

Bild 18.4 Strom i und Spannung u in der nicht idealen Spule des Beispiels 18.4

Beispiel 18.4: Die Wicklung der im Beispiel 18.3 beschriebenen Spule weist den OHMschen Widerstand 2 Ω auf. Welche Spannung tritt an den Anschlußklemmen der Spule auf, wenn die Spule aus einer Stromquelle mit dem in Bild 18.2 dargestellten zeitabhängigen Strom gespeist wird?

Zu der in Bild 18.2 dargestellten Spannung u_L muß für jeden Zeitpunkt die Spannung $u_R = Ri$ addiert werden: Für $i = i_1 = 0$ ist $u_R = 0$; für $i = i_2 = 1\,\mathrm{A}$ ist $u_R = 2\,\Omega \cdot 1\,\mathrm{A} = 2\,\mathrm{V}$ (Bild 18.4).

19 Die Energie des magnetischen Feldes

19.1 Die Energie einer Spule

Da ein Magnet Kräfte ausüben kann, enthält sein magnetisches Feld ein Arbeitsvermögen, das als **magnetische Energie** bezeichnet wird. Einem Elektromagneten wird diese Energie durch seine Erregerwicklung mitgeteilt; in ihr wird beim Einschalten elektrische in magnetische Energie umgewandelt.

Die Energie ΔW, welche der Spule des Magneten (Bild 18.3) beim Einschalten in der Zeitspanne Δt zugeführt wird, läßt sich mit der Maschengleichung $u = u_R + u_L$ in zwei Anteile zerlegen:

$$\Delta W = u i \Delta t = (u_R + u_L) i \Delta t = R i^2 \Delta t + u_L i \Delta t \tag{19.1}$$

Der erste Summenterm beschreibt die Verlustleistung im OHMschen Widerstand der Erregerwicklung; der zweite beschreibt die magnetische Energie, die sich für eine Spule konstanter Induktivität mit Gl. (18.7) umformen läßt:

$$\Delta W_m = u_L i \Delta t = L \frac{\Delta i}{\Delta t} \cdot i \cdot \Delta t = L i \Delta i \tag{19.2}$$

Die gesamte magnetische Energie W_m, die der beim Einschalten stromlosen Spule zugeführt wird, bis schließlich der Strom i_E fließt, ist die Summe sämtlicher ΔW_m; sie entspricht dem Flächeninhalt des Dreiecks in Bild 19.1.

$$W_m = \sum (L \cdot i \cdot \Delta i) = L \cdot i_E \cdot \frac{i_E}{2} = \frac{1}{2} L i_E^2 \tag{19.3}$$

Wenn in der Spule nach dem Einschalten ein Gleichstrom $I = i_E$ fließt, bleibt die magnetische Energie $W_m = 0{,}5\, L I^2$ konstant; sie braucht also der Spule nur einmal beim Einschalten zu-

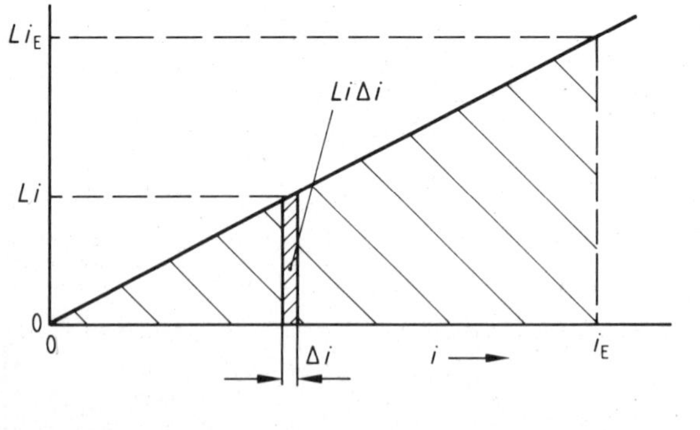

Bild 19.1
Stromabhängigkeit des Produktes $L \cdot i$ für eine Spule mit der stromunabhängigen Induktivität $L = \mathrm{const.}$

geführt zu werden. Fließt durch die Spule ein Sinusstrom mit dem Scheitelwert $\hat{i} = \sqrt{2}\, I$, so weist die magnetische Energie das Maximum $0{,}5\, L\hat{i}^2 = LI^2$ auf, wenn der Strom den positiven oder den negativen Scheitelwert erreicht; beim Nulldurchgang des Stromes ist $W_m = 0$.

Beispiel 19.1: Welche magnetische Energie enthält die Spule des Beispiels 14.5, wenn sie vom Strom $I = 1$ A durchflossen wird?

Die Induktivität der Spule wurde im Beispiel 18.3 zu $L = 0{,}03$ H berechnet. Wenn auf den Eisenweg ein wesentlich kleinerer Durchflutungsanteil als auf den Luftweg entfällt – wie dies hier der Fall ist –, dann kann sowohl bei der Induktivitäts- als auch bei der Energieberechnung der Eisenanteil vernachlässigt werden. Die magnetische Energie »steckt« dann im wesentlichen im Luftweg des magnetischen Kreises.

$$W_m = \frac{1}{2} LI^2 = 0{,}5 \cdot 0{,}03\ \frac{\text{Vs}}{\text{A}} \cdot (1\ \text{A})^2 = 0{,}015\ \text{Ws} = 0{,}015\ \text{J}$$

19.2 Die Energie im homogenen Feld

Die magnetische Energie eines Gebietes, das von einem homogenen Feld der Flußdichte $B = \Phi/A$ durchsetzt wird, läßt sich mit Hilfe der Gl. (15.1) berechnen:

$$W_m = \sum u_L i \Delta t = \sum N \frac{\Delta\Phi}{\Delta t} i \Delta t = \sum N i \Delta\Phi \tag{19.4}$$

Mit $Ni = \Theta = Hl$; $\Delta\Phi = A\,\Delta B$ und dem Volumen $V = A\,l$ des Feldgebietes kann diese Gleichung umgeformt werden:

$$W_m = \sum \Theta A\,\Delta B = \sum H l A\,\Delta B = V \sum H \Delta B \tag{19.5}$$

Der Ausdruck $\sum H\Delta B$ entspricht der Fläche zwischen der Magnetisierungskurve und der B-Achse. Für Luft ist diese Kurve eine Gerade, und der Ausdruck $\sum H\Delta B$ ist der Flächeninhalt des schraffierten Dreiecks (Bild 19.2a); damit läßt sich die magnetische Energie eines Luftgebietes mit dem Volumen $V = A\,l$ für die Flußdichte B_E angeben:

$$W_m = V \sum H \Delta B = \frac{V}{2} B_E H_E = \frac{V}{2\mu_0} B_E^2 \tag{19.6}$$

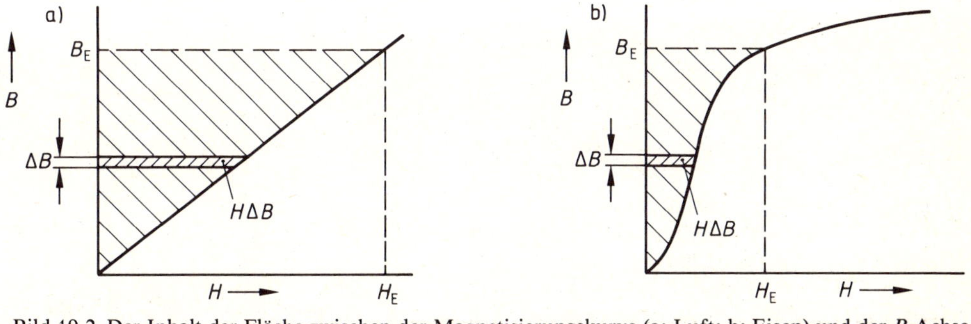

Bild 19.2 Der Inhalt der Fläche zwischen der Magnetisierungskurve (a: Luft; b: Eisen) und der B-Achse entspricht dem Ausdruck $\sum H\Delta B$

Beispiel 19.2: Welche Energie W_{mL} enthält der Luftspalt ($l_L = 1$ mm; $A = 1{,}5$ cm^2) des magnetischen Kreises von Beispiel 14.5 bei der Flußdichte $B = 0{,}5$ T, die nach Beispiel 18.3 beim Strom 1 A vorliegt?

$$V = A\,l_L = 1{,}5 \cdot 10^{-4}\,\text{m}^2 \cdot 10^{-3}\,\text{m} = 1{,}5 \cdot 10^{-7}\,\text{m}^3$$

$$W_{\text{mL}} = \frac{VB^2}{2\mu_0} = \frac{1{,}5 \cdot 10^{-7}\,\text{m}^3 \cdot (0{,}5\,\text{T})^2 \cdot \text{Am}}{2 \cdot 1{,}257 \cdot 10^{-6}\,\text{Vs}} = = 0{,}015\,\text{Ws} = 0{,}015\,\text{J}$$

Dieser Wert stimmt mit dem im Beispiel 19.1 berechneten Wert überein.

Wenn die Kurve $B = f(H)$ keine Gerade ist, dann kann der Ausdruck $\sum H\Delta B$ z. B. mit der SIMPSONschen Regel berechnet werden.

Beispiel 19.3: Welche magnetische Energie enthält das Eisen ($l_{\text{Fe}} = 0{,}627$ m; $A = 1{,}5$ cm^2) des Kreises von Beispiel 14.5 bei der Flußdichte 0,5 T?

Die Anzahl der Stützstellen wird $n = 4$ gewählt, woraus die Schrittweite $h = (0{,}5\,\text{T})/4 = 0{,}125$ T folgt. Für die Flußdichtewerte 0; 0,125 T; 0,25 T usw. werden die Feldstärkewerte in Bild 14.13 für Elektroblech V 400 – 50 A abgelesen und in der Einheit A/m in das BASIC-Programm 16.1 eingegeben.

```
INTEGRATION NACH SIMPSON
DIE ANZAHL N DER INTERVALLE
MUSS GERADE SEIN: N = ? 4
SCHRITTWEITE H = ? 0.125
WERT ( 0 ) = ? 0
WERT ( 1 ) = ? 40
WERT ( 2 ) = ? 60
WERT ( 3 ) = ? 70
WERT ( 4 ) = ? 80
ERGEBNIS: 26.66667
```

Dieses Ergebnis für $\sum H\Delta B$ wird gemäß Gl. (19.5) mit dem Volumen $V = A\,l_{\text{Fe}}$ des Eisens multipliziert:

$$W_{\text{mFe}} = 1{,}5 \cdot 10^{-4}\,\text{m}^2 \cdot 0{,}627\,\text{m} \cdot 26{,}67\,\frac{\text{A}}{\text{m}} \cdot \frac{\text{Vs}}{\text{m}^2} = 2{,}5 \cdot 10^{-3}\,\text{Ws} = 0{,}0025\,\text{J}$$

Die magnetische Energie des Eisens ist wesentlich kleiner als die des Luftspalts (s. Beispiel 19.2).

19.3 Ein- und Ausschalten einer Spule

Eine bewegte Masse enthält bei der Geschwindigkeit v die kinetische Energie $W_{\text{kin}} = (m/2) \cdot v^2$; entsprechend enthält eine Spule, die vom Strom i durchflossen wird, die magnetische Energie $W_{\text{m}} = (L/2) \cdot i^2$. Bei einer Änderung der äußeren Bedingungen kann sich die Geschwindigkeit v bzw. der Strom i nie sprunghaft ändern, da die Trägheit der Masse bzw. des magnetischen Feldes nur eine allmähliche Änderung der Größen erlaubt.
So hat z. B. unmittelbar nach dem Einschalten einer vorher stromlosen Spule an eine Quelle mit der konstanten Quellenspannung U_{q} (Bild 19.3 a) unmittelbar nach dem Schaltzeitpunkt $t = 0$ der Strom i den gleichen Wert wie unmittelbar davor, nämlich $i = 0$. Aus der Maschengleichung $U_{\text{q}} = u_R + u_L$ läßt sich ersehen, daß zu diesem Zeitpunkt wegen $u_R = iR = 0$ die gesamte Quellenspannung über der Induktivität abfällt ($U_{\text{q}} = u_L$). Für $t > 0$ beginnt mit dem

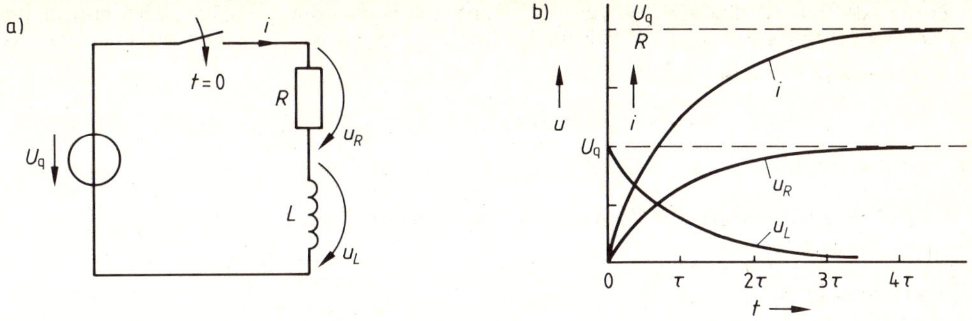

Bild 19.3 Einschalten einer stromlosen Spule an eine Quelle mit konstanter Spannung, Schaltung (a) sowie Zeitverlauf des Stromes i und der Spannungen u_R und u_L (b)

Anstieg des Stromes der Feldaufbau in der Spule. Wird die Maschengleichung des Kreises durch den OHMschen Widerstand R dividiert, so folgt mit Gl. (18.7):

$$\frac{U_q}{R} = \frac{R\,i}{R} + \frac{L}{R} \cdot \frac{\Delta i}{\Delta t} = i + \frac{L}{R} \cdot \frac{\Delta i}{\Delta t} \tag{19.7}$$

Der Quotient L/R wird **Zeitkonstante** τ des Kreises genannt:

$$\tau = \frac{L}{R} \;; \qquad \text{Einheit: } 1\,\frac{\text{H}}{\Omega} = 1\,\frac{\text{Vs}\cdot\text{A}}{\text{A}\cdot\text{V}} = 1\,\text{s} \tag{19.8}$$

Die in Gl. (19.7) gebildete Summe aus Strom und Zeitkonstante mal Stromänderung ist eine Konstante, nämlich der zeitunabhängige Strom U_q/R. Beim Strom $i = 0$ hat die Stromänderung ihren größten Wert. Mit wachsendem Strom i wird die Stromänderung kleiner. Wenn der Strom bei $t = (4\ldots5)\,\tau$ seinen Maximalwert U_q/R praktisch erreicht hat, dann fällt wegen $u_L \approx 0$ die Quellenspannung U_q am OHMschen Widerstand R ab. Dieser Zeitverlauf des Stromes wird mathematisch durch die Exponentialfunktion beschrieben:

$$i = \frac{U_q}{R}\,(1 - \mathrm{e}^{-t/\tau}) \;; \qquad u_R = iR = U_q\,(1 - \mathrm{e}^{-t/\tau}) \tag{19.9}$$

Die induktive Spannung wird mit der Maschengleichung berechnet:

$$u_L = U_q - u_R = U_q - U_q + U_q\,\mathrm{e}^{-t/\tau} = U_q \cdot \mathrm{e}^{-t/\tau} \tag{19.10}$$

Wenn die Spule, die vom Dauerstrom $i = U_q/R$ durchflossen wird, beim *Ausschalten* zum Zeitpunkt $t = 0$ auf einen idealen Kurzschluß geschaltet wird, dann sinkt der Strom i nach einer e-Funktion ab. Die selbstinduktive Spannung u_L ist dabei negativ, weil die Spule als Quelle wirkt und Energie in den Stromkreis zurückgibt.

$$i = \frac{U_q}{R} \cdot \mathrm{e}^{-t/\tau} \;; \qquad u_R = iR = U_q \cdot \mathrm{e}^{-t/\tau} \tag{19.11}$$

Wegen $U_q = 0$ und damit $u_R + u_L = 0$ ergibt sich:

$$u_L = -u_R = -U_q \cdot \mathrm{e}^{-t/\tau} \tag{19.12}$$

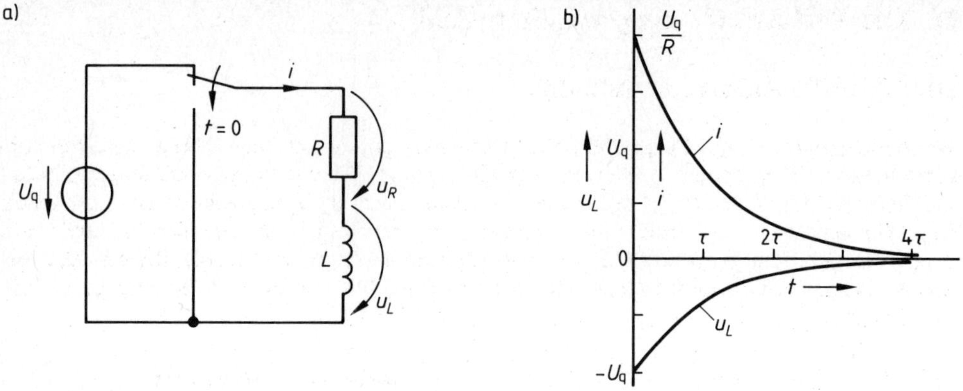

Bild 19.4 Abschaltung und Kurzschließen einer Spule mit der konstanten Induktivität L, Schaltung (a) sowie Zeitverlauf des Stromes i und der Spannung u_L (b)

Der Strom i darf beim Abschalten nicht unterbrochen werden; infolge der Trägheit des magnetischen Feldes versucht die Spule auch im Abschaltaugenblick, den vorher fließenden Strom weiterzutreiben. Dieser erzeugt über der plötzlich hochohmig werdenden Schaltstrecke eine sehr hohe Spannung. Bei mechanisch bewegten Kontakten entsteht der bekannte Kontaktfunke, während Halbleiterschalter durch die Überspannung zerstört werden können. Letztere schützt man z.B. durch eine zur Schaltstrecke parallelgeschaltete Diode, die **Freilaufdiode** genannt wird (Bild 52.12).

Beispiel 19.4: Eine Spule mit dem OHMschen Widerstand 2,5 Ω und der konstanten Induktivität 0,4 H wird an die Gleichspannung 12 V geschaltet. Berechnen Sie die Zeitkonstante, den Dauerstrom I und den Augenblickswert i des Stromes, der 4 Zeitkonstanten nach dem Einschaltzeitpunkt fließt.

$$\tau = \frac{L}{R} = \frac{0{,}4\,\text{H}}{2{,}5\,\Omega} = 0{,}16\,\text{s}$$

$$I = \frac{U_q}{R} = \frac{12\,\text{V}}{2{,}5\,\Omega} = 4{,}8\,\text{A}$$

$$\text{für } t = 4\,\tau \text{ ist } i = \frac{U_q}{R}\,(1 - \text{e}^{-4}) = \frac{12\,\text{V}}{2{,}5\,\Omega}\,(1 - 0{,}018) = 4{,}71\,\text{A}$$

20 Die Verluste im magnetischen Feld

20.1 Die Wirbelstromverluste

Wenn ein zeitabhängiges Magnetfeld ein Metallstück durchsetzt, dann bilden die Spannungen, die im Metall induziert werden, ein elektrisches Feld. Die von diesen Spannungen hervorgerufenen Ströme (Bild 20.1) werden **Wirbelströme** genannt. Entsprechend der LENZschen Regel fließen die Wirbelströme stets so, daß ihr Magnetfeld der induzierenden Flußänderung entgegenwirkt. Wenn z. B. der Fluß Φ im Bezugssinn ansteigt ($\Delta\Phi/\Delta t > 0$), dann ist die von den Wirbelströmen erzeugte Magnetfeldänderung $\Delta\Phi_W/\Delta t$ dem Flußanstieg entgegengerichtet (Bild 20.2).

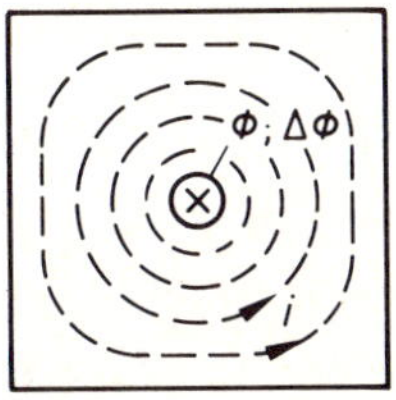

Bild 20.1 Wirbelströme in einem Eisenkern

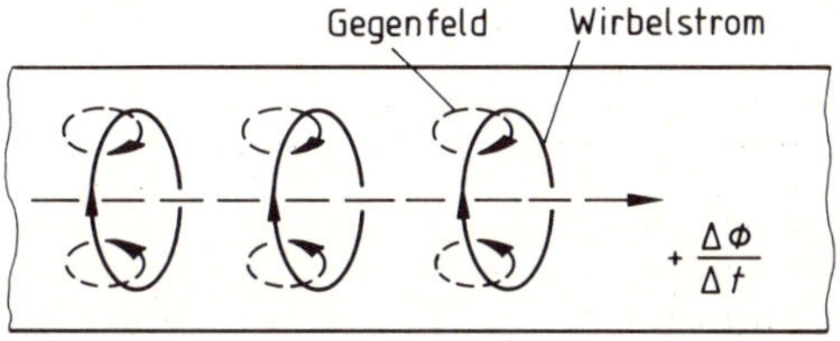

Bild 20.2 Die Wirbelströme arbeiten dem erzeugenden Fluß entgegen

Sowohl die Wärmewirkung als auch die magnetische Wirkung der Wirbelströme finden in der Technik vielfältige Anwendung. Die *Wärmewirkung* wird z. B. in Induktionsöfen (Bild 20.3) zum Schmelzen von Metallen ausgenutzt; außerdem werden Werkstücke beim Schmieden, Löten oder Härten induktiv erwärmt. Da die induzierte Spannung gemäß Gl. (18.3) auch von der Frequenz abhängig ist, werden z. B. Induktionsöfen mit einer Spannung betrieben, deren Frequenz im Bereich 500...2000 Hz liegt.

Die *magnetische Wirkung* der Wirbelströme wird bei der **Wirbelstrombremse** ausgenutzt: In einer leitenden Scheibe, die sich durch ein örtlich begrenztes Magnetfeld dreht, werden in dem im Bereich des Magnetfelds liegenden Gebiet Spannungen induziert, die Wirbelströme treiben. Diese erzeugen ein Magnetfeld, welches dem Hauptmagnetfeld entgegenwirkt; dadurch wird die Bewegung der Scheibe gebremst. Die beim Bremsen umgewandelte Energie erwärmt die Scheibe.

Im Gegensatz zur Backenbremse arbeitet die Wirbelstrombremse verschleißfrei. Soll die Scheibe bis zum Stillstand abgebremst werden, so muß der Bremsvorgang durch eine mecha-

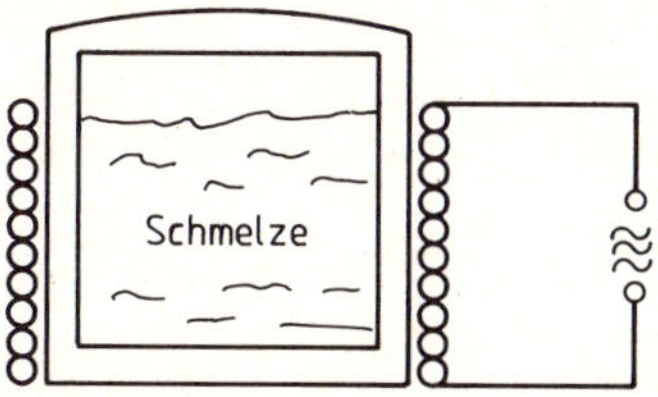

Bild 20.3
Prinzip des Induktions-Schmelzofens

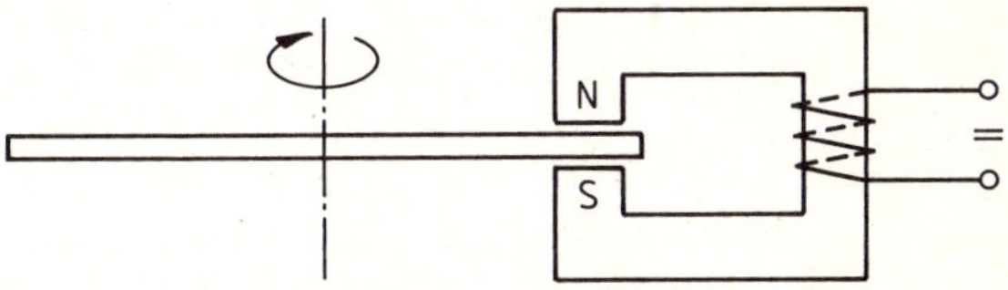

Bild 20.4
Wirbelstrombremse

nische Bremse beendet werden, da die Wirbelstrombremse bei kleinen Drehzahlen fast wirkungslos wird. Für kleine Leistungen, z. B. zur Abbremsung eines elektrischen Zählers, wird zur Erzeugung des Magnetfelds ein Dauermagnet verwendet.
In elektrischen Maschinen (Transformatoren, Generatoren, Motoren) würden Wirbelströme zu unerwünschter Erwärmung führen. Außerdem könnte bei bewegten Maschinen aufgrund der magnetischen Wirkung eine Bewegungshemmung entstehen. Aus diesem Grund muß die Entstehung von Wirbelströmen nicht nur bei elektrischen Maschinen, sondern auch bei anderen Geräten der Elektrotechnik nach Möglichkeit verhindert werden.
Ein Eisenkern, der einen zeitabhängigen Fluß Φ führen soll, wird zur Herabsetzung der Wirbelstromverluste aus *Elektroblech* geschichtet; man bezeichnet einen derartigen Kern als „lamelliert" oder „geblättert". Da jedes Elektroblech auf der Oberfläche eine dünne Isolationsschicht trägt, können sich Wirbelströme nur noch im einzelnen Blech ausbilden, das von einem Bruchteil des Gesamtflusses Φ durchsetzt wird. Der wirksame Eisenquerschnitt des lamellierten Kerns ist wegen der Isolationsschichten kleiner als sein geometrischer Querschnitt. Der Quotient aus Eisenquerschnitt und geometrischem Querschnitt wird **Eisenfüllfaktor** genannt; sein Wert liegt im Bereich 0,95...0,97.
Außerdem enthalten Elektrobleche zur Herabsetzung der Wirbelstromverluste etwa 2,5...4% Silizium; dadurch wird praktisch ohne Beeinflussung der magnetischen Eigenschaften der elektrische Widerstand des Eisens erhöht.

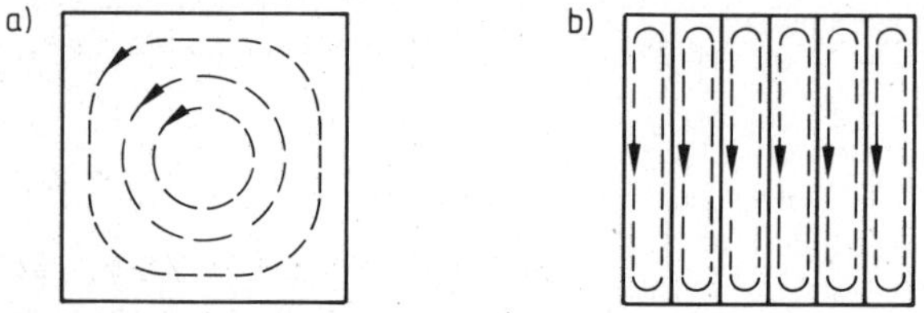

Bild 20.5 Wirbelstrombahnen in einem massiven Eisenkern (a) und in einem geblechten Kern (b)

Spulen, die mit Strömen hoher Frequenz betrieben werden, erhalten **Ferritkerne**, die aus Eisenoxid und anderen Metalloxiden bestehen. Diese Ferritmaterialien, die durch Sintern in Form gebracht werden, weisen einen um $10^5 \ldots 10^9$ höheren spezifischen Widerstand als Eisen auf; dadurch entstehen in Ferritkernen praktisch keine Wirbelstromverluste. Die maximale Flußdichte in einem Ferritkern liegt allerdings nur bei etwa 10% der Flußdichte von Eisen.

20.2 Die Hystereseverluste

Die Magnetisierungskurve eines Eisenkerns, der zyklisch ummagnetisiert wird, durchläuft eine Hystereseschleife. Beim Aufmagnetisieren (Kurvenstück A – B in Bild 20.6) wird dem Kern eine Energie zugeführt, die der Fläche zwischen diesem Kurvenstück und der B-Achse entspricht. Beim Abmagnetisieren (Kurvenstück B – C in Bild 20.6) wird aber nur die Energie an den Stromkreis zurückgegeben, die der Fläche zwischen diesem Kurvenstück und der B-Achse entspricht. Entsprechendes gilt für den Rest des Umlaufs (Strecke C – D – A). Die nach einem vollständigen Umlauf von der Hystereseschleife eingeschlossene Fläche ist der Energie proportional, die je Volumen im Eisen in Wärme umgewandelt wird. Um die Erwärmung des

Eisenkerns klein zu halten, müssen die für einen Betrieb im Wechselfeld bestimmten weichmagnetischen Werkstoffe eine schmale Hystereseschleife haben. Die zugehörige Verlustleistung wird als **Hystereseverlustleistung** (kurz: Hystereseverluste) bezeichnet.

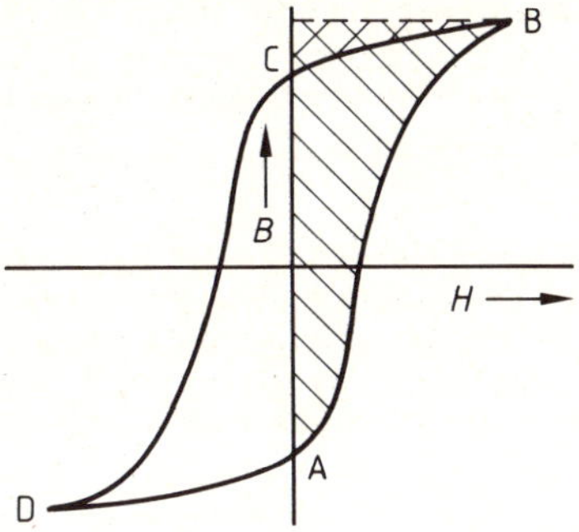

Bild 20.6 Zur Erläuterung der Hystereseverluste

20.3 Die Eisenverluste

In einem Eisenkern, der von einem Wechselfluß $\Phi(t)$ durchsetzt wird, entstehen sowohl Wirbelstromverluste P_W als auch Hystereseverluste P_H. Beide Verlustarten werden zu den **Eisenverlusten** P_{Fe} zusammengefaßt:

$$P_{Fe} = P_W + P_H \tag{20.1}$$

Für *Elektroblech*, das in einem Wechselfeld mit dem Maximalwert 1,5 T der Flußdichte bei der Frequenz 50 Hz betrieben wird, gibt die erste Zahl der Normbezeichnung die Verluste je kg Masse in 1/100 W an. Da die Eisenverluste nichtlinear von der Flußdichte abhängig sind, ist eine Umrechnung auf andere Flußdichtewerte als 1,5 T nicht ohne weiteres möglich; falls erforderlich, müssen Angaben des Herstellers eingeholt oder Messungen durchgeführt werden.

Beispiel 20.1: Welche Eisenverluste hat ein Transformator, dessen Eisenkern aus 490 kg Elektroblech VM 97-30 N besteht, das beim Maximalwert 1,5 T der Flußdichte mit 50 Hz betrieben wird?

$$P_{Fe} = 97\,\frac{0{,}01\ \mathrm{W}}{\mathrm{kg}} \cdot 490\ \mathrm{kg} = 475\ \mathrm{W}$$

21 Kräfte im Magnetfeld

21.1 Die Zugkraft eines Magneten

Bewegt sich der Südpol des in Bild 21.1 skizzierten Magneten mit der Kraft F gegen eine rückhaltende Kraft um den sehr kleinen Weg Δl auf den Nordpol zu, dann leistet der Magnet die mechanische Arbeit

$$\Delta W_{\text{mech}} = F \cdot \Delta l \ . \tag{21.1}$$

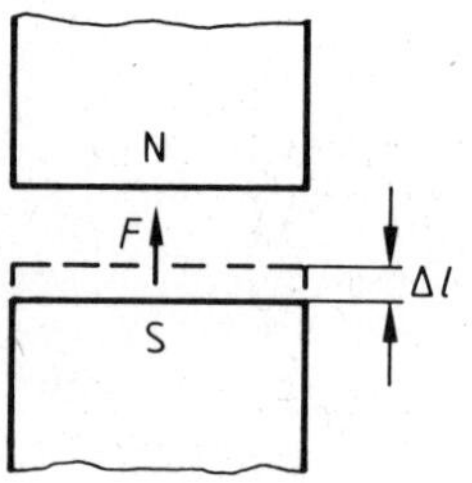

Bild 21.1 Zur Berechnung der Zugkraft eines Magneten

Durch diese Bewegung nimmt das Luftspaltvolumen um $\Delta V = A \cdot \Delta l$ ab. Mit der vereinfachenden Annahme, daß sich die Flußdichte dabei praktisch nicht ändert, wird die Energie des Magnetfeldes (Gl. 19.6) um

$$\Delta W_{\text{mag}} = \frac{B^2}{2\,\mu_0} \cdot \Delta V = \frac{B^2}{2\,\mu_0} \cdot A \cdot \Delta l \tag{21.2}$$

verringert. Mit $\Delta W_{\text{mech}} = \Delta W_{\text{mag}}$ ergibt sich die Zugkraft des Magneten zu

$$F = \frac{A \cdot B^2}{2\,\mu_0} \ . \tag{21.3}$$

21.2 Elektromagnete

Der Weicheisenanker eines Elektromagneten, dessen grundsätzlichen Aufbau Bild 21.2 im Schnitt zeigt, wird von dem Magnetfeld einer stromdurchflossenen Spule in die Spule gezogen.

Elektromagnete arbeiten als

→ Hubmagnete	zum Heben von Lasten, Betätigen von Gestängen, Öffnen und Schließen von Kontakten und Ventilen;
→ Haltemagnete	zum Festhalten und Transportieren magnetischer Teile;
→ Schwingmagnete	zum Erregen der zum Betrieb von Rütteltischen, Zahnbürsten, Rasierapparaten notwendigen Vibrationen.

Der **Gleichstrommagnet** wird meist rotationssymmetrisch gefertigt. Sein Magnetkreis besteht aus massivem Material. Der Spulenstrom und damit die Durchflutung sind, bei ruhendem Anker, unabhängig von der Länge des Luftspaltes nur von Spulenspannung und -widerstand bestimmt. Die Zugkraft des Magneten nimmt daher mit größer werdendem Luftspalt stark ab (Beispiel 21.1), so daß die in Bild 21.2 dargestellte Ausführung nur Hübe von wenigen mm Länge erlaubt. Für größere Hublängen bis etwa 40 mm werden Anker und der ihn aufnehmende Boden konisch ausgebildet (Bild 21.3). Durch die Konusform kann der Verlauf der Zugkraft in Abhängigkeit vom Luftspalt beeinflußt werden. Die Berechnung des Zugkraftverlaufes ist wegen des inhomogenen Magnetfeldes schwierig. Man wird die erforderlichen Werte für Konuslänge und Konuswinkel im allgemeinen durch Versuch bestimmen.

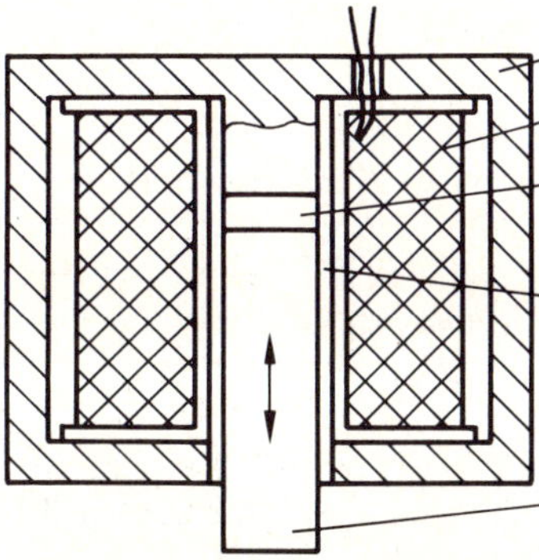

Bild 21.2 Schnitt durch einen Elektromagneten

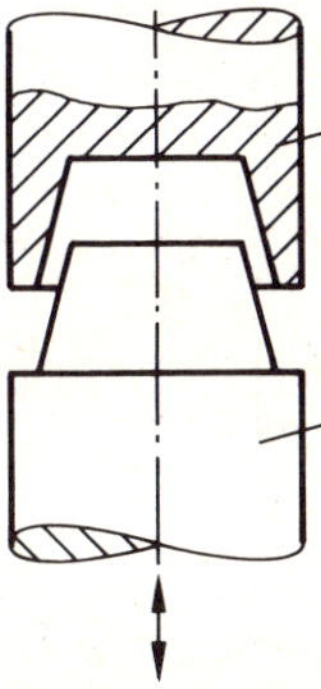

Bild 21.3 Luftspalt des Gleichstrommagneten

Beispiel 21.1: Die Magnetspule eines Gleichstrommagneten nach Bild 21.2 hat $N = 3000$ Windungen, den Widerstand $R = 300\,\Omega$ und liegt an 24 V. Die Ankerfläche ist 4 cm². Wie groß ist – bei Vernachlässigung von Streuung und magnetischer Spannung des Eisens – die Zugkraft des Magneten a) bei 1 mm, b) bei 2 mm Luftspalt?

$$I = \frac{24\,\text{V}}{300\,\Omega} = 80\,\text{mA} \qquad \Theta = I \cdot N = 80\,\text{mA} \cdot 3000 = 240\,\text{A}$$

a) $H = \frac{\Theta}{l} = \frac{240\,\text{A}}{1 \cdot 10^{-3}\,\text{m}} = 240 \cdot 10^3\,\frac{\text{A}}{\text{m}}$ b) $H = \frac{240\,\text{A}}{2 \cdot 10^{-3}\,\text{m}} = 120 \cdot 10^3\,\frac{\text{A}}{\text{m}}$

$B = \mu_0 H = 1{,}257 \cdot 10^{-6}\,\frac{\text{Vs}}{\text{Am}} \cdot 240 \cdot 10^3\,\frac{\text{A}}{\text{m}} = 0{,}302\,\text{T}$ $B = 1{,}257 \cdot 10^{-6}\,\frac{\text{Vs}}{\text{Am}} \cdot 120 \cdot 10^3\,\frac{\text{A}}{\text{m}} = 0{,}151\,\text{T}$

$F = \frac{A \cdot B^2}{2\mu_0} = \frac{4 \cdot 10^{-4}\,\text{m}^2 \cdot 0{,}302^2 (\text{Vs})^2\,\text{Am}}{\text{m}^2 \cdot 2 \cdot 1{,}257 \cdot 10^{-6}\,\text{Vs}} = 14{,}5\,\text{N}$ $F = \frac{4 \cdot 10^{-4}\,\text{m}^2 \cdot 0{,}151^2 (\text{Vs})^2\,\text{Am}}{\text{m}^2 \cdot 2 \cdot 1{,}257 \cdot 10^{-6}\,\text{Vs}} = 3{,}63\,\text{N}$

Die Kraft nimmt quadratisch ab, wenn die Luftspaltlänge linear zunimmt. Schon bei verhältnismäßig kleinen Luftspalten reicht sie nicht mehr aus, die Ankermasse, geschweige denn eine zusätzliche Last zu heben.

Um die zusätzliche Erwärmung durch die Eisenverluste (Abschn. 20.3) klein zu halten, wird der Eisenkreis des **Wechselstrommagnet**en aus Elektroblechen gefertigt. Häufig verwendet man dazu die Normschnitte für Kleintransformatoren (Abschn. 31.9.4). Anstelle des OHMschen bestimmt vorwiegend der induktive Spulenwiderstand den Strom und damit die Durchflutung. Der bei großem Luftspalt sehr kleine induktive Spulenwiderstand nimmt mit abnehmendem Luftspalt stark zu. Bei großem Luftspalt ist also die Durchflutung groß; sie nimmt mit kleiner werdendem Luftspalt ab. So erreicht man mit der in Bild 21.2 dargestellten Ausführung in grober Näherung eine über die ganze Hublänge konstante Zugkraft.
Der Anker eines Wechselstrom-Hubmagneten muß immer voll anziehen; wird er in einer Zwischenstellung blockiert, dann verbrennt die Wicklung durch zu hohe Dauerstromaufnahme.

Außer ihrer Abhängigkeit vom Luftspalt ist die Zugkraft des Wechselstrommagneten noch zeitabhängig. Da sich die Flußdichte sinusförmig mit Netzfrequenz ändert, schwingt die Kraftkurve mit doppelter Netzfrequenz (Kurve $F_a(t)$ in Bild 21.4). Wegen der Trägheit der bewegten Masse ist diese Zeitabhängigkeit während des Hubes ohne Bedeutung. Sobald aber der Anker nach Ende des Hubes auf dem Boden aufliegt, führen die Lücken der Kraftkurve zu Vibrationen des Ankers. Der Anker beginnt mit doppelter Netzfrequenz zu prellen, denn während der Kraftlücke fällt er vom Boden ein kleines Stück ab, wird aber von dem nachfolgenden Kraftmaximum sofort wieder zum Boden zurückgezogen. Außer den unangenehmen Geräuschen, die dadurch entstehen (der Magnet »brummt«), besteht die Gefahr, daß sich die aufeinanderprallenden Flächen mit der Zeit zerschlagen. Die Kraftmaxima werden verkleinert und die Täler teilweise aufgefüllt (Kurve $F_b(t)$ in Bild 21.4), wenn in die Fläche, mit der der Anker auf den Boden auftrifft, ein Kurzschlußring aus Kupfer eingelassen wird (Bild 21.5). Der im Ring fließende Kurzschlußstrom erzeugt ein zusätzliches phasenverschobenes Magnetfeld, dessen Flußdichte den Maximalwert etwa im Augenblick des Nulldurchgangs der Flußdichte des ursprünglichen Feldes hat. Durch die Wirkung des Zusatzfeldes wird der Anker dauernd mit ausreichender Haltekraft festgehalten.

Der **Schwingmagnet** nutzt die bei einer Kraftkurve $F_a(t)$ (Bild 21.4) auftretenden Vibrationen zur Schwingungserzeugung aus. Eine Feder zwischen Anker und Boden verhindert beider Berührung.

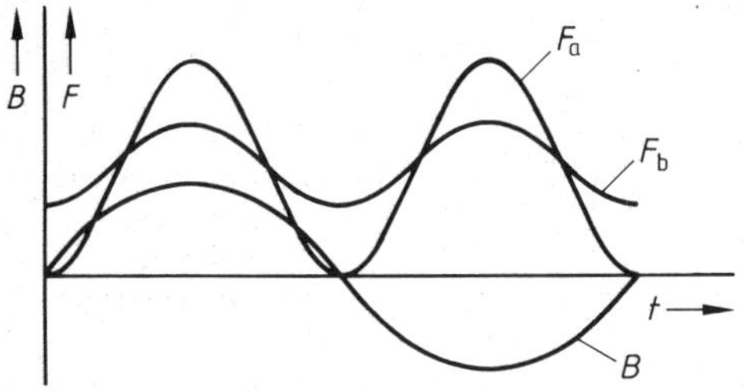

Bild 21.4 Zugkraft eines Wechselstrommagneten

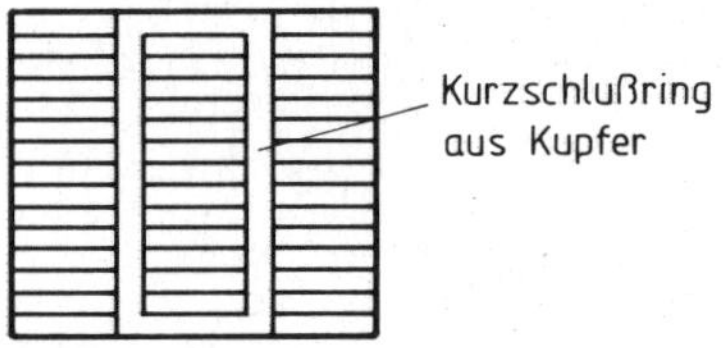

Bild 21.5
Anker eines Wechselstrommagneten (Blick auf die den Boden berührende Fläche)

21.3 Die Kraftwirkung zwischen zwei stromführenden Leitern

Auf einen geraden Leiter der Länge l, der sich in einem Magnetfeld der Flußdichte B befindet (Bild 14.5), wirkt nach Gl. (14.1) die Kraft $F = BIl$. Dementsprechend treten auch zwischen zwei parallelgeführten stromdurchflossenen Leitern Kraftwirkungen auf, da sich jeder Leiter im Magnetfeld des anderen befindet. Nach Gl. (14.4) erzeugt der vom Strom I_1 durchflossene Leiter im Abstand a die Flußdichte:

$$B_1 = \mu_0 \frac{I_1}{2\pi a} \tag{21.4}$$

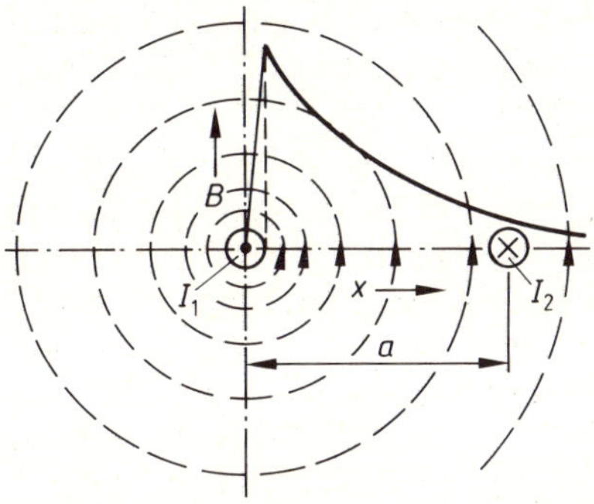

Bild 21.6 Die Flußdichte B nimmt außerhalb eines geraden Leiters hyperbolisch mit der Entfernung ab

An dieser Stelle befindet sich der vom Strom I_2 durchflossene Leiter, der nach Gl. (14.1) die Kraft

$$F = B_1 I_2 l = \mu_0 \frac{I_1 I_2}{2\pi a} l = 0{,}2 \cdot 10^{-6} \frac{\mathrm{N}}{\mathrm{A}^2} I_1 I_2 \frac{l}{a} \tag{21.5}$$

erfährt. Für das Bestimmen der Kraftrichtung verwendet man zweckmäßig ein Modell, das die Kraftlinien mit Gummifäden vergleicht: sie versuchen, sich in Längsrichtung zu verkürzen, stoßen sich aber in Querrichtung voneinander ab. Bei gleicher Stromrichtung in beiden Leitern heben sich die Teilfelder zwischen ihnen weitgehend auf, während sie sich außerhalb der Leiter verstärken. Die Feldlinien des resultierenden Feldes umschließen beide Leiter wie Gummibänder; die Leiter »ziehen einander an«. Bei entgegengesetzten Stromrichtungen verstärken sich die Teilfelder zwischen den Leitern und schwächen sich außerhalb derselben; die Leiter »stoßen einander ab«.

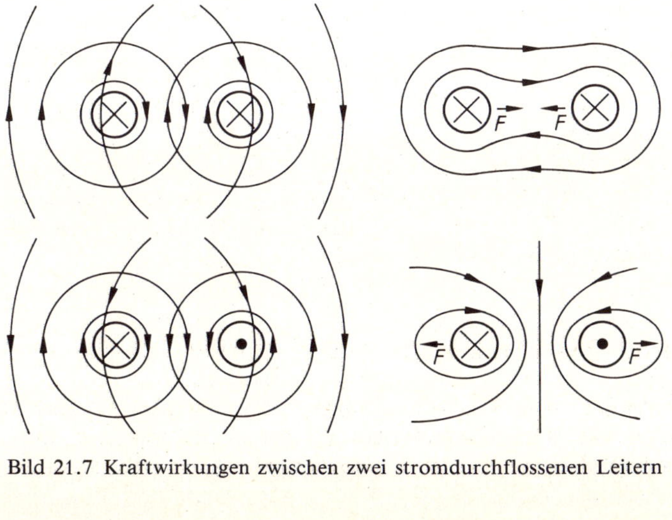

a) Einzelfelder und Gesamtfeld bei gleichen Stromrichtungen

b) Einzelfelder und Gesamtfeld bei entgegengesetzten Stromrichtungen

Bild 21.7 Kraftwirkungen zwischen zwei stromdurchflossenen Leitern

Über die Kraft zwischen zwei stromführenden Leitern ist im Internationalen Einheitensystem als Grundeinheit der Elektrotechnik das Ampere definiert:

> Zwei unendlich lange Leiter im Abstand $a = 1$ m, von denen jeder den Strom 1 A führt, üben je 1 m Leiterlänge die Kraft $F = 0{,}2 \cdot 10^{-6}$ N aufeinander aus.

Beispiel 21.2: Bei einem Kurzschluß in einem Gleichstromnetz führen die im Abstand $a = 0{,}25$ m auf Porzellanstützern montierten Stromschienen den Strom $I_k = 35$ kA. Welche Umbruchkraft erfährt ein Stützer, wenn der Stützerabstand $l = 1{,}25$ m ist?

$$F = 0{,}2 \cdot 10^{-6}\,\frac{\text{N}}{\text{A}^2} \cdot (35\,000\ \text{A})^2\,\frac{1{,}25\ \text{m}}{0{,}25\ \text{m}} = 1225\ \text{N}$$

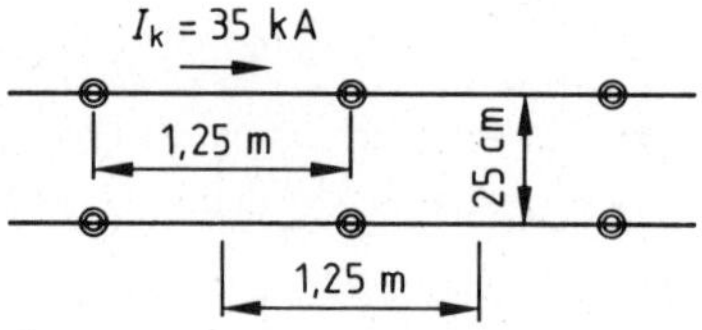

Bild 21.8 Sammelschienenanordnung zu Beispiel 21.2

22 Der kapazitive Leitwert

22.1 Der Kondensator an Sinusspannung

Wird ein Kondensator mit der Kapazität C an einer Quelle betrieben, deren Quellenspannung u_q sinusförmig zeitabhängig ist, so ist auch seine Ladung $Q(t)$ zeitabhängig, denn Gl. (13.1) gilt auch für zeitabhängige Größen:

$$Q(t) = C \cdot u(t) = C \cdot \hat{u} \cdot \sin \omega t \tag{22.1}$$

Der Kondensator enthält also zum Zeitpunkt t die Ladung $Q(t)$. Während der Zeitspanne Δt ändert sich die Ladung gemäß Gl. (2.2) um den Wert ΔQ:

$$\Delta Q = i \cdot \Delta t \tag{22.2}$$

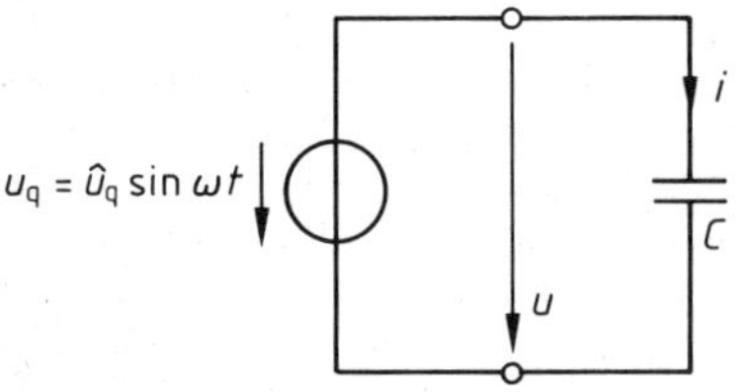

Bild 22.1
Kondensator an einer Sinus-Spannungsquelle

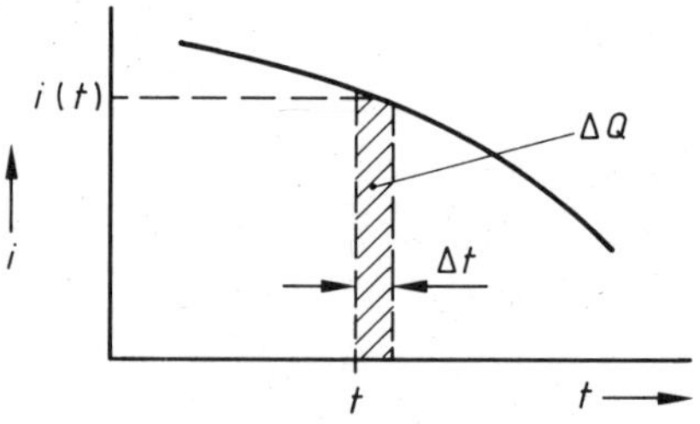

Bild 22.2
Ladungsänderung des Kondensators

Die Zeitspanne Δt wird so klein gewählt, daß der Strom i in ihr als konstant angesehen werden kann. Die Ladung zum Zeitpunkt $t+\Delta t$ ist:

$$Q(t+\Delta t) = Q(t) + \Delta Q = C\hat{u}\sin\omega(t+\Delta t) \tag{22.3}$$

In diese Gleichung wird die Gl. (22.2) eingesetzt:

$$Q(t) + i\cdot\Delta t = C\hat{u}\sin(\omega t + \omega\cdot\Delta t) \tag{22.4}$$

Auf die Sinusfunktion wird nun das Additionstheorem

$$\sin(\alpha+\beta) = \sin\alpha\cdot\cos\beta + \cos\alpha\cdot\sin\beta$$

angewendet, wobei $\alpha = \omega t$ und $\beta = \omega\cdot\Delta t$ gesetzt wird:

$$Q(t) + i\cdot\Delta t = C\hat{u}\sin(\omega t)\cdot\cos(\omega\cdot\Delta t) + C\hat{u}\cos(\omega t)\cdot\sin(\omega\cdot\Delta t) \tag{22.5}$$

Für sehr kleine Winkel $\Delta\beta \ll 1$ (im Bogenmaß) gilt:

$$\sin(\Delta\beta) \approx \Delta\beta\ ; \qquad \cos(\Delta\beta) \approx 1$$

Da auch der Winkel $\omega\cdot\Delta t$ sehr klein ist, läßt sich wegen $\sin(\omega\cdot\Delta t) \approx \omega\cdot\Delta t$ und $\cos(\omega\cdot\Delta t) \approx 1$ die Gl. (22.5) umformen:

$$Q(t) + i\cdot\Delta t = C\hat{u}\sin(\omega t) + C\hat{u}\cos(\omega t)\cdot\omega\cdot\Delta t \tag{22.6}$$

In dieser Gleichung ist der erste Summand auf der rechten Seite die ursprüngliche Ladung $Q(t)$ zum Zeitpunkt t. Die Änderung der Ladung ist also:

$$i\cdot\Delta t = \omega\cdot\Delta t\cdot C\hat{u}\cos(\omega t) \tag{22.7}$$

Kürzt man aus dieser Gleichung die Zeitspanne Δt heraus, so erhält man den Strom

$$i = \omega\cdot C\hat{u}\cos(\omega t) \tag{22.8}$$

mit der Amplitude:

$$\hat{i} = \omega C\cdot\hat{u} \tag{22.9}$$

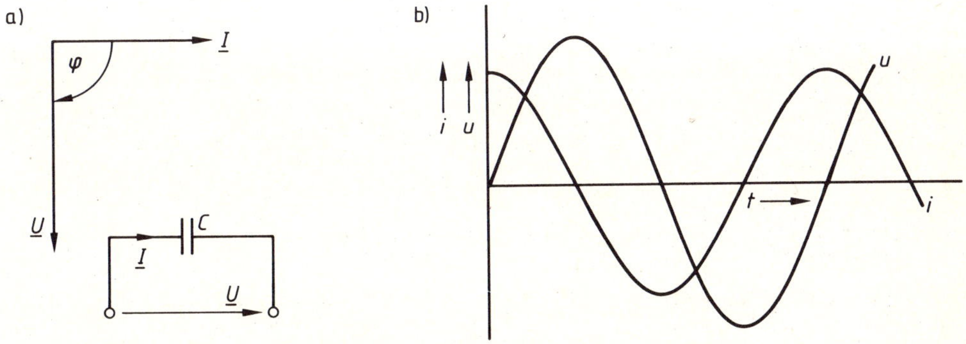

Bild 22.3 Zeigerbild (a) und Liniendiagramm (b) von Spannung und Strom an einem Kondensator $C = \text{const.}$ (Darstellung der Effektivwertzeiger im Maßstab 2:1)

Der Strom hat den Nullphasenwinkel $\varphi_i = 0$, während die Spannung $u = \hat{u} \sin \omega t$ den Nullphasenwinkel $\varphi_u = -90°$ aufweist (s. Kap. 17.1). Der Phasenverschiebungswinkel φ der Spannung gegen den Strom hat an einem verlustfreien Kondensator den Wert:

$$\varphi = \varphi_u - \varphi_i = -90° \tag{22.10}$$

Der mit der Differentialrechnung vertraute Leser kann die Gl. (22.8) durch Einsetzen der Sinusspannung $u = \hat{u} \sin \omega t$ in die Gl. (13.16) erhalten, bei welcher der Differenzenquotient durch den Differentialquotienten ersetzt wird:

$$i = C \frac{\mathrm{d}u}{\mathrm{d}t} = C \frac{\mathrm{d}(\hat{u} \sin \omega t)}{\mathrm{d}t} = C\hat{u} \frac{\mathrm{d}(\sin \omega t)}{\mathrm{d}t} = C\hat{u}\omega \cdot \cos \omega t \tag{22.11}$$

22.2 Der Scheinleitwert

Dividiert man die Gl. (22.9) durch den Faktor $\sqrt{2}$ und setzt den Effektivwert $U = \hat{u}/\sqrt{2}$ der Spannung ein, so erhält man den Effektivwert $I = \hat{i}/\sqrt{2}$ des Stromes:

$$I = \omega C \cdot U \tag{22.12}$$

Der Quotient aus dem Effektivwert I des Stromes und dem Effektivwert U der Spannung wird als **Scheinleitwert** Y bezeichnet:

$$Y = \frac{I}{U} \; ; \quad \text{Einheit: } \frac{1\,\text{A}}{1\,\text{V}} = 1\,\text{S} = \frac{1}{\Omega} \tag{22.13}$$

Der Scheinleitwert wird auch **Admittanz** genannt; für einen idealen (verlustfreien) Kondensator hat er den Wert:

$$Y = \frac{I}{U} = \omega C \tag{22.14}$$

Beispiel 22.1: Welchen Scheinleitwert hat der Kondensator mit der Kapazität 4,7 µF, der an Wechselspannung (Sinusspannung) 230 V; 50 Hz liegt? Welcher Strom fließt dabei?

Mit $\omega = 2\pi f = 2\pi \; 50\,\text{Hz} = 314 \; \frac{1}{\text{s}}$ wird der Scheinleitwert berechnet:

$$Y = \omega C = 314 \; \frac{1}{\text{s}} \cdot 4{,}7 \cdot 10^{-6} \; \frac{\text{As}}{\text{V}} = 1{,}48\,\text{mS}$$

Der Effektivwert des Stromes ist:

$$I = Y \cdot U = 1{,}48 \cdot 10^{-3} \; \frac{\text{A}}{\text{V}} \cdot 230\,\text{V} = 0{,}34\,\text{A}$$

23 Der induktive Widerstand

23.1 Die ideale Spule an Sinusstrom

Wird eine ideale (verlustfreie) Spule von einem Sinusstrom $i = \hat{\imath} \sin \omega t$ durchflossen, so liegt an ihren Klemmen eine Spannung, deren Zeitverlauf mit Gl. (18.7) berechnet werden kann:

$$u = L \frac{\Delta i}{\Delta t} = L \frac{\Delta (\hat{\imath} \sin \omega t)}{\Delta t} = L \hat{\imath} \frac{\Delta (\sin \omega t)}{\Delta t} \tag{23.1}$$

Die Lösung dieser Gleichung läßt sich entsprechend der Lösung der Gl. (22.11) durchführen:

$$u = L \hat{\imath} \cdot \omega \cdot \cos(\omega t) \tag{23.2}$$

Die Spannung mit der Amplitude

$$\hat{u} = \omega L \cdot \hat{\imath} \tag{23.3}$$

hat den Nullphasenwinkel $\varphi_u = 0$, während der Strom den Nullphasenwinkel $\varphi_i = -90°$ aufweist. Der Phasenverschiebungswinkel φ der Spannung gegen den Strom hat bei einer idealen (verlustfreien) Spule den Wert:

$$\varphi = \varphi_u - \varphi_i = 0 - (-90°) = +90° \tag{23.4}$$

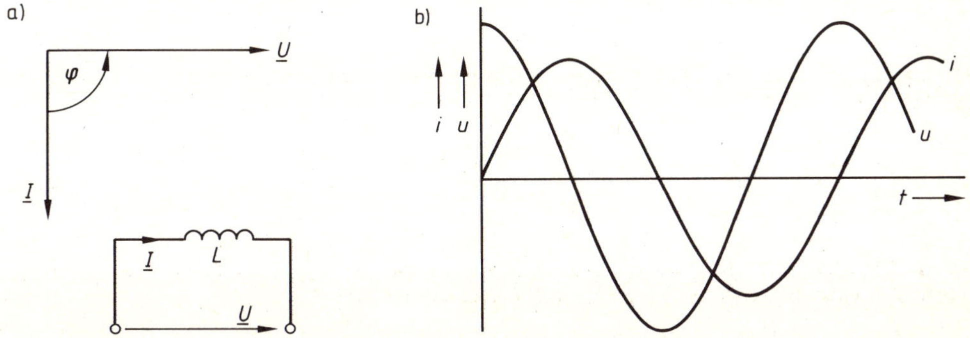

Bild 23.1 Zeigerbild (a) und Liniendiagramm (b) von Spannung und Strom an einer idealen Spule mit der Induktivität $L = \text{const.}$ (Darstellung der Effektivwertzeiger im Maßstab 2:1)

23.2 Der Scheinwiderstand

Dividiert man die Gl. (23.3) durch den Faktor $\sqrt{2}$ und setzt den Effektivwert $I = \hat{\imath}/\sqrt{2}$ des Stromes ein, so erhält man den Effektivwert $U = \hat{u}/\sqrt{2}$ der Spannung:

$$U = \omega L \cdot I \tag{23.4}$$

Der Quotient aus dem Effektivwert U der Spannung und dem Effektivwert I des Stromes wird als **Scheinwiderstand** Z bezeichnet:

$$Z = \frac{U}{I}\ ; \quad \text{Einheit: } \frac{1\,\text{V}}{1\,\text{A}} = 1\,\Omega \tag{23.5}$$

Der Scheinwiderstand wird auch **Impedanz** genannt; für eine ideale Spule hat er den Wert:

$$Z = \omega L \tag{23.6}$$

Beispiel 23.1: Die im Beispiel 18.2 beschriebene Spule mit der Induktivität 48 µH wird an Wechselspannung 5 V (Effektivwert) mit der Frequenz 10 kHz betrieben. Welchen Scheinwiderstand hat die Spule, und welcher Strom fließt durch sie?

$$Z = \omega L = 2\pi f L = 2\cdot\pi\cdot 10^4\,\frac{1}{\text{s}}\cdot 48\cdot 10^{-6}\,\text{H} = 3{,}02\,\Omega$$

$$I = \frac{U}{Z} = \frac{5\,\text{V}}{3{,}02\,\Omega} = 1{,}66\,\text{A}$$

Beispiel 23.2: Eine Spule, die an der Wechselspannung 230 V mit der Frequenz 50 Hz betrieben wird, nimmt den Strom 1,2 A auf. Welche Induktivität hat die Spule, wenn sie näherungsweise als verlustfrei angesehen werden kann?

$$L = \frac{U}{\omega I} = \frac{U}{2\pi f I} = \frac{230\,\text{V}\cdot\text{s}}{2\cdot 3{,}14\cdot 50\cdot 1{,}2\,\text{A}} = 0{,}61\,\text{H}$$

24 Der einfache Wechselstromkreis

24.1 Wirkwiderstand und Blindwiderstand

In der Wechselstromtechnik werden Schaltungen behandelt, deren Spannungen und Ströme *sinusförmig* sind. Die Elemente einer Wechselstrom-Schaltung sind außer Spannungs- und Stromquellen der OHMsche Widerstand, der ideale (verlustfreie) Kondensator und die ideale (verlustfreie) Spule.

Wird eine Wechselstrom-Schaltung nur aus einer einzigen Quelle gespeist, so schwingen sämtliche Spannungen und Ströme dieser Schaltung mit derselben Frequenz f. Wird eine Wechselstrom-Schaltung aus mehreren Quellen gespeist, so ist die im folgenden beschriebene Behandlung nur dann zulässig, wenn, wie in technischen Anordnungen i. allg. gegeben, sämtliche Quellengrößen mit ein und derselben Frequenz schwingen.

Ein OHMscher Widerstand R hat den Scheinwiderstand $Z_R = U/I = R$. An einem OHMschen Widerstand sind Spannung und Strom *in Phase;* dies bedeutet, daß der Phasenverschiebungswinkel den Wert $\varphi = 0$ hat. Der Widerstand eines Zweipols mit $\varphi = 0$ wird als **Wirkwiderstand** R bezeichnet.

Eine ideale Spule mit der Induktivität L hat den Scheinwiderstand $Z_L = U/I = \omega L$; dabei ist $\omega = 2\pi f$ die Kreisfrequenz. An einer idealen Spule eilt die Spannung dem Strom um 90° vor;

der Phasenverschiebungswinkel hat den Wert $\varphi = 90°$. In Bild 24.1 wird als Bezugsgröße die nullphasige Schwingung des Stromes verwendet; ihr Zeiger liegt waagrecht. Das Zeigerbild für Strom und Spannung der idealen Spule ist gegenüber Bild 23.1a um 90° gedreht.

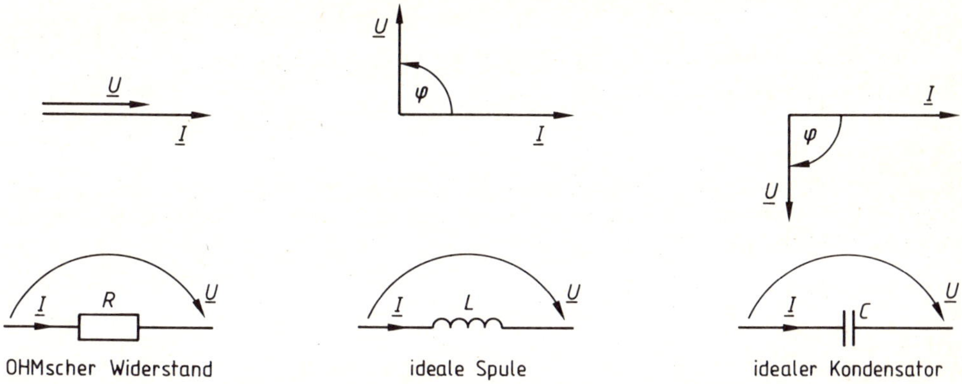

Bild 24.1 Elemente einer Wechselstrom-Schaltung

Ein idealer Kondensator mit der Kapazität C hat den Scheinwiderstand $Z_C = 1/(\omega C)$. An einem idealen Kondensator eilt die Spannung dem Strom um 90° nach. Der Phasenverschiebungswinkel hat den Wert $\varphi = -90°$.
Der Widerstand eines Zweipols mit $\varphi = 90°$ bzw. $\varphi = -90°$ wird als **Blindwiderstand** oder auch als **Reaktanz** X bezeichnet. Nach DIN 40110 stimmt das Vorzeichen des Blindwiderstandes mit dem Vorzeichen des Phasenverschiebungswinkels überein. Damit gilt

– für die ideale Spule: $X_L = \omega L$ (24.1)

– für den idealen Kondensator: $X_C = -\dfrac{1}{\omega C}$ (24.2)

Während der Scheinwiderstand $Z_R = R$ eines OHMschen Widerstands frequenz*un*abhängig ist, nimmt der Scheinwiderstand $Z_L = \omega L$ einer idealen Spule linear mit der Frequenz f bzw. mit der Kreisfrequenz ω zu. Der Scheinwiderstand $Z_C = 1/(\omega C)$ eines idealen Kondensators nimmt mit steigender Frequenz hyperbolisch ab (Bild 24.2).

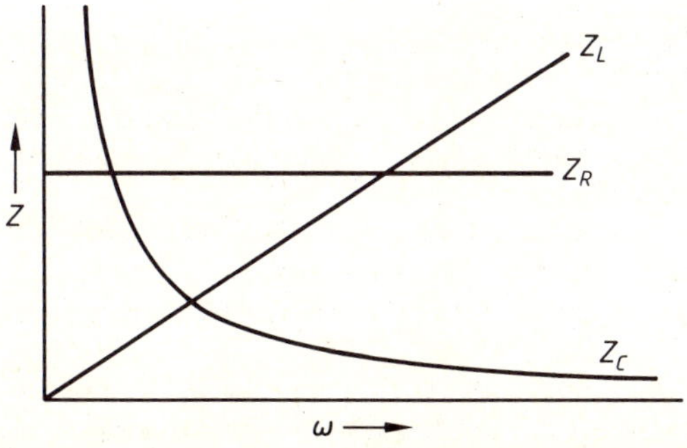

Bild 24.2 Scheinwiderstand Z in Abhängigkeit von der Kreisfrequenz ω

24.2 Die Reihenschaltungen

Bei einer Reihenschaltung, die auch **Serienschaltung** genannt wird, fließt ein und derselbe Strom durch sämtliche Elemente; er wird deshalb als Bezugsgröße verwendet. Bild 24.3 zeigt als Beispiel die Reihenschaltung eines OHMschen Widerstandes und einer idealen Spule; dies ist z. B. die Ersatzschaltung einer verlustbehafteten Spule. Die Spannungen $\underline{U}_R$ und $\underline{U}_L$, die eine unterschiedliche Phasenlage haben, sind geometrisch zur Gesamtspannung $\underline{U}$ zu addieren.

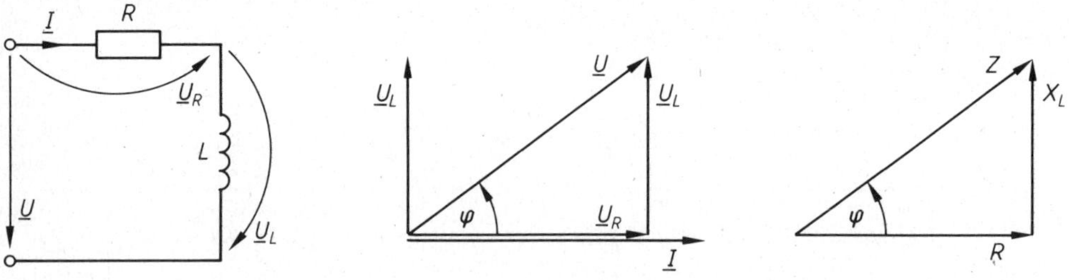

Bild 24.3 Reihenschaltung eines OHMschen Widerstands und einer idealen Spule

Für das rechtwinklige Dreieck, das von den Spannungen $\underline{U}_R$, $\underline{U}_L$ und $\underline{U}$ gebildet wird, gilt der Satz des PYTHAGORAS:

$$U = \sqrt{U_R^2 + U_L^2} \tag{24.3}$$

Die Spannung $\underline{U}_R$, die in Phase mit dem Strom $\underline{I}$ ist, wird auch als **Wirkspannung** bezeichnet. Eine Spannung, die gegen den Strom $\underline{I}$ um 90° phasenverschoben ist, wird **Blindspannung** genannt; die Spannung $\underline{U}_L$, welche dem Strom $\underline{I}$ um 90° voreilt, ist also eine Blindspannung.

Mit der Spannung U läßt sich der Scheinwiderstand $Z = U/I$ der Reihenschaltung berechnen. Wegen $R = U_R/I$; $X_L = U_L/I$; $Z = U/I$ kann ein Dreieck der Widerstände angegeben werden, das dem Dreieck der Spannungen ähnlich ist: Jeder Wirk-, Blind- oder Scheinwiderstand wird dabei durch einen Pfeil dargestellt, der dieselbe Richtung wie die zugehörige Spannung hat (Bild 24.3).

Beispiel 24.1: Eine Spule nimmt an Gleichspannung 230 V den Strom $I_- = 10$ A auf, an Wechselspannung 230 V; 50 Hz dagegen nur $I = 2$ A. Gesucht sind

a) der Wirkwiderstand R,
b) der Scheinwiderstand Z,
c) der induktive Widerstand X_L,
d) die Induktivität L,
e) der Phasenverschiebungswinkel φ,
f) das Zeigerdiagramm.

a) Gleichspannung wird bei der Berechnung als Wechselspannung mit der Frequenz $f = 0$ angesehen; dabei hat der Blindwiderstand den Wert $X_L = \omega L = 2\pi f L = 0$.

$$R = \frac{U_-}{I_-} = \frac{230\,\text{V}}{10\,\text{A}} = 23\,\Omega$$

b) $Z = \dfrac{U}{I} = \dfrac{230\,\text{V}}{2\,\text{A}} = 115\,\Omega$

c) $X_L = \sqrt{Z^2 - R^2} = \sqrt{(115\,\Omega)^2 - (23\,\Omega)^2} = 112{,}7\,\Omega$

d) $L = \dfrac{X_L}{\omega} = \dfrac{112{,}7\,\Omega}{314\,\text{s}^{-1}} = 0{,}359\,\text{H}$

e) $\cos\varphi = \dfrac{R}{Z} = \dfrac{23\,\Omega}{115\,\Omega} = 0{,}2$

$\varphi = \arccos 0{,}2 = 78{,}5°$

$\sin\varphi = \dfrac{X}{Z} = \dfrac{112{,}7\,\Omega}{115\,\Omega} = 0{,}98$

f) $U_R = I \cdot R = 2\,\text{A} \cdot 23\,\Omega = 46\,\text{V}$
$= U \cos\varphi = 230\,\text{V} \cdot 0{,}2 = 46\,\text{V}$

$U_L = I \cdot X_L = 2\,\text{A} \cdot 112{,}7\,\Omega = 225{,}4\,\text{V}$
$= U \sin\varphi = 230\,\text{V} \cdot 0{,}98 = 225{,}4\,\text{V}$

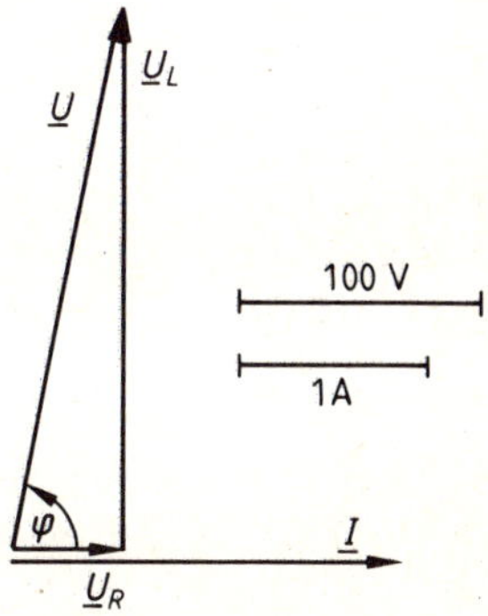

Bild 24.4 Zeigerdiagramm zu Beispiel 24.1

Da der Blindwiderstand X_L einer Spule an Wechselspannung den Strom „drosselt“, d.h. gegenüber dem Betrieb an Gleichspannung verringert, wird eine Spule an Wechselspannung auch **Drossel** genannt.
Bei der Reihenschaltung eines OHMschen Widerstands R mit einem idealen Kondensator der Kapazität C eilt die angelegte Spannung $\underline{U}$ dem Strom $\underline{I}$ nach (Bild 24.5). Im Dreieck der Widerstände hat der (negative) Blindwiderstand X_C dieselbe Richtung wie der Zeiger der Spannung $\underline{U}_C$ im Zeigerdiagramm der Spannungen.

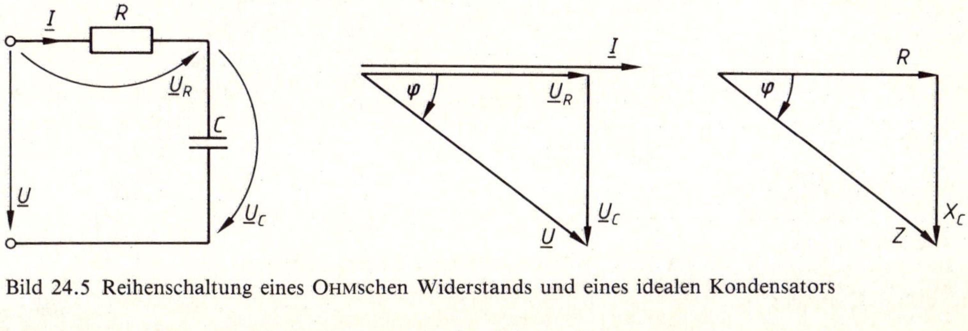

Bild 24.5 Reihenschaltung eines OHMschen Widerstands und eines idealen Kondensators

Beispiel 24.2: Ein Lötgerät 100 W; 230 V soll, damit eine zu starke Erwärmung vermieden wird, in den Lötpausen an 150 V liegen.

a) Wie groß muß ein OHMscher Widerstand R_v sein, der dem Lötgerät vorgeschaltet wird?
b) Welcher Kondensator kann bei Netzfrequenz 50 Hz den Vorwiderstand ersetzen?
c) Wie groß ist im Fall b) der Phasenverschiebungswinkel φ und der Blindwiderstand X_C des (idealen) Kondensators?

a) Das Lötgerät hat den OHMschen Widerstand $R = \dfrac{U^2}{P} = \dfrac{(230\ \text{V})^2}{100\ \text{W}} = 529\ \Omega$

Spannung am Vorwiderstand: $U_v = U - U_R = 230\ \text{V} - 150\ \text{V} = 80\ \text{V}$

$R_v = R \cdot \dfrac{U_v}{U_R} = 529\ \Omega \cdot \dfrac{80\ \text{V}}{150\ \text{V}} = 282\ \Omega$ (Spannungsteilerregel)

Der Vorwiderstand ist für die Leistung $\dfrac{U_v^2}{R_v} = \dfrac{(80\ \text{V})^2}{282\ \Omega} = 22{,}7\ \text{W}$ zu bemessen.

b) $U_C = \sqrt{U^2 - U_R^2} = \sqrt{(230\ \text{V})^2 - (150\ \text{V})^2} = 174{,}4\ \text{V}$

Durch das Lötgerät an 150 V fließt der Strom $I = \dfrac{150\ \text{V}}{529\ \Omega} = 0{,}284\ \text{A}$; dieser Strom $I = \omega C U_C$ fließt auch durch den in Reihe geschalteten Kondensator.

$$C = \frac{I}{\omega U_C} = \frac{0{,}284\ \text{A}}{314\ \text{s}^{-1} \cdot 174{,}4\ \text{V}} = 5{,}18\ \mu\text{F}$$

c) $\varphi = \arctan \dfrac{X_C}{R} = \arctan \dfrac{1}{-R_L \omega C} = \dfrac{1}{-529\ \Omega \cdot 314\ \text{s}^{-1} \cdot 5{,}18 \cdot 10^{-6}\ \text{F}} = -49{,}3°$

$$X_C = \frac{1}{-\omega C} = \frac{1}{-314\ \text{s}^{-1} \cdot 5{,}18 \cdot 10^{-6}\ \text{F}} = -614{,}8\ \Omega$$

24.3 Die Reihenresonanz

In einem Reihenkreis mit dem OHMschen Widerstand R, der idealen Spule mit der Induktivität L und dem idealen Kondensator mit der Kapazität C eilt die Spannung $\underline{U}_L$ dem Strom um 90° vor; die Spannung $\underline{U}_C$ eilt dem Strom um 90° nach.
Die angelegte Spannung U wird mit dem Satz des PYTHAGORAS berechnet:

$$U = \sqrt{U_R^2 + (U_L - U_C)^2} = IZ \tag{24.4}$$

Mit $U_R = I \cdot R$; $U_L = I \cdot (\omega L)$; $U_C = I/(\omega C)$ läßt sich der Scheinwiderstand $Z = U/I$ der Reihenschaltung berechnen:

$$Z = \sqrt{R^2 + \left(\omega L - \frac{1}{\omega C}\right)^2} = \sqrt{R^2 + X^2} \tag{24.5}$$

Der Blindwiderstand

$$X = X_L + X_C = \omega L - \frac{1}{\omega C} \tag{24.6}$$

der Reihenschaltung ist bei niedrigen Frequenzen negativ, da hierbei ωL klein und $1/(\omega C)$ groß ist, während er bei hohen Frequenzen positiv ist.
Die in Bild 24.6 dargestellten Spannungs- und Widerstandsgrößen sind über Winkelfunktionen verknüpft:

$$\cos\varphi = \frac{U_R}{U} = \frac{R}{Z}\ ; \qquad \sin\varphi = \frac{U_L - U_C}{U} = \frac{X}{Z} \tag{24.7}$$

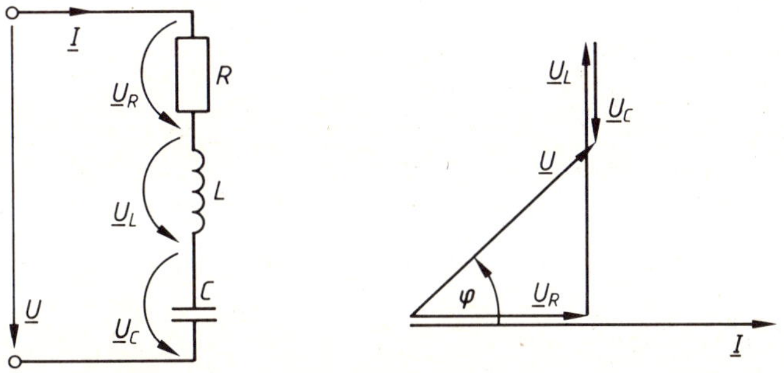

Bild 24.6
Reihenschaltung eines OHMschen Widerstands, einer idealen Spule und eines idealen Kondensators

Die Frequenz, bei welcher der Blindwiderstand X (s. Gl. 24.6) den Wert $X = 0$ hat, wird **Resonanzfrequenz** f_r genannt:

$$\omega_r L - \frac{1}{\omega_r C} = 0\ ; \qquad \omega_r L = \frac{1}{\omega_r C}\ ; \qquad \omega_r^2 = \frac{1}{LC}$$

$$f_r = \frac{\omega_r}{2\pi} = \frac{1}{2\pi} \cdot \frac{1}{\sqrt{LC}} \tag{24.8}$$

Bei der Resonanzfrequenz ist der Kreis im Zustand der **Reihenresonanz.** Die beiden Blindspannungen $\underline{U}_L$ und $\underline{U}_C$ liegen in Gegenphase und heben sich in ihrer Wirkung nach außen hin auf; die Versorgungsspannung $\underline{U}$ fällt damit am OHMschen Widerstand R ab. Die beiden Blindspannungen können bei Resonanz erheblich höher als die Versorgungsspannung sein (s. Beispiel 24.3).
Der Strom I einer Reihenschaltung nimmt bei der **Resonanzfrequenz** f_r den maximalen Wert U/R an. Entsprechend hat der Scheinwiderstand Z einer Reihenschaltung bei f_r den minimalen Wert $Z = R$; Bild 24.7 zeigt hierfür ein Beispiel.

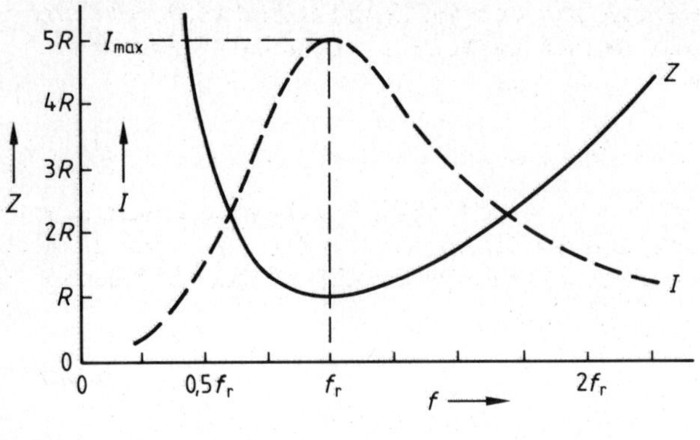

Bild 24.7
Strom I einer Reihenschaltung bei konstanter Spannung U sowie Scheinwiderstand Z als Funktion der Frequenz

Beispiel 24.3: Welcher Kondensator muß zu der im Beispiel 24.1 beschriebenen Spule in Reihe geschaltet werden, damit bei 50 Hz der maximal mögliche Strom fließt? Welchen Effektivwert I_{max} hat dieser Strom bei $U = 230$ V? Für welche Spannung U_C muß der Kondensator ausgelegt sein?

Der maximal mögliche Strom fließt bei Resonanz: $f_r = 50$ Hz

$$C = \frac{1}{\omega_r^2 L} = \frac{1}{(2\pi \cdot 50\,\text{s}^{-1})^2 \cdot 0{,}359\,\text{H}} = 28{,}2\,\mu\text{F}$$

$$I_{max} = \frac{U}{R} = \frac{230\,\text{V}}{23\,\Omega} = 10\,\text{A}$$

$$U_L = \omega L I_{max} = X_L I_{max} = 112{,}7\,\Omega \cdot 10\,\text{A} = 1127\,\text{V}$$

Bei Resonanz ist $U_L - U_C = 0$; $U_C = U_L = 1127$ V

24.4 Die Parallelschaltungen

Sämtliche Zweipole einer Parallelschaltung liegen an der gemeinsamen Spannung $\underline{U}$; sie dient deshalb als Bezugsgröße (nullphasige Schwingung). Bild 24.8 zeigt als Beispiel die Parallelschaltung eines OHMschen Widerstandes R mit einer idealen Spule der Induktivität L. Der Strom $\underline{I}_R$, der in Phase mit der angelegten Spannung $\underline{U}$ ist, wird auch als **Wirkstrom** bezeichnet. Ein Strom, welcher gegen die Spannung $\underline{U}$ um 90° phasenverschoben ist, wird **Blindstrom** genannt; der Strom $\underline{I}_L$, welcher der Spannung um 90° nacheilt, ist also ein Blindstrom.

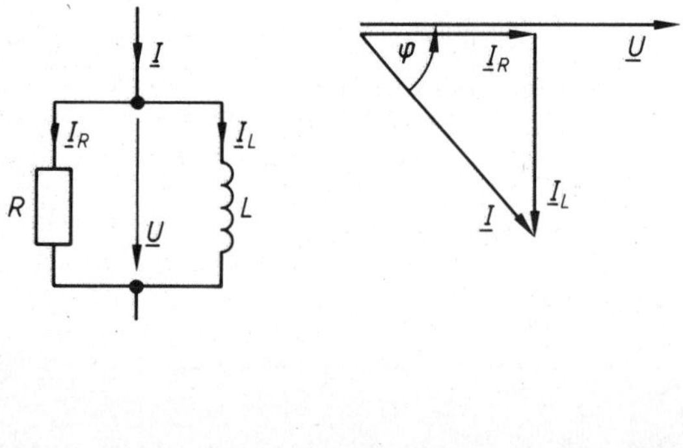

Bild 24.8 Parallelschaltung eines OHMschen Widerstands und einer idealen Spule mit der Induktivität L

Die Ströme einer Parallelschaltung berechnet man zweckmäßig mit Hilfe der Leitwerte. Der Leitwert eines Zweipols mit dem Phasenverschiebungswinkel $\varphi = 0$ wird als **Wirkleitwert** G bezeichnet:

$$G = \frac{1}{R} \tag{24.9}$$

Der Leitwert eines Zweipols mit $\varphi = 90°$ bzw. $\varphi = -90°$ wird **Blindleitwert** B genannt. Der kapazitive Blindstrom eilt der Spannung, also der Bezugsgröße, um 90° vor, daher hat der kapazitive Blindleitwert positives Vorzeichen; entsprechend hat der induktive Blindleitwert negatives Vorzeichen:

$$B_C = \omega C \; ; \qquad B_L = -\frac{1}{\omega L} \tag{24.10}$$

Allgemein gilt also:

$$B = -\frac{1}{X} \tag{24.11}$$

Wegen $G = I_R/U$; $-B_L = I_L/U$; $Y = I/U$ kann ein Dreieck der Leitwerte angegeben werden, das dem Dreieck der Ströme ähnlich ist: Jeder Wirk-, Blind- oder Scheinleitwert wird dabei durch einen Pfeil dargestellt, der dieselbe Richtung wie der zugehörige Strom hat.
Der Vorzeichenwechsel beim Übergang vom Blindwiderstand zum Blindleitwert hat zur Folge, daß im Leitwertdiagramm statt des Phasenverschiebungswinkels φ sein negativer Wert $-\varphi$ anzugeben ist.

Beispiel 24.4: Eine RL-Schaltung, die am 50 Hz-Netz betrieben wird, hat den Scheinwiderstand 600 Ω und den Phasenverschiebungswinkel 75°. Zu berechnen sind die Werte für R und L, wenn es sich

a) um eine RL-Reihenschaltung,
b) um eine RL-Parallelschaltung handelt.

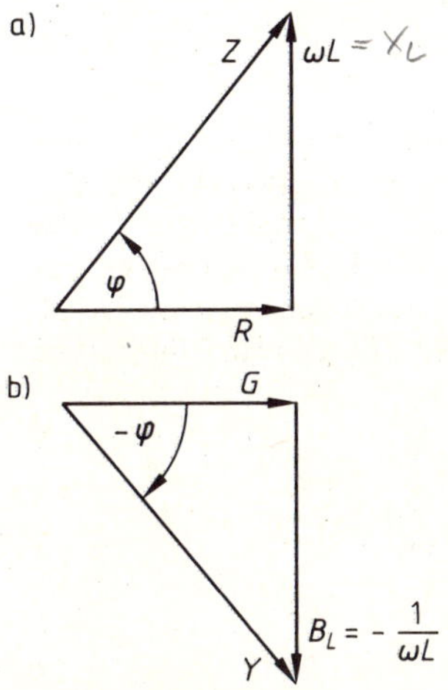

Bild 24.9 Widerstands- bzw. Leitwertdiagramm zu Beispiel 24.4

a) $R = Z \cos\varphi = 600\,\Omega \cdot \cos 75° = 155{,}3\,\Omega$;

$\omega L = Z \sin\varphi = 600\,\Omega \cdot \sin 75° = 579{,}6\,\Omega$;

$$L = \frac{\omega L}{\omega} = \frac{579{,}6\,\Omega}{314\,\mathrm{s}^{-1}} = 1{,}846\,\mathrm{H}$$

b) $$Y = \frac{1}{Z} = \frac{1}{600\,\Omega} = 1{,}667\,\mathrm{mS}$$

$$G = Y \cos(-\varphi) = 1{,}667\,\mathrm{mS} \cdot \cos(-75°) = 0{,}431\,\mathrm{mS}$$

$$R = \frac{1}{G} = \frac{1}{0{,}431\,\mathrm{mS}} = 2{,}32\,\mathrm{k\Omega}$$

$$-\frac{1}{\omega L} = 1{,}667\,\text{mS} \cdot \sin(-75°) = -1{,}610\,\text{mS}$$

$$L = \frac{1}{1{,}610 \cdot 10^{-3}\,\text{S} \cdot 314\,\text{s}^{-1}} = 1{,}978\,\text{H}$$

Die in Bild 24.10 angegebene Schaltung ist z. B. die Ersatzschaltung eines verlustbehafteten Kondensators. Da sein Phasenverschiebungswinkel φ i. allg. sehr nahe bei $-90°$ liegt, ist der Komplementwinkel $\delta = 90° + \varphi$, der als **Verlustwinkel** bezeichnet wird, aussagekräftiger. Der Tangens dieses Winkels wird **Verlustfaktor** $d = \tan\delta$ des Kondensators genannt.

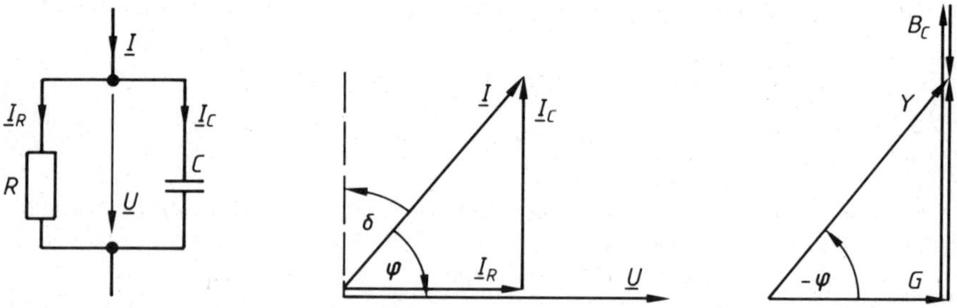

Bild 24.10
Parallelschaltung eines OHMschen Widerstands und eines idealen Kondensators mit der Kapazität C

Beispiel 24.5: Ein Kondensator $C = 10\,\mu\text{F}$; $d = 3 \cdot 10^{-3}$ liegt an $U = 230\,\text{V}$; 50 Hz. Wie groß sind
a) die Leitwerte B_C und G?
b) die Ströme I_R, I_C und I (Bild 24.10)?

a) $B_C = \omega C = 314\,\text{s}^{-1} \cdot 10 \cdot 10^{-6}\,\text{F} = 3{,}14\,\text{mS}$

$$d = \tan\delta = \frac{I_R}{I_C} = \frac{UG}{U\omega C}\;; \qquad G = d \cdot \omega C = 0{,}003 \cdot 314\,\text{s}^{-1} \cdot 10 \cdot 10^{-6}\,\text{F} = 9{,}42\,\mu\text{S}$$

b) $I_C = UB_C = 230\,\text{V} \cdot 3{,}14\,\text{mS} = 0{,}722\,\text{A} = 722\,\text{mA}$

$I_R = UG = 230\,\text{V} \cdot 9{,}42\,\mu\text{S} = 2{,}17\,\text{mA}$

$I = \sqrt{I_R^2 + I_C^2} = \sqrt{(2{,}17\,\text{mA})^2 + (722\,\text{mA})^2} \approx 722\,\text{mA}$

24.5 Die Parallelresonanz

Bei einer Parallelschaltung, deren Zweige ein OHMscher Widerstand R, eine ideale Spule mit der Induktivität L und ein idealer Kondensator mit der Kapazität C sind, eilt der Blindstrom $\underline{I}_L$ der angelegten Spannung $\underline{U}$ um 90° nach; der Blindstrom $\underline{I}_C$ eilt der Spannung $\underline{U}$ um 90° vor (Bild 24.11).

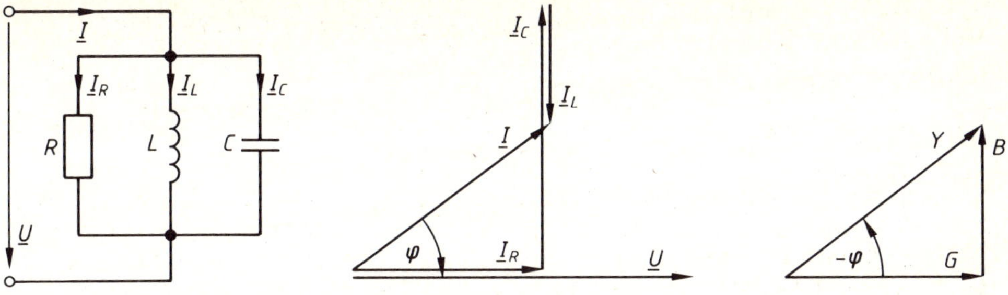

Bild 24.11
Parallelschaltung eines OHMschen Widerstands, einer idealen Spule und eines idealen Kondensators

Die Stromstärke I wird mit dem Satz des PYTHAGORAS berechnet:

$$I = \sqrt{I_R^2 + (I_C - I_L)^2} = U Y \tag{24.12}$$

Mit $I_R = U \cdot G$; $I_C = U \cdot (\omega C)$; $I_L = U/(\omega L)$ läßt sich der Scheinleitwert $Y = I/U$ der Parallelschaltung berechnen:

$$Y = \sqrt{G^2 + \left(\omega C - \frac{1}{\omega L}\right)^2} = \sqrt{G^2 + B^2} \tag{24.13}$$

Der Blindleitwert

$$B = B_C + B_L = \omega C - \frac{1}{\omega L} \tag{24.14}$$

der Parallelschaltung ist bei niedrigen Frequenzen negativ, da hierbei ωC klein und $1/(\omega L)$ groß ist, während er bei hohen Frequenzen positiv ist.
Die in Bild 24.11 dargestellten Strom- und Leitwertgrößen sind über Winkelfunktionen verknüpft:

$$\cos(-\varphi) = \frac{I_R}{I} = \frac{G}{Y} \quad ; \quad \sin(-\varphi) = \frac{I_C - I_L}{I} = \frac{B}{Y} \tag{24.15}$$

Die Frequenz, bei welcher der Blindleitwert B (s. Gl. 24.14) den Wert $B = 0$ hat, wird **Resonanzfrequenz** f_r genannt:

$$\omega_r C - \frac{1}{\omega_r L} = 0 \quad ; \quad \omega_r C = \frac{1}{\omega_r L} \quad ; \quad \omega_r^2 = \frac{1}{LC}$$

$$f_r = \frac{\omega_r}{2\pi} = \frac{1}{2\pi} \cdot \frac{1}{\sqrt{LC}} \tag{24.16}$$

Bei der Resonanzfrequenz ist der Kreis im Zustand der **Parallelresonanz.** Die beiden Blindströme $\underline{I}_C$ und $\underline{I}_L$ liegen in Gegenphase und heben sich in ihrer Wirkung nach außen hin auf; der Gesamtstrom $\underline{I}$ fließt ausschließlich durch den OHMschen Widerstand R.

Der Strom I einer Parallelschaltung nimmt bei der Resonanzfrequenz f_r den minimalen Wert $U/R = U \cdot G$ an; entsprechend hat auch der Scheinleitwert Y der Parallelschaltung bei f_r den minimalen Wert $Y = G$. Bild 24.12 zeigt hierfür ein Beispiel.

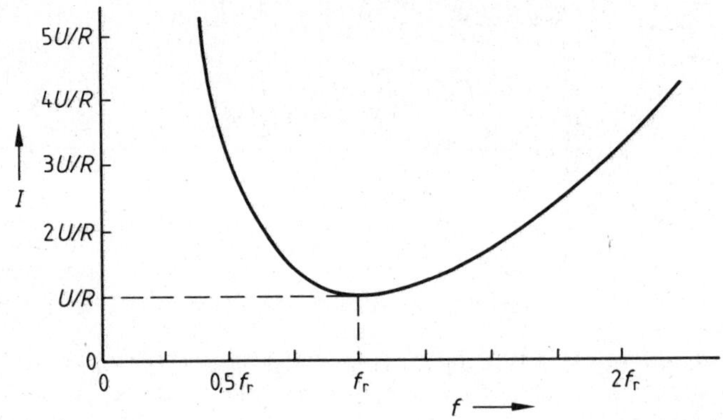

Bild 24.12 Strom I einer RLC-Parallelschaltung bei konstanter Spannung U als Funktion der Frequenz

25 Die Leistung des Wechselstromes

25.1 Wirkleistung und Blindleistung

In Kap. 16.4 wird beschrieben, daß ein Sinusstrom $i = \hat{i} \cos \omega t$, der durch einen OHMschen Widerstand R fließt, eine zeitabhängige Leistung $P(t)$ verursacht (Bild 16.8). Der arithmetische Mittelwert $P = \hat{i}^2 \cdot R/2$ der zeitabhängigen Leistung $P(t)$ wird als **Wirkleistung** bezeichnet. Mit $\hat{u} = \hat{i}R$ läßt sich die Gl. (16.11) umformen:

$$P = \frac{\hat{u}\hat{i}}{2} = \frac{\hat{u}}{\sqrt{2}} \cdot \frac{\hat{i}}{\sqrt{2}} = UI_R \; ; \qquad \text{Einheit: } 1 \text{ Watt} = 1 \text{ W} \qquad (25.1)$$

Dabei ist $U = \hat{u}/\sqrt{2}$ der Effektivwert der Sinusspannung am OHMschen Widerstand und $I_R = \hat{i}/\sqrt{2}$ der Effektivwert des Sinusstromes, der durch den OHMschen Widerstand fließt. Wegen $U = RI_R$ ist:

$$P = RI_R^2 \qquad (25.2)$$

Die Fläche unter der Kurve $P(t)$ entspricht der umgesetzten Energie, denn für einen schmalen Flächenstreifen gilt:

$$\Delta W = u\,i\,\Delta t$$

Da die Leistung $P(t) = u \cdot i$ stets positiv ist (Bild 25.1), nimmt der OHMsche Widerstand ständig elektrische Energie auf, die in Wärme umgewandelt wird.

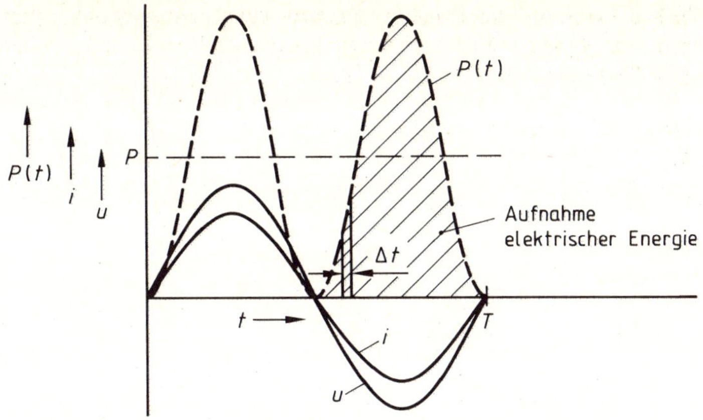

Bild 25.1
Leistung bei reiner Wirkbelastung

Bei einer idealen Spule mit der Induktivität L hat der Phasenverschiebungswinkel den Wert $\varphi = 90°$. Die Leistung $P(t) = ui$ schwingt sinusförmig um die Zeitachse, ihr arithmetischer Mittelwert ist $P = 0$ (Bild 25.2).

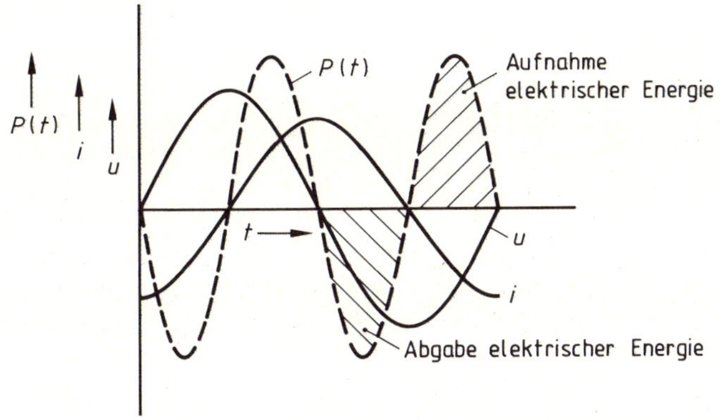

Bild 25.2
Bei rein induktiver Last ist die mittlere Leistung gleich Null

Die Energie pendelt zwischen der übrigen Schaltung (z. B. der Quelle) und dem Blindwiderstand, sie wird im Blindwiderstand X_L als magnetische Energie eine Viertelperiode lang gespeichert und in der nächsten Viertelperiode an die übrige Schaltung zurückgegeben (Bild 25.2). Zu dieser Energie wird entsprechend Gl. (25.2) eine zugehörige Leistungsgröße definiert, die **Blindleistung** Q genannt wird:

$$Q = XI_X^2 \; ; \quad \text{Einheit: 1 var} \tag{25.3}$$

Die Blindleistung wird in der Einheit var (voltampere reactive) angegeben, damit keine Verwechselung mit der Wirkleistung möglich ist. Im folgenden wird gezeigt, daß die Gl. (25.3) sowohl für eine Spule als auch für einen Kondensator gilt.
An einer idealen Spule mit der Induktivität L verursacht ein Strom $I_L = I_X$ am Blindwiderstand X_L nach Gl. (24.1) die Blindleistung:

$$Q_L = \omega L I_L^2 \tag{25.4}$$

Bei einem idealen Kondensator mit der Kapazität C hat der Phasenverschiebungswinkel den Wert $\varphi = -90°$. Die Leistung $P(t) = ui$ schwingt sinusförmig um die Zeitachse, ihr arithmetischer Mittelwert ist $P = 0$ (Bild 25.3).
Die Energie pendelt zwischen der übrigen Schaltung (z. B. der Quelle) und dem Blindwiderstand, sie wird im Blindwiderstand X_C als elektrische Energie eine Viertelperiode lang gespeichert und in der nächsten Viertelperiode an die übrige Schaltung zurückgegeben (Bild 25.3). Im Blindwiderstand X_C wird also ausschließlich die Blindleistung Q_C umgesetzt.

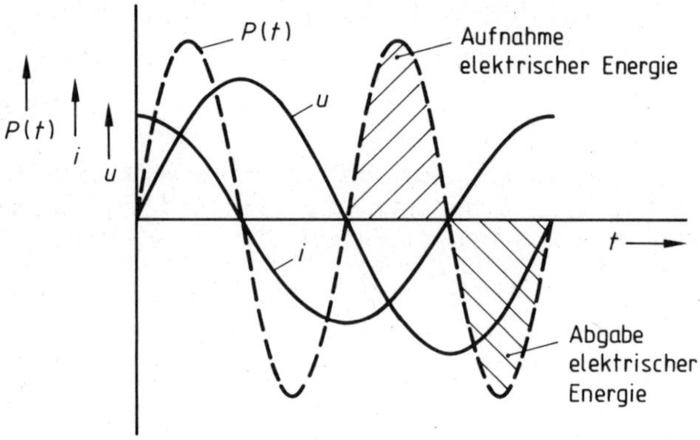

Bild 25.3
Bei rein kapazitiver Last ist die mittlere Leistung gleich Null

Setzt man die Gl. (24.2) und $I_C = I_X = \omega C U_C$ in die Gl. (25.3) ein, so erhält man:

$$Q_C = -\frac{1}{\omega C} I_C^2 = -\frac{\omega^2 C^2 U_C^2}{\omega C} = -\omega C U_C^2 \qquad (25.5)$$

Im Gegensatz zur induktiven Blindleistung Q_L, die sich gemäß Gl. (25.4) stets positiv ergibt, ist die kapazitive Blindleistung Q_C stets negativ. Dies hat den Vorteil, daß die Art der Blindleistung am Vorzeichen zu erkennen ist.

25.2 Die Scheinleistung

Wenn eine Schaltung Wirkwiderstände und Blindwiderstände enthält, dann entsteht sowohl Wirkleistung P als auch Blindleistung Q. Der Phasenverschiebungswinkel hat dabei einen Wert im Bereich $-90° \leqq \varphi \leqq 90°$. Das Produkt aus dem Effektivwert U der Spannung und dem Effektivwert I des Stromes wird **Scheinleistung** S genannt:

$$S = UI \; ; \quad \text{Einheit: } 1\,\text{VA} \qquad (25.6)$$

Die Scheinleistung unterscheidet sich durch die Einheit VA sowohl von der Wirkleistung (W) als auch von der Blindleistung (var).
Im folgenden wird am Beispiel einer Reihenschaltung der Zusammenhang zwischen Wirk-, Blind- und Scheinleistung gezeigt. Setzt man für $I = I_R$ die nach R aufgelöste Gl. (24.7) in die Gl. (25.2) ein, so erhält man mit $U = ZI$:

$$P = RI^2 = ZI^2 \cos\varphi = UI \cos\varphi \qquad (25.7)$$

Entsprechend wird für $I = I_X$ die nach X aufgelöste Gl. (24.7) in die Gl. (25.3) eingesetzt:

$$Q = XI^2 = ZI^2 \sin\varphi = UI \sin\varphi \tag{25.8}$$

Zur Berechnung der Scheinleistung werden die Gln. (25.7 und 25.8) in die Summe $P^2 + Q^2$ eingesetzt:

$$P^2 + Q^2 = (UI\cos\varphi)^2 + (UI\sin\varphi)^2 = (UI)^2 \cdot (\cos^2\varphi + \sin^2\varphi)$$

Mit $\cos^2\varphi + \sin^2\varphi = 1$ erhält man:

$$S = UI = \sqrt{P^2 + Q^2} \tag{25.9}$$

Dieser Zusammenhang gilt allgemein, unabhängig von der Art der Schaltung. Die drei Leistungsgrößen P, Q und S lassen sich damit im *Leistungsdreieck* darstellen (Bild 25.4); diesem rechtwinkligen Dreieck können sämtliche Berechnungsgleichungen entnommen werden.

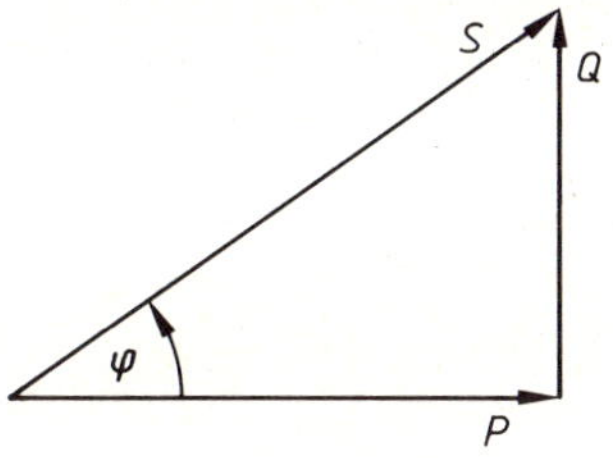

Bild 25.4 Leistungsdreieck

Beispiel 25.1: Von einem induktiv wirkenden Gerät sind die Werte $U = 230$ V; $I = 8{,}4$ A; $P = 1{,}5$ kW bekannt. Wie groß sind die Scheinleistung S, die Blindleistung Q und der Phasenverschiebungswinkel φ?

$$S = UI = 230\ \text{V} \cdot 8{,}4\ \text{A} = 1932\ \text{VA}$$

$$Q = \sqrt{S^2 - P^2} = \sqrt{(1932\ \text{VA})^2 - (1500\ \text{W})^2} = 1218\ \text{var}$$

$$\cos\varphi = \frac{P}{UI} = \frac{P}{S} = \frac{1500\ \text{W}}{1932\ \text{VA}} = 0{,}776\ ; \qquad \varphi = \arccos 0{,}776 = 39°$$

25.3 Der Leistungsfaktor

Für die Baugröße einer elektrischen Maschine ist die Scheinleistung S maßgebend. Im Betrieb aber ist von Bedeutung, welcher Anteil der Scheinleistung bleibend in eine andere Energieform, die durch die Wirkleistung P beschrieben wird, umgewandelt werden kann. Der Quotient aus Wirkleistung P und Scheinleistung S wird als **Leistungsfaktor** bezeichnet; mit den Gln. (25.6 und 25.7) erhält man:

$$\cos\varphi = \frac{P}{S} \tag{25.10}$$

Der Leistungsfaktor $\cos\varphi$ ist keineswegs ein Wirkungsgrad, er gibt vielmehr den Leistungsanteil an, der bleibend in eine andere Energieform (z. B. Wärme) umgesetzt wird; der Leistungsfaktor ist also eine Art Ausnutzungsfaktor.

Beispiel 25.2: Eine elektrische Maschine mit der Wirkleistung 10 kW hat den Leistungsfaktor a) $\cos\varphi = 0{,}9$; b) $\cos\varphi = 0{,}7$. Für welche Scheinleistung muß die Maschine bemessen sein, und welche induktive Blindleistung wird für den Aufbau des Magnetfelds benötigt?

a) $S = \dfrac{P}{\cos\varphi} = \dfrac{10\,\text{kW}}{0{,}9} = 11{,}11\,\text{kVA}$; $\quad Q = \sqrt{S^2 - P^2} = 4{,}84\,\text{kvar}$

b) $S = \dfrac{P}{\cos\varphi} = \dfrac{10\,\text{kW}}{0{,}7} = 14{,}3\,\text{kVA}$; $\quad Q = \sqrt{S^2 - P^2} = 10{,}2\,\text{kvar}$

25.4 Wirkarbeit und Blindarbeit

Wenn ein Verbraucher in der Zeitspanne t die konstante Wirkleistung P aufnimmt, dann wird ihm die **Wirkarbeit**

$$W_\text{w} = P t \tag{25.11}$$

zugeführt. Entsprechend dieser Gleichung ist die **Blindarbeit** definiert:

$$W_\text{b} = Q t \tag{25.12}$$

Größeren Abnehmern wird auch die Blindarbeit vom Energieversorgungsunternehmen in Rechnung gestellt (s. Beispiel 28.2).

Beispiel 25.3: Ein Generator soll 45 kW bei $\cos\varphi = 0{,}8$ und $U = 250\,\text{V}$ abgeben.

a) Welche Typenleistung (Scheinleistung) hat der Generator?
b) Welchen maximalen Strom liefert er?
c) Welche Leistung muß die antreibende Maschine bei Vollast und $\cos\varphi = 0{,}8$ abgeben, wenn der Wirkungsgrad des Generators bei Vollast $\eta = 0{,}9$ ist?

a) $S_2 = \dfrac{P_2}{\cos\varphi} = \dfrac{45\,\text{kW}}{0{,}8} = 56{,}25\,\text{kVA}$

b) $I = \dfrac{S_2}{U} = \dfrac{56250\,\text{VA}}{250\,\text{V}} = 225\,\text{A}$

c) $P_1 = \dfrac{P_2}{\eta} = \dfrac{45\,\text{kW}}{0{,}9} = 50\,\text{kW}$

25.5 Das Zusammensetzen der Leistungen

Unabhängig von der Art der Schaltung gilt: Die gesamte Wirkleistung P, die eine Schaltung aufnimmt, ist die Summe der Wirkleistungen P_k, welche die einzelnen Zweipole aufnehmen:

$$P = \sum P_k \tag{25.13}$$

Auch die gesamte Blindleistung Q einer Schaltung ist unabhängig von der Art der Schaltung gleich der Summe der Blindleistungen Q_k der einzelnen Zweipole:

$$Q = \Sigma\, Q_k \tag{25.14}$$

Beispiel 25.4: Welchen Vorteil hat im Beispiel 24.2 die Verwendung des Kondensators anstelle des Widerstandes in der Arbeitspause des Lötgeräts?

Im Lötgerät an 150 V wird die Leistung $P = \dfrac{U_R^2}{R} = \dfrac{(150\ \mathrm{V})^2}{529\ \Omega} = 42{,}5\ \mathrm{W}$ umgesetzt.

Im Vorwiderstand an 80 V wird die Leistung $P_\mathrm{v} = \dfrac{U_\mathrm{v}^2}{R_\mathrm{v}} = \dfrac{(80\ \mathrm{V})^2}{282\ \Omega} = 22{,}7\ \mathrm{W}$ umgesetzt.

Beim Betrieb mit Vorwiderstand beträgt der Wirkungsgrad

$$\eta = \frac{P_\mathrm{ab}}{P_\mathrm{zu}} = \frac{P}{P + P_\mathrm{v}} = \frac{42{,}5\ \mathrm{W}}{42{,}5\ \mathrm{W} + 22{,}7\ \mathrm{W}} = 0{,}65 = 65\%$$

Wird statt des Widerstands R_v der Kondensator $C = 5{,}18\ \mu\mathrm{F}$ vorgeschaltet, so beträgt der Wirkungsgrad 100%, denn der Kondensator nimmt keine Wirkleistung auf.

Beispiel 25.5: Ein Wechselstrommotor 2,2 kW; 230 V; $\cos\varphi = 0{,}82$; $\eta = 0{,}76$; ein Wärmegerät 2 kW und 40 Leuchtstofflampen 230 V; 0,43 A; 48 W sind an die Spannung 230 V; 50 Hz angeschlossen. Welcher Strom fließt in der gemeinsamen Zuleitung, und welche Gesamtleistung ergibt sich?

Motor: $\varphi_\mathrm{M} = \arccos 0{,}82 = 34{,}9°$

$P_\mathrm{M} = P_\mathrm{zu} = P_\mathrm{ab}/\eta = 2{,}2\ \mathrm{kW}/0{,}76 = 2895\ \mathrm{W}$

$Q_\mathrm{M} = P_\mathrm{M} \tan\varphi_\mathrm{M} = 2895\ \mathrm{W} \cdot \tan 34{,}9° = 2020\ \mathrm{var}$

Wärmegerät: $\varphi_\mathrm{W} = 0°$; $P_\mathrm{W} = 2000\ \mathrm{W}$; $Q_\mathrm{W} = 0$

Lampen: $\cos\varphi_\mathrm{L} = \dfrac{P}{S} = \dfrac{48\ \mathrm{W}}{230\ \mathrm{V} \cdot 0{,}43\ \mathrm{A}} = 0{,}485$; $\varphi_\mathrm{L} = \arccos 0{,}485 = 61°$

$P_\mathrm{L} = 40 \cdot 48\ \mathrm{W} = 1920\ \mathrm{W}$

$Q_\mathrm{L} = P_\mathrm{L} \tan\varphi_\mathrm{L} = 1920\ \mathrm{W} \cdot \tan 61° = 3464\ \mathrm{var}$

gesamte Wirkleistung: $P = P_\mathrm{M} + P_\mathrm{W} + P_\mathrm{L} = 6815\ \mathrm{W}$

gesamte Blindleistung: $Q = Q_\mathrm{M} + Q_\mathrm{W} + O_\mathrm{L} = 5484\ \mathrm{var}$

gesamte Scheinleistung: $S = \sqrt{P^2 + Q^2} = 8747\ \mathrm{VA} = UI$

Strom in der Zuleitung: $I = \dfrac{S}{U} = \dfrac{8747\ \mathrm{VA}}{230\ \mathrm{V}} = 38\ \mathrm{A}$

$\cos\varphi = \dfrac{P}{S} = \dfrac{6815\ \mathrm{W}}{8747\ \mathrm{VA}} = 0{,}779$; $\varphi = \arccos 0{,}779 = 38{,}8°$

26 Wechselstrom-Netze

26.1 Die Anwendung von Knoten- und Maschensatz

Sinusförmige Spannungen und Ströme werden durch Zeiger dargestellt. Die Zeigerdarstellung läßt sich einfach anwenden und bietet den Vorteil großer Übersichtlichkeit.
Auch in der Wechselstromtechnik wird die Berechnung von Netzen mit dem Knoten- und dem Maschensatz durchgeführt. Die durch diese Sätze gegebenen Gleichgewichtsbedingungen gelten nicht nur für die Augenblickswerte, sondern ebenso für die Zeiger, welche die Zeitfunktionen ersetzen.
Der Knotensatz $\Sigma \underline{I}_{zu} = \Sigma \underline{I}_{ab}$ (entsprechend Gl. (8.1)) besagt, daß die Summe der dem Knotenpunkt zufließenden Ströme gleich der Summe der abfließenden Ströme ist. Verwendet man den Knotensatz in der Form $\Sigma \underline{I} = 0$, dann müssen Ströme, deren Bezugspfeil vom Knoten wegzeigt, mit geändertem Vorzeichen in die Summe eingesetzt werden. Der Änderung des Vorzeichens entspricht eine Drehung des Zeigers um 180°.
Der Maschensatz besagt, daß die Summe sämtlicher Spannungen auf einem geschlossenen Weg gleich Null ist: $\Sigma \underline{U} = 0$. Dabei wird vereinbart, daß Spannungen, deren Bezugssinn nicht mit dem Umlaufsinn übereinstimmt, mit geändertem Vorzeichen in die Summe eingesetzt werden.

Beispiel 26.1: Eine Spule ($R_1 = 7{,}5\,\Omega$; $L_1 = 31{,}8$ mH), ein Heizgerät ($R_2 = 20\,\Omega$) und ein Kondensator ($C_3 = 120\,\mu$F) liegen parallel an $U = 230$ V; 50 Hz. Welchen Effektivwert I hat der Gesamtstrom? Welchen Wert hat der Phasenverschiebungswinkel φ der Spannung $\underline{U}$ gegen den Strom $\underline{I}$? Welche Werte haben die Wirkleistung P, die Blindleistung Q und die Scheinleistung S ?

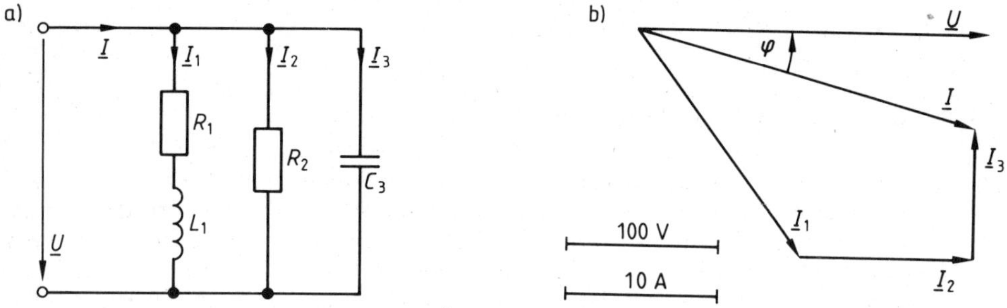

Bild 26.1 Schaltung (a) und Zeigerdiagramm (b) zu Beispiel 26.1

$$\text{Zweig 1: } X_1 = \omega L_1 = 314\,\text{s}^{-1} \cdot 31{,}8 \cdot 10^{-3}\,\text{H} = 10\,\Omega$$

$$Z_1 = \sqrt{R_1^2 + X_1^2} = \sqrt{(7{,}5\,\Omega)^2 + (10\,\Omega)^2} = 12{,}5\,\Omega$$

$$I_1 = \frac{U}{Z_1} = \frac{230\,\text{V}}{12{,}5\,\Omega} = 18{,}4\,\text{A}$$

$$\cos\varphi_1 = \frac{R_1}{Z_1} = \frac{7{,}5\,\Omega}{12{,}5\,\Omega} = 0{,}6 \;; \qquad \varphi = \arccos 0{,}6 = 53{,}1° \;\; (\varphi > 0, \text{ da induktive Last})$$

Zweig 2: Der Strom $\underline{I}_2$ ist mit der Spannung $\underline{U}$ in Phase.

$$I_2 = \frac{U}{R_2} = \frac{230\,\text{V}}{20\,\Omega} = 11{,}5\,\text{A} \;; \qquad \varphi_2 = 0°$$

Zweig 3: Die Spannung $\underline{U}$ eilt dem Strom $\underline{I}_3$ um 90° nach: $\varphi_3 = -90°$

$$I_3 = U \cdot \omega C_3 = 230\,\text{V} \cdot 314\,\text{s}^{-1} \cdot 120 \cdot 10^{-6}\,\text{F} = 8{,}67\,\text{A}$$

Zur Ermittlung des Gesamtstromes zerlegt man die Teilströme in ihre Wirk- und Blindanteile und addiert getrennt:

$I_w = I \cos\varphi$	$I_b = I \sin\varphi$
$I_{1w} = 18{,}4\,\text{A} \cdot 0{,}6 = 11{,}04\,\text{A}$	$I_{1b} = 18{,}4\,\text{A} \cdot 0{,}8 = 14{,}72\,\text{A}$
$I_{2w} = 11{,}5\,\text{A}$	$I_{2b} = 0$
$I_{3w} = 0$	$I_{3b} = 8{,}67\,\text{A} \cdot (-1) = -8{,}67\,\text{A}$
$I_w = 22{,}54\,\text{A}$	$I_b = 6{,}05\,\text{A}$

Der Gesamtstrom ist $I = \sqrt{I_w^2 + I_b^2} = \sqrt{(22{,}54\,\text{A})^2 + (6{,}05\,\text{A})^2} = 23{,}34\,\text{A}$

$$\cos\varphi = \frac{I_w}{I} = \frac{22{,}54\,\text{A}}{23{,}34\,\text{A}} = 0{,}966 \;; \qquad \varphi = 15° \text{ (die Schaltung wirkt induktiv)}$$

$$S = UI = 230\,\text{V} \cdot 23{,}34\,\text{A} = 5{,}37\,\text{kVA}$$

$$P = S \cdot \cos\varphi = 5{,}37\,\text{kVA} \cdot 0{,}966 = 5{,}19\,\text{kW}$$

$$Q = S \cdot \sin\varphi = 5{,}37\,\text{kVA} \cdot \sin 15° = 1{,}39\,\text{kvar}$$

26.2 Der Ersatzwiderstand

Die Berechnung einer Schaltung läßt sich häufig dadurch vereinfachen, daß man den Ersatzwiderstand eines Schaltungsteils zwischen zwei Knoten bildet. Der Ersatzwiderstand ist in der Wechselstromtechnik eine Serienschaltung von Wirk- und Blindwiderstand. Diese beiden Anteile R und X werden so bestimmt, daß ihr Scheinwiderstand Z und der Phasenverschiebungswinkel φ der Spannung $\underline{U}$ gegen den Strom $\underline{I}$ jeweils mit den Werten des zu ersetzenden Schaltungsteils übereinstimmen.
Wenn der Ersatzwiderstand induktiv wirkt ($\underline{U}$ eilt $\underline{I}$ vor), dann ist $X > 0$; wenn der Ersatzwiderstand kapazitiv wirkt ($\underline{U}$ eilt $\underline{I}$ nach), dann ist $X < 0$.

$$Z = \frac{U}{I} = \sqrt{R^2 + X^2} \;; \qquad R = Z \cdot \cos\varphi \;; \qquad X = Z \cdot \sin\varphi$$

Beispiel 26.2: Zu Bild 26.2 sind folgende Werte gegeben: $R_0 = 3\,\Omega$; $X_0 = 4\,\Omega$; $R_1 = 10{,}8\,\Omega$; $X_1 = 14{,}4\,\Omega$; $R_2 = 23\,\Omega$; $U = 230\,\text{V}$.

Gesucht sind: I_1; I_2; I; U_0; U_p; $\cos\varphi$ und der Gesamtwiderstand Z.

Zunächst wird die Parallelschaltung, die an der Spannung U_p liegt, durch ihren Ersatzwiderstand Z_p ersetzt. Da die Spannung U_p noch unbekannt ist, führt man die Rechnung mit einem beliebig

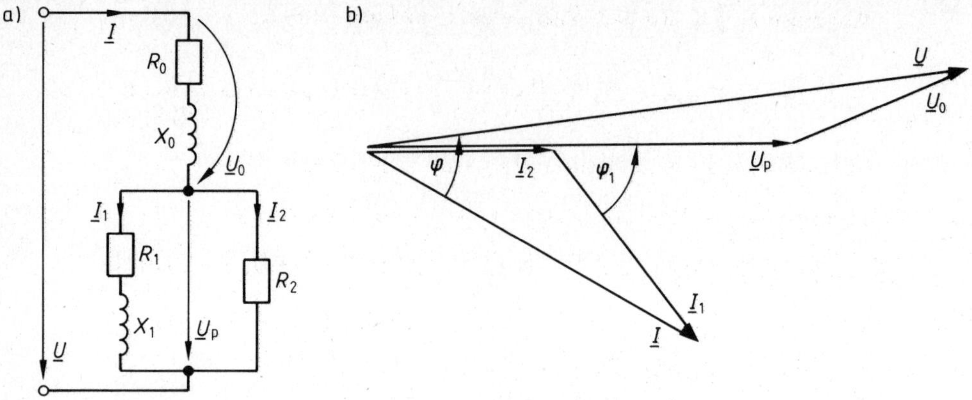

Bild 26.2 Schaltung (a) und Zeigerdiagramm (b) zu Beispiel 26.2

angenommenen Wert, beispielsweise mit $U'_p = 100$ V, durch. Die Rechnung ergibt die richtigen Widerstandswerte und Phasenwinkel. Die berechneten Ströme müssen aber in dem Verhältnis korrigiert werden, in dem sich die tatsächliche Spannung U_p von der angenommenen Spannung U'_p unterscheidet.

Zweig 1: $Z_1 = \sqrt{R_1^2 + X_1^2} = \sqrt{(10{,}8\ \Omega)^2 + (14{,}4\ \Omega)^2} = 18\ \Omega$

$$I'_1 = \frac{U'_p}{Z_1} = \frac{100\ \text{V}}{18\ \Omega} = 5{,}56\ \text{A}$$

$$\cos\varphi_1 = \frac{R_1}{Z_1} = \frac{10{,}8\ \Omega}{18\ \Omega} = 0{,}6\ ; \qquad \varphi_1 = \arccos 0{,}6 = 53{,}1°$$

Zweig 2: $I'_2 = \frac{U'_p}{R_2} = \frac{100\ \text{V}}{23\ \Omega} = 4{,}35\ \text{A}\ ; \qquad \varphi_2 = 0°$

Wirkstrom: $I'_w = I'_1 \cdot \cos\varphi_1 + I'_2 \cdot \cos\varphi_2 = 5{,}56\ \text{A} \cdot 0{,}6 + 4{,}35\ \text{A} = 7{,}69\ \text{A}$

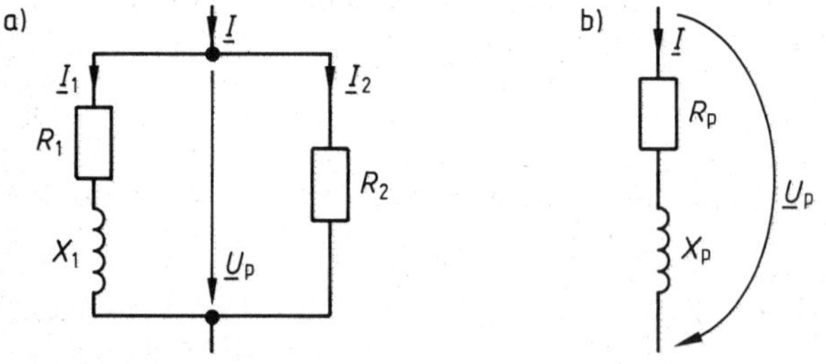

Bild 26.3 Parallelschaltung (a) und Ersatzwiderstand (b)

Blindstrom: $I'_b = I'_1 \cdot \sin\varphi_1 + I'_2 \cdot \sin\varphi_2 = 5{,}56\,\text{A} \cdot 0{,}8 + 0\,\text{A} = 4{,}45\,\text{A}$

$$I' = \sqrt{I'^2_w + I'^2_b} = 8{,}88\,\text{A}\ ; \quad Z_p = \frac{U'_p}{I'} = \frac{100\,\text{V}}{8{,}88\,\text{A}} = 11{,}26\,\Omega\ ; \quad \varphi_p = \arctan\frac{I'_b}{I'_w} = 30°$$

Wirkwiderstand der Parallelschaltung: $R_p = Z_p \cdot \cos\varphi_p = 9{,}75\,\Omega$

Blindwiderstand der Parallelschaltung: $X_p = Z_p \cdot \sin\varphi_p = 5{,}63\,\Omega$

Nun werden die in Reihe liegenden Wirk- und Blindwiderstände zusammengefaßt:

$$R = R_0 + R_p = 3\,\Omega + 9{,}75\,\Omega = 12{,}75\,\Omega\ ; \quad X = X_0 + X_p = 4\,\Omega + 5{,}63\,\Omega = 9{,}63\,\Omega$$

$$Z = \sqrt{R^2 + X^2} = \sqrt{(12{,}75\,\Omega)^2 + (9{,}63\,\Omega)^2} = 16\,\Omega$$

$$\varphi = \arctan\frac{X}{R} = \arctan\frac{9{,}63\,\Omega}{12{,}75\,\Omega} = 37°\ ; \quad \cos\varphi \approx 0{,}8$$

Mit dem nun bekannten Widerstand Z der gesamten Schaltung werden der Strom I sowie die Teilströme und die Teilspannungen berechnet:

$$I = \frac{U}{Z} = \frac{230\,\text{V}}{16\,\Omega} = 14{,}38\,\text{A}\ ; \quad \text{oder: } I = I' \cdot \frac{U_p}{U'_p} = 8{,}88\,\text{A} \cdot \frac{162\,\text{V}}{100\,\text{V}} = 14{,}38\,\text{A}$$

$$Z_0 = \sqrt{R_0^2 + X_0^2} = \sqrt{(3\,\Omega)^2 + (4\,\Omega)^2} = 5\,\Omega$$

$$U_0 = IZ_0 = 14{,}38\,\text{A} \cdot 5\,\Omega = 71{,}9\,\text{V}\ ; \quad U_p = IZ_p = 14{,}38\,\text{A} \cdot 11{,}26\,\Omega = 162\,\text{V}$$

$$I_1 = \frac{U_p}{Z_1} = \frac{162\,\text{V}}{18\,\Omega} = 9\,\text{A}\ ; \quad I_2 = \frac{U_p}{R_2} = \frac{162\,\text{V}}{23\,\Omega} = 7{,}04\,\text{A}$$

26.3 Die Schaltungsumwandlung

Bei der Berechnung eines Netzwerks kann es zweckmäßig sein, eine Reihenschaltung von Wirk- und Blindwiderstand in eine Parallelschaltung umzuwandeln. Beide Schaltungen müssen sowohl gleichen Scheinwiderstand Z als auch gleichen Phasenverschiebungswinkel φ aufweisen. Es kann ebenso zweckmäßig sein, eine Parallelschaltung in eine Reihenschaltung umzuwandeln.

Zunächst wird die Umwandlung einer Reihen- in eine Parallelschaltung betrachtet. Für die Reihenschaltung (Bild 26.4a) gilt gemäß Gl.(24.7):

$$\cos\varphi = \frac{R_s}{Z}\ ; \quad \sin\varphi = \frac{X_s}{Z} \tag{26.1}$$

Für die Parallelschaltung (Bild 26.4b) folgt mit $\cos(-\varphi) = \cos\varphi$ und $\sin(-\varphi) = -\sin\varphi$ aus Gl. (24.15):

$$\cos\varphi = \frac{G_p}{Y}\ ; \quad \sin\varphi = -\frac{B_p}{Y} \tag{26.2}$$

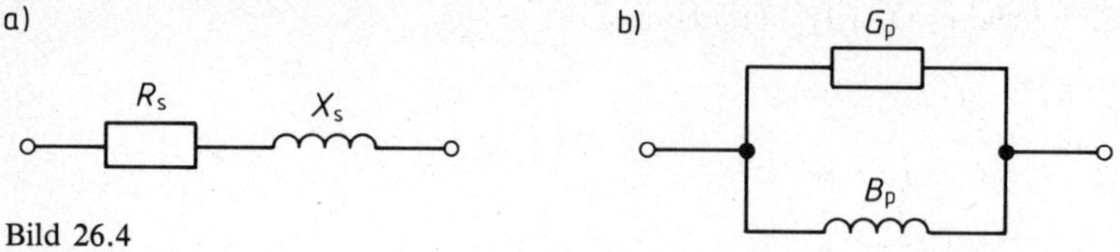

Bild 26.4
Reihenschaltung eines Wirk- und eines Blindwiderstands (a) sowie äquivalente Parallelschaltung (b)

Wegen $Z = 1/Y$ lassen sich sowohl die beiden linken als auch die beiden rechten Gleichungen zusammenfassen:

$$\cos^2 \varphi = G_p R_s \; ; \qquad \sin^2 \varphi = -B_p X_s \tag{26.3}$$

Wenn die Widerstände R_s und X_s der Reihenschaltung gegeben sind, dann können die Gln. (26.3) nach den gesuchten Leitwerten G_p und B_p aufgelöst werden. Bei der Umwandlung einer Parallelschaltung in eine äquivalente Reihenschaltung werden die Gln. (26.3) nach den gesuchten Widerständen R_s und X_s aufgelöst.

Beispiel 26.3: Die Parallelschaltung in Beispiel 26.2 soll in eine Ersatz-Reihenschaltung umgewandelt werden.

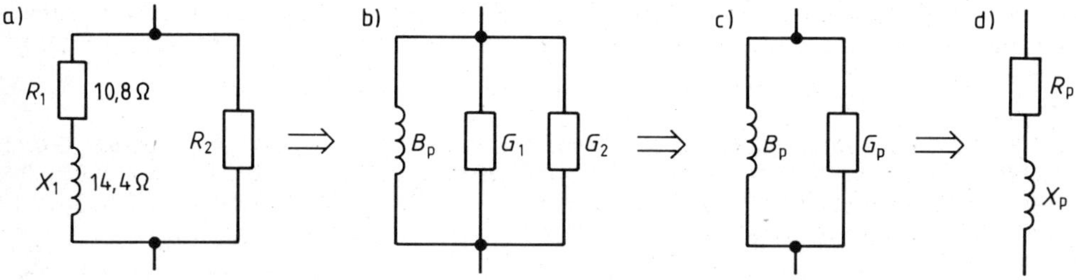

Bild 26.5 Umwandlung der Parallelschaltung von Beispiel 26.2 in eine Reihenschaltung

Umwandlung von Teilbild a) nach Teilbild b):

$$\varphi_1 = \arctan \frac{X_1}{R_1} = \arctan \frac{14{,}4\,\Omega}{10{,}8\,\Omega} = 53{,}1^\circ$$

$$B_p = -\frac{\sin^2 \varphi_1}{X_1} = -\frac{\sin^2 (53{,}1^\circ)}{14{,}4\,\Omega} = -44{,}4\text{ mS}$$

$$G_1 = \frac{\cos^2 \varphi_1}{R_1} = \frac{\cos^2 (53{,}1^\circ)}{10{,}8\,\Omega} = 33{,}4\text{ mS}$$

$$G_2 = \frac{1}{R_2} = \frac{1}{23\,\Omega} = 43{,}5\text{ mS}$$

Umwandlung von Teilbild b) nach Teilbild c):

$$G_p = G_1 + G_2 = 33{,}4\ \text{mS} + 43{,}5\ \text{mS} = 76{,}9\ \text{mS}$$

Umwandlung von Teilbild c) nach Teilbild d):

$$\varphi_p = \arctan \frac{B_p}{G_p} = \arctan \frac{-44{,}4\ \text{mS}}{76{,}9\ \text{mS}} = -30°$$

$$R_p = \frac{\cos^2 \varphi_p}{G_p} = \frac{\cos^2(-30°)}{76{,}9\ \text{mS}} = 9{,}75\ \Omega$$

$$X_p = -\frac{\sin^2 \varphi_p}{B_p} = -\frac{\sin^2(-30°)}{-44{,}4\ \text{mS}} = 5{,}63\ \Omega$$

Diese direkte Umwandlung ersetzt den Umweg über die Rechnung mit einer angenommenen Spannung, wie sie in Beispiel 26.2 durchgeführt wurde.

26.4 Die Ortskurve

Wird ein Parameter eines Wechselstromnetzes, beispielsweise ein Widerstand oder die Frequenz der anliegenden Spannung verändert, dann kann eine Netzwerkgröße verschiedene Werte annehmen. In diesem Fall ist es zweckmäßig, nicht eine Vielzahl von Zeigern aufzuzeichnen, sondern die Zeigerspitzen durch eine Kurve zu verbinden, die als **Ortskurve** bezeichnet wird.

Beispiel 26.4: Ein veränderlicher Widerstand, der Werte im Bereich $R = 0 \ldots \infty$ annehmen kann, liegt in Reihe mit einem induktiven Blindwiderstand $X = 10\ \Omega$ an der Spannung $U = 100$ V. Es sind die Stromzeiger für die Widerstandswerte a) $R = 0$; b) $R = X/2$; c) $R = X$; d) $R = 2X$; e) $R = \infty$ aufzutragen und durch eine Ortskurve zu verbinden.

a)

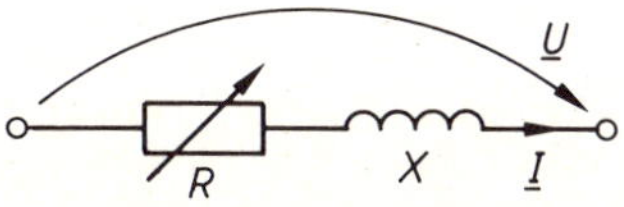

b)

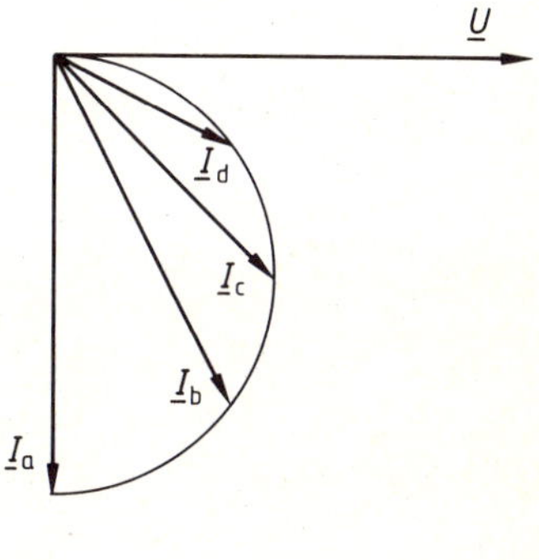

Bild 26.6 Schaltung (a) und Ortskurve (b) zu Beispiel 26.4

a) Für $R = 0$ ist $I_a = \frac{U}{X} = \frac{100\ \text{V}}{10\ \Omega} = 10\ \text{A}$; $\varphi_a = 90°$

b) Für $R = 0{,}5\,X = 5\ \Omega$ ist $Z = \sqrt{R^2 + X^2} = \sqrt{(5\ \Omega)^2 + (10\ \Omega)^2} = 11{,}18\ \Omega$

$$I_b = \frac{U}{Z} = \frac{100\ \text{V}}{11{,}18\ \Omega} = 8{,}94\ \text{A} \ ; \quad \varphi_b = \arctan \frac{X}{R} = \arctan \frac{10\ \Omega}{5\ \Omega} = 63{,}4°$$

c) Für $R = X = 10\,\Omega$ ist $Z = \sqrt{R^2 + X^2} = \sqrt{(10\,\Omega)^2 + (10\,\Omega)^2} = 14{,}14\,\Omega$

$$I_c = \frac{U}{Z} = \frac{100\,\text{V}}{14{,}14\,\Omega} = 7{,}07\,\text{A}\ ; \qquad \varphi_c = \arctan\frac{X}{R} = \arctan\frac{10\,\Omega}{10\,\Omega} = 45°$$

d) Für $R = 2X = 20\,\Omega$ ist $Z = \sqrt{R^2 + X^2} = \sqrt{(20\,\Omega)^2 + (10\,\Omega)^2} = 22{,}36\,\Omega$

$$I_d = \frac{U}{Z} = \frac{100\,\text{V}}{22{,}36\,\Omega} = 4{,}47\,\text{A}\ ; \qquad \varphi_d = \arctan\frac{X}{R} = \arctan\frac{10\,\Omega}{20\,\Omega} = 26{,}6°$$

e) Für $R = \infty$ ist $I_e = 0$; $\varphi_e = 0$

Die Ortskurve des Stromes ist offensichtlich ein Halbkreis.

26.5 Die komplexe Rechnung

Die für die Berechnung von Wechselstromnetzen erforderlichen Rechnungen mit Zeigern lassen sich besonders günstig in der komplexen Ebene ausführen. Dieses Verfahren, das auch allen computergestützten Berechnungen zugrundeliegt, soll als Ergänzung des schon behandelten Rechenverfahrens kurz erläutert werden.

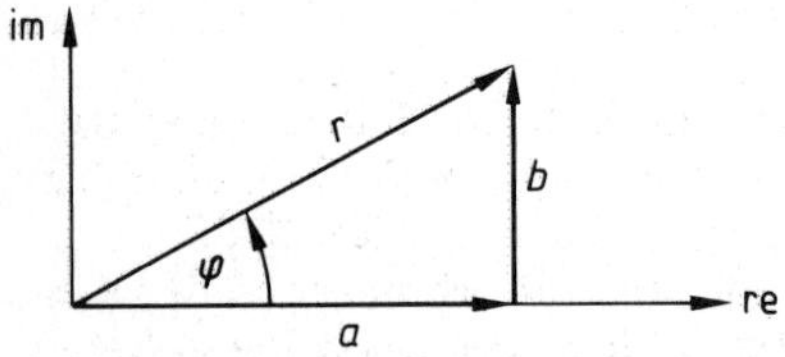

Bild 26.7 Zeiger $\underline{r}$ in der komplexen Ebene

Der dargestellte Zeiger $\underline{r}$ kann beispielsweise einen Strom, eine Spannung oder einen Widerstand darstellen. Der Zeiger hat den Wirkanteil a und den Blindanteil b. Für die Rechnung in der komplexen Ebene kennzeichnet man den Blindanteil durch Multiplikation mit der imaginären Größe $\text{j} = \sqrt{-1}$.
Der reelle Anteil (Wirkanteil) a und der imaginäre Anteil (Blindanteil) b ergeben durch Addition den komplexen Zeiger:

$$\underline{r} = a + \text{j}\,b \tag{26.4}$$

Diese Darstellung des komplexen Zeigers durch seine rechtwinkligen Koordinaten nennt man kurz die **R-Form**.
Man kann den Zeiger auch in Polarkoordinaten (kurz: in der **P-Form**) beschreiben. Dann ist mit

$$\underline{r} = r \cdot \text{e}^{\text{j}\varphi} \tag{26.5}$$

der komplexe Zeiger $\underline{r}$ durch seine Länge r und durch seinen Winkel φ gegen die reelle Bezugsachse ausgedrückt.
Die Umwandlungsbeziehungen zwischen den Gln. (26.4 und 26.5) sind in vielen technisch-wissenschaftlichen Rechnern implementiert. Sie können aus Bild 26.7 hergeleitet werden.

Umwandlung von der R-Form in die P-Form:

$$r = \sqrt{a^2 + b^2} \; ; \quad \varphi = \arctan \frac{b}{a} \qquad (26.6)$$

Umwandlung von der P-Form in die R-Form:

$$a = r \cdot \cos \varphi \; ; \quad b = r \cdot \sin \varphi \qquad (26.7)$$

Beim Rechnen mit komplexen Zahlen verwendet man

– für Addition und Subtraktion die R-Form der Zeiger:

$$\underline{r} = \underline{r}_1 + \underline{r}_2 = (a_1 + \mathrm{j}\, b_1) + (a_2 + \mathrm{j}\, b_2) = (a_1 + a_2) + \mathrm{j}\,(b_1 + b_2) = a + \mathrm{j}\, b \qquad (26.8)$$

$$\underline{r} = \underline{r}_1 - \underline{r}_2 = (a_1 + \mathrm{j}\, b_1) - (a_2 + \mathrm{j}\, b_2) = (a_1 - a_2) + \mathrm{j}\,(b_1 - b_2) = a + \mathrm{j}\, b \qquad (26.9)$$

– für Multiplikation und Division die P-Form der Zeiger:

$$\underline{r} = \underline{r}_1 * \underline{r}_2 = r_1 \cdot \mathrm{e}^{\mathrm{j}\varphi_1} * r_2 \cdot \mathrm{e}^{\mathrm{j}\varphi_2} = r_1 \cdot r_2 \cdot \mathrm{e}^{\mathrm{j}(\varphi_1 + \varphi_2)} = r \cdot \mathrm{e}^{\mathrm{j}\varphi} \qquad (26.10)$$

$$\underline{r} = \frac{\underline{r}_1}{\underline{r}_2} = \frac{r_1 \cdot \mathrm{e}^{\mathrm{j}\varphi_1}}{r_2 \cdot \mathrm{e}^{\mathrm{j}\varphi_2}} = \frac{r_1}{r_2} \cdot \mathrm{e}^{\mathrm{j}(\varphi_1 - \varphi_2)} = r \cdot \mathrm{e}^{\mathrm{j}\varphi} \cdot \qquad (26.11)$$

Im Rechengang zur Berechnung von Wechselstromnetzen wechseln sich Additionen (bzw. Subtraktionen) und Multiplikationen (bzw. Divisionen) häufig ab. Es ist dann sinnvoll, die Zeiger vor jeder neuen Operation in die zweckmäßige Form umzurechnen (s. Beispiel 26.6).
Bild 26.8 zeigt eine **komplexe Spannung** $\underline{U}$ und einen **komplexen Strom** $\underline{I}$ nach der Berechnung eines Wechselstromnetzes als Zeiger in der komplexen Ebene. Für diese Zeiger gelten in der P-Form die Beziehungen:

$$\underline{U} = U \cdot \mathrm{e}^{\mathrm{j}\varphi_u} \; ; \quad \underline{I} = I \cdot \mathrm{e}^{\mathrm{j}\varphi_i} \qquad (26.12)$$

Da die Zeigerlänge einer Wechselgröße ihrem Effektivwert entspricht, gibt der Betrag jedes Zeigers den Effektivwert an. Bei einer tatsächlichen Berechnung legt man zweckmäßig einen der Zeiger, nämlich den der Bezugsgröße, in die Richtung der reellen Bezugsachse.

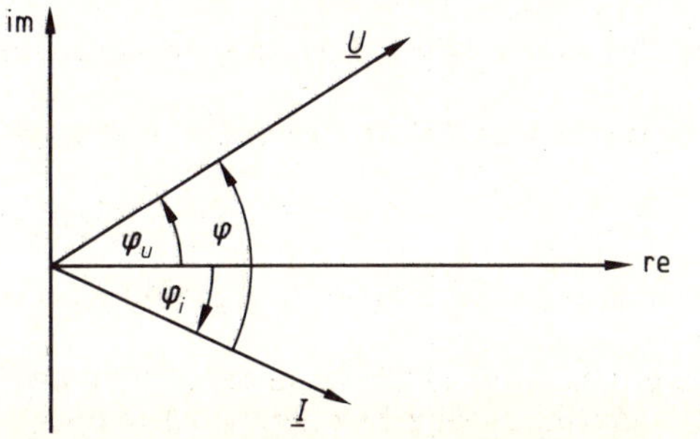

Bild 26.8
Komplexe Spannung $\underline{U}$ und komplexer Strom $\underline{I}$

Der **komplexe Widerstand** ist der Quotient aus der komplexen Spannung und dem komplexen Strom:

$$\underline{Z} = \frac{\underline{U}}{\underline{I}} = \frac{U \cdot e^{j\varphi_u}}{I \cdot e^{j\varphi_i}} = \frac{U}{I} \cdot e^{j(\varphi_u - \varphi_i)} = Z \cdot e^{j\varphi} \tag{26.13}$$

Der Betrag $Z = U/I$ des komplexen Widerstandes ist der Scheinwiderstand, der Winkel $\varphi = \varphi_u - \varphi_i$ ist der Phasenverschiebungswinkel der Spannung gegen den Strom. Die Umrechnung des komplexen Widerstands von der P-Form in die R-Form ergibt gemäß Gl. (26.7):

$$\underline{Z} = R + jX \tag{26.14}$$

Der Wirkwiderstand R ist der Realteil, der Blindwiderstand X ist der Imaginärteil des komplexen Widerstands $\underline{Z}$.
Der komplexe Leitwert $\underline{Y}$ ist der Kehrwert des komplexen Widerstands $\underline{Z}$:

$$\underline{Y} = \frac{\underline{I}}{\underline{U}} = \frac{1}{Z \cdot e^{j\varphi}} = \frac{1}{Z} \cdot e^{-j\varphi} \tag{26.15}$$

Der Betrag $Y = I/U$ des komplexen Leitwerts ist der Scheinleitwert. Der Winkel des komplexen Leitwerts ist $-\varphi$. Die Umrechnung in die R-Form ergibt:

$$\underline{Y} = G + jB \tag{26.16}$$

Der Wirkleitwert G ist der Realteil, der Blindleitwert B ist der Imaginärteil des komplexen Leitwerts $\underline{Y}$.

Für die drei Grundzweipole gelten im Komplexen die folgenden Beziehungen:

	OHMscher Widerstand	ideale Spule	idealer Kondensator
komplexer Widerstand	R	$jX_L = j\omega L = \omega L \cdot e^{j90°}$	$jX_C = -j\frac{1}{\omega C} = \frac{1}{\omega C} \cdot e^{-j90°}$
komplexer Leitwert	$G = \frac{1}{R}$	$jB_L = -j\frac{1}{\omega L} = \frac{1}{\omega L} \cdot e^{-j90°}$	$jB_C = j\omega C = \omega C \cdot e^{j90°}$

Beispiel 26.5: Ein OHMscher Widerstand $R = 529\,\Omega$ und ein Kondensator 5,18 µF liegen in Serie am 230 V-Netz mit der Frequenz 50 Hz (s. Beispiel 24.2). Zu berechnen sind der komplexe Widerstand, der Strom und die Teilspannungen. Als Bezugsgröße dient die Spannung, d.h. ihr Zeiger liegt mit $\varphi_u = 0$ in Richtung der reellen Achse.

$$\underline{Z} = R + jX_C = R - j\frac{1}{\omega C} = 529\,\Omega - j\frac{1}{2\pi\ 50\,\text{s}^{-1} \cdot 5{,}18 \cdot 10^{-6}\,\text{F}} = (529 - j614{,}5)\,\Omega$$

Der Strom wird durch eine Division ermittelt, daher wird der komplexe Widerstand in die P-Form umgewandelt:

$$Z = \sqrt{R^2 + X_C^2} = \sqrt{529^2 + 614{,}5^2}\ \Omega = 811\ \Omega$$

$$\varphi = \arctan \frac{X_C}{R} = \arctan \frac{-614{,}5\ \Omega}{529\ \Omega} = -49{,}3°$$

$$\underline{Z} = 811\ \Omega \cdot e^{-j49{,}3°}$$

$$\underline{I} = \frac{\underline{U}}{\underline{Z}} = \frac{230\ \text{V} \cdot e^{j0°}}{811\ \Omega \cdot e^{-j49{,}3°}} = 0{,}284\ \text{A} \cdot e^{j49{,}3°}$$

Dies bedeutet, daß der Strom der Spannung um 49,3° voreilt. Verglichen mit dem Zeigerdiagramm 24.5 sind die Spannungen und der Strom im Zeigerdiagramm 26.9 um 49,3° im mathematisch positiven Drehsinn gedreht. Der Grund dafür liegt im Wechsel der Bezugsgröße.

$$\underline{U}_C = \underline{I} \cdot jX_C = 0{,}284\ \text{A} \cdot e^{j49{,}3°} \cdot 614{,}5\ \Omega \cdot e^{-j90°} = 174{,}4\ \text{V} \cdot e^{-j40{,}7°}$$

$$\underline{U}_R = \underline{I} \cdot R = 0{,}284\ \text{A} \cdot e^{j49{,}3°} \cdot 529\ \Omega = 150\ \text{V} \cdot e^{j49{,}3°}$$

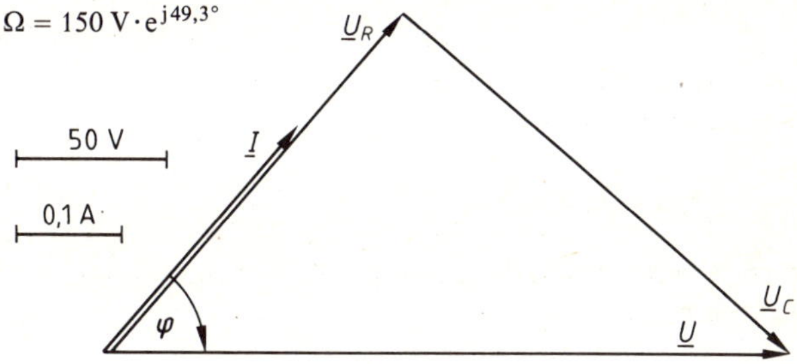

Bild 26.9
Zeigerdiagramm zu Beispiel 26.5

Beispiel 26.6: Der Gesamtstrom $\underline{I}$ der Schaltung 26.1 ist mit der komplexen Rechnung zu ermitteln.

Zweig 1: $\underline{Z}_1 = R_1 + jX_1 = 7{,}5\ \Omega + j\,10\ \Omega = 12{,}5\ \Omega \cdot e^{j53°}$

$$\underline{I}_1 = \frac{\underline{U}}{\underline{Z}_1} = \frac{230\ \text{V} \cdot e^{j0°}}{12{,}5\ \Omega \cdot e^{j53°}} = 18{,}4\ \text{A} \cdot e^{-j53°} = 11{,}04\ \text{A} - j\,14{,}72\ \text{A}$$

Zweig 2: $\underline{Z}_2 = R_2 = 20\ \Omega$; $\underline{I}_2 = \frac{\underline{U}}{\underline{Z}_2} = \frac{230\ \text{V} \cdot e^{j0°}}{20\ \Omega \cdot e^{j0°}} = 11{,}5\ \text{A} \cdot e^{j0°} = 11{,}5\ \text{A}$

Zweig 3: $\underline{I}_3 = \underline{Y}_3 \cdot \underline{U} = j\omega C_3 \cdot \underline{U} = j\,314\ \text{s}^{-1} \cdot 120 \cdot 10^{-6}\,\text{F} \cdot 230\ \text{V} = j\,8{,}67\ \text{A}$

$$\underline{I} = \underline{I}_1 + \underline{I}_2 + \underline{I}_3 = 11{,}04\ \text{A} - j\,14{,}72\ \text{A} + 11{,}5\ \text{A} + j\,8{,}67\ \text{A} = 22{,}54\ \text{A} - j\,6{,}05\ \text{A}$$

$$I = \sqrt{(22{,}54\ \text{A})^2 + (6{,}05\ \text{A})^2} = 23{,}34\ \text{A}\ ; \qquad \varphi_i = \arctan \frac{-6{,}05\ \text{A}}{22{,}54\ \text{A}} = -15°$$

$$\underline{I} = 23{,}34\ \text{A} \cdot e^{-j15°}$$

$$\underline{U} = 230\ \text{V} \cdot e^{j0°}\ ; \qquad \varphi_u = 0°$$

$$\varphi = \varphi_u - \varphi_i = 0° - (-15°) = 15°$$

27 Der Drehstrom

27.1 Ströme und Spannungen

Unter der volkstümlichen Bezeichnung **Drehstrom** versteht man ein **Dreiphasensystem**, also ein System von drei Spannungen bzw. drei Strömen mit unterschiedlichen Schwingungszuständen. Die drei zusammengehörigen Spannungen bzw. Ströme haben gleiche Frequenz, aber unterschiedliche Nullphasenwinkel.
Wenn die drei Spannungen bzw. Ströme gleiche Effektivwerte bzw. gleiche Amplituden haben und gegeneinander jeweils um 120° phasenverschoben sind, dann bezeichnet man sie als **symmetrisch**. Die Summe von drei symmetrischen Größen ist stets gleich Null. In Bild 27.1 wird dies am Beispiel von drei Spannungen gezeigt:

$$\underline{U}_1 + \underline{U}_2 + \underline{U}_3 = 0 \qquad (27.1)$$

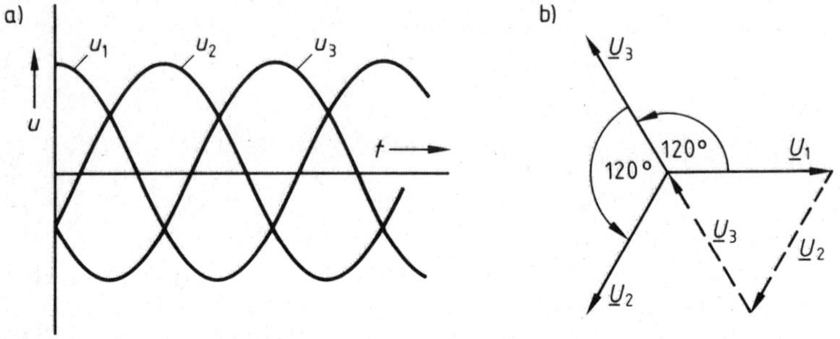

Bild 27.1 Symmetrische Spannungen, Liniendiagramm (a) und Zeigerdarstellung (b); Darstellung der Effektivwertzeiger im Maßstab 2:1

Ein Drehstromerzeuger bzw. -verbraucher besteht aus drei Zweipolen, von denen jeder als **Strang** bezeichnet wird. Die drei Stränge U1 – U2, V1 – V2, W1 – W2 eines Drehstromerzeugers werden üblicherweise in **Sternschaltung** miteinander verbunden. Dabei sind die Klemmen U2, V2 und W2 an den **Neutralleiter** N (früher: Mp) angeschlossen; die Klemmen U1, V1, W1 sind an die **Außenleiter** L1, L2, L3 (früher: R, S, T) des Drehstromnetzes angeschlossen (Bild 27.2).

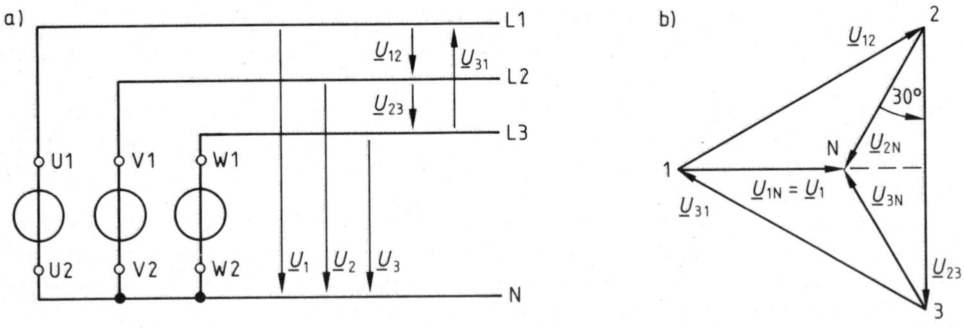

Bild 27.2 Sternschaltung eines Drehstromerzeugers (a) sowie Zeigerbild der Strang- und Außenleiterspannungen (b)

Ein wichtiger Vorteil des Drehstromsystems besteht darin, daß *zwei* unterschiedliche Spannungssysteme vorliegen:

- Die Strangspannungen bei Sternschaltung $\underline{U}_{1\,N}$; $\underline{U}_{2N}$; $\underline{U}_{3N}$ liegen jeweils zwischen einem Außenleiter und dem Neutralleiter. Wenn keine Verwechselungen möglich sind, werden diese Strangspannungen auch mit $\underline{U}_1$; $\underline{U}_2$; $\underline{U}_3$ bezeichnet, der Index N kann also entfallen.
  Bei symmetrischen Spannungen $\underline{U}_1$; $\underline{U}_2$; $\underline{U}_3$ wird der Effektivwert **Sternspannung** $U_{\curlywedge}$ genannt. In DIN 40110 ist festgelegt, daß die Spannung $\underline{U}_2$ der Spannung $\underline{U}_1$ und daß die Spannung $\underline{U}_3$ der Spannung $\underline{U}_2$ um 120° nacheilt.
- Die **Außenleiterspannungen** $\underline{U}_{12}$; $\underline{U}_{23}$; $\underline{U}_{31}$ liegen jeweils zwischen zwei Außenleitern. Setzt man den Maschensatz für je einen Umlauf über eine Außenleiterspannung und zwei Strangspannungen an, so erhält man:

$$\underline{U}_{12} = \underline{U}_{1\,N} - \underline{U}_{2N} \tag{27.2}$$

$$\underline{U}_{23} = \underline{U}_{2N} - \underline{U}_{3N} \tag{27.3}$$

$$\underline{U}_{31} = \underline{U}_{3N} - \underline{U}_{1\,N} \tag{27.4}$$

Diese Differenzen lassen sich geometrisch besonders leicht dann ermitteln, wenn man jede Strangspannung so parallelverschiebt, daß sie zu einem Punkt N zeigt. Der Beginn der Strangspannungszeiger wird mit 1; 2; 3 bezeichnet. Die Zeiger der Außenleiterspannungen sind dann von 1 nach 2, von 2 nach 3 und von 3 nach 1 gerichtet (Bild 27.2b).
Wenn die Außenleiterspannungen symmetrisch sind, dann wird der Effektivwert einer Außenleiterspannung mit U (ohne Index) bezeichnet.
Der Zusammenhang zwischen der Sternspannung $U_{\curlywedge}$ und dem Effektivwert U einer Außenleiterspannung läßt sich Bild 27.2 entnehmen:

$$\cos 30° = \frac{\sqrt{3}}{2} = \frac{U/2}{U_{\curlywedge}}$$

Diese Gleichung läßt sich folgendermaßen umformen:

$$U = \sqrt{3}\; U_{\curlywedge} \tag{27.5}$$

Wenn für ein Drehstromsystem eine einzige Spannung angegeben ist, so handelt es sich dabei stets um die Außenleiterspannung. Nur in Sonderfällen wird zusätzlich zur Außenleiterspannung auch die Sternspannung angegeben.
Im Niederspannungsnetz der öffentlichen Energieversorgung beträgt die Außenleiterspannung 400 V (früher 380 V). Mit Gl. (27.5) läßt sich die Sternspannung zu 230,94 V berechnen. Entsprechend der internationalen Normung wird jedoch stets der auf Dekavolt gerundete Wert 230 V angegeben.
Bei Sternschaltung ist jeder Strangstrom gleich dem zugehörigen Außenleiterstrom. Wenn die Strangströme symmetrisch sind, wird der Effektivwert eines Strangstromes als **Sternstrom** $I_{\curlywedge}$ bezeichnet. Bei symmetrischen Strangströmen sind auch die Außenleiterströme symmetrisch, und es gilt für den Effektivwert I eines Außenleiterstromes:

$$I = I_{\curlywedge} \tag{27.6}$$

27.2 Symmetrische Belastung

Drehstromverbraucher haben im allgemeinen drei Stränge mit *gleichen* Wirk- und Blindwiderständen. Die Belastung eines Drehstromsystems durch derartige Verbraucher wird als **symmetrische Belastung** bezeichnet. Die Stränge eines Verbrauchers können entweder in Sternschaltung oder in Dreieckschaltung miteinander verbunden sein.

27.2.1 Sternschaltung

Bei der Sternschaltung eines Drehstromverbrauchers liegt jeder Strang zwischen einem Außenleiter und dem Neutralleiter (Bild 27.3 a). An jedem Strang liegt dabei eine Spannung, deren Effektivwert die Sternspannung ist. In jedem Strang fließt ein Strom, der gegen die Strangspannung um den Phasenverschiebungswinkel φ verschoben ist (Bild 27.3 b).

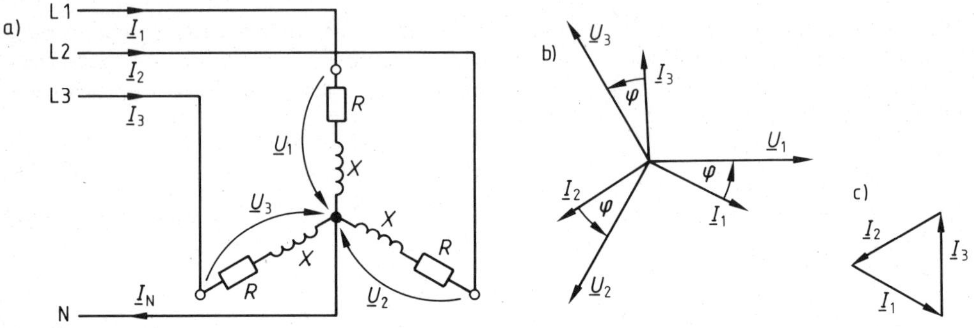

Bild 27.3 Symmetrische Belastung in Sternschaltung (a), Zeigerdiagramm der Strangspannungen und -ströme (b) sowie Summe der Strangströme (c)

Der Neutralleiterstrom $\underline{I}_N$ ist gemäß Bild 27.3 a die Summe der Strangströme:

$$\underline{I}_N = \underline{I}_1 + \underline{I}_2 + \underline{I}_3 \qquad (27.7)$$

Da die Strangströme bei symmetrischer Belastung ebenfalls symmetrisch sind, ist ihre Summe gleich Null (Bild 27.3 c). Wegen $\underline{I}_N = 0$ kann daher der Neutralleiter bei symmetrischer Belastung entfallen. Hiervon wird vor allem bei der Energieverteilung in **Mittelspannungsnetzen** ($10\,\text{kV} \leqq U \leqq 30\,\text{kV}$) und in **Hochspannungsnetzen** ($U \geqq 110\,\text{kV}$) Gebrauch gemacht: Diese Netze werden als **Dreileiternetze** ausgeführt.
Die Wirkleistung P_{str} bzw. die Blindleistung Q_{str} eines Stranges ist:

$$P_{str} = U_{\curlywedge} I_{\curlywedge} \cos\varphi \;; \qquad Q_{str} = U_{\curlywedge} I_{\curlywedge} \sin\varphi \qquad (27.8)$$

Dabei ist φ der Phasenverschiebungswinkel der Strangspannung gegen den Strangstrom. Bei symmetrischer Belastung haben $U_{\curlywedge}$, $I_{\curlywedge}$ und φ in jedem Strang denselben Wert; die gesamte Wirkleistung P bzw. die Blindleistung Q des Drehstromverbrauchers ist die Summe der drei Strangleistungen:

$$P = 3\,P_{str} = 3\,U_{\curlywedge} I_{\curlywedge} \cos\varphi \;; \qquad Q = 3\,Q_{str} = 3\,U_{\curlywedge} I_{\curlywedge} \sin\varphi \qquad (27.9)$$

Die Messung der gesamten Wirk- bzw. Blindleistung läßt sich demnach folgendermaßen durchführen: Man braucht nur die Wirkleistung *eines* Stranges zu messen und mit dem Faktor 3 zu multiplizieren; entsprechendes gilt für die Blindleistung.
Die Leistung kann auch mit den Außenleitergrößen U und I berechnet werden. Da bei Sternschaltung der Außenleiterstrom I gleich dem Sternstrom $I_{\curlywedge}$ ist, kann in Gl. (27.9) $I_{\curlywedge}$ durch I ersetzt werden; wird außerdem die nach $U_{\curlywedge}$ aufgelöste Gl. (27.5) in die Gl. (27.9) eingesetzt, so erhält man:

$$P = \sqrt{3}\ UI \cos\varphi\ ; \qquad Q = \sqrt{3}\ UI \sin\varphi \tag{27.10}$$

Die Scheinleistung $S = \sqrt{P^2 + Q^2}$ des Drehstromverbrauchers ist:

$$S = \sqrt{3}\ UI \tag{27.11}$$

27.2.2 Dreieckschaltung

Die drei Stränge eines Drehstromverbrauchers können auch in **Dreieckschaltung** miteinander verbunden sein; dabei liegt jeder Strang zwischen zwei Außenleitern (Bild 27.4). Die Strangspannung bei Dreieckschaltung, deren Effektivwert bei symmetrischer Belastung auch **Dreieckspannung** U_Δ genannt wird, ist gleich der Außenleiterspannung U:

$$U_\Delta = U \tag{27.12}$$

Bei Dreieckschaltung entfällt der Neutralleiter, da an ihn kein Strang angeschlossen ist; für die Dreieckschaltung genügt also stets ein Dreileiternetz.

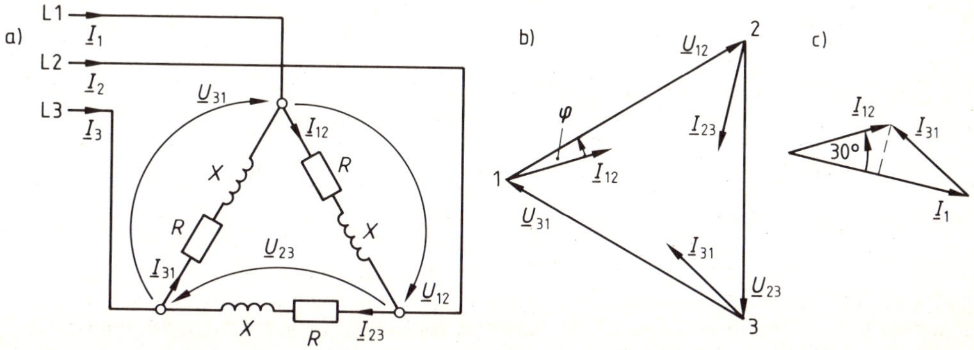

Bild 27.4 Symmetrische Belastung in Dreieckschaltung (a), Zeigerdiagramm der Strangspannungen und -ströme (b) sowie Ermittlung eines Außenleiterstromes (c)

Die Außenleiterströme $\underline{I}_1$, $\underline{I}_2$, $\underline{I}_3$ lassen sich aus den Strangströmen $\underline{I}_{12}$, $\underline{I}_{23}$, $\underline{I}_{31}$ ermitteln. Für den Knoten, zu dem der Leiter L1 führt, lautet der Knotensatz:

$$\underline{I}_1 + \underline{I}_{31} - \underline{I}_{12} = 0$$

Nach dem Außenleiterstrom aufgelöst lautet diese Gleichung:

$$\underline{I}_1 = \underline{I}_{12} - \underline{I}_{31} \tag{27.13}$$

Dementsprechend gilt für die übrigen Außenleiterströme:

$$\underline{I}_2 = \underline{I}_{23} - \underline{I}_{12} \tag{27.14}$$

$$\underline{I}_3 = \underline{I}_{31} - \underline{I}_{23} \tag{27.15}$$

Der Effektivwert eines Strangstromes wird bei symmetrischer Belastung auch **Dreieckstrom** I_Δ genannt. Der Zusammenhang zwischen dem Dreieckstrom I_Δ und dem Effektivwert I eines Außenleiterstromes läßt sich Bild 27.4c entnehmen:

$$\cos 30° = \frac{\sqrt{3}}{2} = \frac{I/2}{I_\Delta}$$

Diese Gleichung läßt sich folgendermaßen umformen:

$$I = \sqrt{3}\, I_\Delta \tag{27.16}$$

Die Wirkleistung P_{str} bzw. die Blindleistung Q_{str} eines Stranges ist:

$$P_{str} = U_\Delta I_\Delta \cos\varphi \;; \quad Q_{str} = U_\Delta I_\Delta \sin\varphi \tag{27.17}$$

Dabei ist φ der Phasenverschiebungswinkel der Strangspannung gegen den Strangstrom. Bei symmetrischer Belastung haben U_Δ, I_Δ und φ in jedem Strang denselben Wert; dadurch läßt sich die gesamte Wirkleistung P bzw. die Blindleistung Q des Drehstromverbrauchers als Summe der drei Strangleistungen einfach berechnen:

$$P = 3\,P_{str} = 3\,U_\Delta I_\Delta \cos\varphi \;; \quad Q = 3\,Q_{str} = 3\,U_\Delta I_\Delta \sin\varphi \tag{27.18}$$

Diese Leistungen können auch mit den Außenleitergrößen U und I berechnet werden. Da bei Dreieckschaltung die Außenleiterspannung U gleich der Dreieckspannung U_Δ ist, kann in Gl. (27.18) U_Δ durch U ersetzt werden; wird außerdem die nach I_Δ aufgelöste Gl. (27.16) in die Gl. (27.18) eingesetzt, so erhält man:

$$P = \sqrt{3}\, UI \cos\varphi \;; \quad Q = \sqrt{3}\, UI \sin\varphi \tag{27.19}$$

Die Scheinleistung $S = \sqrt{P^2 + Q^2}$ des Drehstromverbrauchers ist:

$$S = \sqrt{3}\, UI \tag{27.20}$$

Die Gln. (27.19 und 27.20), die mit den Gln. (27.10 und 27.11) übereinstimmen, können bei symmetrischer Belastung unabhängig von der Art der Schaltung verwendet werden.

Beispiel 27.1: Ein Durchlauferhitzer zur Warmwasserbereitung hat in jedem Strang den OHMschen Widerstand 20 Ω. Welche Wirkleistung nimmt er am 400 V-Drehstromnetz auf, wenn die Widerstände a) in Sternschaltung, b) in Dreieckschaltung angeschlossen werden?

a) Sternschaltung: $U_{str} = 230\text{ V}$; $\cos\varphi = 1$

$$I = I_{str} = \frac{U_{str}}{R} = \frac{230\text{ V}}{20\,\Omega} = 11{,}5\text{ A}$$

$$P = 3\,U_{\text{str}} I_{\text{str}} \cos\varphi = 3 \cdot 230\ \text{V} \cdot 11{,}5\ \text{A} \cdot 1 = 7{,}94\ \text{kW}$$

$$P = \sqrt{3}\, U I \cos\varphi = 1{,}732 \cdot 400\ \text{V} \cdot 11{,}5\ \text{A} \cdot 1 = 7{,}97\ \text{kW}$$

Die geringen Abweichungen vom theoretisch richtigen Wert 8 kW sind auf Rundungsfehler – s. Bemerkung nach Gl. (27.5) – zurückzuführen.

b) Dreieckschaltung: $U_{\text{str}} = 400\ \text{V}$; $\cos\varphi = 1$

$$I_{\text{str}} = \frac{U_{\text{str}}}{R} = \frac{400\ \text{V}}{20\ \Omega} = 20\ \text{A}$$

$$P = 3\,U_{\text{str}} I_{\text{str}} \cos\varphi = 3 \cdot 400\ \text{V} \cdot 20\ \text{A} \cdot 1 = 24\ \text{kW}$$

$$I = \sqrt{3}\, I_{\text{str}} = \sqrt{3} \cdot 20\ \text{A} = 34{,}64\ \text{A}$$

$$P = \sqrt{3}\, U I \cos\varphi = 1{,}732 \cdot 400\ \text{V} \cdot 34{,}64\ \text{A} \cdot 1 = 24\ \text{kW}$$

Bei gleichen Widerständen erhält man, nur durch den Schaltungswechsel, eine Leistungsänderung im Verhältnis 1 : 3.

Beispiel 27.2: Ein Drehstrom-Anschluß 400 V ist in jeder Zuleitung mit 25 A abgesichert. Welche Wirkleistung kann ein Verbraucher mit $\cos\varphi = 1$ entnehmen? Welchen Widerstand R_a hat ein Strang bei Sternschaltung, welchen Widerstand R_b bei Dreieckschaltung?

$$P = \sqrt{3}\, U I \cos\varphi = 1{,}732 \cdot 400\ \text{V} \cdot 25\ \text{A} \cdot 1 = 17{,}32\ \text{kW}$$

$$I = I_{\curlywedge} = 25\ \text{A}\ ; \quad I_{\Delta} = \frac{I}{\sqrt{3}} = \frac{25\ \text{A}}{\sqrt{3}} = 14{,}43\ \text{A}$$

$$R_a = \frac{U}{I} = \frac{230\ \text{V}}{25\ \text{A}} = 9{,}2\ \Omega$$

$$R_b = \frac{U_{\Delta}}{I_{\Delta}} = \frac{400\ \text{V}}{14{,}43\ \text{A}} = 27{,}7\ \Omega$$

27.2.3 Die Zeitabhängigkeit der Leistung

Die Leistung eines Stranges in einem Drehstromsystem ist ebenso wie die Leistung eines Zweipols an Wechselspannung zeitabhängig: Bei Wirkbelastung schwingt die Augenblicksleistung $P_{\text{str}}(t)$ zwischen 0 und $2\,P_{\text{str}}$, wobei P_{str} der arithmetische Mittelwert, also die Wirkleistung ist (Bild 25.1). Man kann sich diesen Zeitverlauf ersetzt denken durch einen konstanten Anteil – die Wirkleistung P_{str} –, dem ein mit doppelter Frequenz der erregenden Spannung schwingender Anteil, die schwingende Leistung $P_{\sim}(t)$ überlagert ist. Damit gilt z. B. für den Strang 1:

$$P_1(t) = P_{\text{str}} + P_{1\sim}(t) \tag{27.21}$$

Bei symmetrischer Belastung sind die schwingenden Leistungen der drei Stränge, ähnlich wie die Ströme und wie die Spannungen, symmetrische Größen; ihre Summe ist gleich Null. Damit gilt für die gesamte Leistung P eines Drehstromverbrauchers:

$$P = P_{\text{str}} + P_{1\sim}(t) + P_{\text{str}} + P_{2\sim}(t) + P_{\text{str}} + P_{3\sim}(t) = 3\,P_{\text{str}} \tag{27.22}$$

Die gesamte Leistung eines Drehstromverbrauchers ist also zeitlich konstant. Ein Drehstrommotor entwickelt aus diesem Grund ein zeitlich konstantes Drehmoment. Entsprechendes gilt auch für die Belastung des Antriebs durch einen Drehstromgenerator.

27.3 Unsymmetrische Belastung

Bei unsymmetrischer Belastung sind die Außenleiterströme nicht symmetrisch; dabei fließt im allgemeinen ein Neutralleiterstrom $\underline{I}_N$, der nach Gl. (27.7) die Summe der Strangströme ist. Das Drehstromnetz, das zusätzlich zu den Außenleitern auch den Neutralleiter enthält, wird als **Vierleiternetz** bezeichnet.
Wenn bei unsymmetrischer Belastung ein Neutralleiterstrom fließt, muß der Sternpunkt des Erzeugers belastbar sein (s. Kap. 31.6).
Unsymmetrische Belastung tritt z. B. im 400 V-Niederspannungsnetz der öffentlichen Energieversorgung auf, wenn Einphasen-Verbraucher zwischen einem Außenleiter und dem Neutralleiter betrieben werden. Dieser Betriebszustand ist in der Praxis besonders wichtig.

Beispiel 27.3: In einem 400 V-Drehstromnetz wird an L1 ein Wechselstrommotor 230 V; 0,75 kW; $\cos\varphi = 0{,}85$; $\eta = 0{,}64$ und an L2 ein Wärmegerät 1 kW; $\cos\varphi = 1$ betrieben. Welche Ströme fließen in den Außenleitern und im Neutralleiter?

Strang 1: $P_{zu} = \dfrac{P_{ab}}{\eta} = \dfrac{750\ \text{W}}{0{,}64} = 1172\ \text{W} = U_1\, I_1 \cos\varphi_1$

$$I_1 = \frac{P_{zu}}{U_1 \cos\varphi_1} = \frac{1172\ \text{W}}{230\ \text{V}\cdot 0{,}85} = 5{,}99\ \text{A}$$

$$\varphi_1 = \text{arc}\cos\varphi_1 = \text{arc}\cos 0{,}85 = \pm 31{,}8°$$

Da der Motor induktiv wirkt (zum Aufbau des Magnetfelds wird induktive Blindleistung benötigt), ist

$$\varphi_1 = \varphi_{u1} - \varphi_{i1} = +31{,}8°.$$

Die Bezugsgröße $\underline{U}_1$ ist nullphasig, es ist also $\varphi_{u1} = 0°$; damit ergibt sich:

$$\varphi_{i1} = \varphi_{u1} - \varphi_1 = -31{,}8°$$

Strang 2: $I_2 = \dfrac{P_2}{U_2 \cos\varphi_2} = \dfrac{1000\ \text{W}}{230\ \text{V}\cdot 1} = 4{,}35\ \text{A}$; $\varphi_2 = 0$; $\varphi_{i2} = \varphi_{u2} = -120°$

Strang 3: $I_3 = 0$

Neutralleiter: $\underline{I}_N = \underline{I}_1 + \underline{I}_2$

Die Zeiger $\underline{I}_1$ und $\underline{I}_2$ werden mit dem Programm 17.1 addiert (Bilder 27.5 und 27.6).

$I_N = 7{,}51\ \text{A} \qquad \varphi_{iN} = -67{,}2°$

```
ADDITION ZWEIER ZEIGER
ZEIGER 1 : LÄNGE ? 5.99
ZEIGER 1 : WINKEL ? -31.8
ZEIGER 2 : LÄNGE ? 4.35
ZEIGER 2 : WINKEL ? -120
ERGEBNIS:
LÄNGE: 7.512624
WINKEL: -67.16195 GRAD
```

Bild 27.5 Addition der Zeiger $\underline{I}_1$ und $\underline{I}_2$ mit dem Programm 17.1

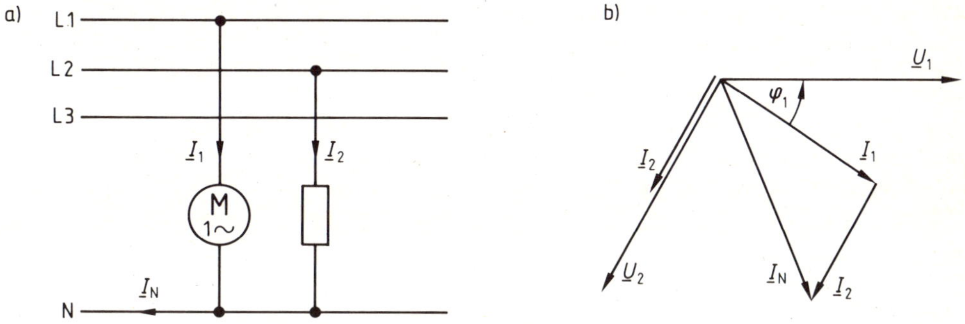

Bild 27.6 Unsymmetrische Belastung im Vierleiternetz
a) Schaltung zu Beispiel 27.3 b) Zeigerdiagramm der Spannungen und Ströme

28 Die Verbesserung des Leistungsfaktors

Die Nennleistung eines Generators wird als Scheinleistung in VA angegeben; in welchem Maß sie in Anspruch genommen wird und wie sie sich in Wirk- und Blindleistung aufteilt, bestimmen die Verbraucher. Während die der Wirkleistung entsprechende Energie von den Verbrauchern z. B. in mechanische Energie oder Wärmeenergie umgewandelt wird, ist die Blindleistung z. B. zum Aufbau der Magnetfelder in elektrischen Maschinen und Geräten erforderlich. Die der Blindleistung entsprechende Energie strömt in einer Viertelperiode vom Generator zu den Verbrauchern und in der nächsten Viertelperiode von diesen zum Generator zurück.

Der Leistungsfaktor $\cos\varphi = P/S$ gibt das Verhältnis von Wirkleistung P und Scheinleistung S an. Hat der Leistungsfaktor sämtlicher Verbraucher, die von einem Generator mit der Scheinleistung S gespeist werden, den Wert $\cos\varphi = 1$, so erhalten die Verbraucher vom Generator die Wirkleistung $P = S$. Hat jedoch der Leistungsfaktor der Verbraucher einen Wert $\cos\varphi < 1$, so erhalten die Verbraucher vom Generator eine Wirkleistung $P < S$.

Durch einen Leistungsfaktor $\cos\varphi < 1$ ist wegen $P < S$ nicht nur der Generator, sondern auch die Vielzahl von Übertragungseinrichtungen, z. B. Leitungen und Transformatoren, schlecht ausgenutzt: Den Energieversorgungsunternehmen (EVU) entstehen Investitionskosten, die nicht durch den Verkauf von Wirkarbeit gedeckt werden können. Außerdem wird, da die übertragene Scheinleistung die Verluste im Generator und in den Übertragungseinrichtungen bestimmt, mit kleiner werdendem $\cos\varphi$ auch der Wirkungsgrad der Energieübertragung geringer.

Beispiel 28.1: Eine Verbrauchergruppe mit der Nennspannung 230 V soll von einem Generator die Wirkleistung $P = 100$ kW über eine Leitung mit dem OHMschen Widerstand $R_L = 50$ mΩ erhalten. Für welche Scheinleistung S_a muß der Generator bemessen werden, wenn die Verbrauchergruppe a) den Leistungsfaktor $\cos\varphi = 1$; b) den Leistungsfaktor $\cos\varphi = 0{,}7$ aufweist? Welche Leitungsverluste P_L entstehen jeweils, und mit welcher Spannung U_a muß am Leitungsanfang eingespeist werden?

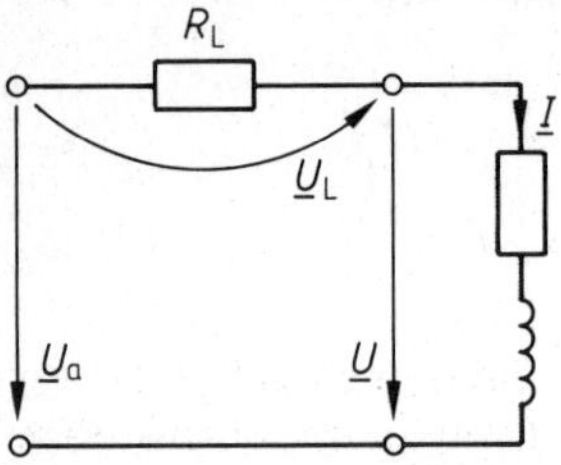

Bild 28.1 Schaltung zu Beispiel 28.1

a) $S_v = P = 100\,\text{kVA} = UI \;; \quad I = \dfrac{S_v}{U} = \dfrac{100\,\text{kVA}}{230\,\text{V}} = 434{,}8\,\text{A}$

$P_L = I^2 R_L = (434{,}8\,\text{A})^2 \cdot 0{,}05\,\Omega = 9{,}45\,\text{kW}$

$U_a = 230\,\text{V} + IR_L = 230\,\text{V} + 434{,}8\,\text{A} \cdot 0{,}05\,\Omega = 251{,}7\,\text{V}$

$S_a = U_a I = 251{,}7\,\text{V} \cdot 434{,}8\,\text{A} = 109{,}44\,\text{kVA}$

b) $S_v = \dfrac{P}{\cos\varphi} = \dfrac{100\,\text{kW}}{0{,}7} = 142{,}9\,\text{kVA} \;; \quad I = \dfrac{S_v}{U} = \dfrac{142{,}9\,\text{kVA}}{230\,\text{V}} = 621{,}3\,\text{A}$

$U_L = IR_L = 621{,}3\,\text{A} \cdot 0{,}05\,\Omega = 31{,}1\,\text{V} \;; \quad P_L = U_L I = 31{,}1\,\text{V} \cdot 621{,}3\,\text{A} = 19{,}3\,\text{kW}$

Die Spannung $\underline{U}_L$ eilt ebenso wie der Strom $\underline{I}$ der Spannung $\underline{U}$ um den Winkel $\varphi = \arccos 0{,}7 = 45{,}6°$ nach. Die Spannungen $\underline{U}_L$ und $\underline{U}$ werden mit dem Programm 17.1 addiert: $\underline{U}_a = \underline{U} + \underline{U}_L$. Mit $U_a = 252{,}7$ V wird die Scheinleistung S_a berechnet:

$S_a = U_a I = 252{,}7\,\text{V} \cdot 621{,}3\,\text{A} = 157{,}0\,\text{kVA}$

```
ADDITION ZWEIER ZEIGER
ZEIGER 1 : LÄNGE ? 230
ZEIGER 1 : WINKEL ? 0
ZEIGER 2 : LÄNGE ? 31.1
ZEIGER 2 : WINKEL ? -45.6
ERGEBNIS:
LÄNGE: 252.7382
WINKEL: -5.043812 GRAD
```

Bild 28.2 Addition der Zeiger $\underline{U}$ und $\underline{U}_L$ mit dem Programm 17.1

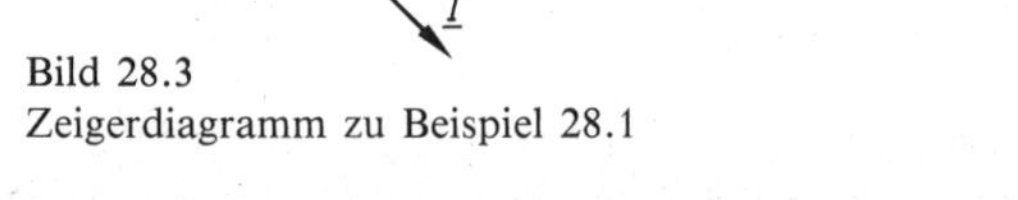

Bild 28.3 Zeigerdiagramm zu Beispiel 28.1

Wie das Beispiel zeigt, muß bei einer Belastung mit $\cos\varphi < 1$ der Generator für eine größere Nennleistung ausgelegt werden. Der Strom in den Übertragungsleitungen ist um den Faktor $1/\cos\varphi$, die in ihnen umgesetzte Verlustleistung sogar um den Faktor $(1/\cos\varphi)^2$ höher als bei rein OHMschen Verbrauchern mit dem Leistungsfaktor $\cos\varphi = 1$. Die Energieversorgungsunternehmen (EVU) veranlassen daher durch ihre Tarifgestaltung die Abnehmer, überwiegend Wirkarbeit zu beziehen. Dies wird dadurch erreicht, daß größeren Abnehmern zusätzlich zur Wirkarbeit auch die Blindarbeit in Rechnung gestellt wird.

Beispiel 28.2: Ein EVU stellt einem Abnehmer die Blindarbeit dann in Rechnung, wenn sie 50 % der Wirkarbeit übersteigt. Welchen Leistungsfaktor müssen die Geräte des Abnehmers im zeitlichen Mittel mindestens aufweisen, damit keine Kosten für die Blindarbeit entstehen?

Bei $Q = 0{,}5\,P$ (ungünstigster Fall) ist $S = \sqrt{P^2 + Q^2} = \sqrt{P^2 + 0{,}5^2\,P^2} = \sqrt{1{,}25}\,P$

Der Leistungsfaktor hat dabei den Wert: $\cos\varphi = \dfrac{P}{S} = \dfrac{P}{\sqrt{1{,}25}\,P} = 0{,}89$

Wie bereits erwähnt, wird ein ungünstiger Leistungsfaktor durch induktiv wirkende Verbraucher (z. B. Motoren) verursacht, die induktive Blindleistung zum Aufbau der Magnetfelder benötigen. Der Leistungsfaktor derartiger Geräte kann durch Parallelschaltung von Kondensatoren *verbessert* werden; der (nacheilende) induktive Blindstrom $\underline{I}_{\text{vb}}$ des Verbrauchers (Bild 28.4) wird dabei durch einen (voreilenden) kapazitiven Blindstrom $\underline{I}_C$ kompensiert. Die beschriebene Maßnahme wird als **Blindstromkompensation** oder kurz als **Kompensation** bezeichnet.

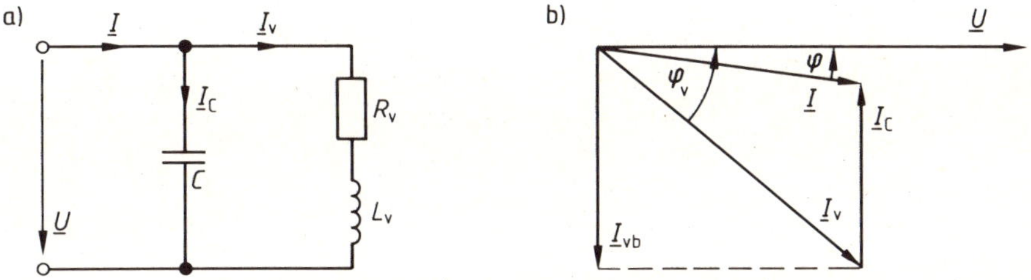

Bild 28.4 Blindstromkompensation, Schaltung (a) und Zeigerdiagramm (b)

Bei der Berechnung der Kapazität des für die Kompensation erforderlichen Kondensators wird die Blindleistung Q des kompensierten Geräts als Summe der Blindleistungen von Verbraucher (Q_v) und Kondensator (Q_C) angesetzt:

$$Q = Q_C + Q_\text{v} \tag{28.1}$$

Der Verlustfaktor der verwendeten Kondensatoren liegt im Bereich $d = 0{,}002 \ldots 0{,}003$ (s. Kap. 24.4). Die Verlustleistung, also die Wirkleistung des Kondensators, liegt somit bei nur 2...3 W je kvar Blindleistung. Damit kann man den Kondensator näherungsweise als verlustfrei ansehen. Die Wirkleistung P des kompensierten Geräts ist gleich der Wirkleistung P_v des Verbrauchers.

Beispiel 28.3: Eine Leuchtstofflampe 230 V; 0,43 A; 48 W soll so kompensiert werden, daß der Leistungsfaktor a) den Wert 1,0; b) den Wert 0,9 aufweist. Welcher Kondensator ist für 50 Hz jeweils erforderlich?

Die Scheinleistung der Lampe ist $S_\text{v} = UI = 230\,\text{V} \cdot 0{,}43\,\text{A} = 98{,}9\,\text{VA}$

Die Blindleistung der Lampe ist $Q_\text{v} = \sqrt{S_\text{v}^2 - P_\text{v}^2} = \sqrt{98{,}9^2 - 48^2}\,\text{var} = 86{,}5\,\text{var}$

a) $\cos\varphi = 1$; $\varphi = 0°$; kompensierte Lampe: $Q = P\tan\varphi = 0$

$$Q_C = Q - Q_v = 0 - 86{,}5\ \text{var} = -86{,}5\ \text{var} = -\omega C_a U^2$$

$$C_a = \frac{86{,}5\ \text{var}}{\omega U^2} = \frac{86{,}5\ \text{var}}{314\ \text{s}^{-1} \cdot 230^2\ \text{V}^2} = 5{,}2\ \mu\text{F}$$

b) $\cos\varphi = 0{,}9$; $\varphi = \arccos 0{,}9 = 25{,}8°$; kompensierte Lampe: $Q = P\tan\varphi = 23{,}2$ var

$$Q_C = Q - Q_v = 23{,}2\ \text{var} - 86{,}5\ \text{var} = -63{,}3\ \text{var} = -\omega C_b U^2$$

$$C_b = \frac{63{,}3\ \text{var}}{\omega U^2} = \frac{63{,}3\ \text{var}}{314\ \text{s}^{-1} \cdot 230^2\ \text{V}^2} = 3{,}8\ \mu\text{F}$$

Die technisch zweckmäßigste Lösung ist die Einzelkompensation. Dabei wird jedem einphasigen Gerät ein Kondensator parallelgeschaltet, während zur Kompensation eines Drehstromgeräts drei Kondensatoren verwendet werden. Bei Niederspannung 400 V werden die Kondensatoren in Dreieck geschaltet; dies ergibt wegen der um den Faktor 1/3 kleineren Kapazitätswerte eine wirtschaftlich günstigere Lösung als die Sternschaltung der Kondensatoren. Letztere wird nur in Mittel- und Hochspannungsanlagen angewendet, weil dabei die Kapazitäten ohnehin klein sind und die Isolationskosten wegen der höheren Strangspannung bei Dreieckschaltung wesentlichen Einfluß gewinnen.
Der Vorteil der Einzelkompensation ist, daß die Zuleitungen der Geräte weitgehend vom Blindstrom entlastet sind. Aus Kostengründen werden vor allem auch Motoren nur bis etwa $\cos\varphi = 0{,}95$ kompensiert; der Leistungsfaktor ist dann auch bei Unterbelastung noch ausreichend.

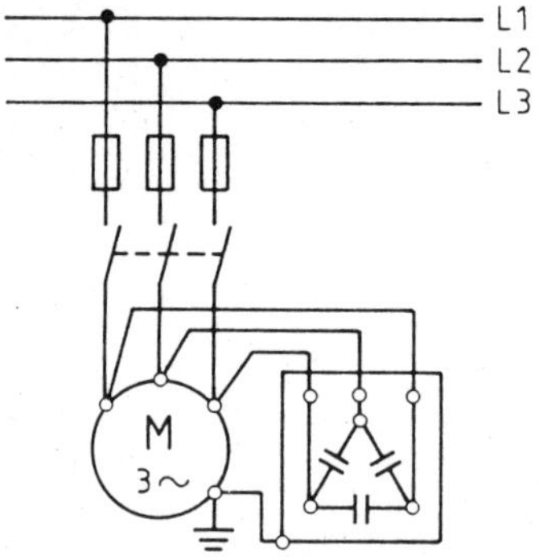

Bild 28.5 Einzelkompensation eines Drehstrommotors

In größeren Betrieben wird, häufig zusätzlich zur Einzelkompensation, die Gruppenkompensation vorgenommen. Dabei wird an zentraler Stelle, meist in der Niederspannungs-Verteilung, ein Blindleistungsregler eingebaut. Durch Zu- bzw. Abschalten von Kondensatoren wird der Leistungsfaktor der vom Betrieb insgesamt entnommenen Leistung etwa beim Wert $\cos\varphi = 1$ gehalten. In Betrieben, die Synchronmotoren für Antriebe verwenden, kann eine Kompensation durch Übererregung dieser Motoren erfolgen (s. Kap. 42.3).

Beispiel 28.4: Ein Drehstrommotor 22 kW; 230/400 V; 82/47 A; $\cos\varphi = 0{,}81$; 50 Hz soll bei Nennbetrieb auf $\cos\varphi = 0{,}95$ kompensiert werden. Welche Kapazitäten sind erforderlich, wenn die Kondensatoren in Dreieck geschaltet werden?

Unkompensierter Motor: $\varphi_v = \arccos 0{,}81 = 35{,}9°$

$P_v = \sqrt{3}\, UI \cos\varphi = 1{,}732 \cdot 400\ \text{V} \cdot 47\ \text{A} \cdot 0{,}81 = 26{,}4\ \text{kW}$

$Q_v = P \tan\varphi_v = 26{,}4\ \text{kW} \cdot \tan 35{,}9° = 19{,}1\ \text{kvar}$

Kompensierter Motor: $\varphi = \arccos 0{,}95 = 18{,}2°$

$P = P_v = 26{,}4\ \text{kW}$; $Q = P_v \cdot \tan\varphi = 26{,}4\ \text{kW} \cdot \tan 18{,}2° = 8{,}7\ \text{kvar}$

Gesamte Blindleistung der drei Kondensatoren: $3\, Q_C = 8{,}7\ \text{kvar} - 19{,}1\ \text{kvar} = -10{,}4\ \text{kvar}$

Mit der Blindleistung $Q_C = -\omega C U^2$ eines Kondensators wird die Kapazität C berechnet:

$$C = \frac{Q_C}{-\omega U^2} = \frac{-10{,}4 \cdot 10^3\ \text{var}}{-3 \cdot 314\ \text{s}^{-1} \cdot 400^2\ \text{V}^2} = 69\ \mu\text{F}$$

Beispiel 28.5: Der Drehstromtransformator 400 kVA; sek. 400 V eines Betriebes ist bei $\cos\varphi = 0{,}82$ voll ausgelastet. Da weiterer Leistungsbedarf besteht, ist zu prüfen, welche Kondensatoren zur Verbesserung des Leistungsfaktors auf $\cos\varphi = 1$ erforderlich sind und welche Wirkleistung dabei dem Transformator zusätzlich entnommen werden kann ($f = 50$ Hz).

Anlage unkompensiert: $P_u = S \cos\varphi_u = 400\ \text{kVA} \cdot 0{,}82 = 328\ \text{kW}$

Kompensierte Anlage: $P_k = S \cos\varphi_k = 400\ \text{kVA} \cdot 1 = 400\ \text{kW}$

Durch Kompensation kann die Wirkleistung um

$\Delta P = P_k - P_u = 400\ \text{kW} - 328\ \text{kW} = 72\ \text{kW}$

erhöht werden. Die Blindleistung der unkompensierten Anlage

$Q_u = \sqrt{S_u^2 - P_u^2} = \sqrt{400^2 - 328^2}\ \text{kvar} = 229\ \text{kvar}$

wird von drei Kondensatoren in Dreieckschaltung kompensiert:

$3\, Q_C = Q_k - Q_u = 0 - 229\ \text{kvar} = -229\ \text{kvar}$

$$Q_C = -76{,}3\ \text{kvar} = -\omega C U^2\ ; \quad C = \frac{76{,}3\ \text{kvar}}{314\ \text{s}^{-1} \cdot 400^2\ \text{V}^2} = 1519\ \mu\text{F}$$

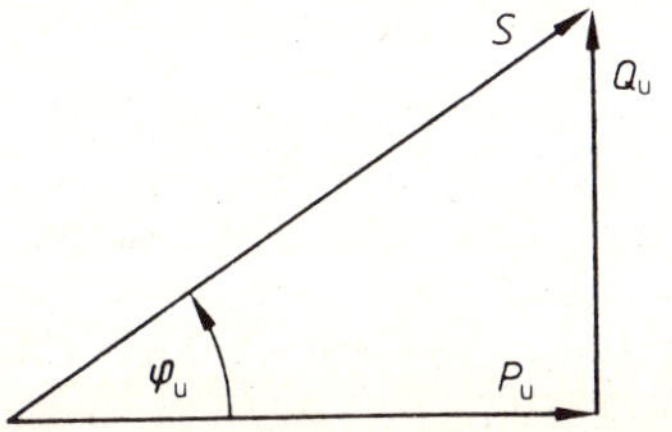

Bild 28.6 Leistungsdiagramm der unkompensierten Anlage

Beispiel 28.6: Ein in zwei Schichten arbeitender Betrieb bezieht monatlich im Durchschnitt 82000 kWh und 64000 kvarh aus einem 400 V-Drehstromnetz (s. Beispiel 4.4). Diejenige Blindarbeit, die 50% der Wirkarbeit übersteigt, wird mit 0,024 DM je kvarh zusätzlich berechnet (1 Monat = 20 Arbeitstage, 1 Schicht = 8 h).

a) Welche Kosten *K* entstehen monatlich für die Blindarbeit?
b) Für welche Blindleistung *Q* ist eine Regeleinheit zu bestellen, wenn der Leistungsfaktor auf $\cos\varphi = 1$ verbessert werden soll?
c) Nach welcher Zeit hat sich die Anlage amortisiert, wenn sie mit 72 DM je kvar veranschlagt wird?

a) $K = (64000 - 41000)\ \text{kvarh} \cdot 0{,}024\ \dfrac{\text{DM}}{\text{kvarh}} = 552\ \text{DM}$

b) Monatliche Arbeitszeit: $t = 20 \cdot 2 \cdot 8\ \text{h} = 320\ \text{h}$

$$Q = \frac{Qt}{t} = \frac{64000\ \text{kvarh}}{320\ \text{h}} = 200\ \text{kvar}$$

c) Kosten der Anlage: $200\ \text{kvar} \cdot 72\ \dfrac{\text{DM}}{\text{kvar}} = 14400\ \text{DM}$

$$\text{Amortisationszeit:}\ \frac{14400\ \text{DM}}{552\ \text{DM/Monat}} = 26\ \text{Monate}$$

29 Leitungen

29.1 Die Anforderungen an eine Leitung

Eine elektrische Leitung muß so bemessen werden, daß drei Forderungen erfüllt sind:

a) Die mechanische Festigkeit muß gewährleistet sein. Besondere Festigkeitsrechnungen sind aber lediglich bei Freileitungen notwendig, die hier aus Platzgründen nicht behandelt werden. In allen anderen Fällen genügt es, die nach den Bestimmungen über das Errichten von Starkstromanlagen mit Nennspannungen bis 1000 V durch die VDE-Norm 0100 (s. Kap. 30.1) vorgeschriebenen Mindestquerschnitte einzuhalten; diese sind z. B. für Kupfer 0,75 mm^2 (bewegliche Leitungen, bis 10 A) bzw. 1,5 mm^2 (feste, geschützt verlegte Leitungen).
b) Die Temperaturerhöhung muß in ungefährlichen Grenzen bleiben. Diese Forderung gilt als erfüllt, wenn die in VDE 0100 vorgeschriebenen Querschnitte und Überstromschutzorgane (s. Tab. 29.1) verwendet werden.
c) Die Leitungsverluste sollen einen vertretbaren Wert nicht überschreiten. Sie unterliegen keiner VDE-Vorschrift, denn für sie sind betriebliche und wirtschaftliche Gesichtspunkte maßgebend.

Der Spannungsabfall auf der Leitung darf einen vertretbaren Wert nicht überschreiten, weil Spannungsabsenkungen den Betrieb von Geräten, insbesondere der Glühlampen, ungünstig beeinflussen.
Für die Höhe der zugelassenen Verlustleistung (kurz: Verluste) sind vor allem wirtschaftliche Gesichtspunkte zu berücksichtigen. Niedrige Verluste erfordern große Querschnitte und ver-

Tabelle 29.1: Strombelastbarkeit isolierter Leitungen und nicht im Erdreich verlegter Kabel bei Umgebungstemperaturen von 30°C und Zuordnung von Überstrom-Schutzorganen zu den Nennquerschnitten

Gruppe 1: Eine oder mehrere in Rohr verlegte einadrige Leitungen;

Gruppe 2: Mehraderleitungen, z. B. Mantelleitungen, Rohrdrähte, Bleimantel-Leitungen, Stegleitungen, bewegliche Leitungen;

Gruppe 3: Einadrige, frei in Luft verlegte Leitungen und Kabel, wobei diese mit einem Zwischenraum, der mindestens ihrem Durchmesser entspricht, verlegt sind.

Nennquerschnitt	Gruppe 1				Gruppe 2				Gruppe 3			
	Strombelastbarkeit		Überstrom-Schutzorgan		Strombelastbarkeit		Überstrom-Schutzorgan		Strombelastbarkeit		Überstrom-Schutzorgan	
	Cu	Al	Cu	Al	Cu	Al	Cu	Al	Cu	Al	Cu	Al
mm^2	A	A	A	A	A	A	A	A	A	A	A	A
0,75	–	–	–	–	12	–	6	–	15	–	10	–
1	11	–	6	–	15	–	10	–	19	–	10	–
1,5	15	–	10	–	18	–	10	–	24	–	20	–
2,5	20	15	16	10	26	20	20	16	32	26	25	20
4	25	20	20	16	34	27	25	20	42	33	35	25
6	33	26	25	20	44	35	35	25	54	42	50	35
10	45	36	35	25	61	48	50	35	73	57	63	50
16	61	48	50	35	82	64	63	50	98	77	80	63
25	83	65	63	50	108	85	80	63	129	103	100	80
35	103	81	80	63	135	105	100	80	158	124	125	100
50	132	103	100	80	168	132	125	100	198	155	160	125
70	165	–	125	–	207	163	160	125	245	193	200	160
95	197	–	160	–	250	197	200	160	292	230	250	200
120	235	–	200	–	292	230	250	200	344	268	315	200
150	–	–	–	–	335	263	250	200	391	310	315	250
185	–	–	–	–	382	301	315	250	448	353	400	315
240	–	–	–	–	453	357	400	315	528	414	400	315
300	–	–	–	–	504	409	400	315	608	479	500	400
400	–	–	–	–	–	–	–	–	726	569	630	500
500	–	–	–	–	–	–	–	–	830	649	630	500

ursachen damit hohe Anlagekosten, die sich erst nach langer Betriebsdauer amortisieren. Bei kurzer Betriebsdauer (z. B. auf Baustellen) kann es wirtschaftlich sein, kleine Querschnitte zu wählen und größere Verluste in Kauf zu nehmen.

29.2 Bezogene Größen

Sowohl der Spannungsabfall als auch die Verluste werden bei der Leitungsberechnung üblicherweise als bezogene Größen angegeben, die durch Kleinbuchstaben dargestellt und i. allg. in Prozent (%) angegeben werden.

Der Spannungsabfall U_L wird auf die Spannung U_e am Leitungsende bezogen:

$$u_L = \frac{U_L}{U_e} = \frac{U_a - U_e}{U_e} \tag{29.1}$$

Dabei ist U_a die Spannung am Leitungsanfang.
Die Verluste P_L auf der Leitung werden auf die Leistung P_e bezogen, die am Leitungsende von den Verbrauchern abgenommen wird:

$$p_L = \frac{P_L}{P_e} \tag{29.2}$$

Der Leitungsquerschnitt kann nur bei relativ kurzen Leitungen nach Tabelle 29.1 bemessen werden. Bei längeren Leitungen ist der Leitungsquerschnitt größer als nach Tabelle 29.1 zu wählen, damit der bezogene Spannungsabfall die folgenden Werte nicht übersteigt.
Bei Leitungsberechnungen werden die Querschnitte i. allg. so bemessen, daß der bezogene Spannungsabfall im Netz der öffentlichen Versorgung bis zu 3% beträgt. In Industrienetzen wird ein bezogener Spannungsabfall bis zu 5% als zulässig angesehen, wenn die Belastung durch Motoren überwiegt.

29.3 Die Einphasen-Leitung

Wird ein Verbraucher über eine Leitung mit Gleichstrom bzw. Einphasen-Wechselstrom gespeist, so ist bei der Leitungsberechnung der Widerstand R_{L1} der Hinleitung und der Widerstand R_{L2} der Rückleitung zu berücksichtigen.
Bei der Leitungsberechnung sind üblicherweise folgende Größen gegeben:

- die Länge l der Leitung,
- der Strom I,
- die Leitfähigkeit γ des Leitermaterials,
- die Spannung U_e am Leitungsende,
- der bezogene Spannungsabfall u_L, der auf der Leitung zulässig ist.

Für eine *Gleichstromleitung,* deren Hin- und Rückleitung gleichen Querschnitt haben, läßt sich der Leitungswiderstand mit Gl. (5.9) berechnen. Damit ergibt sich aus der Maschengleichung für die Schaltung 29.1:

$$U_L = U_a - U_e = (R_{L1} + R_{L2}) \cdot I = \frac{2l}{\gamma A} \cdot I \tag{29.3}$$

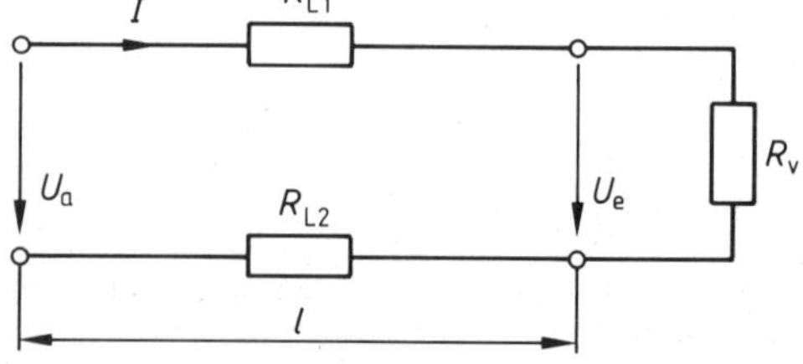

Bild 29.1 Speisung eines Verbrauchers mit einer Gleichstromleitung

Wird diese Gleichung durch U_e dividiert und der bezogene Spannungsabfall u_L gemäß Gl. (29.1) eingesetzt, so kann sie nach dem erforderlichen Leitungsquerschnitt A_{erf} aufgelöst werden:

$$A_{erf} = \frac{2lI}{\gamma u_L U_e} \tag{29.4}$$

Aus der Normreihe kann nun ein Querschnitt $A \geqq A_{erf}$ ausgewählt werden.

Beispiel 29.1: Ein Verbraucher 16,5 kW mit der Nennspannung 230 V soll über eine Zweiader-Kupferleitung mit Gleichstrom versorgt werden.

a) Welcher Querschnitt A_{min} ist nach VDE 0100 vorzusehen?
b) Welcher Querschnitt A muß gewählt werden, wenn der zulässige Spannungsabfall auf der 120 m langen Leitung den Wert 3% nicht überschreiten soll?

a) $I = \frac{P}{U} = \frac{16{,}5\,\text{kW}}{230\,\text{V}} = 71{,}7\,\text{A}$

Nach Tab. 29.1 ist bei diesem Strom für eine Kupferleitung der Gruppe 2 der Querschnitt $A_{min} = 16\,\text{mm}^2$ erforderlich.

b) Für $u_L = 0{,}03$ und $\gamma = 56\,\text{Sm/mm}^2$ (s. Tab. 5.1) ergibt die Gl. (29.4):

$$A_{erf} = \frac{2lI}{\gamma u_L U_e} = \frac{2 \cdot 120\,\text{m} \cdot 71{,}7\,\text{A}}{56\,\text{Sm} \cdot 0{,}03 \cdot 230\,\text{V}}\,\text{mm}^2 = 44{,}5\,\text{mm}^2 \;; \qquad \text{gewählt: } A = 50\,\text{mm}^2$$

Bei einer *Einphasen-Wechselstromleitung* sind für Leistungsfaktorwerte $\cos\varphi < 1$ die Spannungen $\underline{U}_L = \underline{I} \cdot (R_{L1} + R_{L2})$ und $\underline{U}_e$ nicht in Phase, sie müssen daher geometrisch addiert werden.
Mit $R_L = R_{L1} + R_{L2}$ läßt sich der Effektivwert U_a der Spannung am Leitungsanfang nach dem Satz des PYTHAGORAS berechnen (Bild 29.2b):

$$U_a = \sqrt{(U_e + IR_L \cos\varphi)^2 + (IR_L \sin\varphi)^2} \tag{29.5}$$

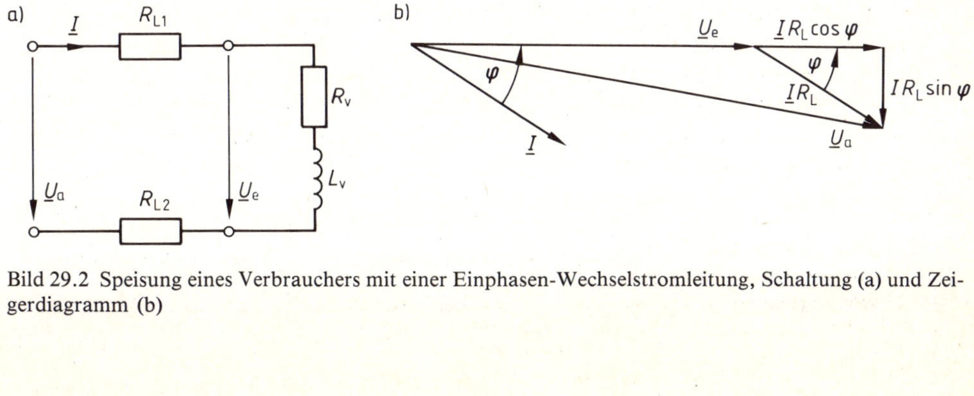

Bild 29.2 Speisung eines Verbrauchers mit einer Einphasen-Wechselstromleitung, Schaltung (a) und Zeigerdiagramm (b)

In Bild 29.2b ist der Spannungsabfall $\underline{U}_L = \underline{I}R_L$ am OHMschen Widerstand R_L der Leitung übertrieben groß dargestellt. Für übliche Werte des bezogenen Spannungsabfalls und des Leistungsfaktors kann der zweite Summenterm unter der Wurzel in Gl. (29.5) vernachlässigt werden:

$$U_a = U_e + IR_L \cos\varphi \tag{29.6}$$

Bei gleichem Querschnitt von Hin- und Rückleitung kann $R_L = 2l/(\gamma A)$ in die Gl. (29.6) eingesetzt werden. Nach Division durch U_e und Einsetzen der Gl. (29.1) erhält man den erforderlichen Leitungsquerschnitt:

$$A_{erf} = \frac{2lI\cos\varphi}{\gamma u_L U_e} \tag{29.7}$$

Bei einer Überprüfung des ausgewählten Querschnitts sind für längere Leitungen auch die induktiven und kapazitiven Spannungsabfälle zu berücksichtigen.

Beispiel 29.2: Ein Verbraucher 16,5 kW; $\cos\varphi = 0{,}8$ mit der Nennspannung 230 V soll über eine Zweiader-Kupferleitung mit Einphasen-Wechselstrom versorgt werden.

a) Welcher Querschnitt A_{min} ist nach VDE 0100 vorzusehen?
b) Welcher Querschnitt A muß gewählt werden, wenn der zulässige Spannungsabfall auf der 120 m langen Leitung den Wert 3% nicht überschreiten soll?

a) $$I = \frac{P}{U\cdot\cos\varphi} = \frac{16{,}5\,\text{kW}}{230\,\text{V}\cdot 0{,}8} = 89{,}7\,\text{A}$$

Nach Tab. 29.1 ist bei diesem Strom für eine Kupferleitung der Gruppe 2 der Querschnitt $A_{min} = 25\,\text{mm}^2$ erforderlich.

b) Für $u_L = 0{,}03$ und $\gamma = 56\,\text{Sm/mm}^2$ (s. Tab. 5.1) ergibt die Gl. (29.7):

$$A_{erf} = \frac{2\cdot 120\,\text{m}\cdot 89{,}7\,\text{A}\cdot 0{,}8}{56\,\text{Sm}\cdot 0{,}03\cdot 230\,\text{V}}\,\text{mm}^2 = 44{,}6\,\text{mm}^2\ ; \qquad \text{gewählt: } A = 50\,\text{mm}^2$$

29.4 Die Drehstromleitung

Die Berechnung einer Drehstromleitung wird im folgenden für *symmetrische* Belastung durchgeführt. Dabei wird zur Vereinfachung angenommen, daß die Leitung nur am Ende belastet ist und daß sowohl die Induktivität als auch die Kapazität der Leitung unberücksichtigt bleiben können.

Bei symmetrischer Belastung ist der Neutralleiter stromlos, er kann deshalb als widerstandslos angesehen werden. Die Berechnung wird daher für einen *Strang* durchgeführt; dabei ist $P_{str} = P/3$ die Strangleistung, und U_a bzw. U_e sind Sternspannungen, also Spannungen zwischen einem Außenleiter und dem Sternpunkt.

Bei üblichen Werten des bezogenen Spannungsabfalls und des Leistungsfaktors gilt für den Zusammenhang zwischen den Spannungen U_a und U_e näherungsweise die Gl. (29.6). Wie in

Kap. 29.3 beschrieben, läßt sich diese Gleichung für $R_L = l/(\gamma A)$ nach dem erforderlichen Leitungsquerschnitt auflösen:

$$A_{erf} = \frac{l I \cos\varphi}{\gamma u_L U_e} \qquad (29.8)$$

Bei einer Überprüfung des ausgewählten Querschnitts sind für längere Leitungen auch die induktiven und kapazitiven Spannungsabfälle zu berücksichtigen.

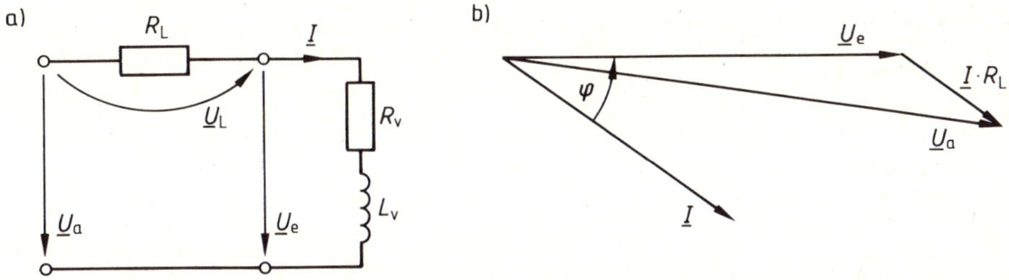

Bild 29.3 Strang einer Drehstromleitung (a) und Zeigerdiagramm (b)

Beispiel 29.3: Ein Drehstrom-Verbraucher 400 V; 16,5 kW; cos φ = 0,8 ist über eine Mehrader-Kupferleitung zu versorgen, deren bezogener Spannungsabfall 3% nicht überschreiten soll. Welcher Querschnitt ist zu wählen

a) bei einer Leitungslänge 30 m?
b) bei einer Leitungslänge 120 m?

a) Die Berechnung wird mit der Strangleistung $P_{str} = 16{,}5\,\text{kW}/3 = 5{,}5\,\text{kW}$ und mit der Sternspannung $U_e = 230\,\text{V}$ durchgeführt. Der Außenleiterstrom ist:

$$I = \frac{P_{str}}{U_e \cos\varphi} = \frac{5500\,\text{W}}{230\,\text{V} \cdot 0{,}8} = 29{,}9\,\text{A}$$

Für diesen Strom ist nach Tabelle 29.1 (Gruppe 2, Cu) mindestens der Querschnitt 4 mm² zu wählen.

Für einen bezogenen Spannungsabfall $u_L = 3\% = 0{,}03$ ist nach Gl. (29.8) folgender Querschnitt erforderlich:

$$A_{erf} = \frac{l I \cos\varphi}{\gamma u_L U_e} = \frac{30\,\text{m} \cdot 29{,}9\,\text{A} \cdot 0{,}8}{56\,\text{Sm} \cdot 0{,}03 \cdot 230\,\text{V}}\,\text{mm}^2 = 1{,}857\,\text{mm}^2$$

Der nächsthöhere Normquerschnitt beträgt 2,5 mm²; es muß jedoch der nach VDE 0100 erforderliche Querschnitt 4 mm² gewählt (s. Tabelle 29.1).

b) Für den bezogenen Spannungsabfall $u_L = 3\%$ ist folgender Querschnitt erforderlich:

$$A_{erf} = \frac{l I \cos\varphi}{\gamma u_L U_e} = \frac{120\,\text{m} \cdot 29{,}9\,\text{A} \cdot 0{,}8}{56\,\text{Sm} \cdot 0{,}03 \cdot 230\,\text{V}}\,\text{mm}^2 = 7{,}43\,\text{mm}^2$$

Gewählt wird der nächsthöhere Normquerschnitt 10 mm². Für die drei Außenleiter der symmetrisch belasteten Drehstromleitung ist also insgesamt der Querschnitt 30 mm² erforderlich, während bei gleicher übertragener Leistung für eine Einphasen-Wechselstromleitung ebenso wie für die Gleichstromleitung insgesamt 100 mm² erforderlich wären (s. Beispiele 29.1 und 29.2).

Beispiel 29.4: Über eine 70 m lange Mehrader-Aluminiumleitung sollen bei einem maximalen Spannungsabfall von 5% folgende 400 V-Drehstromverbraucher gespeist werden:

- ein Drehstrommotor 4 kW, 230/400 V, 14,7/8,5 A, $\cos\varphi = 0{,}84$,
- eine gleichmäßig auf die drei Stränge verteilte Lichtanlage von 12 kW,
- ein Drehstrommotor 7,5 kW, 230/400 V, 26/14,9 A, $\cos\varphi = 0{,}90$.

a) Welcher Leitungsquerschnitt ist zu wählen?
b) Mit welcher Spannung ist am Leitungsanfang einzuspeisen?
c) Welcher Wert ergibt sich für die bezogenen Verluste?

a) $P = P_1 + P_2 + P_3 = \sqrt{3}\, U I_1 \cos\varphi_1 + P_2 + \sqrt{3}\, U I_3 \cos\varphi_3$

$$P = 1{,}73 \cdot 400\,\text{V} \cdot 8{,}5\,\text{A} \cdot 0{,}84 + 12\,\text{kW} + 1{,}73 \cdot 400\,\text{V} \cdot 14{,}9\,\text{A} \cdot 0{,}9 = 26{,}2\,\text{kW}$$

$\varphi_1 = \arccos 0{,}84 = 32{,}9°$; $\sin\varphi_1 = 0{,}543$; $\varphi_3 = \arccos 0{,}9 = 25{,}8°$; $\sin\varphi_3 = 0{,}435$

$$Q = Q_1 + Q_2 + Q_3 = \sqrt{3}\, U I_1 \sin\varphi_1 + \sqrt{3}\, U I_3 \sin\varphi_3$$

$$Q = 1{,}73 \cdot 400\,\text{V} \cdot 8{,}5\,\text{A} \cdot 0{,}543 + 1{,}73 \cdot 400\,\text{V} \cdot 14{,}9\,\text{A} \cdot 0{,}435 \approx 7{,}7\,\text{kvar}$$

$$S = \sqrt{P^2 + Q^2} = \sqrt{26{,}2^2 + 7{,}7^2}\,\text{kVA} = 27{,}3\,\text{kVA} = \sqrt{3}\, U I$$

Leistungsfaktor: $\cos\varphi = \dfrac{P}{S} = \dfrac{26{,}2\,\text{kW}}{27{,}3\,\text{kVA}} = 0{,}96$

Außenleiterstrom: $I = \dfrac{S}{\sqrt{3}\, U} = \dfrac{27{,}3\,\text{kVA}}{1{,}73 \cdot 400\,\text{V}} = 39{,}5\,\text{A}$

Nach VDE 0100 sind hierfür 10 mm² erforderlich (s. Tabelle 29.1).

Der für den bezogenen Spannungsabfall $u_\text{L} = 5\% = 0{,}05$ erforderliche Querschnitt wird nach Gl. (29.8) mit der Sternspannung $U_\text{e} = 230$ V berechnet:

$$A_\text{erf} = \frac{l I \cos\varphi}{\gamma u_\text{L} U_\text{e}} = \frac{70\,\text{m} \cdot 39{,}5\,\text{A} \cdot 0{,}96}{35\,\text{Sm} \cdot 0{,}05 \cdot 230\,\text{V}}\,\text{mm}^2 = 6{,}59\,\text{mm}^2$$

Es wird der nach VDE 0100 erforderliche Querschnitt 10 mm² gewählt. Dabei hat der Widerstand eines Leiters den Wert:

$$R = \frac{l}{\gamma A} = \frac{70\,\text{m} \cdot \text{mm}^2}{35\,\text{Sm} \cdot 10\,\text{mm}^2} = 0{,}2\,\Omega$$

b) $U_\text{a} = U_\text{e} + R I \cos\varphi = 230\,\text{V} + 0{,}2\,\Omega \cdot 39{,}5\,\text{A} \cdot 0{,}96 = 238\,\text{V}$

Dieser Sternspannung entspricht die Dreieckspannung 412 V.

c) In einem Leiter entstehen die Verluste: $P_\text{L} = R I^2 = 0{,}2\,\Omega \cdot 39{,}5^2\,\text{A}^2 = 0{,}31\,\text{kW}$

Leistung eines Stranges: $P_\text{e} = P/3 = (26{,}2\,\text{kW})/3 = 8{,}73\,\text{kW}$

$$p_\text{L} = \frac{P_\text{L}}{P_\text{e}} = \frac{0{,}31\,\text{kW}}{8{,}73\,\text{kW}} = 0{,}036 = 3{,}6\%$$

30 Schutzmaßnahmen

30.1 Allgemeines

Menschen und Tiere müssen vor den Gefahren des elektrischen Stromes geschützt werden. Eine Gefährdung entsteht, wenn gleichzeitig zwei auf unterschiedlichen Potentialen liegende Stellen eines Stromkreises berührt werden. Die Berührungsstellen können unisolierte Teile einer elektrischen Anlage sein, die unter normalen Betriebsbedingungen unter Spannung stehen; dementsprechend ist ein **Schutz gegen direktes Berühren** erforderlich. Bei den Berührungsstellen kann es sich aber auch um andere Metallteile handeln, die infolge einer Fehlfunktion der Anlage unter Spannung stehen; dementsprechend ist ein **Schutz bei indirektem Berühren** erforderlich.

Die Schutzmaßnahmen werden in der Norm DIN 57100 'Errichten von Starkstromanlagen mit Nennspannungen bis 1000 V' beschrieben. Diese Norm ist zugleich die VDE-Bestimmung VDE 0100; sie liegt auch den Unfallverhütungsvorschriften VGB 4 der Berufsgenossenschaften zugrunde.

Bestimmend für den Grad der Gefährdung ist der Strom, der durch den Körper des Menschen fließt. Besonders gefährlich ist ein Strom, der durch den Bereich des Herzens fließt. Ein Wechselstrom (50 Hz) über 20 mA (Effektivwert) ist für einen Menschen gefährlich, ein Wechselstrom über 100 mA ist tödlich. Die Gefährdung ist auch von der Frequenz des Stromes abhängig. So sind z. B. bei Gleichstrom höhere Werte zulässig als bei Wechselstrom 50 Hz.

Im Gefahrenfall werden zwei Teile unterschiedlicher Spannung berührt. Für die Stromstärke ist dabei der Hautwiderstand und der Widerstand des menschlichen Körpers maßgebend. Da jedoch die Haut je nach Beschaffenheit bereits bei relativ niedrigen Spannungen ($U > 20$ V) durchschlagen wird, begrenzt dann nur noch der Widerstand des Körperinneren den Strom. Dieser Widerstand ist vom Stromweg abhängig: Im ungünstigsten Fall beim Stromweg von beiden Händen zu beiden Füßen beträgt der Widerstand des Körperinneren etwa 500 Ω.

Nach VDE 0100 hat die höchste, dauernd zulässige Berührungsspannung bei 50 Hz den Effektivwert 50 V; bei Gleichspannung sind 120 V zulässig. Diese Werte sind international vereinbart. Für besondere Anwendungsfälle wie z. B. Spielzeug (s. Kap. 31.9.4) oder Behälterschweißen (großflächiges Aufliegen mit schweißnassem Rücken) werden niedrigere Werte gefordert.

30.2 Schutzkleinspannung

Eine Art des Schutzes gegen gefährliche Körperströme ist die **Schutzkleinspannung;** diese Spannung darf 50 V Wechselspannung bzw. 120 V Gleichspannung nicht überschreiten. An die Stromquellen und an die Anordnung der Stromkreise werden einige Anforderungen gestellt, die im folgenden kurz zusammengefaßt werden.

Als Stromquellen sind Transformatoren mit sicherer elektrischer Trennung der beiden Stromkreise, elektrochemische Stromquellen und elektronische Geräte zugelassen. Die spannungführenden Teile von Stromkreisen dürfen weder mit Erde noch mit Leitern anderer Stromkreise verbunden werden.

Leitungen von Schutzkleinspannungs-Stromkreisen sind getrennt von Leitungen anderer Stromkreise zu verlegen. Steckvorrichtungen dürfen nicht in Stromkreisen mit anderen Schutzmaßnahmen verwendet werden. Die Stecker der Kleinspannungsgeräte erhalten z. B. einen dritten Stift, der die Einführung in normale Steckdosen verhindert.

Mit Schutzkleinspannung lassen sich lediglich Geräte geringer Leistung und Stromkreise geringer Ausdehnung betreiben. Außerdem ist die Spannungserzeugung relativ teuer. Deshalb kommt Schutzkleinspannung nur für wenige Anwendungen in Frage. Bei einigen Anwendungen ist jedoch Schutzkleinspannung vorgeschrieben, ggf. mit einer Spannung <50 V, z. B. bei Elektrowerkzeugen im Kesselbau und bei elektromotorisch angetriebenem Spielzeug.

30.3 Körperschluß

Die **aktiven Teile** einer Anlage, die bei normalen Betriebsbedingungen unter Spannung stehen, müssen gegen direktes Berühren geschützt sein. Dieser Schutz wird durch eine *Isolierung* der aktiven Teile, durch Abdeckungen oder Umhüllungen sichergestellt.
Vielfach haben elektrische Geräte oder Anlagenteile ein Gehäuse aus Metall. Derartige leitfähige Teile werden als **Körper** bezeichnet. Im Fehlerfall, der auch **Körperschluß** genannt wird, steht der Körper unter Spannung; Bild 30.1 zeigt hierfür ein Beispiel. Menschen oder Tiere müssen vor den Gefahren, die sich aus einer Berührung von Körpern oder fremden leitfähigen Teilen im Fehlerfall ergeben können, durch einen Schutz bei indirektem Berühren geschützt werden.

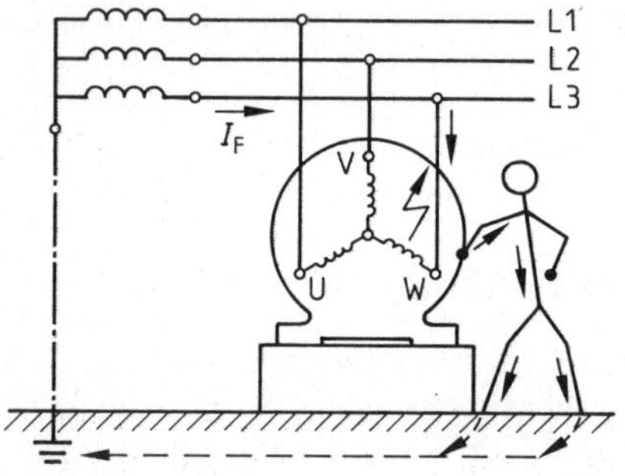

Bild 30.1
Die Wicklung eines Motors hat Körperschluß

Der Schutz bei indirektem Berühren wird im allgemeinen durch Abschaltung erreicht. Als Schutzeinrichtungen werden dabei entweder Überstrom-Schutzeinrichtungen oder eine Fehlerstrom-Schutzeinrichtung verwendet.
Fremde leitfähige Teile sind z. B. Metallkonstruktionen von Gebäuden oder Einrichtungsteilen sowie Gas-, Wasser- und Heizungsrohre aus Metall; auch diese Teile können in einem Fehlerfall unter Spannung stehen und müssen in den Schutz bei indirektem Berühren einbezogen werden. Dies geschieht durch den **Hauptpotentialausgleich,** der bei jedem Hausanschluß oder jeder gleichwertigen Versorgungseinrichtung den Schutzleiter, die Erdungsleitung, den Blitzschutzerder, die Wasser- und Gasrohre sowie andere metallene Rohrsysteme, z. B. Steigleitungen zentraler Heizungs- und Klimaanlagen, miteinander verbindet.

30.4 Erder und Erdung

Je nach Erdung der Stromquelle und der Körper unterscheidet man verschiedene Netzarten, in denen unterschiedliche Schutzmaßnahmen bei indirektem Berühren zulässig sind. Die Erdung wird mit Hilfe von Erdern vorgenommen. Ein **Erder** ist ein Leiter, der in den Erdboden

eingebettet ist und so mit diesem in leitender Verbindung steht. Ein Erder kann auch in Beton eingebettet sein, der das Erdreich großflächig berührt; dies ist z. B. beim Fundamenterder eines Gebäudes der Fall. Die Erdung eines Punktes der elektrischen Anlage, die für den ordnungsgemäßen Betrieb der Geräte notwendig ist, wird als **Betriebserdung** bezeichnet.
Wird an einen Erder E (Bild 30.2) eine Spannung U_E gelegt, so fließt ein Strom zur weit entfernten **Bezugserde** ab. Diesem Strom steht in der Nähe des Erders nur ein kleiner Querschnitt zur Verfügung, die Stromdichte ist hier also hoch. Damit fällt in der Nähe des Erders der größte Teil der Erderspannung U_E ab, während in größerer Entfernung vom Erder die Spannung nur noch klein ist. Die Bezugserde liegt in dem Abstand, in dem das Potential praktisch auf den Wert $\varphi = 0$ abgesunken ist.

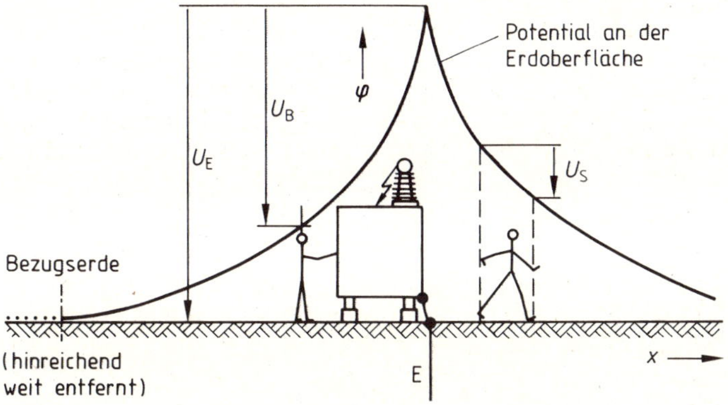

Bild 30.2 Spannungen in der Umgebung eines stromdurchflossenen Erders

Die in Bild 30.2 dargestellte Potentialverteilung gilt auch für die Erdoberfläche. Deshalb ist ein Mensch, der sich in der näheren Umgebung des Erders aufhält, entweder durch die **Berührungsspannung** U_B (Stromweg Hand – Fuß oder Hand – Hand, waagrechter Abstand vom berührbaren Teil etwa 1 m) oder durch die **Schrittspannung** U_S (Stromweg Fuß – Fuß, Schritt von 1 m Länge) gefährdet.
Der OHMsche Widerstand des Erdreichs zwischen dem Erder und der Bezugserde wird **Ausbreitungswiderstand** R_A des Erders genannt. Dieser Widerstand hängt sowohl von der Form des Erders als auch vom spezifischen Widerstand ϱ des Erdbodens ab (s. Tab. 30.1). Hierbei

Tabelle 30.1: Spezifischer Widerstand des Erdreichs (VDE 0100)

Art des Erdreichs	$\frac{\varrho}{\Omega\,\text{m}}$
Moorboden	5 bis 40
Lehm, Ton, Humus	20 bis 200
Sand	200 bis 2500
Kies	2000 bis 3000
verwittertes Gestein	< 1000
Granit, Grauwacke	2000 bis 3000

wird ϱ in der Einheit Ωm angegeben. Zwischen dieser Einheit und der bei Metalldrähten benutzten Einheit $\Omega\,mm^2/m$ besteht die Beziehung

$$1\,\Omega\,m = 10^6\,\Omega\,mm^2/m\ .$$

Die Erder werden nach ihrer Lage unterschieden. Ein **Oberflächenerder** wird in geringe Tiefe, meist 0,5 m bis etwa 1 m eingebracht. Er kann z. B. aus feuerverzinktem Band-, Rundmaterial oder Seil bestehen und als Strahlen-, Ring- oder Maschenerder ausgeführt sein (Bild 30.3). Ein **Tiefenerder** wird lotrecht in größere Tiefen eingebracht und besteht z. B. aus feuerverzinktem Rohr- oder Rundmaterial.

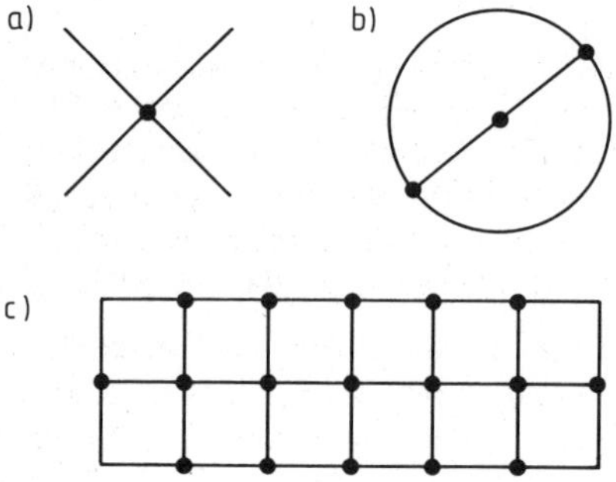

Bild 30.3 Arten von Oberflächenerdern:
a) Strahlenerder, b) Ringerder, c) Maschenerder

Der Ausbreitungswiderstand eines Tiefenerders mit der Länge l (im Erdreich) läßt sich für überschlägige Rechnungen nach folgender Faustformel ermitteln:

$$R_A \approx \frac{\varrho}{l} \tag{30.1}$$

Mit dieser Gleichung läßt sich auch der Ausbreitungswiderstand von Oberflächenerdern näherungsweise berechnen, wenn für l folgende Werte eingesetzt werden:

- Strahlenerder, Gesamtlänge l_S: $l = 0{,}5\,l_S$
- Ringerder, eingeschlossene Fläche A: $l = 1{,}7\,\sqrt{A}$
- Maschenerder, eingeschlossene Fläche A: $l = 2{,}3\,\sqrt{A}$

Beispiel 30.1: Ein Erder soll in Lehm ($\varrho = 100\,\Omega$m) den Ausbreitungswiderstand 20 Ω besitzen. a) Welche Länge l muß er haben, wenn er als Tiefenerder ausgeführt wird? b) Welchen Durchmesser D müßte der Ring haben, wenn der Erder als Ringerder ausgeführt würde?

$$\text{a)}\ l = \frac{\varrho}{R_A} = \frac{100\,\Omega m}{20\,\Omega} = 5\,m$$

$$\text{b)}\ \sqrt{A} = \frac{\varrho}{1{,}7\,R_A} = \frac{100\,\Omega m}{1{,}7\cdot 20\,\Omega} = 2{,}94\,m\ ;\quad A = \frac{\pi D^2}{4}\ ;\quad \sqrt{A} = \sqrt{\frac{\pi}{4}}\cdot D = 0{,}886\,D$$

$$D = \sqrt{A}/0{,}886 = 3{,}32\,m$$

30.5 Fehlerstrom-Schutzeinrichtung

Eine Fehlerstrom-Schutzeinrichtung – kurz: **FI-Schutzschalter** – schaltet die Anlage ab, wenn ein Fehlerstrom über die Erde fließt. Sie schützt dadurch vor Gefahren, die sich bei direktem Berühren aktiver Anlagenteile oder bei indirektem Berühren eines Körpers im Fall des Körperschlusses ergeben können.
Ein FI-Schutzschalter besteht aus Stromwandler, Auslöserelais und Prüfeinrichtung. Der Stromwandler ist ein Transformator; jeder Netzleiter stellt einen Teil der Primärwicklung dar. An die Sekundärwicklung ist die Spule Sp des Auslöserelais angeschlossen.
Bild 30.4 zeigt als Beispiel einen zweipoligen FI-Schutzschalter im eingeschalteten Zustand. Im ungestörten Betrieb sind die Ströme in L1 und N gleich groß, aber von entgegengesetztem Richtungssinn. Die Teildurchflutungen der Primärwicklung heben sich auf, und in der Sekundärwicklung wird keine Spannung induziert.
Bei einem Fehler fließt der **Fehlerstrom** I_F entweder über die Erdleitung des Körpers oder über den Menschen nach Erde ab (Bild 30.1). In der Primärwicklung des Stromwandlers heben sich die Teildurchflutungen nicht mehr restlos auf. Das Magnetfeld im Wandlerkern induziert eine Spannung in der Sekundärwicklung, die einen Strom durch die Spule Sp bewirkt. Der Anker A wird angezogen und gibt die Klinke K des Schaltschlosses frei, so daß die Feder F die Schaltkontakte öffnet: Der FI-Schutzschalter schaltet die Anlage allpolig ab.

Einen Schutz gegen Ströme, die für Menschen gefährlich sind, bieten nur FI-Schutzschalter mit einem maximalen Nennfehlerstrom 30 mA; dabei darf der Schalter ab 15 mA und muß ab 30 mA auslösen. Seit Oktober 1985 dürfen nur noch derartige FI-Schutzschalter eingebaut werden; in älteren Anlagen können sich aber noch FI-Schutzschalter mit höheren Nennfehlerströmen befinden.
Moderne FI-Schutzschalter lösen auch bei pulsierenden Fehler-Gleichströmen aus, die bei Geräten mit Leistungselektronik, beispielsweise bei Staubsaugern, auftreten können. Die Nennfehlerströme sind dabei höher, weil ein Gleichstrom für den Menschen weniger gefährlich ist als ein Wechselstrom. Ist der Fehlerstrom ein völlig geglätteter Gleichstrom, so kann der FI-Schutzschalter nicht auslösen, weil in seiner Sekundärwicklung keine Spannung induziert wird.

Jeder FI-Schutzschalter enthält eine Prüftaste P, mit der das einwandfreie Funktionieren des Schalters selbst überprüft werden kann. Im Fehlerfall muß der FI-Schutzschalter nach 0,2 s allpolig (also auch den N-Leiter) abschalten; die meisten Fabrikate schalten in weniger als 0,1 s ab. Dies ist wichtig, da bei geringer Einwirkungszeit die Gefährdung des Menschen durch den Strom herabgesetzt wird.
FI-Schutzschalter werden sowohl zweipolig (für Wechselstrom) als auch vierpolig (für Drehstrom) mit Nennströmen von 25 A bis 100 A gebaut.

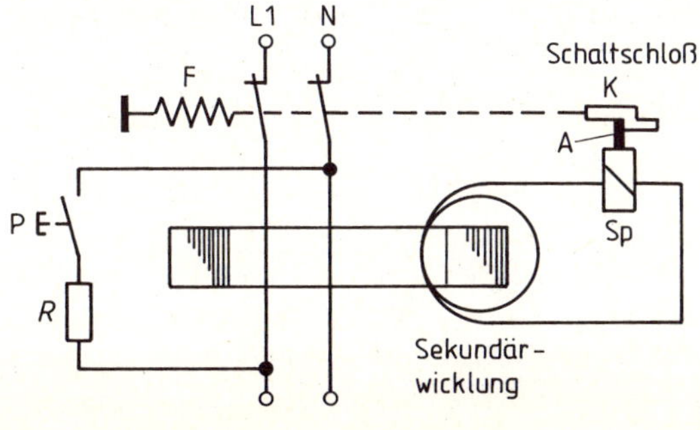

Bild 30.4
Prinzip eines zweipoligen FI-Schutzschalters

Wie schon erwähnt, schaltet ein FI-Schutzschalter nur bei Fehlerströmen ab, die gegen Erde abfließen. Ein FI-Schutzschalter ist also keine Schutzeinrichtung gegen Überlast oder gegen Kurzschluß; hierfür sind zusätzlich zum FI-Schutzschalter geeignete Schutzeinrichtungen vorzusehen.

30.6 Überstrom-Schutzorgane

Die Leiterisolierung, die Anschluß- und Verbindungsstellen sowie die Umgebung der Leitungen und Kabel müssen vor schädlicher Erwärmung infolge von Überlast- und Kurzschlußströmen geschützt werden. Die erforderlichen Schutzorgane, z. B. Leitungsschutzsicherungen oder Leitungsschutzschalter, müssen in der Lage sein, jeden Überstrom (bis zum Strom bei vollkommenem Kurzschluß) zu unterbrechen. Die den Leiterquerschnitten zugeordneten Nennwerte der Überstrom-Schutzorgane sind in Tab. 29.1 angegeben. Der Neutralleiter darf nicht abgesichert sein, eine Unterbrechung dieses Leiters allein muß aus Sicherheitsgründen unbedingt vermieden werden.
Ist der im Fehlerfall fließende Strom groß genug, so schaltet das Überstrom-Schutzorgan die Anlage ab.
Bei einer **Leitungsschutzsicherung** bringt der Überstrom einen Metallfaden niedriger Schmelztemperatur zum Schmelzen und unterbricht dadurch den Leiterweg. Durchgeschmolzene Schmelzeinsätze müssen gegen neue ausgewechselt werden. Ein „Flicken“ oder Überbrücken des Schmelzeinsatzes ist auch in Ausnahmefällen verboten, weil dadurch der Schutz der Anlage aufgehoben wird.
Leitungsschutzsicherungen werden z. B. als Niederspannungs-Hochleistungs-Sicherungen (kurz: NH-Sicherungen) für die Nennspannung 500 V (Wechselspannung) bzw. 440 V

a)

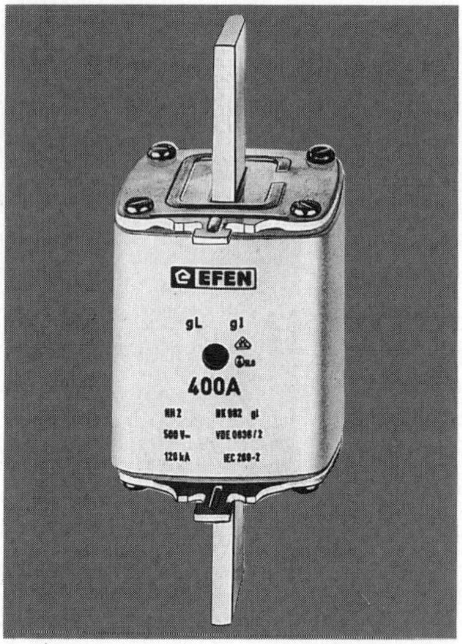

b)

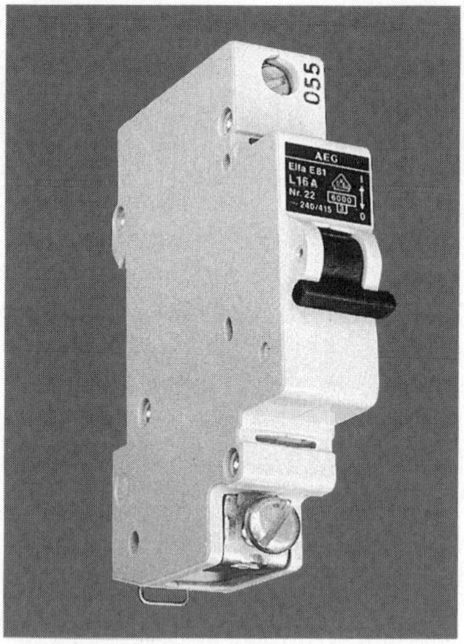

Bild 30.5
Überstromschutzorgane für den Leitungsschutz a) NH-Sicherung (Werkbild EFEN), b) LS-Schalter (AEG)

(Gleichspannung) und für Nennströme 6...1250 A hergestellt. Die Kennbuchstaben gL besagen, daß die Sicherung nur für den Leitungsschutz geeignet ist und Ströme bis zum Nennstrom dauernd führen sowie Ströme vom kleinsten Schmelzstrom bis zum Nennausschaltstrom ausschalten kann. NH-Sicherungen werden mit Hilfe eines Isoliergriffs ausgewechselt. Die Schmelzzeit ist von der Höhe des zu unterbrechenden Stromes abhängig. So unterbricht z. B. eine 100 A-Sicherung einen Strom 200 A in 500 s, 500 A in 40 s, 1000 A in 3 s und 2000 A in 0,2 s. Die Abschaltung wird also im Überstrombereich träge und im Kurzschlußstrombereich flink durchgeführt.
Außer den NH-Sicherungen gibt es noch die Schraubsicherungen (Diazed-System) für Nennstromstärken bis 100 A.
Ein **Leitungsschutzschalter** (kurz: LS-Schalter) enthält eine Schaltstrecke, die entweder von einer thermischen Überstromauslösung, deren Bimetallauslöser eine der Erwärmungskurve von Leitungen angepaßte Kennlinie besitzt, oder von einer elektromagnetisch arbeitenden Überstromauslösung, die bei einem Kurzschluß schnell auslöst, unterbrochen wird. Der Vorteil eines Leitungsschutzschalters gegenüber einer Schmelzsicherung besteht darin, daß er nach einer Abschaltung nicht ausgewechselt werden muß.
Leitungsschutzschalter werden für die Nennwechselspannung 415 V und für Nennströme 6...63 A hergestellt. Nach VDE 0641 gibt es zwei unterschiedliche Auslösecharakteristiken: LS-Schalter des Typs B lösen beim 5fachen Nennstrom in weniger als 0,1 s aus; LS-Schalter des Typs C lösen beim 10fachen Nennstrom in weniger als 0,1 s aus. Der Nennausschaltstrom beträgt maximal 6 kA.

30.7 Schutzmaßnahmen in Netzen

Netze werden nach VDE 0100 mit zwei Kennbuchstaben gekennzeichnet. Der erste Kennbuchstabe gibt die Erdungsverhältnisse der Stromquelle an:

- T direkte Erdung eines Punktes;
- I Isolierung aller aktiven Teile von Erde (oder Verbindung eines Punktes mit Erde über eine Impedanz).

Der zweite Kennbuchstabe gibt die Erdungsverhältnisse der Körper der elektrischen Anlage an:

- T Körper direkt geerdet (unabhängig von der etwa bestehenden Erdung eines Punktes der Stromquelle);
- N Körper direkt mit dem Betriebserder verbunden.

Der Schutz in den Netzen erfolgt durch Abschaltung oder in Ausnahmefällen auch durch Meldung. Die Körper werden an einen **Schutzleiter PE** angeschlossen, der grün-gelb gekennzeichnet ist.

30.7.1 TN-Netz

Im **TN-Netz** ist der Sternpunkt der Stromquelle (i. allg. der des Transformators) am Betriebserder der Anlage direkt geerdet, und die Körper sind direkt mit dem Betriebserder verbunden. Sind Neutralleiter N und Schutzleiter PE zu einem einzigen Leiter, dem **PEN-Leiter,** zusammengefaßt, so wird das Netz als **TN-C-Netz** bezeichnet. In diesem Netz muß der Schutz durch Überstrom-Schutzeinrichtungen vorgenommen werden.
Bild 30.6 zeigt den Schutz bei indirektem Berühren im TN-C-Netz. Die drei Außenleiter L1; L2; L3 sind mit einer Überstrom-Schutzeinrichtung versehen; der PEN-Leiter darf nicht ab-

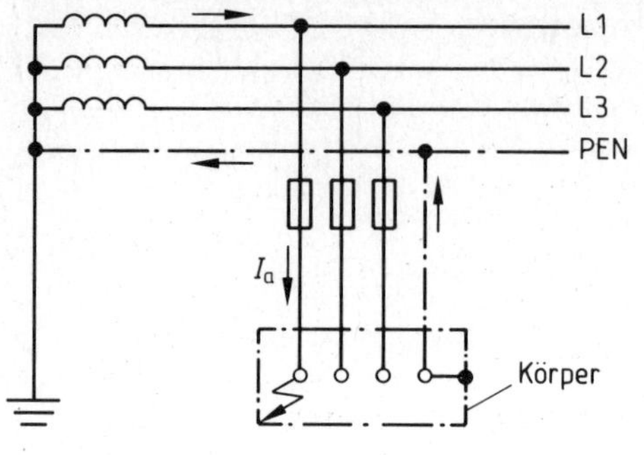

Bild 30.6 TN-C-Netz bei Körperschluß, Schutz durch Überstrom-Schutzeinrichtung

gesichert sein. Bei Körperschluß fließt ein Strom I_a vom Außenleiter über den Körper des Gerätes zum PEN-Leiter. Dieser Strom muß so groß sein, daß er die Abschaltung der Überstrom-Schutzeinrichtung in 0,2 s bewirkt. Die Bedingung hierfür lautet:

$$Z_S \cdot I_a \leqq U_0 \qquad (30.2)$$

In dieser Gleichung ist U_0 die Nennspannung eines Außenleiters gegen den geerdeten Leiter und Z_S die Impedanz der Fehlerschleife, also des Stromweges von I_a. Diese Impedanz kann durch Rechnung oder durch Messung bestimmt werden. Die beschriebene Schutzmaßnahme entspricht der früher bekannten Nullung.

Der Neutralleiter N und der Schutzleiter PE können auch voneinander getrennt sein; in diesem Fall wird das Netz als **TN-S-Netz** bezeichnet. In diesem Netz kann der Schutz bei indirektem Berühren entweder durch Überstrom-Schutzeinrichtungen – dann gilt Bedingung (30.2) – oder durch Fehlerstrom-Schutzeinrichtungen erfolgen. Bild 30.7 zeigt ein durch FI-Schutzschalter geschütztes TN-S-Netz bei Körperschluß: Über den PE-Leiter fließt ein Fehlerstrom. Damit heben sich die Durchflutungen im Kern des FI-Schutzschalters nicht mehr auf, denn für die Stromsumme der ihn durchsetzenden Leitungen gilt:

$$i_1 + i_2 + i_3 + i_N \neq 0 \qquad (30.3)$$

Durch das Ansprechen des Schalters werden die Leitungen L1, L2, L3 und N abgetrennt.

30.7.2 TT-Netz

Im **TT-Netz** ist der Sternpunkt der Stromquelle ebenfalls direkt am Betriebserder der Anlage geerdet, die Körper sind jedoch über den PE-Leiter mit Erdern verbunden, die vom Betriebserder getrennt sind (Bild 30.8). Gleichzeitig berührbare Körper müssen an denselben Erder angeschlossen sein.

Der Schutz bei indirektem Berühren wird i. allg. durch eine Fehlerstrom-Schutzeinrichtung erreicht, die bei einem Körperschluß abschaltet. Bei Wechselspannung muß dabei folgende Bedingung erfüllt sein:

$$R_A \cdot I_F \leqq 50\,\text{V} \qquad (30.4)$$

Dabei ist R_A der Ausbreitungswiderstand sämtlicher Erder, an welche die Körper angeschlossen sind, und I_F ist der Nennfehlerstrom des FI-Schutzschalters. Bei $I_F = 30$ mA darf der Widerstand R_A also maximal 1,67 kΩ betragen.

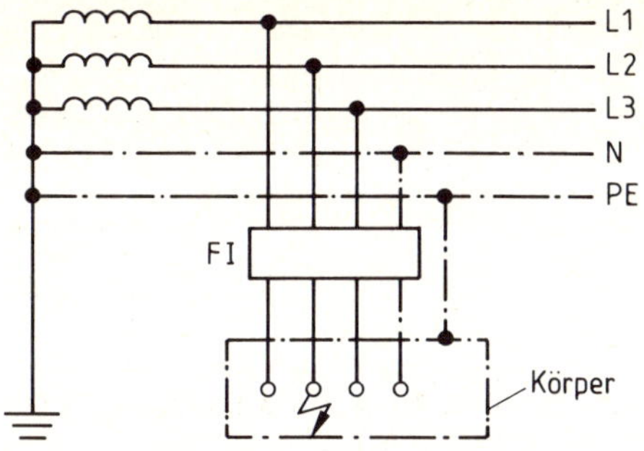

Bild 30.7 TN-S-Netz bei Körperschluß, Schutz durch Fehlerstrom-Schutzeinrichtung

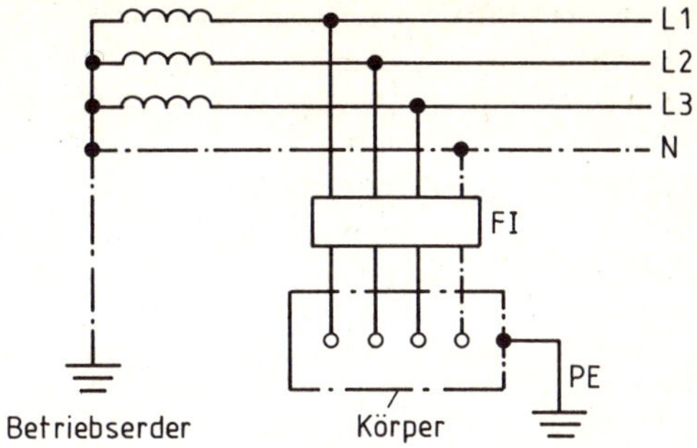

Bild 30.8 TT-Netz, Schutz durch Fehlerstrom-Schutzeinrichtung

30.8 Schutzisolierung

Der Schutz bei indirektem Berühren ist auch bei Verwendung schutzisolierter Geräte gegeben. Diese Geräte besitzen zusätzlich zur **Basisisolierung,** welche die aktiven Teile abdeckt, eine weitere Isolierung, die bei einem Defekt der Basisisolierung verhindert, daß spannungführende Teile berührbar sind.
Durch die Isolierstoffumhüllung dürfen keine leitfähigen Teile geführt werden, durch die Spannungen verschleppt werden können. Schutzisolierte Geräte dürfen auch nicht an einen Schutzleiter angeschlossen werden; sie haben deshalb im allgemeinen Stecker ohne Schutzkontaktstücke.
Schutzisolierte Geräte sind durch das Symbol ⧈ gekennzeichnet. Wegen der höheren Sicherheit, die diese Geräte bieten, werden heute vor allem diejenigen Geräte in schutzisolierter Ausführung hergestellt, die aufgrund ihrer Funktion in der Hand gehalten werden oder anderweitig vom menschlichen Körper berührt werden; hierzu gehören z. B. Rasierapparate, Staubsauger, Bohrmaschinen u. dergl.

30.9 Schutztrennung

Durch die Schutztrennung eines einzelnen Stromkreises werden Gefahren beim Berühren von Körpern vermieden, welche durch einen Fehler in der Basisisolierung des Stromkreises Spannung annehmen können. Wie bei der Schutzkleinspannung wird auch bei der Schutztrennung ein Gerät von einem Transformator mit sicherer Trennung der beiden Stromkreise versorgt. Da jedoch die Spannung höher als 50 V sein darf (auch Drehstrom ist zulässig), kann der Verbraucher mit höherer Leistung betrieben werden. Schutztrennung wird beispielsweise in Baderäumen bei Rasiersteckdosen oder auf Baustellen beim Betrieb elektrischer Werkzeuge vorgenommen.
Die aktiven Teile des Sekundärstromkreises dürfen weder mit Erde noch mit einem anderen Stromkreis verbunden werden; entsprechendes gilt für die Körper, die auch nicht an Schutzleiter angeschlossen sein dürfen. Bewegliche Leitungen müssen an allen Stellen, an denen sie mechanischen Beanspruchungen ausgesetzt sind, sichtbar sein.
Die Schutzwirkung ergibt sich daraus, daß bei *einem* Körperschluß wegen der fehlenden Erdung nicht zwei Punkte berührt werden können, die gegeneinander Spannung führen.

31 Der Transformator

Ein **Transformator** ist ein elektromagnetischer *Energiewandler,* der in der **Primärwicklung** elektrische Energie in magnetische Energie umwandelt; in der **Sekundärwicklung** wird die magnetische Energie wieder in elektrische Energie umgewandelt. Die sinusförmigen Spannungen und Ströme der Primärwicklung ($\underline{U}_1$; $\underline{I}_1$) und der Sekundärwicklung ($\underline{U}_2$; $\underline{I}_2$) haben *gleiche* Frequenz.
Die elektrisch getrennten Wicklungen sind auf einem Eisenkern ohne Luftspalt angeordnet, in dem der magnetische Fluß Φ geführt wird. Beim **Einphasen-Transformator** besteht jede Wicklung aus *einem* Strang, beim **Drehstrom-Transformator** bestehen sowohl die Primär- als auch die Sekundärwicklung aus *drei* Strängen. Die Wicklung an der höheren Spannung ist die **Oberspannungswicklung,** die andere die **Unterspannungswicklung.**

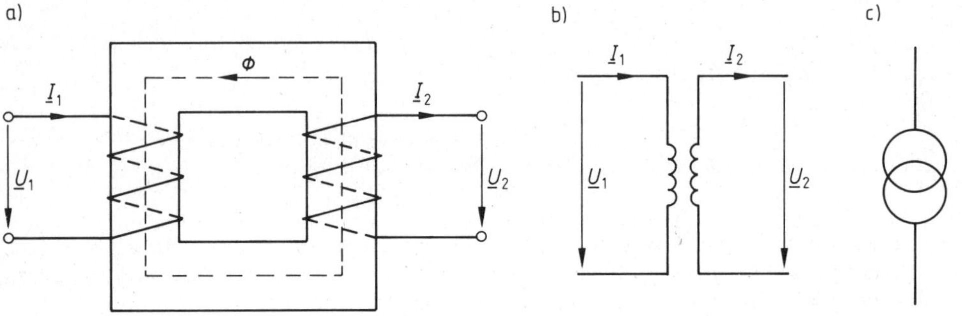

Bild 31.1 Einphasen-Transformator, prinzipieller Aufbau (a), Schaltzeichen mit Bezugspfeilen (b) und Schaltkurzzeichen (c)

Transformatoren kleiner Leistung (Einphasen-Transformatoren unter 1 kVA bzw. Mehrphasen-Transformatoren unter 5 kVA; s. DIN 41300ff.) werden als **Kleintransformatoren** bezeichnet; sie werden in Abschnitt 31.9.4 beschrieben. Die folgenden Kapitel befassen sich mit Transformatoren höherer Leistung (DIN 42500ff.), die auch kurz **Leistungstransformatoren** genannt werden.

31.1 Der idealisierte Transformator

Besonders einfach läßt sich das Betriebsverhalten des *idealisierten Transformators* beschreiben, für den angenommen wird, daß in ihm keine Verluste entstehen und daß seine Wicklungen mit dem magnetischen Fluß Φ vollständig verkettet sind; außerdem wird angenommen, daß der zeitabhängige Fluß $\Phi = \Phi(t) = \Phi_{max} \cdot \cos \omega t$ auf einem Weg fließt, dessen magnetischer Widerstand den Wert $R_m = 0$ aufweist. In der Primärwicklung mit der Windungszahl N_1 wird gemäß Gl. (18.3) die **Primärspannung** $\underline{U}_1$ mit dem Effektivwert U_1 induziert:

$$U_1 = 4{,}44 f N_1 \Phi_{max} \tag{31.1}$$

In der Sekundärwicklung mit der Windungszahl N_2 wird die **Sekundärspannung** $\underline{U}_2$ mit dem Effektivwert U_2 induziert:

$$U_2 = 4{,}44\, f N_2 \Phi_{\text{max}} \tag{31.2}$$

Der Quotient aus U_1 und U_2 wird **Übersetzungsverhältnis** $ü$ genannt:

$$ü = \frac{U_1}{U_2} = \frac{N_1}{N_2} \tag{31.3}$$

Die Spannungen an den Wicklungen des idealisierten Transformators stehen zueinander im gleichen Verhältnis wie die Windungszahlen der Wicklungen.

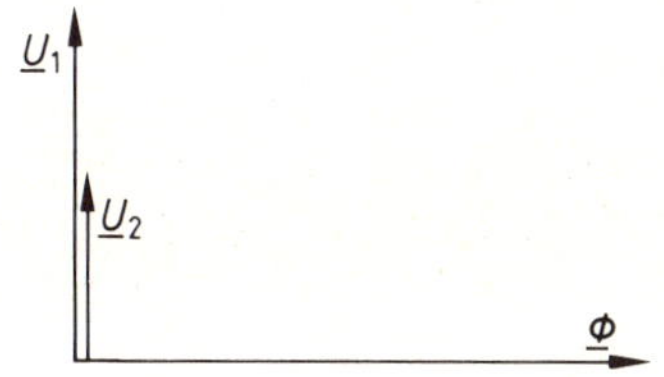

Bild 31.2 Zeigerdiagramm der Spannungen und des Flusses für den idealisierten Transformator

Da im idealisierten Transformator keine Verluste entstehen, ist die Scheinleistung $S_1 = U_1 I_1$ der Primärwicklung gleich der Scheinleistung $S_2 = U_2 I_2$ der Sekundärwicklung. Mit $U_1 I_1 = U_2 I_2$ läßt sich das Verhältnis der Ströme berechnen:

$$\frac{I_1}{I_2} = \frac{U_2}{U_1} = \frac{N_2}{N_1} = \frac{1}{ü} \tag{31.4}$$

Die Ströme in den Wicklungen des idealisierten Transformators stehen zueinander im umgekehrten Verhältnis der Windungszahlen.

Beispiel 31.1: Ein idealisierter Transformator mit dem Übersetzungsverhältnis $ü = 10$ hat an den Klemmen der Sekundärwicklung die Spannung $U_2 = 20$ V und ist mit dem Widerstand $R_2 = 4\,\Omega$ belastet.

a) Welche Werte haben Spannung und Strom der Primärseite?
b) Welcher Widerstand belastet die primärseitig den Transformator speisende Quelle?

a) $U_1 = ü \cdot U_2 = 10 \cdot 20\text{ V} = 200\text{ V}$

$$I_2 = \frac{U_2}{R} = \frac{20\text{ V}}{4\,\Omega} = 5\text{ A} \;; \quad I_1 = \frac{I_2}{ü} = \frac{5\text{ A}}{10} = 0{,}5\text{ A}$$

b) $R_1 = \dfrac{U_1}{I_1} = \dfrac{200\text{ V}}{0{,}5\text{ A}} = 400\,\Omega$; oder:

$$R_1 = \frac{U_1}{I_1} = \frac{ü\,U_2}{(1/ü)I_2} = ü^2 R_2 = 10^2 \cdot 4\,\Omega = 400\,\Omega$$

31.2 Der reale Transformator

Der *reale Transformator* unterscheidet sich in mehrfacher Hinsicht vom idealisierten Transformator:

- *Streuung:* Diejenigen Feldlinien, die jeweils mit nur einer Wicklung verkettet sind, bilden den **Streufluß** $\Phi_{1\sigma}$ bzw. $\Phi_{2\sigma}$ (Bild 31.3a); lediglich der **Hauptfluß** Φ_h durchsetzt beide Wicklungen. In der Ersatzschaltung (Bild 31.3b) wird die Streuung des realen Transformators durch die **Streureaktanzen** $X_{1\sigma}$ bzw. $X_{2\sigma}$ berücksichtigt.
- *Verluste:* Die **Stromwärmeverluste** in den OHMschen Widerständen R_1 bzw. R_2 der Wicklungen werden häufig *Kupferverluste* genannt, obwohl auch Aluminium als Leitermaterial verwendet wird. Den **Eisenverlusten** (s. Kap. 20.3) wird in der Ersatzschaltung der **Eisenverlustwiderstand** R_{Fe} zugeordnet.
- *Magnetisierungsstrom:* Der Eisenweg des realen Transformators weist den magnetischen Widerstand $R_m > 0$ auf. Zur Erzeugung des Hauptflusses Φ_h, der sich über diesen Eisenweg schließt, ist deshalb der **Magnetisierungsstrom** I_μ erforderlich. Bei Näherungsrechnungen wird I_μ als sinusförmig angenommen. In der Ersatzschaltung fließt der Magnetisierungsstrom durch eine ideale Spule, deren Blindwiderstand als **Hauptreaktanz** X_h bezeichnet wird.

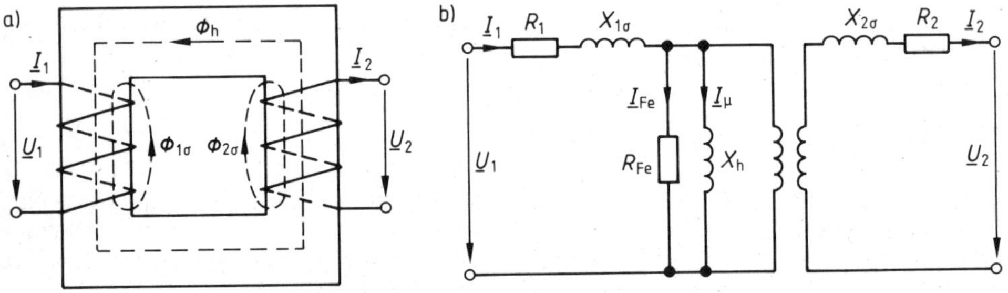

Bild 31.3 Realer Transformator, prinzipieller Aufbau (a) und Ersatzschaltung (b)

In Beispiel 31.1 wurde gezeigt, wie ein Widerstand im Sekundärkreis des idealisierten Transformators auf die Primärseite umgerechnet wird. Auch Reaktanzen können mit dem Quadrat des Übersetzungsverhältnisses umgerechnet werden. Die umgerechneten Größen werden durch einen Strich (′) gekennzeichnet:

$$R_2' = \ddot{u}^2 \cdot R_2 \ ; \quad X_{2\sigma}' = \ddot{u}^2 \cdot X_{2\sigma} \tag{31.5}$$

Ähnlich werden mit Gl. (31.3) die Spannungen bzw. mit Gl. (31.4) die Ströme des Sekundärkreises auf den Primärkreis umgerechnet:

$$U_2' = \ddot{u} \cdot U_2 \ ; \quad I_2' = \frac{1}{\ddot{u}} \cdot I_2 \tag{31.6}$$

Wenn sämtliche Spannungen, Ströme und Widerstände, einschließlich der Lastwiderstände, von der Sekundärseite auf die Primärseite umgerechnet werden, dann ergibt sich die für die Berechnung der Spannungen und Ströme maßgebende Ersatzschaltung. Die an der Hauptreaktanz X_h liegende Spannung U_h wird **Hauptfeldspannung** genannt.

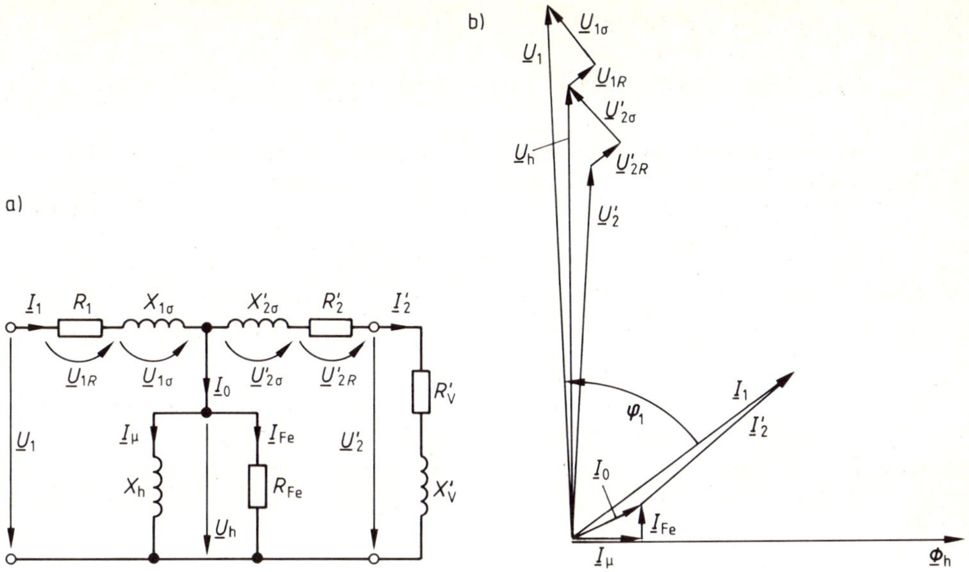

Bild 31.4 Realer Transformator, Ersatzschaltung mit umgerechneten Größen der Sekundärseite (a) und Zeigerdiagramm für OHMsch-induktive Belastung (b)

31.3 Leerlauf und Kurzschluß

Wird der Transformator primärseitig mit Nennspannung betrieben, so liegt bei *Leerlauf* ($I_2 = 0$) die **Nennspannung** $U_{20} = U_{2N}$ an den Klemmen der Sekundärwicklung. Die sekundärseitige Scheinleistung, also das Produkt aus Nennspannung U_{20} und Nennstrom I_{2N}, ist nach VDE 0532 die **Nennleistung** $S_{2N} = U_{20} I_{2N}$ des Transformators.

Bei Leerlauf fließt wegen $I_2 = 0$ und damit $I'_2 = 0$ in der Primärwicklung der **Leerlaufstrom** $I_0 = I_1$, der wesentlich kleiner als der Nennstrom ist; er beträgt bei einem Transformator mit der Nennleistung 100 kVA etwa 2,5%, bei 10 MVA nur etwa 1% des Nennstromes. Die Spannungsabfälle $U_{1R} = R_1 I_1$ und $U_{1\sigma} = X_{1\sigma} I_1$, die bereits bei Nennbetrieb wesentlich kleiner als die Hauptfeldspannung U_h sind, können bei Leerlauf ohne weiteres vernachlässigt werden. Für den Leerlauf gilt daher die vereinfachte Ersatzschaltung 31.5a.

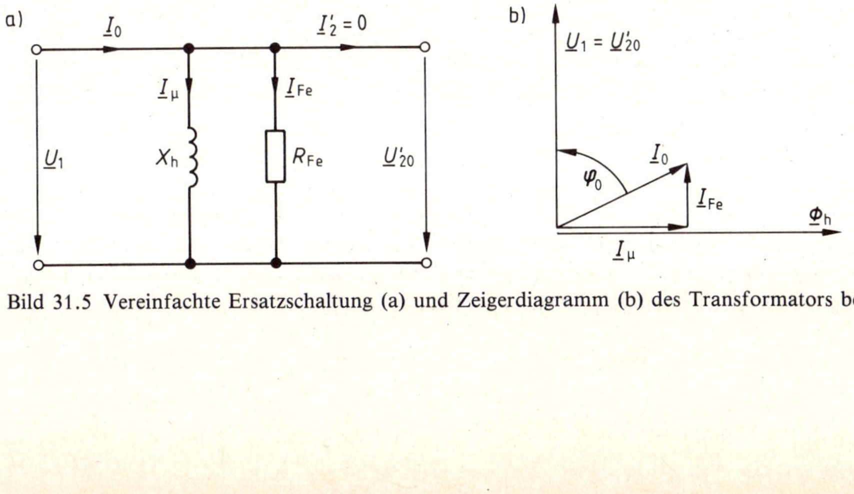

Bild 31.5 Vereinfachte Ersatzschaltung (a) und Zeigerdiagramm (b) des Transformators bei Leerlauf

Im Leerlauf nimmt ein Transformator als Wirkleistung praktisch nur die Eisenverluste P_{Fe} auf, die auch als **Leerlaufverluste** P_0 bezeichnet werden; sie werden beim *Leerlaufversuch* mit einem Wattmeter gemessen. Außerdem kann mit den Meßwerten dieses Versuchs das Übersetzungsverhältnis *ü* bestimmt werden.

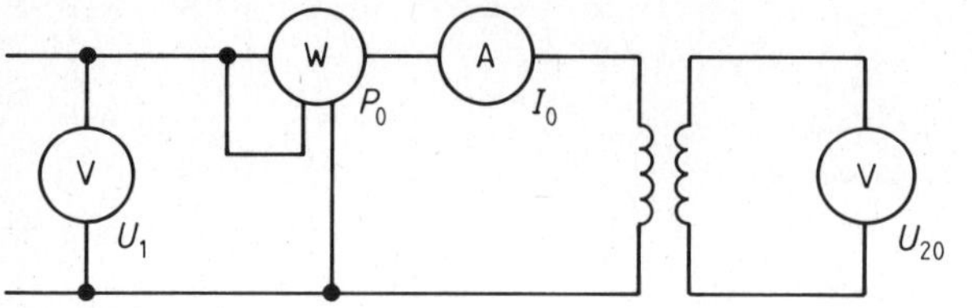

Bild 31.6
Schaltung zum Leerlaufversuch

Beispiel 31.2: Beim Leerlaufversuch werden an einem Einphasen-Transformator mit der Nennleistung 10 kVA folgende Werte gemessen: $U_1 = 230$ V; $I_0 = 1{,}6$ A; $P_0 = 72{,}5$ W; $U_{20} = 10{,}5$ kV. Welche Werte haben die Elemente der Ersatzschaltung?

$$\cos\varphi_0 = \frac{P_0}{U_1 I_0} = \frac{72{,}5\ \text{W}}{230\ \text{V}\cdot 1{,}6\ \text{A}} = 0{,}197\ ; \qquad \varphi_0 = 78{,}6^\circ\ ; \qquad \sin\varphi_0 = 0{,}98$$

$$I_{Fe} = I_0 \cos\varphi_0 = 1{,}6\cdot\text{A}\cdot 0{,}197 = 0{,}315\ \text{A}$$

$$I_\mu = I_0 \sin\varphi_0 = 1{,}6\ \text{A}\cdot 0{,}98 = 1{,}57\ \text{A}$$

$$R_{Fe} = \frac{U_1}{I_{Fe}} = \frac{230\ \text{V}}{0{,}315\ \text{A}} = 730\ \Omega\ ; \qquad X_h = \frac{U_1}{I_\mu} = \frac{230\ \text{V}}{1{,}57\ \text{A}} = 147\ \Omega$$

$$ü = \frac{U_1}{U_{20}} = \frac{230\ \text{V}}{10\,500\ \text{V}} = 0{,}0219$$

Tritt während des Betriebs des Transformators ein *Kurzschluß* der Sekundärwicklung auf, dann können unmittelbar nach seinem Eintritt in den Wicklungen hohe Ströme fließen, deren Scheitelwerte im ungünstigsten Fall etwa doppelt so hoch wie die Stromscheitelwerte sind, die im Dauerkurzschluß vorliegen. Durch konstruktive Maßnahmen muß gewährleistet sein, daß die dabei auftretenden Kräfte den Transformator nicht beschädigen. Der Stoßkurzschlußstrom geht nach sehr kurzer Zeit in den kleineren Dauerkurzschlußstrom über. Dieser bewirkt i. allg. eine so große Erwärmung, daß der Transformator schnell abgeschaltet werden muß. Bei Kurzschluß ($R_v' = 0$; $X_v' = 0$) können der hochohmige Eisenverlustwiderstand R_{Fe} und die hochohmige Hauptreaktanz X_h gegen R_2' und X_2' vernachlässigt werden, die sehr niederohmig sind. Die übrigen OHMschen Widerstände werden zu $R_k = R_1 + R_2'$, die Reaktanzen werden zur **Kurzschlußreaktanz** $X_k = X_{1\sigma} + X_{2\sigma}'$ zusammengefaßt (Bild 31.7).
Der Kurzschlußversuch wird wegen der kleinen Kurzschlußimpedanz

$$Z_k = \sqrt{R_k^2 + X_k^2} \tag{31.7}$$

mit dem Nennstrom I_{1N} durchgeführt. Die Primärspannung, die dabei an den Transformator gelegt wird, ist wesentlich kleiner als die Nennspannung; sie wird als **Kurzschlußspannung** U_k bezeichnet:

$$U_k = I_{1N} \cdot Z_k \ll U_{1N} \tag{31.8}$$

In Datenblättern wird gewöhnlich die auf die Nennspannung U_{1N} bezogene Kurzschlußspannung angegeben, die als **relative Kurzschlußspannung** u_k bezeichnet wird:

$$u_k = \frac{U_k}{U_{1N}} \tag{31.9}$$

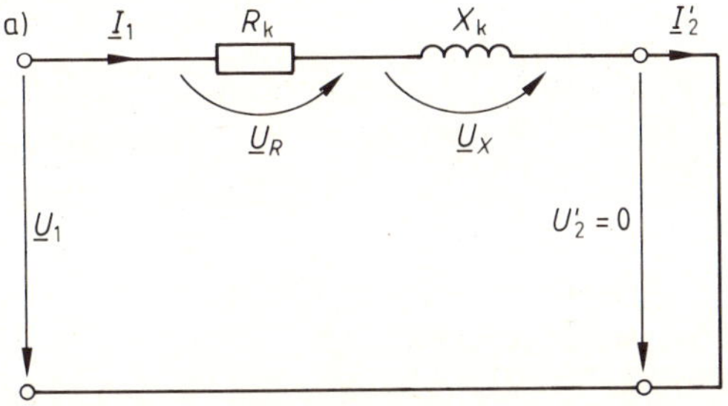

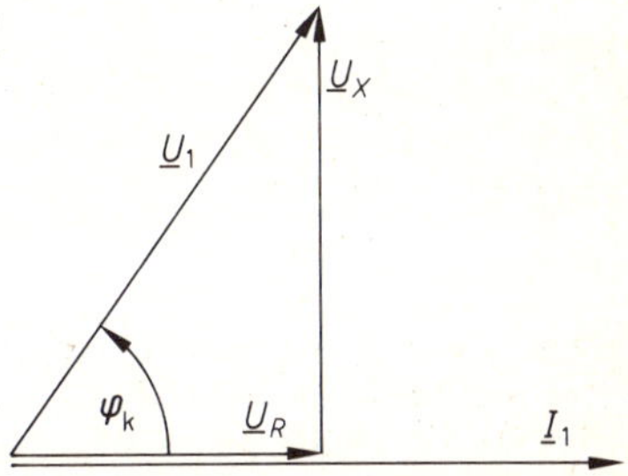

Bild 31.7 Vereinfachte Ersatzschaltung (a) und Zeigerdiagramm (b) des Transformators bei Kurzschluß

Der Wert von u_k, der etwa 4...12% beträgt, ist um so höher, je größer die Nennleistung des Transformators ist. Mit der relativen Kurzschlußspannung kann der Dauerkurzschlußstrom I_{kN} berechnet werden, der beim Anlegen der Nennspannung U_{1N} an die Primärwicklung fließt:

$$I_{kN} = \frac{U_{1N}}{Z_k} = \frac{U_{1N} I_{1N}}{Z_k I_{1N}} = \frac{U_{1N} I_{1N}}{U_k} = \frac{I_{1N}}{u_k} \tag{31.10}$$

Im Kurzschluß nimmt ein Transformator als Wirkleistung praktisch nur die Stromwärmeverluste in den OHMschen Widerständen der Wicklungen auf. Diese Verluste werden deshalb als **Kurzschlußverluste** P_k bezeichnet; sie werden beim *Kurzschlußversuch* mit einem Wattmeter gemessen.

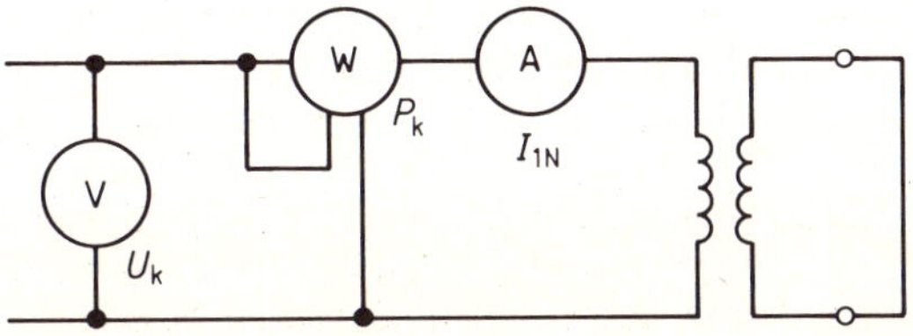

Bild 31.8 Schaltung zum Kurzschlußversuch

Beispiel 31.3: Beim Kurzschlußversuch werden an dem Transformator des Beispiels 31.2 folgende Werte gemessen: $U_k = 14$ V; $P_k = 410$ W. Welche Werte haben die Elemente der Ersatzschaltung 31.7a, die relative Kurzschlußspannung u_k und der Dauerkurzschlußstrom I_{kN}?

Beim Kurzschlußversuch fließt in der Primärwicklung der Nennstrom

$$I_{1N} = \frac{S_1}{U_{1N}} = \frac{10\,\text{kVA}}{230\,\text{V}} = 43{,}5\ \text{A} \ .$$

$$P_k = R_k I_k^2 \ ; \quad R_k = P_k / I_{1N}^2 = 410\ \text{W}/(43{,}5\ \text{A})^2 = 0{,}217\ \Omega$$

$$Z_k = \frac{U_k}{I_{1N}} = \frac{14\ \text{V}}{43{,}5\ \text{A}} = 0{,}322\ \Omega = \sqrt{R_k^2 + X_k^2}$$

$$X_k = \sqrt{Z_k^2 - R_k^2} = \sqrt{(0{,}322\ \Omega)^2 - (0{,}217\ \Omega)^2} = 0{,}238\ \Omega$$

Normalerweise ist $R_1 \approx R_2'$ und $X_{1\sigma} \approx X_{2\sigma}'$:

$$R_1 = R_2' = R_k/2 = 0{,}109\ \Omega\ ; \quad X_{1\sigma} = X_{2\sigma}' = X_2/2 = 0{,}119\ \Omega$$

$$u_k = \frac{U_k}{U_{1N}} = \frac{14\ \text{V}}{230\ \text{V}} = 0{,}061 = 6{,}1\,\%\ ; \quad I_{kN} = \frac{I_{1N}}{u_k} = \frac{43{,}5\ \text{A}}{0{,}061} = 713\ \text{A}$$

31.4 Die Spannungsänderung

Wird der Transformator primärseitig mit Nennspannung betrieben, so liegt bei *Leerlauf* die **Nennspannung** $U_{20} = U_{2N}$ an den Klemmen der Sekundärwicklung. Der Unterschied zwischen der Leerlaufspannung und der Spannung bei Nennstrom wird als **Spannungsänderung** $U_{2\varphi}$ bezeichnet:

$$U_{2\varphi} = U_{20} - U_2 \tag{31.11}$$

Die Spannung U_2, die sich beim Betrieb des Transformators mit Nennstrom einstellt, ist vom Phasenverschiebungswinkel φ des Verbrauchers abhängig; bei OHMscher und bei induktiver Last ist $U_2 < U_{20}$, bei kapazitiver Last kann $U_2 > U_{20}$ sein.

Die Spannungsänderung $U_{2\varphi}$ ist die Differenz der Effektivwerte von U_{20} und U_2; die Phasenverschiebung zwischen den beiden Spannungen wird dabei nicht berücksichtigt. Da U_k wesentlich kleiner als U_{2N}' bzw. U_2' ist und der Phasenwinkel zwischen U_{2N}' und U_2' nur klein ist, kann man anstelle der Differenz der Zeigerlängen näherungsweise die Projektion des $\underline{U}_k$-Zeigers auf die Richtung des $\underline{U}_2'$-Zeigers verwenden:

$$U_{2\varphi}' = U_R \cos\varphi + U_X \sin\varphi \tag{31.12}$$

Die Spannungen $\underline{U}_R$ und $\underline{U}_X$ sind die Katheten eines rechtwinkligen Dreiecks, welches **KAPPsches Dreieck** genannt wird.

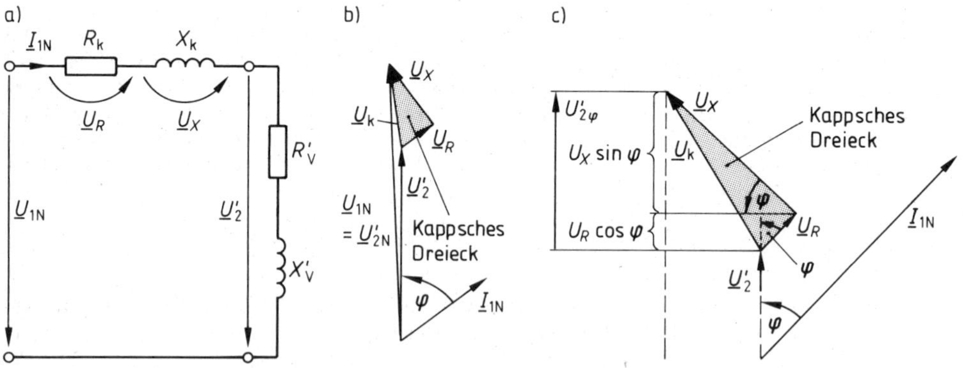

Bild 31.9 Betrieb des Transformators mit Nennstrom, Schaltung (a), Zeigerdiagramm (b) und näherungsweise Bestimmung der Spannungsänderung $U_{2\varphi}'$ (c)

Beispiel 31.4: Welche Sekundärspannung stellt sich bei dem in den Beispielen 31.2 und 31.3 beschriebenen Transformator ein, wenn er mit Nennstrom bei a) $\cos\varphi = 1$; b) $\cos\varphi = 0{,}8$ ind.; c) $\cos = 0{,}6$ kap. belastet wird?

$$U_R = R_k I_{1N} = 0{,}217\,\Omega \cdot 43{,}5\,\text{A} = 9{,}44\,\text{V}$$

$$U_X = X_k I_{1N} = 0{,}238\,\Omega \cdot 43{,}5\,\text{A} = 10{,}35\,\text{V}$$

a) $\cos\varphi = 1$; $\varphi = 0°$; $\sin\varphi = 0$; $U'_{2\varphi} = U_R \cos\varphi = 9{,}44\,\text{V} \cdot 1 = 9{,}44\,\text{V} = \ddot{u}\,U_{2\varphi}$

$$U_2 = U_{20} - U_{2\varphi} = U_{20} - U'_{2\varphi}/\ddot{u} = 10\,500\,\text{V} - (9{,}44\,\text{V})/0{,}0219 = 10{,}07\,\text{kV}$$

b) $\cos\varphi = 0{,}8$ ind. ; $\varphi = 36{,}87°$; $\sin\varphi = 0{,}6$; $U'_{2\varphi} = U_R \cos\varphi + U_X \sin\varphi$

$U'_{2\varphi} = 13{,}76\,\text{V}$; $U_2 = 10\,500\,\text{V} - (13{,}76\,\text{V})/0{,}0219 = 9{,}87\,\text{kV}$

c) $\cos\varphi = 0{,}6$ kap. ; $\varphi = -53{,}13°$; $\sin\varphi = -0{,}8$; $U'_{2\varphi} = -2{,}62\,\text{V}$; $U_2 = 10{,}62\,\text{kV}$

31.5 Der Wirkungsgrad

Der Wirkungsgrad η des Transformators ist:

$$\eta = \frac{P_2}{P_1} = \frac{P_1 - P_v}{P_1} = 1 - \frac{P_v}{P_1} \tag{31.13}$$

Bei Nennbetrieb sind die gesamten Verluste P_v die Summe der Leerlaufverluste P_0 und der Kurzschlußverluste P_k:

$$P_v = P_0 + P_k \tag{31.14}$$

Der **Nennwirkungsgrad** η_N wird für Nennleistung angegeben; bei Teillast sinkt der Wirkungsgrad wegen der lastunabhängigen Eisenverluste.
Von den Herstellerfirmen werden Transformatoren gleicher Nennleistung S_{2N} mit unterschiedlicher Aufteilung der Leerlauf- und Kurzschlußverluste angeboten; dies ermöglicht die Auswahl eines Transformators, der bei gegebenen Einsatzbedingungen die kleinste Verlustarbeit aufweist.

Beispiel 31.5: Ein Drehstrom-Verteilungstransformator mit der Nennleistung 630 kVA hat nach DIN 42 523 die Leerlaufverluste 1400 W und die Kurzschlußverluste 5600 W. Die Herstellerfirma bietet auch einen Transformator gleicher Nennleistung mit reduzierten Leerlaufverlusten 1090 W an; die Kurzschlußverluste dieses Transformators betragen 6400 W. a) Welchen Nennwirkungsgrad hat jeder Transformator? b) Welcher Transformator ist für einen Betrieb auszuwählen, bei dem an 200 Arbeitstagen im Jahr in achtstündigem Betrieb die Nennleistung bei $\cos\varphi = 1$ entnommen wird und der Transformator in der übrigen Zeit des Jahres leerläuft?

a) Transformator nach DIN 42 523: $\eta_N = 1 - \dfrac{P_v}{P_N} = 1 - \dfrac{7{,}0\,\text{kW}}{630\,\text{kW}} = 0{,}989$

Der Transformator mit reduzierten Leerlaufverlusten hat im Nennbetrieb die Verlustleistung $P_v = P_0 + P_k = 7490$ W; dabei beträgt der Wirkungsgrad:

$$\eta_N = 1 - \frac{P_v}{P_N} = 1 - \frac{7{,}49\,\text{kW}}{630\,\text{kW}} = 0{,}988$$

b) Betriebszeit bei Nennlast: $t_N = 200 \cdot 8\,\text{h} = 1600\,\text{h}$

Betriebszeit bei Leerlauf: $t_0 = 24\,\dfrac{\text{h}}{\text{Tag}} \cdot 365\,\text{Tage} - 1600\,\text{h} = 7160\,\text{h}$

Verlustarbeit des Transformators nach DIN 42523:

$$W_v = (P_k + P_0)t_N + P_0 t_0 = 7{,}0\,\text{kW} \cdot 1600\,\text{h} + 1{,}4\,\text{kW} \cdot 7160\,\text{h} = 21{,}2\,\text{MWh}$$

Verlustarbeit des Transformators mit reduzierten Leerlaufverlusten:

$$W_v = (P_k + P_0)t_N + P_0 t_0 = 7{,}49\,\text{kW} \cdot 1600\,\text{h} + 1{,}09\,\text{kW} \cdot 7160\,\text{h} = 19{,}8\,\text{MWh}$$

Obwohl der Transformator mit den reduzierten Leerlaufverlusten den niedrigeren Nennwirkungsgrad aufweist, ist er wegen der kleineren Verlustarbeit vorzuziehen.

31.6 Drehstrom-Transformatoren

Drehstrom-Transformatoren werden in der elektrischen Energieübertragung und -verteilung eingesetzt. Die Spannung eines Kraftwerksgenerators (10...30 kV) ist für die Übertragung der elektrischen Energie zu niedrig; damit die von den Strömen hervorgerufenen Verluste auf den Fernleitungen nicht zu groß sind, wird jedem Kraftwerksgenerator ein Transformator nachgeschaltet, der die Spannung heraufsetzt und die Ströme entsprechend verringert. Die hohen Spannungen der Fernleitungen werden stufenweise mit Drehstromtransformatoren herabgesetzt, zunächst auf *Mittelspannung* (10...30 kV) und schließlich auf *Niederspannung* (0,4 kV).

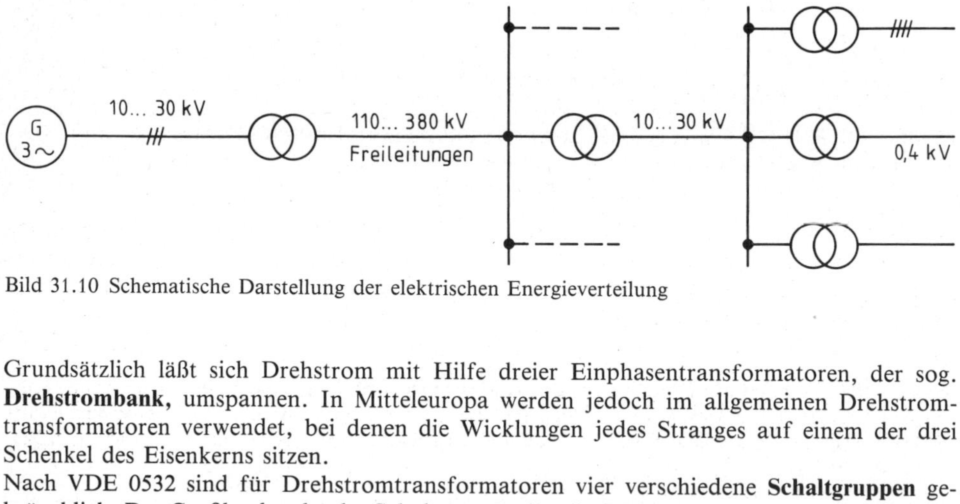

Bild 31.10 Schematische Darstellung der elektrischen Energieverteilung

Grundsätzlich läßt sich Drehstrom mit Hilfe dreier Einphasentransformatoren, der sog. **Drehstrombank,** umspannen. In Mitteleuropa werden jedoch im allgemeinen Drehstromtransformatoren verwendet, bei denen die Wicklungen jedes Stranges auf einem der drei Schenkel des Eisenkerns sitzen.

Nach VDE 0532 sind für Drehstromtransformatoren vier verschiedene **Schaltgruppen** gebräuchlich. Der Großbuchstabe der Schaltgruppe gibt die Schaltungsart der Oberspannungswicklung, der Kleinbuchstabe die Schaltungsart der Unterspannungswicklung an; dabei bedeutet D bzw. d *Dreieckschaltung* und Y bzw. y *Sternschaltung.* Ein zusätzlicher Buchstabe N bzw. n weist darauf hin, daß der *Neutralleiter* der betreffenden Wicklung herausgeführt und damit zugänglich ist. Die *Kennzahl* der Schaltgruppe gibt an, um welches ganze Vielfache von 30° die Unterspannung der Oberspannung desselben Stranges nacheilt. Bei der Schalt-

gruppe Yy0 sind in jedem Strang Oberspannung und Unterspannung in Phase; bei den Schaltgruppen Dy5, Yd5 und Yz5 eilt die Unterspannung der Oberspannung um 150° nach.
Die Aufspanntransformatoren in Kraftwerken, die auch **Maschinentransformatoren** genannt werden, erhalten die Schaltgruppe Yd5; da bei Sternschaltung (Y) die Isolation eines Stranges nur für die *Sternspannung* ausgelegt werden zu braucht, bringt die Sternschaltung der Oberspannungswicklung isolationstechnische Vorteile.
Die Schaltgruppe Yy0 wird z. B. bei Verteilungstransformatoren kleiner Leistung verwendet, die symmetrisch belastet werden. Der Sternpunktleiterstrom darf beim Kerntyp (s. Kap. 31.8) höchstens 10 % des Außenleiter-Nennstroms betragen; der Manteltyp darf überhaupt nicht unsymmetrisch belastet werden.
Verteilungstransformatoren für unsymmetrische Last werden für höhere Leistung in der Schaltgruppe Dyn5 und für kleine Leistung in der Schaltgruppe Yzn5 gebaut. Bei der **Zickzackschaltung** (Kennbuchstabe z) ist jeder Strang der Unterspannungswicklung auf zwei Schenkel des Eisenkerns verteilt; da sich jede Strangspannung auf der Sekundärseite aus zwei um 120° phasenverschobenen Teilspannungen zusammensetzt, ist mehr Kupfer für die Wicklung erforderlich. Eine Einphasenlast – der Extremfall unsymmetrischer Belastung – ergibt bei diesen beiden Schaltgruppen ein Gleichgewicht der Durchflutungen auf jedem Schenkel des Eisenkerns (Bild 31.11).

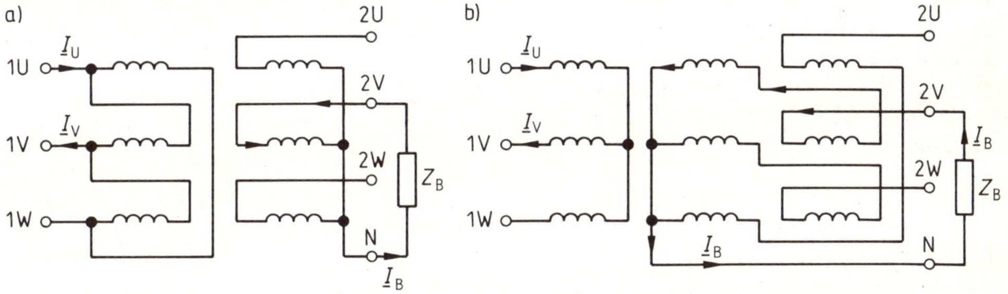

Bild 31.11 Einsträngige Belastung eines Drehstrom-Transformators mit der Schaltgruppe Dyn5 (a) bzw. mit der Schaltgruppe Yzn5 (b)

Für einen Transformator der Schaltgruppe Dyn5 wird zwar mehr Isolationsmaterial für die Primärwicklung, dafür aber weniger Kupfer für die Sekundärwicklung als für einen Transformator der Schaltgruppe Yzn5 benötigt; deshalb wird bei einer Nennleistung über 100 kVA die Schaltgruppe Dyn5 bevorzugt.

Beispiel 31.6: Von einem Drehstrom-Verteilungstransformator 10 kV/0,4 kV mit der Nennleistung 100 kVA, Schaltgruppe Yy0 sind die relative Kurzschlußspannung 4% und die Kurzschlußverluste 1750 W bekannt. Welche Sekundärspannung stellt sich bei symmetrischer Belastung mit Nennlast, $\cos\varphi = 0{,}8$ (ind.) ein?

Bei symmetrischer Belastung wird die Berechnung für einen Strang durchgeführt.

Stranggrößen primärseitig: $U_{1\curlywedge} = \dfrac{U_1}{\sqrt{3}} = \dfrac{10\,\text{kV}}{\sqrt{3}} = 5{,}77\,\text{kV}$; $I_1 = \dfrac{S_1}{\sqrt{3}\,U_1} = \dfrac{100\,\text{kVA}}{\sqrt{3}\cdot 10\,\text{kV}} = 5{,}77\,\text{A}$

Kurzschlußspannung: $U_k = u_k U_{1\curlywedge} = 0{,}04\cdot 5{,}77\,\text{kV} = 231\,\text{V}$ (s. Gl. 31.9)

Kurzschlußverluste in einem Strang: $P_{\mathrm{kstr}} = \dfrac{P_{\mathrm{k}}}{3} = \dfrac{1750\ \mathrm{W}}{3} = 583\ \mathrm{W} = U_{\mathrm{k}} I_1 \cos\varphi_{\mathrm{k}}$

$\cos\varphi_{\mathrm{k}} = \dfrac{P_{\mathrm{kstr}}}{U_{\mathrm{k}} I_1} = \dfrac{583\ \mathrm{W}}{231\ \mathrm{V} \cdot 5{,}77\ \mathrm{A}} = 0{,}437$; $\varphi_{\mathrm{k}} = 64°$; $\sin\varphi_{\mathrm{k}} = 0{,}899$

$U_R = U_{\mathrm{k}} \cos\varphi_{\mathrm{k}} = 100{,}9\ \mathrm{V}$; $U_X = U_{\mathrm{k}} \sin\varphi_{\mathrm{k}} = 207{,}7\ \mathrm{V}$ (s. Bild 31.9c)

Phasenverschiebungswinkel der Last: $\varphi = \arccos 0{,}8 = 36{,}9°$; $\sin\varphi = 0{,}6$

$U'_{2\varphi} = U_R \cos\varphi + U_X \sin\varphi = 100{,}9\ \mathrm{V} \cdot 0{,}8 + 207{,}7\ \mathrm{V} \cdot 0{,}6 = 205{,}3\ \mathrm{V}$ (s. Gl. 31.12)

Übersetzungsverhältnis $ü = \dfrac{U_{1\curlywedge}}{U_{2\curlywedge}} = \dfrac{10000\ \mathrm{V}/\sqrt{3}}{400\ \mathrm{V}/\sqrt{3}} = 25$; $U_{2\varphi} = U'_{2\varphi}/ü = 8{,}2\ \mathrm{V}$

Außenleiterspannung: $U_2 = U_{20} - \sqrt{3} \cdot U_{2\varphi} = 400\ \mathrm{V} - \sqrt{3} \cdot 8{,}2\ \mathrm{V} = 385{,}8\ \mathrm{V}$ (s. Gl. 31.11)

31.7 Der Parallelbetrieb

Vor allem bei der Stromversorgung von Betrieben werden häufig zwei oder mehrere Transformatoren an Sammelschienen parallel betrieben. Für einen einwandfreien Betrieb müssen nach VDE 0532 folgende Bedingungen erfüllt sein:

- Die Nennspannungen müssen übereinstimmen, und die Phasenverschiebungen zwischen Ober- und Unterspannungen müssen gleich sein, d. h. die Schaltgruppen müssen zueinander passen.
- Das Verhältnis der Nennleistungen soll nicht größer als 3:1 sein.
- Die Kurzschlußspannungen müssen gleich sein.

Nur bei gleichen Kurzschlußspannungen wird die gesamte Leistung im Verhältnis der Nennleistungen aufgeteilt. Dies soll am Beispiel von zwei parallelgeschalteten Transformatoren erläutert werden (Bild 31.12a); bei symmetrischer Belastung wird die Berechnung für einen Strang anhand der Schaltung 31.9a durchgeführt.
Beide Transformatoren liegen an derselben Primärspannung U_1 und an derselben (umgerechneten) Sekundärspannung U'_2; an beiden Transformatoren entsteht daher der gleiche Spannungsabfall:

$$I_{\mathrm{I}} Z_{\mathrm{k\,I}} = I_{\mathrm{II}} Z_{\mathrm{k\,II}} \qquad (31.15)$$

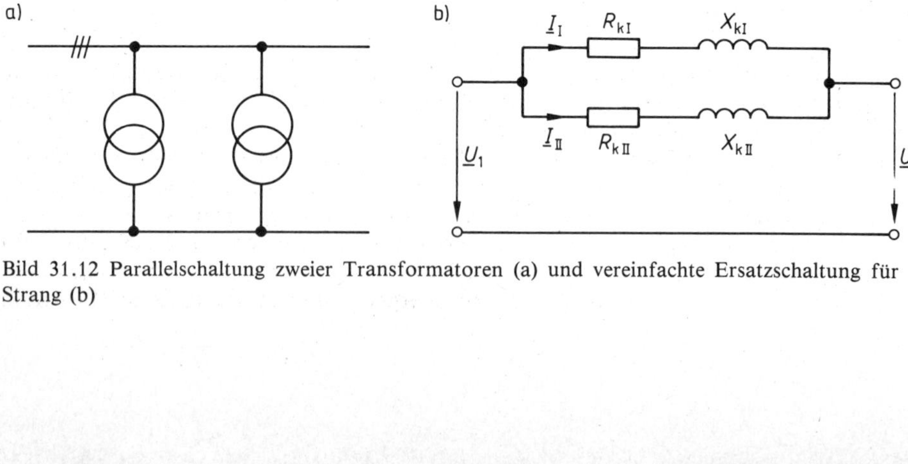

Bild 31.12 Parallelschaltung zweier Transformatoren (a) und vereinfachte Ersatzschaltung für einen Strang (b)

Mit $Z_k = U_k/I_{1N}$ (Gl. 31.8) und $U_k = u_k U_{1N}$ (Gl. 31.9) lautet diese Gleichung:

$$\frac{I_I u_{kI} U_{1N}}{I_{1NI}} = \frac{I_{II} u_{kII} U_{1N}}{I_{1NII}} \tag{31.16}$$

Diese Gleichung wird durch U_{1N} dividiert, so daß im Nenner die Nennleistung $S_{NI} = U_{1N} I_{1NI}$ bzw. $S_{NII} = U_{1N} I_{1NII}$ jedes Transformators steht.
Das Produkt $S_I = U_{1N} I_I$ bzw. $S_{II} = U_{1N} I_{II}$ im Zähler ist die Scheinleistung, mit der jeder Transformator beansprucht wird:

$$\frac{S_I u_{kI}}{S_{NI}} = \frac{S_{II} u_{kII}}{S_{NII}} \tag{31.17}$$

Die Lastaufteilung der Transformatoren steht zueinander im umgekehrten Verhältnis der Kurzschlußspannungen:

$$\frac{S_I/S_{NI}}{S_{II}/S_{NII}} = \frac{u_{kII}}{u_{kI}} \tag{31.18}$$

Die beiden Transformatoren liefern die Scheinleistung $S = S_I + S_{II}$, wenn die Phasenwinkel der Kurzschlußimpedanzen übereinstimmen; diese Bedingung ist dann näherungsweise erfüllt, wenn die Nennleistungen der Transformatoren nicht zu stark voneinander abweichen.

Beispiel 31.7: Welche maximale Leistung darf zwei parallelgeschalteten Transformatoren 250 kVA mit $u_{kI} = 4\%$ und $u_{kII} = 6\%$ ($\varphi_{kI} = \varphi_{kII}$) insgesamt entnommen werden, damit keine Überlastung eintritt?

Wenn dem Transformator I mit der kleineren Kurzschlußspannung die Nennleistung $S_I = S_{NI} = 250\,\text{kVA}$ entnommen wird, dann liefert nach Gl. (31.18) der Transformator II die Leistung S_{II}:

$$S_{II} = S_I \cdot \frac{S_{NII}}{S_{NI}} \cdot \frac{u_{kI}}{u_{kII}} = 250\,\text{kVA} \cdot \frac{250\,\text{kVA}}{250\,\text{kVA}} \cdot \frac{0{,}04}{0{,}06} = 166{,}7\,\text{kVA}$$

Die parallelgeschalteten Transformatoren können also höchstens die Scheinleistung S abgeben:

$$S = S_I + S_{II} = 250\,\text{kVA} + 166{,}7\,\text{kVA} = 416{,}7\,\text{kVA}$$

31.8 Der mechanische Aufbau

Der **Eisenkern** eines *Einphasentransformators* besteht beim **Kerntyp** aus *zwei* Schenkeln, die durch Joche miteinander verbunden sind; beim **Manteltyp** hat der Mittelschenkel den doppelten Querschnitt der Rückschlußschenkel.
Drehstromtransformatoren werden i. allg. als *Kerntyp* gebaut; der *Manteltyp* wird nur bei Transformatoren großer Leistung verwendet, die bahntransportfähig sein sollen, weil bei vorgegebenem Bahnprofil eine größere axiale Wicklungshöhe zur Verfügung steht.
Um die magnetische Vorzugsrichtung in Walzrichtung der Bleche optimal auszunutzen, werden die schräggeschnittenen Bleche der Drehstromtransformatoren an den Übergangsstellen von Schenkeln und Jochen auf Gehrung aneinandergelegt und überlappt geschichtet (Bild

31.14a); diese fertigungstechnisch aufwendige *step-lap-Schichtung* ergibt besonders niedrige Leerlaufverluste.
Mit zunehmender Leistung wird der Kernquerschnitt durch unterschiedliche Blechbreiten immer stärker der Kreisform angepaßt. Bild 31.14b zeigt, daß die Bleche zu Paketen unterschiedlicher Dicke zusammengefaßt werden. Trotz der für die Kühlung des Kerns erforderlichen Schlitze S werden bis zu 91% des Kreisquerschnitts vom Eisen ausgefüllt. Während die Schenkel mit glasfaserverstärkten Kunststoffbändern umwickelt sind, werden die Joche durch einen Stahlrahmen zusammengepreßt.

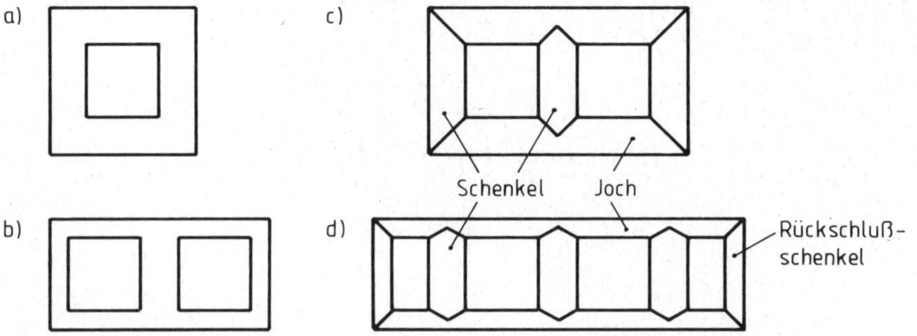

Bild 31.13 Kerntyp (a; c) und Manteltyp (b; d) beim Einphasentransformator (a; b) und beim Drehstromtransformator (c; d)

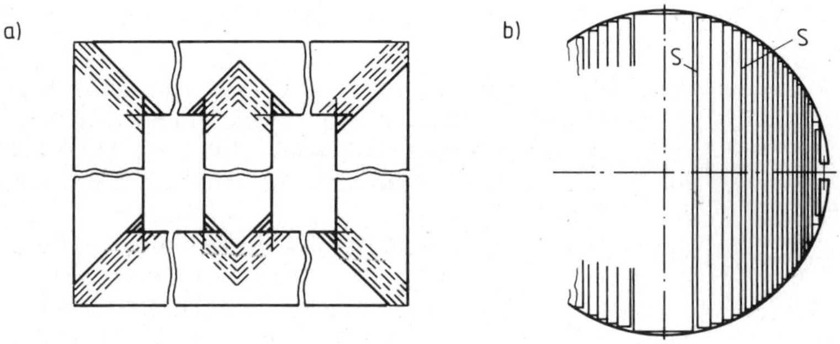

Bild 31.14 Step-Lap-Schichtung (a) und Kernquerschnitt (b) eines Großtransformators

Die **Wicklung** besteht beim *Öltransformator* aus papierisolierten Kupfer-Runddrähten, während die Hauptisolation zwischen den Wicklungen sowie zwischen Unterspannnungswicklung und Kern aus Preßspan besteht. Die Papierisolation wird vor dem Einfüllen des Öls im Vakuum getrocknet, denn Wasser würde die guten isolierenden Eigenschaften des Öls entscheidend verschlechtern und Polarisationsverluste (s. Kap. 13.4) hervorrufen. Der klassische Öltransformator besitzt ein Ölausdehnungsgefäß, das die temperaturabhängige Volumenänderung der Kühl- und Isolierflüssigkeit zuläßt. Bei modernen Verteilungstransformatoren für beengte Raumverhältnisse und schwer zugängliche Stationen nimmt ein elastischer Faltwellenkessel die Volumenänderungen des Öls auf (Bild 31.15); diese hermetisch geschlossenen Systeme sind wartungsfrei.

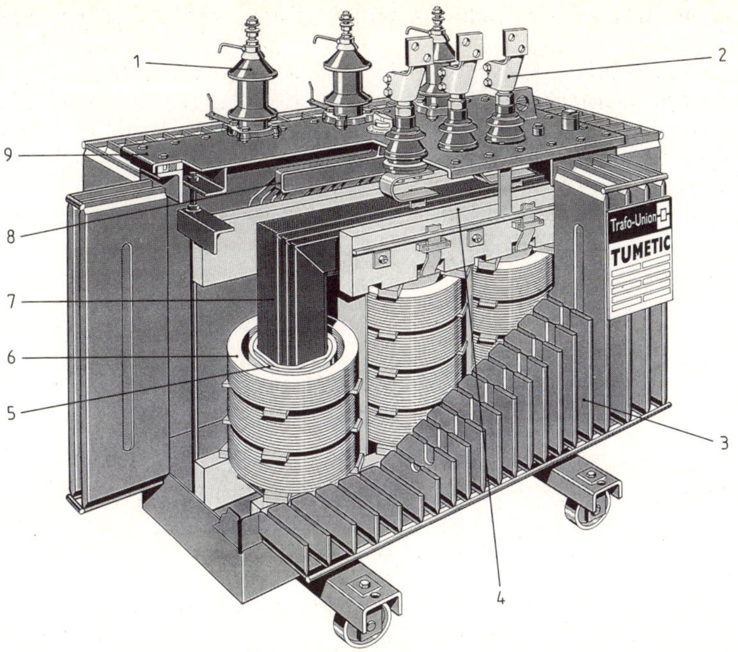

Bild 31.15 Schnittbild eines Drehstrom-Verteilungstransformators 630 kVA, 20/0,4 kV (Werkbild Trafo-Union, Nürnberg)

Die Temperatur des Öls wird mit einem Thermometer überwacht. Außerdem wird in die Leitung zwischen Kessel und Ausdehnungsgefäß ein **BUCHHOLZrelais** eingebaut, das auf Gasblasen anspricht, die infolge Erwärmung bei einem Fehler im Transformator entstehen; bei schwacher Gasentwicklung wird ein Warnsignal gegeben, bei stärkerer – wie sie z. B. durch einen Kurzschluß entsteht – wird der Transformator abgeschaltet.
Die *Kühlung* der Transformatoren wird mit zunehmender Nennleistung schwieriger, weil die Verluste etwa mit dem Volumen zunehmen, wogegen für die Kühlung die Wärmeabfuhr durch die schwächer wachsende Oberfläche maßgebend ist. Während bei Transformatoren kleiner Leistung Luftkühlung ausreicht, muß bei größerer Leistung mit hohem Aufwand dafür gesorgt werden, daß die Isolierstoffe sich nicht zu stark erwärmen. Die Art der Kühlung wird durch vier Großbuchstaben angegeben:

- Kühlmittel innen: O...Mineralöl; W...Wasser; A ... Luft (air)
- Kühlungsart innen: N...natürlich; F...erzwungen (forced)
- Kühlmittel außen
- Kühlungsart außen

So bedeutet z. B. ONAF natürlichen Ölumlauf innen (im Kessel) und Lüfter außen. Großtransformatoren erhalten für die Kühlung außen Röhrensysteme oder Radiatoren. Die Lüfter werden i. allg. nur bei hoher Erwärmung des Transformators zugeschaltet, da sie Verluste bedingen und unerwünschte Geräusche verursachen.
Unter jedem Öltransformator muß eine ausbetonierte Grube vorgesehen werden, in die das Öl bei einem Defekt abfließen kann.

Öltransformatoren dürfen nur dort aufgestellt werden, wo keine Gefährdung durch das brennbare Öl entstehen kann; deshalb dürfen sie z. B. nicht in Gebäuden, in denen sich Menschen aufhalten, aufgestellt werden. Für Anwendungen, bei denen es auf hohe Sicherheit ankommt, eignen sich *Gießharztransformatoren* (GEAFOL, TrafoUnion); sie werden für Oberspannungen bis 36 kV und für Nennleistungen bis 15 MVA gebaut. Als Leiter werden Aluminiumfolien verwendet, die in eine Epoxidharz-Quarzmehlmischung eingegossen sind. Das umweltfreundliche Isolationsmaterial macht die Wicklungen wartungsfrei, feuchtesicher, tropengeeignet, schwer brennbar und selbstverlöschend; selbst unter Lichtbogeneinwirkung entstehen keine giftigen Gase. Die hohe Sicherheit hat jedoch ihren Preis: GEAFOL-Transformatoren sind etwa doppelt so teuer wie vergleichbare Öltransformatoren.

31.9 Sonderbauarten

31.9.1 Der Spartransformator

Im Unterschied zum *Volltransformator*, der zwei elektrisch getrennte Wicklungen besitzt, hat der **Spartransformator** nur eine einzige Wicklung, die an einer Stelle angezapft ist: Dadurch entstehen zwei Wicklungsteile (Bild 31.16): Der größte Teil der Leistung wird in der *Parallelwicklung* PW direkt übertragen, während in der *Reihenwicklung* RW der Rest der Leistung transformatorisch übertragen wird. Die transformatorisch übertragene Leistung, die **Typenleistung** S_T genannt wird, bestimmt den Bauaufwand; diese Leistung ist beim Spartransformator kleiner als die **Durchgangsleistung** $S_D = U_{1N} I_{1N} = U_{2N} I_{2N}$. Der Wirkungsgrad ist so günstig, daß man praktisch einen verlustlosen Transformator annehmen kann.

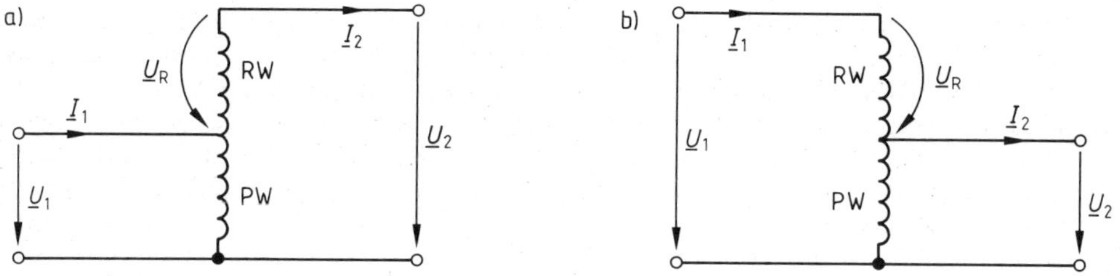

Bild 31.16 Spartransformator für $U_1 < U_2$ (a) bzw. für $U_1 > U_2$ (b)

Für $U_{1N} < U_{2N}$ ist die Typenleistung $S_T = U_{RN} I_{2N}$. Da die Spannungen $\underline{U}_R$, $\underline{U}_1$ und $\underline{U}_2$ praktisch in Phase sind, kann man mit $U_{RN} = U_{2N} - U_{1N}$ vereinfacht ansetzen:

$$\frac{S_T}{S_D} = \frac{U_{RN} I_{2N}}{U_{2N} I_{2N}} = \frac{U_{2N} - U_{1N}}{U_{2N}} = 1 - \frac{U_{1N}}{U_{2N}} \qquad (31.19)$$

Für $U_{1N} > U_{2N}$ ergibt sich dementsprechend $S_T / S_D = 1 - U_{2N}/U_{1N}$. Die Typenleistung des Spartransformators ist dann besonders klein, wenn die Sekundärspannung wenig von der Primärspannung abweicht. Der hieraus resultierenden Kostenersparnis beim Bauaufwand und bei den Betriebskosten – Leerlauf- und Kurzschlußverluste sind viel kleiner als beim Voll-

transformator – steht als Nachteil des Spartransformators sein höherer Kurzschlußstrom und die leitende Verbindung der beiden Netzteile gegenüber, die sich in Schadenfällen ungünstig auswirkt. Für *Schutzkleinspannung* (s. Abschn. 30.2) sind Spartransformatoren aus Sicherheitsgründen nicht zugelassen.
Anwendung findet die Sparschaltung bei Kuppeltransformatoren in Hochspannungsnetzen, bei Lokomotivtransformatoren und bei Vorschaltgeräten für Natriumdampflampen. **Stelltransformatoren** werden i. allg. in der Sparschaltung ausgeführt; auf der Sekundärseite wird die Spannung an einer Kohlerolle abgegriffen, die auf einer blankgeschliffenen Spur an der Wicklung entlanggeführt wird. Stelltransformatoren werden in der Energietechnik anstelle von Spannungsteilern mit OHMschen Widerständen verwendet, weil sie kleinere Verluste haben und weil ihre Ausgangsspannung weniger belastungsabhängig als bei Spannungsteilern ist.

31.9.2 Meßwandler

Meßwandler (VDE 0414) sind Geräte, mit deren Hilfe hohe Wechselspannungen bzw. -ströme gemessen werden können. Die Genauigkeit wird durch die Genauigkeitsklasse angegeben (s. Kap. 59).
Spannungswandler setzen für Meßzwecke hohe Spannungen auf eine niedrige Spannung (Meßbereichs-Endwert 100 V) herab; ihre Last darf die *Nennleistung* (10...300 VA) nicht übersteigen. Der Scheinleitwert der Last wird auch als **Bürde** des Spannungswandlers bezeichnet.
Spannungswandler sind Transformatoren, die praktisch im *Leerlauf* betrieben werden; sie sind so konstruiert, daß vor allem die *Leerlaufverluste* besonders klein sind. Spannungswandler dürfen nicht kurzgeschlossen werden.
Die Anschlüsse der Primärwicklung eines Spannungswandlers werden mit den Großbuchstaben U; V, die der Sekundärwicklung mit den Kleinbuchstaben u; v gekennzeichnet.
Stromwandler setzen für Meßzwecke hohe Ströme auf kleine Ströme (Meßbereichsendwert 1 A bzw. 5 A) herab; ihre Last darf die *Nennleistung* (1...60 VA) nicht übersteigen. Der Scheinwiderstand der Last wird auch als **Bürde** des Stromwandlers bezeichnet.
Da die zur Strommessung verwendeten Amperemeter einen sehr niedrigen Meßwerkwiderstand aufweisen, werden Stromwandler praktisch im *Kurzschluß* betrieben; sie sind so konstruiert, daß vor allem die *Kurzschlußverluste* besonders klein sind. Stromwandler dürfen nicht im Leerlauf betrieben werden, weil dabei die *Eisenverluste* unzulässig hoch würden. Auch eine kurze Unterbrechung des Meßkreises muß vermieden werden, da sich dabei aufgrund der Hysterese die Magnetisierungskennlinie verschiebt und die Eichung des Wandlers ungültig wird; außerdem ist die bei Leerlauf in der Sekundärwicklung induzierte Spannung gefährlich hoch.
Die Anschlüsse der Primärwicklung werden mit den Großbuchstaben K; L und die der Sekundärwicklung mit den Kleinbuchstaben k; l gekennzeichnet (Bild 31.17b).

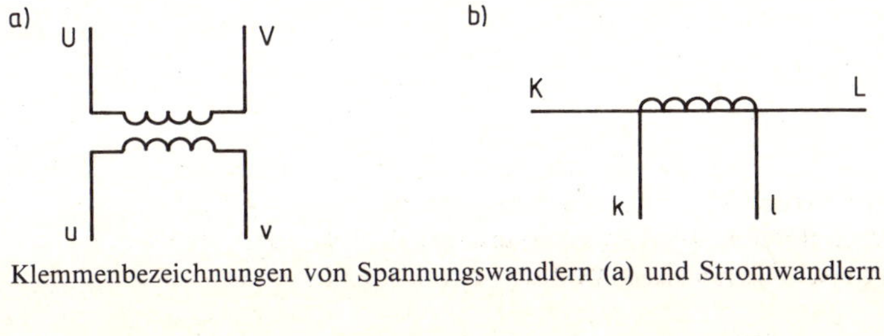

Bild 31.17 Klemmenbezeichnungen von Spannungswandlern (a) und Stromwandlern (b)

31.9.3 Der Schweißtransformator

Die Leerlaufspannung U_{20} eines Schweißtransformators darf i. allg. 70 V nicht übersteigen. Bei Schweißarbeiten in engen Behältern sind aus Sicherheitsgründen 50 V als höchste Leerlaufspannung zulässig.
Beim Auftupfen der Schweißelektrode wird der Transformator im Kurzschluß betrieben; dabei darf der Strom nicht wesentlich höher sein als der Schweißstrom, der bei brennendem Lichtbogen fließt. Der Schweißtransformator hat deshalb im Bereich des Kurzschlußstromes eine stark abfallende Kennlinie (Bild 31.18 a). Dies wird durch die hohe Streuung erreicht, die ein magnetischer Nebenschluß bewirkt.

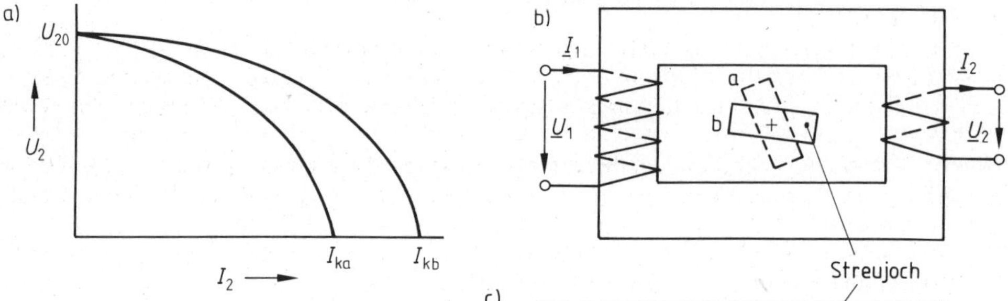

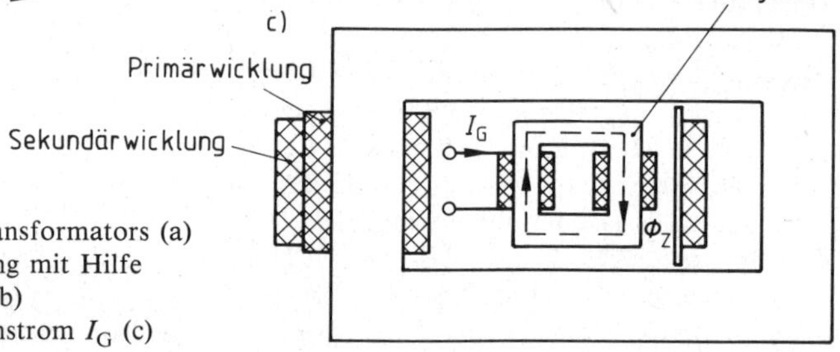

Bild 31.18
Kennlinien eines Schweißtransformators (a) und Einstellung der Streuung mit Hilfe eines bewegten Streujochs (b) bzw. mit einem Steuergleichstrom I_G (c)

Damit der Lichtbogenstrom passend für den Elektrodendurchmesser gewählt werden kann, ist die Streuung und damit der Kurzschlußstrom einstellbar. Bei kleineren Schweißtransformatoren wird ein Streujoch mit Hilfe eines Handrades verstellt (Bild 31.18 b). Größere Schweißtransformatoren erhalten ein Streujoch, das durch einen Steuergleichstrom magnetisiert werden kann. Im unmagnetisierten Zustand des Streujochs (Betrieb ohne Steuerstrom) ist der Streufluß durch das Streujoch groß, was einen niedrigen Kurzschlußstrom ergibt. Ein Steuergleichstrom bewirkt einen Fluß Φ_z (Bild 31.18 c) im Streujoch, wodurch die magnetische Leitfähigkeit des Streujochs herabgesetzt wird; dies ergibt eine geringere Streuung und damit einen höheren Kurzschlußstrom.

31.9.4 Kleintransformatoren

Transformatoren kleiner Leistung werden bei einer Vielzahl von Anwendungen eingesetzt:

- für Beleuchtung, z. B. Halogenlampen, Handleuchten, Leuchtröhren;
- für elektronische Geräte, z. B. Radios, Kleincomputer usw.;
- für medizinische Geräte: die Nenn-Ausgangsspannung darf maximal 25 V betragen, wenn das Gerät mit dem menschlichen Körper in Kontakt kommt, und maximal 6 V, wenn das Gerät in den menschlichen Körper eingeführt wird;

- für Spielzeug: bei elektromotorisch angetriebenem Spielzeug darf die Nenn-Ausgangsspannung nicht höher als 25 V sein, und die Leistung darf höchstens 200 VA betragen;
- weitere Anwendungen, z. B. Klingeltransformatoren, Auftautransformatoren für eingefrorene Wasserleitungen, Zündtransformatoren zur Zündung eines Gas-Luft- bzw. eines Öl-Luft-Gemischs in einer Heizungsanlage, usw.

Für den Eisenkern gibt es genormte Blechschnitte, z. B. den M-Schnitt und den EI-Schnitt (Bild 31.19). Außerdem werden Ringkerne und Schnittbandkerne verwendet.
Die Wicklung, die meist aus Kupferlackdraht hergestellt wird, befindet sich auf einem Spulenkörper aus Kunststoff oder Hartpapier, der die Wicklung gegen den Kern isoliert. Die infolge der Eisen- und Kupferverluste entstehende Wärme wird i. allg. durch natürliche Luftkühlung abgeführt.
Die Nennleistung eines Kleintransformators ist die sekundäre Scheinleistung $S_{2N} = U_{2N} \cdot I_{2N}$, also das Produkt von Nennspannung U_{2N} und Nennstrom I_{2N}. Die Nennspannung stellt sich also dann ein, wenn der Kleintransformator bei Nennleistung mit Nennstrom betrieben wird.
Bei der Berechnung geht man von der geforderten sekundären Leistung S_2 aus und sucht für $P_{2N} \geqq S_2$ in der Tabelle einen Kern aus. Mit der Flußdichte B_{max} und dem Eisenquerschnitt

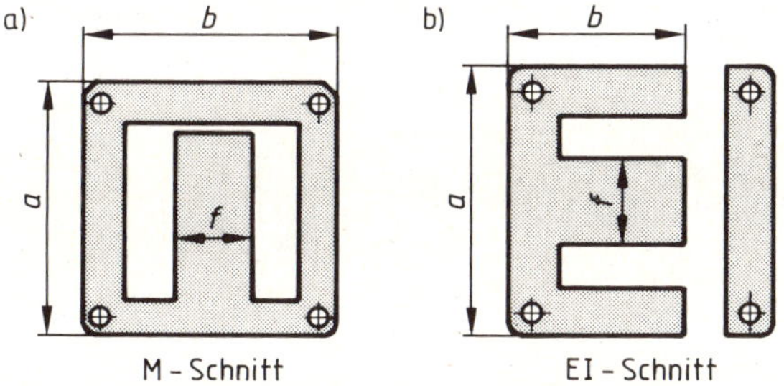

Bild 31.19 Genormte Blechschnitte für Kleintransformatoren:
a) M-Schnitt, b) EI-Schnitt

Tabelle 31.1 Werte für Transformatoren mit M- bzw. EI-Kernen (Kernblech V 400 – 50 A, Auszug aus DIN 41300)

Kern	Nenn-leistung P_{2N} W	Fluß-dichte B_{max} T	Strom-dichte J A/mm²	Blind-leistung Q var	Eisen-verluste P_{Fe} W	Kupfer-verluste P_{Cu} W	Eisen-querschnitt A_{Fe} cm²	Maße a mm	b mm	c mm
M42	4,05	1,38	6,8	4,53	0,51	3,91	1,6	42	42	12
M55	16,4	1,4	5,1	12,7	1,36	6	3,2	55	55	17
M65	35,7	1,42	4,21	24,4	2,5	8	4,9	65	65	20
M74	65	1,43	3,62	40,8	4,06	9,9	6,9	74	74	23
M85	87	1,41	3,6	53	5,5	11,2	8,6	85	85	29
M102	154	1,42	3,05	86	8,7	14,6	11	102	102	34
EI92	75	1,51	2,98	47,1	3,52	13,3	4,8	92	69	23
EI106	151	1,5	2,71	87	6,8	16,3	8,5	106	77	29
EI130	298	1,52	2,22	159	11,8	21,9	11,7	130	95	35
EI150	453	1,52	2,05	234	17,2	27,9	14,8	150	110	40
EI170	850	1,5	1,73	396	30,4	34,3	22,7	170	125	45

A_{Fe} können wegen $B_{max} = \Phi_{max}/A_{Fe}$ für die Nennspannungen U_{1N} bzw. U_{2N} die zugehörigen Windungszahlen mit Gln. (31.1 bzw. 31.2) berechnet werden.
Zum Schluß der Berechnung wird der Nennstrom der Primärseite bzw. der Sekundärseite bestimmt. Mit der mittleren Stromdichte in Tab. 31.1 wird der Leiterquerschnitt A_{Cu} berechnet, zu dem aus DIN 46435 der Nenndurchmesser des Kupferlackdrahts ausgewählt wird.

Beispiel 31.8: Für einen Kleintransformator 87 W ($\cos\varphi = 1$); 230 V/15 V; 50 Hz sollen die Windungszahlen und die Drahtquerschnitte berechnet werden.

Es wird der Kern M85 ausgewählt: $B_{max} = 1{,}41\ \text{T}$; $A_{Fe} = 8{,}6 \cdot 10^{-4}\ \text{m}^2$

Die Windungszahlen werden nach Gln. (31.1 bzw. 31.2) mit $\Phi_{max} = B_{max} \cdot A_{Fe}$ berechnet:

$$4{,}44 f B_{max} A_{Fe} = 4{,}44 \cdot 50\ \text{s}^{-1} \cdot 1{,}41\ \text{Vs} \cdot \text{m}^{-2} \cdot 8{,}6 \cdot 10^{-4}\ \text{m}^2 = 0{,}269\ \text{V}$$

$$N_1 = \frac{U_1}{4{,}44 f B_{max} A_{Fe}} = \frac{230\ \text{V}}{0{,}269\ \text{V}} = 855 \ ; \quad N_2 = \frac{U_2}{4{,}44 f B_{max} A_{Fe}} = \frac{15\ \text{V}}{0{,}269\ \text{V}} = 56$$

$$P_1 = P_{2N} + P_{Fe} + P_{Cu} = 87\ \text{W} + 5{,}5\ \text{W} + 11{,}2\ \text{W} = 103{,}7\ \text{W}$$

In Tab. 31.1 wird die Blindleistung $Q_1 = 53$ var und die Stromdichte $J = 3{,}6\ \text{A/mm}^2$ abgelesen.

$$S_1^2 = P_1^2 + Q_1^2 = (103{,}7\ \text{W})^2 + (53\ \text{var})^2 = 13\,563\,(\text{VA})^2 \ ; \quad S_1 = 116{,}5\ \text{VA} = U_1 \cdot I_1$$

$$I_1 = \frac{S_1}{U_1} = \frac{116{,}5\ \text{VA}}{230\ \text{V}} = 0{,}506\ \text{A} \ ; \quad A_{Cu1} = \frac{I_1}{J} = \frac{0{,}506\ \text{A}}{3{,}6\ \text{A}}\ \text{mm}^2 = 0{,}141\ \text{mm}^2$$

$$I_2 = \frac{P_2}{U_2} = \frac{87\ \text{W}}{15\ \text{V}} = 5{,}8\ \text{A} \ ; \quad A_{Cu2} = \frac{I_2}{J} = \frac{5{,}8\ \text{A}}{3{,}6\ \text{A}}\ \text{mm}^2 = 1{,}61\ \text{mm}^2$$

32 Rotierende elektrische Maschinen

32.1 Aufbau und Erregung

Jede rotierende elektrische Maschine ist ein elektromechanischer Energiewandler: In einem *Motor* wird elektrische Energie in mechanische Energie umgewandelt, die an der Welle abgegeben wird. In einem *Generator* wird von der Welle übertragene mechanische Energie in elektrische Energie umgewandelt.
Eine rotierende elektrische Maschine üblicher Bauart besteht aus einem rotierenden Teil, der **Läufer** oder auch **Rotor** genannt wird, und einem feststehenden Teil, der **Ständer** oder auch **Stator** genannt wird.
Der **Luftspalt** zwischen Ständer und Läufer wird von einem *Magnetfeld* durchsetzt, mit dessen Hilfe die Energiewandlung durchgeführt wird. Die Erzeugung des Magnetfeldes, die man als **Erregung** bezeichnet, wird entweder mit Dauermagneten oder mit stromdurchflossenen Spulen einer Wicklung vorgenommen. Derjenige Teil einer Maschine, der das Magnetfeld erzeugt, wird häufig auch als **Induktor** bezeichnet, während derjenige Teil einer Maschine, in dem Spannungen induziert werden, auch **Anker** genannt wird.

Die Magnetpole des Induktors sind an der dem Luftspalt zugewandten Seite angeordnet, wobei sich Nordpol und Südpol abwechseln. Dies führt dazu, daß das Magnetfeld im Luftspalt *ortsabhängig* ist. Da zu jedem Nordpol ein Südpol gehört, ist die gesamte Anzahl $2p$ der Pole eine *gerade* Zahl. Anstelle der Polzahl wird bei Berechnungen die **Polpaarzahl** p verwendet. Bild 32.1 zeigt als Beispiel den magnetischen Kreis einer vierpoligen Gleichstrommaschine ($p = 2$). Jeder Pol, der in Luftspaltnähe durch einen Polschuh aufgeweitet ist, trägt eine Feldspule. Der magnetische Fluß, der einen Nordpol durchsetzt, schließt sich über Luftspalt, benachbarte Südpole und Joch.

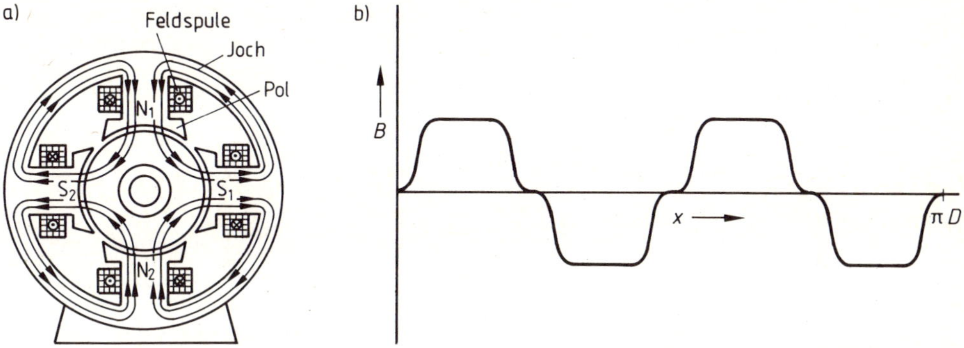

Bild 32.1 Prinzipieller Aufbau einer vierpoligen Gleichstrommaschine (a) und Ortsabhängigkeit des Magnetfeldes im Luftspalt (b)

Das Magnetfeld im Luftspalt einer Maschine kann auch zeitabhängig sein. Nach der Art der Zeitabhängigkeit des Magnetfeldes teilt man die rotierenden elektrischen Maschinen in drei Gruppen ein:

- Bei **Gleichfeldmaschinen** ist das Magnetfeld zeitlich konstant; zu dieser Art von Maschinen gehört z. B. die Gleichstrommaschine (Kap. 33 ff.).
- Bei **Wechselfeldmaschinen** ist das Magnetfeld bei unveränderter Ortsabhängigkeit zeitabhängig. Dabei liegt z. B. das Maximum der Flußdichte stets an der gleichen Stelle vor; dies ist z. B. bei dem an Wechselspannung betriebenen Universalmotor der Fall.
- Bei **Drehfeldmaschinen** rotiert das Magnetfeld; zu dieser Art von Maschinen gehören die Synchronmaschine (Kap. 42) und die Asynchronmaschine (Kap. 37 ff.).

32.2 Die Drehfelddrehzahl

Die Wicklung einer zweipoligen Drehfeldmaschine besteht aus drei Spulen, die gegeneinander um jeweils 120° versetzt sind. Wird eine solche Wicklung an ein Drehstromnetz angeschlossen, so fließen in den Wicklungssträngen zeitabhängige Wechselströme, die gegeneinander um je 120° phasenverschoben sind.

Bild 32.2 zeigt schrittweise die Rotation des Drehfeldes für vier Zeitpunkte. Zum Zeitpunkt t_1 ist der Strom in der Spule 1 im positiven Maximum, während die Ströme in den Spulen 2 und 3 jeweils 50% des Maximalwerts erreicht haben, dabei aber negativ sind. Die umhüllenden Feldlinien zeigen ein nach links gerichtetes, zweipoliges Magnetfeld.

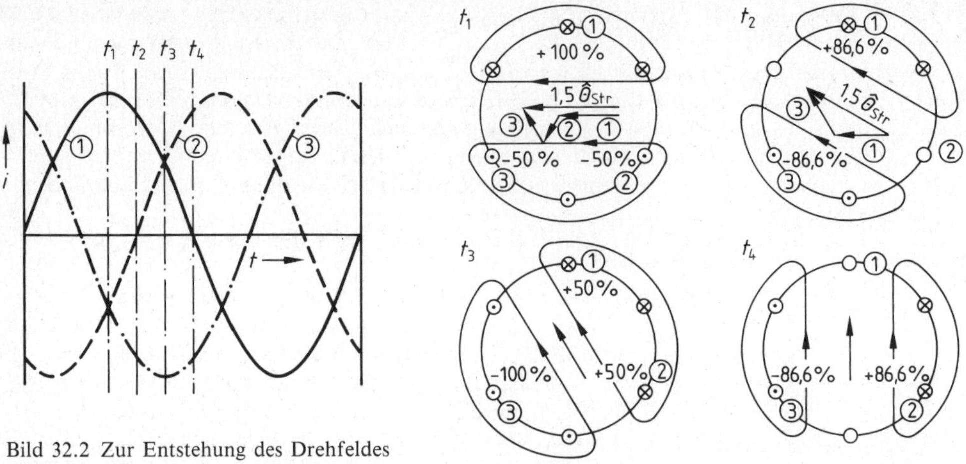

Bild 32.2 Zur Entstehung des Drehfeldes

Zum Zeitpunkt t_2, also $T/12 \hat{=} 30°$ später, ist der Strom in der Spule 1 auf 86,6% des Maximalwerts abgesunken, der Strom im Strang 2 ist gleich Null, und der Strom im Strang 3 hat 86,6% des negativen Maximalwerts erreicht. Das Feldlinienbild zeigt deutlich, daß sich das zweipolige Magnetfeld um 30° weitergedreht hat.

Zu den Zeitpunkten t_3 und t_4 hat sich das Magnetfeld um jeweils weitere 30° gedreht. Dies darf jedoch keineswegs zu der Annahme führen, daß das Drehfeld sich ruckartig drehen würde. Bei feinerer Unterteilung der Zeit könnte man erkennen, daß das Drehfeld vielmehr gleichmäßig mit der konstanten Winkelgeschwindigkeit ω rotiert.

Da eine volle Umdrehung des Drehfeldes genau in der Periode T stattfindet, ist die **Drehfelddrehzahl** n_s, die auch **synchrone Drehzahl** genannt wird, bei der zweipoligen Drehfeldmaschine gleich der Frequenz f der Ströme.

Der Betrag der vom Drehfeld erzeugten Durchflutung ist zeitlich konstant. Zwar erzeugt jeder Strang eine schwingende Durchflutung mit dem Maximalwert $\hat{\Theta}_{str}$, aber die Zeiger dieser schwingenden Größen müssen geometrisch addiert werden, wie dies in Bild 32.2 für die Zeitpunkte t_1 und t_2 gezeigt ist. Dabei ergibt sich eine rotierende Durchflutung mit dem zeitlich konstanten Betrag 1,5 $\hat{\Theta}_{str}$.

Bei einer Drehfeldmaschine mit einer Polpaarzahl $p > 1$ ist die beschriebene Anordnung p-mal am Umfang vorhanden, wobei die Spulen gegeneinander um den Winkel $120°/p$ versetzt sind. Die Drehfelddrehzahl n_s ist dabei um den Faktor $1/p$ geringer als bei der zweipoligen Maschine. Allgemein gilt:

$$n_s = \frac{f}{p} \tag{32.1}$$

Beispiel 32.1: Mit welcher Drehzahl dreht sich das Drehfeld in einer 6-poligen Asynchronmaschine, die am öffentlichen Niederspannungsnetz betrieben wird?

$$n_s = \frac{50\,\text{Hz}}{3} = 16{,}67\,\frac{1}{\text{s}} = 16{,}67\,\frac{1}{\text{s}} \cdot \frac{60\,\text{s}}{\text{min}} = 1000\,\text{min}^{-1}$$

Werden zwei Zuleitungen der Drehstromwicklung vertauscht, so ändert sich der *Drehsinn* des Drehfeldes.

32.3 Leistung und Drehmoment

Der Wirkungsgrad kleiner Motoren wird meist durch Bremsung ermittelt, wobei das nutzbare Moment durch Reibung mit mechanischen Bremsen oder elektrisch mit einem Pendelgenerator gemessen wird.
Das Reibungsmoment der Backenbremse (Bild 32.3) beträgt

$$M = Fr = Gl \ , \tag{32.2}$$

und bei der Bandbremse (Bild 32.4) ist

$$M = Fr = (G_1 - G_2)r \ . \tag{32.3}$$

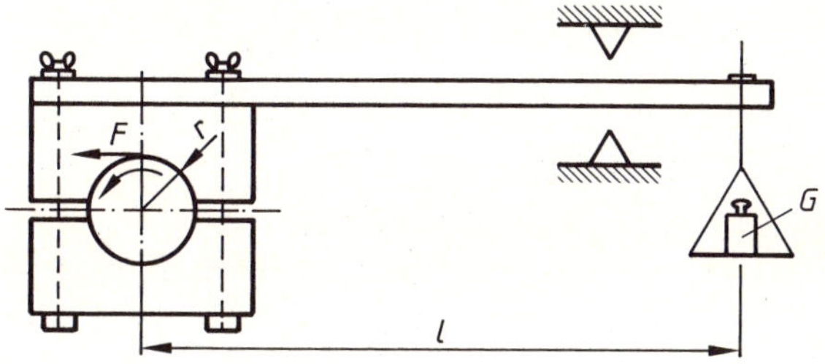

Bild 32.3 Backenbremse

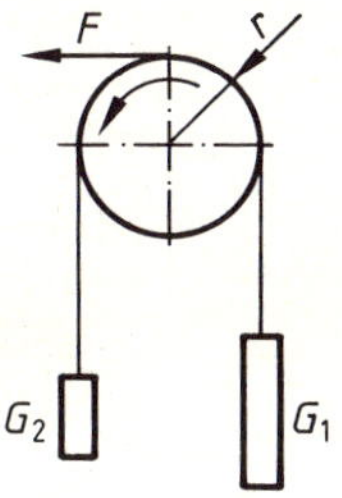

Bild 32.4 Einfache Bandbremse

Als Leistung eines Motors wird stets die mechanische Leistung angegeben, die der Motor an der Welle abgibt. Beim Bremsversuch hängt diese Leistung von der Umfangsgeschwindigkeit $v = \pi d n$ der Bremsscheibe ab:

$$P = Fv = F \cdot 2\pi r n \tag{32.4}$$

Setzt man die Gl. (32.2) in diese Gleichung ein, so erhält man den Zusammenhang zwischen der mechanischen Leistung P des Motors und dem Drehmoment M:

$$P = M \cdot 2\pi n \tag{32.5}$$

Dieser Zusammenhang gilt allgemein bei jeder Maschine, also auch bei einem Generator.

Beispiel 32.2: Das Leistungsschild eines Gleichstrommotors gibt an: 19 kW; 440 V; 55 A; 740 min^{-1}.

a) Welchen Wirkungsgrad hat der Motor bei Vollast?
b) Wie groß ist hierbei sein nutzbares Drehmoment?

a) $P_1 = UI = 440\,\text{V} \cdot 55\,\text{A} = 24{,}2\,\text{kW}$

$$\eta = \frac{P_2}{P_1} = \frac{19\,\text{kW}}{24{,}2\,\text{kW}} = 0{,}785 = 78{,}5\%$$

b) $n = 740\,\dfrac{1}{\text{min}} = \dfrac{740}{\text{min}} \cdot \dfrac{1\,\text{min}}{60\,\text{s}} = 12{,}33\,\dfrac{1}{\text{s}}$

$$M = \frac{P_2}{2\pi n} = \frac{19\,000\,\text{W} \cdot \text{s}}{2\pi \cdot 12{,}33} = 245\,\text{Nm}$$

Beispiel 32.3: Ein Aufzug, der durch einen Drehstrom-Asynchronmotor (400 V; $\eta = 92\%$; $\cos\varphi = 0{,}88$) über ein Getriebe mit dem Wirkungsgrad 59% angetrieben wird, soll die Masse 1500 kg mit der Geschwindigkeit 1,2 m/s heben.

a) Welche Motorleistung ist erforderlich?
b) Welches Drehmoment liegt bei der Drehzahl 970 min^{-1} vor?
c) Welcher Außenleiterstrom fließt dabei?

a) $F = m \cdot g = 1500\,\text{kg} \cdot 9{,}81\,\text{m/s}^2 = 14{,}72\,\text{kN}$

$$P_{\text{Mot}} = \frac{F \cdot v}{\eta_{\text{Getr}}} = \frac{14{,}72\,\text{kN} \cdot 1{,}2\,\text{m}}{0{,}59 \cdot \text{s}} = 29{,}9\,\text{kW} \approx 30\,\text{kW}$$

b) $$\text{M} = \frac{P_{\text{Mot}}}{2\pi n} = \frac{30000\,\text{W} \cdot 60\,\text{s}}{2\pi \cdot 970} = 295\,\text{Nm}$$

c) Scheinleistung des Motors: $$S = \frac{P_{\text{Mot}}}{\eta \cdot \cos\varphi} = \frac{30\,\text{kW}}{0{,}92 \cdot 0{,}88} = 37\,\text{kVA} = \sqrt{3}\,UI$$

Außenleiterstrom: $$I = \frac{S}{\sqrt{3}\,U} = \frac{37\,\text{kVA}}{\sqrt{3} \cdot 400\,\text{V}} = 53{,}5\,\text{A}$$

32.4 Drehmoment und Drehzahl

Eine elektrische Maschine, die als *Motor* arbeitet, entnimmt dem Netz die Leistung $P_{\text{el}} > 0$. Es ist üblich, die mechanische Leistung P_{mech} des Motors ebenfalls positiv anzugeben. Bei Motorbetrieb wirkt das Drehmoment der elektrischen Maschine im Drehsinn, während das Drehmoment M_{A} der angetriebenen Arbeitsmaschine dem Drehsinn entgegengesetzt ist. Arbeitet die elektrische Maschine als *Generator,* so wirkt das Drehmoment M_{K} der antreibenden Kraftmaschine im Drehsinn. Das Drehmoment M der elektrischen Maschine ist dem Drehsinn entgegengesetzt.

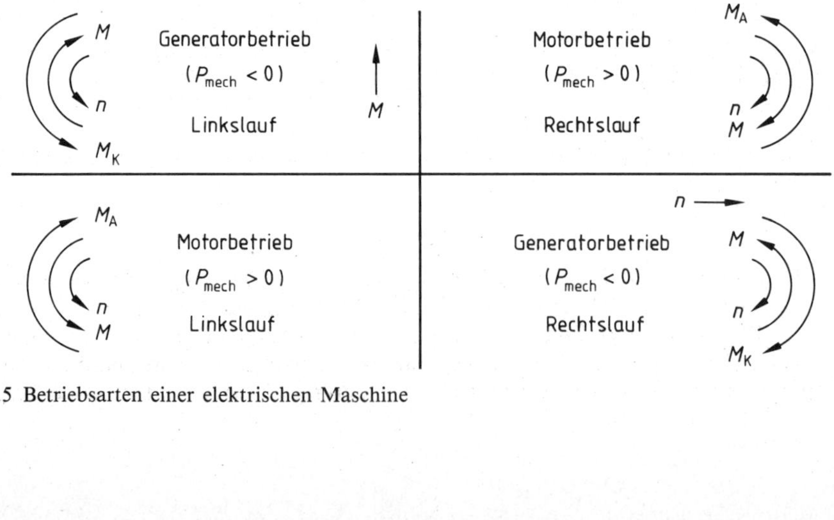

Bild 32.5 Betriebsarten einer elektrischen Maschine

Ein Drehmoment, welches entgegen dem Drehsinn wirkt, wird zweckmäßig negativ angesetzt. Dies hat gemäß Gl. (32.5) zur Folge, daß auch die vom Generator aufgenommene mechanische Leistung und seine abgegebene elektrische Leistung negativ anzusetzen sind.
Häufig wird auch die Drehzahl vorzeichenbehaftet angegeben. Ein positiver Drehzahlwert bedeutet i. allg. Rechtslauf, d. h. die elektrische Maschine dreht im Uhrzeigersinn (Blick auf das Wellenende bei einer Maschine mit *einem* Wellenende; falls die Maschine zwei Wellenenden hat – s. DIN 57530 bzw. VDE 0530); ein negativer Drehzahlwert bedeutet Linkslauf. Die Drehmoment-Drehzahl-Kennlinie einer elektrischen Maschine kann in diesem Fall für die vier Quadranten des M-n-Kennlinienfeldes angegeben werden.

33 Die Gleichstrommaschine

33.1 Aufbau und prinzipielle Funktionsweise

Die Gleichstrommaschine gehört zur Gruppe der Gleichfeldmaschinen. Das zeitlich konstante Magnetfeld im Luftspalt wird bei Maschinen mit Nennleistungen bis zu einigen kW häufig mit Dauermagneten, ansonsten mit der von einem Gleichstrom durchflossenen **Feldwicklung** erregt, die jeden **Hauptpol** umgibt, der vom Hauptfluß Φ durchsetzt wird (Bild 33.1); der **Feldstrom** I_f wird auch **Erregerstrom** genannt.

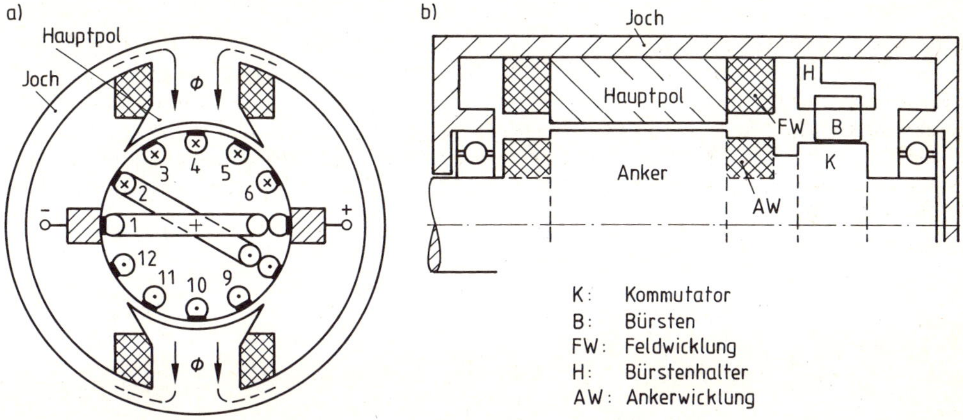

Bild 33.1 Querschnitt (a) und Längsschnitt (b) durch eine zweipolige Gleichstrommaschine (prinzipielle Darstellung)

Der Läufer ist der Anker: Er trägt eine Wicklung, in deren Windungen bei der Rotation im zeitlich konstanten Magnetfeld mit dem Fluß Φ Wechselspannungen induziert werden (s. Kap. 15.3). Bild 33.1 a zeigt als Beispiel eine zweipolige Maschine mit 12 Spulen, die in den Nuten des Läufers angeordnet sind. Die Drähte bzw. Leiter jeder Spule liegen auf der einen Seite des Läufers in der Oberlage und auf der anderen Seite in der Unterlage (Bild 33.2).

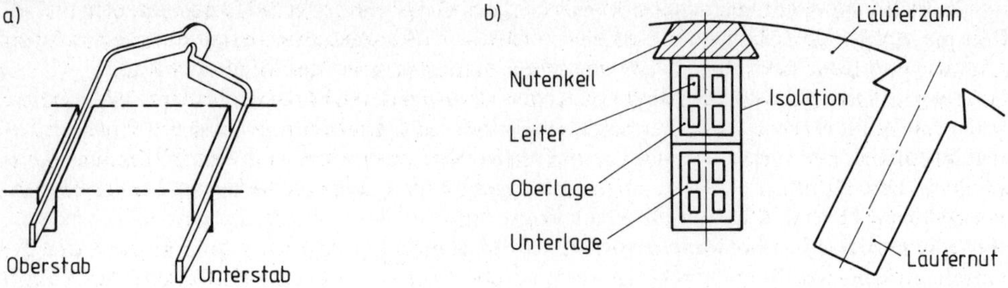

Bild 33.2 Ober- und Unterseite einer abgewickelten Spule (a) und Querschnitt einer Ankernut für Formspulen (b)

Die Spulen der Läuferwicklung sind mit dem **Kommutator**, der auch **Stromwender** genannt wird, elektrisch leitend verbunden (Bild 33.3b). Der Kommutator besteht aus voneinander isolierten **Stegen** aus Elektrolytkupfer, die **Lamellen** genannt werden. Die Lamellen sind an der Oberfläche eines Zylinders angebracht, der auf der Welle der Maschine sitzt. Zur Isolierung dient **Mikanit**, ein temperaturfester Isolierstoff aus Glimmerplättchen, die mit Lack verklebt und zu Platten gepreßt sind. Da Mikanit härter als Elektrolytkupfer ist, müssen die Stege mindestens 1 mm über die Glimmerschicht vorstehen (Bild 33.3a), damit eine schnelle Abnutzung der Kohlebürsten und durch die abgeriebene Kohle entstehende Kurzschlüsse (sog. „Bürstenfeuer“) vermieden werden.

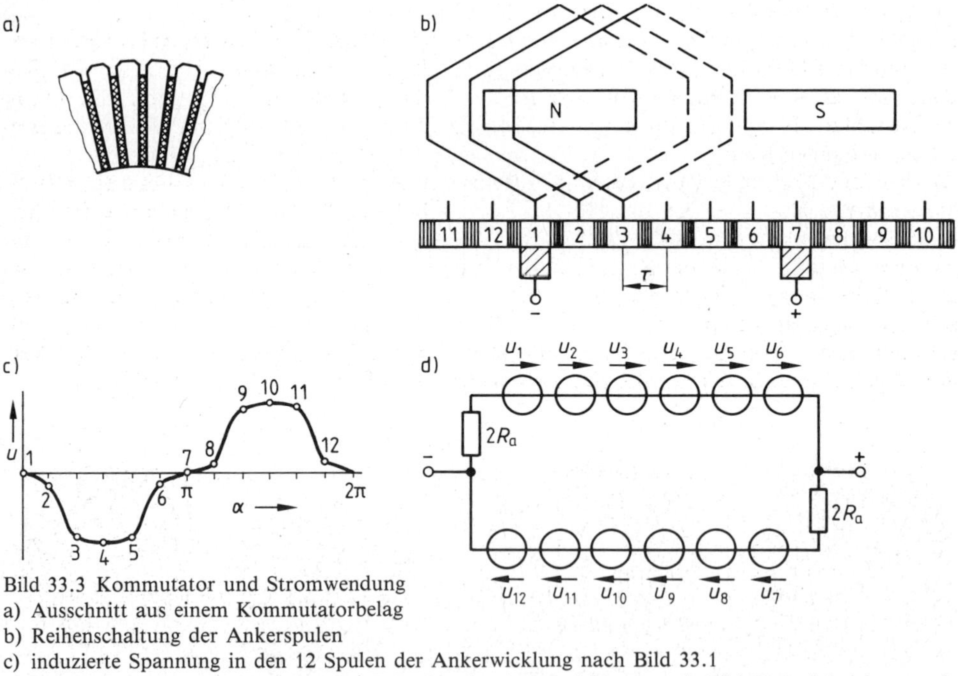

Bild 33.3 Kommutator und Stromwendung
a) Ausschnitt aus einem Kommutatorbelag
b) Reihenschaltung der Ankerspulen
c) induzierte Spannung in den 12 Spulen der Ankerwicklung nach Bild 33.1
d) elektrische Ersatzschaltung für die 12 Spulen der Ankerwicklung nach Bild 33.1; dabei ist $u_1 = 0$; $u_2 \dots u_6 < 0$; $u_7 = 0$; $u_8 \dots u_{12} > 0$

Die **Kohlebürsten** bestehen aus Retortenkohle, der Graphit und Metallstaub beigemengt sind. Die quaderförmigen Blöcke aus »Kohle« werden vom **Bürstenhalter** an den rotierenden Kommutator gedrückt, der mit den Bürsten einen mechanischen Gleichrichter darstellt.
Bei einer vollständigen Umdrehung des Ankers der skizzierten Maschine wird in jeder Ankerspule eine volle Wechselspannungsschwingung induziert. Da aber die einzelnen Spulen räumlich gegeneinander versetzt sind, sind die Augenblickswerte der zu einem bestimmten Zeitpunkt in den einzelnen Spulen induzierten Spannungen unterschiedlich; sie sind für die Ankerstellung von Bild 33.1 in Bild 33.3c eingetragen.
Verfolgt man den in Bild 33.3b angedeuteten Wicklungszug, so kann man erkennen, daß die einzelnen Spulen in Reihe geschaltet sind; an den Bürsten wird also die Summe der Augenblickswerte der in einer Wicklungshälfte induzierten Spannungen abgegriffen (Bild 33.3d). Hat sich der Anker um eine Nutteilung τ weitergedreht, so tritt die gleiche Folge der Augenblickswerte um eine Spule versetzt auf. Da zu diesem Zeitpunkt der Abgriff durch die Bürsten ebenfalls um eine Nutteilung versetzt erfolgt, bleibt die abgegriffene Summe der Spannungen unverändert. Dies ist das Prinzip der **Stromwendung:** Obwohl in den Einzelspulen eine Wechselspannung induziert wird, liegt zwischen den Bürsten nahezu eine Gleichspannung.
Die Parallelschaltung zweier Ankerpfade, jeweils mit dem Widerstand $2\,R_a$, ergibt den Ankerwiderstand R_a.
Die Bürsten sind im feldfreien Raum zwischen den Hauptpolen angeordnet, der als **neutrale Zone** bezeichnet wird. Wichtig für die Stromwendung, die auch **Kommutierung** genannt wird, ist der spannungslose Zustand der Spulen, die an die von den Bürsten berührten Kommutatorlamellen angeschlossen sind (Spulen 1 und 7 in Bild 33.3b). Da die Lage der spannungslosen Spulen durch die Belastung der Maschine beeinflußt wird, ist der **Bürstenstern,** welcher die Bürstenhalter trägt, am Lagerschild drehbar befestigt.
Die in Bild 33.1 dargestellte Maschine ist für die Beschreibung der prinzipiellen Funktionsweise vereinfacht dargestellt. Praktisch ausgeführte Gleichstrommaschinen haben nicht 6, sondern mehr als 8 Ankerspulen bzw. Ankernuten je Pol. Die Anzahl der Bürsten stimmt mit der Anzahl der Hauptpole überein, wobei Bürsten gleicher Polarität elektrisch leitend miteinander verbunden sind.
Da sich der Anker im Magnetfeld dreht, wird er zur Vermeidung von Eisenverlusten geblecht ausgeführt (s. Kap. 20). Der Ständer trägt innerhalb des Joches die Hauptpole und die Wendepole (s. Kap. 33.4) mit ihren Wicklungen. Die Hauptpole sind aus **Polkern** und **Polschuh** zusammengesetzt, wobei der Polkern massiv sein darf, während der direkt am Luftspalt liegende Polschuh geblecht ist, weil er den durch die Ankernutung hervorgerufenen Flußdichteschwankungen ausgesetzt ist. Die Wendepole können massiv sein, weil sie von den Feldschwankungen nur wenig beeinflußt sind und somit in ihnen kaum Wirbelströme erzeugt werden. Nach dem Aufschieben der Spulen werden die Pole mit dem Joch verschraubt.

Bild 33.4 Gleichstrommaschine offener Bauart, demontiert (Werkbild ABB)

Gleichstrommaschinen kleiner und mittlerer Leistung erhalten häufig einen Komplettschnitt, d.h. auch der Ständer ist geblecht. Dies ermöglicht nicht nur eine einfachere Serienfertigung, sondern ergibt auch günstige Betriebseigenschaften, weil infolge reduzierter Wirbelströme schnelle Änderungen des Betriebszustandes möglich sind; außerdem sind diese Maschinen für Stromrichterspeisung besonders geeignet.

Die **Lagerschilde** tragen die Lager und werden durch einen Zentrierrand am Joch der Maschine mittig geführt. Die beiden Schilde einer Maschine sind selten gleich, ihre Abmessungen hängen vor allem davon ab, ob es sich um das A-Lagerschild (Antriebsseite) oder das B-Lagerschild (Bürstenseite) handelt. Die Ausführung der Lagerschilde ist vor allem durch die *Schutzart* der Maschine (s. Kap. 44) bestimmt.

33.2 Energiefluß und Leistungsbilanz

An den Kohlebürsten des Kommutators wird die *gleichgerichtete* Läuferwechselspannung abgegriffen. Sie ist bei Generatorbetrieb die „treibende" Spannung, bei Motorbetrieb eine „Gegenspannung", die von der Netzspannung „überwunden" werden muß. Die beim *idealen Leerlauf* ($I_a = 0$) an den Ankerklemmen liegende Spannung U_q ist entsprechend Gl. (15.11) vom Fluß Φ und von der Winkelgeschwindigkeit ω des Läufers abhängig:

$$U_q = c\Phi\omega = c\Phi \cdot 2\pi n \tag{33.1}$$

Die Quellenspannung U_q der Gleichstrommaschine ist also dem magnetischen Fluß und der Drehzahl direkt proportional. Die Konstante c (Einheit: 1) ist durch Konstruktionsdaten der Maschine bestimmt.

Beim Betrieb der Maschine tritt eine Reihe von Verlusten auf:

- Die Feldverluste P_{vf} entstehen durch den Strom I_f, der die Feldwicklung durchfließt:

$$P_{vf} = R_f I_f^2 \tag{33.2}$$

- Der Bürsten-Übergangswiderstand R_B ist nichtlinear vom Strom I_a abhängig. Bei der Berechnung der Verluste nimmt man für $I_a > 0$ einen konstanten, stromunabhängigen Spannungsabfall $U_B \approx 2$ V an den Bürsten an (für $I_a \approx 0$ ist $U_B \approx 0$). Dies ergibt die Bürstenverluste:

$$P_{vB} = U_B I_a \approx 2\,\mathrm{V} \cdot I_a \tag{33.3}$$

- Die Ankerverluste P_{va} entstehen durch den Strom I_a, der den Anker durchfließt:

$$P_{va} = R_a I_a^2 \tag{33.4}$$

- Die Eisenverluste P_{vFe} treten als Ummagnetisierungs- und Wirbelstromverluste im Anker und in den Polschuhen auf.
- Die mechanischen Reibungsverluste P_{vR} entstehen durch mechanische Reibung der Lager, durch die Reibung der Bürsten am Kommutator und durch Luftreibung des Lüfters.

Bild 33.5a zeigt den Leistungsfluß in einer Gleichstrommaschine, wobei der Richtungssinn der P-Pfeile für Motorbetrieb gewählt ist.

Die Spannungsgleichung für den Ankerkreis (Bild 33.5b) lautet:

$$U_a = U_B + R_a I_a + U_q \tag{33.5}$$

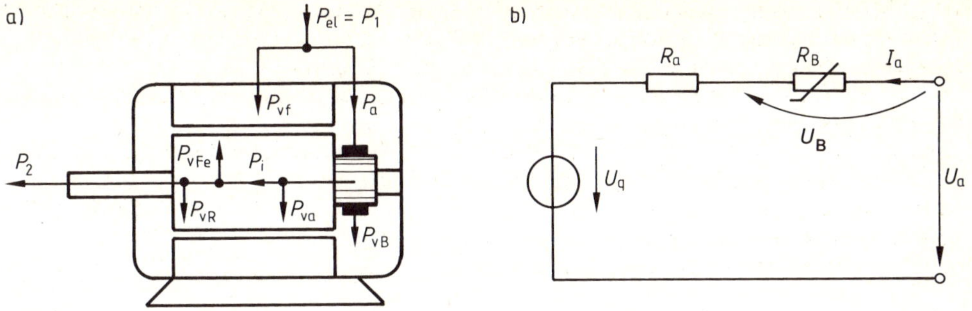

Bild 33.5
Gleichstrommaschine bei Motorbetrieb, Leistungsbilanz (a) und Ersatzschaltung für den Ankerkreis (b)

Bei Motorbetrieb wird der Maschine die Leistung $P_1 = P_{el}$ zugeführt:

$$P_1 = P_2 + P_{vR} + P_{vFe} + P_{va} + P_{vB} + P_{vf} \tag{33.6}$$

Werden von der Leistung P_a, die dem Anker im Motorbetrieb zugeführt wird, die Verluste P_{va} und P_{vB} subtrahiert, so erhält man die **innere Leistung** P_i:

$$P_i = P_a - P_{va} - P_{vB} = P_2 + P_{vR} + P_{vFe} \tag{33.7}$$

Die innere Leistung läßt sich mit der Quellenspannung U_q angeben:

$$P_i = U_q I_a \tag{33.8}$$

Im Generatorbetrieb »fließen« die Leistungen P_2, P_i, P_a und P_1 entgegen dem in Bild 33.5 eingetragenen Bezugssinn. Sie sind daher mit negativen Werten einzusetzen. Für die innere Leistung wird das durch die Gl. (33.8) bestätigt. Sie ist negativ, da im Generatorbetrieb der Strom I_a gegen den in Bild 33.5b angenommenen Bezugssinn fließt.
Ein Motor mit der inneren Leistung P_i entwickelt bei der Drehzahl n gemäß Gl.(32.5) das **innere Drehmoment** M_i:

$$M_i = \frac{P_i}{2\pi n} = \frac{P_i}{\omega} = \frac{U_q I_a}{\omega} \tag{33.9}$$

In diese Gleichung wird die Gl. (33.1) eingesetzt:

$$M_i = \frac{c\Phi\omega \cdot I_a}{\omega} = c\Phi I_a \tag{33.10}$$

Das innere Drehmoment M_i einer Gleichstrommaschine ist dem magnetischen Fluß und dem Ankerstrom direkt proportional.
Die mechanische Leistung, die der Motor an der Welle abgibt, ist kleiner als die innere Leistung P_i gemäß Gl. (33.7). Dementsprechend ist auch das Drehmoment $M = P_2/(2\pi n)$, das an der Motorwelle zur Verfügung steht, kleiner als das innere Moment M_i.
Für den Generatorbetrieb sind in Gl. (33.9) die Größen P_i bzw. I_a, ebenso wie die mechanische Leistung P_2, negativ. Daher sind sowohl das zugeführte Drehmoment M als auch das innere Moment M_i negative Größen.

Wenn die Größen für den *Nennbetrieb* (Index N) bekannt sind, können U_q und M_i mit Hilfe der Gln. (33.1 und 33.10) berechnet werden:

$$\frac{U_q}{U_{qN}} = \frac{\Phi}{\Phi_N} \cdot \frac{n}{n_N} \tag{33.11}$$

$$\frac{M_i}{M_{iN}} = \frac{\Phi}{\Phi_N} \cdot \frac{I_a}{I_{aN}} \tag{33.12}$$

Beispiel 33.1: Ein Gleichstrommotor mit den Leistungsschilddaten 8 kW; 230 V; 40,5 A; 1500 min^{-1} hat den Ankerwiderstand 0,4 Ω. Die Erregerverluste betragen 170 W. Die Erregerwicklung ist dem Ankerkreis parallelgeschaltet.
Welche Verluste entstehen, und welche Werte haben Wirkungsgrad, Quellenspannung, innere Leistung und inneres Moment? Welches Nennmoment steht an der Welle zur Verfügung?

$$P_1 = UI = 230\,\text{V} \cdot 40{,}5\,\text{A} = 9315\,\text{W}$$

$$\eta = \frac{P_2}{P_1} = \frac{8\,\text{kW}}{9{,}3\,\text{kW}} = 0{,}86 = 86\%$$

$$I_f = P_f/U = (170\,\text{W})/(230\,\text{V}) = 0{,}74\,\text{A}$$

$$I_a = I - I_f = 40{,}5\,\text{A} - 0{,}74\,\text{A} = 39{,}76\,\text{A}$$

$$P_i = P_1 - P_{va} - P_{vB} - P_{vf} = P_1 - R_a I_a^2 - 2\,\text{V} \cdot I_a - P_{vf}$$

$$P_i = 9315\,\text{W} - 0{,}4\,\Omega \cdot (39{,}76\,\text{A})^2 - 2\,\text{V} \cdot 39{,}76\,\text{A} - 170\,\text{W} = 8433\,\text{W}$$

$$U_q = P_i/I_a = (8433\,\text{W})/(39{,}76\,\text{A}) = 212{,}1\,\text{V}$$

$$M_i = \frac{P_i}{2\pi n} = \frac{8433\,\text{W} \cdot 60\,\text{s}}{2\,\pi \cdot 1500} = 53{,}7\,\text{Nm}\ ; \quad M_N = \frac{P_2}{2\pi n} = \frac{8000\,\text{W} \cdot 60\,\text{s}}{2\,\pi \cdot 1500} = 50{,}9\,\text{Nm}$$

Beispiel 33.2: Der im Beispiel 33.1 beschriebene Gleichstrommotor soll als Generator den Nennstrom bei Nennspannung und Nennerregung liefern. Die Eisen- und die Reibungsverluste sind als quadratisch von der Drehzahl abhängig anzunehmen. Mit welcher Drehzahl und mit welchem Drehmoment muß der Generator angetrieben werden?

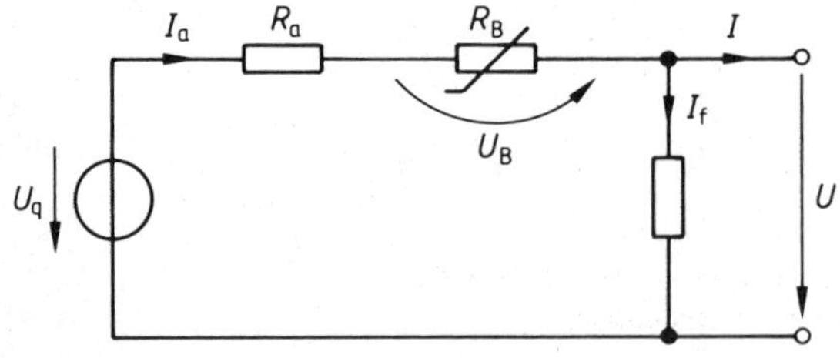

Bild 33.6
Ersatzschaltung des Gleichstromgenerators

$$P_1 = -UI = -230\,\text{V}\cdot 40{,}5\,\text{A} = -9315\,\text{W}$$

$$I_a = I + I_f = 40{,}5\,\text{A} + 0{,}74\,\text{A} = 41{,}24\,\text{A}$$

$$P_i = P_1 - R_a I_a^2 - 2\,\text{V}\cdot I_a - P_{vf}$$

$$P_i = -9315\,\text{W} - 0{,}4\,\Omega\cdot(41{,}24\,\text{A})^2 - 2\,\text{V}\cdot 41{,}24\,\text{A} - 170\,\text{W}$$

$$P_i = -10{,}25\,\text{kW}$$

$$U_q = -P_i/I_a = (10250\,\text{W})/(41{,}24\,\text{A}) = 248{,}5\,\text{V}$$

Da die Bezugspfeile für U_q und I_a einander entgegengerichtet sind, ist die Leistung $P_i = -U_q I_a$ negativ; die Gleichstrommaschine wirkt als Erzeuger und liefert elektrische Energie. Mit Gl. (33.11) folgt, da der Fluß Φ unverändert bleibt:

$$n = n_N \frac{U_q}{U_{qN}} = 1500\,\text{min}^{-1}\cdot\frac{248{,}5\,\text{V}}{212{,}1\,\text{V}} = 1757\,\text{min}^{-1} = 29{,}28\,\text{s}^{-1}$$

$$P_{vFe} + P_{vR} = \left(\frac{n}{n_N}\right)^2\cdot(P_{vFeN} + P_{vRN}) = \left(\frac{n}{n_N}\right)^2\cdot(P_{iN} - P_{2N}) = \left(\frac{1757}{1500}\right)^2\cdot 433\,\text{W} = 594\,\text{W}$$

$$P_2 = P_i - (P_{vFe} + P_{vR}) = -10247\,\text{W} - 594\,\text{W} = -10{,}84\,\text{kW}$$

$$M = \frac{P_2}{2\pi n} = \frac{-10840\,\text{W}\cdot\text{s}}{2\pi\cdot 29{,}28} = -58{,}9\,\text{Nm}$$

33.3 Die Ankerrückwirkung

Das Hauptfeld, das vom Erregerstrom I_f erzeugt wird, ist nur bei *Leerlauf* der Maschine allein vorhanden. Bei *Belastung* erzeugen die stromdurchflossenen Ankerleiter ein Feld, das trotz der Ankerdrehung räumlich stillsteht, weil die Bürsten stillstehen. Die Feldlinien dieses Ankerfeldes stehen in den Hauptpolen und im Anker senkrecht auf den Feldlinien des Hauptfeldes; aus diesem Grund wird das Ankerfeld auch **Ankerquerfeld** genannt.
Das Ankerfeld verstärkt das Hauptfeld auf der einen Seite des Hauptpols und schwächt es auf der anderen Seite; dieser Effekt wird als **Ankerrückwirkung** bezeichnet.

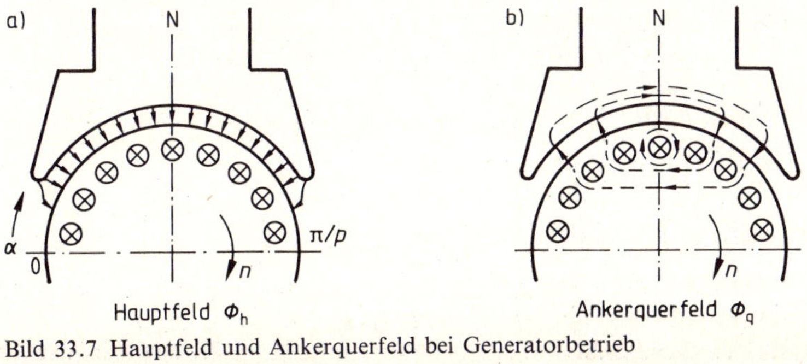

Bild 33.7 Hauptfeld und Ankerquerfeld bei Generatorbetrieb

Bild 33.8 zeigt die Überlagerung beider Felder im Luftspalt. Die Feldverzerrung des resultierenden Feldes hat zwei Auswirkungen:

- Im Eisen (Hauptpol; Anker) kann sich infolge der Sättigung die Feldverstärkung nicht so wie die Feldschwächung auswirken; insgesamt überwiegt also die Feldschwächung (in Bild 33.8 ist dies durch den schraffierten Bereich angedeutet).
- Die *neutrale Zone,* also der feldfreie Bereich zwischen den Hauptpolen, verschiebt sich um einen Winkel β, beim Generator *in* Drehrichtung, beim Motor *gegen* die Drehrichtung.

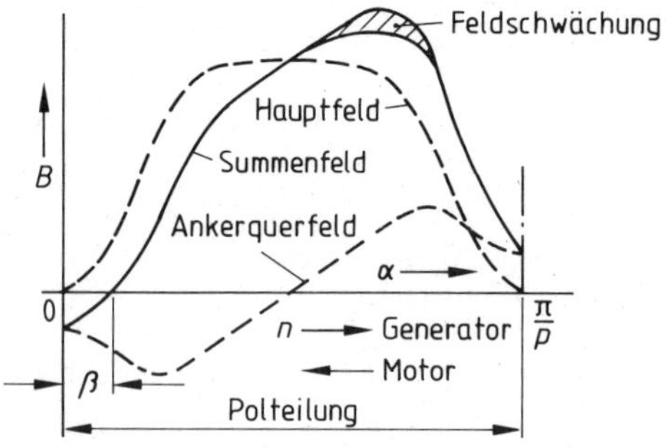

Bild 33.8 Hauptfeld und Ankerquerfeld bilden das resultierende Feld

33.4 Die Verbesserung der Kommutierung

Die **Stegspannung,** d.h. die Spannung zwischen zwei Kommutatorlamellen, darf einen bestimmten Höchstwert (25...35 V, je nach Größe der Maschine) nicht überschreiten, weil sich sonst Lichtbögen zwischen den Stegen ausbilden. Im Extremfall kann **Rundfeuer** entstehen; dabei handelt es sich um einen Lichtbogen, der einen Kurzschluß zwischen den Bürsten darstellt. Für einen ordnungsgemäßen Betrieb der Maschine muß vor allem der Abrieb der Kohlebürsten, der sich zwischen den Lamellen ablagert, entfernt werden.
Die Feldverzerrung infolge der Ankerrückwirkung führt zu einer erhöhten Stegspannung; dadurch ergeben sich Probleme bei der Kommutierung. Bei Maschinen kleiner Leistung (bis einige 100 W), die ohne Richtungswechsel betrieben werden, verschiebt man die Bürsten um einen mittleren Winkel, beim Generator in Drehrichtung und beim Motor entgegen der Drehrichtung. Für Maschinen größerer Leistung ist dies jedoch keine geeignete Lösung, weil die Lage der neutralen Zone von der Belastung abhängig ist. Auch dürfte kein Wechsel der Betriebsart vorgenommen werden, weil sonst die Bürsten umgestellt werden müßten.
Maschinen höherer Leistung erhalten **Wendepole**, deren Wicklung vom Ankerstrom durchflossen wird. Die Wendepole sind zwischen den Hauptpolen angeordnet (Bild 33.9). Das Wendefeld hebt nicht nur das Ankerquerfeld auf, sondern induziert auch in den Ankerspulen, die sich im Bereich der neutralen Zone befinden, eine Spannung, welche der selbstinduktiven Spannung infolge der Stromänderung entgegengerichtet ist; dadurch wird ebenfalls die Stromwendung verbessert.

33.5 Die Kompensationswicklung

Mit Hilfe der Wendepolwicklung läßt sich lediglich das Ankerquerfeld in der neutralen Zone kompensieren. Unter den Hauptpolen führt das Ankerquerfeld bei Belastung zu einer Feldverzerrung, die in Teilbereichen eine erhöhte Stegspannung zur Folge hat. Maschinen hoher

Leistung ($P > 50$ kW), die für rauhen Betrieb ausgelegt sind, erhalten deshalb eine **Kompensationswicklung,** mit der das Ankerquerfeld im Bereich der Hauptpole kompensiert wird. Ein Beispiel für derartige Maschinen sind die *Millmotoren,* die im Stahlwerk (engl. steel mill) oder im Walzwerk (engl. rolling mill) zum Einsatz kommen.
Die Kompensationswicklung ist in Nuten untergebracht, die in die Hauptpole eingefräst sind. Die Leiter der Kompensationswicklung werden vom Ankerstrom durchflossen. In Bild 33.9 ist die Stromrichtung für Generatorbetrieb eingezeichnet.

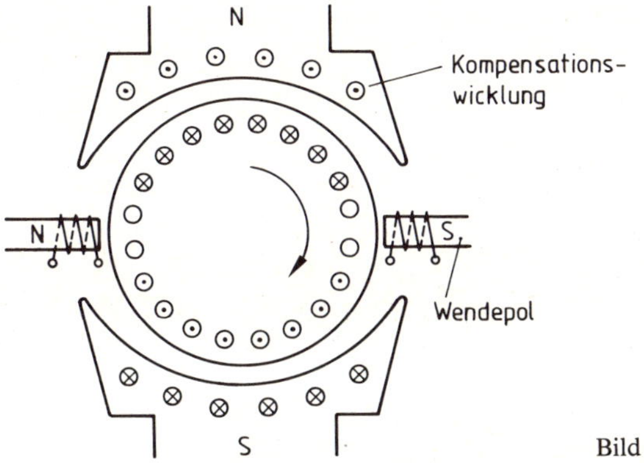

Bild 33.9 Wendepol- und Kompensationswicklung

33.6 Die Wicklungsarten

Die Gleichstrommaschine hat zwei elektrische Kreise: Im *Ankerkreis* fließt der Ankerstrom I_a; im *Erregerkreis* fließt der Erregerstrom I_f. In Tabelle 33.1 sind Wicklungen aufgelistet, die zu den einzelnen Kreisen gehören können. Jede Wicklung ist durch einen Großbuchstaben gekennzeichnet. Der Anfang einer Wicklung erhält zusätzlich die Ziffer 1, das Ende die Ziffer 2.
Eine Nebenschlußwicklung ist den Wicklungen des Ankerkreises parallelgeschaltet, sie ist für die Nennspannung der Maschine ausgelegt und besteht deshalb aus vielen Windungen dünnen Drahtes. Eine Reihenschlußwicklung ist in Reihe zu den Wicklungen des Ankerkreises geschaltet, sie wird vom Ankerstrom $I_f = I_a$ durchflossen und besteht deshalb aus wenigen Windungen dicken Drahtes.
Im Ankerwiderstand R_a ist der Widerstand der Ankerwicklung und – sofern vorhanden – der Widerstand der Wendepolwicklung und der Kompensationswicklung enthalten.

Tabelle 33.1 Wicklungen der Gleichstrommaschine

Ankerkreis		Erregerkreis	
A1 – A2	Ankerwicklung	D1 – D2	Reihenschlußwicklung
B1 – B2	Wendepolwicklung	E1 – E2	Nebenschlußwicklung
C1 – C2	Kompensationswicklung	F1 – F2	Fremd-Erregerwicklung

34 Gleichstrommotoren

Gleichstrommotoren kleiner Leistung werden für batteriegespeiste Geräte (z.B. Spielzeug) und für Hilfsantriebe in Kraftfahrzeugen (z.B. Wischer; Lüfter usw.) in großen Stückzahlen gefertigt. Mit zunehmender Motorleistung erweist sich der schwere und teure Kommutator auch wegen seines Platzbedarfs als Problem; hinzu kommt, daß er die Leistung und die Drehzahl nach oben begrenzt.
Wegen der einfachen Einstellbarkeit von Drehzahl und Drehmoment konnte der Gleichstrommotor seine Stellung bei Industrieantrieben und bei Fahrzeugantrieben bisher weitgehend behaupten, doch ist abzusehen, daß er bei Leistungen >1 kW zunehmend vom umrichtergespeisten Asynchronmotor verdrängt wird.

34.1 Der Nebenschlußmotor

Die Erregerwicklung des **Nebenschlußmotors** ist mit den Klemmen der Maschine elektrisch leitend verbunden (Bild 34.1). Beim Betrieb an einem Netz konstanter Spannung fließt in der Erregerwicklung der lastunabhängige Strom I_f.
Bei einem Motor mit Kompensationswicklung ist der Fluß Φ lastunabhängig. Das innere Drehmoment $M_i = c\Phi I_a$ ist dem Ankerstrom I_a proportional; im Motorbetrieb ist also der Ankerstrom vom Drehmoment der Last nahezu linear abhängig.
In einem Motor ohne Kompensationswicklung bewirkt die Ankerrückwirkung eine Flußschwächung; dadurch nimmt das Drehmoment mit zunehmendem Ankerstrom ab (gestrichelte Kurve in Bild 34.1b).

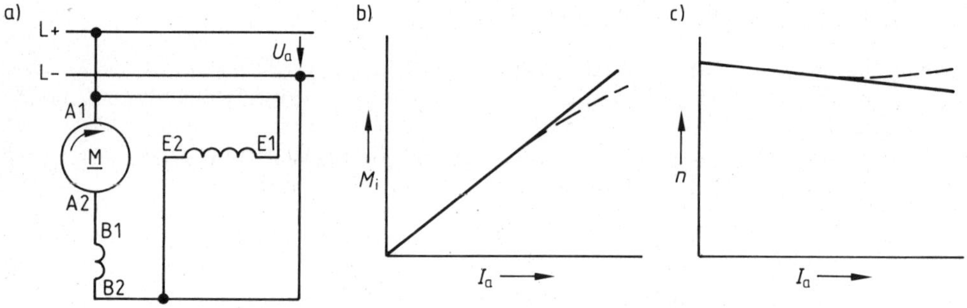

Bild 34.1 Nebenschlußmotor, Schaltung (a) und Abhängigkeit des Drehmoments (b) und der Drehzahl (c) vom Ankerstrom bei konstanter Ankerspannung

Setzt man die Gl. (33.1) in die Gl. (33.5) ein und löst nach der Drehzahl

$$n = \frac{U_a - U_B - R_a I_a}{2\pi c \cdot \Phi} \qquad (34.1)$$

auf, so erkennt man, daß bei konstantem Fluß Φ und konstanter Ankerspannung U_a die Drehzahl linear vom Ankerstrom I_a abhängt. Bei Flußschwächung infolge Ankerrückwirkung steigt die Drehzahl bei hohen Werten des Ankerstromes an (gestrichelte Kurve in Bild

34.1 c). Dieser Drehzahlanstieg ist als Nachteil der ungeregelten Maschine anzusehen, denn jede Antriebsmaschine, die mit zunehmender Belastung schneller wird, neigt zur Instabilität (s. Kap. 46).

Bild 34.2 zeigt die Drehmoment-Drehzahl-Kennlinie des Nebenschlußmotors. Wenn keine Ankerrückwirkung vorliegt, nimmt die Drehzahl linear mit wachsendem Drehmoment ab. Die Nenndrehzahl n_N liegt nur wenige Prozent unter der Leerlaufdrehzahl n_0. Man bezeichnet diese »harte« M-n-Kennlinie als **Nebenschlußkennlinie.**

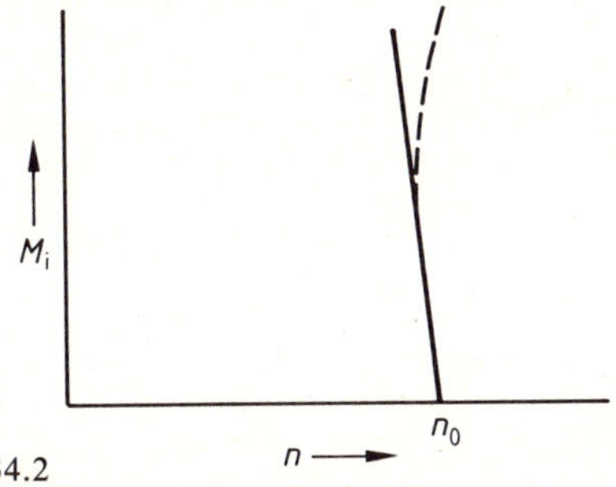

Bild 34.2
Drehzahl-Drehmoment-Kennlinie des Nebenschlußmotors (gestrichelte Kurve: mit Ankerrückwirkung)

Beispiel 34.1: Welche Leerlaufdrehzahl stellt sich bei dem im Beispiel 33.1 beschriebenen Gleichstrommotor ein, und um wieviel Prozent sinkt die Drehzahl bei Nennlast gegenüber der Leerlaufdrehzahl ab?

Mit $n_N = 1500\,\mathrm{min}^{-1}$ und $U_{qN} = 212{,}1$ V (s. Beispiel 33.1) folgt bei Vernachlässigung der Ankerrückwirkung, also bei konstantem Fluß Φ aus Gl. (33.11):

$$n_0 = n_N \frac{U_{q0}}{U_{qN}} = n_N \frac{U_a - U_B - I_{a0} R_a}{U_{qN}}$$

In der folgenden Näherungsrechnung wird der Spannungsabfall, den der Ankerstrom I_{a0} bei Leerlauf des Motors am Ankerwiderstand hervorruft, vernachlässigt:

$$n_0 = n_N \frac{U_{q0}}{U_{qN}} = n_N \frac{U_a - U_B}{U_{qN}} = 1500\,\mathrm{min}^{-1} \cdot \frac{230\,\mathrm{V} - 2\,\mathrm{V}}{212{,}1\,\mathrm{V}} = 1612\,\mathrm{min}^{-1}$$

$$\frac{n_0 - n_N}{n_0} = \frac{1612\,\mathrm{min}^{-1} - 1500\,\mathrm{min}^{-1}}{1612\,\mathrm{min}^{-1}} = 0{,}0695 \approx 7\%$$

34.2 Der fremderregte Motor

Beim fremderregten Motor werden die Erregerwicklung und der Ankerzweig aus verschiedenen Netzen gespeist. Der fremderregte Motor kann als Spezialfall des Nebenschlußmotors angesehen werden, bei dem die Erregerspannung U_f und die Spannung U_a des Ankerzweiges nicht übereinstimmen. Beide Maschinen haben jedoch gleichartige Kennlinien und damit im Prinzip das gleiche Betriebsverhalten.

34.3 Der Reihenschlußmotor

Beim Reihenschlußmotor wird die Erregerwicklung D1 – D2 vom Ankerstrom durchflossen. Der Fluß Φ ist also vom Ankerstrom I_a abhängig. Wenn der magnetische Kreis des Motors nicht in die Sättigung kommt, dann ist diese Abhängigkeit infolge der Wirkung des Luftspalts nahezu linear. Gemäß Gl. (33.10) ist in diesem Fall das innere Drehmoment dem Quadrat des Ankerstroms proportional: $M_i = kI_a^2$. Im Bereich der Sättigung nimmt der Fluß nur noch wenig mit wachsendem Ankerstrom zu; in diesem Bereich geht die Kurve $M_i = f(I_a)$ allmählich in eine Gerade über. Der Ankerstrom I_a stellt sich entsprechend dem Drehmoment ein, das die Belastung vom Motor verlangt.

In Bild 34.3c sind die Drehmoment-Ankerstrom-Kennlinien von Reihen- und Nebenschlußmotor einander gegenübergestellt. Bei Unterlast arbeitet der Nebenschlußmotor günstiger, denn er braucht für das gleiche Moment weniger Strom. Bei starker Belastung, z. B. beim Anlauf, ist dagegen der Reihenschlußmotor günstiger, denn sein Drehmoment ist dann bei gleichem Strom höher.

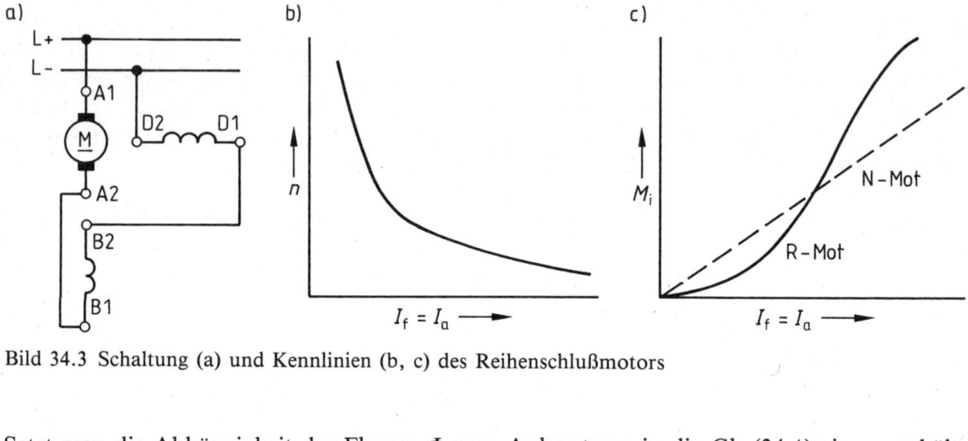

Bild 34.3 Schaltung (a) und Kennlinien (b, c) des Reihenschlußmotors

Setzt man die Abhängigkeit des Flusses Φ vom Ankerstrom in die Gl. (34.1) ein, so erhält man die Drehzahl des Reihenschlußmotors in Abhängigkeit vom Ankerstrom. Vernachlässigt man in dieser Gleichung den Spannungsabfall $R_a I_a$, so ergibt sich, daß die Drehzahl näherungsweise dem Ankerstrom umgekehrt proportional ist: $n \approx \text{konst}/I_a$.

Beispiel 34.2: Welches innere Moment würde der Motor des Beispiels 33.1 in Abhängigkeit von der Drehzahl entwickeln, wenn er eine Reihenschlußwicklung besäße, die bei Nennstrom den Nennfluß erregt? Ankerwicklung und Reihenschlußwicklung haben zusammen den Widerstand 0,4 Ω.

Für $I_a \leqq I_{aN}$ wird eine lineare Abhängigkeit des Flusses vom Ankerstrom angenommen: $c\Phi = kI_a$. Durch Einsetzen in Gl. (33.10) erhält man das innere Moment $M_i = kI_a^2$, durch Einsetzen in Gl. (34.1) die Drehzahl als Funktion von I_a:

$$n = \frac{U_a - U_B}{2\pi k I_a} - \frac{R_a}{2\pi k}$$

Beim Nennstrom $I_{aN} = 39{,}76$ A entwickelt der Motor das Moment $M_{iN} = 53{,}7$ Nm. Mit $k = M_{iN}/I_{aN}^2 = 0{,}034$ Vs/A werden M_i und n für mehrere Werte von I_a berechnet. Für $I_a = 10$ A ergibt sich z. B.:

$$n = \frac{(230\,\text{V} - 2\,\text{V}) \cdot \text{A}}{2\pi\, 0{,}034\,\text{Vs} \cdot 10\,\text{A}} - \frac{0{,}4\,\Omega \cdot \text{A}}{2\pi\, 0{,}034\,\text{Vs}} = 104{,}9\,\text{s}^{-1}$$

$$M_i = k I_a^2 = 0{,}034\,\frac{\text{Vs}}{\text{A}} \cdot 10^2\,\text{A}^2$$

$$M_i = 3{,}4\,\text{Ws} = 3{,}4\,\text{Nm}$$

I_a in A	n in s^{-1}	M_i in Nm
10	104,9	3,4
20	51,5	13,6
30	33,7	30,6
40	24,8	54,4

Wie Bild 34.4 zeigt, ist das Drehmoment des Reihenschlußmotors bei niedrigen Drehzahlwerten hoch; der Motor eignet sich z. B. für Fahrzeugantriebe, die beim Anlauf ein hohes Drehmoment entwickeln müssen. Bei niedrigem Drehmoment ist die Drehzahl hoch, bei Entlastung kann der Motor sogar »durchgehen«. Reihenschlußmotoren größerer Leistung dürfen deshalb nicht in Antrieben arbeiten, bei denen eine völlige Entlastung möglich ist (z. B. Riemenantriebe). Bei Motoren kleiner Leistung verhindert jedoch meist die Eigenreibung das Durchgehen.

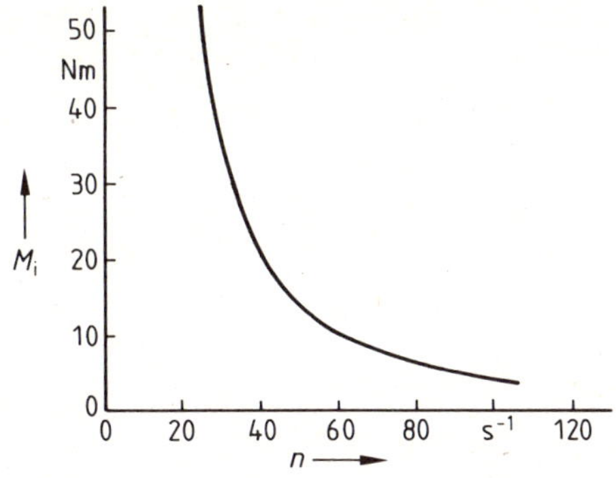

Bild 34.4 Inneres Moment des Motors von Beispiel 34.2 als Funktion der Drehzahl

34.4 Der Doppelschlußmotor

Nebenschlußmotoren erhalten bei mittleren Leistungen häufig eine zusätzliche Reihenschlußwicklung; der konstruktive und fertigungstechnische Aufwand ist dabei geringer als bei einer Kompensationswicklung. Durch die Reihenschlußwicklung wird zwar die Flußabnahme infolge der Ankerrückwirkung und damit die Tendenz des Nebenschlußmotors zu Instabilität aufgehoben, nicht aber die Feldverzerrung im Bereich der Hauptpole.
Die vom Ankerstrom durchflossene Reihenschlußwicklung D1 – D2 und die vom Feldstrom durchflossene Nebenschlußwicklung E1 – E2 des Doppelschlußmotors (Bild 34.5) werden so

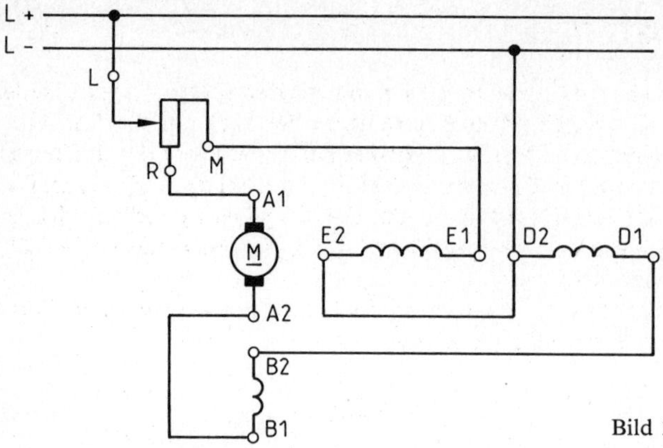

Bild 34.5 Doppelschlußmotor mit Anlasser

geschaltet, daß ihre Flußanteile gleichsinnig wirken; bei gegensinniger Schaltung würde die Feldschwächung und damit die beim Nebenschlußmotor vorhandene Neigung zur Instabilität unterstützt.

34.5 Einschalten und Anlassen

Eine Nebenschlußwicklung muß stets zuerst eingeschaltet werden, da der Motor ohne Fluß kein Drehmoment entwickeln kann; entsprechendes gilt für die Feldwicklung der fremderregten Maschine. Da beim Stillstand der Maschine die Quellenspannung den Wert $U_q = 0$ hat, darf der Ankerkreis nicht bei $n = 0$ direkt an die Nennspannung geschaltet werden, da sonst der Kurzschlußstrom $(U_a - U_B)/R_a$ den Motor zerstören würde. Mit Hilfe eines Vorwiderstandes, der auch **Anlasser** genannt wird, begrenzt man vielmehr den Strom auf zulässige Werte. Der Anlasser wird bei steigender Drehzahl stufenweise verkleinert, bis er schließlich beim Erreichen der Nenndrehzahl kurzgeschlossen wird.

Beispiel 34.3: Der Gleichstrommotor des Beispiels 33.1 soll im Stillstand höchstens den doppelten Ankernennstrom aufnehmen. Welchen Widerstand muß der Anlasser haben?

$$I_a = 2 I_{aN} = 2 \cdot 39{,}76\ \text{A} = 79{,}5\ \text{A}$$

Für $n = 0$ ist gemäß Gl. (33.1) $U_q = 0$. Der Anlasser mit dem Widerstand R ist zu R_a in Reihe geschaltet; damit ergibt Gl. (33.5): $U_a = U_B + (R_a + R) I_a$.

$$R = \frac{U - U_B}{I_a} - R_a = \frac{230\ \text{V} - 2\ \text{V}}{79{,}5\ \text{A}} - 0{,}4\ \Omega = 2{,}47\ \Omega$$

Auch beim *Reihenschlußmotor* wird beim Betrieb an Nennspannung der Einschaltstrom mit Hilfe eines Vorwiderstandes auf zulässige Werte begrenzt. Bei Fahrzeugen mit zwei Reihenschlußmotoren werden zum Anfahren zunächst beide Motoren in Reihe mit Hilfe eines Anlassers an die Betriebsspannung geschaltet; etwa ab halber Nenndrehzahl werden die Motoren einzeln über Anlaßwiderstände hochgefahren.

34.6 Der Drehrichtungswechsel

Wenn der Strom in jeder Wicklung eines Motors vom Anfang (Kennziffer 1) zum Ende (Kennziffer 2) fließt, dann entwickelt der Motor Rechtsdrehsinn: Bei Blick auf die Antriebsseite dreht der Motor im Uhrzeigersinn. Ein Drehrichtungswechsel ist entweder durch Umpolen der Feldwicklung oder durch Umpolen der Ankerwicklung zu erreichen. Zweckmäßig wird der Anker umgeschaltet, da die Selbstinduktivität des Ankerkreises wesentlich kleiner als die des Erregerkreises ist; infolgedessen ist eine Stromänderung im Ankerkreis wesentlich schneller als im Erregerkreis durchzuführen.
Da die Felder von Anker-, Wendepol- und Kompensationswicklung zusammenwirken, müssen diese Wicklungen stets gemeinsam umgepolt werden.

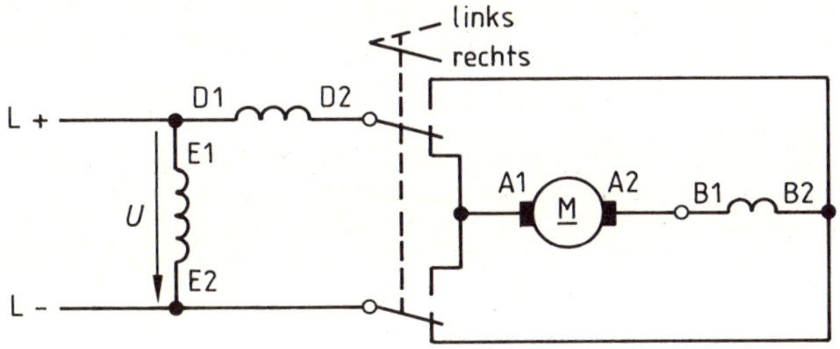

Bild 34.6
Umschaltung der Drehrichtung bei einem Doppelschlußmotor

34.7 Der Bremsbetrieb

Beim Bremsen wird die Energie dem Antrieb entnommen und entweder in einem Widerstand in Wärme umgesetzt oder in das Netz zurückgespeist. Der Vorteil der elektrischen Bremse gegenüber einer mechanischen liegt darin, daß die Abnutzung bzw. der Verschleiß unbedeutend ist. Bei niedrigen Drehzahlen ist jedoch die Wirkung der elektrischen Bremse gering, der Bremsvorgang muß daher mit einer mechanischen Bremse beendet werden. Es gibt mehrere Arten des elektrischen Bremsbetriebs:

- Bei der **Widerstandsbremsung** arbeitet die Gleichstrommaschine als Generator auf einen Widerstand. Diese Art der Bremsung wird z. B. bei Fahrzeugen und bei Hebezeugen durchgeführt. Da mit abnehmender Drehzahl die induzierte Spannung sinkt, muß der Widerstand verkleinert werden, damit ein ausreichendes Bremsmoment zur Verfügung steht. Ein Reihenschlußmotor muß zur Durchführung der Widerstandsbremsung vom Netz abgeschaltet werden; außerdem muß seine Erregerwicklung umgepolt werden, damit bei umgekehrt fließendem Strom weiterhin die Remanenzspannung zur Verfügung steht. Bei der fremderregten Maschine wird, wie auch bei der Nebenschlußmaschine, nur der Ankerzweig vom Netz getrennt und auf den Bremswiderstand geschaltet. Die Nebenschlußmaschine bremst also wie eine fremderregte Maschine. Würde man die Feldwicklung der Nebenschlußmaschine gemeinsam mit dem Ankerzweig vom Netz abschalten, dann wäre wegen des schnellen Feldabbaus schon bei etwa halber Nenndrehzahl kaum noch eine Bremswirkung vorhanden.
- Bei der **Nutzbremsung** arbeitet die Maschine als Generator auf das Netz konstanter Spannung zurück. Diese Art der Bremsung wird selten angewendet, denn sie erfordert Drehzahlen über der Nenndrehzahl. Mit dem Reihenschlußmotor kann die Nutzbremsung i. allg. nicht durchgeführt werden, da seine Spannung zu stark vom Strom abhängt.

- Bei der **Gegenstrombremsung** wird die Drehrichtung des laufenden Motors durch Umpolen des Ankers geändert. Da hierbei die induzierte Spannung U_q ihre Polarität wechselt, ist ein Bremswiderstand im Ankerkreis erforderlich, der den Ankerstrom begrenzt. Damit der Motor nicht nach der anderen Seite hochläuft, muß er durch geeignete Schaltgeräte wie Fliehkraft- oder Schleppschalter rechtzeitig abgeschaltet werden.

35 Die Steuerung der Gleichstrommotoren

35.1 Die Steuerung des fremderregten Motors

Für Antriebe, deren Drehzahl stufenlos eingestellt bzw. geregelt werden soll, wird i. allg. der fremderregte Motor eingesetzt. Bei diesem kommen nach Gl. (35.1), die man aus den Gln. (33.1 und 33.5) erhält, für das Verstellen von Drehzahl und Drehmoment zwei Verfahren in Betracht, die im folgenden unter der Voraussetzung konstanten Ankerstroms beschrieben werden.

$$n = \frac{U_q}{2\pi c \cdot \Phi} = \frac{U_a - U_B - R_a I_a}{2\pi c \cdot \Phi} \qquad (35.1)$$

- Bei der **Spannungssteuerung** wird die Quellenspannung U_q verändert, der Fluß Φ bleibt konstant. Dies geschieht durch Ändern der Betriebsspannung U_a. Da die Nennspannung U_{aN} nicht überschritten werden darf, ist nur der Spannungsbereich $0 < U_a \leqq U_{aN}$ zulässig. Bei abnehmender Spannung sinkt auch die Drehzahl. Wegen I_a = const. bleibt das Drehmoment konstant.
- Bei der **Flußsteuerung** wird der Fluß Φ durch Ändern des Erregerstroms I_f geändert; die Quellenspannung U_q bleibt konstant. Es kommt nur eine Verringerung des Flusses unter den Nennwert Φ_N in Frage, weil der Motor bei einer Erhöhung über Φ_N in die Sättigung kommt. Wie man aus Gl. (35.1) erkennt, nimmt bei Flußverringerung die Drehzahl zu. Bei konstantem Ankerstrom nimmt entsprechend Gl. (33.10) das Drehmoment in gleichem Maß wie der Fluß ab.

Wie Bild 35.1 zeigt, wird die Spannungssteuerung bei Drehzahlen $n < n_N$ und die Flußsteuerung bei Drehzahlen $n_N < n < n_{max}$ angewendet. Die maximale Drehzahl n_{max} beträgt für Maschinen ohne Wendepole etwa 1,25 n_N; bei Maschinen mit Wendepolen liegt n_{max} im Bereich 2 n_N...4 n_N.

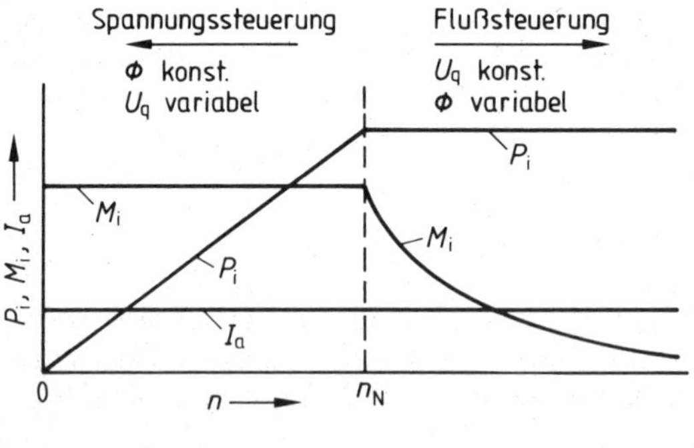

Bild 35.1
Steuerungskennlinien des fremderregten Motors

Beispiel 35.1: Ein fremderregter Gleichstrommotor hat die Nenndaten 30 kW; 440 V; 78,5 A; 965 $\text{min}^{-1} = 16{,}08\ \text{s}^{-1}$; $I_a = 77$ A; $R_a = 0{,}355\ \Omega$. Welche Ankerspannung ist einzustellen, damit der Motor bei $n = 900\ \text{min}^{-1}$ das Nenndrehmoment beim Ankernennstrom entwickelt? (Annahme: Die Reibungsverluste bei 900 min^{-1} können näherungsweise gleich denen bei 965 min^{-1} angesetzt werden $\rightarrow M_i = M_{iN}$.)

$$U_{qN} = U_{aN} - I_{aN} R_a - U_B = 440\ \text{V} - 0{,}355\ \Omega \cdot 77\ \text{A} - 2\ \text{V} = 410{,}7\ \text{V}$$

Gl. (35.1): $$2\pi c \Phi_N = \frac{U_{qN}}{n_N} = \frac{410{,}7\ \text{V} \cdot \text{s}}{16{,}08} = 25{,}54\ \text{Vs}$$

$$U_a = n \cdot 2\pi c \Phi_N + U_B + R_a I_{aN}$$

$$U_a = 15\ \text{s}^{-1} \cdot 25{,}54\ \text{Vs} + 2\ \text{V} + 0{,}355\ \Omega \cdot 77\ \text{A} = 412{,}4\ \text{V}$$

Ein Beispiel für die Spannungssteuerung ist das klassische Verfahren zur Steuerung eines fremderregten Antriebsmotors durch Speisung mit dem LEONARD-Umformersatz (Bild 35.2). Eine Antriebsmaschine 1, meist ein Drehstrommotor, treibt mit konstanter Drehzahl einen fremderregten Generator 2 an, der seine Spannung direkt an den fremderregten Motor 3 abgibt. Über die Erregung des Generators 2 läßt sich die Ankerspannung des Motors 3 beliebig fein einstellen. Zur Umkehr der Drehrichtung wird die Erregerwicklung F1 – F2 des Generators 2 umgepolt. Mit dem Nebenschlußgenerator 4 wird die Erregung von Generator 2 und Motor 3 gespeist.

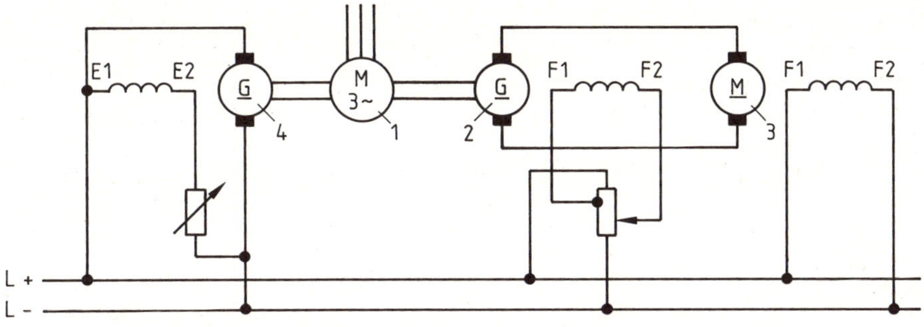

Bild 35.2 Speisung eines fremderregten Motors mit dem LEONARD-Umformersatz

Der LEONARD-Umformersatz wurde nur für hochwertige Antriebe größerer Leistung (z. B. Fördermaschinen, Walzwerke, Werkzeugmaschinen) eingesetzt. Wegen der Nachteile des Umformersatzes (hohe Anlagekosten, großer Platzbedarf, niedriger Gesamtwirkungsgrad) wird der Antriebsmotor moderner Antriebe über gesteuerte Gleichrichterschaltungen aus dem Wechsel- bzw. Drehstromnetz gespeist (s. Abschn. 57.3).

35.2 Die Steuerung des Reihenschlußmotors

Auch die Drehzahl eines Reihenschlußmotors kann, ähnlich wie beim fremderregten Motor, mit zwei unterschiedlichen Steuerungsverfahren eingestellt werden. Durch die *Spannungssteuerung* wird auch der Ankerstrom beeinflußt, die Drehzahl ist bei einem bestimmten Dreh-

moment kleiner (Kurve a in Bild 35.3) als bei der Speisung des Motors mit Nennspannung. Bei Bahnen, die an einem Gleichstromnetz konstanter Spannung betrieben werden, wird die Spannungssteuerung z. B. mit dem Gleichstromsteller (s. Abschn. 57.7) durchgeführt.
Zur *Flußsteuerung* wird der Feldwicklung des Reihenschlußmotors ein Widerstand parallelgeschaltet (Bild 35.4); infolge der Feldschwächung liegt dabei die Drehmoment-Drehzahl-Kennlinie (Kurve c in Bild 35.3) über derjenigen bei Nennspannung (Kurve b in Bild 35.3).

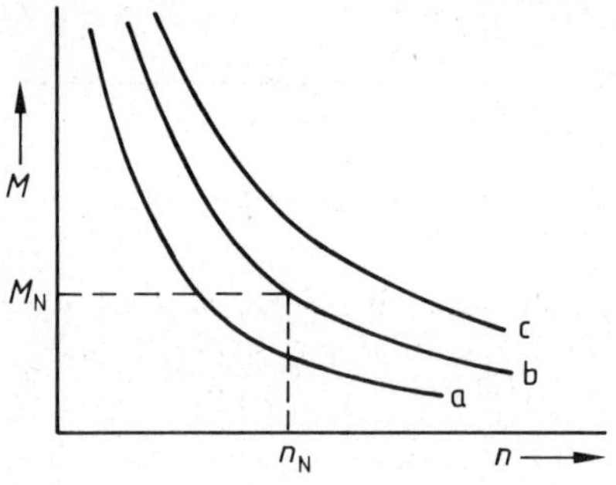

Bild 35.3 Drehmoment-Drehzahl-Kennlinien des Reihenschlußmotors bei Spannungsabsenkung (a) und bei Flußschwächung (c)

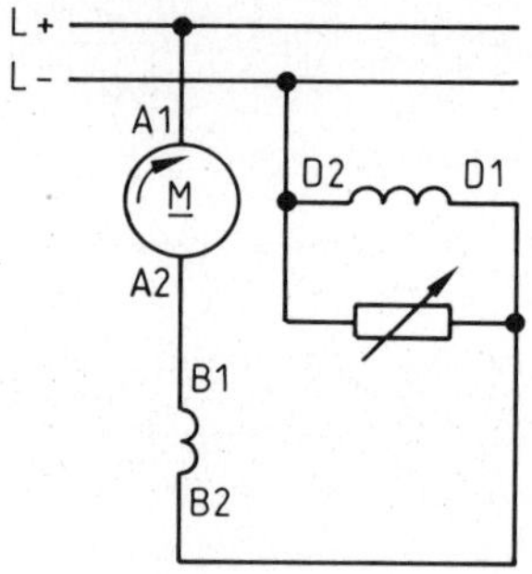

Bild 35.4 Flußsteuerung eines Reihenschlußmotors mit Hilfe eines Widerstandes parallel zur Feldwicklung

36 Gleichstromgeneratoren

Die stürmische Entwicklung der Leistungselektronik führte dazu, daß Gleichstromgeneratoren nur noch in Sonderfällen, z. B. als Erregermaschinen in Kraftwerken oder beim LEONARD-Umformer (Bild 35.2), angewendet werden. Auch bei diesen wenigen Anwendungen wird der Gleichstromgenerator zunehmend durch Thyristorschaltungen verdrängt.

36.1 Der fremderregte Generator

Beim fremderregten Generator wird die Erregerwicklung aus einem fremden Netz konstanter Spannung gespeist (Bild 36.1 a), wobei der Erregerstrom mit dem Widerstand R_f, der auch **Feldsteller** genannt wird, eingestellt werden kann.
Unter der Voraussetzung, daß der Generator mit konstanter Drehzahl angetrieben wird, ist im *Leerlauf* ($I_a = 0$) die Spannung $U_a - U_B \approx U_q$ gemäß Gl. (33.1) dem Fluß Φ proportional. Die Kurve $U_a = f(I_f)$ hat daher den Verlauf der Magnetisierungskurve. Bei unerregter Maschine ($I_f = 0$) wird die **Remanenzspannung** U_r induziert, die bei etwa 5% der Nennspannung liegt.
Hält man bei Belastung den Erregerstrom $I_f = I_{fN}$ konstant, so würde ohne Ankerrückwirkung der Fluß Φ und damit die Quellenspannung U_q konstant bleiben. Die Feldschwächung infolge der Ankerrückwirkung führt dazu, daß die Spannung U_q mit zunehmendem Ankerstrom absinkt. Da auch der Spannungsabfall am OHMschen Widerstand des Ankerkreises mit wachsendem Ankerstrom zunimmt, fällt die Klemmenspannung U_a des Generators etwas

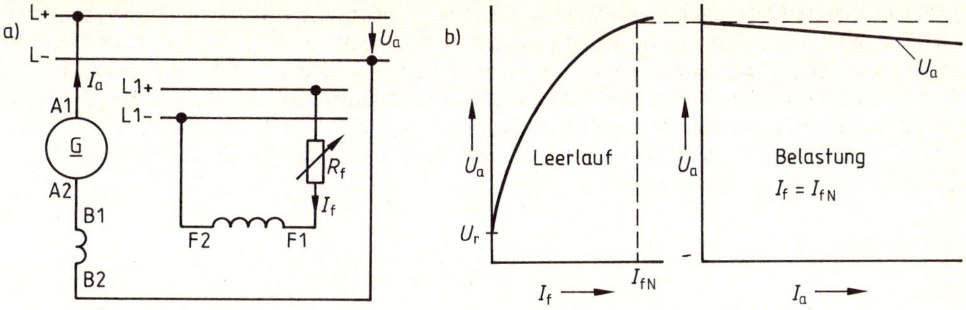

Bild 36.1 Schaltung (a) und Kennlinien für n = const. (b) des fremderregten Generators

stärker ab als seine Quellenspannung. Der gesamte Spannungsabfall bei Nennlast ist mit etwa 5...10% der Nennspannung gering und läßt sich durch Nachstellen des Erregerstromes I_f ausgleichen. Der Kurzschlußstrom des fremderregten Generators ist sehr groß.

36.2 Der selbsterregte Generator

Der selbsterregte Generator liefert seinen Erregerstrom I_f selbst. Beim *Nebenschlußgenerator* ist die Erregerwicklung dem Anker parallelgeschaltet (Bild 36.2a). Wird der Generator im Leerlauf betrieben, so stellt sich die Spannung $U_{a0} = R_f I_{fN}$ im Schnittpunkt der U_a-Kurve mit der Widerstandsgeraden ein; dabei ist R_f der Widerstand des Erregerkreises, der sich aus dem Widerstand der Nebenschlußwicklung und dem Widerstand des Feldstellers zusammensetzt.

Bei Belastung treten die gleichen Erscheinungen wie bei der fremderregten Maschine (Ankerrückwirkung sowie Spannungsabfall an R_a und an den Bürsten) auf. Hinzu kommt aber, daß die Erregerwicklung E1 – E2 von der bei Belastung abnehmenden Klemmenspannung U_a, also mit abnehmendem Erregerstrom I_f gespeist wird. Durch die größere Abnahme der Quellenspannung nimmt die Klemmenspannung stärker ab als beim fremderregten Generator. Bei einer Höchstlast, die erheblich über der Nennlast liegt, kann sich die Maschine nicht mehr selbst erregen; dabei fällt bei kleiner werdendem Lastwiderstand der Ankerstrom wieder ab. Der Kurzschlußstrom I_{ak} des Generators ist also relativ klein.

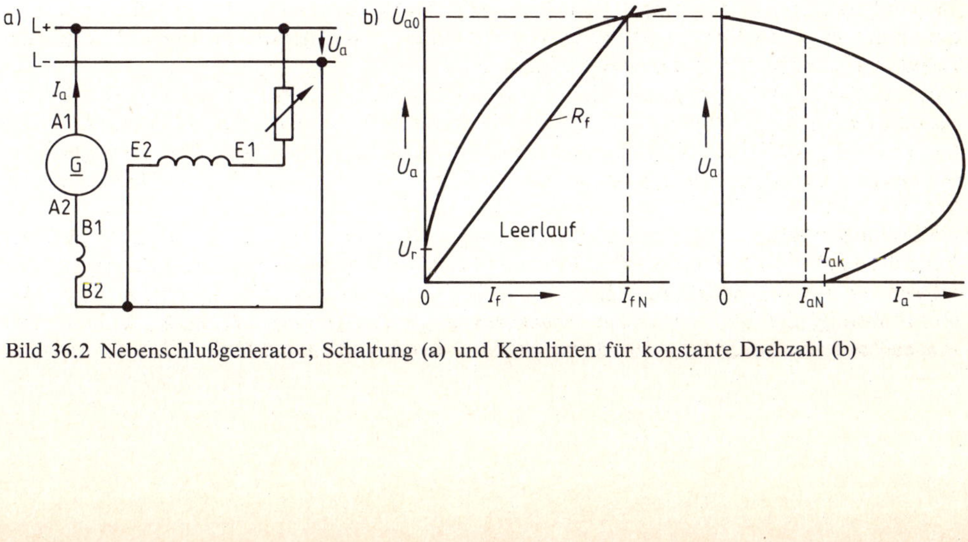

Bild 36.2 Nebenschlußgenerator, Schaltung (a) und Kennlinien für konstante Drehzahl (b)

Der Ankerstrom des *Reihenschlußgenerators* fließt auch durch die Erregerwicklung. Daher kann sich der Reihenschlußgenerator im Leerlauf nicht selbst erregen. Mit zunehmender Belastung nimmt die Klemmenspannung bis zur Sättigung zu. Bei weiter steigender Belastung bewirkt der Spannungsabfall an R_a einen Abfall der Belastungskennlinie.
Der **Doppelschlußgenerator,** der auch **Compoundgenerator** genannt wird, hat zusätzlich zur Nebenschlußwicklung noch eine Reihenschlußwicklung, durch deren zusätzliches Magnetfeld die von der Flußschwächung und vom Spannungsabfall am Ankerwiderstand herrührende Spannungsabsenkung ausgeglichen werden kann. Damit ist es möglich, die Klemmenspannung konstant zu halten, so daß sie von der Belastung unabhängig ist.

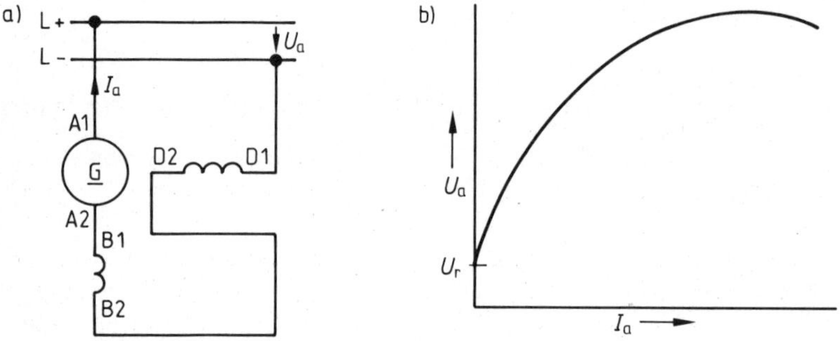

Bild 36.3 Reihenschlußgenerator, Schaltung (a) und Kennlinien für konstante Drehzahl (b)

37 Die Asynchronmaschine

37.1 Die prinzipielle Funktionsweise

Die Drehstrom-Asynchronmaschine gehört zur Gruppe der Drehfeldmaschinen: Eine Drehstromwicklung im *Ständer* erzeugt ein Drehfeld, das mit der synchronen Drehzahl $n_s = f/p$ umläuft (s. Abschn. 32.2). Die Drehfelddrehzahl wird also durch die Netzfrequenz f und die Polpaarzahl p der Maschine bestimmt.
Der Läufer bzw. *Rotor* der Drehstrom-Asynchronmaschine trägt eine Drehstrom-Wicklung mit der gleichen Polpaarzahl p. Eine Leiterschleife dieser Wicklung ist in Bild 37.1 dargestellt. Wird der Läufer mit der Drehfeld-Drehzahl $n = n_s$ angetrieben, dann umfaßt die mit

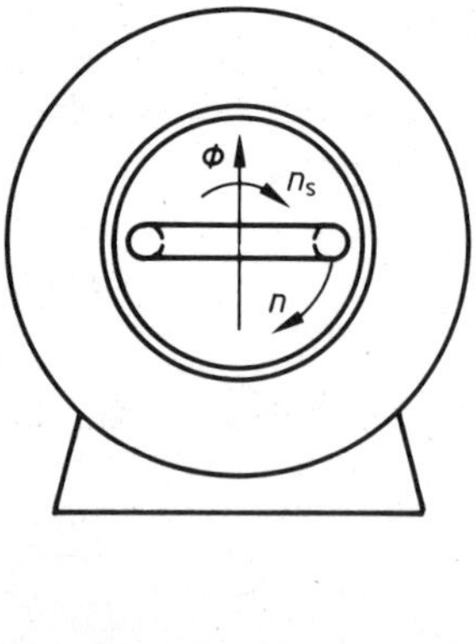

Bild 37.1 Zum Induktionsvorgang in einer Leiterschleife der Läuferwicklung einer Asynchronmaschine

dem Drehfeld synchron rotierende Leiterschleife immer den gleichen Fluß Φ; dabei wird in ihr keine Spannung induziert. Ist dagegen die Drehzahl n des Läufers ungleich der Drehfelddrehzahl n_s, so wird jede Leiterschleife der Läuferwicklung von einem zeitabhängigen Fluß $\Phi(t)$ durchsetzt, und in der Läuferwicklung wird eine Spannung induziert.
Für den Induktionsvorgang ist entscheidend, daß Drehfeld und Läufer mit *unterschiedlicher* Drehzahl, also *nicht* synchron rotieren; hiervon rührt auch die Bezeichnung **Asynchronmaschine** her.
Die Leiterschleife dreht sich, vom Drehfeld aus gesehen, mit der Drehzahl $n_s - n$. Bei Motorbetrieb ist $n_s > n$; die Drehzahldifferenz $n_s - n$ ist hierbei positiv. Die *Frequenz* f_r der im Läufer induzierten Spannung ist dieser Drehzahldifferenz proportional:

$$f_r = p(n_s - n) \tag{37.1}$$

Mit der Kreisfrequenz $\omega_r = 2\pi f_r$ der Läuferspannung ergibt sich gemäß Gl. (15.11) die in der Leiterschleife induzierte Spannung u_r:

$$u_r = \Phi_{max}\omega_r \cdot (-\sin \omega_r t) \tag{37.2}$$

Die in der Drehstromwicklung des Läufers fließenden Ströme erzeugen ebenfalls ein Drehfeld, das sich relativ zum Läufer mit der Drehzahl $n_r = f_r/p$ bewegt. Da sich der Läufer selbst mit der Drehzahl n dreht, rotiert das Läuferdrehfeld insgesamt mit der Drehzahl n_s:

$$n + n_r = n + f_r/p = n + p \cdot (n_s - n)/p = n_s \tag{37.3}$$

Das von der Läuferwicklung erzeugte Drehfeld rotiert also stets mit derselben Drehzahl wie das von der Ständerwicklung erzeugte Drehfeld.

37.2 Die Ersatzschaltung

Da die von der Ständer- und von der Läuferwicklung erzeugten Drehfelder in gleicher Weise wie die (allerdings nicht rotierenden) Wechselfelder eines Transformators zusammenwirken, liegt es nahe, die Asynchronmaschine rechnerisch ähnlich wie den Transformator zu behandeln: Die Ständerwicklung entspricht dem Primärkreis, die Läuferwicklung dem Sekundärkreis des Transformators. Die in Bild 31.3 b dargestellte Ersatzschaltung des Transformators kann, mit einer Kurzschlußverbindung zwischen den Sekundärklemmen, sinngemäß auch für einen Strang der Drehstrom-Asynchronmaschine verwendet werden.
Im Unterschied zum Transformator ist jedoch bei der Asynchronmaschine die Läuferfrequenz f_r i. allg. ungleich der Frequenz f des Netzes, an welche die Ständerwicklung angeschlossen ist. Der Quotient aus beiden Frequenzen wird **Schlupf** s genannt:

$$s = \frac{f_r}{f} = \frac{p(n_s - n)}{p n_s} = \frac{n_s - n}{n_s} \tag{37.4}$$

Bei Stillstand des Läufers ($n = 0$) hat der Schlupf den Wert $s = 1$. In diesem Betriebszustand wird in der Läuferwicklung die **Läuferstillstandsspannung** U_{rh0} induziert, welche wegen $s = 1$ die Frequenz $f_r = s\,f = f$ aufweist.

Wenn sich der Läufer dreht ($n \neq 0$), dann weicht der Effektivwert der im Läufer induzierten Spannung U_{rh} gemäß Gl. (37.2) von dem der Stillstandsspannung ab:

$$U_{\mathrm{rh}} = \frac{\omega_{\mathrm{r}}}{\omega} U_{\mathrm{rh0}} = \frac{s \cdot 2\pi f}{2\pi f} U_{\mathrm{rh0}} = s U_{\mathrm{rh0}} \tag{37.5}$$

Die Streureaktanz $\omega_{\mathrm{r}} L_{\mathrm{r}\sigma} = s\omega L_{\mathrm{r}\sigma}$ des Läuferstranges ist ebenfalls von der Läuferkreisfrequenz ω_{r} abhängig. Da definitionsgemäß $X_{\mathrm{r}\sigma} = \omega L_{\mathrm{r}\sigma}$ gesetzt wird, ist in der Ersatzschaltung (Bild 37.2) die Streureaktanz $sX_{\mathrm{r}\sigma} = \omega_{\mathrm{r}} L_{\mathrm{r}\sigma}$ eingetragen.

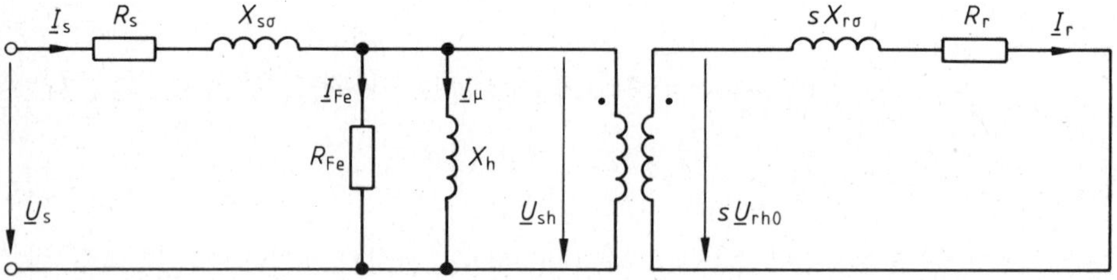

Bild 37.2 Ersatzschaltung für einen Strang der Drehstrom-Asynchronmaschine

Die Ersatzschaltung wird in zwei Schritten umgewandelt:

1) Die Größen des Läuferkreises werden auf die Ständerfrequenz f umgerechnet: Der Effektivwert I_{r} des Läuferstromes bleibt unverändert, wenn sowohl die Spannung sU_{rh0} als auch die Widerstände des Läuferkreises durch den Schlupf s dividiert werden. Nach dieser Umrechnung speist die Spannung U_{rh0} die Widerstände R_{r}/s und $X_{\mathrm{r}\sigma} = \omega L_{\mathrm{r}\sigma}$.

2) Wie beim Transformator werden die Größen des »Sekundärkreises« (also des Läuferkreises) mit Hilfe des »Übersetzungsverhältnisses« $U_{\mathrm{sh}}/U_{\mathrm{rh0}}$ umgerechnet, so daß der idealisierte Transformator entfallen kann. Die umgerechneten Größen werden durch einen Strich (′) gekennzeichnet.

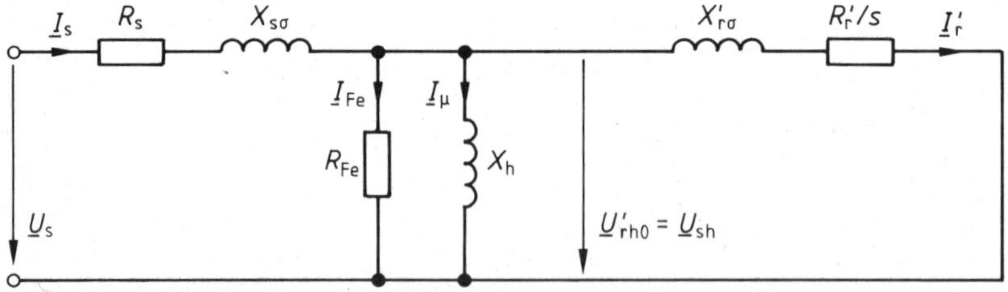

Bild 37.3 Ersatzschaltung für einen Strang der Drehstrom-Asynchronmaschine nach der Umrechnung der Läufergrößen

37.3 Energiefluß und Leistungsbilanz

Die Asynchronmaschine arbeitet, von wenigen Ausnahmen abgesehen, im *Motorbetrieb*. Dabei entnimmt sie dem Netz die Wirkleistung

$$P_1 = P_s = \sqrt{3}\, U_s I_s \cos\varphi \ , \tag{37.6}$$

die der Ständerwicklung zugeführt wird. Die im Ständer entstehenden Stromwärmeverluste werden auch als *Kupferverluste* $P_{1\,Cu}$ bezeichnet. Außerdem werden die *Eisenverluste* P_{Fe} dem Ständer zugeordnet. Die Summe dieser Verluste ergibt die *Ständerverlustleistung* P_{vs}:

$$P_{vs} = P_{1\,Cu} + P_{Fe} \tag{37.7}$$

Auf den Läufer wird über den Luftspalt die **Luftspaltleistung** übertragen, die auch als **innere Leistung** P_i bezeichnet wird:

$$P_i = P_1 - P_{vs} \tag{37.8}$$

Die innere Leistung P_i erfaßt die Verluste in der Läuferwicklung und die mechanische Leistung. Die innere Leistung ist die Wirkleistung, die durch den Strom

$$I_r' = \frac{U_{r\,h0}'}{\sqrt{(R_r'/s)^2 + X_{r\sigma}'^2}} \tag{37.9}$$

im OHMschen Widerstand R_r'/s entsteht (in $X_{r\sigma}'$ entsteht lediglich Blindleistung):

$$P_i = 3\,\frac{R_r'}{s}\,I_r'^2 \tag{37.10}$$

Der Faktor 3 ist in dieser Gleichung zu setzen, weil die Drehstrom-Asynchronmaschine *drei* Stränge hat. Ein Teil der inneren Leistung wird im OHMschen Widerstand R_r' der Läuferwicklung in Wärme umgewandelt. Diese Stromwärmeverluste werden auch *Kupferverluste* $P_{2\,Cu}$ genannt:

$$P_{2\,Cu} = 3\,R_r' I_r'^2 \tag{37.11}$$

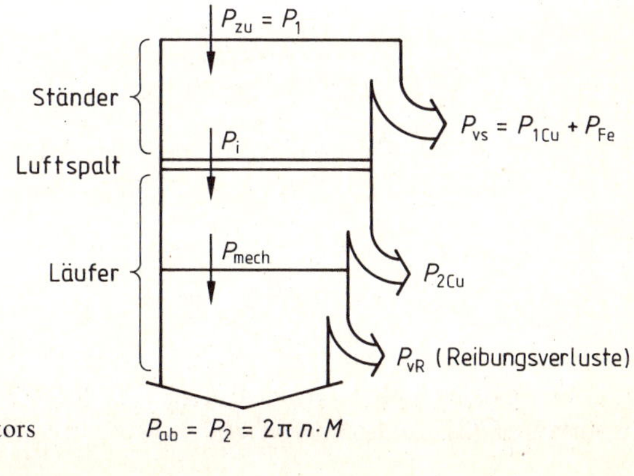

Bild 37.4 Leistungsbilanz des Asynchronmotors

Durch Einsetzen dieser Gleichung in die Gl. (37.10) erhält man den Zusammenhang zwischen der inneren Leistung und den Kupferverlusten $P_{2\mathrm{Cu}}$:

$$P_\mathrm{i} = \frac{P_{2\mathrm{Cu}}}{s} \tag{37.12}$$

Die Differenz aus der inneren Leistung P_i und den Kupferverlusten $P_{2\mathrm{Cu}}$ ist die **mechanische Leistung** P_mech. Durch Einsetzen der nach $P_{2\mathrm{Cu}}$ aufgelösten Gl. (37.12) in die Gl. (37.13) erhält man die mechanische Leistung in Abhängigkeit vom Schlupf und von der inneren Leistung:

$$P_\mathrm{mech} = P_\mathrm{i} - P_{2\mathrm{Cu}} = P_\mathrm{i} - sP_\mathrm{i} = (1-s)P_\mathrm{i} = 3\,\frac{1-s}{s}\,R'_\mathrm{r} I'^2_\mathrm{r} \tag{37.13}$$

Ein geringer Teil dieser Leistung wird zur Deckung der Reibungsverluste P_vR benötigt, der Rest ist an der Welle als *Nutzleistung* P_2 verfügbar:

$$P_2 = P_\mathrm{mech} - P_\mathrm{vR} \tag{37.14}$$

37.4 Das Drehmoment

An der Welle der Asynchronmaschine steht das Drehmoment

$$M = \frac{P_2}{2\pi n} \tag{37.15}$$

zur Verfügung. Das **innere Moment** M_i ist um den »Reibungsanteil« M_R größer als das Drehmoment M:

$$M_\mathrm{i} = M + M_\mathrm{R} = \frac{P_2 + P_\mathrm{vR}}{2\pi n} = \frac{P_\mathrm{mech}}{2\pi n} \tag{37.16}$$

In diese Gleichung wird nun die Gl. (37.13) und die nach der Drehzahl n aufgelöste Gl. (37.4) eingesetzt:

$$M_\mathrm{i} = \frac{(1-s)P_\mathrm{i}}{2\pi(1-s)n_\mathrm{s}} = \frac{P_\mathrm{i}}{2\pi n_\mathrm{s}} \tag{37.17}$$

Das innere Moment ist der inneren Leistung proportional, da der Faktor $(2\pi n_\mathrm{s})$ konstant ist. Setzt man die Gln. (37.10 und 37.9) in die Gl. (37.17) ein, so kann man erkennen, daß das innere Moment bei konstantem Schlupf s quadratisch von der Spannung U'_rh0 abhängt:

$$M_\mathrm{i} = \frac{3R'_\mathrm{r}/s}{(R'_\mathrm{r}/s)^2 + X'^2_\mathrm{r\sigma}} \cdot \frac{U'^2_\mathrm{rh0}}{2\pi n_\mathrm{s}} \tag{37.18}$$

In grober Näherung ist U'_rh0 etwa gleich der Ständerspannung U_s. Läßt man auch den »Reibungsanteil« M_R unberücksichtigt, so ergibt sich, daß $M \sim U_\mathrm{s}^2$ ist.

37.5 Die Stromortskurven

Eine vereinfachte Ersatzschaltung für eine näherungsweise Berechnung der Asynchronmaschine ergibt sich, wenn man die Widerstände des Ständerkreises als näherungsweise vom (auf den Ständer umgerechneten) Läuferstrom durchflossen annimmt. Damit können die Widerstände R_s und R'_r/s sowie die Streureaktanzen $X_{s\sigma}$ und $X'_{r\sigma}$ zusammengefaßt werden:

$$R = R_s + R'_r/s \tag{37.19}$$

$$X = X_{s\sigma} + X'_{r\sigma} \tag{37.20}$$

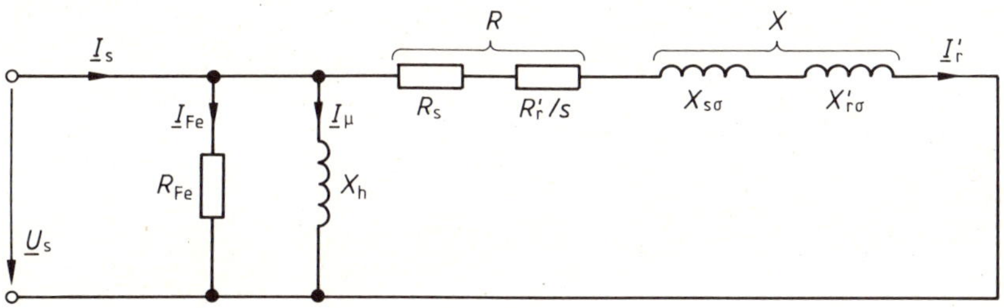

Bild 37.5 Vereinfachte Ersatzschaltung der Asynchronmaschine

Wie in Abschn. 26.4 gezeigt wird, ist die Ortskurve eines Stromes, der durch die an konstanter Spannung liegende Reihenschaltung eines OHMschen Widerstandes $0 \leq R \leq \infty$ und einer Reaktanz X fließt, ein Halbkreis. Wegen der Abhängigkeit des Widerstands R vom Schlupf ist auch der Läuferstrom $\underline{I}'_r$ nach Betrag und Phasenlage vom Schlupf s abhängig. Da sich aber für den Bereich $0 \leqq s < \infty$ der Widerstand nur im Bereich $\infty > R \geqq R_s$ ändert, ist die Ortskurve des Stromes lediglich der zwischen Ursprung und Schnitt mit der Luftspaltlinie liegende Teil des Halbkreises (Bild 37.6).

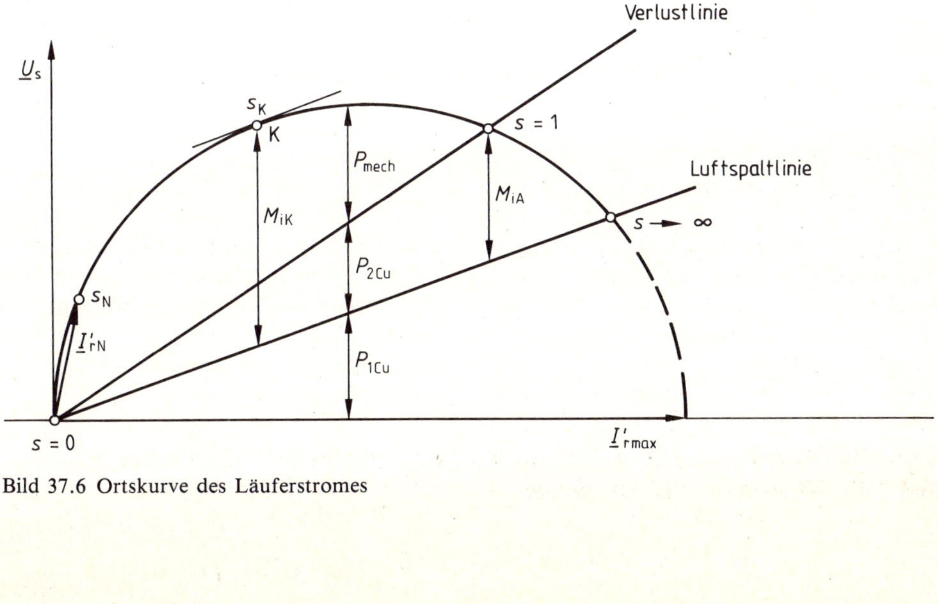

Bild 37.6 Ortskurve des Läuferstromes

Für $s = 0$, also synchronen Lauf von Läufer und Ständerdrehfeld ($n = n_s$), ist $R \to \infty$ und damit $I'_r = 0$. Für $s = 1$, also Stillstand des Läufers, ist $R = R_s + R'_r$; die Maschine arbeitet als kurzgeschlossener Transformator.
In einem Strang der Maschine wird im Widerstand R die Leistung $U_s I'_r \cos \varphi_r$ umgesetzt; dabei ist $I'_r \cos \varphi_r$ die Projektion des Stromzeigers auf die $\underline{U}_s$-Achse. Die Leistung der gesamten Maschine, die drei Stränge besitzt, ist um den Faktor 3 größer als die Leistung eines Stranges:

$$P_{1\,Cu} + P_{2\,Cu} + P_{mech} = 3\,U_s I'_r \cos \varphi_r \tag{37.21}$$

Bei konstanter Spannung U_s ist die Leistung dem Wirkstrom proportional; sie kann dann auch anstelle des Wirkstromes $I'_r \cos \varphi_r$ als Senkrechte zwischen Abszisse und Halbkreis eingetragen werden, wie dies für einen willkürlich gewählten Schlupfwert in Bild 37.6 geschehen ist. Die drei Leistungsanteile gemäß Gl. (37.21) sind durch die Luftspaltlinie und die Verlustlinie voneinander getrennt: Der Leistungsanteil oberhalb der Luftspaltlinie ist die innere Leistung $P_i = P_{2\,Cu} + P_{mech}$, die über den Luftspalt auf den Läufer übertragen wird. Die Verlustlinie trennt die mechanische Leistung P_{mech} von den Verlusten $P_{1\,Cu}$ und $P_{2\,Cu}$.
Das innere Moment M_i ist gemäß Gl. (37.17) der inneren Leistung P_i proportional; es hat im Punkt K, in dem eine Parallele zur Luftspaltlinie den Kreis tangiert, das Maximum M_{iK}. Subtrahiert man von M_{iK} den »Reibungsanteil« M_R, so erhält man das **Kippmoment** M_K. Der zugehörige Schlupf wird **Kippschlupf** s_K genannt.

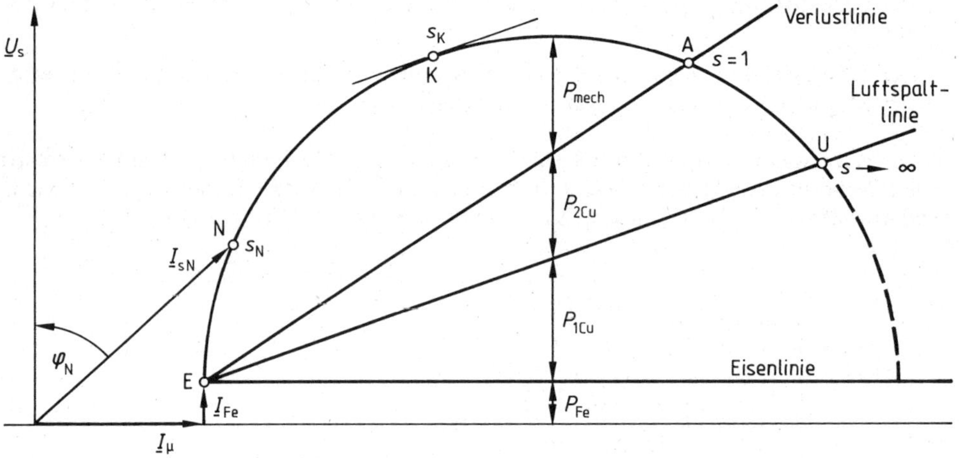

Bild 37.7 Ortskurve des Ständerstromes (HEYLANDkreis)

Ein Motor kann z. B. ein Drehmoment, das größer als das Kippmoment ist, nicht aufbringen. Nach VDE 0530 muß das Kippmoment eines Motors mindestens den 1,6-fachen Wert des Nennmoments aufweisen. Der Quotient aus Kippmoment und Nennmoment, welches der Motor beim Nennschlupf s_N entwickelt, wird (Drehmoment-)**Überlastbarkeit** $ü$ genannt:

$$ü = \frac{M_K}{M_N} \tag{37.22}$$

Die Ortskurve des Ständerstromes erhält man näherungsweise aus der Ortskurve des Läuferstromes dadurch, daß man zu jedem Wert des Läuferstromes $\underline{I}'_r$ den Strom $\underline{I}_{Fe}$ und den Magnetisierungsstrom $\underline{I}_\mu$ addiert:

$$\underline{I}_s = \underline{I}_{Fe} + \underline{I}_\mu + \underline{I}'_r \qquad (37.23)$$

Der infolge der Eisenverluste fließende Strom $\underline{I}_{Fe}$ ist mit der Spannung $\underline{U}_s$ in Phase, der Magnetisierungsstrom $\underline{I}_\mu$ eilt der Spannung $\underline{U}_s$ um 90° nach. Der Zeiger der Stromsumme $\underline{I}_{Fe} + \underline{I}_\mu$ endet im Punkt E. Die Eisenlinie, die durch diesen Punkt geht und senkrecht auf dem Spannungszeiger steht, trennt die Eisenverluste von den übrigen Verlusten.
Die Ortskurve des Ständerstromes (Bild 37.7), die erstmals von HEYLAND angegeben wurde, wird auch **HEYLANDkreis** genannt.

37.6 Die Kennlinien

In Bild 37.8 sind einige Größen, die man der Stromortskurve entnehmen kann, über der Nutzleistung P_2 aufgetragen. Dabei lassen sich folgende Abhängigkeiten erkennen:

- Die Drehzahl nimmt wie beim Gleichstrom-Nebenschlußmotor mit zunehmender Leistung nur wenig ab; man spricht dabei von Nebenschluß-Charakteristik.
- Der Wirkungsgrad ist zwischen Halblast und Nennlast etwa konstant, er nimmt bei Überlast ab.
- Der Leistungsfaktor $\cos\varphi$ ist bei $P_2 < 0{,}5\,P_{2N}$ erheblich kleiner als der maximale Wert. Der Motor sollte deshalb nicht stark unterbelastet laufen.

Wie bereits erwähnt, ist das innere Moment M_i um den »Reibungsanteil« M_R größer als das an der Welle zur Verfügung stehende Drehmoment M. Aus diesem Grund weicht die Kurve $M(s)$ von der Kurve $M_i(s)$ ab, die sich dem HEYLANDkreis entnehmen läßt.

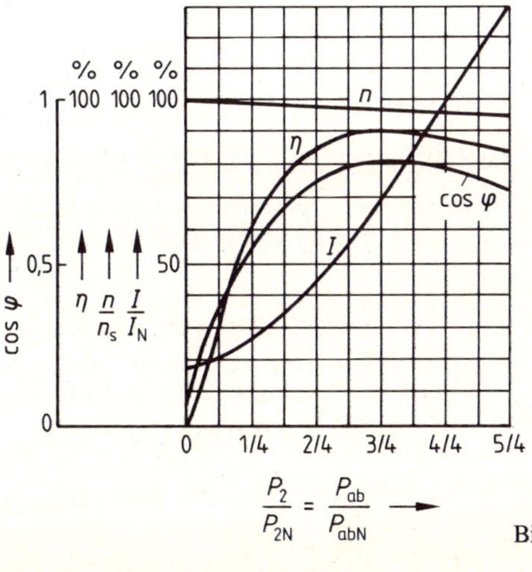

Bild 37.8 Kennlinien eines Drehstrom-Asynchronmotors

Bild 37.9 zeigt eine normierte Darstellung des Drehmoments M der Asynchronmaschine in Abhängigkeit von der Drehzahl n bzw. vom Schlupf s. Dabei sind drei Bereiche zu erkennen:

- Bei $0 < s < 1$ arbeitet die Asynchronmaschine als Motor, sie nimmt Leistung aus dem Netz auf und gibt eine Leistung ab ($P_2 > 0$).
- Bei $1 < s < \infty$ nimmt die Asynchronmaschine nicht nur elektrische Leistung aus dem speisenden Netz, sondern auch eine mechanische Leistung auf ($P_2 < 0$); man bezeichnet den dabei vorliegenden Betrieb als **Bremsbetrieb.**
- Bei $-1 < s < 0$ nimmt die Asynchronmaschine an der Welle eine Leistung auf ($P_2 < 0$) und gibt elektrische Leistung ab; in diesem Betriebsbereich arbeitet sie als Generator.

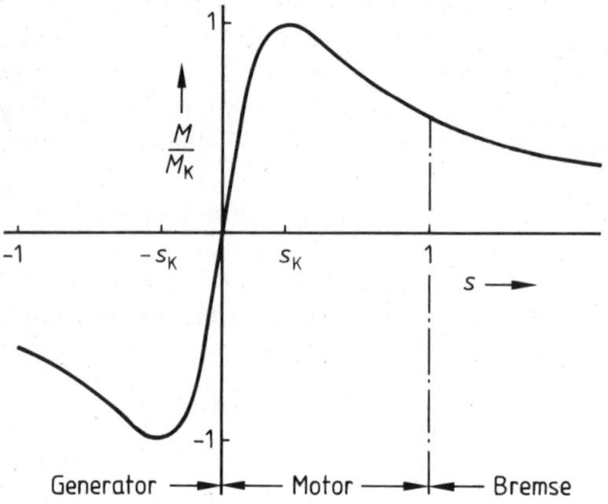

Bild 37.9
Betriebsbereiche der Asynchronmaschine

Der Schlupf s eines Asynchronmotors beträgt im Nennbetrieb einige Prozent. Wenn z. B. die Frequenz f und die Nenndrehzahl n_N gegeben sind, können damit die Polpaarzahl p und die Synchrondrehzahl n_s berechnet werden. Dazu wird die nach der Drehzahl $n_N = (1 - s_N) n_s$ aufgelöste Gl. (37.4) in die nach der Polpaarzahl p aufgelöste Gl.(32.1) eingesetzt:

$$p = \frac{f}{n_s} = \frac{f}{n_N}(1 - s_N) \qquad (37.24)$$

Der Quotient aus f und n_N ist um einige Prozent größer als die Polpaarzahl p, die als ganze Zahl durch Abrunden des Quotienten f/n_N ermittelt werden kann.

Beispiel 37.1: Auf dem Leistungsschild eines Drehstrom-Asynchronmotors sind die Frequenz 50 Hz und die Nenndrehzahl 1450 min^{-1} angegeben. Welche Polpaarzahl p, welche Synchrondrehzahl n_s und welchen Nennschlupf s_N hat der Motor?

Die Polpaarzahl p ist die größte ganze Zahl, die kleiner als

$$\frac{f}{n_N} = \frac{50 \cdot \text{min}}{\text{s} \cdot 1450} = \frac{50 \cdot 60\,\text{s}}{\text{s} \cdot 1450} = 2{,}07 \text{ ist} \rightarrow p = 2\,; \quad n_s = \frac{f}{p} = \frac{50}{\text{s} \cdot 2} = 25\frac{1}{\text{s}} = 25\,\frac{60\,\text{s}}{\text{min}} = 1500\,\frac{1}{\text{min}}$$

$$s_N = \frac{n_s - n_N}{n_s} = \frac{1500 - 1450}{1500} = 0{,}0333 = 3{,}33\%$$

37.7 Leerlauf- und Kurzschlußversuch

Wie beim Transformator können auch bei der Asynchronmaschine wichtige Kenndaten aus dem Leerlauf- und dem Kurzschlußversuch ermittelt werden.
Bei *Leerlauf* der Asynchronmaschine können wegen der niedrigen Ströme die Kupferverluste im Ständer und im Läufer vernachlässigt werden. Die Leerlaufverluste P_0 setzen sich aus den Eisenverlusten P_{Fe} und den Reibungsverlusten P_{vR} zusammen:

$$P_0 = P_{Fe} + P_{vR} \tag{37.25}$$

Eine Trennung dieser Verluste ist dann möglich, wenn man mehrere Werte von P_0 bei unterschiedlichen Spannungswerten mißt, da die Drehzahl und damit die Reibungsverluste praktisch nicht von der Spannung abhängig sind, während die Eisenverluste mit U_s^2 anwachsen. Trägt man die Leerlaufverluste P_0 über U_s^2 auf, dann ergibt sich eine Gerade, nach deren Extrapolation bis zum Wert $U_s = 0$ die Reibungsverluste an der Ordinate abgelesen werden können.

Beispiel 37.2: Auf dem Leistungsschild eines Drehstrom-Asynchronmotors sind folgende Nennwerte angegeben: 2,2 kW; 220 V; Y; 8,7 A; $\cos\varphi = 0{,}84$; 1450 min^{-1}. Bei Leerlauf wird folgende Meßreihe aufgenommen:

U_s in V	160	180	200	220
P_0 in W	220	247	277	310

Außerdem wird bei $U_s = 220$ V der Leerlaufstrom 4,5 A gemessen. Es sind die in Bild 37.4 dargestellten Leistungen und der Wirkungsgrad η für Nennlast zu berechnen.

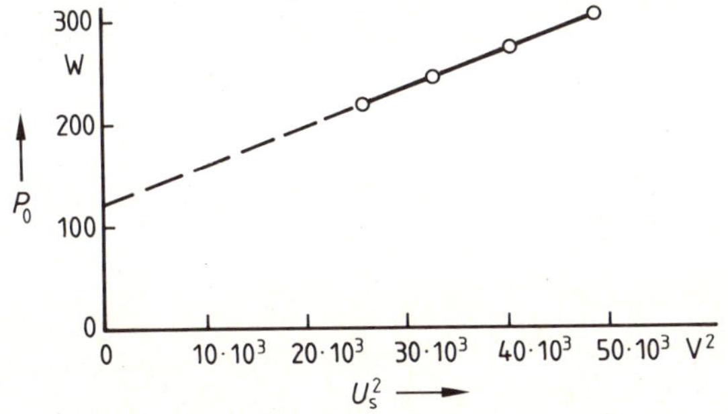

Bild 37.10 Leerlaufverluste als Funktion von U_s^2

Die Leerlaufverluste P_0 werden über U_s^2 aufgetragen und durch eine Gerade verbunden, die bis zur Ordinate verlängert wird (Bild 37.10); dort wird abgelesen:

$$P_{vR} = 120 \text{ W}$$

Für Nennspannung wird mit Gl. (37.25) berechnet:

$$P_{Fe} = P_0 - P_{vR} = 310 \text{ W} - 120 \text{ W} = 190 \text{ W}$$

Mit $P_2 = 2{,}2\,\mathrm{kW}$ ergibt sich gemäß Gl. (37.14):

$P_{\mathrm{mech}} = P_2 + P_{\mathrm{vR}} = 2200\,\mathrm{W} + 120\,\mathrm{W} = 2320\,\mathrm{W}$

Der Schlupf $s = s_{\mathrm{N}} = 0{,}0333$ wurde im Beispiel 37.1 berechnet.

innere Leistung: $P_{\mathrm{i}} = \dfrac{P_{\mathrm{mech}}}{1-s} = \dfrac{2320\,\mathrm{W}}{1-0{,}0333} = 2400\,\mathrm{W}$ (s. Gl. 37.13)

Kupferverluste im Läufer: $P_{2\mathrm{Cu}} = P_{\mathrm{i}} - P_{\mathrm{mech}} = 2400\,\mathrm{W} - 2320\,\mathrm{W} = 80\,\mathrm{W}$ (s. Gl. 37.13)

$P_1 = \sqrt{3}\,U_{\mathrm{s}} I_1 \cos\varphi = \sqrt{3} \cdot 220\,\mathrm{V} \cdot 8{,}7\,\mathrm{A} \cdot 0{,}84 = 2785\,\mathrm{W}$

Kupferverluste im Ständer (s. Gln. 37.7 und 37.8):

$P_{1\mathrm{Cu}} = P_1 - P_{\mathrm{i}} - P_{\mathrm{Fe}} = 2785\,\mathrm{W} - 2400\,\mathrm{W} - 190\,\mathrm{W} = 195\,\mathrm{W}$

$\eta = \dfrac{P_2}{P_1} = \dfrac{2200\,\mathrm{W}}{2785\,\mathrm{W}} = 0{,}79$

Beim Kurzschlußversuch wird der kurzgeschlossene Läufer festgebremst; bei der Drehzahl $n = 0$ hat der Schlupf den Wert $s = 1$.
Der Kurzschlußversuch wird mit einer Spannung $U_{\mathrm{k}} \ll U_{\mathrm{s}}$ durchgeführt, bei welcher etwa der Nennstrom fließt (bei Nennspannung würde sich die Maschine zu stark erwärmen).
Mit dem Meßwert I_{kV} des Kurzschlußversuchs kann näherungsweise der Kurzschlußstrom berechnet werden, der in der Ständerwicklung bei der Nennspannung U_{s} fließen würde; dieser Strom ist der Anlaufstrom I_{A} (beim Anlauf ist $n = 0$ wie beim Kurzschluß):

$$I_{\mathrm{A}} = \frac{U_{\mathrm{s}}}{U_{\mathrm{k}}} I_{\mathrm{kV}} \tag{37.26}$$

Aus den Meßwerten von Leerlauf- und Kurzschlußversuch kann mit Hilfe der Nennwerte die Stromortskurve konstruiert werden. Zunächst werden die Zeiger der Ströme für Leerlauf, Nennbetrieb und Anlauf in ein Diagramm eingetragen, wodurch man die Punkte L, N und A erhält. Dann werden je zwei dieser Punkte miteinander verbunden, und auf den Verbindungsstrecken wird die Mittelsenkrechte errichtet. Die Mittelsenkrechten schneiden sich im Mittelpunkt M des HEYLANDkreises.
In grober Näherung werden die Reibungsverluste P_{vR} den Eisenverlusten P_{Fe} zugeschlagen; infolge dieser Näherung fällt der Punkt E, in dem sich die Verlust-, die Luftspalt- und die Eisenlinie schneiden, mit dem Punkt L zusammen.
Da die Eisenverluste beim Kurzschlußversuch wegen $P_{\mathrm{Fe}} \sim U_{\mathrm{s}}^2$ und $U_{\mathrm{k}} \ll U_{\mathrm{s}}$ vernachlässigt werden können, entspricht die Strecke $\overline{AC}$ (Bild 37.11) den gemessenen Kurzschlußverlusten P_{k}, während die Strecke $\overline{BC}$ den Kupferverlusten $P_{1\mathrm{Cu}}$ in der Ständerwicklung entspricht; damit läßt sich der Punkt B ermitteln, welcher auf der Luftspaltlinie liegt.

Beispiel 37.3: Für den Motor aus Beispiel 37.2, an dem im Leerlauf der Strom $I_0 = 4{,}5\,\mathrm{A}$ gemessen wurde, werden beim Kurzschlußversuch bei $U_{\mathrm{k}} = 50\,\mathrm{V}$ der Strom $I_{\mathrm{kV}} = 8{,}7\,\mathrm{A}$ und die Leistung $P_{\mathrm{k}} = 350\,\mathrm{W}$ gemessen. Mit Hilfe dieser Meßwerte ist der HEYLANDkreis zu konstruieren, aus dem das Anlaufmoment, das Kippmoment und die Überlastbarkeit $\ddot{u}$ berechnet werden sollen.

$\cos\varphi_0 = \dfrac{P_0}{\sqrt{3}\,U_{\mathrm{s}} I_0} = \dfrac{310\,\mathrm{W}}{\sqrt{3} \cdot 220\,\mathrm{V} \cdot 4{,}5\,\mathrm{A}} = 0{,}181$; $\varphi_0 = \arccos 0{,}181 = 79{,}6°$

$\varphi_N = \arccos 0{,}84 = 32{,}9°$

$$\cos\varphi_A = \frac{P_k}{\sqrt{3}\,U_s I_{kV}} = \frac{350\ \mathrm{W}}{\sqrt{3}\cdot 50\ \mathrm{V}\cdot 8{,}7\ \mathrm{A}} = 0{,}465\ ; \qquad \varphi_A = \arccos 0{,}465 = 62{,}3°$$

$$I_A = \frac{U_s}{U_k}\, I_{kV} = \frac{220\ \mathrm{V}}{50\ \mathrm{V}}\cdot 8{,}7\ \mathrm{A} = 38{,}3\ \mathrm{A}$$

Nach der Wahl eines Strommaßstabs werden die Ströme aufgetragen. Auf der Verbindungsgeraden von je zwei Punkten wird die Mittelsenkrechte errichtet. Die in Bild 37.11 gestrichelt eingetragenen Mittelsenkrechten schneiden sich im Mittelpunkt M des HEYLANDkreises.

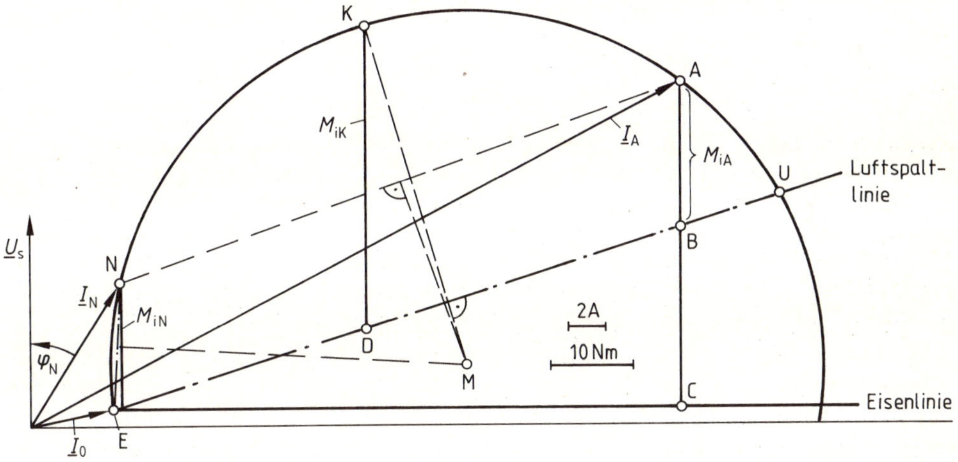

Bild 37.11 Stromortskurve zu Beispiel 37.3

Die Strecke $\overline{AC}$ wird im Verhältnis $\overline{AC}/\overline{BC} = P_k/P_{1\,Cu} = 350/195$ aufgeteilt; dies ergibt den Punkt B auf der Luftspaltlinie.

Zwischen dem Kreis und der Luftspaltlinie kann das innere Moment abgelesen werden; das innere Moment M_i bei Nennbetrieb liefert dabei den Drehmomentmaßstab:

$$M_{iN} = \frac{P_{iN}}{2\pi n_s} = \frac{2400\ \mathrm{W}}{2\pi\cdot 25\ \mathrm{s}^{-1}} = 15{,}3\ \mathrm{Nm}$$

Die Synchrondrehzahl n_s wurde bereits im Beispiel 37.1 ermittelt. Beim Anlaufpunkt A bzw. beim Kippunkt K wird das innere Moment abgelesen:

$$M_{iA} = 15{,}3\ \mathrm{Nm}\cdot\frac{\overline{AB}}{\overline{NE}} = 17{,}9\ \mathrm{Nm}\ ; \qquad M_{iK} = 15{,}3\ \mathrm{Nm}\cdot\frac{\overline{KD}}{\overline{NE}} = 36{,}2\ \mathrm{Nm}$$

Da beim Anlauf ($n = 0$) keine Reibungsverluste auftreten, ist $M_A = M_{iA} = 17{,}9$ Nm. Für den Kippschlupf sind die Reibungsverluste unbekannt. Setzt man näherungsweise dieselben Reibungsverluste wie bei Nennschlupf an, so erhält man gemäß Gl. (37.16) den »Reibungsanteil« des Drehmoments:

$$M_R = \frac{P_{vR}}{2\pi n} = \frac{120\,\text{W}}{2\pi \cdot (1450/60)\,\text{s}^{-1}} = 0{,}79\,\text{Nm}$$

Damit ergibt sich näherungsweise:

$$M_k = M_{ik} - M_R = 36{,}2\,\text{Nm} - 0{,}79\,\text{Nm} = 35{,}4\,\text{Nm}$$

Mit dem Nennmoment

$$M_N = \frac{P_2}{2\pi n} = \frac{2200\,\text{W}}{2\pi \cdot (1450/60)\,\text{s}^{-1}} = 14{,}5\,\text{Nm}$$

wird die Überlastbarkeit berechnet: $ü = \frac{M_K}{M_N} = \frac{35{,}4\,\text{Nm}}{14{,}5\,\text{Nm}} = 2{,}44$

Die gemessene Stromortskurve weicht aus einigen Gründen vom theoretischen Verlauf ab:

- In der vereinfachten Ersatzschaltung (Bild 37.5), die dem HEYLANDkreis zugrundeliegt, sind nicht sämtliche Spannungsabfälle erfaßt (s. Kap. 37.5).
- Durch unterschiedliche Erwärmung bei den verschiedenen Strömen sind die OHMschen Widerstände der Wicklungen nicht konstant.
- Infolge der Stromverdrängung (s. Kap. 38.3) ist der OHMsche Widerstand der Läuferwicklung bei niedrigen Drehzahlen größer als bei der Nenndrehzahl.
- Die Reaktanzen sind nicht konstant, sondern von der Sättigung des Eisens abhängig.
- Die Netzspannung ist nicht genau sinusförmig, der Luftspalt hat infolge der Nutung örtlich unterschiedliche Werte, und die in Nuten untergebrachten Wicklungen erzeugen keinen exakt sinusförmigen Fluß.

Infolge dieser Effekte liegt z. B. der Mittelpunkt des in Bild 37.11 konstruierten HEYLANDkreises nicht auf der Eisenlinie.

38 Der Käfigläufer-Motor

38.1 Aufbau

Der Ständer jedes Asynchronmotors enthält die bereits in Abschn. 32.2 beschriebene Drehstromwicklung, die das umlaufende Drehfeld erzeugt. Die Spulen der Ständerwicklung werden in Nuten des Ständer-Blechpakets eingebracht.
Beim Käfigläufer-Motor befinden sich in den Nuten des Läufers massive Stäbe aus Kupfer bzw. Aluminium, die an den Stirnseiten durch Ringe kurzgeschlossen sind (Bild 38.1). Wegen dieser stets vorhandenen Kurzschlußverbindung wird der Käfigläufer-Motor auch **Kurzschlußläufer-Motor** genannt. Damit das Drehmoment nicht von der Läuferstellung abhängig ist, sind die Läufernuten und -stäbe gegenüber den Ständernuten schräggestellt (»geschränkt«).

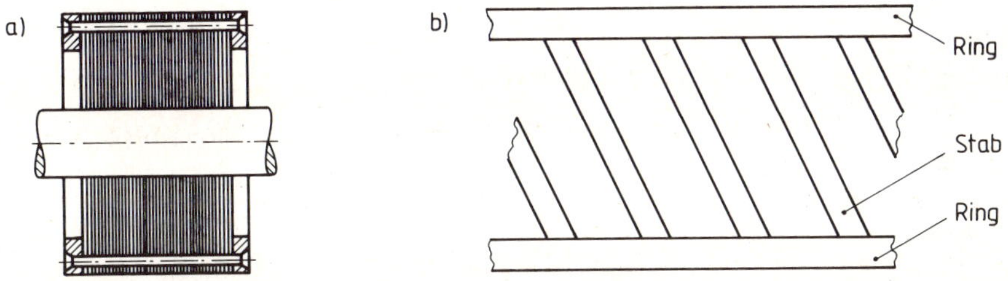

Bild 38.1 Käfigläufer:
a) Längsschnitt durch den Läufer b) Abwicklung des Käfigs

Bei kleineren Maschinen wird der Käfig aus Aluminium im Druckgußverfahren in die nicht isolierten Läufernuten gespritzt; da hierbei der Käfig mit den Kurzschlußringen und den Lüfterflügeln in einem Stück gefertigt wird, ergeben sich relativ niedrige Herstellungskosten. Der Käfigläufermotor ist für Leistungen >1 kW der meistgebaute Elektromotor; er ist nicht nur einfach und billig, sondern auch betriebssicher und praktisch wartungsfrei, denn außer den Lagern gibt es keine Verschleißteile.

Zwei Eigenschaften schränken die Anwendung des Käfigläufer-Motors ein:

- Die Drehzahl ist im wesentlichen nur von der Netzfrequenz und von der Polzahl des Motors abhängig. Eine Drehzahlstellung ist nur mit hohem Aufwand möglich.
- Beim Anlauf ist der Ständerstrom hoch, das Anlaufmoment jedoch verhältnismäßig niedrig.

Die Probleme, die sich aus diesen Eigenschaften ergeben, werden im folgenden behandelt.

38.2 Anlauf

Der Anlaufstrom eines Käfigläufer-Motors beträgt je nach Baugröße das 3- bis 7-fache des Nennstroms. Trotz des hohen Anlaufstromes ist das Drehmoment beim Anlauf relativ gering. Dies ist zum einen in dem großen Phasenverschiebungswinkel des Läuferstroms gegen die Läuferspannung beim Anlauf begründet; zum anderen sind beim Anlauf wegen des hohen

Anlaufstroms die Ständerverluste wesentlich höher als beim Nennbetrieb, wodurch ein geringerer Anteil der aufgenommenen Leistung P_1 über den Luftspalt auf den Läufer übertragen wird.

Beispiel 38.1: Für den Käfigläufer-Motor aus den Beispielen 37.2 und 37.3 sind die Leistungen, der Phasenverschiebungswinkel φ der Ständerspannung gegen den Ständerstrom und die Drehmomente für Nennbetrieb bzw. Anlauf in Tabellenform einander gegenüberzustellen. Außerdem sind die Anlauf-Verhältniswerte I_A/I_N und M_A/M_N zu berechnen.

Der OHMsche Widerstand eines Stranges der Ständerwicklung wird aus den Kupferverlusten im Ständer für Nennbetrieb berechnet:

$R_s = P_{1\,Cu}/(3 I_s^2) = 195\ W/(3 \cdot 8{,}7^2\ A^2) = 0{,}859\ \Omega$

	Nennbetrieb ($s = s_N$)	Anlauf ($s = 1$)
Ständerstrom I_s	8,7 A	38,3 A (s. Beispiel 37.3)
Phasenverschiebungswinkel φ	32,9°	62,3° (s. Beispiel 37.3)
$P_1 = \sqrt{3}\, U_s I_s \cos\varphi$	2785 W	6784 W
$P_{1\,Cu} = 3 R_s I_s^2$	195 W	3780 W
$P_{vs} = P_{1\,Cu} + P_{Fe}$	385 W	3970 W
$P_i = P_1 - P_{vs}$	2400 W	2814 W
P_i/P_1	0,862 = 86,2%	0,415 = 41,5%
$M_i = P_i/(2\pi n_s)$	15,3 Nm	17,9 Nm
$M = M_i - M_R$	14,5 Nm	17,9 Nm

Beim Anlauf hat der »Reibungsanteil« des Drehmoments den Wert $M_R = 0$. Mit den Ergebnissen werden die Anlauf-Verhältniswerte berechnet:

$$\frac{M_A}{M_N} = \frac{17{,}9\ \text{Nm}}{14{,}5\ \text{Nm}} = 1{,}23\ ; \qquad \frac{I_A}{I_N} = \frac{38{,}3\ \text{A}}{8{,}7\ \text{A}} = 4{,}4$$

Am öffentlichen Niederspannungsnetz 400 V dürfen nur kleinere Motoren bis etwa 5 kW direkt eingeschaltet werden; dadurch sollen störende Stromstöße, die Spannungsabsenkungen im Netz verursachen, vermieden werden. Die Technischen Anschlußbedingungen der Vereinigung Deutscher Elektrizitätswerke (VDEW) vom 1.4.1980 geben den zulässigen Anlaufstrom mit 60 A an. Ist der Anlaufstrom eines Motors nicht bekannt, so ist dafür das 8-fache des Nennstroms zu setzen.
Bild 38.2 zeigt die direkte Einschaltung eines Kurzschlußläufer-Motors. Die Schaltung der Ständerwicklung (Stern oder Dreieck) ist durch elektrisch leitende Verbindungen festgelegt und kann im Betrieb des Motors nicht geändert werden. Je nach Außenleiterspannung des Netzes sind folgende Schaltungsarten des Motors zulässig:

Netz 230 V – Motor 400 V (Stern) bzw. 230 V (Dreieck)
Netz 400 V – Motor 700 V (Stern) bzw. 400 V (Dreieck)

Motoren mit Nennleistungen > 5 kW dürfen nur bei herabgesetzter Spannung an das Netz geschaltet werden, damit der Einschaltstromstoß nicht zu groß ist. Im einfachsten Fall ist dies mit einem **Stern-Dreieck-Schalter** (Bild 38.3) möglich. Der Motor wird zunächst in der Sternschaltung an das Netz gelegt. Wenn er ungefähr die Nenndrehzahl erreicht hat, dann werden

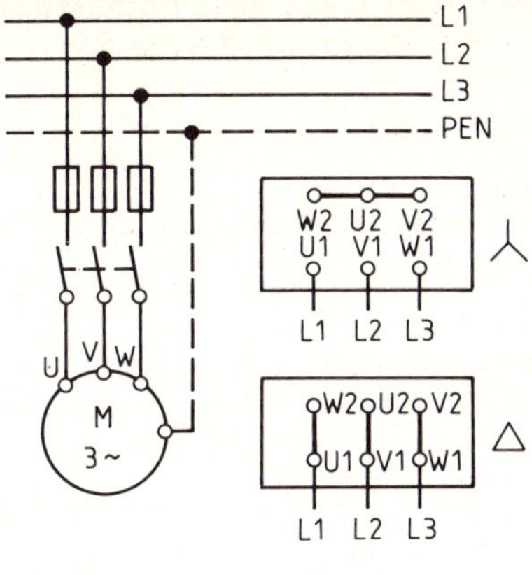

Bild 38.2 Direkte Einschaltung eines Kurzschlußläufer-Motors

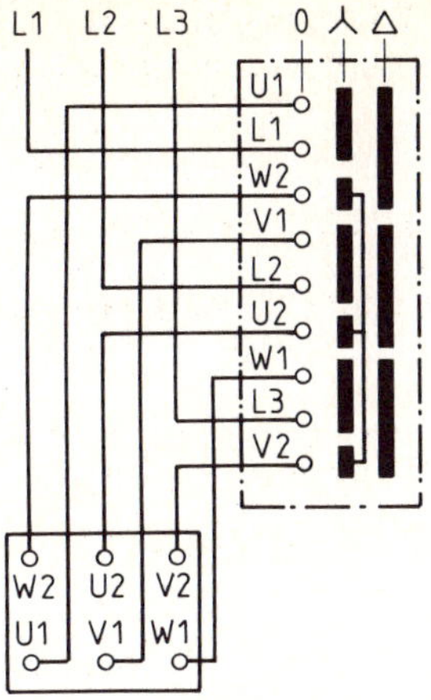

Bild 38.3 Stern-Dreieck-Schalter

für den Dauerbetrieb die Wicklungen in Dreieck umgeschaltet. Der Anlaufstrom beträgt bei Sternschaltung ein Drittel des Wertes, der bei direktem Einschalten in Dreieckschaltung aufträte. Nachteilig ist, daß das Drehmoment beim Anlauf in Sternschaltung nur ein Drittel des Wertes aufweist, den der Motor beim direkten Einschalten in Dreieckschaltung entwickelt; dies ist vor allem beim Anlauf unter Last zu beachten.
Beim *verstärkten Stern-Dreieck-Anlauf* wird zwischen Stern- und Dreieck-Schaltung noch eine weitere Stufe eingefügt (Bild 38.4): Jeder Strang der Wicklung wird hierbei in der Mitte angezapft. Infolge dieser Zwischenstufe wird der hohe Strom vermieden, der vor allem beim Anlauf unter Last entsteht, wenn direkt von Stern auf Dreieck umgeschaltet wird.

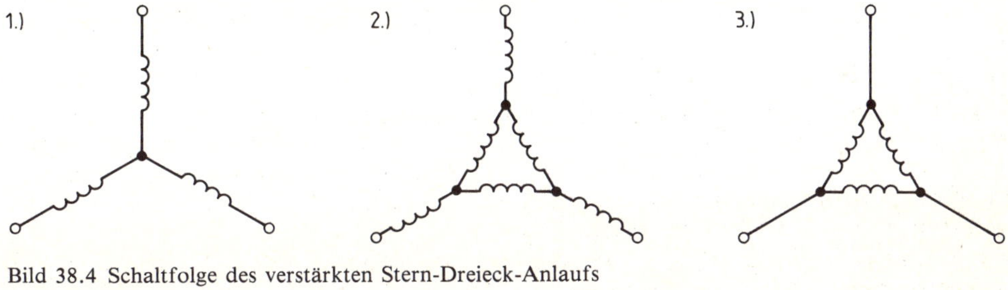

Bild 38.4 Schaltfolge des verstärkten Stern-Dreieck-Anlaufs

Wenn der Stern-Dreieck-Anlauf aus betrieblichen Gründen nicht zulässig ist, dann kommt für Motoren nicht zu hoher Leistung ein **Ständeranlasser** in Frage. Dabei werden in jeden Strang Widerstände bzw. Drosselspulen gelegt, die während des Anlaufs stufig abgeschaltet werden. Nach den Vorschriften der Elektrizitätswerke darf dabei die Leistung des Motors 15 kW nicht übersteigen, wenn er an das öffentliche Niederspannungsnetz angeschlossen ist; der Ständeranlasser muß den Anlaufstrom auf den doppelten Nennstrom begrenzen.
Bild 38.5a zeigt einen Ständeranlasser mit Widerständen für einen Motor in Dreieckschaltung, Bild 38.5b für einen Motor in Sternschaltung.

Motoren höherer Leistung werden mit einem **Anlaßtransformator** in Sparschaltung angefahren. Vor dem Einschalten des Motors mit dem Schalter S_3 (Bild 38.6) ist der Schalter S_1 geschlossen, während der Schalter S_2 geöffnet ist.
Während des Hochlaufs wird die Motorspannung stufig erhöht. Nach dem Hochlauf wird zuerst der Schalter S_1 geöffnet und dann der Schalter S_2 geschlossen, wodurch der Motor direkt ans Netz geschaltet wird.
Gegenüber dem Ständeranlasser hat der Anlaßtransformator den Vorteil erhöhter Wirksamkeit: Mit dem Ständeranlasser muß die Spannung um denselben Faktor abgesenkt werden, um den auch der Strom abgesenkt werden soll; das Drehmoment geht mit dem Quadrat dieses Faktors zurück. Mit dem Anlaßtransformator kann die Spannungsabsenkung kleiner ausfallen, da der Primärstrom des Transformators im Verhältnis $1/ü$ kleiner als der Sekundärstrom ist; daher entwickelt der Motor ein höheres Drehmoment als beim Ständeranlasser.

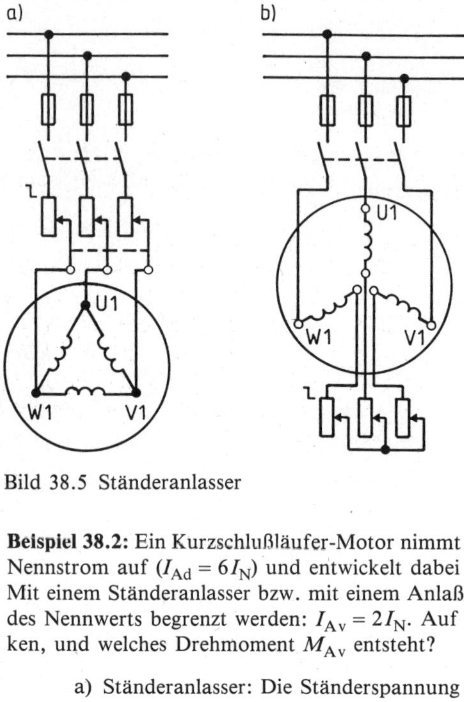

Bild 38.5 Ständeranlasser

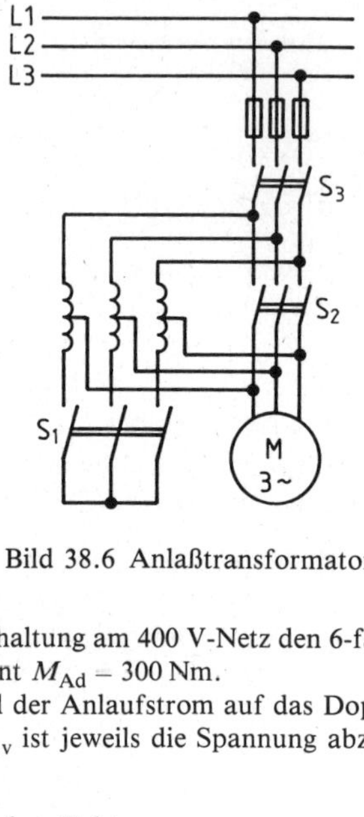

Bild 38.6 Anlaßtransformator

Beispiel 38.2: Ein Kurzschlußläufer-Motor nimmt bei direkter Einschaltung am 400 V-Netz den 6-fachen Nennstrom auf ($I_{Ad} = 6I_N$) und entwickelt dabei das Anlaufmoment $M_{Ad} = 300$ Nm.
Mit einem Ständeranlasser bzw. mit einem Anlaßtransformator soll der Anlaufstrom auf das Doppelte des Nennwerts begrenzt werden: $I_{Av} = 2I_N$. Auf welchen Wert U_{Av} ist jeweils die Spannung abzusenken, und welches Drehmoment M_{Av} entsteht?

a) Ständeranlasser: Die Ständerspannung muß um den gleichen Faktor

$$k = \frac{I_{Av}}{I_{Ad}} = \frac{2I_N}{6I_N} = \frac{1}{3}$$

wie der Strom abgesenkt werden: $U_{Av} = kU = (400\text{ V})/3 = 133{,}3$ V

Wegen $M \sim U^2$ ist $M_{Av} = k^2 M_{Ad} = 0{,}111 \cdot 300\text{ Nm} = 33{,}3$ Nm

b) Anlaßtransformator mit dem Übersetzungsverhältnis $ü = U/U_{Av}$: Der Motorstrom wird im gleichen Verhältnis wie die Spannung abgesenkt:

$$U_{Av} = \frac{U}{ü}\,; \quad I_{Motor} = \frac{6I_{Ad}}{ü} = \frac{6I_N}{ü}$$

Der Primärstrom des Transformators, der aus dem Netz aufgenommen wird, ist gemäß Gl. (31.4):

$$I_{\text{Netz}} = \frac{I_{\text{Motor}}}{\ddot{u}} = \frac{6 I_{\text{N}}}{\ddot{u}^2} = 2 I_{\text{N}} \; ; \quad \Rightarrow \ddot{u}^2 = \frac{6 I_{\text{N}}}{2 I_{\text{N}}} = 3 \; ; \quad \ddot{u} = \sqrt{3}$$

$$U_{\text{Av}} = \frac{U}{\ddot{u}} = \frac{400\ \text{V}}{\sqrt{3}} = 231\ \text{V} \; ; \quad \text{wegen } M \sim U^2 \text{ ist } M_{\text{Av}} = M_{\text{Ad}}/\ddot{u}^2 = \frac{300\ \text{Nm}}{3} = 100\ \text{Nm}$$

38.3 Der Stromverdrängungs-Läufer

Beim Anlauf der Asynchronmaschine ($n = 0$) hat der Schlupf den Wert $s = 1$. Aus Gl. (37.9) erhält man den Läuferstrom I'_{rA} beim Anlauf:

$$I'_{\text{rA}} = \frac{U'_{\text{rh0}}}{\sqrt{R'^2_{\text{r}} + X'^2_{\text{r}\sigma}}} \tag{38.1}$$

Der Läuferstrom ist beim Anlauf von der Belastung unabhängig. Die Belastung erhöht lediglich die Anlaufzeit und damit die vom Anlaufstrom hervorgerufene zusätzliche Erwärmung des Motors. Dies ist bei großer Anlaßhäufigkeit zu beachten.

Eine Erhöhung des Läuferwiderstandes und damit eine Herabsetzung des Stromes beim Anlauf ist durch Ausnutzung der Stromverdrängung möglich, die am Beispiel des Hochstabläufers beschrieben werden soll. Dabei denkt man sich den Leiterquerschnitt in mehrere Teilleiter aufgeteilt (Bild 38.7). Durch den Wechselstrom bildet sich um jeden Teilleiter ein Streufluß. Die Feldlinien dieses Streufeldes laufen weitgehend im magnetisch gut leitenden Eisen und schließen sich über den Luftweg der Nut. Dadurch ist z. B. der Teilleiter 1 mit einem wesentlich größeren Fluß verkettet als der Teilleiter 4; die infolge der Flußänderung induzierte Spannung ist daher im Teilleiter 1 viel größer als im Teilleiter 4.

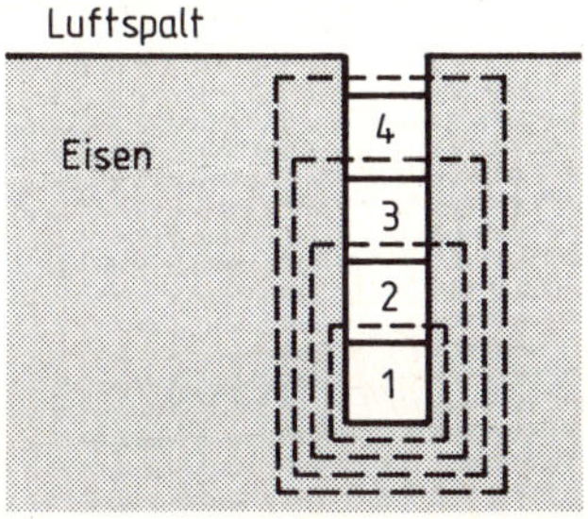

Bild 38.7 Feldlinien des Streufeldes beim Hochstabläufer

Die selbstinduktive Spannung wirkt nach der LENZschen Regel ihrer Ursache entgegen: Der Strom im Teilleiter 1 wird stärker verringert als der Strom im Teilleiter 4; der Strom wird also aus dem unteren Teil der Nut in den oberen Teil »verdrängt«. Infolge der Stromverdrängung steht dem Wechselstrom scheinbar ein kleinerer Leiterquerschnitt zur Verfügung als einem Gleichstrom, der gleichmäßig über den Leiterquerschnitt verteilt wäre: Der OHMsche Widerstand des Läuferstabes ist erhöht.

Die selbstinduktive Spannung ist gemäß Gl. (18.3) von der Frequenz f_r der Spannungen und Ströme im Läufer abhängig.
Beim Anlauf ist die Frequenz f_r gleich der Netzfrequenz f. Bei dieser relativ hohen Frequenz führt der Stromverdrängungseffekt zu einer merklichen Widerstandserhöhung. Bei Nennbetrieb wird der Widerstand eines Läuferstabs wegen der sehr niedrigen Läuferfrequenz $f_r = sf$ kaum beeinflußt.
Der Keilstabläufer (Bild 38.8) erhöht das Drehmoment und verringert den Anlaufstrom in etwa derselben Größenordnung wie der Hochstabläufer. Eine Weiterentwicklung des Hochstabläufers, der auch *Tiefnutläufer* genannt wird, ist der **Doppelstabläufer;** beim Anlauf wird der Läuferstrom in den äußeren Käfig verdrängt, beim Nennbetrieb fließt der Läuferstrom auch im inneren Käfig. Bild 38.9 zeigt Beispiele für die auf den Nennwert bezogenen Ströme, Bild 38.10 für die auf den Nennwert bezogenen Drehmomente verschiedener Arten von Käfigläufer-Motoren. Ein Nachteil des Doppelstabläufers kann sein, daß das Drehmoment bei kleinen Drehzahlen niedriger ist als das Anlaufdrehmoment.
Die Stromortskurve eines Asynchronmotors mit Stromverdrängungsläufer weicht im Anlaufbereich und bei $s > 1$ stark von der Kreisform ab.

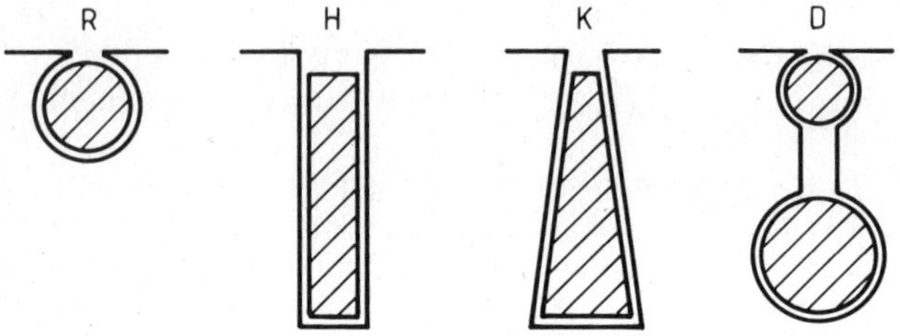

Bild 38.8 Nutformen von Kurzschlußläufern:
R Rundstab; K Keilstab
H Hochstab; D Doppelstab

Bild 38.9 Ströme verschiedener Kurzschlußläufer-Motoren in Abhängigkeit von der Drehzahl

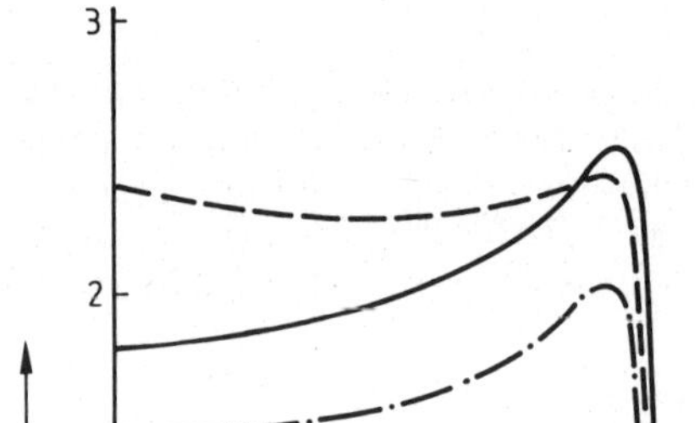

Bild 38.10 Drehmomente verschiedener Kurzschlußläufer-Motoren in Abhängigkeit von der Drehzahl

38.4 Die Umschaltung der Polzahl

Durch Umschaltung der Ständerwicklung auf verschiedene Polzahlen kann man beim Käfigläufer die Drehzahl in Stufen einstellen (s. Gl. 32.1). Am häufigsten wird die DAHLANDER-Schaltung angewendet, bei der zwei Spulengruppen so umgeschaltet werden, daß die Polzahlen im Verhältnis 2 : 1 stehen. Bei niedriger Drehzahl ist der Ständer in Dreieck, bei hoher in Doppelstern geschaltet.

Ein Motor mit DAHLANDER-Wicklung kann nur für eine Spannung ausgelegt werden, ein Anlauf mit Stern-Dreieck-Schalter ist nicht möglich. Jede Spulengruppe 1 – 2 bzw. 3 – 4 (Bild 38.11) liegt in Dreieckschaltung an $0{,}5 \cdot U$, in Doppelsternschaltung aber an $U/\sqrt{3} = 0{,}58\,U$.

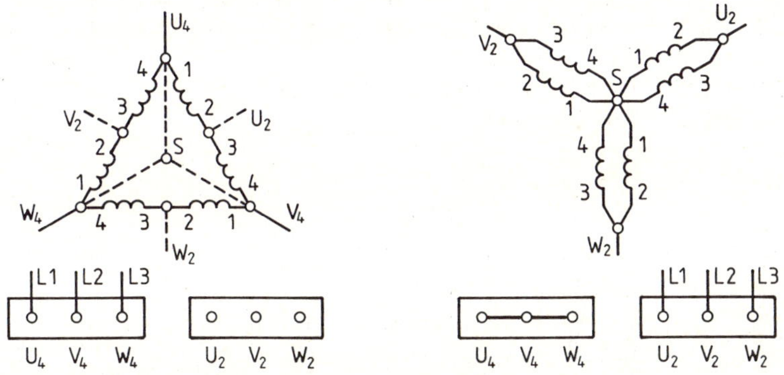

Bild 38.11 Polzahlumschaltung nach DAHLANDER

Daher sind die Leistungen und die Ströme beider Schaltungen unterschiedlich. Da auch die Feldverteilungen verschieden sind, kann ein Motor mit DAHLANDER-Wicklung nicht so gut ausgenutzt werden wie ein Motor mit nur einer Polzahl. Bei der höheren Drehzahl gibt der Motor 25...50% mehr Leistung ab und benötigt 10...40% mehr Strom, wie die folgende Gegenüberstellung erkennen läßt, die einer Motorenliste entnommen ist.

Spannung V	Nenndrehzahl min^{-1}	Nennleistung kW	Nennstrom A
380	1440/2880	7,5/9,5	15/20
380	720/1440	7,5/11,5	19/23

Bei einem Motor mit zwei getrennten Wicklungen entfallen die meisten Nachteile der DAHLANDER-Schaltung, es sind also z. B. zwei stark unterschiedliche Drehzahlen möglich. Allerdings ist auch ein derartiger Motor schlechter ausgenutzt als ein Motor mit nur einer Wicklung. Durch die zusätzliche DAHLANDER-Schaltung einer oder auch beider Wicklungen lassen sich drei bzw. vier verschiedene Nenndrehzahlen erreichen.

Die Umschaltung der Drehzahl in Stufen wird z. B. bei Aufzügen, Werkzeugmaschinen, Pumpen und Zentrifugen angewendet. Eine stufenlose Drehzahlstellung ist bei Käfigläufermotoren nur durch eine Veränderung der Frequenz der Ständerspannung möglich (s. Kap. 57).

39 Der Schleifringläufer-Motor

39.1 Aufbau

Beim Schleifringläufer-Motor enthält der Läufer eine Drehstromwicklung derselben Polpaarzahl wie der Ständer. Die Läuferwicklung ist meist in Stern geschaltet. Ihre drei Anschlüsse werden über Schleifringe und Bürsten an die Klemmen K; L; M des Läuferanlassers geführt. Ein Asynchronmotor mit Schleifringläufer ist größer und schwerer als ein Motor mit Kurzschlußläufer. Der hohe Aufwand für Bürsten und Schleifringe macht den Motor nicht nur teurer, sondern auch weniger betriebssicher; die Bürsten, die sich abnutzen, bedürfen der Wartung und müssen gegebenenfalls erneuert werden. Vorteilhaft ist, daß das Anlassen bei größeren Lastmomenten möglich ist, und daß über Widerstände, die den Anlaßwiderständen im Läuferkreis entsprechen, die Drehzahl eingestellt werden kann.

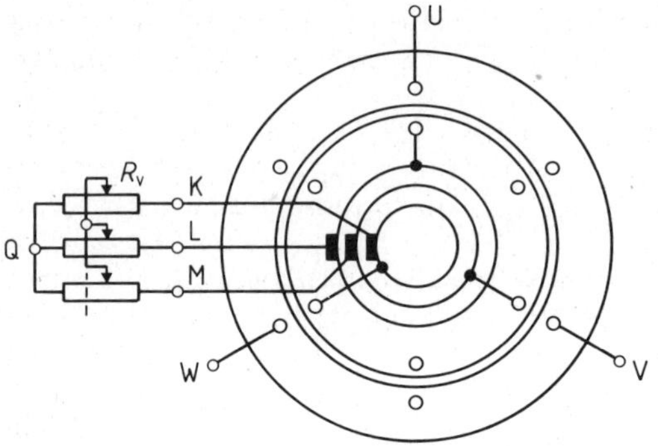

Bild 39.1 Asynchronmotor mit Schleifringläufer (prinzipielle Darstellung)

39.2 Drehzahlstellung

Die Drehzahl eines Schleifringläufer-Motors kann durch Zuschalten von Widerständen R_v in den Läuferkreis herabgesetzt werden. Dabei bleiben der Läuferstrom I_r und damit auch die innere Leistung P_i und das innere Moment M_i unverändert, wenn der Schlupf s_1 (bei $R_v = 0$) und der Schlupf s_2 (bei $R_v > 0$) im folgenden Verhältnis zueinander stehen:

$$\frac{s_2}{s_1} = \frac{R_r + R_v}{R_r} \tag{39.1}$$

Die mechanische Leistung P_{mech} und die an der Welle zur Verfügung stehende Leistung $P_{ab} = P_2$ werden durch die Verluste in den Widerständen verkleinert.

Die Kurve a in Bild 39.2 zeigt die Drehmoment-Schlupf-Kennlinie eines Schleifringläufer-Motors für $R_v = 0$. Aus ihr läßt sich die Kurve b für $R_v > 0$ punktweise ermitteln, indem man mit Gl. (39.1) für einen gewählten Wert von s_1 jeweils den zugehörigen Wert von s_2 bestimmt, bei dem das gleiche Drehmoment auftritt. Dabei wird die geringe Differenz der Reibungsverluste bei den unterschiedlichen Drehzahlen vernachlässigt.

Wie Bild 39.2 zeigt, werden die Drehmoment-Schlupf-Kennlinien, die zwischen $s = 0$ und $s = s_N$ annähernd linear verlaufen, mit zunehmendem Vorwiderstand R_v flacher. Im Prinzip läßt sich durch Zuschalten von Widerständen in den Läuferkreis die Drehzahl des Schleifring-

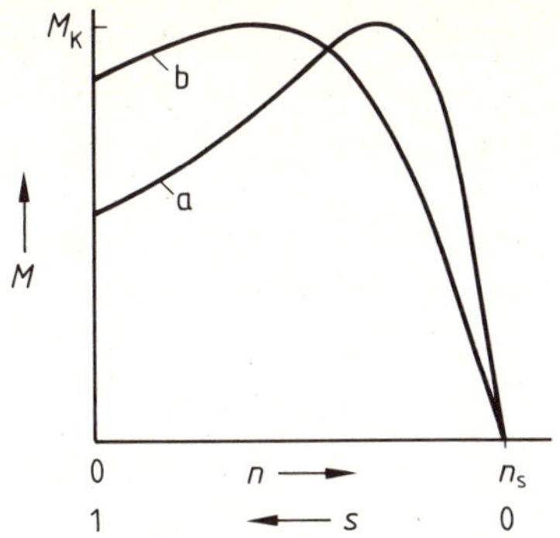

Bild 39.2 Drehmoment eines Schleifringläufer-Motors in Abhängigkeit von der Drehzahl n bzw. vom Schlupf s
a) Läufer kurzgeschlossen ($R_v = 0$)
b) mit zusätzlichem Stellwiderstand ($R_v = R_r$)

läufer-Motors auf beliebige Werte herabsetzen. Ein Dauerbetrieb ist dabei jedoch nicht zweckmäßig, weil in den zugeschalteten Widerständen Verluste entstehen und der Wirkungsgrad des Motors dadurch sinkt.
Der Läuferwiderstand R_r eines Schleifringläufer-Motors läßt sich aus der Läuferstillstandsspannung und dem Läuferstrom, die für Nennbetrieb auf dem Leistungsschild angegeben sind, berechnen. Wie Bild 37.2 zeigt, sind im Läuferkreis die Streureaktanz $s \cdot X_{r\sigma}$ und der OHMsche Widerstand R_r in Reihe geschaltet. Die Werte von $X_{r\sigma}$ und R_r liegen etwa in derselben Größenordnung. Für Nennbetrieb kann wegen $s_N \ll 1$ das Produkt $s_N \cdot X_{r\sigma}$ gegen R_r vernachlässigt werden. Die Spannung $s_N \cdot U_{rh0}$ fällt praktisch nur am OHMschen Widerstand R_r ab, für den bei Nennbetrieb gilt:

$$R_r = \frac{s_N \cdot U_{rh0}}{I_{rN}} \tag{39.2}$$

Die Spannung und der Strom in dieser Gleichung sind Stranggrößen, während auf dem Leistungsschild Außenleitergrößen angegeben sind.

Beispiel 39.1: Auf dem Leistungsschild eines Schleifringläufer-Motors ist angegeben: 10 kW; 380 V; 21 A; $\cos\varphi = 0{,}84$; 1410 min^{-1}; Läufer: 230 V; Y; 27 A.

a) Welchen Wirkungsgrad hat der Motor bei Nennbetrieb?
b) Welchen Wert müssen die Vorwiderstände im Läuferkreis haben, damit sich die Drehzahl 1000 min^{-1} einstellt? Welchen Wirkungsgrad hat dabei der Motor, wenn er das Nennmoment entwickelt?

a) Die Polpaarzahl p ist die größte ganze Zahl, die kleiner als

$$\frac{f}{n_N} = \frac{50 \cdot \text{min}}{\text{s} \cdot 1410} = \frac{50 \cdot 60\,\text{s}}{\text{s} \cdot 1410} = 2{,}13 \quad \text{ist} \rightarrow p = 2\ ; \qquad n_s = 1500\,\text{min}^{-1} \text{ (s. Beispiel 37.1)}$$

$$\text{Schlupf: } s_N = \frac{n_s - n_N}{n_s} = \frac{1500\,\text{min}^{-1} - 1410\,\text{min}^{-1}}{1500\,\text{min}^{-1}} = 0{,}06 \text{ (s. Gl. 37.4)}$$

Mit dem Strangwert $U_{rh0} = 230\,\text{V}/\sqrt{3} = 132{,}8\,\text{V}$ der Läuferstillstandspannung und dem Strangwert $I_{rN} = 27\,\text{A}$ des Läuferstroms wird mit Gl. (39.2) der Widerstand eines Stranges der Läuferwicklung berechnet:

$$R_r = \frac{s_N \cdot U_{rh0}}{I_{rN}} = \frac{0{,}06 \cdot 132{,}8\ \text{V}}{27\ \text{A}} = 0{,}295\ \Omega$$

$$\text{Nennmoment: } M_N = \frac{P_N}{2\pi n_N} = \frac{10^4\ \text{W}}{2\pi \cdot (1410/60)\,\text{s}^{-1}} = 67{,}7\ \text{Ws} = 67{,}7\ \text{Nm}$$

$$P_1 = \sqrt{3}\,UI\cos\varphi = \sqrt{3} \cdot 380\ \text{V} \cdot 21\ \text{A} \cdot 0{,}84 = 11{,}6\ \text{kW}$$

$$\eta = \frac{P_{ab}}{P_{zu}} = \frac{P_2}{P_1} = \frac{10\ \text{kW}}{11{,}6\ \text{kW}} = 0{,}86 = 86\%$$

b) $s_1 = s_N = 0{,}06$; bei $n_2 = 1000\ \text{min}^{-1}$ ist $s_2 = \frac{n_s - n_2}{n_s} = \frac{1500 - 1000}{1500} = 0{,}333$

Die Gl. (39.1) wird nach R_v aufgelöst:

$$R_v = \frac{s_2}{s_1} \cdot R_r - R_r = \frac{0{,}333}{0{,}06} \cdot 0{,}295\ \Omega - 0{,}295\ \Omega = 1{,}34\ \Omega$$

$$P_2 = M_N \cdot 2\pi n = 67{,}7\ \text{Ws} \cdot 2\pi \cdot \frac{1000}{60\ \text{s}} = 7{,}09\ \text{kW}$$

$$\eta = \frac{P_{ab}}{P_{zu}} = \frac{P_2}{P_1} = \frac{7{,}09\ \text{kW}}{11{,}6\ \text{kW}} = 0{,}61 = 61\%$$

39.3 Anlauf

Zum Anlauf des Schleifringläufer-Motors werden Vorwiderstände in den Läuferkreis geschaltet; dadurch wird der Ständerstrom I_s auf Werte begrenzt, die nicht wesentlich höher als der Nennstrom I_{sN} sind.

Beim Stillstand des Motors wird mit dem Vorwiderstand R_{v1} der Anlaßspitzenstrom I_{sp} eingestellt (Bild 39.3). Mit zunehmender Drehzahl sinkt der Ständerstrom I_s ab, bis beim Schaltstrom I_{sch} auf den Vorwiderstand $R_{v2} < R_{v1}$ umgeschaltet wird. Nach VDE 0660 wählt man

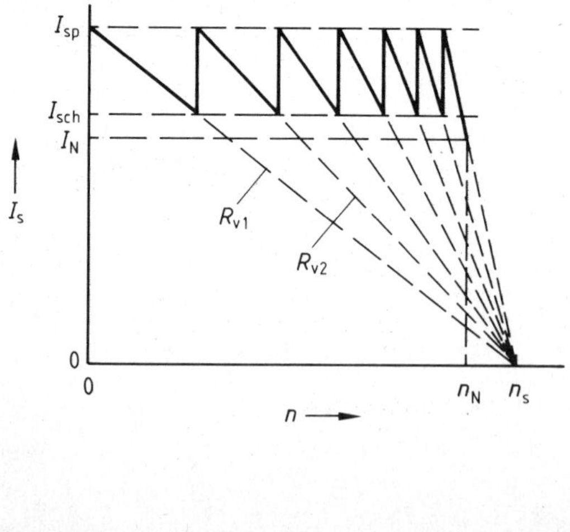

Bild 39.3 Anfahrkennlinien des Schleifringläufer-Motors

$I_{sp} = 1{,}5\, I_{sN}$ und $I_{sch} = 1{,}1\, I_{sN}$. Die Widerstände werden entweder von Hand oder durch eine Folgesteuerung mit Schützen umgeschaltet.
Trotz der mäßigen Anlaufströme entwickelt der Schleifringläufer-Motor beim Anlauf nach Bild 39.3 ein Drehmoment, das größer als das Nennmoment ist. Der Schleifringläufer-Motor eignet sich daher auch für schwere Anlaufverhältnisse; er wird deshalb z. B. bei Hebezeugen verwendet oder dann, wenn große Schwungmassen zu beschleunigen sind.
Die Abnutzung der Bürsten im Dauerbetrieb kann, wenn der Motor zugänglich ist, mit der Kurzschluß- und Bürstenabhebevorrichtung vermieden werden, die nach dem Hochlaufen durch einen Hebel am Lagerschild der Schleifringseite betätigt wird: Hierdurch werden zuerst die Schleifringe kurzgeschlossen und dann die Bürsten abgehoben. Dies macht jedoch die Bedienung aufwendig. Im Zuge der Rationalisierung wird zunehmend der Schleifringläufer-Motor vom umrichtergespeisten Kurzschlußläufer-Motor verdrängt.

40 Weitere Betriebsarten der Asynchronmaschine

Außer dem in den Kapiteln 38 und 39 beschriebenen Motorbetrieb gibt es einige weitere Betriebsarten der Drehstrom-Asynchronmaschine, die im folgenden kurz dargestellt werden.

40.1 Der Drehtransformator

Der **Drehtransformator** ist eine Asynchronmaschine mit Schleifringläufer, der aber nicht rotiert, sondern lediglich in seiner Lage einstellbar ist. Im Läufer wird die Läuferstillstandspannung $\underline{U}_{rh0}$ induziert, deren Phasenlage sich mit der Lage des Läufers ändert, während ihr Effektivwert unverändert bleibt. Da Ständer und Läufer wie beim Spartransformator in Reihe geschaltet sind, kann der Effektivwert der Ausgangsspannung $\underline{U}_s + \underline{U}_{rh0}$ stufenlos zwischen dem Maximalwert $U_s + U_{rh0}$ und dem Minimalwert $U_s - U_{rh0}$ eingestellt werden. Wegen des Luftspalts ist die Streuung und damit die Kurzschlußspannung groß; die Ausgangsspannung hängt stark von der Belastung ab. Drehtransformatoren werden vor allem in Prüffeldern eingesetzt.

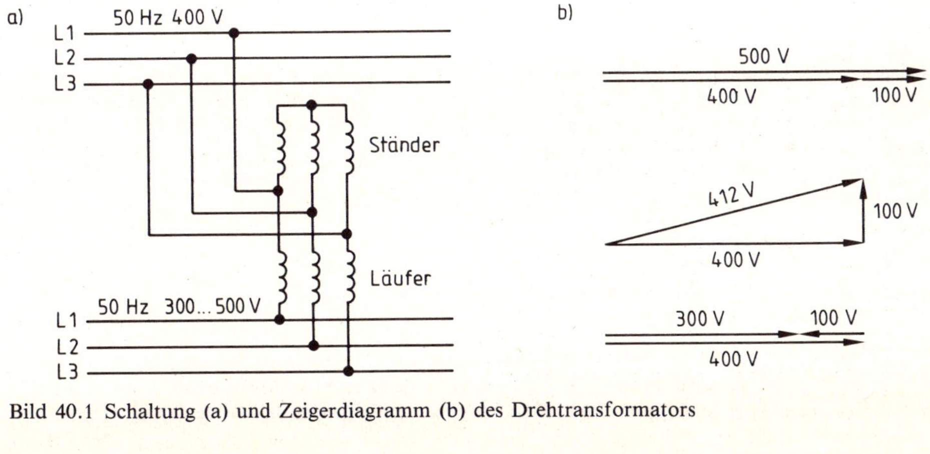

Bild 40.1 Schaltung (a) und Zeigerdiagramm (b) des Drehtransformators

40.2 Der Frequenzwandler

An den Läuferklemmen einer Drehstrom-Asynchronmaschine mit Schleifringläufer, die an der Netzfrequenz f mit der Drehzahl n betrieben wird, kann ein dreiphasiges Spannungssystem mit der Frequenz $f_r = s \cdot f$ (s. Gl. 37.4) abgegriffen werden. Sowohl der Effektivwert $s \cdot U'_{rh0}$ als auch die Frequenz $s \cdot f$ sind vom Schlupf s und damit von der elektrischen Belastung des dreiphasigen Spannungssystems im Läuferkreis abhängig.

40.3 Die synchronisierte Asynchronmaschine

Wird der Läufer eines Schleifringläufer-Motors nach dem Hochlauf an Gleichspannung gelegt (Bild 40.2), so läuft der Motor wie ein Synchronmotor (s. Kap. 42) bei der Synchrondrehzahl n_s. Dadurch ist sowohl ein Anlauf bei starker Belastung mit mäßigen Strömen als auch ein Dauerbetrieb bei konstanter Drehzahl möglich.

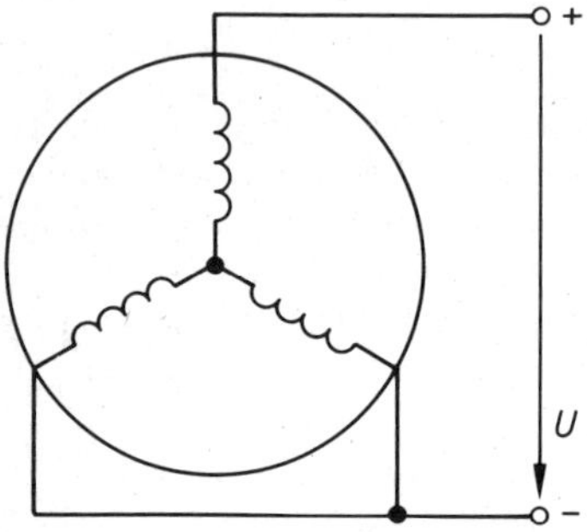

Bild 40.2 Synchronisierte Asynchronmaschine, Gleichstromspeisung des Läufers

40.4 Der Generatorbetrieb

Bei einer Drehzahl $n > n_s$ arbeitet die Asynchronmaschine als Generator: Gemäß Gl. (37.10) ist bei $s < 0$ die innere Leistung $P_i < 0$. Beim Generatorbetrieb muß der Asynchronmaschine der Magnetisierungsstrom $\underline{I}_\mu$, der für den Aufbau des Magnetfelds erforderlich ist, von außen zugeführt werden: Bei Betrieb an einem Netz wird diesem der Magnetisierungsstrom entnommen; bei Inselbetrieb, in dem ein einziger Generator in ein Netz speist, können Kondensatoren den Magnetisierungsstrom liefern. Asynchrongeneratoren werden z. B. in Notstromaggregaten und in kleinen Kraftwerken eingesetzt.

40.5 Der Bremsbetrieb

Im Generatorbetrieb bei $n > n_s$ tritt eine Bremswirkung auf. Deshalb wird diese Betriebsart, die z. B. beim Absenken eines Hebezeugs vorliegt, auch als **übersynchrone Bremsung** bezeichnet.

Bei der **Gegenstrombremsung** werden zwei Zuleitungen zur Motorwicklung vertauscht; dadurch kehrt sich der Drehsinn des Drehfelds um. Der Motor versucht, in Gegenrichtung hochzulaufen, und bremst dabei zunächst die Welle ab. Beim Erreichen des Stillstands muß

der Motor durch einen Fliehkraftschalter, der Bremswächter genannt wird, vom Netz getrennt werden. Der Strom zu Beginn der Gegenstrombremsung ist etwas größer als der Anlaufstrom der Maschine.
Eine weitere Art der Bremsung ist die **Gleichstrombremsung,** bei welcher die Ständerwicklung so, wie in Bild 40.2 für die Läuferwicklung gezeigt, an Gleichspannung gelegt wird. Die Höhe der Gleichspannung muß wesentlich unter dem Effektivwert der Dreiphasenwechselspannung liegen, da für den Gleichstrom nur der OHMsche Widerstand der Ständerwicklung wirksam ist. Der Gleichstrom erzeugt ein zeitlich konstantes Magnetfeld. Solange sich der Läufer dreht, werden in der kurzgeschlossenen Läuferwicklung Spannungen induziert, die in ihr Ströme treiben, deren Magnetfeld nach der LENZschen Regel der Ursache entgegenwirkt: Der Läufer wird abgebremst. Wie bei der Wirbelstrombremse muß der Bremsvorgang mit einer mechanischen Bremse beendet werden, da die Bremswirkung mit abnehmender Drehzahl nachläßt.
Die beschriebenen Arten des Bremsbetriebs lassen sich sowohl bei Käfigläufer-Motoren als auch bei Schleifringläufer-Motoren anwenden.

40.6 Linearmotoren

Denkt man sich den Drehfeldmotor am Umfang aufgeschnitten und abgewickelt, so erhält man den Linearmotor: Anstelle eines Drehfelds bewegt sich ein Wanderfeld, das den aus einem massiven elektrischen Leiter, z. B. einem Aluminium- oder Kupferblech, bestehenden Anker mitzunehmen sucht. Außer dem in Bild 40.3 gezeigten doppelseitigen Linearmotor mit zwei Drehstromwicklungen gibt es auch den einseitigen Linearmotor, bei dem die zweite Wicklung durch einen magnetischen Rückschluß ersetzt ist.

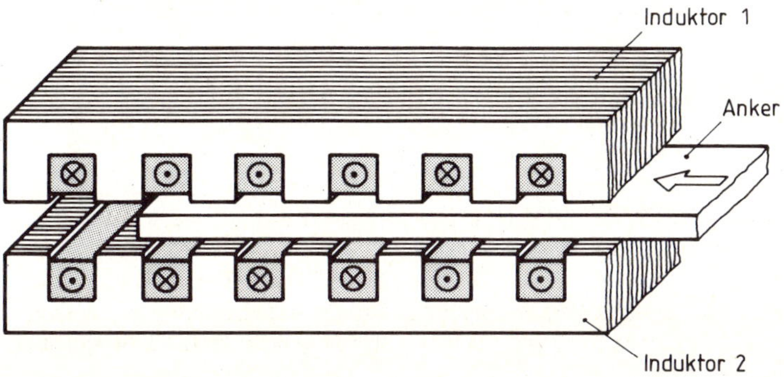

Bild 40.3 Linearmotor

Aus mechanischen Gründen ist der Luftspalt des Linearmotors größer als beim rotierenden Asynchronmotor. Bei Belastung ist die Geschwindigkeit des Ankers viel kleiner als die des Wanderfelds; der Wirkungsgrad des Linearmotors ist deshalb wesentlich geringer als beim rotierenden Motor. Für das Magnetfeld wird wegen des großen Luftspalts erheblich mehr Blindleistung als beim rotierenden Motor benötigt.
Linearmotoren werden für Torantriebe und in der industriellen Antriebstechnik beispielsweise für den Transport von Werkstücken oder zum Antrieb von Förderbändern verwendet.

41 Der Einphasen-Asynchronmotor

41.1 Die einsträngige Maschine

Der Einphasen-Asynchronmotor ist eine Wechselfeld-Maschine, in welcher die Ständer-Wicklung ein magnetisches Feld erzeugt, das bei unveränderter Ortsabhängigkeit zeitabhängig ist. Ein derartiges Wechselfeld kann als Summe zweier gegenläufiger Drehfelder aufgefaßt werden: Das *mitläufige* Drehfeld (Fluß Φ_1) rotiert mit der Winkelgeschwindigkeit ω im gewünschten Drehsinn, während das *gegenläufige* Drehfeld (Fluß Φ_2) mit der Winkelgeschwindigkeit $-\omega$ entgegen dem gewünschten Drehsinn rotiert. Der magnetische Fluß jedes dieser Drehfelder ist halb so groß wie der Fluß Φ des Wechselfeldes:

$$\Phi_1 = \Phi_2 = \frac{\Phi}{2} \tag{41.1}$$

Die Summe der gegenläufigen Drehfelder ergibt ein Wechselfeld. In dem in Bild 41.1 dargestellten Beispiel zeigt der Zeiger des resultierenden magnetischen Flusses Φ stets in vertikale Richtung.

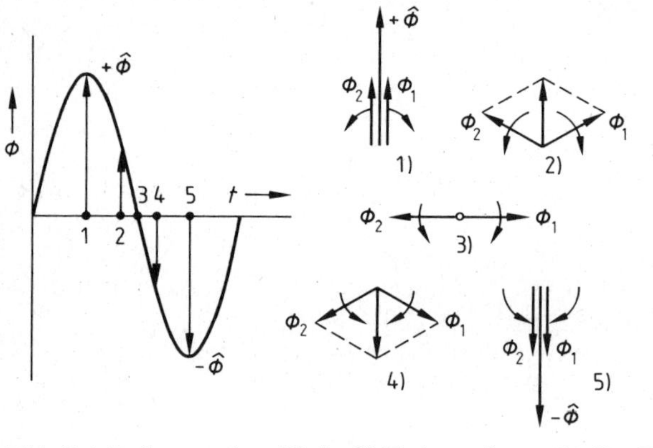

Bild 41.1 Zerlegung eines Wechselfelds in zwei gegenläufige Drehfelder

Entsprechend der Zerlegung eines Wechselfelds in zwei gegenläufige Drehfelder kann man sich den Einphasen-Asynchronmotor als aus zwei Drehstrom-Asynchronmotoren bestehend vorstellen, die mit entgegengesetzt gerichtetem Drehmoment gemeinsam die gleiche Welle antreiben. Die Drehmomente M_1 und M_2 dieser beiden Drehstrommotoren sowie das resultierende Drehmoment M des Einphasen-Asynchronmotors sind in Bild 41.2 über der Drehzahl n aufgetragen.

Der Einphasen-Asynchronmotor entwickelt bei der Nenndrehzahl n_N ein Drehmoment im gewünschten Drehsinn, da hierbei das Drehmoment des gegenläufigen Drehfelds nicht allzu stark ins Gewicht fällt. Im Stillstand heben sich die gegenläufigen Drehfelder auf, so daß der Motor kein Anzugsmoment entwickeln kann.

Der einphasige Betrieb eines Asynchronmotors kann auch bei einem Drehstrommotor als Sonderfall auftreten, wenn eine Zuleitung unterbrochen ist. Wenn der Motor bei einer Drehzahl im Bereich der Nenndrehzahl arbeitet, dann geht dabei die Leistung auf etwa 60% der Nennleistung zurück; bei Beanspruchung mit Nennlast ist der Strom wesentlich größer als der Nennstrom, so daß sich der Motor stark erwärmt. Wenn der Motor stillsteht, kann er nicht anlaufen; der dabei fließende große Strom muß vom Motorschutz (s. Kap. 45) schnell abgeschaltet werden.

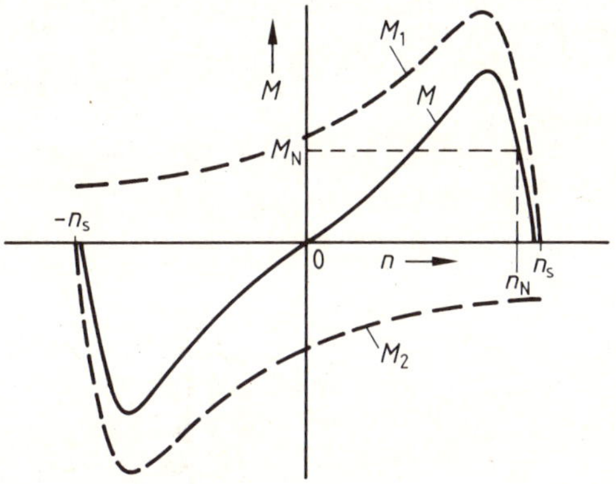

Bild 41.2 *M*-*n*-Diagramm des Einphasen-Asynchronmotors

41.2 Die zweisträngige Maschine

Im Ständer eines Einphasen-Asynchronmotors, der am Einphasen-Wechselstromnetz betrieben wird, ist die Hauptwicklung U1 – U2 (Bild 41.3) über 2/3 jeder Polteilung verteilt. Der Läufer besitzt einen Kurzschlußkäfig.
Damit der Einphasen-Asynchronmotor nach dem Einschalten von selbst anläuft, erhält er zusätzlich zur Hauptwicklung eine Hilfswicklung Z1 – Z2, die ein Wechselfeld erzeugt, welches gegen das Feld der Hauptwicklung um 90°/*p* räumlich verschoben ist. Die beiden Wechselfelder von Haupt- und Hilfswicklung ergeben ein Drehfeld, wenn der Strom in der Hilfswick-

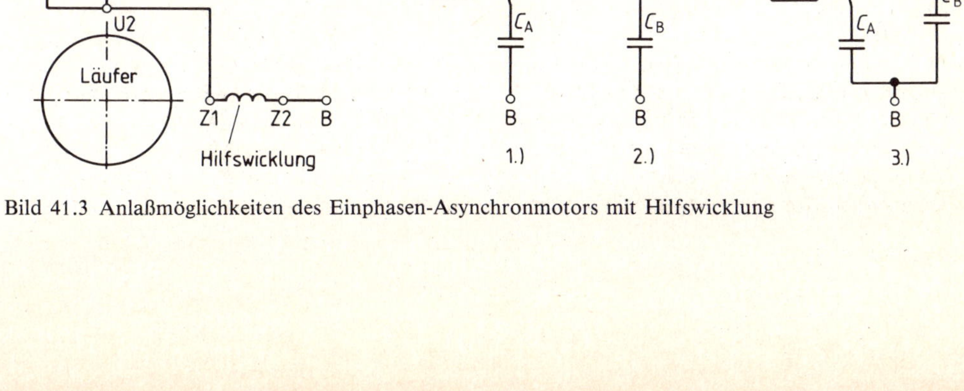

Bild 41.3 Anlaßmöglichkeiten des Einphasen-Asynchronmotors mit Hilfswicklung

lung gegen den Strom in der Hauptwicklung zeitlich phasenverschoben ist. Diese Phasenverschiebung läßt sich z. B. mit Hilfe eines in Reihe zur Hilfswicklung geschalteten Kondensators erreichen.

Die in Bild 41.3 dargestellten Schaltungsarten ergeben unterschiedliche Betriebseigenschaften:

1.) Der Kondensator wird lediglich für den Anlauf zugeschaltet und durch einen Fliehkraftschalter bei etwa 2/3 Nenndrehzahl abgeschaltet, damit die nur für kurzzeitige Einschaltung ausgelegte Hilfswicklung nicht zu warm wird. Ein derartiger Kondensator wird **Anlaufkondensator** genannt. Bei 230 V und 50 Hz sind etwa 50...80 μF je kW Motorleistung erforderlich.
Dem Vorteil eines hohen Anzugsmoments stehen die Nachteile des Einphasenbetriebs bei Nenndrehzahl gegenüber; so entwickelt der Motor bei Nenndrehzahl ein pulsierendes Drehmoment (s. Abschn. 43.1).
2.) Der Kondensator bleibt dauernd zugeschaltet, er wird deshalb als **Betriebskondensator** bezeichnet. Damit sich die Hilfswicklung nicht zu stark erwärmt, wird die Kapazität C_B des Betriebskondensators kleiner als die des Anlaufkondensators gewählt: Bei 230 V und 50 Hz sind etwa 20 μF je kW Motorleistung erforderlich.
Mit dem Betriebskondensator hat die zweisträngige Maschine günstigere Betriebseigenschaften als die einsträngige Maschine: Infolge des Drehfeldes sind Drehmoment und Nennleistung höher, der Wirkungsgrad ist besser, und der Leistungsfaktor nimmt Werte im Bereich $0{,}9 < \cos\varphi < 1{,}0$ an. Nachteilig ist nur das relativ kleine Anzugsmoment von $0{,}4 \ldots 0{,}8\, M_N$.
3.) Bei einer Maschine mit Anlauf- und Betriebskondensator sind die Vorteile beider Betriebsarten 1.) und 2.) vereint. Nachteilig sind hierbei nur die höheren Kosten.

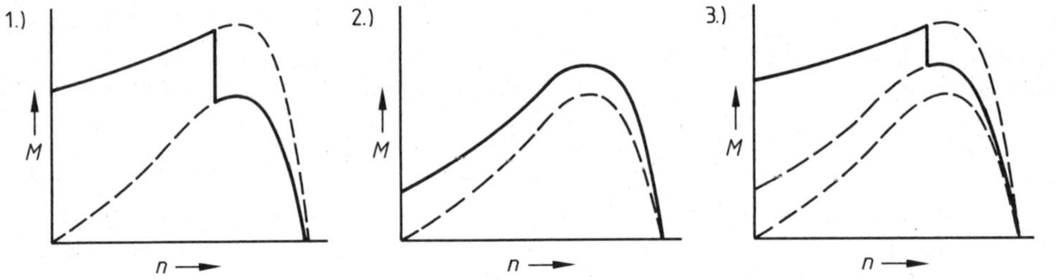

Bild 41.4 *M*-*n*-Kennlinien von Einphasen-Asynchronmotoren (Erläuterungen im Text)

Der Einphasen-Asynchronmotor wird bis zu einer oberen Leistungsgrenze von wenigen kW gebaut und z. B. für den Antrieb von Kühlschrank-Kompressoren eingesetzt. Die Kondensatoren sind meist MK-Kondensatoren; als Anlaufkondensator kann auch ein ungepolter Elektrolytkondensator verwendet werden, weil dieser Kondensator nur kurzzeitig eingeschaltet ist und deshalb die höheren Verluste ohne Bedeutung sind.

42 Die Synchronmaschine

42.1 Aufbau und Anwendungsgebiete

Die Drehstrom-Synchronmaschine gehört zur Gruppe der Drehfeldmaschinen: Eine in Nuten des Ständers eingebettete Drehstromwicklung erzeugt ein Drehfeld, das mit der synchronen Drehzahl $n_s = f/p$ umläuft. Der Name **Synchronmaschine** weist darauf hin, daß auch der Läufer mit der Drehzahl n_s rotiert: Drehfeld und Läufer bewegen sich synchron.
Der Läufer der für kleine Drehzahlen eingesetzten **Schenkelpolmaschine** (Bild 42.2) hat ausgeprägte Pole, während der Läufer der für hohe Drehzahlen verwendeten **Vollpolmaschine** zylinderförmig ist (Bild 42.1); bei ihm werden die Magnetpole durch in Nuten eingelegte, von Gleichstrom durchflossene Wicklungen erzeugt. Wegen der Magnetpole wird der Läufer auch als **Polrad** bezeichnet. Die Induktion der Spannung erfolgt im Ständer, der deshalb auch **Anker** genannt wird.

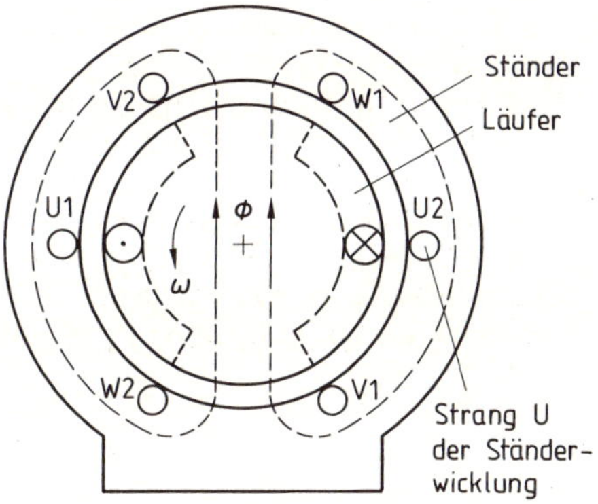

Bild 42.1 Prinzipbild einer zweipoligen Vollpolmaschine

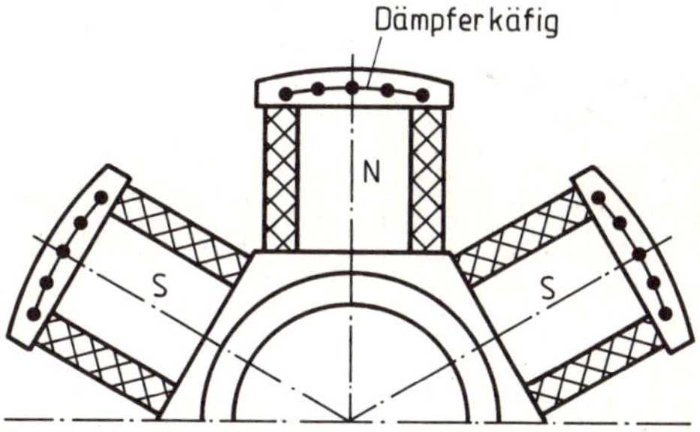

Bild 42.2 Polrad einer sechspoligen Schenkelpolmaschine mit Dämpferkäfig

Das Drehmoment der Synchronmaschine kann auf unterschiedliche Art zustandekommen:

→ Vom Läufer wird entweder mit Dauermagneten oder mit einer gleichstromgespeisten Wicklung (Elektromagnet) ein Magnetfeld erzeugt. Die rotierenden Magnetfelder der Drehstromwicklung im Ständer und des Läufers „ziehen einander an".

→ Bei einer Schenkelpolmaschine, deren Läufer keine Erregerwicklung trägt, entsteht ein Drehmoment aufgrund des unterschiedlichen magnetischen Widerstands am Läuferumfang: Das von der Ständerwicklung erzeugte Drehfeld durchsetzt den Läufer vor allem dort, wo der magnetische Widerstand des Luftspalts niedrig ist, und „zieht den Läufer mit". Da der Läufer auf das Ständerdrehfeld „reagiert", wird dieses Drehmoment als **Reaktionsmoment** bezeichnet.

Eine Schenkelpolmaschine ohne Läuferwicklung kann nur als *Motor* verwendet werden. Bei einer Schenkelpolmaschine mit Läuferwicklung treten beide Arten der Drehmomenterzeugung gemeinsam auf.
Das Polrad einer Synchronmaschine kann einen Dämpferkäfig besitzen; dieser besteht aus Kupferstäben, die im Bereich der Pole in das Eisen eingebettet und auf den Stirnseiten kurz-

geschlossen sind. Ein Dämpferkäfig hat die Aufgabe, denjenigen Drehfeldanteilen entgegenzuwirken, die nicht synchron mit dem Läufer rotieren; derartige Drehfeldanteile entstehen z. B. bei Drehstrom-Synchrongeneratoren, die unsymmetrisch belastet werden, oder bei Einphasen-Synchrongeneratoren in der Form eines gegenläufigen Drehfelds: Ein nicht synchrones Drehfeld erzeugt durch Induktion im Dämpferkäfig Ströme, die dieses Drehfeld durch ein entgegengesetzt gerichtetes Magnetfeld schwächen. Ein Synchronmotor kann mit Hilfe eines Dämpferkäfigs wie ein Asynchronmotor anlaufen.
Ein wichtiges Anwendungsgebiet der Synchronmaschine ist die Erzeugung elektrischer Energie in Kraftwerken. In Dampfkraftwerken werden Vollpolmaschinen eingesetzt, die auch als **Turbogeneratoren** bezeichnet werden. In Kohlekraftwerken beträgt die maximale Leistung eines Turbogenerators etwa 900 MVA; bei der Netzfrequenz 50 Hz rotiert der Läufer, dessen Durchmesser 1,2 m beträgt, mit 3000 min^{-1}. In Kernkraftwerken beträgt die maximale Leistung eines Turbogenerators etwa 1700 MVA; bei der Netzfrequenz 50 Hz rotiert der Läufer, dessen Durchmesser 1,8 m beträgt, mit 1500 min^{-1}. Bei einer aktiven Länge von 8 m (einschließlich Wellenenden 15 m) hat ein derartiger Läufer aus Schmiedestahl ein Gewicht von 205 t. Im Läufer entstehen wegen des zeitlich konstanten Magnetfeldes keine Eisenverluste.
In Wasserkraftwerken werden Schenkelpolmaschinen eingesetzt. Bei großer Fallhöhe ist die Drehzahl des Generators hoch (max. 1000 min^{-1}). Bei niedriger Fallhöhe ist auch die Drehzahl niedrig; derartige „Langsamläufer“, deren Drehzahl kleiner als 100 min^{-1} ist, werden zur Zeit (1990) mit einem Durchmesser über 15 m für Leistungen über 800 MVA gebaut.

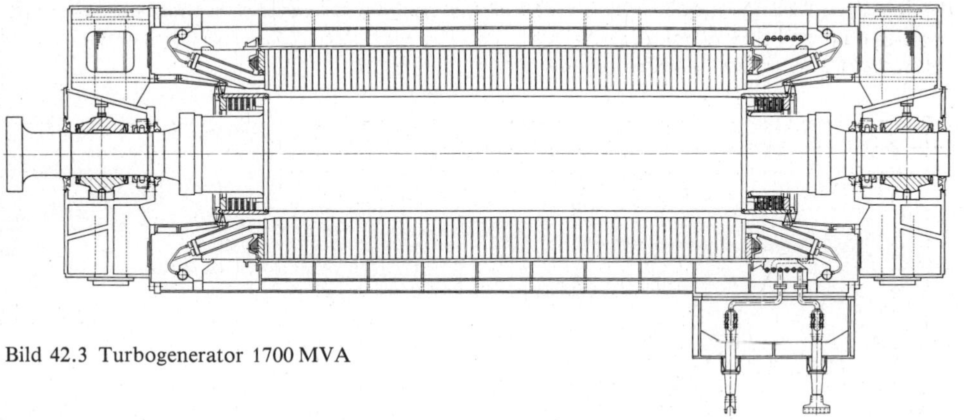

Bild 42.3 Turbogenerator 1700 MVA

Generatoren kleinerer Leistung werden für die Versorgung der Bordnetze von Flugzeugen, Schiffen, Reisezugwagen der Bahn und von Kraftfahrzeugen eingesetzt.
Die bisher beschriebenen Generatoren sind *Drehstrom*-Generatoren. Ein Sonderfall ist die Versorgung von Bahnnetzen mit Einphasen-Synchrongeneratoren. Wie in Kap. 41.1 gezeigt, kann das Wechselfeld einer derartigen Maschine als Summe eines mitlaufenden und eines gegenlaufenden Drehfeldes aufgefaßt werden; letzteres wird mit einer kräftig dimensionierten Dämpferwicklung „bekämpft“. Einphasengeneratoren entwickeln ein zeitabhängiges Drehmoment, das um einen Mittelwert pendelt (s. Kap. 43.1); der gesamte Maschinensatz muß deshalb auf einer federnden Unterlage aufgestellt werden.
Synchron*motoren* werden in geringerer Zahl als Asynchronmotoren gebaut. Wegen des schwierigen Anfahrens ist der Synchronmotor dort am Platz, wo entweder ein Antrieb mit nahezu konstanter Last dauernd in Betrieb ist oder wo es auf die genaue, lastunabhängige

Drehzahl ankommt. Der Aufwand für die Gleichstromspeisung des Polrads ist zwar hoch, hat aber den Vorteil, daß der Leistungsfaktor des Motors z. B. auf den Wert $\cos\varphi = 1$ eingestellt werden kann.
Synchronmotoren mit Dauermagneterregung haben eine höhere Leistung als Asynchronmotoren gleicher Baugröße mit Käfigläufer. Die Drehzahlstellung derartiger Synchronmotoren, deren Leistung bis zu einigen kW betragen kann, wird mit Hilfe von Frequenzumrichtern durchgeführt.

42.2 Der Vollpolgenerator im Inselbetrieb

Bild 42.4 zeigt eine Synchronmaschine, deren Feldwicklung im Läufer bzw. Polrad vom Erregerstrom I_f durchflossen wird. Dieser Gleichstrom I_f, der mit Hilfe des Nebenschlußstellers t – s – q der Erregermaschine eingestellt und der Polradwicklung über Schleifringe zugeführt wird, erzeugt über die Durchflutung $\Theta_f = I_f N_f$ den Fluß Φ, der vom Ständer aus gesehen mit der Drehzahl $n_s = f/p$ rotiert. In einer Leiterschleife der Ständerwicklung wird von dem zeitabhängigen Fluß $\Phi(t)$ eine zeitabhängige Spannung $u(t)$ induziert.
Im folgenden wird ausschließlich ein *Strang* der Drehstrommaschine betrachtet. Die Spannung, die an den Klemmen der unbelasteten Ständerwicklung (Leerlauf) infolge des Induktionsvorgangs entsteht, wird als **Polradspannung** U_p bezeichnet. Wegen der Sättigung des Eisens hat die Kennlinie $U_p = f(I_f)$ die Form einer Magnetisierungskurve (Bild 42.5). Infolge der Remanenz des Polrads beträgt die Polradspannung der unerregten Maschine etwa 5% der Nennspannung; bei einem Kraftwerksgenerator (Nennspannung 10...27 kV) ist bereits diese »Restspannung« für Menschen gefährlich.

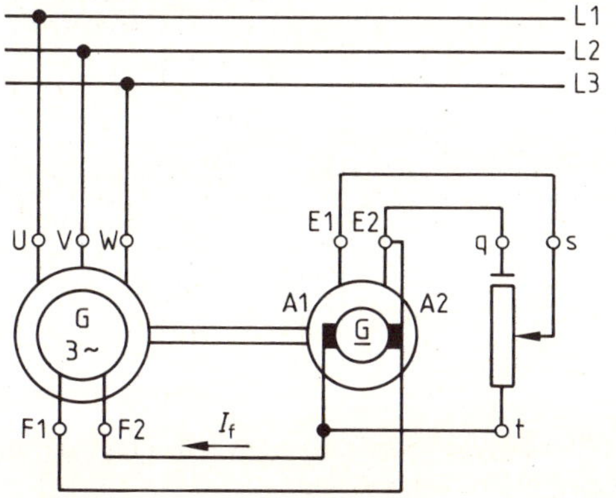

Bild 42.4
Prinzip-Schaltbild der Synchronmaschine

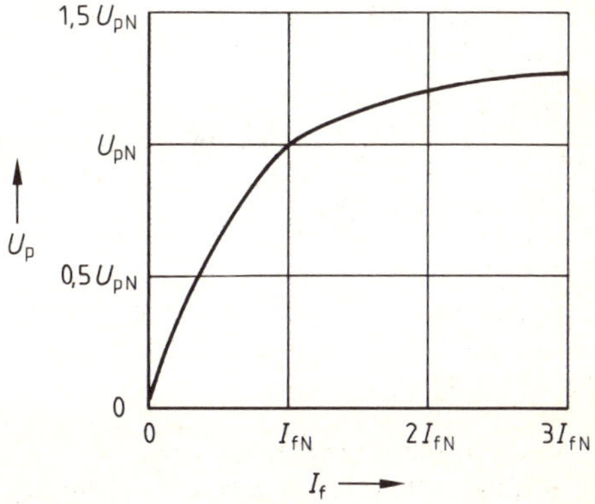

Bild 42.5
Leerlaufkennlinie der Synchronmaschine

Bei Belastung fließt in der Ständerwicklung der Strom $\underline{I}$, der ein Drehfeld hervorruft, welches dem vom Polrad erzeugten Drehfeld entgegenwirkt. Dieser Vorgang wird als **Ankerrückwirkung** bezeichnet.
Infolge der Ankerrückwirkung und der Streuung ist die Spannung $\underline{U}_{str}$ an den Klemmen der Ständerwicklung i. allg. nicht mit der Polradspannung $\underline{U}_p$ in Phase. Dies wird in der Ersatzschaltung durch einen induktiven Blindwiderstand beschrieben, der als **synchrone Reaktanz**

X_d bezeichnet wird. Der OHMsche Widerstand der Ständerwicklung, der wesentlich kleiner als X_d ist, kann für einfache Übersichtsdarstellungen unberücksichtigt bleiben. Durch Anwenden des Maschensatzes auf die vereinfachte Ersatzschaltung (Bild 42.6) der Synchronmaschine erhält man die Spannung $\underline{U}_{str}$ an den Klemmen eines Stranges der Ständerwicklung:

$$\underline{U}_{str} = \underline{U}_d + \underline{U}_p \tag{42.1}$$

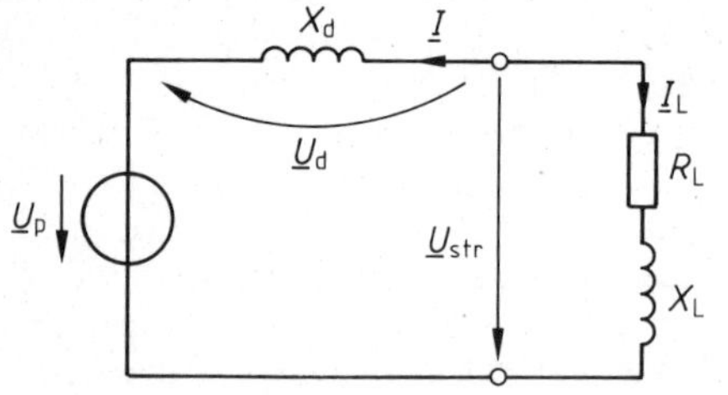

Bild 42.6 Vereinfachte Ersatzschaltung des belasteten Synchrongenerators

Die Spannung $\underline{U}_d$, die an der synchronen Reaktanz X_d abfällt, eilt dem Strom $\underline{I}$ um 90° vor; für ihren Effektivwert gilt:

$$U_d = X_d I \tag{42.2}$$

Im **Inselbetrieb** speist ein einziger Synchrongenerator in ein Netz; dies ist z. B. bei Bordnetzgeneratoren von Fahrzeugen und Schiffen der Fall.
Bei konstant eingestelltem Erregerstrom I_f ist wegen U_p = const. die Klemmenspannung U_{str} vom Effektivwert I und von der Phasenlage des Ständerstromes abhängig. Im Inselbetrieb werden diese beiden Werte durch die Belastung des Generators, die den Leistungsfaktor $\cos\varphi_L$ aufweist, vorgegeben.
Wie Bild 42.7 zeigt, ist die Klemmenspannung U_{str} bei induktiver Belastung kleiner als die Polradspannung U_p; bei kapazitiver Belastung kann die Klemmenspannung größer als die Polradspannung sein. Üblich ist eine Auslegung für induktive Belastung mit $\cos\varphi_L = 0{,}8$

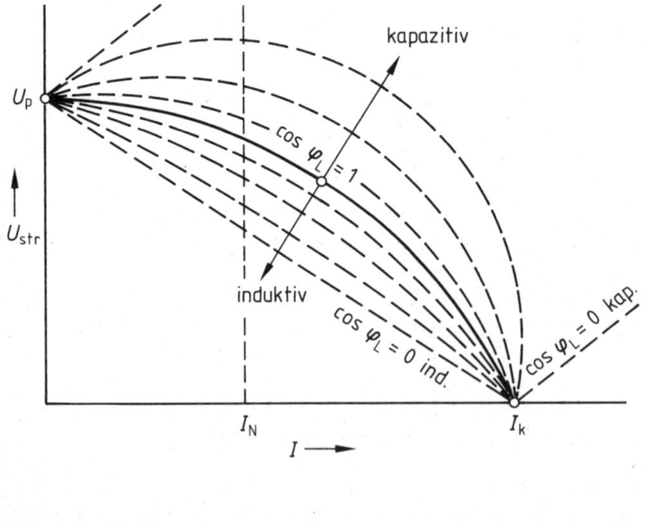

Bild 42.7 Klemmenspannung U_{str} in Abhängigkeit von der Belastung und vom Leistungsfaktor

(Bild 42.8). Für einen Betrieb mit konstanter Klemmenspannung muß der Erregerstrom I_f je nach Belastung eingestellt werden.
Ein Kurzschluß des Synchrongenerators hat zwei unterschiedliche physikalische Wirkungen. Kurz nach dem Auftreten eines Kurzschlusses ist die Maschine praktisch noch voll erregt. Dabei fließt ein sehr hoher Strom, der als **Stoßkurzschlußstrom** I_s bezeichnet wird; er ist von der Phasenlage der Spannungen und Ströme zum Zeitpunkt des Kurzschlußeintritts abhängig. Im ungünstigsten Fall beträgt der Scheitelwert $\hat{i}_s$ des Stoßkurzschlußstromes etwa das 18-fache des Nennstrom-Scheitelwerts. Der Stoßkurzschlußstrom ruft starke Kräfte auf die Wicklungen hervor, die deshalb gut versteift sein müssen.
Im Dauerzustand des Kurzschlusses fließt der **Dauerkurzschlußstrom** I_k, der bei einem dreisträngigen Kurzschluß etwa das 2...3-fache des Nennstromes beträgt. Dieser Wert ist relativ

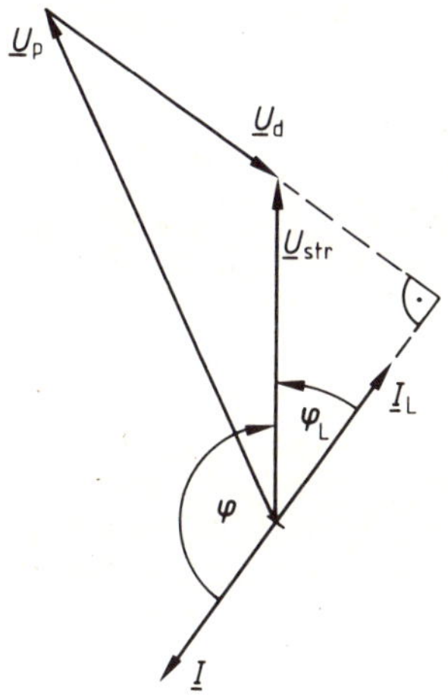

Bild 42.8
Zeigerdiagramm der Ströme und Spannungen für induktive Belastung mit $\cos \varphi_L = 0{,}8$

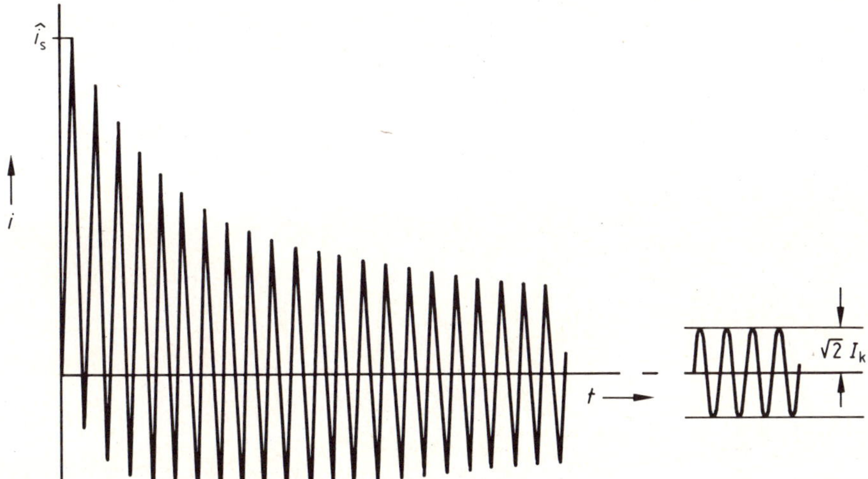

Bild 42.9 Ständerstrom eines Synchrongenerators beim dreisträngigen Kurzschluß

niedrig, weil infolge der stärkeren Ankerrückwirkung das Magnetfeld und damit auch die Polradspannung wesentlich kleiner als z. B. bei Nennbetrieb ist. Der Dauerkurzschlußstrom erwärmt die Maschine sehr stark, er muß deshalb spätestens nach einigen Sekunden abgeschaltet werden.

42.3 Die Vollpolmaschine im Netzbetrieb

Beim Betrieb einer Synchronmaschine am Netz ist die Strangspannung $\underline{U}_{str}$ vorgegeben. Außer bei Motorbetrieb liegt ein derartiger Betrieb z. B. bei Kraftwerksgeneratoren vor, die im Verbundbetrieb arbeiten; dabei speisen die Generatoren, deren Nennspannung je nach Baugröße 10...27 kV beträgt, über Transformatoren in das Hochspannungs-Verbundnetz ein (s. Kap. 31.6).
Auch bei Netzbetrieb ist die Spannung $\underline{U}_{str}$ an den Klemmen eines Wicklungsstranges der Ständerwicklung mit der Polradspannung $\underline{U}_p$ infolge der Ankerrückwirkung i. allg. nicht in Phase. Der Winkel, um den die Spannung $\underline{U}_{str}$ gegen die Polradspannung $\underline{U}_p$ phasenverschoben ist, wird als **Polradwinkel** ϑ bezeichnet.
Der Polradwinkel ϑ ist bei Motorbetrieb positiv, bei Generatorbetrieb negativ. Der Zusammenhang zwischen dem Polradwinkel und der Leistung der Maschine läßt sich dem Zeigerdiagramm für Motorbetrieb entnehmen; für die strichpunktierte Linie in Bild 42.10b gilt:

$$X_d \cdot I \cdot \cos\varphi = U_p \cdot \sin\vartheta \tag{42.3}$$

Diese Gleichung wird mit dem Quotienten U_{str}/X_d erweitert, womit man die Leistung P_{str} eines Stranges erhält:

$$P_{str} = U_{str} \cdot I \cdot \cos\varphi = \frac{U_{str} \cdot U_p}{X_d} \cdot \sin\vartheta \tag{42.4}$$

Wird die Synchronmaschine im Netzbetrieb ($U_{str} = \text{const.}$) mit konstanter Erregung und damit bei konstanter Polradspannung U_p betrieben, so ist die Leistung eines Stranges vom Sinus des Polradwinkels abhängig: Für $\vartheta > 0$ ist P_{str} positiv, es liegt also Motorbetrieb vor; für $\vartheta < 0$ ist P_{str} negativ, wobei Generatorbetrieb vorliegt.

Bild 42.10 Zeigerdiagramm der Ströme und Spannungen einer Synchronmaschine für Generatorbetrieb (a) bzw. Motorbetrieb (b)

Auch das Drehmoment der Synchronmaschine zeigt dieselbe Abhängigkeit vom Sinus des Polradwinkels wie die Leistung P_{str} eines Stranges. Für eine Drehstrommaschine mit drei Strängen gilt wegen $P = 3\,P_{str}$:

$$M = \frac{P}{2\pi n_s} = \frac{3}{2\pi n_s} \cdot \frac{U_{str} \cdot U_p}{X_d} \cdot \sin\vartheta \tag{42.5}$$

Für $\vartheta = 90°$ hat das Drehmoment einen Maximalwert, der **Kippmoment** M_K genannt wird:

$$M_K = \frac{3}{2\pi n_s} \cdot \frac{U_{str} \cdot U_p}{X_d} \tag{42.6}$$

Ein Drehmoment, das größer als das Kippmoment ist, kann die Maschine nicht entwickeln: Im Motorbetrieb darf ϑ den Wert 90° nicht überschreiten; bei $\vartheta > 90°$ fällt der Motor „außer Tritt" und muß abgeschaltet werden. Entsprechendes gilt für den Generatorbetrieb, bei dem ϑ den Wert $-90°$ nicht unterschreiten darf.

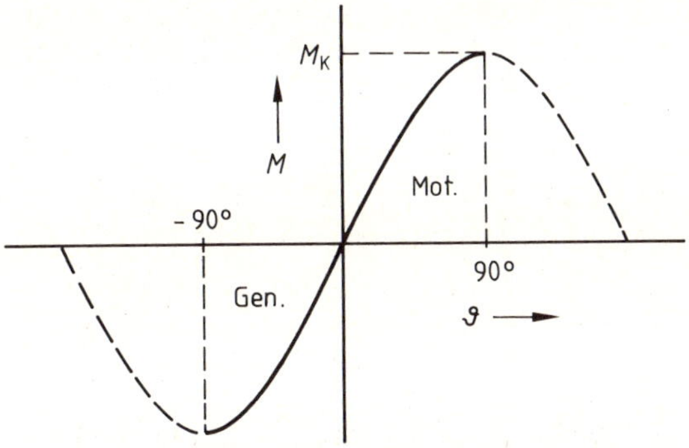

Bild 42.11 Drehmoment der Synchronmaschine als Funktion des Polradwinkels ϑ

Der Quotient aus Kippmoment und Nennmoment wird wie bei der Asynchronmaschine als (Drehmoment-) **Überlastbarkeit** $\ddot{u}$ bezeichnet:

$$\ddot{u} = \frac{M_K}{M_N} \tag{42.7}$$

Beispiel 42.1: Welchen Polradwinkel verursacht die Nennlast bei einem Synchronmotor, dessen Überlastbarkeit den Wert $\ddot{u} = 2$ aufweist?

Die Gl. (42.5) wird durch die Gl. (42.6) dividiert:

$$\sin\vartheta_N = \frac{M_N}{M_K} = \frac{1}{\ddot{u}} = 0{,}5 \;; \quad \vartheta_N = \arcsin 0{,}5 = 30°$$

Aus dem Zeigerbild 42.10 der Spannungen läßt sich ein Zeigerbild der Ströme entwickeln. Dazu wird die lineare Spannungsquelle in Bild 42.6 in eine lineare Stromquelle umgewandelt (Bild 42.12). Wegen des induktiven Widerstandes X_d der Quelle eilt der Quellenstrom $\underline{I}_p$ mit dem Effektivwert $I_p = U_p/X_d$ der Spannung $\underline{U}_p$ um 90° nach. Der Strom $\underline{I}_d$ mit dem Effektivwert $I_d = U_{str}/X_d$ eilt der Spannung $\underline{U}_{str}$ um 90° nach. Die Knotengleichung lautet:

$$\underline{I} + \underline{I}_p = \underline{I}_d \tag{42.8}$$

Beim Betrieb an konstanter Spannung $\underline{U}_{str}$ bleibt der Zeiger $\underline{I}_d$ unverändert. Wie Bild 42.13 zeigt, sind der Effektivwert I des Stromes und der Phasenverschiebungswinkel φ sowohl von der Polradspannung U_p bzw. vom Strom $I_p = U_p/X_d$ als auch vom Polradwinkel ϑ abhängig: Wird z.B. bei konstanter Leistung $P_{str} = U_{str} \cdot I \cdot \cos\varphi$ die Erregung verstärkt und damit U_p erhöht, so wird der Phasenverschiebungswinkel φ verringert. Sowohl im Motor- als auch im Generatorbetrieb gilt: Die übererregte Synchronmaschine wirkt kapazitiv (Fall b in Bild 42.13), während die untererregte Maschine induktiv wirkt (Fall a in Bild 42.13).

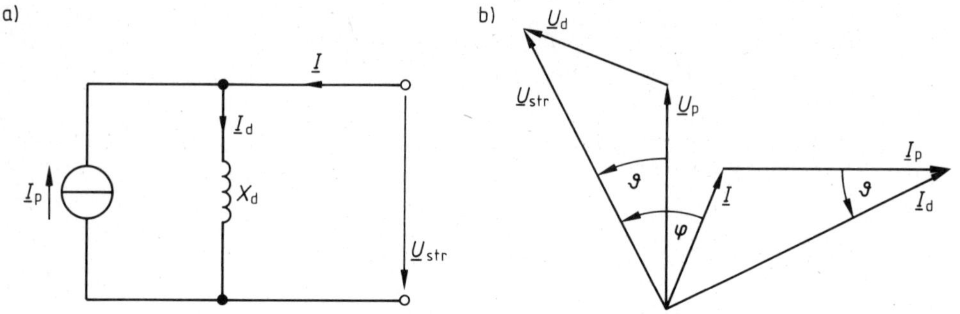

Bild 42.12 Stromquelle (a) als vereinfachte Ersatzschaltung der Synchronmaschine sowie Zeigerdiagramm (b) der Spannungen und Ströme für Motorbetrieb

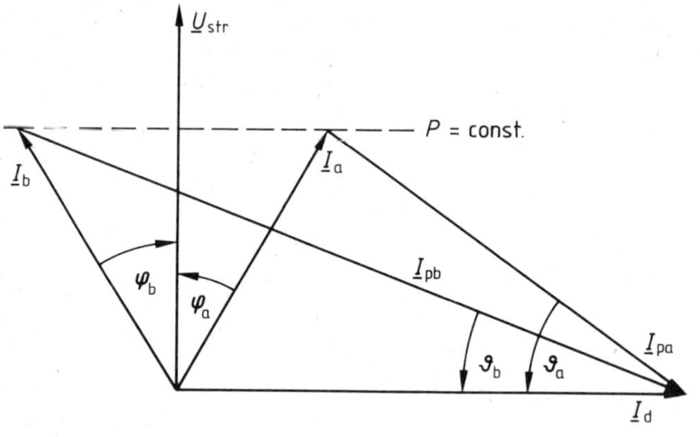

Bild 42.13 Zeigerdiagramme der Synchronmaschine für Motorbetrieb am Netz konstanter Spannung bei konstanter Leistung:
a) Untererregung $\varphi > 0$
b) Übererregung, $\varphi < 0$

Beispiel 42.2: Ein Synchronmotor 15 kW, der in Sternschaltung am 400 V-Netz betrieben wird, hat die synchrone Reaktanz $X_d = 3{,}84\ \Omega$.
Der OHMsche Widerstand der Ständerwicklung soll unberücksichtigt bleiben.

a) Der Motor soll bei $\cos\varphi = 1$ die Nennleistung abgeben, wobei der Nennstrom 25,2 A fließt. Welche Polradspannung ist einzustellen, und welcher Polradwinkel ergibt sich dabei?

b) Der Motor soll die Nennleistung bei $\cos\varphi = 0{,}8$ (kap.) abgeben. Um wieviel Prozent muß die Polradspannung erhöht werden, und welcher Polradwinkel ergibt sich dabei?

a) Strangspannung: $U_{str} = (400\,\text{V})/\sqrt{3} = 231\,\text{V}$

Die Ströme $I = 25{,}2\,\text{A}$ und $I_d = U_{str}/X_d = (231\,\text{V})/(3{,}84\,\Omega) = 60{,}16\,\text{A}$ sind die Katheten eines rechtwinkligen Dreiecks, dessen Hypotenuse $I_p = U_{pa}/X_d$ ist:

$$\frac{U_{pa}}{X_d} = \sqrt{60{,}16^2 + 25{,}2^2}\,\text{A} = 65{,}2\,\text{A} \; ; \qquad U_{pa} = 3{,}84\,\Omega \cdot 65{,}2\,\text{A} = 250{,}4\,\text{V}$$

$$\vartheta_a = \arctan\frac{I}{I_d} = \arctan\frac{25{,}2\,\text{A}}{60{,}16\,\text{A}} = 22{,}7°$$

b) $P_{str} = U_{str} I \cdot \cos\varphi = U_{str} I_N \cdot 1 = U_{str} I \cdot 0{,}8$; $\quad I = I_N/0{,}8 = 31{,}5\,\text{A}$

Da die Spannung $\underline{U}_{str}$ dem Strom $\underline{I}$ nacheilt, ist φ negativ:

$\varphi = -\arccos 0{,}8 = -36{,}9°$

Der Strom I hat den Wirkanteil $I\cos\varphi = I_p \sin\vartheta$ und den Blindanteil $I\sin\varphi = I_d - I_p\cos\vartheta \rightarrow$ $I_p\cos\vartheta = I_d - I\sin\varphi$.

$$\tan\vartheta = \frac{I_p\sin\vartheta}{I_p\cos\vartheta} = \frac{I\cos\varphi}{I_d - I\sin\varphi} = \frac{31{,}5\,\text{A}\cdot\cos(-36{,}9°)}{60{,}16\,\text{A} - 31{,}5\,\text{A}\cdot\sin(-36{,}9°)} = 0{,}319 \; ; \qquad \vartheta = 17{,}7°$$

$$I_p = \frac{I\cos\varphi}{\sin\vartheta} = \frac{31{,}5\,\text{A}\cdot 0{,}8}{\sin 17{,}7°} = 82{,}9\,\text{A} \; ; \qquad U_{pb} = X_d I_p = 3{,}84\,\Omega\cdot 82{,}9\,\text{A} = 318{,}3\,\text{V}$$

$$\frac{U_{pb}}{U_{pa}} = \frac{318{,}3\,\text{V}}{250{,}4\,\text{V}} = 1{,}27$$; die Polradspannung muß um 27% erhöht werden.

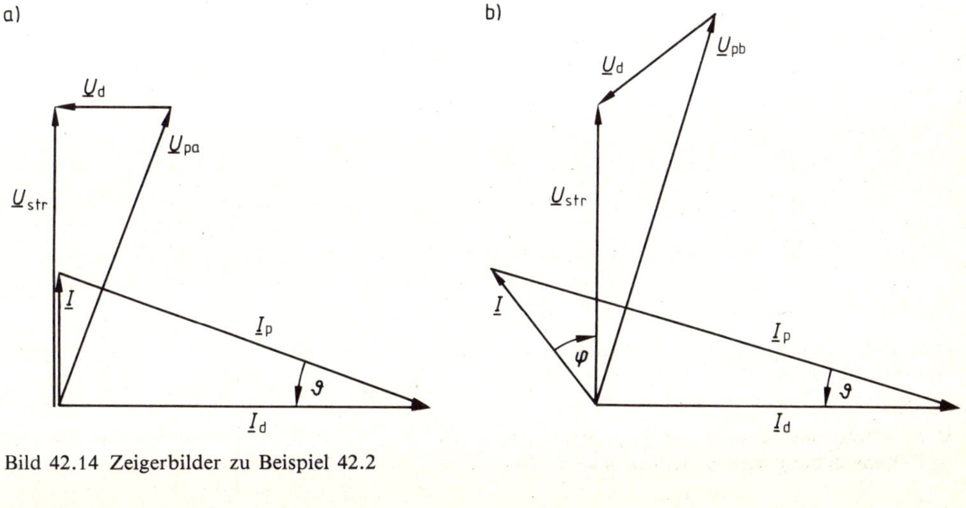

Bild 42.14 Zeigerbilder zu Beispiel 42.2

42.4 Die Schenkelpolmaschine

Im Gegensatz zur Vollpolmaschine ist der magnetische Widerstand des Luftspalts am Umfang des Läufers der Schenkelpolmaschine nicht konstant. In Polmitte hat dieser magnetische Widerstand ein Minimum. Man bezeichnet die Achse, in welcher der magnetische Widerstand des Luftspalts ein Minimum aufweist, als **d-Achse** (engl.: direct axis) und ordnet ihr die Reaktanz X_d zu. In der Pollücke hat der magnetische Widerstand des Luftspalts ein Maximum. Man bezeichnet die Achse, in welcher der magnetische Widerstand ein Maximum aufweist, als **q-Achse** (engl.: quadrature axis) und ordnet ihr die Reaktanz X_q zu.
Unabhängig von der Erregung entwickelt die Schenkelpolmaschine infolge des unterschiedlichen magnetischen Widerstands in d- und q-Achse ein Drehmoment, das als **Reaktionsmoment** M_R bezeichnet wird:

$$M_R = \frac{3\,U_{str}^2}{2\pi n_s} \cdot \left(\frac{1}{X_q} - \frac{1}{X_d} \right) \cdot \sin 2\vartheta \qquad (42.9)$$

Das Reaktionsmoment ist um so höher, je größer der Unterschied der Reaktanzen X_d und $X_q < X_d$ ist. Außerdem ist das Reaktionsmoment vom Polradwinkel abhängig, es hat bei $\vartheta = 45°$ ein Maximum und bei $\vartheta = -45°$ ein Minimum (Bild 42.15).

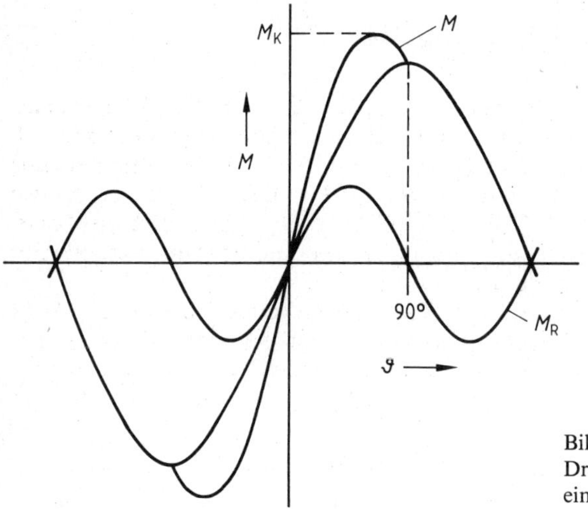

Bild 42.15
Drehmoment M und Reaktionsmoment M_R einer Schenkelpolmaschine

Wenn die Schenkelpolmaschine eine Erregerwicklung besitzt, die vom Erregerstrom I_f durchflossen wird, dann wird in der Ständerwicklung die Polradspannung U_p induziert. Die Maschine entwickelt dabei ein Drehmoment, das aus dem in Gl. (42.5) beschriebenen Anteil und dem Reaktionsmoment besteht:

$$M = \frac{3}{2\pi n_s} \cdot \frac{U_{str} \cdot U_p}{X_d} \cdot \sin \vartheta + M_R \qquad (42.10)$$

Infolge des Reaktionsmoments tritt das maximale Drehmoment, also das Kippmoment M_K, bei einem Polradwinkel $\vartheta < 90°$ auf (Bild 42.15).

Synchronmotoren ohne Erregerwicklung, die Sperren für den magnetischen Fluß z. B. in der Form zusätzlicher Luftspalte in der q-Achse enthalten und lediglich ein Reaktionsmoment entwickeln, werden als **Reluktanzmotoren** bezeichnet. Bild 42.16 zeigt ein Beispiel für den Blechschnitt eines Läufers; in die Nuten im Bereich der Pole werden die Stäbe des Dämpferkäfigs eingebracht. Leistungsfaktor und Wirkungsgrad von Reluktanzmotoren, die für Leistungen bis zu 10 kW gebaut werden, haben etwa die Werte leistungsgleicher Asynchronmotoren. Reluktanzmotoren werden dort eingesetzt, wo viele kleine Antriebe mit genau gleicher Drehzahl laufen müssen; dies ist z. B. in Spinnereien und bei Förderanlagen der Fall.

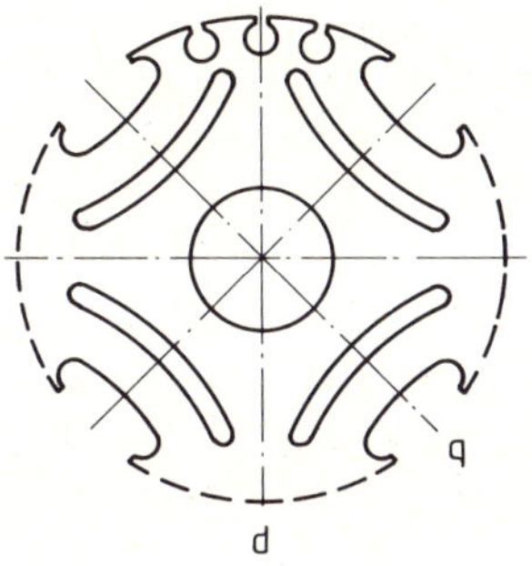

Bild 42.16
Blechschnitt für den Läufer eines vierpoligen Reluktanzmotors

42.5 Pendelungen der Synchronmaschine

Im stationären Betrieb eines Synchronmotors sind sein Drehmoment M und das Widerstandsmoment $M_W = -M$ der Last zeitlich konstant; dabei drehen sich Drehfeld und Polrad mit der Synchrondrehzahl n_s. Dementsprechend drehen sich auch die Zeiger der Netzspannung $\underline{U}_{str}$ und der Polradspannung $\underline{U}_p$ mit der konstanten Drehzahl n_s. Beide Zeiger sind um den Polradwinkel ϑ gegeneinander verdreht: Je stärker der Motor belastet wird, desto größer ist der Winkel ϑ. Die in Bild 42.17 eingezeichnete Feder steht symbolisch für die Zugkraft, die das Ständerdrehfeld auf das Läuferdrehfeld ausübt.
Wenn sich die Last ändert, bleibt auch der Polradwinkel ϑ zeitlich nicht konstant. Bild 42.18 zeigt als Beispiel eine sprungartige Änderung des Widerstandsmoments vom Wert M_{W1} auf den Wert M_{W2}. Dieser Vorgang ist mit dem Laststoß auf ein Feder-Masse-System vergleich-

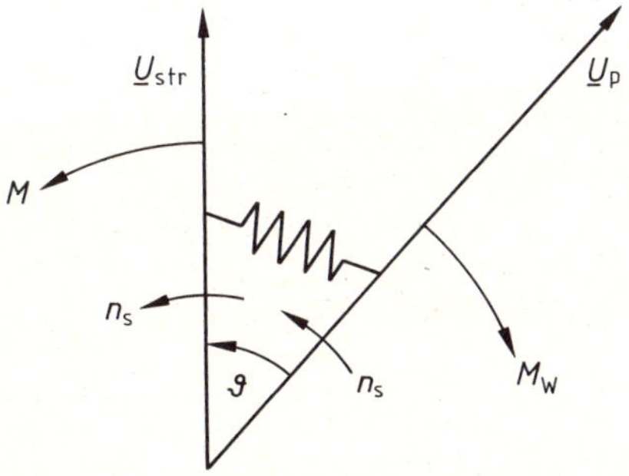

Bild 42.17 Symbolische Darstellung der elastischen Kupplung zwischen Ständer- und Läuferdrehfeld

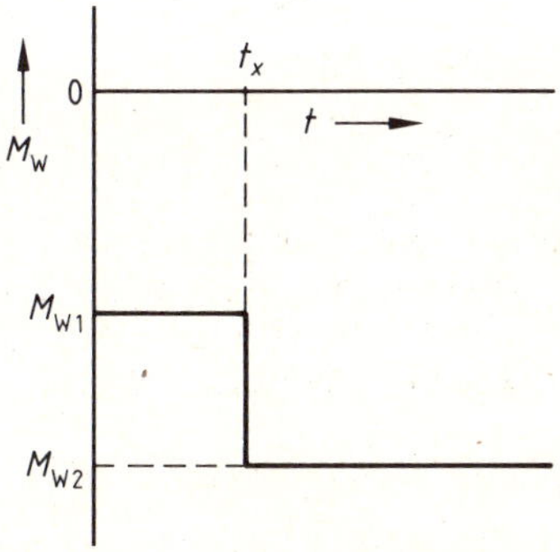

Bild 42.18 Laststoß auf einen Motor zum Zeitpunkt t_x

bar (Bild 42.19a): Wie die Feder in die neue Lage einschwingt, ist von ihrer Rückstellkraft und von der Dämpfung des Systems abhängig; ohne Dämpfung ergibt sich bei konstanter Rückstellkraft der Feder eine Sinusschwingung konstanter Amplitude, mit Dämpfung nimmt die Amplitude der Sinusschwingung ab. Die Periodendauer der Sinusschwingung ist T_e, ihr Kehrwert wird als **Eigenfrequenz** $f_e = 1/T_e$ des Feder-Masse-Systems bezeichnet.

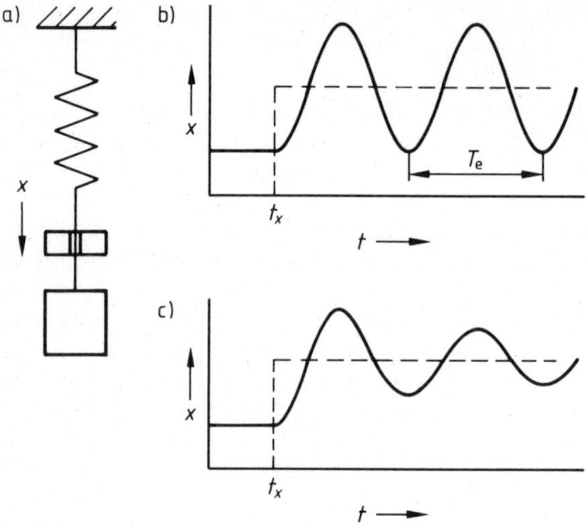

Bild 42.19 Laststoß auf ein Feder-Masse-System (a) und ungedämpfter (b) bzw. gedämpfter (c) Einschwingvorgang

Im Gegensatz zu dem beschriebenen Feder-Masse-System ist das Rückstellmoment der Synchronmaschine, das auch als **synchronisierendes Moment** M_s bezeichnet wird, nicht konstant, sondern vom Kippmoment M_K und vom Polradwinkel ϑ abhängig:

$$M_s = M_K \cdot \cos \vartheta \tag{42.11}$$

Das Rückstellmoment nimmt mit wachsendem Polradwinkel ab und erreicht für $\vartheta = 90°$ den Wert $M_s = 0$. Für $\vartheta > 90°$ ist das Rückstellmoment negativ, ein Synchronmotor fällt dabei „außer Tritt"; entsprechendes gilt für einen Generator bei $\vartheta < -90°$. Wegen des nicht konstanten Rückstellmoments sind die Eigenschwingungen der Synchronmaschine bei einem Laststoß nicht sinusförmig. Die Eigenfrequenz liegt i. allg. bei wenigen Hertz.
Die Eigenschwingungen werden bei einer Synchronmaschine **Pendelungen** genannt; sie können auch durch periodische Anregungen hervorgerufen werden, z. B. wenn ein Synchronmotor auf einen Kolbenverdichter arbeitet. Für eine Dämpfung der Eigenschwingungen sorgt die in Kap. 42.1 beschriebene Dämpferwicklung.

42.6 Die Synchronisierung

Wenn ein Synchronmotor einen Dämpferkäfig besitzt, dann kann er mit dessen Hilfe anlaufen. Die Erregerwicklung (Widerstand R_f) wird während des Hochlaufens mit einem Lastwiderstand abgeschlossen ($R \approx 10\, R_f$). Bei der Leerlaufdrehzahl $n_0 \approx n_s$ wird die Erregung eingeschaltet, der Läufer wird dadurch ruckartig in den Synchronismus gezogen.

Ein Synchronmotor ohne Dämpferkäfig muß mit einem Anlaufmotor auf Nenndrehzahl gebracht werden, bevor er synchronisiert werden kann; bei einem Generator ist dies mit Hilfe der Turbine möglich. Die Synchronmaschine darf nur dann an das Netz geschaltet werden, wenn die Außenleiterspannungen von Netz und Maschine folgende Bedingungen erfüllen:

- gleiche Effektivwerte,
- gleiche Frequenzen,
- gleiche Phasenlage,
- gleiche Phasenfolge.

Gleiche Effektivwerte lassen sich durch Einstellen der Erregung erreichen. Gleiche Frequenzen ergeben sich dann, wenn die Drehzahl der Maschine mit der Drehfelddrehzahl übereinstimmt; diese Übereinstimmung muß winkelgenau sein, damit gleiche Phasenlage der Außenleiterspannungen vorliegt.
In Kraftwerken wird die Synchronisierung der Generatoren mit Prozeßrechnern durchgeführt. In Prüffeldern wird die Einhaltung der Frequenz- und Phasengleichheit mit einfachen Hilfsschaltungen überprüft.
Bei der *Dunkelschaltung* werden die Schaltkontakte durch Voltmeter überbrückt, die für die doppelte Strangspannung bemessen sein müssen (Bild 42.20). Der Schalter wird dann geschlossen, wenn sämtliche Voltmeter den Wert Null anzeigen. Bei ungleichen Frequenzen pendeln die Voltmeter. Wenn bei der Synchronisierung nur ein Voltmeter auf den Wert Null zurückgeht und die anderen nicht, dann liegt falsche Phasenfolge vor. Ist die richtige Phasenfolge bekannt, dann genügt ein einziges Voltmeter zur Synchronisierung.
Bei der *Hellschaltung* können Glühlampen als Anzeigegerät verwendet werden. Sie leuchten bei ungleichen Frequenzen von Netz und Maschine abwechselnd auf. Bei der Kreisanordnung nach Bild 42.21 entsteht dabei ein drehendes Licht; aus dem Drehsinn ist zu ersehen, ob die Maschine schneller oder langsamer laufen muß, um in den Synchronismus zu gelangen. Im Schaltmoment muß eine Lampe dunkel sein, die beiden anderen leuchten gleich stark und ziemlich hell (wegen $U = \sqrt{3}\, U_{\text{str}}$ liegen die für $2\, U_{\text{str}}$ bemessenen Lampen nicht an ihrer Nennspannung). Verlöschen alle drei Lampen gleichzeitig, so liegt falsche Phasenfolge vor.

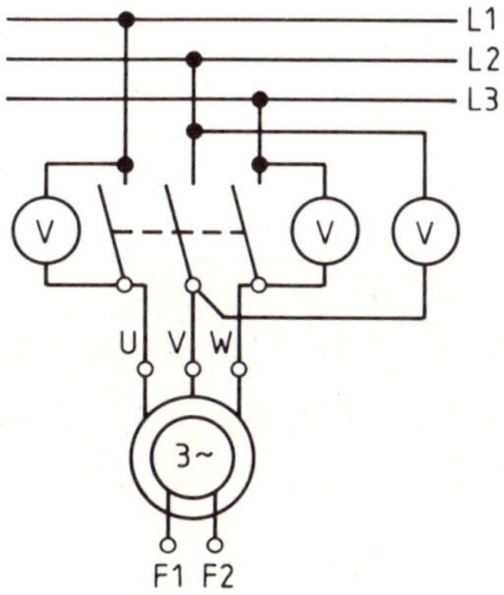

Bild 42.20 Dunkelschaltung

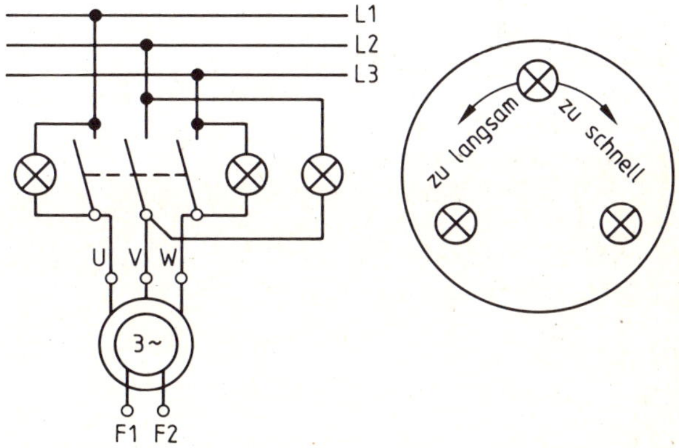

Bild 42.21 Hellschaltung

43 Kleinmotoren

Als elektrische Kleinmotoren bezeichnet man Motoren, deren abgegebene Leistung unter einer Grenze von etwa 1 kW liegt. Im Zuge der Rationalisierung werden diese Motoren in der Industrie in zunehmender Zahl eingesetzt. Entsprechendes gilt für den Haushalt- und den Konsumgüterbereich. Auch in der Datenverarbeitung werden z. B. zum Antrieb von Festplatten und Diskettenlaufwerken sowie für Drucker und Plotter Kleinmotoren verwendet.

43.1 Der Universalmotor

Der Universalmotor ist im Prinzip ein Gleichstrom-Reihenschlußmotor, der an Wechselspannung betrieben wird. Da der Motor auch an Gleichspannung betrieben werden kann, hat er die Bezeichnung **Universalmotor** erhalten. Der Ständer ist geblecht, damit beim Betrieb an Wechselspannung die im Eisenkreis auftretenden Wirbelstromverluste klein sind.
Beim Reihenschlußmotor sind die im Ständer angeordnete Erregerwicklung und die rotierende Ankerwicklung in Reihe geschaltet. Bei der folgenden, stark vereinfachten Beschreibung werden die OHMschen Widerstände der Wicklungen nicht berücksichtigt. Die Reaktanzen der Wicklungen werden zu einer einzigen Reaktanz X zusammengefaßt. Bild 43.1 zeigt das vereinfachte Ersatzschaltbild und das zugehörige Zeigerdiagramm.

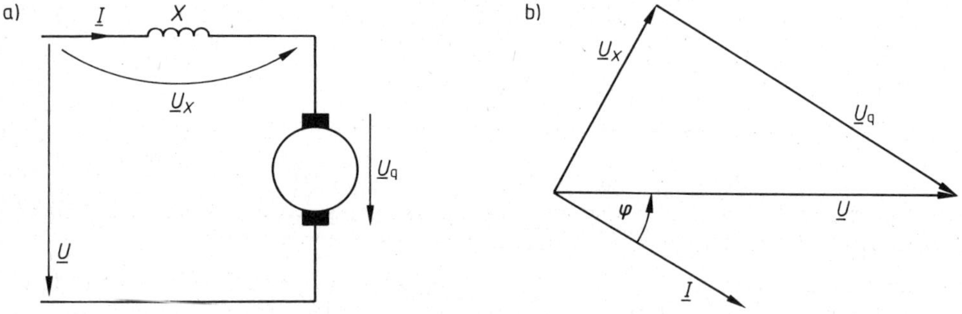

Bild 43.1 Ersatzschaltbild (a) und Zeigerdiagramm (b) des Universalmotors

Von der Ständerwicklung wird ein Wechselfluß $\Phi = \hat{\Phi} \cdot \sin \omega t$ erzeugt, wobei $\omega = 2\pi f$ die Kreisfrequenz der am Motor liegenden Spannung ist. Nach Gl. (15.11) induziert dieser Fluß in dem mit der Drehzahl n rotierenden Anker die Spannung u_q:

$$u_q = c\hat{\Phi} \cdot 2\,\pi n \cdot \sin \omega t \tag{43.1}$$

Da $\underline{U}_q$ praktisch in Phase mit dem Strom $\underline{I}$ ist, ergibt sich die innere Leistung zu:

$$P_i(t) = u_q \cdot i = c\hat{\Phi} \cdot 2\pi n \cdot \sin \omega t \cdot \hat{i} \cdot \sin \omega t \tag{43.2}$$

Das innere Moment $M_i(t)$ des Universalmotors ist zeitabhängig:

$$M_i(t) = \frac{P_i(t)}{2\pi n} = c\hat{\Phi}\hat{i} \cdot \sin^2 \omega t \tag{43.3}$$

Das innere Moment $M_i(t)$ pulsiert mit doppelter Netzfrequenz um den arithmetischen Mittelwert M_i, welcher die Hälfte des Maximalwerts beträgt:

$$M_i = \frac{c\hat{\Phi}\hat{i}}{2} \tag{43.4}$$

Wegen der Eisen- und Reibungsverluste ist die mechanische Leistung P_2, die der Motor an der Welle abgibt, kleiner als die innere Leistung P_i (s. Gl. 33.7). Dementsprechend ist auch das Drehmoment $M = P_2/(2\pi n)$, das an der Welle zur Verfügung steht, kleiner als das innere Moment M_i.

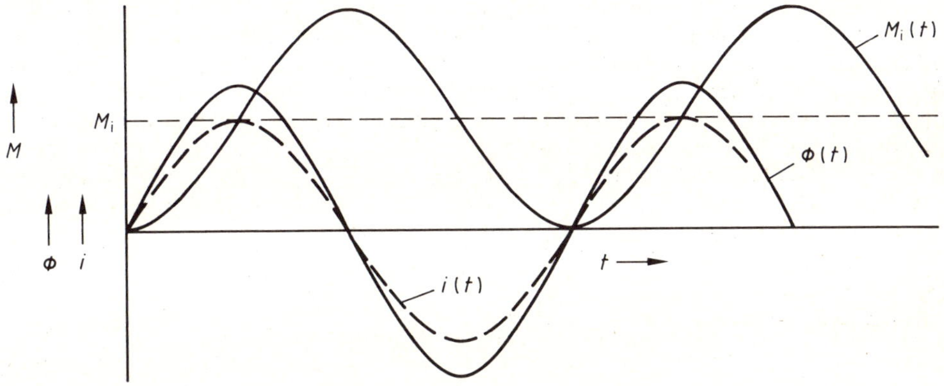

Bild 43.2 Zeitabhängigkeit des inneren Moments M_i des Universalmotors

Der Universalmotor läßt sich weitgehend automatisiert und dadurch kostengünstig fertigen. Gegenüber dem Asynchronmotor hat er jedoch betriebliche Nachteile:

- Die Bürsten verursachen ein erhöhtes Betriebsgeräusch und zusätzliche Reibungsverluste. Wenn sie abgenutzt sind, müssen sie ausgewechselt werden, was Kosten verursacht.
- Die Lebensdauer der Maschine ist kleiner, weil sich der Kommutator abnutzt.
- Die Kommutierung kann zwar dadurch verbessert werden, daß der Kommutator aus der neutralen Zone gegen die Drehrichtung verschoben wird, doch ist ein funkenfreier Betrieb kaum zu gewährleisten. Deshalb muß stets eine Funkentstörung, die Rundfunk- und Fernsehstörungen verhindert, vorgenommen werden (s. VDE 0875).

Das Reihenschlußverhalten des Motors ergibt ein hohes Anzugsmoment, was in vielen Fällen erwünscht ist. Die stets vorhandene Lager- und Lüfterreibung ist meist groß genug, um ein »Durchgehen« des Motors bei völliger Entlastung (s. Abschn. 34.3) zu verhindern.
Die Drehzahl des Universalmotors ist von der Netzfrequenz unabhängig. Sie wird vielfach sehr hoch (bis 20000 min^{-1}) gewählt, um ein günstiges »Leistungsgewicht« (Quotient aus Leistung und Gewicht) zu erhalten. Bei tragbaren Geräten, z. B. Werkzeugen oder Haushaltsgeräten, ist deshalb der Universalmotor dem Asynchronmotor überlegen.
Aufgrund des Reihenschlußverhaltens ist die Drehzahl des Universalmotors stark von der Belastung abhängig. Während eine Drehzahl*regelung* nur mit relativ großem Aufwand möglich ist, läßt sich eine Drehzahl*stellung* durch Spannungsänderung relativ einfach erreichen:

a) Im einfachsten Fall wird die Drehzahl durch einen Vorwiderstand herabgesetzt.
b) Durch einen Widerstand parallel zum Anker wird auch die Leerlaufdrehzahl herabgesetzt und ein Durchgehen des Motors verhindert. Eine Kombination von Vor- und Parallelwiderstand wird als BARKHAUSEN-Schaltung bezeichnet.
c) Durch einen vorgeschalteten Spartransformator kann die Drehzahl verlustarm in weiten Bereichen eingestellt werden.

Durch Phasenanschnittsteuerung (s. Kap. 57) können Drehmoment und Drehzahl in weiten Bereichen eingestellt werden.

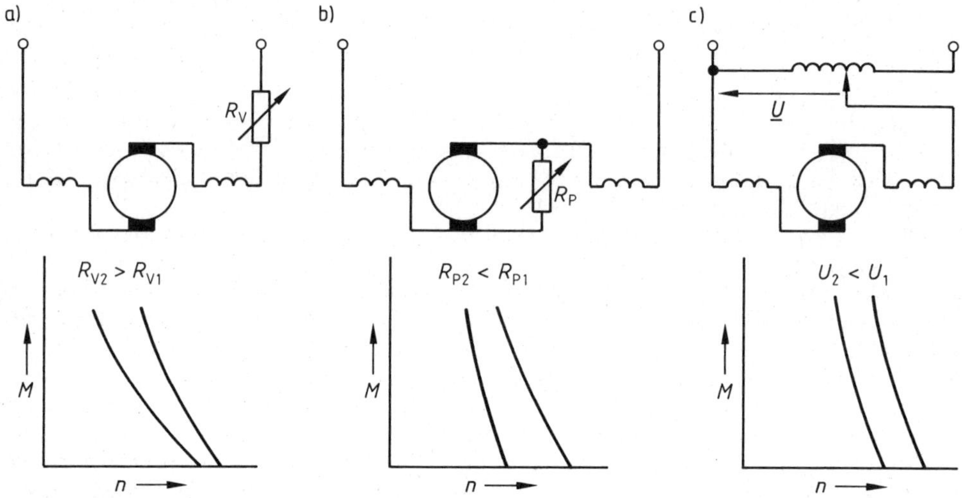

Bild 43.3 Betrieb des Universalmotors mit Vorwiderstand (a), mit Widerstand parallel zum Anker (b) bzw. an einem Spartransformator (c)

43.2 Der Permanentmagnet-Motor

Gleichstrommotoren kleiner Leistung werden häufig mit Permanentmagneten erregt. Außer einer einfacheren und damit kostengünstigeren Fertigung haben diese Motoren den Vorteil eines höheren Wirkungsgrades, da Erregerverluste entfallen; bei hochwertigen Ausführungen werden Wirkungsgrade über 80% erreicht.
Als Magnetmaterialien werden meist Bariumferrite verwendet. Nur für hochwertige Ausführungen kommen AlNiCo-Magnete oder Samarium-Kobalt-Magnete zum Einsatz. Bei den modernen Neodym-Magneten nehmen Flußdichte und Feldstärke bei Erwärmung stark ab; dieses Magnetmaterial wird daher bei Motoren nicht eingesetzt.
Bild 43.4 zeigt als Beispiel einen Motor mit Schalenmagneten in Radial-Magnetisierung und einen Motor mit Ringmagnet in Diametral-Magnetisierung. Das Blechgehäuse dient als magnetischer Rückschluß. Ein Polblech sorgt dafür, daß der Schalenmagnet nicht durch eine hohe Ankerdurchflutung entmagnetisiert wird.
Die Drehmoment-Drehzahl-Kennlinie verläuft wie beim Nebenschluß-Motor. Da der Permanentmagnet-Motor an Gleichspannung betrieben wird, ist das Drehmoment zeitlich konstant.

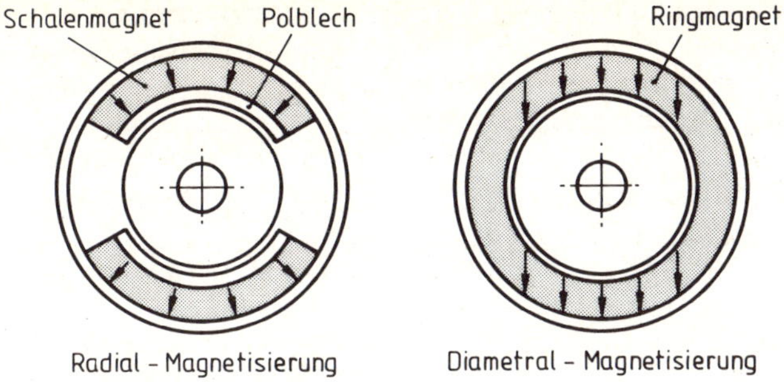

Bild 43.4 Bauformen von Permanentmagnet-Motoren

Permanentmagnet-Motoren werden i. allg. für 12 bis 24 V gebaut. Im Prinzip könnte man diese Motoren auch für den Betrieb am 230 V-Wechselstromnetz vorsehen, doch verursachen der Gleichrichter und der wegen der dünnen Drähte teure Läufer so hohe Kosten, daß ein Universalmotor günstiger ist.

Die Funkentstörung ist teurer als beim Universalmotor, weil die Entstörwirkung einer Erregerwicklung fehlt.

Eine Sonderbauform des Permanentmagnet-Motors ist der Scheibenläufer-Motor, bei dem die „Wicklung“ wie eine gedruckte Schaltung auf beiden Seiten einer Isolierstoffscheibe aufgebracht ist: Die Oberschicht der Wicklung ist auf der einen, die Unterschicht auf der anderen Seite der Scheibe aufgebracht. Am Außenrand der Scheibe sind die Leiterbahnen von Ober- und Unterschicht miteinander verlötet. Der Innenrand der Scheibe dient als Kommutator, dort schleifen die Bürsten direkt auf den Leiterbahnen.

Als Motor mit eisenlosem Läufer hat der Scheibenläufer-Motor kleine elektrische und mechanische Zeitkonstanten, was für eine gute Regelbarkeit bei Servo- und Stellantrieben wichtig ist.

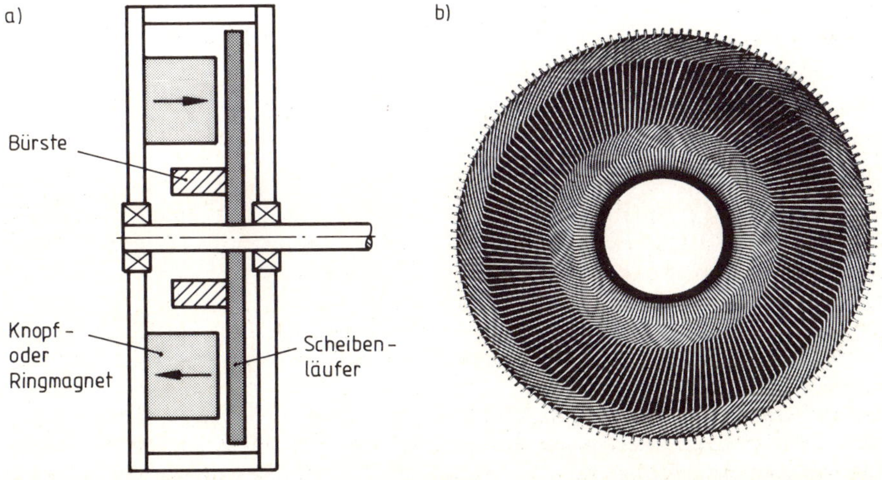

Bild 43.5 Scheibenläufer-Motor, Querschnitt (a) und Läuferscheibe (b)

43.3 Der Elektronikmotor

Der Elektronikmotor ist im Prinzip ein Gleichstrommotor, dessen Läufer einen oder mehrere Permanentmagnete trägt. Zwei um 90° gegeneinander versetzt im Luftspalt angeordnete HALLgeneratoren stellen die Lage und die Drehrichtung des Läufers fest. Die Ständerwicklung besteht aus mehreren Spulen, die je nach Lage des Läufers von Schalttransistoren, unter Berücksichtigung der von den HALLgeneratoren gegebenen Lageinformation, so eingeschaltet werden, daß der Läufer von Spule zu Spule »weitergereicht« wird.
Der Elektronikmotor hat dieselbe Drehmoment-Drehzahl-Kennlinie wie ein fremderregter Motor. Da weder Bürsten noch ein Kommutator vorhanden sind, ist der Motor robust, geräuscharm und von langer Lebensdauer. Die Drehzahlstellung durch Änderung der Spannung ergibt, wie bei der Gleichstrommaschine, einen weiten Stellbereich. Wegen der aufwendigen, speziell an den Motor angepaßten Elektronik ist der Preis hoch. Elektronikmotoren kommen deshalb i. allg. nur in höherwertigen Geräten zum Einsatz, z. B. bei industriellen Anwendungen als Vorschubantriebe in Werkzeugmaschinen oder in Handhabungsgeräten sowie in Geräten der Unterhaltungselektronik, der Meßtechnik und der Datenverarbeitung.

43.4 Der Spaltpolmotor

Der Spaltpolmotor ist ein Wechselstrom-Asynchronmotor mit Kurzschlußläufer, der für Leistungen bis etwa 150 W gebaut wird. Die Hauptwicklung aus konzentrierten Spulen wird direkt ans Netz angeschlossen; bei einfachen Ausführungen ist die Hauptwicklung eine Zylinderspule. Ein Teil des Pols ist von der kurzgeschlossenen Hilfswicklung umgeben, deren Windungszahl meist $N = 1$ ist. Diese Wicklung besteht häufig aus dickem Kupferdraht oder Blechstreifen aus Kupfer, die zu einem Ring verschweißt sind. Der vom Hauptpol „abgespaltene" Pol hat dem Motor den Namen gegeben.

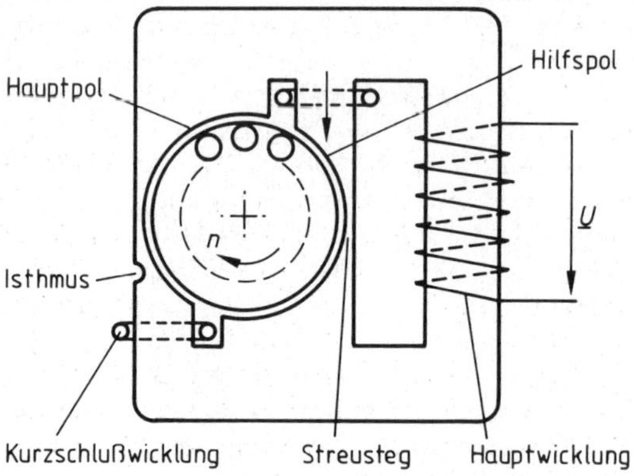

Bild 43.6
Prinzipdarstellung des Spaltpolmotors

In der kurzgeschlossenen Hilfswicklung wird vom Hauptfeld eine Spannung induziert, die einen Strom treibt, der ein zum Hauptfeld zeitlich phasenverschobenes Hilfsfeld erregt. Gemeinsam mit dem Hauptfeld erzeugt dieses Hilfsfeld ein Drehfeld, das den Anlauf des Motors ermöglicht.

Durch den Streusteg wird die Phasenverschiebung zwischen Hauptfluß und Hilfsfluß vergrößert. Der Streusteg enthält meist eine *Isthmus* genannte Verengung, mit welcher der Streufluß über den Streusteg genau eingestellt wird.
Der Läufer trägt einen Kurzschlußkäfig; er dreht stets in Richtung vom Hauptpol zum Hilfspol. Eine Drehrichtungsumkehr ist nur mit hohem Aufwand zu realisieren.
Der Wirkungsgrad des Spaltpolmotors liegt je nach Bauart zwischen 10 und 25%. Damit sich der Motor infolge der Verluste nicht zu stark erwärmt, wird ein Lüfter vorgesehen.
Spaltpolmotoren sind wegen ihres einfachen Aufbaus kostengünstig zu fertigen und werden deshalb in großer Stückzahl gebaut und z.B. für den Antrieb von Laugenpumpen in Wasch- und Geschirrspülmaschinen eingesetzt. Wie bei der Asynchronmaschine gibt es außer den Lagern keine Verschleißteile, so daß der Motor äußerst robust ist.

43.5 Wechselstrom-Synchronmotoren

Synchronmotoren kleiner Leistung werden i. allg. am Einphasen-Wechselstromnetz betrieben. Wechselstrom-Synchronmotoren besitzen eine zweisträngige Wicklung: Die Hauptwicklung liegt direkt am Netz, während die Hilfswicklung mit einem Kondensator in Reihe geschaltet ist (s. Abschn. 41.2). Dabei entsteht i. allg. kein gleichmäßiges »Kreisdrehfeld«, sondern ein sog. »elliptisches Drehfeld«. Der Motor entwickelt deshalb kein zeitlich konstantes Drehmoment, vielmehr ist dem arithmetischen Mittelwert des Drehmoments ein sog. *Pendelmoment* doppelter Netzfrequenz überlagert. Dadurch entstehen Geräusche, und die Winkelgeschwindigkeit des Läufers ist während einer Umdrehung nicht konstant. Bei Motoren kleinster Leistung (mW bis wenige W) wird die kurzgeschlossene Hilfswicklung auf Spaltpolen angebracht.
Wechselstrom-Synchronmotoren kleiner Leistung werden ohne Erregerwicklung betrieben, da die Schleifringe und die Gleichstromspeisung einen zu hohen baulichen Aufwand bedingen. Je nach Bauart wird das Drehmoment im synchronen Betrieb sowie beim Anlauf, dem asynchronen Hochlauf, auf unterschiedliche Art und Weise erzeugt:

- Der **Magnetläufermotor** enthält, wie sein Name sagt, im Läufer einen Permanentmagneten. Für die Magnetmaterialien gilt das in Kap. 43.2 Gesagte. Zusätzlich zum Dauermagneten erhält der Läufer einen Kurzschlußkäfig, wodurch er wie ein Asynchronmotor hochlaufen kann, bis er schließlich „in Tritt fällt“, d.h. in den Synchronlauf übergeht.
- Beim **Hysteresemotor** wird anstelle von Permanentmagneten in den Läufer ein Material breiter Hystereseschleife eingebaut, das beim Anlauf des Motors ständig vom Drehfeld ummagnetisiert wird. Im Läufer entstehen dabei Hystereseverluste, die um so höher sind, je größer die Differenz der Drehzahlen von Drehfeld und Läufer ist: Die Hystereseverluste P_{vH} sind dem Schlupf s proportional. Die auf den Läufer übertragene Leistung P_i wird im folgenden als drehzahlunabhängig angenommen. Die Hystereseverluste entsprechen den Kupferverlusten P_{2Cu} der Asynchronmaschine; gemäß Gl. (37.12) ist also $P_{vH} = sP_i$. Die mechanische Leistung $P_{mech} = (1-s)P_i$ (s. Gl. 37.13) nimmt mit der Drehzahl zu. Im Gegensatz zum Reluktanzmotor bzw. zum Magnetläufermotor benötigt der Hysteresemotor für den asynchronen Anlauf keinen Kurzschlußkäfig. Nach dem Anlauf läuft der Hysteresemotor wie ein Synchronmotor bei der Drehzahl n_s weiter.
- Der **Reluktanzmotor** enthält einen geblechten Läufer, in dem Aussparungen, die sog. ***Flußsperren,*** dafür sorgen, daß eine Vorzugsrichtung erhöhter magnetischer Leitfähigkeit entsteht (s. Bild 42.16). Der Läufer wird im Synchronlauf vom Drehfeld „mitgezogen“. Für den asynchronen Hochlauf benötigt auch der Reluktanzmotor einen Kurzschlußkäfig.

Synchronmotoren werden dort eingesetzt, wo es auf die genaue Einhaltung einer bestimmten Drehzahl ankommt. Von Nachteil ist bei allen Synchronmotoren, daß sie bei Belastungsänderungen schwingen und bei Überlast außer Tritt fallen.

43.6 Der Schrittmotor

Der Schrittmotor ähnelt im Aufbau dem Synchronmotor. Während aber sämtliche Wicklungsstränge des Synchronmotors gleichzeitig erregt werden, wird beim Schrittmotor jeweils nur ein Teil der Wicklung von einem Steuerimpuls erregt. Im darauffolgenden Arbeitsschritt wird die Erregung zum nächsten Teil der Wicklung »weitergegeben«. Jeder Steuerimpuls bewirkt bei einem Schrittmotor eine Drehung des Läufers um den **Schrittwinkel** α. Zum Betrieb des Schrittmotors ist eine elektronische Schaltung erforderlich, die jeden Strang des Motors mit Steuerimpulsen versorgt.

Das Prinzip des Schrittmotors soll an einem dreisträngigen Motor erläutert werden, der einen Läufer variabler **R**eluktanz besitzt, d.h. der magnetische Widerstand des Luftspalts hat am Umfang des Läufers unterschiedliche Werte; ein derartiger Motor wird auch kurz als **VR-Motor** bezeichnet.

Bild 43.7a zeigt den Motor bei eingeschaltetem Strang 1; der Läufer stellt sich dabei in die zugehörige magnetische Achse ein. Wird nun der Strang 1 abgeschaltet und anschließend der Strang 2 erregt, so dreht sich der Läufer hierbei um den Schrittwinkel $\alpha = 60°$ (Bild 43.7b); man bezeichnet diese Art des Betriebs als **Vollschrittbetrieb.** Ein halb so großer Schrittwinkel läßt sich dadurch erzielen, daß der Strang 1 eingeschaltet bleibt und gleichzeitig der Strang 2 erregt wird (Bild 43.7c); der dabei vorliegende **Halbschrittbetrieb** hat jedoch den Nachteil, daß auf den Läufer in der Pollücke kein so großes Haltemoment wie unter den Polen ausgeübt wird.

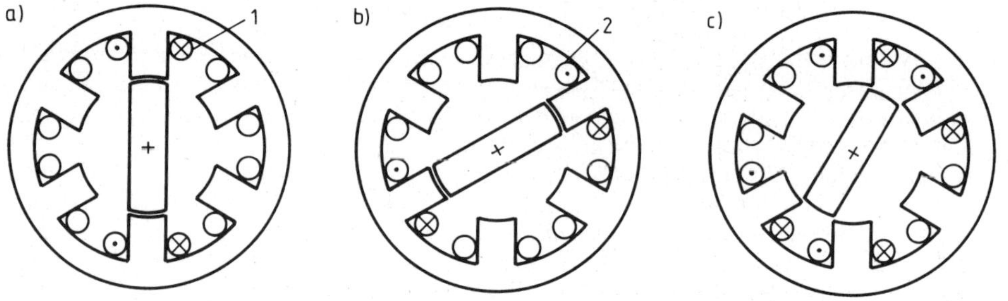

Bild 43.7 Prinzip des VR-Motors: Ausgangsstellung (a) und nach Drehung um den Schrittwinkel im Vollschrittbetrieb (b) und im Halbschrittbetrieb (c)

Zur Verkleinerung des Schrittwinkels werden sowohl der Ständer als auch der Läufer mit Polen bzw. Zähnen versehen, wobei Ständer und Läufer eine unterschiedliche Anzahl der Pole bzw. Zähne erhalten. Bild 43.8 zeigt, daß sich der Motor im Vollschrittbetrieb bei jedem Schritt um den Schrittwinkel 15° dreht.

Mit VR-Motoren lassen sich zwar kleine Schrittwinkel erreichen, doch werden sie selten gebaut, weil sie kein Selbsthaltemoment besitzen und eine relativ teure Ansteuerschaltung für mindestens drei Stränge benötigen. Günstiger sind die **P**ermanent**m**agnetmotoren, die kurz

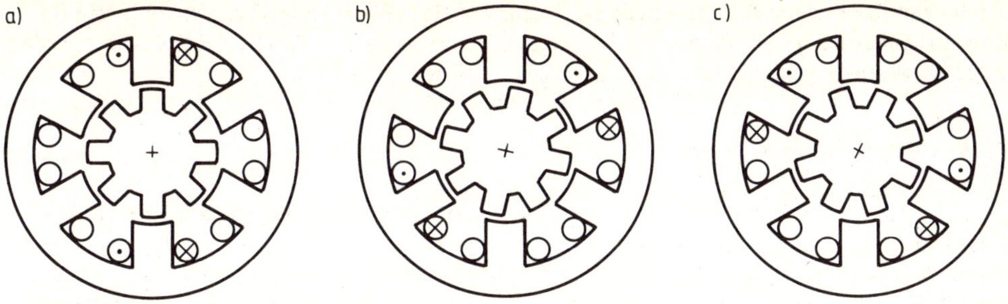

Bild 43.8
VR-Motor mit 6 Ständer- und 8 Läuferpolen: Der Schrittwinkel beträgt 15° im Vollschrittbetrieb

als **PM-Motoren** bezeichnet werden. Der Permanentmagnet sorgt auch bei abgeschaltetem Motor dafür, daß der Motor in der zuletzt erreichten Stellung festgehalten wird; dies erspart bei Positionierantrieben eine Arretierung. Außerdem besitzen die PM-Motoren ein höheres Drehmoment als die VR-Motoren. Da es schwierig ist, einen Dauermagnetläufer hoher Polzahl bei der Fertigung aufzumagnetisieren, werden bei den PM-Motoren i. allg. Magnete verwendet, die ein Magnetfeld in axialer Richtung erregen. Beim **Wechselpol-Schrittmotor** sorgen z. B. Klauenpole dafür, daß sich am Läuferumfang die unterschiedlichen Magnetpole abwechseln. Im Läufer des **Gleichpol-Motors** liegt der Dauermagnet zwischen dem Nordpol-Zahnkranz und dem Südpol-Zahnkranz des Läufers.

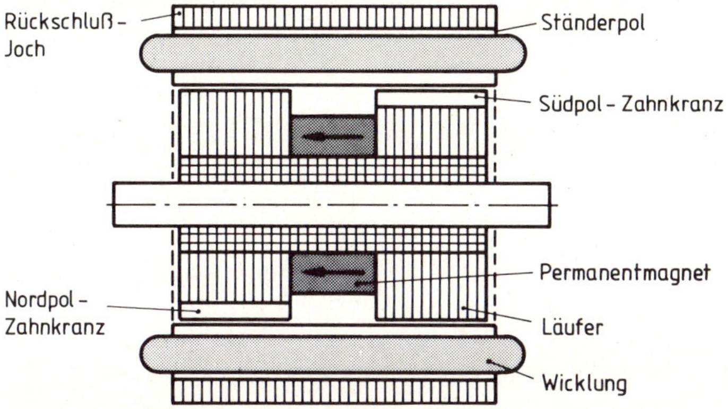

Bild 43.9 Querschnitt durch einen Gleichpol-Schrittmotor

Schrittmotoren werden für Positionierantriebe aller Art, z. B. für Roboter, in Druckern und Schreibmaschinen eingesetzt. Schrittmotoren kleinster Leistung treiben beispielsweise Uhrzeiger an.

Für normale Anwendungsfälle werden Schrittmotoren kleiner Leistung (unter 1 kW) für 6 bis einige 100 Schritte je Umdrehung gefertigt. Für besondere Anwendungsfälle gibt es Schrittmotoren höherer Leistung (bis zu 10 kW) bzw. höherer Auflösung (bis zu 10000 Schritte je Umdrehung).

Die Steuerschaltung muß die Frequenz der Schritte in Abhängigkeit von der Drehzahl des Motors liefern. Kann der Läufer wegen seiner Massenträgheit der von den Steuerimpulsen vorgeschriebenen Beschleunigung nicht folgen oder wird der Motor im Dauerbetrieb überlastet, so kann es vorkommen, daß der Motor „Schritte verliert". Seit kurzem (1989) gibt es jedoch lagegeregelte Schrittmotoren, bei denen ein Regler die Steuerimpulse nur so schnell an den Motor weitergibt, wie dieser folgen kann. Da hierbei keine Schritte verlorengehen, läßt sich der billige und robuste Schrittmotor auch in problematischen Fällen einsetzen, bei denen durch Schrittverluste Sach- oder Personenschäden entstehen können.

44 Die Auswahl des Motors

44.1 Die Bauform

Die **Bauform** umlaufender elektrischer Maschinen wird nach DIN IEC 34 T 7 durch einen Code beschrieben. Code I, der bevorzugt anzuwenden ist, gibt eine Kurzbeschreibung gängiger Maschinen, während Code II alle denkbaren Möglichkeiten der Beschreibung zuläßt. Das Kurzzeichen beginnt stets mit den Großbuchstaben IM *(international mounting)*, worauf bei Code I ein weiterer Buchstabe (z. B. B für Maschine mit waagrechter Welle und zwei Lagerschilden; V für Maschine mit senkrechter Welle und zwei Lagerschilden) und eine Zahl folgen.
Werte für die abgegebene Leistung elektrischer Maschinen sind in DIN 42973 genormt. Außerdem gibt es Normen für die Abmessungen (Wellenenden, Achshöhen, Anbaumaße usw.).

Tabelle 44.1 Bauformen elektrischer Maschinen (Auswahl)

B3	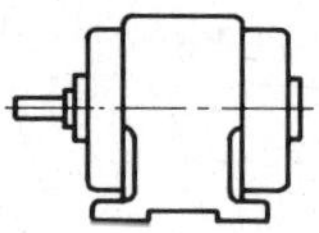	2 Lagerschilde	Mit Füßen	Freies Wellenende	V1	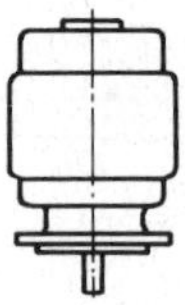	2 Lagerschilde	Ohne Füße	Freies Wellenende unten
B5	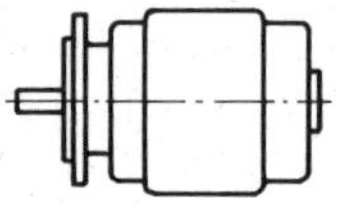	2 Lagerschilde	Ohne Füße	Freies Wellenende	V5	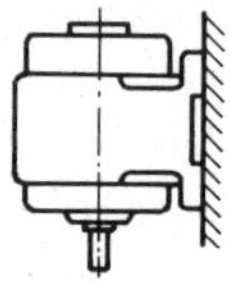	2 Lagerschilde	Mit Füßen	Freies Wellenende unten

44.2 Die Schutzart

DIN 40050 behandelt den Schutz von Personen gegen das Berühren von Teilen, die unter Spannung stehen oder sich bewegen, und den Schutz der Betriebsmittel gegen das Eindringen von festen Körpern und von Wasser. Die **Schutzart** wird durch die Großbuchstaben IP *(international protection)* und eine zweistellige Zahl angegeben, deren erste Ziffer den Berührungs- und Fremdkörperschutz bezeichnet; die zweite Ziffer weist auf den Wasserschutz hin.

Folgende Schutzarten sollen vorzugsweise für elektrische Maschinen vorgesehen werden:

IP 12; IP 21; IP 22; IP 23; IP 44; IP 54; IP 55

Die Bedeutung der Ziffern ist in Tabelle 44.2 angegeben.

Tabelle 44.2 Schutzarten nach DIN 40050 (Auswahl)

	Erste Ziffer		Zweite Ziffer
Ziffer	Schutz gegen zufälliges Berühren unter Spannung stehender oder bewegter Teile	Schutz gegen Eindringen fester Fremdkörper	Schutz gegen Wasser
0	kein Schutz	kein Schutz	kein Schutz
1	große Körperflächen	>50 mm Durchmesser	tropfend, senkrecht
2	mit den Fingern	>12 mm Durchmesser	tropfend, bis 15° zur Senkrechten
3	mit Werkzeugen usw. >2,5 mm Durchmesser	>2,5 mm Durchmesser	sprühend, bis 60° zur Senkrechten
4	mit Werkzeugen usw. >1 mm Durchmesser	>1 mm Durchmesser	Spritzwasser aus allen Richtungen
5	vollständiger Schutz	staubgeschützt	Strahlwasser aus allen Richtungen

44.3 Der Explosionsschutz

In Betrieben, in denen petrochemische Erzeugnisse verarbeitet werden, können Gase oder Dämpfe dieser Stoffe mit Luft ein explosives Gemisch bilden. Explosionsgefahr ist auch im Bergbau durch Methangas gegeben. Außerdem kann bei der Verarbeitung von Getreide, Zucker, Papier, Kohle usw. zündfähiger Staub entstehen.

In explosionsgefährdeten Bereichen dürfen nur Maschinen verwendet werden, deren **Zündschutzart** eine Gefährdung ausschließt. Bei der Zündschutzart EEx e werden durch konstruktive Maßnahmen die Entstehung von Funken oder hohen Temperaturen verhindert; in der Praxis kommen für diese Maßnahmen nur Drehstrom-Asynchronmaschinen mit Käfigläufer in Betracht, weil an Kommutatoren und Schleifringen das Entstehen von Funken nicht auszuschließen ist.

Das Gehäuse einer Maschine der Zündschutzart EEx d muß den Explosionsdruck aushalten; dadurch wird erreicht, daß eine Explosion auf das Innere des Motors beschränkt bleibt. Durch eine Reihe von Bauanforderungen, die einen hohen fertigungstechnischen Aufwand bedingen, wird sichergestellt, daß kein Zünddurchschlag durch enge Spalte des Motorgehäuses erfolgt.

Maschinen der Zündschutzart EEx p erhalten ein druckdichtes Gehäuse, in dem ein Zündschutzgas (z. B. Luft oder ein anderes nicht entzündbares Gas) auf einem Überdruck von mindestens 50 Pa gegenüber der Umgebung gehalten wird; dadurch wird verhindert, daß ein ex-

plosionsfähiges Gasgemisch in den Motor eindringt. Bei dieser aufwendigsten Schutzart muß auch eine Überwachung des Überdruckes vorgesehen werden.
Einzelheiten hierzu enthalten VDE 0170 und die Europanormen EN 50014...50020.

44.4 Erwärmung und Kühlung

Die **Erwärmung** des Motors muß innerhalb der zulässigen Grenze bleiben, die durch die Wärmebeständigkeit der Isolierstoffe gegeben ist. Auch ein verhältnismäßig geringfügiges Überschreiten der höchstzulässigen Temperatur setzt die Lebensdauer der Maschine herab.
Nach VDE 0530 werden die Isolierstoffe in Klassen eingeteilt, wobei jeder **Isolierstoffklasse** eine *höchstzulässige Temperatur* zugeordnet wird.

Tabelle 44.3 Isolierstoffklassen und höchstzulässige Temperatur

Klasse	Y	A	E	B	F	H	C
Temperatur	90 °C	105 °C	120 °C	130 °C	155 °C	180 °C	>180 °C

Die Motorwärme entsteht durch die Motorverluste (Eisen- und Kupferverluste), sie wird im stationären Erwärmungszustand über die Oberfläche des Motors an die Umgebung abgegeben. Die **Kühlung** des Motors erfolgt nur bei Maschinen kleiner Leistung als **Selbstkühlung,** wobei die Maschine ohne Verwendung eines Lüfters natürlich gekühlt wird. Die **Eigenkühlung** von Maschinen mittlerer Leistung wird durch einen am Läufer angebrachten oder von ihm angetriebenen Lüfter bewirkt, der die Kühlluft bewegt. Bei Großmaschinen wird **Fremdkühlung** angewendet; dabei wird entweder ein Lüfter durch einen getrennten Motor angetrieben, oder es wird ein anderes Kühlmittel als Luft, z.B. Öl oder Wasser verwendet.
Die Maßnahmen zur Wärmeabfuhr dürfen nicht – z.B. durch Anordnung von Schutzkästen oder durch Einbau in Arbeitsmaschinen – unwirksam gemacht werden.
Ohne Berücksichtigung der Kühlung würde die gesamte zugeführte Wärmeenergie im Motor gespeichert. Hat der Motor die Masse m und die Wärmekapazität c, so würde bei gleichmäßiger Energiezufuhr (P = const.) seine Temperaturdifferenz gegen die Umgebung linear mit der Zeit t zunehmen:

$$\Delta\vartheta = \vartheta - \vartheta_0 = \frac{Pt}{mc} \tag{44.1}$$

Dabei ist ϑ_0 die Temperatur des Motors vor Beginn des Erwärmungsvorgangs, also die Umgebungstemperatur, und ϑ ist seine zeitabhängige Temperatur während des Erwärmungsvorgangs (Kurve a in Bild 44.1).
Der lineare Temperaturanstieg findet jedoch nur so lange statt, wie die Temperatur der Motoroberfläche nicht höher als die Umgebungstemperatur bzw. die Temperatur des Kühlmittels ist. Bei weiterer Erwärmung des Motors wird ein Anteil der Wärme an das Kühlmittel abgegeben, der so lange wächst, bis die *Beharrungstemperatur* erreicht ist. Die Temperatur des Motors nähert sich etwa mit exponentiellem Verlauf (Kurve b in Bild 44.1) dem Beharrungszustand, in dem sämtliche Wärme abgeführt wird. Da hierbei keine Wärme mehr gespeichert wird, erfolgt auch keine weitere Temperaturerhöhung.
Die Abkühlungskurve (Kurve c in Bild 44.1) ist etwa spiegelbildlich zur Erwärmungskurve, wenn der Motor im Leerlauf abkühlt. Das Abkühlen dauert länger, wenn der Motor sofort nach der Belastung abgeschaltet wird.

Die Differenz zwischen der (Wicklungs-)Temperatur ϑ und der (Kühlmittel-)Temperatur ϑ_0 wird auch **Übertemperatur** $\Delta\vartheta = \vartheta - \vartheta_0$ genannt. Die Temperatur des Kühlmittels darf höchstens 40°C betragen.

Die Zeit, die vom Beginn des Erwärmungsvorgangs bis zum Erreichen der Beharrungstemperatur verstreicht, beträgt je nach Größe des Motors 0,5...10 h; sie wird maßgeblich von der Art der Kühlung beeinflußt.

Den Kurven in Bild 44.1 liegt eine zeitlich konstante Belastung zugrunde. Bei zeitlich unterschiedlicher Belastung (Bild 44.2) muß eine »mittlere« Leistung berechnet werden, die in der gleichen Betriebszeit die gleiche Verlustwärme erzeugt. Voraussetzung für diese Berechnung ist, daß die Teilzeiten für die einzelnen Belastungen in Bild 44.2 klein gegen die Zeit sind, welche der Motor zum Erreichen seiner Enderwärmung braucht.

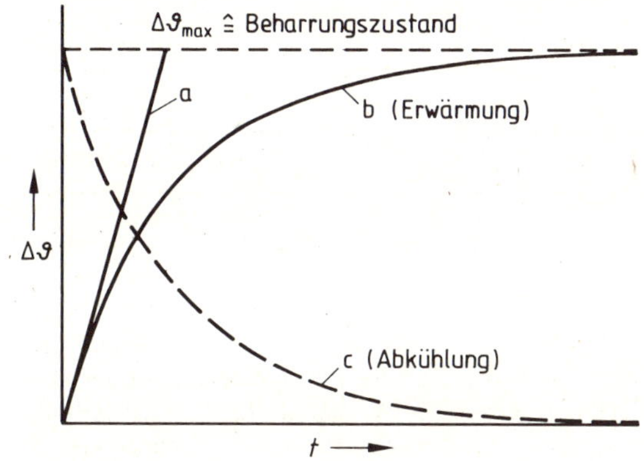

Bild 44.1 Erwärmungs- und Abkühlungskurve

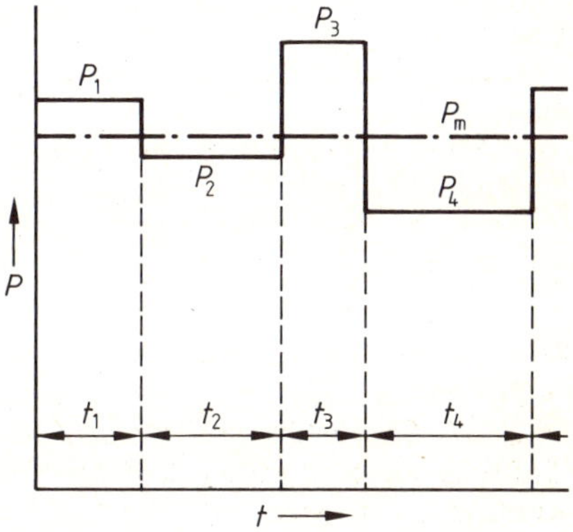

Bild 44.2 Die mittlere Leistung bewirkt die gleiche Erwärmung wie die veränderliche Belastung

Nach dem JOULEschen Gesetz ist die erzeugte Wärmemenge dem Quadrat des Stromes proportional, daher muß der zu wählende Motor für den *mittleren Strom*

$$I_m = \sqrt{\frac{\Sigma(I^2 t)}{\Sigma t}} \tag{44.2}$$

ausgelegt sein. In vielen Fällen sind aber nicht die Ströme, sondern die Drehmomente bekannt. Man berechnet dann das Belastungsmoment, durch das im Motor in der gleichen Zeit die gleiche Wärmemenge entsteht.

Bei Motoren mit Nebenschlußcharakteristik (Bilder 34.2 und 38.10) sind mit genügender Genauigkeit Strom und Drehmoment einander proportional. Aus Gl. (44.2) folgt dabei das *mittlere Moment* zu:

$$M_m = \sqrt{\frac{\Sigma(M^2 t)}{\Sigma t}} \tag{44.3}$$

Wegen $(-M)^2 = M^2$ tragen auch negative Momente, d.h. Bremsmomente, zum mittleren Moment bei, denn sie führen zu einer Erwärmung des Motors.

Bei Motoren mit *Reihenschlußcharakteristik* (Bild 35.3) ist das Drehmoment dem Quadrat des Stromes proportional. Hieraus ergibt sich:

$$M_{\mathrm{m}} = \frac{\Sigma(Mt)}{\Sigma t} \tag{44.4}$$

Die Gln. (44.3 und 44.4) setzen für Wechselstrom voraus, daß der Leistungsfaktor praktisch nicht von der Belastung abhängig ist.
Bleibt trotz der Belastungsänderungen die Motordrehzahl praktisch konstant, was bei Maschinen mit Nebenschlußcharakteristik gegeben ist, so sind Drehmoment und Leistung einander proportional, und man darf mit der *mittleren Leistung* P_{m} rechnen:

$$P_{\mathrm{m}} = \sqrt{\frac{\Sigma(P^2 t)}{\Sigma t}} \tag{44.5}$$

Bei Maschinen mit Reihenschlußcharakteristik ist es nicht ohne weiteres möglich, auf die Leistung überzugehen; hierbei muß mit dem mittleren Moment gearbeitet werden.

44.5 Die Betriebsart

In VDE 0530 sind neun **Betriebsarten** mit unterschiedlicher Zeitabhängigkeit der Belastung beschrieben. Jede dieser Betriebsarten wird durch den Großbuchstaben S und eine nachfolgende Ziffer gekennzeichnet.
Dauerbetrieb (S1) ist ein Betrieb mit konstantem Belastungszustand, dessen Dauer ausreicht, den thermischen Beharrungszustand zu erreichen. Motordaten ohne Angabe der Betriebsart bedeuten Dauerbetrieb (S1).
Für konstante Belastung braucht man nur einen Motor mit dem erforderlichen Nennmoment aus der Liste eines Herstellers auszuwählen. Die Motorleistung darf nicht zu hoch gewählt werden, denn ein unterbelasteter Wechsel- oder Drehstrommotor arbeitet mit ungünstigem Leistungsfaktor und Wirkungsgrad (Bild 37.8); infolge des höheren Anlaufstromes sind stärkere Sicherungen und nach Tab. 29.1 größere Querschnitte der Zuleitung erforderlich.
Bei Dauerlast mit zeitabhängigem Drehmoment ist das mittlere Drehmoment mit einer der Gln. (44.3 oder 44.4) zu berechnen. Zu genauen Untersuchungen ist die SIMPSONsche Formel (Gl. 16.7) geeignet, in allen praktischen Fällen genügt jedoch die Zerlegung in ein vielstufiges Diagramm.

Beispiel 44.1: Für das Belastungsdiagramm nach Bild 44.3 ist ein S1-Motor mit der Nenndrehzahl $1440\,\mathrm{min}^{-1} = 24\,\mathrm{s}^{-1}$ zu bestimmen, der Nebenschlußcharakteristik besitzen soll.

Zur Bestimmung des quadratischen Mittelwertes nach Gl. (44.3) muß der lineare Anstieg in mindestens zwei Stufen gleicher Breite zerlegt werden.

$$\begin{aligned}\Sigma(M^2 t) &= (90\,\mathrm{Nm})^2 \cdot 0{,}1\,\mathrm{min} + (110\,\mathrm{Nm})^2 \cdot 0{,}1\,\mathrm{min} + \\ &+ (120\,\mathrm{Nm})^2 \cdot 0{,}6\,\mathrm{min} + (100\,\mathrm{Nm})^2 \cdot 0{,}1\,\mathrm{min} + \\ &+ (60\,\mathrm{Nm})^2 \cdot 0{,}1\,\mathrm{min} + (40\,\mathrm{Nm})^2 \cdot 0{,}2\,\mathrm{min} = 12340\,(\mathrm{Nm})^2 \cdot \mathrm{min}\end{aligned}$$

$$M_m = \sqrt{\frac{12340\,(\text{Nm})^2 \cdot \text{min}}{1{,}2\,\text{min}}} = \sqrt{10283\,(\text{Nm})^2} = 101{,}4\,\text{Nm}$$

$$P_N = M_m \cdot 2\pi n_N = 101{,}4\,\text{Nm} \cdot 2\pi\, 24\,\frac{1}{s} = 15{,}3\,\text{kW}$$

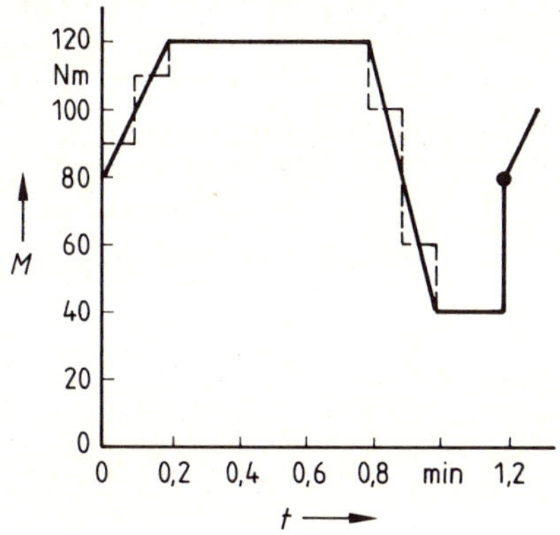

Bild 44.3 Belastungsdiagramm zu Beispiel 44.1

Kurzzeitbetrieb (S2) ist ein Betrieb mit konstanter Belastung, der aber nicht so lange dauert, daß der thermische Beharrungszustand erreicht wird, und einer nachfolgenden Pause, die so lange dauert, bis die Maschinentemperatur weniger als 2 K von der Temperatur des Kühlmittels abweicht.

Kurzzeitbetrieb liegt z. B. bei Drehscheiben und bei Schleusentoren vor. Genormte Belastungszeiten sind 10; 30; 60 und 90 min. Wenn die Belastung in der Betriebszeit nicht konstant ist, dann ist die mittlere Belastung anzusetzen.

Bei einem Motor für Kurzzeitbetrieb wird zusätzlich zur Leistung auch die Dauer des Nennbetriebs angegeben (z. B. S2: 12 kW – 30 min.).

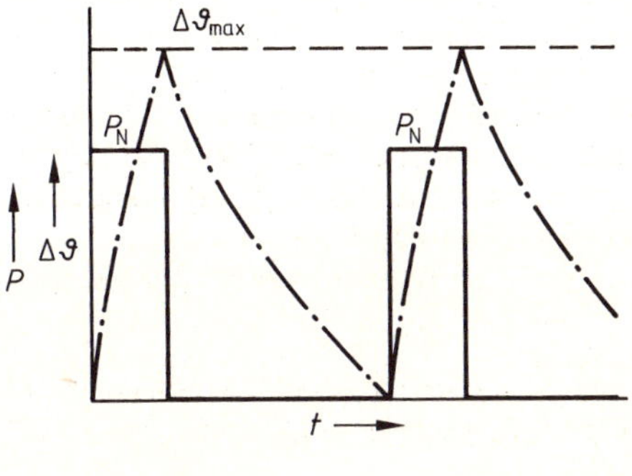

Bild 44.4 Kurzzeitbetrieb (S2)

Aussetzbetrieb (S3) ist ein Betrieb, der sich aus einer Folge gleichartiger Spiele zusammensetzt, von denen jedes eine Zeit mit konstanter Belastung und eine Pause umfaßt, wobei der Anlaufstrom die Erwärmung nicht merklich beeinflußt.

Durchlaufbetrieb mit Aussetzbelastung (S6) ist ein Betrieb, der sich aus einer Folge gleichartiger Spiele zusammensetzt, von denen jedes eine Zeit mit konstanter Belastung und eine Leerlaufzeit umfaßt. Es tritt keine Pause auf.

Bild 44.5 zeigt, wie die Temperaturkurven in der Belastungszeit ansteigen und in der Pause (S3) bzw. in der Leerlaufzeit (S6) wieder abfallen. Nach längerer Einschaltzeit nähern sich die Temperaturkurven dem thermischen Beharrungszustand.

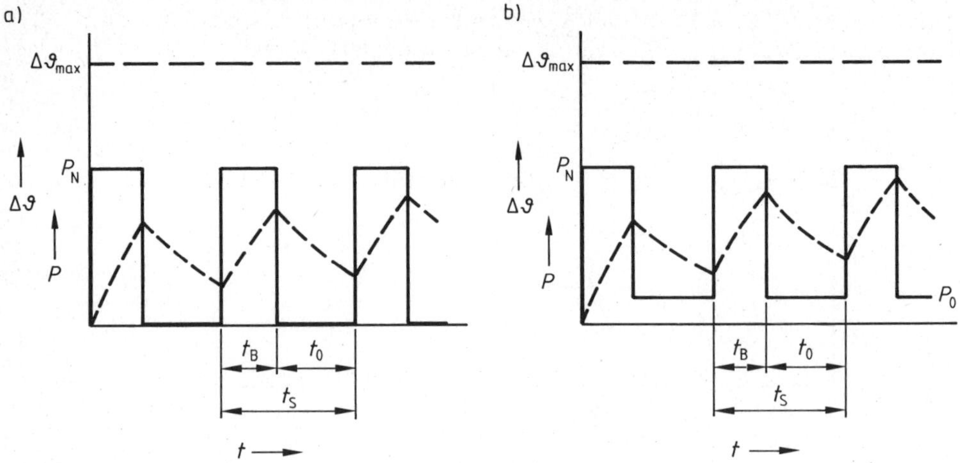

Bild 44.5
Belastung und Übertemperatur: a) Aussetzbetrieb (S3), b) Durchlaufbetrieb mit Aussetzbelastung (S6)

Die Summe von Belastungszeit t_B und lastfreier Zeit t_0 ist die **Spieldauer** t_S:

$$t_S = t_B + t_0 \tag{44.6}$$

Maßgebend für die Bemessung des Motors ist die **relative Einschaltdauer** t_r:

$$t_r = \frac{t_B}{t_S} = \frac{t_B}{t_B + t_0} \tag{44.7}$$

Genormte Werte für t_r sind 15%; 25%; 40% und 60%. Ein Betrieb nach S3 oder nach S6 liegt z. B. bei Hebezeugen, Aufzügen und Werkzeugmaschinen vor. Zur Kennzeichnung eines Motors für die Betriebsarten S3 bzw. S6 wird nach dem Kurzzeichen für die Betriebsart die relative Einschaltdauer genannt. Die Spieldauer braucht nur dann angegeben zu werden, wenn sie von 10 min abweicht.

Beispiele: S3 25% $\Rightarrow$ $t_B = 2{,}5$ min; $t_0 = 7{,}5$ min

S6 40% 5 min $\Rightarrow$ $t_B = 2$ min; $t_0 = 3$ min

Bei der Ermittlung der Motorleistung und der relativen Einschaltdauer geht man vom Belastungsdiagramm der Maschine aus. Zunächst wird, wenn nicht zufällig eine genormte relative Einschaltdauer vorliegt, die relative Einschaltdauer auf den nächstliegenden (höheren oder niedrigeren) Normwert t_{rn} umgerechnet. Bei unveränderter Spieldauer t_S geschieht dies nach Gl. (44.7) durch Verlängern oder Verkürzen der Belastungszeit t_B auf den Wert t_{Bn}:

$$\frac{t_{Bn}}{t_B} = \frac{t_{rn}}{t_r} \tag{44.8}$$

Die für die Erwärmung maßgebende mittlere Leistung darf durch die Umrechnung nicht verändert werden. Bei einer Nebenschlußcharakteristik des Motors und zeitlich konstanter Belastung mit dem Drehmoment M während der Belastungsdauer t_B (Bild 44.6a) ist das erfüllt, wenn

$$M_n^2 \, t_{Bn} = M^2 \, t_B \tag{44.9}$$

ist. Damit läßt sich das zur genormten Einschaltdauer t_{rn} gehörende Drehmoment M_n berechnen:

$$M_n = M \sqrt{\frac{t_B}{t_{Bn}}} = M \sqrt{\frac{t_r}{t_{rn}}} \tag{44.10}$$

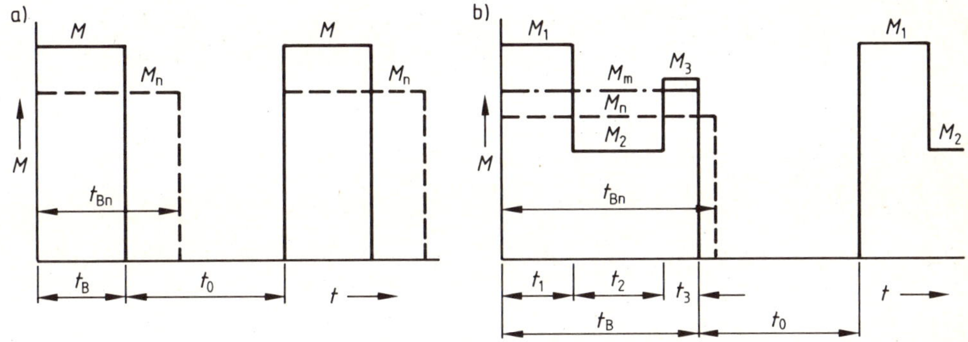

Bild 44.6 Umrechnung der wahren auf die genormte relative Einschaltdauer a) bei konstanter Last, b) bei veränderlicher Last

Wenn sich der einzelne Arbeitsgang aus mehreren Teilbelastungen zusammensetzt (Bild 44.6b), dann wird mit Gl. (44.3) das mittlere Moment M_m berechnet und anstelle von M in die Gl. (44.10) eingesetzt. Für eine relative Einschaltdauer $t_r > 60\%$ verwendet man zweckmäßig einen Motor für Dauerbetrieb und führt die Umrechnung des Drehmoments mit $t_{Bn} = t_S$ bzw. $t_{rn} = 100\%$ durch.

Beispiel 44.2: Für das Belastungsdiagramm nach Bild 44.7 ist ein S3-Motor mit der Nenndrehzahl $1440 \, \text{min}^{-1}$ zu bestimmen, der Nebenschlußcharakteristik besitzt.

$$\Sigma(M^2 t) = (200\,\text{Nm})^2 \cdot 10\,\text{s} + (100\,\text{Nm})^2 \cdot 10\,\text{s} + (140\,\text{Nm})^2 \cdot 10\,\text{s}$$
$$+ (120\,\text{Nm})^2 \cdot 5\,\text{s} + (40\,\text{Nm})^2 \cdot 5\,\text{s} = 776000\,(\text{Nm})^2 \cdot \text{s}$$

$$M_m = \sqrt{\frac{776000\,(\text{Nm})^2 \cdot \text{s}}{40\,\text{s}}} = \sqrt{19400\,(\text{Nm})^2} = 139{,}3\,\text{Nm}$$

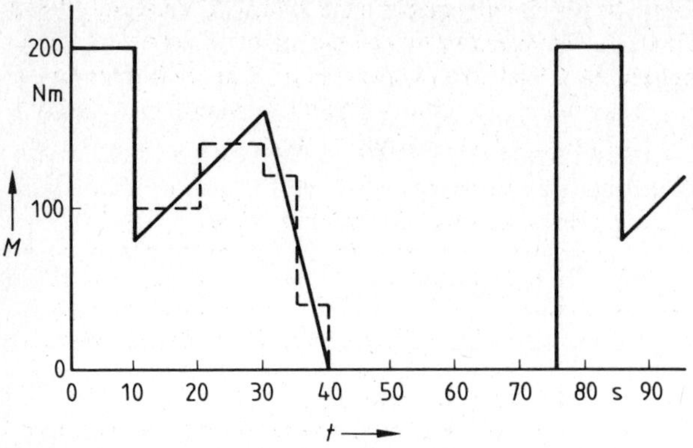

Bild 44.7
Belastungsdiagramm zu Beispiel 44.2

$$t_r = \frac{40\,\text{s}}{40\,\text{s} + 35\,\text{s}} = 0{,}533 = 53{,}3\% \; ; \quad t_{rn} = 60\%$$

$$M_n = M_m \sqrt{\frac{t_r}{t_{rn}}} = 139{,}3\,\text{Nm} \sqrt{\frac{53{,}3\%}{60\%}} = 131{,}3\,\text{Nm}$$

$$P_N = M_n \cdot 2\pi n_N = 131{,}3\,\text{Nm} \cdot 2\pi\, 24\,\text{s}^{-1} = 19{,}8\,\text{kW}$$

Betrieb S3: 20 kW 1440 min^{-1} 60% 75 s

Bei den übrigen Betriebsarten (S4; S5; S7...S9) wird die zusätzliche Erwärmung der Antriebsmaschine durch den Anlaufvorgang und durch elektrische Bremsung berücksichtigt.

44.6 Das Leistungsschild

Die Nenndaten einer elektrischen Maschine sind auf dem **Leistungsschild** angegeben. Bild 44.8 zeigt u.a. das in DIN 42961 vorgeschlagene Beispiel für eine mögliche Ausführung.

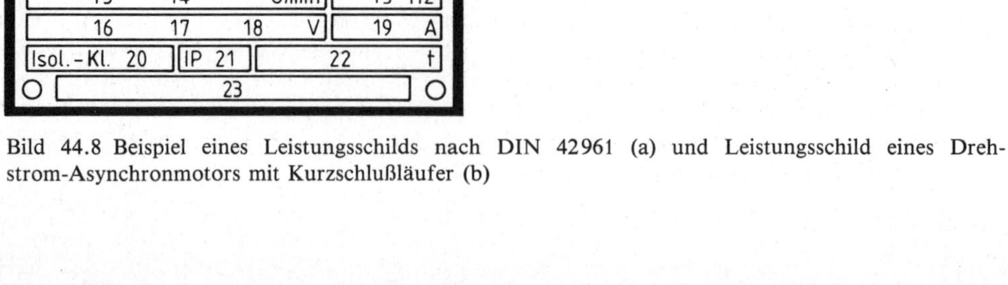

Bild 44.8 Beispiel eines Leistungsschilds nach DIN 42961 (a) und Leistungsschild eines Drehstrom-Asynchronmotors mit Kurzschlußläufer (b)

Die Nennleistung eines *Motors* ist die an der Welle abgegebene mechanische Leistung, die in Watt (W) angegeben wird. Die Nennleistung eines *Generators* ist die an den Klemmen abgegebene elektrische Leistung; sie wird bei einem Gleichstromgenerator in Watt (W) angegeben. Bei Wechsel- bzw. Drehstromgeneratoren ist die Nennleistung die an den Klemmen abgegebene elektrische Scheinleistung, die in Voltampere (VA) angegeben wird.

Tabelle 44.4 Angaben zum Leistungsschild nach Bild 44.8a (Auszug aus DIN 42961)

Feld	Erklärung	Feld	Erklärung
1	Hersteller oder Firmenzeichen	13	Drehrichtung, auf Antriebsseite gesehen
2	Typ oder Bezeichnung	14	Nenndrehzahl
3	Stromart, z. B. Gleichstrom — Drehstrom 3 ~	15	Nennfrequenz
		16	Err.: Erregung bei Gleichstrommaschinen
4	Arbeitsweise, z. B. Mot.; Gen.		Lfr.: Läufer bei Asynchronmaschinen
5	Fertigungsnummer	17	Schaltart der Läuferwicklung
6	Schaltart der Wicklung, z. B. Y Stern; △ Dreieck	18	Nennerregerspannung bzw. Läuferstillstandsspannung
7	Nennspannung	19	Nennerregerstrom bzw. Läuferstrom
8	Nennstrom	20	Isolierstoffklasse
9; 10	Nennleistung mit Einheit	21	Schutzart
11	Betriebsart	22	Gewicht
12	Leistungsfaktor	23	zusätzliche Vermerke

45 Der Motorschutz

Isolierstoffe erreichen nur dann die übliche Lebensdauer, wenn die höchstzulässige Temperatur der jeweiligen Isolierstoffklasse nicht überschritten wird (s. Kap. 44.4). Bei einem *Motor* können folgende Ursachen für eine thermische Überlastung vorliegen:

→ Erhöhte Verluste durch die Art des Betriebs, z. B. zu hohes Lastdrehmoment im Dauerbetrieb, zu lange relative Einschaltdauer bei Schaltbetrieb, zu lange Anlauf- und (oder) Bremsvorgänge durch zu hohes Trägheitsmoment und zu hohe Schalthäufigkeit;
→ Blockieren des Läufers während des Betriebs;
→ Anschluß- und Schaltfehler;
→ Erhöhte Verluste durch die Eigenschaften des Netzes, z. B. zu große Abweichungen der Spannung oder der Frequenz von den Nennwerten;
→ Unterbrechung einer Netzzuleitung (sog. Phasenausfall);
→ Beeinträchtigung der Kühlung, z. B. durch zu hohe Kühlmitteltemperatur oder Behinderung des Kühlmittelstromes.

Schmelzsicherungen können einen Motor nicht gegen thermische Überlastung schützen: Beim Anlauf des Motors, bei dem ein Vielfaches des Motornennstromes fließt, darf nämlich die Sicherung nicht abschalten. Sicherungen können deshalb lediglich den Kurzschlußschutz übernehmen. Den Schutz bei *Überlast* übernehmen stromabhängig verzögerte Überlastauslöser oder **Überlastrelais,** die entweder nach dem Bimetallprinzip funktionieren oder als elektronische Geräte zur Verfügung stehen.

Bild 45.1 zeigt den Überlastschutz mit einem Bimetall-Überlastrelais. Die Bimetallstreifen B werden von Heizelementen aufgeheizt, die vom Motorstrom durchflossen werden. Bei Überlast verbiegen sich die Bimetallstreifen so stark, daß das Schaltschloß S aufgedrückt wird und der Schalter öffnet.

Es gibt auch Motorschutzschalter, die zusätzlich zur thermischen Auslösung einen elektromagnetischen Schnellauslöser besitzen; wenn derartige Schalter vom Hersteller als „eigenfest" bezeichnet werden, dann kann man auf Sicherungen verzichten.

Ein Nachteil der stromabhängig schaltenden Überlastrelais liegt darin, daß eine Beeinträchtigung der Kühlung nicht erfaßt wird. Motoren größerer Leistung werden daher mit einem *Übertemperaturschutz* versehen: In jedem Strang der Ständerwicklung des Motors ist ein Kaltleiter-Bauelement eingebaut, das auch **Thermistor** genannt wird (s. Abschn. 50.3.2). Ein derartiges Bauelement hat unterhalb seiner Nennansprechtemperatur einen relativ niedrigen, oberhalb der Nennansprechtemperatur einen wesentlich höheren Widerstand.

Bild 45.2 zeigt ein Beispiel für den Übertemperaturschutz, der auch als **Motorvollschutz** bezeichnet wird. Bei nicht zu hoher Temperatur der Motorwicklung und damit niedrigen Thermistorwiderständen $R_1 \ldots R_3$ zieht bei geschlossenem Hauptschalter S0 das Hilfsschütz 11E an und hält seinen Kontakt 13; 14 geschlossen. Der Motor kann nun durch kurzzeitiges Drücken des Tasters S1 eingeschaltet werden: Dabei schließt das Hauptschütz K1, und seine Kontakte 13; 14 überbrücken den Taster S1 (sog. Selbsthaltung).

Wird ein Wicklungsstrang über die Nennansprechtemperatur des Thermistors erwärmt, so wird der Thermistor hochohmig: Das Hilfsschütz 11E fällt ab und öffnet seinen Kontakt 13; 14. Die Abschaltung des Schützes K1 wird vom Leuchtmelder H1 angezeigt.

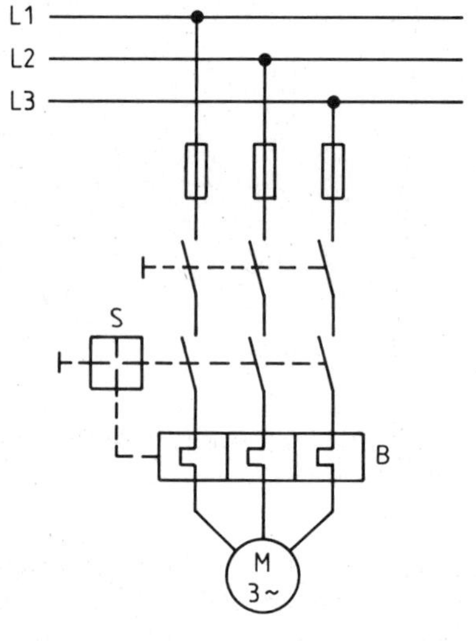

Bild 45.1 Schutz eines Drehstrommotors mit einem Bimetall-Überlastrelais

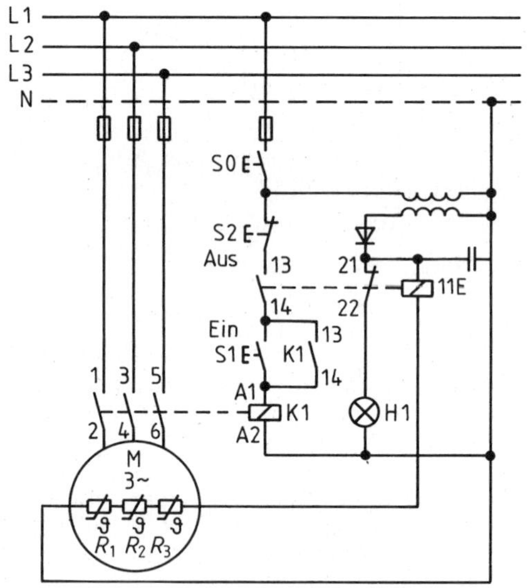

Bild 45.2 Motorvollschutz

46 Elektrische Antriebe

46.1 Der stationäre Betrieb

Bei einem **elektrischen Antrieb** wird ein Elektromotor durch eine Arbeitsmaschine mit dem **Widerstandsmoment** M_W belastet. Ein derartiger Antrieb arbeitet dann bei konstanter Drehzahl $n = \text{const.}$, wenn das Drehmoment M des Elektromotors gleich dem im Vorzeichen geänderten Widerstandsmoment $-M_W$ ist; die Bedingung für den hierbei vorliegenden **stationären Betrieb** lautet:

$$M + M_W = 0 \tag{46.1}$$

Das Drehmoment und die Drehzahl, die sich im stationären Betrieb einstellen, können grafisch mit Hilfe der Drehmoment-Drehzahl-Kennlinien ermittelt werden: Die Kennlinien von Motor und Arbeitsmaschine schneiden sich im **Arbeitspunkt,** in dem die Bedingungen gleichen Drehmoments und gleicher Drehzahl erfüllt sind. Bild 46.1 zeigt als Beispiel die M-n-Kennlinie eines Asynchronmotors mit Käfigläufer, die eine Arbeitsmaschine mit konstantem Widerstandsmoment antreibt: Im Arbeitspunkt arbeiten beide Maschinen mit dem Drehmoment $M_A = M = -M_W$ bei der Drehzahl n_A.

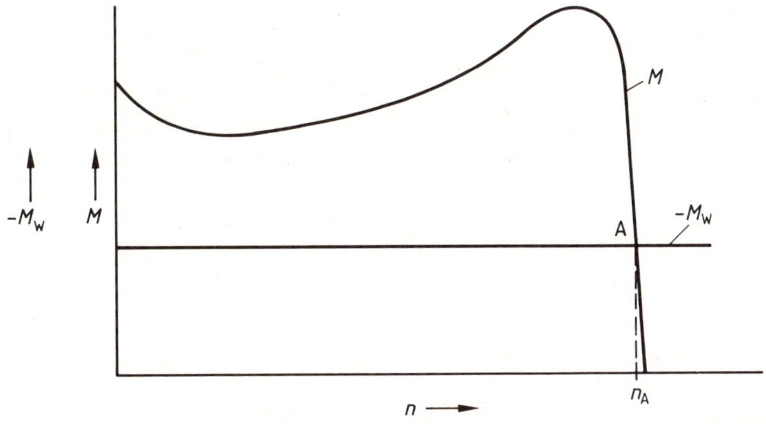

Bild 46.1 Die Drehmoment-Drehzahl-Kennlinie $M = f(n)$ des Käfigläufermotors schneidet die Drehmoment-Drehzahl-Kennlinie $-M_W = f(n)$ der Arbeitsmaschine im Arbeitspunkt A

Elektrische Maschinen weisen drei unterschiedliche Arten von Drehmoment-Drehzahl-Kennlinien auf: Beim Synchronmotor ist die Drehzahl unabhängig von der Belastung konstant. Die M-n-Kennlinie der fremderregten Gleichstrom-Maschine und der Gleichstrom-Nebenschlußmaschine wird als Nebenschlußkennlinie bezeichnet; eine derartige Kennlinie besitzt auch der Asynchronmotor, wenn er nicht wesentlich über sein Nennmoment belastet wird. Bei der Reihenschluß-Kennlinie ist das Drehmoment stark nichtlinear von der Drehzahl abhängig.

Die Abhängigkeit des Widerstandsmoments von der Drehzahl ist bei Arbeitsmaschinen unterschiedlich; Bild 46.3 zeigt hierfür einige Beispiele:

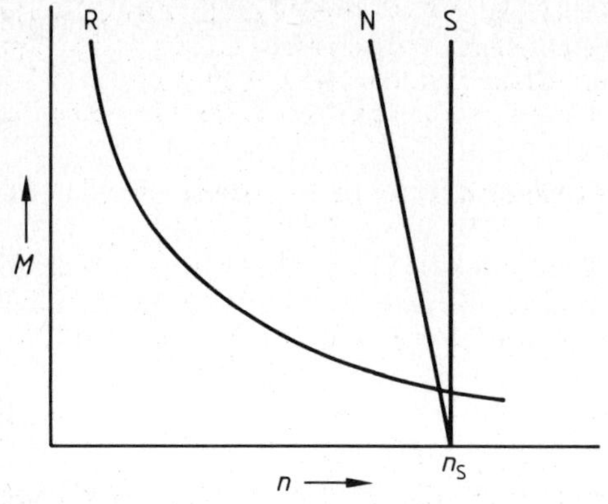

Bild 46.2 Drehmoment-Drehzahl-Kennlinien von Elektromotoren: Synchronmotor (S), Nebenschluß-Kennlinie (N) und Reihenschluß-Kennlinie (R)

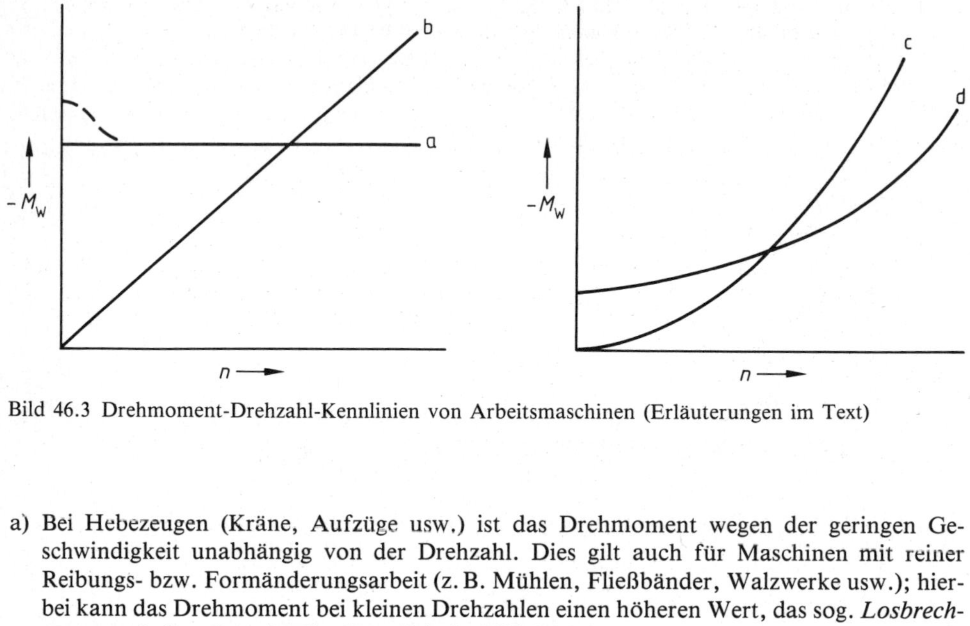

Bild 46.3 Drehmoment-Drehzahl-Kennlinien von Arbeitsmaschinen (Erläuterungen im Text)

a) Bei Hebezeugen (Kräne, Aufzüge usw.) ist das Drehmoment wegen der geringen Geschwindigkeit unabhängig von der Drehzahl. Dies gilt auch für Maschinen mit reiner Reibungs- bzw. Formänderungsarbeit (z. B. Mühlen, Fließbänder, Walzwerke usw.); hierbei kann das Drehmoment bei kleinen Drehzahlen einen höheren Wert, das sog. *Losbrechmoment,* haben (gestrichelte Kennlinie in Bild 46.3 a).
b) Bei der Bearbeitung von Papier und Textilien in sog. Kalandern (Maschinen mit mehreren Walzen zum Pressen, Glätten usw.) ist das Drehmoment aufgrund der geschwindigkeitsproportionalen Reibung linear von der Drehzahl abhängig.
c) Bei Lüftern und Kreiselpumpen ist das Drehmoment infolge der Luft- bzw. Flüssigkeitsreibung quadratisch von der Drehzahl abhängig.
d) Fahrzeuge und Fördereinrichtungen, die mit hoher Geschwindigkeit laufen, weisen eine Drehmoment-Drehzahl-Kennlinie auf, die sich aus einem konstanten und einem quadratischen Anteil zusammensetzt.

Wenn die Drehmoment-Drehzahl-Kennlinien von Motor und angetriebener Maschine linear sind, dann können Drehmoment und Drehzahl, die sich im stationären Betrieb einstellen, auch durch Rechnung ermittelt werden.

Beispiel 46.1: Ein Asynchronmotor mit den Nenndaten 11 kW; 1450 1/min treibt ein Hebezeug zum Heben der Last 800 kg an. Das Getriebe, dessen Verluste unberücksichtigt bleiben sollen, ist so ausgelegt, daß bei der Drehzahl 1450 min^{-1} des Motors die Last mit der Geschwindigkeit 0,5 m/s gehoben wird. Welche Drehzahl stellt sich nach dem Hochlaufen des Motors im stationären Betrieb ein? Mit welcher Geschwindigkeit wird dabei die Last gehoben?

Wird die Last mit der Geschwindigkeit $v = 0{,}5$ m/s gehoben, so ist die Leistung:

$$P_L = \frac{mgh}{t} = mgv$$

An der Motorwelle wirkt bei der Drehzahl n das Widerstandsmoment:

$$M_W = \frac{-P_L}{2\pi n} = -\frac{mgv}{2\pi n}$$

Da die Hubgeschwindigkeit v der Motordrehzahl n proportional ist, ist das Widerstandsmoment M_W unabhängig von der Motordrehzahl. Mit den angegebenen Werten (Nenndrehzahl $n_N = 1450\ \text{min}^{-1} = 24{,}17\ \text{s}^{-1}$; Hubgeschwindigkeit $v = 0{,}5$ m/s) ergibt sich:

$$M_W = -\frac{mgv}{2\pi n} = -\frac{800\ \text{kg}\cdot 9{,}81\ \text{m}\cdot\text{s}^{-2}\cdot 0{,}5\ \text{m}\cdot\text{s}^{-1}}{2\pi\cdot 24{,}17\ \text{s}^{-1}} = -25{,}8\ \text{Nm}$$

Der Motor entwickelt bei der Nenndrehzahl das Nennmoment:

$$M_N = \frac{P_N}{2\pi n_N} = \frac{11\,000\ \text{W}\cdot\text{s}}{2\pi\cdot 24{,}17} = 72{,}4\ \text{Nm}$$

Die Drehmoment-Drehzahl-Kennlinie des Asynchronmotors wird im Bereich $n_N < n < n_s$ als linear angenommen. Beim Widerstandsmoment $-M_W$ stellt sich die Drehzahl n_A ein. Mit $n_s = 1500\ \text{min}^{-1}$ ergibt sich aus den ähnlichen Dreiecken in Bild 46.4:

$$\frac{-M_W}{M_N} = \frac{n_s - n_A}{n_s - n_N}$$

$$n_A = n_s + \frac{M_W}{M_N}\cdot(n_s - n_N) = 1500\ \text{min}^{-1} - \frac{25{,}8\ \text{Nm}}{72{,}4\ \text{Nm}}\cdot 50\ \text{min}^{-1} = 1482\ \text{min}^{-1}$$

$$\frac{v}{v_N} = \frac{n_A}{n_N}\,; \qquad v = v_N\cdot\frac{n_A}{n_N} = 0{,}5\ \frac{\text{m}}{\text{s}}\cdot\frac{1482}{1450} = 0{,}511\ \frac{\text{m}}{\text{s}}$$

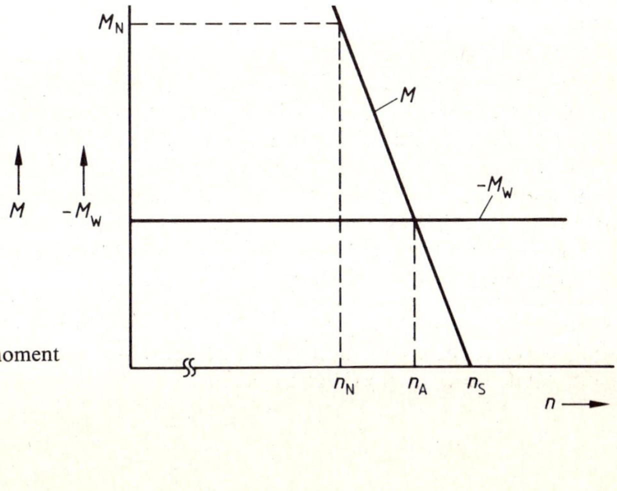

Bild 46.4 Motor- und Widerstandsmoment im Bereich der Nenndrehzahl

46.2 Das Trägheitsmoment

Wenn das Drehmoment M des Motors größer oder kleiner als das (negative) Widerstandsmoment $-M_W$ der vom Motor angetriebenen Arbeitsmaschine ist, dann erfährt der Maschinensatz in der Zeitspanne Δt eine Drehzahländerung Δn, die vom **Trägheitsmoment** J der rotierenden Massen abhängig ist.
Bei der Berechnung des Trägheitsmoments J einer rotierenden Schwungmasse denkt man sich die gesamte Masse m in einem Punkt vereinigt, der von der Achse den Abstand r_T aufweist. Dieser Abstand wird auch als **Trägheitsradius** r_T bezeichnet; sein Wert kann einschlägigen Tabellenwerken entnommen werden. Das Trägheitsmoment J ist das Produkt aus der Masse m und dem Quadrat des Trägheitsradius r_T:

$$J = m \cdot r_T^2 \tag{46.2}$$

Ist anstelle der Masse m das Gewicht $G = mg$ und anstelle des Trägheitsradius r_T der **Trägheitsdurchmesser** $D_T = 2\ r_T$ gegeben, so erhält man durch Einsetzen von $m = G/g$ und $r_T = D_T/2$ in die Gl. (46.2):

$$J = \frac{GD_T^2}{4g} \tag{46.3}$$

Das Produkt GD_T^2 wird **Schwungmoment** genannt. Die Trägheitsmomente sämtlicher bewegter Massen müssen auf die Motorwelle umgerechnet werden. Wird eine rotierende Masse des Trägheitsmoments J_1 über ein Getriebe mit der Drehzahl n_1 angetrieben, so ergibt die Umrechnung auf die Motorwelle mit der Drehzahl n das Trägheitsmoment J:

$$J = J_1 \cdot (n_1/n)^2 \tag{46.4}$$

Die Umrechnung einer geradlinig mit der Geschwindigkeit v bewegten Masse m auf die Motordrehzahl n ist mit Hilfe einer Energiebetrachtung möglich: Die kinetische Energie der geradlinig bewegten Masse ist gleich der Rotationsenergie der mit der Drehzahl n rotierenden Schwungmasse des Trägheitsmoments J.

$$\frac{1}{2} m v^2 = \frac{1}{2} J \omega^2 = \frac{1}{2} J (2\pi n)^2 \tag{46.5}$$

Damit erhält man das auf die Motorwelle umgerechnete Trägheitsmoment:

$$J = m \cdot \left(\frac{v}{2\pi n} \right)^2 \tag{46.6}$$

Beispiel 46.2: Der im Beispiel 46.1 beschriebene Motor hat das Schwungmoment $GD^2 = 3{,}19\ \text{Nm}^2$. Das auf die Motorwelle umgerechnete Trägheitsmoment des Getriebes beträgt 0,06 Ws^3. Welches Gesamtträgheitsmoment J hat der Antrieb, wenn die bei der Motordrehzahl $1450\ \text{min}^{-1}$ mit 0,5 m/s bewegte Last der Masse $m = 800$ kg berücksichtigt wird?

$$\text{Motor: } J_M = \frac{GD^2}{4g} = \frac{3{,}19\ \text{Nm}^2 \cdot \text{s}^2}{4 \cdot 9{,}81\ \text{m}} = 0{,}0813\ \text{Ws}^3$$

$$\text{Last:}\quad J_L = m\left(\frac{v}{2\pi n}\right)^2 = 800\,\text{kg}\cdot\left(\frac{0{,}5\,\text{m}\cdot\text{s}}{\text{s}\cdot 2\pi\cdot 24{,}17}\right)^2 = 0{,}0087\,\text{Ws}^3$$

$$J = J_M + J_G + J_L = 0{,}0813\,\text{Ws}^3 + 0{,}06\,\text{Ws}^3 + 0{,}0087\,\text{Ws}^3 = 0{,}15\,\text{Ws}^3$$

46.3 Der dynamische Betrieb

Im **dynamischen Betrieb** ist das Drehmoment M des Motors größer oder kleiner als das Widerstandsmoment $-M_W$ der vom Motor angetriebenen Arbeitsmaschine. Dabei ändert sich die Drehzahl des Maschinensatzes in der Zeitspanne Δt um den Wert Δn. Der Zusammenhang zwischen diesen Größen lautet:

$$M + M_W = J\cdot 2\pi\cdot\frac{\Delta n}{\Delta t} \tag{46.7}$$

Für $M = -M_W$ ist $\Delta n = 0$, also $n = \text{const.}$; dabei liegt stationärer Betrieb vor. Die Summe $M + M_W$ wird auch **Beschleunigungsmoment** M_B genannt:

$$M_B = M + M_W \tag{46.8}$$

Wenn das Beschleunigungsmoment $M_B > 0$ ist, also $M > -M_W$ ist, dann ist $\Delta n > 0$, d.h. die Drehzahl des Antriebs nimmt zu. Für $M < -M_W$ ist das Beschleunigungsmoment negativ; bei $M_B < 0$ und $\Delta n < 0$ nimmt die Drehzahl des Antriebs ab, d.h. der Antrieb wird abgebremst.

Im einfachsten Fall ist bei einem dynamischen Betrieb in einem Drehzahlbereich sowohl das Drehmoment M des Motors konstant (z.B. infolge einer Regelung) als auch das Widerstandsmoment M_W der vom Motor angetriebenen Lastmaschine (Beispiel: Hubwerk); der Quotient $\Delta n/\Delta t$ ist dabei von der Drehzahl unabhängig.

Beispiel 46.3: Zwischen den Drehzahlen $100\,\text{min}^{-1}$ und $250\,\text{min}^{-1}$ hat das Drehmoment eines Asynchronmotors im Anlaufbereich näherungsweise den konstanten Wert $M = 61$ Nm. Das Widerstandsmoment hat den konstanten Wert $-25{,}8$ Nm (s. Beispiel 46.1), das Trägheitsmoment des Antriebs beträgt $J = 0{,}15\,\text{Ws}^3$ (s. Beispiel 46.2). In welcher Zeitspanne Δt nimmt die Drehzahl von $100\,\text{min}^{-1}$ auf $250\,\text{min}^{-1}$ zu?

$$\Delta t = \frac{2\pi J}{M + M_W}\cdot\Delta n = \frac{2\pi\cdot 0{,}15\,\text{Ws}^3}{60\,\text{Ws} - 25{,}8\,\text{Ws}}\cdot\frac{250 - 100}{60\,\text{s}} = 0{,}0689\,\text{s} = 68{,}9\,\text{ms}$$

Wenn sich das Drehmoment des Motors im dynamischen Betrieb ändert, dann sind auch elektrische Größen wie z.B. die Motorströme zeitlich nicht konstant. Eine Berechnung des dynamischen Vorgangs ausschließlich mit Gl. (46.7) ist nur dann zulässig, wenn die elektrischen Ausgleichsvorgänge als vernachlässigbar gegenüber den mechanischen Ausgleichsvorgängen angesehen werden können; dies ist bei nicht zu kleiner Schwungmasse des Antriebs der Fall.

46.4 Der Anlauf

Ein Sonderfall des dynamischen Betriebs ist der *Anlauf* eines Antriebs; dabei ändert sich die Drehzahl vom Wert $n_0 = 0$ bis zum Wert n_A des stationären Betriebs. Der Anlauf ist nur dann möglich, wenn für jeden Drehzahlwert zwischen n_0 und n_A das Beschleunigungsmoment $M_B > 0$ ist, d. h. das Drehmoment M des Motors muß stets größer als das Widerstandsmoment $-M_W$ der Arbeitsmaschine sein.

Bild 46.5 zeigt als Beispiel die *M-n*-Kennlinie eines Käfigläufermotors mit einer Einsattelung, die ein Hochlaufen des Antriebs bis zur Nenndrehzahl verhindern kann. Das niedrigste Drehmoment eines Asynchronmotors im Bereich kleiner Drehzahlen ($0 \leqq n \leqq n_{Kipp}$) wird **Sattelmoment** genannt. Nach VDE 0530 muß z. B. das Sattelmoment von nicht polumschaltbaren Asynchronmotoren unter 100 kW Nennleistung mindestens das 0,5-fache Nennmoment und mindestens das 0,5-fache Anlaufmoment betragen.

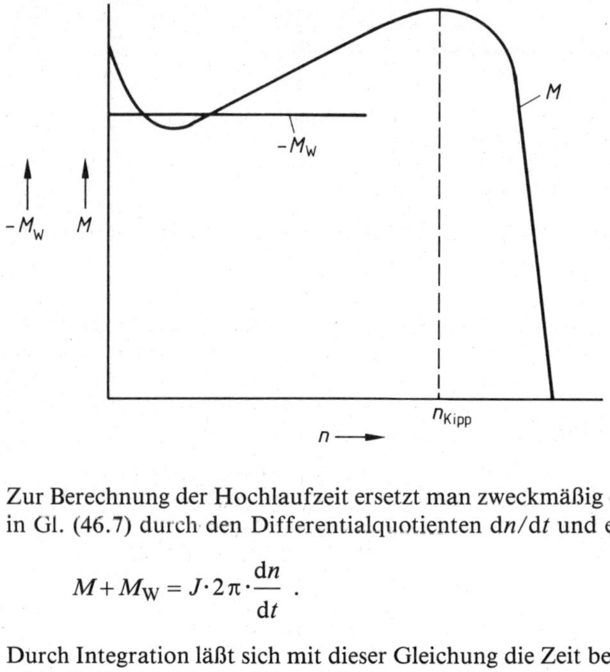

Bild 46.5
Infolge des Sattelmoments ist ein Anlauf bis zur Nenndrehzahl bei hoher Last nicht möglich

Zur Berechnung der Hochlaufzeit ersetzt man zweckmäßig den Differenzenquotienten $\Delta n/\Delta t$ in Gl. (46.7) durch den Differentialquotienten dn/dt und erhält so die Differentialgleichung

$$M + M_W = J \cdot 2\pi \cdot \frac{dn}{dt} . \tag{46.9}$$

Durch Integration läßt sich mit dieser Gleichung die Zeit berechnen, in der sich bei einem Antrieb die Drehzahl von einem Wert n_1 auf einen Wert n_2 ändert:

$$t_{12} = \int_{t_1}^{t_2} dt = \int_{n_1}^{n_2} \frac{2\pi J}{M + M_W} \cdot dn = 2\pi J \int_{n_1}^{n_2} \frac{dn}{M + M_W} \tag{46.10}$$

Beispiel 46.4: Der im Beispiel 46.1 beschriebene Asynchronmotor 11 kW mit der in Bild 46.6 dargestellten *M-n*-Kennlinie, der auf das Hubwerk des Krans ($M_W = -25{,}8$ Nm) arbeitet, wird zum Zeitpunkt $t = 0$ eingeschaltet. Welche Zeit t_A benötigt der Antrieb mit dem Trägheitsmoment $J = 0{,}15\ \text{Ws}^3$, um die Drehzahl $n = 1470\ \text{min}^{-1}$ zu erreichen?

Die Berechnung des Integrals wird mit Hilfe der SIMPSONschen Regel (s. Kap. 16) durchgeführt. Dazu wird der Bereich zwischen den Drehzahlen $n_1 = 0$ und $n_2 = 1470\ \text{min}^{-1}$ in 6 Bereiche glei-

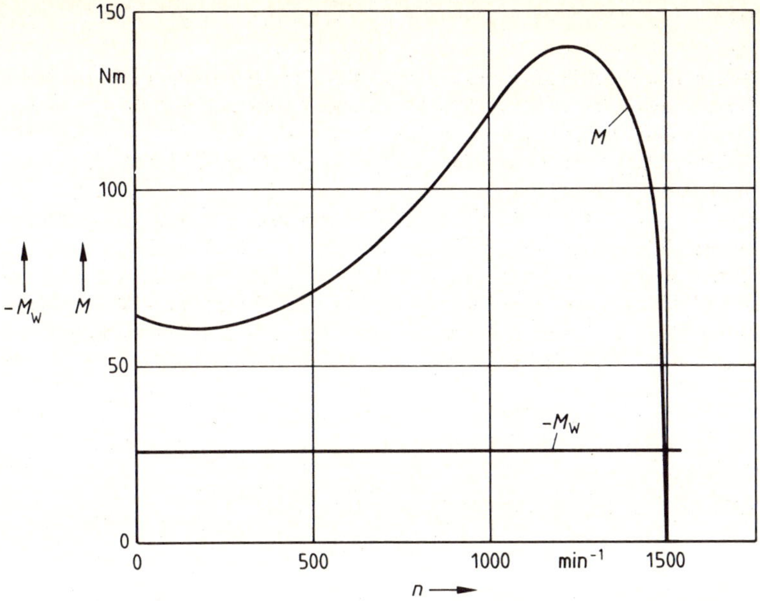

Bild 46.6 Drehmoment M der Asynchronmaschine und Widerstandsmoment M_W des Hubwerks über der Drehzahl n

cher Drehzahldifferenz Δn aufgeteilt. Für jede Bereichsgrenze wird die Summe $M + M_W$ abgelesen und in das Programm 16.1 eingegeben. Mit $\Delta n = (1470/6)\,\text{min}^{-1}$ wird die Schrittweite h berechnet:

$$h = \Delta n = \frac{1470}{6 \cdot 60\,\text{s}} = \frac{1470}{360}\,\text{s}^{-1} = 4{,}083\,\text{s}^{-1}$$

Wert	Drehzahl n min^{-1}	$M + M_W$ Nm
0	0	39
1	245	35
2	490	45
3	735	64
4	980	93
5	1225	114
6	1470	60

```
INTEGRATION NACH SIMPSON
DIE ANZAHL N DER INTERVALLE
MUSS GERADE SEIN: N=? 6
SCHRITTWEITE H=? 4.083
WERT ( 0 )=? 0.02564
WERT ( 1 )=? 0.02857
WERT ( 2 )=? 0.02222
WERT ( 3 )=? 0.01563
WERT ( 4 )=? 0.01075
WERT ( 5 )=? 0.00877
WERT ( 6 )=? 0.01667
ERGEBNIS: .435697
```

Das Ergebnis der Integration wird mit dem Faktor $2\pi J$ multipliziert:

$$t_A = 2\pi \cdot 0{,}15\,\text{Ws}^3 \cdot 0{,}4357\,\frac{1}{\text{Ws}^2} = 0{,}41\,\text{s}$$

Der Antrieb läuft in der Zeit $t_A = 0{,}41$ s aus dem Stillstand bis zur Drehzahl 1470 min^{-1} hoch; hierbei ist der stationäre Zustand praktisch erreicht.

Das Beschleunigungsmoment nimmt mit zunehmender Annäherung an die Drehzahl n_A des Arbeitspunktes im stationären Betrieb ab; bei der Drehzahl n_A selbst weist es den Wert $M_B = M + M_W = 0$ auf. Die Drehzahl n_A wird erst nach unendlich langer Zeit erreicht. Der Anlauf eines Antriebs läßt sich mit dem Einschalten eines Kondensators über einen OHMschen Widerstand vergleichen (s. Bild 13.8). Deshalb ist es zweckmäßig, die Integration nur bis zu einer Drehzahl durchzuführen, die z. B. 1% unter der Drehzahl n_A liegt.

46.5 Die Stabilität eines Antriebs

Ein Antrieb arbeitet bei einer Drehzahl n_A nur dann stabil, wenn bei $n < n_A$ das Beschleunigungsmoment M_B positiv und wenn bei $n > n_A$ das Beschleunigungsmoment M_B negativ ist: Nimmt der Antrieb aufgrund irgendwelcher Einflüsse eine Drehzahl $n < n_A$ an, so wird er vom Beschleunigungsmoment $M_B > 0$ auf die Drehzahl n_A gebracht. Nimmt der Antrieb eine Drehzahl $n > n_A$ an, so wird er wegen $M_B < 0$ abgebremst.
Bild 46.7 zeigt am Beispiel des Hubwerks, das von dem Käfigläufermotor angetrieben wird, daß bei $n > n_A$ das Beschleunigungsmoment M_B negativ und bei $n < n_A$ das Beschleunigungsmoment M_B positiv ist: Dieser Antrieb arbeitet also bei der Drehzahl n_A stabil.
Ein Beispiel für einen nicht stabilen Arbeitspunkt ist in Bild 46.8 dargestellt: Ein Gleichstrom-Nebenschlußmotor ohne Kompensationswicklung erfährt bei Belastung infolge der Ankerrückwirkung eine Feldschwächung, die zu einem Drehzahlanstieg führt. Da bei $n > n_A$ das Beschleunigungsmoment M_B positiv ist, führt eine kleine Drehzahlerhöhung zu einer Beschleunigung des Antriebs; eine kleine Drehzahlerniedrigung führt zu einer Abbremsung, da hierbei $M_B < 0$ ist. Ein derartiges Zusammenarbeiten von Motor und Arbeitsmaschine muß unbedingt vermieden werden.

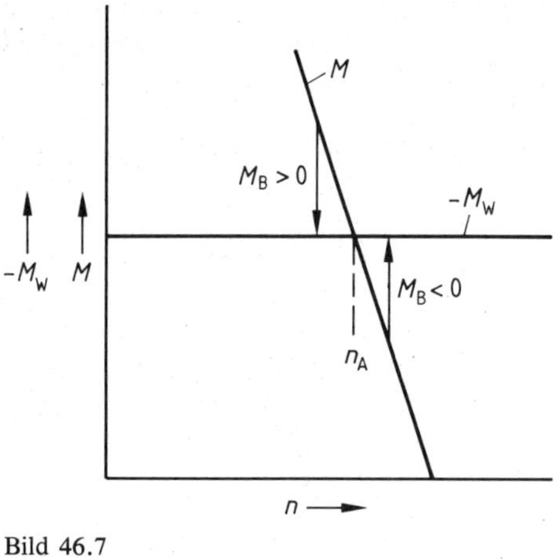

Bild 46.7
Da bei $n > n_A$ das Beschleunigungsmoment negativ und bei $n < n_A$ das Beschleunigungsmoment positiv ist, arbeitet der Antrieb bei der Drehzahl n_A stabil

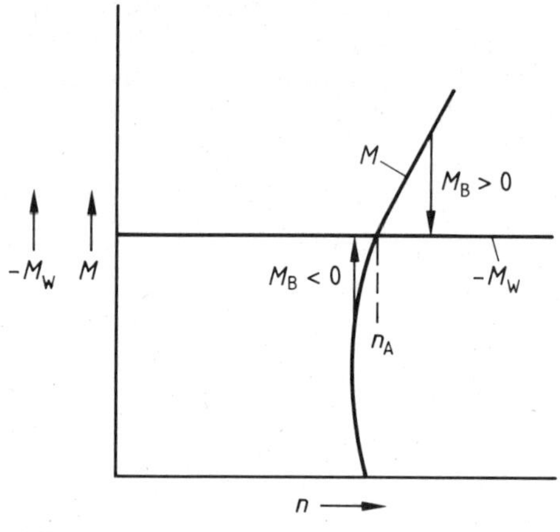

Bild 46.8
Da bei $n > n_A$ das Beschleunigungsmoment positiv und bei $n < n_A$ das Beschleunigungsmoment negativ ist, liegt bei der Drehzahl n_A ein nicht stabiler Arbeitspunkt vor

47 Der elektrische Strom im Vakuum

An der Grenzfläche zwischen einem Metall und Vakuum findet ein Wechsel der elektrischen Leitfähigkeit statt. Während das Metall mit zahlreichen freien Elektronen ein sehr guter elektrischer Leiter ist, enthält das Vakuum praktisch keine Ladungsträger, es ist also ein Nichtleiter. Im Metall schwirren die freien Elektronen des Elektronengases mit unterschiedlichen Geschwindigkeiten. Einige Elektronen haben durch ihre hohe Geschwindigkeit genügend Energie, um den sie zurückhaltenden Kräften der positiven Ladungen der Atomrümpfe zu entfliehen und durch die Metalloberfläche in das Vakuum zu gelangen. Eine elektrische Leitfähigkeit des Vakuums kommt dadurch aber nicht zustande, da es sich nur um wenige Ladungsträger handelt, die nach kurzer Zeit wieder in das Metall zurückfallen.
Durch verschiedene Verfahren lassen sich aber Elektronen in der für das Fließen eines technisch nutzbaren Stromes hinreichenden Zahl in das Vakuum einbringen. Man erreicht das durch

- → Erhitzen des Metalls, wodurch die mittlere Elektronengeschwindigkeit steigt;
- → hohe elektrische Feldstärke, welche die Elektronen aus der Metalloberfläche reißt;
- → Beschuß mit elektrischen Ladungsträgern oder kurzwelliger elektromagnetischer Bestrahlung, wodurch Elektronen aus der Metalloberfläche geschlagen werden.

Im technischen Einsatz überwiegt das Verfahren, durch Erhitzen des Metalls freie Elektronen in das Vakuum zu bringen. Dieses Verfahren soll am Beispiel der **Vakuumröhre** erklärt werden. In einem evakuierten zylindrischen Glasgefäß befinden sich ein Nickelröhrchen, die Katode K, und ein sie umgebender Metallzylindermantel, die Anode A der Röhre. Wird die Katode mit einer in dem Nickelröhrchen befindlichen Heizwicklung auf etwa 1000 K aufgeheizt, dann treten aus ihrer Oberfläche Elektronen in großer Zahl in das Vakuum. Ein Bariumoxidüberzug des Nickelröhrchens setzt die für den Austritt erforderliche Energie herab. Durch diesen Vorgang, die **Glühemission**, bildet sich um die Katode eine Elektronenwolke, deren Dichte durch das Gleichgewicht der Menge der gleichzeitig emittierten und durch die Ladungskräfte ins Metall zurückgeholten Elektronen bestimmt ist.

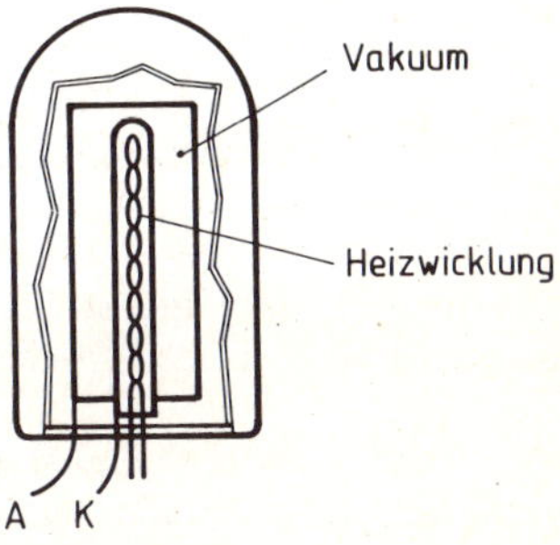

Bild 47.1 Schnitt durch eine Vakuumröhre

Bei positiver Anoden-Katodenspannung U_{AK} beschleunigt das elektrische Feld zwischen Anode und Katode die freien Elektronen im Vakuum zur Anode hin. Ihre Aufprallgeschwindigkeit auf der Anode, die normalerweise über 10000 km/s liegt, ist durch die Höhe von U_{AK} bestimmt. Da die Katode laufend Elektronen nachliefert, kann ein Dauerstrom fließen. Bei negativem U_{AK} werden die Elektronen zur Katode zurückgedrängt – es fließt kein Strom. Die skizzierte Vakuumröhre kann als Gleichrichter arbeiten. Sie wurde als Vorläufer der jetzt verwendeten Halbleiterdiode in elektronischen Schaltungen eingesetzt.

Durch eine oder mehrere zwischen Anode und Katode angeordnete, an Spannung liegende Drahtwendel, Gitter genannt, läßt sich der bei positiver Anoden-Katodenspannung fließende Strom leistungslos in seiner Größe verändern, er läßt sich »steuern«. So gebaute Verstärkerröhren, die Vorläufer der Transistoren, werden nur noch für Spezialzwecke eingesetzt.
Das bewegte Elektron durchfliegt ein feldfreies Vakuum mit konstanter Geschwindigkeit und unveränderter Richtung. Durchsetzt aber ein elektrostatisches Feld (s. Kap. 13) das Vakuum, dann überlagert sich, von den Feldkräften hervorgerufen, der ursprünglichen Bewegung des Elektrons eine beschleunigte Bewegung gegen die Richtung der Feldlinien. Das negative Elektron wird von der Anode angezogen. Durchsetzt hingegen ein magnetisches Feld (s. Kap. 14) das Vakuum, dann versuchen die Feldkräfte das Elektron, bei unveränderter Geschwindigkeit, in eine die Feldlinien senkrecht umschlingende Kreisbahn zu zwingen. In welchem Maße in beiden Fällen die Feldkräfte das Elektron ablenken können, hängt von der Stärke des Feldes, der Anfangsgeschwindigkeit des Elektrons und seiner Verweildauer im Feldbereich ab.
Die Ablenkung der Elektronen durch senkrecht zur Flugbahn wirkende Felder wird in der **BRAUNschen** Röhre, der derzeit wichtigsten technischen Anwendung der Vakuumröhre, ausgenutzt. Das Bild zeigt eine BRAUNsche Röhre mit elektrostatischer Ablenkung, wie sie im Datensichtgerät und im Oszilloskop eingesetzt wird.

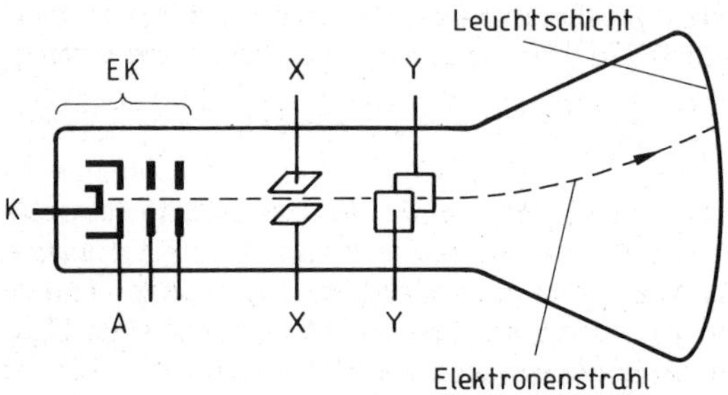

Bild 47.2 BRAUNsche Röhre

Die Glühkatode K einer Elektronenkanone EK emittiert Elektronen. Diese werden durch das elektrische Feld zwischen Katode und Anode A beschleunigt. Die Anode ist in der Mitte durchbohrt. Die durch dieses Loch mit hoher Geschwindigkeit austretenden Elektronen durchlaufen eine »Elektronenlinse« und verlassen die Elektronenkanone als sehr schneller und scharf gebündelter Strahl. Dieser Strahl tritt senkrecht in die elektrostatischen Felder ein, die von zwei senkrecht zueinander angeordneten Elektrodenpaaren X-X und Y-Y gebildet werden.
Die von der Zeit abhängige Spannung am Elektrodenpaar X-X bewirkt eine zeitabhängige Auslenkung des Strahls in x-Richtung, während die zeitabhängige Spannung am Elektrodenpaar Y-Y das Gleiche in y-Richtung zur Folge hat. Der Bildschirm, welcher der Elektronenkanone gegenüberliegt, ist innen mit der Leuchtschicht L beschichtet. Auf diese prallen, nach einer Nachbeschleunigung, die Elektronen und regen, durch Abgabe ihrer beim Aufprall freiwerdenden Energie, die Atome der Leuchtschicht zum Aussenden sichtbarer Strahlungen an. Durch die von den zeitabhängigen Ablenkspannungen vorgeschriebene Punktfolge und das Nachleuchten früher erregter Punkte entsteht das gewünschte Bild.
Die Fernseh-Bildröhre arbeitet nach dem gleichen Prinzip; nur werden bei ihr die den Elektronenstrahl ablenkenden Felder von Magnetspulen erzeugt.

48 Der elektrische Strom in Gasen

Ohne äußere Einflüsse wären chemisch reine Gase und auch Gasgemische, wie z.B. Luft, ideale Nichtleiter, da ihre Atome bzw. Moleküle elektrisch neutral sind. Durch die überall wirkenden kosmischen und radioaktiven Strahlungsenergien werden jedoch ständig Atome (Moleküle) ionisiert, d.h. sie werden in (negative) Elektronen und positiv geladene Ionen zerlegt. Da sich andererseits Elektronen und Ionen laufend wieder zu neutralen Atomen bzw. Molekülen vereinigen (rekombinieren), entsteht durch

Zahl der Ionisationen = Zahl der Rekombinationen

ein Gleichgewichtszustand, so daß ständig eine gewisse Menge freier Ladungsträger im Gas vorhanden ist. Dadurch verhält sich, wenn eine Spannung an die Elektroden gelegt wird, die gasgefüllte Röhre anders als die Vakuumröhre. Die auftretenden Erscheinungen und ihre technische Ausnutzung sollen im folgenden kurz beschrieben werden.
In einer Glasröhre, die mit einem unter niedrigem Druck stehenden Edelgas gefüllt ist, stehen sich zwei Metallelektroden gegenüber, deren leitende Anschlüsse nach außen geführt sind. Die auf höherem Potential liegende Elektrode wird Anode, die andere Elektrode wird Katode genannt.
Wegen der geringen Dichte freier Ladungsträger fließt bei kleiner anliegender Spannung ein so geringer Strom, daß er nur mit empfindlichsten Meßgeräten zu messen ist. Man spricht von einer **unselbständigen Gasentladung**, da die Ladungsträger von fremden Einflüssen erzeugt werden, oder auch von **Dunkelentladung**, da dieser geringe Strom kein Licht erzeugt.

→ Luft und andere Gase können unter normalen Bedingungen als Nichtleiter betrachtet werden. Ihre isolierende Eigenschaft wird verbreitet ausgenutzt.

Wie Bild 48.1 zeigt, wandern Ionen und Elektronen unter dem Einfluß der Feldkräfte in entgegengesetzte Richtungen; der Gesamtstrom setzt sich also aus zwei Anteilen, dem Elektronenstrom und dem Ionenstrom, zusammen. Während seiner Wanderung zur Elektrode wird der freie Ladungsträger von den Kräften des auf ihn wirkenden elektrischen Feldes beschleunigt, bis ihn schließlich ein seiner Laufbahn im Wege stehendes neutrales Atom ablenkt oder bremst. Der freie Weg, der dem Ladungsträger bis zum nächsten Zusammenstoß zur Verfügung steht, ist für das kleinere Elektron größer als für das Ion. Daher sind die Geschwindigkeiten und damit die quadratisch mit der Geschwindigkeit wachsenden Stoßenergien der Elektronen größer als die der Ionen.

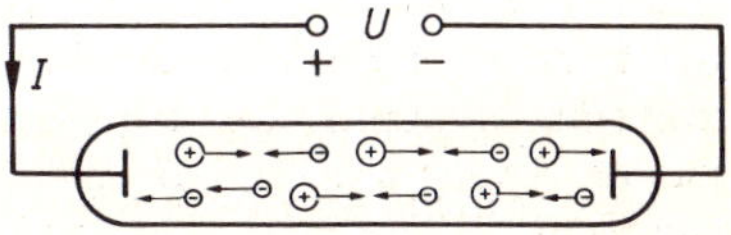

Bild 48.1 Der elektrische Strom in Gasen

Bei kleinen an der Röhre liegenden Spannungen ist die Stoßenergie der Elektronen klein; Zusammenstöße erfolgen elastisch – das Elektron wird nur abgelenkt. Wächst aber die Spannung, dann gibt ein auf das neutrale Atom treffendes Elektron bei einem unelastischen Stoß einen erheblichen Teil seiner Energie ab. Das kann zwei Wirkungen zur Folge haben:

→ durch **Stoßionisation** wird das getroffene neutrale Atom in ein Ion und ein Elektron zerlegt, d.h. es entstehen neue freie Ladungsträger.
→ das getroffene neutrale Atom wird angeregt; durch den Zusammenprall wird eines seiner Elektronen auf eine energiereichere Bahn gehoben, wobei das Atom neutral bleibt. Ein Lichtquant wird ausgesandt, wenn das Elektron auf seine normale Bahn zurückfällt.

Außerdem können energiereiche Ionen bei ihrem Auftreffen Elektronen aus der Katode schlagen – die Katode beginnt, sich mit einem Glimmlicht zu überziehen.
Bei weiterer Erhöhung der an der Röhre liegenden Spannung nimmt die Zahl der Stoßionisationen so stark zu, daß im Mittel ein aus der Katode geschlagenes Elektron auf seinem Weg zur Anode mehr als ein Ladungsträgerpaar freisetzt. Dann erhöht sich die Ladungsträgerzahl lawinenartig; man spricht von **selbständiger Entladung**, da jetzt keine äußeren Einflüsse mehr erforderlich sind, um die Entladung aufrechtzuerhalten. Mit wachsendem Strom nimmt nunmehr die zum Betrieb der Entladung notwendige Spannung ab; deshalb muß für stabilen Betrieb der Strom durch einen Vorwiderstand begrenzt werden.
Der Spannungswert, bei dem die selbständige Entladung einsetzt, ist stark vom Gasdruck in der Röhre abhängig. Das Minimum dieser Spannung liegt bei einem Gasdruck von etwa 50 Pa. Bei höherem Gasdruck ist durch die Vielzahl der den Weg blockierenden neutralen Atome die mittlere Weglänge so klein, daß die Elektronen nicht die zur Stoßionisation erforderliche Energie sammeln können. Bei niedrigerem Gasdruck finden die Elektronen längs ihres Weges zu wenige Stoßpartner.
Neben der Vervielfachung von Ladungsträgern durch die Stoßionisation werden bei der selbständigen Entladung auch Atome der Gassäule zum Aussenden von Licht angeregt. Dieser Effekt wird zur Lichterzeugung mit Leuchtstofflampen (Abschn. 49.3) ausgenutzt. Die eigentliche Lichtquelle ist die positive Lichtsäule der dargestellten Gasentladungsstrecke. Lichtsäule und Elektroden haben bei dieser Entladungsform, auch **Glimmentladung** genannt, nur niedrige Temperaturen. Man nennt daher diese Art der Lichtstrahlung auch »kaltes Licht«.

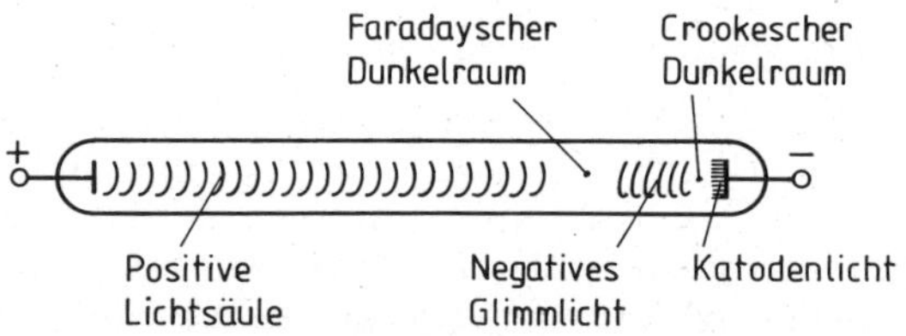

Bild 48.2 Lichterzeugung durch eine Gasentladungsstrecke

Bei noch größeren Strömen (etwa über 1 A) geht die Glimmentladung in die **Bogenentladung** über. Durch thermische Ionisation ist dann ein großer Teil der Atome bei hohen Temperaturen ionisiert und bildet den Lichtbogen. Der Lichtbogen kann auch ohne vorherige Glimmentladung auftreten. Das geschieht beispielsweise in Luft

→ beim Öffnen von Kontakten;
→ bei Überschlägen wegen zu hoher Spannung. Hier geht dem Überschlag eine Büschel- oder Funkenentladung voraus.

Die sehr hohe Lichtbogentemperatur wird technisch u.a. zur Lichtbogenschweißung, zum Schmelzen von Metallen und zur Lichterzeugung genutzt.

49 Beleuchtungstechnik

49.1 Elektromagnetische Strahlung

Elektromagnetische Strahlen werden von einer Strahlungsquelle ausgesendet und breiten sich wellenförmig im Raume aus. Zwischen Frequenz f, Wellenlänge λ und Ausbreitungsgeschwindigkeit c besteht die Beziehung

$$f \cdot \lambda = c \ , \tag{49.1}$$

wobei in Vakuum oder Luft sich die Wellen mit $c \approx 300000$ km/s ausbreiten, während die Ausbreitungsgeschwindigkeit in dichteren Stoffen kleiner ist. Die Wellenlängen für einige Arten von elektromagnetischen Strahlungen sind in Tabelle 49.1 zusammengestellt.

Tabelle 49.1: Wellenlängen der elektromagnetischen Strahlung

Wellenart		Wellenlänge
Rundfunkwellen		2 km...3 m
Fernsehwellen		10 m...30 cm
Radarwellen		dm...cm
Infrarot, Wärmestrahlen		375 µm...0,8 µm
Tiefes Rot	sichtbares Licht	um 765 nm
Rot	sichtbares Licht	um 680 nm
Orange	sichtbares Licht	um 614 nm
Gelb	sichtbares Licht	um 560 nm
Grün	sichtbares Licht	um 514 nm
Blau	sichtbares Licht	um 475 nm
Violett	sichtbares Licht	um 410 nm
Tiefes Violett	sichtbares Licht	um 385 nm
Ultraviolett		360 nm...30 nm
Röntgenstrahlen		30...0,03 nm
Gammastrahlen (radioaktiv)		$30 \cdot 10^{-3} \ldots 30 \cdot 10^{-6}$ nm
Kosmische Strahlen		$< 30 \cdot 10^{-6}$ nm

Nur in dem sehr schmalen Wellenlängenbereich von etwa 380 nm...780 nm wird elektromagnetische Strahlung vom Auge als Licht wahrgenommen. Bei Strahlung mit nur einer Wellenlänge ist das Licht farbig. Treten alle Wellenlängen gemischt auf, wie beispielsweise beim Sonnenlicht, dann ist das Licht weiß.

»Kalte Strahler«, beispielsweise Leuchtstoffröhren, strahlen meist ein Gemisch von Strahlen diskreter Wellenlängen aus, wodurch die für sie charakteristische Leuchtfarbe entsteht. Dagegen sendet der zur Lichterzeugung häufig verwendete Thermostrahler, typisch die Glühlampe, zu Lasten seiner Wärmeenergie ein breitbandiges Spektrum elektromagnetischer Wellen aus (Bild 49.1). Dabei liegt die Wellenlänge der maximalen Strahlung nach dem WIENschen Gesetz bei

$$\lambda_{max} = \frac{2900\ \mu m \cdot K}{T} \ . \tag{49.2}$$

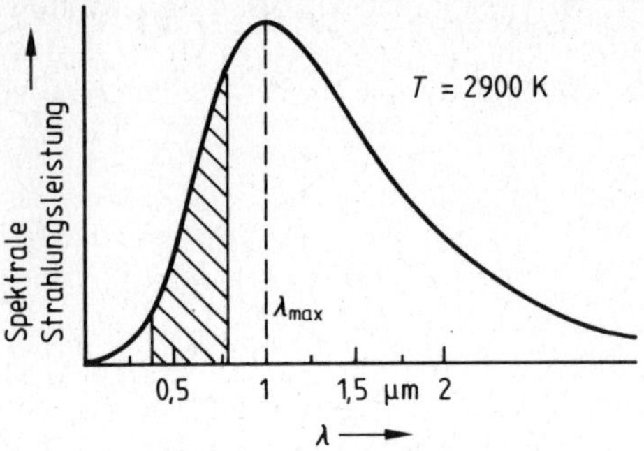

Bild 49.1 Relative Strahlungsleistung eines Temperaturstrahlers

Die gesamte ausgestrahlte Leistung ergibt sich als Fläche unter der dargestellten Kurve. Licht liefert jedoch nur der schraffiert dargestellte kleine Leistungsanteil. Wie Gl. (49.2) zeigt, verschiebt sich bei steigender absoluter Temperatur T die Wellenlänge maximaler Strahlung λ_{max} zu kleineren Werten, also zum Gebiet des sichtbaren Lichtes hin. Da außerdem die vom Strahler insgesamt abgegebene Leistung etwa mit der 4. Potenz der absoluten Temperatur des Strahlers steigt (Gesetz von STEFAN-BOLTZMANN für den idealen schwarzen Strahler), arbeiten Temperaturstrahler um so wirkungsvoller, je höher ihre Temperatur ist.

49.2 Die Einheiten der Lichttechnik

Mit gleichen Leistungen ausgesandte Lichtstrahlungen werden vom Auge mit unterschiedlichen Helligkeiten wahrgenommen, wenn sie verschiedene Wellenlängen haben. Die stärkste Helligkeitsempfindung liefert, wie Bild 49.2 zeigt, gelbes Licht der Wellenlänge 555 nm. Durch eine Bewertung der einzelnen Leistungsanteile der Strahlung entsprechend der dargestellten Kurve sind die nachfolgend beschriebenen lichttechnischen Größen dem Helligkeitsempfinden angepaßt.

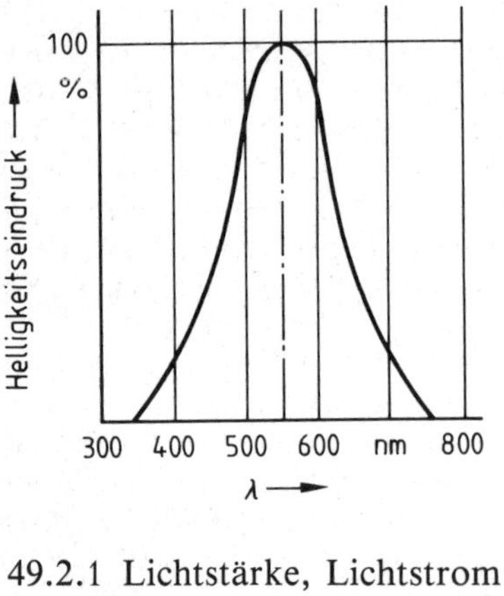

Bild 49.2 Spektraler Hellempfindlichkeitsgrad für Tagessehen

49.2.1 Lichtstärke, Lichtstrom und Lichtausbeute

Das Licht ist meist ungleichförmig im Raum verteilt. Für viele Anwendungsbereiche, beispielsweise eine Arbeitsplatzbeleuchtung, ist das sogar notwendig. Um Angaben zur Verteilung machen zu können, denkt man sich die Lichtquelle konzentrisch von der Einheits-Hohlkugel ($r = 1$) umgeben. Der von einem Kreiskegel begrenzte Raumwinkel $\Omega_0 = 1$ **sr** $=$ **1 Steradiant** schneidet aus deren Oberfläche eine Kalotte der Oberfläche $A = 1$ aus (Bild 49.3). Da die Gesamtoberfläche der Einheitskugel mit $r = 1$ den Wert $O = 4 \cdot \pi \cdot r^2 = 4 \cdot \pi$ hat, ergibt sich der volle Raumwinkel zu $\Omega_{max} = 4 \cdot \pi$.

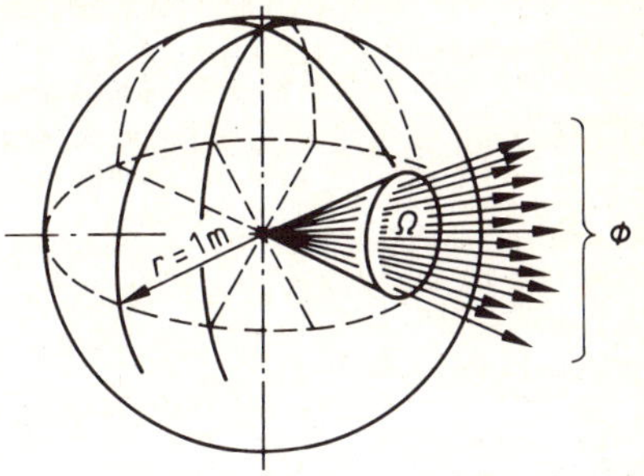

Bild 49.3 Zur Definition der Lichtstärke

Die Basisgröße **Lichtstärke** I ist in dem »Gesetz über Einheiten im Meßwesen« vom 2. Juli 1969 mit der Basiseinheit **Candela (cd)** als 6. Basisgröße des Internationalen Einheitensystems (SI) festgelegt:

> Die Basiseinheit 1 Candela ist die Lichtstärke, mit der $1/600000\ \text{m}^2$ der Oberfläche eines Schwarzen Strahlers bei der Temperatur des beim Druck $101\,325\ \text{kg}/(\text{s}^2 \cdot \text{m})$ erstarrenden Platins senkrecht zu seiner Oberfläche leuchtet.

Die Basiseinheit 1 cd liegt etwa in der Größenordnung der Lichtstärke einer Wachskerze. Von ihr sind die anderen lichttechnischen Einheiten hergeleitet.
Eine gleichmäßig in den Raumwinkel Ω strahlende Lichtquelle sendet in diesen Raumwinkel den **Lichtstrom**

$$\Phi = I \cdot \Omega \ ; \quad \text{Einheit: } 1 \text{ Lumen} = 1 \text{ lm} = 1 \text{ cd} \cdot 1 \text{ sr} \ . \tag{49.3}$$

Bei gleichmäßiger Strahlung in alle Richtungen würde die Lichtquelle den Lichtstrom

$$\Phi_{max} = I \cdot \Omega_{max} = 4\,\pi \cdot I$$

aussenden. Bei ungleichmäßiger Ausstrahlung in verschiedene Richtungen müssen die Teillichtströme zu einem Gesamtlichtstrom summiert (integriert) werden. Dafür gibt der Hersteller die Lichtverteilungskurve der Lichtquelle oder Leuchte, bei der die Lichtstärken in den einzelnen Richtungen gemessen und auf die entsprechenden Richtungsstrahlen aufgetragen sind. In Bild 49.4 ist ein Schnittbild der Lichtverteilungskurven von drei rotationssymmetrisch strahlenden Quellen dargestellt. Die Lichtstärken I werden allgemein für einen Gesamtlichtstrom $\Phi^* = 1000$ lm angegeben. Die Umrechnung für andere Lichtströme erfolgt über die Beziehung

$$I = I^* \cdot \frac{\Phi}{\Phi^*} \ . \tag{49.4}$$

Der Lichtstrom ist also der im Bereich sichtbaren Lichtes ausgestrahlte Leistungsanteil der Gesamtstrahlung, wobei zusätzlich eine Gewichtung der einzelnen Leistungsanteile entsprechend dem Helligkeitsempfinden des Auges vorgenommen wurde.
Die **Lichtausbeute** η_L ist ein Maß für die Güte einer Lichtquelle.

$$\eta_L = \frac{\Phi}{P} \ ; \quad \text{Einheit: } 1\ \frac{\text{lm}}{\text{W}} \tag{49.5}$$

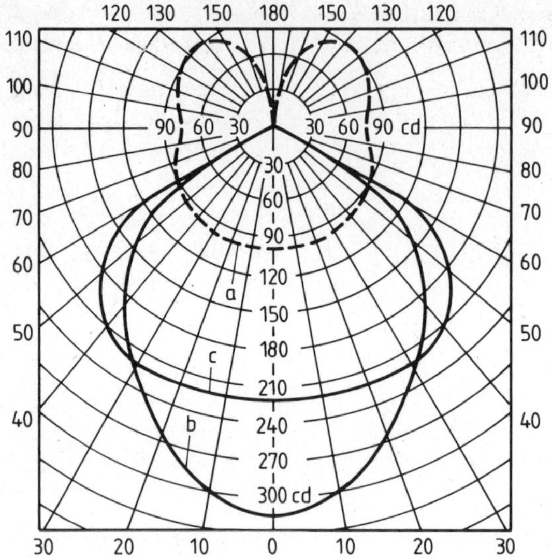

Bild 49.4 Lichtverteilungskurven
a) einer Glühlampe
b) eines Tiefstrahlers
c) eines Breitstrahlers

Sie wird vom Hersteller als Kennwert angegeben oder ist aus den gegebenen Werten für Lichtstrom und Leistung zu berechnen.
Glühlampen als Temperaturstrahler haben Lichtausbeuten bis etwa 20 lm/W; Lumineszenzstrahler, wie z. B. Leuchtstoffröhren, bis über 100 lm/W. Die Verbindung zum metrischen Maßsystem stellt der – nicht erreichbare – Grenzwert 683 lm/W her, den ein Strahler liefern würde, der die gesamte zugeführte Leistung in monochrome Strahlung der Wellenlänge 555 nm (maximale Hellempfindlichkeit) umsetzt.

49.2.2 Beleuchtungsstärke und Leuchtdichte

Wird die Fläche A durch einen senkrecht auf sie auftreffenden Lichtstrom Φ gleichmäßig ausgeleuchtet, dann ist die für das Sehen von Gegenständen, Schriften usw. (vgl. hierzu Tabelle 49.5) maßgebende Beleuchtungsstärke E:

$$E = \frac{\Phi}{A} \;; \quad \text{Einheit: } 1\,\frac{\text{lm}}{\text{m}^2} = 1\,\text{Lux} = 1\,\text{lx} \tag{49.6}$$

Strahlt Licht der Lichtstärke I in einen Raumwinkel Ω (Bild 49.3), dann leuchtet der Lichtstrom $\Phi = I \cdot \Omega$ in der Entfernung r eine Kalottenfläche $A = r^2 \cdot \Omega / \Omega_0$ (Einheit: $1\,\text{m}^2 \cdot 1\,\text{sr}/1\,\text{sr} = 1\,\text{m}^2$) aus. Damit ist die Beleuchtungsstärke:

$$E = \frac{\Phi}{A} = \frac{I \cdot \Omega}{\Omega \cdot r^2} \cdot \Omega_0 = \frac{I}{r^2} \cdot \Omega_0 \;; \quad \text{Einheit: } 1\,\frac{\text{cd} \cdot \text{sr}}{\text{m}^2} = 1\,\text{lx} \tag{49.7}$$

Aus dieser Gleichung ist zu erkennen, daß die Beleuchtungsstärke quadratisch mit dem Abstand von der Lichtquelle abnimmt. Bei schräg einfallendem Lichtstrom trägt nur der vertikal auftreffende Anteil zur Beleuchtungsstärke bei.

Beispiele für Beleuchtungsstärken: Vollmond zwischen 0,05 und 0,5 lx;
Mittagssonne zwischen 50000 und 100000 lx.

Unter der **Leuchtdichte** versteht man das Verhältnis der Lichtstärke, bezogen auf die vom Auge wahrgenommene leuchtende Fläche. Die Leuchtdichte ist ein Maß für den Helligkeitseindruck, den die leuchtende Fläche dem Auge vermittelt. Sie ist also auch ein Maß für der Stärke einer evtl. auftretenden Blendung.

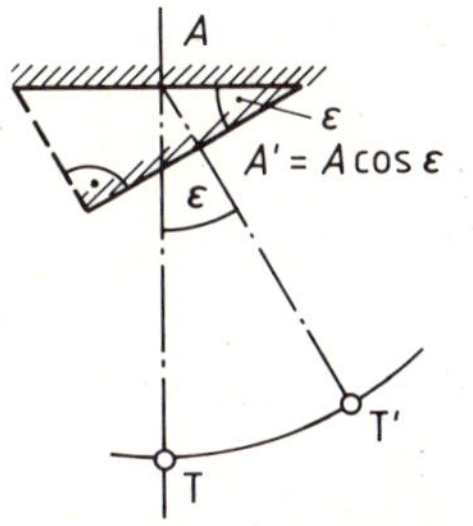

Bild 49.5 Bei lotrechter Betrachtung erscheint die leuchtende Fläche dem Betrachter am größten

Wird eine leuchtende Fläche A vom Punkt T aus betrachtet, dann ist ihre Leuchtdichte

$$L = \frac{I}{A}\;; \qquad \text{Einheit: } 1\,\frac{\text{cd}}{\text{m}^2} = 1\,\frac{\text{lx}}{\text{sr}}\,. \tag{49.8}$$

Vom Punkt T′ aus, unter dem Winkel ε gegen die Senkrechte, sieht das Auge die kleinere Fläche $A' = A \cdot \cos\varepsilon$. Für die Leuchtdichte gilt also allgemein:

$$L = \frac{I}{A \cdot \cos\varepsilon} = \frac{\Phi}{\Omega \cdot A \cdot \cos\varepsilon} \tag{49.9}$$

Leuchtdichten über etwa $6 \cdot 10^3\ \text{cd/m}^2$ erzeugen ein Nachbild, wenn die Augen geschlossen werden. Wie Tabelle 49.2 zeigt, hat bereits eine Stearinkerze diese Leuchtdichte. Um die Stärke der Blendung durch Glühlampen herabzusetzen, vergrößert man ihre leuchtenden Flächen durch Umhüllen mit Mattglas.

Tabelle 49.2: Leuchtdichten einiger Lichtquellen

Lichtquelle	Leuchtdichte cd/m²
Mond	$2{,}5 \cdot 10^3$
Stearinkerze	$7{,}5 \cdot 10^3$
gasgefüllte Wolframlampe mit Klarglaskolben	$2 \ldots 20 \cdot 10^6$
Bogenlampe	$180 \cdot 10^6$
Mittagssonne	$2200 \cdot 10^6$

Blendgefahr besteht auch beim Betrachten reflektierender Flächen. Dabei hängt die Leuchtdichte von der Beleuchtung E und dem Reflexionsgrad ϱ (Tabelle 49.3) des beleuchteten Materials ab:

$$L = \frac{E \cdot \varrho}{\pi} \; ; \quad \text{Einheit: } 1\,\frac{\text{cd}}{\text{m}^2} = 1\,\frac{\text{lx}}{\text{sr}} \tag{49.10}$$

Tabelle 49.3: Mittlere Reflexionsgrade

Fläche	ϱ	Fläche	ϱ
Silber poliert	0,9	Nickel poliert	0,55
Aluminium poliert	0,68	weißer Anstrich	0,8
Chrom poliert	0,64	gelber Anstrich	0,5
Messing poliert	0,6	schwarzer Samt	0,04

Beispiel 49.1: Eine Standard-Glühlampe 60 W hat den Lichtstrom 730 lm. Zu bestimmen sind

a) die Lichtausbeute;

b) die Beleuchtungsstärke in Richtung größter Lichtstärke in 2 m und in 20 m Abstand von der Lichtquelle (Lichtverteilungskurve a nach Bild 49.4).

a) $\eta_L = \frac{\Phi}{P} = \frac{730\,\text{lm}}{60\,\text{W}} = 12{,}17\,\frac{\text{lm}}{\text{W}}$

b) $I = I^* \,\frac{\Phi}{\Phi^*} = 100\,\text{cd} \cdot \frac{730\,\text{lm}}{1000\,\text{lm}} = 73\,\text{cd}$

$$E_2 = \frac{I}{r^2} \cdot \Omega_0 = \frac{73\,\text{cd}}{(2\,\text{m})^2} \cdot 1\,\text{sr} = 18{,}25\,\text{lx}$$

$$E_{20} = \frac{73\,\text{cd}}{(20\,\text{m})^2} \cdot 1\,\text{sr} = 0{,}1825\,\text{lx}$$

Beispiel 49.2: Ein Scheinwerfer mit kreisrunder Öffnung bündelt bei 70% Wirkungsgrad den Lichtstrom der Glühlampe von Beispiel 49.1 mit 5° Öffnungswinkel. Wie groß ist die Beleuchtungsstärke einer 20 m entfernten Fläche?

$r = 20\,\text{m} \cdot \tan 2{,}5° = 0{,}873\,\text{m}$

Anstelle der Kugelkalotte wird als beleuchtete Fläche näherungsweise der Kreis mit dem Radius r angenommen:

$A = \pi \cdot r^2 = \pi \cdot (0.873\,\text{m})^2 = 2{,}39\,\text{m}^2$

$\Phi = 0{,}7 \cdot 730\,\text{lm} = 511\,\text{lm}$

$$E = \frac{\Phi}{A} = \frac{511\,\text{lm}}{2{,}39\,\text{m}^2} = 214\,\text{lx}$$

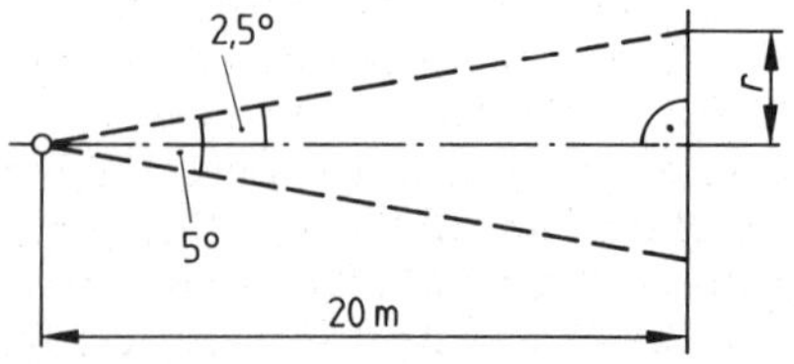

Bild 49.6 Zu Beispiel 49.2

49.3 Die Lichtquellen

Die Anregung der Atome zum Aussenden von Strahlung geschieht bei

Temperaturstrahlern durch Wärme,
Entladungsstrahlern durch Stoßionisation.

49.3.1 Glühlampen

Glühlampen sind Temperaturstrahler; auf Kosten von Wärmeenergie werden die Atome des Glühdrahtes zum Aussenden von Strahlung angeregt. Als Glühfadenmaterial wird, wegen der hohen Schmelztemperatur von 3370°C und der verhältnismäßig geringen Neigung zum Verdampfen, Wolfram verwendet. Bei den üblichen Fadentemperaturen um 2500°C wird der größte Teil der Strahlung als Wärmestrahlung ausgesandt (s. Abschn. 49.1). Daher liegt die Lichtausbeute von Standard-Glühlampen nur zwischen 10 und 20 lm/W.
Die Standard-Glühlampe wird so gefertigt, daß die Kosten je Lumenstunde Lichtstrom minimal sind. Durch allmähliches Verdampfen des Wolframs mit schließlichem Bruch des Glühfadens an einer dünnen Stelle ist die Lebensdauer auf etwa 1000 Betriebsstunden begrenzt. Mit wachsender Typengröße bzw. mit sinkender Nennspannung wächst die Lichtausbeute, weil ein mechanisch stärkerer Heizfaden auch elektrisch stärker zu belasten ist. Glühlampen sind sehr spannungsempfindlich. So wird bei dauerndem Betrieb mit 5% Überspannung zwar der Lichtstrom um etwa 20% erhöht, aber gleichzeitig sinkt die Lebensdauer um etwa 40%. Um dem Verdampfen des Wolframs entgegenzuwirken, ist der Glaskolben der Glühlampe mit einem chemisch inaktiven Gas, meist einem Stickstoff-Argon-Gemisch, gefüllt. Da das Gas aber den Faden abkühlt, wird dieser zur Verkleinerung der kühlenden Oberfläche doppelt oder dreifach gewendelt (Bild 49.7). Die **Krypton-Lampe** nutzt die geringere Wärmeleitfähigkeit des schweren Edelgases aus. Sie hat kleinere Kolbenabmessungen als die Standard-Glühlampe und liefert silberweißes Licht.

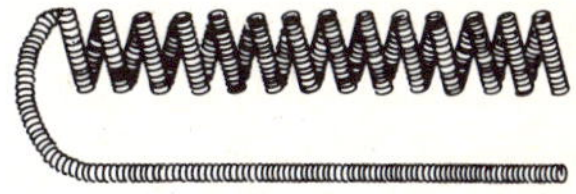

Bild 49.7 Einfach- und Doppelwendel

Während bei den bisher beschriebenen Lampentypen sich das verdampfte Wolfram auf dem Glaskolben niederschlägt und durch dessen Schwärzung die Lichtausbeute verringert wird, findet bei den **Halogen-Glühlampen** ein Kreisprozeß statt, der das Wolfram vom Glaskolben fernhält. Dem Füllgas ist eine geringe Menge von Halogenen (Jod, Brom usw.) beigegeben. Das verdampfte Wolfram vereinigt sich bei den verhältnismäßig niedrigen Temperaturen nahe dem Glaskolben beispielsweise mit Jod zu Wolframjodid. Dieses diffundiert in Richtung Glühfaden und wird bei den höheren Temperaturen wieder zerlegt. Das Wolfram schlägt sich auf dem Glühfaden nieder, während das Jod wieder für den Kreisprozeß zur Verfügung steht. Da das Abscheiden des Wolframs ungleichmäßig geschieht, entsteht schließlich eine dünne Stelle, an welcher der Draht bricht.
Der Glaskolben der Halogen-Glühlampe, der wegen der hohen thermischen Belastung aus Hartglas oder Quarzglas besteht, ist wesentlich kleiner als der einer leistungsgleichen Standardlampe. Er darf nicht berührt werden, da Schweißspuren die Lichtausbeute irreversibel verschlechtern. Halogen-Glühlampen werden in Scheinwerfern, Strahlern und optischen Geräten eingesetzt. Mit Spezialausführungen geringer Lebensdauer wurde die bei etwa 40 lm/W liegende Grenze der Lichtausbeute für Glühlampen schon erreicht.

Die Weiterentwicklung der Glühlampe beschäftigt sich mit

→ der Verwendung von Leuchtstoffen, die Wärme- in Lichtstrahlen umwandeln;
→ der Verwendung von lichtdurchlässigen Spiegeln, welche die Wärmestrahlen auf den Glühfaden zurückwerfen und so den Leistungsbedarf vermindern.

49.3.2 Entladungsstrahler

Entladungsstrahler sind teurer als Glühlampen, sie haben aber die Vorteile einer höheren Lichtausbeute und einer größeren Lebensdauer. Das ausgestrahlte Licht ist meist einfarbig; seine Farbe ist durch das eingefüllte Gas und dessen Druck bestimmt. Doch läßt sich die Lichtfarbe durch Zusätze zum Gas und durch die Beschichtung des Glaskolbens mit Leuchtstoffen beeinflussen.
Die Glimmentladung (vgl. Abschn. 48) der meisten Entladungsstrahler findet bei verhältnismäßig niedrigen Temperaturen statt. Daher wird das erzeugte Licht auch »kaltes Licht« genannt. Eine Ausnahme bilden die Hochdruck-Entladungsstrahler (s. Abschn. 49.3.3), bei denen das Plasma eines Lichtbogens das Licht ausstrahlt.
Die **Leuchtstoffröhre** ist der Entladungsstrahler mit der größten Bedeutung. Ihre Lichtausbeute liegt normal zwischen etwa 50 und 100 lm/W. Die Leuchtstoffröhre ist mit Quecksilberdampf gefüllt, wobei die dem Zünden vorangehende Entladung eines Zündgasgemisches aus Argon und Krypton die zum Verdampfen des Quecksilbers erforderliche Wärme erzeugt. Um die Spannungsabfälle an den Elektroden und damit die Betriebsspannung herabzusetzen, sind die Elektroden als Glühelektroden ausgeführt.
Eine für die Netzspannung 230 V gebaute Leuchtstoffröhre arbeitet, wegen der fallenden Strom-Spannungskennlinie der Gasentladung, etwa mit einer Betriebsspannung von 110 V. Die restliche Spannung fällt in einer Vorschaltdrossel D (Bild 49.9) ab. Außerdem erzeugt diese Drossel durch einen Abschaltvorgang (s. Abschn 19.3), den ein **Glimmzünder** auslöst, die hohe Zündspannung, die kurzzeitig an den Elektroden liegen muß, um die Röhre durchzuzünden.

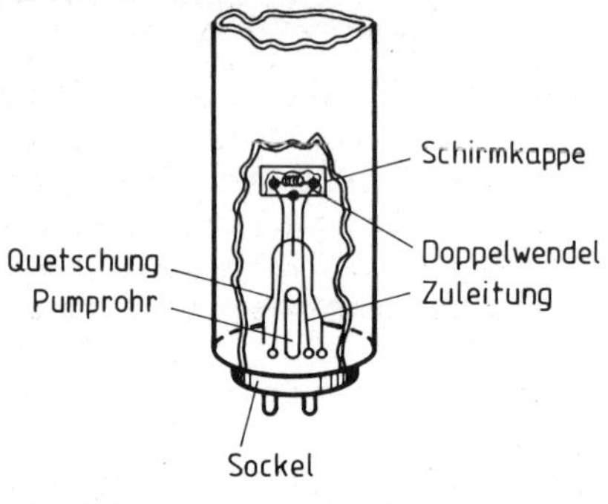

Bild 49.8 Glühelektrode

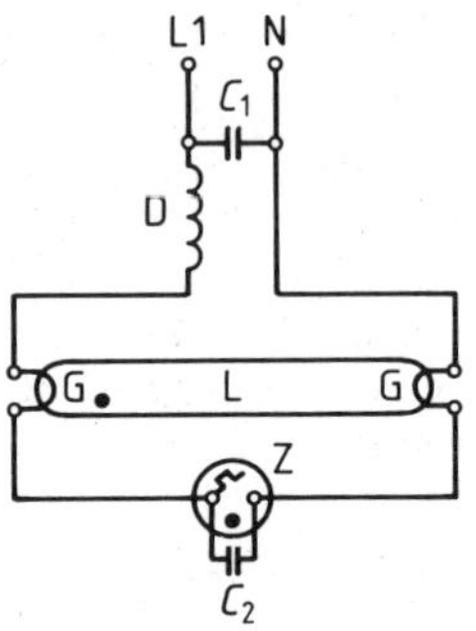

Bild 49.9 Schaltbild der Leuchtstofflampe

Der Glimmzünder ist ein kleiner, mit Neongas gefüllter Entladungsstrahler, dessen eine Elektrode als Bimetallkontakt ausgeführt ist. Bei Einschalten der Lampe liegt im Serienkreis, den die Drossel D, die beiden Glühelektroden G und der Glimmzünder Z bilden, die Netzspannung zunächst fast vollständig an der hochohmigen Entladungsstrecke des Glimmzünders. Die durch die Glimmentladung im Glimmzünder entstehende Wärme verformt den Bimetallstreifen bis zur Kontaktgabe. Durch den nach der Kontaktgabe fließenden größeren Strom

werden die Glühelektroden erwärmt; sie bereiten durch Erwärmen des Zündgases die Zündung in der Röhre vor. Mit der Kontaktgabe wird aber auch die Glimmentladung des Glimmzünders unterbrochen; der Bimetallstreifen erkaltet und öffnet den Kontakt. Durch das Abschalten des Stromes in der Drosselspule entsteht ein Abschalt-Spannungsstoß von etwa 1200 V, der die Zündung in der Röhre einleitet.
Zum Betrieb der Leuchtstoffröhre sind noch zwei Kondensatoren erforderlich. Der Kondensator C_1 in Bild 49.9 verbessert den $\cos\varphi$, während C_2 als Entstörungskondensator dient. Letzterer wird oft mit dem Glimmzünder zusammen als Bauelement, genannt **Starter**, gefertigt.
Der Hauptanteil der Strahlung einer Quecksilberdampf-Röhre liegt im unsichtbaren UV-Gebiet. Durch Stoßanregung der Atome einer dünnen Leuchstoffschicht, welche die Innenwand der Glasröhre bedeckt, wird ein Teil der kurzwelligen UV-Strahlung in langwelligeres sichtbares Licht umgewandelt. Die Lichtfarbe kann durch den verwendeten Leuchtstoff bestimmt werden. Um das frequenzabhängige Flimmern der Lampe zu vermeiden, werden phosphoreszierende (nachleuchtende) Leuchtstoffe verwendet. Die Energiebilanz einer Leuchtstofflampe zeigt die grundlegende Bedeutung des Leuchtstoffs.

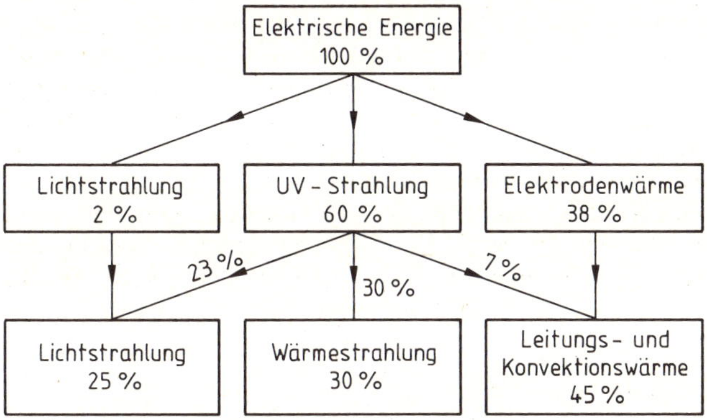

Bild 49.10 Energiebilanz einer Leuchtstofflampe

Um die Vorteile der Leuchtstoffröhre auch dort im Haushalt, gewerblichen oder industriellen Betrieb auszunutzen, wo ihre lange und verhältnismäßig unhandliche Bauform den Einsatz früher verbot, entwickelte man die **Kompakt-Leuchtstofflampe**. Sie hat oft einen normalen Glühlampensockel, in welchen die zum Betrieb erforderlichen elektronischen Bauelemente eingebaut sind. Durch ein gefaltetes Entladungsrohr ist ihre Baulänge wesentlich kürzer als bei einer Leuchtstoffröhre.

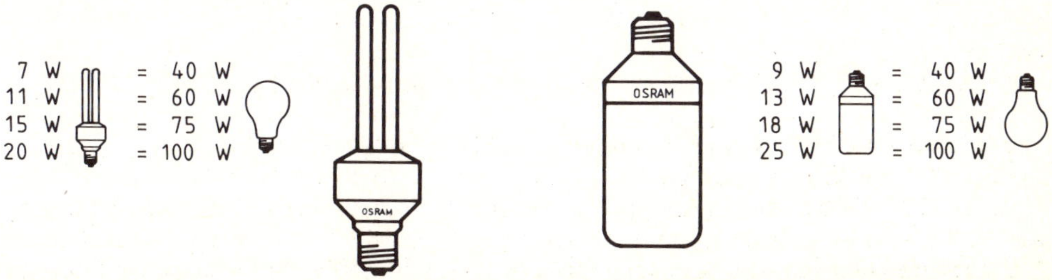

Bild 49.11 Kompakt-Leuchtstofflampen (Fa. Osram)

Dadurch kann die Kompakt-Leuchtstofflampe in vielen Fällen problemlos die Glühlampe ersetzen. Die Kompakt-Leuchtstofflampe ist verhältnismäßig teuer, denn Drossel und Starter sind in ihren Sockel eingebaut. Sie ist, wie Beispiel 49.3 zeigt, trotzdem günstig im Betrieb, da sie etwa die 8fache Lebensdauer der Standard-Glühlampe und, durch die höhere Lichtausbeute von 50 lm/W, eine wesentlich geringere Leistungsaufnahme hat. Kompakt-Leuchtstofflampen werden für Leistungen von 9 W...25 W hergestellt.

Beispiel 49.3: Eine 75 W Standard-Glühlampe kostet 2,30 DM und hat 1000 h Lebensdauer. Eine hinsichtlich der Lichtausstrahlung gleichwertige 15 W Kompakt-Leuchtstofflampe kostet 46 DM und hat 8000 h Lebensdauer.
Zu vergleichen sind die Betriebskosten für beide Lampen bei 8000 h Brenndauer und einem Arbeitspreis 0,20 DM/kWh.

Standard-Glühlampe: $$K = 8 \cdot 2{,}30\ \text{DM} + 8000\ \text{h} \cdot 0{,}075\ \text{kW} \cdot \frac{0{,}20\ \text{DM}}{\text{kWh}} = 138{,}40\ \text{DM}$$

Kompakt-Leuchtstofflampe: $$K = 46\ \text{DM} + 8000\ \text{h} \cdot 0{,}015\ \text{kW} \cdot \frac{0{,}20\ \text{DM}}{\text{kWh}} = 70{,}00\ \text{DM}$$

Natrium-Niederdrucklampen strahlen ein orange-gelbes Licht aus, das Nebel und Dunst gut durchdringen kann. Sie haben Lichtausbeuten bis etwa 180 lm/W und werden zum Beleuchten von Straßen, Fußgängerüberwegen und Tunnels eingesetzt. Unmittelbar nach dem Einschalten sieht man zunächst nur die rote Strahlung der Entladung des Füllgases Neon. Nach einigen Minuten ist das in der Röhre befindliche Natrium verdampft; sein Gas übernimmt dann elektrisch und optisch die Entladung.

49.3.3 Hochdruckentladungslampen

Im Gegensatz zu den niedrigen Arbeitstemperaturen (beispielsweise 260°C Wandtemperatur der Natriumdampf-Niederdrucklampe) der in Abschn. 49.3.2 besprochenen »Kaltstrahler« arbeiten Metalldampf-Hochdrucklampen mit Lichtbogentemperaturen zwischen 5000 K und 6000 K. Ihr zuerst entwickelter und auch jetzt noch am häufigsten eingesetzter Vertreter ist die Quecksilberdampf-Hochdrucklampe mit einer Lichtausbeute bis etwa 50 lm/W. Das Spektrum ihrer Strahlung enthält nur einige Linien im sichtbaren Bereich, jedoch wird durch eine phosphoreszierende Beschichtung des Glaskolbens zusätzlich ein Teil der UV-Strahlung in sichtbares Licht umgewandelt. Der unangenehme Eindruck des bläulich-weißen Lichtes auf das Auge wird oft dadurch verbessert, daß man die Hochdrucklampe mit einer Glühlampe kombiniert.
Durch Beigabe von Metallen zum Quecksilber wird die Lichtfarbe, oder, wie bei der Natriumdampf-Hochdrucklampe, die Lichtausbeute (bis etwa 120 lm/W) verbessert.
Anwendung finden die Hochdrucklampen bei Außenbeleuchtungen, Projektoren, Mikroskopen usw.

49.4 Die Berechnung von Beleuchtungsanlagen

Die künstliche Beleuchtung soll, wenn erforderlich, die natürlichen Lichtquellen ersetzen bzw. unterstützen. Sie soll gute Sehbedingungen am Arbeitsplatz und in Verkaufsräumen schaffen, Wege mit ihren Gefahrenstellen sichern und ein Gefühl der Behaglichkeit in Räumen, welche dem Wohnen und der Unterhaltung dienen, erzeugen.

49.4.1 Die Außenbeleuchtung

Die Berechnung der Beleuchtungsstärke erfolgt punktweise mit Hilfe der Lichtverteilungskurve (Bild 49.4) der verwendeten Lichtquelle. Maßgebend für die Beleuchtung ist der auf die 0,2 m über dem Erdboden liegende Meßebene senkrecht auftreffende Teil der Beleuchtungsstärke. Der unter dem Winkel ε gegen das Lot ausgestrahlte Lichtstrahl erzeugt nach Gl. (49.7) die wirksame Beleuchtungsstärke

$$E_\varepsilon = \frac{I_\varepsilon \cdot \cos\varepsilon}{r^2} \cdot \Omega_0 \ .$$

Mit $r = h/\cos\varepsilon$ folgt daraus:

$$E_\varepsilon = \frac{I_\varepsilon \cdot \cos^3\varepsilon}{h^2} \cdot \Omega_0 \ ; \qquad \text{Einheit: } 1\ \frac{\text{cd}}{\text{m}^2} \cdot 1\ \text{sr} = 1\ \text{lx} \qquad (49.11)$$

Beim Zusammenwirken mehrerer Lichtquellen sind in den Meßpunkten die Vertikalkomponenten ihrer Beleuchtungsstärken zu addieren.
Nach dem gleichen Verfahren erfolgt beispielsweise auch die Berechnung der Beleuchtung großer Hallen; ähnliche Überlegungen gelten für die Berechnung der direkten Arbeitsplatzbeleuchtung.

Beispiel 49.4: Ein kreisrunder Platz von 20 m Durchmesser soll durch einen in 8,6 m Höhe über seinem Mittelpunkt aufgehängten Breitstrahler (Lichtverteilungskurve c in Bild 49.4) so ausgeleuchtet werden, daß an seinem äußeren Rand der Boden noch mit etwa 20 lx beleuchtet wird. Die verwendete Leuchtstofflampe hat eine Lichtausbeute von 70 lm/W.

a) Welche Leistungsaufnahme hat die Lampe?
b) Die Bodenbeleuchtungskurve ist in Abhängigkeit vom Radius des Platzes zu ermitteln.

a) Nach Bild 49.12 gilt für die Meßebene:

$$h = H - 0{,}2\ \text{m} = 8{,}6\ \text{m} - 0{,}2\ \text{m} = 8{,}4\ \text{m}$$

Für den äußeren Rand des Platzes gilt:

$$\varepsilon = \arctan\frac{a}{h} = \arctan\frac{10\ \text{m}}{8{,}4\ \text{m}} = 50°$$

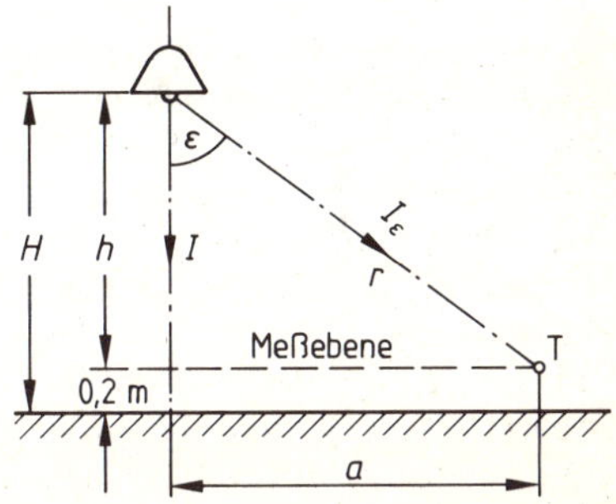

Bild 49.12
Maße zur Außenbeleuchtung

Bei $\varepsilon = 50°$ hat die Lichtverteilungskurve c in Bild 49.4 die Lichtstärke $I_\varepsilon^* = 180$ cd (bezogen auf 1000 lm Gesamtlichtstrom). Damit folgt mit Gl. (49.11):

$$E_\varepsilon^* = \frac{I_\varepsilon^* \cdot \cos^3\varepsilon}{h^2} \cdot \Omega_0 = \frac{180\ \text{cd} \cdot \cos^3 50°}{(8{,}4\ \text{m})^2} \cdot 1\ \text{sr} = 0{,}678\ \text{lx}$$

Da nach Gl. (49.11) $E_\varepsilon \sim I_\varepsilon$ ist, folgt für die gewünschte Beleuchtungsstärke $E_\varepsilon = 20$ lx:

$$I_\varepsilon = E_\varepsilon \cdot \frac{I_\varepsilon^*}{E_\varepsilon^*} = 20\ \text{lx} \cdot \frac{180\ \text{cd}}{0{,}678\ \text{lx}} = 5310\ \text{cd}$$

Den notwendigen Lichtstrom ergibt Gl. (49.4); die Leistungsaufnahme der Lampe folgt aus Gl. (49.5):

$$\Phi = \Phi^* \cdot \frac{I_\varepsilon}{I_\varepsilon^*} = 1000\,\text{lm} \cdot \frac{5310\,\text{cd}}{180\,\text{cd}} = 29\,500\,\text{lm}$$

$$P = \frac{\Phi}{\eta_L} = \frac{29\,500\,\text{lm}}{70\,\text{lm/W}} = 421\ \text{W}\ ; \qquad \text{Gewählt: } 400\ \text{W}$$

b) Der tatsächliche Lichtstrom der Lampe ist $\Phi = 400\,\text{W} \cdot 70\,\text{lm/W} = 28\,000\,\text{lm}$. Um den Faktor $k = 28\,000\,\text{lm}/1000\,\text{lm} = 28$ sind alle aus Bild 49.4c entnommenen Lichtstärken zu erhöhen.

Tabelle 49.4: Berechnete Beleuchtungsstärken

ε	a m	I_ε^* cd	I_ε cd	E_ε lx
0°	0	220	6160	87,3
10°	1,48	220	6160	83,4
20°	3,06	220	6160	72,4
30°	4,85	220	6160	56,7
40°	7,05	200	5600	35,7
50°	10	180	5040	19,0

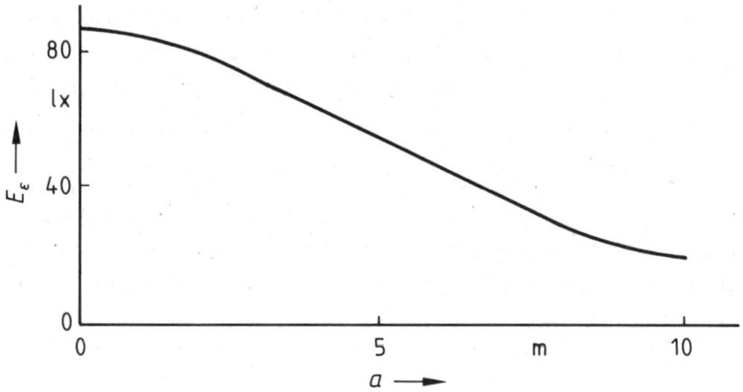

Bild 49.13 Bodenbeleuchtungskurve zu Beispiel 49.4

49.4.2 Die Beleuchtung von Innenräumen

Für die Beurteilung der Güte der Beleuchtung eines Innenraumes mit künstlichem Licht sind vier Gesichtspunkte zu beachten:

a) Die Beleuchtungsstärke muß ausreichend sein. Richtwerte für gewerblich genutzte Räume findet man in DIN 5035, Teil 2; auszugsweise sind sie in Tabelle 49.5 zusammengestellt.
b) Für den Seheindruck bewertet das Auge das Licht, welches von der betrachteten Fläche reflektiert wird. Eine zu hohe Leuchtdichte dieser Fläche setzt die Sehleistung durch Blendung herab. Das gilt sowohl für eine Arbeitsfläche als auch für eine im Sehbereich befindliche Lampe. Der die Lampe umgebende Leuchtenkörper vergrößert die strahlende Oberfläche und verringert somit die Gefahr der Blendung.

Tabelle 49.5: Empfohlene Nennbeleuchtungsstärken (nach DIN 5035, Teil 2)

Nennbeleuchtungsstärke E_n lx	Art des Raumes bzw. der Tätigkeit
50	Verkehrswege für Personen, Abstellräume
100	Treppen, Fahrtreppen, Fahrzeugwege, Umkleideräume, Empfangsräume, Lagerräume
200	Gaststätten, Räume mit Publikumsverkehr, Montage, Schmieden, Anstreichen
300	Verkaufsräume, Sitzungszimmer, Hausarbeit, Schweißen, Drehen, Fräsen, Lackieren
500	Büroräume, Unterrichtsräume, Kaufhäuser, Lesen, Schreiben
750	Techn. Zeichnen, Glasschleifen, Nähen, Feinmontage
1000	Herstellung von Schmuckwaren, Feinmechanik, Vorrichtungsbau, Farbprüfung
1500	Edelsteinbearbeitung, Optiker- und Uhrmacherwerkstatt, Kunststopfen
2000	Stahl- und Kupferstich

c) Eine völlig gleichmäßige Beleuchtung ruft den Eindruck eines »toten« Raumes hervor. Außerdem fehlen bei ihr die Schattenbildungen, welche für das Erkennen von Formen oder Oberflächenbeschaffenheiten notwendig sind.

d) Die Lichtfarbe ist dem Verwendungszweck anzupassen. Beispielsweise wählt man für hohe Beleuchtungsstärken das kalt wirkende Tageslichtweiß, während man für die niedrigen Beleuchtungsstärken von Wohnräumen warm erscheinendes Licht bevorzugt.

Einige für Raumbeleuchtungen verwendete Leuchtenbauformen sind, mit angedeuteten Lichtverteilungskurven, in Bild 49.14 dargestellt (Auszug aus DIN 5040):

Typ I: **Direktes Licht** wird gewählt, wenn die Decke des Raumes keine Reflexionen liefert. Gründe dafür können beispielsweise die zu große Höhe oder Verschmutzungen sein.

Typ II: **Vorwiegend direktes Licht** ist für Geschäfte, saubere Werkstätten usw., die eine helle Decke haben, geeignet.

Typ III: **Gleichförmiges Licht** wird bei Räumen mit mäßiger Höhe, z. B. in Wohnungen, verwendet.

Typ IV: **Vorwiegend indirektes Licht** ist für Büros, Schulen usw. geeignet.

Typ V: **Indirektes Licht** kommt nur bei reinweißer Decke in Frage. Es ist für Tätigkeiten notwendig, bei denen auch leichte Schlagschatten stören; z. B. für Einsatz in Operations- oder Zeichensälen.

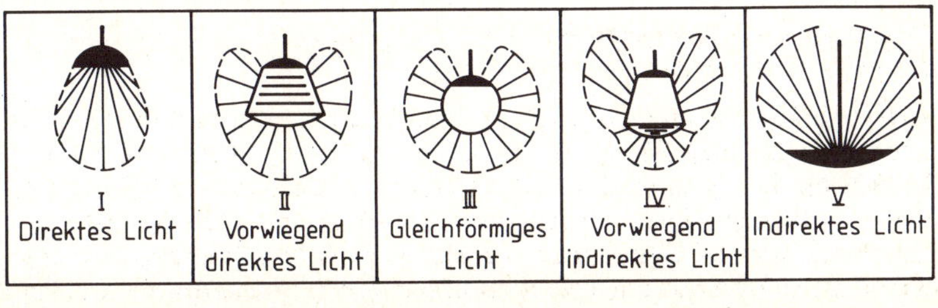

Bild 49.14 Leuchtenbauformen für Raumbeleuchtungen

Während die punktweise Berechnung von Arbeitsplatz- und Außenbeleuchtungen nur das direkt einfallende Licht erfaßt, wird die Beleuchtungsstärke einer Innenbeleuchtung zumeist maßgeblich von dem von Wänden und Decke des Raumes reflektierten Lichtstrom bestimmt. Bei der Bestimmung der Leuchtenverteilung und der Leuchtenleistungen, wie sie bei der Berechnung von Raumbeleuchtungen durchgeführt werden, wird daher eine grundsätzlich andere Methode, das sog. **Wirkungsgradverfahren**, verwendet. Die Anwendung dieses Verfahrens bleibt dem Fachmann vorbehalten, da Erfahrungswerte wesentlich die Rechnung beeinflussen.

In grober Näherung kann die Gesamtleistung, die zum Beleuchten eines Raumes erforderlich ist, nach folgender Beziehung bestimmt werden:

$$P = p \cdot E \cdot A \; ; \quad \text{Einheit: } 1 \, \frac{\mathrm{W}}{\mathrm{lx} \cdot \mathrm{m}^2} \cdot \mathrm{lx} \cdot \mathrm{m}^2 = 1 \, \mathrm{W} \qquad (49.12)$$

Für Räume mit heller Decke und mittelhellen Wänden gilt bei der Verwendung von Leuchten Typ I bis Typ III:

$$\text{Glühlampen: } p \approx 0{,}2 \, \frac{\mathrm{W}}{\mathrm{lx} \cdot \mathrm{m}^2} \qquad \text{Leuchtstofflampen: } p \approx 0{,}05 \, \frac{\mathrm{W}}{\mathrm{lx} \cdot \mathrm{m}^2}$$

50 Halbleiter

50.1 Das Halbleiter-Grundmaterial Silizium

Silizium, das nach Sauerstoff auf unserer Erde am zweithäufigsten vorkommende Element, ist das überwiegend verwendete Ausgangsmaterial für die Fertigung der in der Elektronik eingesetzten Bauelemente und integrierten Schaltkreise. Jedoch machen zwei Forderungen seine Aufbereitung aufwendig und damit teuer:

→ Das in der Natur nur in Verbindungsform auftretende Element muß zunächst, aus den Verbindungen gelöst, als Reinstsilizium dargestellt werden. Beim Erstarren von Kristallen tendieren Verunreinigungen dazu, in der Schmelze zu bleiben. Indem man nun vielfach Schmelzzonen durch den sonst festen Silizium-Kristall wandern läßt (*Zonenschmelzverfahren*), sammeln sich die Verunreinigungen allmählich an dem Kristallende an, zu dem die Schmelzzonen hinwandern. Für den Hauptteil des Silizium-Kristalls erhält man so den erforderlichen Reinheitsgrad von einem Fremdatom auf $10^9 \ldots 10^{10}$ Silizium-Atome. Das ist ein Reinheitsgrad, der mit normalen chemischen Verfahren bei weitem nicht zu erreichen ist.

→ Das Reinstsilizium muß als *Einkristall* erstarrt sein, d.h. von nur einem Kristallisationskeim ausgehend, muß der Kristall völlig regelmäßig gewachsen sein. Man züchtet solche Silizium-Einkristalle derzeit (1991) mit bis zu 8 Zoll (200 mm) Durchmesser und mit über 1 m Länge.

Die Elektronen der äußeren Schale der Atome, die Valenzelektronen, bestimmen die chemischen und die elektrischen Eigenschaften des Materials. Ebenso wie das jetzt zur Herstellung elektronischer Schaltungen und Bauteile nur noch wenig eingesetzte *Germanium* ist *Silizium* vierwertig, d.h. auf der äußeren Schale befinden sich vier Valenzelektronen. Im Kristallaufbau (in Bild 50.1 ist dieser räumliche Aufbau *eben* dargestellt) stellen die vier Valenzelektronen des Atoms jeweils die Bindungen zu den vier Nachbaratomen her. Damit stehen keine

freien Elektronen als Träger des elektrischen Stromes zur Verfügung – der Kristall ist ein elektrischer Nichtleiter.
Streng gilt diese Betrachtung aber nur, wenn der Kristall die Temperatur des absoluten Nullpunktes, also 0 K bzw. –273 °C hat. Bei höheren Temperaturen bricht die zugeführte thermische Energie einzelne Elektronen aus den Valenzbindungen (Punkt A in Bild 50.1); der Kristall wird elektrisch leitend. Dabei tragen zwei Anteile zur *elektrischen Leitfähigkeit*, der **Eigenleitung** des Kristalls bei:

→ ein freigewordenes Elektron wandert als negativer Ladungsträger durch den Kristall (**Elektronenleitung**);
→ eine zurückbleibende, durch die überschüssige Kernladung positiv geladene Fehlstelle, *Loch* oder *Defektelektron* genannt, entreißt jeweils einer benachbarten Valenzbindung ein Elektron und sättigt sich dadurch ab. Obwohl es sich hier tatsächlich um ein zeitlich aufeinanderfolgendes sprungförmiges Nachrücken vieler Elektronen handelt, scheint die von ihnen besetzte Fehlstelle gegen die Sprungrichtung der Elektronen zu wandern. Der Leser vergleiche diese Form der elektrischen Leitung – die **Löcherleitung** – mit einer Stuhlreihe, auf der ein leerer Platz – das Loch – scheinbar nach links wandert, wenn alle links des Loches sitzenden Personen – die Elektronen – jeweils um einen Platz nach rechts rücken.

Trifft ein freies Elektron auf ein Loch, dann findet eine Wiedervereinigung (Rekombination) statt. Bei konstanter Temperatur werden in der gleichen Zeit ebensoviele Paare gebildet, wie Rekombinationen stattfinden.
Schneidet man aus einem Silizium-Einkristall ein Plättchen und legt an dessen metallisierte Begrenzungsflächen eine Spannung, dann wandern die freien Elektronen zum positiven Pol (Bild 50.2 links). Die Löcher wandern durch das Nachrücken jeweils benachbarter Elektronen, die zum positiven Pol gezogen werden, wie in Bild 50.2 rechts gezeigt, scheinbar auf den negativen Pol zu. Löcher verhalten sich also wie positive Ladungsträger, als solche sollen sie im folgenden auch angesehen werden.

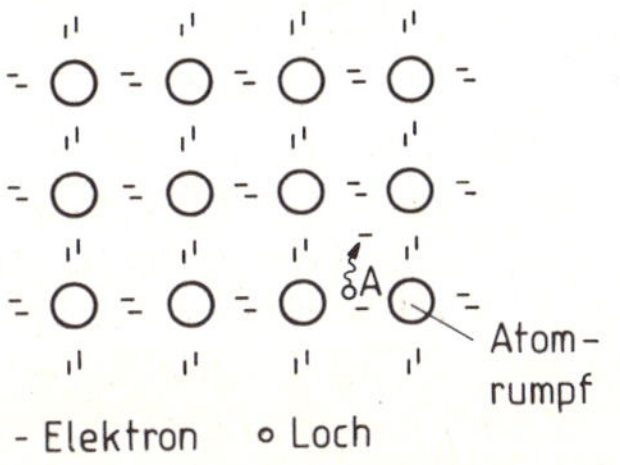

Bild 50.1 Kristallgitter

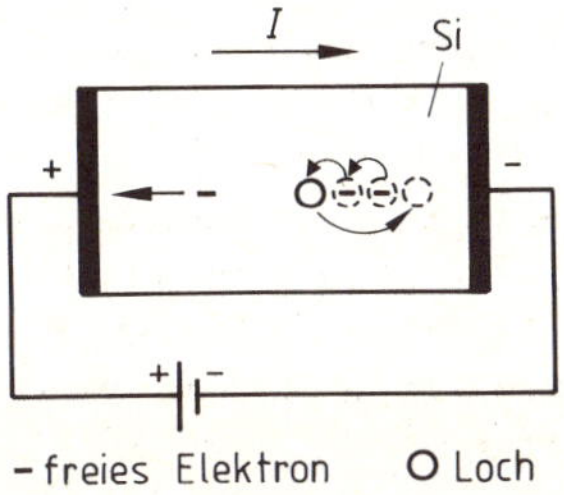

Bild 50.2 Elektronenstrom und Löcherstrom

Elektronenstrom – Elektronenwanderung entgegen der konventionellen Stromrichtung und
Löcherstrom – scheinbare Löcherwanderung in der konventionellen Stromrichtung

überlagern sich zum Gesamtstrom, dem **Eigenleitungsstrom** des Kristalls.
Tabelle 50.1 zeigt, daß die elektrische Leitfähigkeit von reinem Silizium bzw. Germanium wesentlich unter denen von Metallen, aber deutlich über denen von Isolierstoffen liegen. Daher werden Silizium und Germanium **Halbleiter** genannt. Da in Halbleitern – wie schon be-

Tabelle 50.1: Elektrische Leitfähigkeit γ bei Raumtemperatur

Kupfer	$56 \cdot 10^4$ S/cm
reines Germanium	0,1 S/cm
reines Silizium	10^{-5} S/cm
Isolierstoffe	$< 10^{-10}$ S/cm

schrieben – mit steigender Temperatur mehr Elektronen aus den Valenzbindungen freigesetzt werden und damit mehr freie Ladungsträger zur Verfügung stehen, steigt die Leitfähigkeit von Halbleitern mit steigender Temperatur an. Im Gegensatz zu der Leitfähigkeit von Metallen hat die Halbleiter-Leitfähigkeit einen positiven Temperaturkoeffizienten.
Eigenleitende Halbleiter werden wegen ihrer geringen elektrischen Leitfähigkeit in der Elektronik kaum verwendet. Zum Erhöhen der Leitfähigkeit wird der Kristall mit 5-wertigen oder 3-wertigen Fremdatomen, die als Störstellen in den Gitterverband aufgenommen werden, gezielt verunreinigt – das Silizium-Grundmaterial wird **dotiert**. Bei Zusatz von 5-wertigen Elementen wie *Phosphor*, *Arsen* oder *Antimon*, die Elektronenspender oder *Donatoren* genannt werden, wird das fünfte Elektron des Fremdatoms zur Valenzbindung nicht benötigt – es steht als freies Elektron zur Verfügung. Die zusätzliche thermische Paarbildung erhöht die Zahl der Elektronen (Majoritätsträger) nur unerheblich. Durch sie stehen in geringer Zahl aber auch Löcher (Minoritätsträger) zur Verfügung (Bild 50.3a). Wegen der überwiegend negativen freien Ladungsträger wird das Material **N-leitend** genannt.

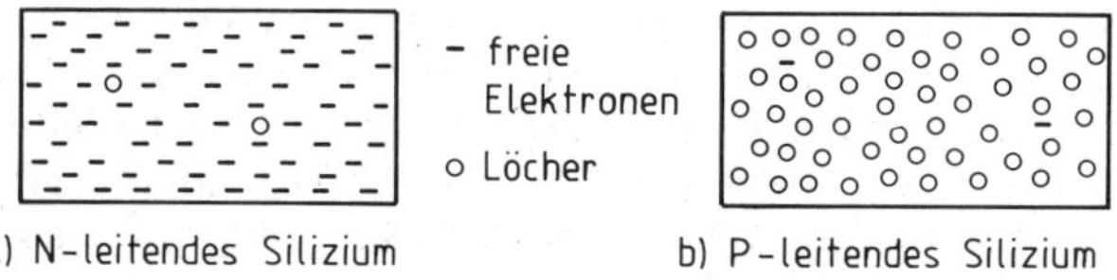

Bild 50.3 Dotiertes Silizium

Bei Dotierung mit 3-wertigen Elementen, wie *Aluminium*, *Indium* oder *Bor*, die Elektronenaufnehmer oder *Akzeptoren* genannt werden, fehlt jeweils ein Elektron zur Valenzbindung. Das freie Loch kann, wie schon beschrieben, durch Nachrücken von Elektronen im Kristall wandern. Das Material hat dann durch die Dotierung im Überschuß freie Löcher (Majoritätsträger), durch die thermische Paarbildung in sehr geringem Maße auch freie Elektronen (Minoritätsträger) als Träger des elektrischen Stromes (Bild 50.3b). Da die Löcher als positive Ladungsträger überwiegen, nennt man das Material **P-leitend**.

P-Leitung und N-Leitung faßt man unter dem Oberbegriff **Störstellenleitung** zusammen.

50.2 Halbleiter-Materialien

Mit der Entwicklung des Transistors begann im Jahre 1948 der Einsatz vierwertiger Halbleitermaterialien in einkristalliner Form zum Verstärken (Transistor) und Gleichrichten (Diode) elektrischer Spannungen. Sie ersetzten Selen und Kupferoxydul, aus denen früher Gleichrichterelemente gefertigt wurden. Das zunächst als Grundmaterial verwendete Germanium verlor sehr schnell wieder an Bedeutung – es dient jetzt nur noch in geringem Umfang zur Fertigung von Hochfrequenz-Bauelementen. Seit 1955 arbeitet man mit dem Grundmaterial *Silizium*. Ein völlig neues Zeitalter der Elektronik begann etwa im Jahre 1960, als es gelang, in

dieser Technologie funktionsfähige vollständige Schaltungen als monolithische (= aus einem Steinblock gefertigte) integrierte Schaltkreise auf kleinen Silizium-Kristallen herzustellen. Diese Schaltkreise können aus nur einigen wenigen Bauelementen aufgebaut sein, sie können aber auch – wie die seit etwa 1987 hergestellten höchstintegrierten Schaltungen – Millionen von Bauelementen enthalten.
Funktionsbestimmend für die meisten Halbleiter-Bauelemente ist der PN-Übergang, d. h. der Übergang von einer Silizium-Schicht mit Elektronenmangel (P-Schicht) zu einer Schicht mit Elektronen-Überschuß (N-Schicht). Bald nach der Entwicklung der Silizium-Technologie begann man mit der Untersuchung der **III/V-Halbleiter** (sprich 3 – 5-Halbleiter), wie Galliumarsenid (GaAs), Indiumantimonid (InSb) und Indiumphosphid (InP), bei denen ein dreiwertiger Halbleiter (an erster Stelle genannt) an einen 5-wertigen Halbleiter grenzt. Man hat also auch hier PN-Übergänge, nur entfällt das Silizium als Trägermaterial. Viele Jahre hatten diese III/V-Halbleiter nur in der Optoelektronik Bedeutung, wo auf der Basis von GaAs, GaAsP, GaP in unterschiedlichen Farben leuchtende Lumineszenzdioden für Anzeigen gefertigt werden. Integrierte Schaltkreise können in dieser III/V-Halbleitertechnologie erst seit 1987 hergestellt werden. Sie haben gegenüber den herkömmlichen Silizium-Schaltungen die Vorteile, daß sie

→ etwa 10mal schneller arbeiten,
→ gegen harte Strahlungen unempfindlicher sind,
→ mit höheren Grenztemperaturen arbeiten können.

Wegen ihres derzeit noch erheblich höheren Preises werden die III/V-Halbleiter die Silizium-Schaltungen zunächst nur auf wenigen speziellen Einsatzgebieten (schnelle Computer, Schaltungen für Einsatz in großen Höhen usw.) ersetzen. Welchen Marktanteil die Schaltungen der III/V-Halbleitertechnologie einnehmen werden und ob sie früher oder später die Silizium-Schaltungen ebenso ablösen, wie vor etwa 30 Jahren das Silizium den Werkstoff Germanium verdrängte, hängt in erster Linie von der Preisentwicklung, also von fertigungstechnischen Fortschritten ab und ist jetzt noch nicht zu übersehen.

50.3 Halbleiter-Einschichtbauelemente

Halbleiter-Einschichtbauelemente, für deren Herstellung anstelle des Siliziums meist besser geeignete andere Grundmaterialien verwendet werden, werden in der Elektronik zum Messen und Kompensieren verwendet. Sie haben eine wesentlich geringere Bedeutung als die in den folgenden Kapiteln besprochenen Mehrschicht-Bauelemente wie Transistoren, Dioden oder Thyristoren.

50.3.1 Heißleiter

Heißleiter oder **NTC**-Widerstände (NTC = **n**egativer **T**emperatur**c**oeffizient) werden hergestellt, indem bei hoher Temperatur und unter hohem Druck Pulver von Metalloxiden unter Zusatz von Bindemitteln verbacken – gesintert – werden. Das so entstehende Einschichtelement hat einen mit steigender Temperatur stark fallenden Widerstand, wobei der Betrag des negativen Temperaturkoeffizienten α des Heißleiterwiderstandes etwa 10mal größer ist als der metallischer Leiter.
Meßheißleiter, die von so geringem Strom durchflossen werden, daß keine Eigenerwärmung auftritt, werden zur Temperaturmessung verwendet. In elektronischen Schaltungen eingesetz-

te *Kompensationshalbleiter* stabilisieren das Verhalten der Schaltung bei Temperaturänderungen.
In Serie mit einem Kleinmotor oder einer Glühlampe geschaltet, begrenzt der *Anlaßheißleiter* durch seinen hohen Kaltwiderstand den Einschaltstromstoß. Im Dauerbetrieb steht dann die anliegende Spannung fast völlig dem Verbraucher zur Verfügung, da der durch den Dauerstrom erwärmte Heißleiter nur noch einen geringen Widerstand hat. Wird ein Heißleiter mit einer Relaiswicklung in Serie geschaltet, dann muß sich der Heißleiter erst erwärmen, ehe der zum Ansprechen des Relais erforderliche Strom fließen kann. Man erreicht damit Ansprechverzögerungen bis zu einigen Sekunden.

50.3.2 Kaltleiter

Kaltleiter oder **PTC**-Widerstände (PTC = **p**ositiver **T**emperatur**c**oeffizient) werden aus gesinterten Titanatpulvern (z. B. Bariumtitanat) gefertigt. In einem schmalen Temperaturbereich von etwa 20...30 K, dessen Anfangstemperatur der Hersteller auf Werte zwischen −30°C und +180°C legen kann, steigt der Widerstandswert des Kaltleiters mit sehr großem positiven Temperaturkoeffizienten α steil über mehrere Zehnerpotenzen an. Bei noch höheren Temperaturen verhält sich der Kaltleiter dann wie ein normaler Halbleiter; sein Widerstand nimmt wieder ab.
Kaltleiter werden als Überstromsicherungen, Temperaturfühler und als Niveaufühler für Flüssigkeitsstände – in der Flüssigkeit wird der durch einen Strom erwärmte Kaltleiter besser abgekühlt als in Luft – eingesetzt.

50.3.3 Spannungsabhängige Widerstände

Der spannungsabhängige Widerstand oder **VDR** (**v**oltage **d**ependent **r**esistor) wird aus gesintertem Siliziumkarbidpulver hergestellt. Mit zunehmender Spannung an seinen Anschlüssen nimmt der Widerstandswert des VDR ab. Er wird beispielsweise zur Überspannungsbegrenzung, so zum Unterdrücken des Abschaltfunkens bei induktiven Verbrauchern, eingesetzt.

50.3.4 Magnetfeldabhängige Widerstände

Mit Halbleiter-Bauelementen, die vorzugsweise aus Indiumantimonid in Form von dünnen Rechteckplättchen hergestellt werden, läßt sich die Stärke des sie senkrecht durchsetzenden Magnetfeldes bestimmen. So sind beim **HALLgenerator** die abgegebene Spannung, bei der **Feldplatte** der Widerstand ein Maß für die Stärke des Magnetfeldes.
Neben direkten Messungen, z. B. zum Ermitteln der Luftspaltflußdichte elektrischer Maschinen, spielt die indirekte Bestimmung anderer Größen aus Stärke oder Änderung des begleitenden Magnetfeldes eine große Rolle. Aus der Stärke des begleitenden Magnetfeldes kann man die Größe eines Gleichstromes bestimmen, ohne daß der Gleichstromkreis zum Einfügen des Strommessers unterbrochen werden muß. Aus der Änderung der Stärke des Magnetfeldes kann auf die Annäherung eines ferromagnetischen Gegenstandes, z. B. eines Werkstückes oder Aufzuges, geschlossen werden (kontaktloser Näherungsschalter).

50.3.5 Fotowiderstände

Fotowiderstände werden für sichtbares Licht aus Cadmiumsulfid, für den Infrarotbereich aus Germanium oder Indiumantimonid hergestellt. Durch die Energie der auf den Halbleiter auftreffenden Lichtquanten werden Paarbindungen aufgebrochen, so daß der elektrische Widerstand mit zunehmender Lichtintensität sinkt.
Anwendungen finden Fotowiderstände für Lichtschranken und zum Messen von Beleuchtungsstärken, beispielsweise für Dämmerungsschalter.

51 Halbleiter-Dioden

51.1 Die Herstellung des PN-Überganges

Bestimmend für die Funktionen der wichtigsten Halbleiter-Mehrschichtbauelemente, wie Diode, Transistor, Thyristor, ist die Wirkung des PN-Überganges. Mit diesem Begriff bezeichnet man die Zone im Inneren des Halbleiter-Einkristalls, in der P-leitendes an N-leitendes Silizium grenzt.

Der **PN-Übergang** wird meist im *Diffusions*verfahren hergestellt. Dabei strömt bei hoher Temperatur (etwa 1100°C) über eine dünne, aus einem N-dotierten Silizium-Einkristall (Elektronen im Überschuß) herausgeschnittene Scheibe ein Metallgas, das dreiwertige Metallatome enthält. Solange die hohe Temperatur wirkt, dringen diese Atome in den Kristall ein – sie *diffundieren* in den Kristall. Nach dem Wiedererkalten sind sie als dreiwertige Fremdatome im Kristallgitter, jeweils anstelle eines Silizium-Atoms, fest eingebaut (»festgefroren«). Dabei bestimmen die Art des Metallgases, seine Temperatur und die Diffusionszeit die maximale Eindringtiefe.

Während die dem Metallgas abgewandte Seite der Kristallscheibe N-leitend bleibt, sind auf der dem Metallgas zugewandten Seite dreiwertige Atome in einer so großen Zahl in den Kristall eingedrungen, daß sie die ursprünglich dort vorhandenen fünfwertigen Fremdatome überkompensieren – diese Seite der Scheibe wird P-leitend. Im Kristallinneren gibt es also eine Grenzschicht, in der P-leitendes Silizium (Löcher im Überschuß) in N-leitendes Silizium (Elektronen im Überschuß) übergeht. Diese Grenzschicht ist der PN-Übergang. Das gleiche Ergebnis erhält man auch mit P-dotiertem Grundmaterial, wenn fünfwertige Atome in das Silizium diffundieren.

51.2 Die Funktionsweise des PN-Überganges

In den folgenden Betrachtungen werden die Begriffe *Elektronenstrom* und *Löcherstrom* verwendet. Grundlage *beider* Ströme ist das Wandern von Elektronen, doch zeigen die Erläuterungen in Abschn. 50.1 (Bild 50.2), daß zum Beschreiben des Löcherstromes das Loch zweckmäßig als positiver freier Ladungsträger, der scheinbar durch den Kristall wandern kann, betrachtet wird.

Der den PN-Übergang durchfließende Strom wird in erster Linie von der Polung der Spannung und erst in zweiter Linie von ihrer Größe bestimmt. Das soll die folgende - stark vereinfachte – Betrachtung zeigen:

Liegt am N-Gebiet der positive, am P-Gebiet der negative Pol der speisenden Spannungsquelle, dann werden die freien Elektronen des N-Gebietes zum positiven Anschluß, die freien Löcher des P-Gebietes zum negativen Anschluß hin gezogen. Durch die Übergangszone kann kein Strom fließen, denn in ihr befinden sich keine freien Ladungsträger mehr. Da die Übergangszone den Strom »sperrt«, wird sie bei dieser Polung auch *Sperrschicht* genannt.

Bei entgegengesetzter Polung wird der PN-Übergang mit Ladungsträgern überschwemmt, da der negative Anschluß die Elektronen abstößt und die Löcher anzieht, während der positive Anschluß die Elektronen anzieht und die Löcher abstößt. Der PN-Übergang führt Strom – er ist in *Durchlaßrichtung* gepolt. Verfolgt man ein Elektron auf seinem Weg, beginnend vom negativen Anschluß, so läuft es durch das N-Gebiet als freies Elektron. Irgendwo im P-Gebiet wird es von einem Loch eingefangen und springt von da an von Loch zu Loch, bis es schließlich am positiven Anschluß des Halbleiterkristalls wieder in den metallischen Leiterkreis

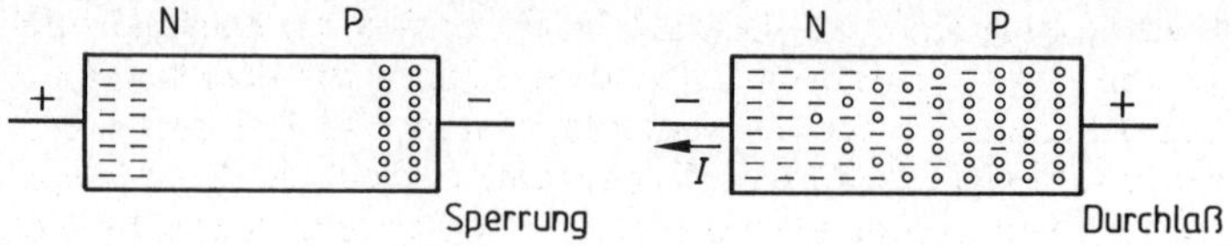

Bild 51.1 PN-Übergang

gelangt. Der fast reine Elektronenstrom des N-Gebietes wird auf diese Weise von dem fast reinen Löcherstrom des P-Gebietes abgelöst.
Der PN-Übergang als Zweischicht-Halbleiterbauelement wird **Halbleiterdiode**, oder wegen seiner Ventilwirkung – der Strom kann durch ihn nur in einer Richtung fließen – auch **Gleichrichter**(diode) genannt.

51.3 Die Eigenschaften der Halbleiterdiode

Das Betriebsverhalten der Halbleiterdiode beschreibt die Strom-Spannungskennlinie. Die unterschiedlichen Maßstäbe in Durchlaßrichtung (Index F = Forward) und in Sperrichtung (Index R = Reverse) sind zu beachten. Der Durchlaßstrom I_F ist für Spannungswerte, die unterhalb der Schleusenspannung U_s liegen, gering ($U_s \approx 0{,}3$ V für Germanium-Dioden, $U_s \approx 0{,}8$ V für Silizium-Dioden). Bei Spannungen oberhalb der Schleusenspannung steigt der Durchlaßstrom steil an; überschreitet er einen für das Bauelement charakteristischen oberen Grenzwert, dann wird die Diode thermisch überlastet und damit zerstört.

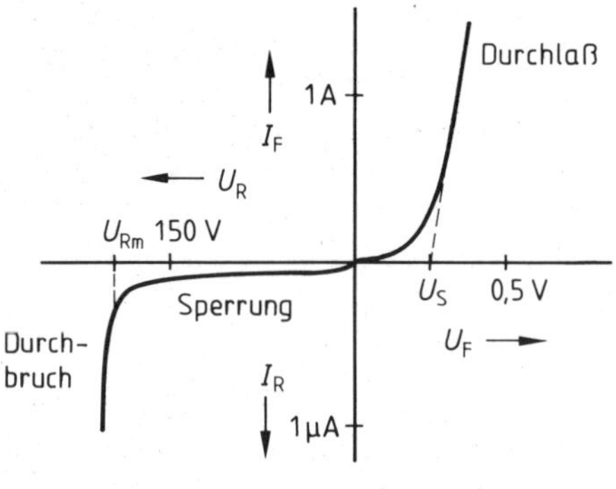

Bild 51.2 Strom-Spannungskennlinie einer Diode

Bei umgekehrter Polung der Diode fließt in Sperrichtung ein im Vergleich zum Durchlaßstrom sehr kleiner und für die meisten Anwendungen vernachlässigbarer Sperrstrom I_R. Er entsteht durch den Abfluß der kleinen Zahl von freien Ladungsträgern, die durch thermische Paarbildung laufend in der Übergangszone entstehen. Der Sperrstrom nimmt aus zwei Gründen bei großer Sperrspannung stark zu. Die hohe Sperrspannung liegt an dem schmalen PN-Übergang. Dort wird die elektrische Feldstärke, also die Spannung je Länge, so groß, daß die Feldkräfte nach Gl. (13.5) Elektronen aus den festen Bindungen herausreißen können (*Zener*effekt). Weiter werden die vorhandenen freien Elektronen von der hohen Feldstärke so stark beschleunigt, daß sie beim Aufprall auf Atomrümpfe weitere Valenzelektronen aus den Bindungen herausschlagen. Dadurch setzt eine lawinenartige Vermehrung der freien Ladungsträger ein (*Avalancheeffekt* = Lawineneffekt). Solange die Diode nicht thermisch überlastet wird, sind die beiden Effekte umkehrbar; sie verschwinden, wenn die Sperrspannung

wieder verkleinert wird. Erst mit Überschreiten der maximal zulässigen Sperrspannung U_{Rm} kommt es zum Wärmedurchbruch und damit zur Zerstörung des Bauelements.
Das Schaltzeichen der Halbleiterdiode ist in Bild 51.3 dargestellt. Die Anschlußbezeichnungen *Anode* (A) und *Katode* (K) entstammen noch der Röhrentechnik. Der Durchlaßstrom I_F fließt von der Anode zur Katode, d. h. im Durchlaßbetrieb muß die Anode höheres Potential als die Katode haben. Bei den in der Leistungselektronik verwendeten Halbleiterdioden für größere Leistungen ist die Katode mit dem Gehäuse leitend verbunden. Man erkennt sie an einem Farbring oder Farbpunkt am Gehäuse, bei Metallgehäusen auch an einer Nase am Gehäuse.

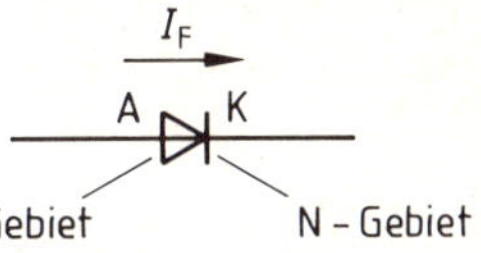

Bild 51.3 Schaltzeichen der Halbleiterdiode

Überwiegend werden Dioden aus Silizium hergestellt. Nur für spezielle Anwendungszwecke kommen andere Materialien zum Einsatz, so III/V-Halbleiter für *LED*s (Licht emittierende Dioden) in der Optoelektronik und Germanium für in Hochfrequenzschaltungen der Nachrichtentechnik eingesetzte Dioden.

51.4 Anwendungen von Halbleiterdioden

Silizium-Halbleiterdioden werden in elektronischen Schaltungen sowohl nach Zahl als auch nach Anwendungsgebieten vielfältig eingesetzt. So arbeiten sie beispielsweise in der Leistungselektronik als Schalter oder treffen in der Digitalelektronik logische Entscheidungen. Sie schützen Bauelemente, wie Transistoren und Thyristoren, gegen Überspannungen und wandeln in Schaltungen der Nachrichtentechnik und der elektrischen Meßtechnik Wechselspannungen in Gleichspannungen um. Einige dieser Anwendungen werden in späteren Abschnitten noch näher besprochen.

51.5 Z-Dioden

Für besondere Einsatzgebiete gibt es eine Reihe von Diodenarten. Diese unterscheiden sich durch Material, Arten und Konzentrationen der Dotierungen, Herstellungsverfahren und Bauformen. Eine große Bedeutung hat die im Durchbruchgebiet der in Bild 51.2 dargestellten Kennlinie arbeitende **Z-Diode**. Während die normale Diode bei Überschreiten der Durchbruchspannung zerstört wird, arbeitet die Z-Diode im Durchbruchgebiet reversibel (umkehrbar), solange durch Strombegrenzung ihre zulässige Verlustleistung nicht überschritten wird. Man setzt diese Diode – im einfachsten Falle nach Schaltung 51.4 – zum Erzeugen konstanter Gleichspannungen, der **Spannungsstabilisierung**, ein. Vorausgesetzt wird, daß die zu stabilisierende Spannung u_1 immer größer als die Durchbruchspannung U_Z der Z-Diode ist. Die

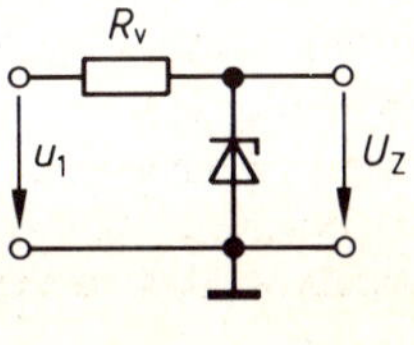

Bild 51.4 Spannungsstabilisierung mit Z-Diode

Z-Diode ist zwar in Sperrichtung gepolt, doch ist ihr differentieller Widerstand $\Delta u_R / \Delta i$ sehr klein, da sie im Durchbruchgebiet arbeitet. Mit steigendem u_1 steigt auch der durch die Schaltung fließende Strom. Da aber die Durchbruchspannung U_Z, auch Z-Spannung genannt, fast stromunabhängig ist, wird der Spannungsüberschuß $u_1 - U_Z$ von dem Vorwiderstand R_v übernommen. Solange also $u_1 > U_Z$ ist, ist die über der Z-Diode abgegriffene Ausgangsspannung der Schaltung konstant und gleich U_Z.
Z-Dioden werden aus Silizium hergestellt. Die Z-Spannungen handelsüblicher Typen liegen zwischen etwa 1,5 V und 200 V. Den steilen Stromanstieg der Kennlinie im Durchbruchgebiet verursacht bei kleinen Z-Spannungen (< 5 V) überwiegend der ZENEReffekt, bei höheren Z-Spannungen überwiegend der Avalancheeffekt (Abschn. 51.3).
Wegen der Konstanz und der guten Reproduzierbarkeit von U_Z verwendet man Z-Dioden auch zum Erzeugen von Bezugsspannungen. Vorzugsweise arbeitet man dabei mit Z-Spannungen um 6 V, da Z-Dioden dieser Durchbruchspannung die Vorteile eines sehr kleinen Temperaturkoeffizienten der Z-Spannung und eines sehr steilen Stromanstiegs der Kennlinie im Durchbruchbereich vereinen.

52 Der Transistor

Das wichtigste Halbleiterbauelement ist der **Transistor**. Unter diesem Begriff sind drei unterschiedlich aufgebaute und arbeitende Gruppen von Bauelementen zusammengefaßt (Bild 52.1). Mit der Entwicklung des **bipolaren Transistors** nach Forschungsergebnissen von SHOCKLEY, BARDEEN und BRATTAIN (1948) begann der stürmische Aufschwung der modernen Elektronik, in deren Verlauf der Transistor schnell die Vakuumröhre als verstärkendes und auf vielen Anwendungsgebieten das Relais als schaltendes Bauteil verdrängte.

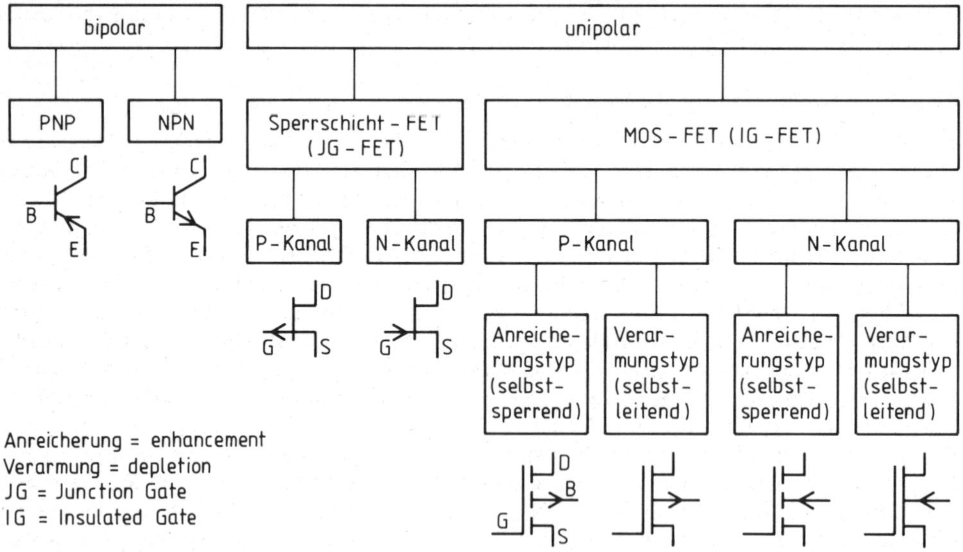

Bild 52.1 Transistorarten

52.1 Der bipolare Transistor

Der Transistor ist ein kleines Stück eines Halbleiter-Einkristalles, das zwei gegeneinander geschaltete PN-Übergänge enthält. Damit sind nach den möglichen Schichtfolgen **NPN-Transistor** und **PNP-Transistoren** zu unterscheiden. Für den bipolaren Transistor sind die Schichtfolgen und die Symbole in Bild 52.2 dargestellt. Seine Anschlüsse heißen **Emitter** E, **Basis** B und **Kollektor** C. Der Pfeil des Emitteranschlusses gibt den Richtungssinn des Emitterstromes an. Bei Transistoren für größere Leistung wird, wegen der günstigeren Wärmeabfuhr, der Kollektor mit dem metallischen Gehäuse leitend verbunden. Im Schaltsymbol deutet man das durch einen Punkt an, der Kollektor und Gehäuse des Transistors verbindet (s. Bild 52.2a).

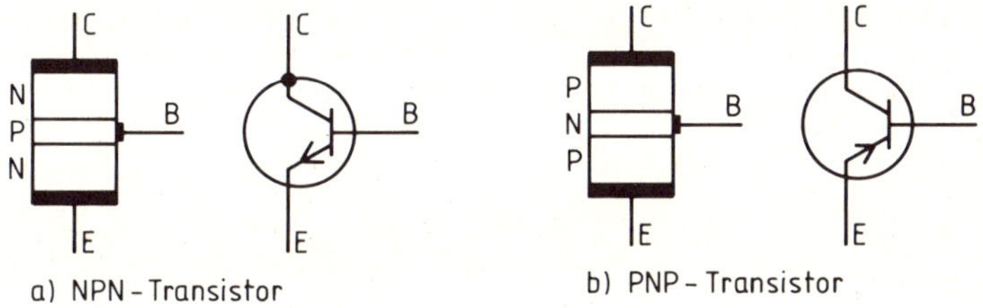

Bild 52.2 Schichtfolge und Schaltsymbol von Transistoren

Wegen der günstigeren Fertigung wird der Silizium-Transistor überwiegend als NPN-Transistor, der Germanium-Transistor vorwiegend als PNP-Transistor hergestellt. Anfänglich bereitete die Herstellung reinen Siliziums wegen des hohen Schmelzpunktes Schwierigkeiten. Daher ging die Entwicklung des bipolaren Transistors vom Germanium-Transistor aus. Da aber der Silizium-Transistor dem Germanium-Transistor in einer Reihe von Eigenschaften – höhere zulässige Betriebstemperatur und damit größere zulässige Verlustleistung, höhere zulässige Betriebsspannungen, geringere Verlustströme – überlegen ist, spielt heute, nach Überwinden der Schwierigkeiten der Siliziumtechnologie, der Germanium-Transistor in der Elektronik nur noch eine untergeordnete Rolle.

52.1.1 Die Herstellung des bipolaren Transistors

Silizium-Transistoren werden meist als epitaktische Planartransistoren gefertigt. Ausgangsmaterial ist eine aus einem hochdotierten N^+-Silizium-Einkristall (N^+ = starke N-Dotierung) von etwa 100 mm Durchmesser und 0,3 mm Dicke geschnittene Scheibe, der Wafer. Auf dem Wafer werden gleichzeitig bis zu einige tausend gleicher Transistoren hergestellt. Schwach dotiertes N^--Silizium streicht bei hoher Temperatur als Gas über die Oberfläche des hochdotierten N^+-Trägermaterials. Dabei wächst eine etwa 15 µm starke epitaktische Schicht, die Kollektorschicht des Transistors, auf dem Grundmaterial auf (Epitaxie = Aufwachsen von Schichten). Durch Oxidation werden etwa 1 µm dieser Schicht in eine isolierende SiO_2-Schicht umgewandelt (Bild 52.3a). Diese Isolierschicht, die auch den Oberflächenschutz der Kristallscheibe zwischen den Verfahrensschritten übernimmt, wird mit Fotolack abgedeckt und durch eine Fotomaske belichtet. Nach dem Entwickeln des Lackes lassen sich mit Säuren dessen belichtete Gebiete auswaschen und unter diesen Gebieten Fenster in das SiO_2 ätzen. Strömen danach bei hohen Temperaturen 3-wertige Bor-Atome in der Gasphase über den Kristall, dann diffundieren (sickern) diese Atome nur durch die offenen Fenster in die epitaktische Schicht und bilden dort durch Überkompensation der vorhandenen N-Ladungsträger die P-dotierte Basiszone des Transistors (Bild 52.3b).

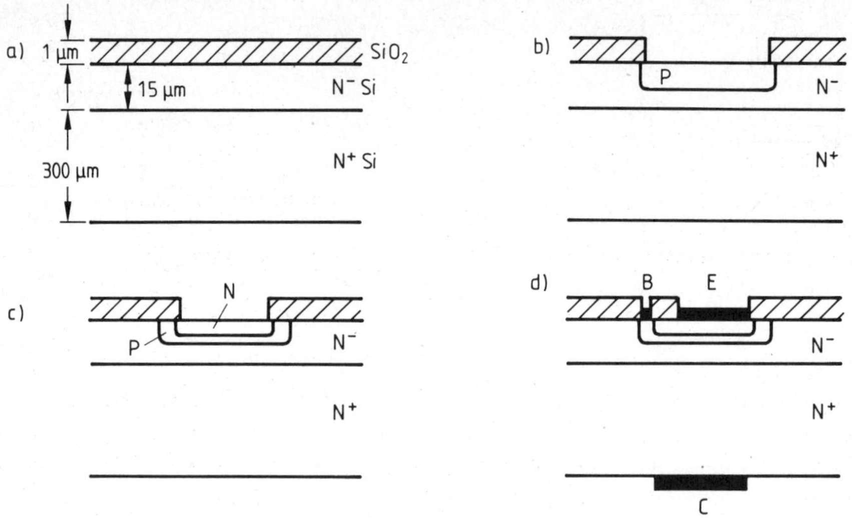

Bild 52.3 Herstellung des epitaktischen Planartransistors (Schnittbild)

Die Arbeitsgänge von Oxidation bis Ätzen werden wiederholt. Wiederum bei hohen Temperaturen, die aber niedriger als die des vorhergehenden Hochtemperaturarbeitsganges sind, so daß die in der Basisschicht eingelagerten Boratome »festgefroren« sind, diffundieren durch kleinere Fenster 5-wertige Phosphoratome in die Basisschicht. Durch Überkompensation der ursprünglich eingelagerten P-Boratome bildet sich eine hochdotierte N-Schicht, die Emitterschicht des Transistors (Bild 52.3c).
Durch einen ähnlichen Arbeitsgang werden Fenster für die Kontakte ausgeätzt; in diesen werden Metallkontakte aufgedampft (Bild 52.3d). Schließlich folgen die Trennung des Wafers in die einzelnen Transistorsysteme, deren Größe bei Transistoren für kleinere Leistungen bei etwa 0,25 mm^2 liegt, die Kontaktierung und der Einbau in das Gehäuse.
Die Bezeichnung **Planartransistor** weist darauf hin, daß alle Fertigungsschritte bei der Herstellung des Transistors nur von einer Seite des Wafers her erfolgen.

52.1.2 Die Funktionsweise des bipolaren Transistors

Der bipolare Transistor besteht aus einer Emitterschicht, die durch ihre hohe Dotierung zahlreiche freie Ladungsträger aussenden kann, einer sehr schmalen und schwächer dotierten Basisschicht und einer sehr schwach dotierten Kollektorschicht. Die schwache Dotierung der Kollektorschicht ist notwendig für eine hohe Spannungsfestigkeit des Transistors.
Wird der in Bild 52.4 dargestellte Transistor an die Versorgungsspannung gelegt, dann fließt zunächst nur ein sehr kleiner Sperrstrom, *Reststrom* des Transistors genannt, denn es leitet zwar der BE-Übergang, aber der BC-Übergang sperrt. Die beiden PN-Übergänge eines Transistors arbeiten wie zwei gegeneinandergeschaltete Dioden.
Steuerbar wird der Kollektorstrom I_C des Transistors durch eine an der Basis liegende positive Spannung U_{BE} (Bild 52.5). Aus der reich dotierten Emitterzone lockt die an der Basis liegende positive Spannung viele Elektronen in die schwach dotierte, schmale Basiszone. Ein kleiner Teil dieser Elektronen wird von den wenigen Löchern der Basiszone eingefangen –

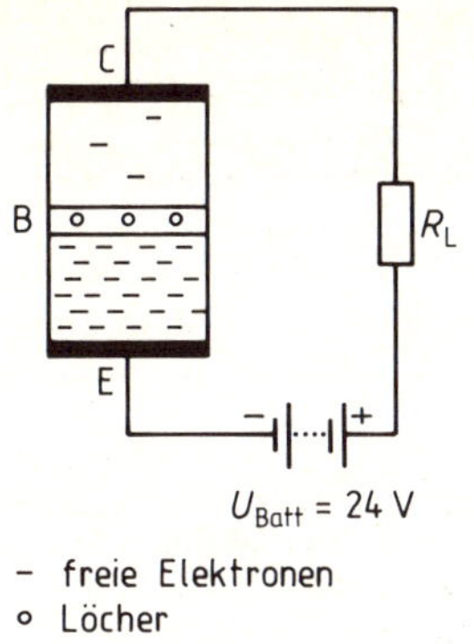

Bild 52.4 Transistor mit Versorgungsspannung

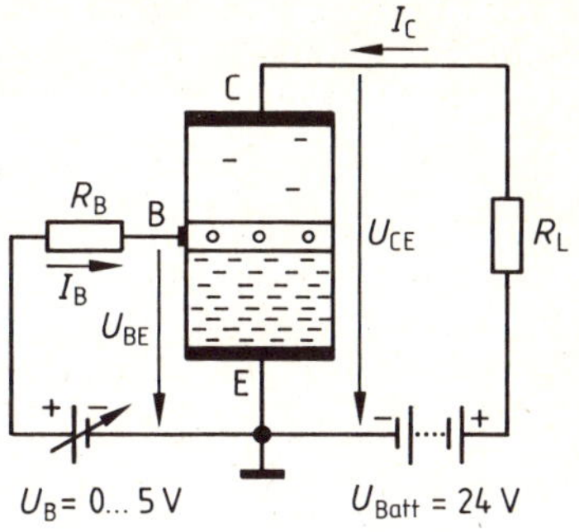

Bild 52.5 Transistorschaltung

er bildet den Basisstrom I_B des Transistors. Der überwiegende Teil der Elektronen driftet, ohne ein Loch als Partner zu finden, durch die schmale Basiszone. Die hohe positive Kollektorspannung reißt diese Elektronen an sich, sie bilden den Kollektorstrom I_C des Transistors. Ein kleiner steuernder Basisstrom I_B (Eingangsstrom) bringt im Kollektorkreis den viel größeren gesteuerten Kollektorstrom I_C (Ausgangsstrom) hervor. Als **Stromverstärkung** B des Transistors wird das Verhältnis

$$B = \frac{I_C}{I_B} \tag{52.1}$$

bezeichnet. Je nach Transistortyp hat die Stromverstärkung Werte im Bereich $B = 20...1000$. Dabei bedeutet beispielsweise der Wert $B = 500$, daß durch die Wirkung eines in den Basiskreis eingespeisten Stromes I_B im Kollektorkreis ein 500-fach größerer Strom I_C fließt.

Die im beschriebenen NPN-Transistor fließenden Ströme sind teilweise Elektronenströme (Kollektorstrom), teilweise Löcherströme (Basisstrom). Da zur Funktion beide Stromleitungsarten erforderlich sind, spricht man von einem **bipolaren Transistor**.

Das Verhalten des Transistors wird durch Kennlinien beschrieben. So zeigt die Eingangskennlinie (Bild 52.6) die Beziehung zwischen den steuernden Größen I_B und U_{BE}. Der Basis-Emit-

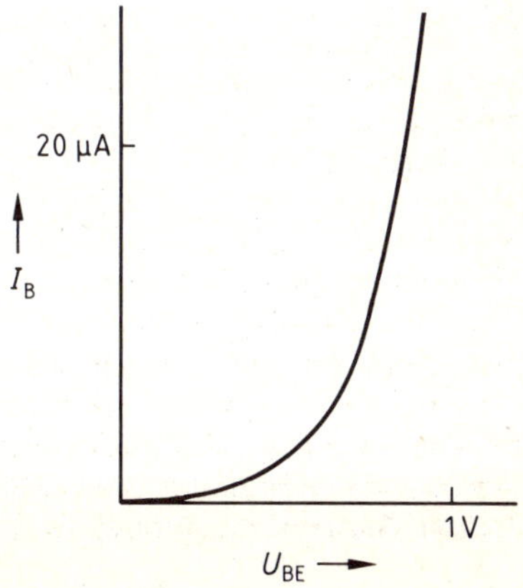

Bild 52.6 Eingangskennlinie eines NPN-Transistors

ter PN-Übergang des Transistors ist bei leitendem Transistor in Durchlaßrichtung gepolt. Sein Verhalten wird mithin durch die bekannte Diodenkennlinie beschrieben. Geringe Spannungsvergrößerungen haben große Stromerhöhungen der Eingangsdiode zur Folge. Eine Begrenzung des Basisstromes, beispielsweise in Schaltung Bild 52.5 durch den Strombegrenzungswiderstand R_B in der Basisleitung, verhindert die Zerstörung des Transistors.
Bei Transistoren für kleinere Leistungen ist der gesteuerte Kollektorstrom I_C von der Kollektor-Emitter-Spannung fast unabhängig; er wird praktisch nur von dem steuernden Basisstrom bestimmt. Das zeigt das Ausgangskennlinienfeld (Bild 52.7) eines Transistors, in dem der Ausgangsstrom I_C über der Ausgangsspannung U_{CE}, mit dem Basisstrom I_B als Parameter, aufgetragen ist. Bei Transistoren für größere Leistungen steigt der Kollektorstrom I_C

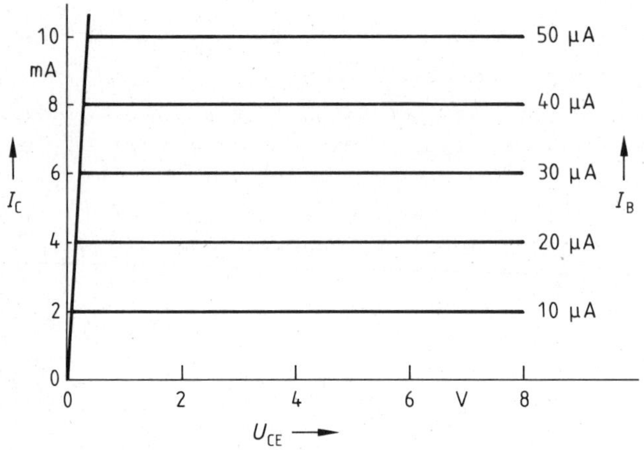

Bild 52.7 Ausgangskennlinienfeld eines NPN-Transistors

schwach mit wachsender Kollektor-Emitter-Spannung U_{CE} an. Aus dem Ausgangskennlinienfeld ist die Stromverstärkung des von ihm beschriebenen Transistors zu ermitteln. So ist beispielsweise nach dem Kennlinienfeld Bild 52.7 der Basisstrom $I_B = 20\,\mu A$ erforderlich, wenn der Kollektorstrom $I_C = 4\,mA$ fließen soll. Das ergibt die Stromverstärkung

$$B = \frac{I_C}{I_B} = \frac{4\,mA}{20\,\mu A} = 200 \ .$$

52.2 Anwendungen des bipolaren Transistors

Der Transistor wird hauptsächlich in zwei Anwendungsbereichen eingesetzt:

→ als spannungsverstärkender Baustein. Dabei können die Frequenzen der zu verstärkenden Spannungen zwischen dem Wert Null (Gleichspannungsverstärkung in der Steuerungs- und Regelungstechnik) und sehr hohen Werten im GHz-Bereich (Impulsverstärkung in der Radartechnik) liegen.

→ als Ersatz des mechanischen Schalters. Dabei kann der Transistor als Leistungsschalter, aber auch als leistungsarmes logisches Glied, das durch seinen Schaltzustand beispielsweise eine ja/nein-Entscheidung trifft, eingesetzt werden.

52.2.1 Der Transistor als Signalverstärker

Eine physikalische Größe, die Informationen enthält, wird **Signal** genannt. So setzt z.B. ein Mikrofon als Signalquelle die aufgenommenen Schallwellen in eine Signal-Wechselspannung um.

Bild 52.8 zeigt eine einfache Transistor-Verstärkerschaltung, mit der eine Signal-Wechselspannung u_1 verstärkt wird. Der Kondensator hält den über R_B dem Transistor zufließenden, zu dessen Betrieb notwendigen Basisgleichstrom von der Signalquelle fern. Die Kapazität des Kondensators wird so groß gewählt, daß er für die Signal-Wechselspannung nahezu einen Kurzschluß darstellt. Dann überlagert sich die gesamte Signal-Wechselspannung u_1 der Versorgungs-Gleichspannung U_{BE} des Transistors (Bild 52.9).

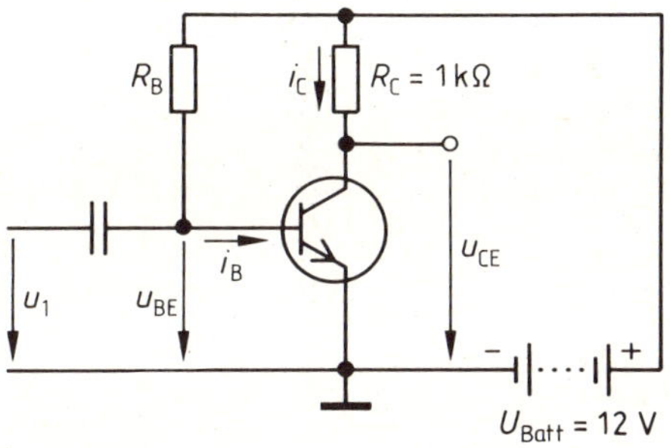

Bild 52.8 Transistor-Verstärkerschaltung

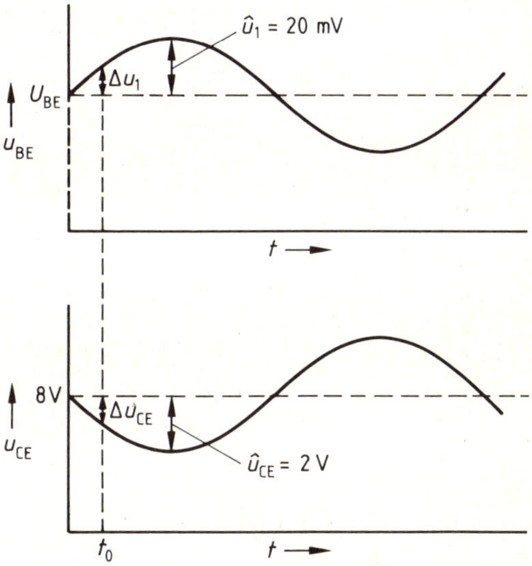

Bild 52.9 Eingespeiste und verstärkte Spannung

Zu einem bestimmten Zeitpunkt t_0 speist die Signalquelle in den Basis-Emitterkreis das Signal $\Delta u_1 = 10\,mV$. Bei einem Transistor zum Verstärken kleiner Leistungen steigt erfahrungsgemäß dadurch der Basisstrom um etwa $\Delta i_B = 5\,\mu A$. Mit der angenommenen Stromverstärkung $B = 200$ wächst dann der Kollektorstrom des Transistors um

$$\Delta i_C = B \cdot \Delta i_B = 200 \cdot 5\,\mu A = 1\,mA\ .$$

Die Versorgungsspannung $U_{Batt} = 12\ V$ teilt sich auf in den Spannungsabfall über dem Lastwiderstand R_C und in die Kollektor-Emitter-Spannung u_{CE} des Transistors:

$$U_{Batt} = i_C R_C + u_{CE}\ . \qquad (52.2)$$

Da durch den größeren Kollektorstrom der Spannungsabfall über R_C um $\Delta i_C \cdot R_C$ zunimmt, die Versorgungsspannung U_{Batt} aber konstant ist, wird die Spannung über dem Transistor um

$$\Delta u_{CE} = \Delta i_C \cdot R_C = 1\,mA \cdot 1\,k\Omega = 1\ V$$

abnehmen. Diese Spannungsänderung wird als verstärktes Ausgangssignal abgegriffen und weiter verarbeitet.
Der Transistor verstärkt also die in die Basis eingespeiste Stromänderung mit der Stromverstärkung v_i und die zwischen Basis und Emitter anliegende Spannungsänderung mit der Spannungsverstärkung v_u. Wie in Bild 52.9 gezeigt, entspricht dabei einer Zunahme der eingespeisten Spannung eine Abnahme der Kollektor-Emitter-Spannung. Es liegt also eine **Phasenumkehr** der verstärkten Spannung vor. Bei einer Stromverstärkung

$$v_i = B = \frac{\Delta i_C}{\Delta i_B} = \frac{1\,\text{mA}}{5\,\mu\text{A}} = 200$$

ist im vorliegenden Falle der Betrag der Spannungsverstärkung

$$v_u = \frac{\Delta u_{CE}}{\Delta u_1} = \frac{1\,\text{V}}{10\,\text{mV}} = 100\ .$$

Bei meßtechnischer Erfassung zeigt sich, daß die Kurven des Ausgangskennlinienfeldes etwas unregelmäßiger verlaufen als in Bild 52.7 (idealisiert) dargestellt. Das hat zur Folge, daß die Kurvenform des verstärkten Signals von der Ursprungskurvenform abweicht. Man kann mit einer »verzerrungsfreien« Verstärkung nur rechnen, solange die Amplitude des zu verstärkenden Signals klein gegen die Versorgungsspannung ist (Kleinsignalverstärkung).

52.2.2 Der Transistor als Schalter

Ist die Basisspannung des in Bild 52.10 dargestellten NPN-Transistors Null oder negativ, dann kann kein Basisstrom fließen, weil die Basis-Emitterdiode sperrt. Damit ist der Kollektorstrom $I_C = 0$, und die Kollektor-Emitter-Spannung ist $U_{CE} = U_{Batt}$. Die Kollektor-Emitterstrecke stellt einen fast unendlich hohen Widerstand dar, der Transistor »sperrt«. Mit positiver Basisspannung setzt der Basisstrom I_B ein, und der Kollektorstrom I_C beginnt zu fließen (s. Abschn. 52.1.2). Der Transistor arbeitet jetzt im normalen Verstärkungsbereich; seine Kollektor-Emitter-Spannung ist

$$U_{CE} = U_{Batt} - I_C R_C\ .$$

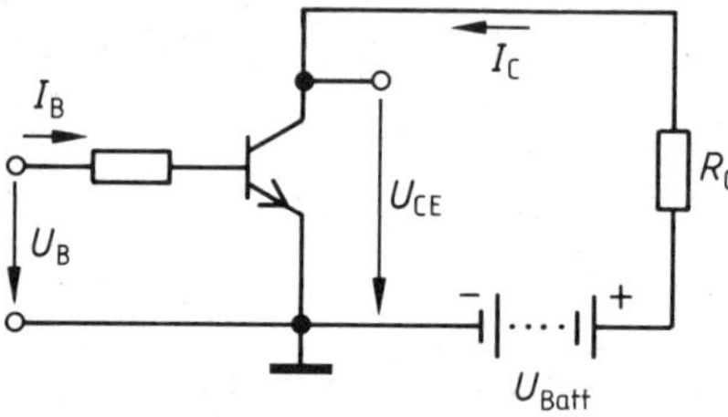

Bild 52.10 Schalttransistor

Werden U_B und damit I_B weiter erhöht, dann wird schließlich I_C so groß, daß die gesamte Batteriespannung U_{Batt} am Lastwiderstand R_C abfällt. Dann gilt

$$I_C R_C = U_{Batt} \quad \text{und} \quad U_{CE} \approx 0\ .$$

Der Transistor »übersteuert«, seine Kollektor-Emitterstrecke wird fast zu einer Kurzschlußverbindung.

Durch Umschalten der Basisspannung, bei einem notwendigen Spannungshub von zumindest 2 V, ist der Widerstand der Kollektor-Emitterstrecke nahezu von ∞ auf 0 zu ändern; der Transistor verhält sich wie ein Schalter. In der Elektronik wird dieses Verhalten unter zwei Gesichtspunkten ausgenutzt.

Der Schalttransistor als logischer Baustein

Bei einer Batteriespannung $U_{Batt} = 5$ V gilt für die Schaltung 52.10

$U_B = +5$ V Transistor übersteuert $U_{CE} = 0$ V

$U_B = 0$ V Transistor sperrt $U_{CE} = +5$ V .

Wird der Spannung +5 V die logische Bedeutung »ja«, der Spannung 0 V die Bedeutung »nein« zugeordnet, dann ist die Ausgangsgröße U_{CE} die Negierung der zugehörenden Eingangsgröße U_B. Der Schalttransistor wirkt als logische NICHT-Stufe.

Der Schalttransistor als Leistungsschalter

Im Kennlinienfeld (Bild 52.11) ist A der Arbeitspunkt bei Sperrung, B der Arbeitspunkt bei Übersteuerung. Die Baugröße des Transistors wird durch die ihn erwärmende Leistung

$$P_C = U_{CE} \cdot I_C + U_{BE} \cdot I_B \qquad (52.3)$$

bestimmt. Sie ist in beiden Arbeitspunkten klein, da bei Sperrung $I_C \approx 0$, bei Übersteuerung $U_{CE} \approx 0$ ist. Bei geringer eigener Verlustleistung, also kleiner Baugröße des Transistors, lassen sich verhältnismäßig große, im Lastwiderstand R_C umgesetzte Leistungen schalten.
Beim Umschalten einer OHMschen Last R_C muß die die Arbeitspunkte A und B verbindende Arbeitsgerade durch schnelle Änderung der Eingangsspannung U_B schnell und sicher durchlaufen werden. Anderenfalls kann der Transistor durch den Energiestoß, den er bei langsamem Durchlaufen der Arbeitsgeraden aufnimmt, thermisch überlastet werden.
Beim Abschalten einer induktiven Last, beispielsweise einer Relais- oder Magnetwicklung, versucht die Spule, den ursprünglich fließenden Strom durch Abgabe magnetischer Energie aufrechtzuerhalten. Ein konstanter Strom durch den schnell größer werdenden Widerstand der Kollektor-Emitterstrecke bedeutet aber, daß über dieser kurzzeitig eine Überspannung $U_{CEü}$ auftritt, die wesentlich größer als U_{Batt} sein und damit den Transistor zerstören kann. Das zeigt die Abschaltkurve für eine induktive Last in Bild 52.11. Es ist die gleiche Überspan-

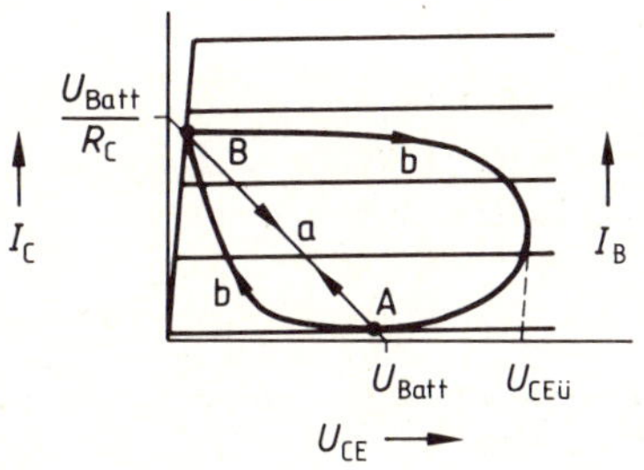

Bild 52.11 Schaltkurven des Schalttransistors
a = OHMsche Last b = induktive Last

nung, die durch schnelles Unterbrechen des Stromes beim Öffnen mechanischer Kontakte im induktiven Kreis den Abschaltfunken hervorbringt. Eine Schutzdiode, die **Freilaufdiode** oder auch **Rücklaufdiode** genannt wird, verhindert das Entstehen der Überspannung. Solange der Transistor Strom führt (Arbeitspunkt B in Bild 52.11), sperrt die Diode – der gesamte Kollektorstrom fließt über die Spule (Bild 52.12a). Wird der Transistor plötzlich hochohmig, dann übernimmt die Diode in Durchlaßrichtung den Spulenstrom, der in der Spule in der ursprünglichen Richtung weiterfließen kann (Bild 52.12b). Über diesen Kurzschlußpfad wird die magnetische Energie der Spule in kurzer Zeit abgebaut. Sie wird im OHMschen Widerstand der Wicklung, der in den Schaltungen 52.12 getrennt von der Spuleninduktivität eingezeichnet ist, in Wärme umgesetzt.

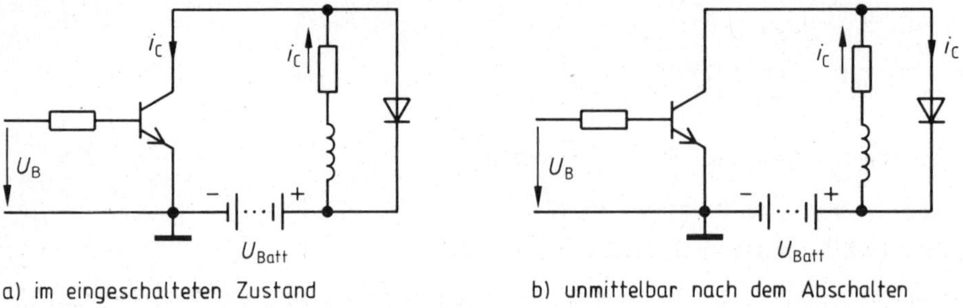

Bild 52.12 Freilaufdiode bei induktiver Last

52.3 Feldeffekttransistoren

Im Gegensatz zu der Elektronenröhre, seinem Vorläufer als verstärkendes Bauelement, braucht der besprochene bipolare Transistor einen Steuerstrom und damit Steuerleistung. In vielen Fällen können aber die Signalquellen, beispielsweise Meßwertaufnehmer, deren aufgenommene Signale verstärkt werden sollen, diese nur sehr leistungsarm zur Verfügung stellen. Weiterhin ist der Leistungsumsatz und damit die Wärmeentwicklung des bipolaren Transistors verhältnismäßig hoch, so daß einer Anordnung vieler Transistorsysteme auf einem Siliziumkristall, der Integration von Schaltungen (s. Abschn. 53.6), Grenzen gesetzt sind. Für solche Fälle verwendet man den Feldeffekttransistor, kurz FET genannt. Bei sehr geringem eigenen Leistungsverbrauch sind Transistoren dieses Typs praktisch leistungslos anzusteuern.

52.3.1 Der MOS-FET

In das Trägermaterial (**Bulk** B) aus schwach dotiertem P-Silizium (P^- = schwache P-Dotierung), das auch als **Substrat** bezeichnet wird, sind zwei hochdotierte N-Inseln (N^+ = hohe N-Dotierung), **Source** S (Quelle) und **Drain** D (Abfluß) genannt, eindiffundiert. Diese letzteren beiden Gebiete entsprechen dem Emitter und dem Kollektor des bipolaren Transistors. Der Basis entspricht die durch eine SiO_2-Schicht (SiO_2 = Quarz) isoliert auf den Kristall aufgesetzte Steuerelektrode, das **Gate** G. Aus der Schichtfolge

Metal	das Gate ist häufig aus Aluminium
Oxid	isolierende Zwischenschicht
Semiconductor	Halbleiter-Grundmaterial

ergibt sich die Bezeichnung MOS-Feldeffekttransistor oder MOS-FET.

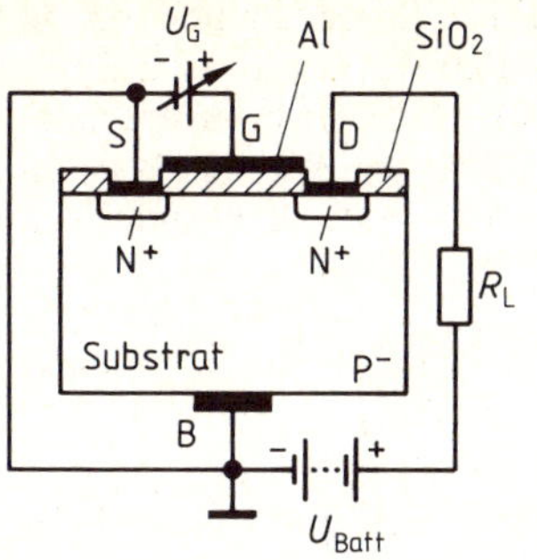

Bild 52.13 Aufbau und Schaltung des N-Kanal MOS-FET

52.3.2 Die Funktionsweise des MOS-FET

Hinsichtlich der beiden in das Substrat eingelagerten Inseln ist der MOS-FET symmetrisch aufgebaut. Eine dieser Inseln wird meist mit dem Substrat leitend verbunden, sie wird Source S genannt. Durch die Dotierung enthält das P-Substrat überwiegend Löcher als freie Ladungsträger (Majoritätsträger). In sehr niedriger Konzentration stehen durch die thermische Paarbildung aber auch freie Elektronen (Minoritätsträger) zur Verfügung. Unabhängig von der Polarität der Drainspannung U_D ist der Stromweg von D nach S gesperrt, da in diesem Wege zwei gegensinnig gepolte PN-Übergänge liegen, von denen stets einer sperrt (Bild 52.14a). Wird aber an das isoliert auf dem Substrat aufgebrachte Gate eine positive Spannung gelegt (Bild 52.14b), dann sammeln sich, wie bei einem Kondensator, unter der Isolierschicht die freien Elektronen. In einer dünnen Schicht unter dem Gate an der Oberfläche des

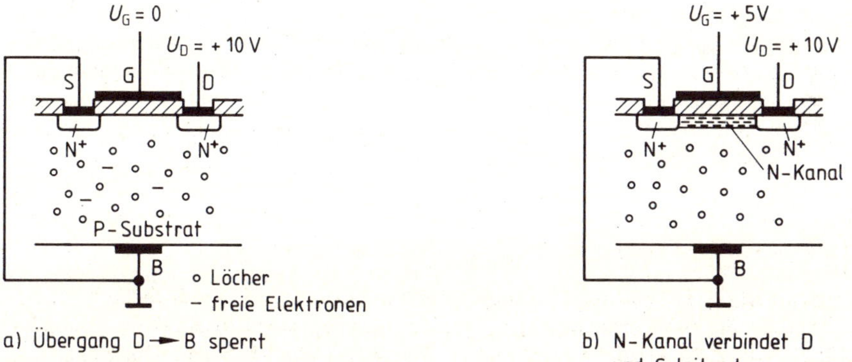

Bild 52.14 Funktion des N-Kanal MOS-FET

Substrats von einigen nm Dicke werden die Löcher durch die angereicherten Elektronen überkompensiert. Die beiden N-Inseln sind dann sperrschichtfrei durch einen N-leitenden Kanal verbunden, von dem der Widerstand und somit der Strom I_{DS} von Drain nach Source durch die Gatespannung U_G steuerbar sind. Bei dem beschriebenen Transistortyp erfolgt die Stromleitung durch einen N-leitenden Kanal, er heißt daher N-Kanal MOS-FET (**NMOS-FET**).

52.3.3 Arten des MOS-FET

Durch Vertauschen der Dotierungen, also durch Einlagern von P^+-Inseln in N^--Substrat, ergibt sich der P-Kanal MOS-FET **(PMOS-FET)**. Wird an das Gate eine negative Spannung gelegt, dann bildet sich unter dem Gateoxid ein P-leitender Kanal, in dem Löcher, wie in Abschn. 50.1 beschrieben, den Stromtransport übernehmen.
Als unerwünschte Nebenerscheinung werden bei der Oxidation der Silizium-Oberfläche in das SiO_2 positive Ionen eingebaut. Diese wirken beim P-Kanal MOS-FET der Kanalbildung entgegen; daher ist der P-Kanal MOS-FET bei normaler Fertigung ein **selbstsperrender MOS-FET** (bei $U_G = 0$ sperrt der FET). Da die zur Steuerung des Feldeffekttransistors erforderlichen Ladungsträger im Kanal angereichert werden müssen, wird dieser auch als **MOS-FET vom Anreicherungstyp** (enhancement type) bezeichnet.
Bei der Fertigung des N-Kanal MOS-FET reichen die in das Oxid eingebauten Ladungen schon aus, um einen Kanal zu bilden, auch wenn keine Gatespannung anliegt. Dieser ist dann ein **selbstleitender MOS-FET** (bei $U_G = 0$ leitet der MOS-FET). Da zum Steuern bzw. dem Sperrren des MOS-FET Ladungsträger aus dem Kanal ausgeräumt werden müssen, wird dieser Feldeffekttransistor auch **MOS-FET vom Verarmungstyp** (depletion type) genannt.
Durch Einschießen negativer Ionen in die Oxidschicht, die **Ionenimplantation** (Ionen-Einpflanzung), kann der Einfluß der positiven Oxidladung teilweise kompensiert oder sogar überkompensiert werden. Mit diesem in der MOS-Technologie verbreitet eingesetzten Verfahren können sowohl NMOS- als auch PMOS-FETs in beiden Ausführungsformen – selbstsperrend und selbstleitend – gefertigt werden.

52.3.4 Der Einsatz des MOS-FET

Das Hauptanwendungsgebiet des MOS-FET ist sein Einsatz als Grundbauelement von integrierten Schaltkreisen (vgl. Abschn. 53.6). Verglichen mit bipolaren Transistoren nehmen MOS-FETs wesentlich weniger Leistung auf, sie lassen sich günstiger herstellen und haben einen kleineren Platzbedarf auf dem Silizium-Kristall. Für die Fertigung hoch integrierter Schaltkreise werden daher nur MOS-Technologien verwendet.
Schaltungen in NMOS-Technologie arbeiten schneller als Schaltungen in PMOS-Technologie, da freie Elektronen beweglicher sind als freie Löcher. Deshalb war die NMOS-Technologie die bevorzugte Technologie der 70er und 80er Jahre zur Herstellung integrierter MOS-Schaltkreise. In den 80er Jahren wurde die CMOS-Technologie (vgl. Abschn. 54.9.4) entwickelt, deren Grundbaustein die Kombination eines NMOS-FET mit einem PMOS-FET ist. Integrierte Schaltkreise in dieser Technologie haben, bei wesentlich geringerer Leistungsaufnahme, inzwischen die Schaltgeschwindigkeit vergleichbarer NMOS-Schaltkreise erreicht. Daher wird die CMOS-Technologie, wie jetzt schon erkennbar, in den kommenden Jahren die NMOS-Technologie weitgehend oder ganz verdrängen.
Als Einzelbauelement hat der MOS-FET gegenüber dem bipolaren Transistor nur untergeordnete Bedeutung. Er wird dort eingesetzt, wo leistungslose Ansteuerungen verlangt werden. Zunehmend Verwendung findet der MOS-FET in der Leistungselektronik.

52.3.5 Sperrschicht-Feldeffekttransistoren

Bei dem besprochenen MOS-FET liegt zwischen Gate und Kanal eine Isolierschicht. Er wird daher auch IG-FET (insulated (= isoliert) gate FET) bezeichnet. Bei dem in der Nachrichtentechnik als Einzelbauelement eingesetzten Sperrschicht-FET umgibt das Gate, ohne dazwischenliegende Isolierschicht, ringförmig den Silizium-Kanal. Bei zunehmender Gatespannung wächst vom Gate eine Sperrschicht in den Kanal hinein, die dessen Querschnitt verkleinert und ihn schließlich auch abschnüren kann. Man nennt den Sperrschicht-FET auch JG-FET (junction gate FET).

52.4 Kennzeichnung von Halbleiterbauelementen

Die Kennzeichnung von Halbleiter-Bauelementen erfolgt durch

2 Buchstaben und 3 Ziffern, wenn das Bauelement vorwiegend für Geräte der Unterhaltungselektronik, wie Fernsehempfänger bestimmt ist,

oder durch

3 Buchstaben und 2 Ziffern, wenn das Bauelement vorwiegend für industriellen Einsatz, beispielsweise für Rechner- oder Automatisierungstechnik bestimmt ist und somit Sonderforderungen unterliegt.

Der erste Buchstabe gibt das Material an, es bedeuten beispielsweise

A = Germanium, B = Silizium, C = Gallium-Arsenid,
R = Verbindungshalbleiter für Fotohalbleiter und HALLgeneratoren usw.

Der zweite Buchstabe gibt die Funktion des Bauelements an, beispielsweise

A = Diode, C = Transistor für kleine Leistungen und niedrige Frequenzen,
S = Schalttransistor für kleine Leistungen usw.

Die restlichen drei Zeichen dienen der Typunterscheidung.

Die Bezeichnung *BSY 18* beschreibt also einen Silizium-Schalttransistor für kleine Leistungen und industriellen Einsatz.

Bei amerikanischen Typen beginnt die Kennzeichnung mit

1N bei Dioden bzw. 2N bei Transistoren.

Material oder Funktion sind aus der Kennzeichnung nicht zu erkennen. Das äquivalente Bauelement ist aus Vergleichslisten zu bestimmen.

53 Grundlagen elektronischer Schaltungen

53.1 Analoge und digitale Schaltungen

Die in Unterhaltungselektronik, Computertechnik, Automatisierungs- und Steuerungstechnik eingesetzten elektronischen Schaltungen erzeugen, übertragen und verarbeiten Signale. Dabei werden nach der Art, wie das geschieht, analoge und digitale Schaltungen unterschieden.
Beim Durchgang durch **analoge Schaltungen**, wie sie typisch in der Unterhaltungselektronik eingesetzt werden, bleibt während der ganzen Verarbeitung eine kontinuierliche Kurvenform, in einfachen Fällen sogar die Kurvenform des eingespeisten Signals, erhalten (Bild 53.1). Ein von einem Meßwertaufnehmer aufgenommener Geschwindigkeitsverlauf wird beispielsweise von diesem als Spannungsverlauf auf den Verstärker gegeben, dort verstärkt und von dem

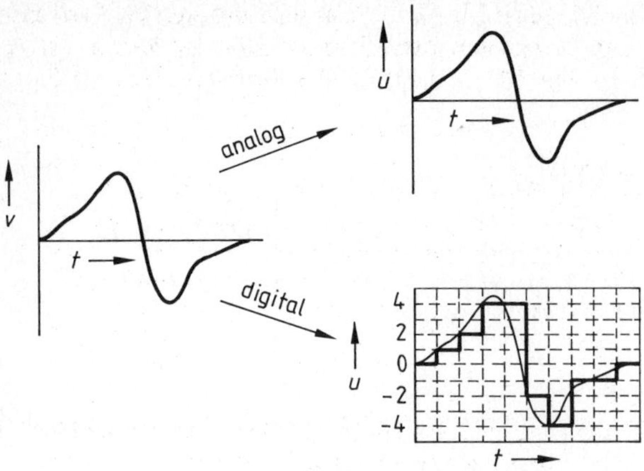

Bild 53.1 Analoge und digitale Umformung eines Signals

Ausgabegerät, einem Schreiber, als Wegekurve geschrieben. An jeder Stelle dieser Meßkette ist der gleiche zeitlich abhängige Kurvenverlauf abzugreifen. Es ändern sich nur die physikalische Größe und der Scheitelwert des Signals.

Für eine Weiterverarbeitung durch eine **digitale Schaltung**, beispielsweise durch einen für eine Steuerung eingesetzten Prozeßrechner, muß das Signal durch eine Folge von Zahlen ersetzt, es muß digitalisiert werden. Hierzu wird über das kontinuierliche Signal ein regelmäßiges Amplituden- und Zeitraster gelegt (Bild 53.1). Zu den durch die Zeiteinteilung festliegenden Zeitpunkten wird jeweils der Signalwert abgefragt, und als digitaler Signalwert wird der dem tatsächlichen Signalwert am nächsten liegende Wert des ganzzahlig unterteilten Amplitudenrasters bestimmt. Dieser Wert ist dann bis zur nächsten Abfrage gültig. In der Zeitdarstellung ergibt sich so anstelle des kontinuierlichen Signalverlaufs eine Treppenkurve, wobei die Feinheit des Rasters die Genauigkeit der Näherung beider Kurven bestimmt. Für die Übertragung oder Weiterverarbeitung ersetzt die durch die Treppenkurve ausgedrückte Zahlenfolge den Kurvenverlauf.

Die Umsetzung des analogen in den digitalen Signalwert führt der **Analog-Digital-Wandler** (Abschn. 58.2) aus, während der **Digital-Analog-Wandler** (Abschn. 58.1) das digitale Signal – die Zahlenfolge – wieder in eine das analoge Signal nähernde Treppenkurve rückwandelt.

53.2 Binäre Schaltungen

Die bei weitem wichtigste Untergruppe der digitalen Schaltungen stellen die in der digitalen Rechentechnik (Computertechnik) und in der digitalen Steuerungstechnik fast ausschließlich verwendeten zweiwertigen oder **binären Schaltungen** dar. Sie arbeiten mit nur zwei Signalwerten, beispielsweise den Spannungen 0 V und +5 V. Solche zweiwertigen Signale sind mit Schalttransistoren als Schaltern einfach zu erzeugen und zu verarbeiten. Die beiden Signalwerte sind leicht zu unterscheiden; nur bei sehr stark gestörten Signalen können Fehler beim Erkennen vorkommen.

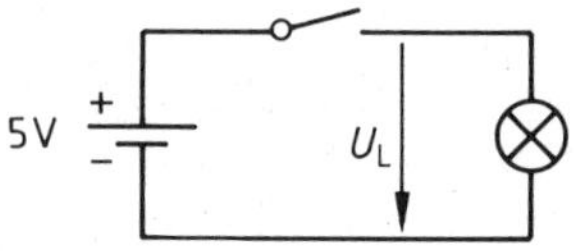

Bild 53.2 Zweiwertige Schaltung

Der Reihenkreis von Schalter und Glühlampe ist ein Beispiel für eine zweiwertige Schaltung. Den beiden Zuständen, die Schalter und Lampe annehmen können, läßt sich jeweils eine Information zuordnen; in Tabelle 53.1 ist eine Möglichkeit für die Fahrtfreigabe eines Zuges angegeben.

Tabelle 53.1: Zustände einer zweiwertigen Schaltung

Schalter	Lampe	U_L	Zug	Fahrt frei?	allgemein
offen	dunkel	0 V	hält	nein	0
geschlossen	hell	+5 V	fährt	ja	1

Die zweiwertige Schaltung kann also genau zwei Zustände beschreiben. Das ist die kleinste Informationsmenge, die verarbeitet oder übertragen werden kann. Sie wird

1 **Bit** = 1 binary digit (= 1 Binärziffer)

genannt. Meist werden die binären Signale in logischen Schaltungen weiterverarbeitet. Um dabei von der jeweiligen physikalischen Aufgabenstellung unabhängig zu werden, bezeichnet man die beiden Zustände allgemein mit 0 und 1.
Sollen mehr als zwei Zustände unterschieden werden, dann muß die Anzeige mehrerer Lampen (Bit) gemeinsam ausgewertet werden. Das Beispiel für die Fahrtfreigabe könnte dann, wie in Bild 53.3 gezeigt, erweitert werden. Mit einem 2 Bit-Muster (zwei Lampen) sind vier unterschiedliche Zustände zu beschreiben. Die Werte 0 und 1 in der allgemeinen Darstellung ersetzen die physikalischen Zustände »dunkel« und »hell« der Lampen im Beispiel.
Durch Hinzufügen eines weiteren Bits – einer weiteren Lampe – zum schon vorhandenen Muster ist die Zahl der unterscheidbaren Zustände jeweils zu verdoppeln. Das zeigt Tabelle 53.2, in der neben dem durch die Lampen gegebenen Bitmuster wieder dessen allgemeine logische Darstellung steht.
Das Muster aller zusammengehörenden Bit wird **Wort** genannt. Beispielsweise sind durch eine Reihe von 8 Lämpchen, also durch ein 8 Bit-Wort, $2^8 = 256$ Zustände zu unterscheiden. Das Einzelbit im Wort sagt allein nichts aus; nur aus der gleichzeitigen Auswertung des gesamten Bitmusters ist die Information zu erkennen.
Stehen für die in Bild 53.3 beschriebene Fahrtsteuerung des Zuges nicht nur die Lichtsignale, sondern auch die zugehörenden Spannungswerte 0 V und +5 V in der Lokomotive zur Verfügung, dann kann die Steuerung automatisiert werden (Bild 53.4). Eine aus logischen Gliedern

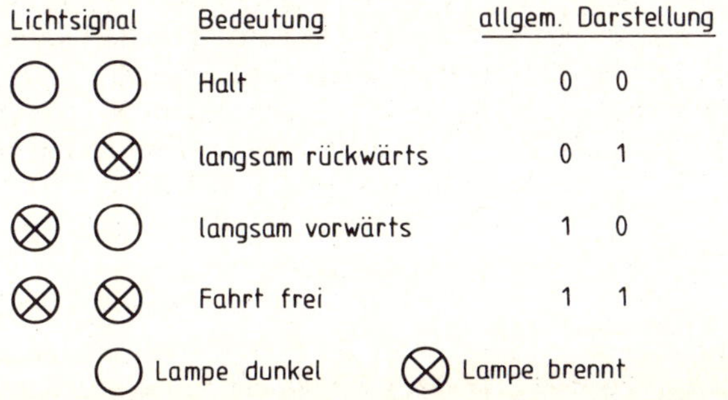

Bild 53.3 2 Bit-Muster

Tabelle 53.2: Bitmuster und Zustände

	allgemein		unterscheidbare Zustände
○	0	1 Bit	$2^1 = 2$
⊗ ○	1 0	2 Bit	$2^2 = 4$
⊗ ○ ⊗	1 0 1	3 Bit	$2^3 = 8$
○ ⊗ ⊗ ○	0 1 1 0	4 Bit	$2^4 = 16$
	Wort	n Bit	2^n

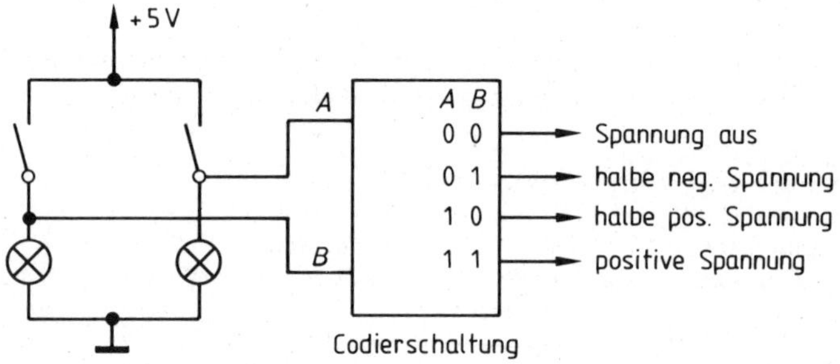

Bild 53.4 Auswertung des 2 Bit-Musters

aufgebaute Decodierschaltung (Entschlüßler) wertet die auf den beiden Übertragungskanälen gleichzeitig anliegenden Signalzustände aus und liefert die Spannungen für die Schalter, die das Fahrverhalten der Lokomotive steuern.
Die beschriebenen binären Bitmuster werden in den Logikbaugruppen digitaler Steuerungen verarbeitet. Sie können aber auch als Zahlen gedeutet und im Computer zum Rechnen verwendet werden; diese Binärzahlen werden dann häufig auch **Dualzahlen** genannt.

53.3 Zahlensysteme

53.3.1 Dezimalzahlen

Alle jetzt gebräuchlichen Zahlensysteme arbeiten mit der Stellenschreibweise. Bei dieser ist nicht nur die Ziffer, sondern auch die Stellung der Ziffer in der Zahl von Bedeutung. Wenn beispielsweise die Dezimalzahl 3096 geschrieben wird, so ist das nur eine verkürzte Darstellung für:

Ziffern

$$3096 = 3 \cdot 10^3 + 0 \cdot 10^2 + 9 \cdot 10^1 + 6 \cdot 10^0$$

Gewichtsfaktoren

$$= 3 \cdot 1000 + 0 \cdot 100 + 9 \cdot 10 + 6 \cdot 1$$

Die Basis des Dezimalzahlensystems ist $B = 10$. Die Basis eines Zahlensystems bestimmt die Menge seiner Ziffern (10 Ziffern 0...9), ihre Potenzen (hier die Zehnerpotenzen) bestimmen die Wertigkeiten der Ziffern in der Zahl.

53.3.2 Dualzahlen

Mit einem 4 Bit-Wort können $2^4 = 16$ Zustände unterschieden werden. Man kann diese 16 unterschiedlichen Bitmuster beispielsweise als die Folge der ganzen positiven Zahlen von 0...15 deuten (Tabelle 53.3). Die so nur durch die binären Ziffern 0 und 1 ausgedrückten Zahlen werden **Dualzahlen** genannt.

Digitale Rechner – die Computer – rechnen ausschließlich mit Dualzahlen. Das duale Zahlensystem mit der Basis $B = 2$ hat die beiden Ziffern 0 und 1. Seine Gewichtsfaktoren sind die Zweierpotenzen. Wie in Tabelle 53.3 gezeigt, ist das duale Äquivalent der Dezimalzahl 13

$$\begin{aligned} 13 &= 1 \cdot 8 + 1 \cdot 4 + 0 \cdot 2 + 1 \cdot 1 \\ &= 1 \cdot 2^3 + 1 \cdot 2^2 + 0 \cdot 2^1 + 1 \cdot 2^0 = 1101_2. \end{aligned}$$

Dabei ist die Dualzahl an der tiefgestellten $_2$ zu erkennen. Die Verwendung der Tabelle 53.4 der Zweierpotenzen kann die Umrechnung dezimal ⇄ dual erleichtern.

Tabelle 53.3: Mit dem 4 Bit-Wort lassen sich 16 Muster bilden

Information (Dezimalzahl)	Bitmuster (Dualzahl)	Hexa-dezimalziffer	Information (Dezimalzahl)	Bitmuster (Dualzahl)	Hexa-dezimalziffer
0	0000	0	8	1000	8
1	0001	1	9	1001	9
2	0010	2	10	1010	A
3	0011	3	11	1011	B
4	0100	4	12	1100	C
5	0101	5	13	1101	D
6	0110	6	14	1110	E
7	0111	7	15	1111	F

Tabelle 53.4: Zweierpotenzen

2^0	1	2^5	32	2^{10}	1024
2^1	2	2^6	64	2^{11}	2048
2^2	4	2^7	128	2^{12}	4096
2^3	8	2^8	256	2^{13}	8192
2^4	16	2^9	512	2^{14}	16384

Beispiel 53.1: a) Die Dezimalzahl 987 ist in eine Dualzahl umzuwandeln.
b) Die Dualzahl $1\,0\,1\,1\,0\,1\,1\,0\,1_2$ ist in eine Dezimalzahl umzuwandeln.

$$\begin{aligned} \text{a) } 987 &= 1 \cdot 512 + 1 \cdot 256 + 1 \cdot 128 + 1 \cdot 64 + 0 \cdot 32 + 1 \cdot 16 + 1 \cdot 8 + 0 \cdot 4 + 1 \cdot 2 + 1 \cdot 1 \\ &= 1 \cdot 2^9 + 1 \cdot 2^8 + 1 \cdot 2^7 + 1 \cdot 2^6 + 0 \cdot 2^5 + 1 \cdot 2^4 + 1 \cdot 2^3 + 0 \cdot 2^2 + 1 \cdot 2^1 + 1 \cdot 2^0 \\ &= 1\,1\,1\,1\,0\,1\,1\,0\,1\,1_2 \end{aligned}$$

$$\begin{aligned} \text{b) } & 1\,0\,1\,1\,0\,1\,1\,0\,1_2 = \\ &= 1 \cdot 2^8 + 0 \cdot 2^7 + 1 \cdot 2^6 + 1 \cdot 2^5 + 0 \cdot 2^4 + 1 \cdot 2^3 + 1 \cdot 2^2 + 0 \cdot 2^1 + 1 \cdot 2^0 \\ &= 1 \cdot 256 + 0 \cdot 128 + 1 \cdot 64 + 1 \cdot 32 + 0 \cdot 16 + 1 \cdot 8 + 1 \cdot 4 + 0 \cdot 2 + 1 \cdot 1 \\ &= 365 \end{aligned}$$

53.3.3 Hexadezimalzahlen

Der Computer arbeitet mit Dualzahlen. Bitmuster steuern den logischen Ablauf des Rechenvorgangs oder auch technischer Prozesse. Sowohl Dualzahlen als auch für andere Zwecke verwendete Bitmuster sind lang und unübersichtlich. So wäre ihre direkte Eingabe in den Rechner zur weiteren Verarbeitung oder ihre Deutung als ausgegebenes Ergebnis umständlich und fehleranfällig. Gleiche Schwierigkeiten ergeben sich, wenn Bitmuster beispielsweise schriftlich oder telefonisch übermittelt werden sollen. Der Ersatz durch eine gleichwertige Dezimalzahl ist wegen des Rechenaufwandes nur dann sinnvoll, wenn das verarbeitende Gerät, beispielsweise der Personal Computer, die Umwandlungen durchführt. Ist die Umrechnung aber Aufgabe des Bedienenden, dann wird die Dualzahl zweckmäßig durch die gleichwertige **Hexadezimalzahl** ausgedrückt.

Die Basis der Hexadezimalzahlen – auch Sedezimalzahlen genannt – ist $B = 2^4 = 16$. Der Ziffernvorrat des Hexadezimalsystems, das somit 16 Ziffern haben muß, umfaßt außer den Dezimalziffern 0...9 die ersten sechs Großbuchstaben A...F des Alphabets. In Tabelle 53.3 sind neben den dualen 4 Bit-Worten die ihnen entsprechenden Hexadezimalziffern aufgelistet. So hat die Ziffer A_{16} den dezimalen Wert 10, die Ziffer F_{16} den dezimalen Wert 15 usw. Die tiefgestellte $_{16}$ zeigt die Hexadezimalzahl an.

Die Dualzahl ist einfach in eine Hexadezimalzahl zu verwandeln. Da die Basis des Hexadezimalsystems die Zweierpotenz 2^4 ist, kann die Dualzahl, von der niederwertigsten Stelle ausgehend, in Vierergruppen unterteilt werden. Jede Vierergruppe wird dann durch die zugehörende Hexadezimalziffer nach Tabelle 53.3 ersetzt, wobei eine unvollständige Vierergruppe am Anfang der Dualzahl durch Nullen aufgefüllt wird. So liefert z.B. die Umwandlung dual → hexadezimal:

$$1\,0\,1\,1\,0\,1\,1\,0\,0_2 = \underbrace{0\,0\,0\,1}_{1}\;\underbrace{0\,1\,1\,0}_{6}\;\underbrace{1\,1\,0\,0}_{C} = 16\,C_{16}$$

Die Umwandlung hexadezimal → dual ist ebenso einfach:

$$B04_{16} = \underbrace{1\,0\,1\,1}_{B}\;\underbrace{0\,0\,0\,0}_{0}\;\underbrace{0\,1\,0\,0}_{4} = 1\,0\,1\,1\,0\,0\,0\,0\,0\,1\,0\,0_2$$

Die direkte Umwandlung dezimal → hexadezimal kann über die Potenzen der Zahl 16 erfolgen. So ist beispielsweise

$$381 = 1 \cdot 256 + 7 \cdot 16 + 13 \cdot 1 = 1 \cdot 16^2 + 7 \cdot 16^1 + D \cdot 16^0 = 17\,D_{16}\;,$$

da der Zahl 13 die Hexadezimalziffer D entspricht. Eine Hexadezimalzahl kann entsprechend in eine Dezimalzahl umgewandelt werden; so ist z.B.:

$$2AF_{16} = 2 \cdot 16^2 + A \cdot 16^1 + F \cdot 16^0 = 2 \cdot 256 + 10 \cdot 16 + 15 \cdot 1 = 687$$

Das Hexadezimalsystem wird überall da verwendet, wo der Computer die Zahlenumwandlung dezimal ⇄ dual auf seiner Eingabe- oder Ausgabeseite nicht unterstützt oder wo das leichte Umsetzen der Hexadezimalzahl in das ihr entsprechende Bitmuster vorteilhaft ist. Beispiele für seine Verwendung finden sich bei der maschinennahen Assemblerprogrammierung (s. Abschn. 55.2) oder bei der Untersuchung von Speicherzellen-Inhalten des Computers. Die Eingabe der Hexadezimalziffern erfolgt durch Drücken der entsprechenden Buchstaben der

normalen Tastatur. Gelegentlich steht dafür auch eine spezielle 16-feldrige Hexadezimaltastatur zur Verfügung.
Das Oktalzahlensystem mit der Basis $B = 2^3 = 8$ wird nur noch in der amerikanischen Fachliteratur gelegentlich verwendet.

Beispiel 53.2: a) Die Zahl $AD0_{16}$ ist in eine Dual- und danach in eine Dezimalzahl zu verwandeln. b) Die Dezimalzahl 3137 ist direkt in eine Hexadezimalzahl zu verwandeln.

$$\begin{aligned} \text{a)}\ AD0_{16} &= 1\,0\,1\,0\quad 1\,1\,0\,1\quad 0\,0\,0\,0 = 101011010000_2 \\ &= A \cdot 16^2 + D \cdot 16^1 + 0 \cdot 16^0 \\ &= 10 \cdot 256 + 13 \cdot 16 + 0 \cdot 1 = 2768\ . \end{aligned}$$

$$\text{b)}\ 3137 = 12 \cdot 256 + 4 \cdot 16 + 1 \cdot 1 = C \cdot 16^2 + 4 \cdot 16^1 + 1 \cdot 16^0 = C41_{16}$$

53.4 Logische Verknüpfungen

Grundbausteine aller Computer und der digitalen elektronischen Steuerungen sind die logischen Schaltungen. Sie treffen nicht nur logische Entscheidungen, die den Ablauf des Programmes beeinflussen, sondern sie werden auch als Rechenglieder eingesetzt und sorgen für die zeitliche Koordination aller Rechen- und Steuervorgänge.

53.4.1 Die logischen Grundverknüpfungen

Jede noch so komplizierte logische Schaltung ist auf Zusammenschaltungen der drei logischen Grundverknüpfungen **UND** (AND), **ODER** (OR) und **NICHT** (NOT) zurückzuführen. Zum Erklären der Grundverknüpfungen UND und ODER dient das folgende Beispiel, bei dem vier Personen P_1 bis P_4 nach ihren Sprachkenntnissen befragt werden:

P_1: Englischkenntnisse? 0 (nein) Russischkenntnisse? 0 (nein)
P_2: Englischkenntnisse? 1 (ja) Russischkenntnisse? 0 (nein)
P_3: Englischkenntnisse? 0 (nein) Russischkenntnisse? 1 (ja)
P_4: Englischkenntnisse? 1 (ja) Russischkenntnisse? 1 (ja)

Ein Dolmetscher, der die Verhandlung eines Russen mit einem Engländer übersetzen soll, muß Russisch *und* Englisch sprechen. Aus der Ergebniszeile D in Tabelle 53.5 ist zu sehen, daß P_1 bis P_3 die Voraussetzungen nicht erfüllen (0), während P_4 geeignet ist (1).

→ Die UND-Verknüpfung ist nur dann erfüllt, wenn *alle* Forderungen erfüllt sind.

Tabelle 53.5: Wahrheitstabelle der UND-Verknüpfung

	P_1	P_2	P_3	P_4	
E	0	1	0	1	Englischkenntnisse
R	0	0	1	1	Russischkenntnisse
D	0	0	0	1	Eignung als Dolmetscher

Eine Person, die sich mit dem Englisch und Russisch sprechenden Dolmetscher verständigen soll, muß entweder Englisch *oder* Russisch (oder beide Sprachen) sprechen.

Aus der Ergebniszeile V in Tabelle 53.6 ist ersichtlich, daß P_1 die Voraussetzungen nicht erfüllt (0), während P_2 bis P_4 sich mit dem Dolmetscher verständigen können (1).

→ Die ODER-Verknüpfung ist erfüllt, wenn *mindestens eine* der Forderungen erfüllt ist.

Werden die binären Zustände 0 und 1 für die tatsächlichen Anwendungen durch Spannungen, beispielsweise die Spannungswerte 0 und +5 V ersetzt, dann läßt sich die logische Entscheidung auch mit einer elektronischen Schaltung, dem **logischen Gatter**, treffen. Es sind dann E und R die binären **Eingangsvariablen** und D bzw. V die binären **Ausgangsvariablen** des Gatters. Die tabellarische Zusammenstellung des Schaltungsverhaltens wird **Wahrheitstabelle** genannt.

Tabelle 53.6: Wahrheitstabelle der ODER-Verknüpfung

	P_1	P_2	P_3	P_4	
E	0	1	0	1	Englischkenntnisse
R	0	0	1	1	Russischkenntnisse
V	0	1	1	1	Verständigung mit Dolmetscher möglich

Symbol und Wahrheitstabelle des **UND-Gatters** zeigt Bild 53.5. Dabei werden der Übersichtlichkeit halber im Symbol des Gatters nur die signalführenden Leitungen, nicht aber die Masseleitungen eingezeichnet. Die Ausgangsvariable Z nimmt nur dann den Zustand 1 an, wenn alle Eingangsvariablen (hier A und B) im Zustand 1 sind. Wirkungsmäßig ist das mit einer Serienschaltung von Schaltern zu vergleichen: Strom kann nur fließen (Zustand 1), wenn *alle* Schalter eingeschaltet (Zustand 1) sind. Man beschreibt das Verhalten der UND-Schaltung durch eine der Gleichungen:

$$Z = A \wedge B \quad \text{oder} \quad Z = A \cdot B \tag{53.1}$$

Man findet im Schrifttum auch die nicht genormten UND-Verknüpfungen:

$$Z = A \,\&\, B \quad \text{bzw.} \quad Z = AB \tag{53.1 a}$$

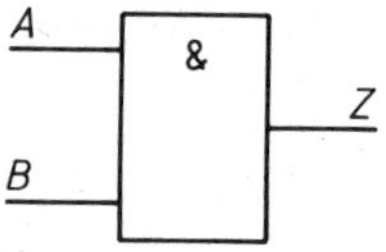

A	0	1	0	1
B	0	0	1	1
Z	0	0	0	1

Bild 53.5 Symbol und Wahrheitstabelle des UND-Gatters

Diese Verknüpfungen werden gelesen: »Z ist dann im Zustand 1, wenn A *und* B im Zustand 1 sind«, oder kurz »**Z ist gleich A und B**«.

Im besprochenen Beispiel ergeben die beiden binären Eingangsvariablen vier mögliche Kombinationen oder Eingangszustände P_1 bis P_4. Wird eine dritte Eingangsvariable hinzugenommen, muß also z. B. der Dolmetscher außer Russisch und Englisch auch noch Spanisch sprechen, dann verdoppelt sich die Zahl der möglichen Eingangszustände auf 8. Denn alle schon vorhandenen Zustände können mit keinen Spanischkenntnissen (0) und mit Spanischkenntnissen (1) kombiniert werden. Ebenso wie bei den Betrachtungen von Bitmustern (Tabelle 53.2) ergeben sich bei

einer Eingangsvariablen $2^1 = 2$ Eingangszustände,
zwei Eingangsvariablen $2^2 = 4$ Eingangszustände,
drei Eingangsvariablen $2^3 = 8$ Eingangszustände usw.

Für drei binäre Eingangsvariable A, B und C zeigt Bild 53.6 Symbol und Wahrheitstabelle des **ODER-Gatters**. Wie im Symbol auch eingeschrieben, nimmt die Ausgangsvariable Z dann den Wert 1 an, wenn mindestens eine Eingangsvariable im Zustand 1 ist. Wirkungsmäßig ist dieses Verhalten mit einer Parallelschaltung von Schaltern zu vergleichen. Strom fließt dann (Zustand 1), wenn *mindestens ein* Schalter eingelegt (Zustand 1) ist. Das logische Verhalten der Schaltung kann mit einer der folgenden Beziehungen beschrieben werden:

$$Z = A \vee B \vee C \quad \text{oder} \quad Z = A + B + C \tag{53.2}$$

Das wird gelesen: »Z ist dann im Zustand 1, wenn A oder B oder C (oder mehrere von ihnen) im Zustand 1 sind«, oder kurz »***Z* ist gleich *A* oder *B* oder *C***«.

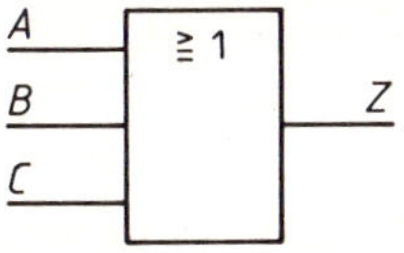

A	0	1	0	1	0	1	0	1
B	0	0	1	1	0	0	1	1
C	0	0	0	0	1	1	1	1
Z	0	1	1	1	1	1	1	1

Bild 53.6 Symbol und Wahrheitstabelle des ODER-Gatters

Als dritte Grundverknüpfung dient zum Aufbau logischer Schaltungen die NICHT-Verknüpfung. Sie wird durch das **NICHT-Gatter** (Bild 53.7) realisiert. Das NICHT-Gatter hat nur eine Eingangsvariable A, deren Umkehr (Negation), wie in der Wahrheitstabelle gezeigt, die Ausgangsvariable Z ist. Man erkennt die Umkehr des logischen Zustandes am Negationskreis, der wahlweise am Eingang oder am Ausgang des Symbols gezeichnet werden kann. Die Negation kann durch zwei Schreibweisen zum Ausdruck gebracht werden:

$$Z = \neg A \quad \text{oder} \quad Z = \overline{A} \tag{53.3}$$

Das wird gelesen: »Z ist im Zustand 1, wenn A nicht im Zustand 1 ist«, oder kurz »***Z* ist nicht *A***«.

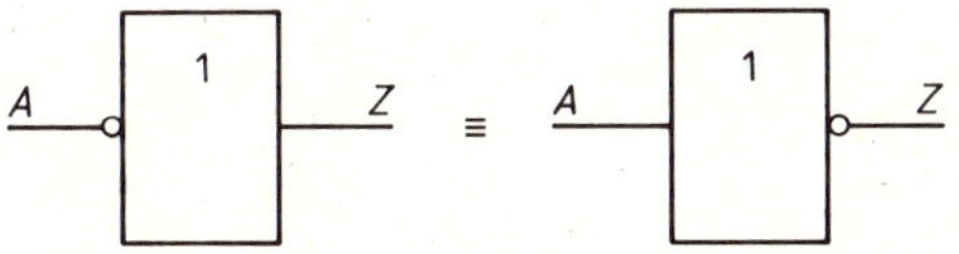

A	0	1
Z	1	0

Bild 53.7 Symbol und Wahrheitstabelle des NICHT-Gatters

Als NICHT-Gatter kann die in Abschnitt 52.2.2 beschriebene Schalttransistor-Schaltung verwendet werden. Da die Schaltung außerdem das Signal verstärkt, können von ihrem Ausgang mehrere nachgeschaltete Eingänge anderer Schaltungen gespeist werden.
UND- bzw. ODER-Verknüpfungen können grundsätzlich als Dioden-Widerstands-Netzwerke realisiert werden. Dieser am Anfang der Entwicklung von Logikschaltungen übliche Schal-

tungsaufbau nur aus passiven Bauelementen hat den Nachteil, daß wegen der fehlenden Signal-Leistungsverstärkung das Hintereinanderschalten mehrerer Logikgatter zu einer größeren Schaltung problematisch ist. Daher verwenden die jetzt handelsüblichen Logikschaltungen Transistoren nicht nur als Verstärkungsglieder, sondern auch als Logikschalter. Das hat die zusätzlichen Vorteile des schnelleren Schaltens und des geringeren Leistungsverbrauchs der Gatter.

53.4.2 Weitere logische Verknüpfungen

Das Arbeiten mit den drei logischen Grundverknüpfungen hat den Nachteil, daß für den Aufbau einer Logikschaltung zumindest drei unterschiedliche Gatterarten zur Verfügung stehen müssen. Die jetzt handelsüblichen Logikfamilien (Abschn. 54.9) umgehen diese Schwierigkeit, indem sie als Grundbaustein aller Schaltungen nur eine Gatterart, nämlich das NAND-Gatter (NICHT-UND-Gatter) bzw. das NOR-Gatter (NICHT-ODER-Gatter) verwenden. Beispiel 53.3 zeigt, wie sich nur mit NAND-Verknüpfungen alle drei logischen Grundverknüpfungen ersetzen lassen. Entsprechendes gilt auch für die NOR-Verknüpfung.

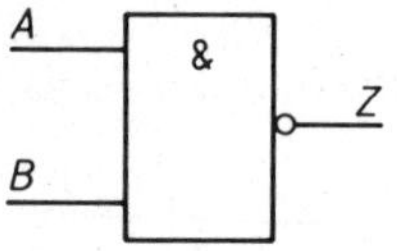

A	0	1	0	1
B	0	0	1	1
Z	1	1	1	0

Bild 53.8 Symbol und Wahrheitstabelle des NAND-Gatters

Das **NAND-Gatter** ist durch die Reihenschaltung eines UND- und eines NICHT-Gatters zu ersetzen. Das Symbol ist das des UND-Gatters mit nachfolgendem Negationskreis. In der Wahrheitstabelle sind die binären Zustände der Ausgangsgröße gegenüber denen der UND-Funktion vertauscht (negiert). In Logikschreibweise schreibt man:

$$Z = \neg(A \wedge B) \quad \text{oder} \quad Z = \overline{A \wedge B} \quad \text{oder} \quad Z = A \barwedge B \qquad (53.4)$$

Das wird gelesen: »***Z* ist nicht *A* und *B***« (*Z* ist 1, wenn die UND-Verknüpfung von *A* und *B* nicht 1 ist).

Die TTL-Logikfamilie (s. Abschn. 54.9.2) geht beim Aufbau ihrer Logikbausteine überwiegend von der NAND-Verknüpfung aus. Daher wird das NAND-Gatter auch als **Grundgatter** dieser Familie bezeichnet.

Entsprechend ist das in Bild 53.9 für drei Eingangsvariable dargestellte **NOR-Gatter** durch die Reihenschaltung eines ODER- und eines NICHT-Gatters zu ersetzen. In Logikschreibweise schreibt man:

$$Z = \neg(A \vee B \vee C) \quad \text{oder} \quad Z = \overline{A \vee B \vee C} \quad \text{oder} \quad Z = A \,\overline{\vee}\, B \,\overline{\vee}\, C \qquad (53.5)$$

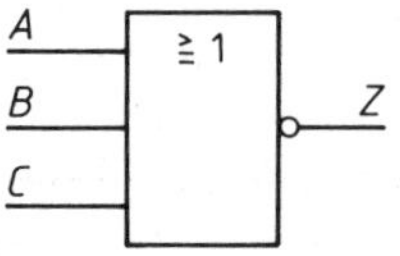

A	0	1	0	1	0	1	0	1
B	0	0	1	1	0	0	1	1
C	0	0	0	0	1	1	1	1
Z	1	0	0	0	0	0	0	0

Bild 53.9 Symbol und Wahrheitstabelle des NOR-Gatters

Das wird gelesen: »***Z* ist nicht *A* oder *B* oder *C***« (*Z* ist 1, wenn die ODER-Verknüpfung $A \vee B \vee C$ nicht 1 ist).
Die MOS- und CMOS-Logikfamilien (s. Abschn. 54.9.3) gehen beim Aufbau ihrer Schaltungen überwiegend von der NOR-Verknüpfung aus. Daher bezeichnet man das NOR-Gatter auch als Grundgatter dieser Familien.
Komplexere Verknüpfungsglieder sind entweder als fertige Bausteine der verwendeten Logikfamilie verfügbar, oder sie müssen durch Zusammenschaltungen von Grundgattern bzw. anderen schon vorhandenen Gattern realisiert werden. Die Symbole für eine Reihe dieser komplexeren Verknüpfungsglieder sind in DIN 40900, Teil 12 zusammengestellt.

Beispiel 53.3: Durch Aufstellen der Wahrheitstabellen ist zu zeigen, daß sich NICHT-, UND- und ODER-Verknüpfung nur durch Einsatz von NAND-Gattern realisieren lassen.

a) Die NICHT-Verknüpfung

A'	0	1	0	1
B'	0	0	1	1
Z	1	1	1	0

Die beiden Eingänge A' und B' des NAND-Gatters in Bild 53.10 sind miteinander verbunden. Da $A = A' = B'$ ist, kommen nur die beiden eingerahmten Zustände der Wahrheitstabelle des NAND-Gatters vor.

A	0	1
Z	1	0

Damit erhält man die Wahrheitstabelle des NICHT-Gatters (vgl. Bild 53.7).

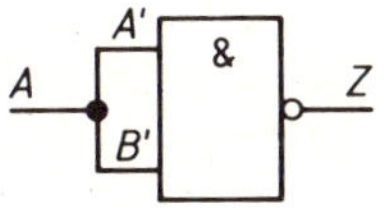

Bild 53.10 Das NAND-Gatter arbeitet als NICHT-Schaltung

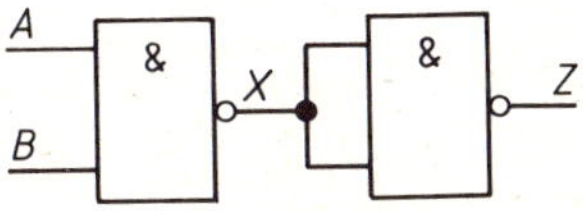

Bild 53.11 Zwei NAND-Gatter arbeiten als UND-Schaltung

b) Die UND-Verknüpfung

A	0	1	0	1	Die Schaltung hat zwei Eingangsvariable, also müssen die vier
B	0	0	1	1	möglichen Zustände untersucht werden;
X	1	1	1	0	Erste NAND-Verknüpfung;
Z	0	0	0	1	Die Ausgangsgröße des ersten NAND-Gatters wird negiert.

Mit *A* und *B* als binären Eingangsvariablen und *Z* als Ausgangsvariabler arbeitet die Gesamtschaltung 53.11 wie ein UND-Gatter.

c) Die ODER-Verknüpfung

A	0	1	0	1	
B	0	0	1	1	
C	1	0	1	0	$C = \overline{A}$
D	1	1	0	0	$D = \overline{B}$
Z	0	1	1	1	$Z = \overline{C \wedge D} = \overline{\overline{A} \wedge \overline{B}}$

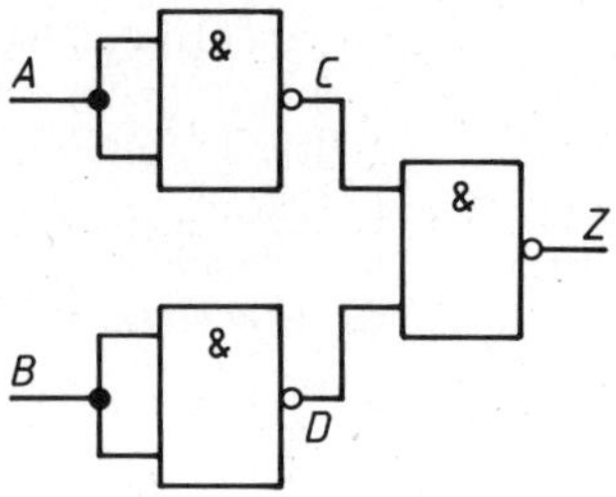

Bild 53.12 Mit drei NAND-Gattern ist das Verhalten der ODER-Schaltung nachzubilden

Mit A und B als binären Eingangsvariablen und Z als Ausgangsvariabler verhält sich die Schaltung 53.12 wie ein ODER-Gatter.

Betrachtungen, die denen von Beispiel 53.3 entsprechen, lassen sich auch für Gatter mit mehr als zwei Eingängen und für kompliziertere logische Schaltungen durchführen. Nach entsprechenden Überlegungen kann man logische Schaltungen auch nur aus NOR-Gattern aufbauen.

53.5 Das Entwickeln logischer Schaltungen

Die von einer logischen Schaltung zu erfüllenden Forderungen werden meist zunächst in einer Wahrheitstabelle zusammengefaßt. So muß beispielsweise das Kühlgebläse einer Projektionslampe laufen ($K = 1$), wenn die Lampe läuft ($L = 1$) oder wenn eine durch das Abschalten der Lampe 10 s lang aktivierte Verzögerungsschaltung ($V = 1$) für eine Nachkühlung der schon abgeschalteten Lampe sorgt. Aus diesen Forderungen ergeben sich die Wahrheitstabellen 53.7:

Tabelle 53.7: Wahrheitstabellen für das Schalten des Kühlgebläses

a)

L	0	1	0	1
V	0	0	1	1
K	0	1	1	1

b)

L	0	1	0	1
V	0	0	1	1
K	0	1	1	0

Bei logischen Steuerungen tritt häufig der Fall auf, daß einzelne Zustände, welche die Wahrheitstabelle enthält, im praktischen Betrieb nicht vorkommen können. Bei dem Kühlgebläse können beispielsweise Lampe und Verzögerungsglied nicht gleichzeitig eingeschaltet sein; der Zustand $L = V = 1$ wird also im praktischen Betrieb nie auftreten. In solchen Fällen, den sog. don't care positions (Positionen, um die man sich nicht kümmern muß), kann die Ausgangsgröße willkürlich zu 0 oder 1 gewählt werden. Beide Wahrheitstabellen 53.7 erfüllen die Bedingungen für die Steuerung des Kühlgebläses. Tabelle 53.7a beschreibt eine ODER-Verknüpfung; sie liefert die einfachere Vorschrift für die Realisierung der Schaltung.

53.5.1 Das Entwickeln der Logikschaltung aus der Wahrheitstabelle

In der Wahrheitstabelle 53.7b ist die Ausgangsvariable $K = 1$, wenn

$L = 1$ und gleichzeitig $V = 0$ (nicht 1) ist, oder wenn
$L = 0$ (nicht 1) und gleichzeitig $V = 1$ ist.

Die Logikfunktion hierfür lautet:

$$K = (L \wedge \overline{V}) \vee (\overline{L} \wedge V) \qquad (53.6)$$

Der Teilausdruck $L \wedge \overline{V}$, in dem jede Eingangsvariable genau einmal nicht negiert oder negiert vorkommt, wird **Minterm** genannt. In der das Logikverhalten beschreibenden **disjunktiven** (ODER-verknüpften) **Normalform** werden alle Minterme, für welche die Ausgangsgröße gleich 1 ist, durch ODER verknüpft.
In der Wahrheitstabelle 53.7a hat die Ausgangsvariable K drei 1-Zustände. Demzufolge ist die disjunktive Normalform der Logikfunktion aus 3 Mintermen zusammengesetzt:

$$K = (L \wedge \overline{V}) \vee (\overline{L} \wedge V) \vee (L \wedge V) \qquad (53.7)$$

Die Schaltung wird so aufgezeichnet, wie sie die Logikfunktion beschreibt. So besagt Gl. (53.7), daß die Ausgänge von drei UND-Verknüpfungen, durch eine ODER-Schaltung verknüpft, die gesuchte Ausgangsgröße liefern (Bild 53.13a). Die Negationskreise an den Eingängen der Symbole sind Kurzzeichen für vorgeschaltete NICHT-Stufen.

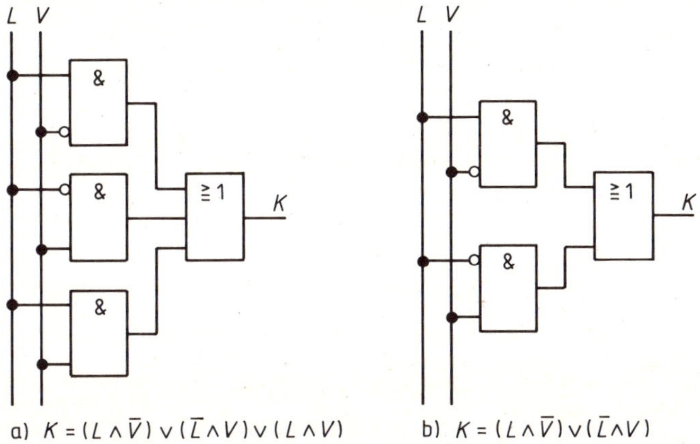

Bild 53.13
Logikschaltungen zu Wahrheitstabellen 53.7

Beispiel 53.4: Gegeben ist die Wahrheitstabelle einer Logikschaltung mit drei Eingangsvariablen. Gesucht ist die disjunktive Normalform der Ausgangsgröße Z.

A	0	1	0	1	0	1	0	1
B	0	0	1	1	0	0	1	1
C	0	0	0	0	1	1	1	1
Z	0	0	1	0	0	0	1	1

$$Z = (\overline{A} \wedge B \wedge \overline{C}) \vee (\overline{A} \wedge B \wedge C) \vee (A \wedge B \wedge C)$$

53.5.2 Die Gesetze der Schaltalgebra

Zwei Gründe können dafür sprechen, die disjunktive Normalform einer Logikfunktion umzuwandeln, ehe aus ihr die steuernde Logikschaltung entwickelt wird:

→ Eine Umwandlung muß erfolgen, wenn die nach Bild 53.13 notwendigen logischen Grundverknüpfungen als Gatter der eingesetzten Logikfamilie nicht zur Verfügung stehen und beispielsweise durch NAND-Gatter ersetzt werden müssen.

→ Eine Umwandlung sollte erfolgen, wenn sie eine Schaltungsvereinfachung ermöglicht. So wurde bereits erwähnt, daß die Wahrheitstabelle 53.7a die einfache Logikverknüpfung

$$K = L \vee V \qquad (53.8)$$

beschreibt. Die Gl. (53.8) sagt also das Gleiche aus wie Gl. (53.7); die verhältnismäßig aufwendige Schaltung 53.13a läßt sich durch ein ODER-Gatter mit zwei Eingängen ersetzen (vgl. Beispiel 53.6).

Umformungen und Vereinfachungen logischer Schaltungen können nach den Gesetzen der BOOLEschen Algebra (George BOOLE 1814 – 1864), auch **Schaltalgebra** genannt, vorgenommen werden. Diese im folgenden zusammengestellten und erläuterten Gesetze haben in ihrem Aufbau viele Parallelen zu den Gesetzen der normalen Algebra.

Tabelle 53.8: a) Logische Verknüpfungen zweier Konstanten

$0 \wedge 0 = 0$	$0 \wedge 1 = 0$	$1 \wedge 0 = 0$	$1 \wedge 1 = 1$
$0 \vee 0 = 0$	$0 \vee 1 = 1$	$1 \vee 0 = 1$	$1 \vee 1 = 1$
$\overline{0} = 1$	$\overline{1} = 0$		

b) Logische Verknüpfungen einer binären Funktion und einer Konstanten

$A \wedge 0 = 0$	$A \wedge 1 = A$	$\overline{A} \wedge 0 = 0$	$\overline{A} \wedge 1 = \overline{A}$
$A \vee 0 = A$	$A \vee 1 = 1$	$\overline{A} \vee 0 = \overline{A}$	$\overline{A} \vee 1 = 1$

c) Logische Verknüpfungen einer binären Funktion mit sich selbst

$A \wedge A = A$	$A \wedge \overline{A} = 0$	$A \vee A = A$	$A \vee \overline{A} = 1$
$\overline{\overline{A}} = A$			

Aus den logischen Verknüpfungen einer binären Funktion mit einer Konstanten und mit sich selbst sind folgende Anwendungen zu erkennen:

→ Ein nicht belegter Eingang einer UND-Verknüpfung wird fest auf 1 gelegt oder mit einem anderen schon belegten Eingang verbunden. Beide Eingänge wirken dann gemeinsam wie der schon belegte Eingang, denn es ist $A \wedge 1 = A$ bzw. $A \wedge A = A$.

→ Ein nicht belegter Eingang einer ODER-Verknüpfung wird fest auf 0 gelegt oder mit einem anderen schon belegten Eingang verbunden. Beide Eingänge wirken dann gemeinsam wie der schon belegte Eingang, denn es ist $A \vee 0 = A$ bzw. $A \vee A = A$.

→ $A \wedge \overline{A} = 0$, denn niemand kann beispielsweise gleichzeitig Englisch sprechen und dabei keine Englischkenntnisse haben.

→ $A \vee \overline{A} = 1$, denn wird beispielsweise eine Person gesucht, die entweder Englisch spricht oder keine Englischkenntnisse hat, dann ist jede Person geeignet.

→ $\overline{\overline{A}} = A$; wird eine binäre Variable zweimal negiert, dann ergibt sich wieder die ursprüngliche Variable (Bild 53.14). Man verwendet diese Schaltung, wenn die Leistung des sonst unveränderten Signals verstärkt werden soll. Gelegentlich nutzt man auch aus, daß das Signal für das Durchlaufen eines logischen Gliedes Zeit – beispielsweise bei TTL-Schaltungen etwa 10 ns – braucht. Das zweimal negierte Signal von Bild 53.14 ist damit gegenüber dem ursprünglichen Signal um 20 ns zeitverzögert.

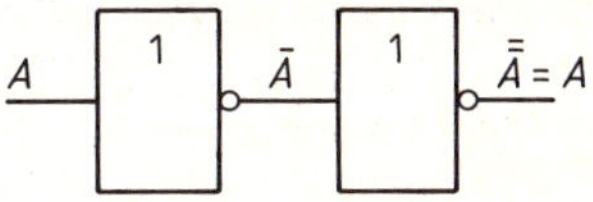

Bild 53.14 Doppelte Negierung

Tabelle 53.9: Logische Verknüpfungen mehrerer Funktionen

Gesetz	Schaltalgebra	Algebra
kommutativ (Vertauschbarkeit)	$A \wedge B = B \wedge A$ $A \vee B = B \vee A$	$A \cdot B = B \cdot A$ $A + B = B + A$
assoziativ (Zuordnung)	$A \wedge B \wedge C = A \wedge (B \wedge C)$ $= (A \wedge B) \wedge C = (A \wedge C) \wedge B$ $A \vee B \vee C = A \vee (B \vee C)$ $= (A \vee B) \vee C = (A \vee C) \vee B$	$A \cdot B \cdot C = A \cdot (B \cdot C)$ $= (A \cdot B) \cdot C = (A \cdot C) \cdot B$ $A + B + C = A + (B + C)$ $= (A + B) + C = (A + C) + B$
distributiv (Verteilung)	$A \wedge (B \vee C) = (A \wedge B) \vee (A \wedge C)$ $A \vee (B \wedge C) = (A \vee B) \wedge (A \vee C)$	$A \cdot (B + C) = A \cdot B + A \cdot C$ –
DE MORGAN	$\overline{A \wedge B} = \overline{A} \vee \overline{B}$ $\overline{A \vee B} = \overline{A} \wedge \overline{B}$	– –

Das **kommutative Gesetz** zeigt, daß die Reihenfolge der Belegung der Eingänge gleichgültig ist, wenn ein UND- bzw. ein ODER-Gatter mehrere Eingänge hat.
Das **assoziative Gesetz** zeigt, daß mehrere Schaltungen mit wenigen Eingängen eine Schaltung gleicher Verknüpfungsart mit mehr Eingängen ersetzen können. So ersetzen beispielsweise zwei UND-Gatter mit je zwei Eingängen in Schaltung 53.15 ein UND-Gatter mit drei Eingängen.

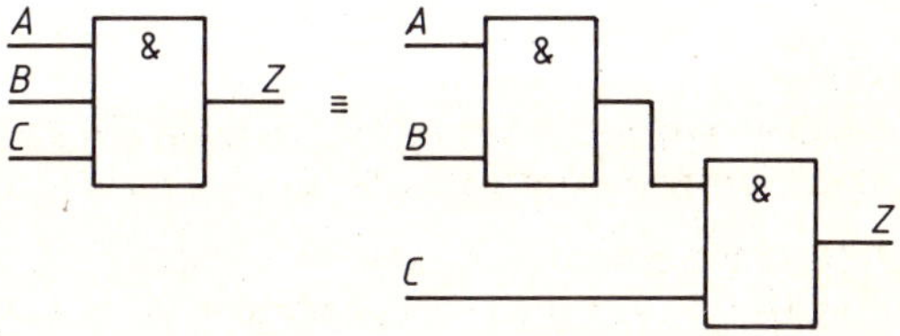

Bild 53.15 Anwendung des assoziativen Gesetzes

$A \wedge B \wedge C = (A \wedge B) \wedge C$

Die Verwendung des **distributiven Gesetzes** für Schaltungsvereinfachungen zeigen die nachfolgenden Beispiele.

Für Schaltungsumwandlungen wird auch das **Gesetz von DE MORGAN**, für das es in der Algebra keine Parallele gibt, eingesetzt. Es sagt beispielsweise für eine aus zwei Variablen gebildete Logikfunktion aus: »Man kann das Negieren der Gesamtfunktion ersetzen durch Negieren der einzelnen Variablen und Wechsel UND ⇄ ODER ihrer Verknüpfung«.

In Beispiel 53.3 wurde durch Untersuchungen mit Hilfe der Wahrheitstabelle nachgewiesen, wie eine ODER-Verknüpfung zweier Variabler durch eine nur aus NAND-Gattern aufgebautes Logikschaltung zu verwirklichen ist. Das Gleiche läßt sich unter Verwendung des Gesetzes von DE MORGAN zeigen:

$A \vee B = \overline{\overline{A \vee B}}$ eine doppelte Negierung verändert die Funktion nicht

$= \overline{\overline{A} \wedge \overline{B}}$ Anwendung des Gesetzes von DE MORGAN

Die beiden negierten Variablen $\overline{A}$ und $\overline{B}$ sind NAND-verknüpft. Für die Schaltung werden drei NAND-Gatter, von denen zwei als NICHT-Stufen arbeiten, verwendet (Bild 53.12).

Beispiel 53.5: Die durch die Wahrheitstabelle gegebene Logikfunktion für die Ausgangsvariable Z ist zu vereinfachen.

A	0	1	0	1
B	0	0	1	1
Z	1	0	1	0

$Z = (\overline{A} \wedge \overline{B}) \vee (\overline{A} \wedge B)$ disjunktive Normalform

$= \overline{A} \wedge (\overline{B} \vee B)$ distributives Gesetz

$= \overline{A} \wedge 1$ $\quad \overline{B} \vee B = 1$

$Z = \overline{A}$ $\quad \overline{A} \wedge 1 = \overline{A}$

Die Ausgangsvariable Z ist immer dann 1, wenn A nicht 1 ist. Da keine Abhängigkeit von der Eingangsvariablen B besteht, genügt als Logikschaltung ein NICHT-Gatter mit A als Eingangsvariabler.

Beispiel 53.6: Es ist zu zeigen, daß die Logikschaltung 53.13a durch ein ODER-Gatter mit zwei Eingängen zu ersetzen ist.

$K = (L \wedge \overline{V}) \vee (\overline{L} \wedge V) \vee (L \wedge V)$ disjunktive Normalform

$= (L \wedge \overline{V}) \vee (V \wedge \overline{L}) \vee (V \wedge L)$ kommutatives Gesetz

$= (L \wedge \overline{V}) \vee [V \wedge (\overline{L} \vee L)]$ distributives Gesetz

$= (L \wedge \overline{V}) \vee (V \wedge 1)$ $\quad \overline{L} \vee L = 1$

$= (L \wedge \overline{V}) \vee V$ $\quad V \wedge 1 = V$

$= V \vee (L \wedge \overline{V})$ kommutatives Gesetz

$= (V \vee L) \wedge (V \vee \overline{V})$ distributives Gesetz

$= (V \vee L) \wedge 1$ $\quad V \vee \overline{V} = 1$

$K = V \vee L$ $\quad (V \vee L) \wedge 1 = V \vee L$

Wie das Beispiel zeigt, ist die Vereinfachung logischer Funktionen, besonders für mehr als zwei Eingangsvariable, umständlich und fehleranfällig. Es wurden daher einige – teilweise grafische – Verfahren zur Schaltungsvereinfachung und Schaltungsumwandlung entwickelt. Sie sind in der einschlägigen Literatur zu finden.

Beispiel 53.7: Die Logikschaltung 53.13b ist nicht mehr zu vereinfachen. Die sie beschreibende Logikfunktion soll so umgewandelt werden, daß eine Schaltung gleicher Wirkung a) nur aus NAND-Gattern, b) nur aus NOR-Gattern aufgebaut werden kann.

Die Ausgangsgleichung ist $K = (L \wedge \overline{V}) \vee (\overline{L} \wedge V)$.

a) $K = \overline{\overline{(L \wedge \overline{V}) \vee (\overline{L} \wedge V)}}$ b) $K = \overline{\overline{(L \wedge \overline{V})}} \vee \overline{\overline{(\overline{L} \wedge V)}}$

Die doppelten Negierungen verändern die Logikfunktionen nicht.

$K = \overline{\overline{(L \wedge \overline{V})} \wedge \overline{(\overline{L} \wedge V)}}$ $K = \overline{(\overline{L} \vee V)} \vee \overline{(L \vee \overline{V})}$

Anwendung des Gesetzes von DE MORGAN.

$K = \overline{\overline{\overline{(\overline{L} \vee V)} \vee \overline{(L \vee \overline{V})}}}$

Nach nochmaliger doppelter Negierung läßt sich die ODER-Funktion in Teil b) durch eine NOR- und eine nachgeschaltete NICHT-Stufe realisieren.

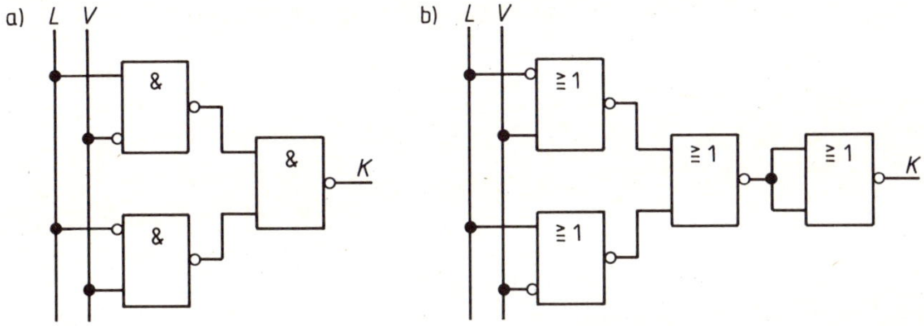

Bild 53.16 Schaltungen zu Beispiel 53.7

53.6 Integrierte Schaltungen

Werden gleiche elektronische Schaltungen in größerer Stückzahl gebraucht, dann ist die Fertigung der Schaltung aus Einzelbauelementen, also Widerständen, Kondensatoren, Spulen, Transistoren usw., die mit Kupferdrähten und durch Löten verbunden sind, unwirtschaftlich. Diese Fertigungsart ist unmöglich, wenn, wie bei jetzt im Einsatz befindlichen Schaltungen, die Zahl der benötigten Bauelemente in die Tausende oder Millionen geht.
Mit der Entwicklung komplexerer elektronischer Schaltungen änderte sich die Aufgabenverteilung zwischen Bauelemente-Hersteller und Geräte-Hersteller. Während ursprünglich der Bauelemente-Hersteller nur Einzelbauelemente fertigte, aus denen der Geräte-Hersteller dann das Gerät zusammenschaltete, stellen jetzt viele Bauelemente-Hersteller auch Baugruppen oder fertige Schaltungen her. Diese Entwicklung begann Ende der 50er Jahre mit der modularen Bauweise, bei welcher Baugruppen (Module) als Einsteckplatinen oder auch in Gehäusen vergossen geliefert wurden. Ab 1962 kamen dann die integrierten Schaltungen auf den Markt, von denen die Bauelemente-Hersteller heute ein weitgefächertes Spektrum von einfachsten bis hin zu höchst komplexen Schaltungen anbieten.

53.6.1 Aufbau monolithisch integrierter Schaltungen

In der fortschrittlichsten Technologie, der Herstellung monolithisch (auf einem Si-Kristallplättchen zusammengefaßter) integrierter Schaltungen werden elektronische Schaltungen entsprechend dem in Abschnitt 52.1 beschriebenen Verfahren zur Herstellung von Silizium-Planartransistoren gefertigt. Durch Dotierungen des Silizium-Trägermaterials und das Aufdampfen von Schichten (Epitaxie) werden die Bauelemente hergestellt; das darauf folgende

Aufdampfen metallischer Leiterbahnen verbindet sie untereinander. Auf dem aus einem Silizium-Einkristall geschnittenen Wafer, einer kreisrunden Scheibe von jetzt (1991) bis zu 200 mm Durchmesser und etwa 0,3 mm Dicke, werden bei einfachen Schaltungen bis zu einige tausend, bei komplizierteren Schaltungen über hundert integrierte Schaltungen gleichzeitig gefertigt. Einen Wafer mit 3 Zoll Durchmesser zeigt Bild 53.17. Die einzelnen integrierten Schaltungen sind auf seiner Oberfläche als Rechtecke zu erkennen. Einige durch Schaltungen nicht belegte rechteckige Felder tragen kleine Markierungen, nach denen der Wafer für die verschiedenen Fertigungsschritte ausgerichtet wird.

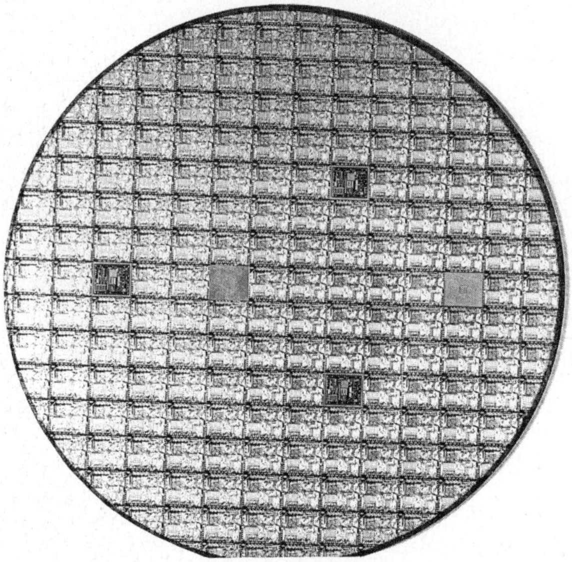

Bild 53.17 Wafer mit etwa 150 LSI-Schaltungen (natürliche Größe) (Siemens-Werkbild)

Ein kleines Staubpartikelchen, das während eines Belichtungsvorganges auf einer Fotomaske liegt oder eine unvermeidbare Unregelmäßigkeit im Kristallaufbau können eine integrierte Schaltung unbrauchbar machen. Um trotzdem eine wirtschaftliche Ausbeute zu erhalten, werden an die Fertigungsräume Forderungen an Sauberkeit und Staubfreiheit gestellt, die weit über entsprechende Forderungen an klinische Operationsräume hinausgehen. Mit Testspitzen werden die einzelnen Schaltungen noch auf dem Wafer geprüft, wobei unbrauchbare Schaltungen markiert werden. Sehr komplexe Schaltungen enthalten häufig Reservebaugruppen. Ist eine der ursprünglichen Baugruppen ausgefallen, so wird, noch während der Fertigung, durch Änderung der Leiterbahnenführung die entsprechende Ersatzbaugruppe aktiviert.
Danach wird der Wafer in die kleinen Siliziumplättchen, die **Chips** genannt werden, und von denen jedes eine vollständige integrierte Schaltung trägt, zerteilt. Die Fläche eines Chips liegt zwischen etwa 1 mm^2 bei einfachen Schaltungen und 160 mm^2 bei sehr hoch integrierten Schaltungen. Bild 53.18 zeigt vergrößert (wirkliche Abmessungen etwa 6 mm·4 mm) die auf dem Chip aufgebrachten Strukturen einer hochintegrierten Schaltung. Die Fertigung einer solchen Schaltung ist kompliziert und erfordert viele Teilschritte. Für einen Wafer mit

1 MBit-Speicherchips gibt die Firma IBM 60 Tage als Durchlaufzeit durch die Fertigungsstraße an.
An den Rändern des Chips sind kleine Quadrate, die Anschlußfelder (engl. pads), erkennbar. Auf sie werden etwa 0,02 mm dicke Aluminium- oder Golddrähte aufgeschweißt, durch welche die Chipanschlüsse mit den Gehäusekontakten verbunden werden. Der Chip wird, luftdicht abgeschlossen, in das Gehäuse eingebaut. Nur bei Speicherbausteinen, deren Speicherinhalte durch Bestrahlung mit UV-Licht löschbar sind (s. Abschn. 55.1.3.2b) ist der Chip mit einem Quarzglasfenster abgedeckt und somit sichtbar.

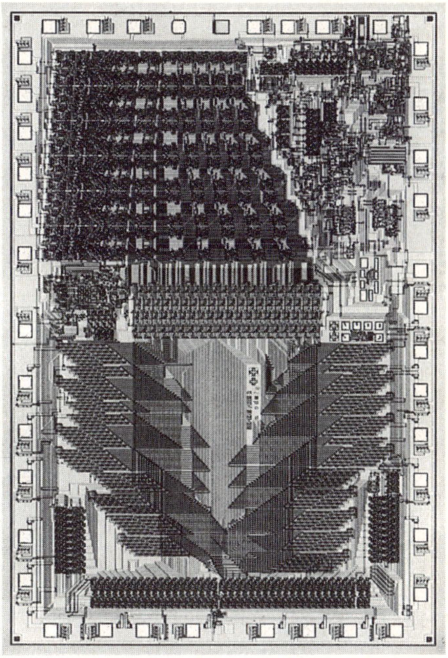

Bild 53.18 Oberfläche eines Chips mit einer hochintegrierten Schaltung (Siemens-Werkbild)

Bild 53.19 zeigt einige wichtige Gehäusebauformen für digitale integrierte Schaltungen. Als Standardgehäuse gilt das DIL-(dual-in-line-)Gehäuse aus Kunststoff, für das bei hochwertigen Anwendungen auch Keramik verwendet wird (Bild 53.19b). Die Anschlußstifte (pins) sind im genormten Abstand von 2,54 mm (0,1″) in zwei Reihen angeordnet. Diese Gehäuse haben zumindest 14 (bei analogen Schaltungen auch weniger) bis maximal 64 Anschlußstifte. Mit mehr Anschlußstiften wären diese Gehäuse mechanisch zu instabil. Pin-grid-array-Gehäuse (Bild 53.19a), bei denen bis etwa 300 Anschlußstifte auf der Gehäuseunterseite angeordnet sind, werden in quadratischer Form gefertigt. Bei beiden Gehäuse-Bauformen werden die Anschlußstifte bei der Montage entweder in einen Sockel gesteckt oder durch Kontaktlöcher der Trägerplatine gesteckt und auf der Platinenunterseite mit den Kontaktbahnen verlötet.
Große Bedeutung für die automatisierte Fertigung hat die Oberflächenmontage (surface mounted technology) von Bauelementen und Schaltkreisen. Zwei dafür verwendete integrierte Schaltkreise zeigen die Bilder 53.19c und 53.19d. Diese Gehäuse belegen bis zu 50% weniger Platinenfläche als entsprechende DIL-Schaltungen. Bauelemente und Schaltungen wer-

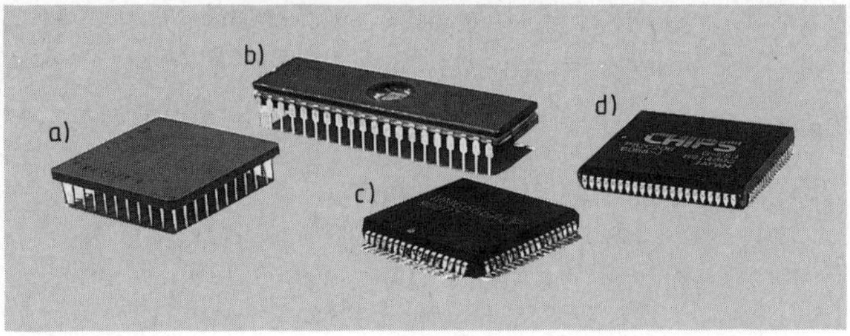

Bild 53.19 Gehäuse integrierter Schaltungen

den auf der Platinenoberfläche festgeklebt. Da die Lötpunkte auf der gleichen Seite wie die Bausteine liegen, ist eine doppelseitige Bestückung der Platine möglich. Für die Bestückung durch Fertigungsautomaten werden Bauelemente und Schaltkreise gegurtet geliefert.

53.6.2 Die Eigenschaften monolithisch integrierter Schaltungen

Die Zahl der auf einem Chip integrierten Transistorfunktionen gibt eine grobe Unterteilung der monolithisch integrierten Schaltungen:

Tabelle 53.10: Einteilung der monolithisch integrierten Schaltungen

Bezeichnung des Integrationsgrades	Fertigung seit etwa	Transistorfunktionen je Chip
SSI = small scale integration (kleiner Integrationsgrad)	1963	<50
MSI = medium scale integration (mittlerer Integrationsgrad)	1968	50···500
LSI = large scale integration (hoher Integrationsgrad)	1971	500···50000
VLSI = very large scale integration (sehr hoher Integrationsgrad)	1979	50000···500000
ULSI = ultra large scale integration (extrem hoher Integrationsgrad)	1987	>500000

Eine derzeit (1991) gefertigte ULSI-Schaltung ist der 1 MBit-Speicherchip. Er enthält über $4 \cdot 10^6$ Bauelemente, davon mehr als $2 \cdot 10^6$ Transistorfunktionen. Diese Schaltung ist bereits von dem am Anfang seines Einsatzes stehenden 4 MBit-Speicherchip überholt. Größere Speicherchips, bis hin zum 256 MBit-Speicherchip, der dann über 10^9 Bauelemente enthalten wird, sind in der Entwicklung bzw. in verschiedenen Stufen der Planung. Die feinsten Bauelementestrukturen liegen derzeit bei 0,7 μm, das ist 1/70 der Dicke eines normalen Haares. Wegen dieser Feinheit der Strukturen wird das gesamte Gebiet von der Herstellung bis zum Einsatz der integrierten Schaltungen auch die **Mikroelektronik** genannt. Die Weiterentwicklung zukünftiger größerer Schaltungen zielt vornehmlich auf eine Verkleinerung der Bauelemente-

strukturen, wobei Strukturen bis 0,3 μm in Planung sind, sowie auf die bisher kaum übliche Nutzung des Trägermaterials in die Tiefe, d.h. die Anordnung der Bauelemente in mehreren Schichten übereinander.
Angaben über die für die Fertigung monolithisch integrierter Schaltungen verwendeten Technologien sind in Abschn. 54.9 zu finden.

Der Entwurf einer monolithisch integrierten Schaltung unterscheidet sich grundlegend von dem einer festverdrahteten Schaltung aus diskreten Bauelementen. Während bei letzterer der Transistor, also das aktive Bauelement, meist teurer als ein passives Bauelement wie Diode, Widerstand, Kondensator ist, ist bei der integrierten Schaltung im allgemeinen der Transistor das Bauelement, das die kleinste Fläche auf dem Chip benötigt und somit die geringsten Kosten verursacht. Integrierte Schaltungen werden daher so aufgebaut, daß Transistoren auch weitgehend die Funktionen der passiven Bauelemente übernehmen. Ein Verfahren, Spulen zu integrieren, wurde noch nicht gefunden. Dadurch wird vor allem die Integration analoger Schaltkreise erschwert, denn nicht in allen Fällen ist die Induktivität durch eine spulenfreie Schaltung zu ersetzen. Wegen der Vielzahl der Bauelemente kann eine hochintegrierte Schaltung nur mit Rechnerunterstützung entworfen werden.

Die Vorteile monolithisch integrierter Schaltungen sind:

→ Sie sind im Einsatz billig. Eine Transistorfunktion kostet – bei sinkender Tendenz – in hochintegrierten Schaltungen weniger als 0,1 Dpfg.
→ Sie haben einen kleinen Leistungsverbrauch und damit eine geringe Wärmeentwicklung. Nur bei großen Schaltungen ist Zwangskühlung erforderlich.
→ Lötstellen, die kritischen Punkte festverdrahteter Schaltungen, entfallen weitgehend. Dadurch sind integrierte Schaltungen sehr zuverlässig.
→ Durch das gemeinsame Herstellen haben die Bauelemente gleiche Temperaturabhängigkeiten und gute relative Genauigkeiten zueinander.
→ Die Schaltungen niedrigen und mittleren Integrationsgrades der gebräuchlichen Logikfamilien sind in ihrem Aufbau weitgehend standardisiert und werden von vielen Herstellern geliefert.

Die Nachteile monolithisch integrierter Schaltungen sind:

→ Die Schaltelemente sind nur mit schlechter absoluter Genauigkeit zu fertigen. Ein Abgleich ist nicht möglich.
→ Die Signale stehen nur mit geringer Leistung zur Verfügung.
→ Für das Arbeiten mit hochintegrierten Schaltungen und ihre Lagerung sind besondere Vorsichtsmaßregeln zu beachten. Sie beziehen sich vor allem auf die Empfindlichkeit der Schaltung gegen elektrostatische Aufladungen (Reibungselektrizität).

53.6.3 Integrierte Filmschaltungen

Ein wesentlicher Nachteil monolithisch integrierter Schaltkreise ist, daß die Bauelemente nicht abgleichbar sind. Dieser Nachteil läßt sich durch die Verwendung integrierter Filmschaltungen beheben, bei denen auf einem Kunststoff- oder Keramikträger leitfähige Schichten aufgebracht werden, mit denen beispielsweise Widerstände, Kondensatoren und die sie verbindenden Leitungen realisiert werden. Bei der **Dickfilmtechnik** (Schichtdicke >10 μm) werden leitfähige Pasten im Siebdruckverfahren aufgebracht, während in der **Dünnfilmtechnik** (Schichtdicke <10 μm) die leitenden Schichten aufgesprüht oder aufgedampft werden. Durch Ausfräsen kleiner Gebiete mit Laser- oder Sandstrahl können die Bauelemente – evtl. in Betrieb – auf die genauen Werte abgeglichen werden.

Aktive Bauelemente, wie Transistoren, lassen sich in den besprochenen Filmtechniken nicht herstellen. Deshalb vervollständigt man beispielsweise das in einer Filmtechnik hergestellte Widerstandsfeld zur Schaltung durch das Einfügen monolithisch integrierter Schaltungen, sowie, wenn erforderlich, durch das Einfügen von Einzelbauelementen wie Transistoren. Man nennt so zusammengestellte integrierte Schaltkreise **hybride Schaltungen** (hybrid = von zweierlei Herkunft).

53.6.4 Überlegungen zum Einsatz integrierter Schaltkreise

Durch die hohen Entwicklungskosten ist die Fertigung integrierter Schaltungen nur dann wirtschaftlich, wenn sehr hohe Stückzahlen gebraucht werden. Diesen Ansprüchen genügen einerseits die von vielen Anwendern eingesetzten niedrig bis mittel integrierten Standard-Logikschaltungen, andererseits die kundenspezifischen hochintegrierten Schaltungen, wie sie in der Unterhaltungs- und Autoelektronik zu finden sind.
Zwischen diesen beiden Extremen – einfache universelle Schaltungen für viele Kunden und hochspezialisierte Schaltungen für nur einen Abnehmer – gibt es noch zwei weitere Möglichkeiten:

→ Die in Kapitel 55 behandelten hochintegrierten Schaltkreise der Mikrocomputer-Familien können eine Vielzahl von Steuer- und Rechenaufgaben lösen. Sie sind von vielen Anwendern für die unterschiedlichsten Aufgaben einzusetzen, da durch Programmieren der Schaltung die Arten der Operationen und die Reihenfolge, in der sie abgewickelt werden, zu bestimmen ist.

→ Bei den in Abschnitt 54.10 behandelten halbkundenspezifischen integrierten Schaltkreisen gibt der Halbleiter-Hersteller dem Kunden Hilfe bei der Schaltungsentwicklung. Günstig auf den Preis der Entwicklung wirkt sich auch aus, daß die Schaltungen bis zu einem gewissen, vom Typ der Schaltung abhängigen, Grad kundenunabhängig vorgefertigt werden können.

53.7 Bestückte Leiterplatten

Die Steuer- oder Rechenschaltung besteht aus einer Reihe integrierter Schaltkreise mit zusätzlichen diskreten Bauelementen wie Transistoren zum Verstärken der Ausgangssignale, Kondensatoren zum Verhindern von Spannungseinbrüchen der Netzspannung, einem Schwingquarz zum Festlegen der Taktfrequenz usw. Alle diese Bausteine werden auf einer Kunststoffplatine zusammengeschaltet (Bild 53.20).
Die Platine aus Hartpapier oder einem glasfaserverstärkten Epoxidharz ist für einfache Schaltungen beidseitig mit einer dünnen Kupferschicht überzogen. Nach Aufbringen des Leiterbahnmusters durch Belichten einer die Kupferschicht bedeckenden lichtempfindlichen Schicht wird das Kupfer unter den nicht belichteten Stellen weggeätzt, so daß auf den Plattenoberflächen die Kupferleitungen zurückbleiben, welche die Anschlußpunkte verbinden.
Wird die Platine beispielsweise mit Bausteinen in Dual-in-line-Gehäusen bestückt, dann werden deren Anschlußstifte durch Lötaugen der Platine (genormtes Lochraster mit 2,54 mm = 0,1″ Lochabstand) gesteckt und auf der Platinen-Rückseite im Lötbad mit dem Schwall-Verfahren verlötet. Um die empfindlichen hochintegrierten Schaltkreise beim Einbau und dem evtl. Austausch elektrisch und mechanisch zu schützen, werden diese häufig nicht direkt eingelötet, sondern in Sockel gesteckt, die auf die Platine gelötet sind. Zunehmend werden Platinen auch (beidseitig) mit oberflächenmontierten, d.h. aufgeklebten, Schaltkreisen und Bauelementen bestückt.

Bild 53.20
Teilweise bestückte
Leiterplatte (verkleinert)

Die Platinengröße ist durch die Schaltungsgröße bestimmt. Standardisierte Abmessungen haben die Europakarte (160 mm ∗ 100 mm) und die Doppel-Europakarte (233 mm ∗ 160 mm). Größere Schaltungen werden auf mehreren Platinen gefertigt.
Umfangreichere Schaltungen haben eine Vielzahl sich kreuzender Verbindungsleitungen. Um kreuzungsfreie Verbindungen anlegen zu können, schichtet man dann bei den Platinen Isolierstoffebenen und Leiterbahnebenen sandwichartig mehrfach übereinander. So arbeitet beispielsweise die Firma IBM bei ihren Chipträgern für Großrechner mit Keramikträgern, in die bis zu 36 Leiterbahnebenen eingelagert sind.
Die Spannungsversorgung der bestückten Platine, sowie ihr Signalverkehr mit anderen Platinen und mit den Eingabe- und Ausgabeeinheiten erfolgt, wie in Bild 53.20 zu sehen ist, über vielpolige Steckverbindungen.

54 Digitale integrierte Schaltungen

Digitale, das sind im Normalfall binäre Schaltungen, werden aus integrierten Schaltkreisen aufgebaut. Dafür steht ein breites Angebot integrierter Kreise, angefangen von einfachsten SSI-Schaltungen, wie NAND-Gattern, über Schaltungen mittleren Integrationsgrades, wie Zählern, bis zu hochintegrierten Schaltungen, wie beispielsweise ganzen Computern auf einem Chip, zur Verfügung. Einzelbauelemente, z. B. Transistoren oder Widerstände, werden nur noch dort eingesetzt, wo die Bauelemente der integrierten Schaltungen strom- oder leistungsmäßig überfordert wären, also beispielsweise zum Ansteuern von Anzeigeelementen.
Das Zusammenschalten verschiedener integrierter Kreise wird problemlos, wenn ihre Versorgungsspannungen, ihre Logikpegel und andere wichtige Kenngrößen für alle Schaltungstypen gleich sind. Eine so zusammengehörende Gruppe integrierter Schaltungen wird **Logikfamilie** (Abschn. 54.9) genannt.
Für niedrig und mittel integrierte Schaltkreise wird am häufigsten die in bipolarer Technik aufgebaute und daher schnelle **Standard-TTL-Familie** (TTL = Transistor-Transistor-Logik), auch **Familie SN 74** genannt, eingesetzt. In ihrer Typkennzeichnung zeigen die beiden ersten

Ziffern 74 die Zugehörigkeit zu einer TTL-Familie, während die darauffolgenden Zeichen – für Standard-TTL-Typen meist eine zweiziffrige oder dreiziffrige Zahl – zur Typunterscheidung dienen.
Gleiche TTL-Schaltkreise werden unter der gleichen Typbezeichnung weltweit von vielen Herstellern gefertigt. Wegen ihrer universellen Einsatzmöglichkeiten sind die Stückzahlen sehr hoch und die Preise niedrig. Die Betrachtungen der folgenden Abschnitte beziehen sich, soweit nicht anders angegeben, auf diese Schaltkreisfamilie.

54.1 Logische Schaltkreise

54.1.1 Gatter

Das in TTL-Technologie am einfachsten zu fertigende Gatter ist das NAND-Gatter, es wird daher auch das Grundgatter der TTL-Familien (vgl. Abschn. 54.9.2) genannt. Als integrierte Schaltungen gehören NAND-Gatter mit 2 bis maximal 13 Eingängen zur TTL-Familie. Dual-in-line-Gehäuse für digitale integrierte Schaltungen haben zumindest 14 Anschlußstifte. Braucht ein Gatter nur wenige Anschlüsse, dann fertigt man mehrere, meist gleiche Schaltungen auf einem Chip. So enthält z. B. die integrierte Schaltung 7400 vier NAND-Gatter mit je zwei Eingängen. Bild 54.1 zeigt die Anschlußbelegung bei Blick auf die Gehäuse-Rückseite. An U_S liegt die Versorgungsspannung +5 V, O_S ist der Masseanschluß.

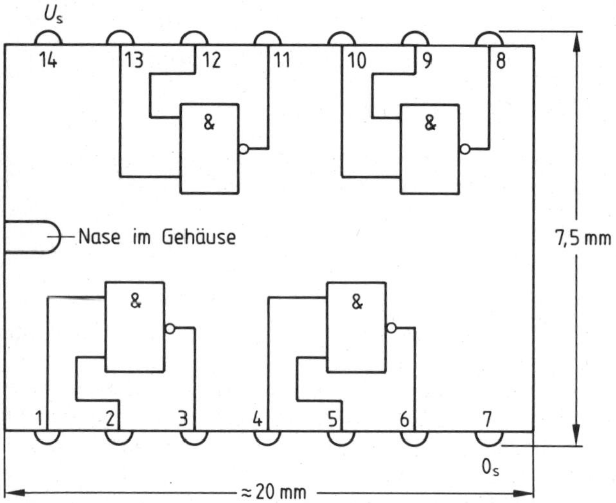

Bild 54.1 Anschlußbelegung der TTL-Schaltung 7400

Auch die logischen Grundverknüpfungen UND, ODER, NICHT, sowie NOR-Schaltungen sind, wenn auch in geringerer Typzahl als die NAND-Gatter, als TTL-Schaltungen erhältlich.

54.1.2 Codierschaltungen

Meßwerte, die ein Steuergerät aufnimmt, oder Zahlen, die ein Computer verarbeitet, werden binär verschlüsselt (codiert). Die Ergebnisausgabe erfolgt meist dezimal, daher arbeiten, zumindest auf ihrer Ausgabeseite, binäre Schaltungen häufig mit dezimal organisierten Dual-

zahlen. Bei diesen wird jede Ziffer der sonst dezimal aufgebauten Zahl dual ausgedrückt (s. Beispiel 54.1).
Mit einem 3 Bit-Wort kann man $2^3 = 8$, mit einem 4 Bit-Wort $2^4 = 16$ unterschiedliche Muster bilden. Eine Dezimalziffer kann also in einem 4 Bit-Wort verschlüsselt werden. Dabei werden 6 der 16 zur Verfügung stehenden Muster nicht ausgenutzt. Ein Code für eine derartige Verschlüsselung wird **BCD-Code** (BCD = binär codierte Dezimalziffer) genannt. Der einfachste BCD-Code ist der in Tabelle 54.1 gezeigte direkte BCD-Code. Die Muster seiner Ziffern 0...9 sind mit den gleichwertigen Mustern der in Abschn. 53.3.2 eingeführten Dualzahlen identisch.

Tabelle 54.1: Direkter BCD-Code

dezimal	BCD-Code				dezimal	BCD-Code			
0	0	0	0	0	5	0	1	0	1
1	0	0	0	1	6	0	1	1	0
2	0	0	1	0	7	0	1	1	1
3	0	0	1	1	8	1	0	0	0
4	0	1	0	0	9	1	0	0	1

Beispiel 54.1: Die Zahl 387 ist

a) als reine Dualzahl,
b) als dezimal organisierte Dualzahl, im direkten BCD-Code verschlüsselt, darzustellen.

a) $387 = 1\cdot 256 + 1\cdot 128 + 0\cdot 64 + 0\cdot 32 + 0\cdot 16 + 0\cdot 8 + 0\cdot 4 + 1\cdot 2 + 1\cdot 1$
$= 1\ 1\ 0\ 0\ 0\ 0\ 0\ 1\ 1_2$

b) $387 = \underbrace{0\ 0\ 1\ 1}_{3}\ \underbrace{1\ 0\ 0\ 0}_{8}\ \underbrace{0\ 1\ 1\ 1}_{7}$

Die dezimal organisierte Dualzahl hat meist eine längere Ziffernfolge als die reine Dualzahl, da für sie ein erheblicher Teil der Bitmuster nicht zur Verfügung steht.
Verschlüsselnetzwerke, bei denen eine von 10 (allgemein 1 aus n) Eingangsleitungen Signal führt und die ein dem Zahlenwert entsprechendes Bitmuster, beispielsweise im direkten BCD-Code ausgeben, nennt man **Codierer** (Encoder). Schaltungen, welche die umgekehrte Wandlung vornehmen, werden **Decodierer** (Decoder) genannt.
So wandelt der BCD/1 aus 10-Decodierer 7442A die im direkten BCD-Code vorgegebene Ziffer so um, daß von den 10 Ausgangsleitungen jeweils nur die der Ziffer zugeordnete Leitung aktiviert wird. Im Symbol 54.2 sind eingangsseitig die Wertigkeiten der Kanäle, ausgangsseitig die den Leitungen entsprechenden Dezimalziffern angegeben. Für die auf das Netzwerk gegebene Ziffer 7 sind im Bild die binären Zustände der Eingangs- und Ausgangsleitungen eingetragen.
Für Anzeigen wird häufig die 7-Segment LED-Anzeige verwendet. Als Anzeigeelement dienen hier 7 Licht aussendende balkenförmige Dioden (LED = Licht emittierende Diode), durch deren unterschiedliche Ansteuerungen, beispielsweise über einen BCD/7 Segment-Decodierer, die einzelnen Ziffern ausgegeben werden. Im Symbol 54.3a sind – wiederum für

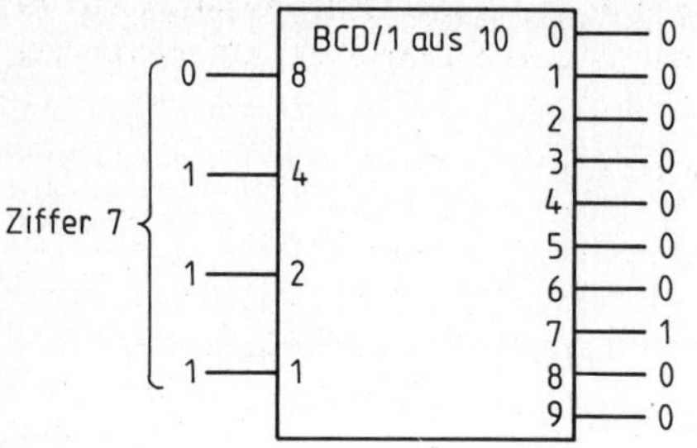

Bild 54.2 Symbol des BCD/1 aus 10-Decodierers (TTL-Schaltung 7442A)

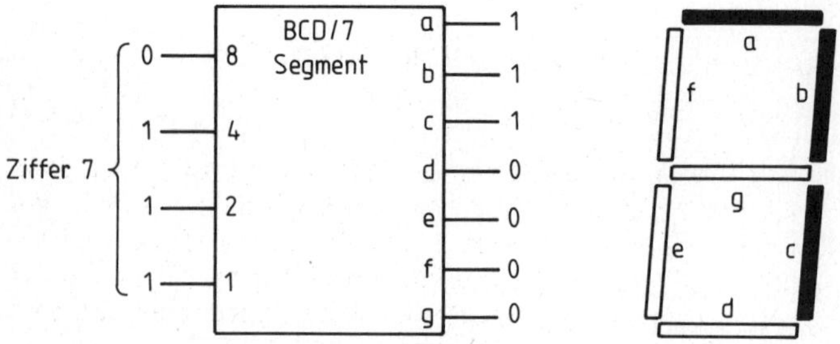

a) Symbol des BCD/7 Segment-Dekodierers (TTL-Schaltung 7448)

b) 7 Segment-Anzeige

Bild 54.3 Ansteuerung einer 7 Segment-Anzeige

die auf den Decodierer gegebene Ziffer 7 – die binären Zustände der Eingangs- und Ausgangsleitungen eingetragen.

Bei einem Aufbau aus logischen Gattern würde man für eine solche Schaltung eine ganze Reihe integrierter Bausteine benötigen. Des geringeren Schaltungsaufwandes wegen werden daher die beschriebenen und andere häufig vorkommende Schaltkreise als integrierte Schaltungen gefertigt. Um die vom Anzeigeelement geforderte Leistung aufzubringen, müssen den Ausgängen von Decodierern oft Verstärkungstransistoren, sogenannte Treiberstufen, nachgeschaltet werden. Bei einer Reihe integrierter Decodierschaltungen sind diese Leistungstreibertransistoren in die Schaltung integriert.

Für die Übertragung binärer Daten verwendet man, der Wirtschaftlichkeit halber, oft nur eine Leitung. Über diese fließen dann, zeitlich nacheinander, die Einzelbits des Wortes bzw. der Nachricht, welche die Information bildet. Die mit den Codierschaltungen eng verwandten Datenselektoren sind mit Weichen für den Informationsfluß zu vergleichen.

Der **Multiplexer** hat n Eingangskanäle, von denen er einen auswählt und auf seinen einzigen Ausgangskanal durchschaltet. Dagegen hat der **Demultiplexer** nur einen Eingangskanal, der auf einen von n Ausgangskanälen durchgeschaltet wird.

54.1.3 Rechenglieder

Die Addition zweier Dualziffern liefert die folgenden Ergebnisse:

A		B		S		$Ü$
0	+	0	=	0	Übertrag	0
0	+	1	=	1	Übertrag	0
1	+	0	=	1	Übertrag	0
1	+	1	=	0	Übertrag	1

Für die am Summenausgang Σ ausgegebene Summe S und den am Übertragsausgang CO (engl. Carry-out output) ausgegebenen Übertrag $Ü$ kann jeweils eine Wahrheitstabelle aufgestellt werden:

Tabelle 54.2: Wahrheitstabelle für die Addition zweier Dualziffern

a) Summe

A	0	1	0	1
B	0	0	1	1
S	0	1	1	0

b) Übertrag

A	0	1	0	1
B	0	0	1	1
$Ü$	0	0	0	1

Die disjunktiven Normalformen der beiden Ausgangsvariablen lauten:

$$S = (A \wedge \overline{B}) \vee (\overline{A} \wedge B) \quad \text{und} \quad Ü = A \wedge B \tag{54.1}$$

Die Addition zweier Dualzahlen wird damit auf eine logische Verknüpfung der beiden Summanden zurückgeführt. Die durch die Wahrheitstabelle 54.2 beschriebene Schaltung (Bild 54.4a), **Halbaddierer** genannt, ist aber nur begrenzt einzusetzen. Bei mehrstelligen Dualzahlen muß nämlich bei der Addition der Dualziffern ein eventueller Übertrag $Ü_{n-1}$ aus der vorhergehenden Stelle berücksichtigt werden. Das geschieht durch den Übertragseingang CI (engl. Carry-in input) des im Bild 54.4b dargestellten **Volladdierers**.

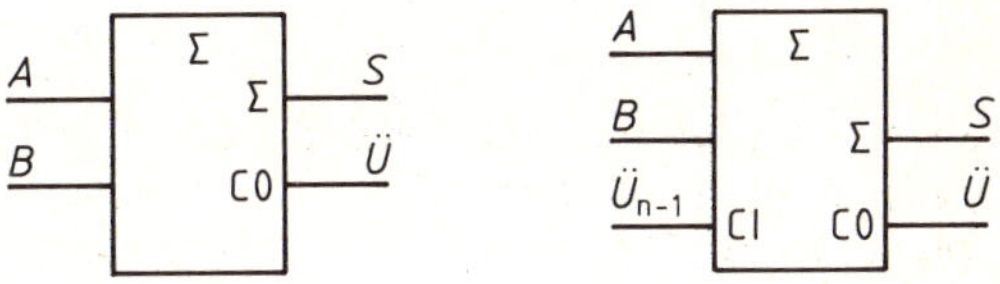

Bild 54.4 Symbole der Addierer a) Halbaddierer b) Volladdierer

Volladdierer, wie auch andere für arithmetische Verknüpfungen wichtige Schaltungen, beispielsweise Multiplizierer, sind als integrierte Schaltungen verfügbar. Dagegen gibt es in der TTL-Familie keinen Halbaddierer, denn der Volladdierer kann als Halbaddierer arbeiten, wenn an seinen Übertragseingang CI fest der Zustand $Ü_{n-1} = 0$ gelegt wird.
Kann durch Funktionswahleingänge bestimmt werden, daß die integrierte Schaltung außer Additionen auch andere arithmetische – beispielsweise Subtraktionen – und logische Operationen ausführen kann, dann wird sie **ALU** (arithmetic-logic unit = Arithmetisch-logische Einheit) genannt. Die Arithmetisch-logische Einheit ist die einfachste Form einer im Betrieb durch an den Funktionswahleingängen liegende Bitmuster programmierbaren, d.h. in ihrem Verhalten veränderbaren Schaltung.

Beispiel 54.2: Die Wahrheitstabellen für Summen- und Übertragsausgang des Volladdierers (Bild 54.4b) sind aufzustellen.

Da der Volladdierer drei Eingänge hat, sind $2^3 = 8$ Kombinationen der Eingangssignale möglich.

A	0	1	0	1	0	1	0	1
B	0	0	1	1	0	0	1	1
$Ü_{n-1}$	0	0	0	0	1	1	1	1
S	0	1	1	0	1	0	0	1
$Ü$	0	0	0	1	0	1	1	1

54.2 Schaltnetze und Schaltwerke

Die bisher besprochenen digitalen integrierten Schaltungen können durch mehr oder weniger aufwendige Kombinationen der Grundgatter UND, ODER und NICHT ersetzt werden. Die Schaltungen haben, wie beispielsweise Bild 54.2 zeigt, meist mehrere Eingänge und oft auch mehrere Ausgänge. Liegt an den Eingängen ein bestimmtes Bitmuster, dann ist dadurch das Bitmuster der Ausgänge eindeutig und immer wiederholbar bestimmt. Schaltungen mit diesem Verhalten werden **Schaltnetze** genannt.
Im Gegensatz dazu stehen die **Schaltwerke**, deren Ausgangszustände, außer von den augenblicklichen Eingangsgrößen, auch von früheren Betriebszuständen bestimmt sind. Schaltwerke sind also Schaltungen mit »Erinnerungsvermögen«. Der Unterschied zwischen Schaltnetz und Schaltwerk soll am Beispiel einer Zweipunkt-Druckregelung verdeutlicht werden.
In einem Druckluftspeicher soll der Luftdruck zwischen 500 kPa und 600 kPa gehalten werden. Bei Unterschreiten des unteren Grenzdruckes wird ein Kompressor zugeschaltet, der bei Überschreiten des oberen Grenzdruckes wieder ausgeschaltet wird. Die Druckaufnehmer liefern

$p_o = 1$, wenn Druck über 600 kPa, $p_o = 0$, wenn Druck unter 600 kPa,

$p_u = 1$, wenn Druck über 500 kPa, $p_u = 0$, wenn Druck unter 500 kPa.

Das einfache *Schaltnetz* Bild 54.5 kann, durch 1-Zustand am entsprechenden Ausgang, den augenblicklichen Betriebszustand anzeigen.

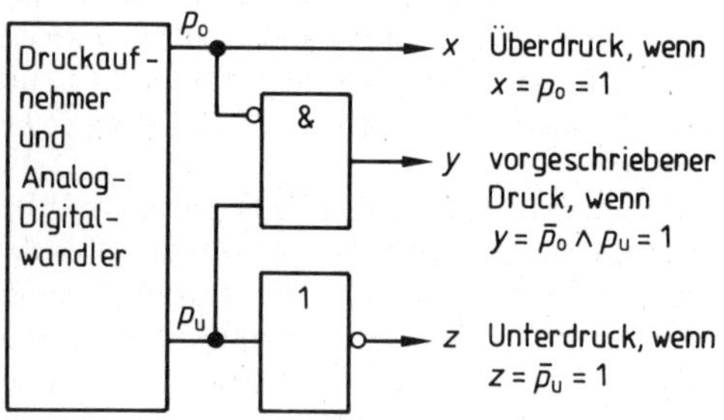

Bild 54.5 Zweipunkt-Druckregelung

Zum Schalten des Kompressors können aber die Ausgangszustände des Schaltnetzes nicht verwendet werden. Im Bereich des vorgeschriebenen Drucks, also wenn $y = 1$ ist, sind zwei Betriebszustände des Kompressors möglich. Er muß laufen, wenn früher Unterdruck ($z = 1$) herrschte; er muß aber abgeschaltet sein, wenn früher Überdruck ($x = 1$) vorlag. Der Kompressor ist mithin durch ein *Schaltwerk* ein- und auszuschalten, das den vorhergehenden Betriebszustand berücksichtigt – das sich »an den vorhergehenden Betriebszustand erinnert«.

54.3 Bistabile Kippglieder

Der binäre Ausgangszustand eines logischen Gatters oder eines aus Gattern aufgebauten Schaltnetzes ist durch seine Eingangszustände eindeutig bestimmt. Bei einem Kippglied kann dagegen, zusätzlich zu den Eingangszuständen, der jeweilige Ausgangszustand die Einstellung des neuen Ausgangszustandes beeinflussen. Wegen dieser Möglichkeit, sich an den vorhergehenden Ausgangszustand zu »erinnern«, ist das Kippglied Grundbaustein aller Schaltungen mit Speicher- oder Erinnerungsvermögen. Als **bistabiles Kippglied** nimmt es bei den Schaltwerken eine ähnlich bedeutende Rolle ein wie das NAND-Grundgatter bei den Schaltnetzen.

Das bistabile Kippglied hat meist mehrere Eingänge; sie sind durch die Leitungen angedeutet, die an die linken Kanten der Symbole 54.6 führen. Es hat meist zwei Ausgänge, deren Zustände Q und $\overline{Q}$ sich unter normalen Betriebsbedingungen antivalent (entgegengesetzt) einstellen. Damit sind zwei Einstellungen, nämlich $Q = 1$ ($\overline{Q} = 0$) und $Q = 0$ ($\overline{Q} = 1$) möglich. Meist wird das bistabile Kippglied zum Speichern binärer Variabler verwendet. Dann nennt man die eine Einstellung seine **Grundstellung**, die andere Einstellung die **Speicherstellung**. Es liegt im Ermessen des Anwenders, welche der beiden Einstellungen er als Grundstellung definiert. Durch Bezeichnungen der Eingänge und andere Beschriftungen innerhalb der Symbolkonturen werden Schaltverhalten und besondere Eigenschaften des Kippglieds beschrieben. Hierauf wird in den nachfolgenden Abschnitten eingegangen.

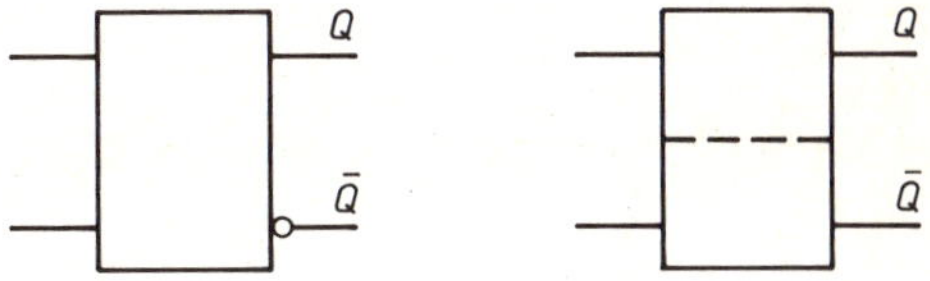

Bild 54.6 Symbol eines Kippglieds a) neues Symbol b) altes Symbol

In Logikschaltplänen dürfen nach der jetzt gültigen Norm DIN 40900, Teil 12, die beiden dargestellten Symbole für Kippglieder verwendet werden; untersagt ist die gleichzeitige Verwendung beider Symbole in einem Schaltplan. Wie bei der Darstellung logischer Schaltungen üblich, werden nur signalführende Leitungen bzw. Anschlüsse angegeben; Versorgungsspannungs- und Masseleitungen werden weggelassen.

Während das Verhalten eines Schaltnetzes im allgemeinen durch seine Wahrheitstabelle beschrieben wird, stellt man die zeitlichen Abhängigkeiten von Eingangs- und Ausgangssignalen bei Schaltwerken häufig durch Impulsdiagramme dar. Dabei wird auf die Eingänge zeitabhängig ein Muster von 0 – 1-Zustandswechseln gegeben, bei dem jeder mögliche Betriebszustand der Schaltung wenigstens einmal vorkommt. Über die bekannten logischen Verknüpfungen wird dann das Impulsdiagramm der Ausgangsgröße bestimmt.

Das einfachste Schaltnetz, das NICHT-Gatter, hat nur einen Eingang. Bei ihm hat das Ausgangssignal immer zu den Zeiten den logischen Zustand 0 (1), zu denen das Eingangssignal den Zustand 1 (0) hat. Dies ist im Impulsdiagramm 54.7a dargestellt.

Dagegen wird bei dem bistabilen Kippglied der schlagartige Zustandswechsel – das **Kippen der Schaltung** – durch ein **Triggersignal** (triggern = auslösen) ausgelöst. Abhängig von der

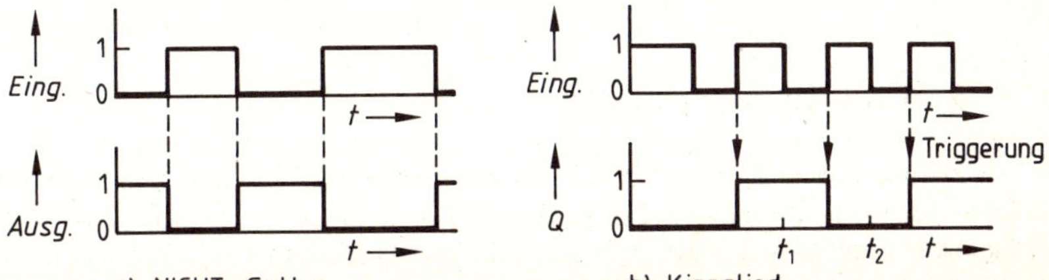

Bild 54.7 Impulsdiagramme a) NICHT-Gatter b) Kippglied

Art des bistabilen Kippgliedes kann die Triggerung durch eine schnelle Änderung des Signals (Signalflanke), einen kurzzeitigen Impuls oder auch durch Über- bzw. Unterschreiten einer Spannungsschwelle an einem Eingang der Schaltung erfolgen. Bei monostabilen Kippgliedern (Abschn. 54.7) werden die Kippvorgänge teilweise, bei astabilen Kippgliedern (Abschn. 54.8) werden sie ausschließlich schaltungsintern ausgelöst.
Löst bei einem bistabilen Kippglied mit nur einem Eingang beispielsweise jeder Sprung des Eingangssignals von 0 auf 1 einen Kippvorgang aus und war zum Zeitpunkt $t = 0$ das bistabile Kippglied im Ausgangszustand $Q = 0$ ($\overline{Q} = 1$), dann ergibt sich für die Ausgangsvariable Q das in Bild 54.7 b gezeigte Impulsdiagramm. Während der Ausgangszustand des Schaltnetzes eindeutig durch seinen Eingangszustand bestimmt ist (Bild 54.7 a), besteht bei dem Schaltwerk zunächst kein erkennbarer Zusammenhang zwischen den Zeitverläufen von Ausgangs- und Eingangsgröße (Bild 54.7 b). Dieses bistabile Kippglied kippt immer dann, wenn der im Eingangssignal enthaltene Triggerbefehl auftritt. In welchen Zustand es dann kippt, hängt von dem vorhergehenden Zustand ab; an diesen »erinnert« sich also das Kippglied.
Bei dem beschriebenen Kippglied wird jeder Kippvorgang durch eine steigende Flanke des Eingangssignals ausgelöst. Fallende Flanken sind ohne Wirkung. Kommt nach dem Zeitpunkt t_1 keine triggernde Flanke mehr, dann bleibt der Ausgang im Zustand $Q = 1$; kommt nach dem Zeitpunkt t_2 keine triggernde Flanke mehr, dann bleibt der Ausgang im Zustand $Q = 0$. Beide Ausgangszustände sind mithin stabil, daher wird die Schaltung bistabiles (bi = zwei) Kippglied genannt. Gebräuchlich ist auch die Bezeichnung **Flipflop**, die auf den sich wiederholenden Zustandswechsel hinweisen soll.
Die verschiedenen Arten des bistabilen Kippglieds werden in diesem Abschnitt, seine Verwendungen werden in den folgenden Abschnitten 54.4 bis 54.6 behandelt.

54.3.1 Das RS-Grundflipflop

Das RS-Grundflipflop hat den Setzeingang S und den Rücksetzeingang R. Von dem Eingangszustand $S = R = 0$ ausgehend, werden die folgenden Forderungen gestellt:

a) geht eine der Eingangsvariablen S oder R von 0 auf 1, dann wird der im Symbol auf gleicher Höhe liegende Ausgang auf 1 gesetzt;
b) geht die Eingangsvariable dann wieder von 1 auf 0 zurück, dann bleibt der vorher eingestellte Zustand des Flipflops erhalten;
c) S und R dürfen nicht gleichzeitig im Zustand 1 sein.

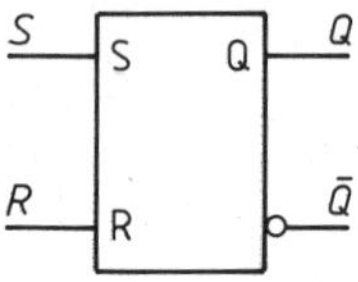

Bild 54.8 Symbol des RS-Grundflipflops

Dies sind aber lediglich die Forderungen, die an den elektromechanischen Tastschalter, mit dem beispielsweise eine Maschine ein- und ausgeschaltet wird, gestellt werden (Bild 54.9). Der Eingang S entspricht der Taste EIN, R der Taste AUS und der Ausgang Q dem Anschluß, von dem der Einschaltbefehl des Tastschalters zum Motorschutzschalter weitergegeben wird. Um die Maschine anlaufen zu lassen, braucht die Taste EIN des Tastschalters nur kurzzeitig betätigt zu werden. Der EIN-Befehl bleibt auch nach Loslassen der Taste bestehen; er wird vom Schalter gespeichert, bis der Gegenbefehl kommt. Ebenso genügt es beim RS-Grundflipflop, den Setzeingang S kurzzeitig auf 1 zu bringen, damit $Q = 1$ ($\overline{Q} = 0$) wird. Auch wenn das Signal am Setzeingang danach auf 0 zurückgeht, bleibt der Ausgangszustand gespeichert, bis über den Rücksetzeingang R durch das Signal $R = 1$ der Zustand des Flipflops auf $Q = 0$ ($\overline{Q} = 1$) zurückgesetzt wird. Auch dieser Rücksetzzustand bleibt erhalten, wenn das Signal am

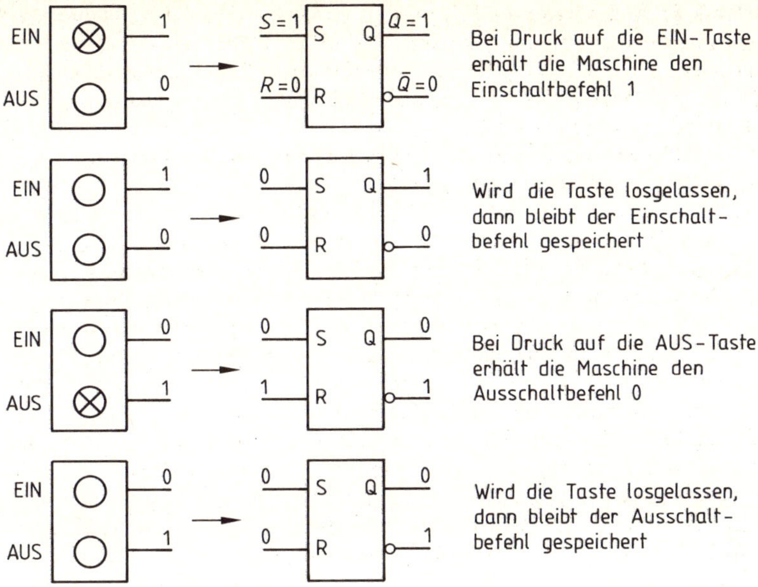

Bild 54.9 Vergleich von Tastschalter und RS-Grundflipflop

Rücksetzeingang auf 0 zurückgeht. Das RS-Grundflipflop kann damit Informationen, auch wenn sie ihm nur sehr kurzfristig zugeführt werden, für beliebig lange Zeiten speichern – es wird als **Speicherglied** eingesetzt. Ohne zusätzliche Hilfsmaßnahmen, wie beispielsweise mechanische Verriegelung, dürfen bei einem Tastschalter nicht beide Tasten gleichzeitig gedrückt werden. Entsprechend ist es bei dem RS-Grundflipflop unzulässig, Setz- und Rücksetzeingang gleichzeitig auf $S = R = 1$ zu legen.

Tabelle 54.3: Wahrheitstabelle des RS-Grundflipflops

S	0	1	0	1
R	0	0	1	1
Q_{n+1}	Q_n	1	0	X

Das Verhalten des RS-Grundflipflops kann durch eine Wahrheitstabelle beschrieben werden. Bei dieser Beschreibung muß aber die Zeitabhängigkeit berücksichtigt werden, da für $S = R = 0$ beide Ausgangszustände des Kippgliedes möglich sind (Bild 54.9). In der Wahrheitstabelle 54.3 unterscheidet man daher den Ausgangszustand Q_n im n-ten Schritt unmittelbar vor der Änderung des Eingangszustandes, sowie Ausgangszustand Q_{n+1}, der unmittelbar nach Änderung des Eingangszustandes – wenn das Flipflop sich nach den neuen Anweisungen eingestellt hat – auftritt.

Bei unterschiedlichen logischen Zuständen der Eingänge S und R sind der Zustand des S-Eingangs und der Zustand des Ausgangs Q gleich:

$Q_{n+1} = 1$, wenn $S = 1$ und $R = 0$ → das Flipflop wird **gesetzt**;

$Q_{n+1} = 0$, wenn $S = 0$ und $R = 1$ → das Flipflop wird **rückgesetzt**;

Ist $S = R = 0$, dann bleibt der vorhergehende Zustand erhalten; er wird **gespeichert**:

$$Q_{n+1} = Q_n.$$

Der Eingangszustand $S = R = 1$ ist nicht erlaubt. Sein Auftreten muß durch Schaltungsmaßnahmen verhindert werden. In der Wahrheitstabelle wird beispielsweise durch das Zeichen X angegeben, daß dieser Ausgangszustand nicht vorkommen darf.

Beispiel 54.3: Gegeben sind die Impulsdiagramme für die Eingangsvariablen S und R eines RS-Grundflipflops. Zu entwickeln ist das Impulsdiagramm für die Ausgangsvariable Q. Die Fälle Setzen (Se), Rücksetzen (Rü) und Speichern (Sp) sind zu unterscheiden.

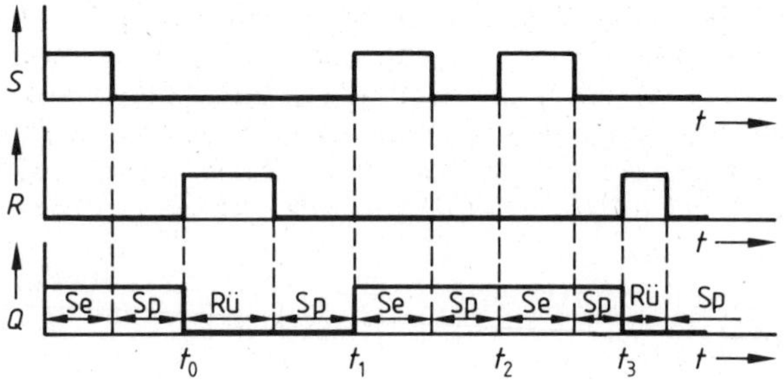

Bild 54.10 Impulsdiagramme

Zum Zeitpunkt t_2 befindet sich das Flipflop schon im Setzzustand, daher verändert sich der Ausgangszustand bei der erneuten Setzanweisung nicht.

Beispiel 54.4: Das RS-Grundflipflop kann beispielsweise aus NAND- und NICHT-Gattern aufgebaut werden. Für den zeitlichen Ablauf a) $S = 1$, $R = 0$; b) $S = 0$, $R = 0$; c) $S = 0$, $R = 1$; d) $S = 0$, $R = 0$; e) $S = 1$, $R = 1$ ist das Verhalten der Schaltung zu untersuchen.

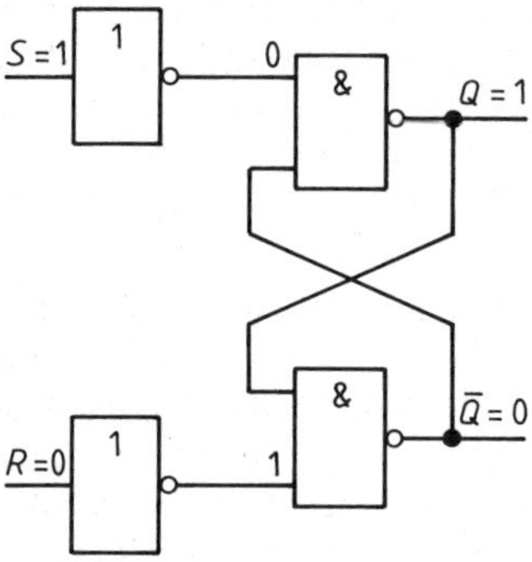

Bild 54.11 RS-Grundflipflop (Eingangszustand a)

Die Wahrheitstabelle des NAND-Gatters (Bild 53.8) zeigt, daß dessen Ausgang immer dann im Zustand 1 ist, wenn mindestens einer der Eingänge im Zustand 0 ist.

a) $S = 1$, $R = 0$: Der von der NICHT-Stufe gespeiste Eingang des oberen NAND-Gatters liegt auf 0, mithin ist dessen Ausgangszustand $Q = 1$. Damit ist der Ausgangszustand des unteren NAND-Gatters $\overline{Q} = 0$, denn seine beiden Eingänge liegen auf 1.

b) Geht der Zustand am oberen Eingang von 1 auf 0 zurück, dann bleibt der Ausgangszustand des Flipflops erhalten; er wird »gespeichert«. Um den Ausgang des oberen NAND-Gatters weiterhin auf 1 zu halten, genügt nämlich der auf den zweiten Gattereingang übernommene Zustand $\overline{Q} = 0$.

c) und d): Das Flipflop ist völlig symmetrisch aufgebaut. Da im Fall c) die Eingangszustände gegenüber a) wechseln, wechselt auch der Ausgangszustand auf $Q = 0$ bzw. $\overline{Q} = 1$.

e) $S = R = 1$: Beide NAND-Gatter erhalten von den NICHT-Stufen her jeweils einmal 0-Signal. Damit ist $Q = \overline{Q} = 1$. Nach der Voraussetzung, daß stets $Q \neq \overline{Q}$ sein muß, ist das ein nicht erlaubter Zustand.

54.3.2 Das getaktete RS-Flipflop

Die Arbeitsweise der meisten logischen Schaltwerke wird von einem Taktsignal C (C = Clock), einem binären periodischen Schwingungszug (Bild 54.12) gesteuert. Beispielsweise wird dem getakteten Flipflop nach Bild 54.13 dieser Takt über den Takteingang C1 (die Ziffer 1 dient nur zur Unterscheidung, an ihrer Stelle kann auch eine beliebige andere Ziffer stehen) zugeführt. Er steuert dann die Wirkung der Eingänge, vor deren Bezeichnung die gleiche Ziffer wiederholt wird; bei dem Flipflop nach Bild 54.13 also die Wirkungen der am S- und R-Eingang anliegenden Signale.

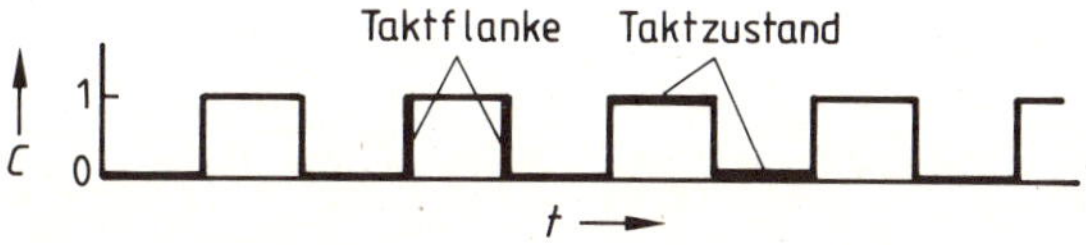

Bild 54.12 Taktsignal

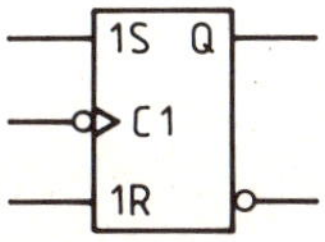

Bild 54.13 Symbol des getakteten RS-Flipflops

Zwischen dem RS-Grundflipflop und dem getakteten RS-Flipflop besteht folgender Unterschied:
Stellt sich beim RS-Grundflipflop ein neuer Eingangszustand ein, dann reagieren seine Ausgänge augenblicklich. Das ist beispielsweise zu den Zeitpunkten t_0, t_1 und t_3 in Bild 54.10 zu erkennen. Dagegen bereiten bei dem getakteten Flipflop die geänderten Zustände an den Eingängen S und R das Flipflop nur auf den neuen Ausgangszustand vor. S und R werden daher auch Vorbereitungseingänge genannt. Die Übernahme des neuen Zustandes auf den Ausgang erfolgt erst dann, wenn das Taktsignal das Flipflop freigibt.

Taktzustandsgesteuerte Flipflops können Informationen übernehmen, solange das Taktsignal C im Zustand 1 (Zustand 0) ist. Das kann den Nachteil haben, daß eine fehlerhafte Information übernommen wird, wenn während dieses Zustandes eine Störung auf die Eingänge wirkt. Die häufiger verwendeten **taktflankengesteuerten Flipflops** können, im Gegensatz dazu, nur in der kurzen Zeit Informationen übernehmen, in der das Taktsignal ansteigt (abfällt). Dadurch sind sie störsicherer. Bild 54.14 zeigt die für die Takteingänge genormten Symbole.
Welche Aufgabe hat nun die Taktung? Die Verarbeitung einer neuen Eingangsinformation durch ein logisches Glied oder die Weitergabe einer Information über ein Leitungsstück zum nächsten logischen Glied dauern eine gewisse Zeit. Sie ist zwar kurz, beispielsweise liegt die Durchlaufzeit der Information durch ein normales TTL-Gatter um 10 ns, aber sie begrenzt die Arbeitsgeschwindigkeit der logischen Schaltung nach oben. Ein Steuer- oder Rechensystem arbeitet seine Aufgabenstellung – das Programm – als Folge zeitlich aufeinanderfol-

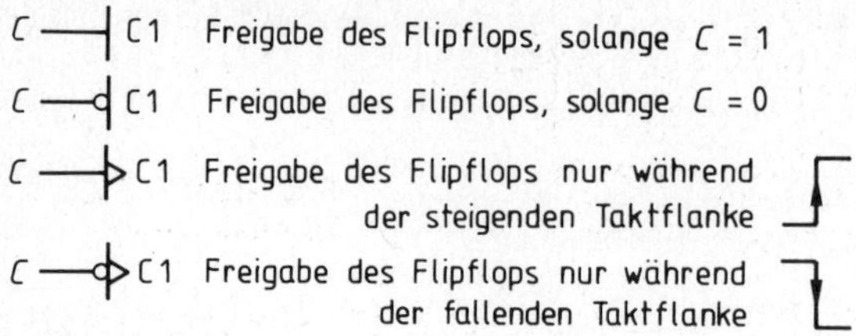

Bild 54.14 Genormte Takteingänge

gender Teilschritte ab. Werden innerhalb der Schaltung an irgendeiner Stelle mehrere Signale verknüpft, die auf unterschiedlichen Wegen, also mit unterschiedlichen Laufzeiten, am Verknüpfungspunkt ankommen, dann muß sichergestellt sein, daß alle Signale auf dem neuesten Stand sind, ehe die Verknüpfung stattfindet. Dadurch wird vermieden, daß alte und neue Informationen, fälschlich vermischt, ausgewertet werden. Die Taktschwingung liefert das zeitliche Raster für die Synchronisierung aller Rechenvorgänge. Sie bewirkt, daß alle Eingänge des Systems zum gleichen Zeitpunkt aufnahmebereit sind. Werden, wie meist üblich, taktflankengesteuerte (Flipflop)-Eingänge verwendet, dann brauchen die Informationen – als Ergebnisse des vorhergehenden Schrittes – nur unmittelbar (bei normalen TTL-Schaltungen heißt das wenige ns) vor der Schaltflanke des Taktes an den Vorbereitungseingängen zu liegen. Informationen, die während der restlichen Zeit des Taktes kommen, werden erst mit der nachfolgenden Taktflanke ausgewertet.

Beispiel 54.5: Für das getaktete RS-Flipflop nach Bild 54.13 sind die Taktschwingung C und die an den Vorbereitungseingängen R und S liegenden binären Schwingungszüge gegeben. Zum Zeitpunkt $t = 0$ ist die Ausgangsvariable $Q = 0$. Der Zeitverlauf $Q(t)$ ist zu bestimmen.

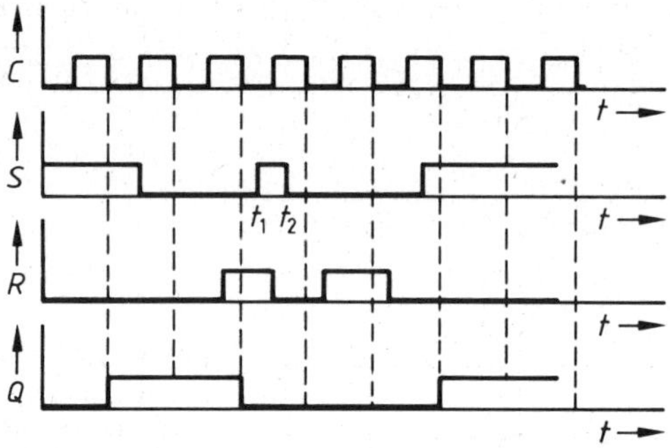

Bild 54.15 Impulsdiagramme zu Beispiel 54.5

Das Flipflop prüft, in welchen logischen Zuständen sich die Vorbereitungseingänge unmittelbar vor der aktiven, hier der fallenden, Taktflanke befinden und stellt sich während der fallenden Taktflanke entsprechend der Wahrheitstabelle 54.3 des RS-Flipflops ein. Der Zustand $S = 1$ zwischen t_1 und t_2 und damit das kurzzeitige Auftreten des unerlaubten Zustandes $S = R = 1$ bleibt wirkungslos, da während dieser Zeit keine Informationsübernahme möglich ist.

54.3.3 Zweispeicher-Flipflops

Bei vielen Flipflop-Anwendungen, wie Frequenzteilern, Zählern oder Schieberegistern muß die Information in einer Flipflop-Kette taktgesteuert von Flipflop zu Flipflop weitergegeben werden. Beispielsweise liegen zu Beginn an den Eingängen von Flipflop A (Bild 54.16; in die-

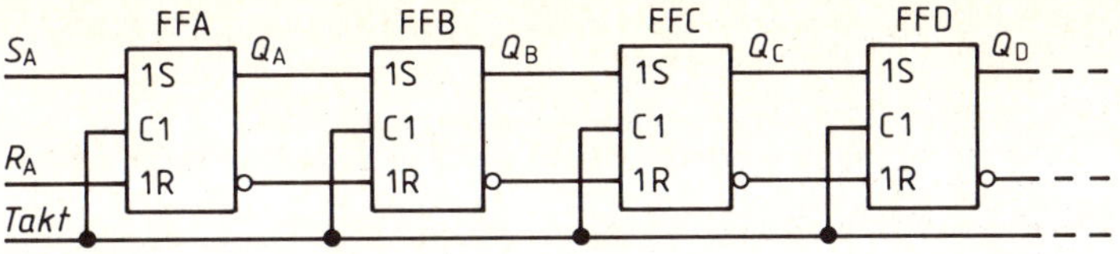

Bild 54.16
Flipflop-Kette

sem Bild und in den folgenden Bildern wird der Begriff ‚Flipflop' mit FF abgekürzt) die logischen Zustände $S_A = 1$, $R_A = 0$. Bei taktgesteuertem Fluß durch die Kette sollen diese Zustände nach dem ersten Taktimpuls am Ausgang von Flipflop A ($Q_A = 1$, $\overline{Q}_A = 0$), nach dem zweiten Taktimpuls am Ausgang von Flipflop B ($Q_B = 1$, $\overline{Q}_B = 0$) usw. erscheinen. Mit der in Bild 54.16 dargestellten Flipflop-Kette läßt sich das nicht erreichen. Da während des Taktzustandes 1 gleichzeitig alle Flipflops Information übernehmen können, würde die Information schon während des ersten Taktes vom Eingang des ersten bis zum Ausgang des letzten Flipflops durchlaufen.

Eine taktgesteuerte Weitergabe der Information ist mit der Schaltung 54.17 möglich. Während des Taktzustandes 1 sind die an ungeradzahligen Positionen stehenden Flipflops, also das 1. Flipflop, das 3. Flipflop usw. freigegeben; die an geradzahligen Positionen liegenden Flipflops können keine Information übernehmen, da sie durch Negation des Taktsignals den Taktzustand 0 erhalten. Die Information gelangt also vom Eingang des ersten Flipflops (Flipflop A) bis zu dessen Ausgang. Während des Taktzustandes 0 sperren die an ungeradzahligen Positionen liegenden Flipflops, während die an geradzahligen Positionen liegenden freigegeben sind. Damit kann jetzt, da Flipflop A' Informationen übernimmt und Flipflop B sperrt, die Information bis an den Ausgang von Flipflop A' gelangen.

Die beiden Flipflops, welche die Information während einer vollen Taktperiode durchläuft, werden zu einer Einheit, dem **Zweispeicherflipflop**, zusammengefaßt (Bild 54.18). Der Zwischenspeicher (Master = Herr) bestimmt durch seine Einstellung, welche Stellung der Hauptspeicher (Slave = Sklave) in der darauffolgenden Halbperiode des Taktes einnimmt. Im Symbol 54.18b weist das Zeichen ⌉ auf den retardierten (verzögerten) Ausgang hin. Es gibt an,

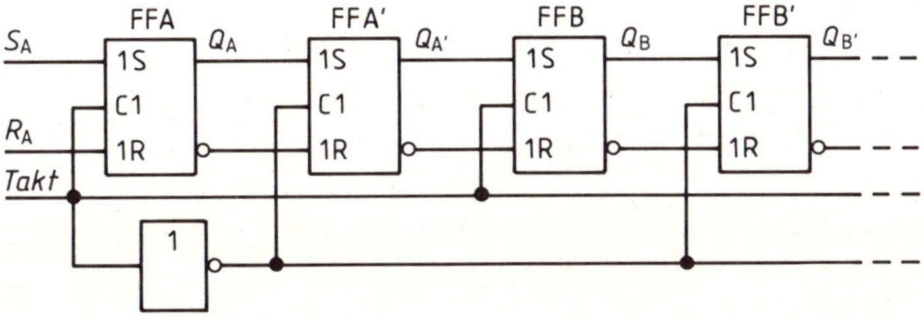

Bild 54.17
Kettenschaltung von Zweispeicher-Flipflops

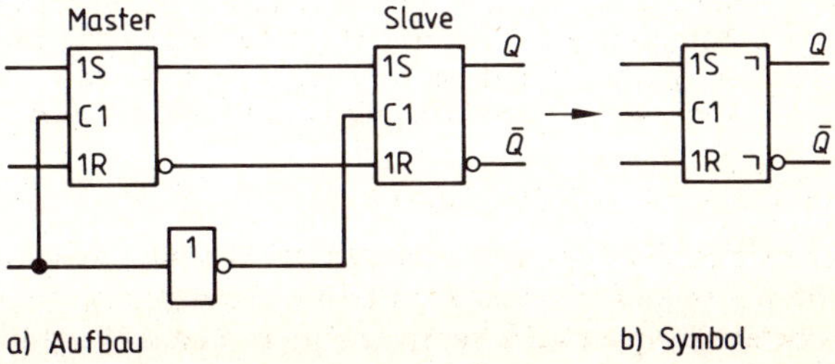

Bild 54.18 Zweispeicher-Flipflop (Master-Slave-Flipflop)

daß zwischen Informationsaufnahme am Eingang und -weitergabe auf den Ausgang des Zweispeicherflipflops eine halbe Taktperiode verstreicht.
Das **Master-Slave-Flipflop**, bei dem Zwischen- und Hauptspeicher jeweils aus einem Flipflop bestehen, wird auch **zweiflankengesteuertes Flipflop** – Informationsaufnahme während der ersten Taktflanke, Informationsweitergabe während der zweiten Taktflanke – genannt. Außer ihm werden für Kettenschaltungen die aus nur einem Flipflop bestehenden **einflankengesteuerten Flipflops** verwendet, bei denen Informationsaufnahme und Informationsweitergabe – durch die Laufzeit des Signals durch das Flipflop geringfügig zeitverschoben – während der gleichen Taktflanke erfolgen. Das Verweilen des Signals während der Laufzeit im Flipflop kann als Zwischenspeicherung gedeutet werden.

54.3.4 Das JK-Flipflop

Das JK-Flipflop hat, ebenso wie das getaktete RS-Flipflop (Abschn. 54.3.2), zwei taktgesteuerte Vorbereitungseingänge. Sein Eingang J entspricht dem Setzeingang R, sein Eingang K dem Rücksetzeingang R. Für die erlaubten Betriebszustände des RS-Flipflops arbeitet das JK-Flipflop wie ein getaktetes RS-Flipflop. Doch nutzt das JK-Flipflop den für das RS-Flipflop nicht erlaubten Betriebszustand, daß beide Vorbereitungseingänge auf 1 liegen, zusätzlich aus. Ist nämlich $J = K = 1$, dann kippt das Flipflop – seine Ausgänge Q und $\overline{Q}$ wechseln ihren logischen Zustand – bei jeder Freigabe durch den Takt einmal. In diesem Betriebszustand wird das JK-Flipflop auch Toggle (toggle = Kippschalter) genannt. JK-Flipflops können nur als Zweispeicherflipflops arbeiten.

Tabelle 54.4: Wahrheitstabelle des JK-Flipflops

J	0	1	0	1
K	0	0	1	1
Q_{n+1}	Q_n	1	0	$\overline{Q}_n$
	Speichern (Sp)	Setzen (Se)	Rücksetzen (Rs)	Kippen (Ki)

Die Wahrheitstabelle des JK-Flipflops ist der Wahrheitstabelle 54.3 des RS-Flipflops ähnlich. Sie unterscheidet sich nur darin, daß für $J = K = 1$ (beim RS-Flipflop der nicht erlaubte Zustand) der neue Ausgangszustand $Q_{n+1} = \overline{Q}_n$ ist. Das bedeutet, daß nach der Taktfreigabe der neue Ausgangszustand die Negation des alten Ausgangszustands vor der Taktfreigabe ist.

Beispiel 54.6: Vorgegeben sind die Impulsdiagramme des Taktes und der Signale an den Vorbereitungseingängen J und K (Bild 54.20). Für die beiden dargestellten Flipflops sind die Impulsdiagramme der Ausgangsgrößen $Q(t)$ zu zeichnen, wobei zum Zeitpunkt $t = 0$ jeweils $Q = 0$ ist.

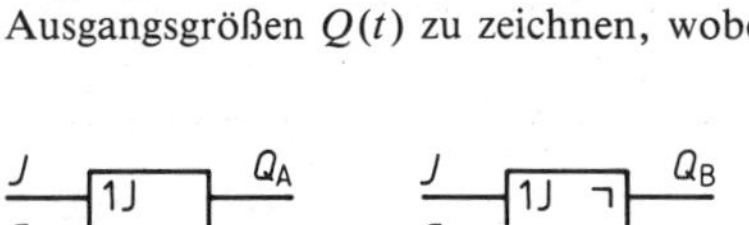

a) einflanken-gesteuert b) zweiflanken-gesteuert Bild 54.19 JK-Flipflops

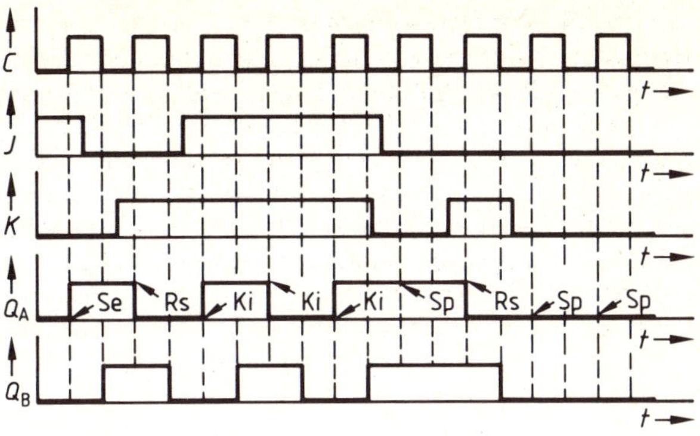

Bild 54.20 Impulsdiagramme

Im Impulsdiagramm 54.20 bestimmen die logischen Zustände der Vorbereitungseingänge J und K unmittelbar vor der steigenden Taktflanke die Einstellung des Flipflops. Dabei ist das Verhalten des JK-Flipflops der Wahrheitstabelle 54.4 zu entnehmen. Beispielsweise ist vor der ersten steigenden Taktflanke $J = 1$ und $K = 0$, so daß das Flipflop mit der Taktflanke in den Zustand $Q = 1$ gesetzt wird. In das Impulsdiagramm für $Q_a(t)$ ist für jede Schaltflanke (steigende Flanke des Taktes) eingetragen, welche Anweisung das Flipflop ausführt. Das Flipflop für Teil b) hat einen retardierten Ausgang. Das bedeutet, daß ebenso wie im Teil a), der Zustand der Vorbereitungseingänge unmittelbar vor der steigenden Taktflanke das Schaltverhalten des Flipflops festlegt. Die Wirkung am Ausgang erscheint aber um einen halben Takt verzögert, also erst mit der fallenden Taktflanke; der Schwingungszug am Ausgang ist daher gegenüber dem von Teil a) um einen halben Takt zeitverschoben.

Die Verwendung der JK-Flipflops in Frequenzteilern, Zählern und Schieberegistern wird in den Abschnitten 54.4 bis 54.6 beschrieben. Zu beachten ist, daß ein handelsübliches Flipflop beim Einschalten zufällig in einen der beiden möglichen Ausgangszustände fällt. Über zusätzliche taktunabhängige Setz- und Rücksetzeingänge kann das Flipflop außerhalb der Taktung – beispielsweise nach Einschalten der Schaltung – in eine definierte Anfangslage gesetzt werden.
Der integrierte Baustein 74107 enthält zwei gleiche JK-Flipflops. Das Symbol eines dieser Flipflops ist in Bild 54.21 dargestellt. Für die Auslösung durch den Takt sind die Vorbereitungseingänge maßgebend, die mit der gleichen Kennziffer (hier 1) wie der Takteingang gekennzeichnet sind. Die taktunabhängigen Eingänge S bzw. R sind aktiv, wenn die Eingangsvariablen $\overline{S}$ bzw. $\overline{R}$ im 0-Zustand sind. Darauf weisen sowohl die Negationsstriche über den Variablenbezeichnungen als auch die Negationskreise an den Symbol-Konturen hin. Mit $\overline{S} = 0$ ($\overline{R} = 0$) läßt sich das Flipflop taktunabhängig setzen (rücksetzen).
Eine Taktsteuerung der Vorbereitungseingänge J und K ist nur dann möglich, wenn die taktunabhängigen Vorbereitungseingänge durch $\overline{S} = \overline{R} = 1$ in den nicht aktiven Zustand (Speichern) gebracht werden.

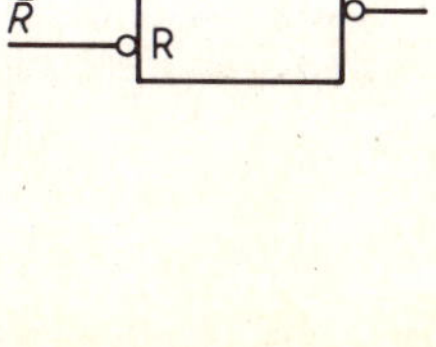

Bild 54.21 Symbol eines JK-Flipflops aus dem Baustein 74107

54.3.5 Der SCHMITT-Trigger

Die besprochenen bistabilen Kippglieder liefern binäre Ausgangssignale. Sie werden sowohl an den Vorbereitungseingängen als auch am Takteingang binär angesteuert. Der **SCHMITT-Trigger**, eine Sonderbauform des bistabilen Kippgliedes, liefert über Kippvorgänge ebenfalls binäre Ausgangssignale. Er wird jedoch durch ein analoges Eingangssignal angesteuert. Wenn seine Eingangsspannung die Schwelle U_1^+ überschreitet, wird der Kippvorgang ausgelöst (Bild 54.23). Der Rückkippvorgang erfolgt, wenn die niedrigere Schwelle U_1^- unterschritten wird. Die für den SCHMITT-Trigger typische Schalthysterese $U_1^+ - U_1^-$, die bei einem TTL-SCHMITT-Trigger etwa bei 0,8 V liegt, wird als Kennzeichen im Symbol angegeben.

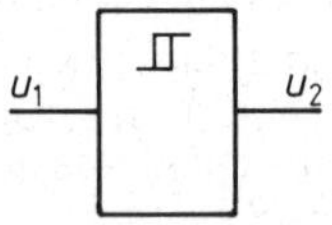

Bild 54.22 Symbol des SCHMITT-Triggers

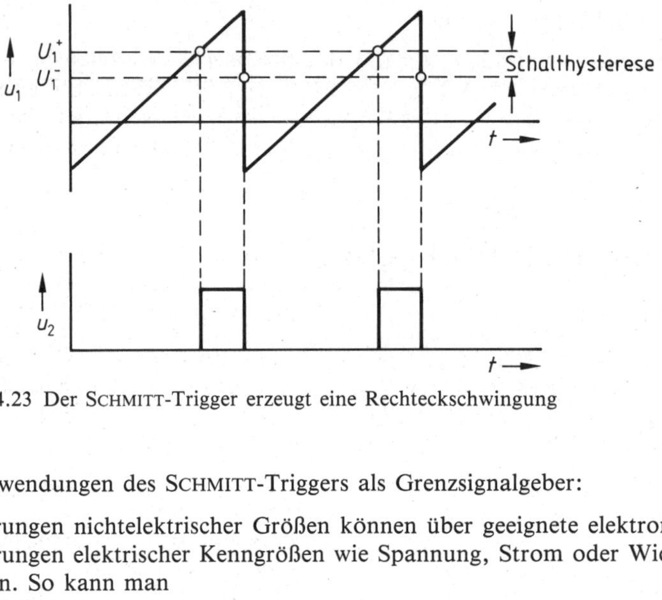

Bild 54.23 Der SCHMITT-Trigger erzeugt eine Rechteckschwingung

a) Anwendungen des SCHMITT-Triggers als Grenzsignalgeber:

Änderungen nichtelektrischer Größen können über geeignete elektronische Bauelemente in Änderungen elektrischer Kenngrößen wie Spannung, Strom oder Widerstand umgewandelt werden. So kann man

→ über die Änderung des Widerstandswertes eines stromdurchflossenen temperaturabhängigen Widerstandes (Abschn. 50.3.1 und 50.3.2) in konstanter Umgebungstemperatur die Höhe eines Flüssigkeitsstandes feststellen. Dabei wird ausgenutzt, daß der von der Flüssigkeit benetzte Widerstandsteil stärker als der nicht benetzte Teil abkühlt;

→ über die Stromänderung einer Fotodiode oder die Widerstandsänderung eines Fotowiderstandes (Abschn. 50.3.5) Beleuchtungsstärken messen. Damit lassen sich z. B. Lichtschranken, Dämmerungsschalter und Rauchmelder aufbauen;

→ über die Spannungsänderung eines HALLgenerators oder die Widerstandsänderung einer Feldplatte (Abschn. 50.3.4) Magnetfeldänderungen feststellen. Damit kann man z. B. die Näherung eines magnetischen Werkstücks oder eines Fahrstuhls feststellen.

Nach dem evtl. erforderlichen Umsetzen der elektrischen Größe in eine Spannung und deren Verstärkung kann der nachgeschaltete SCHMITT-Trigger ein binäres Glied, beispielsweise einen Schalter, der Pumpe, Licht oder Fahrstuhl-Antrieb schaltet, ansteuern. Vorteilhaft ist bei den beschriebenen Anwendungen die Hysterese des SCHMITT-Triggers. Ein bei Überschreiten eines Grenzwertes gegebener Schaltbefehl wird erst bei erheblicher Abnahme der Meßgröße zurückgenommen, so daß der Schalter nicht »flattert«, wenn die Meßgröße um den Grenzwert schwankt.

b) Anwendungen in schnellen logischen Systemen:

Signale, die in schnellen logischen Schaltungen, beispielsweise in TTL-Schaltungen, Schaltvorgänge auslösen sollen, müssen eine steile Flanke haben, sonst können Fehlschaltungen auftreten. Von Lichtschranken, Meßschläuchen oder Näherungsaufnehmern abgegebene Signale haben die erforderliche Flankensteilheit nicht. Auch bei Übertragung über längere Leitungen (das kann bei TTL-Schaltungen schon eine Leitung von mehr als 30 cm Länge sein) wird die Flanke des binären Signals abgeflacht. Ein SCHMITT-Trigger sorgt durch seinen Kippvorgang vor der weiteren Verarbeitung für eine hinreichend steile Flanke.

c) Anwendung zur Rechteckimpulserzeugung:

Mit einer periodischen Eingangsschwingung, meist wird dazu eine Sägezahnschwingung verwendet, liefert der Ausgang des SCHMITT-Triggers eine periodische Rechteckspannung (Bild 54.23). Durch eine überlagerte Gleichspannung läßt sich die Eingangsspannung u_1 in vertikaler Richtung verschieben. Damit kann man das Impuls-Pausenverhältnis der Rechteckspannung verändern.

54.4 Anwendungen bistabiler Kippglieder

54.4.1 Frequenzteiler

Wie die Wahrheitstabelle 54.4 zeigt, kippt das JK-Flipflop mit jeder aktiven Taktflanke einmal, wenn beide Vorbereitungseingänge J und K fest auf 1 gelegt werden. Die so entstehende Schaltung, sie wird Binärteiler, Trigger-Flipflop (T-Flipflop) oder auch Toggle (Toggle = Kippschalter) genannt, wird durch das Symbol Bild 54.24b dargestellt.

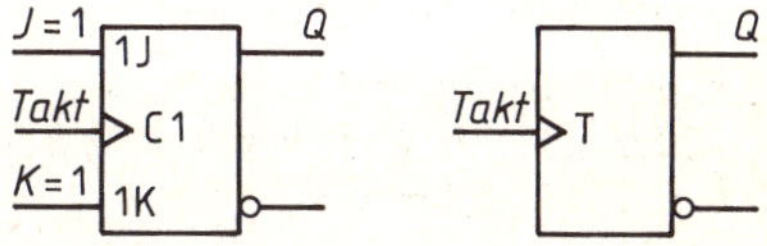

Bild 54.24 Binärteiler a) Realisierung b) Symbol

Bild 54.26 zeigt die Impulsdiagramme für eine Kettenschaltung von drei T-Flipflops. In dieser Schaltung schaltet der Binärteiler A mit jeder fallenden Taktflanke (Negationskreis vor dem Takteingang), der Binärteiler B mit jeder fallenden Flanke von $Q_A(t)$ und der Binärteiler C mit jeder fallenden Flanke von $Q_B(t)$, da jeweils das Ausgangssignal der vorhergehenden Stufe das Taktsignal für die nachfolgende Stufe ist. Nach 8 Takten, also nach der Zeit T_p, sind die drei Flipflopausgänge mit $Q_A(t) = Q_B(t) = Q_C(t) = 0$ wieder im Anfangszustand; der Zyklus beginnt von neuem. In der Zeit T_p hat das Taktsignal 8 Schaltflanken; in der gleichen Zeit führt der Ausgang Q_A vier Schaltflanken, der Ausgang Q_B zwei Schaltflanken und der Ausgang Q_C nur eine Schaltflanke. Ein einstufiger Binärteiler teilt mithin seine Taktfrequenz im Verhältnis 1:2, eine Kettenschaltung von zwei Binärteilern teilt sie im Verhältnis 1:4, die dreistufige Kettenschaltung teilt sie im Verhältnis 1:8.

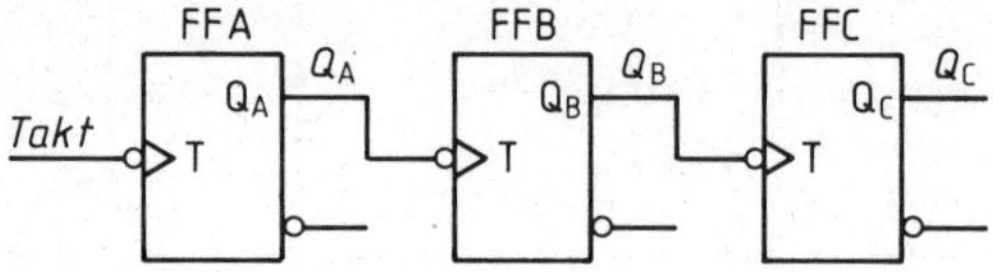

Bild 54.25 Dreistufiger Frequenzteiler

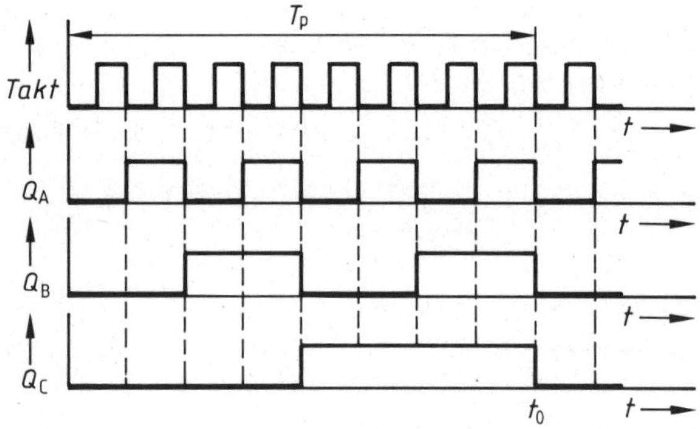

Bild 54.26 Impulsdiagramme des dreistufigen Frequenzteilers

54.4.2 Synchrone und asynchrone Schaltwerke

Zwischen dem Einwirken einer schaltenden Flanke auf den Takteingang und dem Schalten des Ausgangs verstreicht bei einem binären Schaltwerk eine gewisse Zeit, in der das Signal das Schaltwerk »durchläuft«. Diese Zeit, Laufzeitverzögerung t_p (propagation time) genannt, beträgt beispielsweise bei einem Standard-TTL-Flipflop etwa 20 ns. Die Laufzeitverzögerungen seiner Schaltglieder begrenzen die Taktfrequenz eines Schaltwerks nach oben. In den Impulsdiagrammen dieses Buches (z. B. Impulsdiagramm 54.26) werden die Laufzeitverzögerungen nicht dargestellt. Diese Vernachlässigung ist zulässig, wenn die Laufzeitverzögerungen wesentlich kürzer als die Impulszeiten sind (Taktfrequenzen <1 MHz bei Standard-TTL).

Bei jeder aktiven (hier fallenden) Taktflanke schaltet, wie im Impulsdiagramm 54.26 dargestellt, mindestens ein Flipflop des dreistufigen Frequenzteilers; so schalten beispielsweise zum Zeitpunkt t_0 alle drei Flipflops gleichzeitig. Das gilt jedoch nur näherungsweise; da für die Flipflops B und C der Takteingang jeweils das Ausgangssignal des vorhergehenden Flipflops ist, schalten in Wirklichkeit die Flipflops jeweils um 20 ns zeitversetzt. Schaltwerke, deren Einzelstufen in dieser Weise nacheinander schalten, nennt man **asynchrone Schaltwerke** (asynchron = nicht gleichzeitig).

Die Flipflops eines asynchronen Schaltwerks sind immer schaltbereit; ein Flipflop schaltet, sobald an seinem Takteingang eine aktive Taktflanke liegt. Im Gegensatz dazu wird allen Flipflops des **synchronen Schaltwerks** der Takt gleichzeitig (parallel) zugeführt. Mit jedem Takt erhält also jedes Flipflop den Schaltbefehl. Ob ein Flipflop schaltet oder nicht, bestimmen die Zustände an seinen Vorbereitungseingängen unmittelbar vor der aktiven Flanke. Alle schaltbereiten Flipflops schalten gleichzeitig, daher wird das Schaltwerk synchron genannt. Bild 54.27 zeigt die Schaltung eines aus JK-Flipflops aufgebauten synchronen dreistufigen Frequenzteilers.

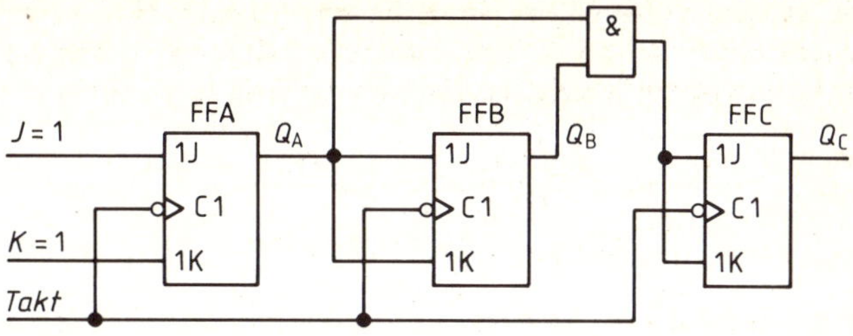

Bild 54.27 Synchroner dreistufiger Frequenzteiler

Bei allen drei Flipflops liegen beide Vorbereitungseingänge im gleichen logischen Zustand. Aus der Wahrheitstabelle 54.4 des JK-Flipflops folgt damit:

→ ist unmittelbar vor der fallenden Taktflanke $J = K = 0$, dann schaltet das JK-Flipflop nicht;

→ ist unmittelbar vor der fallenden Taktflanke $J = K = 1$, dann kippt das JK-Flipflop.

Daraus ist zu erkennen:

→ Flipflop A schaltet mit jeder fallenden Taktflanke, da $J = K = 1$ ist;

→ Flipflop B schaltet mit jeder fallenden Taktflanke, vor der $Q_A = 1$ ist;

→ Flipflop C schaltet mit jeder fallenden Taktflanke, vor der $Q_A \wedge Q_B = 1$ ist.

Daraus folgt, daß die Impulsdiagramme für den asynchronen (Bild 54.25) und den synchronen (Bild 54.27) dreistufigen Frequenzteiler gleich sind, solange die Laufzeitverzögerungen der Flipflops vernachlässigt werden können. Der asynchrone Frequenzteiler ist etwas einfacher aufgebaut als der synchrone Frequenzteiler. Maßgebend für die maximale Frequenz, mit der ein Schaltwerk getaktet werden kann, ist die Einstellzeit, die es im ungünstigsten Fall braucht, um den neuen Zustand zu erreichen. Beim asynchronen Frequenzteiler schalten im ungünstigsten Schaltfall alle drei Flipflops nacheinander, daher ist die Einstellzeit $t_E = 3 * t_p = 3 * 20\,\text{ns} = 60\,\text{ns}$. Hingegen schalten beim synchronen Frequenzteiler alle Flipflops gleichzeitig; d.h. er hat die Einstellzeit $t_E = t_p = 20\,\text{ns}$. Der synchrone Frequenzteiler schaltet also schneller und ist daher mit höheren Taktfrequenzen zu betreiben als der asynchrone Frequenzteiler.
Diese Überlegungen gelten allgemein beim Vergleich von synchronen und asynchronen Schaltwerken. Beim Aufbau von Schaltwerken in monolithisch integrierter Technik wiegt der Vorteil der höheren zulässigen Taktfrequenz – des schnelleren Arbeitens – wesentlich schwerer als der Nachteil der geringfügig komplexeren Schaltung. Daher werden monolithisch integrierte Schaltwerke überwiegend als synchrone Schaltwerke hergestellt.

54.4.3 Der Einsatz von Frequenzteilern

Der **Schwingquarz** ist ein aus einem Quarzkristall – mit bestimmter Orientierung zu den Kristallachsen – geschnittenes Scheibchen. Seine Flächen sind, ähnlich dem Dielektrikum eines Kondensators, mit metallischen Elektroden versehen. Bei mechanischer Verformung des Kristalls treten an den Elektroden elektrische Ladungen auf. Diese Erscheinung nennt man den **piezoelektrischen Effekt**. Der umgekehrte piezoelektrische Effekt beschreibt, daß sich der Kristall mechanisch verformt, wenn an seine Elektroden eine elektrische Spannung gelegt wird. Als balken- oder federähnliches Gebilde hat der Kristall eine mechanische Eigenfrequenz, die nur äußerst geringfügig von der Temperatur oder von Alterungserscheinungen abhängig ist. Erregt man den Quarz elektrisch mit einer Schwingfrequenz, die in der Nähe seiner

Eigenfrequenz liegt, dann »zieht« der Quarz die erregende Frequenz auf seine hochkonstante Eigenfrequenz. Diese Erscheinung, mit der sich Frequenzkonstanzen erreichen lassen, wie sie mit elektrischen Bauelementen bei weitem nicht zu erreichen sind, nutzt man aus, um hochkonstante Taktfrequenzen für digitale Schaltungen von Großrechnern angefangen bis hin zu Quarzuhren zu erzeugen. Schwingquarze lassen sich für Eigenfrequenzen von einigen kHz bis zu einigen 10 MHz, als Oberwellenquarze auch für einige 100 MHz, herstellen. Optimal hinsichtlich der technischen Daten und des Preises ist der Frequenzbereich zwischen 1 MHz und 10 MHz.

Die quarzgesteuerte Frequenz ist die Grundtaktfrequenz des Systems. Der Frequenzteiler teilt sie beispielsweise

→ um den Sekundentakt für die Quarzuhr zu erhalten;

→ um die zwischen 50 Hz und 19200 Hz oder auch darüber liegende Taktfrequenz für die Übertragung von Zeichen von einem Rechner zu einem zweiten Rechner, Drucker, Datensichtgerät usw. zu erhalten;

→ um eine beliebige Frequenz (Tonhöhe) für ein elektronisches Musikinstrument zu erzeugen.

Für einige häufig gebrauchte feste Teilverhältnisse zwischen 1 : 3 und 1 : 80 gibt es integrierte Frequenzteiler-Schaltkreise. So beispielsweise für das Teilverhältnis 1 : 50, mit dem die Netzfrequenz auf den Sekundentakt geteilt wird. Weiterhin sind als integrierte Schaltkreise die programmierbaren Frequenzteiler verfügbar. Bei ihnen lassen sich gewisse Teilverhältnisse durch das Anlegen binärer Signale an Steuereingänge einstellen und auch während des Betriebes verändern. Beispielsweise sind mit dem TTL-Teiler 7497 alle Teilverhältnisse M: 64 zwischen $M = 1$ und $M = 63$ einstellbar. Teiler, die nicht als integrierte Schaltkreise verfügbar sind, lassen sich nach einfachen Gesetzmäßigkeiten aus Flipflops aufbauen.

Beispiel 54.7: Für den Frequenzteiler nach Bild 54.28 sind, taktabhängig, die Impulsdiagramme für Q_A und Q_B zu zeichnen. Der Anfangszustand ist $Q_A = Q_B = 0$.

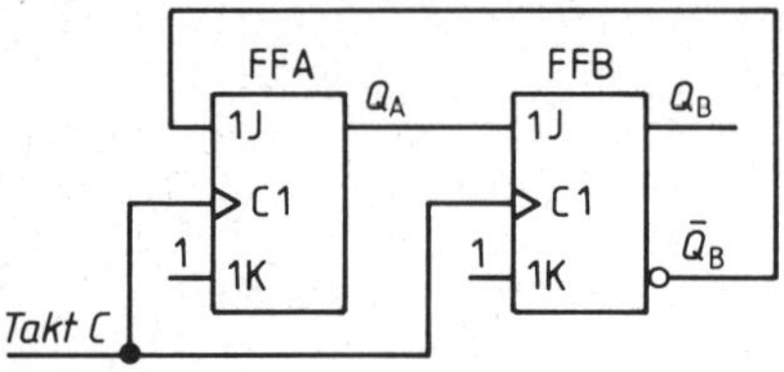

a) Frequenzteiler 1:3

J	0	1	0	1
K	0	0	1	1
Q_{n+1}	Q_n	1	0	$\bar{Q}_n$

b) Wahrheitstabelle des JK-Flipflops

Bild 54.28 Frequenzteiler und Wahrheitstabelle

Der Übersichtlichkeit halber wird in Bild 54.28 b die Wahrheitstabelle 54.4 für das JK-Flipflop wiederholt. Wie das Symbol für die Takteingänge zeigt, ist für das Schaltverhalten der Flipflops der Zustand an den Vorbereitungseingängen unmittelbar vor der steigenden Taktflanke maßgebend.

Vor der 1. ansteigenden Taktflanke sind

$J_A = Q_B = 1 \quad K_A = 1$ → Flipflop A kippt

$J_B = Q_A = 0 \quad K_B = 1$ → Flipflop B bleibt auf $Q_B = 0$ rückgesetzt

Vor der 2. ansteigenden Taktflanke sind

$J_A = Q_B = 1 \quad K_A = 1 \rightarrow$ Flipflop A kippt

$J_B = Q_A = 1 \quad K_B = 1 \rightarrow$ Flipflop B kippt

Vor der 3. ansteigenden Taktflanke sind

$J_A = Q_B = 0 \quad K_A = 1 \rightarrow$ Flipflop A bleibt auf $Q_A = 0$ rückgesetzt

$J_B = Q_A = 0 \quad K_B = 1 \rightarrow$ Flipflop B wird auf $Q_B = 0$ rückgesetzt.

Nach dem 3. Takt ist wieder der Anfangszustand $Q_A = Q_B = 0$ erreicht; der Zyklus wiederholt sich. In der Zykluszeit T_p hat der Takt drei ansteigende (schaltende) Flanken, während die Signale Q_A und Q_B in der gleichen Zeit jeweils nur eine ansteigende Flanke haben. Daraus folgt, daß an beiden Ausgängen eine binäre Schwingung abgegriffen werden kann, deren Frequenz 1/3 der Frequenz der Taktschwingung ist.

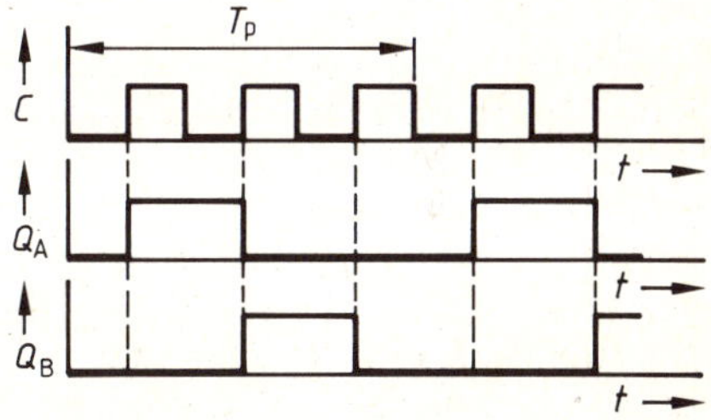

Bild 54.29
Impulsdiagramme für den Frequenzteiler 1 : 3

54.5 Zähler

Frequenzteiler und Zähler sind eng miteinander verwandt, denn beider Grundbaustein ist die Flipflopkette. Ihr Unterschied liegt in der Signalauswertung. Bei dem Frequenzteiler interessiert der Zeitverlauf des Ausgangssignals eines Flipflops. So teilt beispielsweise der dreistufige Frequenzteiler Bild 54.25 die Frequenz der Taktschwingung im Verhältnis 1 : 8 – auf 8 schaltende Flanken der Taktschwingung als Eingangssignal entfällt eine schaltende Flanke des Ausgangssignals Q_C. Betrachtet man das zugehörende Impulsdiagramm 54.26 als das eines 8-stufigen Zählers, dann interessieren die im Verlauf des Zyklus auftretenden 8 unterschiedlichen Kombinationen der Flipflopausgänge. Sie werden von einer Dekodierlogik (Entschlüsselungslogik), welche die Ausgangsgrößen der drei Flipflops verknüpft, ausgewertet.

54.5.1 Der Zähler arbeitet als Schrittschaltwerk

Bei dem Sender-Suchlauf eines Fernsehempfängers schaltet z. B. der Kanalauswahlzähler jeweils um einen Kanal weiter, bis ein Sender mit ausreichender Empfangsleistung gefunden ist. Gäbe es nur 8 Kanäle, dann könnte zum Aufbau des Zählers ein dreistufiger Frequenzteiler nach Bild 54.25 verwendet werden, dessen 8 Zustände, wie in Bild 54.30 dargestellt, durch eine zusätzliche Dekodierlogik unterschieden werden.
Im ersten Zählzustand ist $Q_A = Q_B = Q_C = 0$, also $\overline{Q}_A = \overline{Q}_B = \overline{Q}_C = 1$. Es führt nur der Ausgang 1 (erstes UND-Gatter) 1-Signal, womit das 1. Programm ausgewählt wird. Alle anderen Ausgänge der Dekodierlogik liegen auf 0. Nach einmaligem Weiterschalten (Takten) ist $Q_A = \overline{Q}_B = \overline{Q}_C = 1$, und damit führt nur der Ausgang 2 der Dekodierlogik 1-Signal, usw. Nach 6 weiteren Takten erreicht der Zähler schließlich den letzten Zählzustand

$Q_A = Q_B = Q_C = 1$, bei dem Ausgang 8 den 1-Zustand führt. Mit dem nächsten Takt schaltet er dann wieder in den Anfangszustand zurück.
Zähler dieser Art, bei denen jeweils nur ein Ausgang der Dekodierlogik 1-Signal führt, ersetzen das elektromechanische Schrittschaltwerk. Sie werden als Schaltwerke zum Steuern vorgegebener fester Programmabläufe, beispielsweise bei Waschmaschinen, Geschirrspülern usw., eingesetzt. Durch das Weiterschalten von Zustand zu Zustand wird jeweils der nächste Teilschritt des abzuarbeitenden Programmes ausgelöst. Derartige Zähler mit *n* Zählschritten werden **Modulo-*n*-Zähler** (*n*-Zustandszähler) genannt.

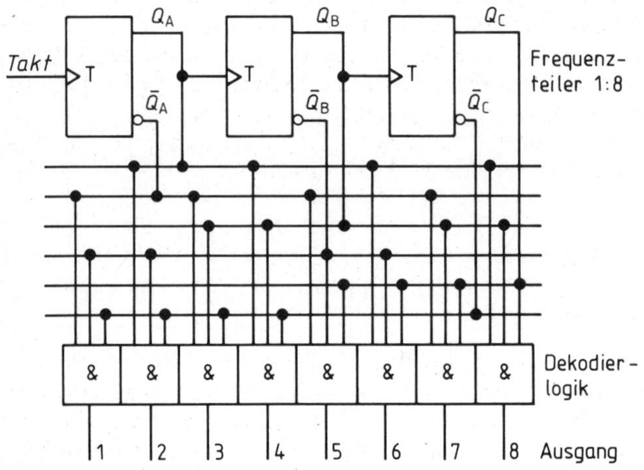

Bild 54.30 Modulo-8-Zähler

54.5.2 Zähldekaden

Wird der Zähler zum Zählen von Mengen oder Ereignissen, zu Zeitmessungen oder – nach einer Analog-Digitalwandlung – auch zum zählenden Erfassen analoger Meßgrößen eingesetzt, dann ist die dekadische Organisation der dualen Zählelemente zweckmäßig. Der Grundbaustein dieser Zähler ist die Zähldekade, eine meist im direkten BCD-Code (Tabelle 54.1) zählende integrierte Schaltung. Sie besteht aus einem Frequenzteiler 1 : 10, dessen 4 Flipflop-Ausgänge die 10 Dezimalziffern, als duale Muster zwischen 0000 und 1001 verschlüsselt, liefern. Durch zusätzlich integrierte Logikgatter kann die Zähldekade

→ taktunabhängig auf einen Anfangswert gesetzt werden;
→ einlaufende Takte vorwärts oder rückwärts zählen;
→ gegen einlaufende Takte gesperrt werden;
→ einen Übertragsimpuls ausgeben.

Ein Übertragsimpuls, der nach jedem 10. zugeführten Takt am Übertragsausgang ausgegeben wird, kann als Eingangstakt für eine nachfolgende Dekade mit zehnfacher Wertigkeit dienen. Auf diese Weise lassen sich mehrere Zähldekaden zu einem mehrstufigen Zähler zusammenschalten.
Häufig wird das Zählergebnis mit 7 Segment-Anzeigen ausgegeben. Soweit nicht schon in der integrierten Schaltung enthalten, ist zwischen Dekade und Anzeigeelement der BCD/7 Segment-Codierer (Bild 54.3) mit evtl. nachfolgenden Treiberstufen zur Leistungsverstärkung geschaltet.

54.5.3 Anwendungen dekadischer Zähler

Dekadische Zähler können zum Zählen von Mengen oder Ereignissen verwendet werden. Beispielsweise stellt ein Meßwertaufnehmer das Vorkommen eines Ereignisses fest. So kann z. B. eine Lichtschranke das Durchfallen einer Tablette durch die Fülleinrichtung oder das Durchlaufen eines Menschen durch eine Sperre feststellen. Ein induktiver Aufnehmer oder ein pneumatischer Meßschlauch kann bestimmen, wann ein Fahrzeug die Meßstelle durchfährt. Nach der evtl. noch notwendigen Umwandlung des Signals in eine elektrische Spannung und deren Verstärkung liefert ein Schmitt-Trigger (Abschn. 54.3.5) die erforderliche Flankensteilheit, die das binäre Signal zur Auswertung durch den schnellen TTL-Zähler haben muß.
Bei Dosierungen, also beispielsweise beim Einzählen von Tabletten in eine Packung, ist jeder Zähldekade ein Vorwahlschalter zugeordnet. Erreicht der Zählerstand den an diesen Schaltern voreingestellten Endwert, dann wird das Einzählen unterbrochen und – nach Rücksetzen des Zählers – mit einem neuen Füllvorgang begonnen.
Weitere Anwendungen des dekadischen Zählers, beispielsweise zur Zeitmessung oder zur Frequenz- bzw. Drehzahlmessung werden in Abschn. 59.3 behandelt.

54.6 Register und Schieberegister

54.6.1 Das Verzögerungs-Flipflop

Die in Bild 54.31b wiederholte Wahrheitstabelle 54.4 beschreibt das Verhalten des JK-Flipflops. Werden nach Bild 54.31a J-Eingang und negierter K-Eingang zu einem gemeinsamen Eingang zusammengefaßt, dann können, da nun stets $J = \overline{K}$ ist, nur die beiden mittleren Betriebszustände der Wahrheitstabelle des JK-Flipflops vorkommen. Das so beschaltete Flipflop wird **Verzögerungs-Flipflop** oder **D-Flipflop** (D = delay = Verzögerung) genannt. Seine Wahrheitstabelle und sein Symbol sind im unteren Teil von Bild 54.31 dargestellt.
Die Wahrheitstabelle des D-Flipflops verblüfft zunächst, denn scheinbar sagt sie mit $Q_{n+1} = D$ nur aus, daß der Ausgangszustand gleich dem Eingangszustand ist, was man auch

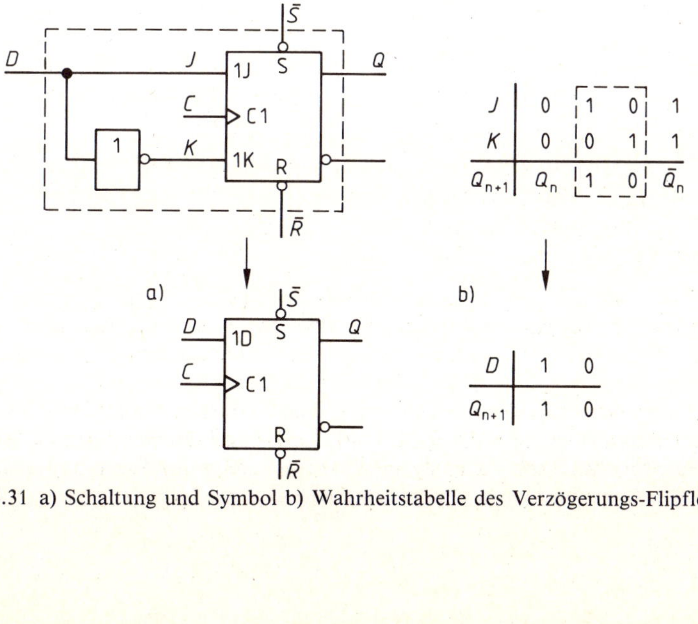

Bild 54.31 a) Schaltung und Symbol b) Wahrheitstabelle des Verzögerungs-Flipflops (D-Flipflops)

mit einer einfachen leitenden Verbindung erreichen kann. Sie enthält aber zusätzlich auch eine Aussage über die Zeitabhängigkeit, die besagt:

> Der (neue) Ausgangszustand Q_{n+1} des Flipflops nach der aktiven Taktflanke ist durch seinen (früheren) Eingangszustand D vor der Taktflanke bestimmt.

Oder auch:

> Gleichgültig, in welchem Ausgangszustand Q_n das D-Flipflop vor der auslösenden Taktflanke lag, nach der Taktflanke ist $Q_{n+1} = D$.

Durch Anlegen des Logikzustandes 0 an den Setzeingang S (Rücksetzeingang R) läßt sich das Verzögerungsflipflop taktunabhängig in einen definierten Anfangszustand setzen (rücksetzen).
Verzögerungs-Flipflops findet man als niedrig integrierte Schaltungen in allen Logikfamilien; beispielsweise als TTL-Baustein 7474, der zwei D-Flipflops, oder als 7475, der vier D-Flipflops enthält. Hauptsächlich werden sie jedoch in Registern und Schieberegistern eingesetzt, bei denen jeweils mehrere D-Flipflops die Grundbausteine dieser mittel integrierten Schaltungen sind.

54.6.2 Register

Bei vielen Anwendungsfällen – beispielsweise, wenn Zähler zu Mengen-, Zeit- oder Frequenzmessungen verwendet werden – interessieren nicht die Zwischenstellungen, sondern nur die Endstellungen der Zähldekaden nach Abschluß eines Zählvorgangs. Um die Anzeige von Zwischenwerten zu unterdrücken, wird zwischen Zähldekade und Codierschaltung ein 4 Bit-Register als Zwischenspeicher geschaltet (Bild 54.32).

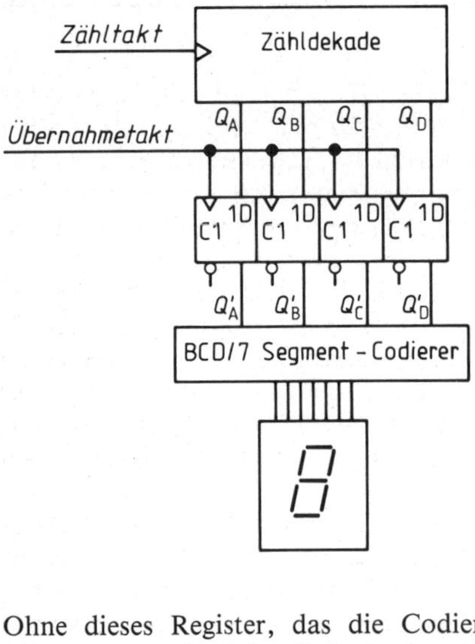

Bild 54.32 Das Register als Informationsspeicher

Ohne dieses Register, das die Codierschaltung von der Zähldekade trennt, würde die 7-Segmentanzeige jeden Zwischenstand bis zum Endstand anzeigen. Die vier D-Flipflops des Zwischenspeicher-Registers erhalten einen Übernahmetakt aber erst dann, wenn der Zählvorgang beendet ist. Der damit auf Register-Ausgänge übernommene Endstand der Zähldekade wird vom Register gespeichert und von der 7-Segmentanzeige angezeigt, bis nach Ende des nächsten Zählvorganges mit dem folgenden Übernahmetakt der neue Dekadenendstand den alten Wert überschreibt.

Verzögerungsflipflops werden, wie im Beispiel Bild 54.32, oft zur Informationsspeicherung eingesetzt. Eine Bitgruppe, die gemeinsam verarbeitet wird, nennt man häufig ein Wort. Ein **Register**, im Englischen auch **Latch** (Latch = Schnappschloß) genannt, ist ein Flipflopblock, der ein solches Wort speichert. Die an den Flipflopausgängen liegende Information kann zu beliebigen Zeiten ausgewertet – ausgelesen – werden. Die Aufnahme einer an den D-Eingängen liegenden neuen Information – das Einlesen – erfolgt durch einmaliges gleichzeitiges Takten aller Flipflops des Registers. In der Mikrocomputertechnik eingesetzte Schreib-Lesespeicherchips können als Speicherzellen viele Tausend solcher Register enthalten. Dadurch, daß der Übernahmetakt nur bei einzelnen Speicherzellen wirksam wird, kann bei ihnen die Information bit- oder wortweise eingeschrieben werden.

54.6.3 Schieberegister

Das Schieberegister hat – zusätzlich zum Speichervermögen des Registers – die Eigenschaft, daß sich die in den Flipflops eingespeicherte Information mit jedem Takt um jeweils ein Flipflop nach rechts (oder nach links) verschieben läßt. Bild 54.33 zeigt den einfachsten Aufbau eines Schieberegisters. Mit der ersten steigenden Flanke des Taktes wird der am Eingang des

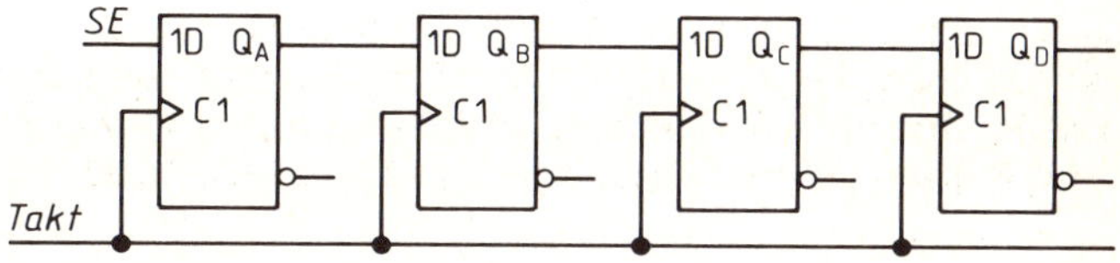

Bild 54.33 4 Bit-Schieberegister

ersten Flipflops der Kette liegende Zustand *SE* (SE = Serien-Eingang) auf den Ausgang Q_A übernommen. Mit der zweiten steigenden Taktflanke übernimmt Flipflop B die Information von Flipflop A, während Flipflop A sich nach der neuen Information an seinem Eingang einstellt usw. Denkt man sich von den Flipflop-Ausgängen jeweils ein Lämpchen gespeist (logischer Zustand = 1 → Lampe leuchtet) und vor dem ersten Takt einen einmaligen 1-Zustand am Eingang des ersten Flipflops (sonst sollen an diesem Eingang vorher und nachher nur 0-Zustände liegen), dann wird der 1-Zustand, also das Leuchten der Lampe, taktweise von Flipflop zu Flipflop weitergegeben – weitergeschoben –, wie es beispielsweise am i-Punkt einer Laufschrift zu sehen ist. Mit dem 4. Takt erreicht der i-Punkt die letzte Lampe (der ihn steuernde Zustand erreicht den Ausgang Q_D), und mit dem 5. Takt verschwindet er – der ihn steuernde Zustand wird aus dem Schieberegister ausgeschoben. Die gezeichnete Schaltung kann in jedem ihrer Flipflops ein Informationsbit speichern, sie wird daher **4 Bit-Schieberegister** genannt.

Schieberegister sind Schaltungen mittleren Integrationsgrades; ein Aufbau aus Flipflops durch den Anwender kommt fast nicht mehr vor. In der meistgebrauchten TTL-Technologie gibt es Schieberegister mit den Wortlängen 4, 5, 8 und 16 Bit. Umkehrschieberegister gestatten, die Schieberichtung (nach rechts oder nach links) umzuschalten. Über die taktunabhängigen Setz/Rücksetzeingänge der Flipflops schafft man bei vielen Schieberegistertypen zusätzliche Paralleleingänge. Werden diese Eingänge durch einen Ladetakt aktiviert, dann läßt sich das an ihnen liegende Bitmuster als Ganzes übernehmen, so daß das Schieberegister auf einen definierten Anfangszustand zu setzen ist.

54.6.4 Anwendungen der Schieberegister

a) Parallel-Serienwandler und Serien-Parallelwandler

In Rechnern und digitalen Steuerschaltungen werden die zu einem Bitmuster, dem Wort, gehörenden Bits mit einem Takt gleichzeitig – **parallel** – verarbeitet und übertragen. Der Vorteil der Parallelverarbeitung ist die hohe Arbeitsgeschwindigkeit; schon nach einem Takt ist der Rechenschritt abgeschlossen. Ihr Nachteil ist, daß alle Verarbeitungsschaltungen und Übertragungsleitungen mehrfach – bei einem 8 Bit-Wort beispielsweise 8-fach – vorhanden sein müssen.
Bei der Datenübertragung über größere Entfernungen werden die Einzelbits des Wortes zeitlich nacheinander – **seriell** – über nur einen Übertragungskanal weitergegeben. Der damit niedrig gehaltene Schaltungsaufwand wird durch eine erheblich größere Übertragungszeit erkauft; da zusätzliche Bits die Übertragung steuern, sind zum Übertragen eines 8 Bit-Wortes mehr als 8 Takte erforderlich.

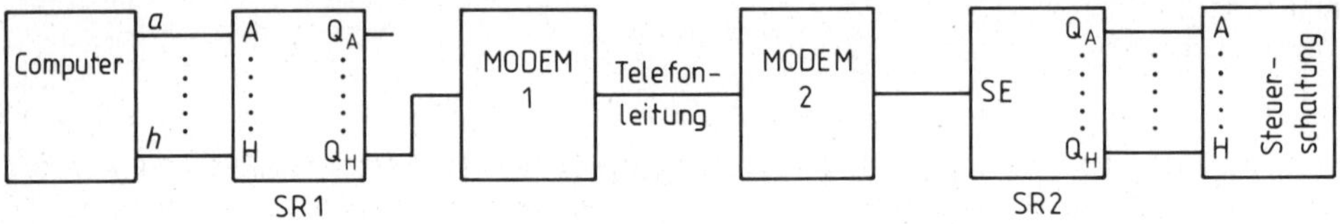

Bild 54.34 Datenübertragung über eine Telefonleitung

Das Blockschaltbild zeigt schematisch die Übertragung von 8 Bit-Worten von einem Computer über eine normale Telefonleitung zu einer Steuerschaltung (oder einem 2. Computer). Schieberegister SR1 bildet die *Schnittstelle zwischen Computer und Übertragungsleitung*. Es führt eine **Parallel-Serienwandlung** durch. Mit dem ersten Takt wird es parallel vom Bitmuster des Computers geladen. An seinen Ausgängen $Q_A \dots Q_H$ steht danach das Muster zur Verfügung, doch nur das Bit am Ausgang Q_H wird übertragen. Während der nächsten sieben Takte werden im Rechtsschiebebetrieb nacheinander die restlichen 7 Bit des Musters an den Ausgang Q_H und damit auf die Übertragungsleitung geschoben. Danach wird SR1 mit einem neuen Muster parallel geladen, und der Zyklus beginnt von neuem.
Das Schieberegister SR2 führt als *Schnittstelle zwischen Übertragungsleitung und Steuerschaltung* die **Serien-Parallelwandlung** durch. Der von der Übertragungsleitung kommende Bitstrom wird über den seriellen Eingang SE im Rechtsschiebebetrieb in SR2 eingeschoben und steht nach den gleichen 8 Takten, mit denen es vom SR1 ausgeschoben wurde, als vollständiges 8 Bit-Wort an den Ausgängen $Q_A \dots Q_H$ des Schieberegisters 2 zur Auswertung durch die Steuerschaltung zur Verfügung.
Rechteckimpulse können über Telefonleitungen nicht übertragen werden; sie würden zu stark verzerrt werden. MODEM 1 (MODEM = Modulator-Demodulator) setzt sie in sinusförmige Schwingungen um, während MODEM 2 die sinusförmigen Schwingungen wieder in das rechteckförmige Bitmuster zurückwandelt.

b) Schieberegister als Verschiebespeicher

Speicher, durch welche die gespeicherte Information zusätzlich verschoben werden kann, sind aus mehreren parallelen Schieberegistern aufgebaut und werden **Verschiebespeicher** genannt. Bei dem dargestellten Verschiebespeicher sind, der Übersichtlichkeit halber, die allen Flipflops gemeinsamen Taktleitungen weggelassen.

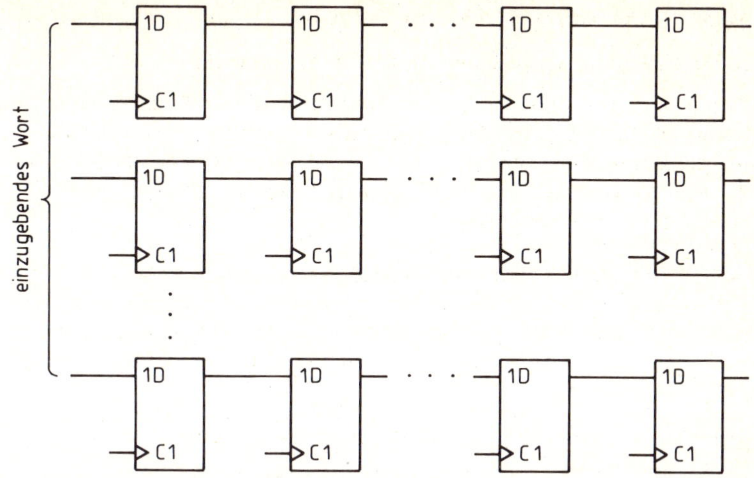

Bild 54.35
Verschiebespeicher

Das zu speichernde Wort liegt parallel an allen Eingängen der Schieberegister und wird mit dem ersten Takt in deren Eingangs-Flipflops aufgenommen. Ein Verschiebespeicher für 16 Bit-Worte muß also aus 16 Schieberegistern aufgebaut sein. Mit dem nächsten Takt wird das aufgenommene Wort in allen Schieberegistern um jeweils eine Position weitergeschoben, und das folgende Wort wird in den Speicher aufgenommen. Durch die Länge der Schieberegister, also ihre Flipflopzahl, ist die Zahl der Worte bestimmt, die gespeichert werden können. Werden mehr Worte eingegeben, als das System speichern kann, dann werden die zuerst aufgenommenen Worte an den letzten Ausgängen ausgeschoben und gehen damit verloren.
Wird der Verschiebespeicher zum Steuern einer Laufschrift eingesetzt, dann steuert jeder Flipflop-Ausgang ein Lämpchen des Lampenfeldes; jedes Schieberegister steuert mithin eine Lämpchenzeile. Die Zahl der Schieberegister ist durch die Zahl der Lämpchen bestimmt, aus denen sich ein Schriftzeichen in vertikaler Richtung zusammensetzt.
Nach dem gleichen Verfahren steuert man auch Brief- oder Paketsortieranlagen. Gleichzeitig mit dem Loslauf einer Sendung auf dem Förderband wird ihre dual verschlüsselte Adresse in den Verschiebespeicher eingegeben. Nach dem ersten Takt liegt die Adresse an den Ausgängen der Eingangs-Flipflops jeder Kette; sie wird mit jedem Takt um eine Position im Speicher weitergegeben. Die Sendung läuft taktsynchron auf dem Förderband von Weiche zu Weiche. Nach jedem Takt stellt eine Logikschaltung für jede im Speicher abgelegte Adresse fest, ob sie mit der eingeprägten Adresse der ihr zugeordneten Weiche übereinstimmt. Ist das der Fall, dann wird die dort befindliche Sendung ausgeworfen. Durch die Zahl der Adressen (Weichen) ist sowohl die Länge als auch die Zahl der Schieberegister bestimmt. So braucht man beispielsweise für $16 = 2^4$ Adressen 4 parallelgeschaltete Schieberegister mit jeweils 16 Flipflops.
Zur Untersuchung logischer Systeme werden diese Speicher mit Wortlängen bis 64 Bit und Schieberegister-Längen von einigen kBit als **Transientenspeicher** (Durchflußspeicher) verwendet. Die Bitmuster des zu untersuchenden Systems werden durch den Speicher geschoben. Der Datenfluß durch den Speicher wird gestoppt, wenn beispielsweise ein fehlerhafter Code in den Speicher eintritt oder sich in der Speichermitte befindet. Dann können anhand der früheren Muster die Bedingungen für das Auftreten, anhand evtl. noch folgender Muster die Wirkungen des Fehlers untersucht werden.

Wird der Ausgang jedes Schieberegisters auf seinen Eingang zurückgeführt, dann kreist bei Taktung die einmal eingespeiste Information in einem Ring. Ähnlich wie bei der Magnetbandspeicherung muß dann der Anfang der zu lesenden Information vor dem Lesevorgang durch zusätzliche Taktung erst zum Leseausgang gebracht werden. Dadurch wird dieser **sequentielle Speicher** (Sequenz = Aufeinanderfolge) verhältnismäßig langsam. Man verwendet ihn beispielsweise zur Ausgabe von Prüfwort-Mustern.

c) Weitere Anwendungen des Schieberegisters

Wird bei einem einzelnen Schieberegister der Ausgang des letzten Schieberegister-Flipflops auf den Eingang des ersten Flipflops zurückgeführt und werden die Flipflops anfänglich so geladen, daß nur ein Ausgang auf 1 und alle anderen Ausgänge auf 0 liegen, dann kreist bei Taktung der 1-Zustand im Flipflop-Ring. Mit n Flipflops läßt sich so, ohne zusätzliche Dekodierlogik, ein n-stufiger **Ringzähler** bilden, bei dem die Flipflop-Ausgänge die Zählerausgänge sind.
Im Dezimalsystem bedeutet das Verschieben einer Zahl um eine Stelle nach links – bei Nachziehen einer Null – eine Multiplikation mit 10 und entsprechend das Verschieben um eine Stelle nach rechts eine Division durch 10. Wenn das in das Schieberegister eingeschriebene Bitmuster als Dualzahl gedeutet wird, bedeutet entprechend

einmal nach links verschieben → Multiplikation mit 2,

einmal nach rechts verschieben → Division durch 2.

Schieberegister werden so als Rechenglieder für Dualzahlrechnungen eingesetzt.

54.7 Die Anwendungen monostabiler Kippglieder

54.7.1 Monostabile Kippglieder

Die in Abschnitt 54.3 beschriebenen bistabilen Kippglieder haben zwei stabile Ausgangszustände; der Übergang von dem einen in den entgegengesetzten Ausgangszustand muß durch ein äußeres Signal ausgelöst – getriggert – werden. Die Triggerung erfolgt meist durch eine Flanke eines Taktsignals oder auch – wie im Falle des Schmitt-Triggers – durch Über- oder Unterschreiten einer bestimmten Eingangsspannung der Schaltung.
Das **monostabile Kippglied**, auch **Monoflop** genannt, hat dagegen nur *einen* stabilen Zustand. Der zweite Ausgangszustand, in den es durch die Triggerung gebracht wird, ist nicht stabil. Das Kippglied verharrt in ihm während einer durch seine Schaltelemente festgelegten Verzögerungszeit t_v und kippt dann – ohne äußere Einwirkung – wieder in den stabilen Zustand zurück. Die Dauer der am Eingang liegenden Impulse hat keinen Einfluß auf t_v. Während der Verzögerungszeit verhält sich das monostabile Kippglied so, als ob es in einem stabilen Zustand sei, daher wird dieser Zustand auch **quasistabil** (quasi = so als ob) genannt.
Die Verzögerungszeit des Monoflops könnte beispielsweise verwendet werden, um eine Rolltreppe zu steuern. Eine Person, welche die Rolltreppe betritt, triggert das Monoflop mit dem Durchschreiten einer Lichtschranke – die Rolltreppe läuft an. Nach Ablauf der Verzögerungszeit, nach der die Person am Treppenende angelangt ist, fällt das Monoflop in den stabilen Zustand zurück; die Rolltreppe wird ausgeschaltet.
Was geschieht aber, wenn während der Verzögerungszeit eine erneute Triggerflanke kommt, wenn also während des Laufens der Treppe eine zweite Person die Lichtschranke durchschreitet (Zeitpunkt t_0 in Bild 54.36b)? Bei dem normalen bzw. **nicht nachtriggerbaren Monoflop** (im unteren Teilbild dargestellt) bleibt diese neuerliche Triggerung wirkungslos – die Treppe

wird abgeschaltet, ehe die zweite Person das Ziel erreicht hat. Um das zu vermeiden, setzt man für solche Anwendungfälle **nachtriggerbare Monoflops** ein, bei denen jede in die Verzögerungszeit fallende Triggerflanke diese von neuem startet (Zeitpunkt t_0 im mittleren Teilbild 54.36b).

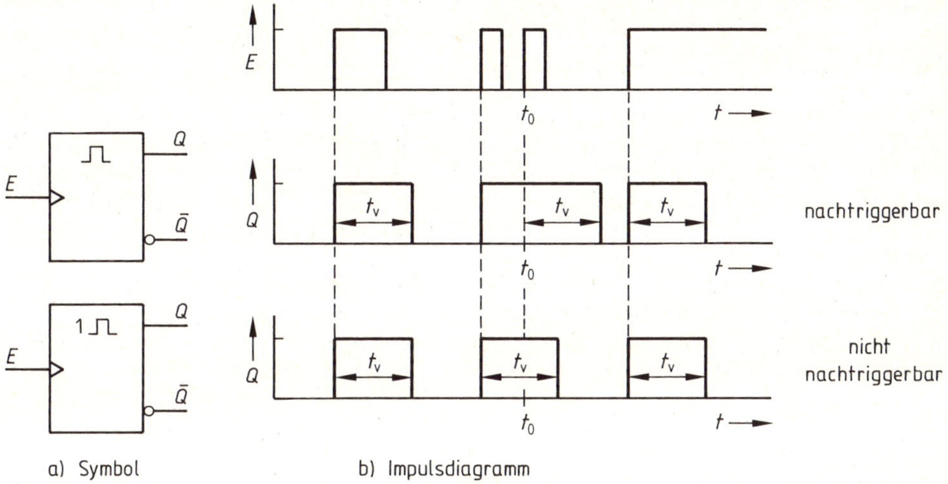

Bild 54.36 Monostabiles Kippglied

Monostabile Kippglieder sind als integrierte Schaltungen der herkömmlichen Logikfamilien erhältlich, z. B. die TTL-Schaltungen 74121 als normale und 74122 als nachtriggerbare Ausführung. Der externe *RC*-Zweig (Bild 54.37) bestimmt die Verzögerungszeit zu

$$t_v \approx 0{,}7 \cdot R_T \cdot C_T \ .$$

Mit den zulässigen Werten für die *RC*-Beschaltung lassen sich Verzögerungszeiten zwischen 30 ns und 30 s einstellen. TTL-Schaltungen arbeiten in dem eng begrenzten Versorgungsspannungsbereich 5 V ± 5%.

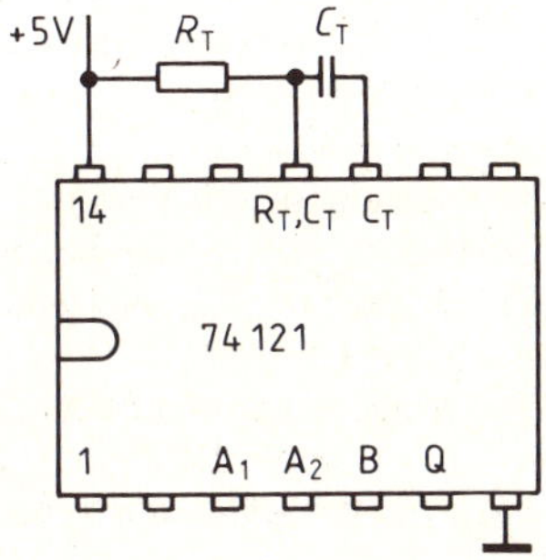

Bild 54.37 TTL-Monoflop 74121 mit Beschaltung

Den größeren Versorgungsspannungsbereich 4,5...16 V haben die mit Operationsverstärkern (Abschn. 56.1) aufgebauten integrierten monostabilen Kippschaltungen, die auch **Zeitgeber** genannt werden. Mit dem Zeitgeber 555 lassen sich Verzögerungszeiten bis zu 1000 s einstellen.

54.7.2 Verzögerungsglieder

Das monostabile Kippglied liefert einen Ausgangsimpuls mit der von seiner *RC*-Beschaltung bestimmten Zeitdauer t_v. Sein Beginn kann von der steigenden oder der fallenden Flanke des Eingangssignals ausgelöst werden. Die Zeitdauer des Eingangsimpulses beeinflußt t_v nicht. Hingegen erhält man den Ausgangsimpuls eines **Verzögerungsglieds** als den um die Verzögerungszeit t_v eines Monoflops verlängerten (Bild 54.38b) oder verkürzten (Bild 54.39b) Eingangsimpuls.

Beispielsweise muß das Kühlgebläse eines Diaprojektors gleichzeitig mit der Projektionslampe eingeschaltet werden, nach dem Ausschalten der Lampe aber noch eine gewisse Zeit zum Nachkühlen weiterlaufen. Dieses Schaltverhalten wird durch die **Ausschaltverzögerung** erreicht. Dabei schaltet Eingangssignal E die Lampe, Ausgangssignal Z das Gebläse. Die Realisierung der Schaltung zeigt Bild 54.38c. Durch die fallende Flanke von E, welche die Lampe abschaltet, wird das Monoflop getriggert, womit seine Verzögerungszeit t_v beginnt. Solange $E = 1$ ist, liegt am oberen Eingang, während der Verzögerungszeit liegt am unteren Eingang des ODER-Gatters der Logikzustand 1, und damit ist während dieser beiden Zeitabschnitte durch $Z = 1$ das Kühlgebläse eingeschaltet.

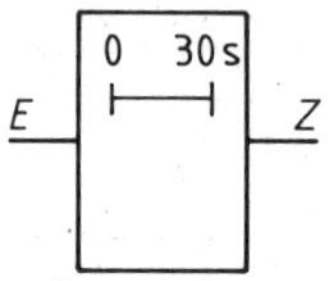

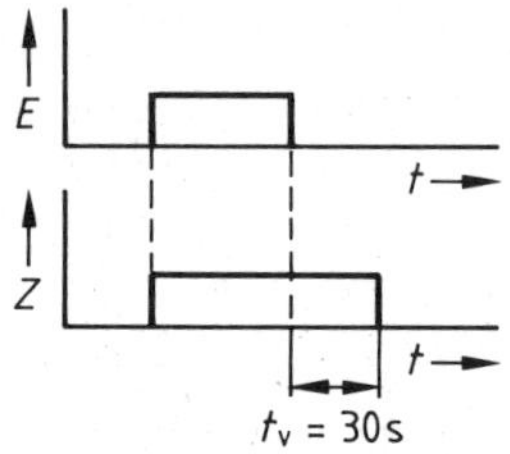

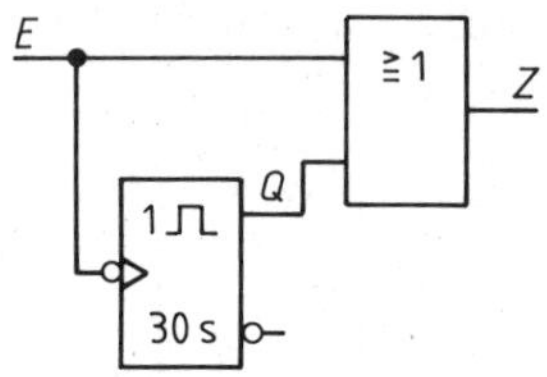

Bild 54.38 Ausschaltverzögerung a) Symbol b) Impulsdiagramm c) Schaltung

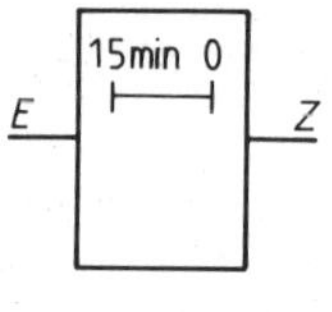

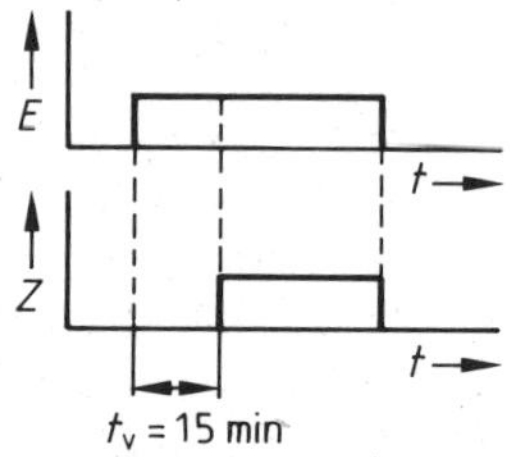

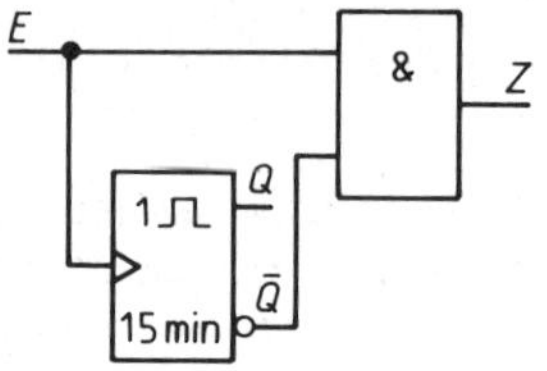

Bild 54.39 Einschaltverzögerung a) Symbol b) Impulsdiagramm c) Schaltung

Bei einer Warmluftheizung z.B. darf, damit nicht Kaltluft in die Räume geblasen wird, das Gebläse erst eingeschaltet werden, wenn die Heizung schon Warmluft liefert. Werden beim Abschalten Heizung und Gebläse gleichzeitig ausgeschaltet, dann bezeichnet man die steuernde Schaltung als **Einschaltverzögerung** (Bild 54.39). Das Signal E schaltet die Heizung, das Signal Z das Gebläse. Mit dem Einschalten der Heizung, also mit steigender Flanke von E, wird das Monoflop getriggert (Bild 54.39c). Während seiner Verzögerungszeit ist $\overline{Q} = 0$ und damit das UND-Gatter gesperrt. Erst nach dem Rückkippen des Monoflops liegt – solange

noch $E = 1$ ist – an beiden Eingängen des UND-Gatters der Logikzustand 1. Das Gebläse läuft dann an und läuft weiter, bis das Eingangssignal E auf 0 zurückgeht.
Normalerweise wird man, um die Restwärme auszunutzen, zusätzlich das Gebläse noch eine gewisse Zeit nach Abschalten der Heizung weiterlaufen lassen. Dann wird das Gebläse durch eine **Ein- und Ausschaltverzögerung** gesteuert. Hierzu verzögert man den Anstieg des Ausgangsimpulses Z zunächst durch eine Einschaltverzögerung und verlängert dann seine Abfallzeit durch eine nachgeschaltete Ausschaltverzögerung.

54.8 Astabile Kippglieder

Das astabile (nicht stabile) Kippglied hat keinen stabilen Zustand. Ohne äußere Triggerung schwingt es zwischen seinen beiden quasistabilen Zuständen hin und her. Man kann es damit als Rechteckgenerator verwenden.
Astabile Kippglieder werden nicht als integrierte Schaltungen gefertigt. Sie werden häufig, wie in Bild 54.40b dargestellt, als rückgekoppelte Schaltung zweier monostabiler Kippglieder aufgebaut. Durch deren RC-Beschaltungen sind Frequenz und Impuls-Pausenverhältnis in weiten Bereichen einstellbar. Die zusätzliche UND-Verknüpfung des Ausgangs $\overline{Q}_B$ mit dem Steuersignal E erlaubt, den Schwingungszustand der Schaltung durch E zu beliebigen Zeitpunkten zu starten und auch wieder zu beenden.

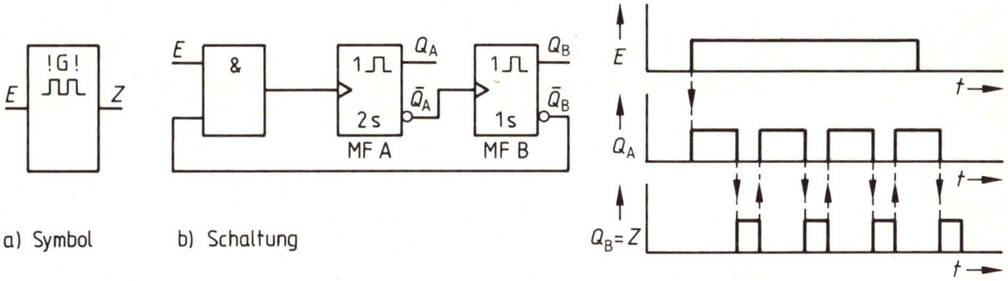

Bild 54.40 Astabiles Kippglied

Im Symbol des astabilen Kippglieds deutet das Ausrufungszeichen links vom Buchstaben G (Generator) auf die Möglichkeit des Startens, das Ausrufungszeichen rechts davon auf die Möglichkeit des Anhaltens des Schwingungszuges durch ein äußeres Steuersignal hin.
Da im Ruhezustand der Schaltung $\overline{Q}_B = 1$ ist, erscheint am Ausgang des UND-Gatters (Bild 54.40b) eine steigende Flanke, sobald $E = 1$ wird. Diese Flanke triggert das Monoflop A (MF A). Wenn dann dieses Monoflop in seinen stabilen Zustand zurückfällt, hat Q_A eine fallende und mithin $\overline{Q}_A$ eine steigende Flanke. Letztere triggert Monoflop B (MF B), das in seinen quasistabilen Zustand geht. Beim Rückfall von Monoflop B in den stabilen Zustand hat das Signal $\overline{Q}_B$ wiederum eine steigende Flanke, die Monoflop A triggert. Auf diese Weise ergibt sich an den Monoflop-Ausgängen eine periodische Rechteckschwingung, die aber abreißt, nachdem das Steuersignal den Zustand $E = 0$ angenommen hat. Dann kann Monoflop A keine Triggerflanke mehr erhalten, da das UND-Gatter sperrt.
Der beschriebene Rechteckgenerator genügt, vor allem hinsichtlich seiner Frequenzkonstanz, nur sehr bescheidenen Ansprüchen. Höhere Anforderungen an das Rechtecksignal sind nur durch eine aufwendigere Schaltung, evtl. mit Quarzstabilisierung, zu erfüllen.

54.9 Logikfamilien

Das Zusammenschalten unterschiedlicher integrierter Schaltkreise zu einer Logikschaltung ist problemlos, wenn die einzelnen Schaltkreise in gleicher Technologie und mit gleichen Anschlußstift-Abmessungen gefertigt sind, gleiche Versorgungsspannungen haben und mit gleichen Logikpegeln arbeiten. Alle so zusammengehörenden Schaltkreise bilden eine **Logikfamilie**.

54.9.1 Kenngrößen logischer Schaltungen

Die für den Anwender wichtigsten Kenngrößen logischer Schaltungen sind

→ Versorgungsspannung bzw. Versorgungsspannungsbereich;
→ die Logikpegel. Das sind einerseits die Spannungsbereiche, die in den beiden Logikzuständen an den Schaltungsausgängen auftreten können; andererseits die Spannungsbereiche, in denen ein Schaltungseingang die beiden Logikzustände sicher erkennt;
→ der Störabstand. Das ist die größte Störamplitude, bei deren Überlagerung über das Signal ein Eingang noch einwandfrei den Logikzustand erkennt. Die Datenblätter geben den Störabstand für den normalen Betriebsfall und den kleineren Wert für den ungünstigsten Betriebsfall (worst case) an.
→ die Durchlaufzeit des Signals durch das logische Glied (Laufzeitverzögerung). Sie bestimmt die höchste Taktfrequenz der Schaltung.
→ die Leistungsaufnahme des logischen Gliedes.

Die möglichen Ausgangsspannungen der Schaltglieder einer Logikfamilie liegen in 2 Bereichen, die sich nicht überdecken dürfen. Diese Bereiche werden von den Bereichen, in denen die nachfolgenden Eingänge die Logikzustände richtig erkennen, überdeckt (Bild 54.41).

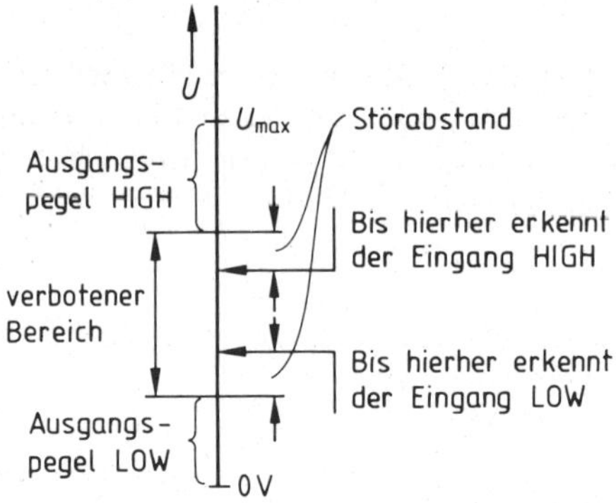

Bild 54.41 Logikpegel

Zum Beschreiben des Verhaltens logischer Schaltungen sind oft umfangreiche Tabellen erforderlich. Der Einfachheit halber ersetzt man die Zahlenwerte *beider* Bereiche durch die Angaben L (**LOW-Pegel**, liegt näher bei $-\infty$) und H (**HIGH-Pegel**, liegt näher bei $+\infty$). Zwischen den beiden Ausgangsspannungsbereichen liegt ein Übergangsbereich, der **verbotener Bereich** genannt wird. Die Ausgangsspannung der Schaltung darf nicht im verbotenen Bereich liegen; beim Umschalten muß er mit einer vorgegebenen Mindestgeschwindigkeit durchlaufen werden.

Der Hersteller beschreibt das Verhalten der Schaltung durch Angabe der **Arbeitstabelle**, in welcher die Logikpegel anstelle der tatsächlichen Spannungsbereiche angegeben sind. Tabelle 54.5 a zeigt die Arbeitstabelle eines Grundgatters mit den Eingangssignalen *A* und *B* und dem Ausgangssignal *Z*.
Welchem der beiden Logikpegel der Logikzustand 1 zugeordnet wird, liegt im Ermessen des Anwenders. Die **Normalzuordnung** mit H = 1 und L = 0 wird **Positivlogik** genannt. Möglich ist aber auch die entgegengesetzte Zuordnung H = 0 und L = 1. Sie wird mit **Negativlogik** bezeichnet. Damit ergeben sich für eine Arbeitstabelle zwei **Wahrheitstabellen**, welche die logische Funktion der Schaltung beschreiben (Tabelle 54.5 b). Die gleiche Schaltung arbeitet in Positivlogik als NAND-, in Negativlogik aber als NOR-Stufe. Die Angabe des Schaltungstyps im Datenblatt bezieht sich auf die Normalzuordnung. Die vorliegende Schaltung würde also als NAND-Gatter bezeichnet.

Tabelle 54.5: Arbeits- und Wahrheitstabelle

A	L	H	L	H
B	L	L	H	H
Z	H	H	H	L

a) Arbeitstabelle

Positivlogik

A	0	1	0	1
B	0	0	1	1
Z	1	1	1	0

Negativlogik

A	1	0	1	0
B	1	1	0	0
Z	0	0	0	1

b) Wahrheitstabelle

54.9.2 Die TTL-Familien

Die am häufigsten eingesetzte **Standard-TTL-Familie SN 74** bietet ein umfangreiches Spektrum preisgünstiger niedrig und mittel integrierter Schaltkreise. Der Name TTL = Transistor-Transistor-Logik besagt, daß sowohl die Logikverknüpfungen als auch die folgende Leistungsverstärkung von Transistoren ausgeführt werden. Verstärkungselement ist der bipolare Transistor. Die wichtigsten Kenngrößen sind:

Versorgungsspannung 5 V ±5%;
Störabstand typisch 1,1 V; im ungünstigsten Betriebsfall (worst case) 0,4 V;
Signaldurchlaufzeit für Grundgatter (Laufzeitverzögerung) 10 ns;
Leistungsaufnahme eines Grundgatters 10 mW.

In der Bausteinkennzeichnung folgt auf die Zahl 74 eine zwei- oder dreistellige Typkennzahl; so ist beispielsweise 74122 die Typbezeichnung für ein nachtriggerbares Monoflop.
Die Familien SN 54 und SN 84 haben einen erweiterten Betriebstemperatur- und Betriebsspannungsbereich.
Unter mehreren Typbezeichnungen laufen einige kleinere Unterfamilien der Standard-TTL-Familie. Sie wurden für erhöhte Schaltgeschwindigkeit (SCHOTTKY-TTL) oder für geringere Leistungsaufnahme (LOW-Power-TTL) entwickelt. So werden bei der Unterfamilie SN74ALS (Advanced LOW-Power SCHOTTKY-TTL = fortgeschrittene SCHOTTKY-TTL für niedrige Leistung) für das Grundgatter Signaldurchlaufzeiten von 4 ns bei einer Leistungsaufnahme von 1 mW erreicht.

54.9.3 MOS-Familien für hohe Integrationsgrade

Der in Abschn. 52.3.1 beschriebene MOS-FET braucht in der integrierten Schaltung wesentlich weniger Chipfläche und nimmt weniger Leistung auf als ein bipolarer Transistor. Außerdem lassen sich die in bipolarer Technik viel Chipfläche beanspruchenden Widerstände in der MOS-Technik meist durch kleinflächige MOS-FETs ersetzen. Daher werden hochintegrierte Schaltungen nur in einer MOS-Technologie gefertigt.

Etwa seit dem Jahre 1974 wird die mit N-Kanal MOS-FETs arbeitende NMOS-Technologie eingesetzt. Mit den Vorteilen einer um mehr als den Faktor 10 höheren Schaltgeschwindigkeit und nur einer, mit +5 V TTL-kompatiblen Versorgungsspannung löste sie die vorher einige Jahre verwendete PMOS-Technologie (langsam, mehrere Versorgungsspannungen) ab. Die NMOS-Technologie ist, in inzwischen verbesserten Ausführungen, beispielsweise als HMOS-Technologie (High density, short channel = hohe Bauelementedichte, kurzer Kanal), auch jetzt noch verbreitet im Einsatz.

Anfang der 80er Jahre stellte sich heraus, daß das Haupthindernis zum Erreichen höherer Integrationsgrade weniger die Verkleinerung der Bauelementestrukturen als vielmehr die Abfuhr der entstehenden Verlustwärme ist. Diese Überlegung führte auf die Entwicklung der verlustarmen CMOS-Technologie (CMOS = komplementärsymmetrische MOS-Technologie). Bild 54.42 zeigt den Aufbau der Inverterstufe in NMOS- und in CMOS-Technologie.

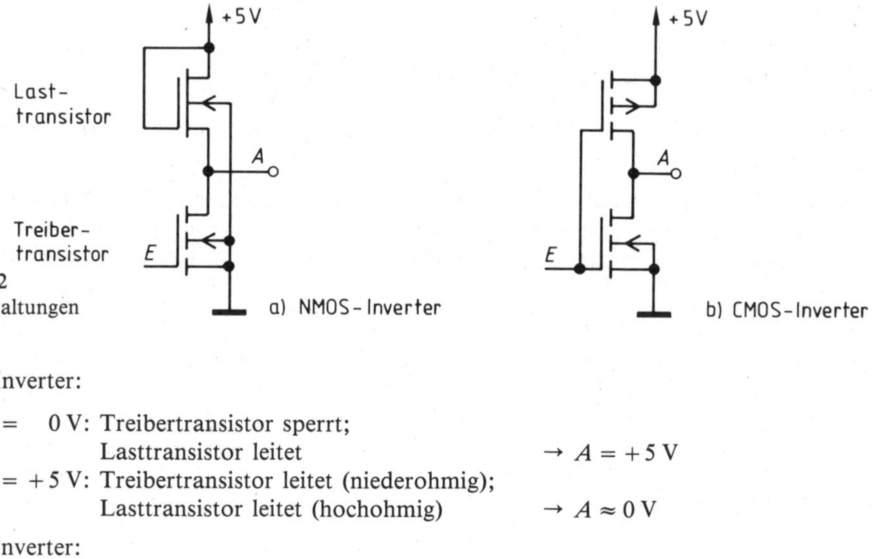

Bild 54.42
MOS-Schaltungen

NMOS-Inverter:

$E =$ 0 V:	Treibertransistor sperrt;	
	Lasttransistor leitet	$\rightarrow A = +5$ V
$E = +5$ V:	Treibertransistor leitet (niederohmig);	
	Lasttransistor leitet (hochohmig)	$\rightarrow A \approx 0$ V

CMOS-Inverter:

$E =$ 0 V:	Treibertransistor sperrt;	
	Lasttransistor leitet	$\rightarrow A = +5$ V
$E = +5$ V:	Treibertransistor leitet;	
	Lasttransistor sperrt	$\rightarrow A = 0$ V

Während in der NMOS-Technologie, die nur mit NMOS-FETs arbeitet, alle Zweige, deren Treibertransistoren durchgeschaltet sind, Strom führen und mithin zur Dauerverlustleistung beitragen, ist durch Gegeneinanderschaltung jeweils eines PMOS- und eines NMOS-FETs der Stromweg der CMOS-Zweige dauernd gesperrt. Nur während des Umschaltens tritt durch

Umladen der Schaltungskapazitäten Verlustleistung auf. Dadurch ist die Verlustleistung von CMOS-Schaltungen niedriger als die vergleichbarer NMOS-Schaltungen, solange die Schalthäufigkeit nicht zu groß wird.

CMOS-Schaltungen arbeiten, trotz der in ihnen verwendeten PMOS-FETs, mit der Geschwindigkeit vergleichbarer NMOS-Schaltungen. Wegen des höheren Bauelementeaufwandes – CMOS-Schaltungen arbeiten mit mehr Transistoren als NMOS-Schaltungen und brauchen wegen der beiden Transistortypen Isolierwannen auf dem Chip – sind CMOS-Bausteine teurer als vergleichbare NMOS-Bausteine. Vermutlich wird die Preisdifferenz in den kommenden Jahren verschwinden, und dann werden die vorteilhafteren CMOS-Schaltungen die NMOS-Schaltungen allmählich verdrängen.

54.9.4 CMOS-Familien für niedrige Integrationsgrade

Ähnlich den TTL-Familien gibt es auch für niedrig und mittel integrierte Schaltkreise einige CMOS-Familien. Sie haben die Vorteile der größeren Versorgungsspannungsbereiche 5...15 V oder 2...6 V, eines größeren Störabstandes und geringerer Verlustleistung. Neben der Standard-Familie 4000B gibt es die High-speed (hohe Geschwindigkeit) CMOS-Familie 74HC, deren Schaltungen pinkompatibel (schaltungsmäßig vollständig gleichwertig) zu den TTL-Schaltungen gleicher Typennummer sind und die etwa die Schaltgeschwindigkeiten der Standard-TTL-Schaltungen haben.

54.10 Halbkundenspezifische Schaltungen

Nach dem Grad der Einflußnahme des Kunden auf den *Aufbau der integrierten Schaltung* unterscheidet man:

Standardschaltungen, deren Entwurf und Herstellung vollständig in den Händen des Schaltungsherstellers liegt. Der Anwender wählt aus einem Produktangebot die für seinen Verwendungszweck am besten geeigneten Schaltkreise aus und verbindet sie auf einer Platine zur gewünschten »festverdrahteten Schaltung«.
→ typisch hierfür ist der Einsatz der TTL- oder der µC-Familien.

Kundenspezifische Schaltungen, deren Aufbau vollständig durch den Kunden bestimmt wird. Häufig übernimmt der Schaltungshersteller Entwicklung und Fertigung der hochintegrierten Schaltung, weil der Kunde dazu nicht in der Lage ist. Da dann sämtliche Schritte für die Fertigung einer integrierten Schaltung – angefangen vom Entwurf (Layout) über die Maskenherstellung bis zum Prüfen der fertigen Schaltung – durchlaufen werden müssen, ist der Einsatz der kundenspezifischen integrierten Schaltung nur bei komplexen Aufgabenstellungen und sehr großen Stückzahlen sinnvoll.
→ typischer Einsatz: Unterhaltungs- und Autoelektronik.

Zwischen diesen beiden Extremen liegt ein weites Anwendungsgebiet, das weder mit Standardschaltungen noch mit kundenspezifischen Schaltungen günstig abzudecken ist, weil beispielsweise

→ nur einige Standardbausteine in einer Schaltung geringer Komplexität durch einen einzigen Baustein ersetzt werden sollen (geringerer Leistungs- und Platzbedarf, höhere Betriebssicherheit).

→ Hochintegrierte Schaltungen gebraucht werden, ohne daß die für die Fertigung einer kundenspezifischen Schaltung erforderlichen Stückzahlen gegeben sind.

Diese Anwendungsgebiete decken die **halbkundenspezifischen integrierten Schaltungen** ab, deren Entwicklung etwa um das Jahr 1980 begann. Man bezeichnet sie auch als

Semicustom ICs = halbkundenspezifische integrierte Kreise oder

ASICs = anwenderspezifische integrierte Schaltungen.

Nach dem Grad, in dem der Kunde Einfluß auf die Entwicklung der Schaltung nehmen kann, unterscheidet man drei Arten halbkundenspezifischer integrierter Schaltungen.

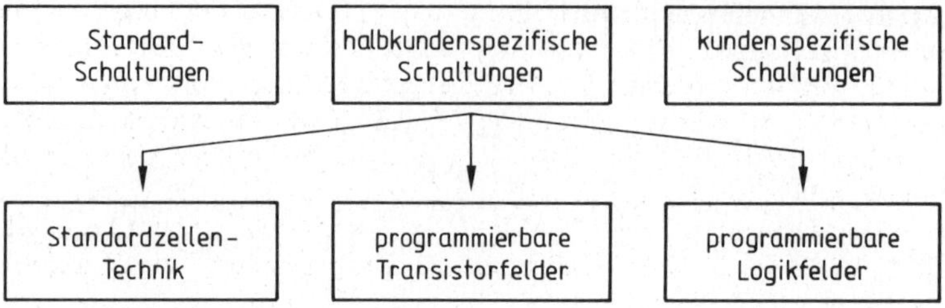

Bild 54.43 Arten integrierter Schaltungen

54.10.1 Die Standardzellen-Technik

Große Halbleiter-Hersteller stellen dem Kunden Standardzellen-Bibliotheken zur Verfügung, in denen die Layouts für die Maskenentwürfe logischer Grundschaltungen bis zur Komplexität von MSI-Schaltungen und Halbleiter-Speicherschaltungen zusammengefaßt sind. Alle diese Zellen sind so entworfen, daß sie auf dem Chip die gleiche Höhe haben. Den Schaltungsentwurf übernimmt der Kunde. Mit Rechnerunterstützung ordnet er die benötigten Zellen zu Reihen. Über und unter den Zellenreihen sind die Gebiete, in denen die Leitungen für Spannungsversorgung, Taktung und Verbindungen der Zellen untereinander laufen. Die Fertigung der Schaltung liegt dann voll in den Händen des Halbleiter-Herstellers.
Vorteilhaft ist die gute Ausnutzung der Chipfläche. Nachteilig ist, daß alle Maskenebenen schaltungsabhängig sind und damit eine Vorfertigung nicht möglich ist. Die Standardzellen-Lösung empfiehlt sich für die Fertigung sehr komplexer Schaltkreise.

54.10.2 Programmierbare Transistorfelder

In dieser Technik kann der Hersteller Wafer vorfertigen, bei denen jeder Chip aus der gleichen Matrix von bis zu einigen Tausend Transistorpaaren besteht. Kundenspezifisch sind nur die Masken für die Verdrahtungsebenen der Transistorpaare.
Vorteilhaft ist die kurze Entwicklungszeit. Nachteilig ist die oft schlechte Ausnutzung des Chips, da die Zahl der Transistorpaare vom Hersteller bestimmt ist. Diese Lösung wird vor allem dann häufig angewandt, wenn der zu entwickelnde Kreis auch analoge Baugruppen enthält.

54.10.3 Programmierbare Logikfelder

Der Entwurf einfacher Schaltnetze, beispielsweise für Codewandler, Multiplexer und Rechenglieder, führt häufig auf eine Zwei-Ebenen-Logik, bei der die Ausgänge mehrerer Minterme (UND-Verknüpfungen) durch eine ODER-Verknüpfung zusammengefaßt werden (vgl. Gl.

(53.7)). Gibt es keinen Standardbaustein, der die Aufgabe löst, so arbeitet man mit einer festverdrahteten Schaltung aus mehreren Grundgattern. Es können jedoch Überlegungen wie Platzbedarf, Leistungsverbrauch, Kosten, Arbeitsgeschwindigkeit für den Einsatz nur eines einzelnen Bausteins sprechen. Dann bietet sich die Verwendung eines programmierbaren Logikfeldes an.
Der Hersteller liefert fertige Bausteine, die eine Anzahl von Makrozellen enthalten. Jede dieser Makrozellen hat einer größere Zahl von Eingängen und besteht aus einer Reihe von UND-Gattern, deren Ausgänge durch ein ODER-Gatter verknüpft sind. Alle Eingänge der UND-Gatter sind im unprogrammierten Zustand des Bausteins matrixartig mit allen Eingangsleitungen verbunden. Das »Programmieren« der Schaltung geschieht in der Form, daß die nicht benötigten leitenden Verbindungen dieser Eingangsmatrix entfernt werden. Das kann, wie bei dem Speicherbaustein PROM (Abschn. 55.1.3.2a), durch das Ausbrennen von abschmelzbaren Verbindungen oder, wie bei dem Speicherbaustein EPROM (Abschn. 55.1.3.2b), durch das Sperren ursprünglich leitender Transistoren geschehen. Programmierbare Logikfelder dieser Art sind nur zur Realisierung von Schaltnetzen geeignet. Bei vielen Typen gehört zur Makrozelle noch zusätzlich ein Speicher-Flipflop. Dann lassen sich mit dem Logikfeld auch Schaltwerke, wie beispielsweise Zähler, realisieren. Die programmierbaren Logikfelder sind unter Handelsnamen wie **PAL** (Programmable Array Logic), **GAL** (Generic Array Logic) oder, in einer universelleren Technik, als **LCA** (Logic Cell Array) erhältlich.
Programmieren und Einsatz der Logikfelder entspricht dem der oben erwähnten Speicherbausteine (PROM bzw. EPROM). Jedoch haben die programmierbaren Logikfelder den Vorteil einer wesentlich höheren Arbeitsgeschwindigkeit bei oft geringerem Schaltungsaufwand.

55 Mikrocomputer

Rechentechnik und Steuerungstechnik fordern, ebenso wie Unterhaltungselektronik oder der Hobbysektor, laufend leistungsfähigere, schnellere, kleinere und billigere elektronische Schaltungen. Doch schien es um das Jahr 1970, als man zur Fertigung hochintegrierter Schaltungen übergehen konnte, als sei man in einer Sackgasse angelangt:

→ Bei Verwendung von niedrig und mittel integrierten Schaltkreisen, kombiniert mit Einzelbauelementen, wurden die geforderten Schaltungen zu groß und zu teuer, durch lange Verbindungsleitungen zu langsam und durch die vielen Lötpunkte zu störanfällig.
→ Zwar war man technisch in der Lage, nun hochintegrierte Schaltungen zu fertigen, doch war zu erkennen, daß die hohen festen Entwicklungskosten den Einsatz eigener LSI-Schaltungen auf sehr wenige Anwendungsfälle mit extrem hohen Stückzahlen, beispielsweise in der Autoindustrie und in der Unterhaltungselektronik, beschränken würden.

Mit dem Einsatz des **Mikrocomputers** (µC), dessen Herz der 1971/72 entwickelte **Mikroprozessor** (µP) ist, wurde diese Schwierigkeit überwunden. Der Mikroprozessor, eine hochintegrierte Schaltung, kann die unterschiedlichsten logischen und arithmetischen Operationen, zu deren Ausführung man anderenfalls verschiedene digitalelektronische Schaltkreise einsetzen müßte, ausführen und ihren zeitlichen Ablauf steuern. Die entsprechenden Steueranweisungen, welche die jeweils gewünschte Funktion aktivieren, holt er sich als eine Folge von Befehlen, die als **Programm** bezeichnet wird, aus dem Programmspeicher, einer zweiten hochintegrierten Schaltung des Mikrocomputers. Die vor der »Mikrocomputerzeit« übliche, aus vielen Einzelbauelementen und niedrig integrierten Schaltkreisen zusammengelötete **festverdrahtete Logikschaltung** wird durch eine aus wenigen hochintegrierten Bausteinen gefertigte **pro-**

grammierbare Logikschaltung ersetzt. In seiner einfachsten Form ist der Mikrocomputer folgendermaßen aufgebaut:

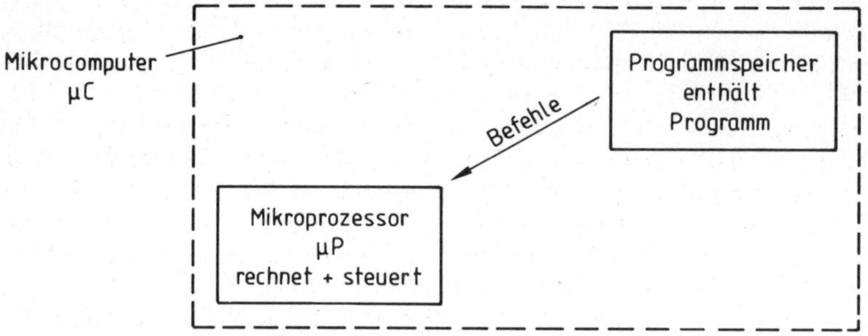

Bild 55.1 Mikrocomputer

Die Verwendung des Mikrocomputers bietet dem Anwender alle Vorteile der hochintegrierten Schaltung (s. Abschn. 53.6.2), ohne daß er deren Nachteil, die Beschränkung auf ein festgelegtes Einsatzgebiet, in Kauf nehmen muß. Ähnliche oder geringfügig geänderte Aufgabenstellungen führen nicht mehr auf einen neuen Platinenentwurf, sondern oft genügt – bei Verwendung der gleichen Platine – eine Änderung des steuernden Programms. Dafür muß nur ein integrierter Baustein auf der Platine, der Programmspeicher, ausgetauscht werden. Wesentlich ist auch, daß die Entwicklung fertiger Bausteine durch den Bauelementehersteller den Anwender weitgehend von der Schaltungsentwicklung entlastet.
Der tatsächliche Schaltungsaufbau des Mikrocomputers aus elektronischen und mechanischen Bauteilen ist (wesentlich) umfangreicher als in Bild 55.1 dargestellt. Man nennt ihn die **Hardware** des Computers. Zum Betrieb des Computers gehören weiterhin seine Programme, die sogenannte **Software**. Zu ihr zählen die Anwenderprogramme, welche den Computer nach den Anwenderforderungen steuern, alle Hilfsprogramme, die den Anwender bei der Entwicklung eigener Programme unterstützen und, beispielsweise bei einem Personal Computer, die Programme des Betriebssystems, welche die Zusammenarbeit des Rechners mit seinen peripheren Geräten steuern. Andere, zum Betrieb des Rechners notwendige Programme, beispielsweise die Startroutine eines Personal Computers, welche der Hersteller, in Speicherbausteine fest einprogrammiert, als unveränderliches Zubehör mit dem Rechner liefert, werden unter dem Begriff **Firmware** zusammengefaßt.
Durch die Entwicklung des Mikrocomputers hat sich das Aufgabengebiet des Elektronikers grundlegend verändert. Während in der klassischen Elektronik die Entwicklung und Untersuchung von Schaltungen, also von Hardware, das einzige Aufgabengebiet war, hat jetzt die Softwareentwicklung, d.h. das Erstellen und Ändern von Programmen, die weitaus größere Bedeutung.
Es soll an dieser Stelle darauf hingewiesen werden, daß der Mikrocomputer trotz seines Namens kein Computer im Sinne eines (Taschen-)Rechners ist. Sein eigentliches Arbeitsgebiet ist die Steuerungstechnik. Gehen die an ihn gestellten arithmetischen Forderungen über die vier Grundrechnungsarten hinaus, dann muß im allgemeinen die Arbeit der μC-Schaltung durch einen speziellen Rechenbaustein, den *Arithmetik-Prozessor*, unterstützt werden. In manchen neuentwickelten Mikroprozessoren, beispielsweise dem 80486 der Fa. Intel, sind die Funktionen des Arithmetik-Prozessors bereits integriert.

55.1 Der Aufbau des Mikrocomputers

Die Mikrocomputer-Entwicklung setzte ein, nachdem die amerikanische Firma INTEL im Jahre 1971 mit dem ersten 8 Bit-Mikroprozessor 8008 den Stammvater der verbreitet eingesetzten 8080/8086-Familie auf den Markt gebracht hatte. Alteingesessene und neugegründete Elektronikfirmen (Motorola, Texas Instruments, NEC, Commodore, Zilog) entwickelten vergleichbare Produkte, so daß jetzt mehrere bedeutende Mikrocomputer-Familien im Einsatz sind. Mit dem Übergang zu den höchstintegrierten Schaltkreisen wurden die Kosten für die Entwicklung und Fertigung neuer Bausteine fast unvorstellbar hoch. So gibt die Firma IBM allein die Kosten für die Installation einer Fertigungslinie für den 1 MBit RAM-Speicherchip mit 400 Millionen DM an. Als Folge findet man weltweite Zusammenschlüsse großer Halbleiter-Hersteller, die nicht nur die Fertigung, sondern, in Arbeitsteilung, auch die Entwicklung neuer Bausteine für diese Mikrocomputerfamilien betreiben.
Mikrocomputer werden nach ihrer Rechenwortlänge, also nach der Zahl der Bits, die sie in einem Schritt gleichzeitig übertragen oder verarbeiten können, eingeteilt. So kann beispielsweise ein 16 Bit-μC mit jedem Schritt ein 16 Bit-Wort, also ein 16 Bit-Muster von 0–1-Zuständen (vgl. Abschn. 53.2), übertragen oder verarbeiten. Eingesetzt werden

- 4 Bit-μCs für Haushaltgeräte- und Spielzeugsteuerungen,
- 8 Bit-μCs für einfachste industrielle Steuerungen (beispielsweise als Einchipcomputer) und für billige Rechner des Hobbysektors,
- 16 Bit-μCs für industrielle Steuerungen, einfache Datenverarbeitung und für Rechner des Hobbysektors,
- 32 Bit-μCs für hochwertige industrielle Steuerungen und für anspruchsvolle Datenverarbeitung (z. B. Bildverarbeitung).

55.1.1 Der logische Aufbau des Computers

Das Herz des Computers ist der **Zentralprozessor**, der oft auch Zentraleinheit oder **CPU** (Central Processing Unit) genannt wird. Er enthält das Rechenwerk, das die arithmetischen und logischen Verknüpfungen ausführt, sowie das Steuerwerk, das diese Verknüpfungen zeitlich koordiniert.
Die CPU arbeitet das aus einer Folge von Befehlen bestehende Programm ab. Die Befehle, also die Anweisungen, was zu tun ist, werden nacheinander aus dem Halbleiterspeicher des Mikrocomputers geholt. Programme können die unterschiedlichsten Aufgaben lösen. So kann ein Programm beispielsweise die Fahrt eines Aufzugs steuern, während ein anderes Programm einen Kontenstand verändert. Für beide Fälle müssen veränderliche Zahlenwerte, die **Daten** genannt werden, zur Verfügung stehen. Diese Daten, beispielsweise die nächste anzu-

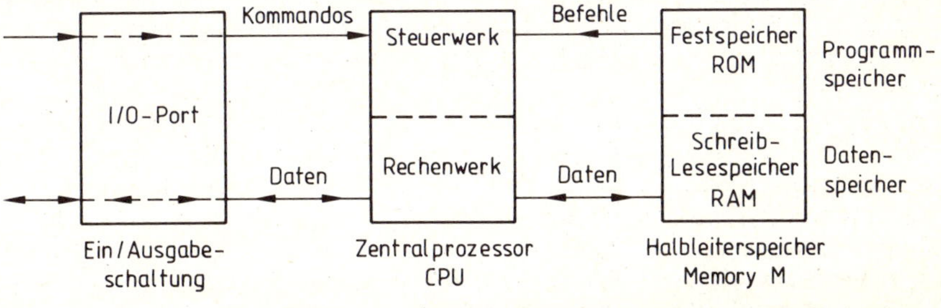

Bild 55.2 Logischer Aufbau des Computers

fahrende Position oder der alte Kontenstand, sind ebenfalls im Halbleiterspeicher des Rechners abgelegt. Nach diesen Überlegungen muß der Halbleiterspeicher des Rechners aus zwei Abteilungen bestehen:
Im **Festspeicher**, der auch **ROM** (read only memory = nur Lesespeicher) genannt wird, sind unveränderliche Größen, beispielsweise die Befehle eines immer in gleicher Form ablaufenden Programms, abgelegt. Das ROM wird einmal programmiert; sein Inhalt ist dann nicht mehr zu verändern. Hingegen enthält der **Schreib-Lesespeicher**, der auch **RAM** (random access memory = Speicher mit wahlfreiem Zugriff) genannt wird, die Größen, die während des Betriebs des Rechners veränderlich sind. Typisch dafür sind die Daten.
Die dritte wichtige Baugruppe des Computers, die **Ein/Ausgabeschaltung (I/O-Port)**, befähigt den Rechner, mit peripheren (äußeren) Geräten wie Disketten- oder Festplattenlaufwerken, Datensichtgeräten, Druckern, Tastaturen und damit auch mit dem Menschen zu verkehren. So empfängt die CPU von einer Tastatur über den I/O-Port das Kommando, welches Programm – beispielsweise einen Abbuchungsvorgang – sie abzuwickeln hat. Auf dem gleichen Wege werden ihr die Daten – Name oder Kontonummer und abzubuchender Betrag – zur Verfügung gestellt. In Ausgaberichtung gibt sie, nach Ablauf des Programms, über den I/O-Port schließlich den Text des Kontenauszugs an den Drucker aus.
Verbreitet eingesetzte Mikrocomputer-Familien haben, außer universell einsetzbaren Ein/Ausgabeschaltungen, auch einen speziellen Anschlußbaustein für jedes der genannten Geräte. Der spezielle Anschlußbaustein stellt die für den Betrieb des peripheren Gerätes notwendigen Steuersignale zur Verfügung, so daß dieses einfach mit dem Mikrocomputer verbunden werden kann.
Die beschriebenen drei Baugruppen sind in jedem Mikrocomputer zu finden. Zusätzlich können noch **Ergänzungsbausteine** den Mikroprozessor von Routinearbeiten entlasten, bzw. seine Arbeitsweise verbessern oder beschleunigen. Beispielsweise gibt der Zeitgeber Zeitmarken oder Taktfolgen aus, während der schon genannte Arithmetik-Prozessor die arithmetischen Fähigkeiten erhöht und der DMA-Baustein (direct memory access = direkter Speicherzugriff) für einen schnellen Datenaustausch zwischen Halbleiterspeicher und Festplatte sorgt.

55.1.2 Der physikalische Aufbau des Mikrocomputers

Den physikalischen Aufbau eines einfachen Mikrocomputers, also seinen Aufbau aus integrierten Schaltkreisen, zeigt Schaltbild 55.3. Bei der tatsächlichen Ausführung als Platinenschaltung nach Bild 53.20 wurde ursprünglich jeder der Funktionsblöcke durch zumindest eine integrierte Schaltung realisiert – schon einfache Steuercomputer der Anfangszeit des Mikrocomputers waren aus etwa 50 integrierten Schaltkreisen aufgebaut. Mit fortschreitender Integration gelang es, mehrere Funktionen auf einem Chip zusammenzufassen. Ein derartiger Multifunktionsbaustein vereinigt beispielsweise in einem Chip den RAM-Speicher, Ein/Ausgabefunktion und Zeitgeber.
Als Mikrocomputer bezeichnet man den Computer, dessen Zentralprozessor eine auf einem einzigen Chip integrierte Schaltung, der Mikroprozessor, ist. Die Bezeichnung »Mikro« bezieht sich allein auf die Feinheit der Strukturen des Bausteins. Sie sagt nichts über das Rechen- und Steuervermögen des Computers aus. Für kleinere Steuerungen verwendet man Einchip-Computer, auch **Mikrocontroller** genannt, bei denen alle Funktionen auf einem Chip integriert sind.
Im Mikrocomputer tauschen eine Reihe integrierter Schaltungen mit der CPU Informationen aus. Der **Bus**betrieb der Verbindungsleitungen

BUS = Gruppe parallelgeführter Leitungen gleicher Funktion vermeidet eine Vielzahl sich kreuzender Leitungen. Ähnlich dem aus der Energie- oder Wasserversorgungstechnik her bekannten Konzept werden bei ihm alle Teilnehmer über Stichleitungen an einen Hauptstrang angeschlossen. Der Begriff »gleiche Funktion« sagt, daß beispielsweise über die 20 Kanäle (Leitungen) des **Adreßbusses** nur Adreßbits von der CPU zu den Speicherzellen bzw. den Ein/Ausgabebausteinen laufen.

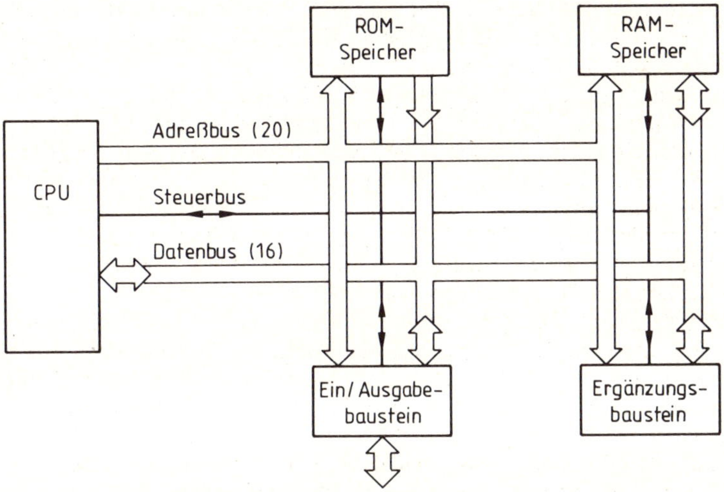

Bild 55.3 Physikalischer Aufbau eines Mikrocomputers

Die Breite des **Datenbusses**, über den Datenworte und Befehle laufen, bestimmt den Mikrocomputertyp – ein 16 Bit-Mikrocomputer hat 16 Datenkanäle (Bild 55.3). Die Pfeilrichtungen in der Busdarstellung geben die Richtung des Informationsflusses an. Der Inhalt eines ROM-Speichers kann nur gelesen werden, daher zeigt der Pfeil im Datenbus zur CPU hin; der Doppelpfeil am RAM-Speicher sagt, daß sein Inhalt gelesen und schreibend verändert werden kann.
Über den **Steuerbus**, dessen Kanalzahl vom Ausbau des Mikrocomputers abhängt, fließen zusätzliche Informationen, die seine Arbeit steuern, wie beispielsweise

→ soll der Inhalt der adressierten RAM-Speicherzelle gelesen oder überschrieben werden?
→ sind die auf dem Datenbus liegenden Daten schon stabil oder noch in ihrer Einstellphase?
→ Ein Eingabebaustein stellt ein neues Datenwort zur Verfügung und fordert den Mikrocomputer zur Abnahme auf.

Die Gesamtheit der Busse des Computers bezeichnet man mit

Systembus = Datenbus + Adreßbus + Steuerbus.

Neben dem übersichtlichen Aufbau hat der Busbetrieb den Vorteil einer leicht möglichen Erweiterung des Rechners durch zusätzliche Bausteine. Nachteilig ist, daß ein die Arbeit beschleunigendes zeitgleiches »Sprechen« mehrerer Bausteine auf einen Bus, ebenso wie gleichzeitiges Sprechen auf eine gemeinsam genutzte Telefonleitung, nicht möglich ist.

55.1.3 Der Halbleiterspeicher

Der Halbleiterspeicher des Mikrocomputers besteht aus einer Vielzahl von **Speicherelementen** (Flipflops oder Kondensatoren), in denen jeweils 1 Bit, also eine 0/1-Entscheidung, abgespeichert ist. In der Speichertechnik faßt man gewöhnlich mehrere (beispielsweise 8) Speicherelemente zu einer **Speicherzelle** zusammen. Man kann sich den Halbleiterspeicher wie eine große Schließfachanlage vorstellen. Ebenso wie bei der Schließfachanlage Fach von Fach durch die Nummer zu unterscheiden ist, wird bei dem Halbleiterspeicher Speicherzelle von Speicherzelle durch die **Adresse** unterschieden.

Der Adreßbus des 16 Bit-Mikrocomputers 8086 von der Firma INTEL besteht aus 20 Adreßleitungen, über die von der CPU ein 20 Bit-Muster als Adresse zum Speicher geschickt wird. Mit jedem der $2^{20} = 1\,048\,576$ möglichen Muster ist eine der Speicherzellen, beispielsweise die Speicherzelle 3685, eindeutig aufzurufen – zu adressieren. Nachdem die Adresse stabil auf dem Adreßbus liegt, gibt die CPU über einen Steuerkanal die Steueranweisung RD (read = ich will lesen). Dann werden die in der Speicherzelle 3685 gespeicherten 8 Bit (Bild 55.4) auf die 8 Datenleitungen $D_0 \ldots D_7$ des Halbleiterspeichers kopiert und stehen der CPU als 8 Bit-Datenwort oder auch als Teil eines längeren Datenwortes, einer Adresse oder eines Mehrbyte-Befehls zur Auswertung zur Verfügung. Adressierbar – anzusprechen – ist hier

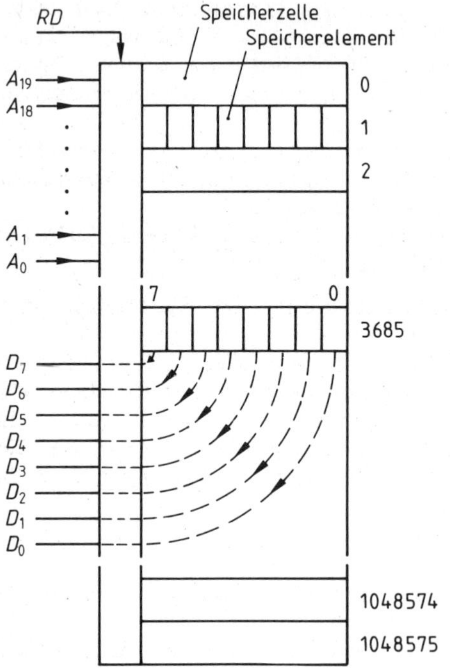

Bild 55.4
Speicheraufbau eines 16 Bit-Mikrocomputers

also nicht das Einzelbit, sondern das in einer Speicherzelle stehende 8 Bit-Muster als Ganzes. Sowohl Befehle als auch Datenworte dieses Mikrocomputers sind zumeist ein Mehrfaches des 8 Bit-Speicherzelleninhalts. Sie müssen dann in mehreren Schritten aus dem Speicher geholt werden.

55.1.3.1 Die Speicherkenngrößen

Der Halbleiterspeicher ist aus sehr vielen Speicherelementen aufgebaut. Für die Angabe ihrer Zahl verwendet man daher die Vielfachen Kilo (in der Rechnertechnik oft K abgekürzt) und Mega. Da aber dem Speicheraufbau das Dualsystem zugrunde liegt – wird ein größerer Speicher entwickelt, dann verdoppelt oder vervierfacht sich die Zahl der Speicherelemente –, verwendet man, abweichend von den normalen Gepflogenheiten, für die Angabe der Vielfachen in der Rechnertechnik die ihrem Wert am nächsten liegende Zweierpotenz:

$$1\,\mathrm{K} = 2^{10} = 1024 \;; \qquad 1\,\mathrm{M} = 2^{20} = 1\,048\,576 \quad \text{usw.}$$

Befehle und Datenworte des Rechners haben meist die Länge 8 Bit oder ein Mehrfaches davon. Wegen ihrer Bedeutung in der Rechner- und Speichertechnik wurde dieser Gruppe eine besondere Einheit zugeordnet:

1 Byte = 8 Bit

Die wichtigsten Kenngrößen der integrierten Halbleiter-Speicherbausteine sind

→ Die **Speicherkapazität**. Das ist die Zahl der Speicherelemente, die ein Speicherchip enthält. Handelsüblich sind derzeit Speicherkapazitäten zwischen 1 KBit und 4 MBit.

→ Die **Speicherorganisation**. Sie gibt an, ob jedes Speicherelement einzeln adressierbar ist (der Baustein hat dann nur eine Datenleitung), oder ob unter jeder Adresse eine aus mehreren Speicherelementen bestehende Speicherzelle anzusprechen ist. Beispielsweise hat der Schreib-Lesespeicher HYB 4116 die Speicherkapazität 16384 Bit mit der Organisation 16384*1 Bit. Dagegen hat der Festspeicher SAB 2716 bei der gleichen Speicherkapazität die Organisation 2048*8 Bit.

→ Die **Zugriffszeit**. Das ist die Zeit, welche zwischen dem Anlegen der Adresse an die Adreßeingänge und der Ausgabe des Bitmusters an den Datenausgängen verstreicht. Zugriffszeiten handelsüblicher Speicher liegen zwischen etwa 50 ns und 500 ns.

→ Die **Zykluszeit**. Das ist die Mindestzeit, die ein Schreib- oder Leseschritt beansprucht, ehe der nächste Schritt folgen darf. Sie ist größer als die Zugriffszeit.

Der Halbleiterspeicher des Mikrocomputers ist fast immer aus mehreren Speicherbausteinen aufgebaut. Wesentlich sind zwei Kenngrößen:
Der **Adreßraum des Mikrocomputers** gibt die Zahl der Adressen an, die für den Aufbau seines Halbleiterspeichers zur Verfügung stehen, d.h. mit wie vielen Speicherzellen (beispielsweise zu je 8 Bit) er ausgebaut werden kann. Seine Größe ist in erster Linie durch die Zahl der Adreßleitungen, in zweiter Linie durch zusätzliche Schaltmaßnahmen bestimmt. So hat der 16 Bit-Mikrocomputer mit dem in Bild 55.4 dargestellten Halbleiterspeicher mit 20 Adreßleitungen den Adreßraum

$$2^{20} = 1\,048\,576 \text{ Byte} = 1 \text{ MByte}.$$

Modernere Mikrocomputer haben wesentlich größere Adreßräume. Beispielsweise hat der 32 Bit-μC 80386 den Adreßraum 4 GByte.
Die **Speicherkapazität des Mikrocomputers** gibt an, inwieweit dieser Adreßraum tatsächlich mit Speicherbausteinen belegt ist. Während man bei einem *Rechner für eine feste Steuerung* nur den für die Lösung der Aufgabe benötigten (kleinen) Teil des Adreßraumes mit Speicherbausteinen bestückt, ist es zweckmäßig, bei einem *Rechner für universellen Einsatz*, beispielsweise bei einem Personal Computer, den Speicher möglichst weitgehend mit Speicherbausteinen zu bestücken. Die Grenzen sind dabei durch wirtschaftliche Gesichtspunkte und durch die Möglichkeiten der Adreßverwaltung durch das Betriebssystem des Computers gegeben.

55.1.3.2 Der Festspeicher

Zum Speichern von festen Datentabellen und von unveränderlichen Programmen, die beispielsweise Maschinen steuern oder dem Personal Computer vorschreiben, wie er sich nach dem Einschalten zu verhalten hat, werden **Festspeicher** verwendet. Da diese die eingeschriebenen Informationen auch bei Netzabschalten nicht verlieren, wird ihr Speicherverhalten als nichtflüchtig (non-volatile) bezeichnet.

a) Nur einmal programmierbare Festspeicher

Das **ROM** (read only memory = Nur Lesespeicher) wird vom Bauelemente-Hersteller als fertig programmierter Baustein geliefert. Sein Inhalt ist nicht zu ändern. Wegen der hohen Entwicklungskosten ist das ROM nur für Großserien, wie sie in der Rechnertechnik, der Autoindustrie oder in der Unterhaltungselektronik vorkommen, einzusetzen. Für diese Anwendungsgebiete ist es der preisgünstigste Speicherbaustein.
Für kleinere Serien, oder wenn die lange Entwicklungszeit des ROMs nicht in Kauf genommen werden kann, wird das **PROM** (programmable = programmierbares ROM) eingesetzt. Es wird unprogrammiert – alle Speicherelemente sind beispielsweise im Logikzustand 1 – vom Hersteller geliefert. Jedes Speicherelement enthält mit einer Schmelzsicherung oder einer Diode eine »Sollbruchstelle«. Beim Programmiervorgang mit einem Programmiergerät werden durch kurzzeitigen Überstrom die Sollbruchstellen der Speicherelemente, deren Logikzustand 0 sein soll, ausgebrannt. Das Ausbrennen ist nicht umkehrbar.

b) Wiederholt programmierbare Festspeicher

Auch feste Steuerprogramme müssen gelegentlich geändert werden. Im Entwicklungsstadium des Gerätes sind Fehler zu beheben; im später folgenden Betrieb werden oft Änderungen verlangt, um das Verhalten der Steuerung zu verbessern oder zusätzlichen Anforderungen zu genügen. Für diese und ähnliche Anwendungen setzt man das **REPROM** (reprogrammable = wiederprogrammierbares PROM) ein, einen Festspeicher, dessen Speicherzelleninhalte nach einem Löschvorgang erneut programmiert werden können. Jedes seiner Speicherelemente enthält einen MOS-FET (vgl. Abschn. 52.3.1), dessen Steuerelektrode, das Gate, nicht angeschlossen, sondern schwimmend (floating) in die SiO_2-Isolierschicht eingebettet ist. Im ungebrauchten Zustand sperren alle MOS-FETs auf dem Baustein. Der Programmierschritt bringt bei den MOS-FETs, die durchschalten sollen, Ladungen auf dieses isolierte Gate, die ihrerseits Ladungen unter die Oxidschicht ziehen, so daß sich zwischen Drain und Source ein Kanal bildet. Halbleiter-Hersteller garantieren eine derart gute Isolation der Gates, daß Ladungen und damit auch Programm mindestens 10 Jahre erhalten bleiben. Nach dem Löschvorgang unterscheidet man drei REPROM-Arten:
Der **EPROM**-Chip (EPROM = erasable (löschbares) PROM) ist durch ein Quarzglas-Fenster abgedeckt. Nach einer Bestrahlung mit UV-Licht (30 Minuten Dauer) haben sich die Gates entladen; die Speicherzelleninhalte sind gelöscht. Wegen seines günstigen Preises ist das EPROM der am häufigsten eingesetzte löschbare Festspeicher-Baustein. Bei dem **EEPROM = E^2PROM** = electrically erasable PROM löscht ein elektrischer Löschimpuls alle Speicherzelleninhalte gemeinsam. Dagegen kann der elektrische Löschimpuls bei dem **EAPROM** = electrically alterable (änderbares) PROM einzelne Speicherzellen oder Zeilen von Speicherzellen gezielt löschen. Grundsätzlich hat so das EAPROM ein dem Schreib-Lesespeicher ähnliches Verhalten. Wegen des hohen Preises, und da der Lösch- und der Schreibvorgang erheblich länger dauern als ein Lesevorgang ist das EAPROM nicht als Ersatz des RAMs zu verwenden.

55.1.3.3 Schreib-Lesespeicher

Bei Einschalten der Netzspannung stellen sich die Speicherzelleninhalte des Schreib-Lesespeichers zufällig ein. Die Inhalte können dann beliebig überschrieben und zerstörungsfrei gelesen werden. Bei Netzabschalten gehen die eingeschriebenen Daten verloren; der Speicherzelleninhalt ist flüchtig (volatile). Der Datenverlust läßt sich vermeiden, wenn der RAM-Speicher des Rechners durch eine Batterie gepuffert ist. RAM-Speicher werden in zwei Ausführungsformen hergestellt:
Das **statische RAM (SRAM)** speichert jedes Bit in einem Flipflop. Dadurch bleibt die Information erhalten, solange die Spannung ansteht. Der wesentliche Vorteil des SRAMs liegt in seiner kurzen Zugriffs- und Zykluszeit. Die anteiligen Kosten für die Speicherung eines Bit sind verhältnismäßig hoch, da für ein Speicherelement mehrere Transistoren gebraucht werden. Die maximale Speicherkapazität liegt derzeit bei 256 kBit je Chip.

Das **dynamische RAM (DRAM)** speichert jedes Bit in einem Kondensator. Wegen der Entladung des Kondensators muß die Information etwa im 2ms-Takt »aufgefrischt« werden. Das geschieht durch die Auffrisch-Logik in den Pausen, in denen der Rechner nicht auf den Speicher zugreift. Man spricht von einem **quasistatischen RAM** oder **iRAM** (integrated RAM), wenn die Auffrischlogik auf dem Chip integriert ist. Das dynamisch arbeitende iRAM ist dann wie ein statisches RAM anzuschließen.
Der Leistungsverbrauch eines dynamischen ist geringer als der eines vergleichbaren statischen RAMs, und die anteiligen Kosten für die Speicherung eines Bits sind niedriger, denn ein Speicherelement belegt wenig Fläche auf dem Chip, weil es nur aus einem Transistor und einem Speicherkondensator besteht. Das DRAM wird vor allem dort eingesetzt, wo es auf niedrigen Preis oder hohe Speicherkapazität (bis 4 MBit im Jahre 1990) ankommt.

55.1.4 Der Zentralprozessor

Die beiden für die Arbeit des Zentralprozessors (der CPU) wesentlichen Baugruppen, das Steuerwerk und das Rechenwerk, verwenden zur Zwischenspeicherung von Befehlen, Daten und Adressen im Zentralprozessor integrierte einzelne Schreib-Lesespeicherzellen. Diese haben Wortlängen von 8 Bit, 16 Bit oder 32 Bit und werden **Register** genannt.
Das **Steuerwerk** steuert den Programmablauf. Dazu wird jeweils das Bitmuster des nächsten abzuarbeitenden Befehls vom Halbleiterspeicher in das Befehlsregister geholt. Dort wird der Befehl entschlüsselt. Für jeden Befehl ist im Steuerwerk ein sog. Mikroprogramm fest abgespeichert, das veranlaßt, daß die für das Ausführen des Befehls notwendigen Steuersignale an das Rechenwerk und an andere beteiligte Bausteine des Mikrocomputers geschickt werden. Diese Steuersignale, gemeinsam mit evtl. erforderlichen Rückmeldungen der Einheiten, die sie empfangen, sorgen dafür, daß die Datenworte an die richtige Stelle gebracht und die vorgeschriebenen Rechenoperationen ausgeführt werden.
In modernen Mikrocomputern wird der Ablauf des Programms u.a. durch zwei neuere Verfahren beschleunigt: Da jede Phase bei der Abarbeitung eines Befehls nur einzelne Bereiche der CPU belegt, werden durch das *Pipelining* gleichzeitig mehrere Befehle (in unterschiedlichen Verarbeitungsstufen) bearbeitet. Da weiterhin das Holen der Befehle aus dem Speicher einen erheblichen Teil ihrer Ablaufzeit beansprucht, werden in den Zeiten, in denen ein Befehl ausgeführt wird, schon die nachfolgenden Befehle »auf Vorrat« in die CPU geholt und dort in einer *Warteschlange* abgelegt.
Das **Rechenwerk** führt die vorgeschriebenen arithmetischen und logischen Operationen in der Arithmetisch-Logischen Einheit (**ALU** = arithmetic logic unit) aus. Zustandssignale beschreiben Besonderheiten, die während der Rechnung auftreten; beispielsweise, daß das Rechenergebnis Null ist. Die Zustandssignale werden in einem Zustandsregister als Einzelbits abgespei-

chert und können das Abarbeiten der nachfolgenden Befehle beeinflussen. Zum Rechenwerk gehören weiter das **Adreßwerk**, in dem die Halbleiterspeicher-Adressen von Befehlen und Daten berechnet werden und der **Registerblock**. Die Register des Registerblocks stehen teilweise zum Zwischenspeichern von Daten und Adressen, die über Befehle in sie eingeschrieben werden, zur Verfügung; teilweise werden ihre Inhalte, wie beim Befehls- oder Zustandsregister, ausschließlich vom ablaufenden Programm bestimmt – Befehle können die Inhalte nicht direkt verändern. Die für die Operationen benötigten Datenworte werden den Registern oder den Zellen des RAM-Speichers entnommen; in die gleichen Bereiche werden auch die Rechenergebnisse zurückgeschrieben. Die früher entwickelten 8 Bit-Mikrocomputer haben ein spezielles 8 Bit-Register, in dem fast alle Rechenergebnisse gebildet werden. Es wird Akkumulator genannt.

Weitere Baugruppen des Zentralprozessors, die den modernen 32 Bit-Mikrocomputer leistungsfähiger machen, sind beispielsweise

→ der schon erwähnte Arithmetikprozessor, der die arithmetischen Fähigkeiten des Mikroprozessors verbessert;

→ der Cache-Speicher (Cache = verborgenes Depot), ein größerer Block von statischen RAM-Speicherzellen in der CPU, der ein schnelles Lesen und Abspeichern der aktuellen Daten ermöglicht;

→ eine Speicherverwaltungseinheit, die es ermöglicht, beliebige Bereiche des Festplattenspeichers in den tatsächlichen Halbleiterspeicher des Rechners abzubilden. Durch dieses Verfahren der »virtuellen Speicherung« läßt sich die kleine Speicherkapazität des Halbleiterspeichers scheinbar auf die große Speicherkapazität des Festplattenspeichers erweitern.

Die Schnittstellen zu den peripheren Bausteinen und Geräten werden in Abschn. 55.3 besprochen.

55.2 Das Programm des Mikrocomputers

55.2.1 Befehl und Programm

Der Mikroprozessor (µP) des Mikrocomputers (µC) wird von Befehlen gesteuert. Ein **Befehl** ist ein Bitmuster, welches, dem Steuerwerk des µP zugeführt, ein fest installiertes Mikroprogramm veranlaßt, die zum Abarbeiten des Befehls notwendigen Steuerungen vorzunehmen. Normalerweise sind die Speicherelemente des Halbleiterspeichers zu 8 Bit-Speicherzellen zusammengefaßt. Für einfache Befehle reichen die in einer Zelle enthaltenen 8 Bit-Muster aus. Meist gehören jedoch zu dem Befehlscode ergänzende Daten oder Adressen, so daß beispielsweise der Befehl eines 8 Bit-µC der Familie 8085 bis 3 Byte, der eines 16 Bit-µC der Familie 8088 bis 6 Byte Länge haben kann. Das erste Byte des Befehls ist in diesen Fällen stets der Befehlscode, der angibt, was der Rechner zu tun und wie er evtl. nachfolgende Bit-Muster zu deuten hat.

Das **Programm** gibt die Vorschriften, nach denen beispielsweise ein angeschlossenes Gerät gesteuert wird. Es befindet sich als Folge von Bitmustern, welche z. B. eine Folge der beschriebenen Befehle darstellen, entweder fest im ROM-Speicher oder, von einem Massenträger (Abschn. 55.4) überspielt, im RAM-Speicher des µC.

Zum Aufstellen eines Programms werden unterschiedliche Befehle gebraucht. Beispielsweise läßt sich der Befehlsvorrat des 8 Bit-µC 8085 in die folgenden Gruppen unterteilen:

→ Verschiebebefehle; sie verschieben Daten innerhalb der CPU, sowie zwischen CPU und Halbleiterspeicher;

→ Arithmetische Befehle wie Addieren, Subtrahieren, Inkrementieren (um 1 erhöhen) und Dekrementieren (um 1 verkleinern);
→ Logische Befehle für die logischen Grundverknüpfungen;
→ Rotationsbefehle, mit denen ein Muster in einem Register nach links oder nach rechts kreisend verschoben werden kann;
→ Sprungbefehle und Unterprogrammaufrufe, die Programmverzweigungen, durch Vergleiche oder logische Entscheidungen ausgelöst, ermöglichen.

Mit der Weiterentwicklung zum 16 Bit-µC wurde auch der Befehlsvorrat erweitert. Beispielsweise enthält der Befehlsvorrat des 16 Bit-µC 8088 u.a. zusätzlich Multiplikations- und Divisionsbefehle, sowie Befehle zum Verarbeiten von Zeichenketten (z.B. Texten).
Im Befehlsvorrat und auch in der Verwendung bestimmter Bitmuster für die speziellen Befehle unterscheiden sich die von verschiedenen Herstellern gefertigten Mikrocomputer-Familien. Die Gesamtheit der Bit-Muster, die den Befehlsvorrat eines Mikrocomputers bildet, wird **Maschinensprache** dieses µC genannt.
Bitmuster sind für die Eingabe in den Rechner oder Kontrollen zu unübersichtlich. Bei der **hexadezimalen (dezimalen) Kurzform** der Maschinensprache werden sie durch die Hexadezimalzahl, seltener durch die Dezimalzahl ersetzt, die das Bitmuster beschreibt. In der hexadezimalen Kurzform programmierte man am Anfang der µC-Entwicklung einfache Steuercomputer über eine Tastatur mit den 16 Hexadezimalziffern. Mit der hexadezimalen Kurzform arbeitet man auch jetzt noch bei der Kontrolle von Speicherzelleninhalten.
Um das Programmieren bzw. das Kontrollieren von Programmen zu erleichtern, wurde jedem der Befehlscodes ein deutbares Kurzwort zugeordnet, das etwas über die Wirkung des Befehls ausssagt, beispielsweise ADD, SUB usw. Die Gesamtheit dieser Kurzworte, in Verbindung mit evtl. zur Ergänzung notwendigen Daten oder Adressen, wird die **Assemblersprache des Mikrocomputers** genannt. Ebenso wie die Maschinensprache ist auch die Assemblersprache vom µC-Typ abhängig (maschinenabhängig), denn jedem Maschinensprachenbefehl ist genau ein Assemblersprachenbefehl zugeordnet. Für den 8 Bit-Befehl DEC BX (dekrementiere = erniedrige um 1) des µC 8088, welcher den Inhalt des 16 Bit-Registers BX um 1 erniedrigt, werden diese drei Befehlsformen verglichen:

Maschinensprache	Kurzform der Maschinensprache	Assemblersprache
0 1 0 0 1 0 1 1	75 dezimal oder 4B hexadezimal	DEC BX
Verarbeitung	Ein/Ausgabe	Programmieren

55.2.2 Quellprogramm und Objektprogramm

Programmierer und Mikrocomputer stellen unterschiedliche Forderungen an den Programmaufbau. Um den Softwareaufwand, also den Programmieraufwand, klein zu halten, möchte der Programmierer das **Quellprogramm** in einer **Hochsprache** schreiben, in der er mit wenigen Befehlen auch komplizierte Operationen ausdrücken kann. Der Mikrocomputer hingegen verlangt ein **Objektprogramm** in seiner **Maschinensprache**, also als Folge von 8 Bit-Mustern. Das führt auf zwei Möglichkeiten:

a) Der Programmierer paßt sich dem Mikrocomputer an:

Dann erfolgt das Programmieren in der maschinennahen **Assemblersprache**. Die Übersetzung in den Maschinencode übernimmt das Übersetzungsprogramm **Assembler**.

b) Der Mikrocomputer paßt sich dem Programmierer an:

Dann erfolgt das Programmieren in einer problemorientierten, also auf das jeweilige Problem zugeschnittenen Hochsprache wie

→ C, PASCAL oder FORTRAN zum Lösen wissenschaftlicher Aufgaben;
→ COBOL zum Verwalten großer Datenmengen, wie sie im kaufmännischen Bereich vorkommen;
→ BASIC oder PASCAL in der Hobbycomputertechnik.

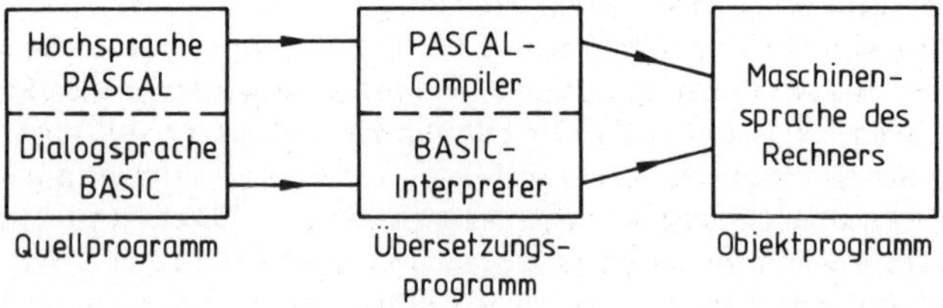

Bild 55.5 Das Quellprogramm muß in das Objektprogramm in Maschinensprache übersetzt werden

Das Übersetzungsprogramm **Compiler** übersetzt das Hochsprachen-Quellprogramm als geschlossenes Ganzes in den ablauffähigen Maschinencode. Erst bei diesem Übersetzungslauf werden Syntaxfehler (Verstöße gegen die Schreibregeln der Hochsprache) festgestellt. Nach evtl. erforderlicher Korrektur muß der Übersetzungslauf wiederholt werden. Im Gegensatz dazu wird bereits bei der Quellcode-Eingabe des Dialogsprachenprogramms BASIC jede eingegebene Programmzeile einzeln auf Syntaxfehler überprüft. Schon das Programmieren findet also im Dialog zwischen Programmierer und Rechner statt. Für den späteren Programmablauf gibt es keinen geschlossenen Objektcode; der **Interpreter** holt jede Programmzeile einzeln aus dem Halbleiterspeicher, interpretiert (übersetzt) sie und veranlaßt, daß die in ihr enthaltene Anweisung ausgeführt wird. Da ein interpretiertes Programm wesentlich langsamer abläuft als ein compiliertes Programm mit gleicher Wirkung, gibt es häufig neben dem BASIC-Interpreter noch einen BASIC-Compiler, also ein Übersetzungsprogramm, welches das Dialogsprachenprogramm insgesamt in einen ablauffähigen Maschinencode übersetzt.
Durch einen übersichtlichen Programmaufbau werden Programmerstellung, Fehlersuche und Programmpflege (Durchführen notwendiger Änderungen während des Einsatzes) einfach. Da die Softwarekosten den Hauptanteil der System-Entwicklungskosten ausmachen, spricht das für die Hochsprachenprogrammierung. Ein weiterer Vorteil der Hochsprachenprogrammierung ist, daß der Programmierer weit weniger Kenntnisse vom inneren Aufbau des Rechners haben muß als beim Programmieren in Assemblersprache. Demgegenüber liegen die Vorteile des Programmierens in Assemblersprache darin, daß das übersetzte Programm schneller abläuft und weniger Speicherplatz belegt.
In der Anfangszeit der Mikrocomputertechnik konnten schnell ablaufende Programme, beispielsweise für Steuerungen, häufig nur in Assemblersprache geschrieben werden. Mit zunehmender Leistungsfähigkeit der Computer und der Hochsprachen wurde diese jedoch mehr und mehr von der Hochsprachen-Programmierung verdrängt. Der Programmierer von Anwenderprogrammen verwendet jetzt nur noch Assemblersprachen-Routinen für zeitkritische, sich häufig wiederholende Abläufe. Sie werden, in den Maschinencode übersetzt, in das programmiertechnisch günstigere Hochsprachenprogramm eingelagert.

55.2.3 Programmiersprachen

Die Programmiersprache, besteht aus einer Reihe von Befehlen, deren Wirkung meist durch (englische) Begriffe wie WRITE, BEGIN, REPEAT usw. beschrieben wird. Sie gibt dem Programmierer die Möglichkeit, das Programm zum Lösen der gestellten Aufgabe in Textform, als **Quelltext**, zu schreiben. Dabei schreibt die Syntax (Lehre vom Satzbau) streng vor, wie die einzelnen Befehle untereinander bzw. mit den Daten zu kombinieren sind. *Assemblersprachen sind maschinenabhängig*, sie unterscheiden sich von Rechnertyp zu Rechnertyp. *Hochsprachen sind problemabhängig*, sie werden nach Anwendungsbereichen (kaufmännisch, technisch-wissenschaftlich usw.) eingeteilt. Jedoch besteht durch die unterschiedlichen Rechneraufbauten oft noch eine gewisse Maschinenabhängigkeit.
Mit der Entwicklung leistungsfähigerer Rechner wurden auch die für sie geschriebenen Programme umfangreicher. Das **strukturierte** (geordnete) **Programmieren** moderner Programmiersprachen wie Pascal, C usw. unterstützt ihre Erstellung. *Der Programmaufbau ist strukturiert*, denn er ist typisch aus kleineren Funktionseinheiten (Unterprogrammen) mit wenigen genau definierten Eingangs- und Ausgangssignalen zusammengesetzt. Das gestattet eine Parallelentwicklung dieser Unterprogramme durch mehrere Programmierer und ihre evtl. mögliche spätere Verwendung in anderen Programmen. Das **Struktogramm**, die grafische Darstellung des Programmablaufs, ist übersichtlich aus aneinandergefügten Funktionsblöcken zusammengesetzt. Größere Datenmengen (Listen und Tabellen) werden zu **Datenstrukturen** zusammengefaßt, die mit wenig Aufwand, im Idealfall mit nur einem Befehl, bearbeitet werden.
Die jetzt verwendeten Programmiersprachen sind imperativ (befehlend). Durch ihre Befehle wird dem Rechner mitgeteilt, was er zu tun hat und welchen Weg er einschlagen muß, um die gestellte Aufgabe zu lösen. Für die noch leistungsfähigeren Rechner der nächsten Jahrzehnte sind Programmiersprachen wie LISP und PROLOG schon entwickelt. Diese Programmiersprachen sind deklarativ (erklärend). Sie sagen dem Rechner nur, was zu tun ist. Den Lösungsweg sucht der Programmgenerator des Rechners.

55.3 Der Mikrocomputer und die Peripherie

Der Mikrocomputer erhält Anweisungen, Daten und Meßwerte von Tastaturen, Laufwerken und Meßwertaufnehmern (Sensoren). Er verarbeitet die ihm zugeführten Daten und Meßwerte und gibt Ergebnisprotokolle an Bildschirm, Drucker oder Laufwerk bzw. Steueranweisungen an Betätigungsglieder (Aktoren) aus. Alle so mit dem Mikrocomputer zusammenarbeitende Geräte werden **periphere Geräte** genannt.
Mikrocomputer und peripheres Gerät stellen an die zu übergebenden Daten und an die Signale, welche die Übergabe steuern, unterschiedliche Forderungen. Die notwendigen Anpassungen übernimmt der zwischen beide geschaltete **Schnittstellenbaustein** (die **Interface-Schaltung**). Größere Mikrocomputerfamilien haben für jeden wichtigen Gerätetyp einen speziellen Schnittstellenbaustein, welcher die zum Steuern des Gerätes erforderlichen Steuersignale liefert. Das erspart die zusätzliche Anpassungslogik, die bei Verwenden eines universellen Schnittstellenbausteins erforderlich wäre.

55.3.1 Parallele und serielle Datenverarbeitung

Das Rechnerwort hat eine Breite zwischen 4 und 32 Bit. Für seine Übertragung und Verarbeitung gibt es zwei Möglichkeiten:

Bei der **parallelen Datenübertragung** (-verarbeitung) werden alle zu einem Wort gehörenden Bits mit einem Rechnertakt gleichzeitig übertragen (verarbeitet). Dieses sehr schnelle Verfahren wird innerhalb des Mikrocomputers und bei dem Datenaustausch des Mikrocomputers mit Geräten, die räumlich sehr nahe bei ihm stehen, eingesetzt. Der erhöhte Aufwand, daß beispielsweise bei einem 16 Bit-Computer alle Verarbeitungsglieder und Übertragungsleitungen 16-fach vorhanden sein müssen, ist von untergeordneter Bedeutung. Parallel arbeitende Systeme arbeiten mit den TTL-Pegeln (0 V und +5 V).

Im Gegensatz dazu steht die **serielle Datenübertragung**, bei der beispielsweise die 16 Bit eines Rechnerwortes in 16 Takten Bit für Bit übertragen werden. Diese Betriebsart wird typisch für die Daten-Fernübertragung eingesetzt, bei der Kostengründe gegen die Verwendung mehrerer paralleler Übertragungsleitungen sprechen. Unterstützt wird diese Überlegung dadurch, daß viele empfangende Geräte wie Bildschirme (2400...9600 Bit/s), und Fernschreiber (50...300 Bit/s) die hohe Übertragungsgeschwindigkeit paralleler Systeme ohnehin nicht ausnutzen können. Der Schnittstellenbaustein enthält ein Schieberegister, das die Parallel-Serienwandlung des Datenstromes im Sendebetrieb, bzw. seine Serien-Parallelwandlung im Empfangsbetrieb übernimmt.

Lange Übertragungsleitungen unterliegen stärkeren Störbeeinflussungen, daher verwendet man für die serielle Datenübertragung zwischen Rechner und bis zu etwa 60 m entfernt stehendem Gerät höhere Logikpegel (beispielsweise +12 V und −12 V) als bei paralleler Datenübertragung. Die Daten-Fernübertragung erfolgt über normale Fernsprechleitungen. Diese haben nur eine begrenzte Frequenzbandbreite und können daher die steilen Flanken von Impulszügen nicht übertragen. Für die Übertragung werden die Impulszüge daher in tonfrequente Sinusschwingungen umgewandelt. Die Umwandlung übernimmt in beiden Richtungen der anstelle des Telefonhörers auf die Gabel zu legende **Akustikkoppler** im Hobbybereich, bzw. das **MODEM** (Modulator-Demodulator) im professionellen Bereich (s. Bild 55.7).

55.3.2 Ungesteuerter und gesteuerter Betrieb

Unintelligente periphere Geräte können den Zeitpunkt der Datenübertragung nicht bestimmen (steuern), während ihn **intelligente periphere Geräte** beeinflussen können.

Eine Ampelanlage, bei der jedes Bit des vom Mikrocomputer ausgegebenen Musters bestimmt, ob die zugeordnete Lampe der Ampel leuchtet oder nicht, ist ein Beispiel für einen unintelligenten Empfänger. Allein der Mikrocomputer bestimmt, wann das Bitmuster wechselt und damit, wann die nächste Leuchtphase beginnt. Ein Meßfühler, der den gemessenen Temperaturwert in ein Bitmuster umsetzt, kann ein Beispiel für einen unintelligenten Datensender sein. Dann bestimmt ebenfalls allein der Mikrocomputer, wann der Meßwert abgefragt wird.

Die früher übliche Betriebsart des Druckers, daß der Mikrocomputer die Übergabe einzelner Zeichen steuert, ist ein einprägsames Beispiel für das intelligente Empfangsgerät Drucker (vgl. hierzu die Impulsdiagramme für Daten- und Steuersignale der *Centronics*-Schnittstelle, Bild 55.6). Der Drucker meldet über die Steuerleitung *BUSY* (ich bin beschäftigt) mit $BUSY = 0$, daß er frei für Datenübernahme ist. Der Mikrocomputer, welcher diese Leitung prüft, sobald er ein Zeichen zur Verfügung stellen kann, sendet dann über den 8 Bit-Datenbus das Bitmuster des Zeichens und meldet mit $\overline{STB} = 0$ (STB = Strobe = übernimm), daß das Zeichen gültig und damit vom Drucker zu übernehmen ist. Nach der Übernahme blockiert der Drucker mit $BUSY = 1$ eine weitere Übernahme, bis er die Verarbeitung des aufgenommenen Zeichens beendet hat. Danach leitet er mit $BUSY = 0$ die Übernahme des nächsten Zeichens ein. Dieses Steuerverfahren für den Datenaustausch wird wegen seiner Ähnlichkeit

mit dem Händeschütteln zur Kontaktaufnahme im täglichen Leben auch **Handshaking-Betrieb** genannt.
Die jetzt verwendeten Drucker sind mit einem Pufferspeicher, in dem größere Zeichengruppen zwischengespeichert werden können, ausgerüstet. Das entlastet den Rechner, der die Zeichen zur Verfügung stellt. Statt der häufigen zeitaufwendigen Unterbrechungen in seinem normalen Arbeitsablauf, den die Einzelzeichen-Übertragung mit sich bringt, muß er nur noch gelegentlich den leeren Pufferspeicher mit einer Zeichengruppe füllen. Sowohl die Übertragung der Zeichengruppe vom Rechner zum Pufferspeicher als auch die Entnahme des auszudruckenden Einzelzeichens aus dem Pufferspeicher, die ein eigener µP des Druckers steuert, findet im Handshaking-Betrieb statt.
Entsprechend arbeitet der Mikrocomputer mit der Tastatur als intelligentem Sendegerät zusammen. Die Tastatur meldet über ein Steuersignal, sobald eine Taste gedrückt wurde, und fordert damit den Rechner auf, den Tastencode abzuholen. Der Rechner quittiert die erfolgte Übernahme mit einem Quittiersignal. Dieses setzt die Gültigkeitsmeldung für die gedrückte Taste zurück, so daß nach einem Tastendruck die Taste nicht mehrfach abgefragt werden kann.

55.3.3 Gebräuchliche Schnittstellen

a) Die *Centronics*-Schnittstelle

Als 8 Bit-Parallelschnittstelle für den Datenverkehr zwischen Mikrocomputer und *einem* Empfänger wird die von der amerikanischen Firma *Centronics* für den Anschluß ihrer Drucker entwickelte ***Centronics*-Schnittstelle** (nicht genormt) allgemein verwendet. Vereinfacht sind die Schnittstelle mit den Steuerleitungen für das Datenübergabe-Handshaking, sowie die Impulsdiagramme der bereits in Abschn. 55.3.2 beschriebenen Daten- und Steuersignale in Bild 55.6 dargestellt.

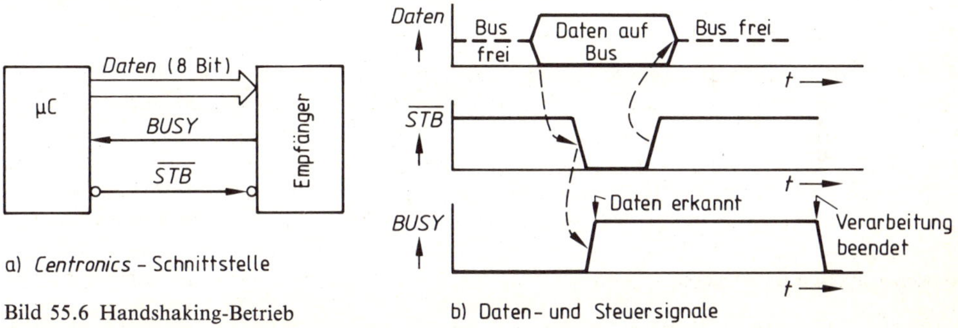

Bild 55.6 Handshaking-Betrieb

b) Der IEC-Bus

Der IEC-Bus wurde von der amerikanischen Elektronik-Firma *Hewlett-Packard* entwickelt und später genormt. Mehrere (bis 15), auch von unterschiedlichen Firmen hergestellte Geräte für die Signalerzeugung, Messung, Auswertung und Anzeige können problemlos zu vollautomatisch arbeitenden Systemen zusammengeschaltet werden, wenn sie eine IEC-Bus-Schnittstelle haben. Ohne menschliches Eingreifen können diese Systeme Meßwerte erfassen, sie verarbeiten, mit den gewonnenen Informationen Prozesse steuern, sowie die für den Anwender wichtigen Werte aufbereitet ausgeben.
Ein Mikrocomputer verwaltet als Steuergerät den 8 Bit-Datenbus. Er teilt den angeschlossenen Geräten mit, welche Funktionen sie in der nächsten Arbeitsphase übernehmen, beispiels-

weise welches Gerät auf den Datenbus »spricht« und welche Geräte das Muster »hören«. Der nächste Arbeitsschritt wird eingeleitet, wenn die Geräte dem Steuergerät den Abschluß des vorhergehenden Schrittes zurückgemeldet haben. Für das Datenübergabe-Handshaking sind, da ein Sender gleichzeitig mehrere Empfänger ansprechen kann, drei Steuerleitungen erforderlich (Dreidraht-Handshaking). Fünf weitere Steuerleitungen übernehmen die allgemeine Geräteverwaltung.

c) Die Schnittstelle RS-232-C

Für die serielle Datenübertragung entwickelte die amerikanische Telefongesellschaft *Bell Laboratories* eine Schnittstelle, die später unter den Bezeichnungen RS-232 (durch die Electronic Industry Association), V.24 und V.28 (durch das Consultative Commitee on International Telegraphy and Telephony) bzw. DIN 66020 als Norm eingeführt wurde.
Die Schnittstelle RS-232-C, welche in der Schaltung 55.7 den Datenaustausch zwischen Rechner und MODEM steuert, arbeitet mit getrennter Sendeleitung (TxD = transmitted data) und Empfangsleitung (RxD = received data). Die erforderlichen Steuerleitungen sind in der Schaltung nicht eingetragen. Die für eine Daten-Fernübertragung über eine Fernsprechleitung notwendigen Umformungen Bitstrom ⇄ tonfrequente Sinusschwingung übernehmen die MODEMs (vgl. Abschnitt 55.3.1). Sie sorgen auch für die evtl. notwendige Umschaltung der Übertragungsrichtung, wenn für die Übertragung nur eine Fernsprechleitung zur Verfügung steht.

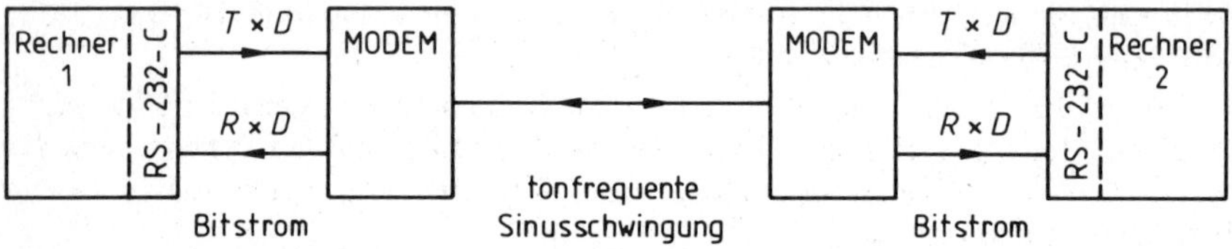

Bild 55.7 Serielle Daten-Fernübertragung (vereinfacht dargestellt)

55.4 Massenspeicher

Der an den Rechner angeschlossene **Massenspeicher** oder Massenträger hat die Aufgabe

→ im Augenblick nicht gebrauchte Programme aufzubewahren,
→ Listen veränderlicher Daten dauerhaft zu speichern,
→ Programme und Datenlisten durch Duplizieren zu sichern.

Ein Programm, das ein Gerät steuern oder eine Datenliste bearbeiten soll, wird von dem Massenträger in den RAM-Speicher des Rechners geladen. Nach Abarbeiten des Programms steht der gleiche Speicherplatz dann zum Laden des nächsten Programms zur Verfügung. Ebenso müssen die Datenlisten, die ein Programm verändern soll, für die Bearbeitung in den RAM-Speicher des Rechners geladen werden. Sie werden nach Bearbeitungsende zur dauerhaften Aufbewahrung auf den Massenträger zurückgeschrieben.

55.4.1 Der Plattenspeicher

Als Massenträger werden überwiegend Plattenspeicher eingesetzt. Bei diesen sind die Informationen auf den magnetisch beschichteten Oberflächen von einer oder mehreren kreisrunden Platten gespeichert.

55.4.1.1 Die Diskette

Die **Diskette** (Floppy disk) ist eine kreisrunde, weniger als 0,1 mm dicke, auf beiden Oberflächen magnetisch beschichtete Kunststoffolie. Nach den Kantenmaßen der sie umgebenden quadratischen Hülle werden die $5\frac{1}{4}''$-Diskette in flexibler Kunststoffhülle und die $3\frac{1}{2}''$-Diskette in starrem Gehäuse unterschieden. Die zunächst entwickelte 8″-Diskette wird nur noch wenig verwendet; kleinere Disketten mit den nicht genormten Kantenmaßen zwischen 1,8″ und 2,5″ findet man beispielsweise als Speichermedien für elektronische Kameras.
Vor dem ersten Speichervorgang muß die Diskettenoberfläche durch die **Formatierung** auf die Informationsaufnahme vorbereitet werden. Dabei wird u.a. die Oberfläche durch das Aufschreiben magnetischer Marken, meist beidseitig, in konzentrische Kreise, die **Spuren**, eingeteilt. Die Spuren werden wiederum in **Sektoren** (Blöcke) unterteilt, wobei der Sektor, die kleinste Einheit, welche das Betriebssystem des Rechners verwalten kann, meist 256 oder 512 Byte Information aufnimmt.
Disketten-Speicherkapazitäten liegen zwischen einigen 100 KByte und einigen MByte. So hat beispielsweise die zweiseitig beschreibbare Diskette des IBM AT-Rechners häufig die Speicherkapazität

$$2 \text{ Seiten} * \frac{80 \text{ Spuren}}{\text{Seite}} * \frac{15 \text{ Sektoren}}{\text{Spur}} * \frac{512 \text{ Byte}}{\text{Sektor}} = 1200 \text{ KByte} = 1{,}2 \text{ MByte}$$

Ein Byte kann ein Textzeichen aufnehmen, daher lassen sich auf dieser Diskette etwa 400 Schreibmaschinenseiten mit je 3000 Zeichen Text abspeichern. Unterschiedliche Diskettenformatierungen sind der Hauptgrund, weshalb ein Rechner die von einem anderen Rechnersystem geschriebene Diskette nicht lesen kann.

Im Laufwerk rotiert die Diskette nur während des Schreib- oder Lesevorganges in ihrer Hülle mit etwa 300 U/min. Im Ruhezustand und während des Einstellens auf die Spur schwebt der Schreib-Lesekopf über der Disketten-Oberfläche; beim Schreiben oder Lesen wird er auf die Diskettenoberfläche abgesenkt.
Disketten sind betriebssichere und langlebige Speichermedien, wenn sie gegen magnetische Felder, Wärmestrahlung, Verschmutzung und mechanische Beschädigung gesichert werden.

55.4.1.2 Die Festplatte

Für höhere Speicherkapazitäten ab 20 MByte bis in den 100 MByte-Bereich arbeitet man mit **Festplatten** (hard disks). Bei diesen schweben die Schreib-Leseköpfe mit einem Abstand von 0,3 μm ... 1 μm auf einem Luftpolster über einem mit etwa 3600 U/min ständig rotierenden Satz magnetisch beschichteter Aluminiumplatten. Die in der Mikrocomputertechnik üblichen Plattendurchmesser sind $5\frac{1}{4}''$ und $3\frac{1}{2}''$. Bei dem geringen Abstand zwischen Platte und Kopf stellt jedes Staubkorn ein Hindernis dar, welches der Kopf durchstoßen muß. Da dabei Beschädigungen von Kopf und Plattenoberfläche unvermeidlich wären, sind Festplattenspeicher luftdicht gekapselt und werden fest in den Rechner eingebaut.
Ähnlich wie bei Magnetbändern kann die auf Disketten oder Festplatten aufgeschriebene Information gelöscht und die so frei gewordene Fläche durch neue Informationen belegt werden.

55.4.2 Magnetbandspeicher

Auf Magnetband werden die Dateien sequentiell (aufeinanderfolgend) gespeichert. Der Zeitverlust für das Suchen einer gewünschten Datei und der verhältnismäßig langsame Datentransfer beschränken diese Form der Datenspeicherung auf zwei Einsatzgebiete.

Das Haupteinsatzgebiet des Magnetbandspeichers ist die **Datensicherung**. Das Überspielen der Dateien auf einen Zweitträger, oft Magnetband, schützt gegen Datenverlust durch Verlust oder Beschädigung des Erstträgers, bzw. durch absichtliches oder unabsichtliches Löschen oder Überschreiben seiner Dateien. Ein wesentlicher Nachteil aller magnetischer Träger ist, daß eine dokumentenechte Speicherung der Daten nicht gewährleistet ist, da keine Sicherheit gegen Datenverlust bei Lagerung garantiert werden kann. Für das notwendige Umkopieren der Dateien, das nach längstens zwei Jahren Lagerzeit empfohlen wird, werden ebenfalls häufig Magnetbänder eingesetzt. Bei Arbeiten mit feststehendem Schreib-Lesekopf können bis zu 200 MByte je Magnetband gespeichert werden. Höhere Überspielgeschwindigkeiten und Speicherkapazitäten (bis 1 GByte auf einem Zweistundenband) lassen sich mit Streamern erreichen, bei denen das Band langsam an einer schnell rotierenden, mit mehreren Schreibköpfen besetzten Trommel vorbeiläuft.
Das zweite Einsatzgebiet ist die Verwendung des Kassettenrecorders im Spiel- und Hobbybereich. Vor allem in den Anfängen der Mikrocomputer-Entwicklung wurde dessen Magnetband als billiges Speichermedium verwendet. Ähnlich wie bei der Datenübertragung über Fernsprechleitungen wird auch hier die binäre Information vor dem Aufspielen auf das Band in tonfrequente Sinusschwingungen umgewandelt. Durch den Preisverfall der Diskettenspeicher hat dieses Einsatzgebiet nur noch wenig Bedeutung.

55.4.3 Optische Speicher

Optische Speicherplatten haben 12...30 cm Durchmesser und werden derzeit (1990) mit Speicherkapazitäten zwischen einigen 100 MByte und einigen GByte angeboten. Die Bits sind als winzige Vertiefungen in die hochglanzpolierte Metalloberfläche eingebrannt; sie lassen sich durch die unterschiedlichen Reflexionen eines auf sie leuchtenden Laserstrahls erkennen.
Optische Speicher werden zur Abspeicherung großer Wissensgebiete in »Datenbanken«, beispielsweise als CD-ROMs (Compact Disk-ROMs), die nur gelesen werden können, eingesetzt. Als Write Once Optical Disks (nur einmal beschreibbares Speichermedium) werden sie für Archivzwecke verwendet. Optische Schreib-Lesespeicher sind derzeit noch in der Entwicklung.
Als Aufgabe der optischen Speicher sieht man die dokumentenechte Datenspeicherung über einen Zeitraum von 10 bis 30 Jahren an. Doch scheinen solche Speicherzeiten wegen der unvermeidlichen Oberflächenveränderungen mit den jetzt vorhandenen Speicherplatten noch nicht erreichbar zu sein.

55.5 Sensoren und Aktoren

Der ständige wachsende Einsatz des Mikrocomputers fordert die Entwicklung ihm angepaßter Signalaufnehmer (Sensoren) und Ausgabeglieder (Aktoren).
Der **Sensor**, häufig ein Halbleiterbauteil, nimmt die physikalische Größe – Druck, Temperatur, Füllstand, Feuchte – auf und wandelt sie in ein elektrisches Signal um. Von einem mit dem Steuercomputer zusammenarbeitenden Sensor wird häufig weiterhin die Verstärkung und Digitalisierung des Signals – die Signalaufbereitung – sowie eine Vorverarbeitung der Information gefordert. Letztere kann dann durch einen dem Sensor zugeordneten Mikroprozessor, der den eigentlichen Steuercomputer entlastet, erfolgen. Der Schwerpunkt der Sensorentwicklung wird in den nächsten Jahren – wie bisher – auf dem Kraftfahrzeug- und Haushaltgerätesektor liegen.

Der **Aktor** gibt die vom Mikrocomputer ausgewerteten Informationen in Form von Schalt- oder Steueranweisungen an die Umwelt weiter. Dabei wird von einem intelligenten Aktor eine den Computer entlastende Nachverarbeitung der Signale erwartet. Der Leistungsteil des Aktors ist meist optoelektronisch von der restlichen Schaltung getrennt, damit durch Schaltvorgänge im Leistungsteil entstehende Störimpulse nicht über eine elektrisch leitende Verbindung auf den Computer zurückwirken und in ihm Störungen oder Zerstörungen anrichten.
Seit einigen Jahren laufen Entwicklungen intelligenter Sensoren bzw. Aktoren, die zum Ziel haben, Sensor (Aktor) und Computer gemeinsam in gleichen Arbeitsgängen als integrierte Schaltungen in Siliziumtechnologie herzustellen.

55.6 Die Weiterentwicklung des Mikrocomputers

In der Mikrocomputer-Entwicklung der letzten Jahre lassen sich zwei Hauptrichtungen beobachten:
Für einfache Steuerungen mit Mikrocomputern vorwiegend geringer Wortbreite wird zunehmend der **Mikrocontroller**, der – evtl. durch Speicherbausteine ergänzt – alle Mikrocomputerfunktionen auf einem Chip vereint, eingesetzt. Auf der anderen Seite führen die hohen Forderungen an Rechengeschwindigkeit und Speicherkapazität, die beispielsweise die Arbeit mit Grafiksystemen, die Bildverarbeitung oder die Arbeit mehrerer Nutzer an einem Rechner im Multi-User Betrieb stellen, zu einer laufenden Weiterentwicklung der 16 Bit- und 32 Bit-Prozessoren.
Größer als die Schwierigkeit, welche die Verkleinerung der Bauelementestrukturen bereitet, ist für die Entwicklung höher integrierter Schaltungen das Problem, die durch ihren größeren Leistungsverbrauch entstehende höhere Verlustwärme abzuführen. Deshalb wird für die Fertigung sehr hoch integrierter Schaltungen in zunehmendem Maße die leistungsarme CMOS-Technologie (Abschn. 54.9.3) anstelle der früher eingeführten NMOS-Technologie verwendet.
Die Arbeitsgeschwindigkeit des Mikroprozessors wird wesentlich von seiner Taktfrequenz bestimmt. Durch verbesserte Technologien mit kleineren Bauelementestrukturen konnte sie von 2 MHz (8 Bit-µC 8080 im Jahre 1973) auf über 30 MHz (32 Bit-µC 80486 im Jahre 1990) erhöht werden. Das um 1980 eingeführte **Pipelining** erlaubt eine bessere Ausnutzung der CPU, da in ihr gleichzeitig überlappend mehrere Befehle in ihren verschiedenen Ausführungsphasen bearbeitet werden. Die jetzt am Anfang ihres Einsatzes stehenden **Multiprozessor-Systeme** arbeiten mit mehreren Prozessoren. Sie ermöglichen ein paralleles Verarbeiten der Daten, das die Rechenzeiten, verglichen mit denen normaler sequentieller Verarbeitung, erheblich verkürzt.
Der mit Speicherbausteinen belegbare Adreßraum stieg von 16 KByte des 8 Bit-µC 8008 im Jahre 1972 bis auf 4 GByte bei dem 32 Bit-µC 80386 des Jahres 1987. Die Arbeit mit dem **virtuellen** (scheinbaren) **Speicher**, bei dem der jeweils verwendete Ausschnitt des Festplatten-Speicherbereichs in den RAM-Speicher des Mikrocomputers überspielt wird, erlaubt bei dem µC 80386 die Adressierung von unvorstellbaren 64 TByte $\approx 64 \cdot 10^{12}$ Speicherzellen.
Nach der klassischen Betrachtungsweise liegt einer der wesentlichen Vorteile höher integrierter Schaltungen darin, daß sich komplexere Zentralprozessoren mit mehr und wirksameren Befehlen entwickeln lassen. Einen nach diesen Überlegungen (weiter) entwickelten Computer nennt man einen **CISC** (complex instruction set computer). Er soll dem Anwender einfacheres Programmieren durch die Verwendung von komplexeren Befehlen gestatten.
In einer Anfang der 80er Jahre durchgeführten Analyse untersuchten Mitarbeiter der Firma IBM, ob die Möglichkeiten, die ein so umfangreicher Befehlssatz bietet, vom Programmierer

auch ausgenutzt werden. Es wurde festgestellt, daß für 80% der Befehle eines normalen Programms im Durchschnitt nur 20% der Befehle des Rechner-Befehlssatzes verwendet werden. Das bedeutet, daß bei einem normalen Mikrocomputer etwa 80% der Befehle des Befehlssatzes eine untergeordnete Rolle spielen. Aufgrund dieser Untersuchungen wurde der **RISC** (reduced instruction set computer) entwickelt. Bei ihm ermöglicht ein stark geschrumpfter Befehlssatz den Aufbau einer sehr einfachen CPU. Der Nachteil der aufwendigeren Programmierung wird durch die sehr große Arbeitgeschwindigkeit dieses Computers mehr als ausgeglichen. RISCs werden in Systemen mit hohen Arbeitsgeschwindigkeiten eingesetzt. Für ihre Herstellung findet die III/V-Halbleitertechnologie (Abschn. 50.2) Verwendung.
Der in zunehmendem Maße eingesetzte **Signalprozessor** nimmt analoge Signale auf, verarbeitet sie digital und gibt schließlich wieder analoge Signale aus.

55.7 Anwendungen des Mikrocomputers

Verschiedene Anwendungen des Mikrocomputers wurden schon im früheren Text angesprochen. Einige weitere der zahlreichen Anwendungsgebiete sollen – ohne Anspruch auf Vollständigkeit – im folgenden kurz angedeutet werden.
Im Industriebetrieb kann der Mikrocomputer in allen Arbeitsphasen, angefangen von der Marktanalyse und Planung, über die Konstruktion (CAD = Computer Aided Design) und Fertigung (CAM = Computer Aided Manufacturing) bis hin zur Qualitätskontrolle und den erforderlichen Verwaltungs- und Abrechnungsgängen eingesetzt werden. Im Massenspeicher abgelegte Baugruppenentwürfe werden – auch maßstabsverändert oder gedreht – in den Konstruktionsplan eingefügt. Transportroboter führen dem Fertigungsroboter die notwendigen Materialien zu.
Das CAD-Verfahren wird auch für den Strukturplanentwurf integrierter Schaltkreise aus schon vorhandenen Baugruppen-Entwürfen eingesetzt. Hier, wie auch bei dem Leiterbahnenentwurf von Platinen, hat der Computer die zusätzliche Aufgabe, die Leitungen möglichst kurz und – in mehreren Ebenen angeordnet – kreuzungsfrei zu führen.
In der Medizin reicht der Anwendungsbereich von der Steuerung und Überwachung von Herzschrittmachern bis zum automatisierten Betrieb von Röntgen- und Bestrahlungsgeräten. In der CAS (computer aided surgery = Computerunterstützte Chirurgie) stellt eine computergesteuerte Fräsmaschine ein dreidimensionales Abbild eines beschädigten Knochens her. Mit dessen Hilfe können paßgerechte Ersatzteile schon vor dem chirurgischen Eingriff gefertigt werden.
»Intelligente« Registrierkassen, die aus den auf den Warenverpackungen aufgedruckten Balkencodes die Ware erkennen, den Preis ermitteln, Gesamtsumme und Wechselgeld errechnen, Einnahmen an die Buchhaltung und Warenabgang an das Lager melden, sind aus dem Geschäftsleben ebensowenig wegzudenken wie die elektronische Schreibmaschine im Büro oder der Buchungsrechner im Reisebüro.
Auf dem Kommunikationsgebiet eingesetzte Mikrocomputer steuern die Textverarbeitungssysteme. Es werden mit ihnen benutzerfreundliche Telefone und Sprachübersetzer gebaut. Mit einem zusätzlichen Sprachsynthesizer-Chip können diese Übersetzer auch selbst sprechen.
Andere mikrocomputergesteuerte Geräte erkennen gesprochene Worte. Im Verkehrswesen steuern Mikrocomputer Rolltreppen, Fahrkartenausgabe- und Geldwechselautomaten. Sie stellen Weichen, entlasten Flugzeugpiloten und Lokomotivführer von Routineaufgaben und können in der Zeit, in der sie nicht mit Steuerungsaufgaben beschäftigt sind, Systemprüfun-

gen vornehmen. Im Bordcomputer des Autos eingesetzt, liefern sie dem Fahrer nützliche Informationen, sorgen durch Glatteiswarnungen für seine Sicherheit und werden ihn in Zukunft über Verkehrsleitsysteme günstig zum gewählten Fahrtziel führen.
Auf dem Spiel- und Hobbysektor führt der Einsatz vom einfachen Spielzeug über teuere elektronische Spiele bis zum Personalcomputer mit Drucker, Datensichtgerät und Laufwerken. Letzterer kann dann auch im Haushalt oder im Geschäftsbetrieb, beispielsweise für Steuererklärungen, Lagerhaltungen oder für das Angebots- und Rechnungswesen eingesetzt werden. Im Haushalt steuern Mikrocomputer die Haushaltgeräte, sorgen für einbruchssichere Wohnungen und optimieren den Energieverbrauch.

56 Die Verarbeitung analoger Signale

Analoge Schaltungen, deren typisches Einsatzgebiet die Unterhaltungselektronik ist, erzeugen und verarbeiten analoge Signale. Bei ihnen konnte sich die Schaltungs-Integration weniger durchsetzen als in der Digitaltechnik. Gründe, die vor allem gegen eine höhere Integration der analogen Schaltungen sprechen, sind ihre geringere Standardisierung und meist niedrigere Komplexität, die Forderung nach Abgleichbarkeit von Bauelementen, sowie die häufige Verwendung der nicht integrierbaren Spule. Grundbausteine fast aller analogen Schaltungen sind die Verstärkerschaltungen. Bei ihnen sind eine gewisse Standardisierung und eine hohe Stückzahl, die Grundvorausetzungen der integrierten Fertigung, gegeben. Sie werden als niedrig integrierte Operationsverstärker gefertigt und sind mit ihrem vielfachen Einsatz ein Beispiel für die Verwendung integrierter Schaltungen auch in der Analogtechnik.
Zuerst aus diskreten Bauelementen aufgebaut, wurde der **Operationsverstärker (OV)**, eine damals sehr teure Schaltung, in den 50er Jahren als hochwertiger Rechenverstärker zum Ausführen mathematischer Operationen in der analogen Rechentechnik entwickelt. Auf diese ursprüngliche Verwendung ist sein Name zurückzuführen. Seitdem die billigen integrierten Operationsverstärkerschaltungen erhältlich sind, die dem Anwender die Mühe der Entwicklung einer eigenen Verstärkerschaltung ersparen, entstand eine umfangreiche Operationsverstärker-Schaltungstechnik, die diesen Verstärkertyp verbreitet einsetzt.
Die Ausführungen dieses Kapitels beschäftigen sich mit einer Reihe von Operationsverstärker-Schaltungen. Ein weiteres Eingehen auf analoge Schaltungen der Elektronik verbieten ihre Vielfalt und ihr Einsatz, der meist bei Anwendungen erfolgt, die über den Rahmen der in diesem Buch besprochenen Schaltungen hinausgehen.

56.1 Der unbeschaltete Operationsverstärker

Im Gegensatz zu dem bei akustischen Anwendungen eingesetzten Tonfrequenzverstärker, der nur *Wechselsignale*, beispielsweise im Frequenzbereich von 20 Hz...20 kHz, verstärkt, arbeitet der Operationsverstärker als **Gleichspannungsverstärker**. Er kann zusätzlich auch die als Signale in der Steuerungs- und Regelungstechnik häufig vorkommenden niederfrequenten Spannungen und Gleichspannungen verstärken. Die Verstärkung der zwischen seinen beiden Eingängen P und N liegenden Spannung u_{PN} (Bild 56.1 a) ist mit

$$v_0 = \frac{u_2}{u_{PN}} = 10^4 \dots 10^6 \qquad (56.1)$$

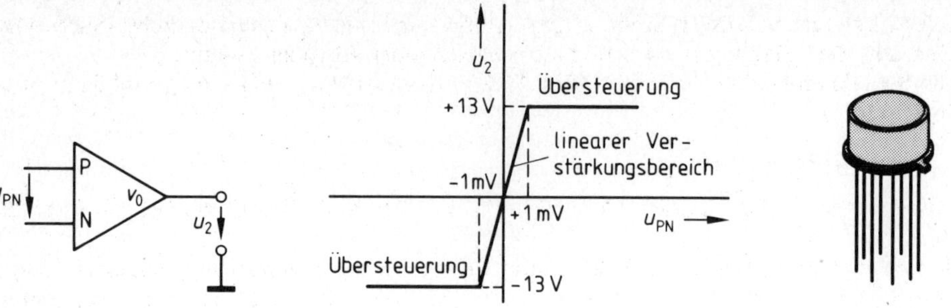

a) Schaltbild b) Kennlinie c) Gehäuse

Bild 56.1 Operationsverstärker

sehr hoch. Der angegebene Wert der Verstärkung v_0 ist vom Verstärkertyp bestimmt und gilt nur für niedrige Frequenzen. Mit steigender Frequenz nimmt v_0 stark ab, daher arbeitet die normale OV-Schaltung nur in dem für steuerungstechnische Anwendungen meist ausreichenden Frequenzbereich bis zu einigen kHz. Für den Einsatz bis in den 100 MHz-Bereich wurden spezielle Operationsverstärker entwickelt.

Bild 56.1 b zeigt die Verstärkungskennlinie des OV. Der Bereich, in welchem die Verstärkung konstant ist, wird **linearer Verstärkungsbereich** genannt; in diesem Bereich steigt die Verstärkungskennlinie sehr steil an (man beachte die unterschiedlichen Maßstäbe an den Achsen). Überschreitet die Eingangsspannung bei dem Verstärker mit der dargestellten Kennlinie den Wert $u_{PN} = 1$ mV, dann »übersteuert« der Verstärker. Seine Ausgangsspannungen u_2 können Grenzwerte, deren Beträge etwa 1,5...2 V unter den Beträgen der Versorgungsspannungen liegen, nicht überschreiten. Bei normaler Verwendung braucht der Operationsverstärker eine positive und eine negative Versorgungsspannung; häufig arbeitet er an ± 15 V.

Bild 56.2 zeigt die Verstärkungsverhalten des unbeschalteten Operationsverstärkers im linearen Bereich. Wird Eingang N an Masse gelegt (Bild 56.2a), dann ist $u_1 = u_{PN}$, und damit wird nach Gl. (56.1)

$$u_2 = v_0 \cdot u_1 \ . \qquad (56.2)$$

Der Verstärker verstärkt das Eingangssignal, ohne dessen Vorzeichen umzukehren. Man nennt diesen Verstärkungsbetrieb **nichtinvertierend** (nichtumkehrend) und bezeichnet P als **nichtinvertierenden Eingang.**

Wird das Signal auf Punkt N gegeben und liegt Punkt P an Masse (Bild 56.2b), dann ist $u_1 = -u_{PN}$ und damit wird nach Gl. (56.1)

$$u_2 = -v_0 \cdot u_1 \ . \qquad (56.3)$$

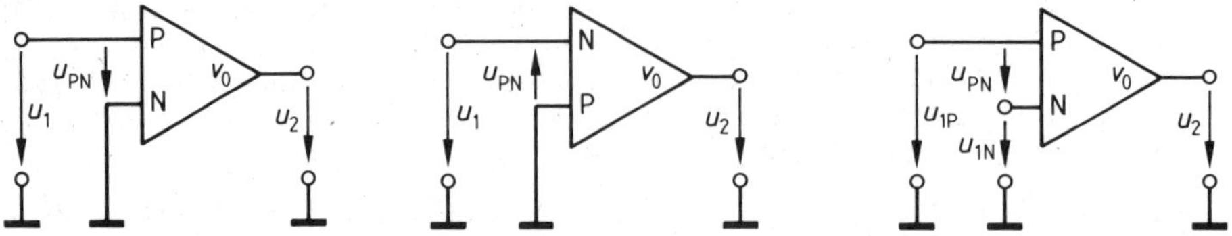

a) nichtinvertierend b) invertierend c) differenzbildend

Bild 56.2 Verstärkung des unbeschalteten Operationsverstärkers

Der Verstärker arbeitet **invertierend** – er verstärkt das Eingangssignal und kehrt dessen Vorzeichen um. Der Eingang N wird deshalb **invertierender Eingang** genannt.
Liegen Signale an beiden Eingängen (Bild 56.2c), dann ist $u_{PN} = u_{1P} - u_{1N}$, und damit wird nach Gl. (56.1):

$$u_2 = v_0 \cdot (u_{1P} - u_{1N}) \tag{56.4}$$

Als **Differenzverstärker** verstärkt der OV in diesem Fall die Differenz der beiden Eingangssignale.
Technisch wird die Schaltung 56.2c als **Komparator** (Spannungsvergleicher) eingesetzt. Abgesehen von dem kleinen Zwischenbereich, in dem $|u_{PN}| < 1$ mV ist, ist die Ausgangsspannung u_2

→ für $u_{1P} > u_{1N}$ immer positiv und konstant (z.B. +13 V),
→ für $u_{1P} < u_{1N}$ immer negativ und konstant (z.B. −13 V).

Ob eine Eingangsspannung u_{1P} größer oder kleiner als eine vorgegebene Schwelle u_{1N} ist, läßt sich also am Vorzeichen der Ausgangsspannung des Komparators erkennen.

56.2 Lineare Grundschaltungen des Operationsverstärkers

Unbeschaltet hat der Operationsverstärker nur geringe Bedeutung. Mit unterschiedlichen äußeren Beschaltungen lassen sich aber sehr viele grundsätzlich unterschiedlich arbeitende OV-Schaltungen entwickeln. Bild 56.3 zeigt drei lineare Grundschaltungen.

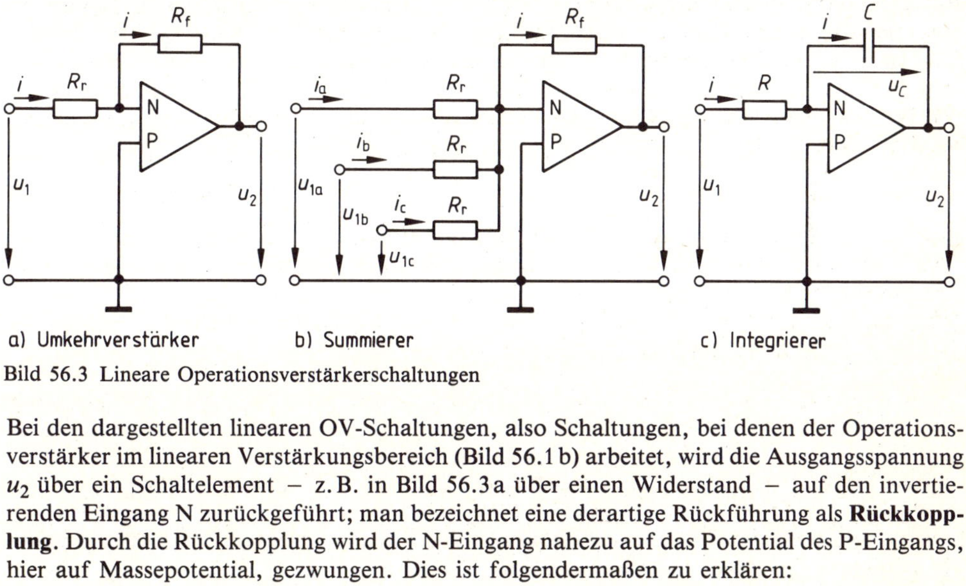

Bild 56.3 Lineare Operationsverstärkerschaltungen

Bei den dargestellten linearen OV-Schaltungen, also Schaltungen, bei denen der Operationsverstärker im linearen Verstärkungsbereich (Bild 56.1b) arbeitet, wird die Ausgangsspannung u_2 über ein Schaltelement – z.B. in Bild 56.3a über einen Widerstand – auf den invertierenden Eingang N zurückgeführt; man bezeichnet eine derartige Rückführung als **Rückkopplung**. Durch die Rückkopplung wird der N-Eingang nahezu auf das Potential des P-Eingangs, hier auf Massepotential, gezwungen. Dies ist folgendermaßen zu erklären:

> Wenn der Operationsverstärker im linearen Verstärkungsbereich arbeitet, dann ist $u_{PN} = u_2/v_0$. Da aber beispielsweise nach Bild 56.1b die Ausgangsspannung immer $|u_2| < 13$ V ist und der Verstärker mit $v_0 = 10^4 \ldots 10^6$ sehr hoch verstärkt, muß u_{PN} vernachlässigbar klein sein.

a) **Der Umkehrverstärker** (Bild 56.3a):

Von der speisenden Quelle fließt der Strom i in den Widerstand R_r. Da der Verstärkereingang N (nahezu) auf Massepotential liegt, fällt an R_r die gesamte Eingangsspannung u_1 ab:

$$u_1 = i \cdot R_r \tag{56.5}$$

Vom Knoten N fließt praktisch kein Strom in den OV, denn der Eingangswiderstand des Verstärkers ist sehr groß, und außerdem liegt über den Eingangsklemmen nur die vernachlässigbar kleine Spannung u_{PN}. Der Gesamtstrom fließt also über R_f (f = feedback = Rückkopplung) weiter und dann über den Ausgang des Verstärkers, der sehr niederohmig ist, gegen Masse. Wegen $u_{PN} \approx 0$ lautet die Maschengleichung (Umlauf über u_{PN}, R_f und u_2):

$$i \cdot R_f + u_2 = 0 \tag{56.6}$$

Wird der aus Gl. (56.5) berechnete Strom i in Gl. (56.6) eingesetzt, dann folgt für die Verstärkung des beschalteten Operationsverstärkers:

$$V = \frac{u_2}{u_1} = -\frac{R_f}{R_r} \tag{56.7}$$

Die Schaltung arbeitet als **Umkehrverstärker**, denn sie verstärkt die Spannung u_1 und kehrt deren Vorzeichen um. Der Betrag $|V|$ und die Genauigkeit der Verstärkung sind, solange $|V| \ll v_0$ ist, von den Kenngrößen des OV unabhängig. Sie werden nur von den Widerstandswerten R_f und R_r und deren Genauigkeit bestimmt.

b) **Der Summierer** (Bild 56.3b):

In Schaltung 56.3b ist der Strom im Rückkoppelwiderstand R_f

$$i = i_a + i_b + i_c \; . \tag{56.8}$$

Da der Schaltungspunkt N wiederum etwa auf Massepotential liegt, gilt

$$u_{1a} = i_a \cdot R_r \; , \quad u_{1b} = i_b \cdot R_r \; , \quad u_{1c} = i_c \cdot R_r \; . \tag{56.9}$$

Werden die Teilströme aus Gl. (56.9) und der Gesamtstrom aus Gl. (56.6) in die Gl. (56.8) eingesetzt, dann folgt:

$$u_2 = -\frac{R_f}{R_r}\,(u_{1a} + u_{1b} + u_{1c}) \tag{56.10}$$

Die Ausgangsspannung der Schaltung ist proportional der Summe ihrer drei Eingangsspannungen.

c) **Der Integrierer** (Bild 56.3c):

Auf die Schaltung 56.3c, deren Kondensator zunächst ungeladen ist, wird zum Zeitpunkt $t = 0$ die Gleichspannung $u_1 = U_1$ zugeschaltet (Bild 56.4). Dann fließt, wiederum unter der Annahme, daß Schaltungseingang N etwa auf Masse liegt, in den Kondensator der Ladestrom:

$$i = \frac{U_1}{R}$$

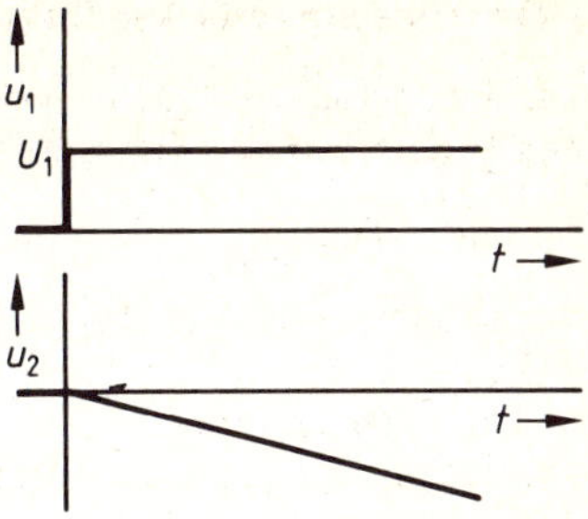

Bild 56.4 Eingangs- und Ausgangsspannung eines Integrierers

Damit wird die Ladung des Kondensators

$$Q(t) = it = \frac{U_1}{R} \cdot t \ . \tag{56.11}$$

Die Maschengleichung (Umlauf über u_{PN}, u_C und u_2) lautet

$$u_C + u_2 = 0 \ ,$$

und damit wird mit der Beziehung $u_C = Q(t)/C$ (Gl. 13.1):

$$u_2 = -u_C = -\frac{Q(t)}{C} = -\frac{U_1}{RC}t \tag{56.12}$$

Die Spannung u_2 ist proportional der Fläche unter der u_1-Kurve. Sieht man von der Vorzeichenumkehr ab, dann steigt u_2 linear mit der Zeit an. Dieses Schaltungsverhalten wird als »integrierend« (flächenermittelnd) bezeichnet.

56.3 Die Operationsverstärker-Schaltungstechnik

Nachdem mit dem Operationsverstärker als monolithisch integrierter Schaltung eine billige und zuverlässige Baugruppe zur Verfügung stand, entwickelte sich schnell eine umfangreiche Operationsverstärker-Schaltungstechnik. Grundsätzlich lassen sich zwei Arten von Operationsverstärker-Schaltungen unterscheiden:

→ lineare Schaltungen, bei denen der OV in seinem linearen Arbeitsbereich arbeitet und die Beschaltung aus Widerständen und Kondensatoren, also aus linearen Bauelementen, besteht;
→ nichtlineare Schaltungen, bei denen der OV häufig – ähnlich dem Schalttransistor – zwischen den beiden Begrenzungsbereichen hin- und hergeschaltet wird und für deren Beschaltung auch nichtlineare Bauelemente, beispielsweise Dioden, verwendet werden.

Typische Beispiele für lineare OV-Schaltungen sind die aktiven Filter. Ein Filter ist eine elektronische Schaltung, die Signale unterschiedlicher Frequenzen verschieden bewertet. Durchläuft ein gestörtes Signal ein Filter, dann kann beispielsweise ein überlagertes hochfrequentes Störsignal beseitigt (»ausgefiltert«) werden, womit man das niederfrequente Nutzsignal erhält. Ursprünglich stellte man nur **passive Filter** als *RLC*-Filter aus Widerständen, Spulen (evtl. Transformatoren) und Kondensatoren her. Das kritische Bauelement des passiven Filters ist die Spule. Sie ist nicht integrierbar, ist groß und teuer und kann nicht verlustfrei arbeiten. Die jetzt sehr viel für diese Anwendungen verwendeten rückgekoppelten OV-Schal-

tungen gestatten, nur aus Verstärkern, Widerständen und Kondensatoren spulenfreie Filter aufzubauen, deren Verhalten dem normaler *RLC*-Filter völlig gleicht. Außerdem haben die so geschalteten Filter eine Leistungsverstärkung – sie werden daher **aktive Filter** genannt.
Typische Vertreter nichtlinearer Operationsverstärkerschaltungen sind beispielsweise SCHMITT-Trigger, Zeitgeber (monostabile Kippglieder) und Rechteckgeneratoren (astabile Kippglieder), bei denen Operationsverstärker die sonst erforderlichen Schalttransistoren ersetzen.

57 Leistungselektronik

Sowohl bei der Übertragung als auch beim Verbrauch elektrischer Energie haben Spannung und Strom häufig nicht die erforderlichen *Kennwerte:* Diese sind z. B. bei (Sinus-)Wechselspannung bzw. Wechselstrom Effektivwert und Frequenz sowie die Phasenzahl des Netzes. In vielen Fällen muß eine *Energiewandlung* durchgeführt werden, bei der entweder die Kennwerte oder sogar Spannungs- und Stromart geändert werden.
Die Verfahren für Energieumwandlungen mit *Halbleitern* (z. B. Dioden, Transistoren, Thyristoren) werden unter dem Oberbegriff **Leistungselektronik** (früher: Stromrichtertechnik) zusammengefaßt. Bei zwei unterschiedlichen Energieumwandlungen wird die *Art der Energie* geändert:

- Bei der **Gleichrichtung** wird Wechselstrom- bzw. Drehstromenergie in Gleichstromenergie umgewandelt.
- Bei der **Wechselrichtung** wird Gleichstromenergie in Wechselstrom- bzw. Drehstromenergie umgewandelt.

Bei zwei weiteren Energieumwandlungen werden die *Kennwerte* einer einzigen Energieart geändert:

- Mit einem **Umrichter** wird die *Frequenz* geändert. Ein Umrichter ist häufig eine Kombination aus Gleich- und Wechselrichter; es gibt aber auch Direktumrichter, z. B. für die Frequenzänderung von Drehstrom.
- Mit einem **Steller** wird die *Spannungshöhe* geändert. Ein Beispiel hierfür ist der Gleichstromsteller, der aus einer festen Gleichspannung eine Gleichspannung einstellbarer Spannungshöhe erzeugt.

57.1 Bauelemente der Leistungselektronik

57.1.1 Die Diode

Die in der Leistungselektronik eingesetzte Diode hat, im Gegensatz zu dem in Kap. 51.2 beschriebenen Aufbau, zwischen P-Schicht und N-Schicht zusätzlich eine schwach dotierte, schmale P- oder N-Schicht, die als **S-Schicht** bezeichnet wird (Bild 57.1). Durch diese erzielt man hohe Sperrspannungen bis zu einigen kV, während sich das Verhalten im Durchlaßbereich kaum ändert. Leistungsdioden können Stromstärken bis zu einigen kA führen. Fragen der Kühlung und des Schutzes werden beim Thyristor behandelt.

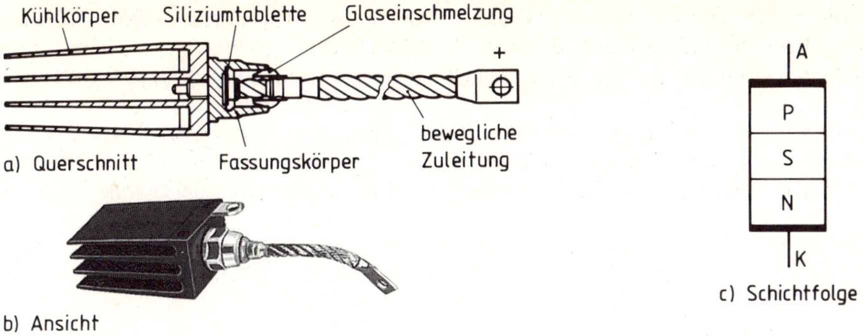

Bild 57.1 Silizium-Leistungsdiode

57.1.2 Der Thyristor

Der **Thyristor** ist ein Vierschicht-Bauelement, dessen prinzipieller Aufbau in Bild 57.2a dargestellt ist. Die Schichtfolge beginnt an der Anode A mit einer hochdotierten P-Schicht, auf die zwei schwächer dotierte Schichten, eine N-Schicht und eine P-Schicht, folgen; an der Katode liegt eine hochdotierte N-Schicht. Beim „normalen“ Thyristor ist an der schwach dotierten P-Schicht eine Steuerelektrode angebracht, die als **Gate** bezeichnet wird.
Bei negativer Spannung U_{AK} sperrt der Thyristor, er arbeitet wie eine Diode im Sperrbereich. Wie bei der Diode darf der Betrag der Spannung U_{AK} die maximal zulässige Sperrspannung U_{Rm} nicht überschreiten, weil sonst der Thyristor zerstört wird.

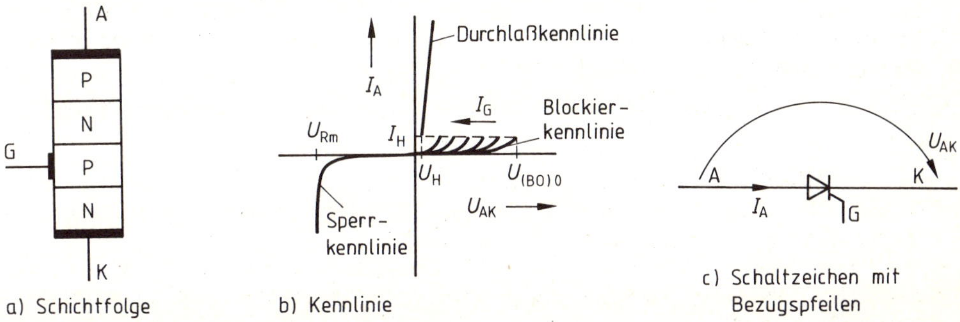

Bild 57.2 Thyristor

Wird der Thyristor bei positiver Spannung U_{AK} mit offenem Gate, d.h. mit dem Steuerstrom $I_G = 0$ betrieben, so fließt bei Spannungen unterhalb der Nullkippspannung ein sehr geringer Strom; der zugehörige Teil der Strom-Spannungs-Kennlinie wird als positive Sperrkennlinie oder auch als **Blockier-Kennlinie** bezeichnet. Bei der **Nullkippspannung** $U_{(BO)0}$ „zündet“ der Thyristor. Solange danach die **Haltespannung** U_H bzw. der **Haltestrom** I_H nicht unterschritten werden, arbeitet der Thyristor auf der **Durchlaßkennlinie** wie eine Diode. Der Spannungsabfall im Durchlaßbereich liegt wegen der drei PN-Übergänge zwischen 1,2 V und 2 V.
Die Zündung durch Überschreiten der Nullkippspannung darf nicht betriebsmäßig bei periodischer Spannung U_{AK} erfolgen. Im Normalfall wird das Blockieren durch einen Steuer-

strom I_G, der über das Gate fließt, bei Spannungen U_{AK} aufgehoben, die wesentlich kleiner als die Nullkippspannung $U_{(BO)0}$ sind.

Der Gatestrom I_G braucht nur kurzzeitig zu fließen, damit der Thyristor „zündet", d.h. von der Blockier- auf die Durchlaßkennlinie übergeht. Der „normale" Thyristor kann durch einen Steuerstrom nicht mehr beeinflußt werden, wenn er auf der Durchlaßkennlinie arbeitet; zur Stromunterbrechung muß die Spannung U_{AK} unter die Haltespannung U_H (etwa 1,5 V) abgesenkt werden.

Beim **GTO-**(gate-turn-off-)**Thyristor** kann der Strom I_A dadurch unterbrochen werden, daß ein negativer Strom I_G über das Gate fließt. Bild 57.23b zeigt das Schaltzeichen eines derartigen »Abschalt-Thyristors«.

Ein Thyristor, der im Durchlaßbereich arbeitet und abgeschaltet werden soll, benötigt eine bestimmte Zeit, bis die Sperrspannung angelegt werden darf. Diese Zeitspanne, in welcher die Ladungsträger abgezogen werden, wird als **Freiwerdezeit** bezeichnet. Diese Zeit liegt i.allg. zwischen 100 µs und 200 µs; es gibt aber auch »schnelle« Thyristoren mit Freiwerdezeiten zwischen 20 µs und 50 µs.

Thyristoren werden für Ströme bis etwa 1 kA und für maximale Sperrspannungen bis etwa 2 kV gefertigt. Parallelschaltungen für größere Ströme und Reihenschaltungen für höhere Sperrspannungen sind – mit zusätzlichen Schaltmaßnahmen für eine gleichmäßige Strom- bzw. Spannungsverteilung – gebräuchlich.

Das aktive System des Thyristors ist klein und damit stark überlastempfindlich. Der Thyristor muß daher durch superflinke Sicherungen gegen kurzzeitige hohe Überströme gesichert werden; ein Langzeitschutz muß kleinere Überströme abschalten, durch welche der Thyristor auf Dauer zu stark erwärmt würde. Außerdem sind Schutzmaßnahmen gegen Überspannungen, die entweder aus dem Netz kommen oder durch die Schaltvorgänge am Thyristor entstehen, notwendig.

Die sehr kleine Systemfläche des Thyristors muß zur Abfuhr der Verlustenergie durch Kühlkörper vergrößert werden. Die *Flachbodenzelle* wird einseitig gekühlt, während bei der *Scheibenzelle* die Verlustwärme an zwei Kühlkörper abgegeben wird (Bild 57.3). Neben der Luftkühlung ist für größere Ströme auch Flüssigkeitskühlung mit Öl oder Wasser üblich.

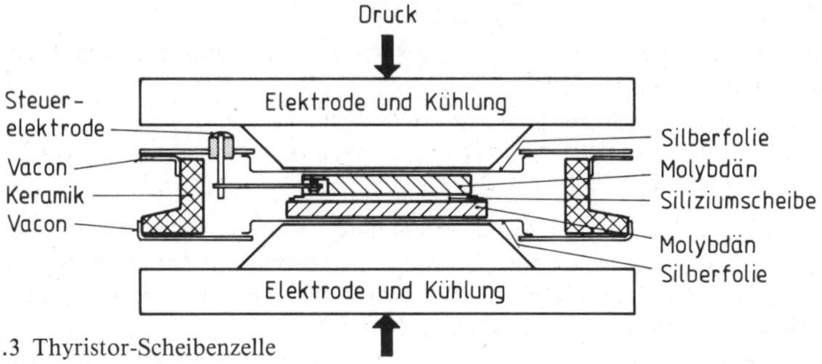

Bild 57.3 Thyristor-Scheibenzelle

57.1.3 Der TRIAC

Ein TRIAC ist ein Zweirichtungsthyristor, der anstelle zweier gegensinnig parallelgeschalteter Thyristoren verwendet werden kann; er kann durch einen kurzzeitig über das Gate G fließenden Steuerstrom beliebiger Polarität gezündet werden und in jeder der beiden Richtungen Strom führen.

Die Herstellung ist aufwendiger als beim normalen Thyristor. Die Nullkippspannung $U_{(BO)0}$ beträgt maximal 700 V, so daß der TRIAC direkt am 400 V-Drehstromnetz eingesetzt werden kann. TRIACs stehen für Ströme bis 100 A zur Verfügung.

Zur Ansteuerung eines TRIACs wird häufig der DIAC verwendet (Bild 57.17a), der im Gegensatz zum TRIAC keinen Gate-Anschluß besitzt. Ein DIAC kann nur durch Überschrei-

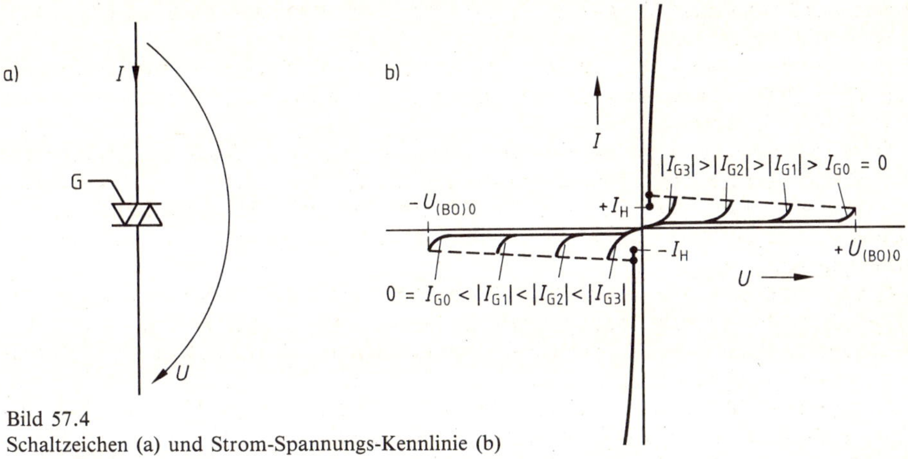

Bild 57.4
Schaltzeichen (a) und Strom-Spannungs-Kennlinie (b) des TRIAC

tung der Kipp- oder Durchbruchspannung (diese entspricht der Nullkippspannung des Thyristors) gezündet werden. Häufig ist der DIAC mit dem TRIAC auf einem Chip integriert.

57.1.4 Der MOS-FET

Der in Abschn. 52.3 beschriebene MOS-FET ist wegen seines einfachen Aufbaus gut für hohe Integrationsgrade geeignet. Seiner Verwendung in der Leistungselektronik stehen drei Hindernisse entgegen:

- Geringe zulässige Sperrspannungen durch den kurzen Kanal (etwa 1 µm) und die kleinen Abstände der Anschlußelektroden;
- kleine zulässige Ströme durch die geringen Transistorflächen;
- Gefahr zu starker Erwärmung, da die Wärmeentwicklung nur in einem kleinen Volumengebiet unter der Kristalloberfläche stattfindet.

Sind P- und N-Gebiet eines PN-Übergangs unterschiedlich dotiert, so fällt die Sperrspannung fast nur an dem niedriger dotierten Gebiet ab. In dem schmalen, niedrig dotierten Kanal des MOS-FET nach Bild 52.13 würde schon bei einer relativ kleinen Sperrspannung eine elektrische Feldstärke entstehen, die einen Durchschlag bewirkt.

Zwei Sonderbauarten des MOS-FET weisen höhere Sperrspannungen auf und können daher in der Leistungselektronik eingesetzt werden.

Der *Lateral*transistor (lateral = seitlich), bei dem Source und Drain seitlich nebeneinanderliegen (Bild 57.5), hat einen kurzen und hoch dotierten Kanal. Eine niedrig dotierte, zur Drainzone gehörende Driftstrecke von einigen 10 µm Länge läßt eine Sperrspannung bis etwa 300 V zu. Aufgrund der kamm- oder mäanderförmigen Elektroden kann der Lateraltransistor Ströme führen, die z. B. zur Ansteuerung von piezoelektrischen Wandlern oder von Plasmaanzeigen ausreichen.

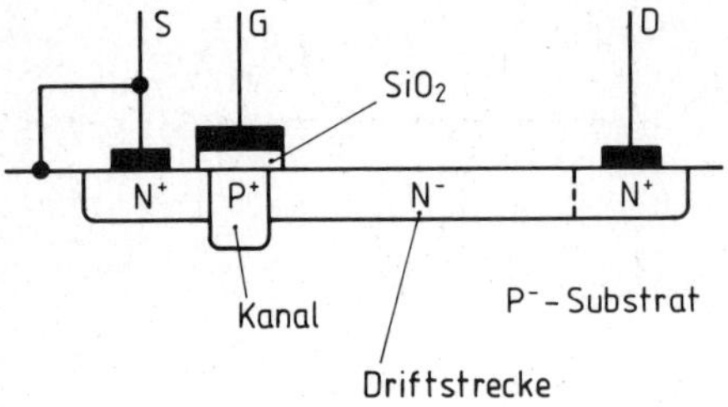

Bild 57.5 Lateraltransistor

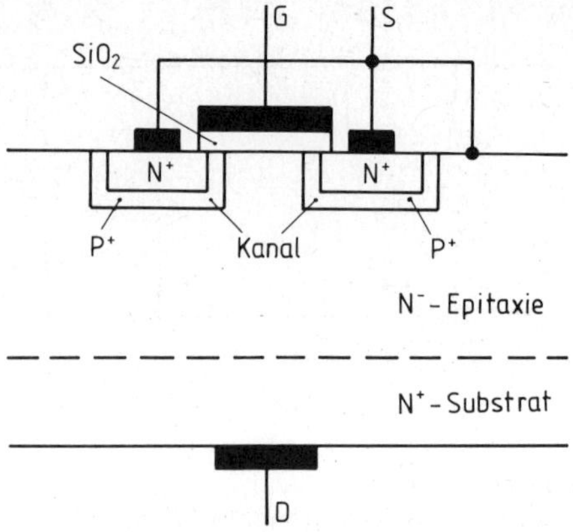

Bild 57.6 Vertikaltransistor

Beim *Vertikal*transistor ist die N^--Driftstrecke in das beim Lateraltransistor nicht genutzte Kristallvolumen verlagert; dies bedeutet eine gleichmäßige Verteilung der Verlustwärme. Der Vertikaltransistor hat auch eine höhere Spannungsfestigkeit (bis 1000 V) als der Lateraltransistor, weil Drain- und Sourceanschluß weiter auseinanderliegen. Über Metallisierungsebenen werden viele Systeme zu einem MOS-FET parallelgeschaltet, der Ströme bis zu einigen 10 A führen kann; derartige Systeme ersetzen die Thyristoren bei höheren Arbeitsfrequenzen.

57.2 Ungesteuerte Gleichrichterschaltungen

Gleichspannungen werden z. B. zum Betrieb von Gleichstrommotoren oder zur Versorgung elektronischer Schaltungen benötigt. Die in Geräten der Unterhaltungselektronik oder der industriellen Elektronik enthaltenen Transistoren und ICs werden im allgemeinen mit Spannungen zwischen 5 V und 24 V gespeist, die häufig aus dem Netz (Wechselspannung 230 V) durch Herabtransformieren und Gleichrichten erzeugt werden.

Bild 57.7 zeigt die einfachste Gleichrichterschaltung, die lediglich aus einer einzigen Diode besteht. Wegen der Zeitabhängigkeit der Spannung u_d und des Stromes i_d werden beide Größen und auch die Schaltung selbst als *einpulsig* bezeichnet; das Kurzzeichen der **Einpuls-Schaltung** ist M1.

Wenn die Sekundärspannung u_S des Transformators positiv ist, wird die Diode D im Durchlaßbereich betrieben; da hierbei ihr Widerstand wesentlich kleiner als der Widerstand R_v des Verbrauchers ist, fällt praktisch die gesamte Spannung u_S an R_v ab. Wenn dagegen die Spannung u_S negativ ist, wird die Diode im Sperrbereich betrieben; da hierbei ihr Widerstand wesentlich größer als R_v ist, fällt praktisch die gesamte Spannung u_S an der Diode ab, und die Verbraucherspannung ist $u_d = 0$.

Die Einpuls-Gleichrichterschaltung M1 hat ungünstige Eigenschaften: Der arithmetische Mittelwert der Spannung ist $\overline{u}_d = 0{,}3183\ \hat{u}_S = 0{,}45\ U_S$ (s. Abschnitt 16.2), wobei U_S der Effektivwert der Sekundärspannung des Transformators ist. Den pulsierenden Verlauf von u_d kann man sich als eine mit einer Wechselspannung gemischte Gleichspannung vorstellen. Der auf den arithmetischen Mittelwert der Mischspannung bezogene Effektivwert der überlagerten Wechselspannung, der **Welligkeit** w genannt wird, hat den Wert $w = 1{,}21 = 121\%$.

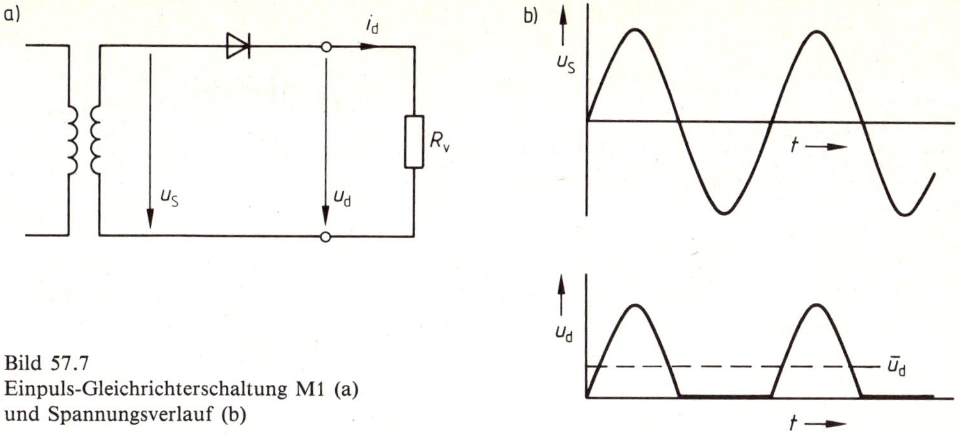

Bild 57.7
Einpuls-Gleichrichterschaltung M1 (a)
und Spannungsverlauf (b)

In der Versorgungsspannung eines Rundfunkgerätes würde den Hörer eine Welligkeit als »Brummen« stören. Wird ein elektromotorischer Antrieb mit einer welligen Gleichspannung gespeist, so entstehen infolge des welligen Gleichstromes erhöhte Ummagnetisierungsverluste, die eine stärkere Erwärmung der Maschine zur Folge haben; außerdem verursacht ein welliger Gleichstrom störende Drehmoment-Schwankungen und verschlechtert die Stromwendung. Wegen dieser ungünstigen Eigenschaften wird die Einpulsschaltung in der beschriebenen Form selten angewendet.

Die Welligkeit einer Mischspannung bzw. eines Mischstromes kann durch **Glättung** mit Hilfe von Energiespeichern verringert werden. Bild 57.8a zeigt die Glättung mit einem Kondensator, die bei kleinen Strömen i_d angewendet wird; der Schutzwiderstand R_S soll den Einschaltstrom herabsetzen, der bei ungeladenem Kondensator entsteht und der die Diode beschädigen könnte.

Bei großen Strömen i_d ist die Glättung mit einer Induktivität (s. Bild 57.10) zweckmäßig. Dabei ist darauf zu achten, daß der Strom in dieser Induktivität nicht unterbrochen wird; gegebenenfalls ist eine Freilaufdiode (s. Bild 52.12) vorzusehen.

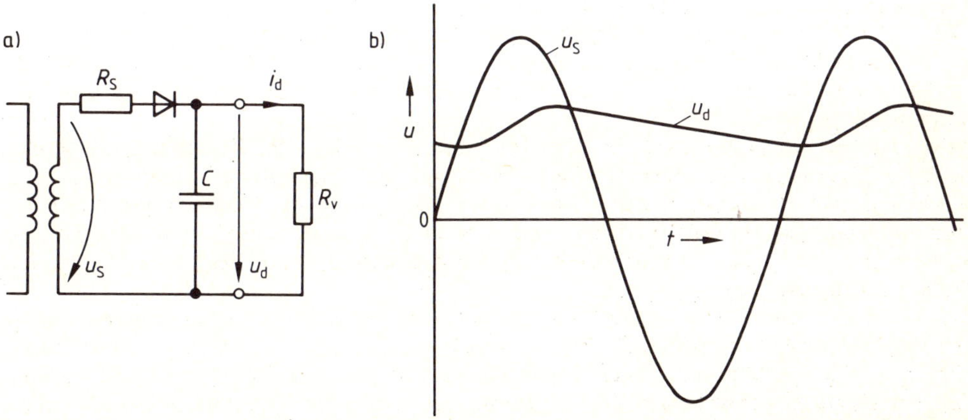

Bild 57.8 Stromglättung bei der Einpuls-Schaltung (a) mit einem Kondensator und Liniendiagramm der Spannungen (b)

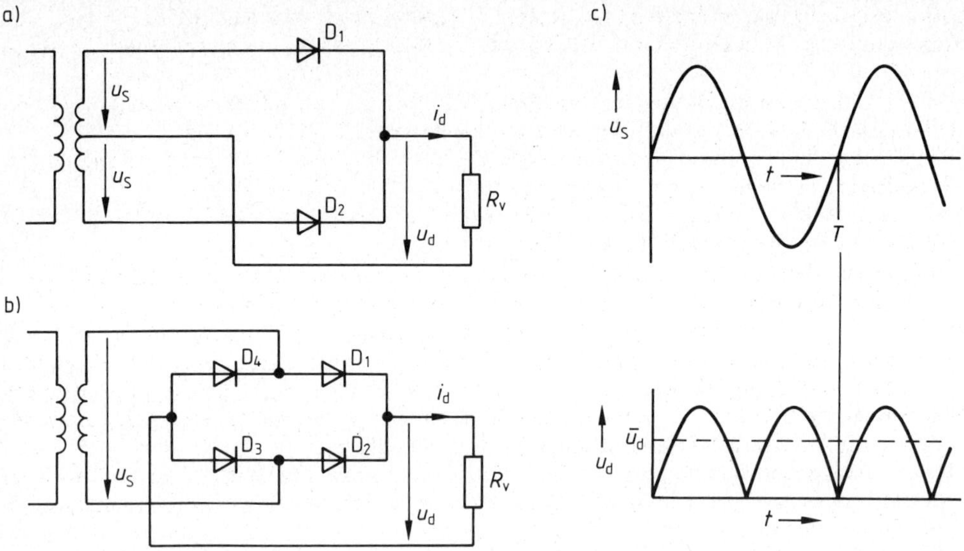

Bild 57.9 Zweipulsige Gleichrichter-Schaltungen: a) Mittelpunktschaltung M2, b) Brückenschaltung B2, c) Spannungsverlauf

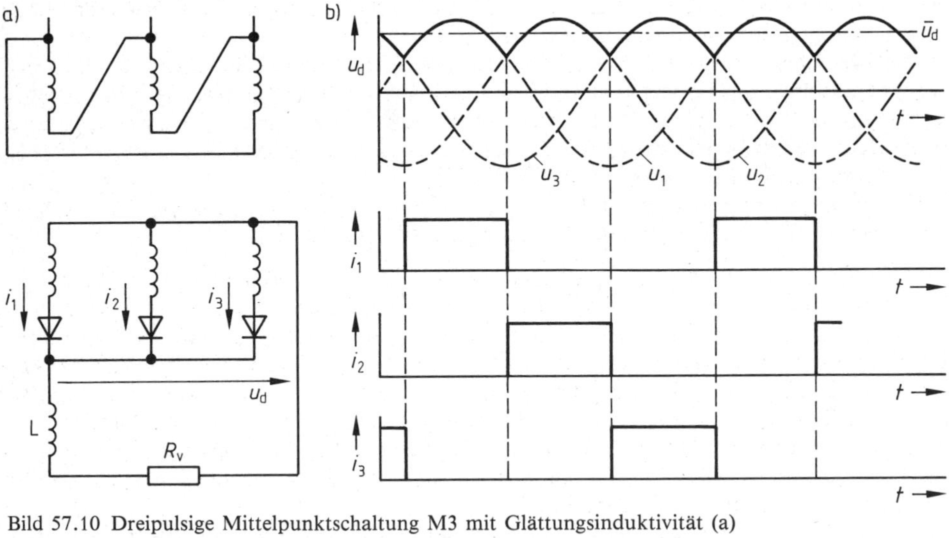

Bild 57.10 Dreipulsige Mittelpunktschaltung M3 mit Glättungsinduktivität (a) sowie Liniendiagramme der Spannungen und Ströme (b)

Bei der Einpuls-Schaltung läßt sich die Welligkeit nur durch Glättung mit hohem Aufwand, d.h. mit teuren Energiespeichern entscheidend herabsetzen. Wird eine niedrige Welligkeit gefordert, so setzt man zweckmäßig eine Gleichrichterschaltung mit größerer Pulszahl ein; die Welligkeit ist dabei von vornherein kleiner als bei der Einpulsschaltung.

Wird die Gleichrichterschaltung von einem Wechselspannungs-Transformator gespeist, so kann die Pulszahl höchstens den Wert 2 haben. Bild 57.9 zeigt die zugehörigen Schaltungen.
Der Transformator der Mittelpunktschaltung M2 (Bild 57.9a) muß sekundärseitig eine Mittenanzapfung besitzen; er enthält also zwei Sekundärwicklungen.
Bei positiver Spannung u_S wird die Diode D_1 im Durchlaßbereich und die Diode D_2 im Sperrbereich betrieben; dabei ist praktisch $u_d = u_S$.
Bei negativer Spannung u_S wird die Diode D_1 im Sperrbereich und die Diode D_2 im Durchlaßbereich betrieben; dabei ist praktisch $u_d = -u_S$.
Ist die Sekundärspannung u_S des Transformators, der die Brückenschaltung B2 (Bild 57.9b) speist, positiv, so werden die Dioden D_1 und D_3 im Durchlaßbereich, die übrigen Dioden im Sperrbereich betrieben. Bei negativer Spannung u_S werden die Dioden D_2 und D_4 im Durchlaßbereich, die übrigen Dioden im Sperrbereich betrieben. Da der Strom i_d in beiden Fällen mit gleichem Richtungssinn durch den Verbraucherwiderstand R_v fließt, sind beide Halbwellen von u_d positiv. Beim Liniendiagramm der Spannung u_d ist der Spannungsabfall an den im Durchlaßbereich arbeitenden Dioden nicht berücksichtigt.
Der arithmetische Mittelwert der Spannung u_d einer Zweipuls-Schaltung ist $\overline{u}_d = 0{,}9\,U_S$, er ist also doppelt so groß wie bei der Einpulsschaltung. Die Welligkeit der Spannung u_d ist $w = 0{,}484 = 48{,}4\%$.
Die Zweipuls-Schaltungen werden i. allg. bei Leistungen bis 10 kW eingesetzt. Bei höheren Leistungen werden die Gleichrichterschaltungen gewöhnlich aus dem Drehstromnetz gespeist. Dabei lassen sich auch höhere Pulszahlen verwirklichen.
Die dreipulsige Mittelpunktschaltung M3 hat die Welligkeit $w = 0{,}183 = 18{,}3\%$; der arithmetische Mittelwert der Spannung u_d (Bild 57.10) ist $\overline{u}_d = 1{,}17\,U_S$, wobei U_S die sekundärseitige Sternspannung des Transformators ist.
Bei der M3-Schaltung führt stets die Diode in dem Strang, dessen Spannung den höchsten Augenblickswert aufweist, den Strom. In der Sekundärwicklung des Transformators fließen impulsförmige Ströme, deren Scheitelwerte durch die Glättungsinduktivität praktisch konstant gehalten werden. Diese Ströme setzen sich im Verbraucher zu einem fast wellenfreien Gleichstrom zusammen.
Der Transformator arbeitet mit wechselnder, aber stets einsträngiger Belastung; dies muß bei der Auswahl seiner Schaltgruppe berücksichtigt werden (s. Abschn. 31.6).

Ein Vorteil der Brückenschaltungen gegenüber den Mittelpunktschaltungen ist die bessere Ausnutzung des Transformators. Während bei den Mittelpunktschaltungen in jeder der beiden Halbperioden jeweils eine der beiden Teilwicklungen der Sekundärseite des Transformators Strom führt (die zweite Teilwicklung ist dann stromlos), fließen bei den Brückenschaltungen Wechselströme in der gesamten Sekundärwicklung. Brückenschaltungen haben aber den Nachteil, daß Quelle und Verbraucher nicht gleichzeitig geerdet werden dürfen.
Die Sechspuls-Brückenschaltung B6 (Bild 57.11), die auch **Drehstrom-Brückenschaltung** genannt wird, hat die Welligkeit $w = 0{,}042 = 4{,}2\%$; dabei ist in den meisten Anwendungsfällen eine Glättung nicht mehr erforderlich.
Der Transformator kann primärseitig in Stern geschaltet werden, da seine Stränge fast gleichmäßig belastet sind, denn beispielsweise fließt ein über die Diode D_1 zum Verbraucher fließender Strom über die Dioden D_2' und D_3' zum Transformator zurück. Bei Yy-Schaltung des Transformators hat die Spannung u_d den arithmetischen Mittelwert $\overline{u}_d = 2{,}34\,U_S$, wobei U_S die sekundärseitige Sternspannung des Transformators ist; der Strom i_d hat den arithmetischen Mittelwert $\overline{i}_d = 1{,}225\,I_S$, wobei I_S der Sekundärstrom des Transformators ist.

Die B6-Schaltung wird für Leistungen bis zu einigen MW angewendet. Bei noch höheren Leistungen, wie sie z. B. für Elektrolyseanlagen erforderlich sind (Ströme > 100 kA bei Spannungen > 100 V), werden zwölfpulsige und höherpulsige Gleichrichterschaltungen eingesetzt.

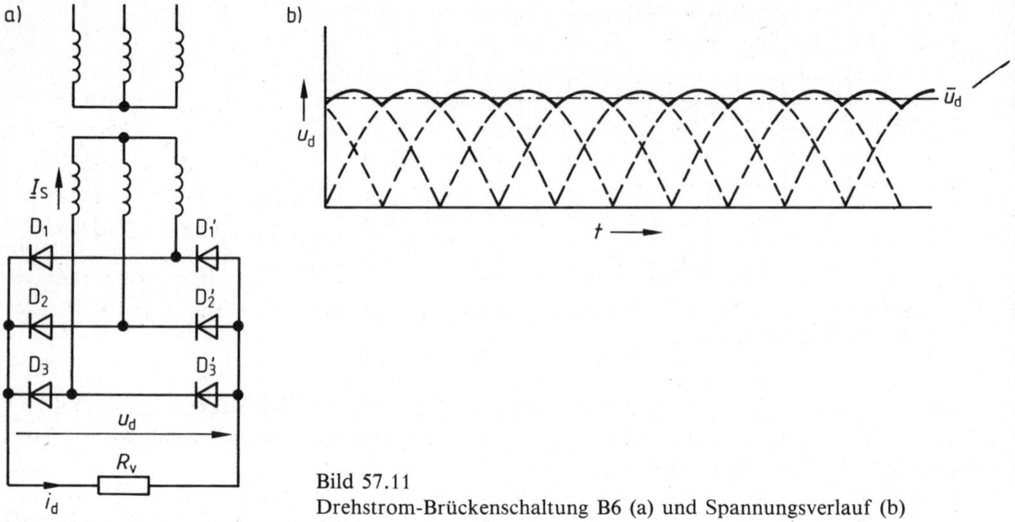

Bild 57.11
Drehstrom-Brückenschaltung B6 (a) und Spannungsverlauf (b)

Beispiel 57.1: Eine Drehstrom-Brückenschaltung soll die Gleichspannung 100 V und den Gleichstrom 150 A liefern. Für welche Sekundärspannung und für welche Scheinleistung ist der Transformator (Schaltgruppe Yy0) auszulegen, wenn der Spannungsabfall an einer Diode zu 1,5 V angenommen wird?

Strangspannung: $U_S = \bar{u}_d/2{,}34 + 2 \cdot 1{,}5\ \text{V} = 100\ \text{V}/2{,}34 + 3\ \text{V} = 45{,}74\ \text{V}$

Außenleiterspannung: $U = \sqrt{3}\ U_S = 1{,}73 \cdot 45{,}74\ \text{V} = 79{,}2\ \text{V}$

Strangstrom: $I_S = \bar{i}_d/1{,}225 = (150\ \text{A})/1{,}225 = 122{,}4\ \text{A}$

Scheinleistung: $S_S = 3\ U_S I_S = 3 \cdot 45{,}74\ \text{V} \cdot 122{,}4\ \text{A} = 16{,}8\ \text{kVA}$

57.3 Gesteuerte Gleichrichterschaltungen

Bei den ungesteuerten Gleichrichterschaltungen ist die Gleichspannung durch die Sekundärspannung des Transformators festgelegt. In vielen Anwendungsfällen, z. B. in der Antriebstechnik, muß aber die Gleichspannung über einen größeren Bereich stufenlos einstellbar sein. Da eine stufenlose Veränderung der Transformator-Sekundärspannung sehr aufwendig und vor allem bei großen Leistungen kaum realisierbar ist, werden **gesteuerte Gleichrichter** zur Erzeugung einer einstellbaren Gleichspannung verwendet.

Die Steuerwirkung kommt bei einem gesteuerten Gleichrichter durch einen Halbleiterschalter, z. B. einen Thyristor, zustande, der um den Steuerwinkel α verzögert eingeschaltet wird. Bild 57.12 zeigt die sog. **Phasenanschnittsteuerung** am Beispiel der Zweipuls-Mittelpunktschaltung M2 für OHMsche Belastung: Die Thyristoren T_1 und T_2 werden durch impulsför-

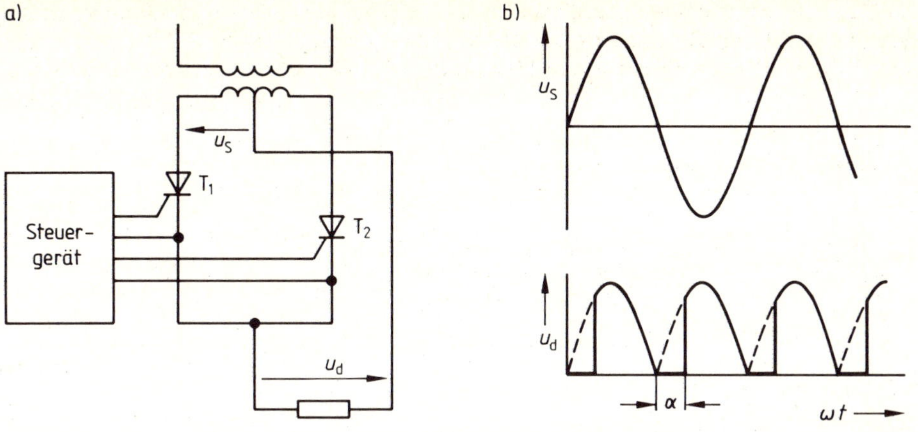

Bild 57.12 Gesteuerte Zweipuls-Mittelpunktschaltung M2 bei OHMscher Belastung (a) sowie Liniendiagramme der Spannungen (b)

mige Ströme, welche das Steuergerät liefert, eingeschaltet und führen jeweils Strom bis zum nächsten Nulldurchgang der Spannung u_S. Die Zündimpulse werden im Steuergerät mit einer integrierten Schaltung erzeugt.

Durch die Zündverzögerung wird der Mittelwert $\overline{u}_d$ der Spannung kleiner als der Wert 0,9 U_S, der bei der ungesteuerten M2-Schaltung (Bild 57.9a) erreicht wird. Die Welligkeit der Gleichspannung ist bei Zündverzögerung größer als der Wert $w = 0{,}484$ der ungesteuerten M2-Schaltung. Infolge der Zündverzögerung ergeben sich stromlose Pausen; man sagt, der Strom „lückt“. Wird eine Gleichstrommaschine mit einem derartigen Strom gespeist, so entstehen Drehmoment-Stöße. Ebenso wie im ungesteuerten Betrieb kann der Strom z. B. mit einer Drossel geglättet werden.

Bild 57.13 zeigt dies am Beispiel einer gesteuerten M3-Schaltung, die einen Gleichstrommotor speist. Ihre Zündimpulse erhält sie von einem netzsynchron arbeitenden Impulsgeber; man sagt, der Gleichrichter arbeitet **netzgeführt**.

Beim Zündverzugswinkel $\alpha = 0°$ (Bild 57.14a) verhält sich die Schaltung wie die in Bild 57.10 dargestellte ungesteuerte M3-Schaltung; dabei hat die Spannung u_d ihren größtmöglichen arithmetischen Mittelwert $\overline{u}_{d\,max} = 1{,}17\ U_S$. Es leitet jeweils der Thyristor im Zweig mit der

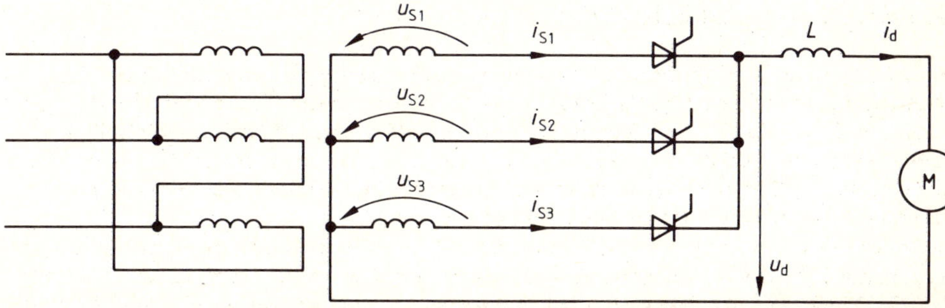

Bild 57.13 Gesteuerter M3-Gleichrichter

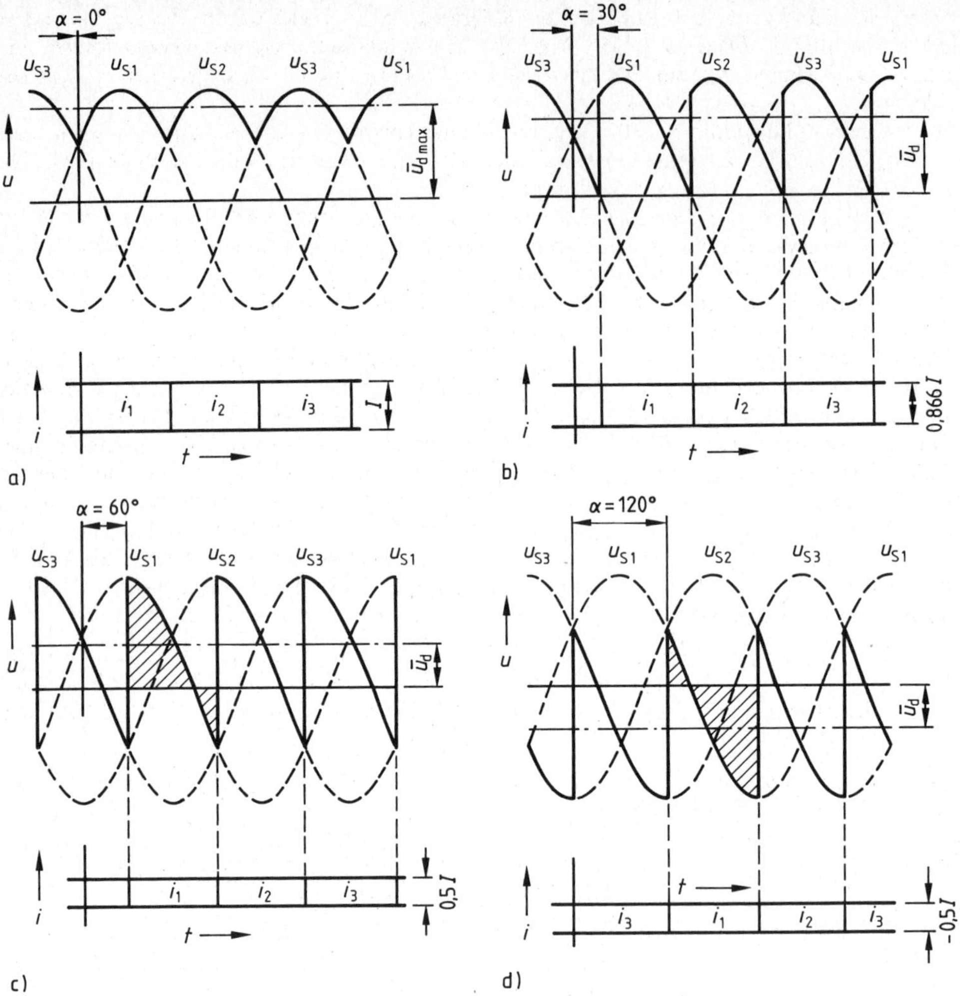

Bild 57.14 Gleichspannung der Schaltung 57.13 bei unterschiedlichen Steuerwinkeln α

höchsten Strangspannung u_S. Man bezeichnet diese Betriebsart als **Vollaussteuerung.** Die Glättungsdrossel mit der Induktivität L hält die Amplitude des Stromes konstant, so daß die einzelnen Thyristoren etwa rechteckförmige Strompulse führen, die sich zu einem konstanten Gesamtstrom i_d zusammensetzen.

Bei $\alpha = 30°$ (Teilbild b) ist jeder Thyristor bis zum Nulldurchgang der Spannung offen, weil erst dann der nächste Thyristor zündet. Im Teilbild c ($\alpha = 60°$) fließt auch bei negativer Strangspannung ein Strom durch den Thyristor, weil die Induktivität L als Energiespeicher den Stromfluß aufrechterhält. Die Höhe der Gleichspannung ist vom Steuerwinkel α abhängig:

$$\overline{u}_d = \overline{u}_{d\,max} \cdot \cos \alpha \qquad (57.1)$$

Durch den Zündverzug eilt der Strom in der Transformatorwicklung der Strangspannung u_S nach. Wie Bild 57.14 zeigt, ist der Phasenverschiebungswinkel näherungsweise gleich dem Zündverzugswinkel. Mit $\cos\varphi \approx \cos\alpha$ ist der Leistungsfaktor stark gesteuerter Antriebe schlecht.

Bei kleinem Zündverzug ($\alpha < 30°$) sind die Strangspannung u_S und der Strangstrom i_S stets positiv, d.h. das Drehstromnetz gibt zu jedem Zeitpunkt Energie an die Zweipole im Gleichstromkreis ab, die als Verbraucher wirken.

Kann der Zweipol im Gleichstromkreis (z.B. ein Gleichstrommotor) Energie an das Drehstromnetz zurückliefern, so gibt es bei größerem Zündverzug (z.B. $\alpha = 60°$; s. Bild 57.14c) Zeiten, zu denen auch bei negativer Spannung u_S ein positiver Strom i_S fließt. Wenn der Zweipol keine Energie an das Drehstromnetz zurückliefern kann, dann fließt ein „lückender" Strom (Stromkurve wie die Spannungskurve in Bild 57.15c).

Beim Zündverzug $\alpha = 90°$ ist während jedes Thyristor-Schaltvorgangs die an einen Gleichstrom-Motor abgegebene Energie gleich der von diesem in das Netz zurückgespeisten Energie. Im zeitlichen Mittel wird dabei keine Energie umgesetzt, die Gleichspannung ist $\overline{u}_d = 0$.

Sobald der Zündverzugswinkel $\alpha > 90°$ ist, überwiegt die in das Netz zurückgespeiste Energie; Bild 57.14d zeigt dies für $\alpha = 120°$. Dabei wird also Gleichstromenergie von der nunmehr in der Betriebsart Generator arbeitenden Gleichstrommaschine als Drehstromenergie in das Netz zurückgespeist – man erkennt dies an dem negativen Gleichspannungsmittelwert $\overline{u}_d < 0$. Der gesteuerte Gleichrichter arbeitet in diesem Fall als *Wechselrichter* (s. Kap. 57.5).

Gesteuerte Gleichrichter werden nicht nur in der Mittelpunktschaltung, sondern vor allem auch in der *Brückenschaltung* ausgeführt. Bei letzterer gibt es zwei Schaltungsarten:

– In der vollgesteuerten Brückenschaltung ist jeder Thyristor mit einem Steuersatz versehen. Diese Schaltungsart bedingt einen hohen Aufwand, hat aber den Vorteil, daß auch ein Wechselrichterbetrieb möglich ist; sie wird deshalb vor allem in der Antriebstechnik einge-

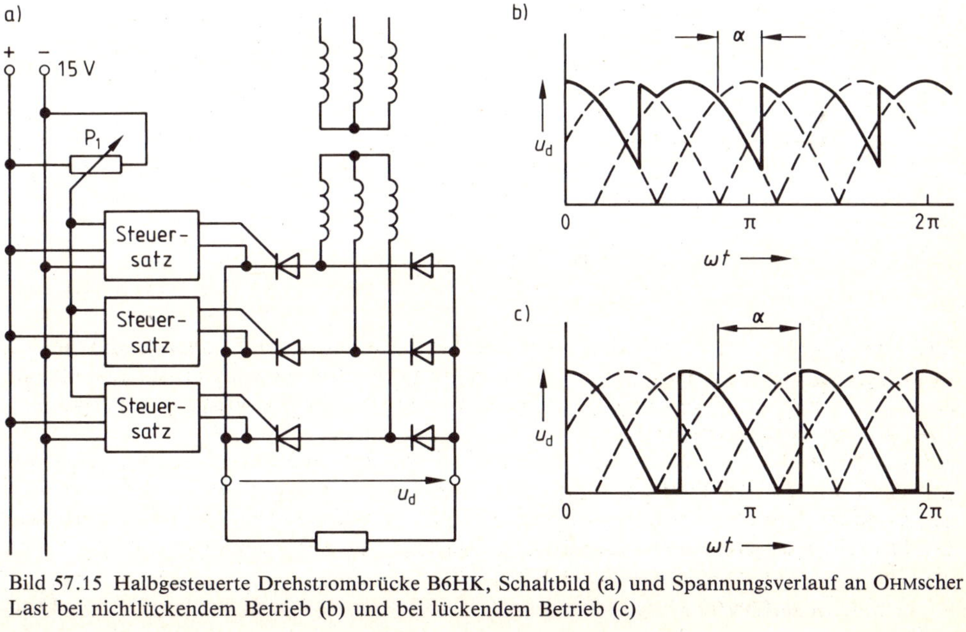

Bild 57.15 Halbgesteuerte Drehstrombrücke B6HK, Schaltbild (a) und Spannungsverlauf an OHMscher Last bei nichtlückendem Betrieb (b) und bei lückendem Betrieb (c)

setzt. Die Bezeichnung der vollgesteuerten Brücke wird durch den Buchstaben C ergänzt; so wird z. B. die vollgesteuerte Wechselstrombrücke mit B2C und die vollgesteuerte Drehstrombrücke mit B6C bezeichnet.

- Bei der halbgesteuerten Brückenschaltung arbeitet in jedem Strang nur *ein* gesteuerter Thyristor. Als zweiter Halbleiterschalter wird in jedem Strang eine (ungesteuerte) Diode verwendet; der Aufwand für die Steuerung ist dadurch geringer als bei der vollgesteuerten Brücke.
  Halbgesteuerte Brücken werden dort eingesetzt, wo keine Rückarbeit auf das Drehstromnetz durch Wechselrichterbetrieb erforderlich ist, z. B. bei Gleichstrom-Schweißgeräten und bei Batterie-Ladegeräten. Die Bezeichnung der halbgesteuerten Brücke wird durch den Zusatz HK ergänzt; Bild 57.15 zeigt als Beispiel die halbgesteuerte Drehstrombrücke B6HK.

Gesteuerte Gleichrichter haben nicht nur wegen ihres guten Wirkungsgrades die früher verwendeten Maschinenumformer verdrängt, sondern auch deswegen, weil sie keine Verschleißteile besitzen, praktisch wartungsfrei sind, geräuscharm arbeiten und weniger Platz benötigen. Gesteuerte Gleichrichter sind auch kurzschlußfest: Unterbricht ein Kurzschlußrelais die Zündimpulse, so fließt der Strom nicht mehr weiter, sobald der nächste Halbleiterschalter den Strom übernehmen soll. Ein weiterer Vorteil der gesteuerten Gleichrichter ist die einfache Einstellbarkeit der Spannung (in Bild 57.15 ist dies durch das Potentiometer P1 angedeutet). Da diese Spannungsstellung ein schnelles Eingreifen ermöglicht, lassen sich gut einstellbare bzw. regelbare Schaltungen aufbauen.
Bei Antrieben werden vielfach nach wie vor Gleichstrommotoren verwendet, weil sich die Drehzahl durch Verändern der Ankerspannung bzw. des Erregerstromes einstellen läßt. Während ein Einquadrantenantrieb (Treiben) mit einer halbgesteuerten Brücke gespeist werden kann, ist für einen Zweiquadrantenantrieb (Treiben und Bremsen) eine vollgesteuerte Brücke erforderlich. Für einen Vierquadrantenantrieb (Treiben und Bremsen in beiden Richtungen) ist zusätzlich zur B6C-Brücke eine Umschaltlogik erforderlich, mit der in einer drehmoment- bzw. stromfreien Pause der Ankerstrom in ca. 10 ms bzw. der Feldstrom in ca. 1000 ms umgeschaltet wird. Falls die Drehrichtungsänderung schnell vorgenommen werden soll, müssen zwei Drehstrombrücken B6C entgegengesetzt auf die gleiche Antriebsmaschine zuarbeiten.

57.4 Wechselstromsteller

In gleicher Weise wie beim gesteuerten Gleichrichter, also durch Phasenanschnittsteuerung, kann auch der Effektivwert einer Wechselspannung eingestellt werden. Die hierzu verwendeten Geräte werden **Wechselstromsteller** genannt. Die in ihnen eingesetzten Halbleiterschalter arbeiten netzgeführt, erhalten also ihre Steuerimpulse aus dem Wechsel- bzw. Drehstromnetz.
Als Halbleiterschalter werden bei größeren Leistungen ($U \geqq 230$ V; $I > 25$ A) Thyristoren in Antiparallelschaltung verwendet, die in Reihe zur Last R_v angeordnet sind. Die Beschaltung der Thyristoren mit R und C dient dem Überspannungsschutz. Da beide Thyristoren gesteuert sind, wird die Schaltung auch **vollgesteuerte Wechselwegschaltung** W1C genannt.
Bei kleineren Leistungen ($U \leqq 230$ V; $I < 25$ A) wird als Halbleiterschalter gewöhnlich ein TRIAC verwendet, der z. B. von einem DIAC angesteuert wird. Bild 57.17 zeigt als Beispiel eine einfache Schaltung eines Wechselstromstellers, der z. B. zur Helligkeitssteuerung von Glühlampen angewendet wird und deshalb **Dimmer** (engl. Abblendvorrichtung) genannt wird. Solange der TRIAC sperrt und der DIAC blockiert, wird der Kondensator C über den Widerstand R aufgeladen, mit dem der Zündwinkel α eingestellt werden kann. Da der

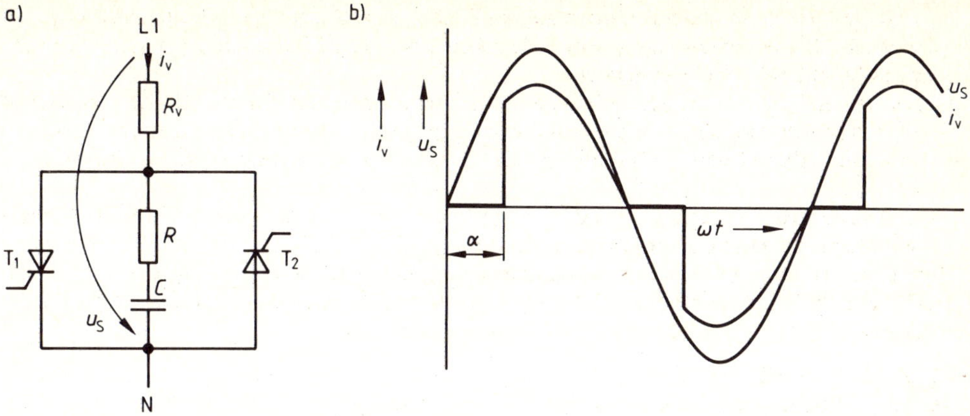

Bild 57.16 Vollgesteuerter Wechselstromsteller W1C, Schaltung (a) sowie Liniendiagramme von Spannung und Strom (b) bei OHMscher Belastung

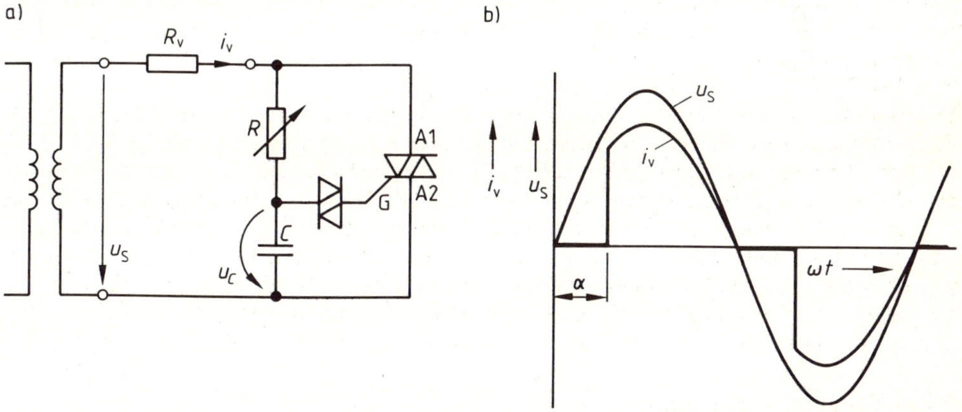

Bild 57.17 Wechselstromsteller mit TRIAC und DIAC-Triggerung, Schaltung (a) und Liniendiagramme der Spannung und des Stromes (b) an OHMscher Last

Blockierwiderstand des DIAC wesentlich größer als der Gate-A2-Widerstand des TRIAC ist, fällt praktisch die gesamte Spannung u_C am DIAC ab.

Wenn die Zündspannung (≈ 32 V) des DIAC überschritten wird, dann zündet dieser, und die Spannung u_C liegt zum großen Teil an der Gate-A2-Strecke des TRIAC. Sie treibt einen Gatestrom, welcher den TRIAC zündet. Der Zündwinkel der Schaltung kann nur zwischen einem kleinsten Wert, der sich aus der Netzspannung und der Kippspannung $U_{(BO)0}$ des DIAC ergibt, und dem größten Wert $\alpha = 90°$ eingestellt werden.

Wechselstromsteller werden zur Helligkeitssteuerung von Beleuchtungsanlagen, z. B. von Bühnenbeleuchtungen, in der Schweißtechnik und in der Erwärmungstechnik, z. B. zur Temperatursteuerung von Öfen eingesetzt. Sie werden auch zur Drehzahlsteuerung von Wechselstrommotoren sowohl im Haushaltsbereich (z. B. bei Staubsaugern) als auch für Werkzeugmaschinen (z. B. bei Bohrmaschinen) verwendet.

Als Nachteil der Wechselstromsteller ist zu werten, daß sie keinen Sinusstrom liefern und daß der Leistungsfaktor stark gesteuerter Verbraucher schlecht ist. Wegen $\alpha \leqq 90°$ kann die Spannung nicht auf beliebig kleine Werte herabgesetzt werden. Durch eine Schutzbeschaltung müssen Auswirkungen der Schaltflanken auf den Rundfunk- und Fernsehempfang verhindert werden. Im Vergleich zu Stelltransformatoren sind jedoch Wechselstromsteller leichter und benötigen weniger Platz; außerdem sind sie billiger und besitzen keine Verschleißteile.
Die Kombination von drei Wechselwegschaltungen ergibt den **Drehstromsteller** W3. Derartige Geräte werden vor allem zur primärseitigen Steuerung von Transformatoren verwendet, die über ungesteuerte Gleichrichter Verbraucher entweder mit einer besonders niedrigen oder einer besonders hohen, in ihrer Spannungshöhe einstellbaren Gleichspannung versorgen, wie z. B. Galvanikanlagen, Lichtbogenschmelzöfen oder elektrostatische Filter. Bei der Drehzahlsteuerung von Asynchronmotoren sind Transistor-Umrichter günstiger.

57.5 Wechselrichter

Wie bereits in Kap. 57.3 erwähnt, können vollgesteuerte Gleichrichter bei einem Zündwinkel $90° < \alpha < 180°$ als **netzgeführte** Wechselrichter arbeiten: Der Stromübergang von einem Zweig auf einen anderen, der als **Kommutierung** bezeichnet wird, findet infolge der unterschiedlichen Spannungen statt, die das Netz zur Verfügung stellt. Die Frequenz der Spannungen und Ströme auf der Wechselrichterseite ist daher durch das Wechsel- bzw. Drehstromnetz vorgegeben.
Netzgeführte Wechselrichter werden z. B. zur generatorischen Bremsung von Gleichstrommaschinen bei Drehzahlverringerung oder Drehrichtungsumkehr angewendet.
Wenn ein Wechselstromverbraucher aus einer Gleichspannungsquelle gespeist werden soll, dann arbeitet der Wechselrichter **selbstgeführt**: Der Stromübergang zu einem anderen Zweig des Wechselrichters wird dabei entweder durch Energiespeicher (z. B. Kondensatoren) oder durch Widerstandserhöhung des (abschaltbaren) Halbleiters bewirkt. Die Frequenz eines selbstgeführten Wechselrichters ist i. allg. einstellbar. Als Halbleiterschalter werden für Leistungen bis etwa 100 kW Transistoren verwendet, weil sie sich – im Gegensatz zu Thyristoren – auch im stromdurchflossenen Zustand ohne großen Aufwand abschalten lassen.
Bild 57.18 zeigt einen einfachen Wechselrichter, bei dem entweder die Quelle oder der Verbraucher nicht geerdet sein dürfen, in der Einphasen-Brückenschaltung B2. Während der positiven Halbwelle ($0 < t < T/2$) wird an die Basis der Transistoren T_1 und T_3 je eine positive Spannung U_{BE} gelegt, so daß diese Transistoren leiten; die übrigen Transistoren sperren ($U_{BE} < 0$), und es fließt ein positiver Strom i. Während der negativen Halbwelle ($T/2 < t < T$) leiten lediglich die Transistoren T_2 und T_4, wobei der Strom i, der durch den Verbraucherwiderstand R_v fließt, negativ ist. Wegen der Zeitabhängigkeit des Stromes i bzw. der Spannung u wird diese Art von Wechselrichtern als **Block-Wechselrichter** bezeichnet.
Wenn der Wechselrichter eine elektrische Maschine speist, dann muß die Ausgangsspannung wenigstens näherungsweise sinusförmigen Verlauf haben, da die in einer rechteckförmigen Spannung (Bild 57.18b) vorkommenden höherfrequenten Spannungsanteile erhöhte Magnetisierungsverluste zur Folge haben.
Das Unterdrücken der höherfrequenten Anteile durch eine Drosselspule ist für größere Leistungen zu aufwendig. Eine wesentlich günstigere Lösung ergibt sich durch eine Pulssteuerung der Transistoren, wie sie beim **Pulswechselrichter** vorgenommen wird. Auch dabei arbeiten die Transistoren im Schalterbetrieb: Jeder Transistor ist entweder voll aufgesteuert oder gesperrt.

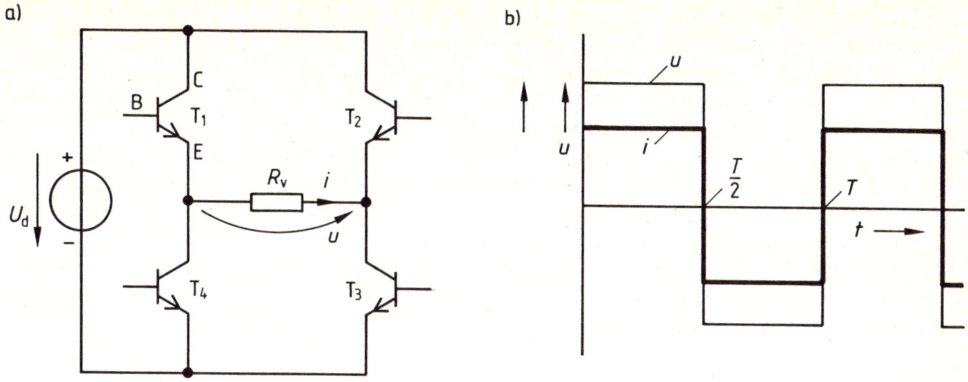

Bild 57.18 Wechselrichter in Einphasen-Brückenschaltung B2, Schaltung (a) und Zeitverlauf von Spannung und Strom (b) an OHMscher Last

Die prinzipielle Funktionsweise der Pulssteuerung soll anhand der in Bild 57.19 dargestellten, einfachen analogen Schaltung erläutert werden. Der Operationsverstärker, der als *Komparator* (s. Abschn. 56.1) arbeitet, vergleicht die sinusförmige Referenzspannung u_{ref} mit der dreieckförmigen Spannung u_{Dr}, die mit der Pulsfrequenz f_P schwingt. Bei positiver Eingangsspannung $u_e = u_{ref} - u_{Dr}$ arbeitet der Operationsverstärker in der positiven Begrenzung, und der Transistor T_1 wird durchgesteuert; bei negativer Spannung u_e arbeitet der Operationsverstärker in der negativen Begrenzung, wobei der Transistor T_1 sperrt.
Der Transistor T_3 wird in gleicher Weise wie der Transistor T_1 angesteuert. Die Transistoren T_2 und T_4 werden entgegengesetzt gesteuert: Sie leiten dann, wenn T_1 und T_3 sperren, und sperren dann, wenn T_1 und T_3 leiten.
Die Teilstücke des Wechselstroms verlaufen bei OHMsch-induktiver Last exponentiell, d.h. sie folgen jeweils einer e-Funktion. Den Transistoren müssen schnelle Freilaufdioden parallelgeschaltet werden; in Bild 57.19a ist dies für den Transistor T_1 angedeutet. Diese Dioden sind häufig mit dem Transistor in einem IC zusammengefaßt. Vielfach sind auch vier bzw. sechs Transistoren als *Modul* auf einem gemeinsamen Kühlkörper montiert.
Werden sechs gesteuerte Transistoren in der Drehstrom-Brückenschaltung (s. Bild 57.11) angeordnet, so können mit dem Wechselrichter dreiphasige Verbraucher, z.B. Drehstrommaschinen gespeist werden. Die Frequenz der (Ausgangs-)Wechselspannung, welche die Drehzahl der Maschine bestimmt, läßt sich i.allg. in weiten Bereichen einstellen. Diese Frequenz wird durch die Referenzspannungsquelle vorgegeben; sie darf nicht mit der Pulsfrequenz f_P der Spannung u_{Dr} verwechselt werden. Pulswechselrichter mit bipolaren Transistoren werden mit einer Pulsfrequenz in der Größenordnung 5 kHz betrieben; die Leistung hiermit gespeister Drehstromverbraucher kann bis 200 kW betragen.
Mit Leistungs-FETs (s. Abschnitt 57.1.4) betriebene Pulswechselrichter haben eine Pulsfrequenz von 15 kHz; da hierbei die Spannungen und Ströme der Sinusform besser angenähert sind, laufen die Drehstrommotoren ruhiger. Die maximale Leistung beträgt zur Zeit (1992) etwa 2 kW. Anstelle analoger Steuerschaltungen werden auch digitale Steuerschaltungen eingesetzt.
Bei einer Leistung des Wechselrichters über 200 kW werden löschbare Thyristoren anstelle der Transistoren verwendet; die Schaltungstechnik derartiger Thyristoren wird im Kapitel 57.7 beschrieben.

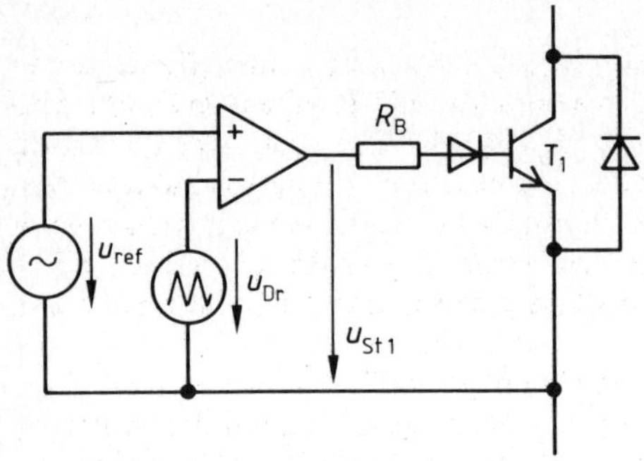

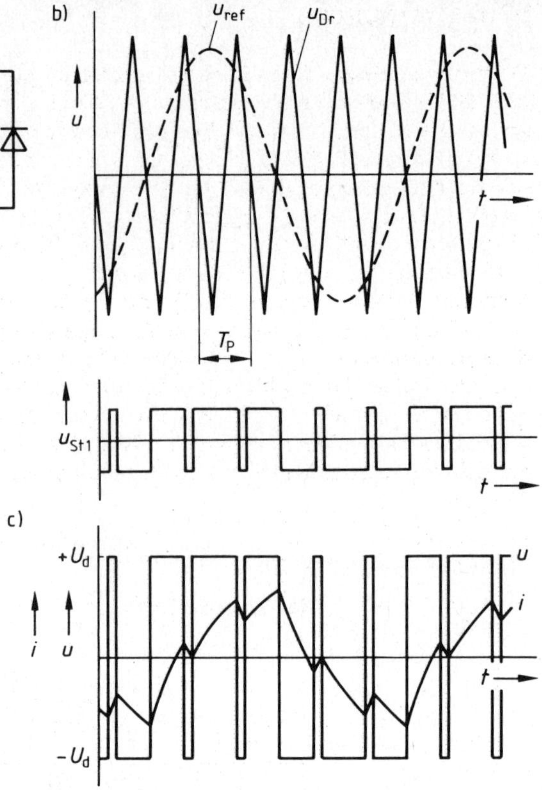

Bild 57.19 Pulswechselrichter:
Erzeugung der Steuerspannung (a)
für den Transistor T_1 in Schaltung 57.18,
Zeitverlauf der Steuerspannung u_{St1} (b)
sowie der Spannung u und des Stromes i
bei OHMsch-induktiver Last (c)

Ein wichtiges Anwendungsgebiet selbstgeführter Wechselrichter sind unterbrechungsfreie Stromversorgungen, die z. B. in Krankenhäusern, bei Flugplätzen und EDV-Anlagen installiert sind. Bei ungestörtem Betrieb werden die Drehstromverbraucher über den Gleichrichter und den Wechselrichter aus dem Netz versorgt (Bild 57.20); außerdem werden die Batterien nachgeladen. Bei Netzausfall werden die Verbraucher aus der Batterie über den Wechselrichter gespeist.

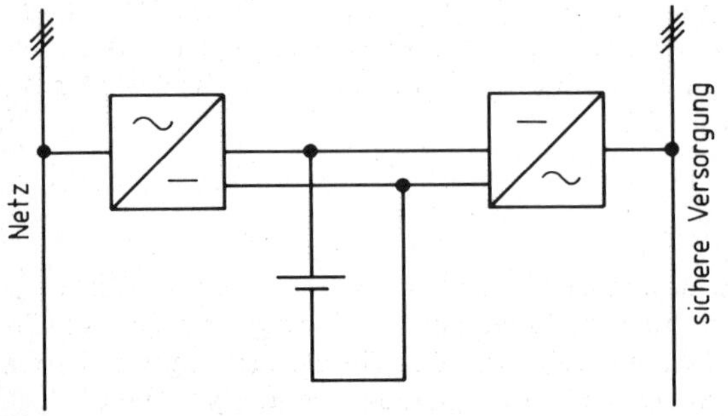

Bild 57.20
Unterbrechungsfreie Stromversorgung

57.6 Umrichter

Drehstrommotoren, deren Drehzahl einstellbar oder regelbar ist, werden über **Umrichter** aus dem 50 Hz-Drehstromnetz gespeist. Da durch den Umrichter die Frequenz geändert wird, spricht man auch von einem **Frequenz-Umrichter.** Häufig wird der Umrichter mit *Gleichstrom-Zwischenkreis,* d. h. als Kombination von Gleichrichter mit nachgeschaltetem Wechselrichter ausgeführt. Die üblicherweise eingesetzte Gleichrichterschaltung läßt bei der Bremsung des Motors keine Energierückspeisung in das Drehstromnetz 50 Hz zu. Deshalb wird in diesem Betriebsfall auf einen zuschaltbaren Widerstand gearbeitet; dadurch ist ein Vierquadrantenbetrieb (s. Abschnitt 32.4) möglich.
Moderne Umrichter speisen den Drehstrommotor auch mit einstellbarer Spannung; dadurch ist eine Einstellung des Drehmoments möglich: Bis zur Nenndrehzahl kann der Motor mit dem Nenndrehmoment, bei höherer Drehzahl mit reduziertem Drehmoment betrieben werden. Bei kleiner Drehzahl muß jedoch ausreichende Kühlung z. B. durch Fremdbelüftung sichergestellt werden. Die Drehrichtung kann durch Umkehrung der Phasenfolge bei Stillstand der Maschine geändert werden. Bild 57.21 zeigt die Drehmoment-Drehzahl-Kennlinien, die sich bei unterschiedlichen Frequenzwerten ergeben.

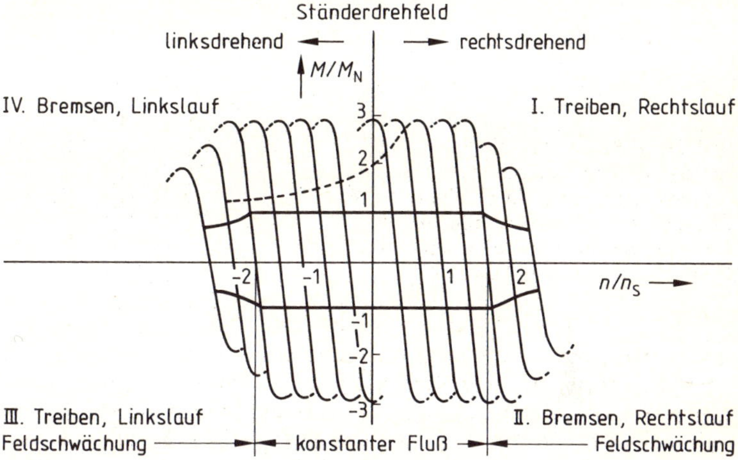

Bild 57.21 Drehmoment-Drehzahlverlauf der Asynchronmaschine im Vierquadrantenbetrieb

Umrichtergespeiste Asynchronmaschinen werden wegen des geringen Wartungsbedarfs zunehmend die Gleichstrommaschinen verdrängen.
Ein weiteres Anwendungsgebiet von Umrichtern sind Tonfrequenz-Rundsteuersender, die ins Drehstromnetz der öffentlichen Versorgung Impulsfolgen mit Frequenzen über 50 Hz einspeisen. Hiermit können die Energieversorgungsunternehmen Personengruppen (z. B. Feuerwehr, Montagetrupps) benachrichtigen und bestimmte Verbraucher (z. B. Straßenbeleuchtung, Speicherheizgeräte) zu- bzw. abschalten.

57.7 Gleichstromsteller

Soll ein Gleichstromverbraucher mit unterschiedlicher Leistung betrieben werden, so ist dies, wenn nur eine Spannungsquelle mit konstanter Gleichspannung zur Verfügung steht, mit Hilfe eines **Gleichstromstellers** möglich; dieser wandelt also eine Gleichspannung mit festem Spannungswert U_q in eine Gleichspannung einstellbarer Spannungshöhe $\overline{u} \leqq U_q$ um.

Bild 57.22 zeigt die prinzipielle Funktionsweise: Ein Halbleiterschalter S, der periodisch betätigt wird, erzeugt eine rechteckförmige Spannung u mit dem Tastverhältnis t_e/T, die bei rein OHMscher Belastung einen Strom gleichen Zeitverlaufs mit dem arithmetischen Mittelwert $\bar{i}$ zur Folge hat:

$$\bar{i} = \frac{U_q}{R} \cdot \frac{t_e}{T} \qquad (57.2)$$

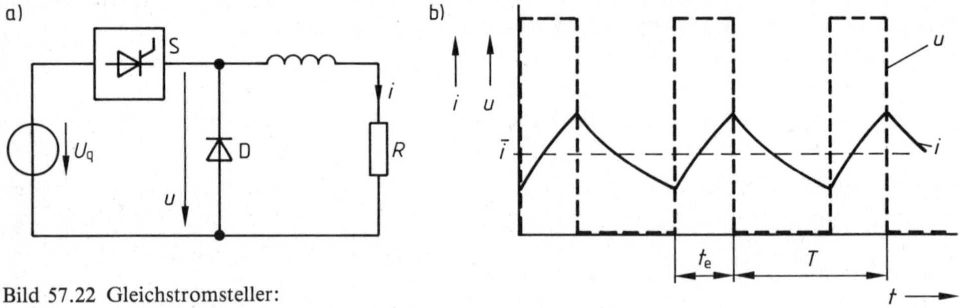

Bild 57.22 Gleichstromsteller:
Prinzipschaltung (a) und Zeitverlauf der Spannung und des Stromes (b)

Bei OHMsch-induktiver Belastung steigt der Strom in der Einschaltzeit t_e nach einer e-Funktion an und fließt bei geöffnetem Schalter S über die Freilaufdiode D weiter, wobei er nach einer e-Funktion abnimmt.

Der pulsierende Strom wird um so besser geglättet, je größer das Verhältnis der Zeitkonstanten $\tau = L/R$ des Gleichstromkreises zur Periodendauer T der Impulsfolge ist. Aus diesem Grund arbeitet man mit einer möglichst kleinen Periodendauer T, also mit einer möglichst hohen Pulsfrequenz $f_P = 1/T$.

Nach Gl. (57.2) läßt sich der Gleichstrom zwischen dem kleinsten Wert $\bar{i} = 0$ und dem größten Wert $\bar{i} = U_q/R$ stufenlos einstellen. Wird ein Thyristor als Schalter verwendet, so kann die Pulsfrequenz bis 1 kHz betragen; mit bipolaren Transistoren werden Pulsfrequenzen bis 5 kHz, mit MOS-FETs bis 15 kHz erreicht.

Gleichstromsteller werden bis 2 kW mit MOS-FETs, bis etwa 200 kW mit bipolaren Transistoren gebaut. Bei höheren Leistungen werden löschbare Thyristoren verwendet. Bild 57.23 a zeigt das Prinzip des Löschkreises für einen normalen Thyristor: Wenn der Hilfsthyristor T_2 gezündet wird, entlädt sich der Kondensator und treibt den Löschstrom, der in T_1 entgegengesetzt zum Hauptstrom fließt und damit bewirkt, daß T_1 sperrt.

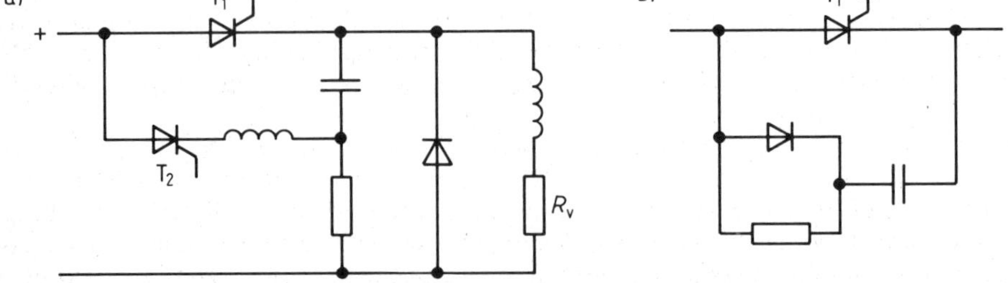

Bild 57.23 Löschung von normalen Thyristoren (a) und von GTO-Thyristoren (b)

GTO-Thyristoren (s. Abschn. 57.1.2) können durch einen über das Gate fließenden Steuerstrom mit umgekehrtem Richtungssinn abgeschaltet werden; sie sind zwar teurer als normale Thyristoren und erfordern eine aufwendigere Ansteuer- und Schutztechnik, finden aber wegen des einfacheren Löschkreises (Bild 57.23b) zunehmende Verbreitung.
Gleichstromsteller werden z. B. bei batteriegetriebenen Fahrzeugen wie Gabelstaplern und Elektrokarren sowie bei Straßenbahnen und Oberleitungsbussen eingesetzt. Gegenüber der Stromsteuerung mit stellbaren Widerständen sind die wesentlich geringeren Verluste von Vorteil. Bei Fahrzeugen, die über eine Fahrleitung gespeist werden, läßt sich eine wirksame Nutzbremsung durch Rückspeisung der Energie ins Netz verwirklichen.

58 AD-Wandler und DA-Wandler

Viele technische Anwendungen arbeiten mit analogen Signalen. So wird beispielsweise für eine Steuerung eine Drehzahl von einem Tachogenerator erfaßt, der eine der Drehzahl proportionale Spannung abgibt. Diese Spannung wird in einer Steuerschaltung verarbeitet, deren ausgegebene Spannung z. B. die Einstellung eines Ventils steuert. In einem solchen Fall oder in ähnlich gelagerten Fällen arbeitet man in zunehmendem Maß mit einer digitalen Signalverarbeitung in der Steuerschaltung. Damit nutzt man den wesentlichen Vorteil der digitalen integrierten Schaltung, nämlich die Möglichkeit einer preisgünstigen Integration vieler Steuerfunktionen, aus. Wird nach diesem Verfahren gearbeitet, dann ist an der Schnittstelle zwischen Meßwerterfasser (**Sensor**) und Steuerschaltung eine **Analog-Digital-Wandlung**, sowie an der Schnittstelle zwischen Steuerschaltung und ausgebendem Betätigungsglied (**Aktor**) eine **Digital-Analog-Wandlung** erforderlich.

Bild 58.1 Beispiel für eine digitale Verarbeitung analoger Signale

58.1 Digital-Analog-Wandler

Der Digital-Analog-Wandler, der auch Digital-Analog-Umsetzer (**DAU**) oder Digital-Analog-Converter (**DAC**) genannt wird, setzt das von der Steuerschaltung gelieferte Bitmuster in ein analoges Ausgangssignal um. Im Prinzip handelt es sich um eine summierende OV-Schaltung mit mehreren unterschiedlich verstärkenden Eingängen. Ihre grundsätzliche Arbeitsweise wird am Beispiel eines 4 Bit-Wandlers erklärt.
In einem Zwischenspeicher, der auch **Buffer(speicher)** oder **Puffer(speicher)** genannt wird, wird die von der Digitalschaltung ausgegebene Dualzahl – im Beispiel die im 4 Bit-Direkt-Dualcode verschlüsselte Dezimalzahl 11 – gespeichert. Jedes Bit, das in dieser Dualzahl den Wert 1 hat, schaltet, wie in Bild 58.2a angedeutet, über einen Transistorschalter (hier vereinfacht als Ein/Ausschalter eingezeichnet) die Referenzspannung $U_{ref} = -16$ V auf den summierenden Operationsverstärker. In praktisch ausgeführten Schaltungen wird für U_{ref} meist

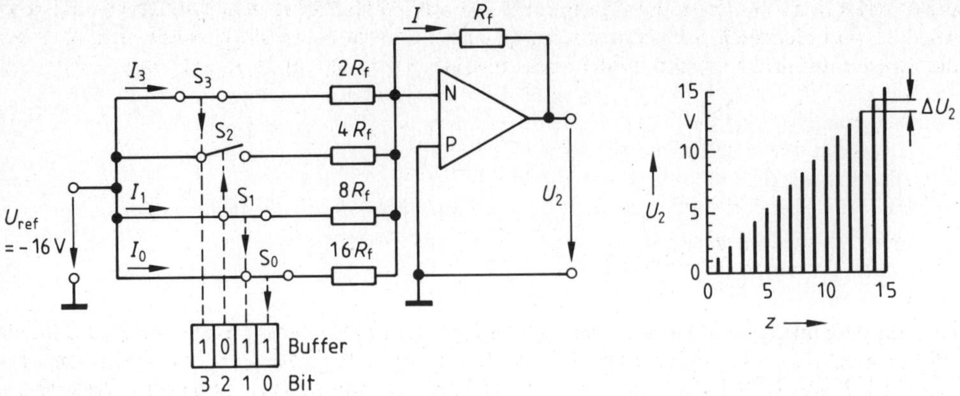

a) Schaltung b) Ausgangsspannungen

Bild 58.2 4 Bit DA-Wandler

entweder 10 V oder, wegen der besseren Teilbarkeit durch Zweierpotenzen, 10,24 V gewählt.
Hat nur ein Bit der Dualzahl den Wert 1, dann ist nur einer der Schalter geschlossen. Der Operationsverstärker arbeitet als Umkehrverstärker nach Gl. (56.7). Die möglichen Fälle sind in Tabelle 58.1 zusammengestellt.

Tabelle 58.1: Ausgangsspannungen des DA-Wandlers nach Bild 58.2a

Dualzahl im Buffer	Bitmuster	geschl. Schalter	Ausgangsspannung
0	0 0 0 0	–	0 V
1	0 0 0 1	S_0	$U_2 = -\left(-16\,\text{V}\dfrac{R_f}{16\,R_f}\right) = 1\,\text{V}$
2	0 0 1 0	S_1	$U_2 = -\left(-16\,\text{V}\dfrac{R_f}{8\,R_f}\right) = 2\,\text{V}$
4	0 1 0 0	S_2	$U_2 = -\left(-16\,\text{V}\dfrac{R_f}{4\,R_f}\right) = 4\,\text{V}$
8	1 0 0 0	S_3	$U_2 = -\left(-16\,\text{V}\dfrac{R_f}{2\,R_f}\right) = 8\,\text{V}$

Haben mehrere Bits der Dualzahl den Wert 1, dann sind mehrere Schalter geschlossen; der Operationsverstärker arbeitet als Summierer. Beispielsweise steht im Buffer der Schaltung 58.2a die Dezimalzahl

$$11 = 1\cdot 2^3 + 0\cdot 2^2 + 1\cdot 2^1 + 1\cdot 2^0 \ .$$

Das bedeutet, daß die Schalter S_3, S_1 und S_0 geschlossen sind. Damit ist (vgl. Abschn. 56.2):

$$I = I_3 + I_1 + I_0$$

Im Gegensatz zu den Betrachtungen, die in Abschnitt 56.2 über den Summierer angestellt wurden, sind hier die Widerstände am Eingang des Operationsverstärkers ungleich. Werden die Ströme durch die zugehörenden Spannungen und Widerstände ersetzt, dann folgt:

$$-\frac{U_2}{R_f} = \frac{U_{ref}}{2\,R_f} + \frac{U_{ref}}{8\,R_f} + \frac{U_{ref}}{16\,R_f}$$

Mit $U_{ref} = -16\,V$ ergibt sich:

$$U_2 = \frac{16\,V}{2} + \frac{16\,V}{8} + \frac{16\,V}{16} = 11\,V$$

Die vom Operationsverstärker ausgegebene Spannung ist also der im Buffer stehenden Dualzahl proportional. Da bei einem 4 Bit-Wandler nur 16 unterschiedliche Dualzahlen einzugeben sind, kann die Schaltung auch nur 16 diskrete Spannungswerte ausgeben. Die kleinste Änderung der Ausgangsspannung ist ΔU_2. Sie tritt auf, wenn die Eingangszahl um 1 LSB (Least Significant Bit = Bit geringster Wertigkeit), d. h. um den Wert 1 geändert wird. Insgesamt ist also die Ausgangsspannung im Bereich $U_2 = 0 \ldots U_{ref} - \Delta U_2$ einzustellen. Dieses Verhalten wird durch das in Bild 58.2b gezeichnete Balkendiagramm dargestellt.

Die beiden wichtigsten Kenngrößen für die Auswahl eines DAU sind

→ seine **Auflösung**. Das ist die Zahl der möglichen Eingangs- und damit auch der Ausgangszustände. Handelsüblich ist ein Spektrum von niedrigauflösenden 6 Bit-Wandlern mit $2^6 = 64$ Ausgangsspannungswerten bis hin zu hochauflösenden 18 Bit-Wandlern, die den Bereich der Ausgangsspannung in $2^{18} = 262\,144$ Stufen unterteilen.

→ seine **Einstellzeit**, die verstreicht, bis sich die Ausgangsspannung, nach einer Änderung der Eingangsspannung, auf den neuen Wert eingestellt hat. Sie bestimmt die Zahl der je Sekunde möglichen Wandlungsschritte und liegt zwischen 5 µs bei kostengünstigen Wandlern und 5 ns bei sehr schnellen Wandlern, die beispielsweise in der Bildwandlung eingesetzt werden.

Die in Bruchteilen des LSB oder in % angegebene **Genauigkeit** des Wandlers gibt an, wie genau seine Ausgangsspannung ausgegeben wird. Je höher die Auflösung eines Wandlers ist, desto größer ist im allgemeinen auch seine Genauigkeit.
Integrierte DA-Wandlerschaltungen werden in verschiedenen Ausbaustufen geliefert. Einfachste im Handel erhältliche DA-Wandler bestehen nur aus dem Schalter- und dem Widerstandsfeld. Der Anwender kann, bei Hinzufügen einer Referenzquelle, diesen Minimalaufbau verwenden, wenn die nachgeschaltete analoge Schaltung in der Lage ist, den aus dem Widerstandsfeld fließenden Strom auszuwerten.
Den Maximalausbau eines DA-Wandlers zeigt Bild 58.3.
Der Eingangsspeicher übernimmt, zu den von seiner Taktung festgelegten Zeiten, die von den äußeren Leitungen kommenden Bitmuster und speichert sie als Eingangssignale des Wandlers. Während die Wandlung abläuft, trennt er die äußeren Leitungen vom Wandler. Dadurch wird verhindert, daß evtl. Änderungen des Eingangs-Bitmusters den laufenden Wandelvorgang stören. Während die Wandlung abläuft, können in der analogen Ausgangsspannung des Wandlers Störspitzen auftreten. Sie entstehen, weil die Schalter des Schalterfeldes nicht genau gleichzeitig umschalten. Stören diese Spannungsspitzen die Auswertung, dann trennt man mit einer Ausgangshalteschaltung, welche während der Einstellzeit des Wandlers den alten Ausgangsspannungswert speichert, den Wandler vom auswertenden System.

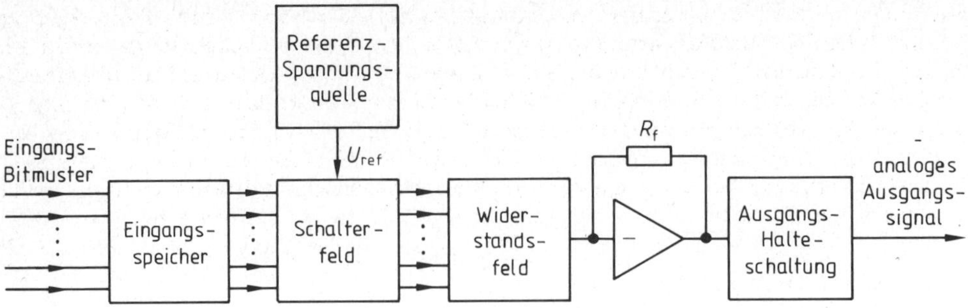

Bild 58.3 Aufbau eines DA-Wandlers

Kostengünstige niedrigauflösende Wandler werden in monolithisch integrierter Technik gefertigt. Für höhere Auflösungen und größere Genauigkeitsanforderungen müssen die Widerstände abgleichbar sein. Man fertigt die Wandler dann in einer Hybridtechnik (Abschn. 53.6.3), bei der in die sonst monolithisch integrierte Wandlerschaltung ein in Dünnfilmtechnik hergestelltes Widerstandsfeld eingefügt wird. Der Abgleich der Widerstände des Widerstandsfeldes erfolgt dann unter Betriebsbedingungen. Schnelle Wandler werden in einer bipolaren Technologie, d. h. unter Verwendung bipolarer Transistoren, gefertigt; für normale Anwendungen wird die leistungsarme CMOS-Technologie verwendet.
Eine Digital-Analogwandlung liegt auch vor, wenn beispielsweise die auszugebende Spannung eines Netzgerätes digital eingestellt wird. Verschiedene DA-Wandlertypen haben Steuereingänge, über die eine direkte Zusammenarbeit mit dem Mikrocomputer, also eine Wandlung seiner ausgegebenen Bitmuster in analoge Spannungen, zu steuern ist.

58.2 Analog-Digital-Wandler

Der Analog-Digital-Wandler, auch **ADU** (Analog-Digital-Umsetzer) oder **ADC** (Analog-Digital-Converter) genannt, setzt das vom Meßwertaufnehmer, dem Sensor, aufgenommene Signal in ein für die Weiterverarbeitung durch die digitale Steuerung geeignetes Bitmuster um. Teilweise sich widersprechende Forderungen, welche an die wesentlichen Größen – *Auflösung, Genauigkeit, Einstellzeit, Preis* – gestellt werden, führen auf eine erhebliche Typenvielfalt dieser Wandler.

58.2.1 Der AD-Wandler mit schrittweiser Näherung der Eingangsgröße

Für universellen Einsatz, bei nicht zu hohen Anforderungen an Genauigkeit und Einstellzeit, wurde der AD-Wandler mit schrittweiser Näherung der Eingangsgröße entwickelt. Wandler dieses Typs sind preisgünstig; sie werden daher verbreitet eingesetzt. Handelsüblich ist ein Spektrum vom niedrigauflösenden 8 Bit-Wandler bis hin zum hochauflösenden 16 Bit-Wandler. Die Einstellzeiten liegen zwischen 2 µs und 80 µs. Für die Fertigungstechniken gilt das über die Fertigung von DA-Wandlern in Abschn. 58.1 Geschriebene.
Ein *n* Bit-Wandler führt den gesamten Wandelvorgang in *n* Schritten aus. Im ersten Schritt wird festgestellt, ob die Eingangsspannung größer oder kleiner als die halbe Referenzspannung ist. Ist sie größer, so wird das erste Bit des auszugebenden Bitmusters auf 1, anderenfalls wird es auf 0 gesetzt. Im zweiten Schritt wird dann verglichen, ob die Eingangsspannung über

oder unter 3/4 des Wertes der Referenzspannung (wenn erstes Bit = 1), bzw. über oder unter 1/4 des Wertes der Referenzspannung (wenn erstes Bit = 0), liegt. Dann wird das zweite Bit entsprechend gesetzt. Ebenso wie ein Kaufmann das Gewicht einer Ware mit einem abgestuften Gewichtssatz auf der Balkenwaage ermittelt, wird so mit immer kleiner werdender Schrittweite der Wert der Eingangsspannung festgestellt. Damit die während der Wandlung auftretenden Zwischenmuster nicht stören, wird erst nach Abschluß der Wandlung das Bitmuster in den Ausgangsspeicher übernommen. Die Eingangsspannung U_e des Wandlers darf nicht größer als seine Referenzspannung U_{ref} sein.

58.2.2 Integrierende AD-Wandler

Bei den integrierenden Wandlern wird der Kondensator eines als Integrierer geschalteten Operationsverstärkers (Abschn. 56.2), vom Spannungswert 0 ausgehend, durch einen der zu wandelnden Spannung proportionalen Strom geladen. Ein Zähler zählt Impulse einer festen Frequenz, bis, wenn sein Endstand erreicht ist, der Übertragsimpuls die Kondensatorladung beendet. Darauf wird der Kondensator wieder durch einen Strom proportional der (entgegengesetzt zu der wandelnden Spannung gepolten) Referenzspannung auf Null entladen. Der Betrag der Referenzspannung muß größer als der größte Betrag der zu wandelnden Spannung sein. Ist diese Forderung erfüllt, so ist die Entladezeit des Kondensators kürzer als seine Ladezeit. Auch während der Entladung zählt der Zähler, von Null beginnend, weiter Impulse der gleichen festen Frequenz. Der Zähler-Endstand, der sich ergibt, wenn bei Erreichen der Kondensatorspannung Null der Zählvorgang abgebrochen wird, ist proportional dem Betrag der zu wandelnden Spannung. Er wird in den Ausgangsspeicher des Wandlers übernommen.

Wegen der zunächst fallenden und danach steigenden Ausgangsspannung des Integrierers werden Wandler dieses Typs **Dual-slope-** (Zweisteigungs-) **ADCs** genannt. Sie werden mit einer Auflösung zwischen 10 Bit und 18 Bit für hochgenaue Wandlungen, beispielsweise in Digitalvoltmetern, eingesetzt.

Wesentliche Störungen einer Messung rühren häufig von der 50 Hz-Netzspannung her. Diese Störspannungen sind meist reine Wechselspannungen. Sie überlagern sich der zu wandelnden Spannung und vergrößern diese während ihrer positiven und verkleinern sie während ihrer negativen Halbwelle. Integriert man den gestörten Spannungsverlauf über eine volle Periode der Netzspannung, dann heben sich die Verfälschungen auf. Nachteilig ist, daß die Integrationszeit des Wandlers eine Periodendauer der Netzfrequenz (20 ms) oder ein Vielfaches davon beträgt. Der integrierende Wandler hat also eine sehr lange Einstellzeit.

58.2.3 Parallele AD-Wandler

Der parallele AD-Wandler ist (sehr) teuer, denn er arbeitet mit großem Schaltungsaufwand. Ein n Bit-Wandler ist aus 2^n Widerständen und $2^n - 1$ Komparatoren aufgebaut. Die Widerstände bilden einen Spannungsteiler, durch welchen die Referenzspannung U_{ref} in $2^n - 1$ Teilspannungen unterteilt wird. Jede Teilspannung dient als Bezugsspannung eines ihr zugeordneten Komparators. Mit diesen Bezugsspannungen wird die zu wandelnde Spannung U_e verglichen. Alle Komparatoren, für die U_e größer als die Bezugsspannung ist, geben den Binärwert 1 aus; die restlichen Komparatorausgänge liegen auf 0.

Der parallele AD-Wandler wird auch **Flash-Converter** (Blitzwandler) genannt, denn seine Einstellzeiten sind sehr kurz; sie liegen zwischen 0,5 ns und 20 ns. Sein Einsatzgebiet ist die schnelle Wandlung sehr vieler Meßwerte, wie sie beispielsweise in der Videotechnik, der Radartechnik oder bei modernen elektromedizinischen Geräten verarbeitet werden müssen.

Einfache Flash-Converter sind als 6 Bit-Wandler mit der Auflösung $2^6 = 64$ im Handel. Um den Schaltungsaufwand für höher auflösende Typen (bis 12 Bit) in Grenzen zu halten, wird beispielsweise eine 12 Bit-Auswertung in zwei 6 Bit-Gruppen zeitlich nacheinander ausgeführt.

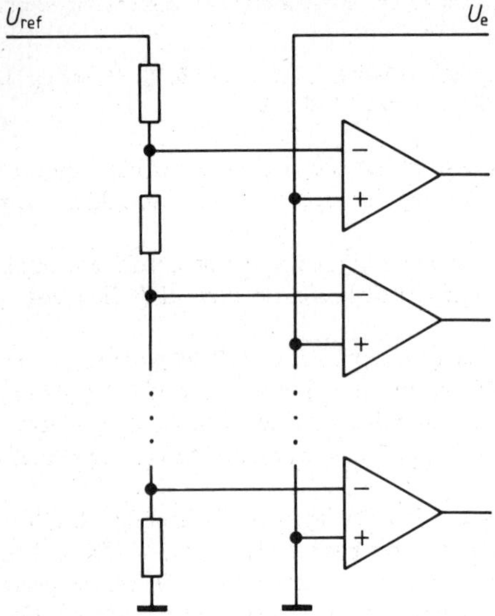

Bild 58.4 Arbeitsweise des parallelen AD-Wandlers

59 Elektrische Meßtechnik

In der elektrischen Meßtechnik werden die Kenngrößen von Strom und Spannung, aber auch deren Produkt und Quotient, wie z. B. Leistung und Widerstand, gemessen. Mit dem zunehmenden Einsatz digitaler Systeme in der elektronischen Schaltungstechnik der letzten Jahrzehnte verdrängten auch in der elektrischen Meßtechnik die digitalen die klassischen analogen Meßgeräte und Meßverfahren auf vielen Anwendungsgebieten. Dabei werden zu den digitalen Meßgeräten auch Meßgeräte gerechnet, welche die Meßwertverarbeitung analog und nur die Meßwertausgabe digital durchführen.
Die digitale Ausgabe der Meßwerte kann erhebliche Vorteile haben: Der einzelne Meßwert ist leicht und sicher abzulesen; das ihn ausdrückende Bitmuster kann durch Computer bzw. andere digitale Schaltungen weiterverarbeitet oder auch gespeichert werden. Dagegen läßt die analog, beispielsweise als Zeigerausschlag oder als geschriebene Kurve, ausgegebene Meßgröße leichter Veränderungen erkennen bzw. Extremwerte finden. Deshalb gibt es Anwendungsgebiete, auf denen die analoge Ausgabe von Meßgrößen auch in Zukunft noch Bedeutung haben wird.
Die **Genauigkeit** eines analog anzeigenden oder schreibenden Meßgerätes ist nach VDE 0410 durch seine **Genauigkeitsklasse** gegeben. Man bezeichnet Geräte mit einer der Genauigkeitsklassen 0,1; 0,2 oder 0,5 als **Feinmeßgeräte**, während Geräte mit einer der Klassen 1; 1,5 oder 2,5 **Betriebsmeßgeräte** genannt werden. Dabei bedeutet beispielsweise Genauigkeitsklasse 1,5, daß der angezeigte Wert der Meßgröße nicht mehr als 1,5% des Skalenendwertes vom tatsächlichen Wert abweichen darf.

Beispiel 59.1: Ein Meßgerät der Genauigkeitsklasse 0,5 mit einem 100 mA-Meßbereich und ein Meßgerät der Genauigkeitsklasse 1 mit einem 15 mA-Meßbereich zeigen jeweils 12 mA an. In welchen Grenzen kann bei beiden Geräten der tatsächlich fließende Strom liegen?

Gerät der Genauigkeitsklasse 0,5: Der Anzeigefehler darf, unabhängig vom Wert der gemessenen Größe, 0,5% des Skalenendwertes 100 mA, also 0,5 mA sein. Mithin liegt der tatsächliche Strom zwischen 11,5 mA und 12,5 mA.

Gerät der Genauigkeitsklasse 1: Der Anzeigefehler darf 1% von 15 mA, also 0,15 mA betragen. Mithin liegt der tatsächliche Strom zwischen 11,85 mA und 12,15 mA.

Das Meßgerät mit der schlechteren Genauigkeitsklasse liefert die genauere Anzeige, da sein Meßbereich besser ausgenutzt wird. Bei Einsatz von Zeigermeßgeräten sollte möglichst nur im oberen Skalendrittel gemessen werden.
Mit digitalen Meßgeräten lassen sich wesentlich höhere Meßgenauigkeiten erreichen, doch gibt es für sie keine genormten Genauigkeitsklassen. Es ist darauf zu achten, daß die **Genauigkeit** nicht mit der **Auflösung** verwechselt wird.
Kann ein digital arbeitendes Gerät beispielsweise Werte zwischen 0 und 19999 anzeigen (z. B. als Strommesser Ströme zwischen 0 und 1,9999 A), dann hat seine Anzeige die Auflösung 20000 digits. Man bezeichnet diese Anzeige auch als $4\frac{1}{2}$-stellig oder als eine $4\frac{1}{2}$ Digit-Anzeige. Mit dem ‚$\frac{1}{2}$' wird ausgedrückt, daß in der ersten Stelle der Anzeige nicht alle Dezimalziffern auftreten können.
Der maximal zulässige Fehler des digitalen Meßgerätes wird häufig in der Form ±(% der Anzeige + digits) angegeben. Liegt er beispielsweise bei dem erwähnten Gerät mit $4\frac{1}{2}$ Digit-Anzeige bei ±(0,05% + 4 digits), dann kann die Abweichung vom tatsächlichen Wert maximal $\pm(20000 \cdot 5 \cdot 10^{-4}$ digits + 4 digits) = ± 14 digits betragen. Das bedeutet, daß die letzte Stelle der Anzeige ohne Wert ist; sie täuscht eine nicht gegebene höhere Meßgenauigkeit vor.
Äußere Größen, welche die Messung beeinflussen, werden **Einflußgrößen** genannt. Damit das Meßgerät die garantierte Fehlergrenze einhält, dürfen die **Einflußbereiche der Nennbedingungen** nicht überschritten werden; sie sind für analoge Meßgeräte in VDE 0410 festgelegt. Wichtige Einflußgrößen sind beispielsweise die Umgebungstemperatur, fremde Magnetfelder und die Frequenz der Meßgröße. Bei sehr genauen digitalen Meßgeräten wird die Meßgenauigkeit u. a. auch von der Zeit beeinflußt, welche seit der letzten Kalibrierung verstrichen ist.

59.1 Messung von Spannung und Strom

Der Spannungsmesser ist parallel zum Meßobjekt geschaltet. Der Strommesser liegt, mit Ausnahme der in Abschn. 59.1.3 behandelten Fälle, in Serie mit dem Meßobjekt; zum Einfügen des Strommessers muß der Stromkreis aufgetrennt werden. Damit durch das Zuschalten des Meßgerätes die Meßgröße nicht verfälscht wird, muß ein Spannungsmesser einen hohen, ein Strommesser einen sehr kleinen Innenwiderstand haben (s. Abschn. 5.6).
Die Meßbereichserweiterung des Spannungsmessers erfolgt durch Vorwiderstände (s. Abschn. 9.5), die des Strommessers durch Parallelwiderstände (s. Abschn. 8.5). Bei Wechselstromgeräten verwendet man zur Meßbereichserweiterung oft die als Transformatoren aufgebauten Spannungswandler bzw. Stromwandler (Abschn. 31.9.2). Sie haben eine geringe Leistungsaufnahme, hohe Genauigkeit und trennen in Hochspannungsanlagen den Meßpfad vom Netz.

59.1.1 Drehspul- und Dreheisenmeßgerät

Die Spule des **Drehspulmeßgeräts** dreht sich zwischen den feststehenden Polen eines Dauermagneten. Der zu messende Strom I_M wird ihr über Spiralfedern zugeführt. Da die auf einen Leiter der Spule wirkende Kraft nach Gl. (14.1) proportional dem Strom I_M und der magnetischen Flußdichte B ist, gilt für das auf die Spule ausgeübte Drehmoment:

$$M = k \cdot B \cdot I_M \tag{59.1}$$

In dieser Gleichung erfaßt die Konstante k die Windungszahl und die geometrischen Abmessungen der Spule. Der starr mit der Spule verbundene Zeiger stellt sich auf den Skalenwert ein, bei dem Spulen-Drehmoment und Gegenmoment der Spiralfedern im Gleichgewicht sind. Der Zeigerausschlag ist abhängig vom Richtungssinn des Stromes. Bei der normalerweise gegebenen konstanten magnetischen Flußdichte im Luftspalt ist der Zeigerausschlag dem arithmetischen Mittelwert $\bar{i}$ des Stromes proportional. Die Leistungsaufnahme des Drehspulmeßgeräts ist gering. Drehspul-Strommesser mit sehr hoher Empfindlichkeit, deren Strommeßbereiche im µA- oder nA-Bereich liegen, werden **Galvanometer** genannt.
Eine zu messende Wechselgröße wird mit einem Meßgleichrichter, das ist eine Dioden-Zweipulsschaltung (Abschn. 57.2), gleichgerichtet. Wegen der Trägheit der Meßspule bestimmt bei nicht zu niedrigen Frequenzen, beispielsweise bei der Netzfrequenz, der Gleichrichtwert der Wechselgröße den Zeigerausschlag. Zur Skaleneichung, die in Effektivwerten erfolgt, werden sinusförmige Wechselgrößen verwendet. Hat die zu messende Wechselgröße einen anderen Kurvenverlauf, dann verfälscht der *Kurvenformfehler* die Anzeige.
Bei der überwiegend hergestellten Rundspulbauform des **Dreheisenmeßgeräts** erzeugt die Meßgröße das magnetische Feld in einer Rundspule (Bild 59.1 c). Zwei gleichsinnig magnetisierte Weicheisenstücke, von denen das eine fest mit der Spule verbunden ist, während das zweite den Zeiger trägt und gegen eine Spiralfeder arbeitet, stoßen sich voneinander ab.

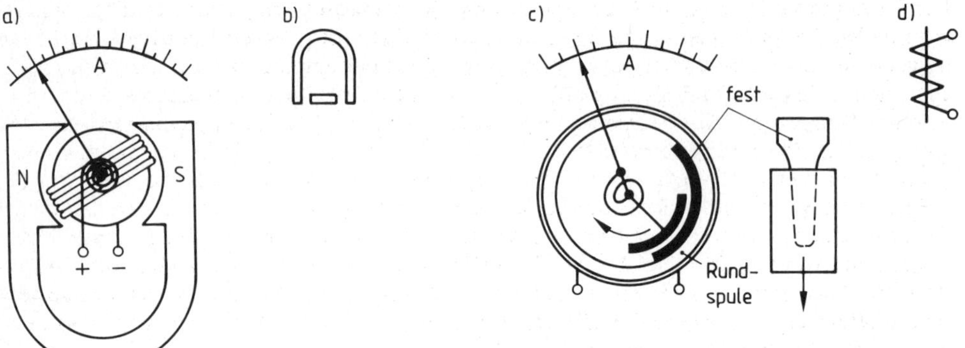

Bild 59.1 a) Wirkbild und b) Skalensymbol des Drehspulmeßgeräts; c) Wirkbild und d) Skalensymbol des Dreheisenmeßgeräts

Das Dreheisenmeßgerät ist ohne Zusatzeinrichtungen zur Messung von Gleich- und Wechselgrößen zu verwenden. Anders als das Drehspulmeßgerät mit Meßgleichrichter mißt es den Effektivwert der Wechselgröße. Da die zu messende Größe aber das Hauptfeld erzeugt, ist die Leistungsaufnahme höher als beim Drehspulgerät.

59.1.2 Vielfachmeßgeräte

Die klassischen analog arbeitenden Vielfachmeßgeräte, die auch jetzt noch viel im Einsatz sind, sind Drehspulmeßgeräte mit mehreren Spannungs- und Strommeßbereichen. Sie sind zur Messung von Gleichgrößen und, durch einen eingebauten Meßgleichrichter, auch zur Messung von Wechselgrößen geeignet.

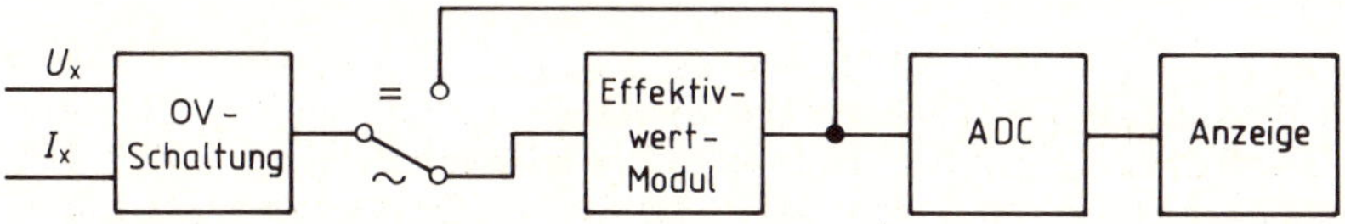

Bild 59.2 Blockschaltbild des Universal-Multimeters

Die jetzt handelsüblichen **Digital-Multimeter** setzen zur Meßbereichs-Umwandlung Operationsverstärker-Schaltungen ein. Der von ihnen analog aufbereitete Meßwert wird schließlich von einem Analog-Digital-Wandler (ADC) in seinen Digitalwert umgewandelt und auf der digitalen Anzeige ausgegeben. Die Meßbereichs-Umschaltung erfolgt bei hochwertigen Geräten automatisch. Für die Messung von Wechselgrößen wird anstelle des Meßgleichrichters meist eine spezielle elektronische Schaltung, Effektivwert-Modul genannt, eingesetzt. Dieser Modul bildet durch Quadrieren, Mittelwertbildung und Radizieren (vgl. Abschn. 16.4) den echten Effektivwert, so daß auch bei der Messung nichtsinusförmiger Größen kein Kurvenformfehler auftritt.
Universal-Meßgeräte werden auch zur Widerstandsmessung verwendet. Dazu wird der zu messende Widerstand mit bekanntem Strom gespeist, und es wird die an ihm abfallende Spannung gemessen.

59.1.3 Kontaktlose Strommesser

Der Stromkreis muß zum Einfügen des normalen Strommessers aufgetrennt werden. In manchen Fällen, beispielsweise bei großen Leiterquerschnitten, bereitet das Schwierigkeiten. Man umgeht sie durch Verwenden der **Strommeßzange**, einem aufklappbaren Magnetjoch, welches, von isolierten Handgriffen bedient, um den stromführenden Leiter geschlossen wird. Strommeßzangen nur für Wechselstrom arbeiten nach dem Prinzip des Stromwandlers (Abschn. 31.9.2). Der stromführende Leiter dient als Primärwicklung, das Magnetjoch als Magnetkern; die Sekundärwicklung ist in der Zange eingebaut. Ein Meßgerät, das meist mit der Zange vereinigt ist, mißt den Strom in der Sekundärwicklung. Strommeßzangen, bei denen der Magnetkreis einen Luftspalt mit eingebautem HALLgenerator (Abschn. 50.3.4) enthält, werden zur Messung von Gleich- und Wechselströmen verwendet. Der magnetische Widerstand des Magnetkreises ist (fast) nur durch den Luftspalt bestimmt. Dadurch ist die magnetische Flußdichte B, welche durch die HALLspannung gemessen werden kann, proportional dem im Primärkreis fließenden Strom.

59.2 Widerstands- und Impedanzmessung

59.2.1 Der Umkehrverstärker als Widerstandsmesser

Ein unbekannter Widerstand kann nach dem OHMschen Gesetz aus den Ergebnissen einer Strom- und einer Spannungsmessung berechnet werden (s. Abschn. 10.1). Dieses Vorgehen hat nur noch wenig Bedeutung. Bei einem jetzt verbreitet, vor allem in Multimetern, einge-

setzten Verfahren zum Bestimmen OHMscher Widerstände verwendet man den OV-Umkehrverstärker (s. Abschn. 56.2) als Widerstandsmesser.
Die feste Eingangsspannung U_{ref} und der feste Eingangswiderstand R (zur Meßbereichserweiterung stufig umschaltbar) liefern einen konstanten, von dem zu bestimmenden Widerstand R_x unabhängigen Strom $I = U_{\text{ref}}/R$. Setzt man diesen Strom in Gl. (56.6) ein, dann folgt:

$$U_2 = -\frac{U_{\text{ref}}}{R} \cdot R_x \sim R_x \tag{59.2}$$

Arbeitet man mit einer negativen Referenzspannung U_{ref}, dann kann anstelle der Spannungsskala des anzeigenden Voltmeters zur Widerstandsbestimmung auch eine Widerstandsskala verwendet werden.

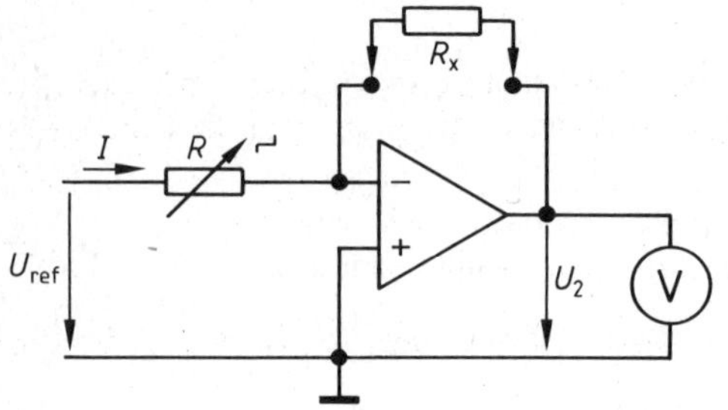

Bild 59.3
OV-Umkehrverstärker als Widerstandsmesser

59.2.2 Die Messung kleiner Widerstände

Wenn bei der Messung von sehr kleinen Widerständen die Zuleitungen nicht mehr vernachlässigt werden können, dann speist man in den Widerstand einen konstanten Strom I_q ein und mißt den Spannungsabfall U_x möglichst nahe am Widerstand R_x. Bei modernen Multimetern liefert die eingebaute Konstantstromquelle den Meßstrom; der Widerstand $R_x = U_x/I_q$ ist dann wieder der gemessenen Spannung proportional. Diese Art der Messung wird **Vierdrahtmessung** genannt, da für sie vier Zuleitungen erforderlich sind.

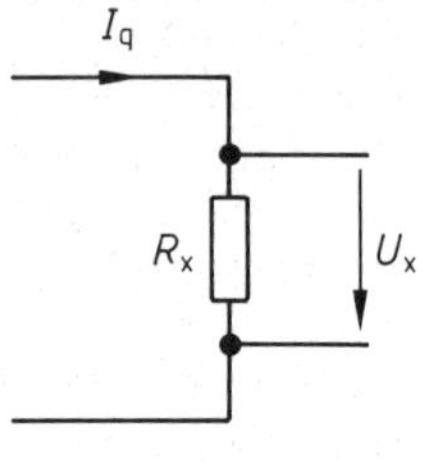

Bild 59.4 Vierdrahtmessung

59.2.3 Die WHEATSTONEbrücke

Für Schaltung 59.5 folgt nach der Spannungsteilerregel Gl. (9.9):

$$\frac{U}{U_A} = \frac{R_2 + R_1}{R_2} = 1 + \frac{R_1}{R_2} \quad \text{bzw.} \quad \frac{U}{U_B} = \frac{R_4 + R_3}{R_4} = 1 + \frac{R_3}{R_4} \tag{59.3}$$

Die beiden »Stromwege« R_1 und R_2 bzw. R_3 und R_4 können zwischen den Punkten A und B durch eine leitende »Brücke« verbunden werden. Man nennt diese in der Elektrotechnik vielfach eingesetzte Konfiguration daher eine **Brückenschaltung**.
Bei der **WHEATSTONEbrücke** (Bild 59.6) zum Messen OHMscher Widerstände wird der Widerstand R_1 so eingestellt, daß die Spannungen U_A und U_B gleich sind. Das wird durch Nullaus-

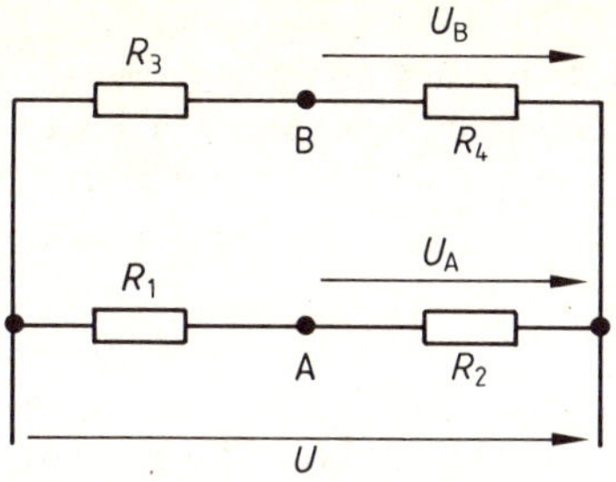

Bild 59.5 Brückenschaltung

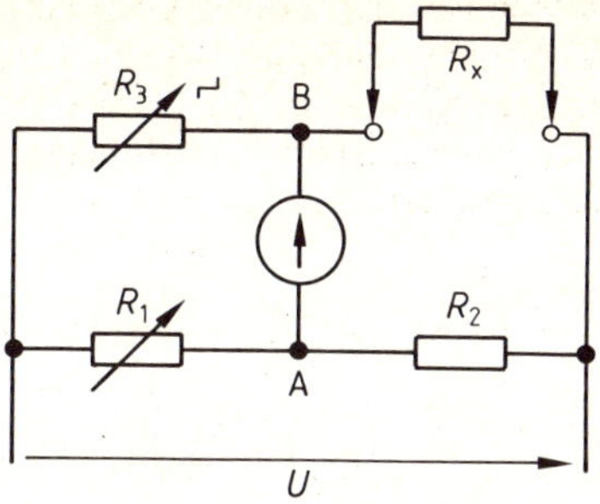

Bild 59.6 WHEATSTONEbrücke

schlag des im Brückenzweig liegenden Nullpunktgalvanometers kontrolliert. Da durch den Brückenzweig kein Strom fließt – die Brücke ist »abgeglichen« –, können die Gln. (59.3) verwendet werden. Mit $R_x = R_4$ folgt:

$$1 + R_1/R_2 = 1 + R_3/R_x \quad \text{bzw.} \quad R_x = R_3 \frac{R_2}{R_1} \tag{59.4}$$

Durch zusätzliches Umschalten des stufig veränderbaren Widerstands R_3 kann eine dekadische Meßbereichs-Umschaltung erfolgen.

Die Messung der OHMschen Widerstände von Flüssigkeiten und Erdern muß mit Wechselspannung erfolgen, da bei Gleichstrommessungen die Elektroden-Polarisation (vgl. Abschn. 12.2) das Meßergebnis verfälschen würde. Die Kontrolle des Nullabgleichs erfolgt in diesem Falle mit einem Wechselspannungs-Meßgerät.

59.2.4 Wechselstrombrücken

Zum Bestimmen der Kenngrößen von Wechselstrom-Zweipolen, d.h. zum Messen von Induktivitäten, Kapazitäten und (Verlust-)Widerständen, werden vorzugsweise Wechselstrombrücken eingesetzt. Im Gegensatz zu den Gleichstrom-Meßbrücken, bei denen die Einstellung eines Widerstandes zum Abgleich genügt, erfolgt bei ihnen der Abgleich durch Einstellen von zwei Bauelementen, da Wirk- und Blindanteil der unbekannten Impedanz zu erfassen sind. Um einen einwandfreien Abgleich zu ermöglichen, muß die Speisung mit einer reinen Sinusspannung erfolgen. Als Nullindikator wird ein Wechselspannungs-Meßgerät, meist ein Oszilloskop, verwendet. Zwei dieser Brückenschaltungen werden nachfolgend angegeben.

Die **WIEN-Brücke** (Bild 59.7) wird beispielsweise zum Bestimmen der Parameter der verlustbehafteten Kapazität (im Bild durch R_x und C_x dargestellt) verwendet. Da einstellbare Widerstände billiger sind als einstellbare Kondensatoren, dienen die beiden Widerstände R_1 und R_2 zum Abgleich. Die Abgleichbedingungen lauten:

$$R_x = R_1 \cdot \frac{R_3}{R_2} \quad \text{und} \quad C_x = C_1 \cdot \frac{R_2}{R_3} \tag{59.5}$$

Wirk- und Blindanteil induktiver Scheinwiderstände werden häufig mit der **MAXWELL-WIEN-Brücke** (Bild 59.8) gemessen. Für sie lauten die Abgleichbedingungen:

$$R_x = R_1 \cdot \frac{R_3}{R_2} \quad \text{und} \quad L_x = R_1 R_3 C_2 \tag{59.6}$$

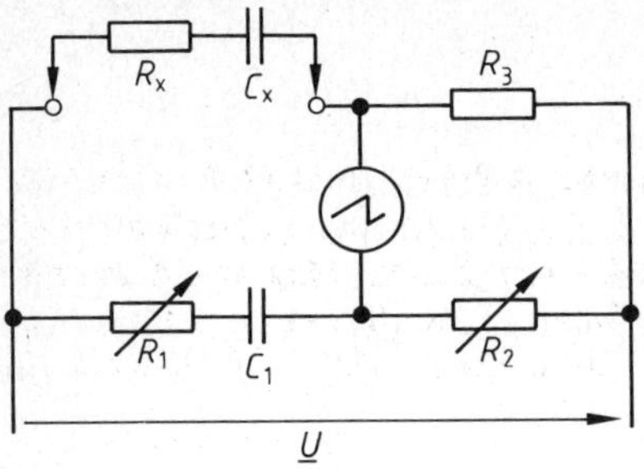

Bild 59.7 WIEN-Brücke

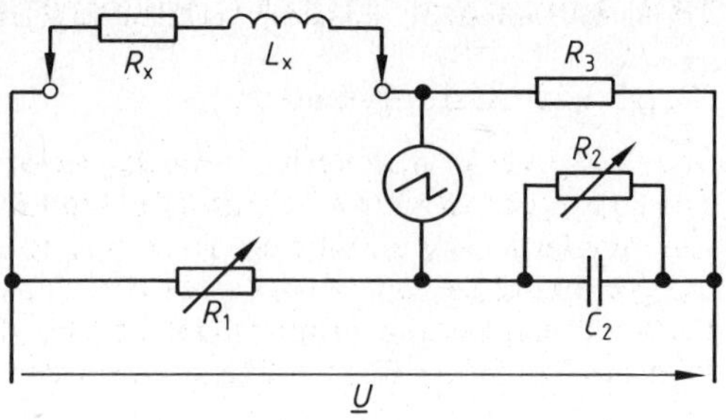

Bild 59.8 MAXWELL-WIEN-Brücke

59.3 Zeit- und Frequenzmessungen

59.3.1 Die Zeitmessung

Auf den Takteingang eines dekadisch aufgebauten Zählers (Abschn. 54.5.2) wird eine quarzstabilisierte Taktschwingung, also eine Taktschwingung mit sehr guter Frequenzkonstanz, gegeben. Der Zählvorgang des anfänglich auf Null stehenden Zählers wird vom Freigabeeingang freigegeben, wenn beispielsweise ein Gegenstand durch eine erste Lichtschranke tritt; er wird durch Sperren des Freigabeeingangs beendet, wenn der Gegenstand eine zweite Lichtschranke erreicht hat. Schwingt der Quarzoszillator z. B. mit der Frequenz 1 MHz, dann gibt der Zählerendstand die Meßzeit in µs an.
Bei bekannter Weglänge kann aus der Meßzeit die mittlere Geschwindigkeit des Gegenstandes berechnet werden.

59.3.2 Frequenzmessungen periodischer Vorgänge

Hohe Frequenzen werden durch *Frequenzmessung*, also durch Messen der Häufigkeit des Auftretens des Ereignisses in der Zeiteinheit, bestimmt. Zwei Zähler werden gleichzeitig vom Wert 0 aus gestartet. Der erste Zähler zählt quarzstabilisierte Impulse, bis er seinen maximalen Zählerstand erreicht hat. Damit gibt er die Meßzeit (Zeitbasis) vor. Sein Übertragsimpuls stoppt den zweiten Zähler, dessen Endstand dann direkt die Frequenz in Hz (Schwingungen je Sekunde) anzeigt, wenn die Meßzeit 1 Sekunde ist. Durch Zuschalten (Abschalten) von einer Dekade des ersten Zählers kann die Meßzeit um den Faktor 10 vergrößert (verkleinert) werden.
Kleine Frequenzen werden durch *Periodendauermessung* bestimmt. Anfang und Ende der Meßzeit bestimmen zwei gleichsinnige Nulldurchgänge des Signals, dessen Frequenz zu ermitteln ist. Während der Meßzeit werden quarzstabilisierte Taktschwingungen gezählt. Bei der Taktfrequenz 1 MHz gibt der Zähler-Endstand die Periodendauer T des Signals direkt in µs an. Die Frequenz f läßt sich daraus nach Gl. (16.2) berechnen. Die direkte Frequenzmessung ist ungeeignet, da bei Schwingungen mit Frequenzen von wenigen Hertz oder im mHz-Bereich die Meßzeiten sehr lang gewählt werden müßten, um eine gute Meßgenauigkeit zu erhalten.
Drehzahlen werden meist in 1/min angegeben. Um den von der dekadischen Unterteilung abweichenden Faktor 60 zu berücksichtigen, arbeitet man beispielsweise mit der Meßzeit 6 s oder verwendet einen Meßwertaufnehmer, der 6 Impulse je Sekunde liefert.
Der zum Messen von Frequenzen im Bereich der Netzfrequenz früher häufig eingesetzte Zungenfrequenzmesser, dessen auf unterschiedliche Resonanzfrequenzen abgestimmte Zungen zum Schwingen erregt werden, hat heute nur noch geringe Bedeutung.

59.4 Leistungs- und Arbeitsmessung

59.4.1 Die Leistungsmessung

Das für Leistungsmessungen verwendete **elektrodynamische Meßgerät** (Bild 59.9) ist im Aufbau und in der Arbeitsweise dem Drehspulgerät (Bild 59.1a) ähnlich. Es unterscheidet sich von ihm darin, daß anstelle des Dauermagneten ein Elektromagnet das Magnetfeld erzeugt. Der Verbraucherstrom I erregt den Elektromagneten, während der Strom I_U, welcher der Verbraucherspannung proportional ist, die Drehspule durchfließt. Mit $I \sim B$ und $U \sim I_U$ folgt aus Gl. (59.1) für das Drehmoment der Spule:

$$M = k_1 \cdot U \cdot I = k_1 \cdot P \quad (59.7)$$

Der Zeigerausschlag ist also der Leistung P proportional.

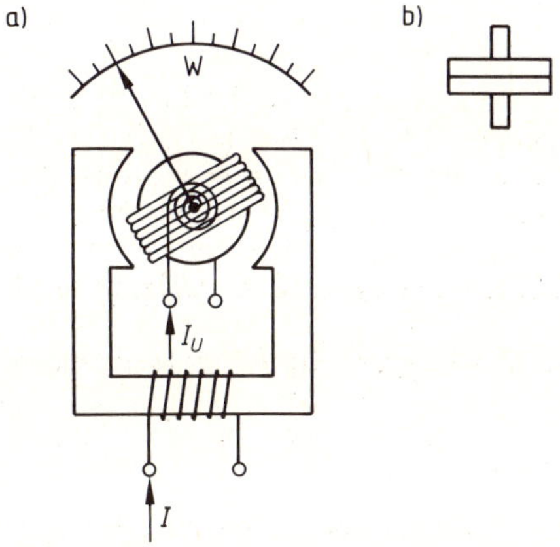

Bild 59.9 a) Wirkbild und b) Skalensymbol des elektrodynamischen Leistungsmessers

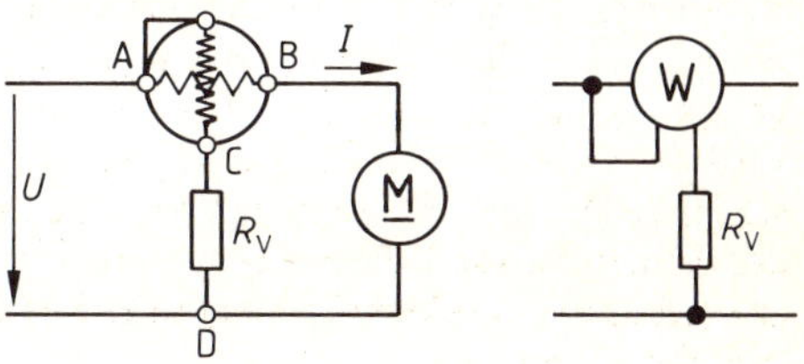

Bild 59.10 Schaltung des Leistungsmessers

Im Wechselstromkreis mißt das elektrodynamische Meßgerät die Wirkleistung:

$$P = U \cdot I_w = U \cdot I \cdot \cos \varphi \quad (59.8)$$

Während die Scheinleistung $S = U \cdot I$ meist aus der Strom- und Spannungsmessung bestimmt wird, kann die Blindleistung berechnet werden:

$$Q = \sqrt{S^2 - P^2} \quad (59.9)$$

Eine Messung der Blind- anstelle der Wirkleistung ist möglich, wenn der Strom in der Drehspule um 90° in der Phase verschoben wird. Diese Phasenverschiebung erreicht man mit einer Spulen-Widerstandsschaltung, der sog. HUMMEL-Schaltung, die im Spannungspfad des Wattmeters liegt.

Elektronische Wattmeter arbeiten mit einem Multiplikations-Modul. Dieser multipliziert zwei Spannungen, von denen eine der Spannung, die andere dem in der Schaltung fließenden Strom proportional ist. Die Ausgangsspannung des Moduls ist also der Leistung proportional.

Bei Messung im Wechselstromkreis liefern ein Spannungswandler und ein Stromwandler mit nachgeschalteter OV-Schaltung die Eingangsspannungen des Multiplizierers. Die Spannung am Multiplizierer-Ausgang ist dem Augenblickswert der Leistung proportional. Den der Wirkleistung proportionalen Mittelwert erhält man entweder durch Mittelung infolge der Trägheit eines analog anzeigenden Drehspulgerätes oder, nach einer Glättung (vgl. Abschn. 57.2), durch eine Analog-Digitalwandlung, der eine digitale Anzeige folgt.

59.4.2 Die Messung der Drehstromleistung

Bei gleichen Strangbelastungen, wie sie beispielsweise beim Anschluß eines Drehstrommotors vorliegen, wird die Strangleistung P_{str} mit einem Leistungsmesser gemessen. Der Spannungspfad des Leistungsmessers muß zwischen Strang und Neutralleiter geschaltet werden (Bild 59.11 a). Steht der Neutralleiter nicht zur Verfügung, dann wird durch einen Satz von

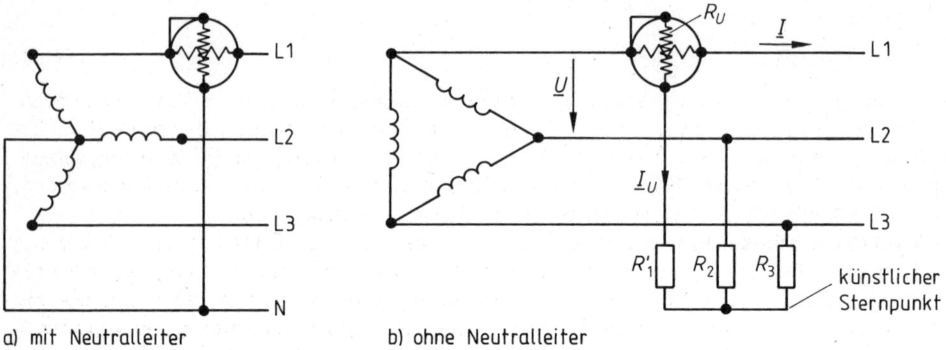

Bild 59.11 Leistungsmessung bei gleichen Strangbelastungen

3 Widerständen ein künstlicher Sternpunkt geschaffen (Bild 59.11 b). Mit R_U, dem Widerstand der Wattmeter-Spannungsspule, und I_U, ihrem Strom bei Vollausschlag, erhält man die erforderlichen Widerstände aus der Beziehung

$$R'_1 + R_U = R_2 = R_3 = \frac{U}{\sqrt{3} I_U} . \qquad (59.10)$$

Die Gesamtleistung hat den dreifachen Wert der Strangleistung:

$$P = 3 \cdot P_{str} \qquad (59.11)$$

In Drehstromnetzen mit Neutralleiter fließt bei ungleicher Strangbelastung ein Neutralleiterstrom. Nach dem 3 Wattmeter-Verfahren werden die Strangleistungen einzeln gemessen (Bild 59.12). Die Gesamtleistung ergibt sich als ihre Summe:

$$P = P_1 + P_2 + P_3 \qquad (59.12)$$

Kann durch fehlenden oder nicht benutzten Neutralleiter im Drehstromnetz mit ungleicher Strangbelastung kein Neutralleiterstrom fließen, dann sind die drei Leiterströme $\underline{I}_1$, $\underline{I}_2$ und $\underline{I}_3$ zwar ungleich groß, aber sie sind im Gleichgewicht: Ihre Zeiger bilden ein geschlossenes Zeigerdreieck. Da der Strom $\underline{I}_2$ in Bild 59.13 dann durch die beiden anderen Leiterströme auszudrücken ist, genügen zur Leistungsermittlung 2 Wattmeter. Man nennt das Meßverfah-

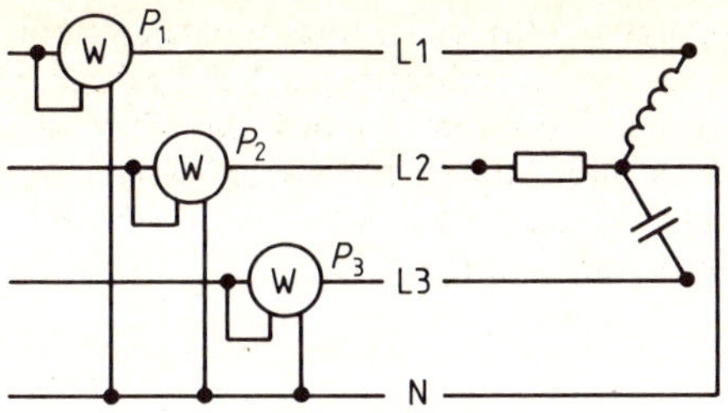

Bild 59.12 Leistungsmessung bei ungleicher Strangbelastung (Neutralleiter vorhanden)

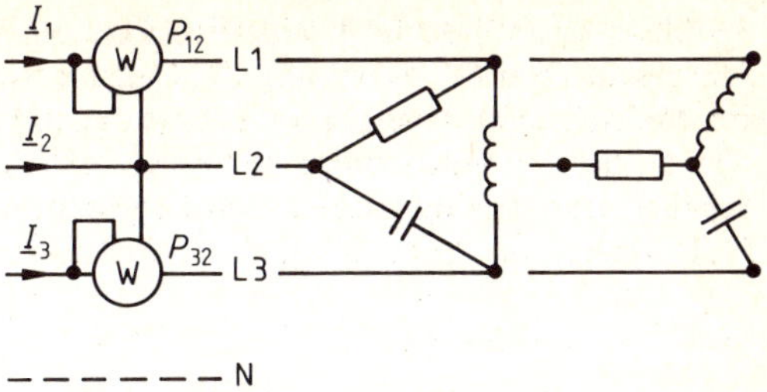

Bild 59.13 Messung mit 2 Wattmetern in einem Netz ohne Neutralleiter

ren die 2 Wattmeter-Methode; die Schaltung heißt **Aron-Schaltung**. Die damit gemessene Wirkleistung ist:

$$P = P_{12} + P_{32} \tag{59.13}$$

Bei Lasten mit großer Phasenverschiebung kann der Zeigerausschlag eines Wattmeters negativ sein. Durch Umpolen des Spannungspfades wird die Anzeige positiv, jedoch muß zur Ermittlung der gesamten Wirkleistung dann die kleinere von der größeren Wirkleistung subtrahiert werden. Die gesamte Wirkleistung kann unmittelbar auf der Skala abgelesen werden, wenn beide Meßwerke auf einer gemeinsamen Achse angeordnet sind.
Die **Drehstrom-Blindleistungsmessung** kann bei symmetrischer Belastung nach Schaltung 59.14 erfolgen. Da im Zeigerdiagramm die verkettete Spannung zweier Stränge auf der dritten Strangspannung senkrecht steht, liegt beispielsweise die verkettete Spannung $\underline{U}_{23}$ mit dem Blindstrom $\underline{I}_{b1}$ in Phase. Das Wattmeter mißt also die Blindleistung Q_1 von Strang 1. Die verkettete Spannung ist um den Faktor $\sqrt{3}$ größer als die Strangspannung; daher muß der Widerstand des Meßgeräte-Spannungszweiges entsprechend erhöht werden. Vor der Messung ist festzustellen, ob die Geräteisolation eine Belastung mit der verketteten Spannung zwischen Strom- und Spannungspfad erlaubt. In Drehstromnetzen mit Neutralleiter läßt sich eine entsprechende Schaltung mit drei Wattmetern für die Blindleistungsbestimmung bei unsymmetrischer Belastung verwenden.

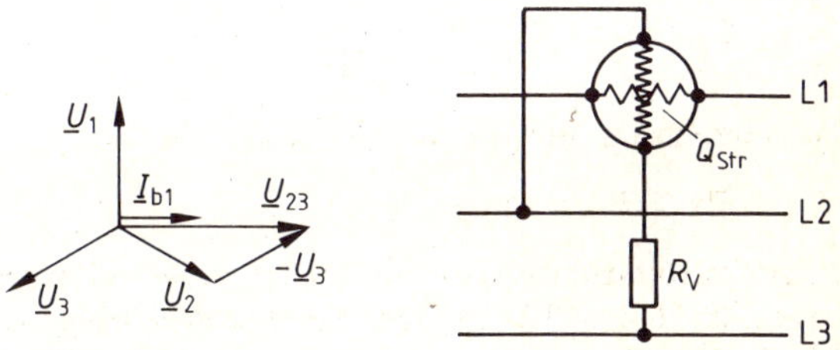

Bild 59.14 Drehstrom-Blindleistungsmessung bei symmetrischer Belastung

59.4.3 Elektrizitätszähler

Die Messung der elektrischen Energie $W = U \cdot I \cdot t$ erfolgt grundsätzlich nach den Prinzipien, die für die Leistungsmessung gelten. Von dem der Wirkleistung proportionalen Antriebsmoment wird bei dem Elektrizitätszähler eine kontinuierliche Drehbewegung erzeugt. Die Umdrehungszahl des Zählers, welche der verbrauchten Energie proportional ist, wird von einem

Zählwerk gemessen. Das die Bewegung hemmende Gegenmoment entsteht durch Wirbelstrombremsung in einer Aluminiumscheibe (vgl. Abschn. 20.1).
Grundsätzlich könnte auch das elektrodynamische Meßwerk als Elektrizitätszähler eingesetzt werden. Der Drehspul-Strom müßte wegen der Drehbewegung aber, wie bei einem Gleichstrommotor, über Schleifbürsten und Kollektor zugeführt werden. Diesen großen Aufwand vermeidet das bei den gebräuchlichen Elektrizitätszählern verwendete Induktionsmeßwerk. Ein von mehreren Spulen erzeugtes »wanderndes Magnetfeld« treibt, ähnlich wie beim Linearmotor (Abschn. 40.6) beschrieben, eine Aluminiumscheibe an. In der gleichen Scheibe erzeugt das Feld eines Dauermagneten die Wirbelströme, welche die Bewegung hemmen.
Der elektronische Elektrizitätszähler setzt die Ausgangsspannung des elektronischen Wattmeters in eine Impulsfolge um, deren Frequenz der Spannungshöhe proportional ist. Ein Zähler zählt die Impulse. Der Zählerstand ist ein Maß für die verbrauchte Energie.

59.5 Aufzeichnende Meßgeräte

59.5.1 Das Oszilloskop

Eine Reihe von Kenngrößen von Signalen lassen sich nur aus ihrem Zeitverlauf bestimmen. Beispielsweise sind das Störungen, die sich einem Nutzsignal überlagern, oder, bei einem Einschaltvorgang, die Einschwingzeit und die Höhe des Überschwingens. Das wichtigste Gerät zum Aufzeichnen zeitabhängiger Spannungen, in welche die Meßgrößen vor der Darstellung gegebenenfalls umzuwandeln sind, ist das **Oszilloskop**.
Das Oszilloskop stellt den Zeitverlauf von Spannungen auf dem Bildschirm der in Kap. 47 beschriebenen BRAUNschen Röhre dar. Ein Vertikalverstärker mit umschaltbarer Verstärkung bereitet die darzustellende Spannung so auf, daß der Bildschirm in vertikaler Richtung nach Wunsch ausgesteuert wird. Bei der normalen Darstellung $U_y = f(t)$ liefert ein Sägezahngenerator eine zeitlinear ansteigende Horizontal-Ablenkspannung, welche den Leuchtpunkt mit gleichmäßiger Geschwindigkeit in x-Richtung über den Bildschirm führt. Die Anstiegsgeschwindigkeit des Sägezahns ist in weitem Bereich einstellbar, so daß die Darstellung mit stark unterschiedlichen Ablaufgeschwindigkeiten erfolgen kann. Für die seltener vorkommende Darstellung $U_y = f(U_x)$ wird der Sägezahngenerator abgeschaltet und die Spannung U_x auf einen Horizontalverstärker, welcher die Horizontalablenkung des Strahls steuert, gegeben.
Oszilloskope werden als Zweikanal-, seltener als Vierkanalgeräte hergestellt. Mit dem Zweikanalgerät lassen sich zwei verschiedene Spannungen gleichzeitig betrachten bzw. vergleichen. Ihre Aufzeichnung geschieht mit nur einem Elektronenstrahl entweder dadurch, daß beide Spannungen abwechselnd (Betriebsart alternate) auf den Bildschirm geschrieben werden, bzw. dadurch, daß während des Schreibens in sehr schneller Folge zwischen den beiden Spannungen hin- und hergeschaltet wird (Betriebsart chopped = zerhackt). Im letzteren Fall sind die beiden Kurven eigentlich aus Punkten zusammengesetzt; durch Ineinanderfließen der Punkte sieht man aber zwei kontinuierliche Kurven.
Für die Darstellung von Ausschnitten aus sich periodisch wiederholenden Schwingungen arbeitet man mit dem vorstehend beschriebenen **analogen Oszilloskop**. Durch die Triggerung der Horizontal-Ablenkspannung, d.h. durch das wiederholte Auslösen ihres Loslaufs beim gleichen Augenblickswert der darzustellenden Spannung, wird der gleiche Kurvenverlauf fortwährend überschrieben. Dadurch hat der Betrachter den Eindruck eines stehenden Bildes.
Für die Darstellung einmaliger Vorgänge arbeitet man mit dem **digitalen Speicheroszilloskop**. Bei diesem wird die am Vertikaleingang liegende darzustellende Spannung zunächst in eine Folge von Bitmustern umgewandelt, die in einem Verschiebespeicher, der ähnlich wie der in

Abschn. 54.6.4b beschriebene Transientenspeicher aufgebaut ist, abgelegt werden. Aus diesem Speicher kann der ursprünglich einmalige Vorgang wiederholt gelesen und auf dem Bildschirm ausgegeben werden, so daß ebenfalls ein scheinbar stehendes Bild erscheint. Über entsprechende Schnittstellen können die Bitmuster aus dem Speicher auch zur Auswertung an einen Computer oder an andere digitale Geräte ausgegeben werden.

59.5.2 Der Kompensationsschreiber

Mit einem **Kompensator** kann eine Spannung mit hoher Genauigkeit gemessen werden. Bild 59.15 zeigt das Prinzip der Spannungskompensation: Der Abgriff eines Potentiometers wird so lange verstellt, bis die abgegriffene Spannung U_2 der zu messenden Spannung U_m gleich ist. Ist diese Einstellung erreicht, dann zeigt das Galvanometer G den Strom $I = 0$ an; dem Meßobjekt wird in diesem Fall keine Energie entnommen.
Der Potentiometerabgriff wird beim **Kompensationsschreiber** durch einen über einen Verstärker angesteuerten Motor verstellt (Bild 59.16); bei $U_2 = U_m$ bleibt der Motor stehen. Der

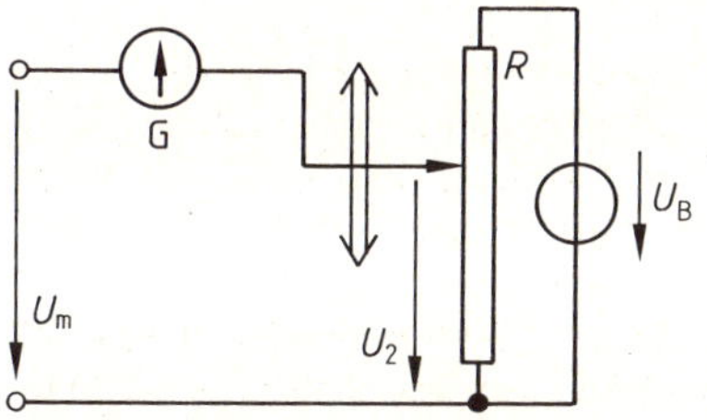

Bild 59.15
Prinzip der Spannungskompensation

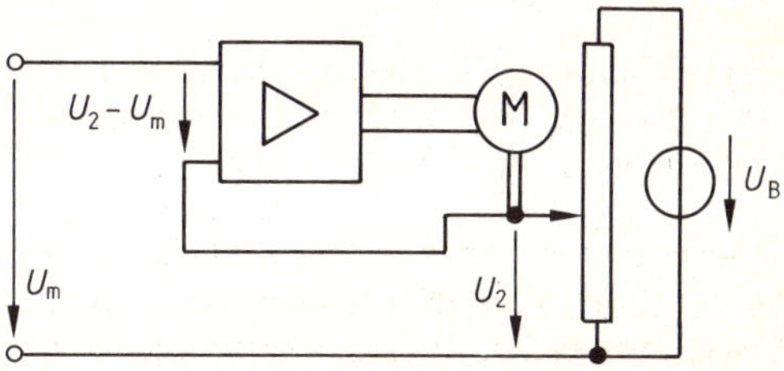

Bild 59.16 Verstellung des Potentiometerabgriffs durch einen Motor

Kompensationsschreiber arbeitet mit *zwei* Spannungskompensatoren, von denen der eine den Schreibarm auf der x-Achse bewegt, während der andere die Bewegung des Schreibstifts auf der y-Achse durchführt. Im x-y-Betrieb mißt jeder Kompensator eine unbekannte Spannung U_{mx} bzw. U_{my}, wobei die Kurve $U_{my} = f(U_{mx})$ aufgezeichnet wird. Im y-*t*-Betrieb wird an den Kompensator für die x-Richtung eine linear mit der Zeit ansteigende Spannung gelegt, die in der »Zeitbasisschaltung« des Geräts erzeugt wird und deren Anstiegsgeschwindigkeit der Benutzer in weiten Grenzen einstellen kann. In dieser Betriebsart kann die Kurve $U_{my} = f(t)$ aufgezeichnet werden.
Wegen der Massenträgheiten von Schreibstift und Schreibarm können nur Spannungen, welche sich verhältnismäßig langsam ändern, unverzerrt geschrieben werden.

59.5.3 Linien- und Punktschreiber

Für die Langzeitregistrierung langsam veränderlicher Kenngrößen, beispielsweise zur Kontrolle der Leistungsaufnahme eines Verbrauchers über Tage oder Wochen, wird das mit Zeitmarken versehene Registrierpapier von einem Motor gleichmäßig an der Schreibposition vorbeigezogen. Der zumeist eingesetzte Faserstift des **Linienschreibers** schreibt eine kontinuierliche Kurve auf das Registrierpapier. Im Gegensatz dazu entsteht bei dem **Punktschreiber** die Kurve als Folge gedruckter bzw. eingebrannter Punkte, da ein Fallbügel in regelmäßigen Zeitabständen den Meßgerätezeiger gegen ein Farbband oder eine spannungsführende Elektrode gegen das metallisierte Papier drückt. Schreiber mit mehreren Kanälen werden zum parallelen Registrieren mehrerer Kenngrößen eingesetzt.

60 Die Thermoelektrizität

Metalle verschiedener elektrischer Leitfähigkeiten unterscheiden sich in der Zahl und der Beweglichkeit ihrer freien Elektronen. Werden beispielsweise Kupfer, das viele freie Elektronen hat, und Konstantan, das weniger freie Elektronen hat, z. B. durch Löten fest miteinander verbunden, dann entsteht durch die Diffusion freier Elektronen vom Kupfer in das Konstantan ein allmählicher Konzentrationsübergang (Bild 60.1). An der Verbindungsstelle ergibt sich die Kontaktspannung U_q mit dem eingezeichneten Richtungssinn, da sich das Kupfer durch Abwandern von Elektronen positiv, das Konstantan durch das Zuwandern von Elektronen negativ auflädt. Die Diffusionskräfte, welche die Elektronen vom Kupfer in das Konstantan treiben, und die als Wirkung der Spannung entstehenden Feldkräfte, welche versuchen, die Elektronen zurückzutreiben, halten sich das Gleichgewicht.

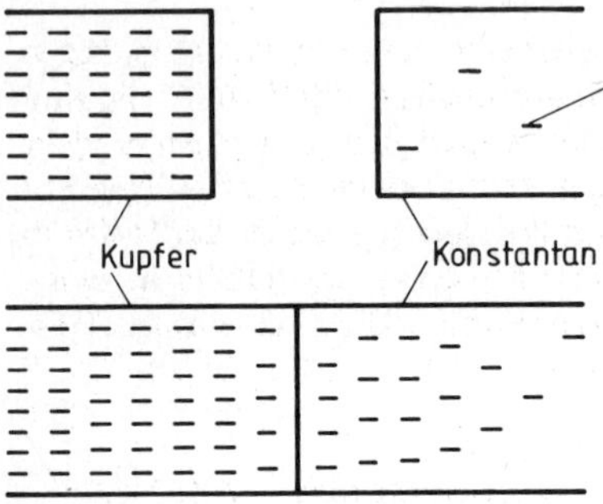

Bild 60.1 Verbindungsstelle zweier Metalle

60.1 Der SEEBECK-Effekt

Bei geschlossenem Stromkreis liegen je ein Übergang Kupfer → Konstantan und Konstantan → Kupfer in Reihe. Liegen die Übergänge auf gleicher Temperatur, dann sind die beiden Kontaktspannungen gleich groß, aber entgegengesetzt gerichtet; sie heben sich auf. Besteht jedoch zwischen den beiden Verbindungsstellen 1 und 2 (Bild 60.2) ein Temperaturgefälle $\Delta\vartheta$, dann entsteht durch das stärkere Diffusionsbestreben der Elektronen an der warmen Verbindungsstelle ein Kontaktspannungsüberschuß, die **Thermospannung** U_{qth}. Diese treibt einen Strom, der durch die warme Verbindungsstelle in Richtung Konstantan → Kupfer fließt. Man bezeichnet diese Erscheinung als SEEBECK-Effekt.

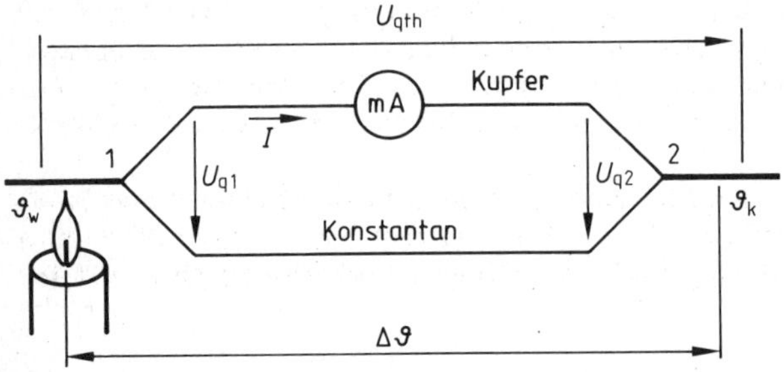

Bild 60.2 Thermoelement

Wie Tabelle 60.1 zeigt, sind die Thermospannungen sehr klein. Ihre Größe hängt von den verwendeten Metallen und dem Temperaturgefälle $\Delta\vartheta$ ab. Weiterhin besteht eine geringe Abhängigkeit von der Kalttemperatur ϑ_k.

Tabelle 60.1: Thermospannungen gebräuchlicher Thermopaare ($\vartheta_k = 0\,°C$)

Thermopaar	Thermospannung bei $\vartheta_W = 100\,°C$	Maximaler Meßbereich
Kupfer – Konstantan	4,25 mV	– 200 bis + 600 °C
Eisen – Konstantan	5,37 mV	– 200 bis + 900 °C
Nickelchrom – Nickel	4,10 mV	0 bis 1200 °C
Platinrhodium – Platin	0,64 mV	0 bis 1600 °C

Für die technische Energieerzeugung scheiden die Thermoelemente wegen ihres sehr geringen Wirkungsgrades aus. Ihr Anwendungsgebiet ist die Temperaturmessung (Bild 60.3). Sie sind vorteilhaft in der Anwendung, weil sie sehr klein sind. Dadurch entziehen sie dem Meßobjekt bei der Messung nur wenig Wärme. Außerdem lassen sich Thermoelemente an schwer zugänglichen Stellen anbringen. Die Meßschenkel des Thermoelements werden dafür durch Ausgleichsleitungen aus gleichem Material verlängert, so daß die Vergleichsstelle ϑ_k an einen weiter entfernten Ort mit konstanter Temperatur gelegt werden kann. Die Skala des zur Messung verwendeten Strommessers wird in °C geeicht.

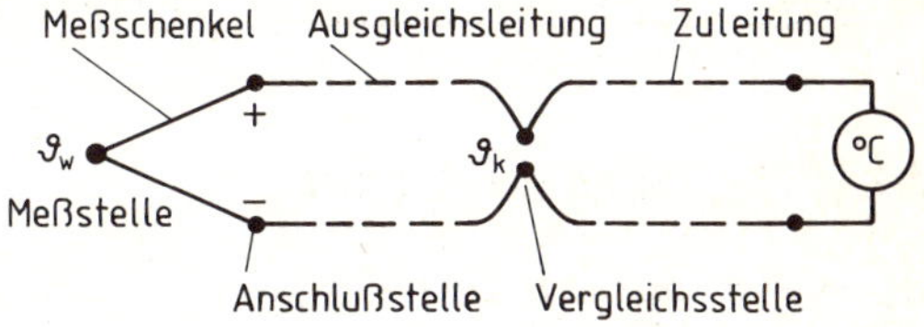

Bild 60.3 Schaltung eines Thermoelements

60.2 Der PELTIER-Effekt

Die Umkehrung des SEEBECK-Effekts, nämlich die Abkühlung oder Erwärmung von Grenzschichten zweier Metalle durch einen durchfließenden Strom, nennt man den PELTIER-Effekt.

An einen Stromkreis, in dem zwei Übergänge zwischen zwei Metallen unterschiedlicher thermoelektrischer Eigenschaften vorhanden sind, wird eine Spannung gelegt. Dann kühlt sich die Verbindungsstelle ab, in welcher der fließende Strom und die durch die Diffusion entstandene Kontaktspannung (Bild 60.1) entgegengesetzten Richtungssinn haben; die andere Verbindungsstelle erwärmt sich. Von der einen zur anderen Verbindungsstelle wird also Wärmeenergie transportiert.

Die in der Technik verwendeten PELTIER-Elemente bestehen aus Halbleitermaterialien, vorwiegend auf der Basis von Wismuttellurid. Sie werden beispielsweise in batteriegetriebenen kleinen Kühlschränken und Sektkühlern, sowie zum Kühlen hochwertiger elektronischer Schaltungen eingesetzt.

Stichwortverzeichnis

T

U